저
3회독 완!

			2회독	3회독
전 과목 상세이론	PART 1. 수질오염 개론	Chapter 1~3	☐	
		Chapter 4~6	☐ DAY 2	☐ DAY 32
		Chapter 7~10	☐ DAY 3	
	PART 2. 수질오염 방지기술	Chapter 1~3	☐ DAY 4	
		Chapter 4~5	☐ DAY 5	☐ DAY 33
		Chapter 6~8	☐ DAY 6	☐ DAY 43
	PART 3. 수질오염 공정시험기준	Chapter 1~2	☐ DAY 7	
		Chapter 3	☐ DAY 8	☐ DAY 34
		Chapter 4~5	☐ DAY 9	☐ DAY 44
	PART 4. 수질환경 관계법규	Chapter 1~2	☐ DAY 10	☐ DAY 35
7개년 기출문제	2016년 제1회 수질환경산업기사 필기		☐ DAY 11	
	2016년 제2회 수질환경산업기사 필기		☐ DAY 12	☐ DAY 36
	2016년 제3회 수질환경산업기사 필기		☐ DAY 13	
	2017년 제1회 수질환경산업기사 필기		☐ DAY 14	☐ DAY 45
	2017년 제2회 수질환경산업기사 필기		☐ DAY 15	☐ DAY 37
	2017년 제3회 수질환경산업기사 필기		☐ DAY 16	
	2018년 제1회 수질환경산업기사 필기		☐ DAY 17	
	2018년 제2회 수질환경산업기사 필기		☐ DAY 18	☐ DAY 38
	2018년 제3회 수질환경산업기사 필기		☐ DAY 19	
	2019년 제1회 수질환경산업기사 필기		☐ DAY 20	☐ DAY 46
	2019년 제2회 수질환경산업기사 필기		☐ DAY 21	☐ DAY 39
	2019년 제3회 수질환경산업기사 필기		☐ DAY 22	
	2020년 제1 · 2회 통합 수질환경산업기사 필기		☐ DAY 23	
	2020년 제3회 수질환경산업기사 필기		☐ DAY 24	☐ DAY 40
	2020년 제4회 수질환경산업기사 필기		☐ DAY 25	
	2021년 제1회 수질환경산업기사 필기		☐ DAY 26	
	2021년 제2회 수질환경산업기사 필기		☐ DAY 27	☐ DAY 41
	2021년 제3회 수질환경산업기사 필기		☐ DAY 28	☐ DAY 47
	2022년 제1회 수질환경산업기사 필기		☐ DAY 29	
	2022년 제2회 수질환경산업기사 필기		☐ DAY 30	☐ DAY 42
	2022년 제3회 수질환경산업기사 필기		☐ DAY 31	
복습	**PART 1~4 전 과목 이론**			☐ DAY 48
	2016~2022년 7개년 기출문제			☐ DAY 49
무료 특강	**필기시험 대비 저자직강 무료 동영상 강의** (수질환경산업기사 필기 핵심문제 200제)			☐ DAY 50

단기완성 1회독 맞춤 플랜

분류	PART/내용	Chapter	37일 꼼꼼코스	14일 집중코스	10일 속성코스
전 과목 상세이론	PART 1. 수질오염 개론	Chapter 1~3	DAY 1	DAY 1	DAY 1
		Chapter 4~6	DAY 2		
		Chapter 7~10	DAY 3		
	PART 2. 수질오염 방지기술	Chapter 1~3	DAY 4	DAY 2	
		Chapter 4~5	DAY 5		
		Chapter 6~8	DAY 6		
	PART 3. 수질오염 공정시험기준	Chapter 1~2	DAY 7	DAY 3	DAY 2
		Chapter 3	DAY 8		
		Chapter 4~5	DAY 9		
	PART 4. 수질환경 관계법규	Chapter 1~2	DAY 10	DAY 4	DAY 3
7개년 기출문제	2016년 제1회 수질환경산업기사 필기		DAY 11	DAY 5	DAY 4
	2016년 제2회 수질환경산업기사 필기		DAY 12		
	2016년 제3회 수질환경산업기사 필기		DAY 13		
	2017년 제1회 수질환경산업기사 필기		DAY 14	DAY 6	
	2017년 제2회 수질환경산업기사 필기		DAY 15		
	2017년 제3회 수질환경산업기사 필기		DAY 16		
	2018년 제1회 수질환경산업기사 필기		DAY 17	DAY 7	DAY 5
	2018년 제2회 수질환경산업기사 필기		DAY 18		
	2018년 제3회 수질환경산업기사 필기		DAY 19		
	2019년 제1회 수질환경산업기사 필기		DAY 20	DAY 8	
	2019년 제2회 수질환경산업기사 필기		DAY 21		
	2019년 제3회 수질환경산업기사 필기		DAY 22		
	2020년 제1·2회 통합 수질환경산업기사 필기		DAY 23	DAY 9	DAY 6
	2020년 제3회 수질환경산업기사 필기		DAY 24		
	2020년 제4회 수질환경산업기사 필기		DAY 25		
	2021년 제1회 수질환경산업기사 필기		DAY 26		
	2021년 제2회 수질환경산업기사 필기		DAY 27	DAY 10	
	2021년 제3회 수질환경산업기사 필기		DAY 28		
	2022년 제1회 수질환경산업기사 필기		DAY 29		
	2022년 제2회 수질환경산업기사 필기		DAY 30	DAY 11	DAY 7
	2022년 제3회 수질환경산업기사 필기		DAY 31		
복습	PART 1~4 전 과목 이론		DAY 32	DAY 12	DAY 8
			DAY 33		
			DAY 34		
	2016~2022년 7개년 기출문제		DAY 35	DAY 13	DAY 9
			DAY 36		
무료 특강	필기시험 대비 저자직강 무료 동영상 강의 (수질환경산업기사 필기 핵심문제 200제)		DAY 37	DAY 14	DAY 10

D+PLUS
더 쉽게 더 빠르게 합격 플러스

수질환경산업기사 필기 합격플래너

유일무이 나만의 합격 플랜

나만의 합격코스

			나만의 합격코스	1회독	2회독	3회독	MEMO
전 과목 상세이론	PART 1. 수질오염 개론	Chapter 1~3	월 일	☐	☐	☐	
		Chapter 4~6	월 일	☐	☐	☐	
		Chapter 7~10	월 일	☐	☐	☐	
	PART 2. 수질오염 방지기술	Chapter 1~3	월 일	☐	☐	☐	
		Chapter 4~5	월 일	☐	☐	☐	
		Chapter 6~8	월 일	☐	☐	☐	
	PART 3. 수질오염 공정시험기준	Chapter 1~2	월 일	☐	☐	☐	
		Chapter 3	월 일	☐	☐	☐	
		Chapter 4~5	월 일	☐	☐	☐	
	PART 4. 수질환경 관계법규	Chapter 1~2	월 일	☐	☐	☐	
7개년 기출문제	2016년 제1회 수질환경산업기사 필기		월 일	☐	☐	☐	
	2016년 제2회 수질환경산업기사 필기		월 일	☐	☐	☐	
	2016년 제3회 수질환경산업기사 필기		월 일	☐	☐	☐	
	2017년 제1회 수질환경산업기사 필기		월 일	☐	☐	☐	
	2017년 제2회 수질환경산업기사 필기		월 일	☐	☐	☐	
	2017년 제3회 수질환경산업기사 필기		월 일	☐	☐	☐	
	2018년 제1회 수질환경산업기사 필기		월 일	☐	☐	☐	
	2018년 제2회 수질환경산업기사 필기		월 일	☐	☐	☐	
	2018년 제3회 수질환경산업기사 필기		월 일	☐	☐	☐	
	2019년 제1회 수질환경산업기사 필기		월 일	☐	☐	☐	
	2019년 제2회 수질환경산업기사 필기		월 일	☐	☐	☐	
	2019년 제3회 수질환경산업기사 필기		월 일	☐	☐	☐	
	2020년 제1·2회 통합 수질환경산업기사 필기		월 일	☐	☐	☐	
	2020년 제3회 수질환경산업기사 필기		월 일	☐	☐	☐	
	2020년 제4회 수질환경산업기사 필기		월 일	☐	☐	☐	
	2021년 제1회 수질환경산업기사 필기		월 일	☐	☐	☐	
	2021년 제2회 수질환경산업기사 필기		월 일	☐	☐	☐	
	2021년 제3회 수질환경산업기사 필기		월 일	☐	☐	☐	
	2022년 제1회 수질환경산업기사 필기		월 일	☐	☐	☐	
	2022년 제2회 수질환경산업기사 필기		월 일	☐	☐	☐	
	2022년 제3회 수질환경산업기사 필기		월 일	☐	☐	☐	
복습	PART 1~4 전 과목 이론		월 일	☐	☐	☐	
	2016~2022년 7개년 기출문제		월 일	☐	☐	☐	
무료 특강	필기시험 대비 저자직강 무료 동영상 강의 (수질환경산업기사 필기 핵심문제 200제)		월 일	☐	☐	☐	

저자쌤의 합격플래너 활용 Tip.

01. Choice

시험대비를 위해 여유 있는 시간을 확보해 제대로 공부하여 시험합격은 물론 고득점을 노리는 수험생들은 Plan 1 (50일 3회독 완벽코스)를, 폭넓고 깊은 학습은 불가능해도 꼼꼼하게 공부해 한번에 시험합격을 원하시는 수험생들은 Plan 2 (37일 꼼꼼코스)를, 시험준비를 늦게 시작하였으나 짧은 기간에 온전히 학습할 수 있는 많은 시간확보가 가능한 수험생들은 Plan 3 (14일 집중코스)를, 부족한 시간이지만 열심히 공부하여 60점만 넘어 합격의 영광을 누리고 싶은 수험생들은 Plan 4 (10일 속성코스)가 적합합니다!
단, 저자쌤은 위의 학습플랜 중 충분한 학습기간을 가지고 제대로 시험대비를 할 수 있는 Plan 1을 추천합니다!!!

02. Plus

Plan 1~4까지 중 나에게 맞는 학습플랜이 없을 시, Plan 5에 나에게 꼭~ 맞는 나만의 학습계획을 스스로 세워보거나, 또는 Plan 2 + Plan 3, Plan 2 + Plan 4, Plan 3 + Plan 4 등 제시된 코스를 활용하여 나의 시험준비기간에 잘~ 맞는 학습계획을 세워보세요!

03. Unique

유일무이 나만의 합격 플랜에는 계획에 따라 3회독까지 학습체크를 할 수 있는 공란과, 처음 1회독 시 학습한 날짜를 기입할 수 있는 공간을 따로 두었습니다!

04. Pass

수질환경산업기사 필기시험 완벽대비를 위해 시험에 자주 출제되는 빈출문제 및 중요문제를 저자가 엄선하여 무료 동영상 강의를 제공합니다. 학습의 마무리 단계에 꼭 수강하여 시험에 만전을 기하시기 바랍니다!

※ 합격플래너를 활용해 계획적으로 시험대비를 하여 필기시험에 합격하신 수험생분께는 「문화상품권(2만원)」을 보내드립니다(단, 선착순(10명)이며, 온라인서점에 플래너 활용사진을 포함한 도서리뷰 or 합격후기를 올려주신 후 인증사진을 보내주신 분에 한합니다).   ☎ 관련문의 : 031-950-6349

수질환경산업기사
필기

전 과목 상세한 이론 + 7개년 기출

장준영 지음

BM (주)도서출판 성안당

■ 도서 A/S 안내

성안당에서 발행하는 모든 도서는 저자와 출판사, 그리고 독자가 함께 만들어 나갑니다.

좋은 책을 펴내기 위해 많은 노력을 기울이고 있습니다. 혹시라도 내용상의 오류나 오탈자 등이 발견되면 **"좋은 책은 나라의 보배"**로서 우리 모두가 함께 만들어 간다는 마음으로 연락주시기 바랍니다. 수정 보완하여 더 나은 책이 되도록 최선을 다하겠습니다.

성안당은 늘 독자 여러분들의 소중한 의견을 기다리고 있습니다. 좋은 의견을 보내주시는 분께는 성안당 쇼핑몰의 포인트(3,000포인트)를 적립해 드립니다.

잘못 만들어진 책이나 부록 등이 파손된 경우에는 교환해 드립니다.

저자 문의 e-mail : ee07jang@hanmail.net(장준영)
본서 기획자 e-mail : coh@cyber.co.kr(최옥현)
홈페이지 : http://www.cyber.co.kr   전화 : 031) 950-6300

우리나라 환경보전의 역사가 60년을 훌쩍 넘어섰지만, 환경보전의 첨병으로서 일선에서 환경업무를 수행해 나갈 환경기사·산업기사로서의 역할은 여전히 중요하다 하겠습니다.

본 저자는 1977년부터 환경에 대한 사명의식을 가지고 환경의 일선에 뛰어들어 기업의 환경실무, 환경기사·산업기사의 양성, 환경기술사업, 환경전문서의 집필, 환경기사의 권익향상을 위한 단체활동 등에 이르기까지 격세지감을 느끼면서 늦은 바 없지 않으나 오랜 기간 동안 집필해 왔었다가 사정에 의해 한동안 도외시 해왔던 본 수질환경산업기사 수험서를 여러분들의 격려와 성원에 힘입어 비로소 이번에 재보완하여 집필하게 됨으로써 다소나마 마음의 짐을 해소하게 되었습니다.

오랜 기간에 걸쳐 자격시험의 출제경향은 다양해지고 넓어진 출제분야에 부응하고, 또한 필자의 욕심은 본 도서가 시험대비에만 쓰이는 수험서가 아니라 자격취득 후에도 소지하고 볼 수 있는 참고도서가 되도록 해야 되겠다는 일념으로 이론의 보완, 다양한 문제, 설명을 부가하다 보니 페이지 수가 다소 많은 감은 있으나, 이 한 권의 책으로 수험 전·후 좋은 참고서가 되리라 생각합니다. 최선을 다해 집필하였으나 항상 부족하다는 생각에서 이 분야에 종사하는 분들께 항상 가르침을 바라는 마음 간절하며 향후 지속적으로 더 좋은 참고서가 되도록 노력해 나가겠습니다. 아무쪼록 이 책으로 인해 수험자 여러분들의 좋은 결과와 발전이 있으시길 기원드리며 자격취득 후에 국가의 환경보전에 기여를 부탁드립니다.

끝으로 이 책이 나오기까지 많은 도움을 주신 성안당 이종춘 회장님과 임직원 여러분께 감사드리며, 더불어 이론 집필에 도움이 되었던 여러 환경도서 저자님들께도 감사를 드리는 바입니다.

저자 장준영

시험안내

- 자격명 : 수질환경산업기사(Industrial Engineer Water Pollution Environmental)
- 직무분야 : 환경·에너지
- 관련부서 : 환경부
- 시행기관 : 한국산업인력공단(www.q-net.or.kr)

01 기본 정보

(1) 개요

수질오염이란 물의 상태가 사람이 이용하고자 하는 상태에서 벗어난 경우를 말하는데 그런 현상 중에는 물에 인, 질소와 같은 비료성분이나 유기물, 중금속과 같은 물질이 많아진 경우, 수온이 높아진 경우 등이 있다. 이러한 수질오염은 심각한 문제를 일으키고 있어 이에 따른 자연환경 및 생활환경을 관리 보전하여 쾌적한 환경에서 생활할 수 있도록 수질오염에 관한 전문적인 양성이 시급해짐에 따라 자격제도를 제정하였다.

(2) 수행직무

수질 분야에 측정망을 설치하고 그 지역의 수질오염상태를 측정하여 다각적인 연구와 실험분석을 통해 수질오염에 대한 대책을 강구하며, 수질오염물질을 제거 또는 감소시키기 위한 오염방지시설을 설계, 시공, 운영하는 업무를 수행한다.

(3) 진로 및 전망

정부의 환경 관련 공무원, 환경관리공단, 한국수자원공사 등 유관기관, 화공, 제약, 도금, 염색, 식품, 건설 등 오·폐수 배출업체, 전문폐수처리업체 등으로 진출할 수 있다. 「수질환경보전법(법 23조)」 사업자는 배출시설과 방지시설의 정상적인 운영·관리를 위하여 환경관리인을 임명할 것을 명시하고 있어 취업에 유리하며 우리나라의 환경 투자비용은 매년 증가하고 있으며 이중 수질개선부분 즉, 수질관리와 상하수도 보전에 쓰여진 돈은 전체 환경투자비용의 50%를 넘는 등 환경예산의 증가로 인하여 수질관리 및 처리에 있어 인력수요가 증가할 것이다.

(4) 연도별 검정현황

연 도	필 기			실 기		
	응 시	합 격	합격률	응 시	합 격	합격률
2021	2,070명	574명	27.7%	889명	305명	34.3%
2020	1,905명	683명	35.9%	938명	423명	45.1%
2019	2,264명	637명	28.1%	700명	346명	49.4%
2018	2,312명	660명	28.5%	725명	459명	63.3%
2017	2,516명	661명	26.3%	845명	520명	61.5%
2016	2,525명	821명	32.5%	965명	526명	54.5%

02 시험 정보

(1) 시험수수료

- 필기 : 19,400원 / 실기 : 20,800원

(2) 출제경향

- 필기 : 출제기준 참고
- 실기 : 수질오염에 대한 전문적인 지식을 토대로 수질오염 배출시설에서 발생하는 수질오염 물질을 수질오염 공정시험기준에 따라 시료 제조 및 측정 분석

(3) 취득방법

① 관련학과 : 대학이나 전문대학의 환경공학, 수질폐기물, 환경시스템공학, 환경공업 화학 관련학과

② 시험과목
- 필기 : 1. 수질오염개론
  2. 수질오염 방지기술
  3. 수질오염 공정시험기준
  4. 수질환경 관계법규
- 실기 : 수질오염방지 실무

③ 검정방법
- 필기 : 객관식 4지 택일형 과목당 20문항(과목당 30분)
- 실기 : 필답형(2시간 30분)

④ 합격기준(공통)
- 필기 : 100점을 만점으로 하여 과목당 40점 이상, 전 과목 평균 60점 이상
- 실기 : 100점을 만점으로 하여 60점 이상

(4) 시험일정

회 별	필기 원서접수 (인터넷)	필기시험	필기 합격발표	실기 원서접수	실기시험	최종합격자 발표
제1회	1월 말	3월 초	3월 말	4월 초	5월 초	6월 중
제2회	3월 말	4월 중	5월 중	6월 말	7월 말	9월 초
제3회	6월 초	7월 초	8월 초	9월 초	10월 중	11월 말

[비고] 1. 원서접수 시간은 원서접수 첫날 9:00부터 마지막날 18:00까지임.
2. 필기시험 합격예정자 및 최종합격자 발표시간은 해당 발표일 9:00임.
3. 자세한 시험일정은 Q-net 홈페이지(www.q-net.or.kr)에서 확인바람.
※ 필기시험은 2020년 마지막 시험부터 CBT로 시행됨.

시험안내

03 자격증 취득과정

(1) 원서 접수 유의사항

- 원서 접수는 온라인(인터넷, 모바일앱)에서만 가능하다.
  스마트폰, 태블릿 PC 사용자는 모바일앱 프로그램을 설치한 후 접수 및 취소/환불 서비스를 이용할 수 있다.
- 원서 접수 확인 및 수험표 출력기간은 접수 당일부터 시험 시행일까지이다.
  이외 기간에는 조회가 불가하며, 출력장애 등을 대비하여 사전에 출력하여 보관하여야 한다.
- 원서 접수 시 반명함 사진 등록이 필요하다.
  사진은 6개월 이내 촬영한 3.5cm×4.5cm 컬러사진으로, 상반신 정면, 탈모, 무 배경을 원칙으로 한다.
  ※ 접수 불가능 사진 : 스냅사진, 스티커사진, 측면사진, 모자 및 선글라스 착용 사진, 혼란한 배경사진, 기타 신분확인이 불가한 사진

STEP 01	STEP 02	STEP 03	STEP 04
필기시험 원서 접수	필기시험 응시	필기시험 합격자 확인	실기시험 원서 접수

- 필기시험은 온라인 접수만 가능
- Q-net(q-net.or.kr) 사이트 회원가입 및 응시자격 자가진단 확인 후 접수 진행

- 입실시간 미준수 시 시험 응시 불가
  (시험 시작 20분 전까지 입실)
- 수험표, 신분증, 필기구 지참
  (공학용 계산기 지참 시 반드시 포맷)

- 문자메시지, SNS 메신저를 통해 합격 통보 (합격자만 통보)
- Q-net 사이트 또는 ARS(1666-0100)를 통해서 확인 가능
- 2020년 마지막 시험부터 CBT 형식으로 시행되므로 시험 완료 즉시 합격 여부 확인 가능

- Q-net 사이트에서 원서 접수
- 응시자격서류 제출 후 심사에 합격 처리된 사람에 한하여 원서 접수 가능
  (응시자격서류 미제출 시 필기시험 합격예정 무효)

(2) 시험문제와 가답안 공개

2020년 마지막 시험부터 산업기사 필기는 CBT(Computer Based Test)로 시행되므로 시험문제와 가답안은 공개되지 않습니다.

STEP 05	STEP 06	STEP 07	STEP 08
실기시험 응시	실기시험 합격자 확인	자격증 교부 신청	자격증 수령

- 수험표, 신분증, 필기구, 공학용 계산기, 종목별 수험자 준비물 지참 (공학용 계산기는 허용된 종류에 한하여 사용 가능하며, 수험자 지참 준비물은 실기시험 접수기간에 확인 가능)

- 문자메시지, SNS 메신저를 통해 합격 통보 (합격자만 통보)
- Q-net 사이트 또는 ARS(1666-0100)를 통해서 확인 가능

- Q-net 사이트에서 신청 가능
- 상장형 자격증, 수첩형 자격증 형식 신청 가능

- 상장형 자격증은 합격자 발표 당일부터 인터넷으로 발급 가능 (직접 출력하여 사용)
- 수첩형 자격증은 인터넷 신청 후 우편 수령만 가능

CBT안내

01 CBT란

Computer Based Test의 약자로, 컴퓨터 기반 시험을 의미한다.
정보기기운용기능사, 정보처리기능사, 굴삭기운전기능사, 지게차운전기능사, 제과기능사, 제빵기능사, 한식조리기능사, 양식조리기능사, 일식조리기능사, 중식조리기능사, 미용사(일반), 미용사(피부) 등 12종목은 이미 오래 전부터 CBT 시험을 시행하고 있으며, 이외의 기능사는 2016년 5회부터, **수질환경산업기사 등 모든 산업기사는 2020년 마지막부터 CBT 시험이 시행**되었다.

02 CBT 시험 과정

한국산업인력공단에서 운영하는 홈페이지 **큐넷(Q-net)**에서는 누구나 쉽게 **CBT 시험**을 볼 수 있도록 실제 자격시험 환경과 동일하게 구성한 **가상 웹 체험 서비스를 제공**하고 있으며, 그 과정을 요약한 내용은 아래와 같다.

(1) 시험시작 전 신분 확인절차

수험자가 자신에게 배정된 좌석에 앉아 있으면 신분 확인절차가 진행된다.
이것은 시험장 감독위원이 컴퓨터에 나온 수험자 정보와 신분증이 일치하는지를 확인하는 단계이다.

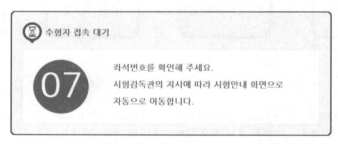

(2) CBT 시험안내 진행

신분 확인이 끝난 후 시험시작 전 CBT 시험안내가 진행된다.

> 안내사항 > 유의사항 > 메뉴 설명 > 문제풀이 연습 > 시험준비 완료

① **시험 [안내사항]을 확인한다.**
- 시험은 총 5문제로 구성되어 있으며, 5분간 진행된다.
※ 자격종목별로 시험문제 수와 시험시간은 다를 수 있다.
   (수질환경산업기사 필기 – 80문제/2시간)
- 시험도중 수험자 PC 장애 발생 시 손을 들어 시험감독관에게 알리면 긴급장애조치 또는 자리이동을 할 수 있다.
- 시험이 끝나면 합격여부를 바로 확인할 수 있다.

② **시험 [유의사항]을 확인한다.**
시험 중 금지되는 행위 및 저작권 보호에 관한 유의사항이 제시된다.

③ **문제풀이 [메뉴 설명]을 확인한다.**
문제풀이 기능 설명을 유의해서 읽고 기능을 숙지해야 한다.

④ **자격검정 CBT [문제풀이 연습]을 진행한다.**
실제 시험과 동일한 방식의 문제풀이 연습을 통해 CBT 시험을 준비한다.
- CBT 시험 문제화면의 기본 글자크기는 150%이다. 글자가 크거나 작을 경우 크기를 변경할 수 있다.
- 화면배치는 1단 배치가 기본 설정이다. 더 많은 문제를 볼 수 있는 2단 배치와 한 문제씩 보기 설정이 가능하다.

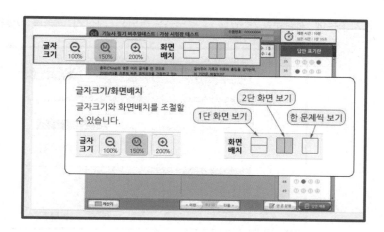

CBT안내

- 답안은 문제의 보기번호를 클릭하거나 답안표기 칸의 번호를 클릭하여 입력할 수 있다.
- 입력된 답안은 문제화면 또는 답안표기 칸의 보기번호를 클릭하여 변경할 수 있다.

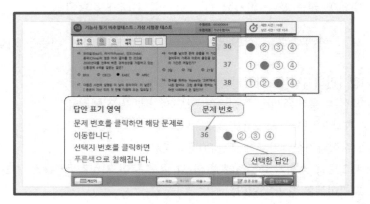

- 페이지 이동은 아래의 페이지 이동 버튼 또는 답안표기 칸의 문제번호를 클릭하여 이동할 수 있다.

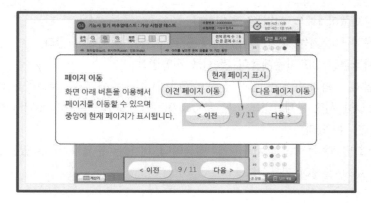

- 응시종목에 계산문제가 있을 경우 좌측 하단의 계산기 기능을 이용할 수 있다.

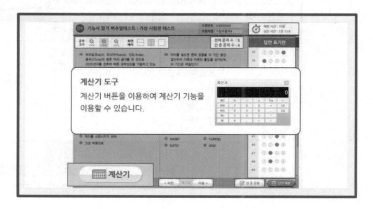

- 안 푼 문제 확인은 답안 표기란 좌측에 안 푼 문제 수를 확인하거나 답안 표기란 하단 [안 푼 문제] 버튼을 클릭하여 확인할 수 있다. 안 푼 문제번호 보기 팝업창에 안 푼 문제 번호가 표시된다. 번호를 클릭하면 해당 문제로 이동한다.

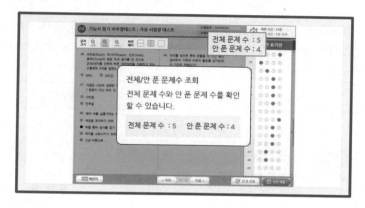

- 시험문제를 다 푼 후 답안 제출을 하거나 시험시간이 모두 경과되었을 경우 시험이 종료 되며 시험결과를 바로 확인할 수 있다.
- [답안 제출] 버튼을 클릭하면 답안 제출 승인 알림창이 나온다. 시험을 마치려면 [예] 버튼을 클릭하고 시험을 계속 진행하려면 [아니오] 버튼을 클릭하면 된다. 답안 제출은 실수 방지를 위해 두 번의 확인 과정을 거친다. 이상이 없으면 [예] 버튼을 한 번 더 클릭하면 된다.

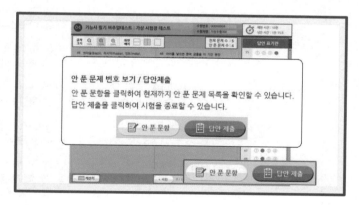

⑤ [시험준비 완료]를 한다.
   시험 안내사항 및 문제풀이 연습까지 모두 마친 수험자는 [시험준비 완료] 버튼을 클릭한 후 잠시 대기한다.

(3) CBT 시험 시행

(4) 답안 제출 및 합격 여부 확인

출제기준

 필 기

| 직무분야 | 환경 · 에너지 | 중직무분야 | 환경 | 자격종목 | 수질환경산업기사 | 적용기간 | 2020.1.1.~2024.12.31. |

✪ 직무내용 : 수질분야에 측정망을 설치하고 그 지역의 수질오염상태를 측정하여 다각적인 실험분석을 통해 수질오염에 대한 대책을 강구하며 수질오염물질을 제거하기 위한 오염방지시설을 설계, 시공, 운영하는 업무 등의 직무 수행

| 필기검정방법 | 객관식 | 문제수 | 80 | 시험시간 | 2시간 |

필기 과목명	문제수	주요항목	세부항목	세세항목
수질오염개론	20	1. 물의 특성 및 오염원	(1) 물의 특성	① 물의 물리적 특성 ② 물의 화학적 특성 ③ 수중 물질이동 확산
			(2) 수질오염 및 오염물질 배출원	① 수질오염원의 종류 ② 수질오염물질 배출원과 그 영향
		2. 수자원의 특성	(1) 물의 부존량과 순환	① 물의 부존량 ② 물의 순환
			(2) 수자원의 용도 및 특성	① 수자원의 용도 ② 지표수의 특성 ③ 지하수의 특성 ④ 바닷물의 특성
			(3) 중수도의 용도 및 특성	① 중수도의 용도 ② 중수도의 특성
		3. 수질화학	(1) 화학양론	① 화학적 단위 ② 물질수지
			(2) 화학평형	① 화학평형의 개념 ② 이온적, 용해도적 등의 산출
			(3) 화학반응	① 산-염기 반응 ② 중화반응 ③ 산화-환원반응
			(4) 계면화학현상	① 계면화학 반응 ② 물질이동
			(5) 반응속도	① 반응속도 개념 ② 반응차수 ③ 반응조의 종류와 특성
			(6) 수질오염의 지표	① 화학적 지표 ② 물리학적 지표 ③ 생물학적 지표

필기 과목명	문제수	주요항목	세부항목	세세항목
		4. 수중 생물학	(1) 수중 미생물의 종류 및 기능	① 수중미생물의 분류 ② 수중미생물의 기능과 특성
			(2) 수중의 물질순환 및 광합성	① 수중의 물질순환 ② 수중생물의 광합성
			(3) 유기물의 생물학적 변화	① 호기성분해와 그 영향인자 ② 혐기성분해와 그 영향인자 ③ 세포증식과 기질제거
			(4) 독성시험과 생물농축	① 생태독성시험 ② 생물농축 및 농축계수
		5. 수자원관리	(1) 하천의 수질관리	① 하천의 정화단계 ② 하천의 BOD, DO 변화 ③ 하상계수 및 자정계수 ④ 하천 수질 오염대책
			(2) 호·저수지의 수질관리	① 성층 및 전도현상 ② 부영양화 ③ 호소수 수질오염 대책
			(3) 연안의 수질관리	① 연안의 오염특성 ② 적조현상과 그 대책 ③ 유류오염과 그 대책
			(4) 지하수관리	① 지하수 오염의 특징 ② 지하수 오염대책
			(5) 수질모델링	① 모델링의 절차와 주요내용 ② 모델의 종류와 특징
			(6) 환경영향평가	① 환경영향평가 방법
		6. 분뇨 및 축산 폐수에 관한 사항	(1) 분뇨 및 축산폐수의 특징	① 분뇨의 특징 ② 축산폐수의 특징
			(2) 분뇨, 축산폐수 수집 및 운반처리	① 분뇨, 축산폐수의 수집 ② 분뇨, 축산폐수의 운반처리
수질오염 방지기술	20	1. 하수 및 폐수의 성상	(1) 하수의 발생원 및 특성	① 하수의 발생원별 특성 ② 하수의 발생부하량 ③ 하수 성상별 처리공법 선정
			(2) 폐수의 발생원 및 특성	① 폐수의 발생원 ② 폐수의 특성 ③ 폐수 성상별 처리공법 선정
			(3) 비점오염원의 발생 및 특성	① 비점오염원의 발생 ② 비점오염원의 특성 및 처리공법
		2. 하폐수 및 정수 처리	(1) 물리학적 처리	① 물리학적 처리의 종류 및 이론 ② 물리학적 처리공법의 종류 및 특성

출제기준

필기 과목명	문제수	주요항목	세부항목	세세항목
			(2) 화학적 처리	① 화학적 처리의 종류 및 이론 ② 화화적 처리공법의 종류 및 특성
			(3) 생물학적 처리	① 생물학적 처리의 종류 및 이론 ② 생물학적 처리공법의 종류 및 특성
			(4) 고도처리	① 고도처리의 종류 및 이론 ② 고도처리공법의 종류 및 특성
			(5) 슬러지처리 및 기타처리	① 슬러지처리방법의 종류 및 이론 ② 기타 처리방법
		3. 하폐수·정수처리 시설의 설계	(1) 하폐수·정수처리의 설계 및 관리	① 설계인자 ② 물리학적 처리시설 설계 및 관리 ③ 화학적 처리시설 설계 및 관리 ④ 생물학적 처리시설 설계 및 관리 ⑤ 고도처리시설 설계 및 관리 ⑥ 슬러지처리 및 기타 처리시설 설계 및 　관리
			(2) 시공 및 설계내역서 작성	① 시공 ② 공사수량 및 설계내역서 작성 ③ 설계도 및 시방서
		4. 오수, 분뇨 및 축산폐수 방지시설의 설계	(1) 분뇨처리 시설의 설계 및 시공	① 분뇨처리시설의 종류 및 설계 ② 분뇨처리시설의 시공 ③ 분뇨처리시설 유지관리
			(2) 축산폐수처리시설의 설계 및 시공	① 축산폐수처리시설의 종류 및 설계 ② 축산폐수처리시설의 시공 ③ 축산폐수처리 시설의 유지관리
수질오염 공정시험기준	20	1. 총칙	(1) 일반사항	① 적용범위 ② 단위 및 기호 ③ 용어의 정의 등 ④ 정도보증/정도관리 등
		2. 일반시험방법	(1) 유량 측정	① 공장폐수 및 하수유량측정 ② 하천유량측정방법
			(2) 시료채취 및 보존	① 시료채취 ② 시료보존
			(3) 시료의 전처리	① 전처리방법의 선정 ② 전처리방법의 종류
		3. 기기분석방법	(1) 자외선/가시선분광법	① 원리 및 적용범위 ② 장치의 구성 및 특성 ③ 조작 및 결과분석방법
			(2) 원자흡수분광광도법	① 원리 및 적용범위 ② 장치의 구성 및 특성 ③ 조작 및 결과분석방법

필기 과목명	문제수	주요항목	세부항목	세세항목
			(3) 유도결합플라스마 원자발광 분광법	① 원리 및 적용범위 ② 장치의 구성 및 특성 ③ 조작 및 결과분석방법
			(4) 기체크로마토그래피법	① 원리 및 적용범위 ② 장치의 구성 및 특성 ③ 조작 및 결과분석방법
			(5) 이온크로마토그래피법	① 원리 및 적용범위 ② 장치의 구성 및 특성 ③ 조작 및 결과분석방법
			(6) 이온전극법 등	① 원리 및 적용범위 ② 장치의 구성 및 특성 ③ 조작 및 결과분석방법
		4. 항목별 시험방법	(1) 일반항목	① 측정원리 ② 기구 및 기기 ③ 시험방법
			(2) 금속류	① 측정원리 ② 기구 및 기기 ③ 시험방법
			(3) 유기물류	① 측정원리 ② 기구 및 기기 ③ 시험방법
			(4) 기타	① 측정원리 ② 기구 및 기기 ③ 시험방법
		5. 하폐수 및 정수처리 공정에 관한 시험	(1) 침강성, SVI, JAR TEST 시험 등	① 측정원리 ② 기구 및 기기 ③ 시험방법
		6. 분석관련 용액제조	(1) 시약 및 용액	–
			(2) 완충액	–
			(3) 배지	–
			(4) 표준액	–
			(5) 규정액	–
수질환경 관계법규	20	1. 물환경보전법	(1) 총칙	–
			(2) 공공수역의 물환경보전	① 총칙 ② 국가 및 수계영향권별 물환경보전 ③ 호소의 물환경보전

출제기준

필기 과목명	문제수	주요항목	세부항목	세세항목
			(3) 점오염원의 관리	① 산업폐수의 배출규제 ② 공공폐수처리시설 ③ 생활하수 및 가축분뇨의 관리
			(4) 비점오염원의 관리	-
			(5) 기타 수질오염원의 관리	-
			(6) 폐수처리업	-
			(7) 보칙 및 벌칙	-
		2. 물환경보전법 시행령	(1) 시행령(별표 포함)	-
		3. 물환경보전법 시행규칙	(1) 시행규칙(별표 포함)	-
		4. 물환경보전법 관련법	(1) 환경정책기본법, 가축분뇨의 관리 및 이용에 관한 법률 등 수질환경과 관련된 기타 법규내용	-

실 기

직무분야	환경·에너지	중직무분야	환경	자격종목	수질환경산업기사	적용기간	2020.1.1.~2024.12.31.

✪ 직무내용 : 수질분야에 측정망을 설치하고 그 지역의 수질오염상태를 측정하여 다각적인 실험분석을 통해 수질오염에 대한 대책을 강구하며 수질오염물질을 제거하기 위한 오염방지시설을 설계, 시공, 운영하는 업무 등의 직무 수행

✪ 수행준거 : 물의 특성과 수자원 현황을 이해하고, 수질오염의 특성에 관련된 제반 기초지식 및 응용지식을 활용하여
1. 수질오염공정시험기준에 따라 수질을 분석할 수 있다.
2. 수질환경 관계 법령에 따라 오염물질량 산정과 처리방법을 결정할 수 있다.
3. 상하수도 및 수질오염 방지시설을 설계 및 시공, 운영할 수 있다.

실기 검정방법	필답형	시험시간	2시간 30분

실기 과목명	주요항목	세부항목
수질오염 방지실무	1. 수질공정관리 계획 수립	(1) 공정별 운영관리하기
	2. 문제점 및 비상시 대책 수립	(1) 예상되는 문제점 파악하기
		(2) 문제점 대안 도출하기
	3. 수질관리 최적화 방안 도출	(1) 수처리 공정의 설계인자 파악하기
	4. 표준 수질공정 운전	(1) 물리적 처리시설 운전하기
		(2) 화학적 처리시설 운전하기
		(3) 생물학적 처리시설 운전하기
	5. 고도 처리시설 운전	(1) 질소인 처리공정 운전하기
		(2) 막 분리공정 운전하기
		(3) AOP 처리공정 운전하기
	6. 슬러지 처리공정 운전	(1) 슬러지 처리하기
	7. 수질오염 방지시설	(1) 하폐수 및 정수처리의 기본 설계하기
		(2) 각종 방지시설의 설계하기
	8. 수질오염측정 및 수질관리	(1) 수질오염물질 등 분석하기
		(2) 수질관리하기

차 례

Contents

PART 2 수질오염 방지기술

Contents

PART 3 수질오염 공정시험기준

Contents

PART 4 수질환경 관계법규

차 례

부 록

과년도 기출문제

※ 2020년 제4회 시험부터 CBT(Computer Based Test)로 시행되어 기출문제가
공개되지 않아 복원된 문제임을 알려드립니다.

출제경향을 크게 분석하여 주요항목을 열거하여 보면,

(1) 수자원의 특성 및 오염영향

(2) 수자원(하천, 호·저수지, 연안 등)관리

위의 항목에 관여되는 문제는 출제비중이 높아 중점적으로 정리해야 한다.

그 외에,

① 수질화학

② 수질생물학

③ 오수·분뇨 및 축산폐수에 관한 사항 등이 있다.

Tip▶ 수질오염 개론은 전 과목의 기초가 되는 과목이므로 기초를 튼튼히 쌓아가는 마음으로 정리하길 바란다.

필기과목명	주요항목	세부항목
수질오염 개론	1. 물의 특성 및 오염원	(1) 물의 특성
		(2) 수질오염 및 오염물질 배출원
	2. 수자원의 특성	(1) 물의 부존량과 순환
		(2) 수자원의 용도 및 특성
		(3) 중수도의 용도 및 특성
	3. 수질화학	(1) 화학양론
		(2) 화학평형
		(3) 화학반응
		(4) 계면화학현상
		(5) 반응속도
		(6) 수질오염의 지표
	4. 수중 생물학	(1) 수중 미생물의 종류 및 기능
		(2) 수중의 물질순환 및 광합성
		(3) 유기물의 생물학적 변화
		(4) 독성시험과 생물농축
	5. 수자원 관리	(1) 하천의 수질관리
		(2) 호·저수지의 수질관리
		(3) 연안의 수질관리
		(4) 지하수 관리
		(5) 수질모델링
		(6) 환경영향평가
	6. 분뇨 및 축산 폐수에 관한 사항	(1) 분뇨 및 축산 폐수의 특징
		(2) 분뇨, 축산 폐수 수집 및 운반처리

기초단위(基礎單位)

01 미량(微量)성분의 농도

(1) ppm (parts per million : 백만분율)

$$1\mathrm{ppm} = \frac{1}{10^6} = \frac{1\mathrm{mg}}{10^6\mathrm{mg}} = \boxed{1\mathrm{mg/kg}} \fallingdotseq 1\mathrm{mg/L} = 1\mathrm{g/m^3}$$

(2) ppb (parts per billion : 10억분율)

$$1\mathrm{ppb} = \frac{1}{10^9} = \frac{1\mu\mathrm{g}}{10^9\mu\mathrm{g}} = \boxed{1\mu\mathrm{g/kg}} \fallingdotseq 1\mu\mathrm{g/L} = 1\mathrm{mg/m^3}$$

(3) pphm (parts per hundred million : 1억분율)

$$1\mathrm{pphm} = \frac{1}{10^8} = \frac{1\mu\mathrm{g}}{10^8\mu\mathrm{g}} = \boxed{10\mu\mathrm{g/kg}} \fallingdotseq 10\mu\mathrm{g/L} = 10\mathrm{mg/m^3}$$

1ppm=100pphm=1,000ppb, 1ppb=10^{-1}pphm=10^{-3}ppm

(4) 1% (parts per hundred : 백분율)$= \dfrac{1}{10^2}$

(5) 1‰ (parts per thousand : 천분율)$= \dfrac{1}{10^3}$

1%=10‰=10,000ppm

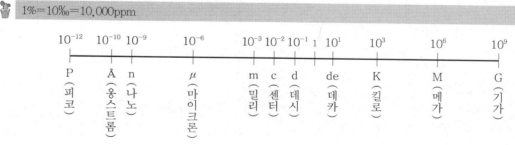

[그림 1-1] 계량단위 크기의 비교

02 N농도(Normality)와 M농도(Molarity)

(1) 당량(當量)

어떤 원소가 산소 8.00량이나 수소 1.008량과 결합 또는 치환하는 양이다.

→ g당량 : 당량에 g을 붙인 값

(2) 원자량(原子量)

질량수 12인 탄소원자 ^{12}C의 질량값을 12로 정하고 이것과 비교한 각 원소의 상대적 질량값을 말한다.

→ g원자량 : 원자량에 g을 붙인 값

(3) 분자량(分子量)

어떤 화합물 구성 원자량의 합이다.

→ g분자량 : 분자량에 g을 붙인 값

(4) N농도(Normality, 규정농도) = g당량/L = eq/L

용질 용액

(5) M농도(Molarity) = g분자/L = mol/L

용질 용액

(6) 몰랄농도(molality) = g분자/1,000g

용질 용매

(7) 농도계산

$$① \ \text{N농도} = \frac{비중(밀도) \times 1,000 \times \frac{\%}{100}}{당량} = \frac{비중(밀도) \times 10 \times \%}{당량}$$

$$② \ \text{M농도} = \frac{비중(밀도) \times 1,000 \times \frac{\%}{100}}{분자량} = \frac{비중(밀도) \times 10 \times \%}{분자량}$$

> **용액＝용매＋용질**
> ① 용매 : 용해에 사용된 액체 즉, 용질을 녹이는 물질로서 용매가 물일 때는 수용액이라 한다.
> ② 용질 : 용해되어 있는 물질 즉, 녹아 들어가는 물질이다.

(8) epm (me/L ; milliequivalent per liter)

규정농도를 eq/L(equivalent per liter) 또는 epm(equivalent per million)으로 표시하는데, 수질농도에서는 단위규모가 작으므로 mg 단위 즉, (1/1,000)N인 (1/1,000)eq/L 단위를 사용하는 경우가 많으며 me/L로 나타낸다.

∴ epm＝me/L

(9) 당량계산

① 원자 및 이온의 당량 $= \dfrac{\text{원자량}}{\text{원자가}}$

예 Ca^{2+}당량 $= \dfrac{40}{2} = 20$ Mg^{2+}당량 $= \dfrac{24.3}{2} = 12.15$

Na^{+}당량 $= \dfrac{23}{1} = 23$ Cl^{-}당량 $= \dfrac{35.5}{1} = 35.5$

② 분자(화합물)의 당량 $= \dfrac{\text{분자량}}{\text{양이온의 가수}}$

예 $CaCO_3$의 당량 $= \dfrac{100}{2} = 50$ $CaSO_4$의 당량 $= \dfrac{136}{2} = 68$

$NaCl$의 당량 $= \dfrac{58.5}{1} = 58.5$

③ 산의 당량 $= \dfrac{\text{분자량}}{H^{+}\text{수}}$

예 H_2SO_4의 당량 $= \dfrac{98}{2} = 49$ HCl의 당량 $= \dfrac{36.5}{1} = 36.5$

④ 염기의 당량 $= \dfrac{\text{분자량}}{OH^{-}\text{수}}$

예 $Ca(OH)_2$의 당량 $= \dfrac{74}{2} = 37$ $NaOH$의 당량 $= \dfrac{40}{1} = 40$

⑤ 산화제 및 환원제의 당량 $= \dfrac{\text{분자량}}{\text{주고 받는 전자수}}$

예 $KMnO_4$의 당량 $= \dfrac{158}{5} = 31.6$ $K_2Cr_2O_7$의 당량 $= \dfrac{294}{6} = 49$

$Na_2S_2O_3$의 당량 $= \dfrac{158}{1} = 158$ KIO_3의 당량 $= \dfrac{214}{6} = 35.7$

03 밀도(密度)와 비중(比重)

(1) 밀도 (density)

단위부피당의 질량을 밀도라 한다. 단위는 액체나 고체일 경우에는 g/cm^3, g/mL 또는 kg/m^3를 쓰고, 기체일 경우에는 g/L 또는 kg/m^3를 쓴다. 보통 비중량(specific weight)이라 하면 MKS 단위(N/m^3) 를 사용한다. 4℃ 물의 밀도는 $1g/cm^3$, $1,000kg/m^3$이다.

$$\text{밀도(d)} = \dfrac{\text{질량(g)}}{\text{부피}(cm^3)}$$

(2) 비중(specific gravity)

표준물질의 밀도에 대한 어떤 물질의 밀도 비로 한다. 표준물질로는 액체, 고체에 대하여는 4℃의 순수한 물을, 기체에 대하여는 표준상태의 공기가 사용된다. 즉,

$$\text{물체의 비중} = \frac{\text{물체의 무게}}{\text{같은 부피의 4℃ 물의 무게}} = \frac{\text{물체의 밀도}(g/cm^3)}{\text{4℃ 물의 밀도}(1g/cm^3)}$$

$$\text{기체(가스)의 비중} = \frac{\text{증기(가스)의 무게}(g)}{\text{증기와 같은 부피의 0℃, 1기압의 공기 무게}(g)}$$

$$= \frac{\text{증기(가스)의 밀도}(g/L)}{\text{0℃, 1기압의 공기 밀도}(1.293g/L)}$$

밀도는 단위가 있으나 비중은 단위가 없다. 또한, 액체나 고체에 있어서는 비중이나 밀도의 수치가 같다. 따라서, 계산에 있어서는 비중이 주어지면 밀도단위를 빌어서 사용한다. 그러나 기체에 있어서는 비중과 밀도의 수치가 다르므로 비중수치에 밀도단위를 빌어 쓸 수 없다.

04 압력(壓力)단위

(1) $1atm(\text{표준대기압}) = 1.0332kg/cm^2 = 760mmHg = 10.332mH_2O = 14.7psi$
    $= 1,013mbar = 101,300N/m^2 = 101,300Pa = 101.3kPa$

(2) $1at(\text{공학기압}) = 1kg/cm^2 = 735.6mmHg = 10mH_2O = 14.2psi = 980.7mbar = 0.9679atm$

(3) $1atm = 76cmHg = 76cm \times 13.6g중/cm^3 = 1033.6g중/cm^2(\text{중력단위})$
    $= 1033.6g/cm^2 \times 980cm/sec^2 = 1,012,928dyne/cm^2$
    $= 1012.928mbar ≒ 1,013mbar$

(4) $1Pa = 1N/m^2 = 1kg/m \cdot sec^2,\ 1kg/cm^2 = 9.8 \times 10^4 N/m^2$
    $1bar = 10^3 mbar = 10^5 N/m^2 = 10^5 Pa$

05 단위차원

(1) **절대단위계** : M(질량), L(길이), T(시간)를 기본단위로 하는 단위계

(2) **중력단위계** : 절대단위계의 질량 대신에 힘(F)을 기본단위로 하는 단위계

(3) **공학단위계** : 절대단위계와 중력단위계를 조합. 힘(F), 질량(M), 길이(L), 시간(T)을 각각 기본단위로 하는 단위계(※ 중력단위를 공학단위로 이용한다)

[표 1-1] MKS 단위 비교

단 위	양	차 원	절대단위	중력단위	공학단위
기본단위	힘, 무게	F	—	kgf(kg중)	kgf
	질량	M	kg	—	kg
	길이	L	m	m	m
	시간	T	sec, hr	sec, hr	sec, hr
유도단위	질량	$FL^{-1}T^2$	—	$kgf \cdot sec^2/m$	—
	밀도	ML^{-3}, $FL^{-4}T^2$	kg/m^3	$kgf \cdot sec^2/m^4$	$kgf \cdot sec^2/m^4$
	가속도	LT^{-2}	m/sec^2	m/sec^2	m/sec^2
	힘	MLT^{-2}	$kg \cdot m/sec^2$	kgf	kgf
	일	ML^2T^{-2}, FL	$kg \cdot m^2/sec^2$	$kgf \cdot m$	$kgf \cdot m(N \cdot m)$
	압력	$ML^{-1}T^{-2}$, FL^{-2}	$kg/m \cdot sec^2$	kgf/m^2	$kgf/m^2(N/m^2)$
	점도	$ML^{-1}T^{-1}$, $FL^{-2}T$	$kg/m \cdot sec$	—	$kgf \cdot sec/m^2(N \cdot S/m^2)$

어떤 물체의 무게를 W, 그 질량을 M, 중력가속도를 g, 체적을 V라 할 때 밀도 ρ를 중력단위(공학단위)계로 나타내면 다음과 같다.

$$\rho = \frac{M}{V}, \quad W = M \cdot g$$

따라서, $\rho = \dfrac{W}{V \cdot g} = \dfrac{W_0}{g}$, 여기서 W_0는 비중량이다.

06 : 힘(force)과 일(work), 동력(power)

(1) 힘의 단위

① CGS 단위 : $1dyne = 1g \times 1cm/sec^2 = 1g \cdot cm/sec^2$

② MKS 단위 : $1Newton = 1kg \times 1m/sec^2 = 1kg \cdot m/sec^2 = 10^5 g \cdot cm/sec^2 = 10^5 dyne$

③ 중력단위 : $1g중 = 1g \times 980cm/sec^2 = 980dyne$

   $1kg중 = 1kg \times 9.8m/sec^2 = 9.8N = 9.8 \times 10^5 dyne$

(2) 일의 단위

① CGS 단위 : $1erg = 1dyne \times 1cm = 1g \cdot cm^2/sec^2$

② MKS 단위 : $1Joule = 1N \times 1m = 1kg \cdot m^2/sec^2 = 10^7 g \cdot cm/sec^2 = 10^7 erg$

③ 중력단위 : $1g중 \cdot cm = 980dyne \cdot cm = 980erg$, $1kg중 \cdot m = 9.8N \cdot m = 9.8J = 9.8 \times 10^7 erg$

(3) 일률의 단위

① 일률 : 단위시간에 한 일의 양(전기에서는 일률을 전력이라 함)

$$P = \frac{W}{t} = \frac{F \cdot S}{t} = F \cdot \frac{S}{t}, \quad W = P \cdot t$$

여기서, P : 일률, W : 일, t : 시간, F : 힘, $\frac{S}{t}$: 속도

② MKS 단위 : $1\text{Watt} = \dfrac{1\text{Joule}}{1\sec} = 1\text{J/sec}, \ 1\text{kW} = 10^3\text{W}$

③ 중력단위 : $1\text{kg}중 \cdot \text{m/sec} = 9.8\text{J/sec} = 9.8\text{Watt}$

>> $1\text{kWh} = 10^3\text{W} \times 3,600\sec = 3.6 \times 10^6\text{J}$

질량(mass)과 중량(weight, 무게)

질량은 그 물체가 가지는 고유한 양(관성질량)이고 중량은 그 물체에 작용하는 지구중력, 즉 물체와 지구 사이에 작용하는 만유인력의 크기를 말한다.

$$W = M \cdot g$$

여기서, W : 중량(무게), M : 질량, g : 중력가속도

※ 중량 $1\text{g} = $ 질량 $1\text{g} \times$ 중력가속도 $= 980\text{g} \cdot \text{cm/sec}^2 = 980\text{dyne}$

01 물의 물리·화학적 특성

1 물의 특성(特性)과 물성상수(物性常數)

(1) 물의 특성

① 물(H_2O)은 산소와 수소의 공유결합(共有結合) 및 수소결합(水素結合)으로 되어 있다.

② 물(H_2O)은 소량 H^+과 OH^-로 전리되어 전하적으로 양성(兩性)을 가지며, ⊕와 ⊖의 극성(polarity)을 이루므로 모든 용질(溶質)에 대하여 가장 유효한 용매(溶媒, solvent)가 된다.

③ 각종 염류 및 CO_2, O_2를 용해하여 생물의 생활에 중요한 매체(媒體)가 된다.

④ 유사한 물질에 비해 비열(比熱)이 커서 수온의 급격한 변화를 방지해줌으로써 생물의 활동이 가능한 기온이 유지될 수 있다.

⑤ 기화열이 커서 생물의 효과적인 체온조절이 가능하다.

⑥ 융해열(融解熱)이 비교적 크므로 생물체의 결빙(結氷)이 쉽게 일어나지 않는다.

⑦ 생명체의 조직세포에까지 영양공급이 되며 높은 나무의 잎사귀까지 생명활동을 유지하게 할 수 있는 것은 물의 표면장력이 크기 때문이다.

⑧ 모든 반응의 매체로서 생명활동에 필수적인 물질이며 광합성의 수소공여체(hydrogen donor)로서 호흡(呼吸)의 최종산물 등 생체의 중요한 대사물(代謝物)이 된다.

(2) 물의 물성상수(物性常數)

① 비점 : 100℃(1기압하)

② 빙점(융점) : 0℃

③ 비열 : 1.0cal/g·℃(15℃)

④ 열전도율 : 1.40×10^{-3}cal/cm·sec·deg(20℃)

　　　　　　1.52×10^{-3}cal/cm·sec·deg(50℃)

　　　　　　1.64×10^{-3}cal/cm·sec·deg(100℃)

⑤ 체적팽창률 : 0.053×10^{-3}/℃(5~10℃)

　　　　　　　0.150×10^{-3}/℃(10~20℃)

　　　　　　　0.302×10^{-3}/℃(20~40℃)

⑥ 증발열 : 539cal/g(100℃)

⑦ 융해열 : 79.4cal/g(0℃)

⑧ 밀도 : 1.00000(4℃)

0.99794(−10℃)

0.99973(10℃)

⑨ 물의 점성계수

[표 1-2] 물의 점성계수

온도(℃)	μ(P)	ν(st)
0	0.01789	0.01789
10	0.01306	0.01307
20	0.01005	0.01006
50	0.00649	0.00556

비고 μ : poise(g/cm · sec), ν : stoke(cm^2/sec), ※ $\nu = \dfrac{\mu}{\rho}$

≫ 점성계수(μ)란 전단응력(τ)에 대하여 유체거리(y)에 대한 속도(u) 변화율의 비를 말함. ※ $\mu = \tau \cdot \dfrac{dy}{du}$

⑩ 비저항 : $2.5 \times 10^7 /\Omega \cdot$ cm

⑪ 비전도도 : $1.49 \times 10^{-8} /\Omega \cdot$ cm(0℃)

$2.68 \times 10^{-8} /\Omega \cdot$ cm(10℃)

$9.05 \times 10^{-8} /\Omega \cdot$ cm(34℃)

⑫ 음파의 전파속도 : 1,482.9m/sec(20℃)

⑬ 광(光)의 굴절률 : $\eta_D = 1.3330$(20℃)

1.3340(0℃)

2 증기압(蒸氣壓)과 표면장력(表面張力)

이 두 가지 성질은 주로 물과 공기의 계면(界面)에서 나타난다.

(1) 액체를 밀폐한 용기에 넣어두면 그 표면에서 증발이 일어나며 기체분자의 일부는 액체표면에 응축(凝縮)한다. 증발속도와 응축속도가 같아지면 액체와 증기 간에 평형이 성립한다. 이때의 증기압력을 그 액체의 증기압(vapor pressure)이라 한다. 물의 증기압은 자유수표면이나 공기건조되는 슬러지의 표면에서의 증발을 제어하는 인자의 하나이다. 물과 접하고 있는 공기나 가스는 곧 증발된 수증기로 포화되는데 이는 물과 대기 간의 가스교환을 감소시키고 수면을 덮고 있는 대기 중의 수증기 분압(partial pressure)을 형성한다. 또한, 물의 증기압은 그 분압에 비례하여 pump의 흡양력(吸揚力)을 감소시킨다.

[표 1-3] 온도에 따른 물의 증기압

온도(℃)	−10	0	10	20	30	100
증기압(mmHg)	1.95	4.58	9.21	17.5	31.8	760

액체의 증기압이 대기압과 같아지는 온도에서는 액체 내부에 기포가 발생하고 기화하며, 이 현상을 boiling이라 하고, 그 온도를 비점(boiling point)이라 한다. 액체의 비점은 대기압이 클수록 높아지는데 보통 1기압하에서의 비점을 사용한다.

(2) 표면장력(surface tension)은 액체 표면의 분자가 액체 내부의 당기는 힘에 의해 액체 표면에 움츠리는 힘이 생기는 것으로 온도상승에 따라 감소한다. 표면장력은 모세관현상(毛細管現象)을 일으키며 표면장력이 크면 wetting(젖음)이 잘 되지 않는다. 그러므로 비누나 합성세제로 표면장력을 저하시키면 wetting ability가 높아져 세정효과(deterging effect)를 촉진한다. 따라서, 표면장력은 모관오름(capillary rise)을 지배하며 물과의 물질교환에 있어서 중요한 link 역할을 한다.

[표 1-4] 물 표면의 온도에 따른 표면장력

온도(℃)	0	10	20	30
표면장력(dyne/cm)	75.6	74.2	72.8	71.2

(3) 표면장력 또는 분자 간 응집력은 물이 미세토양입자와 다공성 암석의 모세관로로 올라가는 높이를 결정한다. 그림 1-2에서 보는 바와 같이 관경이 d, 공기의 비중이 r_a, 공기와 접한 비중 r인 물의 모관 상승고(毛管上昇高)가 h일 때 표면장력 σ에 의해 생기는 힘으로서 지탱되어야 하는 물의 무게는 $\frac{1}{4}\pi d^2 h(r - r_a)$가 된다.

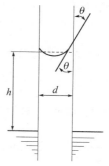

[그림 1-2] 관 내에서 액체의 모관오름

여기서 표면장력 σ는 관과 수면과의 접선에 연계하여 발휘되며 수직벽과 접촉각 θ를 만드는 물의 표면장력을 의미한다. 이 지탱력(supporting force)의 크기는 $\pi d \sigma \cos\theta$이다.

$$\frac{1}{4}\pi d^2 h(r - r_a) = \pi d \sigma \cos\theta$$

$$h = \frac{4\sigma\cos\theta}{d(r - r_a)} \left(\fallingdotseq \frac{4\sigma\cos\theta}{rd} \right) \quad \cdots\cdots\cdots \boxed{1}$$

접촉각이 0°(젖어있는 유리관의 경우)이고 σ가 dyne/cm로 표시되는 어떤 기-액계면에 대하여는

$$h = \frac{4\sigma}{g \cdot d \cdot (r - r_a)} \quad \cdots\cdots\cdots\cdots\cdots \boxed{2}$$

10℃ 물의 밀도는 약 0.99973g/cm³이고 공기의 밀도는 1.25×10^{-3}g/cm³라면

$$r - r_a = 0.99973 - 0.00125 \fallingdotseq 0.99848 \fallingdotseq 1$$

따라서, $h = \dfrac{4\sigma}{980d} = \dfrac{\sigma}{245d}$ cm로 유도된다.

3 자연수의 pH

(1) 자연수의 pH는 일반적으로 CO_2와 CO_3^{2-}의 구성비율로 결정된다.

$$\left.\begin{array}{l} CO_2 + H_2O \rightleftharpoons H_2CO_3 \\ H_2CO_3 \rightleftharpoons H^+ + HCO_3^- \\ HCO_3^- \rightleftharpoons H^+ + CO_3^{2-} \end{array}\right\} \quad CO_2 + H_2O \rightleftharpoons H^+ + HCO_3^-$$

pH < 5 : 주로 CO_2 형태로 존재($CO_2 > HCO_3^-$)

pH 5~9 : 주로 HCO_3^- 형태로 존재($CO_2 < HCO_3 > CO_3^{2-}$)

pH > 9 : 주로 CO_3^{2-} 형태로 존재($HCO_3^- < CO_3^{2-}$)

따라서, $CO_2 > CO_3^{2-}$: 산성

$\qquad CO_3^{2-} > CO_2$: 염기성

(2) 근래에 유기물질이 분해(호기성 및 혐기성)된 물은 산성이다.

호기성 분해 : $C_XH_YO_Z + O_2 \rightarrow \underset{\text{산성}}{CO_2} + H_2O + \Delta E$

혐기성 분해 : $C_XH_YO_Z \rightarrow \underset{\text{산성}}{CO_2} + CH_4 + \Delta E$

(3) 저수지 등에 조류(algae)가 번식하면 pH가 높아진다.

$$\text{조류의 작용}\left\{\begin{array}{l} \text{주간 : 광합성(光合成)} \\ \quad CO_2 + H_2O \rightarrow \underset{\underset{\text{생성조류}}{\uparrow}}{(CH_2O)} + O_2 \left\{\begin{array}{l} CO_2 \text{ 소비 : pH 증가(9~10)} \\ O_2 \text{ 제공 : DO 증가} \end{array}\right. \\ \text{야간 : 호흡(呼吸)} \\ \quad CH_2O + O_2 \rightarrow CO_2 + H_2O \left\{\begin{array}{l} CO_2 \text{ 제공 : pH 감소} \\ O_2 \text{ 소비 : DO 감소} \end{array}\right. \end{array}\right.$$

(4) 지하수는 유리탄산을 많이 함유하므로 약산성이다.

(5) 우수는 대기 중의 CO_2가 용해되어 pH가 저하되지만 특히 대기오염물질인 SO_x, NO_x, HCl 등의 산성가스를 용존하여 지상에 낙하할 때는 산성비(pH 5.6 이하) 문제가 생기기도 한다.

02 수중에서 물질의 이동 및 확산

1 용존물질의 분자확산

기계적 교반이 없더라도 용해되는 물질을 물속에 넣었을 때 시간이 경과되면 결국 주어진 양의 물속에서 균일하게 퍼져 농도가 일정해진다. 이것은 분자확산(molecular diffusion)에 의한 것으

로 이때의 확산속도로써 분자의 크기 등을 알 수 있다.

면적 A인 수평면을 통하여 dt 시간에 확산하는 물질의 양 dW는 고농도점으로부터 저농도점으로의 물질의 농도기울기 $\dfrac{dC}{dl}$에 비례한다고 보아 다음 식으로 표시된다.

$$\frac{dW}{dt} = k_d A \cdot \frac{dC}{dl} \quad \cdots\cdots\cdots\cdots\cdots\cdots\cdots\cdots\cdots\cdots\cdots\cdots\cdots\cdots\cdots\cdots\cdots\cdots\cdots\cdots\cdots\cdots\cdots\cdots\cdots\cdots \boxed{1}$$

여기서, W : 용질의 무게, t : 시간, k_d : 확산계수, A : 용기의 단면적, C : 농도, l : 거리

이것은 Fick의 제1법칙이며, k_d는 단위농도 기울기에서 단위시간에 단위면적을 통하여 확산하는 양으로서 용질에 따라 특이한 것으로, 분자량이 증가함에 따라 크기가 작아지고 온도에 따라 변한다. 또한, 기체에 있어서는 그 밀도의 평방근에 비례한다.

Fick법칙은 확산이 일어남에 따라 농도기울기가 감소하므로 편미분식으로 쓰여진다.

$$\frac{\partial W}{\partial t} = k_d \cdot A \frac{\partial C}{\partial l} \quad \cdots\cdots\cdots\cdots\cdots\cdots\cdots\cdots\cdots\cdots\cdots\cdots\cdots\cdots\cdots\cdots\cdots\cdots\cdots\cdots\cdots\cdots\cdots\cdots\cdots\cdots \boxed{2}$$

이 식의 해(解)는 Fourier 급수를 사용하면 가능한데, Black과 Phelps가 제안한 해(解)는 다음과 같다.

$$C_t = C_s - 0.811(C_s - C_0)\left(e^{-K_d} + \frac{1}{9}e^{-9K_d} + \frac{1}{25}e^{-25K_d} + \cdots\right) \quad \cdots\cdots\cdots\cdots\cdots\cdots \boxed{3}$$

여기서, C_s : 용해물질의 포화농도, C_0, C_t : 각각 시간 0과 t에서의 농도

그리고,

$$K_d = \frac{\pi^2 k_d t}{4l^2} \quad \cdots\cdots\cdots\cdots\cdots\cdots\cdots\cdots\cdots\cdots\cdots\cdots\cdots\cdots\cdots\cdots\cdots\cdots\cdots\cdots\cdots\cdots\cdots\cdots\cdots\cdots\cdots\cdots\cdots\cdots\cdots\cdots\cdots \boxed{4}$$

확산계수(k_d)는 농도기울기 $\dfrac{dC}{dl}$가 직선거리 cm당 1g/cc일 때 1시간에 1cm^2 만큼 확산되는 용질의 g으로 표시되는데, k_d의 단위차원은 [L^{2}T^{-1}]로서 cm^2/hr가 사용되고 K_d는 무차원이다.

[표 1-5] 수중에서 기체의 확산계수

물 질	분자량	온도(℃)	k_d(cm^2/hr)
NH$_3$	17	15.2	6.4×10^{-2}
O$_2$	32	20.0	6.7×10^{-2}
Cl$_2$	71	12.0	5.1×10^{-2}

어떤 수온에서의 산소 확산계수는 다음 식으로 계산할 수 있다.

$$k_d = 6.7 \times 10^{-2} e^{0.0159(T-20)} = (6.7 \times 10^{-2}) \times 1.016^{T-20} (\text{cm}^2/\text{hr})$$

여기서, T : ℃

물은 대부분의 물질을 용해할 수 있는 우수한 용매인데 소금, 설탕 등을 수중에 넣었을 때 양·음의 물분자 양극이 이들 용질의 양극분자의 반대부호와 결속하므로 균일 용액이 되는 반면, 기름은 무극분자이므로 유극분자인 물과 혼합이 안 되고, 가솔린과 기름은 서로 무극분자이므로 혼합이 잘 되며, 알코올은 유극분자로서 물과 혼합이 잘 된다.

2 기체의 흡수(吸收)와 용해(溶解)

일정한 온도에서 일정량의 액체에 용해되는 기체의 중량은 기체의 압력(분압)에 비례한다(Henry's Law). 혼합기체의 경우 각 성분은 각각의 분압에 의하여 독립적으로 용해된다. Henry의 법칙은 용해도가 작은 기체(N_2, O_2 등)에 적용되고 HCl, SO_2, NH_3 등 용해도가 크고 화학반응을 일으키는 경우는 성립되지 않는다.

대기 중의 N_2는 O_2의 $\frac{1}{2}$만 물에 용해된다. 즉, 대기 중의 O_2 : N_2는 1 : 4 정도이나 수중에서는 1 : 2이다. CO_2는 약 1%가 수중에서 화학반응하여 H_2CO_3를 형성하나 Henry의 법칙에 거의 맞아떨어진다.

Dalton의 법칙에 의하면 혼합기체의 전압은 각 성분의 분압의 합과 같다.

$$P = P_A + P_B + P_C + \cdots \quad \text{……………………………………………………} \boxed{1}$$

여기서, P : 전압, P_A, P_B, P_C : 혼합기체 성분 A, B, C의 각 분압

따라서, Henry의 법칙은 엄밀히 이상기체일 경우 성립된다.

$$C_s = K_s \cdot P \quad \text{………………………………………………………………} \boxed{2}$$

여기서, C_s : 수중 기체의 포화농도(mL/L 또는 g/L), P : 기상에서 기체의 분압(atm)

K_s : 흡수계수 또는 Henry 상수(mL/L−atm 또는 g/L−atm)

"모든 기체는 같은 압력 및 온도하에서는 같은 체적 중에 같은 수의 분자를 갖는다"는 Avogadro 가설에 기초하여 이들 양은 무게로 환산할 수 있다. 표준상태(0℃, 760mmHg)에서 어떤 기체의 1mol 체적은 22.41L이다. 어떤 주어진 온도 및 압력에서 기체의 체적이 표준상태로 감소되는 것은 상태방정식 $PV = nRT$에 따른다.

$$V_0 = V \frac{P - P_w}{P_0} \cdot \frac{T_0}{T} \quad \text{……………………………………………………} \boxed{3}$$

여기서, P : 기압(dyne/cm^2)

V : 기체의 체적(cm^3)

n : 체적 V 속의 기체의 mol수

R : 기체상수(8.314×10^7 dyne·cm/K·mol)

T : 절대온도(K) = ℃ + 273.16

P_w : 물의 증기압

※ 하첨자 0은 표준상태를 말함.

[표 1-6] 기체 → 물 흡수계수(K_s)

기 체	분자량	0℃, 760mmHg에서 중량 g/L	K_s 값(mL−기체/L−물)				비점 (℃)
			0℃	10℃	20℃	30℃	
H₂	2.016	0.0900	21.5	19.6	18.2	17.0	−253
N₂	28.02	1.251	23.0	18.5	15.5	13.6	−195
O₂	32.00	1.429	49.3	38.4	15.5	26.7	−183
NH₃	17.03	0.7706	1,300	910	711	−	−38.5
H₂S	34.08	1.523	4,690	3,520	2,670	−	−60
CO₂	44.00	1.977	1,710	1,190	878	665	−80
SO₂	64.06	2.927	79,800	56,600	39,700	27,200	−10
Cl₂	70.91	3.167	4,610	3,100	2,260	1,770	−33.6
공기	−	1.2928	28.8	3,100	18.7	16.1	−

(0℃, 760mmHg)

3 빛과 열의 흡수

물의 태양에너지 흡수는 광합성으로 엽록식물과 plankton의 성장을 촉진시키며 자외선에 의한 살균과 자연색의 표백, 그리고 흡수된 에너지의 열전환 등의 중요한 역할을 한다.

태양에너지는 투과각도에 따라 물속에 흡수 또는 반사되는 양에 차이가 있으나 태양복사의 흡수는 선택적이며 어떤 주어진 파장에 대하여 다음 식으로 표현된다.

$$\frac{di}{dl} = -K_e i$$

적분하면,

$$\int_{i_o}^{i} \frac{1}{i} di = -K_e \int_0^l dl$$

따라서,

$$\frac{i}{i_o} = e^{-K_e l} \quad \text{................} \quad \boxed{1}$$

그리고,

$$P_e = (i_o - i)/i_o = 1 - e^{-K_e l} \quad \text{................} \quad \boxed{2}$$

여기서, i : 표면하 깊이 l에서의 복사강도, i_o : 최초의 강도 또는 표면강도

K_e : 주어진 파장에서의 흡광계수 또는 흡수율(차원 L^{-1})

P_e : 흡수된 에너지의 비율

물이 태양광선으로부터 흡수한 에너지의 대부분은 열(熱)로 전환된다. 온도에 따른 물의 열량변화는 근소하여 4℃, 760mmHg에서 0.554cal/g, 100℃에서 0.565cal/g이다. 건조공기의 열용량

은 $0.24cal/g \cdot ℃$로, 온도에 따라 약간씩 변한다. 습기 찬 공기는 $0.25cal/g \cdot ℃$씩 변한다. 공기와 물은 둘 다 열전도도가 낮다. 물질운동이 없는 데서 물의 등온상태로부터의 열전도는 다음 식으로 표시할 수 있다.

$$\frac{dQ}{dt} = -K_T \cdot A \cdot \frac{dT}{dl} \quad\dotfill\quad ③$$

여기서, Q : t시간 동안의 열전달량, T : 거리 l에서의 온도변화
K_T : 열전달률(Thermal conductivity), A : 열전달(이동) 면적

얼음의 열전도율은 물보다 약 2배 높고 물의 비열은 건조공기 비열($0.24cal/g \cdot ℃$)의 4배에 달한다.

03 수원의 종류 및 특성

1 천수(天水, meteoric water) : 우수, 눈, 우박 등

천수는 사실상 증류수(distilled water)로서 증류단계에서는 순수(純水)에 가까워 다른 자연수보다 깨끗하지만 대기(大氣) 중의 각종 gas(산소, 탄산가스, 질소, 암모니아 등)와 분진 등을 함유하고, 우수는 대기 중의 CO_2를 용해하여 pH 5.6까지 내려갈 수 있으나 특히 대기오염에서 오는 가스성분인 SO_x, NO_x, HCl 등을 함유하여 근래에는 산성비(pH 5.6 이하)의 심각한 문제가 대두되고 있다. (※ 통상 25℃, 1기압의 대기와 평형상태인 증류수의 이론적인 pH는 5.7 정도이다.)
우수(雨水)의 주성분은 육수(陸水)보다는 해수(海水)의 주성분과 거의 동일하다고 할 수 있다. 즉, Na^+, K^+, Ca^{2+}, Mg^{2+}, SO_4^{2-}, Cl^- 등을 포함하고 있어 육수의 주성분인 SiO_2, HCO_3^-와는 차이가 큰 것을 알 수 있다. 해안으로부터의 거리와 우수의 수질 간에는, 해안 가까운 곳의 우수는 염분 함량의 변화가 커서 매우 작은 것에서부터 수천 mg/L에 이르고 있는 것까지 볼 수 있다. 내륙에서는 일반적으로 염분의 함량이 적은데, Na/Cl, Ca/Cl, SO_4/Cl들 값은 내륙으로 들어감에 따라 커진다. 이와 유사한 관계가 고지의 비와 저지의 빗물 간에도 나타나고 있다.
이와 같이 우수는 대기 중의 각종 성분을 운반하여 오므로 처음 내리는 비는 분진 등 각종 성분의 함유도가 일반적으로 높다.

2 지표수(地表水, surface water) : 호소수, 저수지수, 하천수 등

지표수의 구성은 매우 유동적이며 집수지역의 특성에 크게 의존한다. 비주거지대의 암반(岩盤)층이나 모래, 자갈 위를 흘러내리는 물은 옥토(沃土) 위를 흐르거나 늪에 고여 있던 물에 비하면 유기성 불순물을 훨씬 적게 함유한다. 지표수는 표면세척물과 운반물질에 의해서 직접 오염에 노출되고 있어 위험하고 의심스러운 물이나, 대부분의 도시는 강이나 호소 또는 저수지로부터 취수된 지표수에 의존하고 있는 실정이다.
지표수는 지하수에 비해 부유성 유기물이 많고, 각종 미생물과 세균의 번식이 활발하며, 경도가 낮고, 공기성분이 용해되어 있다. 지표수는 그 원(源)을 주로 우수에 의존한다.

특성

① 계절에 따른 수온변화가 심하고 홍수 시(洪水時)와 갈수 시(渴水時)의 오염도 변화가 심하다.
② 지하수에 비해 알칼리도, 경도가 낮다.
③ 부유성 유기물질이 풍부하고 광화학반응이 일어난다.
④ 함유성분이 유동적이며 집수 및 유하구역의 특성에 따라 수질이 크게 변한다.
⑤ 대기와 평형을 갖는 가스 출입이 있어 공기(산소)성분이 용해되어 있다.
⑥ 도시하수 및 동식물에 의해 유기물 함량이 높다.

3 지하수(地下水, ground water) : 천층수, 심층수, 용천수, 복류수

지하수는 지표수가 지층을 통해서 스며든 물인데, 토양은 대량의 오염을 방지해 주며 불순물과 세균이 없는 지하수를 만드는 데 큰 역할을 한다. 분해성 유기물질이 풍부한 토양을 통과하게 되면 물은 유기물의 분해산물인 CO_2 가스 등을 용해한다. 이렇게 하여 산성이 된 물은 석회질과 기타 광물질에 대하여 우수한 용매작용을 갖게 되며, 이 때문에 지하수는 지표수에 비해 경도(硬度)가 높고 용해된 광물질(鑛物質)을 많이 함유하게 되는 것이다.

특성

① 유속이 적고 국지적인 환경조건의 영향을 크게 받는다.
② 태양광선이 접하지 못하므로 광화학반응이 일어나지 않는다. 따라서, 지하수에서는 세균에 의한 유기물의 분해가 주된 생물작용이 된다.
③ 연중 수온이 거의 일정하다.
④ 대기와 평형을 갖는 가스 출입이 없다.
⑤ 미생물이 거의 없고, 자정속도가 느리다.
⑥ 지표수에 비해 유리탄산(CO_2)의 농도가 높고, 이로 인하여 무기염류, 알칼리도, 경도가 비교적 높다.

[표 1-7] 지하수질의 수직분포

구 분	산화-환원 전위(ORP)	O_2	N_2	유리탄산	알칼리도	SO_4^{2-}	NO_3^-	Fe^{2+}	pH	염분
상층수	고	대	소	대	소	대	대	소	대	소
하층수	저	소	대	소	대	소	소	대	소	대

4 바닷물(海水, sea water)

해양은 지구표면적($510 \times 10^6 km^2$)의 약 71%를 차지하여 그 면적은 $361 \times 10^6 km^2$에 이르고 있다. 해수는 수자원 중에서 97% 이상을 차지하므로 양적인 면에서는 무한하나 염류를 다량 함유하고 있어서 사용목적이 극히 한정되어 있다. 용도로는 고작 발전소 등의 냉각수로 사용되고 있는 정도이며, 생활용수나 공업용수로서의 해수 이용은 미미한 실정이다. 그러나 장래에는 해수의 이용가치가 점차 높아질 전망이며, 이의 담수(淡水)화 등의 연구가 더욱 활발해질 것으로 예상된다.

해수 중에는 염분(salinity), 온도, pH 등 물리·화학적 성상에 관하여 안정성이 있으며, 염류농도는 곳에 따라 다소 차이가 있으나 각 성분 간의 비율은 거의 일정하다.

≫ 해수의 염분농도는 3.3~3.8%(평균 3.5%) 범위이며 우리나라 근해는 3.45% 정도이다. 위도에 따른 염분분포는 증발량이 강우량보다 많은 북위 25°나 남위 25°의 무역풍대에서 가장 높고 강우량이 많은 적도지역과 얼음이 녹는 고위도 지역이 낮게 나타나고 있다.

해수는 대체로 강도 0.65인 진한 전해질 용액이고 pH는 8.0~8.3 정도이다. 이런 조건에서 해수는 중탄산칼슘으로 포화상태에 있게 된다.

해수 중의 염분은 금속을 부식시키고 토양에서 배수를 나쁘게 하여 토양을 빈약하게 만든다. 그러나 해양은 수산업의 자원으로서 방대한 식량자원의 보고임과 동시에 풍부한 광물자원을 함유하고 있어 그 이용가치가 점차 확대되고 있는 실정인데 문제는 인류의 제반활동에 따라 직·간접으로 오염이 점차 확대되고 있으며 역으로 인류의 생존을 위협하는 단계로 오염되어 가고 있다는 사실이다. 해양오염에 관해서는 Chapter 07의 호소, 저수지, 해역의 수질관리 항목에서 다시 다루기로 한다.

[표 1-8] 해수의 함유성분 조성

성 분	Cl^-	Na^+	SO_4^{2-}	Mg^{2+}	Ca^{2+}	K^+	HCO_3^-	Br^-	H_3BO_3	Sr^{2+}	F^-
농도(mg/L)	18,980	10,556	2,649	1,272	400	380	140	65	26	13	0.1

04 물의 순환(循環) 및 분포(分布)

1 물의 순환(hydrologic cycle)

(1) 지구상에는 하천수, 호소수, 지하수, 해수 등 다양한 형태의 물이 존재하며 이들 물은 증발(蒸發), 강수(降水), 유출(流出), 삼투(滲透) 등의 순환(循環)과정을 되풀이한다.

(2) 얼마나 많은 물이 순환하고 있는가는 강수량이 그 주체가 되는데 지구 전체의 강수량은 정확치는 않으나 대략 $4 \times 10^{14} m^3$/년으로서 그 중 약 $\frac{1}{4}$이 육지에 떨어지고 있다.

(3) 강수 일부는 하천, 호수, 해양 등의 수면상에 직접 강하하지만 또 일부분은 지표에 강하하여 하천, 호수, 해양 등으로 유입되고, 또 다른 일부분은 지표, 수면, 식물표면 등으로부터 증발하여 대기 중으로 되돌아가며 나머지는 지하에 침투한다.

(4) 또한, 지하에 침투한 물의 일부는 모세관 현상에 의하여 지표의 가까운 지하층에 머물러 있다가 직접 지면으로 증발되거나 또는 식물에 흡수되었다가 그 잎으로부터 대기 중에 증발되며, 다른 일부는 더욱 침투하여 지하수층을 이루고 있다가 부분적으로는 지표수로 유출되거나 지하에서 유동하여 하천, 호수, 해양 등으로 유입되기도 한다.

(5) 지구에 도달하는 태양에너지는 대기에서 일부가 흡수되거나 반사되고, 약 45%가 지표면에 도달하는데 이 중 거의 절반인 22% 정도가 증발시키는 데 소모된다.

(6) **물수지 방정식** : 강수량(P)＝유출량(R)＋증발산량(E)＋침투량(C)＋저유량(S)

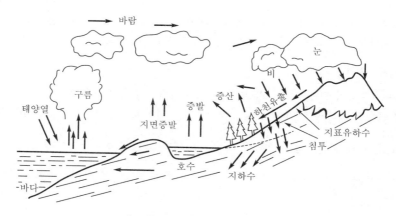

[그림 1-3] 물의 순환 모식도

> **증발(evaporation)과 증산(transpiration)**
> 증발(蒸發)은 수표면 또는 습한 지표면의 물분자가 태양열을 받아 액체상태에서 기체상태로 변환되어 방출되는 과정을 말하며, 증산(蒸散)은 땅속의 물이 식물에 흡수되어 잎면을 통하여 수증기 형태로 대기 중으로 방출되는 현상을 말한다. 그리고 증발과 증산의 합성용어로서 증발산(evaportranspiration)이라고 한다.

2 물(水質源)의 분포 및 용도

(1) 지구수자원

지구상에 존재하는 물의 양은 약 1.39×10^{18}ton, 부피로는 $1.36 \times 10^{18} m^3$ 정도로 추정되는데, 이 중 약 97.2% 정도가 해수(海水)이며 담수(淡水)는 3%에 미치지 못하는 2.8% 정도이다. 또 담수 중 대부분을 차지하고 곧바로 이용불가능상태에 있는 빙설 및 지하수 등을 제외하면 손쉽게 사용할 수 있는 담수호(호수 등)의 물 및 하천수는 전체 물의 0.01% 이하인 약 10만km³에 불과하다.

[표 1-9] 지구상의 수자원

구 분	분 류	총수량($10^3 km^3$)	백분율(%)
지표수	담수호	130	0.009
	염수호	104	0.008
	하천	1.25	0.0001
지하수	토양수	70	0.005
	천층지하수(800m 이내)	4,160	0.31
	심층지하수	4,180	0.31
빙하 및 만년설	−	29,200	2.15
대기층	−	13	0.001
해양	−	1,320,000	97.2
총계	−	1,357,800	100.0

>> 지구상의 수자원 중 담수는 2.8%인데 이 중 빙하나 만년설이 2.15%인 것을 제외하면, 나머지 0.65%가 지하수 및 지표수 그리고 대기 중(수증기, 구름)에 존재한다. 이를 담수만 한정하여 분류해 보면 담수 중 97.54%가

지하수이고 0.16%는 대기에, 0.8%는 토양의 수분으로, 나머지 1.5%가 강이나 호수같은 지표수로 존재한다. 따라서, 우리가 수자원으로 이용할 수 있는 지표수는 지구 전체 물량의 0.01%에 지나지 않는다.

(2) 강수량(降水量) 및 이용실태

① 수자원은 강수량이 그 근간을 이루고 있다. 우리나라의 연평균 강수량은 1,277mm(1978~2007년)로서 세계 연평균 강수량 807mm보다 1.6배나 높은 편이나 높은 인구밀도로 인하여 1인당 강수량은 2,629m³로서 세계 평균값인 16,427m³의 $\frac{1}{6}$ 정도에 불과하다.

② 우리나라 수자원 총량은 1,297억m³로서 지하 침투와 증발에 의하여 544억m³가 없어지고 전체의 약 58%인 753억m³가 하천에 유출되는데, 이 중에서 홍수 시 560억m³, 평상시 193억m³가 유출되어 가용 수자원이 되고 있다. 이와 같이 낮은 이용률은 총 강수량의 $\frac{2}{3}$에 해당하는 750~950mm 정도가 6~9월에 집중되고 있을 뿐 아니라 유로가 짧고 경사가 급하여 홍수 시 수자원 총량의 43%에 해당하는 560억m³가 유출되기 때문이다.

[표 1-10] 우리나라 수자원 총이용 현황

수자원	이용량(억m³)	분포율(%)
하천수	108	32.4
댐	188	56.5
지하수	37	11.1
총계	333	100

(자료출처 : 2007년도 한국수자원공사)

[표 1-11] 수자원 총량 및 용수 이용현황(1980~2007년)

구 분 \ 연 도	1980	1990	1994	1998	2003	2007
수자원 총량	1,140	1,267	1,267	1,276	1,240	1,297
이용가능한 수자원량 (유출량)	662	697	697	731	723	753
총 이용량 ※취수량(%)	153 128(19)	249 213(31)	301 237(34)	331 260(36)	337 262(36)	333 255(34)
생활용수	19	42	62	73	76	75
공업용수	7	24	26	29	26	21
농업용수	102	147	149	158	160	159
유지용수	25	36	64	71	75	78

》 취수량은 유지용수 제외, 취수율은 하천 유출량 대비 취수량　　　　　　　　(단위 : 억m³)

참고　우리나라는 2005년 기준 1인당 재생가능수자원량이 1,488m³/년(1인당 강수량 : 2,660m³/년)으로 세계 130위이며, 국제인구활동연구소(PAI)기준 1,700m³에 미달하여 물부족국가에 포함 속해 있음.
〈PAI Falkemark 박사 분류기준(1인당 수자원량으로 구분)〉
• 물기근국가 : 1,000m³/년 이하
• 물부족국가 : 1,000~1,700m³/년
• 물풍요국가 : 1,700m³/년 이상

• 연간 수자원의 부존량 및 이용현황(수자원장기종합계획, 2011)

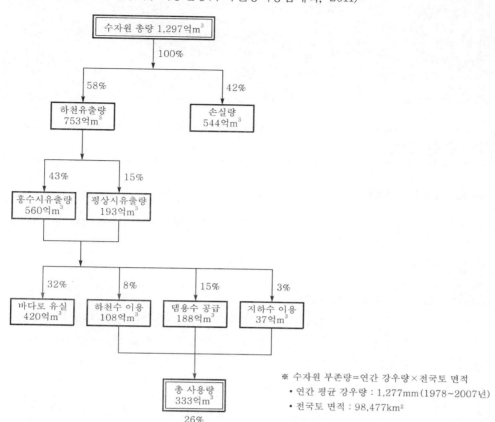

[그림 1-4] 우리나라 수자원의 이용현황

(3) 수자원의 전망(展望)

수자원의 지속적인 이용은 인류 생존에 중대한 문제이며 현재 세계 인구의 $\frac{1}{3}$ 정도가 물부족 상태에서 살고 있으며 2025년까지는 세계 인구의 $\frac{2}{3}$가 물부족 상태에 놓일 것으로 예측되고 있다.

우리나라도 용수소요가 2011년의 경우 1994년보다 66억m^3 증가된 367억m^{3}로 예상되고 있어 현재 건설 중인 댐이 완공된다 하여도 1~2년 내에 물부족 상태에 처할 것으로 판단된다.

[표 1-12] 주요 국가별 강수량 및 1인당 강수량

강수량 ＼ 국 가	한국	일본	미국	영국	중국	캐나다	세계평균
연평균 강수량(mm/년)	1,274	1,668	715	1,220	645	537	807
1인당 강수량(m^3/년)	2,660	4,932	22,560	4,736	4,607	155,486	16,427

➤ 1인당 강수량(m^3/년)＝연평균 강수량×국토면적/인구수   (자료출처 : 한국수자원공사)

수질오염(水質汚染)과 영향인자(影響因子)

01 수질오염

1 수질오염의 정의

인위적(人爲的)인 요인에 의해서 자연 수자원이 오염되어 이용가치가 저하되거나 피해를 주는 현상

2 수질오염원

(1) 점오염원(＝점배출원, point source)

유출량이 잘 알려진 점으로부터 유입되는 것으로, 한 지점 또는 극히 좁은 구역 내에서 오염물질이 집중적으로 배출되는 곳을 말하며 하나의 배출구나 배출 단위로 파악이 가능한 오염원이다.

예 가정하수, 산업폐수, 축산폐수 등

(2) 비점오염원(non-point source)

유출원이 넓게 분포되어 있어 면오염원 또는 비특정 오염원이라고도 하며, 배출원을 하나의 점으로 파악하기 힘든 것으로서 배출량이 주로 강우의 변동에 의존하는 경우이다.

예 강우 시 도시와 근교에서의 유출수, 농경지 및 산림 지역의 토양 배수, 대지 및 도로유출수, 광산 지역(폐광)이나 건설 활동의 배수, 지하수, 대기오염물 유입 등

3 수질오염의 요인(要因)과 오염물의 피해

[생활하수]

(1) 무기물(無機物)

식염($NaCl$), 인산염(PO_4^{3-}), 질산염(NO_3^-), 암모늄염(NH_4^+), 철분 등을 포함하며, 이것이 하천과 해수에 유입되면 부영양화(富營養化, eutrophication)현상과 적조현상(赤潮, redtide)을 일으켜서 유해 부유생물의 대발생을 유발하여 어패류(魚貝類)의 폐사(斃死) 또는 유독화가 초래된다. 또, COD의 증가 요인이 된다.

(2) 유기물(有機物)

중성세제(＝硬性洗劑, ABS ; Alkyl Benzene Sulfonate) 및 연성세제(軟性洗劑, LAS ; Linear Alkyl Sulfonate) 가공장이나 가정에서 배출되어 하천 수면에 포막(泡膜) 형성, 자정(自淨)작용을 방해하고

DO(Dissolved Oxygen)를 감소시킨다. 또한, 하수 내 유기물질은 수계의 DO를 감소시키고 부패 요인이 된다.

(3) 유류(油類)

수면에 유막을 형성한다. 어패류(漁貝類), 수산물의 유취(油臭), 어족 수산물의 폐사(斃死), 수서(水棲)생물의 대사(代謝) 감소, 번식 억제 등의 요인이 된다.

(4) 분뇨(糞尿)

BOD 증가, COD 증가, DO 감소의 원인이며, 부패, 악취, 부영양화(富營養化)현상, 각종 기생충, 수인성(水因性) 감염병(콜레라, 이질, 장티푸스, 파라티푸스, 유행성 간염, 소아마비 등)의 대유행을 가져온다.

(5) 가정하수의 오염 사례

① 함부르크 상수오염 사건 : 1892년 함부르크시의 급수원인 엘베강에 콜레라 환자의 배설물이 유입되어 약 18,000명의 환자가 발생, 그 중 약 8,000명이 사망했던 사건
② 바르셀로나시의 상수오염 사건 : 1914년 스페인 바르셀로나시의 급수가 장티푸스균으로 오염되어 시민 약 60만 명 중 18,500명의 환자가 발생, 그 중 1,800명이 사망했던 사건

공장폐수

(1) 각종 유기물 및 무기물 : BOD 및 COD 증가, DO 감소, 착색(着色) 등의 요인이 된다.

(2) 중금속 염류(重金屬鹽類) : 수은(Hg), 카드뮴(Cd), 비소(As), 납(Pb) 등이 먹이연쇄(food chain)를 통해 유독성을 나타낸다.

예 • 수은 : 미나마타병−1953년 일본 규슈(九州) 미나타(水)만에서 어패류를 먹은 어민들 중 111명이 돌연 신경계통의 장애를 일으켜 수족마비, 감각마비, 난청, 언어장애, 시야협착, 이상보행, 호흡마비 등으로 47명이 사망했던 사건
• 카드뮴 : 이타이이타이병−1960년 일본 도야마현 진즈강 유역에서 40세 이상의 농촌 여성, 특히 다산부로부터 심한 요통(腰痛), 척통(脊痛), 고통(股痛), 관절통 등을 일으켜 동요성 보행(動搖性步行, wedding gait), 보행 불능, 사지골과 늑골의 골절 발생 등 208명 환자 중 128명이 사망했던 사건(칼슘대사 장애, 골연화증)

(3) 유기용매(有機溶媒) : 어족의 사멸, 이취(異臭)의 원인이 된다.

(4) 농약 및 기타 유독물 : DDT, PCP, endrin, dieldrin, parathion, PCBs 등은 하천, 해수에 유입되어 수산생물을 폐사시키고 먹이사슬(food chain)을 통해 인체나 동물의 체내에 축적되어 피해를 입힌다.

예 PCBs : 카네미 유증(油症)−1968년 일본 규슈(九州) 북서부에 카네미 창고 주식회사라고 하는 식용 강유(糠油, rice oil) 제조회사에서 열매체로 사용하던 PCBs가 식용유에 혼입되어 유통됨으로써 이를 섭취한 주민들 중 1,400여명이 피부 장애, 간장 장애, 시력 감퇴, 탈모, 칼슘대사 장애, 권태 증세를 일으키고 피부색소가 변하는 등의 피해를 입은 사건

02 수질(水質)의 영향인자(오염지표)

1 BOD(生物化學的 酸素要求量, Biochemical Oxygen Demand)

(1) BOD 개념

수중 유기물(有機物)이 호기성 미생물(好氣性微生物)의 작용에 의해서 안정화하고 자연히 정화되는 과정에서 소비되는 산소량으로, ppm(parts per million)으로 표시한다. BOD가 높으면 수중 유기물이 많은 것이며, BOD가 과도로 높으면 DO가 감소하고 혐기 생성물(嫌氣生成物)인 메탄(CH_4), 암모니아(NH_3), 유화수소(H_2S) 등이 생성되어 악취가 난다. 즉, BOD는 유기물질의 함량을 간접적으로 나타내는 지표(indicator)인데, 어떤 시료 내의 유기물 종류는 대단히 많기 때문에 이들을 일일이 분석하여 각각의 종류와 양을 분석하기란 실제로 거의 불가능하다. 또한, 유기물질이 수계(水界)에 유입될 때 문제되는 것은 유기물질의 종류나 양보다는 이들이 분해되면서 물속의 산소(DO)를 결핍시키기 때문에 환경 및 생태계를 파괴시키게 된다. 따라서, BOD는 어떤 유기물질이 수계에 유입될 때 얼마만큼의 DO를 소비할 수 있는가의 잠재능력의 평가이다. 실험실에서는 관습적으로 20℃에서 5일간 시료(sample)를 배양했을 때 소모된 산소량을 측정하는데, 그 값을 5일 BOD 또는 BOD_5라고 하며 통상 단순히 BOD라고 한다.

① 1단계 BOD(Carbonaceous BOD) : 탄소화합물을 호기성 조건에서 미생물에 의해 분해(산화)시키는 데 요하는 산소량으로 CBOD(Carbonaceous BOD)라고도 한다.

≫ 통상 사용하는 BOD는 1단계 BOD를 말한다.

② 2단계 BOD(Nitrogenous BOD) : 질소화합물을 호기성 조건에서 미생물에 의해 분해(산화)시키는 데 요하는 산소량으로 일명 NOD(Nitrogenous Oxygen Demand) 또는 NBOD(Nitrogenous BOD)라고도 한다.

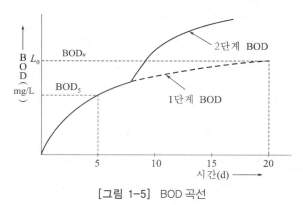

[그림 1-5] BOD 곡선

도시 하수인 경우

① $BOD_5 = 0.67 \sim 0.68\, BOD_u$

② $BOD_u = 1.5\, BOD_5$

③ $BOD_5 = BOD$

④ $BOD_u = BOD_{20} = $ 최종 BOD = UOD(Ultimate Oxygen Demand)

(2) BOD 감소 반응식(E. B Phelps의 1차 반응식)

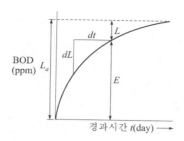

[그림 1-6] 제1단계 잔류 BOD(L)와 소비 BOD(E)의 관계

Phelps는 제1단계의 탈산소반응을 1차 반응이라고 생각하여 다음 식(탈산소반응식)을 제안하고 있다.

$$\frac{dL}{dt} = -KL \quad \text{...} \boxed{1}$$

$\boxed{1}$식에서 $t = 0$, $L = L_a$의 조건을 주어 적분하면,

$$\ln \frac{L}{L_a} = -Kt$$

$$\frac{L}{L_a} = e^{-Kt}$$

$$L = L_a e^{-Kt}$$

> ※ 적분
> $$\int_{L_a}^{L} \frac{1}{L} dL = -K \int_{0}^{t} dt$$
> $$\ln [L]_{L_a}^{L} = -K [t]_{0}^{t}$$
> $$\ln L - \ln L_a = -K(t-0)$$
> $$\ln \frac{L}{L_a} = -Kt$$

$L = L_t$로 표시하면,

$$L_t = L_a e^{-Kt} \quad \text{..} \boxed{2}$$

$\boxed{2}$식을 상용대수로 표시하면,

$$L_t = L_a 10^{-K_1 t} \quad \text{..} \boxed{3}$$

여기서, L_t : t일 후의 잔존 BOD, L_a : 최초의 전 BOD, 최종 BOD(BOD$_u$),
　　　　최종 산소요구량(UOD ; Ultimate Oxygen Demand), K_1 : 탈산소계수, t : day
　　⟫ $K_1 = 0.4343K$

(3) BOD 소비공식

$$E = L_a - L_t \quad (E : \text{exerted BOD}, \ L_t : \text{remaining BOD})$$

$$= L_a - L_a e^{-Kt} = L_a(1 - e^{-Kt}) \quad \text{...} \boxed{4}$$

$\boxed{4}$식을 상용대수로 표시하면,

$$Y = L_a(1 - 10^{-K_1 t}) \quad \text{...} \boxed{5}$$

여기서, Y : t일 동안에 소비된(분해된) BOD(t일간의 BOD)

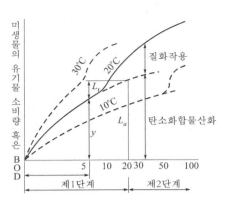 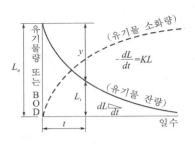

[그림 1-7] 호기성 조건하에 있어서 유기물의 산화 및 소화 상태

2 DO(溶存酸素, Dissolved Oxygen)

물속에 용존하고 있는 산소를 말하며, 온도가 높을수록 DO 포화도는 감소한다. 20℃에서 용존산소 포화도는 9.17ppm이고, 30℃에서 7.63ppm, 0℃에서는 14.62ppm 정도이다. DO는 수중생물의 생육과 밀접한 관계가 있으며, BOD 증가로 급속하게 감소될 때가 있다.

≫ 물고기 생존허용한도 : 5ppm 이상

3 COD(化學的 酸素要求量, Chemical Oxygen Demand)

BOD와 더불어 주로 유기물질을 간접적으로 나타내는 지표(indicator)로서 산화제($KMnO_4$, $K_2Cr_2O_7$)를 이용, 배수 중의 피산화물을 산화하는 데 요하는 산소량을 ppm 단위로 표시한다. 일반적으로 공장폐수 중 무기물을 함유하고 있어 BOD 측정이 불가능할 경우 COD를 측정한다. 또한, COD는 단시간에 측정이 가능한 이점(利點)이 있다.

BOD와 COD 비교
① BOD : 미생물을 이용해서 측정, 유기물질에 한정, 측정에 5일 이상의 기간이 소요됨
② COD : 산화제를 이용해서 측정, 유기물질 외에 무기물 일부 포함, 측정시간이 짧음(2시간 전후)

4 BOD와 COD의 관계

COD＝BDCOD＋NBDCOD

BD : Biodegradable(생물학적 분해 가능한)
NBD : Nonbiodegradable(생물학적 분해 불가능한)

$BDCOD = BOD_u$
$COD = BOD_u + NBDCOD$ (※ $COD \geqq BOD_u$)
$NBDCOD = COD - BOD_u$

$$BOD_u = K \times BOD_5$$

 NBDCOD＝0이면, COD＝BOD_u

5 SOD(沈澱物 酸素要求量, Sediment Oxygen Demand)

하상오니(퇴적층)에 의한 산소요구량으로서 하천에 침강된 저니(低泥)층(저질층)의 유기물의 분해와 저서수중생물의 호흡 및 환원성 물질(혐기성 분해물질 등)의 산화작용에 따라 발생하게 되며, 단위는 보통 $gO_2/m^2 \cdot day$로 나타낸다.

6 SS(浮遊物質, Suspended Solids)

현탁물질(懸濁物質)이라고도 하며 시료를 여과지로 여과 시, 여과에 의해 분리되는 유기 또는 무기물의 고형물(固形物) 입자로서 그 크기는 0.1μ 이상으로 분류한다.

부유물질은 탁도(濁度)를 유발하는 원인물질로서 수계(水界)에서 어개류(魚介類)의 호흡, 일광의 수중투과, 조류(藻類)의 동화작용 등을 방해한다.

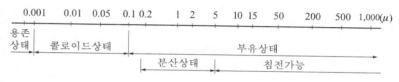

[그림 1-8] 수중 입자의 크기와 성질

7 고형물(固形物, Solids)의 분류

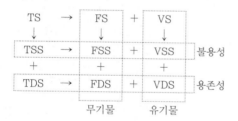

(1) TS : Total Solids(총고형물질, 증발잔류물)

(2) FS : Fixed Solids(강열잔류고형물, 강열 또는 작열 잔류물)

(3) VS : Volatile Solids(휘발성 고형물, 강열 또는 작열 감량)

(4) TSS : Total Suspended Solids(총부유물질)

(5) FSS : Fixed Suspended Solids(강열잔류부유물, 작열잔류부유물)

(6) VSS : Volatile Suspended Solids(휘발성 부유물)

(7) TDS : Total Dissolved Solids(총용존고형물)

(8) FDS : Fixed Dissolved Solids(강열 또는 작열 잔류 용존고형물)

(9) VDS : Volatile Dissolved Solids(휘발성 용존고형물)

① TS : 시료를 여과시키지 않고 105~110℃로 수분을 증발시킨 후의 잔류물이다.

② FS와 VS 구분 : TS를 온도 500~550℃로 강열(强熱) 또는 작열(灼熱)로써 회화(灰化)시켰을 때 타서 휘발되어 감량되는 부분이 VS이고 잔류하는 부분이 FS이다. 따라서 VS는 유기물, FS는 무기물을 의미한다.

③ SS와 DS의 구분 : 시료를 여과지로 여과 시, 여과지에 걸린 고형물을 105~110℃로 2시간 건조시킨 고형물이 SS이고 크기는 0.1μ 이상이다. DS는 여과지를 통과한 여액을 105~110℃로 건조시켜 수분을 증발시킨 후의 잔류물이다(※ colloid는 DS에 속한다).

8 BOD 및 COD와 SS의 관계

BOD＝SBOD＋IBOD

COD＝SCOD＋ICOD

　　S : Soluble(용해성의)

　　I : Insoluble(불용성의)

시료를 여과지로 여과 시 여과지를 통과한 여액이 나타내는 BOD와 COD가 SBOD, SCOD이고 여과지에 걸린 SS가 나타내는 BOD와 COD는 IBOD, ICOD이다.

9 ICOD와 VSS의 관계

ICOD와 VSS는 같은 물질을 서로 상이한 단위로 표시한 결과이다. 즉, VSS는 물질 그 자체량이고 ICOD는 VSS를 산화시키는 데 요하는 산소량으로 나타낸 값이다.

ICOD＝BDICOD＋NBDICOD

VSS＝BDVSS＋NBDVSS

ICOD : NBDICOD＝VSS : NBDVSS

$$NBDVSS = VSS \times \frac{NBDICOD}{ICOD}$$

[예] $C_5H_7O_2N + 5O_2 \rightarrow 5CO_2 + 2H_2O + NH_3$
(bacteria)

　　113g　　　160g

　　〈VSS〉　〈ICOD〉

① TSS＝FSS＋VSS

② VSS＝BDVSS＋NBDVSS

③ NBDSS＝FSS＋NBDVSS

유기물질 함량을 나타내는 지표

① ThOD(Theoretical Oxygen Demand, 이론적 산소요구량) : 유기물질의 산화반응식상 이론적으로 100% 산화된다고 볼 때의 산소요구량(유기물질의 분자식을 알면 산출 가능)

② TOD(Total Oxygen Demand, 총 산소요구량), 유기물질을 백금 촉매 중에서 900℃로 연소시켜 완전산화한 경우의 산소소비량(신속히 측정됨, 일부 무기물질의 산소요구량도 포함)

③ COD(Chemical Oxygen Demand, 화학적 산소요구량)

④ BOD(Biochemical Oxygen Demand, 생물화학적 산소요구량)

⑤ ThOC(Theoretical Organic Carbon, 이론적 유기탄소) : 유기물질의 분자식상 함유된 탄소함유량으로 분자식을 알면 산출할 수 있다.

⑥ TOC(Total Organic Carbon, 총 유기탄소) : 시료 중의 유기물을 고온에서 CO_2로 산화(연소)시켜 그 발생량을 분석장치로 측정하여 함유 탄소량을 계산한다.

⑦ VS(Volatile Solids, 휘발성 고형물)

• 비교 : $ThOD > TOD > COD_{Cr} > BOD_u > ThOC > BOD_5 > TOC$

※ 시료에 따라서 $TOC > BOD_5$인 경우가 많다.

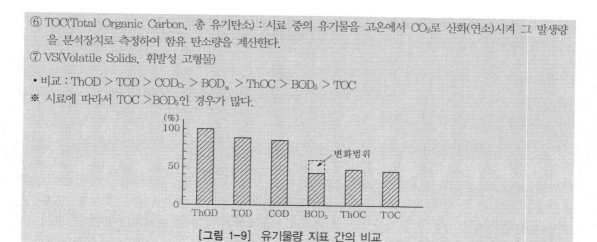

[그림 1-9] 유기물량 지표 간의 비교

10 경도(硬度, Hardness)

물의 세기 정도를 나타내는 용어로서 물속에 용존하고 있는 Ca^{2+}, Mg^{2+}, Fe^{2+}, Mn^{2+}, Sr^{2+} 등 2가 양이온 금속의 함량을 이에 대응하는 $CaCO_3$ ppm으로 환산, 표시한 값으로 일시경도(temporary hardness)와 영구경도(permanent hardness)가 있다.

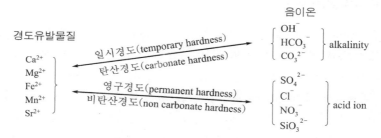

[그림 1-10] 일시경도와 영구경도

(1) 경도($CaCO_3$mg/L)에 의한 물의 분류

- 0~75mg/L : 연수(soft)
- 75~150mg/L : 적당한 경수(moderately hard)
- 150~300mg/L : 경수(hard)
- 300mg/L 이상 : 고경수(very hard)

(2) 경도 계산

$$경도(CaCO_3 mg/L) = \sum \left(M^{2+} mg/L \times \frac{50}{M^{2+} 당량} \right)$$

여기서, M^{2+} : 경도 유발 2가 양이온 금속, 50 : $CaCO_3$ 당량

(3) **일시경도와 영구경도의 구분** : 탄산경도와 같이 끓임에 의해 제거되는 경도를 일시경도라 하는데 비탄산경도는 끓여도 제거되지 않으므로 영구경도라 한다.

(4) 경도가 높은 물은 비누의 효과가 나쁘므로 가정용수로서 좋지 않고 공업용수(섬유, 제지, 식품)로서도 좋지 않다. 특히 boiler 용수로서는 scale의 원인이 되므로 부적당하다. 그러나 양조(釀造)용으로는 경도가 약간 높은 쪽이 좋다고 한다.

(5) 칼슘(Ca), 철(Fe) 등은 인체에 필요한 성분이므로 음료수에 다소 있는 것이 좋으나 너무 경도가 높으면 설사를 일으키는 수가 있다. 우리나라 먹는물 기준으로는 300mg/L 이하로 되어 있으나 실제로는 100mg/L 이하가 좋다고 본다.

(6) 빗방울이 공기 중을 통하여 떨어질 때 탄산가스가 용해되고 빗물이 지하를 침투할 때에도 미생물의 작용에 의해 생긴 탄산가스가 용해되어 탄산이 되며, 이 물이 지하의 석회층을 통과할 때 Ca^{2+}나 Mg^{2+} 등 각종 광물질이 녹게 되므로 결국 센물(경수, 硬水)이 된다.

> **경도와 알칼리도와의 관계**
> ① 총 경도 ≤ M − 알칼리도 : 탄산경도=총 경도
> ② 총 경도 > M − 알칼리도 : 탄산경도=알칼리도

11 알칼리도(alkalinity)

알칼리도는 알칼리성 또는 alkali와는 달리 어떤 수계(水界)에 산(酸)이 유입될 때 이를 중화(中和)시킬 수 있는 능력이 척도(尺度)로 표시되며 유발물질로는 OH^-(hydroxide, 수산화물), HCO_3^-(bicarbonate, 중탄산염), CO_3^{2-}(carbonate, 탄산염) 등이다.

측정 및 표시 방법으로는 알칼리성 상태에 있는 물(시료)에 산(H_2SO_4, HCl 등)을 주입, 중화시켜 pH 8.3(지시약 P.P)까지 낮추는 데 소모된 산의 양을 이에 대응하는 $CaCO_3$ ppm으로 환산한 값을 P−알칼리도(Phenolphthalein alkalinity)라 하고, pH 4.5(지시약 M.O)까지 낮추는 데 주입된 산의 양을 $CaCO_3$ ppm으로 환산한 값을 M−알칼리도(Methyl orange alkalinity) 또는 **총 알칼리도(Total alkalinity)**라 한다. 이들 관계를 도시하면,

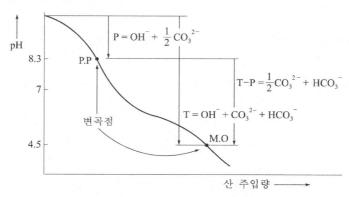

[그림 1-11] pH와 알칼리도

(1) **hydroxide(OH⁻)만 있는 경우** : pH가 매우 높으며 산을 주입시키는 경우 사실상 phenolphthalein end point만을 찾을 수 있다. 즉, hydroxide alkalinity는 phenolphthalein alkalinity와 같다.

(2) **carbonate(CO_3^{2-})만 있는 경우** : pH가 약 9.5 이상이며 phenolphthalein end point는 total alkalinity 의 꼭 절반이 되며 carbonate alkalinity는 total alkalinity와 꼭 같다.

(3) hydroxide와 carbonate가 있는 경우에는 pH가 보통 10 이상이고 phenolphthalein end point에서 methyl orange end point 사이의 alkalinity의 두 배가 carbonate alkalinity이다. 따라서, hydroxide alkalinity는 total alkalinity에서 carbonate alkalinity를 뺀 값과 같다.

(4) **carbonate와 bicarbonate(HCO₃⁻)가 있는 경우** : pH가 8.3 이상이며 보통 11보다는 낮다. 이 경우 phenolphthalein alkalinity의 두 배가 carbonate이며 나머지가 bicarbonate에 의한 alkalinity이다.

(5) **bicarbonate만 있는 경우** : pH가 8.3이거나 그 이하이며 total alkalinity는 bicarbonate alkalinity와 같다. 지금까지 설명한 것을 요약하면 다음 표와 같다. P는 P-알칼리도, T는 total 알칼리도를 뜻한다.

[표 1-13] 알칼리도의 계산

산주입 결과	OH⁻	CO_3^{2-}	HCO₃⁻
$P=0$	○	○	T
$P<\frac{1}{2}T$	○	$2P$	$T-2P$
$P=\frac{1}{2}T$	○	$2P$	○
$P>\frac{1}{2}T$	$2P-T$	$2(T-P)$	○
$P=T$	T	○	○

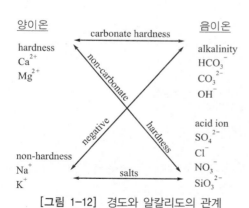

[그림 1-12] 경도와 알칼리도의 관계

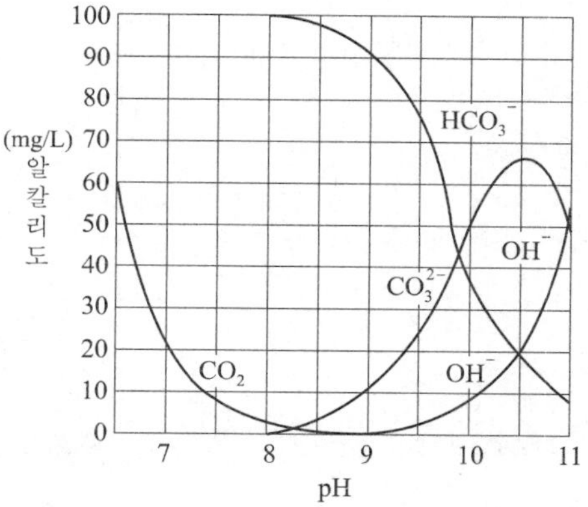

[그림 1-13] pH와 알칼리도 물질과의 관계

(6) 알칼리도 자료의 이용

① 화학적 응집(chemical coagulation) : 응집제 투입 시 적정 pH 유지 및 응집 효과 촉진
② 물의 연수화(water softening) : 석회 및 소다회의 소요량 계산에 고려
③ 부식제어(corrosion control) : 부식제어(腐蝕制御)에 관련되는 중요한 변수인 Langelier 포화지수 계산
④ 완충용량(buffer capacity) : 폐수와 슬러지의 완충용량 계산
⑤ 산업폐수의 pH는 물론 생물학적 폐수처리의 순응 여부 결정

(7) 알칼리도($CaCO_3$mg/L) 계산

$$\text{alkalinity}(CaCO_3\text{mg/L}) = \frac{A \times N \times 50,000}{V}$$

여기서, A : 주입된 산의 부피(mL), N : 주입된 산의 N 농도, V : 시료의 부피(mL)
50,000(mg) : $CaCO_3$당량

12 산도(酸度, acidity)

알칼리도와 상대적인 용어로서 산성(酸性) 또는 산(酸)과는 달리 어떤 수계(水界)에 알칼리(alkali)의 유입 시 이를 중화시킬 수 있는 능력의 척도로서 표시되며 M－산도와 P－산도가 있다.
측정 및 표시 방법으로는 어떤 산성 상태에 있는 물(시료)에 알칼리(NaOH, KOH 등)를 주입, 중화시켜 pH 4.5(지시약 M.O)까지 높이는 데 소모된 알칼리의 양을 이에 대응하는 $CaCO_3$ppm으로 환산, 표시한 값을 M－산도(Methyl orange acidity) 또는 강산산도(强酸酸度) 또는 광산산도(Mineral acidity)라 하고, pH 8.3(지시약 P.P)까지 높이는 데 주입된 알칼리의 양을 $CaCO_3$ppm으로 환산한 값을 P－산도(phenolphthalein acidity) 또는 T－산도(Total acidity)라 한다. 이들 관계를 도시하면,

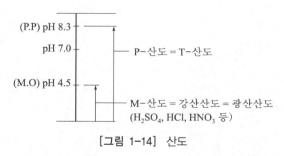

[그림 1-14] 산도

 pH 4.5와 pH 8.3 사이에는 산도와 알칼리도가 공존한다.

13 질산화(nitrification)

단백질 함유 오수가 배출되면 자연에서 가수분해(加水分解)되어 아미노산(amino acid)으로 되고 질산화균에 의해 암모니아성 질소(NH_3-N), 아질산성 질소(NO_2-N), 질산성 질소(NO_3-N)의 과정을 거쳐 정화된다.

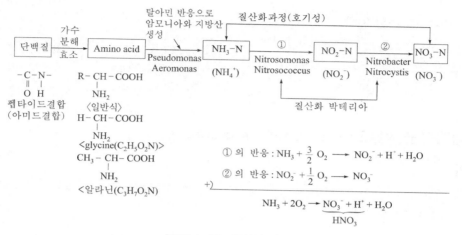

[그림 1-15] 질산화 과정

≫ 위의 반응에서 ①의 반응보다 ②의 반응이 쉽게 진행된다. 왜냐하면, ①의 반응은 3개의 산소원자가 요구되나 ②의 반응은 1개의 산소원자가 필요하기 때문에 산화시키는 데 적은 양의 에너지가 소요되며 또한, Nitrosomonas는 Nitrobacter보다 환경조건에 매우 민감하므로 NO_2^-가 되면 쉽게 NO_3^-로 변한다.

(1) 질산화과정은 분뇨나 하수의 단백질 함유 오수가 하천에 유입 시, 오염 후 경과시간, 오염지점, 오염진행 상태, 오염시기 등을 알 수 있는 지표(indicator)로 이용된다. 예를 들어, 유기질소와 NH_3-N을 주로 함유하는 물은 최근에 오염된 것으로 간주되어 큰 위험성이 있음을 나타내며, NO_3-N 형태로 존재하면 오래 전에 오염이 일어난 것으로 간주된다.

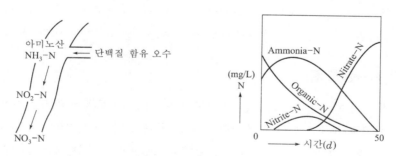

[그림 1-16] 질소변환과정

(2) 아미노산 분해반응의 예

①
$$\underset{\text{(glycine)}}{C_2H_5O_2N} + \underset{\text{1단계 BOD}}{\frac{3}{2}O_2} \rightarrow 2CO_2 + H_2O + NH_3$$

② $NH_3 + 2O_2 \rightarrow HNO_3 + H_2O$

+)   2단계 BOD

$C_2H_5O_2N + \dfrac{7}{2}O_2 \rightarrow 2CO_2 + 2H_2O + HNO_3$

   75g   112g
             (ThOD)

탈질산화(denitrification)

$NO_3^- \rightarrow NO_2^- \rightarrow N_2$

혐기성

- 탈질산화 박테리아 : Pseudomonas stutzeri
  Bacillus Licheniformis
  Micrococcus denitrificans
  Achromobacter

14 대장균군(大腸菌群, E－Coliform group)

(1) 정의

그람음성(Gram 陰性), 무아포(無芽胞)성의 간균(桿菌)으로 젖당(유당)을 분해하여 산과 가스가 발생하는 호기성 및 혐기성 균이다.

(2) 의의

대장균은 인축(人畜)의 장(腸) 내에서 서식하는 균으로서, 어떤 수계(水界)에서 대장균이 검출되면 인축의 배설물에 의한 오염(汚染)이 이루어졌음을 뜻하고 또한, 수인성 감염병원균의 존재 가능성을 시사해 준다. 따라서 대장균은 분변성(糞便性) 오염의 지표(指標)로서 병원균의 존재 유무를 추정하는 데 이용된다.

(3) 특성

① 병원균에 비해 물속에서 오래 생존하고 저항력이 강하다.
② 검출이 용이하고 검사법이 간단하다.
③ 소독에 대한 저항력은 병원균보다는 강하나 virus보다는 약하다.
④ 대장균이 검출되지 않으면 설령 병원균에 의한 오염이 있었다 해도 이미 사멸되었음을 뜻한다.

15 일반세균(一般細菌)

(1) 수중에 존재하는 호기성 종속영양(從屬營養)세균(일반적으로 인체에 무해함)을 의미하며, 일반 세균 수는 생물학적으로 분해 가능한 유기물(하수, 분뇨 등)농도의 좋은 지표(유기물 오염도)가 된다.

(2) 일반 세균 수는 보통 한천배지(寒天培地)를 사용하여 희석평판법에 의해 35~37℃에서 48±3시간 배양하여 발생하는 집락(colony) 수를 시료 수 1mL당으로 표시한다.

16 클로로필－a(chlorophyll－a)

(1) 클로로필－a는 녹색식물에 함유된 녹색의 색소로서 모든 종의 조류에 존재하며, 조류 건조 중량의 약 1~2%를 차지한다.

(2) 하천이나 호수에 영양염류(질소 및 인화합물)가 유입되면 이를 이용하여 조류(algae)가 증식하게 되고 증식된 조류가 바닥에 침전되면서 수계는 점차 오염되어 간다. 이러한 현상을 부영양화(富營養化)라 하는데, 조류(algae) 생산량(1차 생산)을 측정함으로써 수계영양상태 및 부영양수계 여부를 판정하는 좋은 평가지표가 된다.

[표 1-14] 영양수계에 따른 클로로필 농도

구 분	부영양수계	중영양수계	빈영양수계
클로로필－a 농도(mg/m^3)	12 이상	7~12	7 이하

03 유해물질(有害物質)의 영향

1 유해물질의 발생원과 유해내용

[표 1-15] 유해물질의 발생원과 유해내용

유해물질	배출원	법규허용치		유해내용	처리법
		수질환경기준	먹는물기준		
Hg (수은)	전해소다공장(수은전해법), 농약공장, 금속광산, 정련공장, 도료, 의약공장, 합성화학(촉매), 수은계기 및 전구	검출되어서는 안 됨	0.001 mg/L	• 만성중독 : 언어장애, 지각장애, 시야협착, 신경쇠약, 난청, 감각마비, 호흡마비, 콩팥기능장애, 중추신경계마비 ※ 미나마타병, 헌터－루셀(Hunter－Russel)증후군 • 급성중독 : 위장병(구토, 설사), 혈변, 토혈, 단백뇨, 무뇨증(요독증), 당뇨, 신장장애, 구내염, 다량 증기 흡입 시 중독사 ※ 유기수은이 신경계통에 장애를 주고 독성이 강함	• 무기수은 : 황화물침전법, 이온교환법, 활성탄흡착법, 아말감법 • 유기수은 : 흡착법, 화학분해법, 생물처리법

유해 물질	배출원	법규허용치		유해내용	처리법
		수질 환경기준	먹는물 기준		
Cd (카드뮴)	금속광산배수, 아연 정련공장, 도금공장(아연, 납), 석유화학공업(촉매), 전기기기공장, 원자로(감속제), 안료, 염화비닐 첨가제	0.005 mg/L	0.005 mg/L	• 만성중독 : 위장장애, 내분비장애, 당뇨·단백뇨, 칼슘대사장애, 동요성보행(wedding gait), 골절(골연화증) ※ 이타이이타이병, 판코니(Fanconi) 증후군 • 급성중독 : 기관지염, 폐부종 ※ 체내 카드뮴의 50~75%는 간과 신장에 축적됨	침전분리법, 부상분리법, 흡착분리법
As (비소)	광산 정련공업, 의약품, 농약공장(살충제, 살서제), 피혁제조업, 사료, 유리, 염료, 목재약품처리(방부제), 비료제조공장	0.05 mg/L	0.01 mg/L	• 만성중독 : 빈혈, 수족의 지각장애, 손발각화, 흑피증(피부 청동색), 발암 • 급성중독 : 구토, 설사, 위장염(아비산이 비산에 비해 독성이 강함)(치사량 120mg)	흡착법, 이온교환법, 황화물침전법, 수산화물공침법
Pb (납)	납광산, 축전지 제조, 안료제조, 인쇄, 요업, 수도연관, 전선(케이블), 선박해체	0.05 mg/L	0.01 mg/L	• 만성중독 : 식욕부진, 두통, 피로, 관절통, 정신착란, 적혈구 장애(빈혈) 안색창백, 신근(伸筋)마비, 근육과 관절의 장애 ※ 뼈에 축적 • 급성중독 : 급성 위장병(복통, 하제, 구토), 신장, 생식계통, 간, 뇌와 중추신경계에 장애	침전법, 이온교환법
Cr⁶⁺ (6가 크롬)	광산, 합금, 도금, 제련, 방청제, 안료, 제혁, 화학공업(크롬산 제조), 스테인리스제품의 전해 연마공장	0.05 mg/L	0.05 mg/L (크롬)	• 급성중독 : 피부궤양(피부 부식), 부종, 구토, 복통, 요독증, 심한 신장장애(크롬) • 치사량 : 약 5g • 만성중독 : 폐암, 기관지암, 미각장애, 위장염, 간장해, 생식작용 장애, 비점막염증, 비중격연골천공 ※ 크롬은 생체 내에 필수적 금속으로 결핍 시 인슐린 저하로 인한 것과 같은 탄수화물 대사장애를 일으킴	환원중화법, 이온교환법
Mn (망간)	광산, 합금, 건전지공장, 유리착색, 염료, 화학공업(과망간산칼륨 제조)	—	0.3 mg/L (수돗물의 경우 0.05 mg/L)	• 만성중독 : 신경병, 파킨슨증후군(언어장애, 간경변증 등) • 급성중독 : 불용성 망간염은 장에서 흡수가 안 되므로 중독증상은 일어나기 어렵다. ※ 인체에 부족하면 빈혈 등의 장애 유발, 물의 맛이나 경도 성분에 영향	침전법, 이온교환법

유해 물질	배출원	법규허용치		유해내용	처리법
		수질 환경기준	먹는물 기준		
Se (셀레늄)	광전지, 사진 및 무선통신, 정류기, 적외선 편광자 야금, 유리착색제, 적색안료, 고무첨가제, 기포제	–	0.01 mg/L	• 만성중독 : 피부병, 신경과민, 우울증, 의식장애, 발암가능성 ※ 가축에게서 alkali disease와 blind staggers 　　LD_{50}＝약 6mg/kg	흡착법, 공침법, 이온교환법
Cu (구리)	광산, 제련소, 전선공장, 도금, 동식기, 농약, 수도배관, 동암모니아 레이온 제조공장	–	1mg/L	• 만성중독 : 미량의 동은 적혈구 생성에 필요하나 체내 축적이 어려우므로 만성중독은 일어나기 어려우나 간에 축적되면 간경변을 일으킨다는 보고가 있다. ※ 월슨씨 증후군(구리 대사결핍) • 급성중독 : 푸른녹이 독성이 크고 무기염도 이와 유사한 독성이 있다. ※ 유산동의 경구 치사량 　　LD_{50}＝300mg/kg	침전법, 이온교환법
Zn (아연)	도금공장, 비스코스레이온, 고무제조, 합금, 안료, 광산제련소, 의약제조	–	3mg/L	• 만성중독 : 발암의 원인설 • 급성중독 : 발열, 다량 흡입 시 구토 유발, 기관지 자극 및 폐렴($ZnCl_2$, ZnO) ※ 아연 부족 시 소인증 질환 유발	중화응집침전법, 이온교환법
CN (시안)	도금공장, 코크스공장, 가스공업, 아크릴로 니트릴제조, 금속세정, 석유제조	검출되어서는 안 됨	0.01 mg/L	조직 내 질식(호흡효소 기능 마비), 두통, 현기증, 의식장애, 경련, 구토, 흉부 및 복부 중압감 ※ 치사량 : KCN으로 150~300mg	알칼리염소법, 오존산화법, 생물처리법
PCBs	합성공장, 변압기, 콘덴서, 그리스, 플라스틱, 표면도장용 도장공장, 접착제, 섬유합성세제, 생활하수, 인쇄잉크, 복사지 제조	검출되어서는 안 됨	–	지방이나 뇌에 축적되어 간장장애(황달), 피부장애(여드름성 질환), 정신권태, 수족저림, 발암, ★ 환경호르몬 물질 ※ 카네미유증	응집침전법, 흡착법, 용제추출법
유기인	농약(파라티온, EPN)제조, 유기인, 화합물, 합성제조, 석유제품 촉매	검출되어서는 안 됨	–	현기증, 구토, 동공축소, 언어장애, 시력감퇴, 전신경련(※ EPN 유제로서 어류 48hr TLm 0.5~1.8ppm), cholinesterase 저해, 의식불명, 사망	생물학적 처리, 화학적 처리, 활성탄흡착법
F (불소)	살충제, 방부제, 초자공장, 도료공장, 인산비료제조, 불소화학, 알루미늄 제련, 형석, 반도체공장	–	1.5 mg/L	만성중독 : 뼈(骨)경화증, 반상치(법랑반점)(1.5ppm 이상 – 법랑(琺瑯)반점, 0.5ppm 이하 – 충치 유발률이 높음), 신장기능 저하, 간의 질소함량 감소	CaF_2 침전

Tip▶ 배출원, 유해내용 등은 잘 출제된다. 처리방법은 수질오염 방지기술편과 연관시켜 정리하시오.

> 🌱 **환경호르몬(Environmental Endocrine Disrupters ; EED)**
> 환경성 내분비 교란물질을 총칭하여 일컫고, 생명체의 정상적인 호르몬 기능에 영향을 주는 자연 또는 합성화학물질을 말한다. 합성화학물질, 플라스틱, 농약 그리고 이들의 소각 발생물 등에 들어 있는 환경호르몬 물질은 수중이나 토양에 난분해성 물질로 잔류하다가 먹이사슬을 통해 사람이나 동물의 체내로 들어와 내분비 호르몬과 비슷한 작용을 하며 진짜 호르몬의 역할과 기능을 변화시켜서 동물에게는 성 변환 및 생식기능 저하(번식 감소), 사람에게는 정자수 감소(생식능력 저해), 생리불순 및 불임, 호르몬 관련성 발암 등의 심각한 피해를 유발시킨다.
> ① 종류 : 세계야생보호기금(WWF)은 DDT 등 농약 41종, 비스페놀A와 폐기물 소각 때 발생하는 다이옥신 등 모두 67종으로 분류하고 있으며, 일본 후생성은 산업용 화학물질, 의약품, 식품첨가물 등 142종을, 미국 일리노이주 환경청은 74종을, 우리나라는 현재 WWF의 분류 기준을 따르고 있으나 환경부에서 파악된 것은 모두 51종(국내 제조 또는 수입)으로 보고되고 있다.
> ② 대표적 물질 : PCBs(절연유, 가소제, 열매체), DDT(살충제), DDE(DDT 변형물질), TBT(트리부틸주석 : 선체 도료), 비스페놀A(polycarbonate 수지 및 epoxy 수지), 다이옥신(소각 부산물), DBP 및 BBP(염화 vinyl과 플라스틱 가소제), 노닐페놀(계면활성제), 스티렌(용기 및 포장), DES(유산방지제 약품) 등

2 생물농축(生物濃縮, bioconcentration)

(1) 오염물질, 즉 저농도의 비분비성 물질이 생태계에서 먹이사슬(food chain)을 통하여 하위(下位) 영양단계의 생물에서 상위(上位)영양단계의 생물로 이행(오염물질 → 식물플랑크톤 → 동물플랑크톤 → 소형 어류 → 대형 어류 → 동물·사람)되면서 점차 더 많이 축적되어 가는 현상을 생물농축(bioconcentration 또는 bioaccumulation)이라 하며, 이타이이타이병(카드뮴 → 하천 → 농업용수 → 벼 → 사람), 미나마타병, 모유의 PCBs 오염도 이러한 농축과정을 통하여 일어난 것이다.

(2) **농축계수(Concentration Factor ; C · F)**

$$C \cdot F = \frac{수생생물\ 중의\ 유독물질농도}{환경수중의\ 유독물질농도}$$

> ➤➤ 생물농축(bioconcentration)＝생물축적(bioaccumulation)
> ＝생물확대(biomagnification)
> ＝생물증폭(bioamplification)

01 ▪ 수소이온농도(pH ; potential of hydronium)

(1) 물의 이온화적(K_w)

물은 매우 약한 전해질이며, 다음과 같이 극히 소량 전리한다.

$$H_2O \rightleftharpoons H^+ + OH^-$$

$$K = \frac{[H^+][OH^-]}{[H_2O]}$$

$$[H^+][OH^-] = K[H_2O] = K_w$$

여기서 K_w를 물의 이온적(ion product of water)이라고 하며, 25℃에서 $K_w = 1.0 \times 10^{-14}$이다. 수온이 높아지면 전리도가 증가하여 K_w는 커지고, 온도가 낮으면 K_w가 적어진다. 또한, alkali성일 수록 온도에 의한 pH 변화가 커진다.

[표 1-16] 온도에 따른 물질의 이온화적 상수

온도(℃)	K_w	pHn	온도(℃)	K_w	pHn
0	0.114×10^{-14}	7.5	40	2.919×10^{-14}	6.7
10	0.292×10^{-14}	7.3	50	5.474×10^{-14}	6.6
20	0.681×10^{-14}	7.1	60	9.619×10^{-14}	6.5
30	1.469×10^{-14}	6.9			

순수한 물일 경우 : $[H^+] = [OH^-] = \sqrt{K_w} = 1.0 \times 10^{-7}$ ············· 중성

산을 가할 경우 : $[H^+] > 10^{-7} > [OH^-]$ ···························· 산성

염기를 가할 경우 : $[H^+] < 10^{-7} < [OH^-]$ ························· 염기성

(2) pH

용액 내의 H^+농도(mlo/L)의 역수의 상용대수값을 그 용액의 pH라 한다.

$$pH = \log\frac{1}{[H^+]} = -\log[H^+] \rightarrow [H^+] = 10^{-pH}$$

$$pOH = -\log[OH^-] \rightarrow [OH^-] = 10^{-pOH}$$

$$pH = pOH = 7 \cdots\cdots \text{중성}$$

$$pH < 7 < pOH \cdots\cdots \text{산성}$$

$$pH > 7 > pOH \cdots\cdots \text{염기성}$$

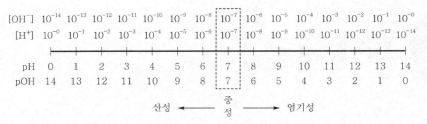

[그림 1-17] pH와 [H$^+$]의 관계도

pH+pOH=14

pH=14−pOH

pH=14−(−log[OH$^-$])

pH=14+log[OH$^-$]

(3) 중화적정(中和滴定)

산과 염기가 반응하여 중화 시에는 반드시 같은 당량끼리 반응한다.

$$N_a V_a = N_b V_b$$

여기서, N_a : 산의 규정농도(N농도), V_a : 산의 부피

N_b : 염기의 규정농도(N농도), V_b : 염기의 부피

02 액(液) 중의 화학평형(化學平衡)

(1) 산(酸), 염기(塩基)의 평형

① 산이란 물과 반응하여 H$_3$O$^+$(hydronium), 즉 H$^+$ 이온을 생성하는 물질로 정의할 수 있다. 강산인 염산(HCl), 황산(H$_2$SO$_4$), 질산(HNO$_3$) 등은 완전히 전리하여 H$^+$ 농도가 산의 N 농도와 일치하지만 약산인 HNO$_2$나 HCN, CH$_3$COOH 등은 소량 전리하므로 다음과 같은 가역반응(可逆反應)으로 표시할 수 있다.

$$HA \rightleftarrows H^+ + A^-$$

평형식으로는 $\dfrac{[H^+][A^-]}{[HA]} = K_a$

여기서 K_a를 산의 전리상수(이온화상수) 또는 해리상수라 한다. H$_2$CO$_3$ 등은 1단계 이상으로 이온화가 일어나며 각 단계에서 이온화상수를 적용시킬 수 있다.

제1단계 : H$_2$CO$_3$ $\rightleftarrows$ H$^+$ + HCO$_3^-$

$$K_1 = \dfrac{[H^+][HCO_3^-]}{[H_2CO_3]}$$

제2단계 : $HCO_3^- \rightleftarrows H^+ + CO_3^{2-}$

$$K_2 = \frac{[H^+][CO_3^{2-}]}{[HCO_3^-]}$$

위의 제1, 제2 단계를 종합하면,

$$H_2CO_3 \rightleftarrows 2H^+ + CO_3^{2-}$$

$$K = \frac{[H^+]^2[CO_3^{2-}]}{[H_2CO_3^-]} = K_1 \times K_2$$

② 염기는 산이나 물로부터 H^+이온을 취하거나 물에서 OH^- 이온을 생성하는 물질이다.
강염기인 가성소다(NaOH), 수산화칼륨(KOH) 등은 완전히 전리하여 OH^- 농도가 염기의 N농도와 같지만 약염기인 암모니아(NH_3)에 대해 살펴보면,

$$NH_3 + H_2O \rightleftarrows NH_4^+ + OH^-$$

평형식은 $\dfrac{[NH_4^+][OH^-]}{[NH_3]} = K_b$

여기서, 평형상수 K_b를 염기의 전리상수(이온화상수) 또는 해리상수라 한다.

$$K_a \times K_b = K_w, \quad K_a = \frac{K_w}{K_b}$$

[표 1-17] 산과 염기의 정의

주창자	산	염 기
Arrhenius	수용액 중에서 $H^+(H_3O^+)$를 내는 물질	수용액 중에서 OH^-를 내는 물질
Brönsted-Lowry	양성자(H^+)를 줄 수 있는 물질	양성자(H^+)를 받을 수 있는 이온이나 분자
Lewis	전자쌍을 받을 수 있는 이온이나 분자	전자쌍을 줄 수 있는 물질

[표 1-18] 평형상수

물질과 의의	평형반응	K [mol/L]	pK [$-\log K$]
차아염소산(소독)	$HOCl \rightleftarrows H^+ + OCl^-$	2.85×10^{-8}	7.35
석탄산(취미제어)	$C_6H_5OH \rightleftarrows H^+ + C_6H_5O^-$	1.2×10^{-10}	9.92
탄산(부식, 응집, pH 완충제어)	$H_2CO_3 \rightleftarrows H^+ + HCO_3^-$ $HCO_3^- \rightleftarrows H^+ + CO_3^{2-}$	$4.45 \times 10^{-7}(K_1)$ $4.69 \times 10^{-11}(K_2)$	6.35 10.33
황화수소(폭기, 취기)	$H_2S \rightleftarrows H^+ + HS^-$ $HS^- \rightleftarrows H^+ + S^{2-}$	$6.3 \times 10^{-8}(K_1)$ $1.3 \times 10^{-12}(K_2)$	7.20 11.89
인산(BOD 희석용액의 완충, 연화)	$H_3PO_4 \rightleftarrows H^+ + H_2PO_4^-$ $H_2PO_4^- \rightleftarrows H^+ + HPO_4^{2-}$ $HPO_4^{2-} \rightleftarrows H^+ + PO_4^{3-}$	$7.52 \times 10^{-3}(K_1)$ $6.32 \times 10^{-8}(K_2)$ $4.8 \times 10^{-13}(K_3)$	2.12 7.20 12.32
황산(pH 제어, 응집)	$H_2SO_4 \rightleftarrows H^+ + HSO_4^-$ $HSO_4^- \rightleftarrows H^+ + SO_4^{2-}$	strong $1.20 \times 10^{-2}(K_2)$	...... 1.92

물질과 의의	평형반응	K[mol/L]	pK[$-\log K$]
아황산(탈염소)	$H_2SO_3 \rightleftarrows H^+ + HSO_3^-$ $HSO_3^- \rightleftarrows H^+ + SO_3^{2-}$	$1.7 \times 10^{-2}(K_1)$ $6.3 \times 10^{-8}(K_2)$	1.76 7.20
암모니아(소독)	$NH_3 + H_2O \rightleftarrows NH_4^+ + OH^-$	1.65×10^{-5}	4.78
수산화마그네슘(연화)	$Mg(OH)^+ \rightleftarrows Mg^{2+} + OH^-$	$2.6 \times 10^{-3}(K_2)$	2.58

(2) 완충작용(緩衝作用, buffer action)

한정된 산이나 염기를 가했을 때 pH의 근소한 변화를 일으키는 용액을 완충용액(buffer solution)이라 하고, 용액에 산 또는 염기를 가했을 때 pH 변화에 대응하려는 작용을 완충작용이라 한다. 완충용액은 보통 약산과 그 약산의 강염기의 염을 함유하거나, 약염기와 그 약염기의 강산의 염이 함유된 용액이다. 완충용액의 작용은 화학평형원리로 충분히 설명된다.

예를 들어, [$CH_3COOH + CH_3COOK$]의 완충용액일 경우

$$CH_3COOH \rightleftarrows CH_3COO^- + H^+ (약하게 \ 전리) \quad \cdots\cdots\cdots\cdots\cdots\cdots\cdots\cdots\cdots\cdots\cdots\cdots\cdots\cdots \boxed{1}$$

$$CH_3COOK \rightleftarrows CH_3COO^- + K^+ (강하게 \ 전리) \quad \cdots\cdots\cdots\cdots\cdots\cdots\cdots\cdots\cdots\cdots\cdots\cdots\cdots \boxed{2}$$

$\boxed{1}$식에 있어서 $K_a = \dfrac{[CH_3COO^-][H^+]}{[CH_3COOH]}$가 성립된다.

한편, CH_3COOK에 있어서는 거의 완전히 해리하므로 CH_3COO^- 농도는 거의 CH_3COOK의 농도에 가깝게 된다.

따라서 [CH_3COO^-]≒[CH_3COOK]로부터,

$$K_a \fallingdotseq \frac{[CH_3COOK][H^+]}{[CH_3COOH]} \quad \cdots\cdots\cdots\cdots\cdots\cdots\cdots\cdots\cdots\cdots\cdots\cdots\cdots\cdots\cdots\cdots\cdots \boxed{3}$$

$\boxed{3}$식을 이항시켜 정리하면,

$$[H^+] = K_a \times \frac{[CH_3COOH]}{[CH_3COOK]} \quad \cdots\cdots\cdots\cdots\cdots\cdots\cdots\cdots\cdots\cdots\cdots\cdots\cdots\cdots \boxed{4}$$

$\boxed{4}$식의 양변에 $-\log$을 취하면,

$$-\log[H^+] = -\log K_a - \log \frac{[CH_3COOH]}{[CH_3COOK]}$$

$$\therefore \ pH = pK_a + \log \frac{[CH_3COOK]}{[CH_3COOH]} \quad \cdots\cdots\cdots\cdots\cdots\cdots\cdots\cdots\cdots\cdots\cdots\cdots \boxed{5}$$

즉, $pH = pK_a + \log \dfrac{[염]}{[산]}$

으로 표시되며 이를 완충방정식이라 한다.

⑤식에서 [CH₃COOK]=[CH₃COOH]이면, pH=pK_a가 되고, pH를 중심으로 [CH₃COOK]/[CH₃COOH]의 비를 변화시키면 소정의 pH를 설정하는 것이 된다. 완충력은 보통 pK_a±1 정도가 가장 많이 이용된다.

KH₂PO₄(mono potassium phosphate)와 Na₂HPO₄(disodium phosphate)의 혼합염의 완충용액은 생물학과 환경공학에서 널리 쓰인다.

여기서 약산은 KH₂PO₄의 H₂PO₄⁻ 이온이며 염이온은 Na₂HPO₄의 HPO₄²⁻ 이온이다.

이에 해당하는 완충방정식은,

$$pH = pK_2{}' + \log \frac{C_{Na_2HPO_4}}{C_{KH_2PO_4}}$$

위의 반응에서 총 완충농도 0.01~0.1M에 대해 p$K_2{}'$=6.8~6.9 정도가 되므로 pH를 중성에 가깝게 유지할 수 있는 완충활동을 한다. 그러므로 이 완충용액은 BOD 시험이나 기타 생물학적 연구에 중요한 인자가 된다.

(3) 용해도적(溶解度積, solubility product)

고체나 기체가 액체에 용해하는 정도를 용해도(solubility)라 하는데 용해도는 폐수처리공학에서 침전성과 밀접한 관계가 있다. 기체의 용해도는 온도의 상승에 따라 감소하고, 대부분의 고체는 온도 상승에 따라 증가한다. 그러나 Ca 화합물, 즉 CaCO₃, CaSO₄, Ca(OH)₂ 등은 온도 상승에 따라 용해도가 감소한다.

CaCO₃와 같은 낮은 용해도를 가진 염과 그 이온의 포화용액 간의 평형은,

$$CaCO_3(S) \rightleftarrows Ca^{2+} + CO_3^{2-}$$

$$\frac{[Ca^{2+}][CO_3^{2-}]}{[CaCO_3(S)]} = K$$

$$[Ca^{2+}][CO_3^{2-}] = K[CaCO_3(S)] = K_{sp}$$

여기서, K_{sp}를 용해도적 상수(solubility product constant) 또는 용해도적(solubility product)이라 한다.

🌵 K_{sp}는 온도가 일정하면 변함없는 상수이고, 폐수처리와 관련한 침전에는 이 값이 적을수록 유리하다. 즉, K_{sp}가 적음은 물속에 적게 용존되고 불용성인 침전물이 많이 형성된다는 뜻이 된다.

03 이온강도(强度)와 전도도(傳導度)

(1) 이온강도(ionic strength)

전해질 용액에서 이온 간의 상호작용은 먼저 그 mol수가 문제되지만 화합물이나 용존 기체와는 달리 공존하는 각종 이온 간의 전기적 흡인 또는 반발 작용이 있기 때문에 mol농도가 그대로 유효농도가 되지 않고, 그 양론적(量論的) 화학 성격은 실제 농도보다 떨어진다. 즉, 이온의 유효농도 또는 활동도 (activity)는 실제의 mol농도보다 낮아진다. Lewis와 Randall은 용액 속 이온들 사이의 상호작용을 경험적으로 이온강도라는 개념을 도입하여 설명하였다.

$$I = \frac{1}{2} \sum_{1}^{i} C_i Z_i{}^2 \quad\text{...} \boxed{1}$$

여기서, I : 이온강도, C_i : 이온의 몰농도(mol/L), Z_i : 이온전하의 크기(이온가)

이온이나 분자의 활동도는 그 mol농도에 활동도계수 γ를 곱하여 구할 수 있으며, 활동도계수는 mol 농도를 보정하여 **실제 평형효과를 정량적으로 나타내는 값**으로 환산해 주는 환산인자이다.
묽은 용액에서의 활동도와 mol농도는 실제로 같으나 환경공학에서 취급되고 있는 다소 진한 용액에서는 활동도 대 mol농도의 비를 활동도계수 γ로 하여 Debye-Hückel에 의해 유도된 Güntelberg의 근사식으로 구할 수 있다.

$$\log \gamma = -0.5 Z_i^2 \frac{\sqrt{I}}{1+\sqrt{I}} \quad\text{...} \boxed{2}$$

(2) 전기전도도(conductance)

이온을 함유한 용액은 전류(電流)를 전도하는 능력이 있으며, 이 전도도의 크기는 함유 이온의 특성과 농도에 좌우된다. 용액의 전도도(conductivity) 또는 비전도도(specific conductivity)는 용액의 비저항(比抵抗)의 역수를 ohms로 나타내며, 이는 존재하는 이온농도와 대체로 비례한다.
여러 이온을 함유하는 용액의 총 전도도는 각 이온의 전도도의 합과 같다. 수중에 존재하는 같은 무게의 모든 이온은 물에 대해 대체로 같은 전도도를 나타내기 때문에 **전도도 측정은 수중 총 용존염을 약 10% 정확도까지 신속히 측정**하는 데 자주 이용된다.
전기전도도는 주로 수온과 용존성분의 두 환경인자에 영향을 받으며, 수온이 1℃ 상승하면 전도율은 2% 정도 증가한다. 또한, 오염의 정도가 크면 용존이온농도가 높아 전도도 값이 높게 나타나며, 수질이 깨끗할수록 낮은 전도도 값을 나타낸다. 호수에서 수심별 전기전도도의 차이는 수온의 효과와 용존오염물질의 농도차로 인한 결과로서 **성층현상을 판단하는 지표**로서 활용되기도 한다.

🌵 금속과 용액을 통해 흐르는 전류의 특성

금속을 통해 흐르는 전류	용액을 통해 흐르는 전류
1. 금속의 화학적 성질은 변하지 않는다.	1. 용액에서 화학변화가 일어난다.
2. 전류는 전자에 의해 운반된다.	2. 전류는 이온에 의해 운반된다.
3. 온도의 상승은 저항을 증가시킨다.	3. 온도의 상승은 저항을 감소시킨다.
4. 대체로 전기저항이 용액의 경우보다 작다.	4. 대체로 전기저항이 금속의 경우보다 크다.

04 산화(酸化)와 환원(還元)

(1) 산화와 환원의 정의

광의적인 의미로는 산화란 각 원소가 가지고 있는 산화수(oxidation number)가 증가하는 것을 말하고, 환원이란 산화수가 감소 즉, 음원자가의 증가를 말한다.

즉, 모든 원소는 1 또는 2 이상의 정·부 어느 쪽인가의 산화수를 갖고 있어 화합물을 구성하고 있는 모든 원소의 산화수는 0이다. 예를 들어, $FeCl_2$의 Fe의 산화수는 $+2$, Cl은 -1이며, CH_4의 C의 산화수는 -4, CO_2의 C의 산화수는 $+4$이다(단, 화합물 중의 H, O의 산화수는 각각 $+1$, -2로 한다). $2Fe^{+3}+2I^- \rightarrow 2Fe^{+2}+I_2$의 반응에 있어 Fe의 산화수는 $+3$에서 $+2$로 감소하고, I는 -1에서 0으로 증가하고 있다. 따라서 Fe^{+3}은 I^-에 의해 환원되고, I^-는 Fe^{+3}에 의해 산화된 것이 된다. 이와 같이 산화, 환원은 동시에 그리고 화학양론적으로 일어난다.

$$\text{산화제}+n\,e \rightleftharpoons \text{환원제}$$
$$\text{산화제}(1)+\text{환원제}(2) \rightleftharpoons \text{환원제}(1)+\text{산화제}(2)$$

[표 1-19] 산화, 환원의 개념

구 분	산화(oxidation)	환원(reduction)
산소	화합…산소와 화합하는 현상 $C+O_2 \rightarrow CO_2$	잃음…산화물에서 산소를 잃는 현상 $2CuO+H_2 \rightarrow Cu_2O+H_2O$
수소	잃음…수소화합물에서 수소를 잃는 현상 $2H_2S+O_2 \rightarrow 2S+2H_2O$	화합…수소와 화합하는 현상 $N_2+3H_2 \rightarrow 2NH_3$
전자	잃음…전자를 잃는 현상 $Na \rightarrow Na^++e^-$	얻음…전자를 받아들이는 현상 $Cl+e^- \rightarrow Cl^-$
원자가 (산화수)	증가…원자가(원자의 산화수)가 증가하는 현상 $2FeCl_2+Cl_2 \rightarrow 2FeCl_3$ (Ⅱ)　　　　　(Ⅲ)	감소…원자가(원자의 산화수)가 감소하는 현상 $2FeCl_3+SO_2+2H_2O$ (Ⅲ) $\rightarrow 2FeCl_2+2HCl+H_2SO_4$ (Ⅱ)

용액 중의 산화·환원력의 척도에 산화환원전위(ORP ; Oxidation Reduction Potential)가 이용된다.

(2) 산화환원전위(Nernst식)

$$E=E_0+\frac{RT}{nF}\ln\frac{[OX]}{[Red]} \quad\cdots\cdots \boxed{1}$$

여기서, E_0 : 표준상태에서의 전위(V)

R : 가스정수(8.316 volt·coulomb/K·mol$=8.316$J/K·mol)

T : 절대온도(K$=℃+273$)

n : 반응에 관여하는 전자수

F : 패러데이 정수(9.649×10^4 coulomb/g 이온)

[Red] : 환원제의 몰농도

[OX] : 산화제의 몰농도

만약 [OX]=[Red]이면 $E = E_0$ 이고 상기 식을 25℃를 기준으로 계산해서 유도하면,

$$E = E_0 + 2.3026 \frac{RT}{nF} \log \frac{[OX]}{[Red]} \quad \cdots\cdots\cdots\cdots\cdots\cdots\cdots\cdots\cdots \boxed{2}$$

$$2.3026 \frac{RT}{nF} = 2.3026 \times \frac{8.316 \times (25 + 273)}{n \times 9.649 \times 10^4} = \frac{0.05915}{n}$$

$$E = E_0 + \frac{0.05915}{n} \log \frac{[OX]}{[Red]} \quad \cdots\cdots\cdots\cdots\cdots\cdots\cdots\cdots\cdots \boxed{3}$$

$F_2 + 2e^- \rightleftharpoons 2F^-, \quad E_0 = +2.87V$

$O_3 + 2H^+ + 2e^- \rightleftharpoons O_2 + H_2O, \quad E_0 = +2.07V$

$Cl_2 + 2e^- \rightleftharpoons 2Cl^-, \quad E_0 = +1.36V$

위 반응에서 보면 ORP가 높은 순서 즉, 강한 산화제의 순서는 불소, 오존, 염소 순이다.

> **표준산화환원전위(E_0)**
> 표준수소 전극치를 0으로 하고 이를 기준하여 수소보다 높은 것은 +, 낮은 것은 −를 붙이는 것을 규칙으로 정하고 있다. 그러므로 +의 것은 H를 산화하여 H^+으로 할 수 있으나 −의 것은 역으로 H^+을 환원하여 H로 하는 작용이 있다.
> +의 것은 $H - 1e \rightarrow H^+$(oxidation)
> −의 것은 $H^+ + 1e \rightarrow H$(reduction)
> 또한, E_0는 표준수소 전극과 백금전극 사이에서 1atm, 15℃의 표준상태에서 생기는 전위 차이다.

(3) ORP 측정 및 응용

① E는 그 용액의 산화력 또는 환원력의 강도를 아는 척도로서 전자(electron) 교환이 따르는 모든 화학반응은 산화환원반응이며 산화 − 환원력의 강도는 ORP를 측정함으로써 알 수 있다. ORP의 측정은 계열의 강도 측정이며 계열의 용량을 측정할 수는 없다. 이 점에서 보면 pH라든가 온도의 측정에 유사하다. 따라서 ORP의 측정값으로부터 용액 중의 산화제나 환원제의 농도를 알 수 없고 단지 양자의 농도비만을 알 수 있다. 또, 처리를 위하여 가해진 산화제나 환원제의 양도 물론 알 수는 없다. 폐수처리에서 실용적인 입장에서는 OX 또는 Red의 농도 절대값을 필요로 하는 경우는 적고 그들의 비만을 알면 충분한 경우가 많다.

>> 유리전극 pH계의 유리전극 대신에 백금전극을 넣으면 pH계는 그대로 ORP 측정용 전위차계로도 사용할 수 있다.

② 폐수처리에서 산화반응은 널리 이용되고 있다. 염소 및 오존 살균, Fe^{2+} 및 Mn^{2+} 등의 산화침전, CN^-의 산화처리(염소산화, 오존산화, 전해산화) 등의 화학적 산화와 호기성 생물학적 처리, 단순 포기 등도 산화반응을 이용한 것이다.

환원반응의 응용은 6가 크롬 함유 폐수처리, 동(구리) 함유 폐수의 환원처리 등이 있다.

05 colloid 화학

1 콜로이드(colloid)의 분류

(1) colloid 용액

용액 속에 $0.1 \sim 0.001\mu(10^{-7} \sim 10^{-5}cm)$ 정도로 큰 용질 입자가 있을 때 보통의 용액과는 다른 물리적 성질을 나타내는데, 이런 용액을 콜로이드용액(colloidal solution)이라 한다. 또한, 콜로이드입자보다 작은 입자가 녹아 있는 용액을 진용액이라 하며 이들의 용어를 비교하면 다음과 같다.

[표 1-20] 진용액과 콜로이드용액의 비교

진용액	용매	용질	용해	용액	석출
콜로이드용액	분산매	분산질	분산	콜로이드용액	응결

≫ 콜로이드는 반투막을 통과하지 못하나 여과지는 통과한다.

콜로이드의 분산은 콜로이드입자인 분산질(dispersed phase)과 그것을 분산시키고 있는 매질인 분산매(dispersion medium)의 상태에 따라 분류된다.

[표 1-21] 콜로이드분산의 종류

분산질	분산매	명 칭
액체	고체	졸(sol), 서스펜션(suspension)
액체	액체	에멀션(emulsion)
액체	기체(기포)	포말(foam)

(2) 친수(親水)콜로이드와 소수(疎水)콜로이드

① 친수성콜로이드 : 물에 쉽게 분산되며 그 안정도는 콜로이드가 가지고 있는 약한 전하량(대체로 음전하)보다는 용매에 대한 친화성에 의존한다. 이와 같은 성질 때문에 수용액으로부터 이들을 제거하기가 곤란하지만 많은 양의 알루미늄염과 철(Ⅲ)염을 투여하여 제거할 수 있다. 친수성콜로이드의 대부분은 소수성콜로이드를 보호하는 작용을 한다(보호콜로이드).

② 소수성콜로이드 : 모두 전기적으로 하전(荷電)되어 양전하 또는 음전하를 띤다. 일차 또는 표면전하는 여러 가지 방법으로 나타나며, 일차 전하의 부호와 크기는 콜로이드의 특성, 물의 pH와 전반적인 이온 특성의 함수이다. 수용액의 pH가 낮으면, 양전하의 콜로이드가 많아지고 음전하의 것은 적어진다.

소수성콜로이드를 제거하는 일반적인 방법은 입자와 반대전하를 가진 소량의 전해질(이온염) 첨가에 의해 비교적 용이하게 제거(응집침전)된다.

이온의 전하와 응집력과의 관계는 일찍이 Schulze에 의해 지적되어 Hardy에 의해 증명되었으며, 이를 Schulze-Hardy 법칙이라 한다. 이 법칙에 의하면 콜로이드의 침전은 콜로이드입자 전하에 반대되는 부호의 전하를 가진 첨가된 전해질이온에 영향을 받으며, 이 영향은 그 이온이 띠고 있는 전하의 수에 따라 현저하게 증가한다.

[표 1-22] 친수성과 소수성 colloid의 특성비교

성 질	친수성(親水性)	소수성(疎水性)
물리적 상태	유탁질(乳獨質, emulsoid)	현탁질(懸獨質, suspensoid)
표면장력	분산매보다 상당히 작음	분산매와 큰 차이 없음
점도(粘度)	분산매보다 현저히 큼	분산매와 큰 차이 없음
Tyndall효과	작거나 전무함	현저함(수산화철 제외)
재구성(再構成)	용이하다.	동결 또는 건조 후 재구성이 용이하지 않다.
전해질에 대한 반응 예	반응이 비활발하며, 많은 응집제를 요함 (전분, 단백질, 고무, 비누, 고무풀, 혈청, 합성세제, 아교, 한천 등)	전해질에 의하여 용이하게 응집 (금속의 수산화물, 황화물, 은, 할로겐화물, 금속, 점토, 먹물 등)

2 콜로이드의 안정도(安定度)

(1) colloids는 부유상태와 용존상태의 중간상태(그림 1-8)로 여과에 의해서 제거되지도 않으며, 브라운 운동(brownian movement) 때문에 침전하지도 않는다.

colloid는 전기적으로 부하되어 있어 어떤 조건에서도 흡착될 수 있으며, zeta potential, Van der Waals force와 중력(重力)에 의해서 전기 역학적으로 평형되어 있다. zeta potential은 입자 간에 서로 밀어내는 힘(척력, 반발력)에 관련된 입자의 표면전위이며, Van der Waals force란 입자 간에 서로 잡아당기는 힘(전기적 흡인력)으로서 분자의 응집력(cohesive force)으로 추정되는 입자 간의 인력(引力)이다. 즉, colloids는 전기적으로 밀어내고 잡아당기는 힘과 입자 무게에 의한 중력이 서로 평형되어 있어 항상 안정상태를 유지하고 있다.

> **Brown 운동**
> colloid 입자가 용매 분자나 다른 입자와 불균일하게 충돌함으로써 불규칙하게 움직이는 운동

(2) 콜로이드입자 표면이 대전(帶電)되어 있음은 콜로이드입자 안정에 큰 역할을 한다. 즉, 대전입자 상호 간에 서로 상대입자의 접근을 막으므로 입자들이 합체할 수 없게 된다. 대개 콜로이드의 안정도는 다음 식의 zeta potential의 양에 따라 결정된다.

$$\zeta = 4\pi\delta q/D$$

여기서, δ : 전하 차가 유효한 구간의 입자 주위의 두께
q : 입자의 하전(또는 분산매인 액체와 입자와의 하전의 차)
D : 매개체(분산매)의 유전계수(誘電係數)

zeta potential은 콜로이드입자의 전하와 전하의 효력이 미치는 분산매(分散媒 : 물)의 거리를 측정한다(그림 1-18).

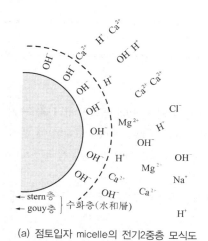 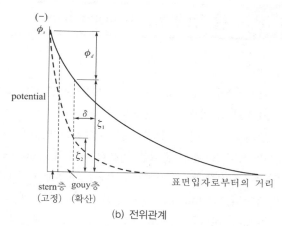

(a) 점토입자 micelle의 전기2중층 모식도

(b) 전위관계

[그림 1-18] Helmholtz의 전기2중층

수산화철 또는 수산화알루미늄은 zeta potential이 critical value(응집을 일으키는 한계 전위)를 초과할 때까지 안정하나, 그 이하가 되면 서서히 응결을 일으키며 zeta potential이 0에 가까워질수록 급속히 응결이 일어난다.

3 콜로이드의 응결(凝結)

물의 환경공학적 측면으로 볼 때 colloid는 유해물이라 볼 수 있다. 음료수일 경우 유기질 colloid의 색과 탁도가 포함되면 불쾌한 것이다. 그러므로 alum 등을 가해 colloid를 제거해야 하며, 하수처리에 있어서도 colloid를 응결시켜 제거해야 한다.

colloid의 응결을 위해서는 전하 q를 중화시키거나 전하유효거리 δ를 감소시켜 zeta potential을 감축하여야 한다. δ를 감소시키기 위해서는 함수된 산화 Al 또는 Fe로서 이온농도를 증대시킨다. 이때 colloid 전하와 반대 전하의 이온이 효과적이며, 2가나 3가의 이온이 효과적이다. 그러므로 Fe^{3+}나 Al^{3+} 산화물로서 양전하된 colloid의 응결 시 SO_4^{2-}가 존재하면 큰 도움이 된다.

중화를 일으키는 한계의 ζ전위를 임계 ζ전위라 하고 점토입자에서는 10~20mV, 색도입자 같은 미세입자에서는 5mV 내외이다.

이와 같이 colloid 입자를 제거하기 위해서는 colloid가 띠고 있는 전하와 반대되는 전하물질을 투여하거나 pH의 변화를 일으켜서 zeta potential을 감소시킴으로써 colloids 간의 거리를 좁혀서 뭉치게 해야 한다. 이것을 응결(凝結) 또는 응집(凝集, coagulation)이라고 하며, 이때 사용되는 약품을 응집제(coagulant)라고 한다.

※ 콜로이드를 응집시키는 데는 4가지의 기본 메카니즘이 있는데 1) 이중층의 압축, 2) 전하의 중화, 3) 침전물에 의한 포착, 4) 입자간의 가교형성 등이다.

Schulze-Hardy 법칙

이온전하와 응집력과의 관계의 중요성은 Schulze에 의해 지적되어 Hardy에 의해 증명이 되었는데, 이 법칙에 의하면 콜로이드의 침전은 콜로이드 입자의 전하에 반대되는 부호의 전하를 가진 첨가된 전해질 이온에 영향을 받으며, 이 영향은 그 이온이 띠고 있는 전하의 수에 따라 현저하게 증가한다.

06 흡착(吸着, adsorption)

(1) 개요

흡착은 어떤 상(phase)에 존재하고 있는 분자나 이온이 다른 상의 표면에 응축되거나 농축되는 프로세스로서, 가령 공기 중이나 물속에 들어 있는 오염물질을 활성탄(activated carbon)에 흡착시키는 것은 공기나 물의 정화에 흔히 이용하고 있는 방법이다. 이때, 흡착을 하는 고체를 흡착제(adsorbent)라 하고, 농축된 물질을 피흡착물질(adsorbate)라 한다.

고체 흡착제에 의한 용액 중의 용질의 흡착 메커니즘은 수처리에서 매우 중요하다. 고체 표면에 분자가 흡착되는 것(adsorbed)은 성분이 다른 물체에 침투해 들어가는 형태의 흡수(吸收, absortion)와는 다르며, 하나의 흡착모체(adsorbent)에 의해 흡착되는 물질의 양은 그 물질의 성질과 농도 및 온도에 의존한다.

(2) 흡착의 형태

흡착에는 물리흡착, 화학흡착, 교환(exchange)흡착의 세 가지 형태가 있다.

① 물리흡착 : 분자 사이의 약한 인력 또는 Van der Waals 힘의 작용에 의해 흡착되는 것으로 비교적 일반적으로 활용된다. 흡착된 분자는 고체 표면의 특정 부위에 고정되는 것이 아니고 전체 표면을 자유로이 이동하며, 흡착된 물질은 흡착제의 표면에 응축되어 여러 개의 겹쳐진 층을 형성한다. 흡착은 대체로 신속하게 이루어지며, 일반적으로 물리흡착은 가역적이서 농도를 감소시키면 본래 흡착되었던 양과 같은 정도의 양이 다시 탈착(desorb)된다.

② 화학흡착 : 강한 힘에 의해 화학결합을 형성하는 것에 비교될 정도로 흡착된다. 흡착된 물질이 표면에 단지 한 분자 두께의 층을 형성하며 분자는 표면의 한 부위에서 다른 부위로의 이동이 자유롭지 못한 것으로 생각되고 있다. 흡착은 처음은 신속히 이루어지지만 시간이 지남에 따라 완만해지며, 표면이 단분자층으로 덮여지면(포화상태) 흡착능력은 완전히 소멸되어 버린다. 화학흡착은 거의 비가역적으로 흡착된 물질을 제거하기 위해서는 통상 흡착제를 높은 온도로 가열한다.

③ 교환흡착 : 피흡착질과 흡착제 표면과의 사이에 전기적 인력이 작용하여 흡착하는 현상으로 이온교환 등이 여기에 속한다. 물질의 이온이 표면 위의 반대 전하 부위로 정전기적 인력에 의해 표면에 농축된다. 일반적으로 1가이온보다 3가이온과 같이 큰 전하를 가진 이온이 반대 전하 부위로 더 세게 끌리며, 또한 이온의 크기(수화반경)가 작을수록 세게 끌린다.

[표 1-23] 물리흡착과 화학흡착의 특징 비교

구 분	물리흡착	화학흡착
흡착열	약 40kJmol^{-1} 이하	약 80kJmol^{-1} 이상
흡착	피흡착물질의 비점 이하에서만 평가됨	고온에서 일어날 수 있음
흡착량의 증가	피흡착물질의 압력 증가에 따라 증가함	피흡착물질의 압력이 증가함에 따라 감소함
표면흡착량	흡착제보다는 피흡착물질의 함수임	피흡착물질과 흡착제 양자의 특징을 보임
활성화에너지	흡착과정에서 포함되지 않음	흡착과정에서 포함될 수 있음
분자층	다분자층 흡착이 일어남	흡착은 거의가 단분자층으로 결과됨
흡착의 거동	응축(condensation) 형태	화학반응의 양상

(3) 등온(等溫)흡착식

일반적으로 사용되고 있는 등온흡착식(adsorption isotherm)은 Fruedlich 흡착식과 Langmuir 흡착식, BET 등온식이 있다(수질오염 방지기술편 Chapter 02 물리적 처리 및 설계 참조).

07 기체법칙

(1) 보일-샤를의 법칙

① 보일(Boyle)의 법칙 : 온도가 일정할 때 기체의 부피는 그 압력에 반비례한다.

$$PV = K(\text{constant}), \quad P_1 V_1 = P_2 V_2 \quad \text{또는} \quad \frac{V_1}{V_2} = \frac{P_2}{P_1}$$

여기서, P : 기체의 압력, V : 기체의 부피

② 샤를(Charles)의 법칙 : 압력이 일정할 때 기체의 부피는 온도에 비례한다(일정량의 기체는 온도가 1℃ 오를 때마다 0℃ 부피의 $\frac{1}{273}$ 만큼씩 증가).

$$V = V_0 + V_0 \times \frac{t}{273} = V_0\left(1 + \frac{t}{273}\right) = \frac{V_0}{273}(273 + t) = \frac{V_0}{273}T$$

$$\frac{V}{T} = K(\text{constant}), \quad \frac{V_1}{V_2} = \frac{T_1}{T_2} \quad \text{또는} \quad \frac{V_1}{T_1} = \frac{V_2}{T_2}$$

여기서, V : 기체의 부피, T : 절대온도$(K) = 273 + t$, t : 온도(℃)

③ 보일-샤를의 법칙 : 일정량의 기체의 부피는 그 압력에 반비례하고 절대온도에 비례한다.

$$\frac{PV}{T} = \text{R}, \quad \frac{P_1 V_1}{T_1} = \frac{P_2 V_2}{T_2}$$

여기서, R : 기체상수

④ 기체의 상태방정식 : 1mol의 기체는 표준상태(0℃, 1atm)에서 22.4L의 부피를 차지하므로, Boyle -Charles 법칙에서

$$\frac{PV}{T} = \frac{1\text{atm} \times 22.4\text{L/mol}}{273\text{K}} = 0.082\text{L} \cdot \text{atm/K} \cdot \text{mol}$$

n mol이면

$$\frac{PV}{T} = n\text{R} \quad \therefore PV = n\text{R}T = \frac{W}{\text{M}}\text{R}T$$

여기서, W : 기체의 무게(g), M : 기체의 분자량

(2) Dalton의 부분압력법칙

화학반응이 일어나지 않는 두 종 이상의 기체가 한 용기에 혼합되어 있을 때 나타내는 그 혼합 기체의 전체 압력은 각 성분 기체가 갖는 부분압력의 합과 같다.

$$P = P_1 + P_2 + P_3 + \cdots\cdots$$

여기서, P : 전압, P_1, P_2, P_3, $\cdots$: 각 기체의 분압

분압 : 성분 기체가 단독으로 혼합 기체와 같은 부피 속에 있을 때 나타내는 압력으로 공기와 같은 혼합 기체 속에서 각 성분 기체는 서로 독립하여 압력을 나타낸다. 바꾸어 말하면 분압은 그 기체가 혼합기체의 전체 부피를 단독으로 차지하고 있을 때에 나타나는 압력과 같다.

따라서 각 기체의 부분압력은 혼합물 속에서의 그 기체의 양(부피%)에 비례한다.

➤➤ 이 법칙은 Henry의 법칙과 결부하여 환경공학에 이용되고 있다.

(3) Henry의 법칙

일정한 온도에서 일정한 부피의 액체에 용해하는 기체의 양은 그 액체 위에 미치는 기체의 압력에 비례한다(Chapter 02 참조).

(4) Graham의 법칙

두 기체의 확산속도는 그 기체의 밀도(분자량)의 제곱근에 반비례한다.

$$\frac{U_1}{U_2} = \sqrt{\frac{d_2}{d_1}} \left(= \sqrt{\frac{M_2}{M_1}} \right)$$

여기서, U_1 : A 기체의 확산속도, U_2 : B 기체의 확산속도, d_1 : A 기체의 밀도
d_2 : B 기체의 밀도, M_1 : A 기체의 분자량, M_2 : B 기체의 분자량

(5) Gay–Lussac의 결합부피의 법칙

기체가 관련된 화학반응에서 반응하는 기체와 생성된 기체의 부피 사이에는 작은 정수 관계가 성립된다.

$$CH_4 + 2O_2 \rightarrow CO_2 + 2H_2O$$
1부피   2부피   1부피   0부피

상기 반응에서 메탄 1부피와 산소 2부피가 반응하여 이산화탄소 1부피를 생성한다.

(6) Raoult의 법칙

어느 물질이 혼합된 묽은 용액에서 어느 물질의 증기압(분압) P_i는 혼합액에서 그 물질의 mol분율 (X_i)에 순수한 상태에서 그 물질의 증기압(P_0)을 곱한 것과 같다.

$$P_i = X_i \cdot P_0$$

이온화하지 않는 용질의 용액(비전해질 용액)은 용질의 몰랄농도에 비례하여 증기압력이 낮아진다. 용질이 이온화하는 경우(전해질 용액)에는 용질의 이온화도에 의해 수정된 용질 분자당 생성되는 이온의 수와 몰랄농도를 곱한 것에 비례한다. 실제로 Raoult의 법칙과 일치하는 용액은 매우 적으나 벤젠과 사염화탄소로 된 혼합물은 Raoult법칙과 거의 일치하므로 이상용액(理想溶液)이라 한다.

08 ┇ 반응속도 방정식

(1) 0차 반응(zero-order reaction)

어느 시간이 지나면 반응이 끝나버리는 반응으로서, 반응물의 농도에 독립적인 속도로 진행되는 반응이다.

A(반응물) → P(생성물)

$$-\frac{dC_A}{dt} = K[A]^0 = K_0 \quad \cdots\cdots\cdots\cdots\cdots\cdots\cdots\cdots\cdots\cdots\cdots\cdots\cdots\cdots\cdots\cdots\cdots\cdots\cdots\cdots\cdots\cdots \boxed{1}$$

여기서, $-\dfrac{dC_A}{dt}$: 소실률(감소속도)$(ML^{-3}T^{-1})$, K_0 : 반응속도상수$(ML^{-3}T^{-1})$

즉, 시간변화 dt 에 따른 농도 C 가 dC 만큼 변할 때의 반응속도

$V = -\dfrac{dC}{dt}$ 이므로,

$$-\frac{dC}{dt} = K_0 \rightarrow \boxed{\frac{dC}{dt} = -K_0} \quad \cdots\cdots\cdots\cdots\cdots\cdots\cdots\cdots\cdots\cdots\cdots\cdots\cdots\cdots\cdots\cdots\cdots\cdots \boxed{2}$$

$\boxed{2}$ 식을 적분하면,

$$\int_{c_0}^{c} dC = -K_0 \int_{0}^{t} dt$$

$$[C]_{C_0}^{C} = -K[t-0] \quad \cdots\cdots\cdots\cdots\cdots\cdots\cdots\cdots\cdots\cdots\cdots\cdots\cdots\cdots\cdots\cdots\cdots\cdots\cdots\cdots\cdots\cdots\cdots \boxed{3}$$

$$C - C_0 = -K_0 t$$

$$C = -K_0 t + C_0$$

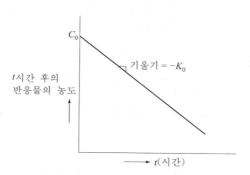

[그림 1-19] 영차 반응 경로의 plot

(2) 1차 반응(first-order reaction)

$A \rightarrow B + C$ 가 되는 반응으로서, 반응속도가 한 가지 반응물질 A 의 농도에만 비례하는 경우, 반응속도 $V = KC_A$ 로 표시된다. 반응이 반응물질 등의 하나의 농도에 관계될 때에는 순간적인 시간

dt 에서 농도 C가 dC만큼 변할 때의 순간적인 반응속도는 $-dC/dt$로 나타낸다(반응물질의 농도는 시간이 지남에 따라 감소하므로 $-$로 표시). 그러므로 $V = KC$에서 V 대신에 $-dC/dt$를 대입

$$-dC/dt = KC \rightarrow \boxed{dC/dt = -KC}$$ ....①

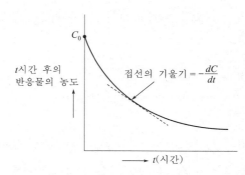

[그림 1-20] 일차 반응 경로의 plot

$$\frac{dC}{C} = -Kdt$$

$t = 0$ 일 때, $C = C_0$의 조건을 주어 적분하면,

$$\int_{C_0}^{C} \frac{1}{C} dC = -K \int_{0}^{t} dt$$

$$[\ln C]_{C_0}^{C} = -K[t]_{0}^{t}$$

$$\ln C - \ln C_0 = -K(t - 0)$$

$$\ln \frac{C}{C_0} = -Kt$$ ....②

상용대수로 표시하면,

$$\log \frac{C}{C_0} = -\frac{K}{2.303} t$$ ....③

여기서, C_0 : 초기($t = 0$)농도, C : 나중(t 시간 후)농도
　　　　K : 반응속도상수 또는 감소속도정수(T^{-1})
　　　　t : 반응시간(time)

③식을 전개하면,

$$\log C = -0.4343Kt + \log C_0$$

≫ 1차 반응식을 완전히 터득하시오.

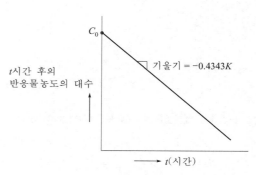

[그림 1-21] 1차 반응 경로의 반대수 plot

0.5차 반응(0.5-order reaction)

시간변화에 따른 농도변화는 농도의 0.5승에 비례한다.

이때, 0.5차 반응속도식은 $\dfrac{dC}{dt} = -KC^{0.5} \rightarrow \dfrac{1}{C^{0.5}}dC = -Kdt$

$t = 0$일 때, $C = C_0$의 조건을 주어 적분하면

$$\int_{C_0}^{C} \frac{1}{C^{0.5}} dC = -K \int_{0}^{t} dt$$

$$\left[2C^{0.5} \right]_{C_0}^{C} = -K[t]_0^t$$

$$2C^{0.5} - 2C_0^{0.5} = -Kt$$

여기서, C_0 : 초기($t=0$) 농도(M/L), C : t시간 후의 농도(M/L), K : 반응속도상수[(M/L)$^{0.5}$/T], t : 반응시간

(3) 2차 반응(second-order reaction)

$A + B \rightarrow C + D$ 가 되는 반응으로서, 반응속도가 반응물질 A와 B의 농도에 비례하는 경우, 반응속도 $V = KC_A C_B$로 표시된다.

이때 2차 반응속도식은 $-\dfrac{dC_A}{dt} = KC_A C_B$이며, $A + A \rightarrow$ 생성물 반응에서의 경우 반응속도식은,

$$-\frac{dC}{dt} = KC_A{}^2 \quad \dotfill \quad \boxed{1}$$

$$\frac{dC}{C^2} = -Kdt \quad \dotfill \quad \boxed{2}$$

$t = 0$일 때 $C = C_0$의 조건을 주어 적분하면,

$$\int_{C_0}^{C} \frac{1}{C^2} dC = -K \int_{0}^{t} dt$$

$$\left[-\frac{1}{C} \right]_{C_o}^{C} = -K[t]_o^t$$

$$\frac{1}{C} - \frac{1}{C_0} = Kt \quad \dotfill \quad \boxed{3}$$

여기서, C_0 : 초기($t=0$)농도
C : t 시간 후 농도
K : 반응속도상수($M^{-1} L^3 T^{-1}$)
t : 반응시간(time)

➤➤ 기사 대비자는 2차 반응식을 정리하여 두시오.

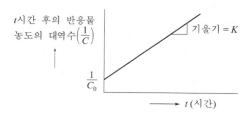

[그림 1-22] 2차 반응 경로의 plot

55

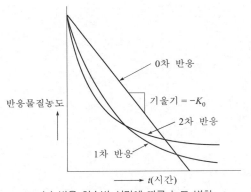

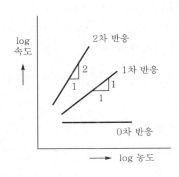

(a) 반응 차수별 시간에 따른 농도 변화   (b) 반응물농도에 따른 반응속도의 양대수 그래프

[그림 1-23] 반응 차수의 결정

살균(disinfection)반응의 Chick 법칙

$$\frac{dN}{dt} = -KN \qquad \boxed{1}$$

여기서, N : 살아있는 미생물 수, K : 살균반응속도상수

$\boxed{1}$식을 적분하면,

$$\ln\frac{N_t}{N_0} = -Kt \qquad \boxed{2}$$

여기서, N_0 : 초기($t=0$) 미생물의 수, N_t : t시간에서의 미생물의 수

$\boxed{2}$식을 상용대수로 전환하면,

$$\log\frac{N_t}{N_0} = -Kt \qquad \boxed{3}$$

여기서, $K = 0.4343K$

$$t = \frac{1}{K}\log\frac{N_0}{N_t} \qquad \boxed{4}$$

상수 K에 영향을 주는 인자는 살균제의 농도, 온도, pH 등이다.
염소 살균의 경우 그 반응에 대해 $\boxed{1}$식보다는 다음 식을 적용한다.

$$\frac{dN}{dt} = -KNt \qquad \boxed{5}$$

$\boxed{5}$식을 적분하여 상용대수로 전환하면,

$$\log\frac{N_t}{N_0} = -\frac{K}{2}t^2 \qquad \boxed{6}$$

$$t^2 = \frac{2}{K}\log\frac{N_0}{N_t} \qquad \boxed{7}$$

(4) 효소 반응(enzyme reaction)

생물학적 반응의 총괄 반응속도는 주반응 중의 효소(酵素)의 촉매 활동도에 따른다.
Michaelis와 Menten은 하나의 기질을 함유하는 단기질 반응에 대하여 **효소의 반응속도**를 정의하고 있다.

일반적으로 효소촉매 반응은 효소 E 및 기질(基質) S가 효소-기질 착화합물(enzyme-substrate complex) ES를 형성하는 가역반응과 효소와 생성물 P를 이탈시키는 착화합물의 **비가역 분해과정**을 동시에 내포하고 있다.

$$E + S \underset{K_2}{\overset{K_1}{\rightleftarrows}} ES \xrightarrow{K_3} E + P \quad \text{......} \boxed{1}$$

위에서 K_1, K_2, K_3는 해당 반응의 속도상수이다.

이 반응에서 착화합물 ES의 농도가 일정하면 ES의 생성률과 분해율은 같아진다.

$$[\text{생성속도}] = [\text{분해속도}] \quad \text{......} \boxed{2}$$

질량작용 법칙에 의하여

$$K_1[E][S] = K_2[ES] + K_3[ES] \quad \text{......} \boxed{3}$$

여기서, $[E]$: 반응하지 않은(자유) 효소의 농도(ML^{-3})
$\quad\quad\quad [S]$: 기질의 농도(ML^{-3}), $[ES]$: 효소-기질의 착화합물농도(ML^{-3})

$\boxed{3}$식은 $\dfrac{[E][S]}{[ES]} = \dfrac{K_2 + K_3}{K_1} = K_m \quad \text{......} \boxed{4}$

여기서, K_m : Michaelis 상수

생성물 P의 생성속도는 모든 효소가 착화합물 ES와 관련될 때 최대가 되므로,

$$R_{\max} = K_3[E_{\text{total}}] \quad \text{......} \boxed{5}$$

여기서, $R_{\max}$: P의 최대생성속도($ML^{-3}\,T^{-1}$), $[E_{\text{total}}]$: 계의 총 효소농도(ML^{-3})

효소가 포화되지 않았을 때의 P의 생성속도 r은

$$r = K_3[ES] \quad \text{......} \boxed{6}$$

한편 계 내의 총 효소농도를 질량수지식으로 나타내면,

$$[E_{\text{total}}] = [E] + [ES] \quad \text{......} \boxed{7}$$

$\boxed{5}$와 $\boxed{6}$식을 $\boxed{7}$에 대입하여 풀면,

$$[E] = \frac{R_{\max}}{K_3} - \frac{r}{K_3} \quad \text{......} \boxed{8}$$

8식을 4에 대입하면,

$$\frac{[S]}{K_3[ES]}(R_{\max} - r) = K_m \quad \text{......} \quad \boxed{9}$$

6식의 K_3를 9식에 대입하면,

$$\frac{[S]}{r}(R_{\max} - r) = K_m \quad \text{......} \quad \boxed{10}$$

10식을 정리하여 r에 대해 풀면 Michaelis - Menten식이 된다.

$$r = \frac{R_{\max}[S]}{K_m + [S]} \quad \text{......} \quad \boxed{11}$$

K_m을 포화상수라고도 하며 이는 $r = \dfrac{R_{\max}}{2}$일 때의 기질농도이다.

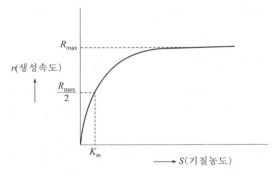

[그림 1-24] Michaelis-Menten식의 도시

위의 식과 곡선도를 보면 $[S] \ll K_m$일 때

$$r = \frac{R_{\max}[S]}{K_m} \quad \text{......} \quad \boxed{12}$$

$\dfrac{R_{\max}}{K_m} = K$로 하면,

$$r = K[S] \quad \text{......} \quad \boxed{13}$$

이 경우는 반응속도가 기질농도에 비례하는 즉, 1차 반응이 되며 기질농도가 차츰 증가하게 되면 반응속도가 곡선을 그리는 영역의 혼합차수 영역이 된다. 또한, $[S] \gg K_m$일 때

$$r = R_{\max} \quad \text{......} \quad \boxed{14}$$

이것은 반응속도가 일정하고 최대반응속도와 같다는 것을 의미하며, 0차 반응이 된다. 이때에 반응속도는 기질농도와 관계없이 일정하다.

(5) 온도가 반응속도에 미치는 영향

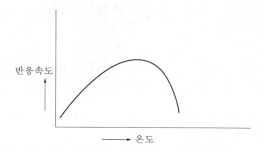

반응속도

온도

[그림 1-25] 효소 촉매 반응에 있어서 온도의 영향

화학반응에서는 고온에서 반응물질이나 촉매가 변질되지 않는 한 온도 상승에 따라 반응속도가 증가한다. 이러한 경향은 미생물 반응에서도 같지만 고온에서는 효소의 능력을 잃게 될 수도 있어 효소 촉매 반응은 고온에서 감소되는 경우가 대부분이다.

이와 관련한 Van't Hoff − Arrhenius 식은

$$\frac{d(\ln K)}{dT} = \frac{E}{R\,T^2} \quad\text{··}\boxed{1}$$

여기서, T : 온도(K), R : 만유기체 상수(8.3143J/K·mol), E : 활성화에너지(J/mol)

위 식을 T_1, T_2한계를 적분하면,

$$\ln\frac{K_2}{K_1} = \frac{E}{R\,T_1} - \frac{E}{R\,T_2} = \frac{E(T_2 - T_1)}{R\,T_1 T_2} \quad\text{··································}\boxed{2}$$

어떤 온도 조건에서의 K_1 값을 알고 E를 알면, 위 식에서 K_2 값을 구할 수 있다. 또한, 각 온도 조건에서의 K값을 알면 E를 계산할 수 있는데, 폐수처리 반응에서는 대체로 8,400~84,000J/mol이다. 대개의 폐수 반응은 주위 온도하에서 진행되므로 $E/R\,T_1 T_2$를 상수로 보고 C로 대치할 때,

$$\ln\frac{K_2}{K_1} = C(T_2 - T_1) \quad\text{··}\boxed{3}$$

$$\frac{K_2}{K_1} = e^{C(T_2 - T_1)} \quad\text{··}\boxed{4}$$

$e^c = \theta$ 라고 하면,

$$\frac{K_2}{K_1} = \theta^{(T_2 - T_1)} \quad\text{··}\boxed{5}$$

θ는 대개 상수지만 온도에 따라서 달라질 때도 있으므로, 그 값을 정할 때에는 신중해야 한다.

수중(水中) 생물학

01 생태계(生態系, ecosystem)

1 개념

생태계란 어느 지역 내의 무기적 환경과 전 생물군을 통틀어 그 중에서 **물질순환과 에너지의 흐름**에 따라 하나의 계(系)로서 취급하는 것으로, 생물군집(生物群集)에는 생산자(녹색식물)와 소비자(동물), 분해자(세균), 무기적 환경 등의 4개 그룹으로 구성되고, 무기물 → 유기물 → 무기물의 물질순환이 영위된다.

전체의 생물계는 이러한 상호 간의 평형을 이루어야 하며, 오염방지(汚染防止)는 이러한 생태계를 혼란시키거나 파괴시키지 않고 그 기능을 정상적으로 유지하기 위함이다.

생태계의 물질순환은 크게 에너지순환(energy cycle), 물의 순환(hydrologic cycle), 탄소의 순환(carbon cycle), 질소의 순환(nitrogen cycle)의 4가지와 기타 황(S) 및 인(P)의 순환으로 나누어 다루게 되며, 생물학적 구성은 생물(biotics)과 무생물(abiotics)로 구분되고, 생물은 그 영양성에 따라 자양성(autotroph)과 타양성(heterotroph)으로 나눈다.

2 생태계의 구성(構成)

(1) **식물연쇄**(食物連鎖, food chain) : 먹이연쇄 또는 먹이사슬이라고도 한다.

영양분 → 생산자 → 1차 소비자 → 2차 또는 3차 소비자 → 분해자

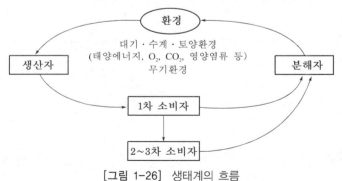

[그림 1-26] 생태계의 흐름

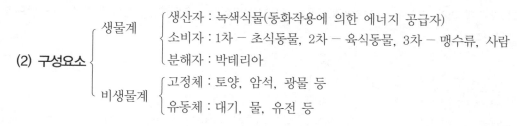

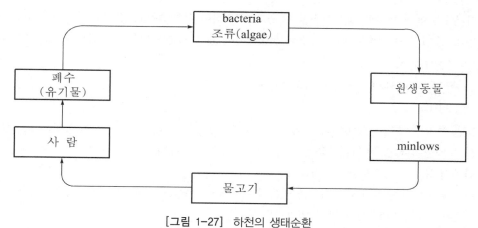

[그림 1-27] 하천의 생태순환

3 물질순환

(1) **물의 순환**(hydrologic cycle) : Chapter 02 참조

(2) **탄소의 순환**(carbon cycle) : 대기 중의 **탄산가스**(CO_2)가 **광합성**(光合成) 작용에 의해 식물의 세포, 즉 유기탄소(organic carbon)로 합성(※ 탄산가스는 무기물질인데 광합성 작용에 의해 유기탄소로 전환)되고, 이 유기탄소(탄수화물, 지방, 단백질 등)는 동물에 의해 섭취되며, 동물이나 그 배설물은 다른 생물체에 의해 흡수되거나 미생물의 호흡작용 또는 산화반응에 의해 다시 탄산가스나 탄산염과 같은 무기탄소로 분해·순환된다.

(3) **에너지순환**(energy cycle) : 태양은 항상 열에너지를 방출하고 있으며 이 에너지를 이용해서 식물은 광합성(photosynthesis)에 의해 세포를 합성한다. 이는 **태양광선으로부터 물리적 에너지**를 얻어 세포를 합성시키는 화학적 에너지로 전환되어 1차 소비자인 초식동물 → 2차 → 3차 → … → n차 소비자인 육식동물로 에너지가 이동된다. 일반적으로 각 영양단계에서 활용할 수 있는 에너지는 식물이 태양에너지의 0.3%를 생산해 놓으면 1차 소비자는 이의 10%만 활용하고 2차 소비자는 1차 소비자가 합성한 에너지의 10%, 또 3차 소비자는 2차의 10%만 생장에 활용하고 나머지는 열에너지로 소비한다. 따라서 **생태적 효율성**(ecological efficiency)은 대략 10% 법칙이 지배하게 된다.

(4) **질소의 순환**(nitrogen cycle) : 사람이나 모든 생물은 79%가 질소(N_2)로 되어 있는 공기 중에 살고 있다. 대기의 질소는 방전작용(放電作用)과 질소 고정세균, 그리고 조류(특히 남조류)에 의해서 끊임없이 소비되며, 방전 시는 대량의 질소가 N_2O_5로 산화되어 물과 결합, HNO_3를 만들

어 강우에 의해 지상에 떨어지기도 한다. 암모늄 화합물과 질산염은 식물에 흡수되어 단백질로 변환된다.

① N_2+특정세균 또는 남조류의 일종 → 단백질

② NO_2+CO_2+녹색식물+일광 → 단백질

③ NH_3+CO_2+녹색식물+일광 → 단백질

동물이나 인간은 대기나 무기질소를 이용하여 단백질을 만들 수 없고, 식물이나 식물을 먹고 사는 다른 동물에 의해 단백질을 마련할 수 있다. 그리하여 배설물(분뇨 등)이나 죽으면 폐물로서 처분되는데, 소변 속의 질소는 주로 요소로서 효소 urease에 의하여 바로 탄산암모늄으로 가수분해되며,

$$C=O \begin{matrix} \nearrow NH_2 \\ \\ \searrow NH_2 \end{matrix} + \quad 2H_2O \xrightarrow[\text{(urease)}]{} \quad (NH_4)_2CO_3$$

대변 속의 단백질(유기질소)과 시체나 죽은 동물 속에 남아있는 단백질은 혐기 또는 호기성 조건에서 부패균이나 곰팡이의 작용에 의해 암모니아로 변환된다.

④ 단백질(유기질소)+세균 → NH_3

이들 암모니아는 식물성 단백질을 만들기 위해 다시 식물에 의해 이용되고 필요 이상으로 방출되는 경우는 질산화과정을 거쳐 변환된다.

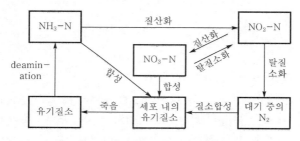

[그림 1-28] 자연계에서 질소의 변화

이와 같이 NH_3-N은 비료로서 토양 중 식물로 흡수되어 식물의 성장을 촉진시킨다. 식물은 동물의 먹이가 되어 식물성 단백질은 동물성 단백질로 변한다. 흡수되지 않은 것은 배설물로 체외로 배출된다. 사멸한 동물과 식물, 동물의 배설물은 분해되어 간단한 질소 화합물로 되고 albuminoid성 질소를 거쳐 무기물인 NH_3-N으로 된다. NH_3-N은 다시 산화되어 NO_2^--N으로, NO_2^--N은 다시 NO_3^--N의 안정한 형의 최종 생성물로 되어 식물에 흡수되는 등의 반복순환이 계속된다.

02 수중 미생물의 종류 및 기능

(1) 미생물의 특징

미생물은 육안으로 식별되지 않아 현미경을 사용하여야만 비로소 관찰과 연구가 가능한 작은 생물체로서, 연구대상이 되는 미생물 그룹은 진핵(眞核)생물(eucaryotes)에 속하는 균류, 조류(藻類) 및 원생동물과 원핵(原核)생물(procaryotes)에 속하는 세균의 두 그룹으로 나눈다. 세균(bacteria)은 크기는 작으나 대사능력이 왕성하고 생리적인 다양성, 다양한 서식지 및 환경에의 신속한 적응성 때문에 중요 연구대상이 되고, 조류는 수중 생태계에서 부영양화와 밀접한 관계가 있으며, 원생동물은 생물학적 폐수처리장에서 세균을 포식하고 처리에 관여하므로 중요한 연구대상이 된다. 또한, 균류는 종속영양생물이면서도 고착생활을 하는 특수한 생활 행태를 가지고 유기물, 특히 고분자 물질의 분해에 관여하므로 중요하다. 미생물계에 있어서 진핵세포와 원핵세포의 차이는 핵막(核膜)의 유무와 광합성 및 다른 구조에도 있으며 진핵세포의 내부구조가 더 분화(分化)되어 있다. 미생물을 우선 다세포로 조직 분화가 대단히 발달한 동식물과 조직분화가 거의 되어 있지 않은 단순한 구조의 원생생물(미생물)로 크게 분류하고 동식물처럼 핵막이 있는 진핵세포의 고등미생물과 핵막을 가지지 않은 원핵세포인 하등미생물로 구분하여 특성을 비교하면 다음과 같다.

[표 1-24] 원핵세포와 진핵세포의 특성 비교

특 성	원핵세포	진핵세포
세포의 크기	작다(0.5~2.0μm).	크다(2.0~200μm).
핵막	없다.	있다.
유사분열	하지 않는다.	한다.
DNA	하나의 분자로 되어 있다.	몇 개의 분자로 되어 있다.
세포소기관(organelles)	없다.	미토콘드리아(mitochondria), 엽록체, 액포, 리소좀, 골지체, 소포체, 가스소낭 등이 존재한다.
리보솜(ribosome)	70s	80s(예외 : 미토콘드리아와 엽록체는 70s이다.)
세포벽(cell wall)	비교적 얇(작)다 (보통 펩티드글리칸으로 구성).	두껍거나 없다(원생동물에는 없고 식물, 조류, 곰팡이에는 있음). (셀룰로오스, 키틴질로 구성)
운동방법	초현미경 크기의 편모, 하나의 단백질 섬유	현미경 크기의 편모와 섬모, 여러 개 섬유의 복합
염색체 수	있다.	여러 개 있다.
편모	없다.	있다.
해당 미생물	박테리아, 남조류	조류, 균류, 원생동물

비고 s : svedberg unit

세포소기관의 종류 및 역할

① 소포체 : 세포 내 물질이동 통로역할이나 미소구조물을 고정시키는 일을 함

② 리보솜 : 핵에서 오는 유전정보(mRNA)에 따라 단백질을 합성(단백질 합성장소), 지방대사 및 소포내 물질수송의 기능

③ 핵 : 세포의 구조와 기능을 결정하고 형질의 발현과 유전에 관여

④ 미토콘드리아 : 영양소를 분해함으로써 호흡대사와 ATP 생산, 즉 에너지 생산기능을 수행(※ 세포 내 발전소) ─사립체(絲粒体)

⑤ 골지체 : 단백질을 포장하여 세포의 다른 위치로 운반하거나 세포밖으로 분비, 탄수화물도 운반 ─ 1898년 이탈리아 Golgi가 발견

⑥ 리소좀(Lysosome) : 가수분해효소를 많이 함유하고, 세포내 소화작용을 하는 작은 기관, 세포내로 들어온 이물질이나 유기물을 분해하고 손상되거나 노후한 세포소기관을 분해 ※ 분해체

⑦ 액포 : 주머니모양의 단일막 구조, 물을 흡수하여 식물세포의 성장을 돕고, 수분함량을 조절하여 삼투압과 팽압유지, 생명활동에 필요한 영양소나 유기산 또는 생성된 독성물질이나 노폐물 저장

(2) 주요 미생물의 종류

환경공학에서 주로 다루어지는 미생물(微生物)에는 박테리아, 균류(fungi), 조류(藻類, algae), 원생동물(原生動物, protozoa), 그리고 원생동물보다 조금 더 큰 고등동물(高等動物) 또는 슬러지 벌레(sludge worms) 등이 있다.

① bacteria(細菌) : 가장 간단한 식물(광합성을 하는 엽록소가 없어 동물이라고 할 수 있으나 양분 섭취방법을 고려해서 식물이라고 한다)로서 용해된 유기물을 섭취한다.

크기는 $0.8 \sim 5.0\mu$의 미세한 단세포 생물로서 **막대기 모양**(rod shape, 간균), **공모양**(spherical, 구균), **나선모양**(spiral, 나선균) 등이 있다.

박테리아는 오수(汚水)의 생물학적 처리에서 가장 중요한 미생물로서 그 구조를 보면 간상(桿狀)세균의 경우 그림 1-29와 같다.

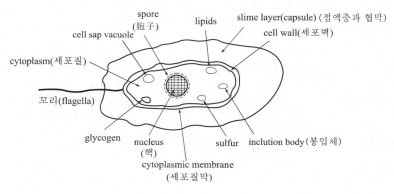

[그림 1-29] bacteria의 구조

그림에서 보면 bacteria는 slime(혹은 capsule)층으로 싸여져 있으며, 이 층은 화학적으로 매우 안정한 poly saccharide 물질로 구성되어 있다.

Mckinney는 bacteria의 일반적인 화학조성식으로서 $C_5H_7O_2N$을 채택하였다.

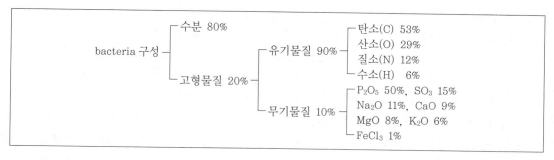

미생물을 이용하여 폐수를 처리할 경우 bacteria가 잘 성장되도록 하려면 위와 같은 구성물질이 충분해야 하는데 부족할 경우에는 성장이 더디거나 다른 미생물이 번식하여 문제가 되기도 한다.

(3) fungi(균류, 곰팡이류)

탄소동화작용(photosynthesis)을 하지 않고 유기물질을 섭취하는 식물로서 중요한 미생물이다. 특징은 폐수 내의 질소(N)와 용존산소(DO)가 부족한 경우에도 잘 성장하며, 또한 pH가 낮은 경우(pH 3~5)에도 잘 성장한다.

fungi는 폭이 약 $5 \sim 10 \mu$로서 현미경으로 쉽게 식별되며 대부분 호기성이고 구성물질의 75~80%가 물로서 $C_{10}H_{17}O_6N$을 화학구조식으로 사용한다. 이 식을 bacteria와 비교해 보면 질소 함유율이 낮음을 알 수 있다.

만약, fungi가 폐수처리과정에서 많이 발생하면 침전이 잘 안 되어 유출수의 SS가 높아 혼탁해지는데 이를 슬러지 팽화(sludge bulking)라 한다.

(4) 조류(藻類, algae)

흔히 plankton이라고 일컫는데 엽록소를 가지고 있는 단세포 혹은 다세포 식물이다. 우리가 중요시하는 조류의 특성은 탄소동화작용을 하며 무기물(무기탄소)을 섭취한다는 것과 갖가지 맛과 냄새를 물에 나타내며, 또한 색도를 유발한다는 점이다. 흔히 사용되는 화학조성식은 $C_5H_8O_2N$인데 조류는 일반적으로 H_2O를 수소공여체(H donor)로 하고 CO_2를 탄소원으로 하며 O_2를 생산한다. 많은 남조류는 N_2를 고정할 수 있으며 광합성(光合成)반응은 다음과 같다.

$$CO_2 + H_2O \xrightarrow{\text{빛 energy}} [CH_2O] + O_2 \uparrow$$
$$\uparrow$$
$$\text{생성 algae}$$

수중(水中)에 조류농도가 높을 때는 주간에 많은 CO_2를 흡수하여 pH값이 상당히 높아지고(pH 9~10), $CaCO_3$의 침전에 의한 연수화(軟水化)작용도 일어난다.

$$Ca(HCO_3)_2 \rightarrow CaCO_3 \downarrow + H_2O + CO_2$$

색소에 의하여 흡수된 광선은 energy원으로 이용되며, 이 energy를 사용하여 만들어진 저장물질은 그 일부분이 밤에 호흡으로 이화되어 소비된다. 또한, 조류가 사멸하면 그 세포의 완전 무기화를 위하여 그가 광합성에서 생산했던 정도의 산소를 소비한다.

$$CH_2O + O_2 \rightarrow CO_2 + H_2O$$

수중에서 조류는 무기물로부터 유기물을 만들어 내고(생산자) 그것이 보다 높은 영양계의 생물(소비자)의 먹이로 이용된다. 조류의 합성은 광선의 투과 관계로 **수면 부근으로 한정**되어 있고 소용돌이가 없는 조용한 수면에서 **산소(O₂)는 과포화**되어 포화도의 200%에 도달할 때도 있다.

폐수처리 시 산화지(oxidation pond)에서 조류는 산소원으로 이용되나 햇빛이 없는 밤의 경우, 반대로 물속의 용존산소(DO)를 소모하여 부작용이 생길 수도 있다.

어떤 조류는 사람, 물고기, 다른 조류에 대해 유독물질, 즉 독소를 생산하며, 조류의 과도한 번성은 부영양화(富營養化, eutrophication), 적조(赤潮, red tide)현상과 같은 심각한 문제를 일으킨다.

(5) 원생동물(原生動物, protozoa)

많은 원생동물은 녹조류가 진화과정에서 단지 엽록소를 상실함으로써 생긴 것으로 추측할 수 있다. 대개 호기성이며, 크기가 100μ 이내로서 세균보다 크고 **먹이연쇄(food chain)의 중요한 중간단계**를 이룬다. 증식은 주로 분열에 의하지만 세포벽이 없을 때가 많고 용해성 유기물 또는 세균(bacteria) 등을 섭취한다.

경험적 화학조성식은 $C_7H_{14}O_3N$으로 표시되며, 우리가 흔히 볼 수 있는 것은 sarcodina(僞足類), mastigophora(鞭毛蟲類, flagellate), ciliate(纖毛蟲類, ciliopiora), suctoria(吸官蟲類) 등이 있다.

① 위족류(sarcodina) : 세포벽을 가지고 있지 않으며, 원형질이 일정한 모양을 유지하지 않고 유동하여 위족(僞足)을 만들어 ameba상 운동을 한다. 또, 위족으로 식물(食物)입자를 둘러싸서 잡아먹는다. 어떤 것은 포낭(cyst)을 형성하는 것도 있고, 또한 껍질(shell) 속에 사는 것도 있다.

② 편모충류(mastigophora, flagellates) : 몸에 1개 이상의 편모(鞭毛 : 채찍과 같은 꼬리)를 가지며 그것을 움직여 활발히 운동한다. zoomastigophora는 gullet(식도)를 가지고 있어 고형물을 먹을 수 있는 타가영양성이나 phytomastigophora는 gullet가 없어 용존성 유기물을 먹는 자가영양성이며, 녹조류의 일종이라 볼 수 있다.

③ 섬모충류(ciliate, ciliophiora) : 몸 전체 또는 일부에 다수의 가는 털(纖毛, cilia)이 나 있어 그것을 움직이거나 물을 빨아들여 먹이를 잡아 먹는다. 자유유영형(自由遊泳形, free swimming)과 유경형(有莖形, stalked)이 있다. 즉, stalked ciliate는 나팔꽃 모양의 입에 물을 넣었다가 고형물만 걸러 먹고 줄기가 있어 어떤 곳에 부착하고 있으며, 대표적인 것은 vorticella로서 양질의 활성오니에서 흔히 볼 수 있다. free swimming ciliate의 대표적인 것은 paramesium(짚신벌레)이다.

④ 흡관충류(suctoria) : 성장 초기에는 섬모를 가지고 있으나 성장하면서 없어지고 인공위성 형상으로 안테나 같은 것이 달려 있으며, stalked ciliate와 같이 어느 곳에 줄기를 통해 붙어 있다. 섬모충류로 분류하기도 한다.

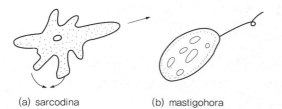

(a) sarcodina   (b) mastigohora   (c) 짚신벌레

(d) stalked ciliates(voticella) 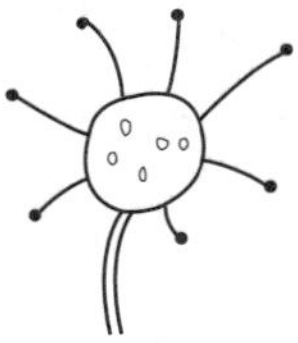　　　(e) suctoria

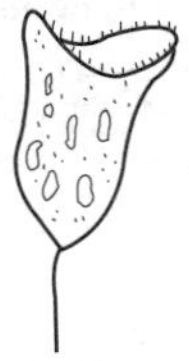

[그림 1-30] 원생동물

(6) 고등동물(高等動物, metazoa, sludge worms)

 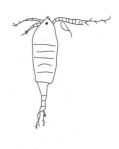

우리가 흔히 볼 수 있는 것은 그림 1-31에 도시된 rotifer(輪蟲)와 crustaceans(甲殼類)이다.

rotifer는 몸통을 자유자재로 움직일 수 있으며, 위에 붙어 있는 두 입으로 먹이를 취한다. crustaceans는 거미모양으로 형태를 이루는데 bacteria나 원생동물로 구성되어 있는 sludge를 먹이로 취한다.

이와 같이 원생동물과 sludge 벌레들은 약육강식(弱肉强食)을 하며 폐수를 처리시킨다. 하천과 같은 자연계에서도 같은 작용이 일어난다.

rotifer　　　　　crustaceans

[그림 1-31] rotifer와 crustaceans

➤➤ 일반적으로 미생물의 발생순서는 bacteria → protozoa → 고등동물의 순서로 이루어지며, 후자로 진행될수록 오염에 약하고 DO에 민감한 경향이 있다.

03 ┊ 미생물과 환경

(1) 용존산소(DO)와의 관계

① 호기성(好氣性) 미생물(aerobic microbes) : 공기, 즉 산소를 좋아하는 미생물로서 물속에 녹아 있는 용존산소를 섭취한다.

② 혐기성(嫌氣性) 미생물(anaerobic microbes) : 공기, 즉 산소를 싫어하는 미생물로서 물속의 용존산소를 섭취하는 것이 아니고 화합물 내의 산소를 탈취해서 세포를 합성한다. 따라서 SO_4^{2-} 나 NO_3^- 등과 같은 산화물에서 산소를 빼앗아 H_2S, N_2 같은 물질을 생성시킨다.

③ 임의성(任意性) 미생물(facultative microbes) : 임의성은 환경조건이 호기성인 경우와 혐기성인 경우가 임의로 바뀌는 상태를 말하는데 조건성(條件性)이라고도 한다. 즉, 호기성이나 혐기성 환경에 구애되지 않고 성장할 수 있는 미생물을 임의성 미생물이라 한다.

(2) 온도와의 관계

① 친열성(고온성) 미생물(thermophilic microbes) : 50~75℃ 정도(적온 : 65~70℃)에서 성장하는 미생물

② 친온성(중온성) 미생물(mesophilic microbes) : 10~40℃ 정도(적온 30℃ 내외)에서 성장하는 미생물

③ 친냉성(저온성) 미생물(psychrophilic microbes) : 10℃ 이하 0℃ 부근에서 잘 성장하는 미생물

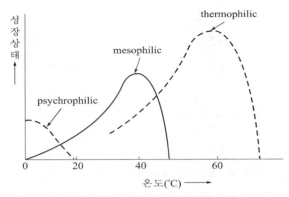

[그림 1-32] 미생물과 온도와의 관계

(3) 먹이(food)와 에너지원의 관계

① heterotrophic microbes(종속영양미생물) : 유기물(유기탄소)을 주로 섭취해서 성장하는 미생물로서 대부분의 미생물이 여기에 속한다.

② autotrophic microbes(독립영양미생물) : 무기물(무기탄소)을 주로 섭취해서 성장하는 미생물로서, 조류(algae), 질산화 bacteria, 철 bacteria, 유황 bacteria 등이 여기에 속한다.

③ phototrophic microbes(광에너지계 미생물) : 광(光, 햇빛)에너지를 세포합성에 이용하는 미생물로서 광무기영양계(photolithotrophs)와 광유기영양계(photoorganotrophs)가 있다.

④ chemotrophic microbes(화학에너지계 미생물) : 화학(산화 또는 환원)에너지를 세포합성에 이용하는 미생물로서 화학무기영양계(chemolithotrophs)와 화학유기영양계(chemoorganotrophs)가 있다.

[표 1-25] 물질대사(代謝)방법에 따른 미생물군의 분류

분 류		에너지원	탄소원 (영양원)	특성 및 종류
독립(獨立)영양계 (autotroph, lithotroph)	광합성 자가영양계 (photoautotrophs) ※ 광무기영양계 (photolithotroph)	빛	CO_2 (무기물질)	• H_2O를 부수적 H공여체로이용 : 녹색식물, 조류, cyan-obacteria • H_2S를 부수적 H공여체로 이용 : 홍색 황세균, 녹색 황세균, cyanobacteria
	화학합성 자가영양계 (chemoautotrophs) ※ 화학무기영양계 (chemolithotroph)	무기물의 산화·환원 반응	CO_2 (무기물질)	• 이화작용에서의 H공여체 : 무기물질, 동시에 부수적 H공여체로 이용 • H수용체 : 무기물질
종속(從屬)영양계 (heterotroph, organotroph)	광합성 종속영양계 (photoheterotrophs) ※ 광유기영양계 (photoorganotroph)	빛	유기탄소 (유기물질)	• 홍색 비황세균
	화학합성 종속영양계 (chemoheterotrophs) ※ 화학유기영양계 (chemoorganotroph)	유기물의 산화·환원 반응	유기탄소 (유기물질)	• 이화작용에 있어서의 H공여체 : 유기물질 • H수용체 : 유기물질(발효), 무기물질 • 많은 미생물군

(4) 미생물 종류의 변화

bacteria, 원생동물, 유기물 그리고 용존산소 사이에는 매우 밀접한 관계가 이루어지는데, 먼저 유기물이 많으면 bacteria가 급격히 증가하게 되며, bacteria가 증가하면 이를 먹이로 하는 원생동물이 성장하게 된다. bacteria가 많이 성장한 상태는 폐수 내에 있던 유기물질이 사실상 많이 제거되어 있는 상태이다. 따라서 원생동물이 발견되면 그 폐수는 이미 잘 처리되었다고 간주할 수 있다. 미생물의 성장속도를 보면 bacteria는 짧은 시간 내에 성장하나 원생동물은 긴 시간을 요한다. 또한, 원생동물은 bacteria에 비해 용존산소에 매우 민감하므로 원생동물이 발견되면 대개 호기성 상태로 간주할 수 있다.

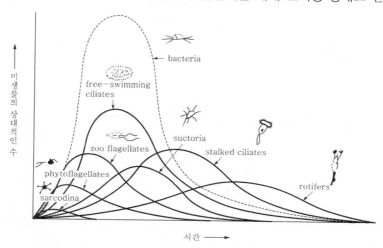

[그림 1-33] 미생물 종류의 변화(하천 등)

04 : 미생물의 증식

(1) 유기물(food)과 미생물(microorganism)의 성장 관계

최초 미생물이 없는 상태는 유기물의 변화가 없으나 미생물이 식종(seeding)되면 미생물의 증가율은 변곡점에서 최대가 되고 그 후부터는 미생물의 성장이 시간이 경과함에 따라 감소한다. 또한, 유기물은 미생물의 영양분(food)으로 이용되어 미생물 증가와 함께 감소한다. 이때 변곡점까지의 미생물의 성장을 log성장상태라 하고 변곡점 이후를 감소성장상태라고 하는데 미생물을 이용, 폐수를 처리할 경우 최대의 효율은 변곡점에 있다고 할 수 있으나 실제 처리장에서는 감소성장상태 내지는 그 다음의 내생성장상태를 유지한다. 그 이유는 log성장상태에서는 유기물(오염물)의 섭취율은 높지만 분산 성장(dispersed growth)으로 인해 미생물의 응결(flocculation)이 잘 안 되어 침전이 어려우나, 감소 성장상태로 갈수록 미생물이 서로 엉키는 생물학적 floc 형성(biological flocculation)이 양호하기 때문이다.

폐수처리를 위하여는 heterotrophic 미생물이 많이 이용되는데 미생물이 유기물 및 무기물을 섭취하여 세포를 증식시키는 과정을 합성(synthesis)이라 하며 영양소가 없거나 불충분해서 합성된 세포가 소모되는 과정을 내호흡(endogenous respiration)이라고 한다. 그림 1-34에서 미생물의 양은 최고점에 도달했다가 감소하여 종국에 가서 더 이상 감소하지 않는 것은 미생물 구성성분 중 생물학적으로 분해 불가능한 유기물(nonbiodegradable organic matter)이 있기 때문이다.

① 유기물＝합성된 미생물의 세포＋세포합성에 소모된 에너지(CO_2＋열)

② 생산된 세포＝합성된 세포－내호흡에 의한 감량

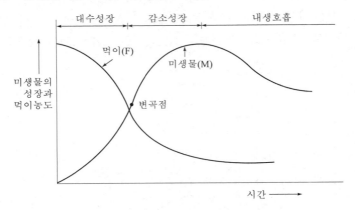

[그림 1-34] 생물학적 성장곡선

(2) 증식곡선

세균이나 원생동물 같은 단세포생물이 두 개의 낭세포로 분열하고 그것이 성장하여 다시 분열증식을 할 때까지의 시간을 세대기간(generation time)이라 하는데, 이는 미생물의 종류, 영양조건, 온도, 배양의 노력에 따라 영향을 받겠지만 영양조건이 같으면 미생물의 유전형질에 따라 정해진다.

1개의 단세포 미생물을 영양을 충분히 공급한 배지에 접종하면 세포 수는 다음의 곡선 형태로 변한다.

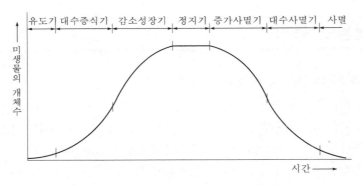

[그림 1-35] 미생물의 개체수로 본 성장형태

① 유도기(lag phase) : 미생물을 배지에 접종하면 미생물이 그 배지성분을 대사하는 데 필요한 효소계가 완성될 때까지 세포 수는 증가하지 않는다. 지체기라고도 한다.

② 대수증식기(log phase) : 서서히 분열을 시작하여 이윽고 증식은 최대의 율로 일어난다.

③ 감소증식기(declining growth phase) : 대수증식기 이후 배지 중의 영양분이 감소하여 증식을 제한하게 된다. 영양물질의 결핍, 대사산물의 축적, 이로 인한 pH 변화, 환경조건 변화 등에 따라 증식속도가 완만해진다.

④ 정지기(stationary phase) : 증식률과 사멸률의 평형이 유지되고 세포 수는 최대치에 도달한다. 포자를 만들거나 floc화 현상이 나타난다. 정상기라고도 한다.

⑤ 사멸기(death phase) : 정지기를 지나면 미생물은 자기세포 내 저장물을 소비대사하는 내생호흡(endogenous respiration)을 하게 되고, 증가사멸기를 거쳐 결국 대수사멸기에 도달되면 미생물 수는 급격히 줄어든다.

(3) 세포의 비연속배양(batch culture)

비연속배양(非連續培養)에서 순수배양액을 일정한 상태에서 잘 교반하면서 대수성장단계를 관찰하면 세포공식은 아래와 같은 1차 반응식으로 표시된다.

$$\frac{dX}{dt} = \mu X \quad \cdots\cdots\cdots\cdots\cdots\cdots\cdots\cdots\cdots\cdots\cdots\cdots\cdots\cdots\cdots\cdots\cdots\cdots\cdots\cdots \boxed{1}$$

여기서, $\frac{dX}{dt}$: 세포(미생물) 증식속도(질량/부피·시간)

μ : 세포(미생물)의 비증가율(시간$^{-1}$), X : 세포(미생물)의 농도(질량/부피)

Michaelis – Menten식을 이용하여 Monod는 다음과 같은 실험식으로 표시한다.

$$\mu = \mu_{\max}\left(\frac{S}{K_s + S}\right) = \frac{1}{X} \cdot \frac{dX}{dt} \quad \cdots\cdots\cdots\cdots\cdots\cdots\cdots\cdots\cdots\cdots\cdots \boxed{2}$$

여기서, $\mu_{\max}$: 세포(미생물) 비증가율 최대치(시간$^{-1}$)(세포질량/세포질량·시간)

K_s : $\mu = \frac{1}{2}\mu_{\max}$ 일 때 S농도(질량/부피) 또는 제한기질 반포화농도

S : 제한기질(유기물)농도(질량/부피)

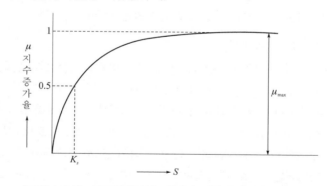

[그림 1-36] 세포의 증식속도(μ)와 제한기질(S)과의 관계도

따라서, $\dfrac{dX}{dt} = \dfrac{\mu_{\max} \cdot X \cdot S}{K_s + S}$ $\cdots\cdots\cdots\cdots\cdots\cdots\cdots\cdots\cdots\cdots\cdots\cdots\cdots\cdots \boxed{3}$

세포의 증가율은 기질(유기물)의 감소를 수반한다.

$$\frac{dX}{dt} = -y\frac{dS}{dt} \quad \cdots\cdots\cdots\cdots\cdots\cdots\cdots\cdots\cdots\cdots\cdots\cdots\cdots\cdots\cdots\cdots\cdots \boxed{4}$$

여기서, y : 제거된 단위기질(유기물)당 세포의 증가율(세포질량/유기물질량)

>> y를 세포생산계수(yield coefficient)라고 함

$$\frac{dS}{dt} = -\frac{1}{y}\frac{dX}{dt} = \frac{\mu_{max} \cdot X \cdot S}{y(K_s + S)} \quad \cdots\cdots\cdots\cdots \boxed{5}$$

$\dfrac{\mu_{max}}{y} = K_{max}$ 로 표시하면,

$$\frac{dS}{dt} = -\frac{K_{max} \cdot X \cdot S}{K_s + S} \quad \cdots\cdots\cdots\cdots \boxed{6}$$

여기서, K_{max} : 세포(미생물) 단위질량당 최대기질(유기물) 소비속도(기질제거 최대속도)(유기물질량/
세포질량·시간)

$\boxed{6}$식을 $\boxed{4}$식에 대입하면,

$$\frac{dX}{dt} = y \cdot \frac{K_{max} \cdot X \cdot S}{K_s + S} \quad \cdots\cdots\cdots\cdots \boxed{7}$$

05 미생물의 대사(代謝)

생물은 활동에 필요한 energy를 획득하거나 증식을 위해 여러 가지 영양물질을 취하여 복잡한 효소반응(enzyme reaction)에 의해 분해하고 세포를 합성한다. 이와 같은 반응과 관련한 생물의 활동을 총칭하여 대사(metabolism)라 한다. 대사에는 energy를 공급(유기물 분해)하는 이화(異化)작용과 energy를 소비하여 생물체에 필요한 물질을 합성하는 동화(同化)작용이 있다.

(1) 이화작용(catabolism, dissimilation)

세포의 요구를 충족시킬 수 있는 에너지는 태양에너지와 생물학적 산화환원반응으로부터의 에너지이다. 동물은 호흡에만 의존하고 식물은 광합성에 의하지만 어둠에서 호흡하는 작용이 있다. 필요시 바로 쓸 수 있는 체내의 energy 비축형태는 일종의 유기화합물의 고에너지 결합으로서 ATP(adenosine triphosphate)의 인산결합이 중요한데, 인산기를 다른 화합물에 옮김으로써 에너지를 전달하고, 반응 시에 결합이 절단되면 에너지를 방출하여 인산기가 1개 적은 ADP(adenosine diphosphate)로 된다. 이 ADP는 다시 산화환원반응으로 재생되어 ATP가 되며, 이와 같이 ATP와 ADP는 에너지 생산과 소비 간의 연결고리 역할을 한다.

ADP + phosphate + energy → ATP + H₂O

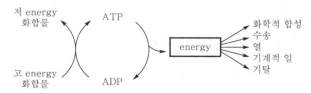

[그림 1-37] energy의 생산과 소비

다음은 ATP 생산의 여러 양식을 요약한 것이다. 표에서 ㉠, ㉡, ㉢ 반응의 기본 원리는 수소(H) 이동에 의한 것인데, 이들의 생물학적 산화환원 반응[B]의 세 방법 간 차이는 광합성[A]의 특수성에 비교해 볼 때 비교적 작은 부분이다.

[표 1-26] ATP의 생산양식

[A] 광합성	ADP＋무기인산＋빛 energy → ATP
[B] 생물학적 산화환원반응	
㉠ 호흡(呼吸)	H 수용체 : O_2
㉡ 혐기적(嫌氣的) 호흡(3형식)	H 수용체 : HNO_3, H_2SO_4, H_2CO_3
㉢ 발효(여러 형식)	H 수용체와 공여체 : 유기물

(2) 동화작용(anabolism, assimilation)

세포의 성장에는 그 구성요소가 되는 단백질, 핵산, 지질(脂質) 및 탄수화물 등 많은 양의 유기화합물을 필요로 하는데, 단백질은 효소 및 세포의 구성성분으로 필요하고, 핵산은 유전과 발육을 지배하며, 지질과 탄수화물은 세포의 구성성분 및 영양저장질로서의 역할을 한다. 많은 타가영양성 미생물은 대사과정에서 만들어지는 중간생성물 및 무기화합물을 원료로 하고 산화환원반응을 통하여 생성된 에너지원(ATP)을 이용하여 세포물질을 합성한다. 태양광선은 에너지원으로 할 때는 광합성(photosynthesis), 산화환원에너지를 에너지원으로 할 때는 화학합성(chemosynthesis)이라고 한다.

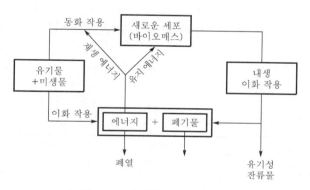

[그림 1-37-1] 일반적인 대사 경로

┌─이화작용 : 세포내 영양분의 일부＋ADP＋무기인 → ATP＋배설물
└─동화작용 : 잔여영양분＋ATP → 세포물질＋ADP＋무기인＋배설물

06 ┇ 생물학적 오탁지표

오수(汚水)의 오염도를 판정하는 방법으로는 **정성적 방법과 정량적 방법**이 있다. 오수생물 계열에 의한 결정은 그 수역 중에 서식하는 지표생물에 의해 판정하는 정성적 방법이 있으나 한 걸음 더

나아가 수량적으로 오염의 정도를 표현하려고 하는 BIP와 BI 등의 방법이 있다. BIP는 현미경적인 생물을 대상으로 하고, BI는 육안적 동물을 대상으로 하여 산정하는 데 특징이 있으나 최근에 BI는 현미경적 생물과 육안적 생물과의 양측에 사용하고 있다.

1 BIP(Biological Index of pollution)

일본의 도사와(洞擇)에 의해 제창되었으며, 원리는 맑은 물 중에는 조류가 많으나 오염되면 조류가 감소되고 원생동물이 많아진다고 하는 사실에 근거한 것이다.

$$BIP(\%) = \frac{동물성 \ 생물 \ 수}{전 \ 생물 \ 수} \times 100 = \frac{B}{A+B} \times 100$$

여기서, A : 색소를 가진 생물 수(주로 조류), B : 무색의 생물 수(주로 원생동물)

[표 1-27] BIP에 의한 오염도 판정

BIP	0~2	10~20	70~100
상 태	깨끗한 하천	조금 오염된 하천	매우 오염된 하천

비고 수치가 클수록 오염이 심함

2 BI(Biotix Index)

Beck-쯔다법이라고 하며, 원리는 맑은 물 중에는 그에 적합한 수많은 생물이 살고 오염된 물 중에는 오염된 환경에서 즐겨 사는 생물의 종류가 얼마 안 된다는 사실에 근거하고 있다.

$$BI(\%) = \frac{2A+B}{A+B+C} \times 100$$

여기서, A : 청수성 생물 수, B : 광범위 출현종 생물 수, C : 오수성 생물 수

[표 1-28] BI에 의한 오염도 판정

BI	20 이상	11~19	6~10	5 이하
상 태	깨끗한 하천	조금 오염된 하천	매우 오염된 하천	극히 오염된 하천

비고 수치가 작을수록 오염이 심함을 나타냄

3 AGP(Algae Growth Potential)

조류의 잠재생산능력을 나타내는 척도로서 효소 등의 부영양화 정도를 평가하는 유력한 지표 중의 하나이다.

측정방법은 리비히의 최소량의 법칙(Liebig's law of minimun)을 기초로 하여 생물의 증식이 제한 영양물질에 의해 지배된다는 것을 응용한 것으로, 천연수와 폐수 등의 시료에 특정의 조류를 접종하여 일정한 조도(照度)와 온도에서 조류의 증식이 정상적으로 될 때까지 배양하고, 이의 증식량을 건조중량 또는 세포 수로 측정한다.

[표 1-29] AGP에 의한 영양상태 판정

AGP	1mg/L 이하	1~5mg/L	5~50mg/L	50mg/L 이상
상 태	빈영양 (청정상태)	주영양 (오염상태)	부영양 (심한 오염상태)	최대 부영양 (극히 오염상태)

4 독성물질(毒性物質)에 대한 생물분석

(1) TLm(Median Tolerance Limit) 개념

산업장이나 가정 또는 농촌 등에서 농도가 낮은 독성물질이 유출되면 이들의 성분별 분리나 측정이 어렵게 된다. 그래서, 물고기를 시험용으로 사용하여 생존상태를 측정함으로써 분석(分析)하는 방법이다. 시험용 물고기는 보통 10마리 정도이고, 크기는 7.5cm(3in) 이하로서 큰 것은 작은 것의 1.5배 이하가 되도록 한다.

시험에 사용되는 물고기의 종류는 상수(上水)에서는 sunfish(개복치), bass, trout(송어), salmon(연어), minnow, sucker(잉어과류)가 있고, 강의 하구에서는 stickleback(가시고기), killifish(송사리류), 해수에 대해서는 Fundulus가 있다. 시험수는 물고기 중량 2g에 대해 1L가 되도록 잡는다.

시험 시에는 용존산소를 유지시켜 주고(폭기 또는 물교환) 적당한 온도, pH 조건을 고려하여야 한다. TLm이란 어류에 대한 독성물질의 유해도를 나타내는 값으로서 어류를 급성독물질이 함유된 배수의 희석액 중에 일정한 시간을 경과시킨 후 시험용 물고기의 50%가 생존할 수 있는 농도를 말하며, 96hr TLm, 48hr TLm, 24hr TLm 등으로 표기된다.

incipient TLm이란 보통 96hr TLm을 말하며, 48hr TLm을 뜻할 때도 있다.

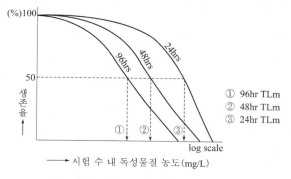

[그림 1-38] 농도와 생존율의 관계

그림 1-38과 같은 반 log 그래프지에서 TLm은 다음 식으로 구한다.

$$\log \mathrm{TLm} = \log C_2 + \frac{P_2 - 50}{P_2 - P_1}[\log C_1 - \log C_2]$$

여기서 C는 농도를, P는 주어진 시험기간에 대한 생존율을 말한다. 또한, 안전농도(safe concentration)란 생물의 수명을 줄이지 않고 번식·성장할 수 있는 농도로서 어떤 급성이나 만성의 영향도 주지 않는 농도이다.

급성(acute)은 $\dfrac{\text{incipient TLm}}{10}$, 만성(chronic)은 $\dfrac{96\text{hr TLm}}{100}$ 으로 구하며 통상 허용농도는 대상 물고기에 대한 48hr TLm에 안전계수 0.1을 곱한 값이 사용된다.

(2) LC$_{50}$

Lethal Concentration or 50%의 약자로 실험동물(시험용 물고기나 임상용 동물)의 50% 치사농도를 말하며, 독성물질의 급성 유해도를 나타낸다. 한편으로는 TLm과 같은 의미로 볼 수 있다.

(3) LD$_{50}$

Lethal Dose for 50%의 약자로서 시험용 물고기나 임상용 동물에다 독성물질을 경구(또는 경피, 피하주사 등) 투여 시 50% 치사량(mg/kg체중)을 말한다.

(4) 독성물질의 영향

① 신경계통 : 살충제, 제초제, chlorinated hydrocarbon
② 아가미 : 중금속류는 단백질과 응결함
③ 부식 : 페놀 등
④ 효소 : CN^-은 효소가 O_2를 사용 못 하게 함
⑤ Internal : NH_3는 물흡수장애

(5) 독성물질 상호작용

$$\text{toxic unit} = \sum_{1}^{i} \dfrac{\text{독성물질 농도}}{\text{incipient TLm}}$$

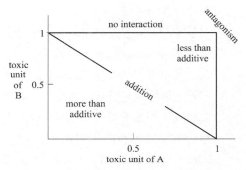

[그림 1-39] 독성물질 상호 간의 작용

Chapter 06 하천수(河川水)의 수질관리

01 자정작용(自淨作用, self-purification)

하천이나 호소가 하수, 공장폐수 등에 오탁(汚濁)되어도 그대로 상당 기간 동안 방치하여 두면 자연의 치유력(治癒力), 즉 물리적, 화학적, 생물학적인 작용이 서로 밀접하게 관련하여 원래의 깨끗한 상태로 된다. 이러한 현상을 자정작용이라 한다.

하천의 자정작용 인자는 pH, 온도, 일광, DO, 수심, 유속 등이 있다.

(1) 물리적 작용

오염물질이 희석, 확산, 혼합, 침전, 여과, 흡착 등으로 농도가 감소

(2) 화학적 작용

오염물질이 산화, 환원, 중화, 응집 등에 의해 농도가 감소

(3) 생물학적 작용

주로 호기성 미생물에 의한 유기물질 분해(산화)작용

02 하천에 있어서의 BOD 감소 및 부하량

(1) BOD 감소 반응식 : Chapter 03 참조

(2) 부하량

보통 BOD 및 SS의 오탁부하총량을 계산한다.

$$\text{부하량(총량)} = \text{농도} \times \text{유량} \quad \cdots\cdots\cdots\cdots\cdots\cdots\cdots\cdots\cdots\cdots\cdots\cdots\cdots\cdots \boxed{1}$$

≫ 단위를 맞추어 계산하면 된다.

(3) 오탁분산농도

하·폐수가 하천에 방류됐을 때 또는 다른 유의 수질과 혼합 시의 농도 계산식

$$C_m = \frac{Q_i C_i + Q_w C_w}{Q_i + Q_w} \quad \cdots\cdots\cdots\cdots\cdots\cdots\cdots\cdots\cdots\cdots\cdots \boxed{2}$$

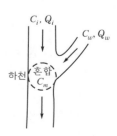

여기서, C_m : 혼합 후의 수질농도(ppm), Q_i : 하천의 수량(m^3/day), C_i : 하천의 수질농도(ppm)

Q_w : 폐수의 배출량(m^3/day), C_w : 폐수의 수질농도(ppm)

03 하천(河川)의 산소수지(酸素收支)

(1) 용존산소(DO) 부족곡선(oxygen sag curve)

하천에 BOD 물질이 유입되어 분해하면서 산소를 소비하고 한편으로는 재폭기가 일어나서, 물의 이동에 따라 용존산소 부족량의 단면도를 보면 스푼 모양(spoon-shaped)을 이룬다. 이 곡선(AB)을 용존산소 부족곡선이라 한다. 산소부족량(oxygen deficit)이란 주어진 수온에서 포화산소량과 실제 용존산소량과의 차이를 말한다.

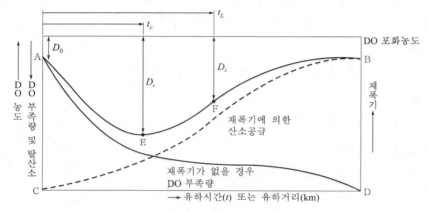

[그림 1-40] DO 부족곡선

여기서, E : 임계점(critical point), F : 변곡점(point of inflection)

D_0 : 초기($t=0$) DO 부족량(inicial deficit), D_c : 임계부족량(critical deficit)

D_L : 변곡점에서 DO 부족량(inflection deficit), t_c : 임계시간(critical time)

t_L : 변곡점까지의 시간(inflection time), AD : 탈산소곡선, CB : 재폭기곡선

시간 t에 있어서의 산소용해율은 수온, 산소부족량, 불순물농도, 수면 교란상태 등에 따라 달라지며 다음과 같이 미분식으로 쓸 수 있다.

$$\frac{dD_t}{dt} = -K_2't$$

여기서, D_t : 시간 t_0에서의 산소 부족량, $K_2't$: 재폭기계수

위의 식을 $t=0$일 때 $D_t = D_0$라 하여 적분하면,

$$D_t = D_0 e^{-K_2't} \quad \cdots\cdots\cdots\cdots\cdots\cdots\cdots\cdots\cdots\cdots\cdots\cdots\cdots\cdots\cdots\cdots\cdots\cdots\cdots\cdots\cdots\cdots\cdots\cdots\cdots\cdots \boxed{1}$$

다시 상용대수로 표시하면,

$$D_t = D_0 10^{-K_2 t} \quad \text{...} \boxed{2}$$

여기서, D_t : 시간 t에서의 산소부족량(mg/L)

D_0 : t가 0일 때, 즉 최초산소부족량(mg/L)

t : 시간(day), K_2 : 재폭기계수

K_2는 수온, 수심, 유속, 하천의 교란상태 등에 의해 영향을 받는데 20℃에서 유속이 빠른 하천의 경우 0.5까지, 유속이 낮은 큰 하천의 경우 0.15~0.20, 흐름이 없는 호수에서는 0.05에 이르는 것을 볼 수 있다.

한편, 최종 BOD는 온도에 따라 다음과 같이 보정한다.

$$L_T = L_{20}(0.02T + 0.6) \quad \text{...} \boxed{3}$$

여기서, L_T : T℃ 때 최종 BOD, L_{20} : 20℃ 때 최종 BOD

어떤 하천 중의 BOD량을 L, 탈산소계수를 K_1, 재폭기계수를 K_2라 하여 산소부족량을 나타내 보면,

$$\frac{dD}{dt} = K_1' L - K_2' D$$

$$L = L_0 10^{-K_1' t}$$

$$\frac{dD}{dt} + K_2' D = K_1' L_0 10^{-K_1' t}$$

$t = 0$일 때 $D = D_0$의 초기 조건하에서

위 식을 적분하여 풀어 쓰면(과정 생략)

$$D_t = \frac{K_1 L_0}{K_2 - K_1}(10^{-K_1 t} - 10^{-K_2 t}) + D_0 10^{-K_2 t} \quad \text{....................................} \boxed{4}$$

여기서, D_t : t일 후의 용존산소 부족량(mg/L), K_1 : 탈산소계수(1/day), L_0 : 전체 BOD, BOD_u (mg/L)

K_2 : 재폭기계수(1/day), D_0 : 초기($t=0$) DO 부족량(mg/L)

≫ 위의 식을 Streeter-Phelps식이라 하고 조류 및 슬러지 퇴적물의 영향이 작은 균일한 단면의 하천에 적용되는데 원래는 자연대수로 유도된다.

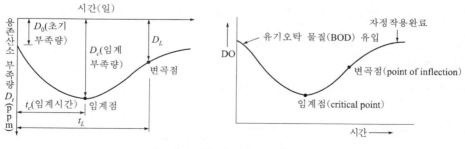

[그림 1-41] 용존산소 부족곡선

① 임계점(臨界點) : 용존산소가 가장 부족한 지점
② 변곡점(變曲點) : 산소 복귀율이 가장 큰 지점

다음 사항을 알면 위의 식 4 를 사용하여 오염물의 하천 유입 시, 하류의 여러 지점에서 t일 후의 DO 부족량 또는 DO량을 계산할 수 있다.

Ⓐ 수온

Ⓑ 상류에서의 DO 및 BOD(D_0 및 L_0)

Ⓒ 하천의 탈산소계수(K_1)

Ⓓ 하천의 재폭기계수(K_2)

여기서 Ⓐ, Ⓑ 측정은 쉽고 K_1 값은 하류에 따라 여러 지점의 BOD를 측정하여 $L_t = L_0 \cdot 10^{-K_1 t}$ 식에 의해 구할 수 있다.

K_1, K_2를 온도에 따라 보정하고자 하면 다음 식이 주로 쓰이는데 온도보정계수(θ)는 하천에 따라 다소 차이가 있다.

$$\left.\begin{array}{l} K_1(t) = K_1(20) \times 1.047^{t-20} \\ K_2(t) = K_2(20) \times 1.018^{t-20} \end{array}\right\} \quad \text{.................................} \boxed{5}$$

여기서 t는 ℃로 표시한 수온이다.

용존산소곡선에서 DO가 가장 낮은 점인 임계점의 좌표 계산은 대단히 중요하다.

임계시간 t_c는 DO 곡선식의 D_t를 미분한 값 $\dfrac{dD_t}{dt}$를 0으로 놓아서 계산할 수 있다.

$\dfrac{dD_t}{dt} = 0$에서,

$$t_c = \frac{1}{K_2 - K_1} \log\left[\frac{K_2}{K_1}\left\{1 - \frac{D_0(K_2 - K_1)}{L_0 K_1}\right\}\right] \quad \text{.................................} \boxed{6}$$

t_c는 임계시간이다. 임계부족량 D_c는 t_c로부터 구할 수 있다.

t_c를 f 라는 상수를 사용해서 표현하면,

$$f = \frac{K_2}{K_1}$$

여기서 f는 자정계수라고 하며, f를 이용한 임계시간 t_c는 다음과 같다.

$$t_c = \frac{1}{K_1(f-1)} \log\left[f\left\{1 - (f-1)\frac{D_0}{L_0}\right\}\right] \quad \text{.................................} \boxed{7}$$

임계시간 t_c에서의 산소부족량, 즉 임계부족량 D_c는

$$D_c = \frac{L_0}{f} \cdot 10^{-K_1 t_c} \quad \text{.................................} \boxed{8}$$

위의 공식에서 t_c의 단위는 day, D_c의 단위는 mg/L이다.

DO 복귀율이 가장 큰 변곡점에서의 좌표는 다음 공식을 이용하여 구할 수 있다.

$$t_L = \frac{1}{K_1(f-1)}\log f + t_c$$

$$\log D_L = \log\left(\frac{f+1}{f^2}\right) + \log L_0 - K_1 t_L$$

여기서 t_L과 D_L은 각각 변곡점에서의 시간과 산소부족량을 말한다.

(2) 기체이전(氣體移轉)

기체(氣體)의 액중(液中)에의 용해에 대해서는, 분압(分壓)의 법칙 및 Henry의 법칙이 성립하나, 이 것은 평형상태(平衡狀態)에서 성립하는 것이며, 거기에 이를 때까지의 과도적 단계(過渡的段階)에서 는 액중에의 기체의 용해율-수송률은 시간적으로 변화한다.

액막을 통한 기체의 이전속도는 Fick의 확산방정식으로부터 얻어지는데, 기체가 계면적 A의 물과 접하고 있는 경우 수중에서의 기체분자확산에 따른 질량이전율 $\dfrac{\partial M}{\partial t}$는 Fick의 법칙에 의하여

$$\frac{\partial M}{\partial t} = -D \cdot A \cdot \frac{\partial C}{\partial L} [\mathrm{g/sec}] \quad \cdots\cdots\cdots\cdots\cdots\cdots\cdots\cdots\cdots\cdots\cdots\cdots\cdots\cdots\cdots\cdots\cdots\cdots\cdots\cdots\cdots\cdots \boxed{1}$$

여기서, D : 분자확산계수($\mathrm{m^2/sec}$), L : 경막(액막)의 거리(m)

$\dfrac{\partial C}{\partial L}$: 액막거리에 따른 기체농도구배(농도경사)($\mathrm{g/m^3 \cdot m}$)

$\boxed{1}$식을 상미분식으로 나타내면,

$$\frac{dM}{dt} = -D \cdot A \cdot \frac{C - C_s}{L} = D \cdot A \frac{C_s - C}{L} \quad \cdots\cdots\cdots\cdots\cdots\cdots\cdots\cdots\cdots\cdots\cdots\cdots\cdots\cdots\cdots\cdots\cdots\cdots \boxed{2}$$

다시, 총 용적 V인 액중에, 단위시간(單位時間)에 M만의 질량의 기체가 용해했다고 하면 액중에서의 기체농도의 증가율은

$$\frac{1}{V} \cdot \frac{dM}{dt} = \frac{dC}{dt} = \frac{DA}{LV}(C_s - C) \quad \cdots\cdots\cdots \boxed{3}$$

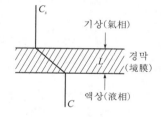

[그림 1-42] 기액계면

이다. A는 상(相)의 계면면적(界面面積)을 나타내고, L은 그림 1-42에서 보이는 상간(相間)의 경계층(境膜)의 두께이다. 이 경계 층의 외례(外例), 즉 기상(氣相)에서는 농도가 $C_s =$Const, 또 내 측(內側)의 액의 농도 C는 0으로부터 증가하여 포화 값에 달(達)한다. 상기 식의 $DA/LV = K_g$으로 서 나타내면 기체의 흡기율(吸氣率)은 포화농도와 현 농도의 차(불포화도)에 비례한다.

$$\frac{dC}{dt} = K_g(C_s - C_t) \quad \cdots\cdots\cdots\cdots\cdots\cdots\cdots\cdots\cdots\cdots\cdots\cdots\cdots\cdots\cdots\cdots\cdots\cdots\cdots\cdots\cdots\cdots\cdots\cdots\cdots \boxed{4}$$

여기서, dC/dt : 시간 t에 있어서 농도변화 또는 기체의 흡수속도, K_g : 비례상수(속도상수)

C_s : 포화농도, C_t : 시간 t때의 농도

식을 $t = 0$일 때 C_0, $t = t$일 때 C_t까지 적분하면,

$$C_t - C_0 = C_s - C_0[1 - \exp(-K_g t)]$$

K_g 는 액체의 비표면적(比表面的), A/V 에 비례한다. $K_g = kg \cdot A/V$ 라 놓고 kg을 기체이전계수라 하며 A/V 는 액체의 단위체적당 기액계면면적이다. 또한, 통상 $\dfrac{D}{L}$ 를 기체이전계수 K_L 로 나타내고 접촉면적 A 는 액체용적 V 와 같이 하여 액체 단위부피당 경계면적을 나타내는 $\dfrac{A}{V}$ 를 a 로 나타내어 다음 식을 사용한다.

> K_g 는 기체(gas)를 주체로 한 기호이고 $K_L a$ 는 액체(liquor)를 주체로 한 기호로서 사실 같은 의미로 볼 수 있다.

$$\frac{dC}{dt} = K_L a(C_s - C) \quad\text{...............................} \boxed{5}$$

정상상태에서 확산계수 D, 노출계수 t_c, 비표면적 A/V 가 일정하다고 가정하고 $A/V = a$ 라고 하면,

$$2 \cdot \frac{A}{V} \cdot \sqrt{\frac{D}{\pi t_c}} = \frac{A}{V} \cdot K_L = K_L \cdot a \quad\text{...............................} \boxed{6}$$

여기서, $\dfrac{A}{V}$: 비표면적(A : m^2, V : m^3), D : 분자확산계수(m^2/sec), π : 3.14

$\qquad K_L$: 기체이전계수(m/sec), t_c : 기포접촉시간 또는 노출시간(sec)

$\qquad K_L \cdot a$: 총괄기체이전계수(sec^{-1})

$\qquad t_c = \dfrac{d_B}{V_r}$

$\qquad\quad d_B$: 기포경(m), V_r : 기포의 액중 상승속도(m/sec)

$\boxed{5}$식을 적분하여 $K_L a$에 대해 정리하면,

$$\int_{C_0}^{C_t} \frac{dC}{(C_s - C)} = K_L a \int_{t_1}^{t_2} dt$$

$$-\ln \frac{C_s - C_t}{C_s - C_o} = K_L a(t_2 - t_1)$$

$$K_L a = \frac{1}{t_2 - t_1} \ln \frac{C_s - C_0}{C_s - C_t} \quad\text{...............................} \boxed{7}$$

여기서, C_s : 실험 시 포화용존산소농도(mg/L)

$\qquad C_0$: 시간 t_1에서의 용존산소농도(mg/L)

$\qquad C_t$: 시간 t_2에서의 용존산소농도(mg/L)

위의 식은 실험에 의해 어떤 물의 산소 전달률을 구하고자 인위적으로 폭기시켜 DO 농도 변화를 체크하고 이를 반log 그래프에 그려서 $K_L a$를 구하고자 하는 식이다.

그러나 실제 폭기장치에 있어서는 $K_L a$의 단위를 hr^{-1}로 하고 보정계수를 고려하여 표시된 $\boxed{8}$식을 잘 이용한다.

(3) 폭기(曝氣) 및 용존산소

대기 중의 산소는 Fick법칙에 의해 물속으로 흡수(吸收) 또는 확산(擴散)된다. 산소는 분압(分壓)에 의해 물에 일정량 녹게 되는데, 이때 물속에 녹아 있는 산소를 용존산소라고 하며, 물속에 공기, 즉 산소를 주입시키는 것을 폭기(aeration)라고 한다. 용존산소의 농도는 수온과 기압 및 불순물질의 농도에 따라 달라진다. 순수한 물일 경우 20℃에서 포화도는 9.17mg/L이다. 자연에서 수면이 고요하지 않고 난류(亂流, turbulence)가 생길 경우, 대기 중의 산소는 빠르게 물속으로 들어간다. 이처럼 대기 중의 산소가 물속으로 들어가는 것을 전달 또는 이전(移轉, transfer)이라 하고, 그 비율을 전달률(transfer rate)이라고 한다.

$$\frac{dO}{dt} = \alpha K_L a (\beta C_s - C_t) \times 1.024^{T-20} \quad \cdots\cdots\cdots\cdots\cdots\cdots\cdots\cdots\cdots\cdots\cdots\cdots \boxed{8}$$

여기서, $\dfrac{dO}{dt}$: 시간 dt 사이의 용존산소농도의 변화(mg/L/hr)

α : 어느 물과 증류수의 표준상태하에서의 $K_L a$의 비율, $K_L a$: 산소전달률(hr^{-1})

β : 어느 물과 증류수의 STP에서의 C_s의 비율

C_s : 증류수의 20℃, 1기압하에서의 산소포화농도(mg/L)

C_t : 물속에 있는 용존산소량(mg/L)

T : 온도(℃)

※ 관련 문제에서 a와 β가 생략되는 수가 있다.

폐수처리 시 폭기장치에도 이 공식이 적용되며, 즉 $K_L a$ 값을 구하고 α와 β를 알면 산소가 시간당 얼마만큼 주입 가능한가를 알 수 있다. 폭기방법에는 산기관(diffuser)과 기계식(mechanical aerator)이 있다.

폭기가 잘 되려면,

① 공기방울의 비표면적이 커야 하며,

② 접촉시간이 길어야 하고,

③ 계면재생률(界面再生率)이 좋아야 한다.

수중의 용존산소는 대기로부터 공급되는 외에 조류(algae)의 광합성에 의해서도 다소 공급된다고 할 수 있다. 수중의 용존산소는 생물의 호흡과 유기물의 분해에 의해서 소비된다.

기체이전계수에 대한 영향인자로는 크게

① 수온

② 소수성 물질 등을 들 수 있다.

 ㉠ 수온 : 수온상승은 첫째, 분자확산계수의 값을 증가시키며 둘째, 물의 점도를 낮추고 기포의 상승속도를 높이므로, $t_c = d_B / V_r$에 의해서 기포의 노출시간이 짧아진다. 그리고 기포계면의 변경이 기체이전계수의 값을 높인다.

 ㉡ 소수성 물질 : 소수성 물질 중 계면활성제는 첫째로 소수성 물질이 기포면을 덮으므로 확산계수가 감소되며 K_L값을 감소시킨다. 둘째, 표면장력의 저하는 전체계면적을 증가시키고 $K_L a$ 값을 증가시키는 원인이 된다.

04 하천오염에 따른 생태변화(生態變化)

(1) 자정단계

하천의 하수 유입으로 인한 변화상태를 Whipple은 분해지대(degradation), 활발한 분해지대(active decomposition), 회복지대(recovery), 정수지대(clear water)의 4지대로 구분하였고, Kolkwitz와 Marson은 부패수성(poly saprobic), α-중부수성(α-Mesosaprobic), β-중부수성(β-Mesosaprobic), 빈부수성(貧腐水性, oligosaprobic)의 4지대로 구분하고 있다.

[표 1-30] Whipple의 4지대

지대(zone)	변화과정
분해지대 (zone of degradation)	• 이 지대는 유기물 혹은 오염물을 운반하는 하수거의 방출지점과 가까운 하류에 위치하며 여름철 온도에서 DO 포화도는 45% 정도에 해당된다. • 오염된 물의 물리적·화학적 질이 저하되며 오염에 약한 고등생물은 오염에 강한 미생물에 의해 교체된다. • 세균의 수가 증가하고, 유기물을 많이 함유하는 슬러지의 침전이 많아지며, 용존산소량이 크게 줄어드는 대신에 탄산가스의 양은 많아진다. • 분해가 심해짐에 따라 오염에 잘 견디는 곰팡이류(fungi)가 녹색 수중식물이나 고등미생물을 대신해서 심하게 번식한다. • 분해지대는 희석이 잘 되는 大河에서보다 희석이 덜 되는 작은 하천에서 더 뚜렷이 나타난다.
활발한 분해지대 (zone of active decomposition)	• 용존산소가 없어 부패상태이고 물리적으로 이 지대는 물의 색이 회색 내지 흑색으로 나타나며 화장실 냄새나 H_2S에 의한 달걀 썩은 냄새가 난다. • 혐기성 분해가 진행되어 수중의 CO_2 농도나 암모니아성 질소가 증가한다. • 혐기성 세균이 호기성 세균을 교체하며 fungi는 사라진다. • 꼬리를 가진 구더기나 파리유충(Psychoda), 모기유충 등이 발생 및 성장한다.
회복지대 (zone of recovery)	• 분해지대의 현상과 반대현상이 일어나며 용존산소의 증가에 따라 물이 차츰 깨끗해지고 기체방울의 발생이 중단된다. • DO가 포화될 정도로 증가하고 아질산염이나 질산염의 농도가 증가한다. • 세균의 수가 감소하는 대신 원생동물, 윤충(rotifer), 갑각류(甲殼類, crustacea)가 번식하기 시작하고 fungi도 약간 발생한다. • 조류가 많이 발생한다. • 조개류나 벌레의 유충이 번식하며 생무지, 황어, 은빛 담수어 등의 물고기가 자란다.
정수지대 (zone of clear water)	• 오염되지 않은 자연수처럼 보이고 많은 종류의 물고기가 다시 번식하기 시작한다. • 위의 지대를 거치는 동안 대장균과 병균은 부적합한 환경에 의하거나 혹은 다른 미생물에 잡아 먹혀서 그 수가 줄어든다. 그러나 일부는 계속 남아있기 때문에 깨끗하다 하더라도 한 번 오염된 물은 적당한 처리를 해야 상수로 사용할 수 있다.

[표 1-31] Kolkwitz와 Marson의 4지대

구분 \ 수역별	강부수성 수역	α-중부수성 수역	β-중부수성 수역	빈부수성 수역
분류	고등생물이 살 수 없는 강한 부패수역으로 수질도에 **빨간색**으로 표시한다.	강한 오염수역으로 수질도에 노란색으로 표시한다.	상당히 오염된 수역으로 수질도에 초록색으로 표시한다.	오염되지 않은 수역으로 수질도에 파란색으로 표시한다.
화학적 현상	환원과 분해에 의한 부패현상이 심하다.	수중 및 저니에 산화현상이 나타난다.	산화현상이 더욱 일어난다.	산화가 없고 무기화가 완성된 단계이다.
DO	전무하거나 극소하다.	약간 있다.	어느 정도 있다.	많다.
BOD	항상 매우 높다.	높다.	어느 정도 낮아진다.	낮다.
H₂S 성형	곧 알아볼 수 있고 H₂S 취가 난다.	강한 H₂S 취는 안 난다.	없다.	없다.
수중의 유기물	탄산과 단백질 및 그 고차분해산물이 풍부하다.	고분자 화합물의 분해에 의한 아미노산이 풍부하다.	지방산의 암모니아 화합물이 많다.	유기물은 분해가 완료되었다.
생식생물의 생태학적 특징	거의 박테리아를 섭취하고 pH 변화에도 강한 혐기성 생물이다(H₂S 및 NH₃에 강한 저항성).	박테리아의 섭식자가 우수하나 육식동물도 증가한다(pH 및 산소변화에 적응성, 높은 NH₃에는 저항성이 있으나 H₂S에는 약함).	pH와 산소의 변동에 약하다(부패독에 비교적 약함).	pH와 산소의 변동에 약하다(부패독에 비교적 약함). H₂S에 견딜 수 있다.
식물	규조, 녹조, 접합조와 고등식물은 없다.	조류가 대량발생, 남조류, 녹조, 규조, 접합조 출현한다.	규조, 녹조, 접합조 등의 많은 조류가 출현한다.	수중의 조류는 적다. 단, 착색 조류는 많다.
원생동물	아메바, 편모충, 섬모충이 출현, 태양충, 흡관충류, 쌍편모충은 없다.	태양충, 흡관충류가 약간 있다. 쌍편모충은 아직 없다.	태양충, 흡관충류 등 오염에 약한 종류가 출현, 쌍편모충도 출현한다.	편모충, 섬모충은 적게 출현한다.
후생동물	• 윤충, 유영형 동물, 곤충, 유충이 소수 나타난다. • 담수해면, 소태동물, 소형갑각류, 패류, 어류는 생식하지 않는다.	• 담수해면 및 소태동물 등은 아직 출현하지 않는다. • 패류, 갑각류, 곤충이 출현한다. • 잉어, 붕어, 메기 등이 생장한다.	• 담수해면, 소태동물, 패류, 소형갑각류, 곤충의 많은 종류가 출현한다. • 양생류 및 어류도 많은 종류가 출현한다.	• 곤충, 유충의 종류가 많다. • 다른 각종 동물이 출현한다.

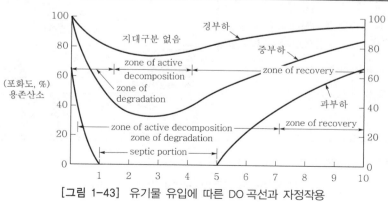

[그림 1-43] 유기물 유입에 따른 DO 곡선과 자정작용

(2) 하천의 물질 및 생물상 변화

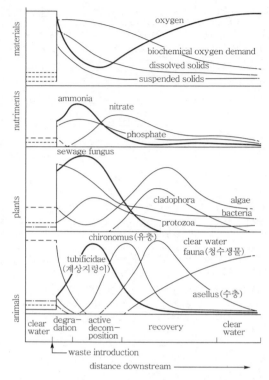

[그림 1-44] 유기물 유입에 따른 수질, 식물, 동물군의 변천추이

Tip▶ 위 그림을 4지대와 관련하여 정리하라.

	dissolved oxygen	water	fish	invertebrates	plankton
		clear and fresh	normal fish population, game, pan food, fopage fish	caddis fly may fly	oedogonium navicula dinobryo
①		turbid and darker	tolerant fishes : carp, buffalo, gars, catfish	chironomus simulium	paramecium stentor beffiatoa
②		septic-noxious, odors floating sludge	none	culex eristalis tubifex	oscillatoria melosira sphaerotilus
③		improving	tolerant fishes : carp, buffalo, gars, catfish	chironomus simulium	spirogyra pandorina euglena
④		clear and fresh	normal fish population, game, pan food, forage fish	caddis fly stone fly	oedogonium navicula dinobyron

① 분해지대 ② 활발한 분해지대 ③ 회복지대 ④ 청수지대

[그림 1-45] 하천의 오염과 생물상의 변화

05 하구(河口)의 수질이동

(1) 하구(estuary)란 일반적으로 하천이 바다로 유입하는 지역으로서, 조류(潮流)의 영향을 받아 담수(淡水)가 해수(海水)에 의해 뚜렷하게 희석되는 반폐쇄적인 연안수역이라고 정의되며, 조류(潮流)의 영향을 받는 하천유역이라 하여 감조(感潮)하천이라고도 한다. 하구에서의 물의 움직임은 중력(重力) 뿐만아니라 조류의 증가나 감소, 밀도류 및 바람의 영향으로 인하여 일어난다. 간조(干潮)와 만조(滿潮) 사이의 물의 이동은 상류방향이다. 간조 시에는 담수의 흐름과 간조의 흐름이 양쪽 다 바다로 향한 이동에 작용한다.

(2) 하구에서의 혼합형식(tidal mixing)

① **약혼합형** : 하천유량 및 하상구배가 적고 간만의 차(潮差)가 적어서 염수와 담수의 2층의 밀도류가 발생한다.

② **강혼합형** : 약혼합과 반대로 하상구배와 간만의 차가 커서 하도(河道) 방향으로 혼합이 심하고 수심(水深)방향에서 밀도 차가 없어진다.

③ **완(緩)혼합형** : 약혼합과 강혼합의 중간형이다.

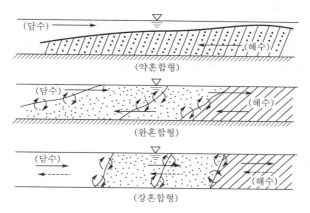

[그림 1-46] 하구에서의 혼합형 모식도

(3) 하구에서의 물의 이동과 혼합

① 조류의 간만에 의해 하구에서는 횡방향에 따른 혼합이 중요하게 되는 경우가 있다. 사실 만조 시에는 때때로 바다에 가까운 하구에서 역류가 일어나는 경우가 있다.

② 해수는 대체로 담수보다 무겁기 때문에 하구에서는 수심에 따라 층을 형성하여 해수의 상부에 담수가 존재하는 일도 있다.

③ 대부분 하구의 수로에서는 조류의 작용으로 인해 수로의 길이에 따라 오수의 혼합 및 확산의 정도가 변하게 된다.

④ 흐름의 방향에서 혼합이 없고 단지 이류(移流)만 일어나는 하천에 염료를 순간적으로 방출하면 하류의 각 지점에서 염료의 농도는 직사각형으로 표시될 것이다.

06 수질오염평가지수(WQI ; Water Quality Index)

(1) 개요

수질에 대한 물리학적(탁도, 색도, 전도도 등), 화학적(COD, pH, 인 등), 생물학적(대장균, 생물종 등)의 많은 오염측정자료가 제시되고 있지만 이들은 타항목의 고려가 없는 단편적 지표로서 해당수역 의 수생태 및 환경 그리고 이용목적에 따른 종합적인 수질상태 파악과 평가가 용이하지 않다. 따라서 근래에는 이러한 일차원적인 지표를 통합하는 **종합분석 평가기법**을 통해 **수질상태를 계량화하고** 포괄적으로 평가할 수 있는 **통합수질지표개발**에 노력하고 있다. 가령 A하천 또는 B호수의 COD가 몇 mg/L이고 PO_4^{3-}이 몇 ppm이라고 하기 보다는 각종 지표를 종합적으로 분석 평가하여 A하천의 수질은 90점, B호수의 수질은 75점이라고 제시하면 일반인들도 해당수역의 상태를 쉽게 이해하고 전문연구자나 정책입안자들도 장래 수질관리정책 수립에 도움이 될 것이다. 이와 같이 통합 및 종합 적인 수질오염평가지수(WQI)는 1948년 독일에서 수중미생물수와 물의 청정도 관계를 연구하면서 시작되어 1965년 미국에서 Horton의 Quality Index가 개발되면서 본격화되었다.

(2) 개발된 종합수질오염 평가지수

① Horton's Quality Index(1965)

1965년에 미국에서 Horton이 제안한 최초의 종합수질평가지표로서 지표에 포함시키는 항목은 10개 항목(최초 7개 항목)으로서 DO, pH, 대장균군, 전기전도도(비전도도), 알칼리도, 염소이온 농도, CCE, 하수처리인구, 온도, 용해성물질 보정계수 등을 대상으로 각기 가중치(加重値)를 주어 계산하는 수질오염평가지수(WQI)이다.

$$QI = \frac{\sum_{i=1}^{m} W_i I_i}{\sum_{i=1}^{m} W_i} M_1 M_2$$

여기서, QI : Horton 수질지수

W : 가중치

I : breakpoints값

M_1, M_2 : 계수

② NSF(National Sanitation Foundation) WQI(1970)

㉠ 미국위생협회(NSF)의 지원을 받아 Brown 등이 1970년에 제안하여 가장 널리 사용되고 있는 평가지수방법

㉡ 델파이(Delphi)기법으로 대상항목 결정

㉢ 9종의 수질오염항목(DO, pH, 대장균군, BOD_5, NO_3^-, PO_4^{3-}, 온도, 탁도, 고형물질 등)에 가 중치를 적용하여 산출하고 점수화

㉣ 델파이(Delphi)기법으로 대상항목 결정

③ Prati's Implicit Index of pollution(1971)

④ McDuffie River pollution Index(1973)

⑤ 말레이시아 및 일본의 지표(1996)

⑥ 프랑스의 Water－S.E.Q.(2000)

⑦ 캐나다의 CCMEWQI(2001)

⑧ <u>우리나라의 K－CWQI</u>(Korea－Comprehensive Water Quality Index)와 K－SWQI(2006)

　㉠ 2006년 새로운 수질환경기준 등 변화된 수질환경을 반영하여 개발된 수질지표로서 1996년 현 환경정책평가연구원(KEI)에서 개발한 한국형 종합수질오염지표인 K－WQI(Korea Water Quality Index)를 기본으로 함

　㉡ NSF 방법과 유사한 방법으로 개발

　㉢ 델파이(Delphi)기법으로 대상항목 선정, 가중치 설정과 항목별 부지수함수를 작성

　㉣ 평가항목

　　• 하천 : BOD, DO, 분원성대장균군, SS, pH

　　• 호수 : COD, T－P, T－N, 클로로필－a, SS, DO, 분원성대장균군, pH

　※ 위 설명은 K－CWQI에 대한 내용이다.

01 : 호수(湖水)와 저수지의 자정작용(自淨作用)

호수나 저수지도 하천에서와 같은 자정작용이 근본적으로 일어난다고 볼 수 있다. 그러나 호수나 저수지에서는 일정한 방향을 가진 흐름이 없기 때문에 하천에서와 같이 분명스러운 지대(zones)는 없는 반면, 수심에 따른 온도의 차이 때문에 물의 밀도가 변화하게 되어 수직방향으로 물의 운동이 생길 수 있으며 이에 따라 자정이 진행된다.

저수지에 오염물이 유입되면 수중 미생물에 의해 섭취, 분해되거나 기타 작용에 의해서 자정작용이 일어난다.

일반적으로 저수지의 자정 결과는 유기물의 제거로서 희석, 재폭기, 침전, 그리고 생물화학적 작용을 위한 시간에 의해 결정된다. 그러나 하수와 함께 유입된 세균(細菌)은 다른 요소의 통제를 받아 죽게 된다. 즉 수온, 가용한 영양소, 일광의 살균, 침전, 또는 원생동물의 활동에 따라 세균은 통제를 받으며 그 율은 유기물이 파괴되는 율보다는 느리다. 따라서 저수지 물이 깨끗하다 해도 한 번 오염된 물은 세균이 존재할 수 있다.

만일, 오염물이 저수지로 계속 유입되면 자정능력을 초과하여 수질은 점차 악화되고 이 현상은 다음의 성층현상에 의해 더욱 영향을 받게 된다.

비록 장기간에 걸쳐 유입된 유기물이 제거된다 해도 수중생물의 번식에 영양소가 되는 무기물은 축적될 수 있어 각종 조류(藻類)가 번식하고 이들이 사멸되면 저수지 바닥에 침전하여 타 미생물에 의해 분해된다. 분해된 물질은 다시 다른 조류 번식을 초래하는 영양소로 이용되며, 이런 순환이 반복되면 저수지의 수질은 점차 악화되고 나중에는 쓸모없는 늪으로 변하게 된다.

이와 같은 현상을 일컬어 부영양화(富營養化, eutrophication)라고 한다. 따라서 저수지에 조류가 많이 번식한다는 것은 부영양화과정 중에 있음을 뜻한다.

(1) 성층현상(成層現象, stratification)

그림 1-47과 같이 저수지나 호수에 있어서 thermocline 을 중심으로 상부의 epilimnion, 하부의 hypolimnion 으로 분명히 분리될 경우 수면과 가까운 곳에 위치하는 epilimnion층에서는 통상 공기 중의 산소가 재폭기되므로 용존산소농도가 높아서 호기성 상태가 되는 반면, thermocline층 하부의 hypolimnion층에서는 용존산소가 부족하거나 완전히 없어져 혐기성 상태가 된다.

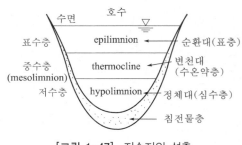

[그림 1-47] 저수지의 성층

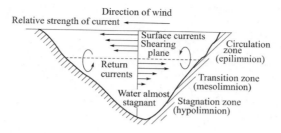

[그림 1-48] 호소에 있어서 바람 유도류의 방향과 상대적 수평속도(이상형)

성층은 깊은 저수지에 있어서 epilimnion층과 thermocline층은 각각 7m 정도의 수심을 차지하며, 그 하부는 hypolimnion층이 된다.

이 현상은 그림 1-49에서와 같이 물의 수직운동이 없는 겨울이나 여름에 일어나며, 봄과 가을에는 저수지 물의 수직혼합(垂直混合)이 활발히 진행되어 분명한 열밀도층(熱密度層)의 구별이 없어지게 된다.

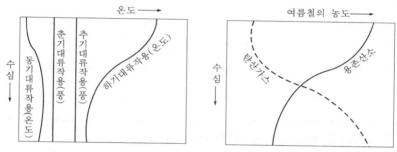

[그림 1-49] 수심에 따른 온도와 수질의 변화

즉, 겨울에 수면이 얼게 되면 얼음 표면과 그 상부의 대기온도는 0℃보다 낮아지고, 얼음 밑의 물은 0℃에 가까우며, 더 깊은 곳의 물은 4℃ 정도에서 최대밀도를 갖게 된다. 이런 경우 물은 비교적 안정한 상태로서 수직적인 혼합이 없게 된다.

그러나 봄이 되어 얼음이 녹으면 표면 부근의 수온이 높아지기 시작하여 4℃가 되어 최대밀도가 되면 상부의 물은 밑으로 이동하게 되는 반면에 밑의 물은 상부로 이동하게 된다.

봄에서 여름이 되면 물은 점차 따뜻해져서 가벼운 물의 밀도가 큰 물 위에 놓이게 되며 온도차가 커져서 순환현상, 즉 수직운동은 점차 상층에만 국한된다. 가을이 되어 표면의 수온이 내려가면 정체현상(성층)은 파괴되고 물은 수직적인 혼합을 하게 된다.

다시 말해서, 겨울과 여름에는 정체현상(停滯現象)이 생겨(여름이 더 뚜렷함) 수심에 따라 온도와 DO 농도의 차가 크지만 봄, 가을에는 순환현상(循環現象)이 발생하여 수심에 따른 온도나 DO 농도에는 변화가 적다. 이와 같이 물이 수심에 따라 여러 개의 층으로 분리되는 현상을 성층현상(stratification)이라고 하며, 열-밀도층(thermal-density layers) 또는 열층(thermal layers)이라 한다.

봄과 가을철의 저수지의 물은 대기 중의 바람에 의하여 수직운동이 더욱 가속화되며 이 수직운동을 전도(turn over)라고 한다.

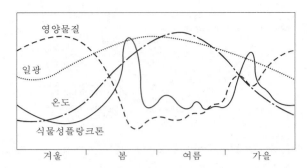

[그림 1-50] 온대지역의 호수와 연못에 있어서 식물성플랑크톤 생장(生長)경향

Tip▶ 기사 대비자는 상하수도 계획편의 수원 및 취수설비 항목과 연관하여 정리하시오.

(2) 대기에서 호수 및 저수지로 이동하는 산소량

$$A_a = KH_m A \cdot D$$

여기서, A_a : 이동산소량(t/d), K : e를 밑으로 하는 재폭기계수(t/d), H_m : 호수의 평균수심(m)
A : 호수의 수표면적(km^2), D : 호수의 산소 부족도($C_s - C$)(mg/L)
C_s : 호수의 용존산소포화농도(mg/L), C : 호수의 용존산소농도(mg/L)

02 부영양화(富營養化, eutrophication)

1 개요

해양이나 호소(湖沼)에 있어 영양염류가 적은 수역을 빈영양(貧營養)이라고 하는 반면 영양염류가 많은 수역에는 조류(藻類)가 많이 발생하여 투명도가 낮은데, 이와 같은 수역을 부영양(富營養)이라고 한다. 특히, 하천이나 호소, 호수, 해안 등지에서 각종 오염물질의 유입으로 빈영양에서 부영양으로 변화하는 현상을 부영양화(eutrophication)라 한다(※ 빈영양 → 중영양 → 부영양).

[표 1-32] 부영양화 단계의 판정기준(EPA)

parameter	빈영양	중영양	부영양
Total-P(μg/L)	<10	10~20	>20~25
chloramine(μg/L)	<4	4~10	>10
투명도(m)	>3.7	2.0~3.7	<2.0
침수층의 DO 양(포화%)	>80	10~80	<10

부영양화가 진행되면 호수는 특정조류(남조류 등)의 이상번식으로 물꽃(algal bloom)현상이 일어나고 동물성플랑크톤, 세균 등의 이상증가로 현탁물질이 증가되며, 이들이 사멸되어 분해되고 유기물질이 증대되며, 영양염이 축적되는 과정을 거쳐 다시 조류가 이상번식되는 악순환이 계속 반복되면서 결국 늪지대로 변하게 된다.

2 원인 및 발생기구

부영양화의 원인물질은 질소(N), 탄소(C), 인(P)과 같이 조류(藻類)에 영양분이 되는 것이며, 이러한 것이 저수지나 호소에 축적되어 유입될 때 일어난다. 이러한 물질의 유래는 다음과 같다.

(1) 자연의 산림지대 등에 있는 썩은 식물(植物)

(2) 농지(農地)에서 사용되는 비료(질소비료, 인산질비료)

(3) 목장지역의 동물의 분뇨(糞尿)

(4) 합성세제(合成洗劑)

(5) 처리되지 않는 가정하수, 공장폐수, 축산폐수 등의 유입

> ≫ [부영양화 상태] 질소(N) : 0.2~0.3mg/L 이상, 인(P) : 0.01~0.02mg/L 이상
> 조류번식 : 5,000~50,000cells/mL 정도

3 부영양화의 평가지표

(1) 정성적 평가지표

영양도(trophic state)로서 빈영양(oligotrophic)과 부영양(eutrophic)으로 구분하는 방식으로 용존산소, 투명도, 기타 생물변화 등 표 1−33과 같은 분류도 이러한 정성적 수법에 해당된다.

(2) 단일 parameter에 의한 평가

① 영양염농도 : N 0.2mg/L, P 0.02mg/L 기준
② 1차생산력 : 호 내 유기물 생산
③ chlorophyll−a 농도
④ 투명도(transparency, secchi disk transparency)
　㉠ 보상심도 : 광합성과 호흡이 균형이 되어 순생산량이 0이 되는 심도(표면조도 1%의 수중조도를 나타내는 수심)
　　　≫ 표면에서 1%의 조도가 되는 깊이까지를 유광층이라 함
⑤ 용존산소 분포

(3) 복수 parameter에 의한 평가

① parameter 간의 상관관계를 고려한 평가
② TSI(Trophic State Index) − 부영양화도지수
　㉠ Carlson 지수 : 부영양화는 수중의 영양염도가 증가하여 식물 plankton을 중심으로 한 1차생산량이 증대하는 현상이라고 보고, plankton 농도를 부영양화도 판정인자로 하여 이를 대표하는 parameter로서 가장 측정이 쉬운 언원판(堰圓版)에 의한 투명도(SD) 선정
　　　≫ Carlson은 투명도(SD)와 다른 parameter와 상관관계를 바탕으로 하여 chlorophyll−a 농도(Chl), T−P (총 인)를 사용한 TSI를 정의하였다.

ⓛ 수정 Carlson 지수 : 투명도를 기준으로 한 Carlson 지수보다는 식물 plankton이 직접적으로 표시될 수 있는 chlorophyll−a 농도를 기준으로 한 지수(TSI$_M$)로서, 생산층에 있어서 평균 Chl−a 농도의 최대치 1,000mg/m^{3}를 지수 100으로 하고 빛의 흡수가 물 자체에 의한 흡수보다 충분히 작은 값인 0.1mg/m^{3}를 지수 0으로 하여 식을 얻었다.

$$TSI_M(Chl) = 10\left(2.46 + \frac{\ln(Chl)}{\ln 2.5}\right)$$

[표 1-33] 빈영양호와 부영양호의 특성 비교

특 징	빈영양호	부영양호
수색(水色)	남색 또는 녹색	녹색 내지 황색, 수화(水華) 때문에 때로는 현저하게 착색될 경우가 있다.
투명도	크다(5m 이상).	적다(5m 이하).
반응(pH)	중성 부근	중성 또는 **약알칼리성**, 하계에 표층은 **가끔 강알칼리**성이 된다.
영양염류(mg/L)	소량(N<0.15, P<0.02)	다량(N>0.15, P>0.02)
현탁물질	소량	플랑크톤 및 그 잔재에 의한 현탁물질이 다량 있음
용존산소	전층에 걸쳐 포화에 가깝다.	표수층은 포화 또는 과포화 심수층에서는 항상 현저하게 감소한다. 소모는 주로 플랑크톤 유해(遺骸)의 산화에 의한다.
저생동물	종류는 많다. 산소부족에는 견디지 못하는 종류	산소부족에 견디는 종류
생산력	小, 200mg cells/m^2·일 이하	大, 200mg cells/m^2·일 이상
Chlorophyll−a	0.3~2.5mg/m^3 10~50mg/m^2	5~140mg/m^3 20~140mg/m^2
식물성플랑크톤	빈약, 주로 규조(硅藻)로 구성된다.	풍부, 여름에는 **남조(藍藻)의 수화(水華)**를 만든다. 규조, 충조(虫藻)도 많다.
어류	양은 적다. **냉수성**(冷水性)의 것이 있다(송어, 황어).	양은 많다. 난수성(暖水性)의 것이 많다(잉어, 붕어, 뱀장어 등).

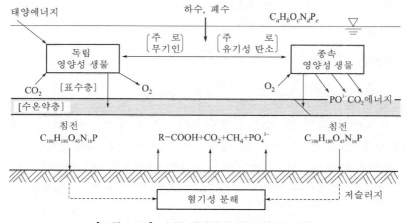

[그림 1-51] 수중 생태계의 생물화학적 변환

4 특징(영향 및 피해)

① 사멸된 조류의 분해작용에 의한 심층수로부터 DO 결핍 확산
② COD 증가(조류합성에 의한 유기물 증가)
③ 한 번 부영양화된 호수는 회복이 힘들고(먹이연쇄의 반복) 점차 악화
④ 생태계 파괴(생물체 생존환경 악화) − 어패류의 폐사 등
⑤ 마지막 단계에서 청록색 조류(남조류) 번식
⑥ 냄새 발생(조류에 의한 발취 및 혐기성 분해)
⑦ 투명도 저하 및 착색(조류발생으로 현탁)

[표 1-34] 부영양화에 의한 산업에의 영향

분 야	내 용	비 고
수도 및 공업용수	• 여과지나 screen의 막힘 등 장애 발생 • 취기(臭氣) 발생(보통 5~10월, 1,000~20,000cells/mL) • Fe, Mn을 용출시켜 적수장해의 원인 제공 • 유독 조류 발생으로 위장장애 유발 • 응집침전처리의 방해(carry−over 등) • 정수비용 증가(약품 및 활성탄 등) • THM의 생성 • 업종(제지, 제철 등)에 따라서는 제품의 질 저하나 meter의 기능 저하	−
농업	• 발근과 뿌리의 신장저해 및 육모기간 중에 도복, 유실, 부패 • 질소 과잉으로 생육 중에 과잉 번식, 도복, 성숙 불량, 병충해 발생 • 허용한계 : N 5mg/L 이상에서 중대한 장애현상 • 토양의 환원상태, 영양흡수, 체내대사 억제 COD 20ppm 이상이면 수확에 영향	−
수산	• 양질의 어류가 값싼 어류로 교체 • 어류폐사(조류의 사체가 분해되어 산소부족, 유독물의 용출, H$_2$S 발생 등의 원인)	−
관광	• 외관을 손상하고 recreation 관광 가치 저하(투명도 저하, 착색, scum상의 막 형성 → 물꽃) • 악취 발생 • 호안, 호수 내의 시설물, 주위 민가에 부식, 변색 피해	주로 남조류 발생

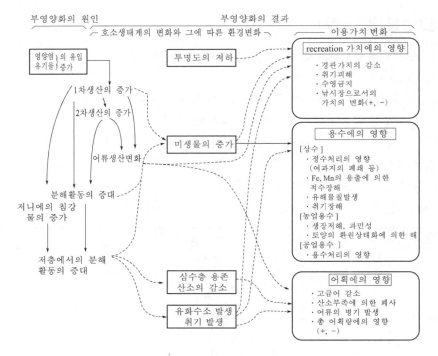

[그림 1-52] 부영양화에 의한 호소 이용가치의 변화

5 방지대책

(1) 저수지 내 질소(N)나 인(P) 등의 유입이나 농도를 감소시킴

　① 축산폐수 등의 유입 방지

　② 비료 등의 과다 사용 제한

(2) 인을 함유하는 합성세제 사용금지 및 감소

(3) 하수 내의 인, 질소를 제거하기 위해 폐수의 고도 처리(3차 처리)

(4) 조류가 번식할 경우 황산동(CuSO₄)이나 활성탄을 뿌려서 제거

03 해양오염(海洋汚染) 및 관리

1 해수의 특성(特性)

(1) 물리적 성질

　① 해수의 온도 : 생물의 활동, 해류, 염분농도 등에 영향을 주며, 대양의 수온범위는 $-2 \sim 30\,^\circ\!C$로서
　　 깊은 바다 속의 온도는 $-1 \sim 4\,^\circ\!C$ 정도이다.

② 해수의 밀도 : 수온, 염분농도, 수압의 함수이며, 밀도는 염분과 수압에 비례하고 수온에 반비례한다. 해수의 밀도는 1.024~1.030g/cm³이며, 해류(海流)나 수괴(水塊)는 미세한 밀도 차이라도 크게 영향을 받는다.

(2) 화학적 성질

[표 1-35] 해수의 중요 화학적 성분 7가지

성 분	Cl^-	Na^+	SO_4^{2-}	Mg^{2+}	Ca^{2+}	K^+	HCO_3^-
농도(mg/L)	18,900	10,560	2,560	1,270	400	380	142

기타 성분은 그 크기별로 Br, Sr, B, F, Rb, Al, Li, Ba, I, SiO₂, N, Zn, Pb 등이다.

① 해수의 pH는 약 8.2 정도이며, bicarbonate(HCO_3^-)의 완충용액이다. 해수 내의 용존유기물질은 평균 0.5mg/L이다.

② PO_4^{3-}가 많은 해수는 upwelling하는 곳의 해수로서 이것은 침적되어 있는 PO_4^{3-}가 상부로 올라오기 때문이다.

PO_4^{3-}는 얕은 바다나 하구 또는 깊은 바다의 바닥에 많으며, 바다에 있어서 PO_4^{3-} 농도는 calcium fluorophosphate의 용해도에 좌우될 수 있고 용존산소농도와도 관련이 크다. 즉, 용존산소가 결핍되면 환원상태가 형성되어 3가철과 결합된 PO_4^{3-}가 용해되기 때문이며 용해된 PO_4^{3-}는 표면으로 분산된다.

③ 해양에서 중요한 영양소인 질소는 대기 중으로부터 분진(粉塵) 내의 질소, 암모니아성 질소 또는 NOₓ로 흡입되어 화학적으로 매우 안정하지만 해양미생물에 의해 합성되어 NH_3-N와 유기질소로 된다. 해수 내에서는 대체로 NO_2-N과 NO_3-N이 전체 질소의 약 65%이며 나머지 35%는 NH_3-N과 유기질소 형태이다.

➤ 질소와 인이 과잉으로 존재하면 조류(藻類)가 풍성(algae bloom)하게 성장하여 물이 붉게 된다. 이것을 적조(赤潮, red tide)라고 부른다. 적조현상의 해수의 표면에는 phytoplankton의 일종인 dinoflagellate가 성장하는데 이 미생물은 유기인을 직접 세포로 합성시킨다. 또한, toxin을 분출시켜 어족을 사멸시키기도 한다. Si도 미생물이 필요한 영양소이다.

(3) 해수의 또 다른 주요 구성물질은 탄소이다. 탄소 함량은 해수 내 염(塩)의 약 2%이다. 탄소는 대기로부터 CO_2로 유입되어 CO_2, HCO_3^-, CO_3^{2-}로 용존된다. 대개 탄소농도는 온도가 낮은 물에 더 높게 유지되는데, 이유는 수온이 높으면 생물작용이 활발하여 탄소를 섭취하기 때문이다.

2 해양오염

해양은 농산지 다음으로 식물(食物)자원의 보고(寶庫)로서 그 중요성이 크게 대두되고 있으나 근래에 기름(oil)에 의한 오염이나 적조(赤潮, redtide)현상의 발생과 같이 생활환경 및 생태계에 보다 직접적인 영향을 미치는 사례들이 인구증가, 도시의 거대화, 산업발전에 따른 해양 수송물 증가 및 연안으로 유입되는 하·폐수 또는 폐기물이 증가함으로써 그 오염도가 더해 가고 있는 실정이어서 방지대책 및 피해복구 등의 기술적 향상이 요구되고 있다.

(1) 오염원 및 오염물질

[표 1-36] 해양오염의 오염원 및 오염물질

오염원	오염물질
해양활동	• 선박의 기름배출(유조선 침몰, ballast수, 세정수, 폐유 등) • 선박 폐기물 배출(하수, 분뇨, 산업폐기물, 생활폐기물 등) • 해저자원개발(기름, 가스, 광물 등)
육상	• 농경지로부터 살충제 및 영양분(비료) 등 배출 • 하수 및 폐수, 산업폐기물 배출, 온(溫)·배수 배출 • 연안의 일반폐기물 및 분뇨 배출
공중	• 대기오염물이 우수에 세척되어 낙하 • 항공기로부터 연소물질 및 살충제 낙하

(2) 오염물질의 이동

오염물질은 해수 중의 난류나 조류(潮流)의 영향을 받아 희석·확산되고, 유기물은 세균 등의 작용에 의해 분해된다. 또, 해양에서 생활하는 생물에 의해 해수 중에서 직접 또는 먹이사슬을 통하여 **농축**되거나, 흡착·침전·이온교환 등의 물리적 과정으로 농축되기도 한다. 또한, 조류(潮流)나 생물의 회유에 따라 오염물질이 다른 해역으로 이동하기도 한다.

이러한 상황은 그림 1-54와 같으며, 오염물질이 희석·확산, 분해, 농축, 이동 등의 여러 과정을 통하여 인류의 제활동에 의해 발생되어 다시 인류활동에 역으로 영향을 미치게 됨을 알 수 있다. 오염물질이 하천을 경유, 직접 바다에 유입되면 이류(移流)와 확산(擴散)에 의해 분산(分散)된다.

① 이류 : 해수의 이동에 따라 물질운반
② 확산 : 분자확산과 난류확산 - 물질확산(난류확산은 수직방향보다 수평확산이 $10^4 \sim 10^5$배 크다)

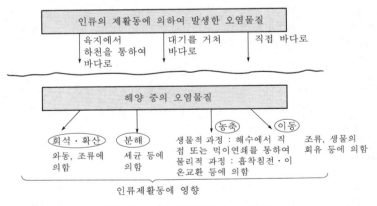

[그림 1-53] 오염물질의 이동경로

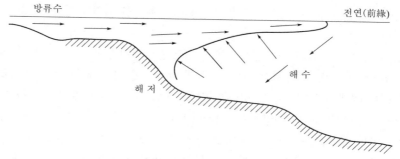

[그림 1-54] 오염물질의 확산

(3) 오염물질의 축적

해수 중에 유입된 오염물질은 먹이사슬(food chain)을 통하여 하위영양생물에서 상위영양생물로 이행, 농축되어 그 농축도가 높아진다.

식물성 plankton → 동물성 plankton → 소형어류 → 대형어류

농축 정도를 나타내는 데는 농축계수(濃縮係數, concentration factor)라는 계수가 흔히 사용된다(Chapter 03 참조).

(4) 해류(海流)

해류는 조류(潮流, tidal current), 쓰나미(tsun-amis), 심해류(深海流, deep ocean current), 상승류(上昇流, upwelling) 등을 총칭한다.

조류는 태양과 달의 영향으로 발생되며 그 파도의 크기는 수천 km에 달해 대륙 간을 연결시키기도 한다. 쓰나미는 해저의 지진이나 화산활동으로 발생(해일)되며 그 파도의 크기는 수백 km에 달하는 경우도 있다. 심해류는 해수의 온도와 염분에 의한 밀도 차에 의하여 형성되는데 난류(亂流)와 한류(寒流)가 있다.

upwelling은 바람과 해양 및 육지의 상호작용으로 형성되는 상승류로서 그림 1-56에서와 같이 해수가 밑에서 위로 상승하는 경우를 말한다.

즉, 비교적 장기간 일정방향의 바람이 부는 경우

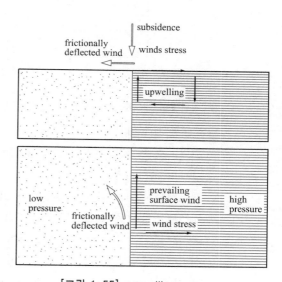

[그림 1-55] upwelling process

에 있어서 풍향에 대해서 지구의 자전방향과 같은(북반구에 한함) 방향으로 wind stress가 형성되며 따라서, 해면은 외양쪽으로 이동되면서 밑의 물이 상승하게 된다.

(5) 적조(赤潮, red tide)

① 개요 : 적조는 호소 또는 해수 중에서 부유생활을 하고 있는 미소생물군(주로 식물성플랑크톤)이 단시간 내에 급격히 증식하여 물의 색을 변색시키는 현상인데 적조(赤潮)라 하여 반드시 적색만을

띠는 것이 아니라 발생하는 플랑크톤의 색깔에 따라 갈색을 띠기도 하며, 때로는 녹색으로 나타나기도 한다.

② 발생요인 : 아직까지 발생기구에 대한 명확한 규명은 어렵지만 N, P, C 등의 영양염이 풍부한 **부영양화(eutrophication)상태에서 일사량, 수온, 염분, pH 등의 생물성장조건**이 유리하게 되어 물의 이동이 적은 정체수역에서 잘 일어난다. 또한, 플랑크톤 성장에 필요한 기타 영양소인 Si, Ca, Mg, Fe, Mn 등 이외에도 미량금속, 비타민(B_{12}), 특수한 유기물 등도 촉진요인이 된다.

이러한 영양분의 유입은 대체로 도시하수, 공장폐수, 농업배수 등이 유입되는 정체수역에서 복합적으로 농축되어 높아지며, upwelling현상이 있는 곳도 저층의 영양분이 상부로 이동되어 햇빛이 있는 가운데 플랑크톤의 급격한 발생을 초래하는 경우도 있다.

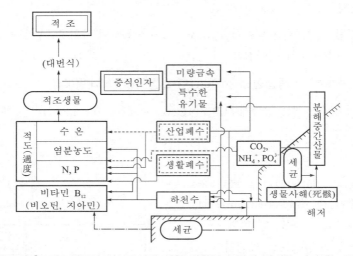

[그림 1-56] 적조생물의 이상증식에 대한 영향인자 간의 관계를 나타내는 모식도

③ 적조의 영향(피해)

　　㉠ 고밀도로 존재하는 적조생물의 호흡에 의해 수중의 용존산소가 소비되거나, 사멸분해에 의해 다량의 용존산소가 소모되어 수중의 다른 생물의 생존이 어렵게 된다.

　　㉡ 적조생물이 아가미 등에 부착하여 **어패류(魚貝類)**를 질식사시키는 경우가 있다.

　　㉢ 적조생물 중 강한 독성을 갖는 편모(鞭毛)조류(Gymnodinium, Peridinium, Eutrepteiella 등)가 치사(致死)성의 **독소**를 분비하여 어패류를 폐사시킨다.

　　㉣ 적조생물의 급격한 사후(死後)분해에 의해 **용존산소가 결핍**되어 황화수소(H_2S)나 부패독과 같은 유해물질이 발생, 어패류를 폐사시킨다.

(6) 기름(油)오염

① 근래에 기름오염은 세계적으로 문제가 되고 있으며 사실 해양오염의 가장 큰 비중을 차지하고 있는 실정이다. 우리나라에서도 그간 유조선의 빈번한 좌초로 인해 해양생태계 및 양식장에 큰 피해를 입힌 사실이 있어 이의 전반적인 사전 및 사후대책이 요구되고 있다. 기름오염은 유조선 좌초 이외에 선박 ballast수 배출, 폐유방출 및 해양시설에서 배출되는 경우가 많고 연안시설물에서의 배출도 있다.

② 기름오염의 영향 : 원유는 바다에 들어가면 해면에 막을 형성하여 두께 10^{-7}cm 분자층이 될 때까지 확산이 계속되어, 1톤의 원유는 1,100km^{2}나 퍼진다고 한다. 이러한 유막은 용존산소량을 저하시키고 광선투과율을 감소시켜 플랑크톤의 1차 생산성을 감소시키며, 생물에 흡수되어 기름냄새를 내기도 한다.

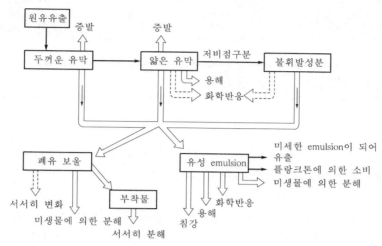

[그림 1-57] 해안에 유출한 원유의 변화과정

③ 해면(海面)의 기0름제거 방법

㉠ 기계적 방법
- 폐쇄방법 : 부체(浮體)를 이용한 boom 설치, 공기층에 의한 제방형성(堤防形成) 방법(bubble barrier) 및 고정 제방시설 방법
- 회수(回收) : skimmer 사용(걷어냄), 진공펌프로 기름을 흡입
- 트랜스퍼(transfer) : 유조선이 좌초되기 전 다른 배로 옮기는 방법

㉡ 물리화학적 방법
- 분산(分散) : 유화제(세척제) 등을 사용하여 기름을 분산
- 흡착(吸着) : 밀짚, 대팻밥, 합성수지, glass wool, 실리콘 화합물 등 각종 흡착제 사용
- gel화 : 기름 위에 gel화제를 뿌려 기름을 gel화
- 방유화(防乳化) : ballast수에 기름이 유화되는 것을 방지(약제 사용)
- 응집(凝集) : 해면의 기름을 한곳에 모이게 함(agglomeration)
- 분리(分離) : 화산작용에서 나온 재를 slurry로 주입, 기름과 함께 부상되어 분리(제거가 용이하게 함)
- 침전(沈澱) : 탄화사(炭化砂, carbonized sand), 점토, 화산재, fly ash 등을 사용하여 흡착 및 흡수시켜 침전
- 조연제(助燃劑) : 절연물질(insulator), 짚과 같은 흡착제 등을 사용하여 연소 시 물로의 열손실 방지 및 연소 촉진

  ≫ 기름오염에 대한 최선의 방법은 기름오염이 해양에서 발생되지 않도록 하는 방법이다. 오염이 발생되면 우선 기계적·화학적 방법을 사용하여 회수하는 방법을 취하고, 이것이 불가능한 때는 대양에서 연소시키는 방법이 있지만 이는 항구(港口) 내에서는 사용하기 어렵다. 따라서, 이때는 분산시키는 방법이 사용되며, 맨 마지막으로 선택될 수 있는 방법이 침전시키는 방법으로 생각된다.

01 확산(擴散)과 혼합(混合)

(1) 개요

고요한 물에 물감을 조용히 한 방울 떨어뜨리면 시간이 흐름에 따라 물은 점점 색깔을 띠게 된다. 이것을 분자의 확산(molecular diffusion)이라 하고, 이 물을 조용히 흔들어 주면 확산의 정도가 커지는데 이를 분산(dispersion)이라 한다.

즉, 여기서 흔들어 주기 때문에 분산이 생겼으며, 흔들어 주는 동작을 혼합(mixing)이라 한다. 혼합이 0인 상태가 분자 간의 작용으로 물감이 확산되는 상태이며, 어느 정도의 혼합작용은 분산을 유발시키게 된다. 분산이 순간적으로 이루어졌을 때의 혼합상태를 이상적인 완전혼합(ideal complete mixing)이라고 한다.

(2) 확산작용과 난류

① 확산(diffusion)의 역할은 하천이나 호수, 해역에 유입된 오염물질이 그 환경에서 어떠한 경로로 얼마 동안에 얼마나 확산하느냐에 따라서 수질오염의 범위가 정해지고 오염물질의 농도가 달라진다. 일반적으로 확산에는 오염물질의 브라운 운동에 의해 일어나는 분자확산(分子擴散, molecular diffusion)과 난류(亂流)에 의한 난류확산(turbulent diffusion)이 있다. 분자확산은 난류확산에 비해 무시할 정도이며 통상 취급되어지는 것은 난류확산이다.

유수(流水) 중에서 난류확산을 동반하는 오염물질의 상태는 다음의 난류확산방정식으로 표시된다.

$$\frac{\partial C}{\partial t} + \frac{\partial(uC)}{\partial x} + \frac{\partial(vC)}{\partial y} + \frac{\partial(wC)}{\partial z}$$

$$= \underbrace{\frac{\partial}{\partial x}\left(Dx\frac{\partial C}{\partial x}\right) + \frac{\partial}{\partial y}\left(Dy\frac{\partial C}{\partial y}\right) + \frac{\partial}{\partial z}\left(Dz\frac{\partial C}{\partial z}\right)}_{\text{난류확산}} + \underbrace{W_o\frac{\partial C}{\partial z}}_{\text{침전}} - \underbrace{KC}_{\text{감쇠}} \quad \cdots\cdots\cdots \boxed{1}$$

여기서, C : 유수 중의 대상오염물질의 농도

u, v, w : x(유하, 흐름), y(횡단면, 수평), z(수심, 연직) 방향의 유속

Dx, Dy, Dz : x, y, z 방향의 확산계수, W_o : 오염대상물질의 침강속도

K : 오염대상물질의 자기감쇠계수(예 BOD의 K치, 방사성물질의 붕괴계수 등)

② 흐름의 상태가 **층상으로 흐르는 상태를 층류**(層流)라 하고, 불규칙적으로 흐르는 상태를 난류(亂流)라고 한다. 지금 일률적인 흐름의 속도를 V로 하고 길이를 L로 하면, 유체의 관성에 의한 힘은 $\rho V\left(\dfrac{\partial V}{\partial y^2}\right)$의 항으로 나타낼 수 있기 때문에 $\rho V^2/L$에 비례하고, 점성에 의한 힘은 $\mu(\partial V/\partial y)$이므로 $\mu V/L^2$에 비례한다면,

$$\frac{\text{관성력}}{\text{점성력}} = \frac{\rho V^2/L}{\mu V/L^2} = \frac{\rho}{\mu}\,VL = \frac{VL}{\nu} \quad\text{························}\boxed{2}$$

여기서, ρ : 유기체의 밀도, μ : 점성계수, ν : 동점성계수

의 관계가 성립되는데 이 무차원수를 Reynolds수라고 한다.

지금 대표적 길이로서 관의 직경 d를 쓰면 관로에서의 Reynolds수는 다음과 같이 표현된다.

$$Re = \frac{d \cdot V}{\nu} \quad\text{····························}\boxed{3}$$

$Re < 2,000$: 층류

$Re > 4,000$: 난류

$Re = 2,000 \sim 4,000$: 과도상태 또는 불안전 층류

③ 유체의 운동방정식 : 유체 중의 어떤 특정입자에 주목하여 그 입자의 운동을 기술하려고 하는 입장을 Lagrange 방법이라 하고, 또 유체 중의 어떤 한 점에 주목하여 그 점에 있어서의 물리량 ― 유속·압력·밀도·온도를 기술하려고 하는 입장을 Euler의 방법이라고 한다.

Euler의 방법에서는 우선 관측점이 지정되고 운동은 그 위치와 시간의 함수가 된다. 지금 x, y, z 방향의 속도성분을 u, v, w라 하면 Tayler 전개를 사용하여 임의의 물리량의 시간적 변화는 다음 식으로 쓸 수 있다.

$$\frac{d}{dt} = \frac{\partial}{\partial t} + u\frac{\partial}{\partial x} + v\frac{\partial}{\partial y} + w\frac{\partial}{\partial z} \quad\text{···············}\boxed{4}$$

점$(x,\ y,\ z)$을 중심으로 ∂x, ∂y, ∂z의 길이를 갖는 미소육면체를 생각하고 점성이 없다고 가정하면 응력(應力)은 면에 수직의 압력뿐이다. $(x,\ y,\ z)$에 있어서의 압력을 p라 하면 x, y, z 방향의 Euler의 운동방정식은 다음과 같다.

$$x\ \text{방향} : \frac{Du}{Dt} = \frac{\partial u}{\partial t} + u\frac{\partial u}{\partial x} + v\frac{\partial u}{\partial y} + w\frac{\partial u}{\partial z} = X - \frac{1}{\rho} \cdot \frac{\partial p}{\partial x} \quad\text{············}\boxed{5}$$

$$y\ \text{방향} : \frac{Dv}{Dt} = \frac{\partial v}{\partial t} + u\frac{\partial v}{\partial x} + v\frac{\partial v}{\partial y} + w\frac{\partial v}{\partial z} = Y - \frac{1}{\rho} \cdot \frac{\partial p}{\partial y} \quad\text{············}\boxed{6}$$

$$z\ \text{방향} : \frac{Dw}{Dt} = \frac{\partial w}{\partial t} + u\frac{\partial w}{\partial x} + v\frac{\partial w}{\partial y} + w\frac{\partial w}{\partial z} = Z - \frac{1}{\rho} \cdot \frac{\partial p}{\partial z} \quad\text{············}\boxed{7}$$

여기서, X, Y, Z는 단위의 질량에 작용하는 x, y, z 방향의 질량력 성분

≫ Euler의 연속방정식 : $\dfrac{\partial u}{\partial x}+\dfrac{\partial v}{\partial y}+\dfrac{\partial w}{\partial z}=0$

(유체가 비압축성의 경우 $\rho=$constant이므로)

Lagrange의 방법에서는 유체를 구성하는 무수의 입자에서 어느 특정의 입자를 지정한다. 예를 들어 $t=0$에 있어서의 입자의 좌표$(a,\ b,\ c)$를 지정하면 시간 t에 있어서의 위치$(x,\ y,\ z)$는 $t,\ a,\ b,\ c$의 함수가 되고 질점(質點)의 역학과 같이 취급할 수 있다.

따라서 Lagrange의 운동방정식은

$$\frac{\partial^2 x}{\partial t^2}=X-\frac{1}{\rho}\cdot\frac{\partial p}{\partial x} \quad\text{··}\quad \boxed{8}$$

$$\frac{\partial^2 y}{\partial t^2}=Y-\frac{1}{\rho}\cdot\frac{\partial p}{\partial y} \quad\text{··}\quad \boxed{9}$$

$$\frac{\partial^2 z}{\partial t^2}=Z-\frac{1}{\rho}\cdot\frac{\partial p}{\partial z} \quad\text{··}\quad \boxed{10}$$

여기서, $\dfrac{\partial^2 x}{\partial t^2},\ \dfrac{\partial^2 y}{\partial t^2},\ \dfrac{\partial^2 z}{\partial t^2}$: $x,\ y,\ z$ 방향의 가속도

Lagrange 연속방정식 : $\dfrac{\partial(x,\ y,\ z)}{\partial(a,\ b,\ c)}=1$ ·· $\boxed{11}$

(비압축성의 경우 $\rho=$const이므로)

유체의 점성을 생각하면 Euler의 운동방정식에 점성에 의한 응력을 더해야 하므로 이때의 운동방정식은

$$\frac{du}{dt}=X-\frac{1}{\rho}\cdot\frac{\partial p}{\partial x}+\nu\nabla^2 u \quad\text{··}\quad \boxed{12}$$

$$\frac{du}{dt}=Y-\frac{1}{\rho}\cdot\frac{\partial p}{\partial y}+\nu\nabla^2 V \quad\text{··}\quad \boxed{13}$$

여기서, ν : 동점성계수, $\nabla^2=\dfrac{\partial^2}{\partial x^2}+\dfrac{\partial^2}{\partial y^2}$

위 식을 점성유체의 Navier – Stokes의 방정식이라고 한다.

(3) 각종 확산의 기본식

① 자연하천의 확산

Tayler나 Euler에 의한 유축 방향의 확산해석은 수심방향의 유속변화만을 고려하였고 확산이 Gaussian 분포로 되었을 때의 해석이었다. 보통의 자연하천은 강폭이 수심의 수배 이상으로서, 수심방향에 비해 가로방향쪽의 유속이 크다고 할 수 있다. Fisher의 해석에 의하면 지금 흐름은 x방향이라 하고 x방향의 흐트러짐에 의한 수송을 무시하면, 확산식은

$$\frac{\partial C}{\partial t} + u\frac{\partial C}{\partial x} = \frac{\partial}{\partial y}\left(Ky\frac{\partial C}{\partial y}\right) + \frac{\partial}{\partial z}\left(Kz\frac{\partial C}{\partial z}\right) \quad \cdots\cdots\cdots\cdots\cdots \boxed{1}$$

여기서, C : 농도의 시간 평균, u : 유속의 시간 평균, y : 가로방향의 좌표축

Ky, Kz : y축과 z축의 난류점성계수, z : 수심방향의 좌표축

② 개수로 점원에서의 확산

2차원 확산의 실제적 해석은 Fick형 확산을 고려하는데, 수심, 강폭을 균일하게 하고, 흐르는 방향을 x축으로 가로방향을 y축으로 잡으면 확산식은,

$$\frac{\partial C}{\partial t} + u\frac{\partial C}{\partial x} = Dx\frac{\partial^2 C}{\partial x^2} + Dy\frac{\partial^2 C}{\partial y^2} \quad \cdots\cdots\cdots\cdots\cdots\cdots\cdots\cdots\cdots \boxed{2}$$

정상상태의 흐름이고 방류점에서 상당히 떨어진 지점을 생각하여 흐르는 방향의 농도구배가 가로방향의 경우에 비해 작다고 하면, 즉 가로방향에서 오염물질이 유입하는 경우에서의 확산식은,

$$u\frac{\partial C}{\partial x} = Dy\frac{\partial^2 C}{\partial y^2} - KC \quad \cdots\cdots\cdots\cdots\cdots\cdots\cdots\cdots\cdots\cdots\cdots \boxed{3}$$

③ 하구부(estuary) 또는 감조(感潮)하천의 확산

정상상태에서 해수가 하천수로에 침입한 형태의 확산식은,

$$u\frac{\partial C}{\partial x} + v\frac{\partial C}{\partial y} = Kz\frac{\partial^2 C}{\partial z^2} \quad \cdots\cdots\cdots\cdots\cdots\cdots\cdots\cdots\cdots\cdots\cdots \boxed{4}$$

여기서 $\partial^2 C/\partial z^2 = 0$이 되는 점이 존재하면, 이 점을 연속시킨 선에 대해서 다음 식이 성립한다.

$$u\frac{\partial C}{\partial x} + v\frac{\partial C}{\partial y} = 0 \quad \cdots\cdots\cdots\cdots\cdots\cdots\cdots\cdots\cdots\cdots\cdots\cdots\cdots\cdots \boxed{5}$$

④ 고정연속점에서의 확산

순간점원에서의 확산과는 달리 고정공간 좌표에 대한 농도분포가 문제다. 일정한 평균유하의 정상상태에서 확산방정식에 적당한 가정을 삽입하여 연속원에서의 확산을 생각하면,

$$u\frac{\partial C}{\partial x} = \frac{\partial}{\partial x}\left(Kx\frac{\partial C}{\partial x}\right) + \frac{\partial}{\partial y}\left(Ky\frac{\partial C}{\partial y}\right) + \frac{\partial}{\partial z}\left(Kz\frac{\partial C}{\partial z}\right) \quad \cdots\cdots \boxed{6}$$

이류(移流)항에 비해서 x방향의 확산은 작다고 해도 되므로,

$$u\frac{\partial C}{\partial x} = \frac{\partial}{\partial y}\left(Ky\frac{\partial C}{\partial y}\right) + \frac{\partial}{\partial z}\left(Kz\frac{\partial C}{\partial z}\right) \quad \cdots\cdots\cdots\cdots\cdots\cdots \boxed{7}$$

이 된다.

⑤ 호수의 혼합·확산

> **완전혼합**

$$V\frac{dC}{dt} = Q(C_o - C) \quad \cdots\cdots\cdots\cdots\cdots\cdots\cdots\cdots\cdots\cdots\cdots\cdots\cdots\cdots\cdots\cdots \boxed{8}$$

여기서, C_o : 유입물질농도, C : 호수의 평균 오염물질농도

여기서 오염물질은 분해되지 않는 것으로 가정한 것으로 $t=0$일 때 $C=0$의 조건에서 위 식을 적분하면

$$C = C_o(1 - e^{-t/T})$$ ·· ⑨

여기서, T : 평균체류시간 $= \dfrac{V}{Q}$

(4) 혼합과 체류시간

① 혼합과 난류(亂流)상태(turbulence)는 밀접한 관계가 있다. 난류상태는 혼합을 초래한다. 따라서 난류가 없으면 혼합이 생기지 않는다. 처리조(반응조) 설계에 있어서 두 가지의 이상적 수리모델 (flow model)이 있는데 이상적 plug flow와 이상적 완전혼합이다.

예를 들어 연속적으로 일정한 유량이 통과하는 반응조의 유입구에 매우 조용히 순간적으로 물감을 넣었을 때 반응조의 체적을 V, 유량을 Q라고 하면 물감이 반응조를 통과하는 데 걸리는 시간 t_d 는 V/Q가 된다.

이상적 plug flow model에서는 물이 조용히 흐르는 가늘고 긴 관에 물감을 조용히 주입시키면 시간 t 후에 물감이 순간적으로 전부 나타나게 된다.

$$t_d = V/Q = l/v$$ ··· ①

여기서, t_d : 평균체류시간(hr), V : 반응조 용량(m³), Q : 유량(m³/hr), l : 반응조의 길이(m)

v : 유속(m/hr)

② 완전혼합상태에 있어서 체류시간을 산출하는 식

$$\frac{C_i}{C_0} = e^{-Kt}$$ ·· ②

여기서, C_i : 임의의 시간 t_i에 따라 유출되는 물감농도,

C_0 : 물감이 반응조 내에서 완전혼합되었다고 가정할 때의 농도, K : 속도항수(time⁻¹) $= \dfrac{1}{t}$,

t : 체류시간 또는 평균 체류시간(time)($\bar{t}$)

≫ 정수(淨水)나 폐수처리를 위한 혼합작용은 반응조설계에 매우 중요한 요소이다. 응집(coagulation)처리에서 급속혼합이라 함은 단시간 내에 응집제와 처리시킬 물이 혼합됨을 말하며 분산이나 확산을 뜻하는 것은 아니다.

③ 분산수(dispersion number), 통계학의 분산(variance), Morrill지수

혼합의 정도를 수(數)로 표시하는 용어로서 분산은 다음 식으로 구할 수 있으며, 상부가 개방된 유입관과 유출관으로 연결된 상태에 적용되는 식이다.

$$\text{variance} = \sigma^2 = 2\frac{D}{\mu L} - 2\left(\frac{D}{\mu L}\right)^2 (1 - e^{-\mu L/D})$$ ························· ③

여기서, $D/\mu L$: 분산수, L : 반응조의 길이, D : 분산계수, μ : 반응조 내의 유체속도

[표 1-37] 혼합 정도를 표시하는 함수와 ICM 및 IPF의 관계

혼합 정도를 표시하는 함수	ICM(이상적 완전혼합)	IPF(이상적 plug flow)
분산(variance), σ^2	1	0
Morrill지수	값이 클수록	1
분산수(dispersion No.)	∞	0
지체시간(lag time)	0	이론적 체류시간과 동일할 때

≫ peclet수는 분산수의 역수이다.

혼합에 대한 이론은 침전지나 폭기조 설계에 이용된다.

$$\text{Morrill지수} = \frac{t_{90}}{t_{10}} \quad \cdots\cdots\cdots\cdots\cdots\cdots\cdots\cdots\cdots\cdots\cdots\cdots\cdots\cdots \boxed{4}$$

t_{10}과 t_{90}은 각각 반응조에 주입된 물감의 10%와 90%가 유출되기까지의 시간을 말한다.

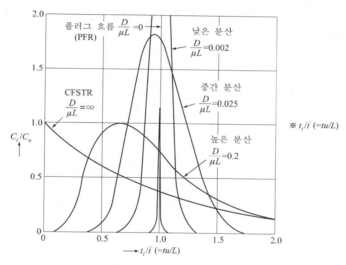

[그림 1-58] 혼합의 정도에 따른 농도분포도

(5) 반응 system

① system : 생태계를 구성하고 있는 요소 중의 하나에 어떤 변화가 일어났을 때 그 변화에 의한 영향이 다른 구성요소에도 감지되도록 물리적, 화학적, 생물학적 또는 이들 조합으로 배열되거나 연결된 구성요소의 집합체를 system이라 한다. 환경 system의 거동을 기술하는 모델로는 수송현상 모델, 경험적 모델 및 population balance 모델의 세 가지 형이 있는데 수송현상 모델은 물질, 에너지 및 운동량의 수지(收支)개념에서 유도된 것으로 system의 거동을 결정론적으로 나타내고, 경험적 모델은 문제로 하고 있는 system 또는 그와 유사한 system에서 얻은 데이터를 통계 처리함으로써 얻어진다. 또 population balance 모델은 system 내의 체류시간분포 및 연령분포 특성을 고려하여 얻어진다.

수송현상 모델 특히 질량보전, 즉 물질수지의 개념에서 전개되는 모델에 대해 살펴보면 다음과 같다.

② 물질수지식(반응 system model)

　㉠ 반응이 수반되지 않는 경우(보존성물질)의 물질수지

　　　물질축적량(변화량)＝유입량－유출량 ┄┄┄┄┄┄┄┄┄┄┄┄┄┄┄┄┄┄┄┄┄┄┄┄ ①

　㉡ 반응이 수반되는 경우(비보존성물질)의 물질수지

　　　물질축적량(변화량)＝유입량－유출량±반응에 의한 물질변화량 ┄┄┄┄┄┄┄┄┄┄┄ ②

③ 완전혼합(完全混合)형 반응기(CFSTR, CMFR, CMF) : 유입물의 요소가 system에 들어오면서 바로 균일하게 분산되므로 system 내의 유체는 완전히 혼합되어 그 성상이 균일해진다. 따라서 유출물의 농도는 system 내의 농도와 동일하다. 완전혼합 모델은 혼합조 내의 흐름을 근사적으로 나타낸다. 완전혼합 흐름반응기(Completely Mixed continuous Flow Reactor)를 연속교반류반응기(Continuous Flow Stirred Tank Reactor ; CFSTR)라고 하는데, 이 반응기는 연속적으로 반응물을 주입시키는 가운데 유출수의 질은 균일해지고 충격부하(shock load)에 비교적 잘 견딘다. 그러나 반응물이 순간적으로 밖으로 유출되는 단로흐름(short－circuiting)을 일으켜 dead space를 동반할 수 있다.

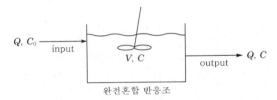

[그림 1-59] CFSTR

　㉠ 반응이 수반되지 않는 경우

$$V \cdot \frac{dC}{dt} = Q \cdot C_0 - Q \cdot C$$

$$\frac{dC}{dt} = \frac{Q}{V}(C_0 - C) \quad \text{┄┄┄┄┄┄┄┄┄┄┄┄┄┄┄┄┄┄┄┄┄┄┄┄┄┄┄┄} ③$$

$$\frac{dC}{C_0 - C} = \frac{Q}{V}dt$$

$t = 0$ 일 때 $C = C_1$ 의 조건으로 적분하면,

$$\int_{C_1}^{C_2} \frac{dC}{C_0 - C} = \int_0^t \frac{Q}{V} \cdot dt$$

$$-\ln\frac{C_0 - C_2}{C_0 - C_1} = \frac{Q}{V} \cdot t$$

$$\ln\frac{C_0 - C_2}{C_0 - C_1} = -\frac{Q}{V} \cdot t \quad \text{┄┄┄┄┄┄┄┄┄┄┄┄┄┄┄┄┄┄┄┄┄┄┄┄┄┄} ④$$

이 경우 $C_0 = 0$이면,

$$\ln\frac{C_2}{C_1} = -\frac{Q}{V} \cdot t \quad\text{..} \boxed{5}$$

$\dfrac{Q}{V} = K$로 하면,

$$\ln\frac{C_2}{C_1} = -Kt \quad\text{...} \boxed{6}$$

ⓛ 1차 반응이 수반되는 경우

$$V \cdot \frac{dC}{dt} = Q \cdot C_0 - Q \cdot C - V \cdot KC \quad\text{..............................} \boxed{7}$$

$$\frac{dC}{dt} = \frac{Q}{V}(C_0 - C) - KC$$

정상상태에서 $\dfrac{dC}{dt} = 0$이므로,

$$0 = \frac{Q}{V}(C_0 - C) - KC \quad\text{..} \boxed{8}$$

여기서,

$$V = \frac{Q}{K}\left(\frac{C_0 - C}{C}\right) = \frac{Q}{K}\left(\frac{C_0}{C} - 1\right) \quad\text{......................} \boxed{9}$$

ⓒ 2차 반응이 수반되는 경우

$$V \cdot \frac{dC}{dt} = Q \cdot C_0 - Q \cdot C - V \cdot KC^2 \quad\text{..........................} \boxed{10}$$

$$\frac{dC}{dt} = \frac{Q}{V}(C_0 - C) - KC^2$$

정상상태에서 $\dfrac{dC}{dt} = 0$이므로,

$$0 = \frac{Q}{V}(C_0 - C) - KC^2 \quad\text{..} \boxed{11}$$

따라서,

$$V = \frac{Q}{K}\left(\frac{C_0 - C}{C^2}\right) \quad\text{...} \boxed{12}$$

완전혼합형 반응조에서는 유출농도나 반응조 내 농도가 같다.

④ **압출류형**(押出流型)**반응기(PFR)** : 유입물의 요소가 system을 통과하여 들어올 때와 같은 순서로 배출되며 혼합은 일어나지 않는다. 이 흐름은 관(tube)이나 하천과 같이 길고 작은 단면을 갖는 system에서 근사적으로 일어난다. 유입구에서 반응물이 흘러가면서 점차 반응이 일어나며 유출

구에서 반응이 종결되는 이상적 흐름이며 모든 물질이 체류시간 동안 반응이 일어나게 된다. 압출류형반응기에서는 반응기의 위치에 따라 유체의 농도가 다르므로 물질수지도 반응기의 미소부피에 대해 세워야 한다.

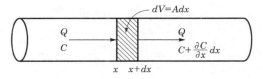

[그림 1-60] 압출류형

㉠ 1차 반응일 경우

$$dV \cdot \frac{\partial C}{\partial t} = Q \cdot C - Q\left(C + \frac{\partial C}{\partial x}dx\right) - dV \cdot KC \quad\text{……………}\boxed{1}$$

정상상태에서 $\frac{\partial C}{\partial t} = 0$이므로,

$$0 = Q \cdot C - Q\left(C + \frac{\partial C}{\partial x}dx\right) - dV \cdot KC \quad\text{………}\boxed{2}$$

$$dV \cdot KC = -Q\frac{\partial C}{\partial x}dx$$

$$dV = A \cdot dx$$

$$\frac{\partial C}{\partial x}dx = dC$$

$$A \cdot dx = -\frac{Q}{K} \cdot \frac{dC}{C} \quad\text{……………………}\boxed{3}$$

$\boxed{3}$식을 적분하면,

$$A\int_0^L dx = -\frac{Q}{K}\int_{C_0}^C \frac{dC}{C}$$

$$AL = V = -\frac{Q}{K}\ln\frac{C}{C_0} \quad\text{………………}\boxed{4}$$

따라서,

$$\frac{C}{C_0} = e^{-K(V/Q)} = e^{-Kt} \quad\text{………………………}\boxed{5}$$

$\boxed{4}$식에서 $\ln\frac{C}{C_0} = -K(V/Q) = -Kt$이므로 1차 반응식과 같다.

㉡ 2차 반응일 경우

$$dV \cdot \frac{\partial C}{\partial t} = Q \cdot C - Q\left(C + \frac{\partial C}{\partial x}dx\right) - dV \cdot KC^2 \quad\text{………}\boxed{6}$$

정상상태에서 $\frac{\partial C}{\partial t} = 0$이므로,

$$0 = -Q \cdot \frac{\partial C}{\partial x}dx - dV \cdot KC^2 \quad \dotfill \quad \boxed{7}$$

$$dV = A \cdot dx$$

$$A \cdot dx = -\frac{Q}{K} \cdot \frac{dC}{C^2} \quad \dotfill \quad \boxed{8}$$

적분하면,

$$A\int_0^L dx = -\frac{Q}{K}\int_{C_0}^{C_e} \frac{dC}{C^2}$$

$$AL = V = -\frac{Q}{K}\left(\frac{1}{C_0} - \frac{1}{C_e}\right)$$

$$V = \frac{Q}{K}\left(\frac{1}{C_e} - \frac{1}{C_0}\right) \quad \dotfill \quad \boxed{9}$$

2차 반응속도식으로부터 유도해도 결과식은 $\boxed{9}$식과 같다.

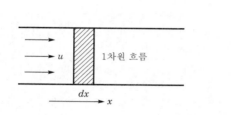 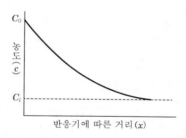

[그림 1-61] 이상적 PF와 농도변화

⑤ 회분식 반응기(batch reactor) : 회분식 반응기에서는 물질의 유입, 유출이 없으므로

즉, $V \cdot \dfrac{dC}{dt} = QC_o - QC - V \cdot KC$에서 $Q=0$이므로,

$$V\frac{dC}{dt} = V \cdot KC$$

$$\frac{dC}{dt} = -KC \quad \dotfill \quad \boxed{1}$$

적분하여 정리하면,

$$\int_{C_0}^{C} \frac{dC}{C} = -K\int_0^t dt$$

$$\ln\frac{C}{C_0} = -Kt \text{ 또는 } C = C_0 e^{-Kt} \quad \dotfill \quad \boxed{2}$$

2차 반응일 경우에는,

$$\frac{dC}{dt} = -KC^2 \quad \dotfill \quad \boxed{3}$$

적분하여 정리하면,

$$\int_{C_0}^{C} \frac{dC}{C^2} = -K \int_0^t dt$$

$$\left[-\frac{1}{C} \right]_{C_0}^{C} = -K[t]_0^t$$

$$\frac{1}{C_0} - \frac{1}{C_e} = -Kt \quad \cdots\cdots\cdots\cdots\cdots\cdots\cdots\cdots\cdots\cdots\cdots\cdots\cdots\cdots\cdots\cdots\cdots\cdots\cdots \boxed{4}$$

수처리에 이용되는 반응조의 기본형태

반응조	형태	특성/적용
batch		• 유체의 입·출이 없다. • 반응조는 완전혼합한다. • BOD 실험병이 그 예이다.
plug − flow (tubular flow)		• tank 속을 통과하는 유체의 입자들을 같은 양으로 입·출시킨다. • tank 속에서 머무르는 시간은 이론적으로 동일하다. • 이런 형태는 tank가 옆으로 길고 상하의 혼합은 있으나 좌우혼합은 없다.
CFST continuous−flow stirred tank (complete mix)		• 입자가 반응조 속에 들어가자마자 즉시 분산되어 완전 혼합된다(부하변동에 강함). • 반응조를 빠져나오는 입자는 통계학적인 농도로 유출된다. • 유입된 유체의 일부분은 즉시 유출된다.
arbitrary−flow		• plug−flow와 complete−mixing의 중간형태, 즉 PFR과 CFSTR의 특징이 혼합된 흐름형태로서 임의의 혼합이 일어난다.

02 수질모델링(water quality modeling)

(1) 모델링(modeling)

하천이나 호수 등은 물의 흐름과 더불어 오염물질의 유입, 유량의 변화, 기상변화 등의 외적변동과 물리·화학·생물학적인 작용으로 복잡한 반응과 변화를 하게 된다. 따라서, 이러한 하천·호수를 하나의 계(system)로 취급하여 수계에서 일어나는 여러 변화와 반응기작을 파악함으로써 수질을 평가하고 장래의 변화를 예측하고자 하는 simulation 및 모형화과정이 수질모델링이다.

① 모델링과정 : 수질에 영향을 주는 각종 환경요인을 고려하여 system화된 하천을 modeling하는 과정은 개념과정(conceptual representation), 함수화과정(functional representation), 전산화 과정(computational representation)의 3단계로 이루어진다.

　　　　㉠ **개념과정** : 하천을 본류와 지류로 나누고 수리학적 동일구간을 몇 개로 나누어 물리, 화학, 생물
　　　　　학적 기능의 기초구간 단위로 각기 계산하는 단계

　　　　㉡ **함수화과정** : 각종 반응기작을 BOD, DO, 조류와 영양염류 관계 등의 반응기작을 수식화하는
　　　　　단계

　　　　㉢ **전산화과정** : 함수화과정에서 수학적 형태로 표현된 식들을 다양한 수치해석 기법을 통하여
　　　　　그 해를 구하는 단계

　　② **수질모델링을 위한 절차(5단계)**

　　　　㉠ 모델의 개발 또는 선정

　　　　㉡ 보정(calibration)

　　　　㉢ 검증(verification)

　　　　㉣ 감응도분석(sensitivity analysis)

　　　　㉤ 수질 예측 및 평가

　　③ **모델을 구성하는 수식의 기술 시 고려사항**

　　　　㉠ **모델의 공간성(空間性)** : 모델의 기본형을 무차원, 1차원, 2차원, 3차원으로 구분

　　　　㉡ **모델의 시간성(時間性)** : 장기모델(long−term model)과 단기모델(short−term model), 또한
　　　　　정상상태모델(steady−state model)과 동적상태모델(dynamic−state model)로 구분

(2) 모델의 공간성과 시간성

　　① **modeling의 공간성**

　　　　㉠ **무차원 모델(zero−dimensional model)** : simulation 대상의 오염물질이 공간적으로 균일하
　　　　　게 분포되어 있다고 가정된 system으로 호수를 연속교반 반응조(CSTR)로 가정하고 호수에
　　　　　매년 축적되는 인산과 같은 무기물질의 수지(收支)를 평가하는 데 적용된다(식물성플랑크톤의
　　　　　계절적 변동사항은 적용이 곤란함).

　　　　　가장 일반화되어 있는 무차원 model 공식은,

$$\frac{dC}{dt} = \frac{Q_i}{V} C_i - \frac{Q_e}{V} C_e \pm rC \quad \cdots\cdots\cdots\cdots\cdots\cdots\cdots\cdots\cdots\cdots\cdots\cdots\cdots\cdots\cdots\cdots\boxed{1}$$

　　　　　여기서, C_i, Q_i : 유입농도, 유입유량(i : Input), V : 호수의 용적
　　　　　　　　　　C_e, Q_e : 유출농도, 유출유량(e : effluent), r : 호수의 오염물 C의 변화율

　　　　㉡ **일차원 모델(one−dimensional model)** : 가장 많이 실용화된 것으로 하천을 종방향 구획으로
　　　　　나누거나 호수를 수면방향으로 나누어서 각 구획마다 균일한 수질을 유지한다고 가정한 model
　　　　　로서 연속교반류반응조(CSTR)로 가정하여 종방향(하천) 또는 연직방향(호수)으로 유속과 확산
　　　　　에 의한 유체이동에 의해 소구획단위의 수질변화가 일어난다고 가정한 모델이다(예 WQRRS,
　　　　　QUAL−Ⅱ2).

　　　　㉢ **이차원 모델(two−dimensional model)** : 수질변동이 일방향성이 아닌 보다 복잡한 이방향성
　　　　　(X−Y 또는 Y−Z)으로 분포한다고 하는 관점이다. 수로연장이 길고 수심이 깊은 댐이나 호수에
　　　　　서는 X−Z방향으로 구획을 나누고 하구나 만에서는 수심이 깊지 않은 대신 X−Y의 양방향으로
　　　　　폭이 넓기 때문에 그 방향으로 구획하는 방법이다(예 LARM, CE−QUAL−W2).

ㄹ 삼차원 모델(tri-dimensional model) : 대호수의 순환패턴이나 큰 만에서의 유체역학연구에 주로 적용되며 일·이차원에 비해 훨씬 복잡한 입력자료와 모델구조를 갖는다(예 일부 WASP4 모델).

② modeling의 시간성

ㄱ 장기 및 단기 model : 일차원 model이 적용되는 system에서는 주로 장기성 모델이 이용되는데 호수의 물질수지를 추정하는 복잡한 생물학적 작용(생태계의 점진적 변화)을 단순하게 묘사하는 데 유리하다. 반면 단기성 model은 실제 오염문제를 해석하는 데 이용되며, 시간간격을 장기성은 계절별, 연별로 하는데 반해 시간별, 일별 또는 계절별로 적용하므로 민감한 반응도 예측이 가능하다.

ㄴ 동적 및 정적 model : 정적모델은 system을 기술하는 수식에서의 변수가 시간의 변화에 상관없이 항상 일정함을 의미하며 system의 외부적 변수가 모두 상수로 정의된다(예 호수의 유출입수량, 일사량, 일조시간, 일조강도, 흡수계수, 침전율 등).

동적모델은 주로 부영양화의 예측과 관리, 하천의 수질변화, 하구에서의 조류의 변동과 변이 등 정적모델 적용에 비해 보다 짧은 시간의 변화를 예측할 수 있는 데 적용되는 model이다.

03 하천의 model

(1) 하천 modeling의 일반적 가정조건

① 농도분포는 하천의 흐름방향(일차원)으로 이루어진다.

$$\frac{\partial C}{\partial y} = 0, \frac{\partial C}{\partial z} = 0$$

② 유속으로 인한 오염물질의 이동이 크므로 확산에 의한 영향을 무시한다.

$$Dx = 0, \ Dy = 0, \ Dz = 0$$

③ 정상상태를 가정한다.

$$\frac{\partial C}{\partial t} = 0$$

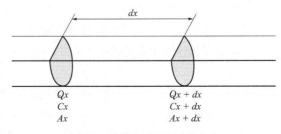

[그림 1-62] 하천의 변화구간

그림 1−62에 의거하여 어떤 하천구간 내의 물질수지식을 세우면 다음과 같다.

$$V\frac{dC}{dt} = Q_x\,C_x - Q_{x+dx}\,C_{x+dx} - KCV \quad \cdots\cdots \boxed{1}$$

$$V = A\,dx$$

$$\frac{dC}{dt} = -\frac{1}{A}\left\{\frac{(QC)_{x+dx} - (QC)_x + KCV}{dx}\right\} \quad \cdots\cdots \boxed{2}$$

$$\frac{\partial C}{\partial t} = -\frac{1}{A}\cdot\frac{\partial}{\partial x}(QC) - KC \quad \cdots\cdots \boxed{3}$$

여기서, C : 농도, Q : 유량, V : dx 부분의 용적, A : 단면적, K : 반응상수(t^{-1})

위의 $\boxed{3}$식에서 하천의 유량이 일정하다고 가정하면,

$$\frac{\partial C}{\partial t} = -u\frac{\partial C}{\partial x} - KC \quad \cdots\cdots \boxed{4}$$

또한, 정상상태에서 $\dfrac{\partial C}{\partial t} = 0$이므로,

$$0 = -\frac{1}{A}\cdot\frac{d}{dx}(QC) - KC \quad \cdots\cdots \boxed{5}$$

(2) 하천 변화의 기본모델

다음은 수질에 영향을 미치는 환경인자 즉, 유속이동(advective transport), 확산이동(dispersion transport), 유입(input), 유출(output), 반응기작(reaction kinetics) 등을 고려한 식이다.

$$\frac{\partial C}{\partial t} = -\frac{\partial}{\partial x}(Cu) - \frac{\partial}{\partial y}(Cv) - \frac{\partial}{\partial z}(Cw) + \frac{\partial}{\partial x}\left(Dx\frac{\partial C}{\partial x}\right) + \frac{\partial}{\partial y}\left(Dy\frac{\partial C}{\partial y}\right) + \frac{\partial}{\partial z}\left(Dz\frac{\partial C}{\partial z}\right)$$

$$\underbrace{\qquad\qquad\qquad\qquad\qquad}_{\text{Advection(유속이동)}} \qquad \underbrace{\qquad\qquad\qquad\qquad\qquad}_{\text{Dispersion(확산이동)}}$$

$$+\,\text{Input} - \text{Output} + \sum\text{R(Reaction)} \quad \cdots\cdots \boxed{6}$$
$$\ \ (\text{Saurce}) \quad\ (\text{Sink})$$

(3) 하천 modeling의 발전과정

하천수질 model은 최초 1925년경 Streeter와 Phelps가 Ohio 강에서의 BOD−DO에 관한 model을 제안한 이후 많은 발전을 더해가고 있다.

① Streeter−Phelps Model
  ㉠ 최초의 하천수질 모델
  ㉡ BOD와 DO 반응, 즉 유기물 분해(1차 반응)로 인한 DO 소비(탈산소)와 대기로부터 수면을 통해 산소가 재공급되는 재폭기만을 고려(조류의 광합성 무시, 하상퇴적물의 유기물분해는 고려하지 않음)
  ㉢ 점오염원으로부터 오염부하량 고려, plug flow형 반응

② DO Sag-Ⅰ, Ⅱ

 ㉠ Texas 수자원국에서 개발, Streeter-Phelps 식을 기본으로 함

 ㉡ 확산을 무시한 1차원 정상 model로서 저니나 광합성에 의한 DO 변화를 무시

 ㉢ 오염물질의 유입, 유출이 각 구간의 첫 번째 element에서만 가능

 ㉣ 점오염원 및 비점오염원(유기물)이 하천의 DO에 미치는 영향을 나타낼 수 있음

③ SNSIM

 ㉠ Braster가 개발

 ㉡ 확산을 무시하고 이류(移流)항만을 고려한 1차원 정상 model(DO Sag-Ⅰ과 동일)

 ㉢ Streeter-Phelps의 model에 저니의 산소소비, 광합성의 항 추가

④ DO Sag-Ⅲ

 ㉠ EPA와 Water Resources Engineers에 의해 개발

 ㉡ DO sag-Ⅰ의 수정 model로서 Chl-a, NH_3-N, NO_2-N, NO_3-N, P, BOD, 저니의 산소소비(SOD), DO, 대장균이나 보전성 물질의 예측가능

 ㉢ 재폭기계산에 Tsivoglou 공식 적용 가능

⑤ QUAL-Ⅰ

 ㉠ Texas 수자원국에서 개발

 ㉡ 음해법으로 미분방정식의 해를 구함

 ㉢ 오염물질의 종단면 또는 유체이동에 의해 1차원 수송 등이 포함

 ㉣ 이류와 확산의 양쪽을 반영한 미분방정식으로 표현하며 유한요소법으로 그 해석을 구함

 ㉤ 유속·수심·조도계수 등에 의해 확산계수를 산출결정함

 ㉥ 침전 및 유체(하천)와 대기 간의 열복사를 감안한 열교환도 고려됨

 ㉦ 어떤 영역에서든지 오염물질의 유입 및 용수 취수의 고려 가능

⑥ QUAL-Ⅱ

 ㉠ EPA와 Water Resource Engineers에 의해 개발(1970년)된 QUAL-Ⅰ의 수정 model

 ㉡ QUAL-Ⅰ에서 고려되지 않았던 NH_3-N, NO_2-N, NO_3-N 등과 P, Chl-a를 고려

 ㉢ 입력자료의 check와 수정이 용이하고 출력결과에 대한 분석이 용이(QUAL-Ⅰ 모델보다 계산시간이 짧음)

 ㉣ 온도 이외에 거의 모든 물질의 농도를 예측 가능하고 유한요소법으로 해석을 구함

 ㉤ 하천 유수방향의 1차 확산과 이류를 고려

⑦ WQRRS(Water Quality for River Reservoir System)

 ㉠ 미 육군 공병단의 HEC(Hydrologic Engineering Center)에서 개발

 ㉡ 정적 및 동적인 하천의 수질, 수문학적 특성을 광범위하게 고려

 ㉢ QUAL-Ⅱ에 비해 정적 및 동적인 하천에서의 수질·수문학적 특성을 광범위하게 고려

 ㉣ 하천 및 호수의 부영양화를 고려한 생태계 model, 저수지(호수)는 수심별 1차원 model 적용

 ㉤ Reservoir Module, Stream Hydraulic Module, Stream Quality Module의 세 부분으로 구성

⑧ USGS Streeter-Phelps model

 ㉠ U.S. Geological Survey에서 개발

 ㉡ Streeter-Phelps 모델을 확장시킨 1차원 모델

ⓒ 대상 하천의 수리학적 특성과 반응계수를 고려

ⓔ 비점오염원 및 무산소 상태를 고려

ⓜ DO, BOD, 질소, 인, 대장균 및 여러 보존성 물질 산정 가능

⑨ WASP5 model

　ⓐ 하천의 수질모델, 수리학적모델, 독성물질의 거동을 고려할 수 있음

　ⓑ 1차원, 2차원, 3차원 고려 가능

　ⓒ 저질이 수질에 미치는 영향을 상세히 고려

　ⓓ 수질항목간의 생태적 반응기작을 Streeter−Phelps식으로부터 수정

　ⓔ DO평형식, 3단계의 부영양화 기작 등의 고려 가능

⑩ HSPF model

　ⓐ 강우, 강설로부터 하구까지 다양한 수체에 적용(종합적 모델)

　ⓑ 적용하고자 하는 수체에 따라 필요한 모듈의 선택 가능

⑪ **하천의** model은 상기 외에 STREAM model, AUTO−QUAL model, QUAL2E, QUAL2E−UNCAS, EFDC model 등이 있다.

QUAL−Ⅱ의 기본방정식

이 식은 유체의 이동에 의한 확산, 희석, 수질인자의 반응 및 상호작용, 오염원 및 침전 등의 영향을 고려한 각 수질인자별로 시간에 대한 편미분방정식으로 나타낸다.

$$Adx\frac{\partial c}{\partial t} = \frac{\partial [AD_L(\partial c/\partial x)]}{\partial x}dx - \frac{\partial (Auc)}{\partial x}dx + (Adx)f(c) \pm S$$

여기서, A : x축에 수직인 하천단면적(L^2), x : 거리(L), C : 농도(M/L^3), t : 시간(T), D_L : 확산계수(L^2T^{-1})

u : 하천의 유속(L/T), $f(c)$: 생물, 화학반응에 따른 c의 변화속도를 나타내는 계수($M/L^3/T$)

S : 유입, 유출량 내지는 침전량(M/T)

---

04 ⫶ 하구(河口)의 model

(1) 하구의 물질이동

하구의 수로에서는 조류(潮流)의 작용으로 인해 수로의 길이에 따라 유입물질의 혼합 및 확산의 정도가 증대한다. 혼합이 없고 단지 이류(移流)만 일어나는 하천에 염료를 순간적으로 도입하면 하류의

각 지점에서의 물질농도는 직사각형의 형태로 표시될 것이다. 그러나 혼합이 중요한 경우에는 염료의 일부가 외부로 확산하여 하류에 도달하는 과정에서 주위의 물과 혼합하게 된다. 따라서 염료의 농도는 그림 1−63과 같이 bell형의 곡선을 형성한다. 확산효과를 고려한 하구에서의 물질변화는 다음 식으로 나타낼 수 있다.

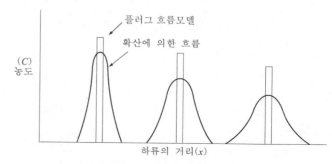

[그림 1−63] 흐름의 특성에 있어서의 확산효과

$$\frac{\partial M}{\partial t} = -EA\frac{\partial C}{\partial x} \quad \dotfill \quad \boxed{1}$$

여기서, $\partial M/\partial t$: 난류확산에 의한 질량의 흐름, E : 난류확산계수, A : 횡단면적, $\partial C/\partial x$: 농도구배

➤➤ 질량의 흐름 $\partial M/\partial t$는 농도구배 $\partial C/\partial x$를 감소시키는 방향으로 진행된다.

확산을 동반한 plug flow 모델에서 1차 반응($r_c = -KC$)이 일어난다고 할 때 물질수지식을 세우면 다음과 같다.

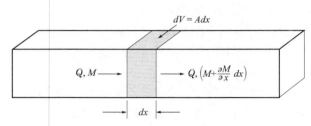

[그림 1-64] 하구에서의 plug flow 확산모델의 모식도

$$\frac{\partial C}{\partial t} = E\frac{\partial^2 C}{\partial x^2} - v\frac{\partial C}{\partial x} - KC \quad \dotfill \quad \boxed{2}$$

여기서, v (유속) $= \dfrac{Q}{A}$

정상상태에서 $\dfrac{\partial C}{\partial t} = 0$이므로,

$$O = E\frac{\partial^2 C}{\partial x^2} - v\frac{\partial C}{\partial x} - KC \quad \dotfill \quad \boxed{3}$$

위의 식을 두 가지 가정을 주어 적분하면,

• 1조건 : $x = 0$ 및 $t = 0$에서 물질을 순간적으로 도입한 경우

$$C = C_0 \exp\{-(x')^2 4E - Kt\} \quad \dotfill \quad \boxed{4}$$

여기서, $C_0 = \dfrac{M}{2A\sqrt{\pi Et}}$, M : 시간 $t = 0$에서 도입된 염료와 질량, $x' = x - vt$

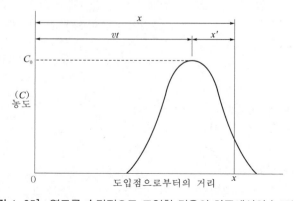

[그림 1-65] 염료를 순간적으로 도입한 경우의 하구에서의 농도변화

• 2조건 : 유량 W의 폐수를 연속적으로 도입한 경우

$$C= C_0 e^{jx} \dotfill \boxed{5}$$

여기서, $C_0 = \dfrac{W}{Q\sqrt{1+4KE/v^2}}$

$$j= \dfrac{V}{2E}\left(1 \pm \sqrt{1+\dfrac{4KE}{v^2}}\right)$$

j의 (+)제곱근은 상류방향($-x$방향)을, (−)제곱근은 하류방향($+x$방향)을 나타낸다.

≫ 염분과 같은 보전성 물질의 수지식 : $O= E\dfrac{\partial^2 C}{\partial x^2} - v\dfrac{\partial C}{\partial x} \dotfill \boxed{6}$

• 난류확산계수(E)는 혼합의 지표로서 이용되는데 결정방법에는 1) Harlemann에 의해 제안된 수리식과 2) 염료 또는 염분과 같이 감쇠되지 않는 tracers를 사용, 실지(實地) 측정하여 식을 추정하는 방법이 있다.

$$E= Cn v R^{5/6} \cdots \text{수리식} \dotfill \boxed{7}$$

여기서, E : 난류확산계수($\mathrm{m^2/s}$), C : 63.2(SI단위), n : Manning의 조도계수, v : 유속(m/s)
R : 유체의 평균깊이(m)

감쇠하지 않는 염료($K=0$)를 조류(潮流)가 정체한 상태에서 방류지점에 주입하고 다음의 조류가 정체한 상태에서 염료의 분포를 측정하여 계산되는 식은,

$$\ln \dfrac{C}{C_o} = - \dfrac{x'^2}{4Et} \dotfill \boxed{8}$$

염분 투입으로 염분농도를 이용하여 계산되는 식은,

$$\ln \dfrac{C}{C_o} = \dfrac{v}{E}x$$

$$C= C_0 e^{(v/E)x} \dotfill \boxed{9}$$

05 호수 및 저수지의 model

(1) 수리모델

호수나 저수지는 풍파나 조류에 의해 현저한 교반이 일어나는 수가 있어 작은 호수 및 저수지는 완전혼합 상태로 가정할 수 있다.
유량이 일정하고 1차 반응이 있는 호수의 완전혼합 반응 model에서의 물질수지식을 세우기 위해 질량불변의 법칙을 적용하면,

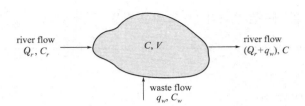

[그림 1-66] 작은 호수 및 저수지에서의 완전혼합 모델 모식도

질량의 변화＝유입 － 유출 － 감소

$$V \cdot \frac{dC}{dt} = (Q_r C_r + q_w C_w) - (Q_r + q_w)C - VK'C \quad\cdots\cdots\cdots\cdots\cdots\cdots\cdots\cdots\quad \boxed{1}$$

여기서, V : 호수의 용적, dC : 호수에서의 오염물질의 농도 변화, Q_r : 호수로의 하천수 유입량
C_r : 하천수의 오염물질농도, q_w : 호수로의 폐수 유입량, C_w : 폐수 중의 오염물질농도
K' : 1차반응속도상수

여기서, $W = Q_r C_r + q_w C_w$ 로 하고, $Q = Q_r + q_w$, 체류시간 $t_0 = \dfrac{V}{Q}$ 로 나타내어 식 $\boxed{1}$에 대입하면,

$$\frac{dC}{dt} + C\left(\frac{1}{t_0} + K'\right) = \frac{W}{V} \quad\cdots\cdots\cdots\cdots\cdots\cdots\cdots\cdots\cdots\cdots\cdots\cdots\cdots\cdots\quad \boxed{2}$$

식 $\boxed{2}$는 선형미분방정식이므로, $\dfrac{1}{t_0} + K' = \beta$로 하여 적분하면,

$$\frac{dC}{dt} + C\beta = \frac{W}{V}$$

$$\frac{dC}{dt} = \frac{W}{V} - C\beta = \left(\frac{W}{\beta V} - C\right)\beta$$

$$\frac{dC}{\dfrac{W}{\beta V} - C} = \beta dt$$

$$\int_{c_0}^{c} \frac{dC}{\dfrac{W}{\beta V} - C} = \beta \int_0^t dt$$

$$-\ln \frac{\dfrac{W}{\beta V} - C}{\dfrac{W}{\beta V} - C_0} = \beta t$$

$$\frac{W}{\beta V} - C = \frac{W}{\beta V} e^{-\beta t} - C_0 e^{-\beta t}$$

$$\therefore C = \frac{W}{\beta V}(1 - e^{-\beta t}) + C_0 e^{-\beta t} \quad\cdots\cdots\cdots\cdots\cdots\cdots\cdots\cdots\cdots\cdots\quad \boxed{3}$$

여기서, $\beta = 1/t_0 + K'$, $C_0 =$ 호수에서 $t = 0$일 경우의 오염물질농도

이 계는 결국 평형에 달하므로, 평형농도 Ce는 $t = \infty$로 하여 구할 수 있으며
따라서,

$$Ce = \frac{W}{\beta V} \quad\text{..}\boxed{4}$$

로 얻어진다. 이론적으로는 평형에 달할 때까지 무한시간이 걸리게 되므로 현실적으로 존재하지 않는다. 그러나 평균치의 99%에 도달하는 시간을 계산상 구할 수가 있다. 즉, 평형도달 시간을 te'로 하면,

$$te' = \frac{1}{\beta}\ln\left(\frac{1}{1 - C/Ce}\right) \quad\text{..}\boxed{5}$$

C/Ce를 99%, 90%로 하면,

$$te'(99\%) = \frac{4.6}{\beta}, \; te'(90\%) = \frac{2.3}{\beta} \quad\text{..................................}\boxed{6}$$

으로 주어진다.

(2) 부영양화 예측을 위한 수리 model

① 일반적 부영양화 모델

$$\frac{\partial x}{\partial t} = f(x, \; u, \; a, p)$$

여기서, x : 상태변수(수온, 인 농도, Chl−a 농도 등 호수 및 저니 속의 어떤 지점에서의 물리적, 화학적, 생물학적인 상태량을 나타냄)

u : 입력함수(수량부하, 일사량, 풍력에너지 등에 대응)

a : 호수생태계의 특색을 나타내는 상수(파라미터) 벡터

p : 확률적인 요인

≫ f 는 유입, 유출, 호수 내에서의 이류, 확산 및 이화학적 및 생물학적 반응(증식, 포식, 분해 등 포함) 등 상태변수의 변화속도를 규정한다.

② BOX 모델 : 호수를 수직 및 수평 방향의 몇 개(n개)의 BOX로 분할하고 각 BOX마다 $\boxed{1}$의 식과 같은 모델을 적용하여 쓰이는데 각 BOX 내에서는 x, u, a, p의 분포를 갖지 않고 어떤 대표 값을 갖고 있다.

서로 이웃하는 두 개의 BOX 사이의 유동 · 확산에 의한 착안물질의 교환속도는 혼합시간 T_{mix}(h) 로 정의한다.

$$T_{\mathrm{mix}} = \frac{VC}{Q} \quad\text{...}\boxed{1}$$

여기서, V : BOX의 용량(m^3), Q : BOX 사이의 교환량(g/h), C : 착안물질농도($\mathrm{g/m}^3$)

또한, 착안물질의 단위용적당 반응속도를 $R(\mathrm{g/m}^3 \cdot \mathrm{h})$로 하여 반응시간 T_r(h)를 나타내면,

$$T_r = \frac{C}{R} \quad \cdots\cdots\cdots\cdots\cdots\cdots\cdots\cdots\cdots\cdots\cdots\cdots\cdots\cdots\cdots\cdots\cdots\cdots\cdots\cdots\cdots\cdots\cdots\cdots\cdots\cdots\cdots\cdots\cdots\cdots\cdots\cdots \boxed{2}$$

>> $T_r \gg T_{\text{mix}}$: 상수상태에 있어서 양 BOX 사이의 농도비가 1에 가까움
$T_r \ll T_{\text{mix}}$: 양 BOX 사이의 농도차가 있음

호수 내의 분할수 n을 크게 잡으면 BOX 용적 V는 감소하고 n−BOX의 분할방법이 주어졌을 때 부영양화 모델 식은 다음과 같다.

$$\frac{dx_i}{dt} = f_i(x_i,\ u_i,\ a_i,\ p_i) - \text{IN}_i - \text{OUT}_i$$

여기서, f_i : BOX_i에 있어서 여러 반응을 나타낸 것
IN_i : 다른 BOX 또는 호수 밖으로부터의 유입(확산포함)
OUT_i : 다른 BOX 또는 호수 외의 유출

③ 인부하 모델−Vollenweider model : 인부하 모델은 주로 Vollenweider가 제시한 방법에 근거한 일련의 수리모델로서 Chl−a 농도, 투명도, T−P 농도 등 호수의 부영양화도에 관한 지표를 연평균 또는 연간 최대값과 같은 연단위 시간 scale로 예측, 평가하는 것을 목적으로 한다.
이 모델은 호수 전체를 하나의 BOX로 하여 하나의 부영양화 지표를 추정하는 것이 보통이며, 인(P) 물질수지를 기초로 하고 있다. 그리고 호수의 수리특성(체류시간, 유량, 깊이)을 상수로 하여 호수의 부영양화도(인농도, Chl−a 농도)와 인 부하량의 관계를 경험적으로 구하는 model이 며 경험적인 해석모델이다.
㉠ Chl−a 농도와 호수 속의 P 농도와의 관계

$$\log[\text{Chl}]^s = 1.583\log[\text{P}]^{sp} - 1.134 \quad \cdots\cdots\cdots\cdots\cdots\cdots\cdots\cdots\cdots\cdots\cdots\cdots\cdots\cdots\cdots\cdots\cdots \boxed{1}$$

>> 위의 식은 여름의 평균 Chl−a농도$[\text{Chl}]^s$(mg/m^3)와 봄의 순환기에 총 인농도$[\text{P}]^{sp}$(mg/m^3)와의 직선 관계식이다.
㉡ 호수의 P 농도와 P 부하량과의 관계

$$\frac{d[\text{P}]_\lambda}{dt} = \frac{1}{\tau_w}[\text{P}]_i - \frac{1}{\tau_p}[\text{P}]_\lambda \quad \cdots\cdots\cdots\cdots\cdots\cdots\cdots\cdots\cdots\cdots\cdots\cdots\cdots\cdots\cdots\cdots\cdots \boxed{2}$$

여기서, $[\text{P}]_\lambda$: 호수의 평균 총 인농도(mg/m^3), τ_w : 물의 체류시간(years)
$[\text{P}]_i$: 유입평균 인농도(mg/m^3), τ_P : P의 체류시간(years)

정상상태를 가정하면,

$$[\text{P}]_\lambda = (\tau_P/\tau_w)[\text{P}]_i \quad \cdots\cdots\cdots\cdots\cdots\cdots\cdots\cdots\cdots\cdots\cdots\cdots\cdots\cdots\cdots\cdots\cdots\cdots\cdots\cdots\cdots\cdots\cdots\cdots \boxed{3}$$

인부하량으로 고치면 호수 중의 P 농도를 추정하는 model 식이 얻어진다.

$$[\text{P}]_\lambda = \{L(\text{P})/Q_s\}(\tau_P/\tau_w) \quad \cdots\cdots\cdots\cdots\cdots\cdots\cdots\cdots\cdots\cdots\cdots\cdots\cdots\cdots\cdots\cdots\cdots\cdots\cdots \boxed{4}$$

ⓒ Chl−a 농도와 P 부하량과의 관계

$$\log[Chl] = 0.91/\log\left[\frac{L(P)}{Q_s(1+\sqrt{\tau_w})}\right] - 0.435 \quad\text{⑤}$$

여기서, $L(P)$: P의 연간부하량($mg/m^2 \cdot$ 년), Q_s : 수량부하($m^3/m^2 \cdot$ 년)

④ Dillon 모델

Vollenweider에서 발전된 것으로 인부하량보다는 정상상태에서 호수(저수지)의 총 인농도를 예측하는 것으로 Vollenweider 모델보다 인의 체류계수(호수의 수리학적 체류상수)에 관한 Data가 더 필요하다.

$$[T-P] = \frac{L(1-R)}{\overline{Z} \cdot \rho}$$

여기서, $[T-P]$: 호수(저수지) 내의 평균 $T-P$ 농도($mg/L=g/m^3$)

$\quad\quad\quad L$: 단위수면적당 $T-P$ 부하량($g/m^2 \cdot yr$)

$\quad\quad\quad R$: 체류계수($0.426\exp(-0.271\overline{Z}\rho)+0.574\exp(-9.49\times10^{-3}\overline{Z}\rho)$)

$\quad\quad\quad \overline{Z}$: 호수(저수지)의 평균수심(m), ρ : 희석률(yr^{-1})

Dillon 모델은 1차생산력의 제한인자가 인 성분이라고 가정할 수 있는 호수에 대해서만 적용이 가능하다(사실 질소의 경우는 폐수뿐 아니라 우수유출수와 공기 중의 질소 성분의 공급이 가능하기 때문에 제한인자는 인 성분이 될 수 밖에 없다).

≫ Sakamoto, Dillon & Rigler는 Dillon 모델을 발전시켜 여름철의 chlorophyll−a 농도와 투명도와의 관계식을 개발하였다.

$$\log(Chl-a) = 1.449\log(P) - 1.136$$

$$SD = 7.7(Chl-a)^{-0.68}$$

여기서, $Chl-a$: 여름철의 클로로필−a 농도($mg/L=g/m^3$), SD : 투명도

01 먹는물의 수질관리

(1) 개요

먹는물의 수질은 크게 생물학적, 물리학적, 화학적 및 방사능학적 분야로 나누어 생각해 볼 수 있다. 생물학적, 화학적 및 방사능학적 기준은 건강상의 위해를 제거하기 위해 설정되었으나 물리적인 기준은 미관(美觀)과 기분상(aesthetic)의 기준이다.

관련법상의 우리나라 먹는물 수질기준을 보면,

① 미생물
② 건강상 유해영향 무기물질
③ 건강상 유해영향 유기물질
④ 소독제 및 소독부산물질
⑤ 심미적 영향물질
⑥ 방사능 물질(염지하수만 해당)로 구분하여 기준을 정하고 있다.

(2) 세균학적 기준(bacteriological quality)

먹는물 수질기준 중 질소 성분에 대한 규제는 사실상 동물의 배설물에 의한 오염(fecal pollution)을 의미하는 것 같으며, 이러한 오염이 생겼을 경우 병원균과 비병원균인 대장균이 포함된다. 또한, 과망간산칼륨($KMnO_4$)의 소비량은 오염 정도를 나타내나 세균과는 직접적인 관계가 없다.

일반세균은 유해성보다는 오염 정도를 나타내 준다고 볼 수 있다.

대장균군(coliform group) 중 동물의 배설물에 발견되는 주종은 Escherchia coli(줄여서 E-coli)로서 fecal pollution indicator로 사용된다.

대장균군은 검출이 쉽고 동물의 배설물 중에서 대체적으로 항상 발견되며 병원균보다 저항력이 강하고 시험에서 분석하기 쉽다는 이유에서 indicator(지표)로 많이 이용된다. 그러나 virus보다는 소독에 대한 저항력이 약하다는 단점이 있다.

대장균의 수를 나타내기 위하여 최적확수(MPN ; Most Probable Number)라는 용어를 사용하는데 이는 검수 100mL 내에 있는 대장균의 수를 뜻한다.

$$\text{Thomas 근사식 : MPN} = \frac{100 \times \text{양성시료 수}}{\sqrt{\text{음성시료(mL)} \times \text{전시료(mL)}}}$$

(3) 물리적 기준

물리적 기준은 미관이나 기분 때문에 설정되며 색도, 탁도, 맛과 냄새 등이 포함된다. 색도는 chloroplatinate($PtCl_6^{2-}$)로 존재하는 Pt 1mg/L를 색도 1도 또는 1ppm으로 하며, 탁도는 빛의 통과에 의한 저항도로서 SiO_2 1mg/L 용액이 나타나는 탁도를 탁도 1도 또는 1ppm의 표준단위로 한다. 냄새나 맛을 측정하기 위한 정확한 방법은 없으며 threshold odor test를 채택하기도 한다.

(4) 화학적 기준

① 시안화합물(CN) : 사람에게도 독성이 있으나 먹는물에서는 사람보다는 어류(魚類)에 대한 독성 때문에 규제된다.

② 수은(Hg) : 사람이나 동물의 체내에 축적성이 높고 신경계통의 장애를 주는데 무기수은보다 유기수은의 독성이 강하다.

③ 구리(Cu) : 낮은 농도에서도 물고기에 독성을 일으키나 성인에게는 약 100mg/L 정도까지는 무해하다. 먹는물 기준에서 규제하는 이유는 맛 때문이다.

④ 철(Fe) 및 망간(Mn) : 철과 망간을 함유하는 물은 맛을 나타내며 색깔을 띤다(철 − 적수, 망간 − 흑수).

⑤ 불소(F) : 영구치아(齒牙)가 형성되는 8~10세의 어린이에 중요한 영향을 미치는데 불소를 많이 함유하는 물을 계속 마시면 치아의 enamel을 파괴시켜 치아에 반점이 생기는 소위 반상치(mottled enamel 또는 fluorosis)가 되어 치료가 안 되는 반면 충치(dental caries)의 발생률은 낮아지게 된다.

⑥ 납(Pb) : 독성이 있으며 뼈에 축적된다.

⑦ 아연(Zn) : 맛을 일으킨다.

⑧ 크롬(Cr) : Cr^{3+}은 별로 독성이 없으나 Cr^{6+}이 독성이 강하다.

⑨ phenol류 화합물 : 맛과 냄새 때문에 규제하는데, 특히 염소 소독 후에는 클로로페놀을 생성하여 맛과 냄새가 더욱 조장된다.

⑩ 경도(hardness) : 세탁용수, 보일러용수 등에 장애를 일으키며 Ca^{2+}나 Mg^{2+}는 인체에 필요한 성분이므로 먹는물에는 다소 있는 것이 좋다. 그러나 경도가 너무 높은 물을 마시면 설사를 일으키는 수가 있다. 우리나라 먹는물 기준에서 수돗물의 경우는 300mg/L까지 허용하고 있으나 실제로는 100mg/L 이하가 좋다고 한다.

⑪ 황산염(SO_4^{2-}), 염화물(Cl^-), 총고형물(TS) : 이것에 대한 규제 이유는 맛이며, 많이 함유된 경우는 설사를 일으킨다. 또한 경수가 되어 부식성이 강하게 된다. 수원에 염화물(Cl^-)이 돌발적으로 증가 시에는 하수나 분뇨 등의 오염을 나타내기도 한다.

⑫ 카드뮴(Cd) : 독성이 있으며 세포질에 축적된다.

⑬ 세제(음이온 계면활성제) : 실제로 약 50mg/L까지는 인체에 독성이 없으나 1.0~1.5mg/L 정도에서는 물에 기름기가 있고 생선냄새 비슷한 냄새를 나타낸다. 먹는물에서 규제 이유는 맛과 거품(foam) 때문이라고 할 수 있다. 세제는 사용량이 매년 증가하여 수질오염도가 높아지고 있으며, ABS(Alkyl Benzene Sulfonate)는 미생물 분해가 어려워 오랜 시간이 지나야 소멸이 가능하고 활성탄소(activated carbon)를 사용하는 흡착에 의해 제거가 가능하다.

⑭ 바륨(Ba) : 낮은 농도에서 동물의 심장, 혈관 및 신경계통에 독성을 일으키나 인체에는 비교적 독성이 없다.

⑮ 비소(As) : 살충제나 동물의 사료, 담배원료 및 공장 매연 등에 함유되어 독성을 크게 나타내며, 발암물질이기도 하다.

⑯ 세레늄(Se) : 사람이나 동물에 독성이 있으며 발암 가능성이 있다.

⑰ 질산염(NO₃⁻) : 유아(幼兒)의 경우 blue baby(methemoglobinemia)라는 질병을 유발한다.

⑱ THM(Tri Halo Methane) : THM을 함유한 음용수를 장기복용 시 발암성이 있다.

⑲ 유기인계 농약 : 농약 중에서 유기인계 농약(파라티온, 다이아지논, EPN 등)은 축적성이나 독성이 비교적 높은데 인간에게 직접적 피해도 있지만 어독성(기형어 등) 또는 생식독성 등을 나타내 생태계에 영향을 미치기도 한다.

02 염소 소독(消毒)

(1) 염소의 반응

① 물과의 반응(가수분해)

$Cl_2 + H_2O \rightleftharpoons HOCl + HCl$(낮은 pH)

$HOCl \rightleftharpoons H^+ + OCl^-$(높은 pH)

》》 pH<5 : 주로 Cl_2 형태

pH 5~7 : 주로 HOCl 형태 ─┐ 유리잔류염소(free residual chlorine) 또는
pH > 9 : 주로 OCl^- 형태 ─┘ 유리염소

② 암모니아와의 반응

$Cl_2 + H_2O \rightleftharpoons HOCl + HCl$

$NH_3 + HOCl \rightleftharpoons NH_2Cl + H_2O$(monochloramine) : pH 8.5 이상

$NH_2Cl + HOCl \rightleftharpoons NHCl_2 + H_2O$(dichloramine) : pH 4.5 정도

$NHCl_2 + HOCl \rightleftharpoons NCl_3 + H_2O$(trichloramine) : pH 4.4 이하

》》 pH 4.5~8.5 : monochloramine과 dichloramine이 공존

(2) 염소의 살균력(殺菌力)

① 염소의 살균력은 pH(↓), 수온(↑), 접촉시간(↑), 알칼리도(↓), 산도(↑), 산화가능한 물질(환원제)(↓), 질소화합물(↓), 염소농도(↑) 등에 영향(大)을 받는다.(※↑: 높을수록, ↓: 낮을수록)

② 수중 pH가 낮을수록 살균력이 크며 가장 유효한 살균력을 나타내기 위해서는 최소한 10~15분의 접촉시간이 필요하다.

③ 알칼리도는 살균력을 감소시키며 부유고형물은 살균을 방해하는 보호콜로이드 작용을 하여 염소의 살균능력을 저하시킨다.

④ 살균강도

　　㉠ HOCl > OCl$^-$ > chloramines(결합잔류염소)
　　　└─ 80배(←) ─┘

　　㉡ NHCl$_2$ > NH$_2$CL > NCl$_3$(※ 살균력이 거의 없음)

(3) 염소의 산화력(酸化力)

① 염소는 산화력이 강해 유기 또는 무기물과 직접 결합하거나 산화시키며 유기화합물의 물성을 변화시킨다.

② 수중의 페놀(C$_6$H$_5$OH)과 반응하여 mono−, di−, trichlorophenol을 생성해 물의 맛과 냄새를 일으켜 불쾌감을 야기시킨다.

③ 염소요구량(농도) = 주입염소량(농도) − 잔류염소량(농도)

03 농업용수의 수질

(1) 농업용수

식물 성장에 있어 용수의 수질보다는 배수 잘 되는 흙이 더 중요한 조건이다. 따라서 농업용수에 있어서는 토양과 수질을 함께 고려해야 한다. 용수의 수질면에서 염(塩)의 양은 중요한 사항인데 다음과 같이 3종류의 영향을 준다.

① 삼투성(osmotic pressure)에 대한 영향

② 독성

③ 흙의 구조와 투수성(透水性) 및 폭기(曝氣)의 정도 변화

(2) SAR(Sodium Adsorption Ratio)

농업용수의 Na$^+$ 함유도가 증가하여 Ca^{2+}, Mg^{2+}에 비하여 과다하면, Ca^{2+}, Mg^{2+} 등과 치환되어 투수성(透水性)이 감소되므로 배수가 잘 안 될 뿐 아니라 통기성이 없어진다. 토양은 Na$^+$에 의하여 일시적으로 알칼리성이 되나 물속의 H$^+$에 의해 치환되어 산성이 된다.

$$SAR = \frac{Na^+}{\sqrt{\dfrac{Ca^{2+} + Mg^{2+}}{2}}} \quad 또는 \quad SAR = \frac{Na^+ \times 100}{Na^+ + Ca^{2+} + Mg^{2+} + K^+}$$

여기서, Ca^{2+}, Mg^{2+}, Na$^+$, K$^+$ 단위는 me/L이다.

　　　　SAR　0~10 : Na$^+$가 흙에 미치는 영향이 적다.

　　　　　　　10~18 : 중간 정도

　　　　　　　18~26 : 비교적 높은 정도

　　　　　　　26~30 : 매우 높다

　　　　　　　토양허용치 : SAR 26 이하

만약 이 척도가 절대적이라면 경수가 연수보다 토양에 좋은 영향을 미친다고 볼 수 있다.

분뇨(糞尿) 및 축산(畜産)폐수

01 분뇨(糞尿)

(1) 개요

① 인간의 신진대사의 부산물인 분뇨는 예전에는 그 비효성이 높아 농경지의 비료로 널리 사용되어 왔으나 화학비료로 대체되면서부터 분뇨처리 문제가 대두되었으며 1970년대에 돌입하면서 **분뇨의 위생처리를 위한 종말처리장**이 건설되기 시작하였다.

인구밀도가 적을 때는 분뇨가 물의 흐름, 정지에 따라 폭기 또는 침전, 분해되고 일광에 의해 살균되며 희석된 유기물은 생물군의 영양원으로 공급되어 안정화될 수 있었지만 인구의 증가와 도시집중으로 대량배출된 분뇨는 하천의 자정능력으로는 도저히 감당해낼 수 없어 자연히 수계에 오염문제가 발생하고 따라서 **인공처리의 필요성**이 대두되었다.

② 우리나라는 인구의 증가 및 도시집중, 비료공업의 발달과 위생관념의 향상에 따라 감염병 및 기생충의 예방과 관련 대용비료로서의 농촌환원 사용률이 적어지자 1950년대부터 도시에 분뇨부패탱크가 등장하게 되었고 1970년대에는 서구분뇨처리방법인 습식산화방식, 소화처리방식, 산화처리방식 등이 도입되어 처리되어 왔으나 근래에는 수세식 변소와 하수도 보급률의 증가로 분뇨가 하수처리장에서 오수와 함께 처리됨으로써 분뇨처리장이 줄어들고 있다.

(2) 분뇨의 특성

① 분(糞)과 뇨(尿)의 구성비는 대략 양적으로 보아 1 : 10 정도이고 고형질의 비는 7 : 1 정도이다.
② 분뇨의 비중은 1.02 정도이고 점도는 1.2~2.2(비점도)이다. 분뇨에 포함되어 있는 협잡물은 양과 질적면에서 도시, 농촌, 공장지대 등 발생지역에 따라 그 차가 크다.
③ 협잡물의 함유량은 일본의 경우 1~2%이나 우리나라는 4~7%로 보고 있다. 또한 토사류는 일본에서는 0.03~0.05%라고 하나 우리나라는 0.3~0.5%로서 약 10배 높게 나타나고 있다.

[표 1-38] 수거 분뇨의 성질 비교

구 분	일 본	한 국	비 고
pH	7~9	7~8.5	
BOD(ppm)	13,500	17,000~23,000	
COD_{Mn}(ppm)	4,000	3,500~6,000	
부유물질(ppm)	21,000	15,000~25,000	
총 고형물(ppm)	30,000	20,000~40,000	
(유기물) %	(60)	13,000~25,000	
(무기물) %	(40)	7,000~15,000	
전질소(ppm)	5,500	6,000~6,500	4계절 평균치임
염소이온(ppm)	5,500	4,500~5,500	
인산	1,000	—	
일반세균(mL중)	10^3~10^{10}	—	
대장균(mL중)	10^6~10^7	10^6~10^7	
비중	1.02	1.025	
침사량(%)	0.03	0.3~0.5	
협잡물(%)	1~2	4~7	

④ 증발잔류물을 보면 일본이 2.5~3.5%인데 반해 우리나라는 3.0~4.0%로 다소 높고, BOD는 우리나라가 17,000~23,000ppm, SS는 18,000ppm, 질소는 6,000ppm, 염소이온(Cl^-)은 4,500~5,000ppm으로 나타나고 있다.

⑤ 분뇨는 다량의 유기물(有機物)을 함유하여 고액분리(固液分離)가 어렵고, 질소화합물의 함유도가 높다. 즉, 분(糞)은 VS의 12~20%, 뇨(尿)는 80~90%의 질소화합물을 가지며 이들은 주로 NH_4HCO_3, $(NH_4)_2CO_3$ 형태로 존재하여 소화조(消火槽) 내의 알칼리도를 높게 유지시켜주므로 pH의 강하(降下)를 막아주는 완충작용(緩衝作用)을 한다. 분뇨의 특성은 시간에 따라서 크게 변하며 어느 때 그 특성을 측정하느냐에 따라 측정치가 다를 수 있다.

⑥ 분뇨는 음식섭취(飮食攝取)와 밀접한 관계가 있으며 우리나라의 1인 1일 영양권장량(營養勸奬量)은 2,850cal 정도로서 탄수화물(炭水化物)이 415g(698cal), 단백질(蛋白質)이 70g(310cal), 지방질(脂肪質)이 32g(298cal)이라 한다. 이러한 영양섭취를 기준으로 배설물(排泄物)은 탄수화물이 2%, 지방이 5%, 단백질이 8%라고 하며 이를 근거로 분뇨의 COD를 계산하면 표 1-38과 같다.

⑦ 통계치에 의하면 1인 1일 분뇨생산량은 대변(大便)이 0.14L, 소변(小便)이 0.9L로서 **합계 1.04L**이고 COD 발생량은 대변이 58.5g/인·일, 소변이 1.5g/인·일로서 전체가 60g 정도이다. 또한, 분뇨 내의 BOD와 SS는 COD의 1/3~1/2 정도로 나타난다.

[표 1-39] 분뇨의 성분

배설물질	무게(g)	환산계수	COD(g)	COD 분포율(%)
탄수화물	8.3	1.4	11.7	51
단백질	5.45	1.4	7.7	33
지방	1.52	2.4	3.8	16
계	15.27	—	23.2	100

≫ 환산계수 : 유기물을 COD값으로 바꾸는 데 필요한 값

[표 1-40] 분뇨의 특성표(서울 서부 위생처리장)

성 분	농도(mg/L)	성 분	농도(mg/L)
COD_{Cr}	50,700	Cl^-	4,100
BOD	17,200	total-N	4,300
TS	38,500	NH_4^+-N	3,000
VS	25,000	Alb-N	1,200
FS	13,600	pH	7.5
SS	24,500		

⑧ 분뇨처리를 위한 설계기준은 1.1L를 기준으로 잡고 있다.

⑨ 분뇨는 도시하수와는 달리 혐기성 상태에서 상당한 기간이 경과 후 수거(收去)되므로 냄새가 심한데 냄새유발물질은 H_2S와 NH_3 gas가 주이며 인체에 해를 끼치기도 한다. 분뇨처리장에서 최대 취기원(臭氣源)은 투입구, 저유조, 스크린실 등 밀폐되어 있지 않은 지점에서 발생한다.

[표 1-41] 분뇨와 하수의 성분비교

구 분 / 성 분	분뇨중 (gr/인/일)	하수중 (gr/인/일)	분뇨중/하수중 (%)
침전질(고형물)	18	51	35
(유기질)	15	35	43
비침전성 유기질(요소포함)	48	100	48
비침전성 유성질(요소제외)	23	75	31
전 질소	13.0	15.0	87
K_2O	2.6	8.0	33
P_2O_5	3.3	4.0	82

(3) 분뇨의 처리방법

[표 1-42] 분뇨의 처리방법

전처리시설	1차 처리시설	2차 처리시설	3차 처리시설
투입구 ↓ 침사지(沈砂池) ↓ 수조(受槽) ↓ 파쇄기(破碎機) ↓ screen ↓ 저류조(貯留槽)	• 고온습식산화 (zimpro) • 혐기성 소화 • 호기성 소화 • 희석폭기방식 (희석산화) • 무희석 폭기방식 (무희석 산화)	• 활성오니법 • 살수여상법 • 접촉안정법 • 접촉산화법 • 회전원판접촉법 • 생물막법 • 산화구	질소(N) 및 인(P)의 제거 시설과 소독시설 등

➤➤ 이외에 발효식 분뇨처리시설, 가압폭기식 분뇨처리시설, 감압증발식 분뇨처리시설, 액상부식 분뇨처리시설 등이 있다.

02 축산폐수(畜産廢水)

(1) 개요(槪要)

① 국민소득의 증대와 더불어 식생활이나 생활수준의 향상에 의한 축산제품의 수요가 현저히 증가함에 따라 축산제품 소비 또한 급격한 증가추세에 있다.

인구의 증가와 함께 축산제품 소비의 증가는 **가축사육의 대규모화와 집단화를 초래**하는데, 가축에서 배출되는 분뇨의 오염부하는 사람의 분뇨에 비해 성분농도나 양적으로 상당히 높은 편이고 그 오염부하량도 전인구 부하량보다 훨씬 상회하는 실정이므로 **축산시설에 의한 오염이 새로운 문제로 대두**되었다. 축산시설에서 발생하는 환경오염은 폐수와 유출수(run-off)에 의한 지표수 오염과 축사 및 저장시설로부터 오염물질이 침투되어 발생하는 **지하수 오염**을 들 수 있으며 그 밖에 **악취발생**도 큰 문제라고 할 수 있다.

② 축산(畜産)시설은 돈사(豚舍), 우사(牛舍), 마사(馬舍), 낙농(酪農) 및 경마장시설로 구분할 수 있으나 마사시설을 제외한 축사의 형태는 다음과 같이 세분화할 수 있다.

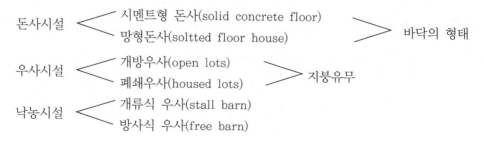

- 돈사시설 < 시멘트형 돈사(solid concrete floor) / 망형돈사(soltted floor house) > 바닥의 형태
- 우사시설 < 개방우사(open lots) / 폐쇄우사(housed lots) > 지붕유무
- 낙농시설 < 개류식 우사(stall barn) / 방사식 우사(free barn)

(2) 축산분뇨의 특성

① 축산폐수는 재래식 사육시설은 다르겠지만 가축의 분뇨와 세척수(바닥 청소수 등)가 혼합, 희석되어 발생되는데 이 중 분(糞)성분은 퇴비화나 비료로서 재활용되는 경우가 대부분이다.

② 돼지분뇨의 성상은 체중이나 사료내용에 다소 차이가 있으나 수분함량의 경우 뇨는 95.5~99.5%, 분은 70.5~78.2%이고, BOD의 경우 뇨는 1,200~5,000mg/L(평균 4,200mg/L), 분은 53,000 ~89,000mg/L(평균 60,000mg/L)에 이르고 있으나 자료마다 차이가 있다.

[표 1-43] 돼지분뇨의 특성(사례)

사료 항목　　분뇨별	잔반(殘飯)		주개(廚芥)		배합사료		비 고
	분	뇨	분	뇨	분	뇨	−
수분(%)	75.8	99.5	78.2	99.7	70.5	95.5	(100℃, 10분)
pH	7.5	8.7	8.1	7.7	7.2	8.0	
부유물(ppm)	188,000	3,000	173,000	3,500	223,000	4,500	
BOD(ppm)	89,311	1,216	53,113	3,112	62,749	5,114	
COD(ppm)	50,127	1,386	38,213	2,566	35,030	9,297	
전 질소(ppm)	5,366	1,263	3,844	2,507	4,664	7,780	
염소이온(ppm)	1,453	2,042	1,530	775	1,695	1,344	

③ 소의 분뇨성상은 치우는 빈도에 따라 좌우되는데, 자주 치우는 경우는 생분뇨의 성상과 비슷하고, 자주 치우지 않는 경우는 수분이 토양에 흡수되고 생분해도 일어나 오염물질의 양과 부하가 적어진다. 대부분의 개방우사 경우에는 양자의 중간값을 나타낸다.

소도 돼지와 마찬가지로 분뇨성상이 사료형태와 체중에 따라 다소의 차이가 있겠으나 성우일 경우 발생되는 분(糞)의 양은 약 15kg/두·일, 뇨는 5kg/두·일 전후로서 각각의 BOD는 약 25,000mg/L, 4,000mg/L 정도이다.

[표 1-44] 비육우 시설에서 발생하는 오염물질 성상

분뇨구분	소의 종류	BOD	COD_Cr	SS	VSS	TKN	T−P	Cl⁻	수분(%)	참고문헌
분	한우	24,456	172,872	156,800	132,600	6,080	3,446	1,400	78.8	(1)[*1]
	비육우	26,495	198,949	137,734	118,800	5,393	2,828	1,675	80.7	(1)
뇨	한우	4,060	19,992	35	30	5,005	305	1,750	−	(1)
	비육우	4,213	11,268	30	27	4,520	250	1,563	−	(1)
분+뇨	비육우	26,666	110,000	−	−	−	−	−	−	(2)[*2]

≫ (1) Suh 등, 1986　　(2) Hobson, 1977　　　　　　　　　　　　　　　　(단위 : mg/L)

(3) 발생폐수의 성상

① 양돈시설에서 발생되는 폐수의 성상은 계절적, 지역적, 사료별, 체중별, 축사형태에 따라 차이가 있겠으나 대략 BOD는 1,300~5,000mg/L(평균 2,500mg/L) 범위, SS는 440~4,000mg/L(평균 1,700mg/L) 정도로서 폐수발생량은 8~12L/두·일(설계기준 : 12L/두·일) 정도이다.

[표 1-45] 양돈시설에서의 발생폐수 성상

구 분	최 고	최 저	평 균
폐수량(m³/d)	158	25	77
BOD$_5$(mg/L)	5,000	1,292	2,510
COD(mg/L)	3,000	759	1,682
SS	4,000	436	1,661

② 비육우 시설에서 발생되는 폐수의 성상은 개방우사와 폐쇄우사 그리고 여러 여건에 따라 차이가 있겠으나 폐쇄우사에서 발생되는 폐수의 BOD는 평균 2,900mg/L, SS는 약 1,250mg/L 정도로서 폐수발생량의 설계기준은 35L/두·일이다.

[표 1-46] 비육우시설에서의 발생폐수 성상

구 분	최 고	최 저	평 균
폐수량(m³/d)	40	14	27
BOD$_5$(mg/L)	3,000	2,700	2,900
COD(mg/L)	3,000	2,000	2,430
SS(mg/L)	1,700	1,000	1,230

③ 낙농시설에서 발생되는 폐수의 성상을 보면 BOD가 2,500~3,200mg/L로서 평균 2,800mg/L 정도인데 이는 일본의 경우보다 낮은 값을 나타낸다.

이것은 우리나라의 경우에 더 많은 양의 분이 제거된 후 호스를 가지고 수세한, 대부분 계류식 우사에서 나온 폐수로 생각된다.

[표 1-47] 낙농시설에서 발생되는 폐수의 성상

구 분	최 고	최 저	평 균
폐수량(m³/d)	40	7	25
BOD$_5$ (mg/L)	3,200	2,500	2,790
COD(mg/L)	3,000	2,000	2,340
SS(mg/L)	1,700	1,000	1,270

(4) 축산시설의 환경오염

축산시설의 오염문제는 돈사시설에 의한 것이 70~80%로 나타나고 있는 실정이고 그 중 돼지분뇨처리가 큰 문제이다.

① 악취(odor) 발생 : 분뇨는 수분함량이 많고 온도가 높은 경우에 혐기성 상태에서 부패되어 심한 악취를 발생시킨다. 악취의 원인물질은 ammonia, 유화수소(H_2S), indole, trimethylamine, dimethyl sulfide, dimethyl disulfide, alcohol류, aldehyde류, phenol류, 각종 지방산류 등이 있다. 악취는 발효 때 발생하는 것이 많으므로 이때 방향물질을 만드는 균체나 악취발효를 억제하는 균체를 미리 배설물에 혼입하는 방법과 첨가제가 사용된 사료를 사용, 요소를 ammonia로 분해하는 작용을 저해시켜 돈사 내의 ammonia 발생을 정지시키는 방법으로 억제시키는 경우가 많다.

② 수질 및 토양 오염 : 축산폐수가 직접 하천에 흘러 들어가면 각종 미생물과 악취를 발생시키고 수질이 악화되어 하천의 자정능력을 상실시켜 점차 혐기성이 유지되는 회복 불가능의 수계로 변한다.

토양에 분뇨가 버려지면 토양미생물이 공중의 산소를 이용해 분해하고 무기화하여 흙으로 되돌려진다. 그러나 일정량 이상의 유기물이 유입되면 분해시키지 못하고 그대로 누적되어 악취나 해충의 발생원이 된다. 분뇨가 지하에 유입되면 토양미생물에 의한 분해가 더디고 지하수를 오염시킨다. 또한 토양 중에 질소가 비정상적으로 높아지면 목초, 야채 등에 아질산이 다량 함유되므로 초식동물 특히 소의 경우 아질산 중독의 위험이 있다.

(5) 축산폐수 처리방법

축산폐수는 주성분이 유기물이므로 주로 생물학적 처리방법을 적용하여 일부 물리, 화학적 공법을 병용하고 있다. 분뇨일 경우 왕겨나 톱밥 및 볏짚을 사용하여 퇴비화 및 발효방식을 이용하여 비료로 활용하고, 농지나 초지의 환원 system을 활용하는 경우도 상당하다.

① 분뇨처리방식
  - ㉠ 퇴비화 ⎤
  - ㉡ 톱밥발효 ⎬ 비료로서 이용
  - ㉢ 초지환원 ⎦
  - ㉣ 혐기성 소화 및 메탄발효

② 폐수처리방식
  - ㉠ 활성슬러지 방식
  - ㉡ 물리·화학적 처리＋생물학적 처리
  - ㉢ 살수여상방식
  - ㉣ 장기폭기방식
  - ㉤ 활성슬러지＋라군 방식
  - ㉥ 산화구법
  - ㉦ 생물막공법
  - ㉧ 혐기성 처리＋호기성 처리
  - ㉨ 토양침투여과 방식
  - ㉩ 저장액비화 방식
  - ㉪ 기타

수질오염 방지기술

들어가기 전

수질오염 방지기술편에서 출제비중이 높은 항목별 순서는 다음과 같다.

(1) 폐·하수의 처리공법(특성·설계·시공·관리) 중

    ① 생물학적 처리

    ② 고도 처리

    위 두 항목이 제일 중요하며 출제비중이 크므로 수험자는 완벽한 시험 대비를 위해 정리해 두어야 한다.

(2) 그 외에 순서별로 보면,

    ① 화학적 처리

    ② 물리적 처리

    ③ 슬러지처리

    ④ 폐·하수의 성상

    ⑤ 분뇨 및 축산 폐수의 방지시설

    등이 있다.

> **Tip▶** 수질오염 방지기술은 수질오염 개론, 상하수도 계획 과목과도 밀접한 관련이 있으므로 한 과목으로 보고 정리·대비하시오. 또한, 수질오염 개론에 비하여 계산문제가 많이 출제되므로 문제 위주로 수험대비를 하시오.

    ※ 수질환경 기사·산업기사에게 실무적으로 가장 중요한 과목이 수질오염 방지기술이며 2차 실기시험에서도 응용문제의 비중이 높다.

출제기준

필기과목명	주요항목	세부항목
수질오염 방지기술	1. 하수 및 폐수의 성상	(1) 하수의 발생원 및 특성
		(2) 폐수의 발생원 및 특성
		(3) 비점오염원의 발생 및 특성
	2. 하·폐수 및 정수 처리	(1) 물리학적 처리
		(2) 화학적 처리
		(3) 생물학적 처리
		(4) 고도 처리
		(5) 슬러지처리 및 기타처리
	3. 하·폐수, 정수 처리 시설의 설계	(1) 하·폐수, 정수 처리의 설계 및 관리
		(2) 시공 및 설계내역서 작성
	4. 오수, 분뇨 및 축산 폐수 방지시설의 설계	(1) 분뇨처리시설의 설계 및 시공
		(2) 축산폐수처리시설의 설계 및 시공

Chapter 01 하·폐수(下·廢水)의 특성 및 처리(處理)계획

01 하·폐수의 발생원(發生源) 및 특성

1 도시하수(都市下水)의 특성

① 하수에는 통상 1,000~2,000ppm의 고형물(TS)이 함유되어 있으며 그 중 유기물이 50~70% 정도이고, 고형물 중 용존성의 것이 70~80% 정도이다.

② 유기물은 동식물을 근원으로 한 단백질, 지방, 탄수화물 및 그들의 분해물로서 침강성, 현탁성, 용해성으로 구분되나, 양적으로 침강성, 현탁성의 것이 전 유기물의 약 70%를 차지한다.

③ 무기물로서는 주로 Fe, Na, Mg, Al 등의 금속산화물, 염화물, 탄산염, 황산염 등이 많으며 규산염도 상당히 있다. 이 무기물도 용해성, 침강성, 현탁성으로 구분할 수 있으며, 그 중 약 70%가 용해성이다.

④ 우리나라의 생활용수량은 1인당 200~450L/day의 범위이나 인구증가와 생활의 변천에 따라 변화한다.

[표 2-1] 하수의 구성성분(예)

성 분	농도(mg/L)		
	강	중	약
• 총 고형물(TS)	1,200	720	350
- 총 용존성(TDS)	850	500	250
잔류성(FDS)	525	300	145
휘발성(VDS)	325	200	105
- 부유고형물(TSS)	350	220	100
잔류성(FSS)	75	55	20
휘발성(VSS)	275	165	80
침전성 고형물(mL/L)	20	10	5
BOD$_5$(생화학적 산소요구량)	400	220	110
COD(화학적 산소요구량)	1,000	500	250
TOC(총 유기탄소)	290	160	80
• 총 질소(T-N)	85	40	20
- 유기성 질소(org-N)	35	15	8
- 암모니아성 질소(NH_3-N)	50	25	12
- 아질산성 질소(NO_2-N)	0	0	0
- 질산성 질소(NO_3-N)	0	0	0

성 분	농도(mg/L)		
	강	중	약
• 총 인(T－P)	15	8	4
－ 유기성 P	5	3	1
－ 무기성 P	10	5	3
염화물(Cl⁻)	100	50	30
황산염(SO_4^{2-})	50	30	20
알칼리도(as $CaCO_3$)	200	100	50

2 산업폐수(産業廢水)의 분류(分類)

(1) 폐수의 질적 분류

① 유기성으로 비교적 고농도인 폐수 : 비교적 유기물의 농도가 높고 기타 물질이 함유되지 않은 폐수로서 일반적인 생물화학적 처리법에 의한 처리가 적합한 것을 말한다.

이 폐수로는 동식물을 원료로 하는 식료품제조 폐수, 유지공업 폐수, 의약품공업 중 미생물제제·한약제제·비타민·호르몬·식물성분제제·젤라틴 공업 폐수, 펄프제지·종이가공제조업 폐수가 이 구분에 해당한다.

② 유기성으로 비교적 저농도의 폐수 : 이 구분에 속하는 폐수는 유기성이지만 비교적 함량이 낮은 보통 가정하수 정도의 농도로서, 일반적으로 생물학적 처리법이 적합하다. 특히 부유물질이 많이 함유되거나 유분(油分)이 함유된 폐수는 응결반응이나 부상분리(浮上分離)처리 등의 처리법을 병용한다. 이 구분에 속하는 폐수는 식료품제조업, 섬유공업, 종이제품제조업, 화학공업, 석유정제업 등의 폐수를 들 수 있다.

③ 유기성으로 유해물질 함유 폐수 : 이것에 속하는 폐수는 유해물질을 함유하고 있어 생물학적 처리법으로 유기물처리가 어렵다. 따라서, 생물학적 처리에 지장이 없는 정도까지 폐수를 묽히거나 유해물을 사전에 처리·제거하여 생물학적 처리법을 병용한다. 이에 속하는 폐수로는 피혁, 가스, 제철, 코크스, 살충제, 살균제재업과 수은을 전극이나 촉매로 사용하는 화학공업이나 유지제조업의 폐수 등을 들 수 있다.

④ 무기성의 일반 폐수 : 이에 속하는 폐수는 용해된 염류에 따라 처리법이 다르다. 산 또는 알칼리 함유 폐수는 중화처리를 하고 철염을 수산화물로 침전·제거한다. 그 밖의 염류는 성분에 따라 처리법을 선택한다. 이에 속하는 폐수로는 산, 알칼리, 비료, 요업토석, 제철업 등의 폐수들이다.

⑤ 무기성의 유해물질 함유 폐수 : 폐수 중에 용해되어 있는 시안, 카드뮴, 수은, 크롬, 아연, 비소, 플루오르 등과 같이 수중생물(水中生物)이나 인체의 건강에 위해를 끼칠 우려가 있는 성분은 미리 폐수 중에서 처리되어 제거해야 한다. 이에 속하는 폐수로는 각종 금속정련, 금속가공 그리고 인산비료공장 폐수가 대표적이다.

(2) 성분별 발생원(Gurnham식 분류)

① BOD가 높은 폐수 : 전분(澱粉) 및 제당(製糖), 양조(釀造), 낙농(酪農), 증류(蒸溜), pulp 및 제지, 유지(油脂), 세탁, 포장, 피혁, 직물(염직), 통조림, 식품 등의 공장과 한약 및 미생물제제, 발효(醱酵) 공업 등

② 부유물질(SS)이 높은 폐수 : 양조, 통조림, 증류, 포장, 제지, 제혁, 식품, 니탄(泥炭), cokes재(滓) 및 gas 등의 각 공장

③ 유지(油脂)가 많은 폐수 : 금속가공, 유전(油田), 석유정제, 제혁, 양모세척, 세탁, 식품(동식물 류), 통조림 등의 각 공장

④ 색도(色度)가 높은 폐수 : 제지, 제혁, 전기도금, 직물염색, 식품, 조미료 등의 각 공장

⑤ 악취가 있는 폐수 : 화학약품, cokes 및 가스, 석유정제 등의 각 공장

⑥ 용해물질이 많은 폐수 : 화학약품, 염지(鹽漬), 야채 통조림, 제혁의 각 공장과 연수화(軟水化) 공정 등

⑦ 유해성 물질이 많은 폐수 : 화학공업, 전기도금, 제혁, pulp, 원자력 등의 각 공장

⑧ 산성 폐수 : 화학약품, 탄광, 전기도금, 제철, 산 제조, 아황산 pulp 등의 공장

⑨ 알칼리성 폐수 : 화학약품, 세탁, 제혁, 직물가공(끝처리), 비누제조, 병 세척 등의 공장

⑩ 고온폐수 : 발전소, 병 세척, 전기도금, 직물가공, 제철 등의 공장

⑪ 방사성 폐수 : 원자력 발전소, 방사능 동위원소의 사용 연구소, 병원 등

02 : 하·폐수의 발생 부하량(負荷量)

부하량이란 오염물질이 처리공정(process) 및 어느 계(system)에 가해지는 양(주로 무게량)을 말하며 보통 발생 및 유입 총량(kg/day) 또는 공정부하량($kg/m^3 \cdot day$, $kg/m^2 \cdot day$)으로 나타낸다.

(1) 하수의 오염부하량

하수의 오염부하량은 통상 BOD, COD, SS 등에 주로 사용된다.

① 유입부하량(g/day) = 오염물질농도(g/m^3) × 하수량(m^3/day)

또는, 1인당 오탁부하량(g/인·day) × 인구(인)

② 용적부하($kg/m^3 \cdot day$) = $\dfrac{\text{오염물질유입농도}(g/m^3) \times \text{유입하수량}(m^3/day) \times 10^{-3}}{\text{반응조 용적}(m^3)}$

(2) 폐수의 오염부하량

① 부하량 계산은 수처리시설의 설계(장치규모의 결정, 부지면적의 계산 등)와 운전 및 유지관리 기준 (작업표준)의 설정, 처리시설의 효율 판정 등을 명확히 하기 위한 폐수의 정량적 취급이다.

② M_p(kg/day) = C_p(kg/m^3) × Q(m^3/day)

여기서, M_p : 오염부하량(오염성분의 질량유속), C_p : 오염성분농도, Q : 폐수의 유량(부피유속)

③ 오염부하 원단위(kg/ton) = $\dfrac{\text{오염물질 발생농도}(g/m^3) \times \text{폐수 발생량}(m^3/day) \times 10^{-3}}{\text{제품생산량}(ton/day)}$

④ 산업폐수의 인구당량수 : 산업폐수의 오탁부하량이 생활폐수의 오탁부하(배출) 원단위로 몇 인분 인가를 환산한 값으로, 보통 BOD 배출량을 기준으로 한다.

$$인구당량 = \frac{폐수의 \ BOD \ 농도(g/m^3) \times 폐수량(m^3/day)}{성인 \ 1인 \ 1일당 \ BOD \ 배출량(g/인 \cdot day)}$$

$$또는, \quad \frac{폐수의 \ 유기물농도(g/m^3) \times 폐수량(m^3/day) \times BOD \ 환산계수}{성인 \ 1인 \ 1일당 \ BOD \ 배출량(g/인 \cdot day)}$$

(3) 오염성분의 제거율(처리효율)

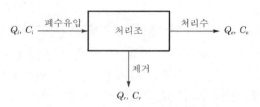

[그림 2-1] 수처리의 물질수지

① 오염성분의 질량수지

$$Q_i C_i = Q_e C_e + Q_r C_r$$

② 오염성분의 제거율(처리효율 %)

$$\frac{Q_i C_i - Q_e C_e}{Q_i C_i} \times 100 = \frac{Q_r C_r}{Q_i C_i} \times 100$$

여기서, Q_i : 유입폐수량(m^3/day), C_i : 오염성분농도(mg/L), Q_e : 처리수량(m^3/day)

C_e : 처리수농도(mg/L), C_r : 제거되는 오염성분농도(mg/L), Q_r : 제거물의 수량(m^3/day)

$Q_i C_i$: 유입폐수 중의 오염성분의 양, $Q_e C_e$: 처리수 중의 오염성분의 양

$Q_r C_r$: 제거되는 오염성분의 양

희석배수 산정

$$희석배수(P) = \frac{C_o}{C_d} = \frac{Q_d}{Q_o}$$

$$따라서, \quad C_o \cdot Q_o = C_d \cdot Q_d$$

여기서, C_o : 희석 전 농도, Q_o : 희석 전 수량, C_d : 희석 후 농도, Q_d : 희석 후 수량

03 하·폐수 처리계획

1 처리의 설계인자(設計因子)

(1) 물리적 특성(物理的特性)인자

하·폐수의 물리적 특성 중 가장 중요한 것은 총 고형물(TS) 함유량이며 이것은 부상물질(floating matter), 침전성 물질(sedimental matter), 콜로이드 물질(colloidal matter), 용해성 물질(soluble matter) 등으로 이루어진다. 그 밖에 물리적 특성으로는 냄새(odors, 악취), 색도, 탁도, 온도 등이 있다.

(2) 화학적 특성(化學的特性)인자

① 유기물질(有機物質) : 하·폐수 중에 함유되어 있는 유기물질은 주로 단백질, 탄수화물, 지방질, 휘발성 유기화합물(VOCS) 등이 있으며 그 밖에 유기할로겐화합물, 유기인계 농약, 유기염소계 살충제, 계면활성제, 벤젠화합물 등이 있다.
② 무기물질(無機物質) : pH, 알칼리도(alkalinity), 질소(nitrogen)화합물, 인(phosphorus)화합물, 황(sulfur)화합물, 염화물(chlorides), 독성 무기화합물 및 중금속 등이 있다.

(3) 생물학적 특성(生物學的特性)인자

생물학적 특성인자로는 미생물, 병원성 미생물 및 대장균, 생물독성평가(LC_{50}, EC_{50}, TLm 등) 등이 있다.

2 유기물 함량의 설계인자(設計因子)

(1) 항목

BOD, COD, ThOD, TOD, ThOC, TOC 등(※ 수질오염 개론편 Chapter 04 참조)
≫ 측정값의 비교 : ThOD > TOD > COD_{Cr} > BOD_u > ThOC > TOC > BOD_5

(2) COD, ThOD, BOD, TOC 간의 관계

폐수처리장의 운전 및 처리 효율 결정에 있어 BOD를 측정하는 것은 상당한 기간이 필요하므로 BOD, COD, TOC 간의 관계를 정하고 그 후로는 COD나 TOC만을 측정하여 그 결과치로서 BOD치를 추정하는 일이 흔히 있는데 이때 고려할 사항은 다음과 같다.
① 공장폐수의 경우 제1철, 질소화합물, 황화물, 아황산염, 기타 산화 가능한 무기물질은 COD에 포함되기 쉬우나 TOC에는 이러한 무기물질의 산소소비와는 관계없다.
② BOD나 COD에는 난분해성 유기물질과 $K_2Cr_2O_7$으로 산화되지 않는 유기물질의 산소소비량이 포함되지 않으나 TOC에는 그러한 유기탄소가 포함된다.
③ BOD 측정은 식종미생물, 희석, 온도, pH, 독성물질 등의 영향을 받지만 COD와 TOC 분석은 영향을 받지 않는다.

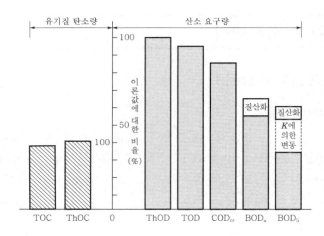

[그림 2-2] 유기질탄소량 및 산소요구량 파라미터의 대략적 비교

(3) 생물학적 처리 시의 관계 변화

처리 전에 비해 처리 후 COD/TOC 및 BOD_5/TOC 등의 값이 낮아진다.

[표 2-2] 생물학적 처리 시 COD/TOC 및 BOD_5/TOC의 변화

구 분 폐수별	COD/TOC		BOD_5/TOC의 변화	
	생폐수	처리수	생폐수	처리수
가정폐수	4.15	2.20	1.62	0.47
화학공장폐수	3.54	2.29	—	—
정유공장폐수	5.40	2.15	2.75	0.43
석유화학공장폐수	2.70	1.85	—	—

(4) ThOD와 BOD와의 관계

대부분의 경우 ThOD값이 BOD값보다 크지만 포도당(glucose)의 경우는 중크롬산칼륨($K_2Cr_2O_7$)에 의해 완전 산화되고 또한 생물학적으로도 완전 분해되므로 다음의 관계가 성립된다.

$$\underline{C_6H_{12}O_6} \quad + \quad \underline{6O_2} \quad \rightarrow \quad 6CO_2 \quad + \quad 6H_2O$$

$$\qquad 180g \qquad\qquad 192g$$
$$\text{(glucose)} \qquad \text{(COD)}$$

≫ ThOD ≃ COD ≃ BOD_u : 192g/mol-glucose

3 물질반응속도와 반응기

수질오염 개론편 Chapter 04 및 Chapter 08 참조

4 폐수처리(廢水處理)

(1) 개요(概要)

폐수(廢水) 중에 들어 있는 물질을 제거하거나 오염물질(汚染物質)이 가지는 유해성을 없앰으로써 폐수가 도입(導入)되는 하천(河川)이나 바다에 미치는 악영향을 제거(除去)하는 공작이 폐수처리(廢水處理)이다.

생산공정과 폐수와의 관계를 간단히 나타내면

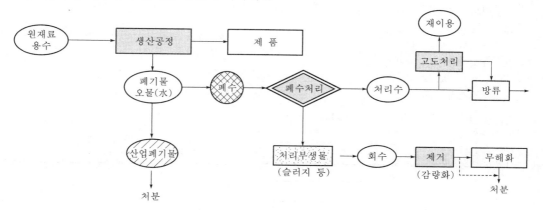

[그림 2-3] 폐수 발생 및 처리과정

(2) 폐수조사

① 공장조사 : 공장에서 사용되는 원료, 공정에 사용되는 약품, 용수 등에 대해 조사한다.

② 유량측량 : 시간, 일, 월별로 최대와 평균유량 등을 조사하여 자료로 삼는다.

③ 시료 채취와 분석 : 시료를 채취, 분석하여 정확한 자료를 확보한다.

(3) 오염부하량 산정 : 부하량이란 각 처리공정에 부여되는 유기물질, 무기물질 등의 양을 말한다.

여기에는 BOD, COD, SS, 기타 물질 등의 조사가 선행되어야 하며, 표시방법으로는 용적(容積) 부하와 F/M비가 주로 쓰인다. F/M비는 생물학적 처리에서 다루게 되며, 용적부하는 처리조(處理槽) 용적에 부하되는 유기물질의 양을 말하고, 단위는 $kgBOD/m^3-day$와 같이 나타낸다.

(4) 폐수처리 목표

① 배수의 배출허용기준 이하로 처리

② 공업용수로 재이용하기 위한 허용기준 이하로 처리

③ 총량규제 시는 허용용량 이하로 처리(환경기준 고려)

(5) 처리 전에 고려해야 할 사항

① 제조공정 개선에 따른 폐수량의 감소화 ⎫ 원료사용의 저감(低減),

② 관리방식 개선에 따른 폐수량의 감소화 ⎭ 제품의 수율(收率) 향상

③ 유용물질의 회수 ⎫ 오염부하량 감소

④ 폐수의 재사용 ⎭

⑤ 폐수의 수집
⑥ 폐수의 저류 등 } 폐수 성분별 및 처리방식별 분리, 폐수의 균등 및 균질화

(6) 폐수처리계획 수립절차

① 폐수조사 : 원재료, 용수량, 폐수량, 공정별 특성 등
② 수질분석 : 폐수 함유 성분의 시료 채취 및 분석
③ 주위환경 파악 : 지역적 조건, 방류지점, 처리요구조건 등
④ 설계조건의 결정 : 위치선정, 처리목표 등

>> 위치선정 시 고려사항
　• 수문경제적 내용
　• 도시계획 및 토지이용계획적 이용
　• 토지확보 및 처리기술
　• 경제적 측면

⑤ 종합판단에 의한 설계 : flow sheet 작성

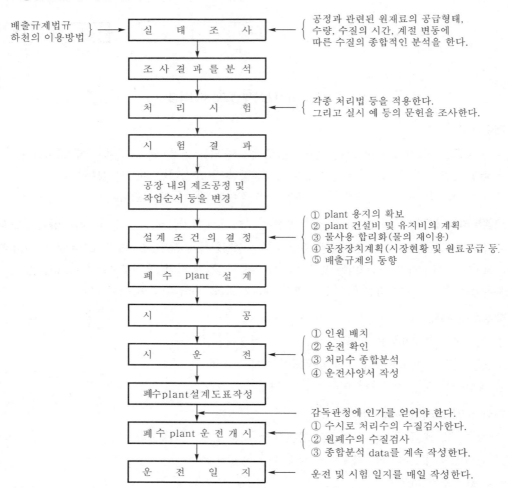

[그림 2-4] 폐수처리계획 및 설치순서

04 수처리(水處理)시설의 시공(施工)

1 시공(施工)계획

(1) 목적

처리장의 설계·시공은 환경공학 외에도 토목, 건축, 기계, 전기, 안전 등의 지식을 요하는 **종합기술**이 적용되므로 공정(工程)의 종류도 다양하고 공사조건도 복잡하다. 더욱이 공사는 대부분 옥외작업이고, 지역성, 시간성 등 여러 가지 특수성을 띠고 있으며, 새로운 기계, 재료, 공법의 개발 등으로 시공법도 크게 변화해 가고 있다. 시공계획은 공사목적을 실현하는 제반방법을 정하는 예정표로서 공사조건, 시공기술 수준과 보급도, 자재의 수급상황, 노무 등의 여러 요인을 고려해 두지 않으면 공사비에 상당한 영향을 받는다. 따라서, 시공계획의 목적은 설계도서에서 정한 위치와 규격에 합당한 공사목적물을 가장 경제적으로 완성하는 시공방법과 과정을 결정하는 것으로 여러 단위 공사의 진척사항을 일목요연하게 알 수 있도록 수립하여야 한다.

(2) 수립절차

시공계획은 계획수립이 전제가 되는 **계약조건, 설계도, 시방서 및 공사조건**을 충분히 검토한 후 시공할 작업의 범위를 결정하여야 하며, 이용가능한 자원을 최대로 활용할 수 있도록 현장의 각종 제약조건을 조사분석하고, 예정공기(工期)를 벗어나지 않는 범위에서 **가장 경제적 시공이 가능한 공법과 공정계획을 수립**해야 한다. 그리고 풍부한 시공경험을 고려한 시공계획이 좋으므로 장기간에 걸쳐 작성된 과거의 공사기록이나 동일 공사의 시공경험을 조사할 필요가 있다. 또한, 시공계획의 수립에 앞서 예비조사로서 공사조건을 면밀히 조사·분석하여 그 목적을 구체적으로 파악해야 할 것이다.

▶▶ 예비조사의 항목으로는 1. 장소, 2. 장소조건(채토 및 사토장, 운반로, 절토의 이용 포함), 3. 지질(地質)상태(생산골재, 지하수위 포함), 4. 수질, 수리, 기상, 5. 동력확보, 6. 급수 및 배수 관계, 7. 자재 및 장비 확보, 8. 교통상황(도로, 철도, 항만 등), 9. 노무(현지조달정도, 단가, 기술수준 등), 10. 인근지역조건(환경문제, 주민의식, 환경영향 평가 유무 등), 11. 유관기관(공사 관련), 12. 용지확보(보상문제 포함) 등을 들 수 있다.

2 공정(工程)계획

(1) 의의

계획의 작성에는 우선 무리없이 동시에 너무 여유가 많지 않게 실시 가능한 단위작업량의 계산이 필요하다. 단위작업량은 **투입인력과 기계의 능력범위**를 정하는 것으로 공사규모 즉, 구조물의 크기, 공법의 난이도, 현장조건(지형 및 작업면적, 기상조건 등)은 물론 전후 공사의 관계, 재료의 성질, 제작공장의 능력 등을 참작하여 정한다. 충분한 예비조사를 한 후 **공법 및 단위작업량 등이 결정**되면 전체공기와 공사비 등을 추정하기 위해 개략적인 **공정표를 작성**하는데, 이 과정에서는 일반적인 상황 하에서의 작업능률에 의해 주어진 공기 안에 공사가 완성되도록 몇 개 안을 선정하여 비교·검토하여야 한다. 만일, 도저히 공기 내에 완공이 어려운 여건이라면 설계변경 내지는 별도의 시공방법을 고려해야 한다. 공정표는 대략 기초, 본체, 마감공사로 구분하여 가능한 단위작업구간의 작업공정이 연계되도록 해야 한다.

(2) 공정표의 종류

① **막대식 공정표(bar chart)** : 공기(工期)를 가로축에, 공종(工種)을 세로축에 잡아 각 공종별로 작업기간을 도시한다.

② **좌표식 공정표(graph chart)** : 공사의 진행과정을 그래프로 표시한 공정표로서 가로축에 공기를, 세로축에 공사의 진척률(%)을 잡아 계획 및 실행에 대한 공사진행 상황을 동일 그래프상에 표시한다.

③ **네트워크식 공정표(network chart)** : 막대식이나 좌표식의 공정표가 복잡한 공사의 세부공정 파악에 결점이 있어 이의 해결을 위해 개발된 공사관리 기술로서 최근에 많이 이용되고 있다.

3 공정관리계획

(1) 목적과 과정

공사관리의 목적은 시공관리의 3요소인 **품질, 경제성, 공기** 중에서 공기(工期)를 지키기 위해 공정을 관리·통제하는 것으로, 여기서 유념할 점은 공사의 공기가 지켜진다 하더라도 공사의 과정에서 너무 무리가 있다든지, 부족한 점이 있어 공사의 품질과 경제적 측면에 나쁜 영향을 미친다면 충분한 공정관리라 할 수 없다는 점이다.

공정관리는 일반관리기법과 같이 **계획(planning) → 실시(execution) → 검토(scheduling) → 통제(controling)**의 단계를 거쳐 작성된다.

(2) 계획의 수립

관리계획의 주목적은 공정표의 작성이며, 공정표 작성과정은 **자료준비 → 순서계획 → 일정계획 → 공정표 작성** 순으로 수립한다.

4 설계도서(設計圖書)와 시방서(示方書)

(1) 설계도서

어떤 공사나 구조물의 설계에 있어서는 설계자가 의도하는 바를 그림과 글로써 나타낸다. 이처럼 설계자가 계획하는 것을 도면으로 나타내는 것을 설계도면이라 하고 설계도면으로 표현이 곤란한 것을 글로 나타내는 것을 시방서라 하는데, 이 둘을 합하여 설계도서라 한다. 설계도서는 기본설계도서와 실시설계도서로 구분한다.

〈설계도서의 작성 순서 및 내용〉

1. 표지
2. 목차
3. 설계설명서
4. 특별시방서
5. 일반시방서
6. 예정공정표
7. 동원인원계획표
8. 예산서(내역서)

9. 일위대가표

10. 자재표

11. 수량계산서(토적표)

12. 설계도면

13. 설계지침서(원본)

14. 산출기초(원본)

(2) 시방서

계약이나 도면에 표시되지 않은 기술적 사항에 대해 상세하게 기술한 서류로서 법적효력을 가지며 계약 쌍방 간에 분쟁 발생 시 이를 조정하는 유력한 근거가 된다. 또한, 시방서는 작성내용에 따라 공비절감의 중요한 포인트가 되고 있다. 시방서의 목적은 설계자가 의도하는 구조물이나 제품의 품질, 성능을 지정하는 일과 시공방식에 대하여 설계자쪽에서 시공자에게 지시하는 사항 등의 2가지로 대별된다. 전자는 공사가 완성된 후 완성품에 대해서, 후자는 공사과정을 대상으로 하고 있다.

〈시방서의 내용〉

1. 공사 위치·성질·범위

2. 현장에 관한 조항 – 용지, 설치도로, 인·허가

3. 공기, 지체상환금 및 조기완공 시 보조금

4. 보험에 관한 규정

5. 계약당사자의 책임설명

6. 지불 방법 및 조건

7. 공사량 변경에 수반되는 보정방법

8. 공사 변경 및 추가에 관한 사항

9. 분쟁조정사항

10. 한 공사의 특별한 조건에 관한 사항

11. 작업 방법, 재료, 기계에 관한 기술적 문제에 관한 조항

12. 완성구조물의 필요기능 및 보증

13. 공사완료 및 인도에 관한 사항

5 공사수량(工事數量)

공사수량이란 철근·콘크리트 등과 같이 공사를 수행하는 데 소요되는 자재나 공사의 양을 정량적으로 나타내는 것을 말하며 여기에 재료별 단가를 곱하면 직접공사비가 산출되므로 공사비 추정에 매우 중요한 과정이다. 공사수량은 산출기준에 따라 1. 설계수량, 2. 계획수량, 3. 소요수량 등의 3가지로 구분된다.

6 공사비(工事費)의 구성

① 재료비 : 직접재료비, 간접재료비(※ 시공 중에 발생하는 작업설 부산물은 그 매각액 또는 이용가치를 추산하여 재료비에서 공제)

② 노무비 : 직접노무비, 간접노무비(직접노무비의 15% 이내)

③ 경비 : 전력비, 기계경비, 운반비, 기술료, 특허권사용료, 시험검사비, 가설비, 지급임차료, 보험료, 보관료, 외주가공비, 안전관리비, 기타 경비[(재료비＋노무비＋기타 경비를 제외한 경비)×0.05 이내]

　》》 기타 경비 : 수도광열비, 연구개발비, 복리후생비, 소모품비, 여비·교통·통신비, 재세공과금 등

④ 일반관리비 : 기업의 유지관리를 위한 비용으로서 순공사원가(재료비＋노무비＋경비) 합계액의 7% 이내에서 계상, 단 관급자재는 일반관리비율의 절반(즉, 3.5%) 이내에서 계상

⑤ 이윤 : (공사원가＋일반관리비)의 10% 이내, 단 관급자재 관리비용에 대해서는 이윤을 적용하지 않음

05 처리방법 및 선택(選擇)

1 폐수처리(廢水處理)방법

공장폐수처리방법을 크게 기능별로 분류하면 다음의 물리적 처리, 화학적 처리, 생물학적 처리 등 3가지로 분류한다.

[표 2-3] 대표적 폐수처리방법

구 분	처리방법	처리원리	처리장치와 특성
물리적 처리	체분리(screening)	입자(粒子)의 크기	bar screen, rotary screen, 진동체
	침사지(沈砂池)	입자의 비중(比重) 차	수평류식, 폭기식, 와류식
	여과(濾過)	입자(粒子)의 크기	청등여과(사여과, microstrainer), 탈수여과(filter press, 진공여과, 원심분리)
	초미분(超微分) 여과	입자(粒子)의 크기	membrane filter
	투석(透析)		
	침강법	입자의 크기, 밀도 차	clarifier, thickner, 침사지, 원심분리
	단순부상(浮上)	밀도 차, 입자의 크기	유수(油水) 분리장치
	자선법(磁選法)	입자의 자성	철분 제거
	증류법	상대 휘발도	증류장치
	증발법	증기압 차(비점)	다중호용 증발기
화학적 처리	중화(中和)법	산, 알칼리 중화반응	교반반응기, 침전지
	산화환원법	산화환원반응	
	분해법	복분해, 가수분해	
	화학침전(수산화물, 황화물, 탄산염)법	용해도적, 입자의 밀도	
	응집(凝集)법	계면전위(친수성) 계면특성	응집침전, 응집부상분리, 응집여과
	부상법	계면특성	가압부상분리

구 분	처리방법	처리원리	처리장치와 특성	
화학적 처리	흡착(吸着)법	흡착특성	활성탄흡착, 합성흡착제의 사용	
	추출(抽出)법	분배계수	용제추출법	
	포말부선 분리법	계면흡착	포말부선장치	
	이온교환법 (수지흡착, 전기투석)	이온성	이온교환장치, 이온교환막, 전기투석장치	
	스트리핑(stripping)	흡수성	탈기탑	
	연소, 소각법	산화반응	연소(수중연소, 습식공기산화), 소각(다단로, 유동층 소각로, rotary kiln 등)	
생물 학적 처리	호기성 생물처리	생물산화분해	활성슬러지법, 살수여과상법, 산화지법, 회전원판법, 접촉산화법, 기타	
	혐기성 생물처리	생물환원분해	소화법(메탄 발효법), 부패조, Imhoff조, UASB, 기타	

[표 2-4] 폐수의 종류에 따른 처리방식 분류

폐수의 종류			처리방식	주요장치	
무기성 폐수	부유물	조대(粗大)	screen	bar screen, 회전쇠그물	
			자연침전	clarifier	중심부 배출형 원간부 배출형
		colloid	응집침전	현탁액 － 순환형 응집침전장치, blanket형 침전장치	
			부상법	가압식 부상장치, 진공식 부상장치	
	용해물	금속이온	약품에 의한 침전반응	현탁액 － 순환형 응집침전장치	
		탈색	응집침전, 흡착	현탁액 － blanket형 응집침전장치, 색도 － 활성탄흡착장치	
		중화	혼합교반	교반장치, pH 조절장치	
		오니	탈수	여과(가압, 진공), 원심분리, 풍건상	
유기성 폐수	부유물	조대(粗大)	screen 자연침전	bar screen, 회전 screen, clarifier	
		colloid	응집침전	현탁액 － 순환형 응집침전장치, blanket형 응집침전장치	
			부상법	진공식 부상장치, 가압식 부상장치	
			살수여상법	회전살수기, 여과상	
			활성오니법	포기장치, 침전조	
	용해물	유기물	단순포기	포기장치	
			살수여상법	생물막여과장치, 회전살수기	
			활성오니법	포기조, 침전조	
			회전원판법	회전접촉기, 침전조	
			접촉산화법	폭기장치, 접촉반응(산화)조	
			혐기성 소화법	소화조, 가온장치, 가스포집저장조	
		고농도유기물, 오니	농축·소화·탈수	농축조, 소화조, 압력여과, 원심분리, 건조	

[표 2-5] 기본적 물리·화학·생물학적 처리의 제거효율 비교

구 분		물리적 처리	화학적 처리	생물학적 처리
제거부분		침전가능물질	부유물질	생물학적 분해가능 유기물질
제거율	BOD	30%	40~50%	활성슬러지 90% 살수여과상 82% 산화지 70~80%
	부유물질	50~60%	60~85%	활성슬러지 88% 살수여과상 79% 산화지 70~80%
장단점		효율이 낮다.	화학약품 때문에 슬러지 생산이 많으며 유지비가 고가이나 인의 대량제거가 가능하다.	생물학적 처리방법 비교 참조

공장폐수는 그 특성에 따라 처리방법이 선택되며 위의 세 가지 방법이 서로 조합을 이루어 병용처리되는 것이 보통이다. 현탁성 부유물 때문에 흐려진 공장폐수는 단순히 물리적 처리, 화학적 처리방법만을 적용해도 맑게 처리되는 반면 유기물이 많이 녹아 있는 공장폐수는 다시 생물학적 처리법으로 처리하여야 완벽하다. 유기물이 많은 공장폐수에 대해서는 물리적, 화학적 처리법이 처리부하량을 감소시키는 역할을 하기 때문에 이들을 예비처리법이라고도 하며 생물학적 처리법은 종말처리법이라고도 한다. 폐수처리 계통의 예로서 도시폐수(하수)처리공정의 예를 그림 2-5에 나타내었다.

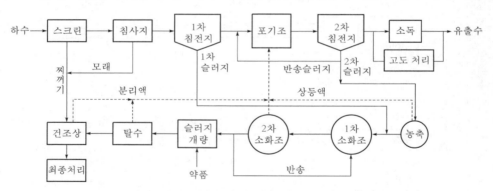

[그림 2-5] 일반적 도시하수처리 계통도

2 폐수처리장의 기본원리 및 순서

(1) 폐수처리의 일반적 순서

[표 2-6] 폐수처리의 일반적 순서

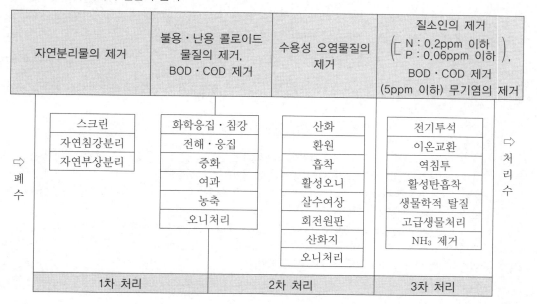

자연분리물의 제거	불용·난용 콜로이드 물질의 제거, BOD·COD 제거	수용성 오염물질의 제거	질소인의 제거 ($\begin{bmatrix} N : 0.2ppm \ 이하 \\ P : 0.06ppm \ 이하 \end{bmatrix}$), BOD·COD 제거 (5ppm 이하) 무기염의 제거
스크린 자연침강분리 자연부상분리	화학응집·침강 전해·응집 중화 여과 농축 오니처리	산화 환원 흡착 활성오니 살수여상 회전원판 산화지 오니처리	전기투석 이온교환 역침투 활성탄흡착 생물학적 탈질 고급생물처리 NH₃ 제거
1차 처리	2차 처리		3차 처리

⇨ 폐수 / 처리수 ⇨

(2) 도시하수의 처리순서

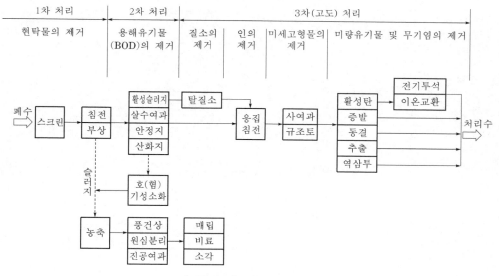

[그림 2-6] 하수처리공정

배관설비(配管設備)의 부식(腐蝕, corrosion)

1. 개요

관, 밸브, 수도꼭지 등은 사용재료에 따라 용수 내로 각종 **중금속을 용출**시키고, 맛이나 냄새를 유발시킬 수 있다. 배수관망의 부식에 의해 용접용으로 사용된 납이 용출되기도 하며 아연도강관(galvanic steel pipe)에서는 Zn이 용출되기도 한다. 관거의 부식은 미생물의 성장조건을 제공하여 **성장된 미생물은 맛과 냄새, 특히 슬라임(slime)**을 발생시키고 부식을 더욱 촉진시키는 역할을 하게 되어 먹는물의 수질을 악화시키게 된다. 따라서, **부식방지는 관의 수명은 물론 수질관리 측면에서도 필수적이다.** 수중에 있는 금속은 전기화학적인 현상, 주위의 환경요인에 의해 부식이 진행되는데 그림 2-7과 같이 전면적 부식과 국부적 부식으로 구분된다.

2. 부식의 종류

① galvanic(전지부식) : 2종 이상의 금속재료를 함께 사용 시 **이온화경향이 큰 금속이 전기화학적으로 부식된다** (예 Zn > Fe > Pb > Cu > 스테인리스 스틸).

② crevice : 산도, DO, 이온 등의 변화에 의해 시작되며 관거 내의 gasket 주위, rivet 부근이나 침전물이 있는 부근에 형성되는 부식이다.

③ erosion : 높은 유속이나 와류가 금속표면의 보호막을 파괴시켜 생기는 부식이다. 생물학적-crevice 부식지점이나 부유물질 침전부위에 미생물의 성장에 의해 생기는 부식이다.

④ pitting : 관거 표면에 불규칙한 홈(pits)이나 구멍이 생기는 것을 말하며, 주로 **표면의 작은 균열이나 흠집, 침전물 등에 의해서 부식이 시작된다.**

⑤ exfoliation(박리)과 selective leaching(선택적 침출, parting) : 박리한 깨끗한 얇은 층 밑에 부식이 형성되는 것을 말하고, 선택적 침출은 합금에서 어느 원소가 제거된 상태를 말한다.

⑥ stress corrosion : 응력에 의한 부식균열을 말한다.

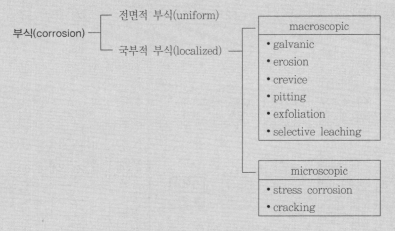

[그림 2-7] 부식의 형태

3. [표 2-7] 수질성분별 부식의 영향

성 분	영 향
pH	pH가 낮으면 부식속도를 증가시킨다. 높은 pH는 부식속도를 감소시키고 관을 보호하나 놋쇠의 탈아연화를 유발시킨다.
용존산소(DO)	여러 부식의 반응속도를 증가시키며, 특히 철과 동파이프의 부식을 촉진시킨다.
알칼리도	완충능력이 있어 pH 변화를 조절해 주며 보호막 형성을 도와 줄 수 있다. 낮거나 보통의 알칼리도에서 대부분 재료의 부식이 줄어드나 높은 알칼리도는 구리와 납의 부식을 증가시킨다.
암모니아	금속과 착화합물의 형성을 통해 구리, 납 등의 금속의 용해도를 증가시킬 수 있다.
잔류염소	금속의 부식을 증대시키며, 특히 구리, 철, 강철의 부식을 촉진시킨다.
경도(Ca, Mg)	Ca는 $CaCO_3$로 침전하여 부식을 보호(보호막 형성)하고 부식속도를 감소시켜 준다. Ca와 Mg는 알칼리도와 pH의 완충효과를 향상시킬 수 있다.
염화물과 황산염	고농도의 염화물이나 황산염은 철, 구리, 납의 부식을 증가시킨다.
황화수소(H_2S)	부식속도를 증가시킨다.
구리(Cu)	갈바닉 전지를 이룬 배관상에 흠집(구멍)을 야기한다. 따라서, 구리이온은 아연도관(galvanized pipe)의 부식을 증대시킬 수 있다.
미량금속원소	$CaCO_3$의 안정된 결정성 생성물(방해석) 형성을 억제하고 안정도가 낮아 쉽게 용해되는 결정성 생성물(선석)을 형성하기 어렵다.
총 용존고형물(TDS)	TDS가 높으면 전기전도도가 증가하고, 부식속도를 증가시킨다.
유기물	탄닌(tannins) 등의 유기물은 금속배관 표면에 보호막 형성으로 부식을 감소시키나 어떤 유기물은 금속과 착화합물을 형성하여 부식을 가속시킨다.
수온	수온이 높으면 부식을 증대시킨다. 높은 온도에 의해 $CaCO_3$, Mg, silicate, $CaSO_4$의 용해도가 감소하여 scale을 형성시킨다.

4. 부식의 방지
① pH 조정 : pH 8 이상
② DO 조정 : 0.5~2mg/L 유지
③ 방청제 주입 : 무기성 인(inorganic phosphate)(20~40mg/L), 규산나트륨(sodium silicate)(2~12mg/L), phosphate와 silicate의 혼합제 사용
　※ 지속적 주입
④ 음극 보호 : 갈바닉 음극 보호, 전해 음극 보호
　※ 관로 전체에는 가격이 높아 적용이 어렵고 주로 처리시설의 철제 탱크에 적용
⑤ 피복(coating) : coaltar, epoxy, cement 몰딩, FRP, rubber, polyethylene 등 사용
⑥ 적정 알칼리도 유지 : Ca과 알칼리도를 각각 40mg/L as $CaCO_3$ 정도 유지
　※ $Ca(OH)_2$ 사용 시 물맛을 고려해서 pH 7.5 내외 유지
⑦ LI(Langelier Index) : +값으로 유지($CaCO_3$ 피막 형성)

5. 부식지수(Corrosion Index)
① 부식의 정도를 나타내는 지수로는 LSI(Langelier Saturation Index)가 흔히 쓰인다. 물이 $CaCO_3$를 용해시키지는 않고 침전시키지도 않을 때 그 물은 안정하다고 한다. 만일 물의 pH가 평형점 이상으로 증가하면 물은 $CaCO_3$ 침전으로 결석(結石, scale)을 형성하고, 반대로 pH가 내려가면 다음 화학반응에서와 같이 $CaCO_3$를 용해시키므로 부식성이 있게 된다.

$$CaCO_3 + H^+ \rightleftarrows Ca^{2+} + HCO_3^-$$

② LSI는 어떤 물의 $CaCO_3(s)$와 평형일 때의 pH와 실제 pH와의 차를 말한다.

$$LSI = pH - pH_s = \log \frac{[H_s^+]}{[H^+]}$$

여기서, pH : 물의 실제 pH, pH_s : $CaCO_3$와 포화평형일 때의 pH

$[H^+]$: 현재 그 물의 수소이온농도

$[H_s^+]$: 물이 $CaCO_3(s)$로 포화된 경우의 수소이온농도

※ pHs값은 온도, 용해된 물질의 전 농도, Ca^{2+}농도, M－알칼리도에 좌우되며 다음 식으로 주어진다.

$$pH_s = K + 9.3 - \log[Ca^{2+}] - \log[Al_k]$$

여기서, K : Langelier 상수(온도, 용해물농도의 관계)

$[Ca^{2+}]$: Ca^{2+} 농도(ppm)

$[Al_k]$: M－알칼리도(ppm)

③ 이 지수는 H^+와 CO_3^{2-}, HCO_3^-, Ca^{2+}의 각 이온량, 온도, 용해염의 전 이론량과 상관관계를 갖고 있다.

어느 물의 LSI＝0이면 $CaCO_3(s)$와 평형이고

　　　LSI > 0이면 $CaCO_3(s)$ 과포화 → $CaCO_3$ 침전(석출) － 결석 형성

　　　LSI < 0이면 $CaCO_3(s)$ 불포화 → $CaCO_3$ 용해(부식성)

④ 결국 이 지수는 $CaCO_3$가 석출되든가, 용해가 일어나는지를 판정하는 것으로 부식방지에 필요한 석회량과는 비례 관계가 없다.

LSI < 0 : 부식이 잘 일어남

LSI = 0 : 약간의 부식성

LSI > 0 : 부식성이 없음

⑤ 개선방법 : 랑게리아지수는 pH, 칼슘경도, 알칼리도를 증가시킴으로써 개선할 수 있으며, 수돗물은 랑게리아지수가 낮아서 부식성이 강한 경우는 소석회·이산화탄소 병용법 또는 알칼리제(수산화나트륨, 소석회, 소다회) 주입으로 개선한다.

물리적 처리(物理的處理) 및 설계(設計)

01 물리적 처리 단위조작들의 적용

[표 2-8] 물리적 처리 단위조작들의 적용

단위조작	적 용
스크리닝	큰 부유물(나뭇조각, 비닐, 천조각 등)을 제거
파쇄	큰 부유물을 균등한 크기로 분쇄
유량균등조	유량 및 BOD, SS에 대한 농도 및 부하량을 일정하게 유지
혼화조	처리약품과 폐수가 잘 혼합되도록 교반, 고형물의 현탁상태 유지
침전지	침전성 고형물(grit, SS 등)을 제거(침사지, 1·2 침전지), 슬러지 농축
부상조	미세한 현탁 고형물(유분, colloid성 입자 등) 제거, 슬러지 농축
여과	미세한 현탁 고형물, 화학 또는 생물학적 처리 후 잔류현탁 고형물 제거
micro straining	스크린에 분류하기도 하나 여과와 같음(미생물 및 algae 제거)
응집침전조	침전이 잘 되도록 작은 입자(colloid성 현탁물질)들을 결합시켜 큰 입자로 형성 침전
흡착	흡착제와 피흡착제의 물리적 특성에 의해 흡착

02 스크리닝(screening)

정수장이나 폐수처리의 첫 처리 단계로서 비교적 큰 부유물을 배수관로(排水管路)에서 제거하는 방법이다.

스크린은 구조상으로 스크린의 유효간격(有效間隔)에 따라 봉(棒)스크린(rack bar screen), 격자(格子)스크린(grating screen), 망(網)스크린(fine screen) 등으로 나뉜다. 특히 조류(藻類)나 미생물을 제거하기 위해 micro strainer가 사용되는 경우도 있다. 또한, 망목(網目)의 크기에 따라 50mm 이상의 조(粗)스크린, 25~50mm의 중(中)스크린, 25mm 미만의 세(細)스크린으로 분류한다.

(1) 스크린의 설치

① 취수(取水)시설의 스크린 : 취수구(取水口)에 부유물의 유입이 방지될 수 있도록 보통 강철봉으로 된 2.5~7.5cm 정도의 조망(coarse screen)을 사용한다. screen을 통과하는 유속은 1m/sec 이하가 되도록 한다.

② 우수(雨水)용 스크린 : 원칙적으로 침사지 뒤에 설치하고 **유효간격 2.5~5cm의 강제(鋼製) 격자형**으로 하며 경사각은 긁어올리는 장치의 경우는 수평에 대해 70° 전후, 수동식일 경우는 **수평에 대하여 40~60°**로 한다.

③ 오수(汚水)용 스크린 : 원칙적으로 **침사지 전방에 설치하고 유효간격 2~2.5cm의 강제 격자형**으로 한다. 기계청소 장치 시의 경사각은 **수평에 대해 70° 전후**로 한다.

④ 폐수처리장의 스크린 : 펌프를 보호하기 위해 보통 6cm 이하의 눈을 가진 조망(粗網)을 사용한다. 스크린 설치각도는 보통 45~60°이고, 통과유속은 0.75m/sec 정도(0.6~1m/sec)가 되도록 한다.

(2) 스크린의 설계

① 설치각도는 일반적으로 기계적 청소조작을 할 때는 설치각도를 크게, 인력(人力)으로 청소할 때는 설치각도를 작게 두고 또한, 유속이 완만한 곳은 설치각도를 완만하게 하는 것이 보통이다.

② 스크린은 침사지 전후에 설치할 수 있으나 대부분 전방에 설치하고 경사각은 기계식 청소장치를 할 때에는 수평에 대해 70° 전후, 인력으로 청소할 때는 수평에 대해 45~60°로 한다.

③ 스크린 조 내의 고형물 침전을 방지하기 위해서 접근유속은 최소한 0.45m/sec이어야 하며 봉 사이를 통과하는 유속은 최소흐름이 0.6m/sec, 최대흐름이 1.0m/sec를 초과해서는 안 된다.

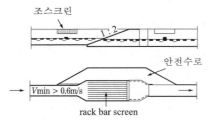

[그림 2-8] 인공청소 스크린 및 안전수로

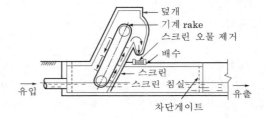

[그림 2-9] 자동식 bar screen

④ 봉(棒, bar) screen 설치부 손실수두

㉠ Kirschmer 공식

$$h_r = \beta \sin \alpha \left(\frac{t}{b}\right)^{\frac{4}{3}} \frac{V^2}{2g} \quad \cdots\cdots \boxed{1}$$

여기서, h_r : 스크린에 의한 손실수두(m), β : 스크린막대(봉)의 형상계수
α : 수평면에 대한 스크린 설치각도, t : 스크린의 막대굵기(cm)
b : 스크린의 유효간격(cm), V : 통과유속(m/sec), g : 중력가속도(9.8m/sec^2)

㉡ 유속 차에 의한 손실수두 공식

$$h_L = \frac{V_b^2 - V_a^2}{2g} \cdot \frac{1}{0.7} \quad \cdots\cdots \boxed{2}$$

여기서, h_L : 손실수두(m), V_b : 봉의 통과유속(m/sec), V_a : 접근유속(m/sec)
g : 중력가속도(9.8m/sec^2)

03 침사지(沈砂池, grit chamber)

폐수 내의 사석(砂石, grit)은 자갈, 모래, 기타 뼈나 금속부속품 등의 무거운 입자들로 구성되는데, 이들은 폐수처리장의 기계나 펌프를 손상시키고 관이 막히는 현상을 초래하게 된다. 그래서 침전지나 혼화지에 폐수가 흘러들어오기 전에 이들을 제거할 목적으로 설치한 침전방식의 구조물을 침사지라 하며, 종류로는 수평류식, 폭기식, 와류식, 수직류식 등이 있다.

(1) 설계조건(수평류식)

① 침전물질(砂石) : 비중 2.65 이상, 직경(입자경) 0.2mm 이상, 침강속도 0.0225m/sec 정도

② 침사지의 유속 : 0.15~0.30m/sec 유지

③ 침사지의 체류시간 : 30~60초

④ 소류속도(scouring velocity) : 0.225m/sec

⑤ 침사지의 깊이 : 2.5~4.0m(유효깊이 : 1.5~2m)

⑥ 침사지 바닥경사 : 1/100~1/50

⑦ 표면부하율 : 오수침사지일 경우 1,800m³/m²·일 기준

➤➤ 수로형(水路型) 침사지에서는 수평유속을 0.3m/sec 정도로 유지하기 위해 parshall flume 등의 유속통제시설을 갖춘다.

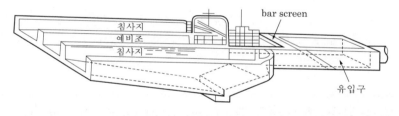

[그림 2-10] grit chamber

 1. 폭기식 침사조

　① 유속 : 0.3~0.4m/sec

　② 체류시간 : 3~4min(1~2min)

　③ 송기량 : 1~2m³/m³·hr

　④ 유효수심 : 2~3m(※ 여유고 50cm)

2. 와류식 침사조

　① 처리유량 : 0.3m³/sec(장치당)

　② 체류시간 : 30sec

(2) 침사지 설계에 사용하는 식

$$V = \frac{Q}{W \cdot H}, \quad t = \frac{W \cdot H \cdot L}{Q}$$

$$t = \frac{L}{V} = \frac{H}{V_s}$$

$$\frac{V_s}{V} = \frac{H}{L}, \quad H = \frac{V_s}{V} \cdot L$$

➤ 수면적 부하 $= \dfrac{Q}{L \cdot W} = \dfrac{Q}{A}$

침사지 면적$(L \times W) = \dfrac{Q}{\text{수면적 부하}}$

여기서, V : 침사지 내 평균유속(m/sec)
W : 침사지 폭(m)
H : 침사지의 유효수심(m)
t : 수리학적 체류시간(sec)
L : 침사지 길이(m)
V_s : 입자의 침강속도(m/sec)

(3) 소류속도(掃流速度, scouring velocity)

침사지는 침전지와 달리 모래와 같은 비교적 크고 무거운 입자를 제거시키므로 체류시간이 짧다. 따라서 수평방향으로의 이동으로 고형물이 씻겨 나가지 않도록 소류속도에 유의해야 한다. 적당한 소류속도는 0.225m/sec 정도이다.

$$V_c = \left(\frac{8\beta \cdot g (s-1)d}{f} \right)^{\frac{1}{2}}$$

여기서, V_c : 소류속도(cm/sec), β : 상수(모래인 경우 0.04), g : 중력가속도(980cm/sec^2)
s : 입자의 비중, d : 입자경, f : Darcy-Weisbach 마찰계수(콘크리트 재료인 경우 0.03)

04 유량조정조(流量調整槽, flow equalization tank)

(1) 개요

유량조정조는 예비처리시설(스크린과 침사지) 다음에 설치되어 유입 하·폐수의 유량과 수질의 변동을 흡수해서 균등화함으로써 이후 처리공정에 일정한 유량과 수질(BOD, SS 등)을 공급하여 처리효율을 향상시키는 목적으로 설치하는 시설이며, 균등조(equalization tank)라고도 한다.

(2) 설계제원

① 용량 계획 1일 최대 오수량을 넘는 유량을 일시적으로 저류하도록 정하고 배출시간의 변동이 심할 경우 다음 식으로 산정한다.

$$V = \left(\frac{Q}{T} - \frac{K \cdot Q}{24} \right) \times T$$

여기서, V : 조정조 필요용량(m^3), Q : 계획오수량(m^3/d), T : 배출시간(hr)
K : 유량조정비(1.5 이하)

② 조의 형상과 수 : 직사각형 또는 정사각형 표준, 2조 이상 원칙

③ 구조 및 수심 : 수밀한 철조콘크리트조, 3~5m 표준(여유고 0.3m)

④ 교반장치 : 침전방지나 부패방지를 위해 교반장치 또는 산기장치 설치

⑤ 공기공급 : $1.0m^3/m^3 \cdot hr$(산기식)

05 예비폭기(pre-aeration)

1 개요

(1) 하수처리에서는 하수 내에 유지류가 많을 때 흔히 사용되며, 폭기 후에 침전효율이 증대되어 BOD와 SS의 제거효율이 증대된다.

(2) 공장폐수의 경우에는 예비폭기와 유량조정조를 함께 사용하는 경우가 많다.

(3) 상수(지하수)처리에서는 이산화탄소, 황화수소 등의 가스와 철, 망간 등의 불순물을 제거하기 위해 필요하며 다단폭포, 다단층 산기기, 스프레이 노즐, 확산압축 에어탱크 방식이 이용된다.

2 설계제원(하수처리기준)

(1) **조의 형상** : 정사각형 또는 직사각형

(2) **소요폭기시간**

① 최초 침전지에서 BOD와 SS 제거효율 증대 목적 : 30~45분

② 유입하수의 냄새 제거 목적 : 10~15분(유지분도 제거)

(3) **송풍량**

① 폭기시간 30~45분인 경우 : $0.82~1.04m^3 air/m^3$

② 폭기시간 10~15분인 경우 : $0.53~0.59m^3 air/m^3$

상수(지하수)에 함유된 이산화탄소(CO_2) 등의 제거를 위한 다단산기기 이용 시 제거농도 계산식

$$\frac{C}{C_o} = e^{-Kn}$$

여기서, C : 유출수농도(mg/L), C_o : 유입수농도, K : 속도상수(0.28~0.37), n : 트레이 수

06 침전(沈澱, sedimentation)

침전은 부유물(浮遊物) 중에서 중력에 의해서 제거될 수 있는 침전성 고형물을 제거하는 것으로, 침전이 사용되는 곳은 1차 침전지, 생물학적 처리 후의 2차 침전지, 화학적 응집침전의 침전지, 농축조 등이 있고, 한편으로는 정화(淨化, clarification) 또는 농축(濃縮, thickening)이라고 말하기도 한다.

1 침전형태

(1) Ⅰ형 침전(type Ⅰ) : 독립입자의 침전

부유물농도가 낮은 상태에서 응결되지 않는 독립입자로서 침전은 입자 상호 간에 아무런 방해가 없고 단지 유체나 입자의 특성에 의해서만 영향을 받게 된다. 비중이 큰 무거운 독립입자의 침전(자연수 보통침전 및 침사지의 모래입자의 침전)이 통상 이 경우에 속하며 Stokes 법칙이 적용되는 침전의 형태이다.

(2) Ⅱ형 침전(type Ⅱ) : 응결된 부유물의 침전

생하수의 현탁고형물의 침전, 2차 침전지의 상부 및 화학적 응집 슬러지를 침전시킬 경우가 여기에 속하며 현탁입자가 침전하는 동안 응결과 병합을 일으켜 입자의 질량이 증가하여 침전속도가 빨라진다.

(3) Ⅲ형 침전(type Ⅲ) : 지역침전 또는 방해침전

Ⅰ형 및 Ⅱ형 침전 다음에 발생하는 단계로 현탁고형물의 농도가 큰 경우 가까이 위치한 입자들의 침전은 서로 방해를 받으므로 침전속도는 점차 감소하게 되며 침전하는 부유물과 상등수 간에 뚜렷한 경계면이 생긴다. 생물학적 처리의 2차 침전지 중간 정도 깊이에서의 침전형태가 이 경우에 해당한다.

(3) Ⅳ형 침전(type Ⅳ) : 압축(압밀)침전

침전된 입자들이 그 자체의 무게로 계속 압축을 가하여 입자들이 서로 접촉한 사이로 물이 빠져나가 계속 농축이 되는 현상으로 2차 침전지 및 농축조의 저부에서 침전하는 형태이다.

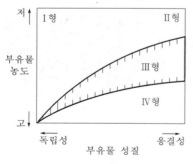

[그림 2-11] 침전형태의 분류

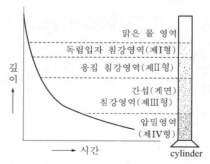

[그림 2-12] 부유물질(SS)의 침강영역

2 침전지 설계기준

(1) 최초(1차) 침전지

① 장방형 침전지의 폭과 길이의 비=1:3~5(※ 폭:깊이=1:1~2.25:1)
② 원형 침전지의 최대 직경=60m
③ 침전지의 유효수심=2.5~4m
④ 침전지 바닥기울기 $\begin{cases} \text{직사각형}: \dfrac{1}{100} \sim \dfrac{1}{50} \\ \text{원형 및 정사각형}: \dfrac{1}{20} \sim \dfrac{1}{10} \, (\text{※ 원형}: \dfrac{1}{12} \, \text{이 일반적}) \end{cases}$
⑤ 침전지 내의 폐수 체류시간=2~3(2~4)시간
⑥ 침전지 내(장방형) 평균유속=0.3~0.4m/min
⑦ 침전지 측벽의 기울기: 60° 이상
⑧ 표면부하율=25~40m^3/m^2·일
⑨ 월류 부하율=250m^3/m·일 이하
⑩ 여유고: 40~60cm

(2) 2차(최종) 침전지

① 유효수심=2.5~4m
② 고형물부하율=40~145(150~170)kg/m^2·일
③ 표면부하율=20~30m^3/m^2·일
④ 지 내 체류시간=2~5(3~5)시간
⑤ 월류위어의 부하율=190m^3/m·일
⑥ 여유고=40~60cm

(3) 응집침전지

① 체류시간=1~4시간
② 표면부하율=25~50m^3/m^2·일

3 침전지 이론 및 관계식

(1) Stokes의 침강이론

침전지에서는 유속이 극히 작아 $R_e < 0.5$ 이하이므로 Stokes의 침강속도 공식이 적용된다.

$$V_s = \frac{g(\rho_s - \rho)d^2}{18\mu} \quad \cdots\cdots\cdots\cdots\cdots\cdots\cdots\cdots\cdots\cdots\cdots\cdots\cdots\cdots\cdots\cdots\cdots\cdots \boxed{1}$$

여기서, V_s: 입자의 침강속도(cm/sec), g: 중력가속도(980cm/sec^2), ρ_s: 입자의 밀도(g/cm^3)
ρ: 액체의 밀도(g/cm^3), d: 입자의 직경(cm), μ: 액체의 점성계수(g/cm·sec)

※ R_e : Reynolds number $= \dfrac{d \cdot \rho \cdot V_s}{\mu} = \dfrac{d \cdot V_s}{\nu}$

ν(동점성계수, $\mathrm{cm^2/sec}) = \dfrac{\mu}{\rho}$

입자의 침강속도(V_s)는 입자와 액체와의 밀도 차($\rho_s - \rho$)와 입자경의 제곱(d^2)에 비례하고 점성계수(μ)에 반비례한다.

(2) 표면적부하와 침전처리효율 및 체류시간

① 표면적부하 = 수면적부하 = 표면침전율 $= \dfrac{유입수량(\mathrm{m^3/day})}{표면적(\mathrm{m^2})} = \dfrac{Q}{A}$ ················· ②

② 침전지에서 침강입자가 완전히 제거(침강)될 수 있는 조건

$V_s \geqq \dfrac{Q}{A}$ ·· ③

여기서, V_s : 입자의 침강속도(m/day), $\dfrac{Q}{A}$: 침전지 내에서의 표면적부하($\mathrm{m^3/m^2/day=m/day}$)

③ 침전지에서 100% 제거될 수 있는 입자의 침강속도 : V_0

$V_0 = \dfrac{Q}{A}$ ·· ④

≫ V_0 : 완전 제거 가능 입자 중 최소입경의 침강속도

④ 침강속도가 V_0보다 적은 입자의 침전제거효율 : E

$E = \dfrac{V_s}{V_0} = \dfrac{V_s}{Q/A}$ ·· ⑤

⑤ 체류시간(t) $= \dfrac{V}{Q}$ ·· ⑥

여기서, t : 체류시간(day), V : 조용적($\mathrm{m^3}$), Q : 유입수량($\mathrm{m^3/day}$)

≫ $t(\mathrm{hr}) = \dfrac{V(\mathrm{m^3})}{Q(\mathrm{m^3/day})} \times 24(\mathrm{hr/day})$

⑥ 월류부하($\mathrm{m^3/m/day}) = \dfrac{Q}{L}$ ·· ⑦

여기서, Q : 유입수량($\mathrm{m^3/day}$), L : 월류위어(weir)의 길이(m)

(3) 침전원리(沈澱原理) Hazen 이론 : 다음 그림 2-13에서와 같이 이상적인 직사각형 연속 수평류 침전지는 유입부(inlet zone), 유출부(outlet zone), 침전부(settling zone) 그리고 슬러지부(sludge zone)로 구분될 수 있다.

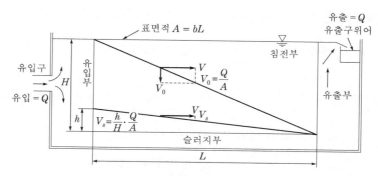

[그림 2-13] 침전효율 설명도

먼저 침전속도 V_s 인 독립입자를 가진 균일한 액체의 흐름을 생각하면 최초 위치가 h 높이인 입자의 **침전경로는 유속 V 와 침전속도 V_s의 vector의 합이 된다.** 이 입자는 침전부를 가로질러 유출부에 도달하는 순간 제거되며 같은 원리로 최초 위치가 h 보다 낮은 입자들은 모두 제거되지만 h 보다 높은 곳에 위치했던 입자들은 유출부에 도달할 때까지 슬러지부에 도달하지 못하므로 제거되지 않는다. 그러면 그림 2-13에서 모든 입자가 최초의 위치에 관계없이도 100% 제거될 수 있는 **침전속도 V_0를 가정하면 한 입자의 침전속도가 V_0보다 크면 제거될 것이고, V_0보다 작으면 최초의 위치에 따라 제거 가능성이 결정된다고 볼 수 있다.**

따라서, 앞의 그림에서 밑변이 L 이고 높이가 H 인 삼각형 내외 면적은 100% 제거를 뜻하고 **침전속도가 V_s 인 입자들의 제거율은 h/H 가 된다.** 깊이는 침전속도와 체류시간 t_0 의 적이므로 $h/H = V_s \cdot t_0 / V_0 \cdot t_0 = V_s / V_0$가 된다. 따라서 일정한 크기를 가진 입자 중에서 제거되는 부분은 다음 식과 같다.

$$E = \frac{V_s}{V_0} = \frac{V_s}{Q/A} \quad\cdots\cdots\cdots\cdots\cdots\cdots\cdots\cdots\cdots\cdots\cdots\cdots\cdots\cdots\cdots\cdots\cdots\cdots\cdots\cdots\cdots\cdots\cdots\cdots\cdots\cdots\cdots\cdots\cdots\cdots\cdots\cdots\cdots\cdots \boxed{7}$$

　　여기서, E : 침전처리효율, Q : 유량, A : 침전부의 표면적

만약 그림 2-13에서 깊이 $H/2$ 지점에 판(板)을 설치한다면 유량 Q 와 유속 V 는 변함이 없고, 침전지의 규격도 변함이 없으며 또한, 침전속도도 같으므로 제거율 V_s / V_0 가 2배로 된다. 즉, 입자가 제거되기 위해 침전 깊이가 반으로 줄어드는 대신 침전지의 유효 표면적이 두 배가 되는 셈이다. 따라서, 침전지에서 **침전효율은 침전지의 깊이에는 관계없고 표면적에 의해서 좌우된다고 할 수 있다.**

그림 2-14에서 표면침전율이 V_s 인 경우 침전

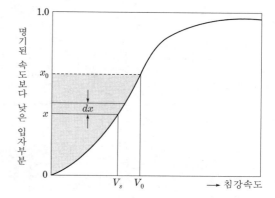

[그림 2-14] 독립입자 제거효율 곡선

속도가 V_0 와 같거나 큰 독립입자는 완전히 제거되며 전체 입자 중에서 제작되는 율은 침전속도가 V_0 보다 낮은 입자의 양 x_0 를 뺀 $1 - x_0$ 와 같다. 침전속도 $V_s \leq V_0$인 V_s를 가진 각 입자들의

경우 침전제거율은 V_s / V_0 와 같다고 앞에서 설명하였다. 그러므로 여러 크기의 입자를 생각할 때 이들 입자의 제거율은 $\int_0^{x_0} \dfrac{V_s}{V_0} dx$ 와 같고, 제거율 R 은 다음 식으로 표현된다.

$$R = (1 - x_0) + \frac{1}{V_0} \int_0^{x_0} V_s \, dx = (1 - x_0) + \frac{1}{V_0} \Sigma \, V_s \, dx \quad \cdots\cdots\cdots\cdots\cdots\cdots\cdots\cdots \boxed{8}$$

여기서, $1 - x_0$: 침강속도 V_s 가 V_0 보다 큰 입자의 분율

$\dfrac{1}{V_0} \int_0^{x_0} V_s \, dx$: 침강속도 V_s 가 V_0 보다 작은 입자의 분율

앞 식의 두 번째 항은 그림 2-14에서 검게 한 부분과 같으며 침전분석곡선을 기하학적으로 적분함으로써 결정할 수 있다.

▶▶ 침전지의 $\dfrac{Q}{A}$ 가 적을수록 침전에 유리하다.

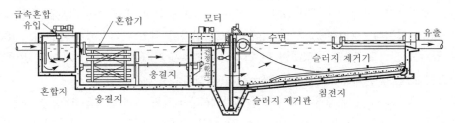

[그림 2-15] 응집처리시설 직사각형 침전지

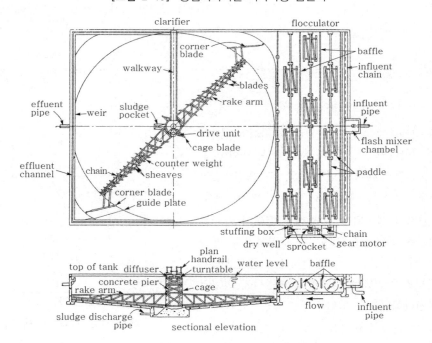

[그림 2-16] 응집처리시설 정사각형 침전지

(4) 경사판 설치에 의한 유효분리면적

침전처리효율은 표면적에 의해 좌우되므로 침전효율을 높이기 위해 침전지에 경사판을 삽입, 침전지 분리면적을 증가시킨다.

$$경사판\ 유효분리면적(m^2) = n \cdot a \cdot \cos\theta \quad \cdots\cdots 9$$

여기서, n : 경사판 매수, a : 경사판 면적(m^2)
θ : 수평면에 대한 경사판 설치각도

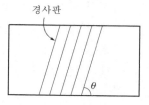

[그림 2-17] 경사판 설치

07 부상(浮上, floatation)법

(1) 개요

부상법은 폐수 내에 비중이 물과 비슷하거나 물보다 가벼운 부상물질(浮上物質)이 많은 경우에 **침전법에서의 가라앉히는 방법 대신에 부상시키는 방법**으로, 침전지의 모양을 뒤집어 놓은 형태라고 생각하면 된다.

부상방법에는 기름성분과 같은 가벼운 입자의 자연부상(유수분리)도 있지만 기포를 이용한 공기부상(空氣浮上, air−floatation), 용존공기부상(溶存空氣浮上, dissolved air−floatation), 진공부상(眞空浮上, vacuum floatation) 등의 3가지가 있다.

① 공기부상 : 폭기의 경우와 같이 부상조 내부에 공기를 불어 넣어 공기방울에 액체 내의 입자가 엉겨붙어서 **부력에 의해 상승시키는 방법**으로 scum이 잘 형성되는 폐수에 적용된다.

② 용존공기부상 : 공기를 압력하에 액체 속으로 주입시켜 더 많은 공기를 용해시킨 후 이 용액을 대기압으로 노출시킬 때 매우 작은 **공기방울들의 상승효과를 이용하는 방법**으로 현장에서 스컴을 제거하기 용이한 장점이 있어 가장 많이 사용되고 있다.

③ 진공부상 : 용액을 진공상태로 노출시킬 때 용해도가 감소하여 포화된 공기 및 기체가 작은 기포방울로 튀어나오게 됨에 따라 입자와 엉겨붙어서 상승하는 현상을 이용하는 방법으로 **악취가 있는 폐수에는 적용이 곤란하다.**

(2) 부상속도공식

부상속도에도 Stokes의 법칙이 적용된다.

$$V_f = \frac{g(\rho_w - \rho_s)d^2}{18\mu} \quad \cdots\cdots 1$$

여기서, V_f : 입자의 상승속도(cm/sec), g : 중력가속도(980cm/sec^2)
ρ_w : 폐수의 밀도(g/cm^3), ρ_s : 부상입자의 밀도(g/cm^3)
d : 기체가 부착한 고체입자의 지름(cm), μ : 폐수의 점성계수(g/cm·sec)

(3) 부상조 설계 시의 적용 관계식

부상조의 설계를 위하여는 A/S(공기/고형물)의 비, 공기의 용해도, 운전 시의 압력과 압력탱크의 고형물(固形物)농도 등을 고려하며, 유출수를 압력탱크 내로 반송시켜서 사용하는 경우(다른 경우는 유입수에 직접 압력을 가한다)에는 반송률도 고려해야 한다.

① 기본공식(반송이 없는 경우)

$$A/S = \frac{1.3S_a(f \cdot P - 1)}{S} \quad\quad\quad\quad\quad\quad\quad\quad\quad\quad\quad\quad\quad\quad\quad\quad\boxed{2}$$

여기서 S_a 는 1기압(1atm)에서 공기의 용해도로, 0℃에서는 29.2, 10℃에서는 22.8, 20℃에서는 18.7, 30℃에서는 15.7cm^3/L(또는 mL/L)이다. f 는 압력 P 에 있어서 용존되는 공기의 전체 공기량에 대한 비율인데, 0.5가 대표적이다. P 는 가압 탱크 내의 압력(atm), S 는 원수 내의 고형물질의 농도(mg/L)이고 1.3은 공기밀도(mg/mL)이다.

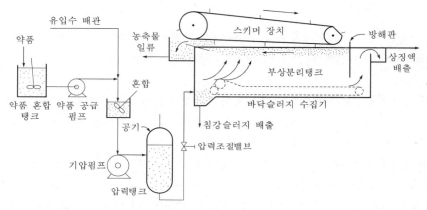

[그림 2-18] 용존공기 부상지의 계통도(순환시키지 않을 때)

② 반송을 시키는 경우

$$A/S = \frac{1.3S_a(f \cdot P - 1)}{S} \cdot \frac{R}{Q} \quad \left(\frac{R}{Q} : 반송률\right) \quad\quad\quad\quad\quad\quad\boxed{3}$$

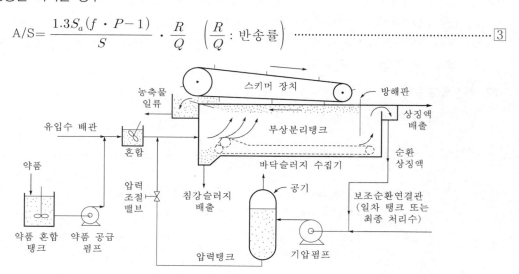

[그림 2-19] 용존공기 부상지의 계통도(순환시킬 때)

설계조건

① 압력 : 2.5~4.5kg/cm²   ② 반송비(R) : 0.15~1.5

③ 체류시간 : 20~30분   ④ 부상속도 : 6~16cm/min

⑤ 표면적부하 : 90~120m³/m²·d   ⑥ 가압탱크 체류시간 : 1~2min

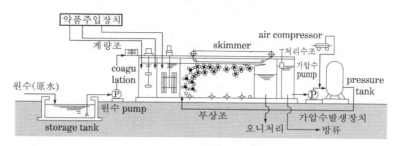

[그림 2-20] 응집가압부상 분리장치의 flow sheet

08 여과(濾過, filteration)

폐수를 다공질여재(모래, 무연탄, 규조토, 섬유 등)에 통과시켜 물속에 포함되어 있는 부유물(浮游物)을 제거하는 조작으로, 크게 완속여과(緩速濾過)와 급속여과로 나눈다.

1 여과면적

$$A = \frac{Q}{V} \quad\cdots\cdots\cdots\cdots\cdots\cdots\cdots\cdots\cdots\cdots\cdots\cdots\cdots\cdots\cdots\cdots\cdots\cdots\cdots\cdots\cdots\cdots\cdots\cdots\cdots\cdots\cdots\cdots\cdots\cdots\cdots\cdots \boxed{1}$$

여기서, A : 여과지면적(m²), Q : 여과수량(m³/day), V : 여과속도(m/day)

2 유효경(effective size)과 균등계수(均等係數, uniformity coefficient)

$$U = \frac{P_{60}}{P_{10}} \geqq 1 \quad\cdots\cdots\cdots\cdots\cdots\cdots\cdots\cdots\cdots\cdots\cdots\cdots\cdots\cdots\cdots\cdots\cdots\cdots\cdots\cdots\cdots\cdots\cdots\cdots\cdots\cdots\cdots \boxed{2}$$

여기서, U : 균등계수, P_{60} : 60%를 통과시킨 체눈의 크기, P_{10} : 10%를 통과시킨 체눈의 크기(유효경)

≫ 유효경 즉, 입경(粒徑)이 작을수록 세균이나 부유물질의 제거효과는 좋지만 반면 쉽게 막힘이 일어나고, 균등계수가 클수록 큰 입자의 혼합 차가 크며 모래의 공극률(空隙率)이 작아지고 여과저항이 증대한다. 또한, 균등계수 U 가 1에 가까울수록 입도분포(粒度分布)가 양호하다고 하며, 1이 넘을수록 불량하다고 한다.

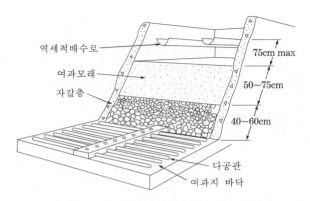

역세척배수로

여과모래

자갈층

75cm max

50~75cm

40~60cm

다공관

여과지 바닥

[그림 2-21] 전형적인 급속여과지의 단면

3 여과방법 분류

(1) 흐름(통과) 방향에 의한 분류

① 하향식 여과(downflow filter)

② 상향류 여과(upflow filter)

③ 양방향 여과(biflow filter)

(2) 여상의 형태에 따른 분류 : 단층여과, 다층여과

(3) 여상의 추진력에 의한 분류 : 중력식 여과, 압력식 여과

(4) 유량조절방법에 따른 분류 : 일정유량 여과, 감소유량 여과

(5) 여과속도에 의한 분류 : 완속여과, 급속여과

[표 2-9] 완속여과와 급속여과의 비교

항 목	완속여과	급속여과
여과속도	5~10m/day	100~200m/day
약품처리	—	필수조건이다.
세균제거	좋다.	나쁘다.
손실수두	작다.	크다.
건설비	크다.	작다.
유지관리비	적다.	많다(약품 사용).
수질과의 관계	저탁도에 적합	고탁도, 고색도, 조류가 많을 때
여재세척	시간과 인력이 소요된다.	자동 시스템으로 적게 든다.

09 micro strainer(체처리방법)

(1) 처리 일반

보통 이 체는 회전드럼에 미세공을 갖는 망을 부착하여 수중에 부유하고 있는 미세부유물, 미생물 및 조류 등을 여과하는 장치로서, microscreen으로 분류하기도 한다.

하수 및 폐수 처리에 적용되는 경우를 보면,

① 3차 처리 : 최종 침전지 상징수의 부유물 제거

② 소포용 노즐 폐쇄방지 : 최종 침전수를 소포용으로 쓸 경우 150mesh체를 사용

③ 살수여과상 유출수의 처리

④ 제지공장의 폐수처리 : 방류수를 처리하여 슬러지는 원료로 이용하고 물은 다시 공업용수로 사용

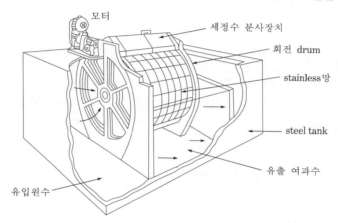

[그림 2-22] 폐수처리에 이용되는 마이크로스트레이너

(2) 설계기준

① 스크린 크기 : $20{\sim}35\mu$m(STS 또는 polyester, 스크린천 등)

② 수량부하속도 : $(3{\sim}6)\times10^{-3}\,$m^3/m^2·min(드럼의 침적면적 기준)

③ 수두손실 : 75~150mm(200mm 이상일 때는 bypass)

④ 드럼침적률 : 높이의 70~75%, 면적의 60~70%

⑤ 드럼직경 : 2.5~5m(작게 할수록 역세소요량 증가)

⑥ 드럼회전속도 : 수두손실 75mm일 때 − 4.5m/min

　　　　　　　　　　수두손실 15mm일 때 − 35~45m/min

　　　　　　　　　　※ 최대회전속도 45m/min 이하

10 흡착(吸着, adsorption)

흡착은 용액 중의 분자가 물리적 혹은 화학적 결합력에 의해서 고체 표면에 붙은 현상으로서 이때 달라붙는 분자를 피흡착제(被吸着劑, adsorbate), 분자가 달라붙을 수 있도록 표면을 제공하는 물질을 흡착제(adsorbent)라고 한다. 일반적으로 흡착에는 물리흡착, 화학흡착, 교환흡착(exchange adsorption)의 세 가지가 있다.

(1) 흡착대상(吸着對相)

① 정수나 폐수의 생물학적 처리를 방해하는 화학약품 폐수
② 생물학적으로 분해가 어려운 화학물질 및 미처리 유기물
③ 강이나 하천의 생태계(生態系)에 중대한 영향을 미치는 독성물질
④ 냄새나 색도

(2) 흡착과정(吸着過程)

흡착과정은 다음의 3단계를 거쳐서 일어난다고 생각할 수 있다.
① 흡착제 주위의 막을 통하여 피흡착제의 분자가 이동하는 단계
② 만약 흡착제가 공극(空隙)을 가졌다면 공극을 통하여 피흡착제가 확산하는 단계
③ 흡착제 활성표면에 피흡착제의 분자가 흡착되면서 피흡착제와 흡착제 사이에 결합이 이루어지는 단계

(3) 등온흡착식(等溫吸着式, adsorption isotherms)

① Freundlich 공식 $\dfrac{X}{M} = K C^{\frac{1}{n}}$ ⋯⋯⋯⋯⋯⋯⋯⋯⋯⋯ ①

② Langmuir 공식 $\dfrac{X}{M} = \dfrac{abC}{1+bC}$ ⋯⋯⋯⋯⋯⋯⋯⋯⋯⋯ ②

여기서, X : 흡착된 용질량, M : 흡착제의 중량, $\dfrac{X}{M}$: 흡착제의 단위중량당 흡착량

C : 흡착이 평형상태에 도달했을 때에 용액 내에 남아 있는 피흡착제의 농도
K, n, a, b : 경험적 상수
※ 활성탄 액상흡착에는 보통 Freundlich식이 사용된다.

③ 상기 공식들을 직선함수식($y = aX + b$ 형) 즉, 선형식으로 표시하면

$\log\dfrac{X}{M} = \dfrac{1}{n}\log C + \log K$ ⋯⋯⋯⋯⋯⋯⋯ ③ (①식의 양변에 log를 취해 정리)

$\dfrac{C}{X/M} = \dfrac{1}{a}C + \dfrac{1}{ab}$ ⋯⋯⋯⋯⋯⋯⋯ ④ (②식의 분모, 분자를 ab로 나누어 정리)

④ B · E · T(Brunauer, Emmet & Teller) 등온식

$\dfrac{X}{M} = \dfrac{A \cdot B \cdot C}{(C_s - C)[1 + (B-1)(C/C_s)]}$ ⋯⋯⋯⋯⋯⋯⋯ ⑤

여기서, C_s : 포화농도, A, B : 상수(단분자층이 흡착될 때 최대흡착량과 흡착에너지에 관한 정수)

이 식은 Langmuir의 단분자(單分子) 모델에 반하여, 흡착제 표면에 피흡착제 분자가 서서히 겹쳐 무한히 흡착되는 다분자층 모델로서 활성탄의 물성을 표시하는 비표면적 산출에 종종 이용된다.

(4) 파과(破過)곡선(break through curve)과 흡착대(吸着 帶)

활성탄 충진층에 처리할 물을 통수시켜 흡착질을 흡착시키면 통수 초기에는 맑은 처리수가 얻어지나 처리수량이 증가함에 따라 층유출수의 흡착질은 농도를 증가하여 점차로 유출수의 수질이 악화된다. 일정한 통수 조건하에서 처리수 중의 흡착질이 허용치에 달한 점을 파과점(break point)이라 하고 파과점을 넘어서 통수를 계속하면 처리수의 흡착질은 급격히 증가하여 원수농도에 가까워진다. 처리수량과 처리수농도의 관계를 그림 2−23과 같이 표시한 곡선을 파과곡선이라 하고 그 종료농도를 종말점(end point)이라 한다. 고정층 흡착장치의 설계에 있어 가장 중요한 것은 파과특성이 어떠한가를 아는 일이다.

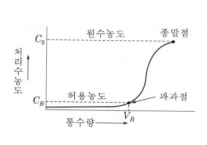

[그림 2-23] 파과곡선

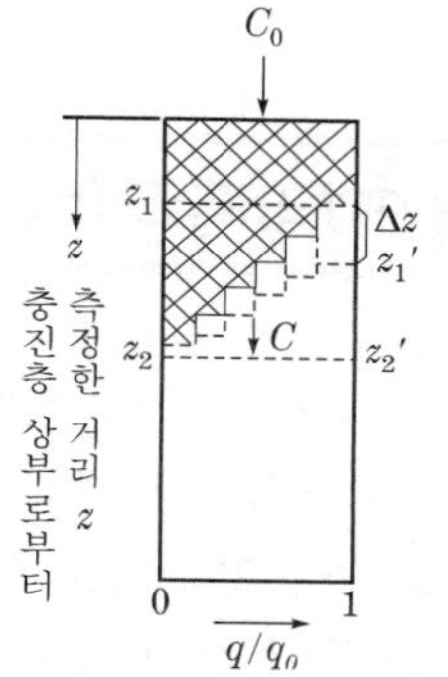

[그림 2-24] 흡착대의 형성

그림 2−24에서와 같은 흡착량의 분포를 가정할 때 column 입구로부터 측정하여 z_1 위치까지의 활성탄층은 흡착질로 포화되어 그 이상 흡착능력이 없다. z_1에서 더 층 내를 진행하여 z_2를 지나면 흡착질 농도는 거의 0까지 저하한다. 이 경우 흡착이 실제 일어나고 있는 것은 $z_1 \sim z_2$ 사이이며 이 부분을 **흡착대**라 한다.

흡착대는 처리수량이 증가함에 따라 층 내를 이동하여 흡착대의 선단이 충진층 저부에 달했을 때가 파과점이 된다. 통수를 시작하여 파과점까지의 경과시간을 **파과시간** 또는 **관류(貫流)시간**이라 한다.

화학적 처리는 폐수의 성상 및 공정의 종류에 따라 목적이 다양한데 가장 널리 사용되고 있는 것은 화학침전에 의한 미세한 현탁물질 및 COD 제거, 생물학적 처리를 위한 pH 조절, CN^-의 산화처리, Cr^{6+}의 환원처리, N 및 P 제거, 그리고 소독과 경도 제거 등을 들 수 있는데 물리적 처리와 마찬가지로 단독처리 공정보다는 상황에 따라 복합적으로 병용해서 처리 system을 이룬다.

01 중화(中和)처리(pH 조절)

(1) 개요

중화란 산과 염기가 반응하여 염(塩)과 물을 생성하는 반응을 말하나, 여기서는 pH 7로 한다는 의미보다는 광의적으로 pH 조정의 의미를 띤다. 산성 폐수로서는 광산으로부터의 항내수, 제련소, 금속표면처리공장 등의 폐수를 들 수 있고 알칼리성 폐수는 제지공장, 피혁공장, 석유정제공장 등의 폐수가 있다.

(2) 중화제

① 산성 폐수 중화제

[표 2-10] 산성 폐수 중화제

구 분	중화제	특 성
알칼리금속염	가성소다(NaOH) 수용액 소다회(Na_2CO_3)	• 용해도가 크므로 용액 주입이 용이하고 반응력이 크다. • 값이 비싸다. • 반응이 빠르고 pH 조정이 정확하다. • 반응생성물이 가용성이 많다.
알칼리토금속염	소석회[$Ca(OH)_2$] 생석회(CaO)	• 용해도가 낮아서 미분말 또는 slurry 상태로 주입한다. • 값이 저렴하다. • 반응성이 낮다. • 응집효과가 다소 있으나 반응생성물은 불용성이 많아서 슬러지량이 많이 발생한다.
탄산염	석회석($CaCO_3$) dolomite[$CaMg(CO_3)_2$]	• 용해도가 낮아서 미분말 또는 현탁액으로 주입한다. • 값이 저렴하다 • 반응시간이 길다. • 중화 후 pH 5 이상으로 하고자 할 때 부적합하다(중화 시 CO_2 생성). ※ 석회석층 통과에 의한 중화방법은 H_2SO_4 함유율이 0.6% 이상인 폐수에는 적용하기 어렵다($CaSO_4$ 생성).

(3) 알칼리성 폐수 중화제

[표 2-11] 알칼리성 폐수 중화제

중화제	특 성
황산(H_2SO_4)	• 부식성이 강하다. • 주입 시 안전에 유의해야 한다.
염산(HCl)	황산에 비해 휘발성이 높고 부식성도 강하다.
탄산가스(CO_2)	연돌에서 나오는 CO_2를 이용하는 방법으로 약산성이므로 탄산가스를 과량 가해도 강산성이 될 우려가 없다.

(4) 중화조

중화조에는 유입구, 유출구, 입구 baffle, 교반기, 유출 트러프가 설치된다. 탱크의 체류시간은 5~30분의 범위이고, 평균 15분 정도가 바람직하다. 조 내에서 침전이 일어나서는 안 되므로 aeration 하는 경우도 많다. 자동적으로 중화시키기 위해서는 pH 미터를 장치하는데 이때는 pH 전극에 부유물이 부착되어 감도가 저하되지 않도록 주의한다.

약품주입장치는 산이나 알칼리를 탱크에서 용액상태로 전자밸브를 이용, 다이아프램 펌프에 의해 압력주입한다.

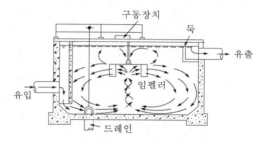

[그림 2-25] 중화탱크

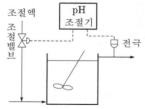

[그림 2-26] 단일반응탱크에 의한 제어회로

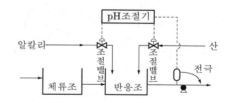

[그림 2-27] pH 부하가 큰 경우의 제어회로

(5) 중화관계 공식

① 중화적정식

$$N_a \cdot V_a = N_b \cdot V_b$$

여기서, N_a : 산의 규정농도(N농도), V_a : 산의 부피, N_b : 염기의 규정농도(N농도)

　　　　V_b : 염기의 부피 ※ N농도＝g 당량/L＝eq/L

② 액성이 같은 용액 혼합 시 농도

$$N = \frac{N_1 V_1 + N_2 V_2}{V_1 + V_2}$$

여기서, N : 혼합용액의 $[H^+]$ 또는 $[OH^-]$

③ 액성이 다른 용액 혼합시 농도

$$N = \frac{N_1 V_1 - N_2 V_2}{V_1 + V_2}$$

여기서, N : 중화 후 남은 산$[H^+]$ 농도 또는 염기$[OH^-]$농도

(6) 금속이온의 중화처리

일반적으로 산성인 폐수에 금속이온이 함유되어 있을 경우 알칼리 중화제를 가하면 금속의 수산화물
이 형성되어 침전이 일어난다. 참고로 금속 ion의 용해도와 pH와의 관계를 표 2−12와 그림 2−28에
나타내었다.

[표 2-12] 침전을 생성할 때의 pH 계열

H^+	10^{-4}	10^{-5}	10^{-6}	10^{-7}	10^{-8}	10^{-9}	10^{-10}	10^{-11}
금 속 이 온	Fe^{3+}	Al^{3+}	Zn^{2+} Cu^{2+} Cr^{3+}	Fe^{2+} Pb^{2+}	Ni^{2+} Cd^{2+} Co^{2+}	Hg^{2+} Mn^{2+}	−	Mg^{2+}

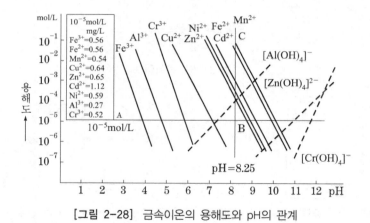

[그림 2-28] 금속이온의 용해도와 pH의 관계

그림 2−28에서는 중화처리로 금속이온을 제거하는 데 필요한 최적의 pH 조건을 알 수 있다. 특히
Al, Zn, Cr 등은 pH가 높아지면 수산화물 침전이 재용해되는 성질이 있어 유의해야 한다.

(7) 용해도적(K_{sp})과 수처리와의 관계

$$A_m B_n \rightleftharpoons m A^{n+} + n B^{m-}$$

$$K_{sp} = [A^{n+}]^m [B^{m-}]^n \cdots\cdots \text{일정값(상수)}$$

$$[A^{n+}]^m [B^{m-}]^n < K_{sp} : \text{침전이 일어나지 않음(불포화)}$$

$$[A^{n+}]^m [B^{m-}]^n > K_{sp} : \text{침전이 일어남(과포화)}$$

$$[A^{n+}]^m [B^{m-}]^n = K_{sp} : \text{포화상태}$$

(8) pH 조절 시의 유의사항

① 완충(緩衝)작용(buffer action)
② 온도(溫度)의 영향

(9) 혼합(混合)과 교반 장치

① 도수판(baffle)이 달린 수로(水路)
② 공기에 의한 혼합(폭기장치)
③ 기계식 교반 : impeller의 모양에 따라 3가지로 구분
　 paddle형, turbine형, propeller형

02 화학적 응집(凝集)처리

응집은 진흙입자, 유기물, 세균, 조류, 색소, 콜로이드(colloids) 등 탁도(濁度)를 일으키는 colloid 상태의 불순물과 무기인산염을 제거하기 위하여 채택되며 때로는 맛과 냄새(odor)도 제거되므로 오염된 지표수 및 각종 폐수처리에 많이 이용되는 단위공법이다.

1 원리(原理)

(1) 폐수 중에 현탁되어 있는 미립자(微粒子) 즉, colloid성 입자는 그 크기($10^{-6} \sim 10^{-4}$mm)가 매우 작아서 비중이 물과 거의 같기 때문에 잘 가라앉지도 않고 표면에 떠오르지도 않아 매우 안정하게 현탁되어 있으며, 또한 $\oplus$ 또는 $\ominus$의 같은 전하끼리 대전하고 있어 서로 반발을 일으켜 더욱 침전하기 어렵다. 즉, colloid성 입자는 zeta potential(전기적 반발력 관련), Van der Waals force(전기적 인력), 중력(重力)에 의해서 전기역학적으로 평형되어 있다. 응집은 이러한 입자의 zeta 전위를 화학약품을 첨가하여 전기적 중화에 의한 반발력을 감소시키고 입자를 충돌시켜 입자끼리 크게 뭉치게 하여 침전시키는 방법으로, 이때 가한 화학약품을 응집제라 하고 입자의 덩어리를 floc이라 한다.

(2) 지금 부(負)로 대전하고 있는 colloid액 중에 cation계 응집제를 가하면 그림 2-29와 같이 전기적으로 중화(zeta 전위 감소)가 일어나 응집이 완결된다.

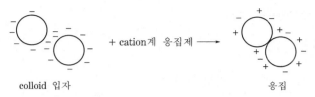

[그림 2-29] 전기적 중화의 개념도

수처리에 가장 많이 사용되는 응집제는 **명반(alum)**과 **철염**으로서 명반을 물에 주입하면 **알칼리도와 반응하여 Al(OH)₃의 응결작용으로 응집**이 일어난다.

$$Al_2(SO_4)_3 \cdot 18H_2O + 3Ca(HCO_3)_2 \rightarrow 2Al(OH)_3 \downarrow + 3CaSO_4 + 6CO_2 + 18H_2O$$
$$2FeCl_3 + 3Ca(HCO_3)_2 \rightarrow 2Fe(OH)_3 \downarrow + 3CaCl_2 + 6CO_2$$

이때 대상 폐수의 알칼리도가 낮으면 석회나 소다회 등의 알칼리를 가해 알칼리도를 보강해 주어야 한다.

(3) 응집의 다른 현상은 **가교작용(架橋作用)**이다. 고분자(高分子)응집제는 분자 중의 몇 개의 극성기 (極性基)를 가지고 있어 이 극성이 대전입자에 접착하여 **입자와 입자 간에 가교를 놓는 작용**으로 입자가 크게 된다.

[그림 2-30] 가교(interparticulate bridging)의 개념도

(4) 응집 메커니즘의 또 다른 역할은 형성된 floc 입자들에 의한 **체거름현상(enmeshment of particle)**에 의한 응집(sweep coagulation)이 있다.

(5) **응집의 형태**

① 금속수산화물에 의한 응집
② 전해질에 의한 colloid 입자의 응집
③ 계면활성제에 의한 응집
④ 고분자 물질에 의한 응집

(6) **응집의 효과**

① 침강성 촉진
② 상징수의 청징성(淸澄性) 개선
③ 여과성의 개선

2 응집제 및 응집보조제

종전에는 무기응집제가 많이 사용되어 왔으나 근래에는 고분자응집제 사용이 진보되어 단독 또는 다른 무기계 응집제와 같이 병용하는 형태로 많이 이용되고 있다.

(1) 응집제의 종류

[표 2-13] 응집제의 종류

구 분	물질명	기호 또는 조성	비 고
무기성	황산알루미늄(aluminum sulfate)(유산반토)	$Al_2(SO_4)_3 \cdot 18H_2O$	alum
	황산 제1철(ferrous sulfate)	$FeSO_4 \cdot 7H_2O$	녹반
	황산 제2철(ferric sulfate)	$Fe_2(SO_4)_3$	
	염화 제2철(ferric chloride)	$FeCl_3 \cdot 6H_2O$	
	칼륨명반(aluminum potassium sulfate)	$Al_2(SO_4)_3K_2SO_4 \cdot 24H_2O$	
	폴리염화알루미늄 (PAC : polyaluminium chloride)	$[Al_2(OH)_nCl_{6-n}]_m$	무기고분자 응집제
	알루민산나트륨(sodium aluminate)	$NaAlO_2$	
	암모늄명반(aluminium ammonium sulfate)	$Al_2(SO_4)_3(NH_4)_2SO_4 \cdot 24H_2O$	
	염화코퍼러스(chlorinated copperas)	$FeCl_2 + Fe(SO_4)_3$	
	페록(상품명)	$FeCl_2 + FeSO_4 \cdot 7H_2O$	
	점토(bentonite)	$Al_2O_3 \cdot Fe_2O_3 \cdot 3MgO \cdot 4SiO_2 \cdot 7H_2O$	응집조제
	수산화칼슘(calcium hydroxide)(소석회)	$Ca(OH)_2$	응집조제
	산화칼슘(calcium oxide)(생석회)	CaO	응집조제
	활성규산	$x SiO_2$	응집조제
유기성	고분자응집제 양이온 계면활성제	polyacrylamide, polyethylene amine dodecylamine의 초산염 octadecyl amine의 초산염	
	음이온 계면활성제	라우르산나트륨 dodecyl benzene sulfonate	

(2) 무기응집제의 특성

[표 2-14] 각 무기응집제의 특성

품 명	장 점	단 점	응집적정 pH
황산반토 (황산알루미늄)	• 여러 폐수에 적용된다. • 결정은 부식성, 자극성이 없고 취급이 쉽다. • 철염과 같이 시설을 더럽히지 않는다. • 저렴, 무독성 때문에 취급이 용이하고 대량 첨가가 가능하다.	• 응집 pH 범위(5.5~8.5)가 좁다. • floc이 가볍다.	pH 5.5~8.5
PAC	• floc 형성속도가 빠르다. • 성능이 좋다(Al의 3~4배). • 저온 열화(劣化)하지 않는다. • pH 범위가 넓으며 알칼리도 저하가 적다.	• 고가이다. • 한랭지에서는 보온이 필요하다. • 황산알루미늄과 혼합 사용 시 송액관의 막힘이 발생한다.	범위가 넓음

품 명	장 점	단 점	응집적정 pH
황산제1철	• floc이 무겁고 침강이 빠르다. • 값이 저렴하다. • pH가 높아도 용해되지 않는다.	• 산화할 필요가 있다. • 철이온이 잔류한다. • 부식성이 강하다.	pH 9~11
염화제2철	• 응집 pH 범위가 넓다(pH 3.5 이상). • floc이 무겁고 침강이 빠르다.	• 부식성이 강하다.	pH 4~12

(3) 유기고분자응집제의 특성

① 황산알루미늄(alum)만으로 처리하기 어려운 폐수에 유효하다.

② 첨가한 응집제의 석출이 일어나지 않는다(알루미늄의 경우 침전석출이 일어날 수가 있다).

③ pH가 변화하지 않는다.

④ 발생오니량이 알루미늄의 경우에 비하여 적다.

⑤ 탈수성이 개선된다.

⑥ 이온의 증가가 없다.

⑦ 공존염류, pH, 온도의 영향을 잘 받지 않는다.

▶▶ 유기고분자응집제는 천연으로 존재하는 물질로서 응집제의 성질을 가지는 것과 인공적으로 합성된 것이 있다. 현재는 합성된 것을 많이 사용하는데 이들 polymer가 가지는 성질에 의하여 음이온성, 양이온성, 비이온성으로 분류되며, 응집은 전기적 중화작용과 가교작용이 동시에 작용한다.

(4) 응집보조제 : 응집제의 응집효율을 증가시키기 위해 통상 소량으로 사용되며 대표적인 것은 산, 알칼리, 활성규사, polyelectrolytes, 점토(clay) 등이 있고, 이 중 bentonite라 불리우는 clay는 물에 적당한 탁도를 유지시켜 응집이 잘 일어나도록 해준다.

(5) 무기응집제의 화학반응 예

• $Al_2(SO_4)_3 \cdot 18H_2O + 3Ca(HCO_3)_2 \rightarrow 2Al(OH)_3 + 3CaSO_4 + 6CO_2 + 18H_2O$

• $Al_2(SO_4)_3 \cdot 14H_2O + 3Ca(OH)_2 \rightleftarrows 2Al(OH)_3 + 3CaSO_4 + 14H_2O$

• $2AlCl_3 + 3Ca(HCO_3)_2 \rightleftarrows 2Al(OH)_3 + 3CaCl_2 + 6CO_2$

• $NaAlO_2 + Ca(HCO_3)_2 + H_2O \rightleftarrows Al(OH)_3 + CaCO_3 + NaHCO_3$

• $FeSO_4 \cdot 7H_2O + 2Ca(OH)_2 + \dfrac{1}{2}O_2 \rightleftarrows 2Fe(OH)_3 + 2CaSO_4 + 13H_2O$

• $2FeCl_3 + 3Ca(HCO_3)_2 \rightleftarrows 2Fe(OH)_3 + 3CaCl_2 + 6CO_2$

• $2FeCl_3 + 3Ca(OH)_2 \rightleftarrows 2Fe(OH)_3 + 3CaCl_2$

• $Fe_2(SO_4)_3 + 3Ca(HCO_3)_2 \rightleftarrows 2Fe(OH)_3 + 3CaSO_4 + 6CO_2$

• $Fe_2(SO_4)_3 + 3Ca(OH)_2 \rightleftarrows 2Fe(OH)_3 + 3CaSO_4$

화학침전에 의한 인산염 제거 반응

① 칼슘 $10Ca^{2+} + 6PO_4^{3-} + 2OH^- \rightleftarrows Ca_{10}(PO_4)_6(OH)_2 \downarrow$ (hydroxyapatite)

② 알루미늄 $Al^{3+} + H_nPO_4^{3-n} \rightleftarrows AlPO_4 \downarrow + nH^+$

③ 철 $Fe^{3+} + H_nPO_4^{3-n} \rightleftarrows FePO_4 \downarrow + nH^+$

※ hydroxyapatite와 같은 침전물의 용해도는 pH가 증가함에 따라 감소하며, pH가 9.0 이상일 때 가장 높은 제거율을 갖는다.

3 응집과정(순서)

① 응집제의 수중 첨가
② 수중에서의 응집제의 확산
③ 응집제와 탁질 입자와의 접촉을 위한 교반
④ 입자를 성장시켜 크고 무거운 floc으로 하기 위한 교반
⑤ 침강성 확보 : 이 중에서 ③, ④만을 응집의 과정으로 보는 협의의 의미도 있으나 응집제는 보통 응집 장치에 넣기 전에 가하거나 또는 급속교반과정에서 주입하게 된다. 그 후 ②, ③ 과정에 들어가게 되는데 이때는 교반속도가 크므로 floc은 거의 생성되지 않고 생기더라도 극히 작다. 다음의 ④ 과정에서는 floc을 성장시키기 위해서 완속교반을 한다.

4 영향인자

(1) 교반의 영향

입자끼리의 충돌횟수를 높이기 위해 응집제 주입 직후에는 급속교반을 하고 응집이 진행됨에 따라 완속교반을 한다. 입자의 농도가 높고 입자지름이 불균일할수록 응집효과가 좋다. 교반조건에 관해서는 G 라는 수치가 잘 사용되는데 다음 식으로 표시된다.

$$G = \sqrt{\frac{P}{\mu V}} = \sqrt{\frac{W}{\mu}}, \qquad P = G^2 \mu V$$

여기서, G : 속도경사(sec^{-1}), P : 동력(watt), μ : 점성계수(kg/m·sec), V : 응결지 부피(m^3)
W : 단위용적당 동력(watt/m^3)

≫ 체류시간이 15~30분인 응결지 내의 G값은 20~75sec^{-1} 정도이며, 속도경사 G에 수리학적 체류시간 t 를 곱한 Gt 의 값은 10^4~10^5이 되어야 한다.

(2) pH의 영향

pH는 응집의 양부를 고찰할 때 가장 먼저 고려해야 할 인자이다.

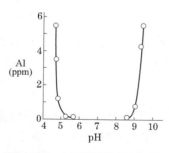

[그림 2-31] 수산화알루미늄의 용해도

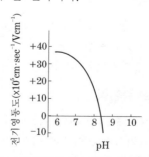

[그림 2-32] 수산화알루미늄의 전기영동도(電氣泳動度)

(3) 수온의 영향

수온이 높으면 반응속도 증가와 물의 점도저하로 응집제의 화학반응이 촉진되고, 수온이 낮으면 floc 형성의 소요시간이 길어질 뿐 아니라 floc 크기가 작아지고 응집제 사용량도 많아진다.

(4) 알칼리도

알칼리도가 높으면 응집제를 완전히 가수분해시키고 floc 형성에 효과적이다. 완충작용과 pH 변화와도 관련된다.

5 jar test(응집교반시험)

응집반응에 영향을 미치는 인자는 pH, 응집제 선택, 수온, 물의 전해질농도, 콜로이드의 종류와 농도 등이 있으나 현장 적용 시에는 jar test를 하여 효과적으로 처리하기 위한 최적 pH나 응집제량을 조절해 주는 것이 좋다. jar test는 각각의 폐수에 맞는 응집제와 응집보조제를 선택한 후 적정 pH를 찾고 그 pH값에서 최적 주입량을 결정하는 조작이다.

절차를 요약하면,

① 처리하려는 물을 6개의 비커에 동일량(500mL 또는 1L)을 채운다.
② 교반기로 최대의 속도(120~140rpm)로 급속혼합(flash mixing) 한다.
③ pH 조정을 위한 약품과 응집제를 짧은 시간 내에 주입한다. 응집 제는 왼쪽에서 오른쪽으로 증가시켜 각각 다르게 주입한다.
④ 교반기 회전속도를 20~70rpm으로 감소시키고 10~30분간 완속 교반한다.
⑤ floc이 생기는 시간을 기록한다.
⑥ 약 30~60분간 침전시킨 후 상등수를 분석한다.

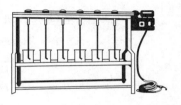

[그림 2-33] jar tester

6 응집침전장치

최근에 많은 발전을 보인 것은 급속응집침전장치이다. 이것은 응집과 침전분리를 하나의 탱크 내에서 단시간에 처리하는 것이 특징이다. 그러므로 다른 침전장치에 비해 floc의 침강속도가 빨라서 침전면적이 작아도 된다. 결과적으로 대지면적이 작아도 되는 이점이 있다.

(1) 슬러지(sludge) 순환형

어떤 범위의 농도를 가진 슬러지를 항상 지외(池外)에서 순환시키며 새로 유입된 원수와 응집제는 이 고농도의 슬러지와 혼합하여 대형 floc으로 성장시킨다. 대형 floc을 포함한 순환류가 slit에서 분리실로 방출되면 청징수(清澄水)의 상승수류와 sludge의 하강류로 분리된다. 청징수는 수면의 trough로 유출하고, 잉여 오니는 때때로 반출되어 sludge 농도를 일정하게 유지한다.

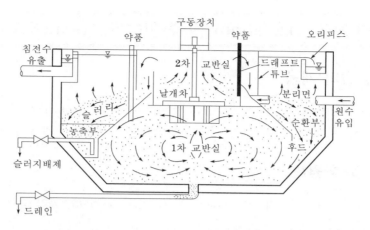

[그림 2-34] 슬러지 순환형 급속응집침전조(단면도)

(2) 슬러지 블랭킷(sludge blanket)형

중앙 혼합 반응실에서 기존 sludge와 혼
합하여 대형 floc을 만드는 점은 슬러지
순환형과 같으며, 분리실의 방출을 조저
에서 행하여 상승시킨다. 상승유속은 단
면이 커짐에 따라 차차 작아져 침강하려
는 대형 floc이 상승속도와 평형되어 수중
에 정지하는 슬러지 블랭킷층이 형성된
다. 상승하는 sludge는 이 층을 통과할 때
여과되어 청징해진다.

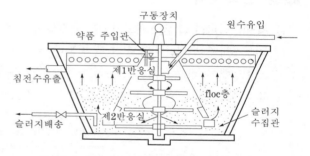

[그림 2-35] 슬러지 블랭킷형 급속응집침전지

(3) 복합형

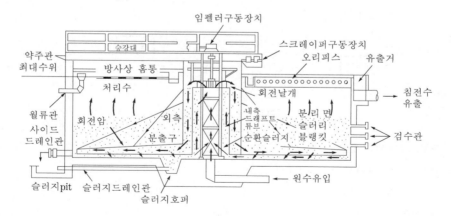

[그림 2-36] 급속응집침전지(복합형)

03 : 산화(酸化, oxidation) 및 환원(還元, reduction) 처리

1 산화 · 환원의 개념

광의적 의미로는 산화란 각 원소가 가지고 있는 산화수(oxidation number)가 증가하는 것을 말하고, 환원이란 산화수가 감소, 즉, 음원자가의 증가를 말한다(이하 수질오염 개론편 참조).

2 산화제 및 환원제

(1) 산화제 : 염소(Cl_2)가스, 염소화합물($NaClO$, $CaOCl_2$ 등), 오존(O_3), 공기 중 산소 등

(2) 환원제 : 황산제1철($FeSO_4$), 아황산염(Na_2SO_3, $NaHSO_3$), 아황산가스(SO_2) 등

3 산화처리

(1) 시안(CN^-)폐수의 염소처리의 예 : 폐수를 알칼리성으로 유지한 다음, 염소를 주입시켜 시안을 산화분해하여 무해한 CO_2와 N_2로 만든다.

① 1단계 : $NaCN + Cl_2 + 2NaOH \rightarrow NaCNO + 2NaCl + H_2O$(pH 10~11.5)

② 2단계 : $2NaCNO + 4NaOH + 3Cl_2 \rightarrow 6NaCl + 2CO_2 + N_2 + H_2O$(pH 7.5~8.5)

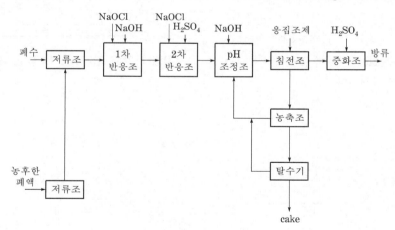

[그림 2-37] 산화처리

(2) 시안폐수의 오존처리 반응

① 산성에서 : $CN^- + O_3 \rightarrow OCN^- + O_2$

$OCN^- + 2H^+ + 2H_2O \rightarrow CO_2 + NH_4^+$

② 알칼리성에서 : $NH_4^+ + OCN^- \rightarrow NH_2CONH_2$

$NH_2CONH_2 + O_3 \rightarrow N_2 + CO_2 + 2H_2O$(pH 11~12)

4 환원처리

(1) 6가 크롬(Cr^{6+})의 환원처리 예

Cr 폐수는 6가와 3가를 함유하고 있다. Cr^{6+}의 처리는 다음의 화학반응식에 의한 환원 → 중화 → 침전 등의 과정을 거친다.

① 1단계

$$4H_2CrO_4 + 6NaHSO_3 + 3H_2SO_4 \xrightarrow{pH\ 3} 2Cr_2(SO_4)_3 + 3Na_2SO_4 + 10H_2O \quad \cdots\cdots\cdots\cdots \boxed{1}$$

② 2단계

$$Cr_2(SO_4)_3 + 6NaOH \xrightarrow{pH\ 8} 2Cr(OH)_3\downarrow + 3Na_2SO_4 \quad \cdots\cdots\cdots\cdots\cdots\cdots\cdots\cdots \boxed{2}$$

$\boxed{1}$식은 환원반응으로 pH 3 이하에서 신속히 반응하며, $\boxed{2}$식은 환원된 황산크롬을 pH 8~8.5에서 수산화크롬으로 침전분리한다.

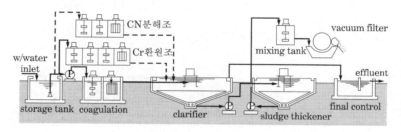

[그림 2-38] 도금공장의 폐수처리공정

(2) 산화 · 환원 전위(ORP ; Oxidation Reduction Potential)

– 수질오염 개론편 Chapter 04 참조 –

04 이온교환(ionic exchange)

1 이온교환법의 이용목적

① 경수(硬水)의 연화(軟化) 또는 순수(純水) 제조
② 보일러 용수 및 도금 용액 등의 제조
③ 폐수 중에서 중금속의 제거 및 회수(도금공장 폐수처리 등)
④ 이온교환 처리수의 재이용
⑤ 폐수의 고도 처리(NH_4^+ 제거 – 천연 zeolite인 clinoptilolite 이용, 탈염화 등)

2 이온교환 반응원리

(1) 교환 : $R-SO_3H + NaCl \rightarrow R-SO_3Na + HCl$

$R \equiv N^+OH^- + HCl \rightarrow R \equiv N^+Cl^- + H_2O$

(2) 재생 : $R-SO_3Na + HCl \rightarrow R-SO_3H + NaCl$

$R \equiv NCl + NaOH \rightarrow R \equiv NOH + NaCl$

➤➤ R : 이온교환수지 고분자기체(基體)를 표시

3 이온교환수지(IER)의 종류

최근에는 신형의 IER로서 MR형 수지(Macro-Recticular Resin)가 점차 보급, 개발되고 있으며 성질상 다음과 같이 분류한다.

이온교환수지(IER)
- 양이온 교환수지(CER)
  - 강산성 CER($R-SO_3H$)
    - (예) amberite IR 124)
  - 약산성 CER($R-COOH$)
    - (예) amberite IRC 50)
- 음이온 교환수지(AER)
  - 강염기성 AER($R \equiv NOH$)
    - (예) amberite IRA 401)
  - 약염기성 AER($R \equiv N$, $R=NH$)
    - (예) amberite IRA 93)

4 기본적인 이온교환방식

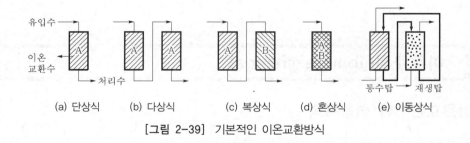

유입수 → / 이온교환수 / 처리수 →
A

(a) 단상식　　(b) 다상식　　(c) 복상식　　(d) 혼상식　　(e) 이동상식

통수탑　재생탑

[그림 2-39] 기본적인 이온교환방식

5 이온교환수지의 구비조건

저농도일 때 상온의 수용액에서는 이온의 원자가가 높은 것일수록 잘 교환·흡착되며, 같은 원자가의 이온일 때 수화를 포함한 이온 반지름이 적을수록 흡착이 양호하다. 따라서 구비조건은,

① 이온교환 능력이 높을 것

② 세정 시 마모가 적을 것

③ 원수의 수질변화에 기능저하가 적을 것

④ 재생 시 재생약품의 소요가 적을 것

⑤ 수지가 화학적으로 안정할 것

⑥ 수지가 손상되지 않고 가격이 저렴할 것

6 이온교환수지의 이온선택성

(1) 이온선택의 경향

① 원자가가 높은 이온

② 극성을 띠는 능력이 큰 이온

③ 이온교환고형물의 이온교환영역과 강하게 반응하는 이온

④ 다른 이온과 관여를 적게 하고 복염을 형성하는 이온

(2) 양이온의 선택성 순서

$$Ba^{2+} > Pb^{2+} > Sr^{2+} > Ca^{2+} > Ni^{2+} > Cd^{2+} > Cu^{2+} > Co^{2+} > Zn^{2+} > Mg^{2+} > Ag^{1+} > Cs^{1+} > K^{1+}$$
$$> NH_4^{1+} > Na^{1+} > H^{1+}$$

➤➤ 이 순서는 강산성수지 즉, 술폰산($-SO_3H$)기와 같은 강반응 영역을 갖는 물질에 대한 것이다.

(3) 음이온의 선택성 순서

$$SO_4^{2-} > I^{1-} > NO_3^{1-} > CrO_4^{2-} > Br^{1-} > Cl^{1-} > OH^{1-}$$

➤➤ 이 순서는 4개가 1조로 된 암모늄기와 같은 강반응 영역을 갖는 강염기 수지에 대한 것이다.

강산성 양이온 교환수지를 사용하여 저농도, 상온의 이온 수용액을 처리하는 경우, 이온의 선택 흡착성은 **이온의 원자가가 높은 것일수록** 크게 된다($Na^+ < Ca^{2+} < Al^{3+} < Th^{4+}$). 또한, 원자가가 같은 경우에는 **원자번호가 큰 것일수록 선택성이 크게** 된다($Li^+ < Na^+ < Rb^+ < Cs^+ < Mg^{2+} < Ca^{2+} < Sr^{2+} < Ba^{2+}$). 그러나 그 차는 원자가의 차만큼 크지 않다.

7 특징(장단점)

(1) 장점

① 유용물질의 회수, 재이용이 가능하다.

② 유해물질의 제거율이 높다.

③ 적극적인 폐수처리가 가능하다.

④ 소량으로 독성이 강한 물질의 처리에 효과적이다.

(2) 단점

① 대량의 불순물을 함유하는 폐수처리에 부적합하다.

② 유류, 고분자 유기물 등의 함유용액은 IER를 오염시키므로 사전에 제거해야 한다.

05 : 물의 연수화(軟水化)

연수화(water softening)란 물속의 경도성분인 Ca^{2+}, Mg^{2+} 등을 제거함으로써 센물(硬水)을 단물(軟水)로 바꾸는 조작을 말하는데 경수는 인체에 유해한 것은 아니나 세탁용수나 공업용수의 사용에 어려움을 준다. 특히 경도가 높은 물은 보일러나 수관(水管) 내에 $CaCO_3$, $CaSO_4$ 등의 scale이 형성되어 보일러의 열전도율을 저하시키고 파이프 등의 폐색을 일으키므로 경도 성분의 제거가 필요하다.

(1) 자비법(煮沸法, process of boiling)

일시경도(탄산경도)를 소규모로 간략히 처리할 수 있는 방법

$$Ca(HCO_3)_2 \xrightarrow{\text{가열}} CaCO_3 \downarrow + CO_2 \uparrow + H_2O$$

(2) 석회(石灰)-소다회법(lime-soda ash process)

탄산가스(CO_2)와 탄산경도(carbonate hardness)는 소석회를 사용하고 비탄산경도(non carbonate hardness)는 소다회와 소석회를 사용하여 Ca^{2+}는 $CaCO_3$로 Mg^{2+}는 $Mg(OH)_2$로 변화시켜 침전, 제거한다.

- $CO_2 + Ca(OH)_2 \rightleftarrows CaCO_3 \downarrow + H_2O$
- $Ca(HCO_3)_2 + Ca(OH)_2 \rightleftarrows 2CaCO_3 \downarrow + 2H_2O$
- $Mg(HCO_3)_2 + 2Ca(OH)_2 \rightleftarrows Mg(OH)_2 \downarrow + 2CaCO_3 \downarrow + 2H_2O$
- $MgCO_3 + Ca(OH)_2 \rightleftarrows Mg(OH)_2 \downarrow + CaCO_3 \downarrow$
- $CaSO_4 + Na_2CO_3 \rightleftarrows CaCO_3 \downarrow + Na_2SO_4$
- $CaCl_2 + Na_2CO_3 \rightleftarrows CaCO_3 \downarrow + 2NaCl$

$$\begin{cases} MgSO_4 + Ca(OH)_2 \rightleftarrows Mg(OH)_2 \downarrow + CaSO_4 \\ CaSO_4 + Na_2CO_3 \rightleftarrows CaCO_3 \downarrow + Na_2SO_4 \end{cases}$$

$$\begin{cases} MgCl_2 + Ca(OH)_2 \rightleftarrows Mg(OH)_2 \downarrow + CaCl_2 \\ CaCl_2 + Na_2CO_3 \rightleftarrows CaCO_3 \downarrow + 2NaCl \end{cases}$$

여기서 $Mg(OH)_2$의 형성은 높은 pH를 요구하므로 $Ca(OH)_2$가 많이 투입되어 처리 후 여분의 석회가 존재하므로 소다회나 CO_2의 주입이 필요하다.

$$Ca(OH)_2 + CO_2 \rightleftarrows CaCO_3 \downarrow + H_2O$$

CO_2를 주입하면 연수화된 물속에 포화된 상태로 존재하는 $CaCO_3$를 안정화시켜 **재탄화(recarbonation)**가 일어난다.

$$CaCO_3 + CO_2 + H_2O \rightleftarrows Ca(HCO_3)_2$$

$CaCO_3$의 침전을 위한 적정 pH는 10.2~10.4이며 재탄화가 실시되면 pH가 9.4 정도로 저하된다.

(3) 이온교환법(ionic exchange process)

① 제거반응

$$\left.\begin{array}{l} Ca \\ \\ Mg \end{array}\right\} \begin{array}{l} (HCO_3)_2 \\ SO_4 \\ Cl_2 \end{array} + Na_2-R \longrightarrow \left.\begin{array}{l} Ca \\ \\ Mg \end{array}\right\} R + \left\{\begin{array}{l} 2NaHCO_3 \\ Na_2SO_4 \\ 2NaCl \end{array}\right.$$

　　　(경도 성분)　　　　　(이온교환수지)

상기와 같이 반응이 계속되면 이온교환수지의 능력이 없어지며 이때에는 다음 반응과 같이 진한 소금 용액을 사용하여 **재생**시킨다.

② 재생(regeneration)

$$\left.\begin{array}{l} Ca \\ \\ Mg \end{array}\right\} R + 2NaCl \longrightarrow Na_2-R + \left\{\begin{array}{l} CaCl_2 \\ MgCl_2 \end{array}\right.$$

➤➤ 대체적으로 $1m^3$의 양이온교환수지는 약 14.5kg의 경도를 제거할 수 있으며 재생에는 약 13.5kg의 소금이 필요하다.

(4) zeolite법

일반 식은 Na_2O-Z로 표시되며 일반 식만 다를 뿐 반응원리는 이온교환수지법과 같다.

zeolite의 성분조성은 $Na_2O \cdot Al_2O_3 \cdot 2SiO_2 \cdot 6H_2O$로 나타낼 수 있고 zeolite법은 이온교환수지법과 같이 다음의 특징이 있다.

① 전 경도를 제거할 수 있고 특히 영구경도 제거에 효과가 있다.

② 장소를 차지하지 않고 침전물이 생기지 않는다.

③ 현탁물질을 함유한 물의 적용은 곤란하다.

④ 비교적 가격이 고가이다.

➤➤ permutite는 합성하여 만든 zeolite로서 zeolite와 처리원리가 같다.

06 철(鐵) 및 망간(Mn)의 제거

저수지 hypolimnion층(저수층)의 물이나 지하수층에는 용해성의 철이나 망간이 존재하는 경우가 있는데 철분과 망간의 농도가 각각 0.3mg/L와 0.05mg/L 이상이 되면 급수시설이나 피복에 색깔을 나타내며 물속에는 철박테리아가 번식하여 관 내에 slime층을 형성하여 이 slime층이 부패하면 물에 맛과 냄새를 주는 등의 부작용을 일으킨다.

(1) 산화법

공기(폭기), 염소, 과망간산칼륨($KMnO_4$) 등의 산화제를 사용하여 철과 망간을 3가나 4가로 산화시킨 다음 침전 혹은 여과시킨다.

(2) 접촉산화법

자연에 존재하는 green sand 또는 합성 zeolite를 염화망간 또는 황산망간과 $KMnO_4$로 번갈아 처리하여 표면에 망간의 고급산화물을 피복시킨 망간 zeolite(흑갈색 고체분말)를 사용하는데 MnO_2가 철이나 망간을 산화시키는 일종의 촉매작용을 하는 셈이 된다.

$$Z \cdot MnO_2 + \begin{array}{c} Fe^{2+} \\ Mn^{2+} \end{array} \longrightarrow Z \cdot Mn_2O_3 + \begin{array}{c} Fe^{2+} \\ Mn^{2+} \\ Mn^{4+} \end{array}$$

$$Z \cdot MnO_2O_3 + KMnO_4 \longrightarrow Z \cdot MnO_2$$

(3) 석회 – 소다회법

pH 9 이상에서 폭기산화 후 lime–soda법에 의해 생성되는 탄산칼슘과 함께 침전 제거한다.

(4) 화학침전법(수산화물 침전)

pH를 증가시켜 불용성인 수산화물로 침전시키는 방법으로 폐수 내 중금속 제거에도 이용된다.

(5) 철박테리아법

완속여과지의 사면(砂面) 또는 사층(砂層) 중에 철박테리아(Crenothrix, Leptothrix 등)를 번식시켜 10~30m/day의 여속으로 여과(Mn도 동시 제거 가능)한다.

(6) 때로는 이들을 제거하지 않고 sodium hexa metaphosphate$[Na_3(PO_3)_6]$를 사용하여 둘러싸버림으로써 영향을 나타내지 않도록 하는 방법을 사용할 수도 있다.

(7) 배수관 내에 철박테리아가 많이 번식하여 문제가 되는 경우에는 염소나 황산동($CuSO_4$)을 주입시켜 해결한다.

제강(산처리) 폐수처리의 예

$$\langle 중화 \rangle \quad FeCl_2 + Ca(OH)_2 \xrightarrow{\text{pH 4}} Fe(OH)_2 + CaCl_2$$

$$\langle 산화 \rangle \quad 2Fe(OH)_2 + \frac{1}{2}O_2 + H_2O \xrightarrow{\text{pH 9}} 2Fe(OH)_3$$

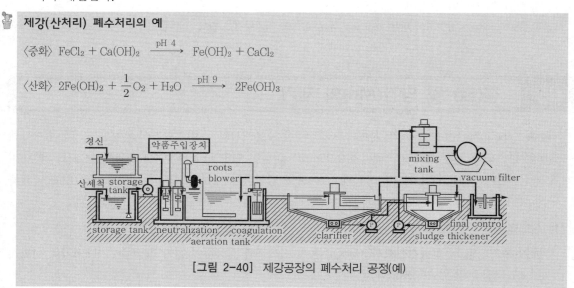

[그림 2-40] 제강공장의 폐수처리 공정(예)

07 소독(disinfection), 살균(殺菌) 및 처리

1 개요

(1) 살균이란 질병을 유발시키는 병원미생물을 선택적으로 파괴(destruction)시키는 것으로 모든 미생물을 다 죽이는 멸균(sterilization)과는 다르다.

(2) 대표적인 소독제

① 산화제 : 오존(O_3), 과산화수소, 할로겐(Cl_2, Br_2, I_2), 할로겐 화합물(ClO_2, $NaClO$, $NaClO_2$, $CaOCl_2$, chloramines 등)

② 양이온성 중금속 : 금(Au), 은(Ag), 수은(Hg), 동(Cu) 등

③ 유기화합물 : 페놀과 페놀화합물, 알코올, 계면활성제 등

④ 기체상 작용제

⑤ 물리적 작용제 : 열, 자외선(UV), 이온화 복사선, X선 및 γ선, pH(산, 알칼리)

(3) 살균작용에 영향을 미치는 인자

① 접촉시간 : 동일 농도에서 접촉시간이 길수록 살균효과가 큼

② 살균제의 농도와 종류

③ 물리학적 물질(가열, 빛 등)의 강도와 성질

④ 온도 : 일반적으로 온도에 비례

⑤ 미생물의 종류와 개체수

⑥ 부유액의 성질 : 유기물질, 탁도유발물질 등

2 염소처리(chlorination)

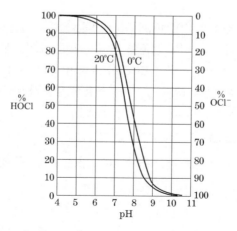

[그림 2-41] HOCl, OCl⁻, pH와의 관계

(1) 먹는물의 정수처리나 방류수에 가장 많이 사용되고 있는 살균제는 염소(chlorine)이며, 염소는 1기압, 20°C에서 7,160mg/L 정도의 용해도를 나타내고 다음과 같이 대부분 가수분해된다.

$$Cl_2 + H_2O \rightleftharpoons HOCl + H^+ + Cl^- (낮은\ pH)$$

또한, HOCl은 물의 pH에 따라 다음과 같이 이온화한다.

$$HOCl \rightleftharpoons H^+ + OCl^- (높은\ pH)$$

그림 2−41에서 낮은 pH에서는 HOCl의 생성이 많고, 높은 pH에서는 OCl⁻이 더 많이 존재한다. 이 두 물질의 살균력은 HOCl이 OCl⁻보다 약 80배 이상 강하다. pH가 5 이하에서는 Cl_2의 형태로 존재한다. 염소가 수중에서 HOCl, OCl⁻로 존재할 때 이 염소를 유리염소 또는 유리잔류염소라 한다.

(2) 결합잔류염소

염소가 수중의 암모니아나 유기성 질소화합물과 반응하여 존재하는 것을 결합잔류염소라 하고 이의 대표적인 형태가 chloramine이다.

- $Cl_2 + H_2O \rightarrow HOCl + HCl$
- $HOCl + NH_3 \rightarrow H_2O + NH_2Cl$(monochloramine) : pH 8.5 이상
- $HOCl + NH_2Cl \rightarrow H_2O + NHCl_2$(dichloramine) : pH 4.5 정도에서
- $HOCl + NHCl_2 \rightarrow H_2O + NCl_3$(trichloramine) : pH 4.4 이하

  상기 반응식과 같이 반응이 일어나는 조건은 물의 pH, 암모니아량, 온도에 따라 결정된다.

(3) 염소의 살균력

① 살균강도 : HOCl > OCl⁻ > chloramines

② 염소의 살균력은 온도가 높고, 반응(접촉)시간이 길며, 주입농도가 높을수록, 또 낮은 pH에서 강하다.

③ chloramines는 살균력은 약하나 소독 후 물에 이취미를 주지 않고 살균작용이 오래 지속되는 장점이 있다.

④ 염소는 대장균, 소화기 계통의 감염성(수인성) 병원균에 특히 살균효과가 크며, virus는 대장균보다 염소에 대한 저항력이 강해 일부 생존할 염려가 있다. 또한, 대부분의 박테리아는 음(−)으로 대전되어 있어 OCl⁻는 접근이 어렵고 HOCl이 효력이 높다고 볼 수 있다.

> ≫ 부활현상(after growth) : 염소, 표백분 등으로 소독할 때 일단 사멸되었다고 본 세균이 시간이 경과함에 따라 재차 증식하는 현상

(4) 염소요구량(chlorine demand)

물에 가한 일정량의 염소와 일정한 기간 후에 남아 있는 유리 및 결합 잔류염소와의 차이다.

(5) 염소주입

산화될 수 있는 물질과 암모니아를 함유하는 물속에 염소를 주입하면 그림 2−42와 같은 곡선이 형성된다.

곡선 AB 구간에서는 염소가 수중의 환원제와 결합하므로 잔류염소의 양이 없거나 극히 적다. 계속 염소를 주입하면 chloramine이 형성되어, 잔류염소의 양이 BC 구간에서와 같이 증가하나, C점을

넘으면 주입된 염소가 chloramines를 NO, N₂ 등으로 파괴시키는 데 소모되므로, 곡선 CD 구간과 같이 잔류염소량은 급격히 떨어진다. D점을 지나 계속 염소를 주입하면 더 이상 염소와 결합할 물질이 없으므로 주입된 염소량만큼 잔류염소량으로 남게 된다. 이 과정에서 D점을 파괴점(break point)이라 하며, 이 점 이상으로 염소를 주입해 살균하는 것을 파괴점 염소주입(break point chlorination)이라 한다.

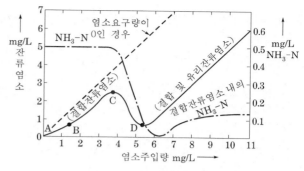

[그림 2-42] 잔류염소량과 파괴점

➤➤ 염소주입은 염소의 강한 산화력을 이용하여 살균 및 수처리에 많이 이용되고 있으나 정수처리 시 유기물과 결합하여 인체에 해로운 발암물질(trihalomethane)이 형성되어 인체에 해를 주므로 음료수 사용에 대해 근래에 논란의 대상이 되고 있다.

➤➤ 염소의 살균능력은 세균의 생존에 중요한 효소(酵素)의 능력을 파괴시킬 수 있는 염소의 능력에 기인하는데, 살균율은 잔류염소의 농도와 형태, 물의 pH와 온도, 수중의 불순물농도, 접촉시간 등에 의해서 영향을 받는다.

(6) 염소의 수처리 이용

① 정수장에서의 염소주입은 주로 살균이 목적이지만, 폐수처리장에서는 살균 외에 **냄새 제거, 부식통제(腐蝕統制), BOD 제거** 등의 목적도 있다(폐수에 염소를 주입시키면 **염소 1mg/L당 2mg/L의 비율로 BOD 감소**).

염소는 반응력이 강해 1. 산화력이 있고, 2. 유기 및 무기 물질과도 결합력이 있으며, 3. 응집·침전을 촉진하는 작용도 한다.

② NH₃ 제거 : 파괴점 염소주입(break point chlorination)

$$Cl_2 + H_2O \rightleftharpoons HOCl + HCl$$
$$+) \ 2NH_3 + 3HOCl \rightleftharpoons N_2 + 3HCl + 3H_2O$$
$$\overline{2NH_3 + 3Cl_2 \rightleftharpoons N_2 + 6HCl}$$

③ CN⁻ 처리에 사용 : 유해물처리 참조

④ 기타 염소 1ppm 주입 시
   ㉠ 알칼리도 0.7~1.4ppm 감소
   ㉡ 철, 망간 약 1.5ppm 제거

Chick 법칙

① 살균속도의 일반식

$$\frac{dN}{dt} = -KNt^m C^m \ \cdots\cdots\cdots\cdots\cdots\cdots\cdots\cdots\cdots\cdots\cdots\cdots\cdots\cdots\cdots\cdots\cdots\cdots\cdots\cdots □$$

여기서, t : 살균시간, N : 시간 t에서의 미생물 개체수, K : 살균속도상수, C : 살균제의 농도
m, n : 경험적 상수
Chick 법칙으로 알려져 있는 살균의 사멸속도는 상기 식에서 $m = n = 0$인 경우이다.

② 살균공정에서 가장 중요한 변수 중의 하나는 접촉시간(t)인데 일반적으로 일정 농도에서 접촉시간이 길수록 살균효과가 크다.

$$\frac{dN}{dt} = -KN \quad \text{··②}$$

여기서, N : 시간 t에서의 미생물 개체수, t : 시간, K=상수(time^{-1})

상기 식을 $t=0$일 때, $N=N_0$의 조건으로 적분하면,

$$\ln\frac{N_t}{N_0} = -Kt \rightarrow \frac{N}{N_0} = e^{-Kt} \quad \text{······················③}$$

사멸속도는 시간의 경과에 따라 증가하는 경우와 감소하는 경우가 있으므로,

$$\ln\frac{N_t}{N_0} = -Kt^m \quad \text{·····································④}$$

여기서, m : 상수, $m<1$: 사멸속도가 시간에 따라 감소, $m>1$: 사멸속도가 시간에 따라 증가

3 이산화염소(CIO_2)처리

(1) 이산화염소의 특성

① 독특한 냄새를 갖는 황색기체(압축 시 액체)로서 열에 대해 불안정하여 분해하고 자외선 복사선에 노출될 때 쉽게 분해한다.

② 폭발성(대기 중 4% 이상 존재 시)이 있으므로 현장에서 생산하여 즉시 사용한다.

③ 수용성으로 30mmHg의 부분압에서 2,990mg/L까지 용해하며 수용액의 ClO_2는 안정하여 물과 반응하지 않고 염소처럼 암모니아와 반응하여 클로라민을 형성하지 않는다.

④ 잔류 ClO_2는 잔류 HOCl보다 오래 지속된다.

  ≫ 이산화염소를 살균제로 사용하게 된 것은 수중의 페놀 오염물질의 염소살균으로부터 발생하는 맛과 냄새 (chloro phenol)의 문제점을 해결하기 위해서였다.

[표 2-15] 이산화염소와 염소의 특성 비교

특 성	이산화염소	염 소
사용상태	완충용액	액화가스
살균력 (대장균 99% 이상 살균기준)	pH 8.5에서 0.25ppm 주입 시 20초 이내	pH 8.5에서 0.25ppm 주입 시 60초 이내
냄새 발생농도	17ppm부터	0.35ppm부터
THM 생성농도	없음	10시간 반응 시 0.25mol/L
음료수 살균 시의 사용농도	0.1~0.2ppm	0.2~0.4ppm
산화력(이론치)	염소의 2.5배	1.0

(2) 장단점

장 점	단 점
• pH의 변화를 주지 않고, 염소보다 살균력(산화력)이 강하다. • 페놀 등을 분해하여 염소살균 시와 같이 맛과 냄새의 발생문제가 생기지 않는다. • 염소처럼 암모니아와 반응하여 chloramine을 생성하지 않으며 안정한 잔류물 형태로 유지시킬 수 있다. • 발암물질인 THM을 생성하지 않는다(염소의 대체소독제). • 탈취, 탈미 능력이 있다.	• 제조비용이 높다. • 폭발성이 있으므로 취급, 저장이 어렵다(현장생산해야 함). • 염소와 마찬가지로 인체에 독성이 있다. • 열에 대해 불안정하여 분해되고 빛에 의해서도 분해된다. • ClO_2는 헤모글로빈을 산화시켜 methemoglobinemia를 일으킬 수 있다.

 차아염소산나트륨(NaClO)
보통 시판되고 있는 것은 유효염소 5~12%의 수용액으로 황갈색의 투명한 액체로서 염소와 유사한 특유취를 낸다. 수용액 이외에도 무수물 및 수화물이 있으며 이들은 황갈색의 결정으로 조해성이다. 자외선에 의해 분해가 촉진되고 온도상승과 함께 분해율이 증가되므로 습기가 없는 냉암소에 저장하여야 하며 강한 알칼리성이므로 취급 시 주의를 요한다.

4 오존(O_3) 살균

(1) 오존의 물리·화학적 성질

① 오존(O_3)은 산소(O_2)의 동소체로서 자극적인 청색의 불안정한 gas이다.
② 산화력이 염소에 비해 강하여 **살균효과가 염소보다 높으며** virus에 대해 유효한 소독제이다.
　▶ 산화력(살균력) : 오존 > 이산화염소 > 염소
③ 수용액상의 오존은 매우 불안정하여 20℃ 증류수에서 반감기가 20~30분 정도이고, 용액 중에 산화제를 요구하는 물질이 존재하면 반감기는 더욱 짧아진다.
④ 오존으로부터 발생하는 발생기산소[O]는 불안정하고 반응이 빠르기 때문에 **잔류성이 없다.**
⑤ 대기 중의 오존함량이 0.25ppm 이상이면 건강에 해롭고 1.0ppm이면 매우 유해하다.
⑥ 부식성이 강하여 접촉용기의 재질선택에 유의해야 한다.
⑦ 물에 대한 용해도는 20℃에서 570mg/L에 불과하며 이는 **염소용해도의 1/12**에 해당한다.
　▶ 오존의 물에 대한 용해도는 산소에 비해 70~80배 크다.
⑧ 순수 중의 오존 분해 반응은 다음과 같다.

$$O_3 + H_2O \rightarrow HO_3^+ + OH^-$$
$$HO_3^+ + OH^- \rightarrow 2HO_2 \cdot$$
$$O_3 + HO_2 \cdot \rightarrow HO \cdot + 2O_2$$
$$HO \cdot + HO_2 \cdot \rightarrow H_2O + O_2$$

여기서 $HO_2 \cdot$와 $HO \cdot$는 산화력이 매우 강하여 이것이 다른 물질을 산화(살균)시키는 주역이다.
⑨ 수중에서의 오존의 용해도는 오존농도, 온도, pH 등에 의해 결정된다.

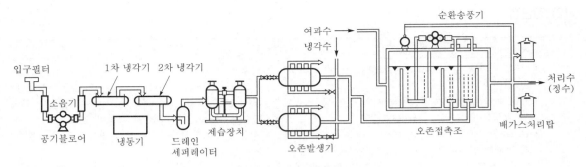

[그림 2-43] 오존처리공정 흐름도의 예

(2) 장단점

장 점	단 점
• pH의 변화에 관계없이 병원균에 대한 살균효과가 크고 바이러스의 불활성화에 우수한 효과가 있다. • 발암물질인 THM을 생성하지 않는다. • 염소에 비해 접촉시간이 짧다. • 수중에서 단시간에 자기분해하여 산소를 방출하므로 염소와 같이 과잉첨가에 의한 2차오염의 우려가 적다. • 유해한 유기물을 산화분해할 수 있고 유기물의 생물분해성을 증대시킨다(고도 처리 개념). • 냄새·색도 제거에 효과가 크고 염소와 같은 냄새를 남기지 않는다.	• 잔류성이 없어 염소와 같이 살균효과의 지속성이 없다(배수과정에서 병원미생물의 오염 우려 : 2차 오염). • 발생(제조)비용이 많이 들고 복잡한 오존발생장치 및 주입설비가 필요하다. • 병원미생물의 2차 오염 방지를 위해 후염소 주입설비가 필요하다. • 수온이 높아지면 오존소비량이 증대한다. • 오존기체는 인체에 독성이 있으므로 안전예방조치가 필요하다.

≫ 오존주입 적정농도 : 2~3ppm

 오존의 수처리 이용

① 오존은 강한 산화력을 갖고 살균, 탈색, 탈취, 탈미, 제철, 제망간, 시안화합물과 페놀류의 분해 제거, ABS 등의 제포(際泡), BOD와 COD의 제거, 기타 유기물질의 무해화 등의 효과가 타 산화제보다 훨씬 좋다.
② 수중에서 단시간에 자기분해하여 산소를 방출하므로 과잉첨가에 의한 2차 오염의 우려가 없다.
③ THM을 생성시키지 않고 humic 질의 착색성분을 분해하여 색도를 낮추며, 응집성이나 생물분해성을 증가시킨다는 효과를 고려하면 후(後) 오존처리보다는 전(前) 오존주입법의 오존의 특성을 살리는 방법이 된다.
④ 정수처리공정의 중간에서 오존을 사용할 경우 완속여과지나 활성탄여과의 전처리로 이용하면 여과장치의 부하를 감소시키고 최종 염소 요구량을 감소시킨다.
⑤ 오존처리는 효과의 지속성이 없고 발생비용이 많이 들어 후염소처리가 필요하고 수온이 높아지면 오존소비량이 증가하는 등의 단점이 있다.

(3) 배(排)오존처리방법

① 활성탄흡착법

$$2O_3 + C \rightarrow CO_2 + 2O_2$$

② 연소법
③ 금속촉매법
④ 약액세정법

5 그 밖의 소독법

(1) 클로라민법

암모니아와 염소의 주입비 1 : 2~4

(2) 브롬화염소(BrCl) 살균

(3) 자외선(UV) 방사 살균

① 현재까지의 자외선에너지발생장치로는 저압수은램프로서 이 램프는 살균효과가 가장 높은 파장인 250~270nm 범위의 253.7nm에서 85% 정도의 광선출력을 낼 수 있기 때문이다.

② 자외선살균은 물리적인 살균방법으로 파장 254nm 정도의 조사(照射)선은 미생물의 세포벽을 뚫고 들어가 DNA와 RNA 등과 같은 세포물질에 흡수되어 분해증식을 방해하거나 세포를 사멸시킨다.

(4) 은(銀)화합물

수영장 등에 이용할 수 있다.

08 맛과 냄새의 제거

냄새(odor)는 수중의 유기물, 생물, 가스 등과 관계있는 휘발성 물질에 기인하는데, 염소살균 때와 같이 인위적으로 주입된 약품 때문에 생기는 경우도 있다.

맛과 냄새에 대한 감각은 사람마다 다르며, 맛과 냄새의 강도를 나타내기 위하여 threshold odor number로 표시한다.

$$\text{threshold odor number} = \frac{\text{시료의 부피} + \text{맛이나 냄새가 없는 물의 부피}}{\text{시료의 부피}}$$

1 맛과 냄새의 통제

맛과 냄새의 제거를 위해 가장 많이 사용되는 방법은 활성탄소흡착법, 유리잔류염소주입법, 결합잔류염소주입법, ozone 사용법 또는 폭기법 등이 있다. 염소주입법, ozone 사용법 또는 폭기법은 모두 산화법으로서 냄새나 맛을 유발하는 물질을 산화시킴으로써 제거한다. 염소만 사용하는 것보다 ClO_2를 병용하면 더욱 효과를 거둘 수 있다.

▶▶ 이산화염소(ClO_2)는 아염소산염을 염소로 산화하거나 염소산염을 염화수소로 환원하여 얻어지는 적황색 기체이며 강력한 산화제이다. 클로라민(chloramine)을 생성하지 않고 페놀(phenol)에 대해 염소와 같이 클로로페놀을 생성함이 없이 분해하므로 페놀폐수처리에 유효하다. 그러나 폭발성이고 부패성, 독성이 강하므로 취급에 유의해야 한다.

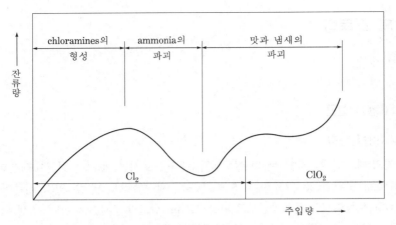

[그림 2-44] Cl₂와 ClO₂를 사용한 맛과 냄새의 통제

2 처리공정의 발생악취(냄새) 제거

(1) 물리적 방법

① 방출제한

② 희석 : 깨끗한 공기로 희석

③ **활성탄흡착** : 활성탄여상 통과

④ 악취가스를 모래, 토양, 퇴비상 통과 흡착(미생물 분해)

⑤ 공기 또는 산소 주입 : 혐기성화 방지

⑥ **은폐법** : 좋은 냄새로 나쁜 냄새를 은폐시킴

⑦ **탈기법** : 폭기방식(air stripping)

(2) 화학적 방법

① **산·알칼리법(중화법)** : 중화 흡수

② **산화법** : 염소, 오존, 과산화수소, 이산화염소 등 사용

③ **화학침전** : 주로 S화합물의 금속염(특히 철염)으로 침전

④ **연소법** : 약 800℃ 온도에서 연소

(3) 생물학적 방법

① **생물처리공정 흡수** : 악취가스를 살수여과상이나 활성슬러지법의 폭기조에 불어 넣음(생물 분해)

② **생물막접촉법** : 미생물 접촉여재를 채운 탑에 악취가스를 통과하여 미생물에 흡수 분해(VOCs에도 효과적)

③ **토양/퇴비상 여과탈취방법** : 미생물 반응이용, 함수비 및 온도 조절이 필요, 악취공기의 접촉시간은 15~30초 이상, 토양깊이 3m 정도, 토양 탈취방법은 부지면적이 많이 소요됨

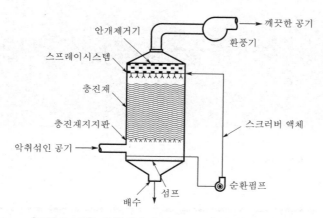

[그림 2-45] 악취제거 습식 스크러버(역류식 충진탑)

Tip▶ 유해물질처리방법은 대부분 화학적 처리방법이 적용되므로 화학적 처리방법과 관련하여 같이 정리하시오.

01 개요

일반적으로 유해물은 화학적 방법으로 처리하며 그 종류, 존재형태에 따라 처리방법이 다른데, 가령 시안화합물인 경우 시안착염(錯鹽)인가, 시안이온인가, 또 어떤 시안착염인가에 따라서 처리방법이 달라진다.

(1) 유해물을 분해시켜서 무해한 물질로 변화시킬 수 있는 것

시안, 유기인화합물 등

(2) 수용성인 것을 불용성인 것으로 만들어 고형물로 분리할 수 있는 것

크롬, 납, 비소, 카드뮴, 수은화합물 등

대개 이러한 유해물질은 공장폐수의 경우 한 성분만 존재하는 것이 아니라 공존하는 경우가 많으므로 처리조건을 시험하여 두는 것이 좋다.

고형물로 만들어 분리하려고 할 때는 어떤 화합물로 만들 것인가가 중요하며 대개 황화물(黃化物), 탄산염(炭酸鹽), 수산화물(水酸化物), 기타 불용성염 등으로 만든다.

02 크롬(Cr) 함유 폐수처리

1 존재 형태

3가 및 6가 크롬으로 존재하는데 6가 크롬이 3가 크롬보다 독성이 강하다(약 100배 정도).

$Cr_2O_7^{2-}$(산성, 등적색) $\longleftrightarrow$ CrO_4^{2-}(알칼리성~중성, 황색)

2 제거방법

환원침전법

$$Cr^{6+} \xrightarrow[\text{pH 2~3}]{\text{환원}} Cr^{3+} \xrightarrow[\text{pH 7.5~9.5}]{\text{침전}} Cr(OH)_3 \downarrow$$
(황색) (청록색)

≫ 환원반응 시 적정 pH는 2~3이 적절하고, pH가 낮을수록 반응속도가 빠르나 비경제적이 된다. 또한, pH 4 이상이 되면 반응속도가 급격히 떨어진다.

(1) 환원과정

① 환원제 : $FeSO_4$, Na_2SO_3, $NaHSO_3$, SO_2, Fe분

• $2H_2CrO_4 + 6FeSO_4 + 6H_2SO_4 \rightleftarrows Cr_2(SO_4)_3 + 3Fe_2(SO_4)_3 + 8H_2O$

• $2H_2CrO_4 + 3Na_2SO_3 + 3H_2SO_4 \rightleftarrows Cr_2(SO_4)_3 + 3Na_2SO_4 + 5H_2O$

• $4H_2CrO_4 + 6NaHSO_3 + 3H_2SO_4 \rightleftarrows 2Cr_2(SO_4)_3 + 3Na_2SO_4 + 10H_2O$

• $2H_2CrO_4 + 3SO_2 \rightleftarrows Cr_2(SO_4)_3 + 2H_2O$

• $2H_2CrO_4 + 2Fe + 6H_2SO_4 \rightleftarrows Cr_2(SO_4)_3 + Fe_2(SO_4)_3 + 2H_2O$

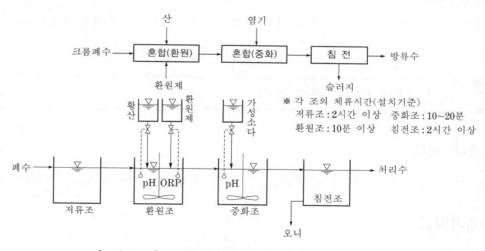

※ 각 조의 체류시간(설치기준)
저류조 : 2시간 이상 중화조 : 10~20분
환원조 : 10분 이상 침전조 : 2시간 이상

[그림 2-46] 무기환원제에 의한 크롬처리 flow sheet의 예

(2) 수산화물 침전과정

① 알칼리 : NaOH, $Ca(OH)_2$

• $Cr_2(SO_4)_3 + 6NaOH \rightarrow 2Cr(OH)_3 \downarrow + 3Na_2SO$

• $Cr_2(SO_4)_3 + 3Ca(OH)_2 \rightarrow 2Cr(OH)_3 \downarrow + 3Ca_2SO_4 \downarrow$

≫ 적정 pH 8~9 정도

(3) sludge 양 산출

① 1kg Cr 이온기준

• Ca(OH)₂ 사용 → $\underbrace{Cr(OH)_3 + CaSO_4}_{\text{슬러지}} = \dfrac{2Cr(OH)_3}{2Cr} + \dfrac{3CaSO_4}{2Cr}$

$$= \dfrac{2 \times 103}{2 \times 52} + \dfrac{3 \times 136}{2 \times 52} = 5.9 kg/kg$$

➤ 슬러지량이 많음

② NaOH 사용 → $Cr(OH)_3 = \dfrac{2Cr(OH)_3}{2Cr} = \dfrac{2 \times 103}{2 \times 52} = 1.981 kg/kg$

> **주의** 알칼리제는 묽은 것을 사용하고 pH 12 이상에서는 착염을 형성하여 재용해되므로 주의를 요한다.
> $Cr(OH)_3 + OH^- \longrightarrow [Cr(OH)_4]^-$

전해환원법

전기분해에 따라 음극에서 발생하는 수소와 동시에 양극에서 용출되는 철이온에 의해 크롬산을 산화
(농도가 희박할 때는 부적당)

$$Cr_2O_7^{2-} + 14H^+ + 6e \rightarrow 2Cr^{3+} + 7H_2O$$

이온교환수지법

크롬산이온을 강염기성 음이온교환수지를 사용하여 제거(크롬산의 산화력에 견디는 수지 사용)

03 시안(CN) 함유 폐수처리

1 존재 형태

과잉의 CN^- 존재로 인한 시안착이온 $[M(CN)_m]^{-n}$으로 존재하며 대표적인 것으로 NaCN이 있다.

2 제거방법

(1) 알칼리염소법

염소계 산화제를 사용 → 무해한 CO_2와 N_2로 산화분해

① 반응과정

$$NaCN + NaClO \rightarrow NaCNO + NaCl \quad \cdots\cdots\cdots\cdots\cdots\cdots\cdots\cdots\cdots \boxed{1}$$

$$2NaCNO + 3NaClO + H_2O \rightarrow 2CO_2 + N_2 + 2NaOH + 3NaCl \quad \cdots\cdots\cdots\cdots \boxed{2}$$

$\boxed{1}$의 반응은 pH 10 이상에서 진행시킨다. 만일 pH 10 이하에서 산화제를 가하면 자극성이 강한
유독한 염화시안(CNCl)가스가 발생한다.

$$HCN + NaClO \rightarrow CNCl \uparrow + NaOH$$

②의 반응은 pH가 낮을수록 반응이 빨리 진행되나 pH 4.0 이하에서는 산화제로서의 염소가스
(Cl_2)가 발생하므로 너무 낮게 할 수 없고 실제로 pH 8 전후에서 약 20분 동안 반응시켜 분해한다.
pH 10 이상이 되면 60분 가량 반응시켜야 한다.

② 산화제의 양 산출 : ①과 ②식을 결합

$$2NaCN + 5NaClO + H_2O \rightarrow 5NaCl + 2CO_2 + N_2 + 2NaOH$$

CN^- 1kg 기준 : $\dfrac{5NaClO}{2CN}$

$$= \dfrac{5 \times 74.5}{2 \times 26} = 7.2\,kg/kg$$

③ 산화분해반응 조건

pH 조건이 아주 중요한 인자가 되며, 처리조건의 제어는 산화환원 전위(ORP ; Oxidation Reduct-
ion Potential)로써 행할 수 있다.

①의 반응은 pH 10 이상에서 ORP 300mV

②의 반응은 pH 8.0에서 ORP 650mV 이상

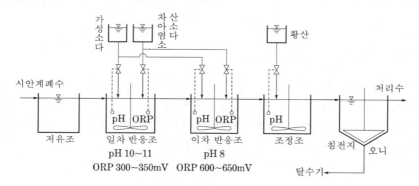

[그림 2-47] 시안폐수처리공정

🌱 **염소주입에 의한 시안 제거 반응**

- $NaCN + Cl_2 \rightarrow CNCl + NaCl$ ·· ①
- $CNCl + 2NaOH \rightarrow NaCNO + NaCl + H_2O$ ···················· ②
- $2NaCNO + 4NaOH + 3Cl_2 \rightarrow 6NaCl + 2CO_2 + N_2 + H_2O$ ·········· ③

①의 반응은 모든 pH 범위에 있어서 즉시 반응한다.
②의 반응은 반응속도가 pH값에 의해 좌우되는데, pH 9 이상에서는 반응이 수분 내에 끝나며, pH 8.5 이하에서는
CNCl의 독성을 남기기 때문에 피해야 한다.
③은 CNO의 산화로 무해한 N_2와 CO_2로 전환되는 반응으로 pH 7.5~8.0에서 10~15분 정도의 반응시간이 필요하다.

---

(2) 오존산화법(pH 11~12)

① 반응과정

$$CN^- + O_3 \rightarrow CNO^- + O_2$$

$$2CNO^- + 3O_3 + H_2O \rightarrow 2HCO_3^- + N_2 + 3O_2$$

② O_3 양

    pH 10.5 → 1.86kgO_3/kgCN

    pH 9.5 → 2.02kgO_3/kgCN

(3) 전해산화법

① 반응과정

    $CN^- + 2OH^- \rightarrow CNO^- + H_2O + 2e^-$

    $2CNO^- + 4OH^- \rightarrow 2CO_2 + N_2 + 2H_2O + 6e^-$

② 농후한 폐액에 적용(1,000ppm 이하에서는 효율이 낮음)

(4) 기타 방법

① 폭기법

② 미생물 분해법

③ 산성탈기법 : 강산성으로 하면 CN^-가 HCN으로 가스화되어 쉽게 제거되나 HCN은 독성이 강하므로 이 가스의 처리가 다시 문제로 대두된다(※ 최대 1ppm 정도까지 처리 가능).

    $NaCN + HCl \rightarrow HCN\uparrow + NaCl$

    $2NaCN + H_2SO_4 \rightarrow Na_2SO_4 + 2HCN\uparrow$

④ 순치(馴致) 활성슬러지법 : BOD가 높은 폐수에는 알칼리염소법으로 처리가 잘 안 된다. 이 경우에는 순치시킨 균을 사용, 활성슬러지법으로 처리하는 경우가 있으나 실제로는 문제가 다소 있다.

⑤ 감청(착염) 침전법 : 철, 니켈 등의 CN착체는 안정하며 차아염소산소다로 산화분해할 수 없으므로 감청(불용성 금속착염)을 생성시켜 침전분리한다.

    ≫ 감청 : $Fe_4[Fe(CN)_6]_3$

04 카드뮴(Cd) 함유 폐수처리

(1) 약품처리

적당한 약품으로 불용성인 수산화물($Cd(OH)_2$), 탄산염($CdCO_3$), 유화물(CdS)로 침전시킨다.

① 수산화물 침전법 : NaOH, $Ca(OH)_2$ 등을 사용

    • $Cd^{2+} + Ca(OH)_2 \longrightarrow Cd(OH)_2\downarrow + Ca^{2+}$

    • $Cd^{2+} + 2NaOH \longrightarrow Cd(OH)_2\downarrow + 2Na^+$

적정 pH는 10 정도이고, floc 상태, 침전 탈수성이 양호

    ≫ $Cd(OH)_2 \rightleftarrows Cd^{2+} + 2OH^-$

용해도적 $K_{sp} = [Cd^{2+}][OH^-]^2 = 4 \times 10^{-14}$

    ≫ 용해도적이 적을수록 침전에 유리하다.

② 유화물(황화물) 침전법 : Na₂S, H₂S 등을 사용

$$Cd^{2+} + Na_2S \longrightarrow CdS\downarrow + 2Na^+$$

>> 용해도적이 적어 침전에 유리하나 colloid상의 floc이 형성되어 고액분리가 곤란하다.

③ 탄산염 침전법 : Na₂CO₃ 사용

$$Cd^{2+} + Na_2CO_3 \longrightarrow CdCO_3\downarrow + 2Na^+$$

>> 생성 floc이 미세하여 침전분리가 쉽지 않으나 수산화물보다 낮은 pH에서 적당한 응집제를 사용하면 0.1ppm 이하까지 제거 가능

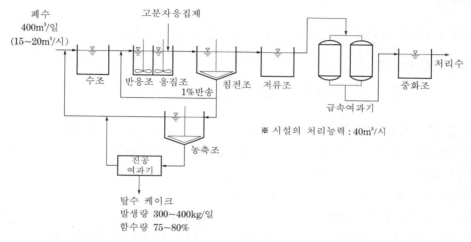

[그림 2-48] 카드뮴을 함유한 폐수처리의 flow sheet(카드뮴 축전지 제조공장)

(2) 이온교환 수지법

단일 오염 성분만이 들어 있는 폐수의 경우 농축, 회수를 겸하여 처리할 수 있으며 따라서 **자원의 회수 이용**이 가능하다.

(3) 알칼리 염소법 분해 후 수산화물 침전법

카드뮴이 CN 착염 형태로 들어 있을 때는 pH 조정만으로는 수산화물 침전이 곤란하므로 먼저 **시안착염을 알칼리 염소법으로 산화 분해 후 pH를 조정, 수산화물로 침전처리**한다.

>> 이때 Cd 0.1ppm 이하로 제거하려면 pH를 10.5 이상 올려야 한다.

(4) 기타

계면활성제 등을 이용한 **침전부선**(수산화물이나 황화물 형성-계면활성제 부상) 또는 **이온부선법**(xanthate 부상법 등), 그리고 **활성탄흡착법** 등이 있다.

05 비소(砒素) 함유 폐수처리

1 존재 형태

농약, 안료(顔料), 의약품 등의 제조공장 및 광산, 제련소 등에서 배출하는 폐수에 대개 아비산(H_2AsO_3), 비산(H_2AsO_4) 형태로 존재

2 처리법

(1) 금속비소로 환원시켜 분리하는 방법 : 때때로 맹독성가스(AsH_3) 발생

(2) 황화물(불용성 비소염) 침전

$$2H_2AsO_3 + 3NaSH \rightarrow As_2S_3 \downarrow + 3NaOH + 3H_2O$$

(3) 수산화물 및 수산화제2철 공침법 : 철 외에 Ca, Mg, Ba, Al 등의 금속 수산화물에 흡착공침시키는 방법이 있으며 가장 많이 이용하는 것이 수산화제2철 공침법이다.

비철비(Fe/As) 4 → 잔류비소 1ppm 이하 제거 가능

비철비(Fe/As) 20 → 잔류비소 0.1ppm 이하 제거 가능

[비철비가 적으면 중성, 비철비가 크면 약알칼리성(7~10.5)]

≫ $FeCl_2$를 사용하는 경우 최적 pH는 9.5~10.5이며, $Ca(OH)_2$인 경우는 pH 12.0 정도로 조정하여야 한다.

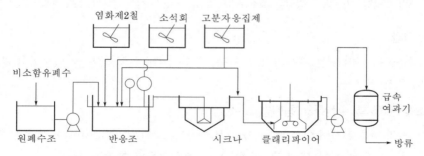

[그림 2-49] 금속 수산화물에 의한 비소 제거 flow sheet

(4) 기타

활성탄, 활성 백토(白土) 등의 흡착제에 의한 흡착처리법, 이온교환처리법 등

06 ░ 아연(Zn) 함유 폐수처리

1 존재 형태

금속 광산의 항내수(抗內水), 선광폐수, 정련공장, 도금공장, 화학공장 등의 폐수, 자연에서는 ZnS 또는 $ZnCO_3$로 많이 존재

2 처리법

(1) 침전법 : 아연이온을 수산화물로 침전 제거

$$Zn^{2+} + 2OH^- \rightarrow Zn(OH)_2 \downarrow$$

적정 pH는 8~9 정도이고 pH 10 이상에서는 착이온이 형성되어 재용해된다.

(2) 기타 처리법

① 흡착법 : 활성탄, zeolite 등을 이용
② 이온교환법 : $ZnSO_4$, $ZnCl_2$로 존재 시 약산성 양이온 교환수지 사용

07 ░ 동(Cu) 함유 폐수처리

1 존재 형태

동광산폐수, 도금, 금속가공, 전선공장, 합성섬유 등의 폐수에 함유되어 배출되고 1가화합물보다는 2가화합물(유색) 형태로 많이 존재, 수용액 중에서는 $[Cu(H_2O)]^{2+}$가 되어 청색을 나타내며 암모니아 또는 시안 등과 $[Cu(NH_3)_4]^{2+}$, $[Cu(CN)_4]^{3-}$ 등의 착이온 생성

2 처리법

(1) 수산화물 침전법

$$Cu^{2+} + 2OH^- \rightarrow Cu(OH)^2 \downarrow$$

(2) 황화물 침전법

$$Cu^{2+} + \begin{cases} Na_2S \\ H_2S \end{cases} \rightarrow CuS \downarrow + \begin{cases} 2Na^+ \\ 2H^+ \end{cases}$$

(3) 석출법(동이온의 환원)

$$Cu^{2+} + Fe \rightarrow Cu + Fe^{2+}$$

(4) 기타 처리법 : 흡착, 이온교환법

08 납(Pb) 함유 폐수처리

1 존재 형태

납은 질산 이외의 산이나 물에는 거의 녹지 않고 폐수 중에는 수용성 화합물(Pb^{2+}, 질산납, 염화납, 초산납)로 존재

2 처리법

불용성 화합물인 황산염, 황화물, 탄산염, 수산화물로 침전시키는 방법이 있으나 이 중 **수산화물로 분리**하는 방법이 일반적으로 쓰이고 있다.

(1) 수산화물 침전법(pH 9~10)

$$Pb^{2+} + 2OH^- \rightarrow Pb(OH)_2 \downarrow$$

➢ pH가 너무 높으면 $Pb(OH)_4^{2-}$의 착이온이 되어 재용해되므로 유의하고, pH 조건은 용해도적, 평형상수로부터 계산할 수 있다. 실제의 폐수처리에 있어서는 소석회와 제2철염, 알루미늄계 응집제와 황산을 같이 쓰면 효과가 있다. 이때 처음에는 pH 11로 높이고 황산반토를 가하여 pH를 차차 내려가면 수산화알루미늄에 의한 응집이 된다.

(2) 황화물 응집

$$Pb^{2+} + S^{2-} \longrightarrow PbS \downarrow$$

황화납(PbS)은 용해도적이 아주 적어서 좋으나 이 침전은 콜로이드 모양이 되기 쉽고 비용이 비싸 일반적으로 잘 쓰이지 않는다.

[그림 2-50] 납(Pb) 함유 폐수처리공정도

(3) 기타 방법 : 응집침전법, 전기분해법, 이온교환법, 추출분리법 등

09 수은(Hg) 함유 폐수처리

1 수은폐수

(1) 유기수은계(CH_2Hg^-, $C_2H_4Hg^-$) : 흡착법, 산화분해법

(2) 무기수은계 : 황화물 응집침전법, 활성탄흡착법, 이온교환법, 아말감법 등

2 처리법

(1) **황화물 응집침전법**

$$HgCl_2 + Na_2S \rightarrow HgS \downarrow + 2NaCl$$

$$[Hg^{2+}][S^{2-}] = 4.0 \times 10^{-53}$$

과잉의 S^{2-}에 대해서는 착이온 형성, 재용해

$$HgS + S^{2-} \rightleftarrows [HgS_2]^{2-}$$

따라서, 수은농도를 0.005ppm 이하로 하려면 공존하는 금속의 용해도적이 2×10^{-45}에서 10^{-10} 사이인 것이어야 한다.

$$ZnS \rightarrow [Zn^{2+}][S^{2-}] = 1.2 \times 10^{-23}$$

$$FeS \rightarrow [Fe^{2+}][S^{2-}] = 3.7 \times 10^{-19}$$

(2) **활성탄흡착법** : 사용한 활성탄의 재생비용 등의 문제가 있으나 폐수 중의 형태가 불안정한 것인 때는 효과가 있다. 특히 이 방법에 의한 단독 처리보다는 황화물 응집침전법 등과 같이 조합함으로써 극히 미량까지 처리할 수가 있다. 이 방법은 원수의 수은농도를 1ppm 전후로 전처리한 후 처리하는 것이 바람직하다.

≫ 킬레이트 수지에 의한 흡착도 있다.

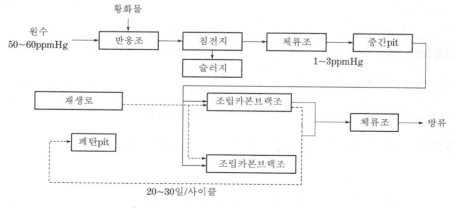

[그림 2-51] 활성탄흡착법 flow sheet

(3) **이온교환수지법** : 킬레이트 수지나 양성이온 교환수지와 같은 특수한 이온교환수지의 사용방법 시도

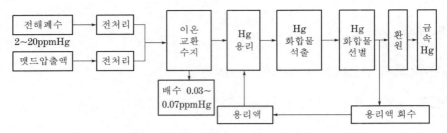

[그림 2-52] 이온교환수지법의 flow sheet

(4) **가성소다 전해공장 폐수 중의 무기수은처리의 경우**

　① 전처리 : 황화물 응집침전법(수은농도 0.1~0.2ppm까지)

　　　　　　(FeSO$_4$와 Na$_2$S 첨가)

　② 후처리 : 활성탄흡착법(0.01~0.05ppm까지 처리)

10 유기인 함유 폐수처리

1 존재 형태

파라티온, 메틸파라티온, 메틸디메톤, EPN 등의 농약폐수 중에 대부분 현탁 또는 부유 상태(물에 불용)로 존재

≫ 주로 colloid 상태로 존재

2 처리법

(1) **알칼리성에서 가수분해** : 산성이나 중성에서는 안정하나 알칼리성에서는 불안정하여 살충력을 잃음(독성을 잃음)

　≫ 폐수의 양이 많은 대량처리는 곤란

(2) **활성탄흡착법** : 묽은 농도

(3) **생물학적 방법** : 생물의 환경조건 유지 곤란

(4) 가장 효과적인 방법은 알칼리성에서 가수분해 후 활성탄흡착

(5) **응집침전법** : 주로 colloid 상태이므로 응집침전도 가능성이 있음

11 : PCBs 함유 폐수처리

1 성질

(1) 물에 난용이나 지용성, 전기절연성이 높고 난연성이다.

(2) 물리・화학・생물학적으로 안정한 물질이다.

2 처리법

(1) 폐수 중에서 분리하는 방법

① 응집침전 : SS와 동시에 침강(80~95% 제거)

>> 황산알루미늄 10ppm→84% 제거, polypropylene 사용

② 흡착법 : 활성탄, 규조토, 점토분말

③ 용제 추출법 : 헥산, 아세톤, 에탄올 등 용제 사용

④ 저농도 시 생물학적 처리(재래식)로 동시 제거

(2) PCBs를 분해하여 무해화

① 열분해(1,300~1,500°C)

② 광분해

③ 탈염소(알칼리성, 알코올 첨가)

④ 방사선조사(照射)법

(3) 처리방법의 선택

① 저농도 함유폐수 : 응집침전, 생물학적 처리, 방사선조사법, 흡착법

② 고농도 함유폐수 : 용제추출법, 고온고압알칼리분해법, 연소법, 자외선조사법

③ 고농도 함유폐기물 : 고온연소(1차 고체연소, 2차 1,200°C PCBs 연소)

[표 2-16] 금속 수산물의 용해도적 상수(K_{sp})

금속이온	해리반응	용해도적
Cu^{2+}	$Cu(OH)_2 \rightleftharpoons Cu^{2+} + 2OH^-$	1.6×10^{-19}
Zn^{2+}	$Zn(OH)_2 \rightleftharpoons Zn^{2+} + 2OH^-$	4.5×10^{-17}
Pb^{2+}	$Pb(OH)_2 \rightleftharpoons Pb^{2+} + 2OH^-$	4.2×10^{-15}
Fe^{2+}	$Fe(OH)_2 \rightleftharpoons Fe^{2+} + 2OH^-$	1.8×10^{-15}
Fe^{3+}	$Fe(OH)_3 \rightleftharpoons Fe^{3+} + 3OH^-$	6×10^{-38}
Cd^{2+}	$Cd(OH)_2 \rightleftharpoons Cd^{2+} + 2OH^-$	2.0×10^{-14}
Ni^{2+}	$Ni(OH)_2 \rightleftharpoons Ni^{2+} + 2OH^-$	1.6×10^{-16}
Mg^{2+}	$Mg(OH)_2 \rightleftharpoons Mg^{2+} + 2OH^-$	8.9×10^{-12}

금속이온	해리반응	용해도적
Al^{3+}	$Al(OH)_3 \rightleftarrows Al^{3+} + 2OH^-$	5×10^{-33}
Mn^{2+}	$Mn(OH)_2 \rightleftarrows Mn^{2+} + 2OH^-$	2×10^{-13}
Cr^{3+}	$Cr(OH)_3 \rightleftarrows Cr^{3+} + 3OH^-$	1×10^{-30}
Sn^{2+}	$Sn(OH)_2 \rightleftarrows Sn^{2+} + 2OH^-$	3×10^{-27}
Co^{2+}	$Co(OH)_2 \rightleftarrows Co^{2+} + 2OH^-$	2×10^{-16}

[표 2-17] 양성 수산화물의 이온형성 시의 평형상수

반응식	PK_c
$Al(OH)_3 \rightleftarrows H^+ + H_2AlO_3^-$	$11.2 \sim 13.9$
$Co(OH)_2 \rightleftarrows H^+ + HCoO_2^-$	19.1
$Cr(OH)_3 \rightleftarrows H^+ + H_2CrO_3^-$	17
$Cu(OH)_2 \rightleftarrows H^+ + HCuO_2^-$	19
$Mn(OH)_2 \rightleftarrows H^+ + HMnO_2^-$	19
$Ni(OH)_2 \rightleftarrows H^+ + HNiO_2^-$	18.2
$Pb(OH)_2 \rightleftarrows H^+ + HPbO_2^-$	15
$Sn(OH)_2 \rightleftarrows H^+ + HSnO_2^-$	15
$Zn(OH)_2 \rightleftarrows H^+ + HZnO_2^-$	$16.5 \sim 16.9$

[표 2-18] pH 변화에 따른 금속침전

$[H^+]$	10^{-4}	10^{-5}	10^{-6}	10^{-7}	10^{-8}	10^{-9}	10^{-10}	10^{-11}
금속 이온	Fe^{3+}	Al^{3+}	Zn^{2+} Cu^{2+} Cr^{3+}	Fe^{2+} Pb^{2+}	Ni^{2+} Cd^{2+} Co^{2+}	Hg^{2+} Mn^{2+}		Mg^{2+}

[표 2-19] 금속 황화물의 용해도적 상수(K_{sp})

금속이온	해리반응	용해도적
Zn^{2+}	$ZnS \rightleftarrows Zn^{2+} + S^{2-}$	7.8×10^{-26}
Cd^{2+}	$CdS \rightleftarrows Cd^{2+} + S^{2-}$	1.0×10^{-28}
Hg^{2+}	$HgS \rightleftarrows Hg^{2+} + S^{2-}$	1.6×10^{-54}
Hg^+	$Hg_2S \rightleftarrows 2Hg^+ + S^{2-}$	1.0×10^{-45}
Cu^{2+}	$CuS \rightleftarrows Cu^{2+} + S^{2-}$	8×10^{-37}
Ni^{2+}	$NiS \rightleftarrows Ni^{2+} + S^{2-}$	3×10^{-21}
Pb^{2+}	$PbS \rightleftarrows Pb^{2+} + S^{2-}$	7×10^{-29}
Fe^{3+}	$Fe_2S_3 \rightleftarrows 2Fe^{3+} + 3S^{2-}$	1×10^{-38}
Fe^{2+}	$FeS \rightleftarrows Fe^{2+} + S^{2-}$	4×10^{-19}
Co^{2+}	$CoS \rightleftarrows Co^{2+} + S^{2-}$	5×10^{-22}
Mn^{2+}	$MnS \rightleftarrows Mn^{2+} + S^{2-}$	7×10^{-56}
Ag^+	$Ag_2S \rightleftarrows 2Ag^+ + S^{2-}$	6.3×10^{-50}

생물학적 처리(生物學的處理) 및 설계(設計)

Tip▶ 생물학적 처리에 관련된 문제는 본 과목에서 출제비중이 가장 높으므로 완벽한 수험대비를 위해 확실하게 정리하라.

01 개요

생물학적 처리방법은 폐수(廢水) 내에 존재하는 유기물 중 생물학적으로 분해 가능한 유기물을 미생물 (원생동물, 조류 박테리아 등)을 이용하여 제거하는 방법이다.

생물학적 처리법은 도시하수의 2차 처리, 슬러지(sludge)의 처리, 저농도 및 고농도의 유기물 함유 공장 폐수 등의 처리를 위해 많이 채택되며, 산소 유·무에 따라 다음과 같이 분류할 수 있다.

(1) 호기성(好氣性) 처리

활성슬러지법, 살수여상법(撒水濾床法), 산화지법(酸化池法), 회전원판법(回轉圓板法), 접촉산화법 (接觸酸化法), 호기성 소화법(好氣性消化法) 등

호기성 분해

- 유기물$+O_2 \rightarrow CO_2+H_2O+$energy(이화작용, 異化作用)
- 유기물$+O_2+NH_3 \rightarrow$ 세포물질형성$+CO_2+H_2O-$energy(동화작용, 同化作用)
- 세포물질$+O_2 \rightarrow CO_2+H_2O+NH_3+$energy(자산화, 내호흡)

미생물의 대사반응

$+$ ① 이화(異化)작용 : $(CH_2O)+O_2 \rightarrow CO_2+H_2O+\Delta E$

② 동화(同化)작용 : $(CH_2O)+\dfrac{1}{5}NH_3+\Delta E \rightarrow \dfrac{1}{5}C_5H_7O_2N+\dfrac{3}{5}H_2O$

③ 대사(代謝)작용 : $2(CH_2O)+O_2+\dfrac{1}{5}NH_3 \rightarrow \dfrac{1}{5}C_5H_7O_2N+CO_2+\dfrac{8}{5}H_2O$

(2) 혐기성(嫌氣性) 처리

혐기성 소화법(消化法), 부패조, Imhoff조, 혐기성 산화지 등

혐기성 분해

• 유기물 $\xrightarrow[\text{(유기산균)}]{\text{미생물}}$ $\left\{\begin{array}{l}\text{세 포} \\ \text{유기산} \\ \text{알코올} \\ CO_2 \\ H_2 \\ NH_3\end{array}\right\}$ $\xrightarrow[\text{(메탄균)}]{\text{미생물}}$ $\left\{\begin{array}{l}\text{세포} \\ CH_4 \\ CO_2 \\ NH_3 \\ H_2S\end{array}\right.$

➤➤ 유기물 구성성분 ┌ 주성분 : C, H, O
　　　　　　　　　└ 부성분 : N, S, P, 할로겐, 기타

(3) 임의성(任意性) 처리

호기성과 혐기성의 중간으로서 살수여과상이나 산화지 등에서 산소가 부족하면 임의성이 된다.

[표 2-20] 호기성 생물학적 처리방법의 비교

구 분		산화지	살수여과상	활성슬러지	회전원판법
제거율	BOD	70~80%	82%	90%	80~90%
	COD	70~80%	79%	88%	80~85%
소요대지면적		매우 넓다.	살수여과상과 활성슬러지는 서로 비슷하다.		작다.
슬러지 생산량		적다.	적다.	설계하기에 달렸으나 비교적 많다.	적다.
소요동력		없다.	반송률에 달려 있다.	크다.	적다.
유지관리		쉽다.	조금 어렵다.	어렵다.	조금 어렵다.
문제점		• 소요면적이 매우 넓다. • 자연에 의하기 때문에 적정처리가 매우 어렵다. • 동결문제가 있다. • 모기 등이 발생할 우려가 있다. • 유출수로부터 조류 제거가 어렵다. • 냄새가 난다.	• 짧은 체류시간으로 생폐수 내의 유기물질이 방류된다. • 자연에 의한 공기주입이므로 적정처리가 어렵다. 특히 겨울에는 문제가 발생될지 모른다(sloughing off). • 처리정도를 결정하기 힘들다. • 유출수가 잘 처리되지 않는 경우 교정하기가 어렵다. • 냄새가 난다. • 여재가 잘 막힌다(연못화). • 여름철에 파리발생의 문제가 있다.	• 슬러지의 양이 타 방법보다 많다. • 거품문제가 있다. • 부하변동에 약하다. • 슬러지 bulking 문제가 있다. • 고도의 운전기술을 요한다.	• 겨울철에 보온이 필요하다(13℃ 이상). • 고농도 폐수처리가 어렵다. • 회전축의 파열이 일어날 수 있다.

02 생물학적 처리와 관련된 미생물(微生物) 및 증식(增殖)

1 미생물의 분류(수질오염 개론 연관)

(1) 박테리아(bacteria)

① 폐수처리의 핵심적 역할

② 화학조성식
- 호기성 박테리아 : $C_5H_7O_2N$
- 인을 포함시킬 때 : $C_{60}H_{87}O_{23}N_{12}P$
- 혐기성 박테리아 : $C_5H_9O_3N$

③ 크기 : $0.8 \sim 5.0 \mu$

④ 산소와의 관계에 따라
- 호기성(好氣性) 박테리아
- 혐기성(嫌氣性) 박테리아
- 임의성(任意性) 박테리아

⑤ 영양소에 따라
- heterotrophic bacteria(종속영양균)
- autotrophic bacteria(독립영양균)

⑥ 적정 pH는 6.5~7.5이며, pH 9.5 이상, 4.0 이하에서는 사멸한다.

(2) 균류(fungi)

① 화학조성식 : $C_{10}H_{17}O_6N$
② 사상균(絲狀菌)으로서 낮은 pH(2~5)에서도 잘 성장한다.
③ 활성슬러지법에서 잘 침전하지 않고 sludge bulking을 일으킨다.

(3) 조류(algae)

① 화학적 조성식 : $C_5H_8O_2N$
② 엽록소를 가지고 있는 단세포 혹은 다세포 식물이며, 광합성(탄소동화작용)을 한다.

$$CO_2 + H_2O \underset{\text{빛이 없을 때(야간)}}{\overset{\text{빛이 있을 때(주간)}}{\rightleftharpoons}} (CH_2O) + O_2$$

생성조류

③ 갖가지 맛과 냄새를 준다.
④ 산화지처리에서 산소원으로 이용된다.

(4) 원생동물(protozoa)

① 화학조성식 : $C_7H_{14}O_3N$
② 종류 : sarcodina, mastigophora, ciliate, suctoria 등

(5) 고등동물(metazoa, sludge worms)

① rotifer(윤충), crustaceans(갑각류) 등

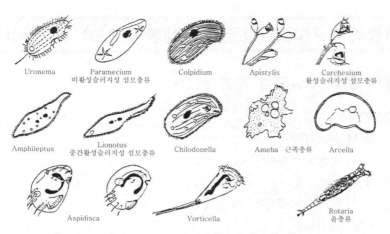

Uronema Paramecium Colpidium Apistylis Carchesium
비활성슬러지성 섬모충류 활성슬러지성 섬모충류

Amphileptus Lionotus Chilodonella Ameba 근족충류 Arcella
중간활성슬러지성 섬모충류

Aspidisca Vorticella Rotaria 윤충류

[그림 2-53] 폭기조에서 흔히 볼 수 있는 원생동물의 예

2 미생물 처리지표(indicator)

폭기조 내의 미생물 상태는 박테리아 등을 포식하는 포식생물의 종에 의하여 식별된다. 그림 2-54에서 보듯이, 유기물질의 제거효율에 따라 우세한 포식(哺食)생물의 체류분포가 달라진다. 운전 초기에는 sarcodina가 우세하지만, 효율이 증가되고 유기물질 제거율이 높아짐에 따라 우세한 종(種)의 판도가 점차로 ciliate, rotifer 등으로 옮겨짐을 볼 수 있다. (그림 2-55 참조)

flagellated protozoa stalked ciliated protozoa

free swimming ciliated protozoa rotifer

[그림 2-54] 폭기조 내의 지표생물

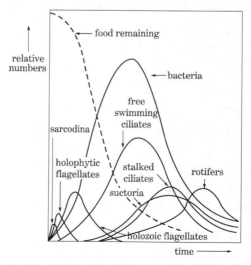

[그림 2-55] 폭기조 내의 먹이감소와 지표생물의 변화상태

[표 2-21] 활성슬러지처리의 지표미생물

처리상황	지표미생물의 종류	미생물의 특성	운전상태 및 조치
활성슬러지가 양호할 때 출현하는 미생물(활성슬러지성 생물)	Vorticella, Epistylis, Aspidisca, Opercularia, Carchesium, Zoothamnium, Tokophrya, Podophrya Rotifer (Philodina) 등	각종 미소후생동물 및 흡관충류와 같이 고착성이거나 혹은 꿈틀거리는 종류	폭기조 혼합액 1mL 중 1,000개체 이상의 생물존재 중 이들이 80% 이상 존재하면 정화효율이 높을 것으로 판정된다.
활성슬러지 상태가 나쁠 때 출현하는 미생물(비활성슬러지성 생물)	Bodo, Cercobodo Pleuromonas, Oikomonas Colpidium, Paramesium Monas, Colpoda, Uronema 등	빨리 헤엄치는 종류	이들이 출현하면 floc이 일반적으로 적다(100μm 정도). 극단적으로 악화되었을 때는 원생동물 및 후생동물은 전혀 출현하지 않고 편모충류의 점유율이 높다.
활성슬러지상태가 나쁠 때로부터 회복될 때 출현하는 미생물(중간슬러지성 생물)	Litonotus, Loxophillum Chilodonella, Oxytricha Trachelophylium, Euplotes Amphileptus 등	서서히 헤엄쳐 다니는 종류로서 기어다니는 성질도 있는 미생물	이들 생물이 1개월 정도 계속되면 우점종(優占種)으로 되는 경우도 있다.
활성슬러지가 분산 해체할 때 출현하는 미생물	Vahlkampfia, Limax, Amoeba, Radiosa, Paranema, Philodina 등	육질류(肉質類)	이들 생물이 수만개체 이상 출현하면 floc은 작아지고 방류수는 탁해진다. 이들이 급증하면 반송슬러지량과 송기량을 적게하여 floc 해체를 어느 정도 억제한다.
bulking할 때 출현하는 미생물(filamentous bacteria)	Sphaerotilus, Thiothrix Fungus, Nocardia속 (actinomycetes과) 등	사상(絲狀)미생물	SVI가 200 이상으로 되었을 때 사상미생물이 실밥과 같이 나타난다.
용존산소가 부족할 때 생기는 미생물	Beggiatoa, Motopus, Caenomorpha, Spirillus 등	용존산소가 낮은 것을 좋아하는 미생물	이들이 나타나면 활성슬러지가 흑색을 나타내고 악취가 발생한다.
과폭기일 때 출현하는 미생물	Amoeba 및 윤충류(輪虫類), 즉 Sarcodina 및 Rotaria 등	—	DO가 5ppm 이상 시 발생
폐수농도가 극도로 낮을 때 출현하는 미생물	Euplotes, Colurela, Lepadella, Trichocerca 등	다량으로 출현	—
BOD 부하가 낮을 때 출현하는 미생물	Acella, Zoogloea, 윤충류, 빈모류(貧毛類)	—	이들이 많을 때 질산화가 일어나고 있음을 나타낸다.
독성물질의 유입 시 출현하는 미생물	Aspidisca가 급격히 감소 (독성에 가장 예민함)	세균에 비해 원생동물은 외적환경에 감수성이 높아 원생동물을 관찰하여 영향 추정	Aspidisca가 급격히 감소하였을 때는 충격부하나 소량의 독성물질이 유입되었음을 뜻한다.

3 미생물의 성장

(1) 대수성장단계(log growth phase) : 최초의 배양액에 미생물을 접종시키면 미생물은 분체번식을 시작하여 미생물 수는 증가하며, 양분이 충분하므로 미생물도 최대의 율로 번식하는 단계로서 미생물의 대사율이 최대가 된다.

비록 폐수 내의 유기물이 최대의 율로 제거되기 위해서는 대수성장단계가 바람직스러우나 이 경우 미생물은 침결하지 않고 분산되어 성장하여 침전지에서 침전성이 나쁘므로 수처리에 이용되지 않고 BOD 제거율이 낮다.

(2) 감소성장단계(declining growth phase) : 미생물의 수가 점차로 증가하여 양분이 모자라게 되면 미생물의 번식률이 사망률과 같게 될 때까지 번식률은 감소하게 되며 그 결과로 살아 있는 미생물의 무게보다 원형질의 전체 무게가 더 크게 된다. 미생물이 서로 엉키는 floc이 형성되기 시작하므로 점차 침전성이 좋아지고 수처리에 이용되는 단계이다.

(3) 내생성장단계(endogenous growth phase) : 살아 있는 미생물들이 조금밖에 없는 양분을 두고 서로 경쟁하므로 결국 신진대사율은 큰 율로 감소하고 따라서, 살아 있는 미생물의 수도 크게 감소한다. 미생물은 그들 자신의 원형질을 분해시켜 에너지를 얻으므로 원형질 전체 무게가 준다.

활성슬러지조에서 계속적인 폭기는 세포의 분해, 재합성 그리고 **원생동물이 박테리아를 잡아 먹는 약육강식**이 일어나고 미생물의 자산화가 일어난다. 신진대사율이 낮더라도 유기물의 분해는 거의 완전하게 달성되어 미생물이 빨리 응결되고 침전성이 좋아서 높은 BOD 제거율이 기대된다.

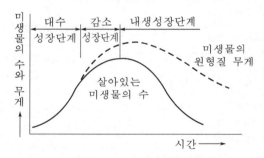

[그림 2-56] 미생물의 성장곡선

(4) F/M비와 물질대사율 : 미생물에 의한 유기물의 분해 섭취는 미생물의 증가를 초래하므로 양분의 공급과 폭기조 내 미생물량 사이에 알맞은 평형을 유지하여야 한다. 이 관계를 F/M(Food−to −Microorganism)비라고 한다. 폭기조 내에서 유지되는 F/M비는 활성슬러지 system의 운영을 결정한다.

그림 2−57에서와 같이 F/M비가 높으면 미생물은 대수성장단계에 있으며, system 내의 양분은 과하게 존재하고 신진대사율은 최대가 된다.

낮은 F/M비에서는 물질대사가 내생적(內生的)이고 침전성이 좋아서 높은 BOD 제거율이 요구되는 경우, 이 단계를 운영하는 것이 좋다.

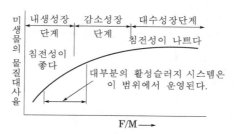

[그림 2-57] F/M비와 물질대사율과의 관계

4 에너지와 세포합성

일정량의 유기물질은 미생물에 의해서 새로운 미생물의 세포로 합성되고 에너지가 방출된다.
도시폐수의 경우 1kg의 BOD_5는 미생물에 의해 약 1/3이 에너지로 방출되고 2/3가 세포로 합성된다.
즉, BOD_u가 BOD_5의 1.5배라고 볼 때 1kg의 BOD_5 중에 0.5kg의 BOD_u가 에너지로 방출된다.

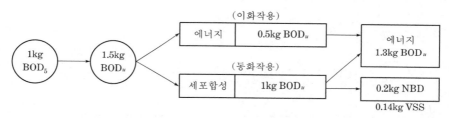

[그림 2-58] 에너지와 세포합성관계

5 세포증식(細胞增殖) 및 기질(基質) 제거

(1) 비연속배양(非連續培養)에서 순수(純粹) 배양된 세포가 대수증식기에 있을 때 그 증식상태를 반응속도론(動力學)으로 나타내면 아래와 같이 1차 반응식으로 표현된다.

$$\frac{dX}{dt} = \mu X \quad\text{...}\boxed{1}$$

여기서, $\dfrac{dX}{dt}$: 세포(미생물) 증식속도(질량/부피・시간)$= \gamma_g$

μ : 세포(미생물)의 비증가율(시간$^{-1}$), X : 세포(미생물)농도(질량/부피)

Monod는 제한기질(制限基質)과 세포의 비증식속도의 관계를 Michaelis−Menten 식을 이용하여 다음과 같이 나타내고 있다.

$$\mu = \mu_{\max}\left(\frac{S}{K_s + S}\right) = \frac{1}{X} \cdot \frac{dX}{dt} \quad\text{...}\boxed{2}$$

여기서, $\mu_{\max}$: 세포(미생물) 비증가율 최대치(시간$^{-1}$ 또는 세포질량/세포질량・시간)

$K_s : \mu = \dfrac{1}{2}\mu_{\max}$ 일 때 S농도(질량/부피)(Michaelis−Menten 상수)

S : 제한기질(유기물) 농도(질량/부피)

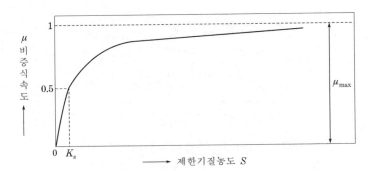

[그림 2-59] 세포의 비증식속도(μ)와 제한기질(S)과의 관계

$$\frac{dX}{dt} = \frac{\mu_{\max} \cdot X \cdot S}{K_s + S} \quad \cdots\cdots\cdots\cdots\cdots\cdots\cdots\cdots\cdots\cdots\cdots\cdots\cdots\cdots\cdots\cdots\cdots\cdots\cdots\cdots\cdots\cdots\cdots\cdots \boxed{3}$$

세포(미생물)의 증가율은 기질(유기물)의 감소를 수반한다.

$$\frac{dX}{dt} = -y \cdot \frac{dS}{dt} \quad \cdots\cdots\cdots\cdots\cdots\cdots\cdots\cdots\cdots\cdots\cdots\cdots\cdots\cdots\cdots\cdots\cdots\cdots\cdots\cdots\cdots\cdots\cdots\cdots\cdots\cdots\cdots\cdots \boxed{4}$$

여기서, $\dfrac{dS}{dt}$: 기질(유기물) 소비율(질량/부피 · 시간) $= \gamma_{su}$

$$\frac{dS}{dt} = -\frac{1}{y} \cdot \frac{dX}{dt} = -\frac{\mu_{\max} \cdot X \cdot S}{y(K_s + S)} \quad \cdots\cdots\cdots\cdots\cdots\cdots\cdots\cdots\cdots\cdots\cdots\cdots \boxed{5}$$

여기서, y : 제거되는 단위기질당 세포의 증가율(세포질량/기질(유기물) 질량)

　　　　※ y를 세포생산계수(yield coefficient)라고 함

즉, $y = \dfrac{dX}{dS}\left(= \dfrac{dX/dt}{dS/dt}\right)$

$\dfrac{\mu_{\max}}{y} = K_m$ 으로 표시하면,

$$\frac{dS}{dt} = -\frac{K_m \cdot X \cdot S}{K_s + S} \quad \cdots\cdots\cdots\cdots\cdots\cdots\cdots\cdots\cdots\cdots\cdots\cdots\cdots\cdots\cdots\cdots\cdots\cdots\cdots\cdots\cdots\cdots\cdots \boxed{6}$$

여기서, K_m : 미생물(세포) 단위질량당 최대기질(유기물) 소비속도(유기물(기질)질량/세포(미생물)

　　　　질량 · 시간)

　　　　※ 최대기질 제거속도

$\boxed{6}$식을 $\boxed{4}$식에 대입하면,

$$\frac{dX}{dt} = y\frac{K_m \cdot X \cdot S}{K_s + S} \quad \cdots\cdots\cdots\cdots\cdots\cdots\cdots\cdots\cdots\cdots\cdots\cdots\cdots\cdots\cdots\cdots\cdots\cdots\cdots\cdots\cdots\cdots \boxed{7}$$

$\boxed{6}$식에서 K_m 을 편의상 K 로 표시하여 식을 세우면,

$$\frac{dS}{dt} = -\frac{K \cdot X \cdot S}{K_s + S}$$ .... $\boxed{8}$

여기서 $S \gg K_s$ 이면 분모의 K_s 를 무시할 수 있다. 따라서 S는 분모, 분자가 약분되어 반응은 0차가 된다.

$$\frac{dS}{dt} = -K \cdot X \quad \text{또는} \quad \frac{1}{X} \cdot \frac{dS}{dt} = -K$$ .... $\boxed{9}$

➤➤ 1차 반응과 구분하기 위해 K를 K_0 로 표시하는 경우도 있다.

폐수처리에서는 S값을 최대한 적게 만드는 process이므로 $\boxed{9}$식은 실용성이 적다. 반면 $S \ll K_s$ 이면 분모의 S를 무시할 수 있으므로,

$$\frac{dS}{dt} = -\left(\frac{K}{K_s}\right) \cdot X \cdot S = -K_1 \cdot X \cdot S$$ .... $\boxed{10}$

여기서, K_1 은 1차 반응속도상수, 즉 기질제거 속도상수(부피/세포질량·시간)

이상의 과정인 Michaelis-Menten 개념을 요약해 보면 **고농도의 유기물 기질농도에서 기질이용 속도는 0차 반응이며 저농도에서는 1차 반응이 된다.**
$\boxed{9}$식을 적분하여 정리하면,

$$\int_{S_0}^{S} dS = -K\overline{X} \int_{0}^{t} dt$$

$$S - S_0 = -K \cdot \overline{X} \cdot t \quad \text{또는} \quad S = S_0 - K \cdot \overline{X} \cdot t$$ .... $\boxed{11}$

여기서, K : 속도상수(시간$^{-1}$)(기질질량/세포질량·시간)
　　　　$\overline{X}$: 생화학반응 동안 평균미생물농도(질량/부피)
　　　　즉, $\overline{X} = \frac{1}{2}(X_0 + X_t)$
　　　　S : 시간 t 에 있어서의 유기물농도(질량/부피)
　　　　S_0 : 시간 $t = 0$에서의 유기물농도(질량/부피)

$\boxed{11}$식은 $y = ax + b$ 와 같은 형태의 함수식으로서 y 축에 S, X 축에 $\overline{X}t$ 를 나타내면 직선이며 기울기는 $-K$ 이다.
$\boxed{10}$식을 적분하여 정리하면,

$$\int_{S_0}^{S} \frac{1}{S} dS = -K_1 \cdot \overline{X} \int_{0}^{t} dt$$

$$\ln \frac{S}{S_0} = -K_1 \cdot \overline{X} \cdot t$$ .... $\boxed{12}$

여기서, K_1 : 속도상수(부피/세포질량·시간)

정리하면,

$$\ln S = \ln S_0 - K_1 \cdot \overline{X} \cdot t \quad\text{···································}\boxed{13}$$

위 식 또한 $y = ax + b$ 형태와 같아서 반대수지에 S를 y축, $\overline{X}t$를 X축에 나타내면 직선이 되며 기울기는 $-K_1$이 된다.

(2) 연속배양기 내에서 순수배양을 할 때에는 배양기 내에서 세포의 증식과 감쇠가 동시에 진행된다.

[실증식속도]=[증식속도]−[감쇠속도]

$$\left(\frac{dX}{dt}\right)_{obs} = \frac{\mu_{\max} \cdot X \cdot S}{K_s + S} - b \cdot X \quad\text{·····················}\boxed{14}$$

여기서, b : 세포(미생물)의 감쇠속도(시간$^{-1}$)(세포질량/세포질량·질량)

≫ 내호흡계수(내생호흡률, K_d)로도 표시함

$$\frac{dX}{dt} = r_g, \quad \frac{dS}{dt} = r_{su} 로 표시하면,$$

$$r_g \cdot obs = -y \cdot r_{su} - b \cdot X \quad\text{·····························}\boxed{15}$$

따라서, 관찰되는 세포의 실제 비증식속도는 $\boxed{1}$식과 $\boxed{14}$식에서

$$\mu_{obs} = \mu_{\max} \cdot \frac{S}{K_s + S} - b \quad\text{·····························}\boxed{16}$$

$$y_{obs} = \frac{(dX/dt)_{obs}}{(dS/dt)}, \quad y_{obs} = \frac{y}{1 + b\theta}$$

y_{obs}=세포의 실생산계수(세포질량/기질질량), θ : 배양기 내의 체류시간(시간)

※ $y_{obs} = -\dfrac{r'_g}{r_{su}}$

03 활성슬러지법(活性汚泥法)

1 개요

이 방법은 1차 처리된 유기성 폐수의 2차 처리를 위해서 주로 채택되며 주요공정은 폭기조, 침전조, 슬러지 반송설비 등으로 구성되는 호기성 process이다. 일반적으로 폐수는 최초 침전지에서 현탁 고형물이 제거된 후 폭기조에서 용존유기물질이 미생물에 의해 섭취, 분해되고 성장한 미생물은 종말 침전지에서 응결, 침전되어 활성슬러지(activated sludge)로서 폭기조로 일부 반송되며 일부는 폐슬러지가 된다. 또한, 종말 침전지의 깨끗한 상등액이 처리장의 유출수가 된다.

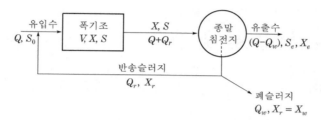

[그림 2-60] 활성슬러지법의 주요 계통도

2 처리조건

생물학적 처리법은 미생물을 이용하여 폐수 중의 유기물을 산화, 분해시키는 것으로 미생물이 충분히 잘 자랄 수 있도록 다음의 조건이 고려되어야 한다.

(1) 영양소

미생물이 C, H, O, N, P, S 기타 각종 물질(Ca, Mg, K, Na 등)로 세포를 구성하므로 수중에 이와 같은 물질들이 있어야 한다. 가정하수에는 충분히 함유되어 있으나 공장폐수에는 C, H, O 이외에는 부족하기 쉬우므로 영양보충이 필요하다.

일반적으로 폭기조 유입수의 BOD : N : P=100 : 5 : 1의 분포가 미생물의 대사 및 처리에 최적인 것으로 되어 있다.

(2) 용존산소(DO)

호기성 반응에서는 용존산소가 산화제 역할을 하므로 그 농도를 최저 0.5mg/L 이상 유지해야 하고 안전을 고려하여 통상 2.0mg/L 정도 유지함이 좋다.

(3) 온도

미생물처리는 중온성 미생물에 의한 처리가 대부분이므로 10~40℃ 범위에서 보통 25~30℃로 유지한다(Voticella 최적온도 : 25℃, Aspidisca 최적온도 : 30℃).

(4) pH

6~8의 범위가 적당하다.

(5) 기타 독성물질

독성물질은 미생물의 활동이나 성장에 방해를 주어 처리에 장애를 주므로 사전에 영향을 받지 않는 농도까지 낮추거나 함유하지 않도록 해야 한다.

3 BOD 부하와 폭기시간

(1) BOD 용적부하(kgBOD/m³ · d)

$$= \frac{1일\ BOD\ 유입량(kg/d)}{폭기조\ 용적(m^3)} = \frac{BOD\ 농도(kg/m^3) \times 유입수량(m^3/d)}{폭기조\ 용적(m^3)}$$

$$= \frac{BOD \cdot Q}{V} = \frac{BOD \cdot Q}{Q \cdot t} = \frac{BOD}{t}$$

➤ 폭기조 1m³당 하루에 가해지는 BOD 무게(kg)

(2) BOD 슬러지부하(kgBOD/kgMLSS · d)

$$= \frac{1일\ BOD\ 유입량(kg/d)}{MLSS량(kg)} = \frac{BOD\ 농도(kg/m^3) \times 유입수량(m^3/d)}{MLSS\ 농도량(kg/m^3) \times 폭기조\ 용적(m^3)}$$

$$= \frac{BOD \cdot Q}{MLSS \cdot V} = \frac{BOD \cdot Q}{MLSS \cdot Q \cdot t} = \frac{BOD}{MLSS \cdot t}$$

➤ 폭기조 내 sludge(MLSS)의 단위무게당 하루에 가해지는 BOD 무게로서 F/M비로 나타내기도 한다.

(3) F/M비

BOD 슬러지부하(kgBOD/kgMLSS · d)를 F/M비로 사용하기도 하나 MLSS 대신에 MLVSS를 사용하여 kgBOD/kgMLSS · d의 단위로 쓰는 경우가 많다.

즉, $F/M = \dfrac{BOD \cdot Q}{MLVSS \cdot V}$

➤ MLSS(Mixed Liquor Suspended Solids) : 폭기조 혼합액 부유물질로서 주로 폭기조 내의 미생물을 말한다.
MLSS=MLFSS+MLVSS

MLVSS(Mixed Liquor Volatile Suspended Solids) : 폭기조 혼합액 휘발성 부유물질로서 MLSS에 비해서 미생물에 더 근접한 용어이다.

(4) 폭기시간(aeration time)과 **체류시간**(retention time)

폭기시간은 원폐수가 폭기조 내에 머무르는 시간을 뜻하며 BOD 용적부하나 슬러지부하에서 적용되듯이 원폐수량만을 고려하고 반송슬러지량은 고려하지 않는다.

$$t = \frac{V}{Q} \times 24$$

여기서, t : 폭기시간(hr), V : 폭기조 용적(m³), Q : 유입수량(m³/d)

$$t' = \frac{V}{Q(1+r)} = \frac{t}{1+r}$$

여기서, t' : 체류시간(hr), r : 반송비 $= \dfrac{Q_r}{Q}$

4 sludge age(汚泥日令)와 SRT(고형물 체류시간)

그림 2-61에서와 같이 최종 침전지에서 분리된 고형물은 일부는 폐기되고 일부는 다시 반송되어 슬러지는 폭기시간보다는 긴 체류시간 동안 폭기조 내에 체류하게 된다.

이를 슬러지 일령(sludge age) 또는 고형물(세포) 체류시간(solids retention time)으로 표시한다.

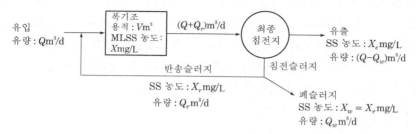

[그림 2-61] 고형물(SS)수지 계통도

(1) sludge age $= \dfrac{V \cdot X}{SS \cdot Q} = \dfrac{X \cdot t}{SS}$

여기서, V : 폭기조 용적(m^3), X : 폭기조 내의 부유물(MLSS)농도(mg/L)

SS : 폭기조 유입 부유물농도(mg/L), Q : 유입수량(m^3/d), t : 폭기시간(d) $= \dfrac{V}{Q}$

≫ sludge age는 폭기조 내의 SS(MLSS) 양을 유입 SS 양으로 나눈 값이다.

(2) SRT $= \dfrac{V \cdot X}{X_r \cdot Q_w + (Q - Q_w)X_e} \fallingdotseq \dfrac{V \cdot X}{X_r \cdot Q_w}$

여기서, V : 폭기조 용적(m^3), X : MLSS 농도(mg/L), X_r : 반송슬러지 SS 농도(mg/L)

Q_w : 폐슬러지 유량(m^3/d), Q : 원폐수의 유량(m^3/d), X_e : 유출수 내의 SS 농도(mg/L)

≫ SRT는 고형물 체류시간, 즉 세포 체류시간으로서 폭기조 내에 미생물이 머무는 시간을 의미한다. 보통 X_e 값은 대단히 낮으므로 무시될 수 있다.

(3) SRT를 MCRT로 표기하여 사용하기도 한다.

$$MCRT = \dfrac{(V + V_s) \cdot X}{X_r \cdot Q_w + (Q - Q_w)X_e}$$

여기서, MCRT : Mean Cell Residence Time(세포 체류시간), V_s : 최종 침전지 용적(m^3)

5 슬러지 지표(sludge indicator)

(1) 슬러지 용량지표(SVI ; Sludge Volume Index)

SVI란 폭기조에서 성장한 미생물이 2차 침전지에서의 침강 농축성을 나타내는 지표로서 폭기조 혼합액 1L를 30분 침강시킨 후 1g의 MLSS가 슬러지로 형성 시 차지하는 부피(mL)를 말한다.

$$SVI = \frac{30분\ 침강\ 후\ 슬러지\ 부피(mL/L)}{MLSS\ 농도(mg/L)} \times 1,000$$

$$= \frac{SV_{30}(mL/L) \times 1,000}{MLSS(mg/L)} = \frac{SV_{30}(\%) \times 10^4}{MLSS(mg/L)} = \frac{SV_{30}(\%)}{MLSS(\%)}$$

여기서, SV는 폭기조 혼합액 1L를 mass cylinder나 Imhoff cone에 넣어서 30분 침전시킨 후 형성되는 슬러지 부피이다. 통상 SVI가 50~150일 때 침강성이 양호하며 200 이상이면 sludge bulking 상태로 간주된다. sludge bulking(슬러지 팽화)은 폭기조 내의 DO, pH, BOD 부하, 영양분, 온도 등이 정상적인 미생물 성장에 부적합하여 실모양의 미생물(사상균)이 많이 번식하든지 혹은 분산성 장단계에 있어 침전지에서 쉽게 침전하지 않는 것을 말한다.

➤ SVI $\begin{cases} 클수록 : 침강\ 농축성이\ 나쁘다. \\ 작을수록 : 침강\ 농축성이\ 좋다. \end{cases}$

(2) 슬러지 밀도지표(SDI ; Sludge Density Index)

슬러지 침강성 판단과 슬러지 반송률 결정에 이용되는 또 하나의 지표는 SDI이다.

$$SDI = \frac{100}{SVI} = \frac{MLSS(mg/L)}{SV(mL/L) \times 10} = \frac{MLSS(mg/L)}{SV(\%) \times 100}$$

➤ 적정 SDI는 0.83~1.67이며 침강성이 좋으려면 최소한 0.7 이상이어야 한다.

6 슬러지 반송률

폭기조의 운영관리에 있어서 MLSS(미생물) 적정유지는 대단히 중요하다. 이는 F/M비에서 설명된 바와 같이 폭기조 유입 유기물(BOD)과 미생물의 균형이 유지되어야 처리효과를 높일 수 있기 때문인데, 슬러지 반송률로서 컨트롤한다.

(1) 유입 SS를 무시하는 경우

슬러지 물질수지 : $C_A(Q + Q_R) = C_R \cdot Q_R$ ·· 1

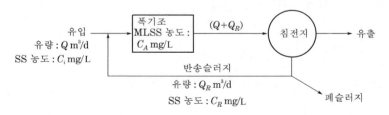

[그림 2-62] 슬러지 반송계통도

1식의 양변을 Q로 나누고 반송률$(r) = \dfrac{Q_R}{Q}$를 적용하면,

$$C_A(1 + r) = C_R \cdot r$$ ·· 2

$$r = \frac{C_A}{C_R - C_A} \quad \cdots\cdots\cdots\cdots\cdots\cdots\cdots\cdots\cdots\cdots\cdots\cdots\cdots\cdots\cdots\cdots\cdots\cdots\cdots\cdots\cdots\cdots\cdots\cdots\cdots\cdots\cdots\cdots\cdots\cdots \boxed{3}$$

여기서, $C_R ≒ \dfrac{1}{SVI} \times 10^6 (mg/L)$

$$\therefore\ r = \frac{C_A}{(10^6/SVI) - C_A}$$

C_R는 실제 침전지에서 약 2시간 침전시킨 농도이고 SVI는 약 30분간 침강시킨 수치이므로 다소 차이가 있다. 즉, $C_R \leq \dfrac{1}{SVI} \times 10^6$

(2) 유입 SS를 고려하는 경우

슬러지 물질수지 : $C_A(Q + Q_R) = C_R \cdot Q_R + Q \cdot C_i\ \cdots\cdots\cdots\cdots\cdots\cdots\cdots\cdots\cdots\cdots\cdots\cdots\cdots\cdots \boxed{1}$

양변을 Q로 나누고 $r = \dfrac{Q_R}{Q}$를 적용하면,

$$C_A(1 + r) = C_R \cdot r + C_i\ \cdots\cdots\cdots\cdots\cdots\cdots\cdots\cdots\cdots\cdots\cdots\cdots\cdots\cdots\cdots\cdots\cdots\cdots\cdots\cdots\cdots \boxed{2}$$

$$r = \frac{C_A - C_i}{C_R - C_A}\ \cdots\cdots\cdots\cdots\cdots\cdots\cdots\cdots\cdots\cdots\cdots\cdots\cdots\cdots\cdots\cdots\cdots\cdots\cdots\cdots\cdots\cdots\cdots\cdots \boxed{3}$$

$C_R ≒ \dfrac{1}{SVI} \times 10^6 (mg/L)$이므로

$$r = \frac{C_A - C_i}{(10^6/SVI) - C_A}\ \cdots\cdots\cdots\cdots\cdots\cdots\cdots\cdots\cdots\cdots\cdots\cdots\cdots\cdots\cdots\cdots\cdots\cdots\cdots \boxed{4}$$

(3) 슬러지 침강률(SV%)에서 반송률(r %) 추산

$$r = \frac{100 \times SV(\%)}{100 - SV(\%)}$$

7 폭기조와 폭기장치

(1) 폭기조의 종류

① 기계교반식

  ㉠ 종축 회전식 : simplex형, aero-accerator-turbine형 등

  ㉡ 횡축 회전식 : rotor형, kessener-brush형, paddle형, link-belt형 등

② 산기식(散氣式) : 선회류식(旋回流式), 직류식(直流式)

③ 산기교반식(paddle-aerator)

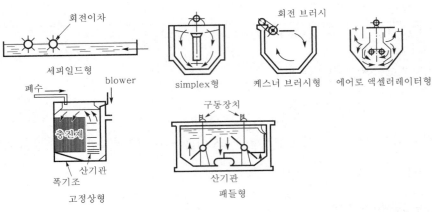

[그림 2-63] 폭기조의 종류

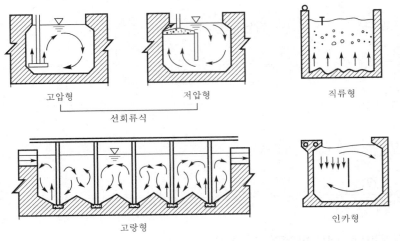

[그림 2-64] 산기식 폭기조

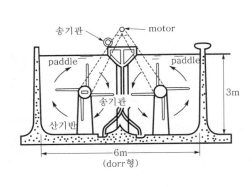

[그림 2-65] 산기교반식 aeration tank

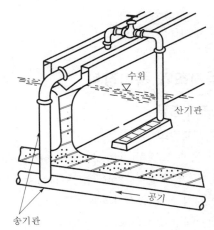

[그림 2-66] 송기관 배관의 예

8 산소 공급 및 이전

(1) 산소 필요량

활성슬러지 미생물이 소비하는 산소는 BOD 산화와 세포물질 자체 산화에 소비된다.

$$O_2 = a \cdot L_r + b \cdot S \quad \dots \dots \dots \dots \boxed{1}$$

여기서, O_2 : BOD 산화와 세포물질 자체 산화에 소비되는 산소량(kg/d)

$\quad$ L_r : 제거 BOD량 $= (L_o - L_t)Q$ (kg/d)

$\quad$ a : L_r 중 산화, 분해되는 비율(0.35~0.55, 보통 0.5)

$\quad$ S : 활성슬러지량 $= C_A \cdot V$(kg)

$\quad$ b : 슬러지 자기산화(내생호흡) 속도계수(d^{-1})(0.05~0.20, 보통 0.08)

$$\text{공기요구량(m}^3\text{/d)} = (a \cdot L_r + b \cdot S) \times \frac{22.4\text{m}^3\text{O}_2}{32\text{kgO}_2} \times \frac{100\text{m}^3\text{공기}}{21\text{m}^3\text{O}_2} \times \frac{100}{10} \quad \dots \dots \boxed{2}$$

$$O_2(\text{kg/일}) = \frac{Q(S_0 - S) \times 10^{-3}}{f} - 1.42 P_X \quad \dots \dots \dots \dots \boxed{3}$$

여기서, Q : 유량(m^3/d), S_0 : 유입 BOD 농도(mg/L), S : 유출 BOD 농도(mg/L)

$$f = \frac{\text{BOD}_5}{\text{BOD}_u} (약 0.68)$$

$$(\text{BOD}_u = 1.5 \text{ BOD}_5)$$

$$P_X = \frac{y \cdot Q(S_0 - S)}{1 + K_d \cdot \text{SRT}} \times 10^{-3}$$

여기서, P_X : 잉여(폐) 슬러지량(kg/d), y : BOD가 SS(미생물)로 전환되는 율

$\quad$ K_d : 내호흡계수(d^{-1})

(2) 산소의 전달(비정상법 : 미생물의 산소소비를 무시)

$$\frac{dO}{dt} = K_L a(C_s - C_t) \quad \dots \dots \dots \dots \boxed{1}$$

여기서, $\dfrac{dO}{dt}$: 산소도입부에서 폭기탱크 안의 액체로의 산소전달속도(mg/L·hr)

$\quad$ $K_L a$: 총괄산소전달계수(hr^{-1}), C_s : 산소포화농도(mg/L), C_t : 산소유지농도(mg/L)

(3) 폭기조의 산소이전(정상법 : 미생물의 산소소비를 고려)

활성슬러지가 존재하는 폭기조 내 혼합액 중의 DO 농도의 시간적 변화(dO/dt)는 다음과 같이 나타낼 수 있다.

$\quad$ 용존산소농도의 시간적 변화

$\quad$ = 폭기장치에 의한 산소공급속도 - 활성슬러지에 의한 산소소비속도

$$\frac{dO}{dt} = K_L a(C_s - C_t) - r_m \quad \dots \dots \dots \dots \boxed{2}$$

여기서, r_m : 활성슬러지 미생물의 산소이용(소비)속도(mg/L·hr)

폭기조 DO 농도의 시간 변화가 없는, 즉 **정상상태**에서는,

$\dfrac{dO}{dt} = 0$이므로,

$$r_m = K_L a (C_s - C_t) \quad\text{...} \boxed{3}$$

9 슬러지의 증식

폭기조에서 제거되는 BOD는 전부 분해되는 것이 아니고 일부는 균체성분의 합성에 이용되어 균체의 양이 증가하게 된다. 이 비율은 표준활성슬러지법의 경우 처리되는 BOD의 약 50% 정도가 된다.

$$\Delta S = a' L_r - b S + I$$

여기서, ΔS : 슬러지 증가량(kg/d)
 a' : L_r 중 균체합성에 이용되는 비율
 L_r : 제거되는 BOD 성분(kg/d)
 b : 슬러지의 자기산화 속도계수(d^{-1})
 S : 폭기탱크 안의 슬러지의 양(kg)
 I : 폐수 중에 도입되는 SS(kg/d)

10 활성슬러지조의 설계요소

(1) 설계요소의 상관관계

[표 2-22] 활성슬러지조 설계요소의 상관관계

설계인자	결정인자	타 요소와의 관계
고형물체류시간(SRT)	처리수의 수질 운전온도 미생물반응속도	폭기시간 MLSS 슬러지생산량 산소요구량 및 소비속도
혼합액부유물(MLSS)	운전온도 슬러지반송률 반송슬러지농도	침전지부하량(수면부하율, 고형물부하율) SVI SRT 폭기시간 슬러지생산량
슬러지반송률	MLSS 반송슬러지농도	SVI 침전지부하율(수면부하율, 슬러지부하율)

(2) 설계요소를 고려하여 설계할 때는 다음과 같은 과정이 바람직하다.

① 유입오수의 성질을 결정 – 최대 첨두유량과 평균 유량의 비, 유입평균 BOD, 질소, 부유물질의 농도, 유독물질, 최고 및 최저의 수온 등을 조사
② 처리수 요구수질을 결정하고 처리율을 결정

③ 폭기조의 혼합액 부유물 운전농도 결정

④ 동절기를 기준으로 가장 긴 SRT로부터 적절한 SRT 범위를 선택

⑤ SRT, 온도, 1차 침전지 처리정도를 기초로 하여 슬러지 생산량 산출

⑥ 동절기와 하절기에 있어서 소요되는 SRT, MLSS, 슬러지 생산량을 계산

⑦ 동절기와 하절기의 산소소요량 계산

⑧ 결정된 SRT를 유지하기 위한 폐슬러지의 생산량 결정

11 활성슬러지 공법의 설계공식(완전혼합 폭기조 설계 해석에 적용)

(1) 폭기조 내의 미생물 증가

$$\frac{dX}{dt} = y \cdot \frac{dF}{dt} - K_d \cdot X \quad \cdots\cdots\cdots\cdots\cdots\cdots\cdots\cdots\cdots\cdots\cdots\cdots\cdots\cdots\cdots \boxed{1}$$

여기서, $\frac{dX}{dt}$: 폭기조 내의 미생물 증가율(질량/시간)

y : 미생물 번식계수(cell yield coefficient)(생성미생물량/제거된 유기물량)

$\frac{dF}{dt}$: 미생물에 의한 유기물 제거율(질량/시간)

X : 미생물농도(질량/부피)

K_d : 미생물의 내생호흡률(d^{-1})(미생물량/총 미생물량 · 시간)

≫ $\frac{dF}{dt} = \frac{K \cdot S_1 \cdot X}{K_s + S_1}$

여기서, K : 단위시간의 미생물 무게당 유기물 제거율

S_1 : 폭기조나 유출수 내의 유기물농도

K_s : 미생물 단위무게당 유기물 제거율이 K의 반이 될 때의 유기물농도

(2) 폭기조 내의 미생물량의 평형방정식

$$\begin{pmatrix} 폭기조 \ 내의 \ 미생물 \\ 농도의 \ 변화 \end{pmatrix} = \begin{pmatrix} 폭기조 \ 내에서의 \\ 미생물 \ 순증가율 \end{pmatrix} - \begin{pmatrix} 반응조로부터의 \\ 미생물 \ 유실 \end{pmatrix}$$

$$V \cdot \frac{dX}{dt} = \left(y \cdot \frac{dF}{dt} - K_d \cdot X \right) \cdot V - [X_r \cdot Q_w + (Q - Q_w)X_e] \quad \cdots\cdots \boxed{2}$$

여기서, V : 폭기조 용적(m^3), X : 폭기조 내의 미생물농도(mg/L)

X_r : 폐슬러지 미생물농도(mg/L), Q_w : 폐슬러지량(m^3/d)

Q : 유량(m^3/d), X_e : 유출수의 미생물농도(mg/L)

(3) 폭기조 내 미생물농도, 폐슬러지량, 유출수 유기물농도

(2)의 식에서 평형상태에서는 $\frac{dX}{dt} = 0$이고, X_e는 무시할 정도로 낮으므로

$$y \cdot \frac{dF}{dt} - K_d \cdot X = \frac{X_r \cdot Q_w}{V}$$

$$SRT = \frac{V \cdot X}{X_r \cdot Q_w} \text{를 대입하면,}$$

$$y \cdot \frac{dF}{dt} - K_d \cdot X = \frac{X}{SRT}$$

$$\frac{1}{SRT} = y \cdot \frac{dF/dt}{X} - K_d \quad \text{··} \boxed{3}$$

그런데 $\dfrac{dF}{dt} = \dfrac{Q}{V}(S_0 - S_1) = \dfrac{S_0 - S_1}{t}$ 을 대입하면,

$$\frac{1}{SRT} = \frac{y \cdot Q(S_0 - S_1)}{V \cdot X} - K_d \quad \text{·····································} \boxed{4}$$

$$W_1 = X_r \cdot Q_w = \frac{V \cdot X}{SRT} = \frac{y \cdot Q(S_0 - S_1)}{1 + K_d \cdot SRT} \quad \text{·········} \boxed{5}$$

$$X = \frac{y(S_0 - S_1)}{1 + K_d \cdot SRT} \cdot \frac{SRT}{t} \quad \text{····························} \boxed{6}$$

$$S_1 = \frac{K_s(1 + K_d \cdot SRT)}{SRT(y \cdot K - K_d) - 1} \quad \text{······································} \boxed{7}$$

여기서, W_1 : 폐슬러지량(kg/d)

　　　　X : 폭기조 내 미생물(MLSS)농도(mg/L)

　　　　S_1 : 유출수의 유기물농도(mg/L)

(4) 완전혼합형 반응조(폭기조)의 체류시간

완전혼합형 폭기조의 유기물 제거에 따른 유기물의 물질수지식은

[축적]＝[유입]－[유출]－[반응에 의한 감소]

$$V \cdot \frac{dS}{dt} = (Q + Q_R) \cdot S_0 - (Q + Q_R) \cdot S - V \cdot K\overline{X}S \quad \text{·················} \boxed{8}$$

$$\frac{dS}{dt} = \left(\frac{Q + Q_R}{V}\right)(S_0 - S) - K\overline{X}S \quad \text{····························} \boxed{9}$$

정상상태에서, $\dfrac{dS}{dt} = 0$ 이고

$$\frac{V}{Q + Q_R} = \theta \text{이므로}$$

$$0 = \frac{1}{\theta}(S_0 - S) - K\overline{X}S \quad \text{··} \boxed{10}$$

$$\therefore \ \theta = \frac{S_0 - S}{K\overline{X}S} \quad \text{···} \boxed{11}$$

12 운영의 문제점 및 대책

(1) 폭기조 혼합액 색상

혼합액 색상이 진한 흑색으로 나타나고 더욱이 냄새가 날 때에는 혐기성 상태일 가능성이 많고 따라서 DO 농도를 확인하고 폭기강도를 높여야 한다.

(2) 폭기조의 이상난류

산기식 폭기조에서 수면의 난류가 고르지 못하거나 물이 부분적으로 솟아오를 때에는 산기장치의 일부가 막혔을 가능성이 크다. 이때에는 산기장치를 청소한다.

(3) 폭기조의 과도한 흰 거품

폭기조 표면에 흰 비누거품 같은 것이 크게 고랑을 이룰 때가 있는데 원인은 SRT가 너무 짧거나 경성 세제(ABS)가 포함되어 있음을 뜻한다. 이때는 SRT를 증가시키는데 이는 잉여슬러지 토출량을 매일 조금씩 감소시킴으로써 서서히 시도해야 한다. 또한, 거품제거약(소포제)을 뿌리는 경우도 있다.

(4) 두꺼운 갈색 거품

폭기조 표면에 황갈색 내지는 흑갈색 거품이 짙게 나타나는 경우는 대개 너무 긴 SRT에 원인이 있다. 즉, 세포가 과도하게 산화되었음을 나타내는데 이는 매일 조금씩 SRT를 감소시켜 해소한다.

(5) 슬러지 팽화(sludge bulking)

원인은 잘못 설계된 침전조에서 기인하는 수도 있지만 일반적으로 운영상 zoogloea 벌킹(비사상성 bulking)을 제외하고는 거의가 사형(絲形) 미생물의 과도한번식이 원인으로 지적된다. 이러한 사상균의 이상 번식 원인은,

① 충격부하(shock load) : 유기물(BOD)의 과도한 부하(F/M비 과대)

② DO 부족(폭기조 적정 DO는 2.0mg/L이고, 최소한 0.5mg/L 이상 유지)

③ 낮은 pH(폭기조 적정 pH : 6~8)

④ 영양분의 불균형(탄소화합물에 비해 N, P의 부족)

⑤ 낮은 SRT

⑥ 운전 미숙

>> bulking의 요인이 되는 사상균 : Fungi, Sphaerotilus natans, Thiothrix spp, Beggiatoa alba, Haliscome-nobacter hydrossis, Microthrix parvicella, Nostocoida limicola 등

다른 원인에 의한 사상 bulking

① 너무 낮은 F/M비(낮은 유기물부하) 및 MLSS량이 과다(긴 SRT)할 때(Microthrix parvicella, Haliscomenobacter hydrossis, Nostocoida limicola 등)

② 수온변화가 클 때(환절기)

③ 황화물의 과다 유입(Thiothrix spp, Beggiatoa alba 등)

대책으로는,

① 초기에는 반송슬러지에 염소(HOCl : 10~20mg/L), 오존(O_3), 과산화수소(H_2O_2) 등의 살균제를 주입한다.

② MLSS 농도를 증가시켜 F/M비를 낮춘다(SRT 증가효과도 있음).

③ 소화슬러지 또는 침전슬러지를 폭기조에 주입, SVI를 감소시킨다.

④ 철염, 알루미늄염 등의 응집제를 첨가하거나, 규조토, $CaCO_3$ 등을 폭기조에 주입하여 침전성을 증가시킨다.

⑤ 반송오니를 재폭기시켜 산소공급을 증가시킨다.

⑥ 기타 N이나 P 등의 증가와 더불어 운전조건을 향상시킨다.

⑦ 폭기조 앞에 선택조(selector)를 설치하여 사상균을 제어한다.

⑧ 심할 경우 최종적으로 기존 슬러지를 버리고 새로 시작한다.

≫ 사상균이 발생하기 쉬운 폐수 : 양조폐수, 펄프 및 제지폐수, 제당폐수, 전분공장폐수 등

(6) floc 해체 현상

활성슬러지 floc이 침전조에서 미세하게 분산되면서 잘 침전하지 않고 상등수와 함께 유실되는 현상을 말하며 그 원인은 독성물질 유입, 혐기성 상태, 폭기조의 과부하, 질소나 인 등의 부족, 과도한 난류의 전단력 등이 있는데 대개는 이러한 원인 제거에 의하여 쉽게 교정된다.

(7) 슬러지 부상(sludge rising)

유입폐수 중의 질소 성분이 폭기에 의해 질산화되고 종말 침전조에서 DO가 부족하면 탈질산화 현상이 일어나면서 이때 발생하는 질소가스가 sludge를 부상시킨다. 또한, 침전조가 혐기성이 되면 바닥에 쌓인 슬러지가 혐기성 분해를 일으켜 그때 생기는 기포와 함께 덩어리로 부상되기도 한다.

≫ 거품을 일으키는 사상체인 방선균(Nocardia spp, Microthrix parvicella 등)의 증식에 의한 슬러지 부상도 있다.

대책으로는,

① 폭기조 체류시간 단축 또는 폭기량을 줄여 질산화 정도를 줄인다.

② 탈질산화 방지를 위해 침전조의 체류시간을 단축시킨다.

③ 반송슬러지의 양수율을 증가시키고 슬러지 제거 속도를 증가시켜 침전지로부터 슬러지를 빨리 제거시킨다.

(8) pin floc 형성 : SRT가 너무 길면 세포가 과도하게 산화(장시간 폭기 등)되어 휘발성 성분이 적어지고 활성을 잃게 되어 floc 형성 능력이 저하된다. 이럴 경우 사상균은 거의 없고, 흔히 1mm보다 훨씬 작은 floc이 현탁상태로 분산하면서 잘 침강하지 않는 상태가 된다. 유기물부하가 매우 낮은 경우에도 발생하는데, 대책으로 SRT를 감소시키거나 F/M비를 높인다.

(9) Nocardia 거품 : 끈적한 갈색의 거품이 폭기조와 2차 침전지를 덮게 되어 처리효율 및 유출수의 수질저하, 그리고 냄새가 발생하는 현상으로 이는 대개 Nocardia속(genus)의 actinomycetes(방선균 : Nocardia spp 등)과의 사상균(사상체의 길이가 짧음) 증식과 관련이 있다.

이러한 문제의 원인은

① 폭기조의 낮은 F/M비

② 불충분한 슬러지 폐기에 따른 고농도의 MLSS 유지(이에 따라 SRT 증가)

③ 슬러지의 재폭기 적용 시의 부적절한 운영

④ 긴 SRT(9일 이상)와 높은 수온

⑤ 폐수 중의 그리스 · 오일 · 지방과 단백질이 많이 함유되어 있을 때

≫ 고농도의 MLSS 유지를 위한 공기량 증가는 거품을 더욱 확장시켜 문제를 악화시킨다.

대책(Nocardia 조절)으로는,

① 슬러지 일령(미생물 체류시간, SRT) 감소(※ 가장 흔히 쓰임)

② 거품층의 두께(축적) 감소를 위한 폭기량 감소

③ 사상균 조절을 위한 선택조 추가

④ 경쟁상대능력이 있는 미생물 첨가제의 추가

⑤ 반송슬러지의 염소처리

⑥ 거품 위에 직접 염소용액 또는 분말상의 Calcium hypochlorite를 뿌림(반송슬러지의 염소처리는 효과가 낮음)

⑦ MLSS에 약품을 주입하거나 질산화시켜 pH를 감소시킴

⑧ 유입폐수 중의 그리스·오일·지방을 제거시킴

➤➤ Nocardia 증식을 촉진하는 폐수 : 우유가공, 육가공, 도살장, 식품가공, 제약폐수, 기타 오일·지방을 다량 함유한 폐수(고농도의 주방폐수도 포함)

04 활성슬러지 공법의 종류(변법)

(1) 표준 활성슬러지 공법(standard activated sludge process)

가정하수의 2차 처리를 위해 일찍부터 사용된 것으로 폭기조는 긴 직사각형으로 산기식 또는 기계식 폭기에 의해 혼합된다. 폭기조 선단에서 반송슬러지와 혼합된 폐수는 나사식 유형으로 폭기조의 길이 방향으로 흐른다. 재래식 활성슬러지법이라고도 한다.

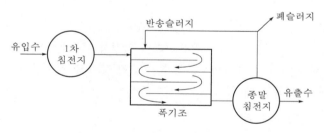

[그림 2-67] 재래식 활성슬러지법

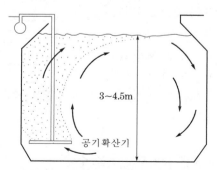

[그림 2-68] 재래식 활성슬러지 폭기조의 단면

본법의 특징은 미생물의 감소성장기에서 내생호흡기까지 걸치게 설정되어 있기 때문에 침강성이 좋은 슬러지가 형성되어 제거율이 좋고 안정된 처리수를 얻을 수 있다. 그러나 plug flow형의 폭기조이기 때문에 유입구 부근은 과부하가 걸려 산소 부족상태가 되기 쉽고 반대로 유출구 부근은 부하가 낮아 과폭기가 될 경향이 있으며, 충격부하에 취약하다.

(2) 계단식 폭기법(step aeration)

재래식 공법을 수정한 것으로 폐수를 전부 폭기조 선단에 주입하는 대신 폭기조 길이에 걸쳐 골고루 분할 유입시킴으로써 산소요구량을 균등하게 하고 처리의 균등성을 기하는 방법이다. 따라서 이 공법의 근본취지는 점감식 폭기법과 같다고 할 수 있다.

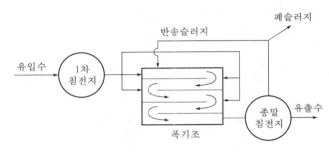

[그림 2-69] 계단식 폭기 활성슬러지법

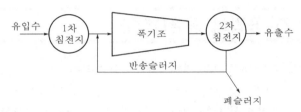

[그림 2-70] 점감식 폭기법

본법의 특징은,

① 폭기조 용량을 표준법에 비해 작게 할 수 있다(2/3 정도).

② 표준법에 준한 처리수질이 기대되나 처리의 안정성은 표준법에 비해 떨어진다.

③ 본법의 착안은 슬러지 중의 휘발성분의 증가, SVI 감소 및 침전성 증가, 용존산소 공급량 감소 및 과부하를 방지하는 데 있다.

(3) 장기폭기법(extended aeration)

폭기조에서 활성슬러지가 자기세포질을 대폭적으로 산화 감소시키는 세포의 내생호흡기에서 유기물질이 제거되도록 설계된 것으로 SRT는 15일 이상, F/M비는 0.05 이하, MLSS는 4,000~6,000mg/L 정도, 반송률 50~150%로 적용되고 폭기시간이 24시간 전후로서 잉여 슬러지의 최대한 감소를 목적으로 한다.

[그림 2-71] 장기폭기법(1차 침전지 없이)

본법의 특징은,

① 탁월한 유출수와 적고 안정된 슬러지를 얻을 수 있다.

② 유기물질의 제거율이 높고 슬러지 처리비용이 경감된다.

③ 폭기조의 규모가 커지고 산소공급을 위한 에너지비가 과대해지므로 보다 소규모 처리장에 적합하다.
④ 장시간 폭기로 인해 미생물이 파괴 또는 세분화되어서 의외로 처리효과가 악화되는 경우도 있다.
⑤ 소규모일 경우 일차 침전지와 슬러지처리시설을 생략할 수 있다.

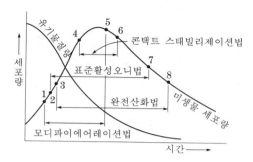

[그림 2-72] 미생물세포, 성장곡선과 각종 활성오니법

[표 2-23] 활성슬러지공정들의 설계변수 비교

공정변법	SRT (θ_c, d)	F/M(kgBOD$_5$ applied/kg MLVSS · d)	용적부하 (kg BOD$_5$/ m^3 · d)	MLSS 농도 (mg/L)	폭기시간 (V/Q, h)	슬러지반송률 (Q/Q)
재래식(표준)	5~15	0.2~0.4	0.3~0.7	1,500~3,000	4~8	0.25~0.75
완전혼합(CFSTR)	5~15	0.2~0.6	0.8~2.0	2,500~4,000	3~5	0.25~1.0
단계주입식 (step aeration)	5~15	0.2~0.4	0.6~1.0	2,000~3,500 (반응조 후단 1,000~1,500)	3~5	0.25~0.75
수정폭기 (modified aeration)	0.2~0.5	1.5~5.0	1.2~2.5	200~4,000	1.5~3	0.05~0.25
접촉안정 (biosortion)	5~15	0.2~0.6	0.8~1.4	(1,000~3,000)[a] (4,000~10,000)[b]	(0.5~1.0)[a] (3~6)[b]	0.5~1.50
장기폭기 (extended aeration)	20~30	0.05~0.15	0.15~0.4	3,000~6,000	18~36	0.5~1.50
고율폭기 (high rate aeration)	5~10	0.4~1.5	1.6~16	4,000~10,000	2~4	1.0~5.0
심층폭기	—	0.5~5.0	—	—	0.5~5.0	—
순산소	3~10	0.25~1.0	1.6~3.2	2,000~5,000	1~3	0.25~0.5
산화구 (oxidation ditch)	10~30	0.05~0.30	0.1~0.5	3,000~6,000	8~36	0.75~1.50
Kraus법	5~15	0.3~0.8	0.6~1.6	2,000~3,000	4~8	—
고속폭기식 침전지	2~4	0.2~0.4	0.6~2.4	3,000~6,000	2~3	0.5~1.50

≫ a : 접촉조, b : 안정화조

(4) 접촉안정법(contact stabilization)

본법은 활성슬러지 floc의 흡착과 흡착된 floc의 산화 또는 안정화를 별개의 폭기조에서 각각 분리하여 진행시키는 방법으로 접촉조(contact tank)에서는 약 30~60분간 폭기시켜 폐수와 활성슬러지의

흡착, 응집에 의한 처리를 하고 안정조(stabilization tank)에서는 반송슬러지를 오랫동안(3~6hr) 재폭기시켜 반송오니의 안정화 및 흡착력과 응집력을 회복하는 데 특징이 있다. 이 방법은 biosorption(생흡착)을 이용한 것으로 유기질 colloid와 미세한 현탁물질의 초기 흡착이 강조될 때 사용되는 말이며, 때로는 최초 침전되지 않는 폐수를 처리하기도 한다.

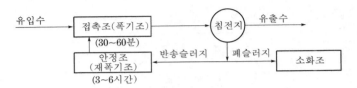

[그림 2-73] 접촉안정법(1차 침전지 없이)

본법의 특징은,

① 생흡착(biosorption)을 이용한 것으로 대량의 폐수를 폭기시키는 대신에 소량의 반송슬러지를 폭기시킴으로써 유기물 용적부하율이 증가되고 폭기조의 전체 용량이 절약될 수 있다(재래식의 1/2 정도까지).

② 용존성 유기물이 많은 폐수가 유입되는 경우, 활성슬러지에 의한 흡착에 시간이 소요되어 접촉조에서 완료되지 못하므로 처리수질이 악화되는 경우가 있다.

③ 질산화가 필요한 소도시 하수나 패키지형 처리장에 사용, 공정의 유연성이 높다.

(5) 고율(high rate) 및 수정식 폭기법(modified aeration process)

미생물의 대수성장단계에서 폐수를 처리시키는 방법이다.

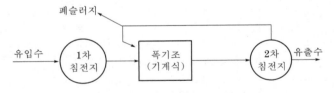

[그림 2-74] 고율(완전혼합) 활성슬러지법

본법의 특징은,

① F/M비가 매우 높고 폭기시간이 짧다. 특히 수정식은 SRT가 아주 짧다.

② BOD 제거율이 낮다(50~70% 정도).

③ 폭기조 용적과 폭기를 위한 에너지비가 적다.

(6) 산화구법(oxidation ditch process)

장기폭기법에 기초를 둔 것으로 소규모일 경우 회분식(batch)이 있는데 이는 산화구가 최초 침전, 폭기, 최종 침전, 슬러지의 호기성 소화의 기능을 다하게 된다. 수심이 얕은(1m 전후) 환류수로를 설치하여 Rotor에 의해 하수와 활성오니를 혼합하고 aeration한다. 폭기시간이 매우 길고(장기폭기식) 처리수질은 표준법과 같은 정도로 우수한데 부지를 넓게 얻을 수 있는 곳이나 슬러지를 비료로 이용할 수 있는 농촌지역에 적용할 수 있다.

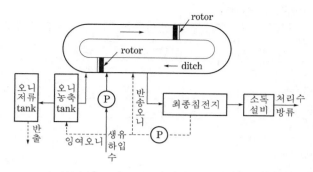

[그림 2-75] oxidation ditch법의 flow sheet

(7) Kraus 공법

유기질농도가 높고 질소나 인이 부족한 공장폐수 등을 처리할 때 적용될 수 있는 방법으로 활성슬러지의 침강성을 강화하기 위하여 개발된 방법이다. 즉, 슬러지의 팽화를 방지하고 그 용량지표(SVI)를 감소시키는 것이 주목적이다. 소화조 상징액이 질소나 인의 영양원으로 공급된다.

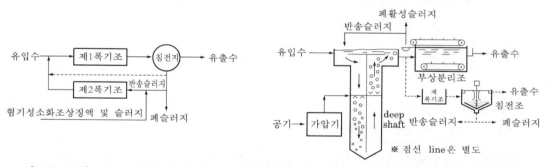

[그림 2-76] Kraus 활성슬러지 공법   [그림 2-77] deep shaft 활성슬러지반응조(심층폭기법)의 모식도

(8) 연속회분식 반응조(SBR ; Sequencing Batch Reactor)

① 개요 : SBR은 하나의 반응조에 폐수를 채우고 운전한 뒤 배출하는 식(fill-and-draw)의 활성슬러지공정으로서 일반적으로 두 개 또는 그이상의 반응조가 이용되며 시간 차를 두고 순차적으로 운영된다. 즉 재래식 활성슬러지 처리장의 공정들은 분리된 탱크에서 동시에 운영되지만 SBR 공정은 같은 탱크에서 여러 과정이 시간 차를 두고 연속적으로 운영된다. 운전순서는 다음 그림과 같이 1. 주입(fill), 2. 반응(reaction), 3. 침전(settle), 4. 처리수 배출(draw), 5. 휴지(idle)의 5단계로 이루어지며 고부하형과 저부하형이 있다.

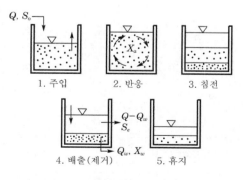

[그림 2-78] 연속회분식 반응조(SBR)와 운전 cycle

ⓒ 유입 유량과 수질의 변동에 따라 cycle 중의 휴지기간이 불필요할 수도 있다.

ⓒ 운전 cycle의 기간을 시간 차로 운영하는 동안 항상 채워지는 다른 한 개의 반응조가 있어야 한다.

[표 2-24] 회분반응조의 설계제원

항 목	제 원	
	고부하형	저부하형
F/M비(kgBOD/kgSS · d)	0.2~0.4	0.03~0.05
MLSS 농도(mg/L)	1,500~2,000	3,000~4,000
유출비(1/m)	1/2~1/4	1/3~1/6
여유고(cm)	50 이상	50 이상
적용	용지면적에 제약이 있는 경우에 적합	넓은 용지가 있는 경우에 적합하며 질소 제거의 필요 시에 적용 가능

② 특징

　　㉠ 유입 하·폐수의 부하변동에 영향을 거의 받지 않는다(부하 변동에 규칙성이 있으면 안정된 처리를 행할 수 있음)-부하 변동에 유연성

　　㉡ 유입 수량과 수질에 따라 포기시간과 침전시간을 비교적 자유롭게 설정할 수 있다.

　　㉢ 슬러지 침전이 흐름상태가 아닌 정지상태에서 일어나므로 고액분리가 원활하다.

　　㉣ 슬러지 반송 및 반송을 위한 작동(펌프, 배관, 동력)이 필요없다.

　　㉤ 단일반응조에서 1주기(cycle) 중에 호기-무산소-혐기의 조건을 설정하여 탈질반응(질소 제거)은 물론 탈인도 가능하다.

　　㉥ 운전방식에 따라 사상균 벌킹을 방지할 수 있다.

(9) 기타

호기성 소화법, 심층폭기법, 산소폭기법, 고속폭기 침전지 등이 있다.

[표 2-25] 활성슬러지공정들의 운전특성

공정변법	흐름 모델	포기설비	BOD 제거효율(%)	특 징
재래식	플러그 흐름	산기식, 기계식	80~95	저농도 도시하수에 사용, 충격부하에 취약
완전혼합식	연속흐름식 혼합조	산기식, 기계식	85~95	일반적으로 사용, 충격부하에 강하나 사상균 성장에 취약
단계주입식 포기	플러그 흐름	산기식	85~95	여러 종류의 폐수에 일반적으로 적용
수정포기식	플러그 흐름	산기식	60~75	유출수 내 미생물이 문제가 되지 않을 때, 중간 정도의 처리에 사용
접촉안정식	플러그 흐름	산기식, 기계식	80~90	기존 처리장과 package형 처리장 확장에 사용
장기포기	플러그 흐름	산기식, 기계식	75~95	질산화가 필요한 소도시 하수나 패키지형 처리장에 사용, 공정의 유연성이 높음
고율포기	연속흐름식 혼합조	기계식	75~90	산소전달과 플록 크기 조절을 위한 turbine 포기기와 같이 사용
Kraus 공정	플러그 흐름	산기식	85~95	질소농도가 낮은 고농도 폐수에 적용
순산소	연속흐름식 혼합조의 직렬연결	기계식 (sparge turbine)	85~95	토지가 부족한 경우 고농도 폐수에 일반적으로 적용, 충격부하(slug load)에 강함
산화구	플러그 흐름	기계식 (수평축 형식)	75~95	토지가 충분한 경우의 소규모 하수에 적용, 공정 유연성이 높음

05 ┊ 살수여상법(撒水濾床法, trickling filter process)

(1) 개요

보통 도시하수의 2차 처리를 위하여 사용되며 활성슬러지 공법과는 달리 1차 침전 유출수를 미생물 점막으로 덮인 쇄석(碎石)이나 기타 매개층 등 여재(濾材) 위에 뿌려서 미생물막과 폐수 중의 유기물을 접촉시키는 고정상(固定床)에 의한 처리법이라고 할 수 있다.

미생물막 위를 폐수가 흘러내리면 용해된 유기물은 재빨리 미생물에 의해서 분해되고 colloid상의 유기물은 표면에 흡착된다. 여상 상부에 있는 물은 양분이 충분해서 대수성장단계가 유지되나 하부의 미생물은 충분한 유기물을 얻지 못하므로 여상 전체로 보면 내생성장단계에서 운영된다고 할 수 있으며 여상 바닥 부근에는 질산화박테리아가 서식하여 질산화가 진행되는 경우가 많다.

여상은 호기성 상태를 유지하기 위해서 산소는 보통 여과상의 바닥에서 표면으로 여재 사이의 공간을 따라 폐수와는 반대방향으로 흐르는 공기에 의해 공급된다. 따라서 여재 사이를 통과하는 공기의 방향과 속도는 외기온도와 여상 내부온도 차이, 즉 기온과 수온의 차이에 따라 다르다.

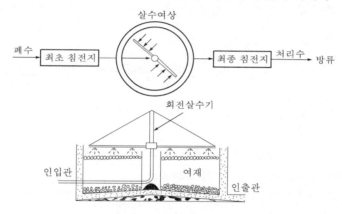

[그림 2-79] 살수여상 구조와 단면도

(2) 살수여상의 종류 및 특성

① 장단점(활성슬러지법과 비교)

장 점	단 점	
• 폭기에 동력이 필요없다.	• 여상의 막힘(ponding)이 잘 일어난다.	
• 건설비와 유지비가 적다.	• 냄새가 발생하기 쉽다.	
• 운전 및 유지관리가 용이하다.	• 여름철에 파리 발생의 문제가 있다.	
• 폐수의 부하변동 및 독성물질 유입에 덜 민감하다.	• 겨울철에 동결 문제가 있다.	
• 온도에 의한 영향이 적다.	• 미생물의 탈락(sloughing off)으로 처리수가 악화	
• bulking 문제가 없다.	되는 수가 있다.	
• 슬러지 반송이 필요없다.	• 활성슬러지법에 비해 효과가 낮다.	
• 슬러지 발생량이 적다.	• 수두손실이 크다.	

② 표준(저율) 살수여상법(low rate trickling bed) : 폐수를 배수조로부터 자동 siphon이나 펌프에 의하여 간헐적(5~10분 휴식)으로 유입하므로 단위면적당 처리량은 적으나 BOD 제거율은 고율살수여상보다 높고 질산화가 일어난다.

구조가 간단하고 운전이 쉬우며 에너지 비용이 적게 소요되지만 넓은 부지가 필요하며 **과부하에 민감하고** 파리(Psychoda종)가 번식하기 쉽다. 폐수는 단지 한 번만 여과상을 거치며 종말 침전지에서 침전된 슬러지는 하루 한두 번씩 습정으로 보내진다. 이 방법은 보다 **소규모** 처리장에 **적합**하다.

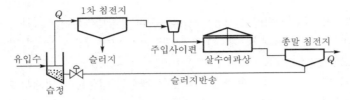

[그림 2-80] 저율살수여과상의 처리계통도

③ **고율(고속) 살수여상법**(high-rate trickling bed) : 폐수를 여상에 연속적으로 유입시키고 여상을 통과한 순환수를 return시켜 유입수와 합류하므로 여과속도가 높다. BOD 제거율이 표준살수여상보다 낮으며 점막에서 탈리된 미생물의 안정도가 낮고 또한 침전성도 약하다. 이 여상은 질산화 진행이 거의 없으며 보다 대규모 처리에 이용된다. 재순환하므로 폐수는 여상을 2회 이상 통과하는 셈이 되며 유량 $Q + Q_R$ 은 회전살수기를 돌릴 수 있는 만큼 충분해야 하고 따라서 주입 siphon 이 불필요하다.

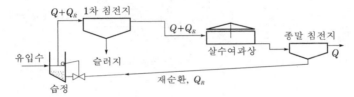

[그림 2-81] 고율살수여과상의 처리계통도

[표 2-26] 전형적인 살수여상법의 구분과 특성(비교)

항 목	저 속	중 속	고 속	초고속
수리적 부하율($m^3/m^2 \cdot d$)	1~4	4~10	10~40	40~200
유기물질부하율 ($kgBOD_5/m^3 \cdot d$)	0.08~0.32	0.24~0.48	0.32~1.0	0.80~6.0
깊이(m)	1.5~3.0	1.25~2.5	1.0~2.0	4.5~12
재순환비	0	0~1	1~3, 2~1	1~4
여상매체	돌, 슬랙, 기타	돌, 슬랙, 기타	돌, 슬랙, 합성수지	합성수지
소요동력량($kW/10^3 m^3$)	2~4	2~8	6~10	10~20
파리번식	많음	일정치 않음	적음	거의 없음
생물막의 탈리	간헐적	간헐적	연속적	연속적
살수간격	5분 이내(간헐적)	10~60초(연속적)	15초 이내(연속적)	연속적
BOD_5 제거율(%)	80~85	50~75	65~80	65 미만
질산화상태	거의 완전한 질산화	부분적인 질산화	저부하 시 질산화	저부하 시 질산화

➤➤ 재순환의 이점
- 유입폐수의 유량, 온도, 유독물질의 영향이 적다.
- 파리 발생 및 비산이 방지된다.
- 살수기의 자동운전이 쉽다.
- 악취 발생이 적다.

④ 순환수의 적용

목 적	적 용
• 여상에 부여되는 강한 유기물의 농도 희석 • 유입폐수의 수리적 부하율과 전단력을 증가시켜 미생물 점막이 계속적으로 탈리되도록 함으로써 미생물의 과도 성장 방지 • 파리 발생 억제 • 유입폐수의 부족으로 최종 침전지의 긴 체류시간으로 인 한 혐기성화 방지 • 유입폐수와 활성미생물의 사전 접촉으로 처리효과 상승	• 원폐수의 유량이 낮은 경우 실시 • 원폐수 유량에 비례해서 실시 • 항상 일정한 율로 실시 • 자동식 혹은 수동식

2단 살수여과상은 질이 좋은 유출수가 요구되거나 강한 폐수를 처리할 때 이용된다. 그러나 2단 여과상을 사용하는 것보다 단단방식을 이용하는 것이 비용이 적게 들어 최근에는 2단식을 회피하는 경향이 있다.

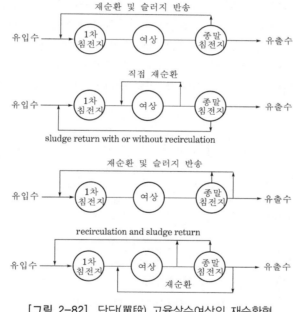

[그림 2-82] 단단(單段) 고율살수여상의 재순환형

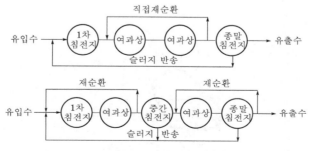

[그림 2-83] 전형적인 2단살수여과상의 계통도

(3) 살수여상의 구조

① 여상의 형상 : 여상의 주요구성은 살수장치, 여상조(여재 및 주벽) 및 하부배수시설이다. 종전에는 살수용으로 고정노즐을 사용하여 여상모양을 정방형(正方形)으로 설계하기도 하였으나 근래에는 거의 다 원형으로서 회전살수기를 사용한다.

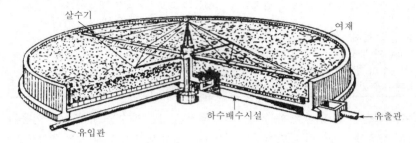

[그림 2-84] 살수여상의 구조도

② 여재 : 여재는 쇄석(석영조면암, 화강암, 안산암, 자갈, 무연탄, cokes, 클링커, 도기조각 등)이나 플라스틱 여재를 사용하는데 크기는 표준살수여상의 경우 3~5cm, 고속살수여상의 경우 5~6cm의 비교적 큰 쇄석을 사용하고 여상 바닥으로부터 30cm 높이까지는 10~15cm 크기의 쇄석을 채운다. 최근에는 플라스틱으로 벌집모양의 매개질을 만들어 이용하는데, 이는 무게가 가볍고, 화학적으로 강하며 공간이 많아 환기율이 좋을 뿐 아니라 비표면적이 크다는 장점이 있다.

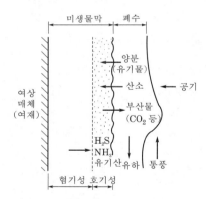

[그림 2-85] 살수여상의 작용원리

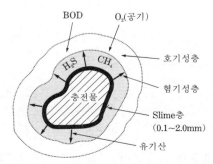

[그림 2-86] 살수여상 여재의 호기성 및 혐기성층의 도해

③ 살수장치 : 회전식 살수기의 경우 회전작용을 위해 살수기 중심으로부터 **최소한 60cm(0.5~1.0m)** 수두가 요구되고 살수관과 여상면과의 간격은 15cm 정도 유지되어야 한다. 노즐은 골고루 살수되도록 간격을 유지한다.

④ 여상 주벽(周壁) 및 바닥 : 주벽은 철근콘크리트로 수밀하게 시공하고 유출구나 통기구는 필요할 때 차단되도록 시공한다.

  ㉠ 주벽의 여유고 : 30cm
  ㉡ 바닥 기울기 : 0.5/100~5/100 이하

(4) 살수여상의 설계공식

① BOD 부하 및 체류시간

  ㉠ BOD 용적부하$(kgBOD/m^3 \cdot d) = \dfrac{1일\ BOD\ 유입량(kg/BOD/d)}{여상유효용적(m^3)}$

$$= \dfrac{BOD\ 농도(kg/m^3) \times 유입수량(m^3/d)}{여상유효용적(m^3)}$$

$$= \dfrac{BOD \cdot Q}{V} = \dfrac{BOD \cdot Q}{A \cdot H}$$

  ㉡ 수리학적 부하$(m^3/m^2 \cdot d) = \dfrac{유입수량(m^3/d)}{여상면적(m^2)} = \dfrac{Q}{A}$

  ≫ BOD 용적부하 $= \dfrac{Q}{A} \times \dfrac{BOD}{H} =$ 수리학적 부하 $\times \dfrac{BOD}{H}$

  수리학적 부하(살수부하) = BOD 용적부하 $\times \dfrac{H}{BOD}$

② Eckenfelder의 BOD 제거효율

  ㉠ 재순환(再循環)이 없을 때

$$\frac{L_e}{L_0} = e^{-KD/Q^n}$$

  여기서, L_e : 유출수의 BOD(mg/L), L_0 : 유입수의 BOD(mg/L)
    K : 비표면적에 의해 결정되는 반응률계수, D : 여과상 깊이(m)
    Q : 수리학적 부하율$(m^3/m^2 \cdot day)$
    n : 비표면적(比表面的)과 여재의 형태에 따라 결정되는 상수
  ≫ $K_T = K_{20} \times 1.035^{T-20}$

  ㉡ 재순환이 있을 때

$$L_0 = \frac{L_a + N \cdot L_e}{N+1}$$

  여기서, L_0 : 여과상에 주입되는 폐수의 BOD(mg/L), L_a : 유입수의 BOD(mg/L)
    N : 재순환율(Q_R/Q), L_e : 유출수의 BOD(mg/L)

$$\frac{L_e}{L_a} = \frac{e^{-KD/Q^n}}{(1+N) - N \cdot e^{-KD/Q^n}}$$

여기서, $\frac{L_e}{L_a}$: BOD 제거율

③ NRC(National Research Council) 공식

㉠ 단단 살수여상 BOD 제거효율

$$E = \frac{100}{1 + 0.432 \left(\frac{W}{VF}\right)^{\frac{1}{2}}}$$

여기서, E : 20°C에서의 BOD 제거율(%), W/V : BOD 부하율(kg/m^3 · day)

F : 재순환계수$= \frac{1+R}{(1+0.1R)^2}$, R : 재순환율$= \frac{Q_R}{Q}$

㉡ 2단 여과상의 경우

$$E_2 = \frac{100}{1 + \frac{0.432}{(1-E_1)} \left(\frac{W_2}{VF}\right)^{\frac{1}{2}}}$$

여기서, E_2 : 20°C에서 두 번째 여과상의 BOD 제거율(%)

E_1 : 첫 번째 여과상에 의한 BOD 제거부분

W_2/V : 두 번째 여과상에 가해진 BOD부하율(kg/m^3 · day)

㉢ 폐수의 수온이 여과상의 효율에 미치는 영향(Howland 공식)

$$E_t = E_{20} \cdot 1.035^{T-20}$$

여기서, E_t : T°C에서의 BOD 제거효율, E_{20} : 20°C에서의 BOD 제거효율

(5) 운전상의 유의점

① 연못화(ponding) : 여상 표면에 물이 고이는 현상

원 인	대 책
• 여재가 너무 적거나 균일하지 않을 경우 • 여재가 견고하지 못하여 심한 온도 차에 의해 부서지는 경우 • 최초 침전지에서 현탁고형물이 충분히 제거되지 않을 경우 • 미생물 점막이 과도하게 탈리되어서 공극(空隙)을 메우는 경우 • 유기물부하량이 과도할 경우	• 여상 표면의 여재를 잘 긁어 주거나 고압 수증기로 씻을 것 • 물이 고인 표면에 살수를 중단하고 계속적으로 폐수를 유입시킬 것 • 고농도의 염소를 1주 간격으로 주입하되 야간에 수시간씩 적용해 볼 것(잔류염소 5mg/L 정도) • 별도 처리시설이 있을 때는 유입폐수를 그쪽으로 돌리고 연못화된 여상을 1일 이상 건조시킬 것 • 여상을 1일 이상 담수(湛水)할 것 • 최종적으로 여재를 새것으로 교환하여 줄 것

② 파리의 번식 : 날씨가 따뜻한 여름철의 경우 크기가 작은 Psychoda종의 파리가 발생, 작업에 불편을 주거나 인근 주택가에 날아 들어 불쾌감을 조성한다.

원 인	대 책
• 미생물막이 과도하게 성장하는 경우 • 간헐적인 살수일 경우(특히 저율살수 여상)	• 미생물 점막이 과도하게 성장하지 않도록 할 것 • 폐수를 계속적으로 살수할 것 • 1주 간격으로 여상을 24시간 담수할 것 • 주위벽의 내부를 씻어서 항상 젖어있도록 할 것 • 1~2주 간격으로 유입폐수에 염소를 혼합할 것(잔류염소 0.5~1ppm 정도) • 4~6주 간격으로 살충제를 적용해 볼 것

③ 냄새(odor)

원 인	대 책
• 여상에 산소공급이 불충분하여 혐기성이 될 경우	• 통풍로를 청소하여 환기가 잘 되도록 할 것 • 순환수 등의 방법으로 유기물농도를 감소시킬 것 • 기타 여상이 호기성이 유지되도록 조치할 것

④ 동결(凍結)

원 인	대 책
날씨가 대단히 추울 때에는 주위의 온도강하로 여상 표면이 결빙(結氷)되어 폐수의 유통을 방해하고 운영에 어려움을 준다.	• 순환수의 유량을 감소시키거나 중단할 것 • 폐수를 여상 표면에 균등하게 살수할 것 • 2단 여상인 경우에는 각 여상을 병렬로 배치하여 운전할 것 • 방풍벽 또는 방풍수(樹) 등으로 바람을 막아줄 것

06 회전원판(RBC)법(회전생물접촉법)

1 원리

회전생물 반응체는 다음 그림 2-87에서 보듯이 폐수면보다 약간 높게 설치된 수평 회전축에 여러 개의 원판을 수직으로 고정하여 회전시키는 장치이다. 각 원판 표면에는 미생물 점막이 형성되어 이것이 폐수조 내의 용존 유기물질을 섭취, 분해하여 제거한다.

원판(圓板)이 폐수면하(40% 정도)에 있을 때 점막(粘膜)에 용존유기물질이 침투(浸透) 또는 흡착(吸着)되며 폐수면 위로 노출될 때 산소의 공급을 받게 된다. 그리고 점막에 침투 및 흡착된 유기물질은 미생물에 의해 산화된다. 증식된 미생물 또는 점막의 일부는 폐수를 통과할 때 원판회전으로 탈리(脫離)되기 때문에 원판 표면의 미생물군은 항상 일정하게 유지된다. 탈리된 점막은 원판의 회전작용에 의하여 반응조 내에 현탁상태로 머물다가 2차 침전지로 이송된다.

원판을 bio-disc라고 하며 여러 개의 원판으로 구성된 회전체를 Rotating Biological Reactor(RBR)라고 하는데 2개 이상 RBR축을 유입폐수에 직각으로 설치함으로써 다단(多段)처리를 할 수 있다. 이 처리방법은 연속적인 process이며 반응조 전후에 **최초 침전지와 2차 침전지가 필요**하다. 근래에는 여러 종류의 회전 접촉 매체가 개발되어 적용되고 있으며 통상 RBC(Rotating Biological Contactor)로 소개되고 있다.

2 구조 및 설계

(1) 회전원판

① 재질 : polyethylene, polystyrene
② 직경 : 2.5~3.6m
③ 회전속도 : 1~2rpm(원주위속도 : 0.3m/sec 정도)

- 생물막량 : 1~6mg/cm^2(건조량), 생물막 두께 : 0.1~5mm
- 미생물 : zoogloea를 주축으로 Sphaerotilus 기타 원생동물, 윤충류, 단충류, 편모충류 등

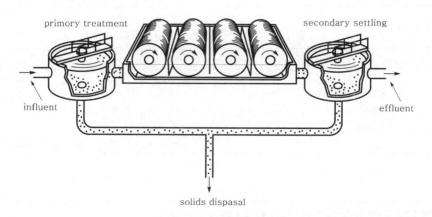

[그림 2-87] 회전생물 반응체에 의한 폐수처리시스템

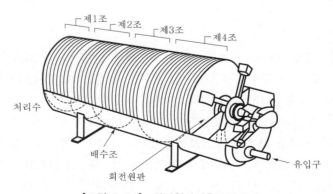

[그림 2-88] 회전원판접촉조의 모형

(2) 설치

RBC는 실내에 설치(대신에 반원형 커버를 씌우는 방법을 많이 활용)하는 것이 일반적인데, 이유는 한랭기에 보온을 유지하고, 일광에 의한 조류번식과 강우에 의한 미생물 탈리 등을 방지하기 위함이다. 현장에서는 하수 등 저농도의 오수처리에 단독으로 이용하거나 다른 생물학적 방법과 병용하여 설계 운용된다.

3 장단점

(1) 장점

① 별도의 폭기장치가 필요없고 유지관리가 비교적 용이하며 유지비(동력비 등)가 적게 든다.
② 반응 소요시간이 짧고 다단식을 취하므로 수량 및 BOD 부하변동에 강하다.
③ 단시간의 접촉반응으로 높은 정화율을 얻으므로 반응시간이 짧다.
④ 슬러지 발생량이 적다(표준활성오니법의 1/2 정도).
⑤ 슬러지 반송이 필요없다.
⑥ 단회로 현상의 제어가 용이하다.
⑦ 단위 미생물당 유기물부하가 낮고, 긴 미생물 체류시간을 유지할 수 있다.
⑧ 유해물질에 대한 내성이 크다.
⑨ 질산화 작용이 용이하고 탈질·탈인도 가능하다(질산화 : BOD 30mg/L 이하에서 용이).
⑩ pH 변화에 비교적 잘 적응한다.
⑪ 구더기, 악취, 거품, 폐쇄, 소음 등의 2차 공해가 발생되지 않는다.

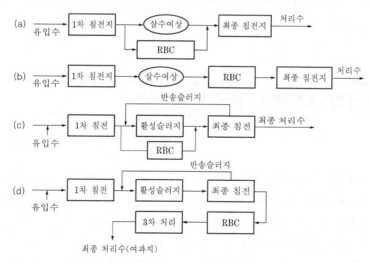

[그림 2-89] 기존 처리시설과 RBC의 응용

(2) 단점

① 정화기구가 복잡하여 미생물량의 임의 조절이 불가능하다.
② 온도의 영향을 크게 받으므로 저온 시 대책이 문제된다(7~8℃ 이하에서 악화). 40℃ 이상이 되면 단백질 변화가 일어나 반응이 느려진다.

③ 활성슬러지법에 비해 2차 침전지에서 미세한 SS가 유출되기 쉽고 처리수의 투명도가 낮다.

④ 운전이 원활하지 못할 경우 혐기성 상태로 인해 악취가 발생할 수 있다.

⑤ 살수여상과 같이 파리는 발생하지 않으나 하루살이가 발생하는 수가 있다.

⑥ 회전축의 파열이 일어나기 쉽다.

⑦ 폐수의 성상에 따라 처리효율에 영향이 크다.

⑧ 대규모 처리에 관한 자료 및 완벽한 model 해석이 충분하지 않다.

4 수량부하와 BOD부하

(1) 수리학적 부하$(L/m^2 \cdot d) = \dfrac{유입수량(L/D)}{원판표면적(m^2)}$ (※ 적정범위 : 70~120$L/m^2 \cdot d$)

원판표면적$(m^2) = \dfrac{\pi D^2}{4} \times 2(양면) \times 매수$

(2) BOD부하$(gBOD/m^2 \cdot d) = \dfrac{BOD\ 유입량(gBOD/d)}{원판표면적(m^2)} = \dfrac{BOD\ 농도(g/m^3) \times 유입수량(m^3/d)}{원판표면적(m^2)}$

(적정범위 : 6.7~12.8$g/m^2 \cdot d$)

(3) **설계부하**(V/A)

5~9L/m^2(5 이하는 제거율이 낮음)

(4) **F/M**

0.05~0.1(※ 활성오니법 : 0.2~0.5)

07 접촉산화(接觸酸化)법(접촉폭기법)

1 개요

접촉산화법은 접촉여재를 이용하여 폐수를 처리하는 공법으로 호기성 침적여상이라고도 불리우며 고정상식 활성오니법으로서 살수여상, RBC 등 생물막 방법과 원리가 비슷하다. 접촉산화조에 유입되는 유기물은 매체(媒體)에 부착된 미생물과 액상에 현탁하고 있는 미생물에 의하여 분해, 제거된다. 산소공급은 조 내에 설치된 폭기장치로부터 직접 공급되기도 하고 조 밖으로부터 유입폐수와 함께 간접적으로 조 내에 공급되기도 한다. 전후에 1차 침전지와 2차 침전지가 필요하며 매체로는 벌집형, 망형 등의 module형과 bulk형 플라스틱, 돌 등이 사용된다.

매체(접촉재)의 조건
- 내식성이 크고 생물막의 부착성이 좋아야 한다.
- 비표면적과 공극률이 크고, 통수저항이 적어야 한다.
- 화학적, 생물학적으로 안정하고 물리적 강도가 커야 한다.

2 장단점

(1) 장점

① 운전과 유지관리가 용이하고 유지비가 낮다.

② 부하변동과 유해물질에 대한 적응력이 크다.

③ 난분해성 물질에 대한 내성이 높고 분해속도가 낮은 기질 제거에도 효과적이다.

④ 슬러지 반송이 필요없고 슬러지 발생량이 적다.

⑤ 가동정지 기간에 대한 적응력이 높다.

⑥ 슬러지 bulking 문제가 없다.

⑦ 조 내 슬러지 보유량이 크고 생물상이 다양하다.

⑧ 소규모시설에 적합하다.

(2) 단점

① 미생물량과 영향인자를 정상상태로 유지하기 위한 조작이 어렵다.

② 매체의 균일폭기가 어렵고 폭기용 동력비가 비교적 높다.

③ 고부하 시 생물막이 비대화되어 매체의 폐쇄 위험이 크고 따라서 부하조건에 한계가 있다.

④ 폐수처리규모 증가에 따르는 척도가 없다.

⑤ 초기건설비가 높다.

> ➤➤ 이 방법의 주요 특징은 조 내의 생물상이 다양하고, 그 일령이 길며, 처리효과가 안정되어 있다는 점이다 (※ 활성오니법과 살수여상법의 장점을 살린 공법).

[그림 2-90] 접촉산화법의 계통도

3 설계 인자 및 기준

(1) 설계상의 주요 인자

① BOD 면적부하 $\begin{cases} \text{원수 BOD가 200mg/L 전후 : } 10 \sim 20\text{g/m}^2 \cdot \text{d(2차 처리영역)} \\ \text{원수 BOD가 30mg/L 전후 : } 3 \sim 5\text{g/m}^2 \cdot \text{d(3차 처리영역)} \end{cases}$

② BOD 면적부하(kg/m³ · d) $\begin{cases} \text{BOD 제거율 70\% 이상 : 0.5 이하} \\ \text{BOD 제거율 85\% 이상 : 0.3 이하} \end{cases}$

③ 수면적 부하 : L/m² · d

④ 평균체류시간(90% 제거효율기준) $\begin{cases} 25℃ \text{ 이상 : 2hr} \\ 25 \sim 15℃ \text{ : 3hr} \\ 15 \sim 10℃ \text{ : 4hr} \\ 10℃ \text{ 이하 : 6hr} \end{cases}$

⑤ 접촉재 공경 $\begin{cases} \text{원수 BOD 농도 200mg/L 이상 : 30mm} \\ \text{원수 BOD 농도 200~30mg/L 이상 : 20mm} \\ \text{원수 BOD 농도 30mg/L 이상 : 10mm} \end{cases}$

⑥ 순환유속 : 1~3m/min

⑦ 조 내의 유형(流刑) : 상향류, 하향류, 선회류 등

(2) 설계기준

① 계획오수량에 대응하는 능력을 가진 장치를 원칙으로 하고 2계열 이상으로 분할하여 설치한다.

② 유효수심은 1.5(3)m 이상, 5m 이하로 하여야 한다.

③ 유효용량에 대한 접촉제의 충진율은 55% 이상으로 하여야 한다.

④ 접촉제는 생물막에 의한 폐쇄현상이 발생하지 않는 형상으로 하고, 생물막이 부착성장할 수 있는 충분한 표면적의 제공뿐 아니라 가벼우면서도 쉽게 부서지지 않을 정도의 강도가 유지되어야 한다.

⑤ 반응조는 2실 이상으로 하고 제1실은 생물막을 박리할 수 있는 기능을 가져야 하며 박리(剝離) 슬러지를 인출하여 침전지, 슬러지 저장조 및 슬러지 농축조로 이송할 수 있는 구조로 하여야 한다.

⑥ 소포장치를 설치하여야 한다.

⑦ 폭기와 순환방식은 산기식과 기계식에 의한 방법으로 하고 조 내의 충분한 순환과 산소공급량이 있어야 한다.

08 산화지(酸化池, oxidation pond)법

가정하수 등은 수심이 얕은 곳에서 일어나는 자연의 생물학적 과정에 의해서 효율적으로 안정화, 즉 처리되는데, 이러한 현상을 이용한 연못을 안정지(stabilization pond), 늪(lagoon) 혹은 산화지(oxidation pond)라고 한다.

(1) 원리

얕은 연못이나 하천에서는 bacteria와 조류(藻類) 사이에 서로 특별한 관계가 성립된다. 즉, 그림 2−91과 같이 bacteria가 유기물을 섭취, 분해하여 질소와 인 성분의 영양소와 CO_2를 물속에 버리면 조류는 이들 화합물과 햇빛을 이용하여 광합성을 하여 산소를 만들고 다시 이 산소는 호기성 bacteria에 의해 섭취된다. 이들 관계를 공생(共生, symbiosis)이라 하며, 이러한 순환이 계속해서 처리되는 것이 산화지처리 원리인 것이다.

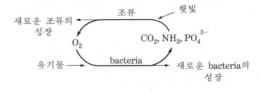

[그림 2−91] 처리원리(bacteria와 조류 간의 공생)

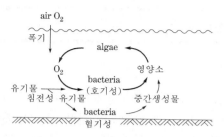

[그림 2-92] 임의성 산화지의 원리

산화지는 생물학적 처리법 중 비용이 적게 들고 BOD의 과대한 부하나 간헐적인 부하를 받아들이는 장점이 있으나 **처리효율이 낮고 기후영향을 크게 받으며 처리에 장시간이 소요되므로 가장 넓은 부지를 필요로 하는 단점이 있다.**

(2) 종류 및 특성

[표 2-27] 종류 및 특성

항목 \ 종류	호기성 산화지 (aerobic oxidation pond)	조건성 연못 (facultative pond)	혐기성 연못 (anaerobic pond)	폭기식 연못 (aerated pond)
BOD 부하	$3{\sim}8kg/1{,}000m^2 \cdot day$	$5{\sim}20$ $kg/1{,}000m^2 \cdot day$	$0.25{\sim}0.30$ $kg/m^2 \cdot day$	$0.15{\sim}0.25$ $kg/m^2 \cdot day$
깊이	$0.5{\sim}1.5(0.3{\sim}0.6)m$	$1.5{\sim}2.5m$	$3{\sim}6m$	$2.5{\sim}4(3{\sim}6)m$
체류시간	10~20일	20~30(25~180)일	30~60일	2~10(7~20)일
특징 및 장단점	• 조류와 호기성 박테리아의 공생을 이용한다. • 전반적으로 유기물 제거율은 조류의 O_2 생산에 의해 제한된다. • 야간에는 O_2가 부족, 혐기성이 될 수 있다. • 겨울철에는 온도가 낮고 광합성이 감소, 처리효과가 낮다. • 최종 침전지나, 혐기성 연못, 조건성 연못 다음에 용존유기물만 최종적으로 처리하는 고도 처리에 이용될 수 있다.	• 바닥이 혐기성 유지로 인해 냄새 발생 문제가 있다. • 기타 호기성 산화지와 비슷하다.	• 표면적을 작게, 수심을 깊게 하여 혐기성을 유지한다. • 고농도의 유기물 즉 분뇨, 식품공장폐수, 폐수슬러지 등의 최초처리방법에 이용된다. • BOD 제거 효율이 낮아 후속처리로서 호기성 산화지 등이 필요하다. • 냄새가 심하다. • 기타 혐기성 소화 원리와 비슷하다.	• 산소공급을 조류에 의존하지 않고 활성슬러지법과 같이 폭기장치에 의존한다. • 슬러지의 반송이 없는 경우 폐수의 수리학적 체류시간이 길어진다. • 기타 반응원리는 활성슬러지법의 경우와 비슷하다.

주 ( )는 하수처리의 기준임

09 ┊ 혐기성(嫌氣性) 처리

(1) 개요

유기물질의 농도가 매우 높은 폐수는 산소 이전의 제한 때문에 호기성으로 처리되기가 어렵다. 따라서, 이러한 폐수는 계획적으로 혐기성 반응에 의하여 처리된다. 혐기성 처리는 호기성에 비하여 긴 반응시간을 요하며 반응이 불완전하여 유기물질의 제거율이 다소 낮은 단점이 있지만 고농도의 유기물질을 처리할 수 있고 산소공급이 불필요하며 반응부산물로 가연성 기체를 얻을 수 있는 장점이 있다. 혐기성 처리는 분뇨, 폐수슬러지 및 유기물농도가 높은 공장폐수의 최초 처리에 주로 이용된다.

① 어떤 폐수를 혐기성 처리하려면 다음과 같은 조건이 갖추어져야 한다.

　⊙ 유기물농도가 높아야 하는데 탄수화물보다는 단백질이나 지방이 높을수록 좋다.

　ⓒ 미생물에게 필요한 무기성 영양소가 충분히 있어야 한다.

　ⓒ 알칼리도가 알맞게 있어야 한다.

　② 독성물질이 없어야 한다.

　⑩ 비교적 높은 온도면 좋다.

② 반면에 혐기성 처리는 호기성 처리에 비해 몇 가지 이점이 있다.

　⊙ 농도가 매우 큰 폐수를 처리할 수 있다.

　ⓒ 슬러지가 적게 생산된다.

　ⓒ 영양소가 호기성에서보다 적게 소요된다.

　② 최종 물질로 생산되는 메탄(CH_4)은 유용한 물질이다.

(2) 혐기성 반응의 원리

유기물의 혐기성 소화반응은 2개의 반응과정으로 구분되는데, 첫 단계는 유기물질이 알코올과 유기산으로 전환되는 유기산형성과정이며, 둘째 단계는 1단계 물질이 메탄균에 의해 최종적으로 CH_4, CO_2, H_2S, NH_3 등으로 전환되는 메탄형성과정이다.

① 1단계 소화과정 : 산성소화 과정, 액화 과정, 유기산 형성 과정, 수소발효 과정

② 2단계 소화과정 : 알칼리소화 과정, gas화 과정, 메탄발효 과정

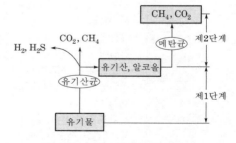

[그림 2-93] 혐기성 소화과정

유기물질이 기체로 전환되기 위해서는 유기산균과 메탄균의 적절한 활동이 요구된다. 즉, 제1단계에서는 제2단계에 필요한 양분인 유기산이 생성되며, 제2단계에서는 유기산을 분해시킴으로써 유기산의 축적으로 pH가 저하되는 것을 방지한다. 또한, 유기산균은 메탄균을 위하여 양분을 생산할 뿐 아니라 산화물을 소모시켜 환원제를 생성하므로 완전 혐기성 상태를 만든다.

따라서, 처리의 문제점은 이러한 미생물의 분포에 불균형이 생길 때 발생한다.

유기물질		비반응성 산물	반응성 산물		최종산물	
• 탄수화물 • 지방 • 단백질	산형성 박테리아 →	• 안정된 중간물질 • 세포	• 유기산 • 알코올 • 중간물질 • CO_2, H_2	메탄 박테리아 →	• CH_4 • CO_2	• NH_3, H_2S • 안정된 분해물질 • 세포

➤ glucose($C_6H_{12}O_6$)의 반응 예

$$C_6H_{12}O_6 \xrightarrow[\text{(1단계)}]{\text{유기산균}} \begin{cases} 3CH_3COOH \\ 2CH_3CH_2OH + 2CO_2 \\ 2CH_3CH(OH)COOH \end{cases} \left. \right\} \xrightarrow[\text{(2단계)}]{\text{메탄균}} 3CH_4 + 3CO_2$$

(3) 혐기성 소화의 영향인자

① pH : 첫 단계에서 생산된 유기산이 메탄균에 의해 제2단계 반응이 진행되지 못하면 조 내에 유기산
과 CO_2가 축적되어 완충능력이 무너질 때 pH가 낮아진다. 메탄균은 pH에 민감하여 pH가 낮거나
너무 높은 pH에서는 반응이 더디고 CH_4 생산율이 낮아진다.

➤ 메탄 생성을 위한 최적 pH : 6.8~7.4

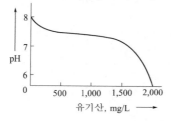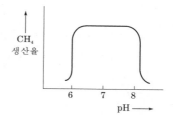

[그림 2-94] 메탄 생산율에 대한 pH 영향

② 온도 : 온도는 메탄 박테리아의 활동에 영향
을 크게 주어 온도가 낮아지면 활동이 저하
되어 메탄 발생이 줄어든다. 메탄 박테리아
의 최적 온도는 중온에서 35℃, 고온에서
55℃ 정도이다. 우리나라와 같이 온대지방
에서는 중온반응이 주로 이용된다.

➤ 온도에 따른 반응방식 분류
  • 고온(친열성)소화 : 51~56℃, 15~20일
  • 중온(친온성)소화 : 31~38℃, 25~30일
  • 저온(친랭성)소화 : 10~15℃, 40~60일

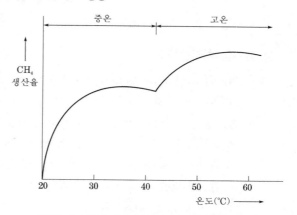

[그림 2-95] 메탄 생산율에 대한 온도 영향

③ 독성물질 : 독성물질은 특히 메탄 생성에
영향이 크다. Na^+, K^+, Ca^{2+}, Mg^{2+} 등은
낮은 농도에서는 반응을 촉진시키나 높은 농도에서는 반응을 억제시킨다. 암모니아도 높은 농도
에서는 장애를 준다. 또한, 중금속 물질은 어느 한계 이상에서는 반응이 정지된다.

④ 알칼리도, 영양염류, 체류시간 등

[표 2-28] 소화조의 중금속 최대허용농도

중금속	최초 침전슬러지 소화	혼합슬러지 소화
Cr^{6+}	50mg/L	50mg/L
Cu	10mg/L	5mg/L
Zn	10mg/L	10mg/L
Ni	40mg/L	10mg/L

(4) 세포생성 및 메탄발생률

① 세포생성률 : 세포생산량은 유입폐수의 유기물질 농도 및 특성과 체류시간 등에 따라 좌우되는데 혐기성 반응에서는 세포체류시간이 길고 상당한 내호흡이 진행되므로 실생산량이 비교적 적다 (※ 적정 C/N비 : 10~20). 실험결과에 의하면 0.05mg세포/mgCOD의 생산율로 나타나고 있다.

② 메탄발생률 : 1kg의 COD나 BOD_u가 분해, 제거될 때 약 0.35m³의 CH₄ 가스가 생산된다.

$$G = 0.35(L_r - 1.42R_c)$$

여기서, G : CH₄ 생산량(Nm³CH₄/day), L_r : 제거 BOD_u량(kg/day)

1.42 : 세포의 BOD_u환산계수, R_c : 세포 실생산량(kgVSS/day)

$$R_c = \frac{y \cdot L_r}{1 + b \cdot \theta_c} = y_{obs} \cdot L_r$$

여기서, y : 세포생산계수(kgcell/제거kgBOD$_u$), b : 세포의 내호흡계수(day^{-1})

y_{obs} : 세포의 실생산계수(kgcell/제거kgBOD$_u$), θ_c : 세포체류시간(day)

(5) 혐기성 처리반응조

① 혐기성 소화(anaerobic digestion) : 가장 많이 이용되는 방법으로 단단소화조, 2단소화조로 구분해서 고율 및 저율로 구분하는데 다음 슬러지처리에서 상술하기로 한다.

② 혐기성 접촉법(anaerobic-contact process)

㉠ 균등화조, 완전혼합소화조, 소화가스 제거장치, 종말 침전지 등으로 구성된다.

㉡ 원폐수를 균등지에서 24시간 이상 저장함으로써 균등화시키고 미리 35℃ 정도 가열한 다음 일정한 율로 소화조로 주입된다.

㉢ 소화조 내의 MLSS 농도는 7,000~12,000mg/L이고, 체류시간은 약 12시간 정도이다.

㉣ 소화조의 혼합액의 SS는 가스가 접착되어 침전이 어려우므로 먼저 가스제거시설을 거친 다음 종말 침전지로 이송된다.

㉤ 침전 슬러지 중 1/3 정도는 반송시키고 여분의 슬러지는 폐기시킨다.

㉥ BOD 제거율이 높다(97~98% 정도).

③ 혐기성 산화지(anaerobic lagoon)

㉠ 4.5m 정도의 깊이에 경사가 급한 흙제방을 가진 연못

　　ⓛ BOD 부하가 0.25~0.33kg/m³·day이고 25℃ 이상에서 체류시간이 4일 이상이면 유입 BOD
　　　의 75~85% 정도 제거된다.

　　ⓒ 장점은 최초의 투자비와 운영비가 낮고, 과대한 부하나 간헐적인 부하를 받아들이는 능력이
　　　있으며 운영이 쉽다.

④ 혐기성 여과상(anaerobic filter)

　　㉠ 살수여상과 같이 여재로 채워진 뚜껑이 있는 탱크의 형태이다.

　　㉡ 폐수를 바닥에서 주입하여 상단으로 유출하므로 여재는 폐수에 잠기게 된다.

　　㉢ 슬러지를 재순환시키지 않고서도 대단히 긴 세포체류시간을 얻을 수 있다.

　　㉣ 유기물농도가 낮을 경우 1일 이하의 수리학적 체류시간에서도 처리될 수 있다.

　　㉤ 낮은 온도에서도 처리가 가능하다.

　　㉥ 큰 효율의 손실없이 간헐적으로 운영이 가능하다.

⑤ Imhoff tank

　　㉠ 임호프 탱크는 2개의 층으로 되어 있어 **상층에서는 침전이 진행되고 하부에서는 슬러지 소화**
　　　가 이루어진다.

　　㉡ 그림 2-96에서 a부분의 **침전실**, b부분의 **소화실**, e부분의 scum실로 구분되어 침전실에서 침
　　　전된 부유물이 구멍을 통하여 소화실로 유입되어 분해된다.

　　㉢ scum실에 떠오른 scum을 자주 제거해 주지 않으면 scum이 건조하거나 얼어서 가스의 유출을
　　　차단하게 되고 결국 소화가스는 슬러지와 함께 침전실로 솟아오르게 되므로 주의해야 한다.

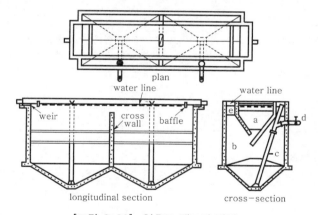

[그림 2-96] 임호프 탱크의 단면도

⑥ 부패조(septic tank)

　　㉠ 폐수처리 발전과정의 초기에 많이 사용하였으
　　　나 현재는 거의 사용되지 않고 공공하수도가 없
　　　는 주택이나 학교 등에서 정화조로서 이용되고
　　　있다.

　　㉡ 임호프 탱크와 같이 침전 및 소화가 한 탱크 내
　　　에서 동시에 진행되나 침전실과 소화실이 분리
　　　되어 있는 것이 아니다.

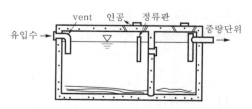

[그림 2-97] 전형적인 부패조의 단면조

ⓒ 하부(下部)에는 슬러지가 가라앉고 상부에는 scum이 모여 있어 실제로 유효한 체적은 매우
적고 폐수는 scum 및 슬러지가 항상 접촉하고 솟아오르는 gas에 의해서 슬러지가 교반되므로
유출수는 미세한 부유물을 함유하며 색깔이 검고 냄새가 날 뿐 아니라 BOD 값이 높다.

10 UASB(Upflow Anaerobic Sludge Blanket)법

1 개요

최근에 HRT와는 별개로 SRT를 컨트롤하여 고농도의 생물량을 반응기 내에 머물도록 하여 고농도의
유기물 부하를 허용토록 하는 신방식의 혐기성 처리 process가 구미를 중심으로 활발히 개발되어 실용화
되고 있다.

이 중 상향류 혐기성 슬러지 블랭킷(UASB)법이란 반응기 내에 접촉재, 충진재, 유동입자 등의 생물막
부착 담체를 이용하지 않고 슬러지 생물 자신이 가진 응집·집괴 기능(aggregation, agglomeration)을
이용하여 침강성이 뛰어난 그래뉼상 증식 집괴(集塊)를 형성시켜 고농도의 생물량을 반응기 내에 유지,
보유하도록 하는 일종의 자기고정화(self-immobilization) 방식의 메탄 발효 bio-reactor이다.

[표 2-29] 신세대형 메탄발효 리액터의 균체 고정화·유지 방법

방 식	종 류
1. 균체부착(attachment) 　a. 고정성 충진물에의 부착 　b. 유동입상 담체에의 부착	상승류 혐기성 고정상(AF) 하강류 혐기성 고정상(DSFF) 유동상 반응기(FB) 팽창상 반응기(AAFEB) 플로팅 베드 시스템 혐기성 가스리프트 반응기(AGLR)
2. 균체아그리게이션 　(그래뉼레이션, 플록형성)	혐기성 백필터 리액터(ABF) 상승류 혐기성 고정상(AF) 상승류 슬러지 블랭킷 리액터(UASB)
3. 기타	포괄고정화 미생물 시스템 막분리(UF, MF막) 리액터

일반적으로 유기성 오탁물질을 COD_{cr}로 환산하여 1ton을 제거하려면 활성슬러지법의 호기성 처리에서
는 aeration에 전력 1,100kWh를 소비하고 400~600kg의 잉여 슬러지를 생성한다고 하나 혐기성 처리는
30~150kg의 슬러지가 생성되고 2.8×10^6kcal의 메탄 에너지가 회수 가능하므로 극히 경제적인 처리라고
볼 수 있다. 그러나 종전의 혐기성 처리는 용적부하 0.5~2kg $COD/m^3 \cdot$일, 체류시간 10~30일 정도를
요하므로 용적효율, 처리효율 관점에서 하수 슬러지 축산 폐기물, 고농도 유기성 산업폐수처리에 한정되
어 사용되어 왔다.

이러한 종전의 혐기성 처리방식에 비해 UASB법은 체류시간을 며칠, 몇 시간으로 단축하였으며 고농도
나 저농도의 유기폐수에도 적용할 수 있는 효과적인 방식으로 발전시킨 것이다.

표 2-29와 같이 각종 메탄발효 바이오리액터방 식은 다음과 같은 장점을 가지고 있다.

① 극히 높은 유기물부하를 허용하며 따라서 반 응기용량을 콤팩트화할 수 있다.

② 온도변화, 충격부하, 독성, 저해물질의 존재 등에 상당한 내성을 가진다.

③ 종래보다 낮은 유기물농도의 폐수나 무가온 (無加溫)처리에도 기술적·경제적으로 성립 이 계속된다.

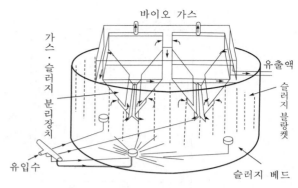

[그림 2-98] UASB 리액터 개요

2 장치 구성

UASB 반응기의 구조를 대별하면 배수유입부, 슬러지 베드부, 슬러지 블랭킷부 및 가스 슬러지 분리 장치(GSS : Gas-Solids Separator)의 4개 부위로 구성된다.

(1) 구비조건

① 배수의 유입 mode는 상승류일 것
② 반응기 상부에 GSS 장치를 갖추고 있을 것
③ 반응기 저부로의 배수의 균일 분산 유입
④ 생성 가스에 의한 슬러지의 완만한 교반

UASB 반응기에는 직경 1~3mm 정도의 극히 치밀한 입상으로 증식한 혐기성 슬러지가 50~100kg $TS/m^3 \cdot bed$ 정도의 고농도로 유지되며 슬러지농도는 1,000~20,000mg TS/L 정도 존재한다.

≫ 용적부하율 : 2~20kgCOD/m^3·일 정도(유입수질에 따라 차이가 있음)

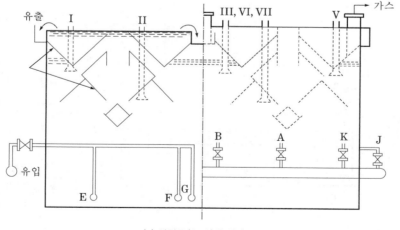

(a) 단면도(A-A)와 전면도

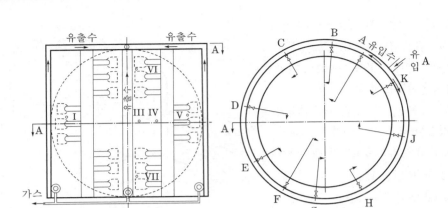

(b) 상면도　　　　　　　(c) 저면도

[그림 2-99] 200m³ 용량 UASB 구조도(CSM-Halweg 공장, 네덜란드)

[사진 2-1] 그래뉼 슬러지(40배)

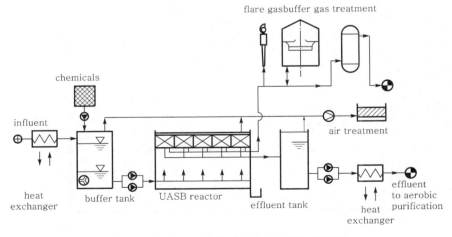

[그림 2-100] UASB의 제지공장의 적용 예(독일)

3 특징

UASB법을 타 혐기성 처리법과 비교하여 장단점을 살펴보면 다음과 같다.

(1) 장점

① 고농도의 미생물을 유지(슬러지 베드 내에 50,000~100,000mgTS/L)하여 고(高)용적부하를 허용할 수 있다.

② 혐기성 고정상법과 같은 고가의 충진재가 불필요하다.

③ 수량, 수질의 충격부하(shock load)에 강하다.

④ 장치구조가 간단하고 교반, 유출수 순환, 슬러지 반송 등의 기계적 설비가 불필요하다.

⑤ 건설비가 저렴하고 유지관리가 용이하며, 또한 설계 scale-up이 용이하다.

(2) 단점

① 부상물질, 지질, 단백질 성분이 많은 폐수는 그래뉼화가 일어나기 어렵고, 적용할 수 있는 폐수의 종류가 한정되어 있다.

② 메탄균의 증식을 저해하는 인자(높은 NH_4^+, 높은 SO_4^{2-}, 기타 저해물질)나 고농도의 Ca^{2+}이온의 존재도 그래뉼화를 저해한다.

③ 소화하수슬러지를 종슬러지로 한 경우 start-up 시의 운전조작방법이 곤란하고, 또한 그 기간이 길다(통산 3~4개월).

---

1. 생물막(生物膜, biofilm)법

(1) 종류 : 살수여상법, 회전원판법(RBC), 접촉산화법, 현수미생물접촉법, 호기성 여상(침적여상)법, 유동상 생물막법, 혐기성 고정상법, UASB법 등 장치가 다양하게 개발되고 있다.

(2) 특징

① 미생물학적 특징
- 정화에 관여하는 미생물의 다양성이 높다.
- 각단에 있어서 우점미생물이 다르다.
- 먹이연쇄가 길다.
- 질산화 및 탈질 세균이 잘 증식한다.

② 처리특성
- 수량, 수질의 변동(부하변동)에 강하다.
- 낮은 수온에서의 제거율이 높다.
- 슬러지의 고액분리가 비교적 잘 된다.
- 저농도의 배수처리가 가능하다.
- 동력비가 적다.
- 슬러지 발생량이 적다.

(3) 미생물 고정화를 위한 펠릿(pellet) 재료의 요구조건
① 기질 및 산소의 투과성이 양호할 것
② 압축강도가 높을 것
③ 암모니아 분배계수가 높을 것
④ 고정화 시 활성수율과 배양 후의 활성이 높을 것
⑤ 내구성이 높을 것
⑥ 처리·처분이 용이할 것

2. 자기조립법(自己造粒法)

(1) **개요** : 혐기성 조건, 혐기·호기성 또는 호기성 조건에서 상향류의 수리학적 교반강도 조건을 부여함으로써 미생물을 형성하는 조립체(granule)을 이용해 처리하는 방법으로 자기조립공정은 **미생물에 상향류를 비롯한 적정한 수리조건을 부가**함으로써 미생물 자체가 활성슬러지 floc보다 치밀하고 비중이 매우 높은 직경 몇 mm의 조립체를 형성하는 능력을 이용해 반응조별로 **미생물농도를** 10만mg/L 정도까지 높이는 방법이다.

(2) **종류**

① 완전 혐기성 자기조립법 : UASB－최초공법

② 호기성 자기조립법 : AUSB(Aerobic Upflow Sludge Blanket reactor), MRB(Multi-stage Reversing flow reactor)

③ 통성혐기성(혐기·호기) 자기조립법 : USB(Upflow Sludge Blanket)－질소 제거

(3) **특징**

① 고부하운전이 가능하다.

② 균체를 고농도의 펠렛 모양으로 유지할 수 있다.

③ 펠렛이 크게 활성화된다.

④ 저농도 폐수처리에도 가능하나 인 제거는 기대할 수 없다.

⑤ 호기, 혐기, 통성혐기성 등 어느 조건에서도 조립되는데 시작이 느리다.

Chapter 06 슬러지(sludge, 汚泥)처리

01 개요

정수(淨水) 및 폐수처리과정에서 액체로부터 고형물이 분리되어 형성되는 물질을 통틀어서 슬러지(汚泥)라고 부르며, 이들은 별도로 처리 및 처분된다. 여기에는 침전지의 바닥에 침전된 것과 반대로 부상된 scum을 포함하고, screen에 걸린 물질도 통상 슬러지와 함께 처리되므로 광의적으로 슬러지에 함께 포함시킨다.

일반적으로 처리장의 슬러지는 함수율이 매우 높아서(95% 이상) 그대로 처리하기에는 용적이 너무 크므로 용적을 감소시키기 위한 수분(水分) 제거가 1차적으로 고려되어야 하고 또한, 유기물 함량이 높아 부패성이 강하므로 그대로 배출시키는 경우 병원균에 의한 위생적인 문제 외에도 악취, 용존산소의 고갈, 환원성 토양조성 등 각종 나쁜 영향을 준다. 따라서, 유기물질의 기술적 제거가 중요하게 고려되어야 한다.

이와 같이 슬러지는 물리적, 생화학적으로 복잡하여 이를 처리함에 있어서는 이러한 성상과 조건을 충분히 검토해야 한다.

(1) 특성

슬러지의 특성은 슬러지의 출처, 생성 후의 기간, 거쳐온 처리방법 등에 따라 다르다.

① 1차 슬러지는 통상 회색이고 악취를 가지며 쉽게 소화된다(하수처리장일 경우 약 65% 유기물 함유).

② 응집슬러지는 비교적 비중이 크고 철분 함유 시는 표면이 붉은 빛을 나타내나 대개 검은 빛이며 냄새는 적다.

③ 활성슬러지(2차 슬러지)는 갈색이고, 냄새가 없지만 부패 중인 것은 어두운 색이며 악취가 난다 (약 90% 정도의 유기물 함유).

④ 살수여과상슬러지 : 활성슬러지와 같이 갈색을 띠며, 냄새가 거의 없다. 타 슬러지에 비해 부패가 쉽지 않으나 일단 부패하기 시작하면 쉽게 소화된다.

⑤ 소화슬러지는 어두운 갈색이거나 검은색(유화철)이며 가스를 포함하게 되는데 소화가 잘된 슬러지는 냄새가 거의 없으며 tar 모양으로 약간의 냄새가 있다.

⑥ 부패슬러지 : 검은색이나, 장기간 철저히 소화된 것이 아니면 악취를 낸다.

⑦ 생슬러지는 일반적으로 약 70%의 유기물과 30% 정도의 무기물이 포함되어 있고 소화 시는 유기물량의 2/3 정도가 무기화 또는 가스화 또는 액화되어 제거되므로 소화슬러지는 45%의 유기물과 55%의 무기물로 구성된다.

⑧ 도시하수 처리장에서 1차 침전슬러지는 대략 65% 정도의 유기물을 함유하며, 2차 침전슬러지는 주로 미생물로 구성되므로 약 90% 정도의 유기물을 함유한다.

[표 2-30] 슬러지의 성질

구 분		1차 슬러지	생슬러지 (살수여상, 폭기조)	소화슬러지 (소화충분)
pH		5.0~7.0	6.0~7.0	7.2~7.5
고형질	%	5~10	4~6 혹은 1~2	4~12
유기물	% 고형질 비	60~75	55~80	45~55
지방	% 고형질 비	10~35	5~10	1~6
전 질소	% 고형질 비	2~5	1.5~5.0 혹은 3~10	0.5~3.0
전 인	% 고형질 비	0.4~1.3	0.9~1.5	0.3~0.8
슬러지여과비저항	$S^2 g^{-1}$	$10^9 \sim 10^{11}$	$10^{10} \sim 10^{11}$	$5.10^8 \sim 5.10^9$
열량	Cal/gTS	3,750~4,750	3,500~5,000	2,500~3,500

[Niemitz에 의함]

(2) 슬러지의 구성 및 부피

① 구성

슬러지＝수분＋고형물(TS)
고형물(TS)＝무기물(FS)＋유기물(VS)

② 비중산출

$$\frac{W_s}{S_s} = \frac{W_f}{S_f} + \frac{W_v}{S_v}$$

$$\frac{W_{sl}}{S_{sl}} = \frac{W_s}{S_s} + \frac{W_w}{S_w}$$

여기서, W_s : 슬러지 고형물 무게(분율), S_s : 슬러지 고형물 비중, W_f : 무기성 고형물 무게(분율)
S_f : 무기성 고형물 비중, W_v : 유기성 고형물 무게(분율), S_v : 유기성 고형물 비중
W_{sl} : 슬러지 부피, S_{sl} : 슬러지 비중, W_w : 수분 무게(분율), S_w : 수분 비중(보통 1.0)

③ **부피산출** : 슬러지 부피는 수분 및 고형물 함유량에 좌우되므로 슬러지 비중을 1로 하는 경우에 다음의 관계식이 성립된다.

$$V_1(100 - P_1) = V_2(100 - P_2)$$

여기서, V_1 : 수분 P_1%일 때 슬러지 부피(농축, 탈수 전 부피)
V_2 : 수분 P_2%일 때 슬러지 부피(농축, 탈수 후 부피)

따라서, $V_2 = \dfrac{V_1(100 - P_1)}{(100 - P_2)}$ 이고 $(100 - P) =$ TS%이므로

$$V_2 = \frac{V_1 \cdot \mathrm{TS}_1}{\mathrm{TS}_2} \text{의 관계가 성립된다.}$$

≫ 비중(S)이 각각 다른 경우

$$V_1 \cdot S_1 \cdot (100 - P_1) = V_2 \cdot S_2 \cdot (100 - P_2)$$

$$V_2 = \frac{V_1 \cdot S_1 \cdot (100 - P_1)}{S_2 \cdot (100 - P_2)}$$

(3) 슬러지의 처리목표

슬러지처리는 기본적으로 다음 사항이 충족되어야 한다.

① 안정화(安定化) − 유기물 제거

슬러지 중의 유기 고형물질이 더 이상 부패균에 의해 부패되더라도 **주위 환경에 악영향**을 미치지 않는 상태가 되어야 한다. 즉, 토양이나 표면수(表面水) 또는 공기를 오염시키지 않는 상태로 되어야 한다.

② 안전화(安全化) − 살균(殺菌)

특히 하수(下水) 슬러지 속에는 각종 병원균, 기생충란 등이 존재하기 쉬운데 앞의 안정화 과정에서 대부분이 사멸되지 않으면 슬러지 이용에 지장을 주므로 **살균의 필요성**이 대두된다.

③ 부피의 감소화(減量化)

슬러지처리의 1차적인 목적(目的)은 **부피의 감소**에 있다고 할 수 있다. 슬러지의 안정화로 고액분리(固液分離)가 용이하게 되고 처분을 쉽게 할 뿐 아니라 **비용이 절감**된다.

④ **처분의 확실성** : 슬러지를 처분하는 동안 슬러지를 처분하기에 편리하고 안전(安全)하게 해야 한다.

02 슬러지의 처리과정

일반적으로 흔히 사용되는 처리계통(處理系統)은 농축(濃縮), 소화(消化)이며 화학적인 개량(改良)을 실시한 후 탈수(脫水)시킨다. 탈수방법에는 건조상(乾燥床), 진공여과(眞空濾過), 원심분리(遠心分離)가 흔히 사용된다.

슬러지	농축	안정화	개량(조정)	탈수	처분
⇨	중력식 부상식 원심분리	혐기성 소화 호기성 소화 습식산화 임호프탱크 석회안정화 염소산화	수세(세척) 약품처리 열처리 ※ 탈수의 전처리	진공여과 가압여과 벨트여과 원심분리 건조	토양살포 매립 해양투기 퇴비화 소각 − 매몰

≫ 슬러지처리는 반드시 위의 과정을 전부 거친다는 뜻은 아니며, 특성과 여건에 따라 일부 과정이 생략될 수 있으나 순서가 앞뒤로 바뀔 수는 없다.

연소방법에는 다단로(多段爐)방법이 가장 많이 사용되고 있으며 유동층(流動層)을 이용한 연소방법도 많이 채택된다. 습식연소(濕式燃燒)는 건식연소(乾式燃燒)에 비해 공기오염(空氣汚染)이 없는 장점이 있으나 유지관리비가 많이 든다. 최종처분으로서는 앞서 계통도에서 보듯이 지역에 따라 선택 사용되며 슬러지의 재이용을 고려해서 처리하는 것이 보다 바람직하다.

생오니(生汚泥)는 많은 병원균과 회충란 등을 포함하고 있으므로, 오니 소화과정에서는 이러한 위생적 사항과, 이용이나 매몰(埋沒) 후에 2차 공해가 없도록 해야 한다. 이러한 이유로 오니는 일반적으로 **농축 → 안정화 → 탈수 → 처분**의 처리과정을 거친다.

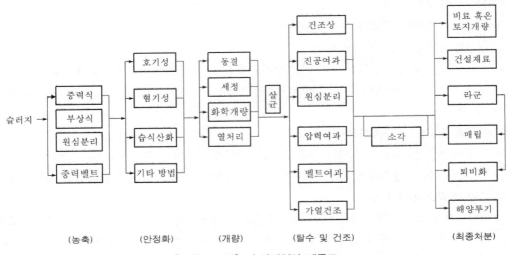

[그림 2-101] 슬러지처리 계통도

1 슬러지의 농축(thickening concentration)

(1) 농축(thickening)은 슬러지 내의 수분을 분리시켜 수분 함량을 줄이고 상대적으로 고형물 함량을 증가시킴으로써 결국 수분을 분리한 만큼 용적을 감소시키는 데 목적이 있다. 따라서 농축은 다음 처리 과정으로의 이송 비용 및 시설의 규모를 줄이고 다음 공정의 시설 규모, 처리 비용을 절감시킬 뿐 아니라 처리효과를 향상시키는 이점이 있다.

(2) 일반적으로 생(生) sludge의 함수율은 95% 이상으로서 함수율을 줄인다는 것은 sludge 양을 대폭 감소하는 것으로서 다음과 같이 이점이 있다.

① 슬러지가 농축되므로 **소화조의 용적을 감소**시킬 수 있고, 슬러지 가열 시에도 열량이 적게 소모되며, 또한 소화조 내의 미생물과 양분이 잘 접촉할 수 있으므로 처리효과가 크다.

② 슬러지의 양이 적어지므로 **이송관이나 펌프의 규모**를 줄일 수 있다.

③ 슬러지 개량(改良)에 소요되는 **화학약품이 적게** 든다.

④ 결과적으로 농축시킨 슬러지의 **처리비용이 절감**된다.

(3) 농축방법에는 **중력식**(重力式)과 **부상식**(浮上式), **원심분리**(遠心分離), 그리고 **중력벨트농축**이 있는데 중력식으로는 기계식 농축조가, 부상식으로는 용존공기 부상조가 주로 이용되고 있다.

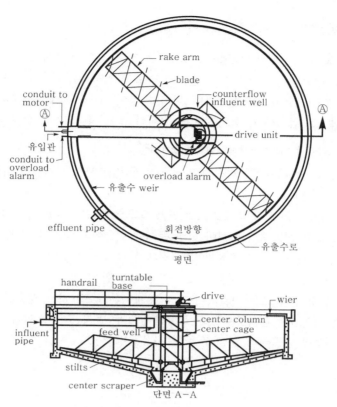

[그림 2-102] 기계식 농축조

[표 2-31] 슬러지 농축방법의 비교

구 분	중력식	부상식	원심분리	중력벨트
설치비	크다.	중간	작다.	작다.
설치면적	크다.	중간	작다.	중간
부대설비	적다.	많다.	중간	많다.
동력비	적다.	중간	크다.	중간
장점	• 구조가 간단하고 유지관리 용이 • 1차 슬러지에 적합 • 저장과 농축이 동시에 가능 • 약품을 사용하지 않음	• 잉여슬러지에 효과적 • 약품주입 없이도 운전가능	• 잉여슬러지에 효과적 • 운전조작이 용이 • 악취가 적음 • 연속운전이 가능 • 고농도로 농축가능	• 잉여슬러지에 효과적 • 벨트탈수기와 같이 연동운전이 가능 • 고농도로 농축 가능
단점	• 악취문제 발생 • 잉여슬러지의 농축에 부적합 • 잉여슬러지의 경우 소요면적이 큼	• 악취문제 발생 • 소요면적(부지)이 큼 • 실내에 설치할 경우 부식 문제 유발	• 동력비가 높음 • 스크류 보수 필요 • 소음이 큼	• 악취문제 발생 • 소요면적이 크고 규격(용량)이 한정됨 • 별도의 세정장치가 필요함

자료 : WEF&ASCE, Design of MWTP, Vol Ⅱ, 1992.

2 안정화(安定化)

슬러지 안정화의 목적은 1. 부패성 유기물질의 제거, 2. 악취 방지 및 제거, 3. 위생화(衛生化)의 달성에 있다. 이 중 1.항의 비중이 가장 크며 이는 슬러지 양을 감소시키는 목표달성 효과가 있다. 안정화의 일반적 방법으로는 혐기성 소화, 호기성 소화, 습식산화 등이 적용되며 때로는 부패와 악취 방지, 그리고 병원균 파괴의 방법으로 염소산화, 석회안정화, 열처리 등이 적용되기도 한다.

(1) 혐기성 소화(嫌氣性消化, anaerobic digestion)처리

슬러지의 혐기성 소화원리는 생물학적 처리에서 설명되었으므로 여기서는 시설(施設)과 운영(運營)에 관해 기술하기로 한다.

① 소화조에는 단단(單段) 재래식 소화조와 2단(二段) 소화조가 있고 단단 소화조에서는 슬러지의 소화, 농축 그리고 상등액의 형성이 모두 동시에 이루어져 소화가 진행되어 감에 따라 혼합이 잘 안 되고 층이 형성되므로 효율이 낮다(전체 부피의 50%만 이용).

② 반면에 2단 소화조는 이러한 결점을 보완한 것이라 할 수 있다.

2단 소화조의 첫 번째 조는 가열되며 슬러지 재순환 펌프, 가스 재순환 시설, 기계적인 교반 등의 하나를 채택하여 혼합하는 것이 주목적이고 두 번째 조는 소화슬러지의 저장, 농축 그리고 비교적 깨끗한 상등액의 형성을 위해 사용된다.

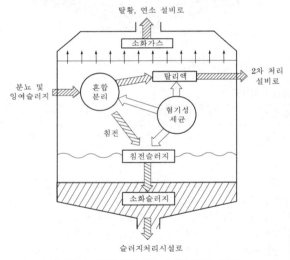

[그림 2-103] 혐기성 소화처리의 원리

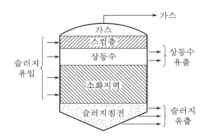

[그림 2-104] 단단 재래식 소화조

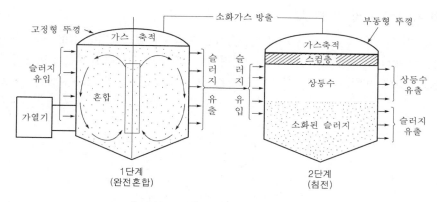

[그림 2-105] 2단 소화조의 설명도

③ 소화조의 부피

㉠ 단단 소화조

$$V = \frac{Q_1 + Q_2}{2} T_1 + Q_2 \times T_2$$

여기서, V : 소화조의 전체 부피(m^3), Q_1 : 생슬러지의 평균주입량(m^3/day),

Q_2 : 조 내에 축적되는 소화슬러지의 부피(m^3/day), T_1 : 소화기간(일)

T_2 : 소화슬러지 저장기간(일)

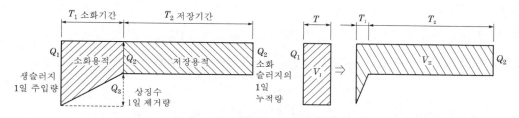

[그림 2-106] 재래식 소화조의 부피계산   [그림 2-107] 고율 소화조의 부피계산

㉡ 2단 소화조(고율 소화조)

$$V_I = Q_1 \times T$$

$$V_{II} = \frac{Q_1 + Q_2}{2} T_1 + Q_2 \times T_2$$

여기서, V_I : 1단 고율소화에 필요한 부피(m^3), Q_1 : 생슬러지의 평균 주입량(m^3/day)

T : 소화기간(일), V_{II} : 소화슬러지의 농축과 저장에 필요한 2단 소화조의 부피(m^3)

Q_2 : 축적되는 소화슬러지의 부피(m^3/day), T_1 : 농축기간(일)

T_2 : 소화슬러지의 저장기간(일)

≫ 고율(高率) 슬러지 소화(消化) : 고율 소화조는 고형물(固形物)부하가 크다는 점에서 재래식 1단 소화와 다르다. 즉, 슬러지는 앞에서와 같이 가스재순환, 양수(揚水), 기계식 혼합 중의 한 방법으로 잘 혼합되어 가열(加熱)되므로 소화율이 높다. 그러므로 부하율이 높고 혼합이 잘 이루어진다는 것 외에는 재래식 2단 소화와 별다른 차이가 없다고 할 수 있다.

(2) 소화조의 가온(加溫) 및 소화가스

소화온도를 35℃ 부근의 온도로 유지하여 소화하는 방법을 **중온소화**(中溫消化) 또는 **친온성소화**(親溫性消化, mesophilic digestion)라 하며 일반적으로 소화처리 시설의 대부분이 이 방법을 이용하고 있다. 온도가 40℃ 이하로 되면 소화율은 차차 감소하며 4.5℃가 되면 소화는 실질적으로 정지된다.

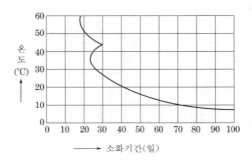

[그림 2-108] 슬러지 소화에 미치는 온도의 영향

그림 2-108에서 보는 바와 같이 다시 48℃ 이상이 되면 소화율이 증가하기 시작하여 54℃에서 최대가 되는데 이때는 친열성 박테리아가 관여하게 되므로 **고온소화**(高溫消化) 또는 **친열성소화**(親熱性消化, thermophilic digestion)라 한다.

가온방법(加溫方法)은 **열교환기**(熱交換機)에 의한 방법과 증기를 불어넣어 가온하는 방법을 주로 사용하는데 열교환기에 의한 가온은 경비가 많이 소요된다.

소화조의 가온을 위해서는 통상 소화 gas가 이용되는데 소화가스는 혐기성 소화 시 부산물로, CH_4와 CO_2의 조성비는 대략 $\frac{2}{3} : \frac{1}{3}$로서 평균열량은 5,340kcal/m³ 정도이다.

소화조 발생가스는 분뇨(糞尿)일 경우 투입량의 8~10배 정도 발생한다.

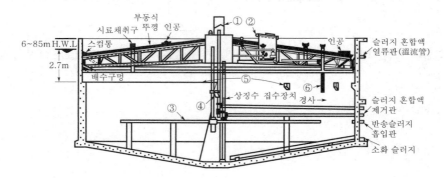

① 가스관은 최고 수위로부터 최소한 1.2m 이상 떨어질 것
② Pacific Flush Tank사의 가스 순환식 슬러지 혼합장치로서 스컴을 제거시킴
③ 추가로 슬러지를 유입시키거나 혹은 반송슬러지를 유입시키는 관
④ 반송슬러지 및 가스관 지지대
⑤ 부동형 뚜껑의 거치대
⑥ 가스유출관(길이조정 가능)

[그림 2-109] 전형적인 표준고율 소화조의 단면도

[표 2-32] 온도에 따른 소화방법 및 특징

구 분	소화온도 범위(°C)	소화일수 (일)	관여되는 미생물			
			미생물 종류	최적온도(°C)	최저온도(°C)	최고온도(°C)
저온소화	10~15	40~60	저온성(친냉성) 미생물	10~15	0	20
중온소화	31~38	25~30	중온성(친온성) 미생물	35	15	40
고온소화	50~56	15~20	고온성(친열성) 미생물	55	45	70

[표 2-33] 소화 시 발생가스의 조성

원 소 ＼ 외국 A, B, C 처리장	하수 슬러지		분 뇨
	A 처리장	B 처리장	C 처리장
메탄(%)	61.40	62.60	57.30
탄산가스(%)	37.30	35.20	35.60
H_2S(%)	0.01	0.01	1.1
질소(%)	1.3	2.1	5.95
발열량(kcal/m³)	5,400	5,371	5,534

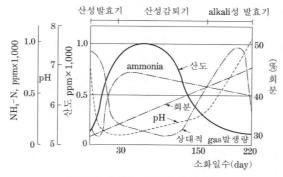

[그림 2-110] 오니의 소화과정

① 기능 : 소화조는 유기물의 혐기성 분해 이외에 다음과 같은 기능을 가지고 있다.

  ㉠ 슬러지 중의 부유물을 제거하여 탈리액과 소화슬러지를 분리한다.

  ㉡ 슬러지나 분뇨 중에 함유된 병원균이나 기생충란을 사멸시킨다.

  ㉢ 유기물을 분해하여 메탄가스를 주체로 한 소화가스를 얻고 그것을 처리시설의 열원으로 공급시킨다.

② 소화조의 조건

  ㉠ 미생물의 활동에 적합한 온도 유지

  ㉡ 적정 pH : 6.8~7.8

  ㉢ 균등한 슬러지 투입

  ㉣ 중금속 등 유독물질 유입방지

  ㉤ 조 내의 교반혼합의 원활

  ㉥ 소화가스와 탈리액 및 소화슬러지의 신속한 인출

  ㉦ 고형물 및 유기물 부하의 적정 유지

  ㉧ 미생물에 필요한 영양소의 적정 유지

[표 2-34] 혐기성 소화의 환경조건

환경조건	최적치	극한치
• pH	6.8~7.4	6.8~7.8
• ORP	−530~−520	−550~−490
• VA(mg/L as HAc)	50~500	>2,000
• 알칼리도(mg/L as $CaCO_3$)	1,000~3,000	1,500~5,000
무기염류(mg/L)		
• $NH_4^+ - N$		300
• Na		3,500~5,500
• K	−	2,500~4,500
• Ca		2,500~4,500
• Mg		1,000~1,500
CH_4 가스비율(%)	65~70	

혐기성 소화의 최적조건
① pH : 6.8~7.4
② 휘발성산(VA) : 600mg/L 이하(1차 슬러지 : 2,000mg/L 이하)
③ 알칼리도 : 2,000mg/L 이하(1차 슬러지의 경우 : 4,000mg/L 이하)

③ 슬러지 투입 : 소화조의 운전은 24시간에 걸쳐 행하여지나 슬러지나 분뇨가 주간에만 투입되는 경우가 있어 투입은 가능한 한 각 시간의 변동을 적게 하는 것이 바람직하다. 슬러지나 분뇨가 소화조에 설계용량보다 과잉투입하게 되면 다음과 같은 운전장애가 발생한다.

　㉠ 소화조 내의 부하가 불균등하게 되어 안정된 처리조건을 유지하기 어렵다.

　㉡ 소화조 내의 가스압이 상승한다.

　㉢ 조 내 온도가 저하한다.

　㉣ 탈리액의 인출이 불균등하게 된다.

1일 기준으로 계획량보다 과잉 투입되면 유기물부하가 증가되어 조 내에 유기산이 축적하여 메탄 발효율이 저하된다.

④ 교반장치 : 슬러지와 미생물의 접촉효과를 크게 하기 위한 혼합목적도 있으나 scum의 발생 방지 및 파쇄를 목적으로도 교반장치가 설치된다. 교반방법으로는 가스교반법, 기계순환법 등이 있다.

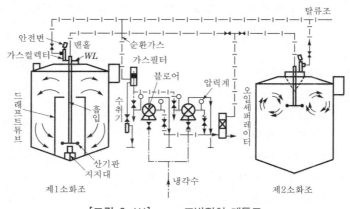

[그림 2-111] gas 교반장치 계통도

⑤ 소화조의 VS 부하율

[표 2-35] 소화조부하율과 체류시간

항 목		혼합되지 않는 재래식 단단소화조	완전혼합되는 고율소화조의 첫째조
고형물부하율(kgVS/m³·day)		0.5~1.1	1.6~6.4
체류기간(day)		30~60	10~20
부피(L/등가인구)	첫째조	55~85	12~17
	첫째조+둘째조	115~170	20~42
VS감소율(%)		50~70	50

$$V = \frac{Q_1 + Q_2}{2} \times T$$

여기서, V : 소화조 용적(m^3), Q_1 : 투입슬러지 부피(m^3/day), Q_2 : 소화슬러지 부피(m^3/day)
T : 소화기간(day)

⑥ 탈황장치 : 소화조의 발생가스를 소화조의 가온용으로 이용할 때 H_2S 등이 존재하면 가스조나 보일러의 부식을 초래하는데, 이를 제거해 주는 장치이다.

ㄱ 건식탈황장치 : 활성탄을 사용하는 방법과 수산화철을 사용하는 방법이 있으나, 전자는 고가이고 재생비용이 많이 들어 비경제적이다. 그래서, 수산화철에 의한 방법을 개발하면 이러한 단점이 해소되리라 생각된다.

$2Fe(OH)_3 + 3H_2S \rightarrow Fe_2S_3 + 6H_2O + 14.8kcal$

$Fe_2O_3 \cdot 3H_2O + 3H_2S \rightarrow 2FeS + S + 6H_2O$

이 방법에서 H_2S의 제거율은 60~90%로 기대되며, 탈황제인 $Fe(OH)_3$의 재생이 가능하다.

$2Fe_2S_3 + 3O_2 + 6H_2O \rightarrow 4Fe(OH)_3 + 3S_2 + 288kcal$

➤ 탈황상자의 크기는 발생가스 1,000m^3/day에 대해 4m^3 이상, 탈황제의 양은 2m^3 이상을 기준으로 하고 있다.

• 습식탈황장치 : 수세식 탈황법으로 종전 하수처리에서 보급된 것이며, 재생탑 또는 약품탑 등을 겸하고 있다. 수세만으로는 90% 이상 탈황을 시킬 수 없으며, 흡수탑 상부에서 적하하는 2~3% 탄산소다액에 황화수소를 흡수시켜 재생탑에서는 공기를 흡입하여 H_2S를 분리 방출하고 탄산소다액은 반복 사용하도록 한다.

$H_2S + Na_2CO_3 \rightleftarrows NaHS + NaHCO_3$

➤ 수세탈황을 사용하는 조건
  • 가스 중의 황화물농도가 0.5g/m^3 이하일 때
  • 처리 가스량이 적고 저온의 세정수가 풍부하여 염가로 이용될 때
  • 탈황 후의 세정수가 2차 공해가 안 될 때

이 방법에서 주의점은 용기의 내식성과 상승속도를 20m/min 이하로 할 것이며, 접촉시간은 3분 이상으로 하여야 한다.

⑦ 혐기성 소화방식의 특징

　㉠ 장점

　　• 소규모일 경우 동력(動力)시설을 필요로 하지 않고 정적(靜的)으로 연속적인 처리를 할
　　　수 있다.

　　• 유지관리에 특별한 기술을 요하지 않고 용이하며 관리비가 적게 든다.

　　• 유용한 가스(CH_4 등)를 얻을 수 있고 보통 5,000~7,000kcal/m^{3}의 열량이 있다.

　　• 병원균이나 기생충란을 사멸시킨다. 대장균군의 경우를 보면 초기에는 호기성에 비해
　　　사멸도가 낮으나 소화일수가 길어질수록 사멸도가 높아진다.

　㉡ 단점

　　• 처리과정에서 취기(臭氣)가 발생하고 위생해충도 발생할 우려성이 크므로 취급에 주의가
　　　필요하다.

　　• 호기성 처리에 비해 소화속도가 늦다.

　　• 소화조의 용적이 비교적 대용량이므로 처리시설의 건설에 넓은 부지를 요한다.

[표 2-36] 소화조 운전상의 문제점 및 대책

상 태	원 인	대 책
1. 소화가스 　 발생량 저하	(1) 저농도 슬러지 유입 (2) 소화슬러지 과잉배출 (3) 조 내 온도 저하 (4) 소화가스 누출 (5) 과다한 산 생성	① 저농도의 경우는 슬러지농도를 높이도록 노력한다. ② 과잉 배출의 경우는 배출량을 조절한다. ③ 저온일 때는 온도를 소정치까지 높인다. 가온시간 　 이 정상인데 온도가 떨어지는 경우는 보일러를 점 　 검한다. ④ 조용량감소는 스컴 및 토사 퇴적이 원인이므로 준설 　 한다. 또한, 슬러지농도를 높이도록 한다. ⑤ 가스누출은 위험하므로 수리한다. ⑥ 과다한 산은 과부하, 공장폐수의 영향일 수도 있으 　 므로, 부하조정 또는 배출원인의 감시가 필요하다.
2. 상징수 악화 　 BOD, SS가 　 비정상적으로 높다	(1) 소화가스 발생량 　 저하와 동일 원인 (2) 과다 교반 (3) 소화슬러지의 혼입	① 소화가스 발생량 저하와 동일 원인일 경우의 대책 　 은 1.에 준한다. ② 과도 교반 시는 교반횟수를 조정한다. ③ 소화슬러지 혼입 시는 슬러지 배출량을 줄인다.
3. pH 저하 　 1) 이상발포 　 2) 가스발생량 저하 　 3) 악취 　 4) 스컴 다량 발생	(1) 유기물의 과부하로 　 소화의 불균형 (2) 온도 급저하 (3) 교반 부족 (4) 메탄균 활성을 저해하는 　 독물 또는 중금속 투입	① 과부하나 영양불균형의 경우는 유입슬러지 일부를 　 직접 탈수하는 등 부하량을 조절한다. ② 온도 저하의 경우는 온도유지에 노력한다. ③ 교반부족 시는 교반강도, 횟수를 조정한다. ④ 독성물질 및 중금속의 원인인 경우 배출원을 규제하 　 고, 조 내 슬러지의 대체방법을 강구한다.
4. 이상발포 　 (맥주모양의 이상발포)	(1) 과다배출로 조 내 　 슬러지 부족 (2) 유기물의 과부하 (3) 1단계조의 교반 부족 (4) 온도 저하 (5) 스컴 및 토사의 퇴적	① 슬러지의 유입을 줄이고 배출을 일시 중지한다. ② 조 내 교반을 충분히 한다. ③ 소화온도를 높인다. ④ 스컴을 파쇄·제거한다. ⑤ 토사의 퇴적은 준설한다.

(3) 호기성 소화(好氣性消化)

이 방법은 폐슬러지를 장기간 폭기(曝氣)시킴으로써 호기성 생물학적 처리와 같이 미생물을 내생성장 단계에 있게 하여 BOD를 감소시키고 슬러지의 휘발성 고형물(VS)을 분해 제거시키는 것으로서, 보통 희석(稀釋)하여 처리하고 분뇨일 경우 20~25배로 희석한다.

호기성 소화법은 주로 1차 침전지를 가지지 않는 폐수처리장의 폐활성슬러지를 처리하기 위하여 이용되며 그 원리가 활성슬러지법(장기폭기법)과 같다고 할 수 있다.

>> 장단점
- 호기성 미생물에 의해 산화분해를 적극적으로 하게 함으로써 혐기성 분해보다 단시간에 처리된다.
- 혐기성 소화에서는 2차 처리로 호기성 처리를 하게 되므로 생물반응의 역전이 일어나서 정화효율에 영향을 미치나 호기성 소화(산화)처리는 처음부터 일괄하여 호기성이 유지되므로 그런 영향이 없다.
- 최초부터 산화 안정화의 지름길을 택하므로 타 방식에 비해 시설 및 건설비가 적으며 부지면적이 적게 든다.
- 소화의 저해인자인 유황화합물을 휘산시키므로 처리에 좋은 영향을 주고 취기발생량이 적다.
- 혐기성 소화법에 비해 운전이 용이하고 상징수(上澄水)의 BOD 농도가 낮다.
- 폭기를 위한 동력비용이 많이 소요된다.
- 혐기성 소화와 같이 유용한 CH_4 등의 유기물질의 회수가 없다.

[표 2-37] 슬러지처리방법의 비교

호기성	혐기성
동력이 소요된다.	메탄과 같은 유용한 가스가 발생한다.
상등액에는 BOD가 약 100mg/L이므로 처리장으로 반송 시 큰 영향이 없다.	상등액의 BOD가 높다.
매우 안정된 슬러지가 생기므로 냄새가 없고 지상살포가 가능하다. 또한, 라군같은 곳에 저장이 가능하다.	냄새가 많이 난다.
비료가치가 크다.	비료가치가 작다.
간혹 탈수가 안 되는 수가 있지만, 대체로 잘 된다. 모래여과상으로 탈수가 쉽다.	대체로 같다.
운전이 쉽다.	운전이 까다롭다.
2차 슬러지에 적용하는 것이 가능하다.	1차 슬러지에 보다 적합하다.
질소가 산화되어 NO_3로 방출된다.	질소가 NH_3-N으로 방출된다.
시설비가 적게 든다.	시설비가 많이 든다.
—	생물학적으로 분해 가능한 세척제(LAS type)가 운전에 지장을 준다.
공장이나 소규모 활성슬러지에 좋다.	대규모 시설에 적합하다.

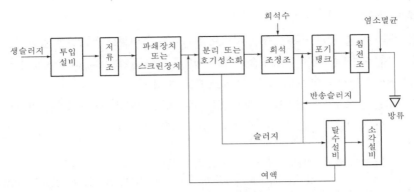

[그림 2-112] 슬러지의 산화(호기성)처리 계통도

3 슬러지 개량(改良)

슬러지의 개량(conditioning)은 슬러지의 탈수 특성을 좋게(탈수효율 향상) 하기 위해 실시된다. 주로 **약품처리와 열처리방법**이 쓰이고 그 외 냉동과 방사선처리법도 시도되고 있다. 세척(洗滌, elutriation)은 물리적인 방법으로서 약품처리를 위한 **약품요구량을 감소**시키기 위하여 실시된다.

(1) 세척(elutriation)

소화슬러지를 물과 혼합시킨 다음 재침전시키는 방법으로 슬러지의 탈수 특성을 좋게 하기 위한 직접적인 관여가 아니고 약품처리(또는 약품조정) 시 약품(주로 응집제) 요구량을 감소시키기 위한 목적으로 사용된다. 즉, 소화된 슬러지는 알칼리성이 강한데(생슬러지의 30배 이상) 물로 씻음으로써 **알칼리도를 줄이고** 아울러 colloid 물질도 제거함으로써 슬러지 탈수에 사용되는 응집제량을 줄일 수 있다. 알칼리도가 2,000~2,500mg/L를 함유한 슬러지를 400~500mg/L까지 낮춘 경우가 있다.

또한, 슬러지의 세척은 소화된 슬러지 내의 가스방울을 없애줌으로써 부력(浮力)을 감소시켜 잘 농축되게 한다. 그러나 미립자가 나간다든지 질소분이 씻겨나가 슬러지의 **비료가치가 낮아진다**는 단점이 있다.

(2) 약품처리(chemical conditioning)

슬러지의 탈수 특성(脱水特性)을 좋게 하여 차후의 진공여과나 원심분리에 의한 탈수가 좋게 되도록 하기 위해 실시된다. 슬러지를 약품처리하면 고형물이 응집되고 흡수된 물은 제거된다. 응집제로는 백반(alum), 각종 철염이 많이 쓰이며 최근에는 유기합성에 의한 고분자전해질(polyelectrolyte)이 개발되어 특히 원심분리에 의한 탈수 전의 약품처리에 이용되고 있으나 **응집작용은 좋은 반면 탈수작용은 좋지 않은** 것으로 보고되고 있다.

[표 2-38] 응집제 종류

약품명	분자식
유산반토	$Al_2(SO_4)_3 \cdot 18H_2O$
염화제2철	$FeCl_3 \cdot 6H_2O$
황산제1철	$FeSO_4 \cdot 7H_2O$
황산제2철	$Fe_2(SO_4)_3 \cdot 9H_2O$
염기성 염화알루미늄	$Al(OH)_2Cl$
소석회	$Ca(OH)_2$

(3) 열처리(熱處理)

열처리는 슬러지를 140~210°C에서 30~60분간 가온하여 슬러지 중의 colloid 또는 gel 상태의 구조를 파괴하여 농축성을 높이면서 탈수성이 좋은 슬러지로 개량하는 방법으로, 약품을 첨가하지 않고 함수율이 낮은 탈수 cake를 얻을 수 있으며 슬러지를 살균할 수 있다는 장점도 있으나 연료사용에 따라 운전비가 높으므로 폐열이용의 고려가 필요하다. 초기시설비가 고가이며 슬러지의 낮은 pH로 인한 부식문제와 열교환기의 scale 문제 등 단점이 있다.

> **열처리 분리액(상징액)의 특성**
> ① BOD_5 : 4,000~8,000m/L
> ② pH : 4~5(부식성)
> ③ 질소와 인의 함유도가 높음
> ④ 악취

(4) 그 밖의 방법

동결－해동, 방사선처리 등

4 슬러지의 탈수(脫水)

탈수는 농축과는 달리 슬러지 내의 수분을 주로 강제적인 수단에 의해 탈리시켜 수분함량을 줄인 만큼 결국 슬러지 부피를 감소시킴으로써 다음 과정에서의 경제성을 증가시키고 취급의 편의성을 도모한다.

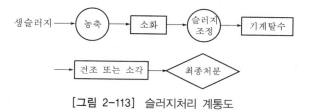

[그림 2-113] 슬러지처리 계통도

(1) 슬러지 건조상(乾燥床)

슬러지를 탈수시켜 건조시키는 일종의 모래층으로서 슬러지에 함유된 물 중에서 22~85%는 건조상에서 배수, 제거되고 나머지는 증발된다. 건조속도는 슬러지의 특성에 따라 다르나 **지방분은 잘 건조되지 않으며 오래된 슬러지도 건조속도가 느리다.**

1차 슬러지는 2차 슬러지에 비해 잘 건조되며 소화된 슬러지도 비교적 잘 건조되나 너무 잘 소화된 슬러지는 잘 건조되지 않는다. 슬러지의 건조는 일기에 영향을 받으므로 온실(溫室)과 같이 지붕을 씌우는 경우가 있다.

슬러지의 살포두께는 평균은 20cm, 겨울은 얇게 15cm, 여름은 30cm로 깊게 한다. 그리고 건조기간은 개방식의 경우 약 1~4주 정도이고 보통 2~3주면 좋은 조건이다.

슬러지의 건조상의 **설계요건**으로는 1. 일기(日氣), 2. 슬러지의 성질, 3. 지가(地價) 및 주거지역과의 거리, 4. 사용된 슬러지 개량제의 종류 혹은 사용여부, 5. 지하토질의 투수성 등이며 이 중 **일기의 중요도가 크며** 이는 우량(雨量), 기온, 습도, 바람 등을 들 수 있다.

소화된 1차 슬러지와 2차 슬러지의 혼합슬러지에 대한 인구 1인당 요구면적은 다음 식으로 구할 수 있다.

$$A = K(0.01R + F)$$

여기서, A : 1인당 소요면적(ft^2/cap), K : 소화형태에 따른 인자(혐기성 1.0, 호기성 1.6)
R : 연간 평균 강우량(inch), F : 상수 $\begin{cases} 습도\ 60\% : 0.3 \\ 습도\ 60{\sim}70\% : 0.5 \\ 습도\ 70\%\ 이상 : 1.0 \end{cases}$

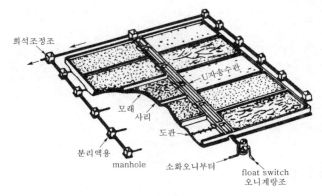

[그림 2-114] 오니 건조상

(2) 진공여과(眞空濾過, vacuum filteration)

가장 널리 이용되는 기계식 탈수기로서 생(生)슬러지나 소화(消化)슬러지의 탈수에 모두 이용할 수 있다. 이 방법은 고형물(固形物)은 걸러내고 물은 통과시키는 다공성 여재(餘財)를 사용하는데 여재로서는 통상 강철제 coil, 금속망, 섬유막이 사용된다.

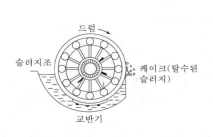

[그림 2-115] 오리버형 진공여과기

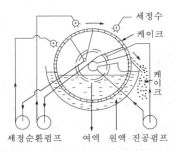

[그림 2-116] young형 진공여과기

여과는 그림에서와 같이 여과막으로 덮인 수평드럼(drum)의 1/4 정도가 슬러지에 담긴 채 회전하면 drum 내부에 작용하는 진공(眞空)에 의해서 슬러지는 대부분 막(膜)에 걸려서 고형물 층을 형성하게 되는데 이를 filter cake라 한다. 이때 filter cake는 scraper에 의해서 여과기로부터 제거되며 이 반복은 계속된다.

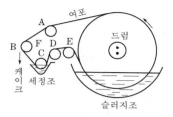

※ 진공여과기의 여과면적

$$A(\text{m}^2) = 1,000(1-W)\frac{Q}{R}$$

여기서, W : 오니함수비

Q : 오니량(m³/hr)

R : 운전율(kg/m²/hr)

[그림 2-117] 벨트형 진공여과기

(3) 가압여과(加壓濾過, filter press)

유럽(Europe)에서 많이 이용되는 방법으로서 여과막(濾過膜)을 통해서 슬러지에 압력을 가해 탈수시키는 방법으로서, 물은 여과되고 슬러지는 막에 남게 된다. 진공여과와 같이 응집(凝集)이 필요하나 가압여과는 연속운전이 아닌 batch식 운전(회분식)이므로 유지관리비가 비싸고 여과능률은 불연속작업으로 진공여과와 비교해서 약간 떨어지지만 케이크와 함수율이 진공여과의 경우보다 낮아진다.

[사진 2-2] 압려기(壓濾機)

(4) 원심분리(遠心分離, centrifugation)

이 방법은 액체로부터 고체를 분리시키기 위하여 화학공정이나 채광산업(採鑛産業)에서 오랫동안 이용되었으며 근래에 폐수처리에 이용하게 되었다.

이 방법을 이용하기 위해서는 슬러지의 고형물이 물보다 되도록이면 비중이 큰 것이 좋다.

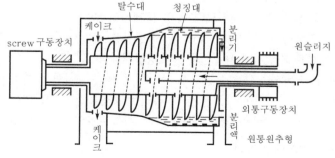

[그림 2-118] screw decanter형 원심분리기의 구조

(5) 가열건조(加熱乾燥, heat drying)

슬러지를 가열시켜 건조시키는 방법으로 건조비용이 막대(莫大)하므로 잘 사용되지 않으며 건조 시심한 냄새를 유발시킨다. 건조슬러지를 이용할 수 있다면 경제성이 있는 방법이 될 수도 있다.

[표 2-39] 슬러지의 탈수방법별 비교

모래 여과상 (슬러지 건조상)	진공여과	원심분리기	가압여과
• 저렴하다. • 간단하고 운전이 쉽다. • 대지소요면적이 크다. • 냄새 문제가 있다. 슬러지 운반비용이 많이 든다. • 일기에 영향을 받는다. • 일기의 영향은 지붕을 하면 감소된다.	• 비싸다. • 대체로 어느 종류의 슬러지나 탈수시킨다. • 냄새가 난다. • 연소시킬 정도의 슬러지 케이크가 생산가능하다. • 운전에 융통성이 있다. • 고형물의 회수율이 크다. • 유지 및 운전비가 비싸다. 특히 화학약품대가 많이 소요되며 여과망이 잘 막힌다. 특별히 훈련된 기술자가 필요하다. • 생물학적으로 처리된 슬러지는 탈수가 잘 안 된다. • 여과망의 문제점은 막히지 않는 여과망의 출현으로 문제가 절감된다.	• 비싸다. • 시설비가 진공여과보다 저렴하다. • 장치가 완전히 밀폐되어 있기 때문에 냄새가 적다. • 진공여과기보다 시설면적이 적다. • 슬러지 개량이 흔히 불필요하다. • 화학약품을 쓰지 않는 경우에 탈수가 잘 안 되는 수가 있다. • 진공여과보다 고형물 회수율이 적다.	• 비싸다. • 저압에서 운전시키기 때문에 진공여과보다 운전에 무리가 적다. • 전력비가 진공여과보다 적게 소요된다. • 연속운전이 안 된다. • 슬러지 케이크에 수분이 많다. • 인건비가 많이 소요된다.

5 슬러지의 소각(燒却)과 습식산화(濕式酸化)

(1) 소각방법

탈수된 슬러지를 유익하게 사용할 수 없거나 매립 등의 처분이 곤란할 경우에는 소각처분을 하게 된다. 소각방법은 슬러지 cake의 수분은 증발해서 수증기로, 유기물은 연소가스로, 무기물은 극히 소량의 재로 되고, 병원균을 포함한 미생물은 모두 사멸되므로, 가장 효력이 크고 위생적인 처분방법이다. 단지 비용이 많이 들고 대기오염 등의 문제점이 있다.

① 80~100℃로 가열하여 내부 결합수가 아닌 전 수분을 증발시킨다.

② 계속하여 180℃까지 가열하여 내부결합수를 증발시킨다.

③ 300~400℃까지 가열하면 건조된 슬러지 cake에서 생기는 가연성 가스의 인화가 시작된다.

④ 1,000~1,200℃까지 가열되면 케이크 중의 가연성 고형물질이 인화하여 연소된다.

소각로의 종류에는 다단로, flash drier, 유동층 소각로, atomized spraying 등이 있다.

(2) 습식산화법(Zimmerman process)

일명 Zimpro식이라 부르며, 슬러지 자체의 발열량을 이용하면서 170~260℃로 가열하고, 80~150kg/cm^{2}의 압력으로 내압용기 중에 슬러지와 공기를 교대로 보내어 산화분해시켜서, 결국 물과 재와 연소가스로 분리처리되는 방법이다.

① 장점

ㄱ 산화범위에 융통성이 있다.

ㄴ 슬러지의 질(質)에 상관없이 잘 처리된다.

ㄷ 최종물질(ash 등)이 소량이다.

ㄹ 시설의 규모가 작다.

ㅁ 유출수는 위생적으로 안전하다.

② 단점

ㄱ 고도의 기술을 요한다.

ㄴ 냄새가 있다.

ㄷ 건설비가 많이 든다.

ㄹ 유지비가 많이 든다.

ㅁ 질소의 제거율이 낮다.

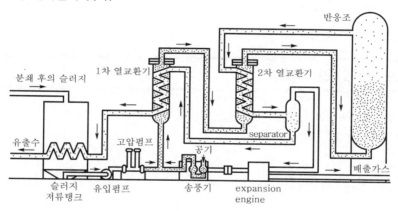

[그림 2-119] Zimmerman process

6 슬러지와 재(ash)의 최종 처분

① 토지살포법(土地撒布法)

② 늪처리법(lagooning)

③ 투기법(dumping)

④ 매립법(land fill) : sanitary land fill

⑤ 해양투기법(海洋投棄法)

⑥ 퇴비화

⑦ 건설재료

Tip▶ 축산폐수는 생물학적 처리와 관련지어 정리하고 분뇨처리는 슬러지처리와 같이 정리하시오. 전체적으로 출제비중은 낮은 편이다.

01 분뇨 및 축산 폐수의 특성

수질오염 개론[Chapter 10] 참조

02 분뇨(糞尿)의 처리

분뇨처리는 도시하수(都市下水)나 슬러지(sludge)처리와 같아서 분뇨처리장 신설 시는 장래 하수처리장 사용도 고려해야 할 것이다.

(1) 부패조(腐敗槽)

생물학적 처리 및 슬러지처리편 참조

(2) Imhoff tank

생물학적 처리에서 설명한 바와 같이 유입 고형물의 침전(沈澱)작용과 침전된 슬러지(汚泥)의 혐기성 (嫌氣性) 소화(消化)작용이 동시에 진행되도록 만들어진다. 침전지와 소화조가 수직으로 분리되어 있으므로 소화조로부터 상승하는 혐기성 gas가 침전지로 유입되지 못하게 되어있다.

Imhoff tank는 기계설비가 거의 필요없고 관리가 용이하며 침전지를 따로 설치하지 않아도 되지만 장기간이 아니면 만족스런 효과를 얻기 어려우며 부패조와 같이 소규모 처리에 적합하다.

(3) 응집(凝集) : 화학적 처리

반응시간을 단축(短縮)시키기 위하여 석회(石灰)나 철(鐵) 화합물, 명반(alum) 등의 응집제를 투입, floc을 형성시켜 침전시키는 방법으로 응집침전만으로는 충분한 효과를 거둘 수 없으므로 후속처리로서 활성슬러지법 또는 살수여과상 등의 생물학적 처리와 병용하는 것이 보통이다.

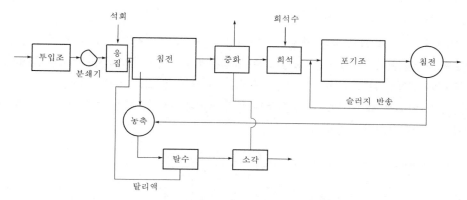

[그림 2-120] 응집과 활성슬러지공법에 의한 분뇨처리 공정도

(4) 호기성 소화(好氣性消化)

호기성 미생물을 이용하여 분뇨를 처리하는 것으로 우리나라에 있어서 소규모 시설에 사용되어 왔다. 호기성 소화방식이란 분뇨를 희석하지 않고 장시간 폭기한 후 그 상징액을 활성슬러지 등의 공법을 사용하여 처리하는 방식으로 분뇨투입조, 저류조, 호기성 소화설비, 활성슬러지 처리시설, 소독시설의 순서로 조합되어 있다(그림 2-121). 소화조 상징액 유출수의 BOD농도는 상당히 높아서 희석하여 2차 처리인 활성슬러지법으로 처리한다. ※ 소화소 유출수의 BOD농도는 2,500mg/L 이하여야 한다. 호기성 소화조는 냄새가 없으며 운전이 쉬운 장점이 있다.

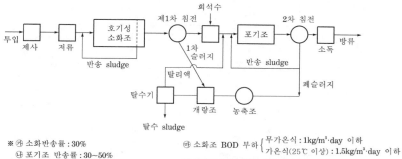

※ ㉮ 소화반송률 : 30%
　㉯ 폭기조 반송률 : 30~50%
　㉰ 폭기시간 : 6~8시간
　㉱ 침전지 표면부하율 : 18m³/m²·day 이하

㉲ 소화조 BOD 부하 $\begin{cases} \text{무가온식 : 1kg/m}^3\text{·day 이하} \\ \text{가온식(25℃ 이상) : 1.5kg/m}^3\text{·day 이하} \end{cases}$
㉳ 폭기조 BOD 부하 : 0.4kg/m³·day 이하
㉴ 조의 수 $\begin{cases} \text{소화조 : 4지} \\ \text{폭기조 : 2지} \end{cases}$

[그림 2-121] 분뇨의 호기성 소화방법

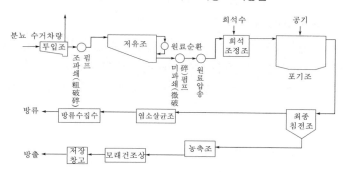

[그림 2-122] 서울 북부 위생처리장의 계통도

(5) 혐기성 소화(嫌氣性消化)

가장 보편적으로 사용되고 있는 방법으로 혐기성 미생물을 이용하여 분뇨 내의 유기물을 제거하는 것으로 생물학적 처리에서 설명한 바 있다. 이 방법은 타 방법보다 장기적(長期的)인 면에서 경제적이며 운영비가 적게 드는 이점(利點)이 있고 또한, 유용(有用)한 CH_4 gas가 얻어진다. 그러나 긴 반응기간이 필요하며 분뇨량이 많으면 소화조의 용량이 거대해진다. 보통 중온소화(35℃ 정도)가 많이 채택되므로 가온장치가 필요하다.

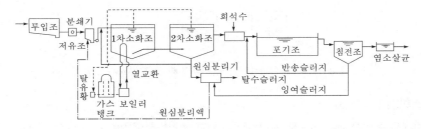

[그림 2-123] 혐기성 소화와 활성슬러지 공법에 의한 분뇨처리 공정도

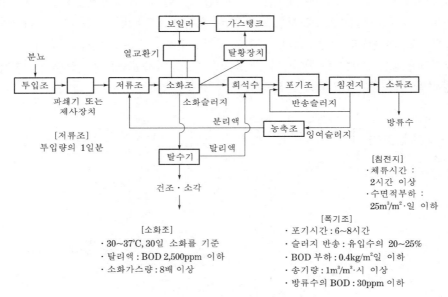

[그림 2-124] 소화처리시설의 계통도

(6) 습식산화(濕式酸化, wet oxidation)

Zimpro라고 불리우며 약 70기압과 210℃의 반응탑에서 분뇨를 액상(液狀)에서 산화시키는 방법이다. 고온에서 반응하므로 유출수는 무균(無菌)상태로 위생적(衛生的)이라 할 수 있고, 슬러지의 탈수성이 좋아 진공여과(眞空濾過)나 가압여과(加壓濾過)에 의하여 쉽게 탈수된 다음 토양개량제로 처분된다.

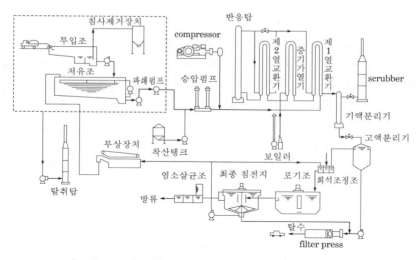

[그림 2-125] 서울 서부 위생처리장의 계통도(Zimpro식)

그러나 시설의 수명(壽命)이 짧고, 질소의 제거율이 낮으며, 고도의 운전기술과 건설에 대한 투자비와 유지비가 많이 드는 단점이 있다. 보통 system 구성은 습식 산화와 후처리로서 활성슬러지법을 병합하여 처리한다.

03 축산(畜産)폐수의 처리

(1) 축산폐수 정화방법(정화시설)

저장액 비화방법, 매립처분, 퇴비화, 토양침투처리, 살수여상법, 산화구법, 장기폭기법, 표준활성오니법, 접촉산화법, 회전원판접촉법, 혐기성 소화, 호기성 소화 등

(2) 저장액비화방법

축사에서 배출된 분뇨를 인력 또는 스크레이퍼 등 기계식으로 분리한 후 분(糞)은 퇴비화 또는 매립처분 등의 방법으로 처리하고 나머지 뇨(尿)는 투입조를 거쳐 저류조에서 약 10~20일 동안 부숙시킨후 저장조로 보낸다.

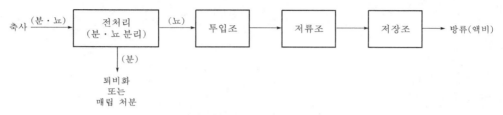

[그림 2-126] 저장액비화방법

(3) 매립처분

축산폐수 중 분리된 고형분을 토양에 매립하여 최종 처리하는 방법이다.

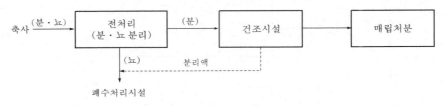

[그림 2-127] 매립처분

(4) 퇴비화

축산폐수 중 분리된 고형분을 퇴비화시켜 비료로 사용하는 방법이다.

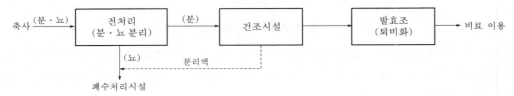

[그림 2-128] 퇴비화

(5) 토양침투방법

모래와 자갈로 구성된 토양침투여상에 축산폐수를 주입 여과시키는 방법으로 토양침투여상에 부착된 미생물에 의해 처리된다.

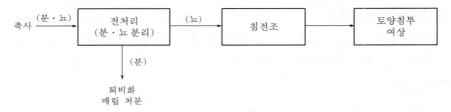

[그림 2-129] 토양침투방법

축종별 배출원단위

① 젖소, 소·말, 돼지의 배출원단위

[표 2-40] 가축분뇨 배출원단위

(단위 : L/두·일)

구 분		젖소	소·말	돼지	비고
축산분뇨 배출원단위	분	19.2	8.0	0.87	A
	뇨	10.9	5.7	1.74	B
	계	30.1	13.7	2.61	C=A+B
세정수량		7.6	0.0	2.49	D
축산분뇨 배출원단위		37.7	13.7	5.10	E=C+D

※ 자료 : 환경부(2008년 조사)

② 퇴비화시설 설계 시 분·뇨 분리식 축사의 배출원단위

분·뇨 분리식 축사의 분부분 배출원단위는 분리된 80%의 분량으로 산정한다.

[표 2-41] 퇴비화시설 설계 시 분·뇨 분리식 축사의 분(糞)부분 배출원단위

(단위 : L/두·일)

구 분	젖소	한우	돼지	비고
분량	19.2	8.0	0.87	A
분리된 80%의 분량	15.36	6.4	0.70	A′=A×0.8

Chapter 08 폐수의 고도처리(高度處理)

01 개요

폐수가 지금까지 설명된 처리과정을 거친 후에도 오염물의 완전한 제거는 어려우며 Ca^{2+}, K^+, NO_3^-, PO_4^{3-}, SO_4^{2-} 등의 무기성 이온, 영양염류들로부터 중금속(유해금속), 유기물까지 여러 오염물질이 유출되어 유해성이나 환경 생태계에 악영향을 미치는 경우(부영양화, 적조현상 등)가 많다. 따라서 이러한 영향을 줄이기 위해 2차 처리 다음에 부여되는 단계나 단독공정이라도 그 이상의 처리성능을 달성하는 처리과정을 고도 처리(종전 3차 처리)라고 하며 어떤 의미로는 물재생의 형태를 띤다.

[표 2-42] 제거물질에 따른 분류

제거대상	처리법	개 요
현탁물질 (浮遊物)	세(細) 스크린 (microscreening)	screen mesh에 따라 제거율이 다르다(SS 10ppm 정도까지 제거가능).
	여과	사상(砂床)여과, 다층(多層)여과, 가압(加壓)여과, 다단(多段)여과 ※SS 10ppm 이하 제거가능
	규조토(硅藻土)여과	규조토층 여과(precoat 또는 body feed법)
	응집침전(凝集沈澱)	석회(石灰), 유산반토, 철염 등을 주로 주입, colloid 이상의 입자 제거
유기물 (有機物)	활성탄흡착(活性炭吸着)	미분말보다는 입상탄(粒狀炭)이 재생에 용이
	산화(酸化)	공기산화법, 오존(O_3)산화법, 염소처리법, 전해산화, Fenton산화, 광화학반응 등
	거품(泡沫)분리	합성세제(合成洗劑) 제거에 효과적
무기물 (無機物)	증류(蒸溜)	휘발성이 적은 물질 함유 시 적용(비용이 많이 듦)
	전기투석(電氣透析)	전압을 가하고 격막을 이용, 음·양이온을 분리
	냉동(冷凍)	얼음(빙점) 이용
	이온교환법	이온교환수지(ionic exchanger resin)를 사용(재생이 문제)
	역삼투(逆滲透)	막에 삼투압 이상의 압력 차로 하여 역으로 삼투

제거대상	처리법	개 요
영양염 (營養鹽)	화학침전(化學沈澱)	응집침전을 이용하여 PO_4^{3-}를 금속(Al, Fe)염 또는 석회(石灰)로 제거
	생물학적 탈질법	호기성(好氣性)에서 질산화, 준혐기성(嫌氣性)에서 탈질소화 (4단계 Bardenpho 공정, Wuhrmann 공정, Ludzack Ettinger 수정 공정, 산화구법 등)
	air stripping에 의한 NH_3 제거	알칼리성에서 화학평형을 이용(적정 pH 11~12)
	산화지 유출수의 영양소 제거	조류 채취
	파괴점 염소주입의 NH_3 제거	염소산화처리
	생물학적 탈인법	• A/O 공정(main stream 인 제거) • phostrip 공정(side stream 인 제거) • 연속회분식반응조(Seqencing Batch Reactor)
	생물학적인 질소와 인의 혼합제거	• A^2/O 공정 • SBR(연속회분식반응조) 공정 • 5단계 Bardenpho 공정 • 수정 phostrip(P/L) 공정 • UCT 공정 • VIP 공정

Tip▶ 표의 처리법을 구분하여 정리할 것

고도(3차) 처리방법으로는 크게 **물리적 방법, 화학적 방법, 생물학적 방법**으로 구분할 수 있으며 방법 선택은 처리된 유출수의 용도, 폐수의 특성, 처리방법의 적합성, 오염물의 처리방법, 경제성 등에 의해 좌우된다. 제거물질에 따른 처리방법을 정리해 보면 다음과 같다.

02 물리적 고도처리

1 air stripping에 의한 NH₃ 제거

(1) 이 방법은 수중의 용존기체를 제거하기 위하여 사용되는 **폭기법**을 수정한 것으로 원리는 다음과 같다.

폐수 내의 NH_4^+ 이온은 NH_3와 평형을 이룬다.

$$NH_3 + H_2O \rightleftarrows NH_4^+ + OH^- \quad (K_b = 1.80 \times 10^{-5}, \ 25°C)$$

폐수의 pH가 9 이상으로 증가함에 따라 평형은 왼쪽으로 이동해서 NH_4^+는 NH_3로 변하며 이때 폐수를 휘저어 주면 NH_3가 대기 중으로 배출된다.

≫ $[NH_3] / [NH_4^+] = 10^{pH-9.25}$

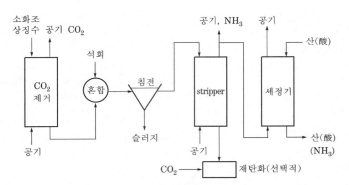

[그림 2-130] 소화조 상징수의 NH₃ stripping

(2) pH 증가를 위해서는 통상 석회가 사용되며 적정 pH는 10.8~11.5로 알려져 있다.

≫ NH₃와 pH와의 관계식

$$NH_3\% = \frac{NH_3 \times 100}{[NH_3]+[NH_4^+]} = \frac{100}{1+\dfrac{[NH_4^+]}{[NH_3]}} = \frac{100}{1+\dfrac{K_b'[H^+]}{K_W}}$$

(3) 특징

장 점	단 점
• 독성물질에 관계없이 제거가 가능하다. • 총 질소의 기준에 만족시킬 수 있다. • 인 제거를 위한 석회 주입과 연계하면 활용도가 높다.	• 온도에 민감하다(암모니아 용해도는 저온에서 증가). • 동절기에 안개현상(fogging)과 동결현상으로 운전에 장애를 준다. • 암모니아와 황화수소의 반응으로 대기오염 문제가 생길 수 있다. • pH 조절을 위해 석회가 필요하며 이는 처리 및 운전 비용과 관리상의 문제(탄산스케일 침적 및 관류현상 등)를 증가시킨다. • 소음이 발생한다.

2 여과(filteration)

여과는 활성탄흡착이나 이온교환법의 전처리로 많이 사용되며, 또한 깨끗한 물로 직접 사용하기 위한 처리에 적용될 수 있으므로 생물학적 처리 및 응집처리된 유출수처리에 이용될 수 있다.

최근에는 둘 혹은 그 이상의 여재를 사용하는 경향이 있는데 2중 여재로는 무연탄과 모래, 활성탄소와 모래, 합성수지와 모래, 합성수지와 무연탄 등이 채택될 수 있다. 다층 여과법에서는 무연탄, 모래, 석류석, 활성탄소, 합성수지 등을 사용한다.

3 증류(distillation)

물을 전부 또는 일부 증발시킨 다음 냉각시키는 방법으로 암모니아 등 휘발성 물질이 존재하면 물과 함께 증발되는 단점이 있다. 이 방법은 비용이 많이 든다.

4 부상(floatation)

폐수 내의 미세한 SS나 colloid를 제거하기 위해 채택될 수 있으며 이때 polymer를 주입하면 효율이 증대될 수 있다.

5 거품분리(foam fractionation)

(1) 부상과 원리가 비슷하며 colloid와 SS는 부상에 의해서, 용존유기물은 흡착에 의해서 제거된다. 폐수 내에 공기를 확산시켜 거품을 일으키고 때로는 약품을 넣어서 거품을 많이 생기게 하는 수도 있다. 용존유기물은 대부분 계면활동적이므로 기체와 액체의 경계면에 농축되어 **거품과 함께 제거되는** 효과를 거둘 수 있다.

(2) 폐수 중의 ABS 제거에 응용될 수 있으며 페놀, 알코올, 아민, 지방산, 비누 등도 제거할 수 있다.

6 냉동법(freezing process)

물을 냉각시키면 순수한 물로 된 얼음이 생기면서 더 높은 염의 농도를 가진 물과 분리된다.

7 기체막을 이용한 분리(gas−phase separation)

특정한 기체만을 통과시키는 막을 이용하는 방법으로 암모니아(NH_3)를 기체로 제거하는 데 이용 가능성이 있다.

8 투석(dialysis)

(1) 투석은 용액 중에 다른 이온 혹은 분자의 크기가 다른 용질을 선택적 투과막을 통해 분리시키는 것으로 추진력은 막을 기준으로 한 용질의 농도 차이다. 회분식 투석조에 있어서 투석되는 용액은 반투막에 의해 용매로부터 분리된다.

막의 공극 크기에 의해 그보다 작은 이온이나 분자는 막을 통과하고 반면에 그보다 큰 이온이나 분자들은 막을 통과하지 못하게 되어 막의 공극크기 보다 작은 용질은 용액에서 용매쪽으로 이동한다.

회분식 투석조에 있어서 주어진 시간에 막을 통과하는 용질의 물질전달은 다음 식으로 표현할 수 있다.

$$M = KA \, \Delta C$$

여기서, M = 단위시간당 이동한 질량(g/hr)
$\qquad K$ = 물질전계수(g/(hr$-$cm^2)(g/cm^3))
$\qquad A$ = 투과막 면적(cm^2)
$\qquad \Delta C$ = 막을 통과하는 용질의 농도 차(g/cm^3)

회분식 투석조는 비정상 상태(unsteady−state)에 해당하기 때문에 ΔC는 시간이 증가함에 따라 감소한다. 연속흐름 투석조에 있어서 용매와 용액의 흐름은 상호 교차흐름이다.

9 역삼투법(reverse osmosis)

(1) 물은 통과시킬 수 있으면서도 용존고형물(용질)은 통과시킬 수 없는 여과막(filter membrane), 즉 반투과성 박막을 사용하여 삼투압에 해당하는 압력 이상을 역으로 가해 물 분자만 빠져나가 게 하는 공법이다.

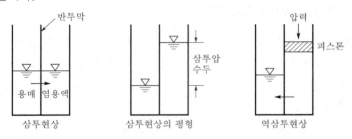

[그림 2-131] 역삼투의 원리

(2) 박막재료는 cellulose acetate와 nylon 등이 많이 쓰이고 역삼투장치 주요 형태로는 관형(tubular), 중공사형(hollow fiber), 나선구조형(spiral wound)으로 분류된다.

※ 역삼투는 한외여과(ultrafilteration) 및 미여과(microfilteration)와 유사하게 반투막을 통해 용매를 막으로 통 과시키는 데 있어서 정수압을 이용한다. 그러나 한외여과와 미여과에서의 분리는 주로 여과작용에 의한 것으 로 역삼투 현상에 의한 것은 아니다.

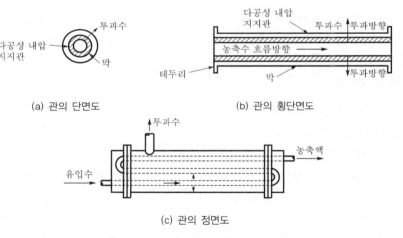

(a) 관의 단면도   (b) 관의 횡단면도

(c) 관의 정면도

[그림 2-132] 관 형태의 역삼투장치(내압형)

(3) 설계 및 운전인자

① 전해질 용액의 삼투압(Van't hoff 방정식)

$$\pi = \psi \nu \frac{n}{V} RT \qquad \text{...} \boxed{1}$$

여기서, π : 삼투압(atm), ψ : 삼투계수(물질의 성질과 농도에 좌우)

ν : 전해질 한 분자에서 형성되는 이온수, n : 전해질의 몰수(mol), V : 용매의 부피(L)

R : 기체상수(0.082L · atm/K · mol), T : 절대온도(K = °C + 273)

상기 식을 $\psi\nu = i$(Van't hoff 계수), $\dfrac{n}{V} = C$(용액의 몰농도)로 하여 $\pi = iCRT$로 나타내기도 한다.

② 물플럭스(water flux) : 역삼투에 의한 정화수 생성량은 막면적당 매일 회수되는 생성물량으로 정의되는 물플럭스로 측정된다.

$$F_w = K(\Delta P - \Delta \pi)$$ .... ②

여기서, F_w : 유출량(water flux, $L/d - m^2$)

K : 막의 단위면적당 물질전달(침투)계수[$L/d - m^2(kPa)$]

ΔP : 유입 · 유출수 간의 압력 차(kPa)

$\Delta \pi$: 유입 · 유출수 간의 삼투압 차(kPa)＝유입삼투압－유출삼투압

➤ 막의 유출량(F_w)은 대개 25℃에서 얻은 값으로, 각 온도에 따른 막면적 보정계수(A_T/A_{25})는 10℃에서 1.58, 15℃에서 1.34, 20℃에서 1.15, 25℃에서 1.00, 30℃에서 0.84이다.

③ 운전인자

　㉠ 적용압력 : 최대 6,895kPa(68atm, 1,000PSI)

　　➤ 해수의 담수화를 위한 역삼투압 : 약 25kg/cm² (350PSI)

　㉡ 공급액온도 : 38℃(100℉)가 넘으면 막에 손상이 옴

　㉢ 유입수 pH : 4~5.5(최적 pH 4.7)

　㉣ 막충전밀도 : 160~1,640m²/m³(압력용기 단위부피 중에 설치할 수 있는 막표면적)

　㉤ 공급수탁도 : Jackson 탁도단위(JTU) 1도 이하, 25μ 이상인 입자가 있어서는 안 됨

(4) 응용 : 역삼투법으로 도금폐수를 처리하여 카드뮴, 구리, 니켈, 크롬 등을 제거할 경우, 압력은 1,378~2,067kPa(13.6~20.4atm) 정도로 한다. 농축 흐름은 도금욕을 반송하고 처리수는 마지막 최종 세정탱크로 보낸다.

10 전기투석법(electrodialysis)

(1) 전기투석(電氣透析)은 원래 해수(海水)의 담수(淡水) 화를 위해 개발되었으며, 용액으로부터 무기성 전해 질을 분리하기 위해서 투석을 사용할 때 선택적 투과막 을 가로지르는 기전력(electromotive force)이 존재 한다면 이온전달률은 증가하게 된다. 이런 방법으로 해수의 탈염화가 가능하며 배수로부터 무기양분(질 소, 인)을 제거하는 데도 활용할 수 있다.

(2) 전기투석전지(electrodialysis cell)의 기본부품은 이 온교환수지로 만든 막으로서 양이온막과 음이온막이 있는데 이 막은 상대(반대)이온만을 통과하며, 특정 형태의 이온이 선택적으로 통과한다. 즉, 전극에 직류

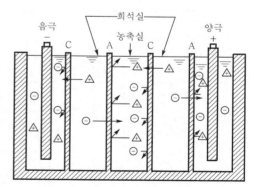

legend : △-양이온, ⊖-음이온
A-음이온 투과막, C-양이온 투과막

[그림 2-133] 전기투석의 도해

전원을 공급하면 양으로 대전된 모든 이온은 음극쪽으로 이동하며, 음으로 대전된 이온은 양극쪽으로 이동한다. 그림 2-133에서 원폐수는 중앙구역으로 연속적으로 공급되며 처리폐수는 희석구역으로 인출된다.

(3) 용해도가 낮은 염이 막의 표면에 침적하거나 colloid 상태의 유기물이 막을 폐쇄시키는 단점이 있으므로 전처리로서 활성탄흡착법, 화학침전법, 다층여과법 등을 사용하여 이러한 영향을 없애야 한다.

(4) 전기투석에 요구되는 전압 및 전류

① 전압 : 전기투석에 요구되는 전압은 Ohm's law로서 계산된다.

$$E = IR \quad \text{···} \boxed{1}$$

여기서, E : 적용전압(volt), I : 전류(ampare), R : 전지 내의 막과 용액의 총 전기저항(ohms)

② 전류 : 요구전류는 용액의 이온강도(규정도, normality)와 전지수에 비례한다. 이 값은 Faraday's law(즉, 한 전극에서 다른 전극으로 1g 당량의 전해질을 옮기는 데 필요한 전류는 96,500A×sec이다) 로부터 계산된다. 따라서 고정전압 E인 경우, 전기투석에 요구되는 전류는 다음 식이 성립된다.

$$I = F \cdot Q \cdot N \cdot e / n \cdot \varepsilon \quad \text{·································} \boxed{2}$$

여기서, I : 전류(A), F : 패러데이상수(96,500A×sec/g당량), Q : 유량(L/sec)
N : 용액의 규정농도(g당량/L), e : 전해질 제거효율($0 < e < 1.0$) → 보통 $0.25 \sim 0.50$
n : 전극 사이의 전지 수(칸의 수), ε : 전류효율($0 < \varepsilon < 1.0$) → 보통 0.90

고정전압 E에 대해 전지의 수를 증가시키면, 총 전기저항 R의 증가를 초래한다. 결국 Ohm의 법칙에 의해 전류 I는 감소한다.

11 이온삼투법(ion-osmotic process)

이온을 선택하여 통과시키는 막을 사용하는 점에서 전기투석의 원리와 같으나 동력이 외부에서 가해지는 것이 아니고 분리되는 물보다 더 높은 염도를 가진 용액을 희석시킴으로써 얻어진다. 이 방법은 이온을 선택적으로 통과시키는 막(membrane)의 발달이 이루어지면 동력이 요구되지 않기 때문에 상당히 효과적인 방법이 될 것이다.

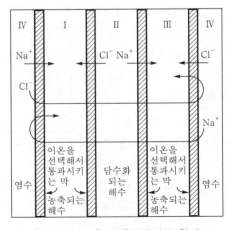

[그림 2-134] 이온삼투법의 원리

12 정밀여과법(Micro Filtration ; MF)

정밀여과막모듈을 이용하여 부유물질이나 원충, 세균, 바이러스 등을 체거름 원리에 따라 입자의 크기로 분리하는 여과법을 말한다. 입경 $0.01\mu m$ 이상의 영역을 분리대상으로 하며 분리성능은 공칭공경으로 나타낸다.

13 한외여과법(Ultra Filtration ; UF)

한외여과막모듈을 이용하여 부유물질이나 원충, 세균, 바이러스, 고분자량 물질 등을 체거름 원리에 따라 분자의 크기로 분리하는 여과법을 말한다. 분리성능은 분획분자량으로 나타낸다. 수처리에서는 초순수의 제조, 폐액·폐수처리, 배출수의 재이용 등에 사용하고 있다.

14 나노여과법(Nano Filtration ; NF)

한외여과법과 역삼투법의 중간에 위치하는 나노여과막모듈을 이용하여 이온이나 저분자량 물질 등을 제거하는 여과법을 말한다.

[표 2-43] 각종 분리막의 특징

분리방법	막형태	구동력 (추진력)	분리원리 (분리형태)	적용분야
정밀여과 (M.F)	대칭형 다공성막 (pore size : $0.1\sim10\mu m$)	정수압 차 ($0.1\sim1$bar)	pore size 및 흡착현상에 기인한 체거름	전자공업의 초순수 제조, 무균수 제조, 식품의 무균여과
한외여과 (U.F)	비대칭형 다공성막 (pore size $-$skin층 : $10^{-3}\sim10^{-1}\mu m$ $-$support층 : $1\sim10\mu m$)	정수압 차 ($0.5\sim1$bar)	체거름 (sieving)	전자공업의 초순수 제조, 유수 혼합물 분리, 도료페인트 회수, 효소농축, 혈장 단백질 분리, 섬유호제 회수, 섬유·제지 공업의 폐수처리
역삼투 (R.O)	비대칭성 skin형막 skin층 : 균일막 (pore size : $10^{-4}\sim10^{-3}\mu m$)	정수압 차 ($20\sim100$bar)	용해, 확산	해수, 공업용수의 탈염, 액체식품의 탈수, 전기 도금공업의 탈이온수, 농축, 폐수처리재 이용, 화학, 약품 공업의 무균, 탈이온수
투석 (dialysis)	비대칭형 다공성막 균일팽윤막 (pore size : $1.0\sim10\mu m$)	농도 차	대류가 없는 층에서의 확산	인공신장 및 의료공업, 화학, 식품, 약품공업에서의 고분자와 저분자의 분리
전기투석 (E.D)	양이온, 음이온 교환막	전위 차	입자의 전하 크기	염수의 탈염, 알칼리 제조, 공업용수의 연화, 도금공업의 중금속 회수, 약품, 제당공업의 탈이온화, 폐수처리
기체분리	균일, 다공성막	정수압 차 농도 차	용해, 확산	공업용, 의료용 산소부하, 메탄-이산화탄소 분리, 천연가스에서 수소회수, 공기 중의 질소농축, 핵공업의 희소가스 회수
투과증발	균일계막	농도 차	용해, 확산	에탄올의 탈수, 공비혼합물의 탈수

1. 막(膜, membrane)공법

① 막공법은 여러 가지 물질(이온~입자영역)을 함유한 용액으로부터 선택적 여과막을 이용하여 대상물질을 분리하는 것으로 혼합물을 함유한 용액은 막에 의해 용매로부터 분리되는데, 이와 같은 현상이 일어나기 위해서는 우선적으로 그 혼합물들의 투과성이 달라야 한다.

② 주요 막공법의 종류 : 투석(dialysis), 전기투석(electrodialysis), 역삼투(reverse osmosis), 한외여과(ultra filtration) 등이 있으며 각각의 막공법은 용질의 물질전달을 유발시키는 추진력(driving force)을 필요로 한다.

③ 추진력이란 투석에서는 농도의 차이이고, 전기투석에서는 전기전위의 차이, 역삼투와 한외여과에서는 압력(정수압)의 차이이나 한외여과에서는 비교적 저압을 이용한 여과작용에 의존한다는 점에서 역삼투와 다르며, 제거대상 입자의 크기도 훨씬 크다.

④ 막공법의 주요 단점은 막의 단위 넓이당 물질전달률이 상대적으로 작다는 점이다.

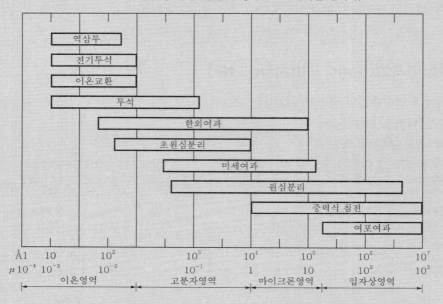

[그림 2-135] 특정물질 분리방법들의 유효범위

2. 막분리법의 영향인자

① 압력 : 수량 플럭스는 막 형편의 적용 압력과 삼투압의 차이에 따라 달라지며 적용 압력이 클수록 플럭스가 증가한다. 압력에 대하여는 막이 견딜 수 있는 한계가 있으므로 최대 압력은 6,895kPa(68atm) 범위가 좋으나 일반적 설계압력은 4,137kPa(41atm)로 하고 있다.

② 온도 : 공급액 온도가 증가하면 수량 플럭스가 증가한다. 일반적으로 표준 온도는 21℃까지 허용되나 온도가 38℃를 넘으면 막 손상이 증가하여 장기적 운전에 견디기가 어렵다.

③ 막 충전밀도 : 압력 용기 단위 부피 중에 설치할 수 있는 막 표면적을 나타내는 값으로, 클수록 장치에 통과하는 총괄 유량이 증가한다. 전형적인 값은 160~1,640m²/m³ 압력용기이다.

④ 플럭스 : 실관막에서는 $6.0 \times 10^{-3} \sim 10.2 \times 10^{-3} m^3/d \cdot m^2$이고, 판막에서는 $6.1 \times 10^{-1} \sim 10.2 \times 10^{-1} m^3/d \cdot m^2$이지만, 실관막은 적층밀도(stacking density)를 10배 이상으로 하여 이 두 장치의 플럭스가 비슷하게 할 수 있다. 플럭스는 조작 시간이 길어질수록 줄어들어서 1~2년 후에는 10~50%가 감소된다.

⑤ 회수율 : 실제 장치 능력으로써 대개는 75~95% 범위이고 실질적 최대치는 80% 정도이다. 회수율(recovery factor)이 크면 공정수와 염수 중의 염 농도가 다 커지는데, 염 농도가 크면 막에 침전하는 염이 증가하여 조작 효율이 저하된다.

⑥ 염 배제율 : 염 배제율(salt rejection)은 막의 성질과 염의 농도구배에 따라 달라지는데, 일반적으로 85~99.5%의 배제율 값을 얻을 수 있다. 대개는 95%로 한다.

⑦ pH : pH가 높거나 낮으면 아세트산셀룰로오스 막은 가수분해된다. 최적 pH는 4.7이며, 통상 4.5~5.5 범위에서 조작한다.

⑧ 막 수명 : 급액 중에 페놀, 박테리아, 균류 등이 있고 고온이며 pH가 너무 낮거나 높으면 막 수명이 극적으로 단축된다. 일반적으로 막은 2년 정도 사용할 수 있는데, 이때 플러스 효율은 다소 손실된다.

⑨ 공급유속 : 역삼투장치에서는 유속이 보통 1.2~76.2cm/s 범위이다. 판–틀 장치는 이보다 큰 유속에서 조작하지만, 실관장치는 이 반대이다. 막 표면에서 농도 분극(polarization)을 줄이려면 유속이 커서 난류로 하여야 한다.

⑩ 탁도 : 역삼투장치는 공급수에서 탁도 제거에 사용할 수도 있지만, 탁도가 적거나 없어야 제대로 운전할 수 있다. 일반적으로, 공급수의 탁도는 Jackson 탁도단위(JTU) 1 이하이어야 하며, $25\mu m$ 이상인 입자가 들어있지 않아야 한다.

⑪ 동력 소비 : 동력 소요량은 일반적으로 장치 수송능력 및 조작압력과 관계가 있다. 대개 $2.4\sim4.5kW \cdot h/m^3$ 범위인데, 낮은 값은 염수 흐름으로부터 다소의 동력회수를 감안한 것이다.

⑫ 전처리 : 현재 개발되어 있는 막은 TDS가 10,000mg/L 이상인 공급수에 직접 적용할 수 없다. 또한, 탄산칼슘, 황산칼슘, 그리고 철, 망간, 실리콘의 산화물과 수산화물, 황산바륨과 황산스트론튬, 황산아연, 인산칼슘과 같은 스케일 형성 성분은 전처리하여 제거하여야 한다. 이러한 성분은 pH 조정, 화학적 제거, 침전, 방해작용, 여과 등의 방법으로 제거할 수 있다. 기름과 그리스 역시 제거하여야 막에 피복되어 오염되는 것을 막을 수 있다.

⑬ 청소 : 기계적, 화학적으로 청소하는 방법을 강구하여야 한다. 주기적 감압, 고속 수세, 공기–물 혼합물에 의한 세척, 역세, 효소 세제, 에틸렌다이아민, 테트라아세트산, 과붕산나트륨에 의한 세정 등의 방법을 이용할 수 있다. 세정 조작 중에는 pH를 조절하여 막이 가수분해되지 않게 하여야 한다. 24~48시간마다 청소하면 공정수의 1~15%가 폐액을 손실한다.

15 흡수(absorption)

폐수 내의 인(P)을 제거하기 위하여 명반응집을 실시하면 폐수 내의 SO_4^{2-} 농도가 증가하므로 SO_4^{2-} 농도를 증가시키지 않고 인산염을 제거하기 위하여 이 방법이 발전하였다. 폐수를 활성반토(activated alumina)로 채워진 흡수관 내로 통과시키면 인산염은 흡수된다. 사용된 활성반토는 소량의 질산이나 가성소다로 재생시킬 수 있다.

16 지면(地面)살포법(land application)

토양이나 지하수가 오염이 되지 않는 범위 내에서 영양소가 있는 처리수(하·폐수)를 지면에 골고루 뿌려서 지층(地層)의 완속여과 역할로 부유물을 걸러내고 유기물과 colloid 물질은 흙의 입자에 흡수되며 영양소는 식물에 이용된다. 또한, 고분자 유기물은 토양의 bacteria에 의해 분해된다.

해수(海水)의 담수(淡水)화 방법

1. 해수로부터 담수를 분리시키는 방법

(1) 증발 또는 증류법

① 1단 또는 다단 flash 증발법   ② 증기압축법
③ 증기압축법과 다중효과 증발법의 혼합   ④ 태양열 이용법
⑤ 원자력 이용법   ⑥ 해수 수온차 이용법
⑦ 임계 압력법   ⑧ 수증연소–증류법
⑨ 전기분해

(2) 냉각법
       ① 직접 냉동법
       ② 지역 냉동법
       ③ 간접 냉동법
    (3) 용매추출법
    (4) 삼투법
  2. 해수로부터 염을 분리시키는 방법
     ① 이온 교환법   ② 전기 투석법
     ③ 이온 삼투법   ④ 염 승화법
     ⑤ 고형물에 염을 흡착시키는 방법   ⑥ 수산화물 형성법

---

03 화학적 고도처리

1 활성탄흡착법

이 방법은 통상 생물학적 처리수의 유기물을 더 철저히 제거하기 위해서나 **미량의 유해물처리를 위해 많이 사용**되는데 활성탄소는 입자형(GAC)이나 분말형(PAC)이 있고 시설은 고정형 또는 부동형으로 분류된다. 근래에 정수처리나 고도 처리에서 종종 사용되는 BAC(생물활성탄) 공정에 대해서는 생물학적 고도 처리에서 기술하고자 한다.

2 응집(凝集)처리

(1) 명반, 철염, polyelectrolytes 등의 응집제를 사용하여 colloid나 인(P)을 제거한다. 유기인은 응집처리가 곤란하지만 인산화합물 형태의 무기인은 화학적 응결침전에 의해 효과적으로 처리된다.

    ① 알루미늄에 의한 응결

$$Al^{3+} + PO_4^{3-} \rightarrow AlPO_4 \downarrow$$

    ② 철에 의한 응결

$$Fe^{3+} + PO_4^{3-} \rightarrow FePO_4 \downarrow$$

    ③ 석회에 의한 응결

$$5Ca^{2+} + 3PO_4^{3-} + OH^- \rightarrow Ca_5(PO_4)_3OH \downarrow$$

 인 제거를 위한 약품선택에 영향을 미치는 인자

- 유입수의 인 농도
- 알칼리도
- 약품공급의 안정성
- 최종처분방법
- 폐수의 부유물(SS)
- 약품가격(운반비 포함)
- 슬러지 처리설비
- 다른 처리공정과의 호환성

(2) 화학적 처리(화학침전)에 의한 인(P)의 처리 특성

[표 2-44] 화학적 처리(화학침전)에 의한 인(P)의 처리 특성

구 분		적정 pH	특 징
금속염의 첨가에 의한 응결	알루미늄염에 의한 응결	5~7	• alum과 철염의 응결반응은 알칼리도와 pH가 저하되고 $NaAlO_2$의 응결반응은 알칼리도와 pH가 높아진다. • 생성된 슬러지의 탈수성이 기존 슬러지보다 나쁘다. • 금속염이 함유된 폐수처리 시 첨가 약품량을 줄일 수 있다.
	철염에 의한 응결	4~7	
석회(lime)에 의한 응결		9.5 정도	• 석회필요량은 존재하는 인의 양과는 관계없이 수중의 알칼리도에 의해 결정된다. • 금속염 첨가법보다 많은 양의 슬러지가 발생한다. • 알칼리도가 높은 폐수는 약품비가 많이 든다. • 겨울철 유지관리가 쉽지 않다. • pH 10 이상 11 정도가 되면 마그네슘 침전$[Mg(OH)_2]$이 이루어져 젤라틴 형태의 슬러지가 형성되어 농축탈수가 어렵게 된다.

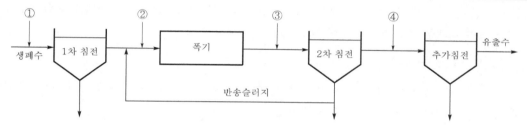

[그림 2-136] 활성슬러지 process에서 탈인을 위한 화학약품 투여점

>> 상기 그림 2-136의 재래식 활성슬러지공정에서는 응결제 투입시점을 ①, ②, ④의 세 곳 중 한 곳을 선택한다(전침 : ①, 공침 : ②,③, 후침 : ④).

3 이온교환법(ionic exchange)

(1) 이 방법은 배수 내의 이온성 물질을 제거하기 위해 사용되는데 원리는 화학적 처리에서 이미 설명되었다. 배수 내의 이온들은 여러 종류의 혼합상태이므로 제거에는 순서가 있으며, 합성된 양이온 및 음이온 교환물질의 경우 ion 선택의 순서는 대략 다음과 같다.

① 양이온 : $Li^+ < H^+ < Na^+ < NH_4^+ < K^+ < Rb^+ < Ag^+ < Mg^{2+} < Zn^{2+} < Cu^{2+} < Co^{2+} < Cd^{2+} < Ni^{2+} < Ca^{2+} < Sr^{2+} < Pb^{2+} < Ba^{2+}$

② 음이온 : $F^- < OH^- < HCO_3^- < Cl^- < NO_2^- < CN^- < Br^- < CrO_4^{2-} < NO_3^- < I^- < SO_4^{2-} < PO_4^{3-}$

(2) 이온의 선택경향

① 원자가가 높은 이온

② 극성을 띠는 능력이 큰 이온

③ 이온교환물질의 이온영역과 강하게 반응하는 이온

④ 다른 이온의 관여를 적게 하고 복염을 형성하는 이온을 선택하는 경향이 있다.

(3) NH₄⁺ 제거

① NH₄⁺에 특히 친화성 큰 clinoptilolite(천연제올라이트)는 Ca^{2+}, Mg^{2+}, Na^+ 등에 비하여 NH₄⁺와 선택적으로 결합하는 특성이 있으므로 많이 이용되고 있다.

② clinoptilolite의 NH₄⁺교환능력은 약 6mg NH₄⁺/mL이며 NH₄⁺ 제거율이 약 95% 정도인 것으로 보고되고 있다.

③ 재생은 0.1M−NaCl과 Ca(OH)₂포화용액을 사용하고 이때 탈리되는 NH₄⁺이온은 Ca(OH)₂의 염기성 때문에 NH₃ 가스로 전환되므로 후속탈기공정이나 파괴점 염소처리에 의해 N₂ 형태로 제거하기도 한다.

④ clinoptilolite에 의한 처리방법은 한랭지방에서 효과적으로 사용할 수 있는 이점이 있으며 물의 pH를 높일 필요가 없으므로 알루미늄, 철 등의 응집제에 의해 탈인된 유출수를 처리하는 데 병용할 수 있다.

4 산화(oxidation)

(1) 암모니아(NH_3) 제거, 잔존 유기물의 감소, 살균 등의 목적으로 화학적 산화법을 택할 수 있다. 예를 들어 파괴점 염소주입에 의한 NH₃ 제거는 실제로 가능하다.

$$2NH_3 + 3Cl_2 \rightarrow N_2\uparrow + 6HCl$$

단지 이 방법의 문제점은 배수 내에 각종 유기물이나 무기물이 존재하여 염소를 소비한다는 점이다. 염소 대신 오존(O_3)을 사용할 수 있으나 비용이 많이 든다.

(2) 파괴점 염소주입(break point chlorination)에 의한 NH₃ 제거반응은 염소가스(Cl_2)나 차아염소산염(hypochlorite salts)을 사용하여 NH₃를 산화시켜 중간생성물인 monochloramine을 생성하고 최종적으로 N₂와 HCl을 형성하는 반응원리를 이용한 것이다.

- $Cl_2 + H_2O \rightarrow HOCl + H_2O$
- $NH_3 + HOCl \rightarrow NH_2Cl + H_2O$
- $2NH_2Cl + HOCl \rightarrow N_2\uparrow + 3HCl + H_2O$

(3) 파괴점 염소주입공정의 특징(장단점)

① 장점

㉠ 적절한 운전으로 모든 암모니아성 질소의 산화가 가능하다.

㉡ 고도의 질소 제거를 위하여 다른 질소 제거공정 다음에 위치가 가능하다.

㉢ 유출수 소독의 효과를 얻을 수 있다.

㉣ 토지소요가 적다.

㉤ 독성물질과 온도에 영향을 거의 받지 않는다.

㉥ 시설비가 낮고 기존시설에의 적용이 용이하다.

② 단점

㉠ 폐수 내 함유된 타 물질에 의해 염소 요구량이 증대되어 처리비용을 증가시킨다.

㉡ 잔류염소농도가 높아져 수생생물에 독성을 준다.

㉢ 염소투여량이 pH에 영향을 받는다.

㉣ THM의 형성으로 상수원 수질에 영향을 준다.

㉤ 염소주입으로 유출수 내 TDS 농도를 증가시킨다.

㉥ 유독성인 NCl_3 가스의 형성 방지를 위해 세심한 pH 조정이 요구된다.

㉦ 총 질소기준을 만족시키지 못할 수 있다.

㉧ 운전의 숙련이 필요하다.

(4) 음향 · 오존(son−ozone) 폐수정화공정

초고주파음파와 오존처리를 결합한 것이다.

고급산화법(AOP ; Advanced Oxidation Process)

1. 개요 : OH radical을 중간생성물로 하여 주로 난분해성 유기물질 등을 산화처리하는 방법으로 **알칼리 pH에서 오존(O_3)처리하거나, 오존에 과산화수소 또는 UV 에너지 등을 추가하여 산화력을 높이는 방법들이 이용된다.**

2. 적용
   ① 난분해성 유기물 등의 분해
   ② 색도성분 제거 및 농약 등의 분해
   ③ 벤젠 및 톨루엔류, 페놀류 등의 분해
   ④ 맛과 냄새의 제거
   ⑤ 시안, 철 및 망간 제거
   ⑥ 질소화합물의 제거
   ⑦ 미생물의 제거

3. 종류
   ① Fenton 산화(Fe_{2+}/H_2O_2 시스템)법
   ② O_3/알칼리법
   ③ H_2O_2/O_3 법
   ④ UV/O_3법 등

---

5 Fenton 산화

(1) 개요

① Fenton 산화반응은 2가철이온과 H_2O_2 혼합용액을 이용하여 유기물을 산화시키는 고급 산화공법의 하나로, 1894년 영국의 화학자 H.J.Fenton에 의해 발견되어 널리 사용되어 왔다.

② H_2O_2−$FeSO_4$ 촉매 시스템으로 OH radical이 생성되고 이는 불포화탄소를 갖는 유기물을 효과적으로 산화시키며 특히 난분해성 물질이 많이 함유된 폐수의 전처리로써 적당하다. 또한, 유기물, 시안화합물, 금속의 착화합물, 황화물 및 악취물질의 제거, 염색폐수의 탈색에도 적용이 가능하다.

③ Fenton 산화반응은 H_2O_2와 철염을 이용하여 유기물을 분해하는 공정으로 pH 조정(3~5), 산화반응, 중화반응 및 응집의 3단계로 진행된다.

(2) Fenton 산화반응의 메커니즘

① 유기물이 존재하지 않을 때의 연쇄반응(Haber−Weiss cycle)

$$H_2O_2 + Fe^{2+} \longrightarrow Fe^{3+} + OH^- + OH \cdot$$
$$H_2O_2 + Fe^{3+} \longrightarrow Fe^{2+} + H^+ + HO_2 \cdot$$
$$\underline{HO_2 \cdot \qquad \longrightarrow O_2^- \ + H^+}$$
$$2H_2O_2 \xrightarrow{Fe^{2+}/Fe^{3+}} O_2^- + OH \cdot + H^+ + H_2O$$

≫ H_2O_2를 분해할 수 있는 금속으로는 Fe, Pt, Au, Pd, Ag, Zn 등이다.

② 유기물 R−H가 존재 시 OH radical과의 반응

$$H_2O_2 + Fe^{2+} \longrightarrow Fe^{3+} + OH^- + OH \cdot$$
$$R-H + OH \cdot \longrightarrow R \cdot + H_2O$$
$$R \cdot + Fe^{3+} \longrightarrow R^+ + Fe^{2+}$$
$$\underline{R^+ + OH^- \longrightarrow R-OH}$$
$$H_2O_2 + R-H \xrightarrow{Fe^{2+}/Fe^{3+}} R-OH + H_2O$$

≫ 분해반응보다는 치환생성물이 생기는 반응이 일어나며 어떤 것은 중간물질이 단계적으로 생성되는 순환공정을 거치면서 진행된다.

(3) Fenton 산화반응의 영향인자

① 최적 반응 pH는 3~5(4.5)이다(철이온의 활동도가 크고 알칼리도의 방해가 없으며 H_2O_2가 안정한 조건).

② pH 조정은 펜톤시약인 과산화수소(H_2O_2)수와 철염($FeSO_4$ 등)을 가한 후 조절하는 것이 가장 이상적이다(※ Fenton 산화반응이 진행되는 동안 pH 감소).

③ 철염이 과량으로 존재 시 과산화수소수는 조금씩 단계적으로 첨가하는 것이 효율적이다. 왜냐하면 여분의 과산화수소는 후처리의 미생물 성장에 영향을 미치기 때문이다.

④ 펜톤 산화 시 OH radical scavenger인 HCO_3^-와 CO_3^{2-}의 농도를 고려하여야 한다.

⑤ H_2O_2의 과량 첨가 시 발생하는 산소 중 용존 이외의 것이 계면 위로 떠오르면서 수산화철(Ⅲ)의 침전에 방해가 될 수 있다.

⑥ 본처리법에 의해 어떤 폐수의 COD는 감소하지만 BOD는 증가할 수도 있다.

⑦ phosphate, fluoride와 같은 성분이 있으면 철이온과 착물이나 침전물을 생성함으로써 촉매의 역할을 저하시키기 때문에 이들 성분이 함유되었으면 철염을 과량으로 사용할 필요가 있다.

⑧ 펜톤시약의 반응시간은 짧게는 5분, 길게는 1시간의 반응시간에도 과산화수소수가 남아 있어 후처리의 미생물 성장에 영향을 미칠 때가 있으며 또한 잔여 과산화수소수로 오히려 COD값에 영향을 미칠 수 있다.

Fenton 산화법의 결점

① 사용되는 철(Fe)에 의해 수산화물 형태의 슬러지가 다량 발생한다.
② 약품비용 등 운전비용이 많이 든다.

04 생물학적 고도처리

1 질산화−탈질소화(nitrification−denitrification)

(1) 질산화(窒酸化)

① 질산화는 autotrophic bacteria에 의해서 NH_4^+가 2단계를 거쳐 NO_3^-로 변하는 것이다.

$$1단계 : NH_4^+ + \frac{3}{2}O_2 \xrightarrow{\text{nitrosomonas}} NO_2^- + 2H^+ + H_2O$$

$$2단계 : NO_2^- + \frac{1}{2}O_2 \xrightarrow{\text{nitrobacter}} NO_3^-$$

② 전체 반응 : $NH_4^+ + 2O_2 \longrightarrow NO_3^- + 2H^+ + H_2O$

　　질소질의 일부는 세포로 합성된다.

$$4CO_2 + HCO_3^- + NH_4^+ + H_2O \longrightarrow C_5H_7NO_2 + 5O_2$$

③ 에너지 및 합성반응을 합한 전체 반응

$$22NH_4^+ + 37O_2 + 4CO_2 + HCO_3^- \longrightarrow C_5H_7O_2N + 21NO_3^- + 20H_2O + 42H^+$$

(2) 탈질소화(脫窒素化)

① 질산을 환원박테리아에 의해 N_2로 방출 제거하는 것으로 이 과정에서는 NO_3^-가 수소수용체(水素收容體)로 이용되므로 혐기성 반응으로 되며, methanol을 탄소공급원으로 주입할 경우 energy 반응은 다음 2단계로 나눈다.

　㉠ 1단계 : $6NO_3^- + 2CH_3OH \rightarrow 6NO_2^- + 2CO_2 + 4H_2O$

　㉡ 2단계 : $6NO_2^- + 3CH_3OH \rightarrow 3N_2 + 3CO_2 + 3H_2O + 6OH^-$

　㉢ 전체 반응 : $6NO_3^- + 5CH_3OH \rightarrow 5CO_2 + 3N_2 + 7H_2O + 6OH^-$

　㉣ 세포합성반응 : $3NO_3^- + 14CH_3OH + CO_2 + 3H^+ \rightarrow 3C_5H_7O_2N + 19H_2O$

② 배수에는 NO_3^- 이외에 NO_2^-나 용존산소도 함유하므로 methanol의 필요량은 다음 식으로 산출한다.

$$C_m = 2.47N_0 + 1.53N_1 + 0.87D_0 \quad \cdots\cdots\cdots\cdots\cdots\cdots\cdots\cdots\cdots\cdots\cdots\cdots\cdots\cdots\cdots [1]$$

　　여기서, C_m : 요구되는 methanol 농도(mg/L), N_0 : 최초 $NO_3^- - N$ 농도(mg/L)

　　　　　 N_1 : 최초 $NO_2^- - N$ 농도(mg/L), D_0 : 최초 용존산소농도(mg/L)

》 질산 1mg/L당 1.9mg/L의 메탄올이 필요하나 실제 3mg/L 정도 주입

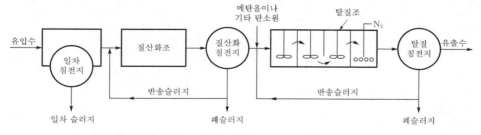

[그림 2-137] 질소 제거를 위한 2단계 생물학적 처리공정도

③ 질산염 환원박테리아(탈질균, denitrifying bacteria)는 대부분 종속영양 미생물로서 Pseudo-monas, Micrococcus, Achromobacter, Bacillus 등이 있다.

> **유기탄소 공급원의 형태**
> ① 외부탄소 : 외부로부터의 첨가물질(메탄올 등)
> ② 내부탄소 : 유입 생폐수 중의 유기물질
> ③ 내생탄소 : 세포가 사멸하면서 분해된 유기물질

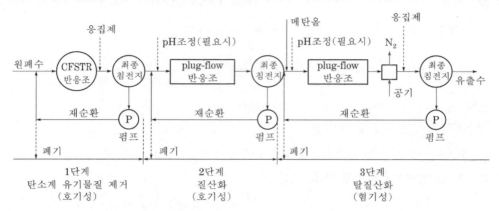

[그림 2-138] 3단계 생물학적 처리(질산화-탈질산화)공정도

(3) 탈질율과 탈질조의 체류시간

$$U'_{DN} = U_{DN} \times K^{t-20}(1-DO) \quad \cdots\cdots\cdots\cdots\cdots\cdots \boxed{2}$$

여기서, U'_{DN} : 총괄적인 탈질율, U_{DN} : 비(specific)탈질율(kgNO₃⁻-N/kgMLVSS·day)

　　　　t : 폐수온도(℃), DO : 폐수 내의 용존산소(mg/L)

$$U = \frac{S_o - S}{\theta X}, \quad \theta = \frac{S_o - S}{UX} \quad \cdots\cdots\cdots\cdots\cdots\cdots \boxed{3}$$

여기서, U : U'_{DN} (단위 : day⁻¹), S_o : 반응조 유입수의 질산염농도(mg/L)

　　　　S : 반응조 유출수의 질산염농도(mg/L), θ : 탈질조(반응조)의 체류시간(day)

　　　　X : MLVSS 농도(mg/L)

(4) 반응조건

[표 2-45] 질산화와 탈질소화를 위한 반응조건

항 목	질산화	탈질소화
온도(℃)	5~25(28~32)	5~30
pH	7.2~8.0	6.5~7.5
DO	2mg/L 이상	무산소상태(자유산소는 없고 결합된 산소만이 존재)
미생물	독립영양계(autotrophic)	종속영양계(heterotrophic)
체류시간(hr)	6~15	0.5~2
MLVSS(mg/L)	2,000~3,000	1,000~2,000

➤➤ anoxic denitrification(무산소 탈질) 공정 : 무산소상태에서 생물학적으로 질산성 질소를 질소가스로 전환하는 process

(5) 공정(process)의 종류

탈질화공정은 미생물의 배양형태에 따라 anoxic 부유성장과 anoxic 부착성장으로 분류되며, 탈질화의 달성방법에 따라 분류하면,

㉠ 내부탄소 또는 내생탄소원을 이용하는 질산화/탈질화 혼합(단일슬러지)공정

㉡ 메탄올이나 기타 적절한 외부탄소원을 이용하는 분리식 공정(분리단계 또는 2단계 슬러지처리공정)으로 나눈다.

[표 2-46] 질산화 공정의 비교

구 분	공정형태	장 점	단 점
유기성 탄소산화와 질산화의 혼합 (combined carbon oxidation nitrification) ※ 단일단계 질산화 (single stage nitration)	부유성장식	• 한번에 유기성 탄소와 암모니아를 종합처리(BOD와 암모니아성 질소의 동시제거 가능) • 처리수 암모니아 저농도 가능 • BOD_5/TKN 비가 높아서 안정적인 MLSS 운용가능	• 독성물질에 대한 질산화 저해방지 불가능 • 보통 정도의 운전 안정성 • 안정성은 미생물 반송을 위한 2차 침전지 운전에 좌우됨 • 온도가 낮을 경우에는 큰 반응조 필요
	부착성장식	• 한번에 유기성 탄소와 암모니아를 종합처리(BOD와 암모니아성 질소의 동시제거 가능) • 미생물이 여재에 부착되어 있어서 안정성은 2차 침전지와 연계되어 있지 않음(무관함)	• 독성물질에 대한 질산화 저해방지 불가능 • 보통 정도의 운전 안정성 • 유출수 암모니아는 대개 1~3mg/L 정도(RBC 제외) • 대개의 경우 추운 기후에서 운전은 비실용적
분리단계 질산화 (separate stage nitrification)	부유성장식	• 대부분의 독성물질에 대한 질산화 저해방지 가능 • 안정적 운전 가능 • 처리수 암모니아 저농도 가능	• BOD_5/TKN 비가 낮을 때 슬러지 저장에 세심한 관리 필요 • 운전의 안정성은 미생물 반송을 위한 2차 침전지 운전에 좌우됨 • 탄소산화·질화조합공정에 비하여 많은 수의 단위 공정 필요
	부착성장식	• 대부분의 독성물질에 대한 질산화 저해방지 가능 • 안정적 운전 가능 • 미생물이 여재에 부착되어 있기 때문에 안정성은 2차 침전지와 연계되어 있지 않음(무관함)	• 유출수 암모니아는 대개 1~3mg/L 정도 • 탄소산화·질화조합공정에 비하여 많은 수의 단위 공정 필요

① 질산화/탈질화 혼합(단일슬러지)공정 : 외부 유기탄소원이 고가이므로 폐수 내의 탄소원 또는 내생탄소원을 이용하여 질산화/탈질화과정이 하나의 단위공정에 혼합된 처리공정으로서 이 공정의 장점은 1. 질산화와 BOD_5 제거에 소요되는 공기량을 감소시키고, 2. 탈질화에 필요한 유기탄소원(즉, 메탄올)의 공급이 필요없으며, 3. 다단계의 질산화/탈질화공정에 필요한 중간침전지와 슬러지 반송시설이 필요없는 점이다. 종류로는 4단계 Bardenpho 공정과 산화구(oxidation ditch) 등을 들 수 있으며 대부분의 이러한 공정들은 총 질소의 약 60~80%를 제거할 수 있다.

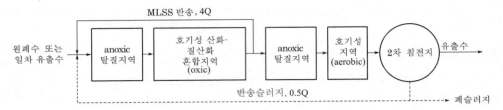

[그림 2-139] 4단계 Bardenpho process

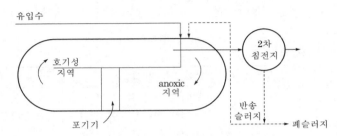

[그림 2-140] 산화구(oxidation ditch) process

➤ 이외에 Ludzack Ettinger 수정프로세스와 Wuhrmann 프로세스가 있다.

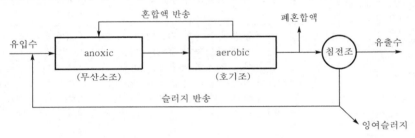

[그림 2-141] Ludzack Ettinger 수정 process

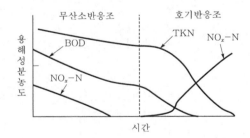

[그림 2-142] 반응조에서의 BOD와 질소의 거동

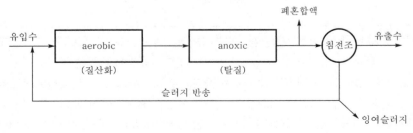

[그림 2-143] Wuhrman process

질산화/탈질화 혼합처리공정의 호기성조와 anoxic조의 체류시간 및 반송비 산출

① 반송(MLSS＋반송슬러지)비

anoxic 단계에 반송되는 NO_3^--N이 완전히 탈질화되고, 질소동화작용을 무시한다고 가정한다.

$$R = \frac{(NH_4^+-N)_o - (NH_4^+-N)_e}{(NO_3^--N)_e} \quad \cdots\cdots\cdots\cdots\cdots\cdots\cdots\cdots\cdots\cdots\cdots \boxed{1}$$

R : 전체 반송(MLSS＋반송슬러지)비

$(NH_4^+-N)_o$: 유입수의 암모니아성 질소(mg/L)

$(NH_4^+-N)_e$: 유출수의 암모니아성 질소(mg/L)

$(NO_3^--N)_e$: 유출수의 질산성 질소(mg/L)

② 질산화에 요구되는 고형물 체류시간

$$\theta'_c = \frac{\theta_e}{V_{ax}} \quad \cdots\cdots\cdots\cdots\cdots\cdots\cdots\cdots\cdots\cdots\cdots\cdots\cdots\cdots\cdots\cdots\cdots \boxed{2}$$

θ'_c : 혼합처리(single stage)공정에서 질산화에 요구되는 고형물 체류시간(day)

θ_e : 재래식 처리공정에서 질산화에 요구되는 고형물 체류시간(day)

V_{ax} : 호기성 반응조 용적의 비율

[표 2-47] 탈질화의 탄소원

process	유기탄소원	비 고
4단계 Bardenpho	• 유입폐수의 BOD(첫번째 anoxic조) • 내생분해된 세포물질(두번째 anoxic조)	—
oxidation ditch(산화구)	• 유입폐수의 BOD	—
Ludzack Ettinger	• 유입폐수의 BOD	—
Wuhrman	• 내생분해된 세포물질	Bardenpho 공정에 비해 질소 제거율이 낮다.

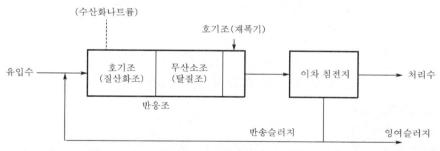

≫ 후단의 재폭기 반응조는 무산소 반응조로부터 유출하는 혼합액을 폭기하여 이차 침전지에서의 탈질에 의한 슬러지 부상을 방지하고 방류수의 용존산소를 확보하기 위해 배치한다.

[그림 2-144] 질산화 내생탈질법의 처리계통

② 분리단계 또는 2단계 슬러지처리공정(separated or two－sludge system)

앞 공정의 반응조에서 유기물 제거(탄소산화)와 질산화반응을 진행시키고 침전시킨 다음 후공정에서 메탄올 등의 외부 탄소원을 주입하여 탈질화를 이루는 공정이다. 탈질화를 위해 두 번째 반응조는 미생물의 부착성장반응조(fixed bed, fludized bed, RBC)가 이용되기도 한다.

2 생물학적 탈인법

인(P)은 생물학적 처리에서 오르토인산염(ortho phosphate), 폴리인산염(polyphosphate), 그리고 미생물 세포 내의 유기물과 결합된 인으로서 제거된다. 미생물 세포 내의 인 함량은 질소 함량의 대략 1/5 정도이나 실제는 환경조건에 따라 1/7~1/3의 변화폭을 갖는다. 2차 처리 시 슬러지 폐기에 의한 인 제거량은 유입량의 10~30% 범위인데 여기서 말하는 생물학적 인 제거의 핵심은 미생물을 혐기성과 호기성 상태에 교대로 노출시킴으로써 미생물에 긴장(stress)을 주어, 즉 미생물의 대사경로를 전환시키는 환경조건에 극한적인 변화를 주어 인 흡수가 정상수준 이상이 되도록 하는 것이다.

이러한 공정들은 1. main stream에서 인 제거를 위한 A/O 공정, 2. side stream에서 인 제거를 위한 phostrip 공정, 3. 연속회분식 반응조(SBR) 등이 있다.

≫ 여기서 stress란 미생물의 대사경로를 전환시키는 환경조건의 극한적인 변화를 말한다.

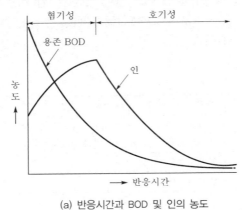

(a) 반응시간과 BOD 및 인의 농도

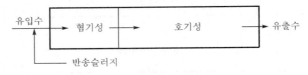

(b) 반응시간의 평면도

[그림 2-145] 혐기호기법에 의한 인과 BOD의 제거

생물학적 인 제거 미생물

생물학적 인 제거에는 여러 종류의 미생물이 관여하게 되는데 이들을 Bio-P 또는 Poly-P 미생물이라고 하며 이들 중 Acinetobacter($1~5\mu m$, 그람음성, 간상균, 쌍사슬 또는 포도송이 형태로 증식)가 가장 깊게 관련된 대표적인 미생물이다. 이들은 그람음성 미생물로서 탄수화물이 분해를 위한 경로 중의 하나인 당분해 경로(glycolysis)를 거치는 기능이 결여되어 있으나 TCA cycle을 거치기에 필요한 효소들을 보유하고 있다. Acinetobacter는 간상균으로서 절대 호기성균이나 혐기성에서도 존속하는 특성을 가지고 있다.

※ 그 외에도 Bacillus, Aeromonas, Pseudomonas 등을 포함한 여러 속(屬)의 세균들이 보고되고 있다.

(1) A/O 공정(main stream 인 제거)

폐수에서 탄소성 유기물 산화와 인의 혼합 제거에 이용되며 혐기성과 호기성 반응조를 순서로 조합한 단일슬러지(single-sludge) 부유성장 처리공정으로서, 호기성 단계의 체류시간을 적절히 두어 질산화를 이룰 수도 있다.

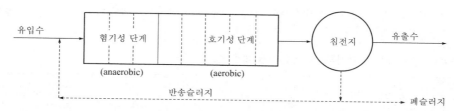

[그림 2-146] A/O process(혐기-호기 조합법)

≫ 본 공법의 생물학적 인 제거는 활성슬러지가 혐기성 상태에서 인을 방출하고 다시 호기성 상태에서 인을 과잉
섭취(luxury uptake)하는 현상에 기인하는 것이다. 유입수 중에 총인 농도가 5.0mg/L 정도라면 처리수의 총인
농도를 1.0mg/L 이하로 처리 가능하다(총인 제거율 80% 이상 가능).

(2) phostrip 공정(side stream 인 제거)

이 공법은 생물학적인 방법과 화학적 방법을 조합시킨 공정으로, 활성슬러지공정의 반송슬러지 일부
가 혐기성 인용출조(stripping tank, 탈인조)로 들어가 8~12시간 혐기성 상태를 유지시켜 용출된
인은 상등수로 월류되어 다른 조에서 석회(lime)나 기타 응집제로 처리되어 일차 침전지로 배출되거
나 응결/침전 탱크에서 화학침전물 형태로 고액분리(침전)된다. 인용출조에서 인이 거의 없어진 활성
슬러지는 폭기조로 반송된다. 본 공정은 유출수의 인농도를 1mg/L 이하로 낮출 수 있으며 또한 낮은
P/BOD를 요구하지도 않는다.

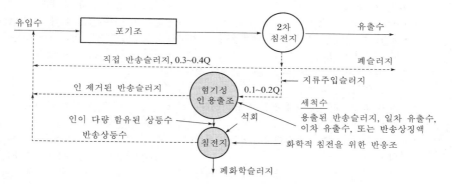

[그림 2-147] phostrip process

(3) 연속회분식 반응조(Sequencing Batch Reactor ; SBR)

이 공법은 하나의 반응조에서 혐기성-호기성 조건을 시간간격으로 교환시켜 줌으로써 질소 및 인을
제거시키는 system으로, 용존산소 결핍기간에 질산염이 제거(탈질)되고 혐기성 기간에 인이 용출된
다. 뒤이은 호기성 기간에 암모니아가 질산화되고 인이 미생물에 섭취되는 과정이 계속된다. 이후
침전, 배수 과정을 통해 슬러지 및 처리수를 배출한다.

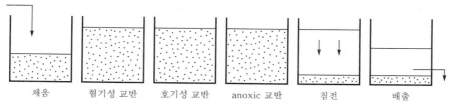

[그림 2-148] 탄소(C), 질소(N), 및 인(P) 제거를 위한 연속회분 반응조 운전

≫ 인은 응집제 주입에 의해서 제거할 수도 있으며, anoxic 단계에서는 외부 탄소원이나 기존 미생물 내호흡에 의한 탄소원이 탈질화의 유지를 위하여 필요하다.

[표 2-48] 생물학적 인 제거공정의 전형적인 설계자료

설계요소		단 위	공 정		
			A/O	phostrip	SBR
먹이/미생물비(F/M)		kgBOD/kgMLVSS · d	0.2~0.7	0.1~0.5	0.15~0.5
고형물 체류시간, θ_c		d	2~25	10~30	—
MLSS		mg/L	2,000~4,000	600~5,000	2,000~3,000
수리학적 체류시간, θ	anaerobic zone	h	0.5~1.5	8~12	1.8~3
	aerobic zone		1~3	4~10	1.0~4
반송활성슬러지		유입유량의 %	25~40	20~50	—
내부순환		유입유량의 %	300~500	10~20	—

[표 2-49] 생물학적 인 제거 process의 특징

공 정	장 점	단 점
A/O	• 운전이 비교적 간단하다. • 비교적 HRT가 짧다. • 폐슬러지 내의 인 함유량이 비교적 높아(3~5%) 비료 가치가 있다. • 인 제거효율이 낮아도 되는 경우 완전한 질산화를 이룰 수 있다.	• 질소와 인의 동시 제거율은 높지 않다. • 높은 BOD/P비(10 이상)를 요한다. • 수온이 낮은 경우(추운 기후) 성능이 불확실하다. • 공정운전의 유연성이 낮다.
phostrip	• 기존 활성슬러지공정에 적용이 용이하다. • 공정 운전성이 좋다. • main stream 화학 침전에 비해 약품 사용량이 훨씬 적다. • 유출수의 ortho-P 농도를 1.5mg/L 이하까지 안정적 처리가 가능하다.	• 인 침전을 위한 석회 주입이 필요하다. • 최종 침전지에서의 인 용출 방지를 위하여 슬러지 내 DO를 높게 유지하여야 한다. • stripping을 위한 별도의 조가 필요하다. • 석회 scale 방지를 위한 유지관리가 필요하다.
SBR	• 질소나 인의 동시 제거를 위한 운전의 유연성이 높다(부하변동의 유연성 포함). • 운전이 단순하다. • 수리학적 과부하 시에도 MLSS 누출이 없다. • 팽화방지를 위한 공정의 변경이 용이하다. • 슬러지 반송을 위한 펌프가 필요없어 배관과 동력이 절감된다. • 다른 공법에 비해 소요부지면적이 적다.	• 대유량에는 적용이 어렵다. • 여분의 반응조가 요구된다. • 설계자료가 제한적이다. ※ 처리수질은 신뢰성 있는 상징액의 제거설비에 달려 있다.

3 생물학적 방법에 의한 질소와 인의 혼합 제거

활성슬러지공정의 형태를 활용하지만 질소와 인의 혼합 제거를 위하여 혐기성(anaerobic), anoxic, 그리고 호기성(aerobic) 지역이나 반응조를 혼합사용한다. 사용되는 공정들은 1. A^2/O 공정, 2. 5단계 Bardenpho 공정, 3. UCT 공정, 4. VIP 공정이 있고, 앞에서 설명한 SBR도 질소와 인의 혼합제거에 이용된다. 여기서 질소가스는 anoxic 단계에서 대기 중으로 방출된다.

(1) A^2/O 공정(혐기·무산소·호기조합법)

① A/O 공정의 변형으로서 탈질화를 위한 anoxic 지역(체류시간 약 1시간)이 주어진다.

② 유출수의 인농도는 여과없이도 2mg/L 이하가 기대된다.

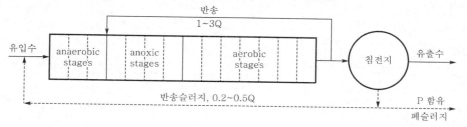

[그림 2-149] A^2/O process

>> 각 반응조 역할 ① anaerobic(혐기성) : BOD 제거, 인의 용출
>> ② anoxic(무산소) : 탈질
>> ③ aerobic(oxic, 호기성) : BOD 제거, 인의 과잉흡수, 질산화

(2) 5단계 Bardenpho공정

① 원래 질소 제거를 위해 개발된 것인데 인 제거를 겸하도록 하기 위해 1차 무산소조 앞에 혐기성조를 추가하고 반송슬러지로 하여금 인산을 방출하게 한다.

② 처리단계의 순서와 반송방법이 A^2/O 공정과 다르며 고형물 체류시간이 A^2/O 공정(4~27일)에 비하여 길기 때문에(10~40일) 유기성 탄소의 산화능력이 크다.

③ 내부반송률이 비교적 높게 유지되고 수리학적 체류시간과 슬러지 일령이 길기 때문에 고도로 처리된 유출수와 안정된 슬러지를 얻을 수 있다.

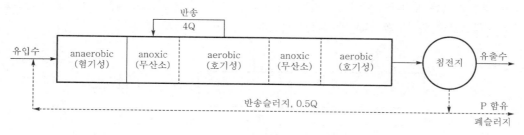

[그림 2-150] 5단계 Bardenpho process

>> 유입수의 성상이 BOD /P가 20 이상, BOD /TKN이 40 이상인 조건에서 유입수의 온도와 질소농도에 따라 SRT를 약 10~20일 정도로 유지한다.

> **각 반응조의 역할**
> ① 혐기조(1) : 유기물(BOD) 제거 및 인의 방출
> ② 무산소조(1) : 탈질(70% 정도 제거)
> ③ 호기조(1) : 유기물(BOD) 제거 및 인의 과잉섭취, 질산화
> ④ 무산소조(2) : 탈질
> ⑤ 호기조(2) : 잔류 질소 가스 제거
> ※ 괄호 속 숫자는 그림 2−150에서의 첫 번째와 두 번째 조를 의미함.

[표 2−50] 생물학적 처리에 의한 질소와 인의 동시 제거의 전형적인 설계자료

설계요소	단위	공정			
		A²/O	Bardenpho (5-stage)	UCT	VIP
먹이/미생물비(F/M)	kgBOD/kgMLVSS · d	0.15~0.25	0.1~0.2	0.1~0.2	0.1~0.2
고형물 체류시간, θ_c	d	4~27	10~40	10~30	5~10
MLSS	mg/L	3,000~5,000	2,000~4,000	2,000~4,000	1,500~3,000
수리학적 체류시간, θ • anaerobic zone • anoxic zone−1 • aerobic zone−1 • anoxic zone−2 • aerobic zone−2	h	0.5~1.5 0.5~1.0 3.5~6.0 — —	1~2 2~4 4~12 2~4 0.5~1	1~2 2~4 4~12 2~4 —	1~2 1~2 2.5~4 — —
반송활성슬러지	유입유량의 %	20~50	50~100	50~100	50~100
내부재순환	유입유량의 %	100~300	400	100~600	200~400

(3) UCT(University of Cape Town) 공정

① Bardenpho 공정을 변형시킨 것으로 A²/O 공정과 유사하나 반송라인과 내부순환라인이 다르다.

② anoxic 단계의 MLSS는 상당량의 SBOD를 함유하지만 질산염은 거의 없으며 anoxic MLSS의 반송이 혐기성 지역에서 발효에 의한 제거의 최적조건을 제공한다.

③ 이 방법은 다른 공법과는 달리 침전지에서 반송되는 슬러지를 혐기조로 반송하지 않고 무산소조로 반송함으로써 혐기조의 인 방출을 증대시킨다.

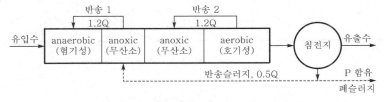

[그림 2−151] UCT Process

(4) VIP(Virginia Initiative Plant) 공정

① 재순환방법을 제외하고는 A²/O와 UCT 공정과 비슷하다.

② UCT 공정에 비해 고율의 운전을 위해 개발되었는데, 미생물 체류시간이 UCT에 비해 짧고 active biomass 양을 증가시켜 운전함으로써 인 제거속도를 증가시킴과 동시에 반응조 용적을 줄일 수 있는 것에 중점을 두었다.

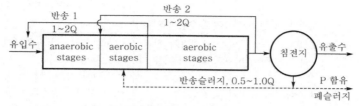

[그림 2-152] VIP process

(5) 수정 phostrip 공정 : 인 제거를 위한 원래의 process를 수정하여 질소물질의 생물학적 제거도 병행할 수 있도록 고안된 것으로 2차 침전지의 체류시간을 길게 하여 암모니아를 산화하고 혐기성 탈인조 전에 탈질산화조(무산소조)를 설치한다.

① 기존 phostrip 공법은 반송슬러지의 질산 함량이 높아 혐기성 탈인조(phostripper)에서 인방출에 저해되므로 탈인조 앞에 anoxic조인 탈질조(denitrification tank)를 설치하여 탈인조의 NO_x에 의한 영향을 최소화함과 동시에 인방출 능력을 향상시키고 질소 제거를 도모한 것이다.

② 질소와 인을 동시에 제거하기 위해서 낮은 F/M비에서 운전되어야 하는데 이 경우 활성슬러지법의 운전상 발생하는 가장 큰 문제점의 하나인 sludge bulking을 초래(Nocardia 속의 Actinomycete과의 사상균 증식)하는 경우가 많으므로 이에 대비하여 폭기조 앞에 미생물 선택조(selector)를 설치(P/L공법)하기도 한다.

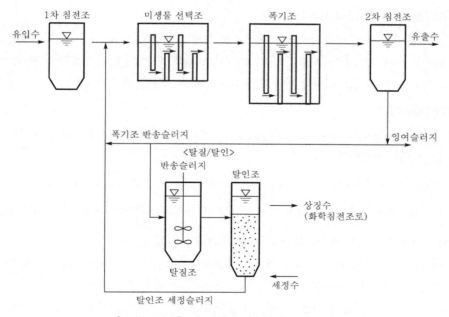

[그림 2-153] 수정 phostrip 공법의 흐름도

[표 2-51] 질소와 인의 혼합 제거 process의 특징

공 정	장 점	단 점
A²/O	• 폐슬러지의 인 함량이 비교적 높아(3~5%) 비료 가치가 있다. • A/O 공법에 비해 탈질 성능이 우수한 편이다.	• 추운 기후에 운전성능이 불확실하다. • A/O에 비해 공정이 복잡하다.
Bardenpho	• 인 제거공법에 비해 슬러지 발생량이 적다. • 폐슬러지의 인 함량이 비교적 높아서 비료 가치성이 있다. • 처리수 내 총 질소농도가 낮다.	• 다량의 내부순환은 펌프용량과 유지관리비를 증가시킨다. • A²/O에 비해 반응조 용적이 크다. • 1차 침전이 질소와 인을 제거하기 위한 공정의 능력을 저하시킨다. • 약품주입의 필요여부가 불확실하다.
UCT	• anoxic조로의 반송이 질산염 반송의 필요를 없애고 혐기성 지역에서보다 좋은 인 제거 환경을 조성한다. • Bardenpho 공정에 비해 반응조의 용적이 적다.	• 다량의 내부순환이 펌프용량과 유지관리비를 증가시킨다. • 약품주입의 필요여부가 불확실하다. • 높은 BOD/P가 필요하다.
VIP	• anoxic조로의 질산염 반송이 산소요구량과 알칼리도 소모량을 감소시킨다. • 혐기성조로의 반혐기성조 유출수의 반송이 호기성조의 질산염부하를 감소시킨다.	• 다량의 내부순환이 펌프용량과 유지관리비를 증가시킨다. • 저온 시 질소 제거능력을 감소시킨다.

4 기타 방법

(1) 박테리아(bacteria) 동화작용법

미생물로 하여금 질소나 인을 영양소로 이용하도록 하는 방법이다. bacteria 세포구성이 $C_5H_7O_2N$이라면 1kg의 세포를 합성하는 데는 약 0.12kg의 질소 및 0.025kg의 인이 필요하게 된다. 이때 미생물은 탄소(C)와 에너지공급을 위해 탄수화물이나 기타 유기물을 요구한다.

(2) 조류(藻類)채취법

함유된 질소나 인을 섭취하여 자란 조류(algae)를 제거함으로써 목적을 달성하는 방법으로 처리원리가 bacteria 동화작용법과 같다.

$$106CO_2 + 81H_2O + 16NO_3^- + HPO_4^{2-} + 18H^+ + 햇빛 \rightarrow C_{106}H_{181}O_{45}N_{16}P + 150O_2$$

이 방법은 토지요구가 과대하고 조류채취 및 처분에 관계되는 문제점과 비용이 크다는 단점이 있다.

(3) SLAD(Sulfer Limestone Autotrophic Denitrification) 공법

지하수나 특이한 형태의 폐수 등 질산염을 포함한 폐수의 처리에 황(S)을 이용하는 자가영양 미생물을 활용하는 공정이다. 대부분의 탈질(denitrification)은 종속영양 미생물을 이용하기 때문에 에너지원과 탄소원으로 유기물을 사용하는데, 이 경우 안정적인 수질을 얻을 수 있는 장점이 있으나 유입수 중의 유기물이 부족할 경우 추가적인 탄소원이 공급되어야 할 뿐 아니라 유입수의 변동에 따른 정확한 외부 탄소원의 주입이 현실적으로 어렵기 때문에 탈질 후 여분의 탄소원(유기물)을 제거하기 위한 후처리공정이 필요하다. 황을 이용한 탈질방법은 황을 에너지원으로, CO_2를 탄소원으로 하여

탈질한다. 이 경우 외부 탄소원이 요구되지 않으며 또한, 슬러지 발생량이 적은 장점이 있다.

$$55S + 20CO_2 + 50NO_3^- + 38H_2O + 4NH_4^+ \rightarrow 4C_5H_7O_2N + 25N_2 + 55SO_4^{2-} + 64H^+$$

위의 반응에서 보면 반응이 진행됨에 따라 산의 생성으로 pH가 감소하게 되므로 적정 pH 유지를 위해서는 알칼리의 공급이 필요하고 이를 위해 석회석(limestone)을 사용한다.
(※ sulfur : limestone = 3 : 1)

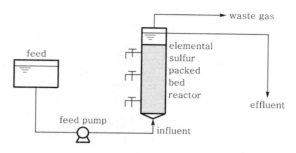

[그림 2-154] SLAD 공법의 개요도

(4) 생물활성탄(BAC ; Biological Activated Carbon)처리공정

① 개요 : 입상활성탄(GAC ; Granular Activated Carbon)을 생물담체로 활용하여 활성탄 표면 및 macropore에 미생물이 생장번식함으로써 흡착된 유기물을 미생물에 의해 분해제거하는 공정으로, **활성탄흡착과 생물분해작용의 상호보완공법**이다.

② 특징

　㉠ 장점
- 분해속도가 느린 물질이나 적응시간이 필요한 유기물 제거에 효과적이다.
- 활성탄 사용기간(수명)을 대폭 연장시킬 수 있다.
- 충격부하에 비교적 강하다.
- 암모니아성 질소의 제거가 가능하다.
- 관리비가 적게 든다.

　㉡ 단점
- 정상상태에 도달하는 기간이 길다.
- 유지관리(미생물제어)에 주의를 요한다.
- 간헐운전이나 정지기간이 길면 그 기능(효율)이 저하된다.
- 활성탄이 서로 부착·응집되면 수두손실이 증가한다.
- 활성탄에 병원균이 서식할 때 문제가 될 수 있다.

　　≫ 비교적 제거효과가 좋은 물질 : 이취미물질, 암모니아성 질소, 색도, 음이온 계면활성제, THMFP(트리할로메탄전구물질) 등

길을 가다가 돌이 나타나면
약자는 그것을 걸림돌이라고 말하고,
강자는 그것을 디딤돌이라고 말한다.

-토마스 칼라일(Thomas Carlyle)-

☆

같은 돌이지만 바라보는 시각에 따라 그리고 마음가짐에 따라
걸림돌이 되기도 하고 디딤돌이 되기도 합니다.
자기에게 주어진 상황을 활용할 줄 아는 자만이
성공의 문에 도달할 수 있습니다. ^^

PART 3

수질오염 공정시험기준

본 과목을 어렵게 생각하는 수험대비자가 의외로 많으나 과거문제를 잘 분석하여 point를 찾아 공부하면 오히려 좋은 점수를 얻을 수 있는 과목이다. 앞서 공부한 과목(특히 수질오염 개론)과도 상당부분에 연관되므로 실력을 최대한 이용하여 공부하길 바란다.

출제기준

필기과목명	주요항목	세부항목
수질오염 공정시험기준	1. 총칙	(1) 일반사항
	2. 일반시험방법	(1) 유량 측정 (2) 시료 채취 및 보존 (3) 시료의 전처리
	3. 기기분석방법	(1) 자외선/가시선분광법 (2) 원자흡수분광광도법 (3) 유도결합플라스마 원자발광분광법 (4) 기체 크로마토그래피법 (5) 이온 크로마토그래피법 (6) 이온전극법 등
	4. 항목별 시험방법	(1) 일반항목 (2) 금속류 (3) 유기물류 (4) 기타
	5. 하·폐수 및 정수처리 공정에 관한 시험	(1) 침강성, SVI, JAR TEST 시험 등
	6. 분석관련 용액 제조	(1) 시약 및 용액 (2) 완충액 (3) 배지 (4) 표준액 (5) 규정액

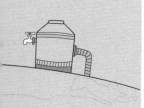

총칙 및 용액제조

01 ┇ 총칙

(1) 시험방법의 공인

① 수질오염 측정에 관해서는 다른 법령(고시 등을 포함)에 특별히 정하고 있지 아니한 경우에는 이 공정시험기준에 따라 시험 판정한다.

② 공정시험기준 이외의 방법이라도 측정결과가 같거나 그 이상의 정확도가 있다고 국내외에서 공인된 방법은 이를 사용할 수 있다.

③ 하나 이상의 공정시험기준으로 시험한 결과가 서로 달라 제반기준의 적부 판정에 영향을 줄 경우에는 항목별 공정시험기준의 주시험법에 의한 분석성적에 의하여 판정한다. 단, 주시험법은 따로 규정이 없는 한 항목별 공정시험기준의 1법으로 한다.

(2) 농도표시

① 백분율(parts per hundred)

　㉠ W/V% : 용액 100mL 중의 성분무게(g) 또는 기체 100mL 중의 성분무게(g)

　㉡ V/V% : 용액 100mL 중의 성분용량(mL) 또는 기체 100mL 중의 성분용량(mL)

　㉢ V/W% : 용액 100g 중의 성분용량(mL)

　㉣ W/W% : 용액 100g 중의 성분무게(g)

　　≫ 용액농도를 "%"로만 표시할 때는 W/V%를 말한다.

② 천분율(parts per thousand)=g/kg=‰≒g/L

③ 백만분율(parts per million)=mg/kg≒mg/L=g/m³=1,000ppb

　≫ 대기 중의 가스농도 등의 1ppm=mL/m³

④ 십억분율(parts per billion)=μg/kg≒μg/L=mg/m³=0.001ppm

⑤ 기체의 농도표시 : 표준상태(0℃, 1기압)로 환산표시한다.

(3) 온도

① 표시 구분

[표 3-1] 온도의 표시 구분

구 분	온 도	구 분	온 도
표준온도	0℃	온　수	60~70℃
상　온	15~25℃	열　수	약 100℃
실　온	1~35℃	냉　수	15℃ 이하
찬　곳	0~15℃의 곳	수욕상 또는 수욕 중 가열	100℃ 가열(약 100℃ 증기욕)

② 시험조작 : 각각의 시험은 따로 규정이 없는 한 상온에서 조작하고 조작 직후에 그 결과를 관찰하는 것으로 하며, 온도의 영향이 있는 것의 판정은 표준온도를 기준으로 한다.

(4) 관련 용어 및 정의

① 즉시 : 시험조작 중 "즉시"란 30초 이내에 표시된 조작을 하는 것을 뜻한다.

② 방울수(滴水) : 방울수라 함은 20℃에서 정제수(精製水) 20방울을 적하할 때, 그 부피가 약 1mL 되는 것을 뜻한다.

③ 항량 : "항량으로 될 때까지 건조한다."라 함은 같은 조건에서 1시간 더 건조할 때 **전후 무게의 차가 g당 0.3mg 이하**일 때를 말한다.

④ 감압 또는 진공 : 규정이 없는 한 15mmHg 이하를 뜻한다.

⑤ 물 : 시험에 사용하는 물은 따로 규정이 없는 한 **증류수** 또는 **정제수**로 한다.

⑥ 액성 : 용액의 산성, 알칼리성 또는 중성을 검사할 때는 규정이 없는 한 유리전극에 의한 pH 미터로 측정하고 액성을 **구체적으로 표시할 때는 pH값**을 쓴다.

⑦ "바탕시험을 하여 보정한다."라 함은 시료에 대한 처리 및 측정을 할 때, 시료를 사용하지 않고 같은 방법으로 조작한 측정치를 빼는 것을 뜻한다.

⑧ "약"이라 함은 기재된 양에 대하여 ±10% 이상의 차가 있어서는 안 된다.

⑨ "이상"과 "초과", "이하", "미만"이라고 기재하였을 때는 "이상"과 "이하"는 기산점 또는 기준점인 **숫자를 포함하며**, "초과"와 "미만"은 기산점 또는 기준점인 **숫자를 포함하지 않는** 것을 뜻한다. 또, "a~b"라 표시한 것은 a 이상 b 이하임을 뜻한다.

⑩ "정밀히 단다."라 함은 규정된 양의 시료를 취하여 화학저울 또는 미량저울로 칭량함을 말한다.

⑪ 무게를 "정확히 단다."라 함은 규정된 수치의 무게를 0.1mg까지 다는 것을 말한다.

⑫ "정확히 취하여"라 하는 것은 규정한 양의 액체를 **부피피펫으로 눈금까지 취하는** 것을 말한다.

⑬ "냄새가 없다."라고 기재한 것은 냄새가 없거나, 또는 거의 없는 것을 표시하는 것이다.

⑭ 여과용 기구 및 기기를 기재하지 아니하고 "여과한다"라고 하는 것은 KS M 7602 거름종이 5종 또는 이와 동등한 여과지를 사용하여 여과함을 말한다.

(5) 용기 및 기구·기기

① 용기 : 시험용액 또는 시험에 관계된 물질을 보존, 운반 또는 조작하기 위하여 넣어두는 것으로 시험에 지장을 주지 않도록 깨끗한 것을 뜻한다.

[표 3-2] 각 용기의 구분 및 정의

구 분	정 의
밀폐용기(密閉容器)	취급 또는 저장하는 동안에 이물질이 들어가거나 또는 내용물이 손실되지 아니하도록 보호하는 용기
기밀용기(氣密容器)	취급 또는 저장하는 동안에 밖으로부터의 공기 또는 다른 가스가 침입하지 아니하도록 내용물을 보호하는 용기
밀봉용기(密封容器)	취급 또는 저장하는 동안에 기체 또는 미생물이 침입하지 아니하도록 내용물을 보호하는 용기
차광용기(遮光容器)	광선이 투과하지 않는 용기 또는 투과하지 않게 포장을 한 용기이며 취급 또는 저장하는 동안에 내용물이 광화학적 변화를 일으키지 아니하도록 방지할 수 있는 용기

② 기구 및 기기

    ㉠ 공정시험기준에서 사용하는 모든 기구 및 기기는 측정결과에 대한 오차가 허용되는 범위 이내인 것을 사용하여야 한다.

    ㉡ 공정시험기준에서 사용하는 모든 유리기구는 KS L 2302 이화학용 유리기구의 모양 및 치수에 적합한 것 또는 이와 동등 이상의 규격에 적합한 것으로, 국가 또는 국가에서 지정하는 기관에서 검정을 필한 것을 사용하여야 한다.

    ㉢ 공정시험기준의 분석절차 중 일부 또는 전체를 자동화한 기기가 정도관리 목표수준에 적합하고, 그 기기를 사용한 방법이 국내외에서 공인된 방법으로 인정되는 경우 이를 사용할 수 있다.

    ㉣ 분석용 저울 및 분동(分銅) : 분석용 저울은 0.1mg까지 달 수 있는 것이어야 하며 분석용 저울 및 분동은 국가검정을 필한 것을 사용하여야 한다.

    ㉤ 연속측정 또는 현장측정의 목적으로 사용하는 측정기기는 공정시험기준에 의한 측정치와의 정확한 보정을 행한 후 사용할 수 있다.

(6) 시약 및 용액

① 시약 : 시험에 사용하는 시약은 따로 규정이 없는 한 1급 또는 이와 동등한 규격의 시약을 사용하여 각 시험항목별 시약 및 표준용액에 따라 조제하여야 한다. 또한 각 항목의 분석에 사용되는 표준물질은 소급성이 인증된 것을 사용한다.

② 용액

    ㉠ 용액의 앞에 몇 %라고 한 것(예 20% 수산화나트륨 용액)은 수용액을 말하며, 따로 조제방법을 기재하지 아니하였으면 일반적으로 물 100mL에 녹아 있는 용질의 g수(W/V%)를 나타낸다.

    ㉡ 용액 다음의 ( ) 안에 몇 N, 몇 M, 또는 %라고 한 것(예 아황산나트륨 용액(0.1N), 아질산나트륨 용액(0.1M), 구연산이암모늄 용액(20%))은 용액의 조제방법에 따라 조제하여야 한다.

    ㉢ 용액의 농도를 $(1 \rightarrow 10)$, $(1 \rightarrow 100)$ 또는 $(1 \rightarrow 1,000)$ 등으로 표시하는 것은 고체 성분에 있어서는 1g, 액체 성분에 있어서는 1mL를 용매에 녹여 전체량을 10mL, 100mL 또는 1,000mL로 하는 비율을 표시한 것이다.

    ㉣ 액체시약의 농도에 있어서 예를 들어 염산(1+2)라고 되어 있을 때에는 염산 1mL와 물 2mL를 혼합하여 조제한 것을 말한다.

(7) 시험결과의 표시검토

① 시험성적수치는 따로 규정이 없는 한 KS Q 5002(데이터의 통계적 해석방법－제1부 : 데이터통계적 기술)의 수치의 맺음법에 따라 기록한다.

② 시험결과의 표시는 정량한계의 결과 표시 자릿수를 따르며, 정량한계 미만은 불검출된 것으로 간주한다. 다만, 정도관리/정도보증의 절차에 따라 시험하여 목표값보다 낮은 정량한계를 제시한 경우에는 정량한계 미만의 시험결과를 표시할 수 있다.

02 용액 및 시약 제조

(1) 용액의 농도단위

① 몰농도(M : Molarity)
② 규정농도(N : Normality) ⎫ 수질오염 개론편 참조

(2) 용액의 희석과 혼합

① 희석(稀釋) : 용액을 용매로 희석할 때 그 전후를 통하여 용질의 총량에는 변함이 없다.

$$NV = N'V'$$

여기서, N : 희석 전 농도
V : 희석 전 부피
N' : 희석 후 농도
V' : 희석 후 부피

② 혼합 : 농도가 상이한 두 용액을 혼합하여도 그 전후를 통하여 두 용질의 총량에는 변함이 없다.
a(W/W%)용액 x(g)와 b(W/W%)용액 y(g)를 혼합하여 c(W/W%) 용액 $(x+y)$(g)를 얻었다면

$$ax + by = c(x + y)$$

$$\frac{x}{y} = \frac{c - b}{a - c}$$

이를 도식(圖式)으로 나타내면

a ······ $(c - b) = x$ ······ x(g)

c

b ······ $(a - c) = y$ ······ y(g)

(이 경우 희석이라면 $b = 0$을 적용한다.)

🌱 상기 식은 %농도의 혼합이나 N농도의 혼합 등에 모두 적용이 가능하다.

(3) 표준용액(標準溶液, standard solution)

① 정량분석(용량분석)에 사용되는 정확한 농도(보통 N농도)가 알려진 기준용액을 표준용액(Std. Soln)이라 하며 적정에 소비된 표준용액을 적정액(titrant)이라 한다.
② 표준물질 : 정확한 표준액을 만들 때 조성을 잘 알 수 있는 안정된 물질로서, 가능한 순수하고 일정 조성을 갖고 있는 물질을 말하며 1차 표준(primary standard)이라 한다.
③ 1차 표준용액 : 순수한 표준물질(standard substance) x(g)당량을 정확하게 칭량하여, 물에 녹여 메스플라스크에 넣고, 다시 물을 채워 정확히 1L가 되게 하면 xN-표준용액이 된다(예 Na_2CO_3, $Na_2C_2O_4$, NaCl 표준액 등).
④ 2차 표준용액 : 시약이 불순물을 포함하거나 결정수 함량이 변하거나 또는 공기 중의 수분을 흡수하거나 이산화탄소(CO_2)에 의해 변질되는 경우는 정확한 칭량이 어렵고 또 별의미가 없으므

로 이런 경우에는 대략 칭량하여 목적농도에 최대한 가깝게 조제하여 농도를 알고 있는 1차 표준용액이나 기타 순수물질을 기준으로 하여 정확한 농도를 결정한다(예 NaOH, KMnO$_4$, HCl 표준액 등).

(4) factor와 농도

① factor : 시약을 조제하여 0.1000N의 용액을 만든다고 할 때 실제에 있어서는 상기 소정농도의 정확한 조제가 어렵고, 0.0998N이나 0.1025N 등과 같이 다소의 차이가 나기 마련이다. 이때는 조제된 용액의 농도를 0.1N(f=0.998) 또는 0.1N(f=1.025)로 나타내며, 여기서 표시된 f를 factor(농도계수, 농도보정계수)라 한다.

$$농도계수(f) = \frac{실제(조제)의\ N농도}{소정(이론)의\ N농도} = \frac{소정(이론)\ mL\ 수}{실제(실험)\ mL\ 수}$$

> f >1 : 조제한 용액이 소정의 농도보다 진하다.
> f <1 : 조제한 용액이 소정의 농도보다 묽다.

② 표정(標定, standardization) : 표준용액의 농도를 적정(滴定)에 의해 결정하는 조작을 말하며, 필요에 따라 시료용액에 일정량의 표준용액을 과량 가하여 충분히 반응시켜, 반응이 완료된 후 과잉량을 다른 적당한 표준용액으로 적정한다. 이 방법을 역적정(back titration)이라 한다.

03 정도보증/정도관리(QA/QC)

(1) 정도관리요소

① 바탕시료

㉠ 방법바탕시료(method blank) : 시료와 유사한 매질을 선택하여 추출, 농축, 정제 및 분석 과정에 따라 측정한 것을 말하며, 이때 매질, 실험절차, 시약 및 측정장비 등으로부터 발생하는 오염물질을 확인할 수 있다.

㉡ 시약바탕시료(reagent blank) : 시료를 사용하지 않고 추출, 농축, 정제 및 분석 과정에 따라 모든 시약과 용매를 처리하여 측정한 것을 말하며, 이때 실험절차, 시약 및 측정장비 등으로부터 발생하는 오염물질을 확인할 수 있다.

② 검정곡선(calibration curve) : 분석물질의 농도변화에 따른 지시값을 나타낸 것으로, 시료 중 분석대상물질의 농도를 포함하도록 범위를 설정하고, 검정곡선 작성용 표준용액은 가급적 시료의 매질과 비슷하게 제조하여야 한다. 작성방법으로는 검정곡선법, 표준물첨가법, 내부표준법 등이 있다.

(2) 검정곡선 작성법

① 검정곡선법(external standard method) : 시료의 농도와 지시값과의 상관성을 검정곡선식에 대입하여 작성하는 방법이다.

검정곡선은 직선성이 유지되는 농도범위 내에서 제조
농도 3~5개를 사용하며, 검정곡선 작성용 표준용액
의 농도와 지시값의 상관성을 1차식으로 표현하는 경
우 검정곡선식은 $y = ax + b$이다.

② **표준물첨가법**(standard addition method) : 시료와
동일한 매질에 일정량의 표준물질을 첨가하여 검정
곡선을 작성하는 방법으로서, 매질효과가 큰 시험분
석방법에서 분석대상시료와 동일한 매질의 표준시료
를 확보하지 못한 경우에 매질효과를 보정하여 분석
할 수 있는 방법이다.

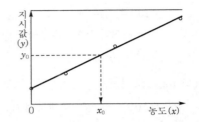

[그림 3-1] 검정곡선법에 의한 검정곡선

그림 3-2에서 **첨가농도에 대한 지시값의 검정곡선**을 도시하면, 시료의 농도는 $|x_0|$이다.

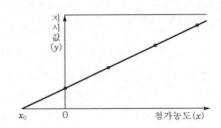

[그림 3-2] 표준물첨가법에 의한 검정곡선

③ **내부표준법**(internal standard calibration) : 검정곡선 작성용 표준용액과 시료에 동일한 양의 **내부
표준물질**을 첨가하여 시험분석 절차, 기기 또는 **시스템의 변동으로 발생하는 오차를 보정하기
위해 사용**하는 방법이다. 내부표준법은 시험, 분석하려는 성분과 물리·화학적 성질은 유사하나
시료에는 없는 순수물질을 내부표준물질로 선택한다. 일반적으로 내부표준물질로는 분석하려는
성분에 동위원소가 치환된 것을 많이 사용한다.

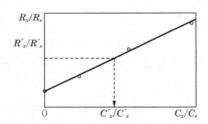

[그림 3-3] 내부표준법에 의한 검정곡선

검정곡선 작성을 위하여 가로축에 성분농도(C_x)와 내부표준물질농도(C_s)의 비(C_x / C_s)를 취하고,
세로축에는 분석성분의 지시값(R_x)과 내부표준물질 지시값 R_s 의 비(R_x / R_s)를 취하여 그림 3-3과
같이 작성한다.

④ 검정곡선의 검증

㉠ 검정곡선을 작성하고 얻어진 검정곡선의 **결정계수(R^2)** 또는 **감응계수**(RF : Response Factor)의 상대표준편차가 일정 수준 이내이어야 하며, 결정계수나 감응계수의 **상대표준편차**가 허용범위를 벗어나면 **재작성**하여야 한다.

㉡ 감응계수는 검정곡선 작성용 표준용액의 농도(C)에 대한 반응값(R : response)으로 다음과 같이 구한다.

$$감응계수 = \frac{R}{C}$$

㉢ 검정곡선은 분석할 때마다 작성하는 것이 원칙이며, 분석과정 중 검정곡선의 직선성을 검증하기 위하여 각 시료군(시료 20개 이내)마다 1회의 검정곡선검증을 실시한다.

㉣ 검증은 방법검출한계의 5~50배 또는 검정곡선의 중간농도에 해당하는 표준용액에 대한 측정값이 검정곡선 작성 시의 지시값과 10% 이내에서 일치하여야 한다. 만약 이 범위를 넘는 경우 검정곡선을 재작성하여야 한다.

(3) 검출한계

① 기기검출한계(IDL ; Instrument Detection Limit) : 시험분석대상물질을 기기가 검출할 수 있는 최소한의 농도 또는 양으로서, 일반적으로 S/N 비의 2~5배 농도 또는 바탕시료를 반복측정 분석한 결과의 표준편차(s)에 3배한 값 등을 말한다.

② 방법검출한계(MDL ; Method Detection Limit) : 시료와 비슷한 매질 중에서 시험분석대상을 검출할 수 있는 최소한의 농도로서, 제시된 정량한계 부근의 농도를 포함하도록 준비한 n개의 시료를 반복측정하여 얻은 결과의 표준편차(s)에 99% 신뢰도에서의 t - 분포값을 곱한 것이다.

$$방법검출한계 = t_{(n-1,\ a=0.01)} \times s$$

여기서 $t_{(n-1,\ a=0.01)}$는 아래의 표에서 구한다.

자유도($n-1$)	2	3	4	5	6	7	8	9
t-분포값	6.96	4.54	3.75	3.36	3.14	3.00	2.90	2.82

③ 정량한계(LOQ ; Limit Of Quantification)

시험분석대상을 정량화할 수 있는 측정값으로서, 제시된 정량한계 부근의 농도를 포함하도록 시료를 준비하고 이를 반복측정하여 얻은 결과의 표준편차(s)에 10배한 값을 사용한다.

$$정량한계 = 10 \times s$$

(4) 정밀도(precision)

시험분석 결과의 반복성을 나타내는 것으로 반복시험하여 얻은 결과를 상대표준편차(RSD ; Relative Standard Deviation)로 나타내며, 연속적으로 n회 측정한 결과의 평균값($\overline{x}$)과 표준편차(s)로 구한다.

$$정밀도(\%) = \frac{s}{x} \times 100$$

(5) 정확도(accuracy)

① 시험분석 결과가 참값에 얼마나 근접하는가를 나타내는 것으로, 동일한 매질의 인증시료를 확보할 수 있는 경우에는 표준절차서(SOP ; Standard Operational Procedure)에 따라 인증표준물질을 분석한 결과값(C_M)과 인증값(C_C)과의 상대백분율로 구한다.

② 인증시료를 확보할 수 없는 경우에는 해당 표준물질을 첨가하여 시료를 분석한 분석값(C_{AM})과 첨가하지 않은 시료의 분석값(C_S)과의 차이를 첨가농도(C_A)의 상대백분율 또는 회수율로 구한다.

$$정확도(\%) = \frac{C_M}{C_C} \times 100 = \frac{C_{AM} - C_S}{C_A} \times 100$$

01 공장폐수 및 하수 유량측정(流量測定)방법

(1) 측정일반

① 적용범위

[표 3-3] 폐수처리공정에서 유량측정장치의 적용

공 정 장 치	공장폐수 원수	1차 처리수	2차 처리수	1차 슬러지	반송 슬러지	농축 슬러지	포기액	공정수
벤투리미터	○	○	○	○	○	○	○	
유량측정용 노즐	○	○	○	○	○	○	○	○
오리피스								○
피토관								○
자기식 유량측정기	○	○	○	○	○	○		○

② 정밀도 및 정확도

벤투리미터와 유량측정노즐, 오리피스는 최대유속과 최소유속의 비율이 4 : 1이어야 하며 피토관은 3 : 1, 자기식 유량측정기는 10 : 1이다. 정확도는 유량측정기기로 측정한 것은 실제적으로 ±0.3~3% 정도의 차이를 갖는다. 정밀도의 경우(최대유량일 때) ±0.5~1%의 차이를 보이는 것으로 보아 거의 정확하다고 볼 수 있다(표 3-4).

[표 3-4] 유량계에 따른 정밀/정확도 및 최대유속과 최소유속의 비율

유량계	범위 (최대유량 : 최소유량)	정확도 (실제유량에 대한, %)	정밀도 (최대유량에 대한, %)
벤투리미터(venturi meter)	4 : 1	±1	±0.5
유량측정용 노즐(nozzle)	4 : 1	±0.3	±0.5
오리피스(orifice)	4 : 1	±1	±1
피토(pitot)관	3 : 1	±3	±1
자기식 유량측정기 (magnetic flow meter)	10 : 1	±1~2	±0.5

(2) 측정방법의 종류

① 관(pipe) 내의 유량측정방법(관 내에 압력이 존재하는 관수로의 흐름)

㉠ 벤투리미터(venturi meter)

ⓛ 유량측정용 노즐(nozzle)

ⓒ 오리피스(orifice)

ⓔ 피토(pitot)관

ⓜ 자기식 유량측정기(magnetic flow meter)

② 측정용 수로에 의한 유량측정방법

㉠ 위어(weir)

ⓛ 파샬 수로(Parshall flume)

③ 기타 유량측정방법

㉠ 용기에 의한 측정

ⓛ 개수로에 의한 측정

➤➤ 측정방법의 선택 : 폐·하수에는 부유물질 등 여러 가지 오염물질이 함유되어 있으며, 때때로 점성도 상당히 높으므로 폐·하수 유량측정은 부유물질로 인한 측정장애가 적고 침전물의 청소가 용이한 방법을 선택해야 하며, 수두손실이 가급적 적은 방법을 택하여야 한다.

(3) 관 내의 유량측정

① 측정방법의 특성

측정방식 및 구조	원리 및 특성
• 벤투리미터(venturi meter) 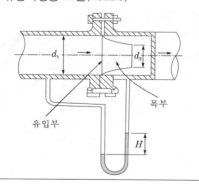	긴 관의 일부로서 단면이 작은 목(throat) 부분과 점점 축소, 점점 확대되는 단면을 가진 관으로, **축소부분에서 정역학적 수두의 일부는 속도수두로 변하게 되어 관의 목(throat) 부분의 정역학적 수두보다 적게 된다. 이러한 수두의 차에 의해 직접적으로 유량을 계산할 수 있다.** ※ 벤투리미터 설치는 관 내의 흐름이 완전히 발달하여 와류에 영향을 받지 않고 실질적으로 직선적인 흐름을 유지해야 하므로, 난류 발생에 원인이 되는 관로상의 점으로부터 충분히 하류지점에 설치해야 하며, 통상 관 직경의 약 30~50배 하류에 설치해야 효과적이다.
• 유량측정용 노즐(nozzle)	수두와 설치비용 이외에도 벤투리미터와 오리피스 간의 특성을 고려하여 만든 유량측정용 기구로서, 측정원리의 기본은 **정수압이 유속으로 변화하는 원리를 이용한 것이다.** 그러므로 벤투리미터의 유량공식을 노즐에도 이용할 수 있다. ※ 약간의 **고형부유물질이 포함된 폐·하수에도 적용할 수 있으며, 노즐출구의 분류는 속도분포가 고르기 때문에 관의 끝에 설치하여 유량계로서가 아닌 목적에도 쓰이고 있다.

측정방식 및 구조	원리 및 특성
• 오리피스(orifice) 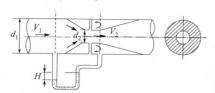	설치에 비용이 적게 들고 **비교적 유량측정이 정확하여 얇은 판 오리피스가 널리 이용되고 있으며 흐름의 수로 내에 설치한다. 오리피스를 사용하는 방법은 노즐(nozzle)이나 벤투리미터와 같다.** 오리피스의 장점은 단면이 축소되는 목(throat) 부분을 조절함으로써 유량이 조절된다는 점이며, 단점은 오리피스(orifice) 단면에서 **커다란 수두손실이 일어난다**는 점이다.
• 피토(Pitot)관 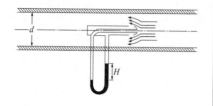	피토관의 유속은 마노미터에 나타나는 수두 차에 의하여 계산한다. 왼쪽의 관은 정수압을 측정하고 오른쪽의 관은 유속이 0인 상태인 정체압력(stagnation pressure)을 측정한다. 피토관으로 측정할 때는 반드시 일직선상의 관에서 이루어져야 하며, 관의 설치장소는 엘보(elbow), 티(tee) 등 관이 변화하는 지점으로부터 최소한 관지름의 15~50배 정도 떨어진 지점이어야 한다. ※ 부유물질이 많이 흐르는 폐·하수에서는 사용이 곤란하나 부유물질이 적은 대형관에서는 효율적인 유량측정기이다.
• 자기식 유량측정기 (magnetic flow meter) 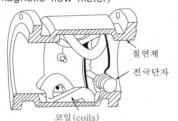 절연체 전극단자 코일(coils)	패러데이(Faraday)의 법칙을 이용하여 자장의 직각에서 전도체를 이동시킬 때 유발되는 전압은 전도체의 속도에 비례한다는 원리를 이용한 것으로, 이 경우 전도체는 폐·하수가 되며, 전도체의 속도는 유속이 된다. 이때 발생된 전압은 유량계 전극을 통하여 조절변류기로 전달된다. 이 측정기는 전압이 활성도, 탁도, 점성, 온도의 영향을 받지 않고 다만 유체(폐·하수)의 유속에 의하여 결정되며 수두손실이 적다. ※ 고형물질이 많아 관을 메울 우려가 있는 폐·하수에 이용할 수 있다.

② 측정공식

㉠ venturi meter, nozzle, orifice

$$Q = \frac{C \cdot A}{\sqrt{1 - \left(\dfrac{d_2}{d_1}\right)^4}} \sqrt{2gH}$$

여기서, Q : 유량(cm^3/s)

　　　C : 유량계수

　　　A : 목(throat) 또는 노즐 부분의 단면적(cm^2) $\left[= \dfrac{\pi d_2^2}{4} \right]$

　　　g : 중력가속도($980cm/s^2$)

　　　H : $H_1 - H_2$(수두차 : cm)

　　　　H_1 : 유입부 관중심부에서의 수두(cm)

　　　　H_2 : 목(throat)부의 수두(cm)

　　　d_1 : 유입부의 직경(cm)

　　　d_2 : 목(throat)부의 직경(cm)

ⓛ pitot tube

$$Q = C \cdot A \cdot V$$

여기서, Q : 유량(cm^3/s)

C : 유량계수

A : 관의 유수단면적(cm^2) $\left[= \dfrac{\pi D^2}{4}\right]$

V : $\sqrt{2g \cdot H}$ (cm/sec)

H : 수두차(cm)($H_s - H_0$)

g : 중력가속도($980cm/s^2$)

H_s : 정체압력수두(cm)

H_0 : 정수압수두(cm)

D : 관의 직경(cm)

ⓒ magnetic flow meter

연속방정식을 이용하여 유량측정함

$$Q = C \cdot A \cdot V$$

여기서, C : 유량계수

A : 관의 유수단면적(m^2)

V : 유속 $\left[= \dfrac{E}{B \cdot D} 10^6\right]$ (m/s)

E : 기전력

B : 자속밀도(gauss)

D : 관경(m)

(4) 측정용 수로(水路)에 의한 유량측정

> 개요

① 적용

ⓐ 공장, 하수 및 폐수 종말처리장 등의 원수(raw wastewater), 공정수, 배출수 등에서 공장폐수 원수(raw wastewater), 1차 처리수(primary effluent), 2차 처리수(secondary effluent), 공정수(process water) 등의 개수로 유량을 측정하는 데 사용한다.

ⓑ 관 내의 압력이 필요하지 않은 측정용 수로에서 유량을 측정하는 데 적용한다.

[표 3-5] 폐수처리공정에서 유량측정장치의 적용

공정 장치	공장폐수 원수	1차 처리수	2차 처리수	1차 슬러지	반송 슬러지	농축 슬러지	포기 혼합액	공정수
위어(weir)		○	○					○
플룸(flume)	○	○	○					○

② 정밀도와 정확도

ⓐ 위어의 최대유속과 최소유속의 비는 500 : 1에 해당한다.

ⓛ 파샬 수로는 최대유속과 최소유속의 비가 10 : 1~75 : 1에 해당하며 이 수치는 파샬 수로의 종류에 따라 변한다.

ⓒ 정확도는 ±5% 정도의 차이를 보이고 정밀도의 경우 역시 ±0.5% 차이를 보인다.

[표 3-6] 유량계에 따른 정밀/정확도 및 최대·최소 유속비

유량계	범위 (최대유량 : 최소유량)	정확도 (실제유량에 대한, %)	정밀도 (최대유량에 대한, %)
위어(weir)	500 : 1	±5	±0.5
파샬 수로(flume)	10 : 1~75 : 1	±5	±0.5

위어(weir)

① 위어의 종류 및 구조

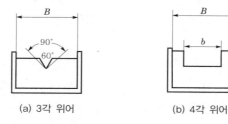

(a) 3각 위어   (b) 4각 위어

[그림 3-4] 위어의 구조

② 수로(水路)

㉠ 수로는 목재, 철판, PVC판, FRP 등을 이용하여 만들며 부식성을 고려하여 내구성이 강한 재질을 선택한다.

ⓛ 수로의 크기는 수로의 내부치수로 정하되 폐수량에 따라 적절하게 결정한다.

ⓒ 수로는 바닥면을 수평으로 하며 수위를 읽는 데 오차가 생기지 않도록 한다.

ⓔ 수로의 측면과 바닥면은 안측(內側)이 직각으로 접(接)하게 하고, 누수(漏水)가 없도록 하여야 한다.

ⓜ 위어판에 다가오는 흐름을 고르게 하여 수면의 파동이 없게 하기 위해 위어의 상류에 체(篩, 눈금의 간격 10~20mm,

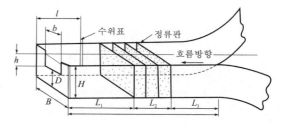

[그림 3-5] 위어의 수로(입체도)

철재의 체를 사용하여도 좋다.) 혹은 적당한 다공판(多孔板)으로 만든 정류장치를 마련한다. 그 위치는 따로 정한다.

ⓗ 위어의 수로는 위어로부터 상류로 향하여 수위측정부분(L_1), 정류부분(整流部分)(L_2), 유수도입부분(L_3)으로 되어 있으며 정류장치의 다공판은 2매 이상, 가능한 한 4매로 하고 정류부분에 같은 간격으로 유수에 직각 또는 수직으로 붙인다(그림 3-5).

ⓢ 유수의 도입부분은 상류측의 수로가 위어의 수로폭과 깊이보다 클 경우에는 없어도 좋다. 저수량(貯水量)은 될수록 큰 편이 좋다.

③ 위어판의 구조

    ㉠ 위어판의 재료는 3mm 이상의 두께를 갖는 내구성이 강한 철판
으로 한다.

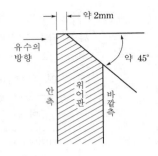

    ㉡ 위어판의 가장자리는 그림 3-6에 표시하는 것과 같이 위어판의
안측으로부터 약 2mm의 사이는 위어판의 양측면에 직각인 평
면을 이루고, 그것으로부터 바깥쪽으로 향하여 약 45°의 경사면
을 이루는 것으로 한다.

    ㉢ 위어판 안측의 가장자리는 직선이어야 하며, 그 귀퉁이는 날카
롭거나 둥글지 않게 줄로 다듬는다.

[그림 3-6] 위어판의 가장자리

    ㉣ 위어판의 내면은 평면이어야 하며 특히, 가장자리로부터 100mm 이내는 될수록 매끄럽게 다듬는다.

    ㉤ 위어판은 수로의 장축에 직각 또는 수직으로 하여 말단의 바깥틀에 누수가 없도록 고정한다.

    ㉥ 위어를 만들 때의 주요 크기는 다음과 같이 한다.

직각 3각 위어

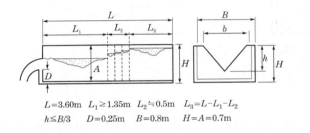

$L=3.60\text{m}$ $L_1 \geq 1.35\text{m}$ $L_2 \fallingdotseq 0.5\text{m}$ $L_3 = L - L_1 - L_2$

$h \leq B/3$ $D=0.25\text{m}$ $B=0.8\text{m}$ $H=A=0.7\text{m}$

[그림 3-7] 직각 3각 위어의 구조 및 치수

직각 4각 위어

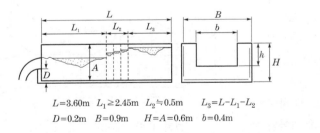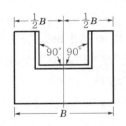

$L=3.60\text{m}$ $L_1 \geq 2.45\text{m}$ $L_2 \fallingdotseq 0.5\text{m}$ $L_3 = L - L_1 - L_2$

$D=0.2\text{m}$ $B=0.9\text{m}$ $H=A=0.6\text{m}$ $b=0.4\text{m}$

[그림 3-8] 4각 위어의 구조 및 치수

④ 수두(水頭)의 측정방법

    ㉠ 수두란 위어의 상류측 수두측정부분의 수위와 절단 하부점(직각 3각 위어) 또는 절단 하부모
서리 중앙(4각 위어)과의 수직거리를 말한다.

    ㉡ 수두의 측정장소는 위어판 내면으로부터 300mm 상류인 곳으로 하고, 그 위치를 표시하기 위하
여 적당한 철제기구를 사용하여 수로의 측벽 윗면에 고정하여 표시한다.

    ㉢ 그림 3-9는 그 상면에 측정위치를 표시하는 기선을 유수방향의 직각으로 새겨 유수에 면(面)한
측변은 자기눈금을 읽기 쉽도록 예각(銳角)으로 하여 그 능선을 수위측정기선(基線)으로 한다.

ⓔ 유량산출의 기초가 되는 수두측정치는 $a-b$, 즉 영점수위측정치(mm)－흐름의 수위측정치 (mm)＝측정수두(mm)로 한다(그림 3-10).

ⓜ 수두의 측정은 위어를 넘어서 흘러내리는 물이 위어판 바깥측에 닿지 않는 상태로 행한다.

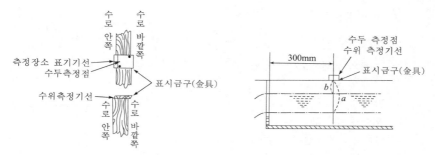

[그림 3-9] 수두의 측정장소   [그림 3-10] 수위의 측정위치

⑤ 유량의 산출

　㉠ 직각 3각 위어

$$Q= K \cdot h^{\frac{5}{2}}$$

　　여기서, Q : 유량(m³/분)

　　　　　K : 유량계수＝$81.2+\dfrac{0.24}{h}+\left[8.4+\dfrac{12}{\sqrt{D}}\right]\times\left[\dfrac{h}{B}-0.09\right]^{2}$

　　　　　D : 수로의 밑면으로부터 절단 하부점까지의 높이(m)

　　　　　B : 수로의 폭(m)

　　　　　h : 위어의 수두(m)

　　　　　이 계산식의 적용범위는 다음과 같다.

　　　　　B : 0.5~1.2m

　　　　　D : 0.1~0.75m

　　　　　h : 0.07~0.26m $<\dfrac{B}{3}$

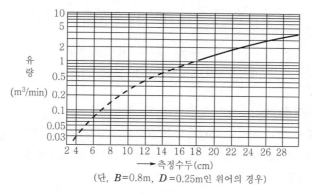

(단, $B=0.8$m, $D=0.25$m인 위어의 경우)

[그림 3-11] 직각 3각 위어의 수두와 유량

ⓛ 4각 위어

$$Q = K \cdot b \cdot h^{\frac{3}{2}}$$

여기서, Q : 유량(m^3/분)

K : 유량계수 $= 107.1 + \dfrac{0.177}{h} + 14.2\dfrac{h}{D} - 25.7 \times \sqrt{\dfrac{(B-b)h}{DB}} + 2.04\sqrt{\dfrac{B}{D}}$

D : 수로의 밑면으로부터 절단 하부 모서리까지의 높이(m)

B : 수로의 폭(m)

b : 절단의 폭(m)

h : 위어의 수두(m)

이 계산식의 적용범위는 다음과 같다.

B : 0.5~6.3m

b : 0.15~5m

D : 0.15~3.5m

$\dfrac{6D}{B^2}$: 0.06m 이상

h : 0.03~0.45$\sqrt{b}$ (m)

그림 3-8 크기대로 만들었을 경우에는 그림 3-12에 측정수두와 유량의 관계를 그래프(graph)로 표시하였으므로, 이 그래프로부터 유효숫자 2자리(3자리째를 반올림)까지 측정수두에 대한 유량을 읽어 이것을 측정유량으로 한다.

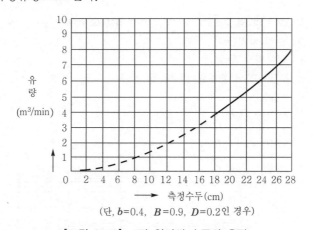

(단, b=0.4, B=0.9, D=0.2인 경우)

[그림 3-12] 4각 위어의 수두와 유량

파샬 수로(Parshall flume)

① 특성 및 형태 : 수두 차가 작아도 유량측정의 정확도가 양호하며 측정하려는 폐·하수 중에 부유물질 또는 토사 등이 많이 섞여 있는 경우에도 목(throat) 부분에서의 유속이 상당히 빠르므로 부유물질의 침전이 적고 자연유하가 가능하다(그림 3-13).

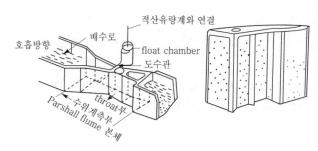

[그림 3-13] 파샬 수로의 개략도

② 재질 : 부식에 대한 내구성이 강한 스테인리스 강판, 염화비닐합성수지, 섬유유리, 강철판, 콘크리트 등을 이용하여 설치하되 면처리는 매끄럽게 하여 가급적 마찰로 인한 수두손실을 적게 한다.

> **유량측정공식(경험식)**
> 목(throat)의 폭(w)=15.2cm일 경우
> $Q=0.264\mathrm{H_a}^{1.18}$(L/sec)
> 여기서, H_a : 상류부의 수위(cm)

(5) 용기에 의한 유량측정

① 최대유량이 1m³/분 미만인 경우

㉮ 유수(流水)를 용기에 받아서 측정한다.

㉯ 용기는 용량 100~200L인 것을 사용하여 유수를 채우는 데 요하는 시간을 스톱 워치(stop watch)로 잰다.

㉰ 용기에 물을 받아 넣는 시간을 20초 이상이 되도록 용량을 결정한다.

㉱ 다음 계산식에 의하여 그 유량을 구한다.

$$Q= 60\frac{V}{t}$$

여기서, Q : 유량(m³/분)
V : 측정용기의 용량(m³)
t : 유수가 용량 V를 채우는 데 걸린 시간(s)

② 최대유량이 1m³/분 이상인 경우

㉠ 이 경우는 침전지, 저수지 기타 적당한 수조(水槽)를 이용한다.

㉡ 수조가 작은 경우는 한 번 수조를 비우고서 유수가 수조를 채우는 데 걸리는 시간으로부터 최대유량이 1m³/분 미만인 경우와 동일한 방법으로 유량을 구한다.

㉢ 수조가 큰 경우는 유입시간에 있어서 유수의 부피는 상승한 수위와 상승수면의 평균표면적(平均表面積)의 계측에 의하여 유량을 산출한다. 이 경우 측정시간은 5분 정도, 수위의 상승속도는 적어도 매분 1cm 이상이어야 한다.

(6) 개수로에 의한 유량측정

① 수로의 구성재질(構成材質)과 수로단면의 형상이 일정하고 수로의 길이가 적어도 10m까지 똑바른 경우

㉠ 직선수로의 구배(勾配)와 횡단면을 측정하고 이어서 자(尺) 등으로 수로폭 간의 수위를 측정한다.

㉡ 다음의 식을 사용하여 유량을 계산한다. 평균유속은 케이지(Chezy)의 유속공식에 의한다.

$$Q = 60 V \cdot A$$

여기서, Q : 유량(m^3/분), V : 평균유속($= C\sqrt{RI}$)(m/초)
A : 유수단면적(m^2)
I : 홈바닥의 구배(勾配, 비율)
C : 유속계수(Bazin의 공식)

$$C = \frac{87}{1 + \dfrac{r}{\sqrt{R}}} \text{(m/s)}$$

단, r은 수로의 매끄러운 정도를 나타내는 상수로서 표 3-7과 같다.

[표 3-7] Bazin의 조도(粗度)상수 r의 값

수로의 특성	r
• 모르타르(mortar)의 바름, 대패로 민 목재판, 기타 곱게 시공(施工)을 했거나 매끄러운 면	0.06
• 곱게 다듬은 판바름, 절석공(切石工) 또는 연와공 등의 매끄러운 면	0.16
• 콘크리트로 만든 수로	0.30
• 보통 다듬돌로 쌓은 수로, 거친 콘크리트 등의 조잡한 면	0.46
• 정규(正規)의 단면으로 장석(張石)을 쌓은 수로	0.85
• 단면이 비교적 정돈된 보통의 하천	1.30

R : 경심(徑深)(유수단면적 A를 윤변(潤邊) S로 나눈 것(m))

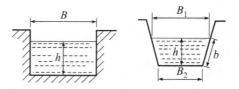

[그림 3-14] 개수로의 형태

㉢ 경심 R은 다음 식에 의하여 구한다.

• $R = A/S$로 하여 그림 3-14로부터

장방형(長方形)일 때	제형(梯形)일 때
$A = Bh$	$A = \dfrac{h(B_1 + B_2)}{2}$
$S = B + 2h$	$S = B_2 + 2b$
$R = \dfrac{Bh}{B + 2h}$	$R = \dfrac{h(B_1 + B_2)}{2(B_2 + 2b)}$

② 수로의 구성, 재질, 수로단면의 형상, 구배 등이 일정하지 않은 개수로(開水路)의 경우
　　㉠ 수로는 될수록 직선적이며, 수면이 물결치지 않는 곳을 고른다.
　　㉡ 10m를 측정구간으로 하여 2m마다 유수의 횡단면적을 측정하고, 산술평균값을 구하여 유수의
　　　 평균단면적으로 한다.
　　㉢ 유속의 측정은 부표를 사용하여 10m 구간을 흐르는 데 걸리는 시간을 스톱 워치(stop watch)
　　　 로 재며 이때 실측유속(實測流速)을 표면최대유속으로 한다.
　　㉣ 수로의 수량(水量)은 다음 식을 사용하여 계산한다.

$$V = 0.75 V_e$$

　　　 여기서, V : 총 평균유속(m/s)
　　　　　　　V_e : 표면최대유속(m/s)

$$Q = 60 V \cdot A$$

　　　 여기서, Q : 유량(m³/분)
　　　　　　　V : 총 평균유속(m/s)
　　　　　　　A : 측정구간 유수의 평균단면적(m²)

(7) 유량의 측정조건 및 측정치의 정리와 표시

① 폐·하수의 유량조사에 있어서는 배출시설(공장, 사업장 등)의 조업기간 중에 있어서 가능한 한
　 처리량, 운전시간, 설비가동상태에 이상이 없는 날을 택하여 조사한다. 1일 조업시간을 1단위로
　 한다.
② 조사 당일은 그날의 조업개시시간부터 원칙적으로 10분 또는 15분마다 반드시 일정 간격으로
　 폐·하수량을 측정하며, 당일의 조업이 끝나고 다음날(翌日)의 조업이 시작될 때까지, 혹은 당일
　 의 조업이 끝나고 다음 조업이 시작될 때까지 폐·하수가 흐르는 경우에는 폐·하수의 방류가
　 종료될 때까지 측정을 계속한다. 다만, 유량에 변화가 없을 경우에는, 상기의 시간간격을 적의(適
　 宜) 연장하여도 무방하다.
③ 한 조사단위에 있어서 동일 간격으로 측정한 유량측정치는 다음과 같다.
　　㉠ 그래프(graph)에 조업시간과 유량과의 관계를 표시한다.
　　㉡ 측정치의 산술평균값을 계산하여 평균유량으로 한다.
　　㉢ 측정치의 최대값을 가지고 최대유량측정값으로 한다.
　　이상 3개항에 해당 배수량을 나타낸다.
④ 측정을 계속하는 중에 배출시설(공장, 사업장 등)의 조업상태가 나쁘거나 다른 이상이 있거나 폐·
　 하수의 유량에 유의(有意)한 변화가 있어 측정치에 영향이 있을 경우에는 재측정을 한다.

02 하천 유량측정방법

(1) 측정방식(방법명)

① 유속-면적법(velocity-area method) : 하천 유역의 수위, 유량, 유사량, 하상의 변동 상황과 강수량과 유출량을 측정하여 하천의 오염 정도를 측정한다.

(2) 적용범위

이 시험기준은 단면의 폭이 크며 유량이 일정한 곳에 활용하기에 적합하다.

① 균일한 유속분포를 확보하기 위한 충분한 길이(약 100m 이상)의 직선 하도(河道)의 확보가 가능하고 횡단면상의 수심이 균일한 지점

② 모든 유량규모에서 하나의 하도로 형성되는 지점

③ 가능하면 하상이 안정되어 있고, 식생의 성장이 없는 지점

④ 유속계나 부자가 어디에서나 유효하게 잠길 수 있을 정도의 충분한 수심이 확보되는 지점

>> 유속계나 부자가 어디에서나 유효하게 잠길 수 있을 정도의 충분한 수심이 확보되는 지점이어야 하고, 기존의 자료를 얻을 수 있는 수위표지점으로부터 1km 이내(수위가 급변하는 경우 가능하면 수위 관측소 주변)인 지점에서 측정하면 좋다.

⑤ 합류나 분류가 없는 지점

⑥ 교량 등 구조물 근처에서 측정할 경우 교량의 상류지점

⑦ 대규모 하천을 제외하고 가능하면 도섭(徒涉)으로 측정할 수 있는 지점

⑧ 선정된 유량측정지점에서 말뚝을 박아 동일단면에서 유량측정을 수행할 수 있는 지점

(3) 측정장비

① 유속계

② 초음파 유속계(ADV) : 도플러(Doppler) 효과를 이용하며, 얕은 수심, 저유속에서 정확도가 높다.

③ 도섭봉 : 수심측정(유속계 부착 가능)

④ 청음장치(헤드폰)

(4) 측정방법

① 유황(流況)이 일정하고 하상의 상태가 고른 지점을 선정하여 물이 흐르는 방향과 직각이 되도록 하천의 양끝을 로프로 고정하고 등간격으로 측정점을 정한다.

② 그림 3-15와 같이 통수단면을 여러 개의 소구간단면으로 나누어 각 소구간마다 수심 및 유속계로 1~2개의 점 유속을 측정하고 소구간단면의 **평균유속** 및 **단면적**을 구한다. 이 평균유속에 소구간단면적을 곱하여 소구간유량(q_m)으로 한다.

③ 소구간단면에 있어서 평균유속 V_m은

ㄱ 수심이 0.4m 미만일 때 : $V_m = V_{0.6}$

ㄴ 수심이 0.4m 이상일 때 : $V_m = (V_{0.2} + V_{0.8}) \times 1/2$

$V_{0.2}$, $V_{0.6}$, $V_{0.8}$은 각각 수면으로부터 전 수심의 20%, 60% 및 80%인 점의 유속이다.

$$Q = q_1 + q_2 + \cdots + q_m$$

여기서, Q : 총 유량

q_m : 소구간유량

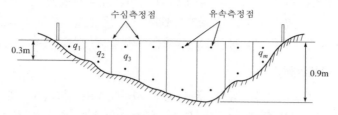

[그림 3-15] 유속-면적법에 의한 유량측정방법

03 시료 채취(採取) 및 보존(保存) 방법

(1) 배출허용기준 적합여부 판정을 위한 시료채취

배출허용기준 적합여부 판정을 위하여 채취하는 시료는 시료의 성상, 유량, 유속 등의 시간에 따른 변화를 고려하여 현장 물의 성질을 대표할 수 있도록 채취하여야 하며, 복수채취를 원칙으로 한다. 단, 신속한 대응이 필요한 경우 등 복수채취가 불합리한 경우에는 예외로 할 수 있다.

① 복수시료 채취방법 등

㉠ 수동으로 시료를 채취할 경우에는 30분 이상 간격으로 2회 이상 채취(composite sample)하여 일정량의 단일시료로 한다. 단, 부득이한 사유로 6시간 이상 간격으로 채취한 시료는 각각 측정·분석한 후 산술평균하여 측정분석값을 산출한다(2개 이상의 시료를 각각 측정·분석한 후 산술평균한 결과 배출허용기준을 초과한 경우의 위반일 적용은 최초 배출허용기준이 초과된 시료의 채취일을 기준으로 한다).

㉡ 자동시료채취기로 시료를 채취할 경우에는 6시간 이내에 30분 이상 간격으로 2회 이상 채취(composite sample)하여 일정량의 단일시료로 한다.

㉢ 수소이온농도(pH), 수온 등 현장에서 즉시 측정·분석하여야 하는 항목인 경우에는 30분 이상 간격으로 2회 이상 측정·분석한 후 산술평균하여 측정분석값을 산출한다(단, pH의 경우 2회 이상 측정한 값을 pH 7을 기준으로 산과 알칼리로 구분하여 평균값을 산정하고, 산정한 평균값 중 배출허용기준을 많이 초과한 평균값을 측정분석값으로 함).

㉣ 시안(CN), 노말헥산 추출물질, 대장균군 등 시료채취기구 등에 의해 시료의 성분이 유실 또는 변질 등의 우려가 있는 경우에는 30분 이상 간격으로 2개 이상의 시료를 채취하여 각각 측정·분석한 후 산술평균하여 측정분석값을 산출한다(단, 복수시료 채취과정에서 시료성분의 유실 또는 변질 등의 우려가 없는 경우는 ㉠의 방법으로 할 수 있다).

② 복수시료 채취방법 적용을 제외할 수 있는 경우

㉠ 환경오염사고 또는 취약시간대(일요일, 공휴일 및 평일 18:00~09:00 등)의 환경오염감시 등 신속한 대응이 필요한 경우

㉡ 「물환경보전법」 제38조 제1항의 규정에 의한 비정상적 행위를 할 경우

㉢ 사업장 내에서 발생하는 폐수를 회분식(batch식) 등 간헐적으로 처리하여 방류하는 경우

㉣ 기타 부득이 복수시료 채취방법으로 시료를 채취할 수 없을 경우

(2) 수질조사를 위한 시료채취

① 하천수 : 시료는 시료의 성상, 유량, 유속 등의 시간에 따른 변화(폐수의 경우 조업상황 등)를 고려하여 현장 물의 성질을 대표할 수 있도록 채취하여야 하며, 수질 또는 유량의 변화가 심하다고 판단될 때에는 오염상태를 잘 알 수 있도록 시료의 채취횟수를 늘려야 한다. 이때에는 채취 시의 유량에 비례하여 시료를 서로 섞은 다음 단일시료로 한다.

② 지하수 : 지하수 침전물로부터 오염을 피하기 위하여 보존 전에 현장에서 여과($0.45\mu m$)하는 것을 권장한다(단, 기타 휘발성 유기화합물과 민감한 무기화합물질을 함유한 시료는 그대로 보관한다).

(3) 시료채취 시 유의사항

① 시료는 목적시료의 성질을 대표할 수 있는 위치에서 시료채취용기 또는 채수기를 사용하여 채취하여야 하며, 채취용기는 시료를 채우기 전에 시료로 3회 이상 씻은 다음 사용한다.

② 유류 또는 부유물질 등이 함유된 시료는 시료의 균질성이 유지될 수 있도록 채취하여야 하며, 침전물 등이 부상하여 혼입되어서는 안 된다.

③ 용존가스, 환원성 물질, 휘발성 유기화합물, 냄새, 유류 및 수소이온 등을 측정하기 위한 시료를 채취할 때에는 운반 중 공기와의 접촉이 없도록 시료용기에 가득 채운 후 빠르게 뚜껑을 닫는다.

㉠ 휘발성 유기화합물 분석용 시료를 채취할 때에는 뚜껑의 격막을 만지지 않도록 주의하여야 한다.

㉡ 병을 뒤집어 공기방울이 확인되면 다시 채취하여야 한다.

④ 시료채취용기에 시료를 채울 때에는 어떠한 경우에도 시료의 교란이 일어나서는 안 되며, 가능한 한 공기와 접촉하는 시간을 짧게 하여 채취한다.

⑤ 현장에서 용존산소측정이 어려운 경우에는 시료를 가득 채운 300mL BOD병에 황산망간 용액 1mL와 알칼리성 요오드화칼륨─아자이드화나트륨 용액 1mL를 넣고 기포가 남지 않게 조심하여 마개를 닫고 수회 병을 회전하고 암소에 보관하여 8시간 이내에 측정한다.

⑥ 시료채취량은 시험항목 및 시험횟수에 따라 차이가 있으나 보통 3~5L 정도이어야 한다. 다만, 시료를 즉시 실험할 수 없어 보존하여야 할 경우 또는 시험항목에 따라 각각 다른 채취용기를 사용하여야 할 경우에는 시료채취량을 적절히 증감할 수 있다.

⑦ 시료채취 시에 시료채취기간, 보존제 사용여부, 매질 등 분석결과에 영향을 미칠 수 있는 사항을 기재하여 분석자가 참고할 수 있도록 한다.

⑧ 지하수시료는 취수정 내에 고여 있는 물과 원래 지하수의 성상이 달라질 수 있으므로 고여 있는 물을 충분히 퍼낸 다음 새로 나온 물을 채취한다. 이 경우 퍼내는 양은 고여 있는 물의 4~5배 정도이나 pH 및 전기전도도를 연속적으로 측정하여 이 값이 평형을 이룰 때까지로 한다.

⑨ 지하수시료채취 시 심부층의 경우 저속양수펌프 등을 이용하여 반드시 저속시료채취하여 시료교란을 최소화하여야 하며, 천부층의 경우 저속양수펌프 또는 정량이송펌프 등을 사용한다.

⑩ 냄새 측정을 위한 시료채취 시 유리기구류는 사용 직전에 새로 세척하여 사용한다. 먼저 냄새 없는 세제로 닦은 후 정제수로 닦아 사용하고, 고무 또는 플라스틱 재질의 마개는 사용하지 않는다.

⑪ 총 유기탄소를 측정하기 위한 시료채취 시 시료병은 가능한 외부의 오염이 없어야 하며, 이를 확인하기 위해 바탕시료를 시험해 본다. 시료병은 폴리테트라플루오로에틸렌(PTFE ; polytetra-fluoroethylene)으로 처리된 고무마개를 사용하며, 암소에서 보관하며 깨끗하지 않은 시료병은 사용하기 전에는 산세척하고, 알루미늄호일로 포장하여 400℃ 회화로에서 1시간 이상 구워 냉각한 것을 사용한다.

⑫ 퍼클로레이트를 측정하기 위한 시료채취 시 시료용기를 질산 및 정제수로 씻은 후 사용하며, 시료채취 시 시료병의 2/3를 채운다.

⑬ 저농도 수은(0.0002mg/L 이하)시료를 채취하기 위한 시료용기는 채취 전에 미리 다음과 같이 준비한다. 우선 염산용액(4M)이나 진한 질산을 채워 내산성 플라스틱 덮개를 이용하여 오목한 부분이 밑에 오도록 덮고 가열판을 이용하여 48시간 동안 65~75℃가 되도록 한다(후두에서 실시한다). 실온으로 식힌 후 정제수로 3회 이상 헹구고, 염산용액(1%) 세정수로 다시 채운다. 마개를 막고 60℃~70℃에서 하루 이상 부식성에 강한 깨끗한 오븐에 보관한다. 실온으로 다시 식힌 후 정제수로 3회 이상 헹구고, 염산용액(0.4%)으로 채워서 클린 벤치에 넣고 용기 외벽을 완전히 건조시킨다. 건조된 용기를 밀봉하여 폴리에틸렌 지퍼백으로 이중 포장하고 사용 시까지 플라스틱이나 목재상자에 넣어 보관한다.

⑭ 다이에틸헥실프탈레이트를 측정하기 위한 시료채취 시 스테인리스강이나 유리재질의 시료채취기를 사용한다. 플라스틱 시료채취나 튜브 사용을 피하고 불가피한 경우 시료채취량의 5배 이상을 흘려보낸 다음 채취하며, 갈색 유리병에 시료를 공간이 없도록 채우고 폴리테트라플루오로에틸렌(PTFE : polytetrafluoroethylene) 마개(또는 알루미늄호일)나 유리마개로 밀봉한다. 시료병을 미리 시료로 헹구지 않는다.

⑮ 1,4-다이옥산, 염화비닐, 아크릴로니트릴, 브로모폼을 측정하기 위한 시료용기는 갈색 유리병을 사용하고, 사용 전 미리 질산 및 정제수로 씻은 다음, 아세톤으로 세정한 후 120℃에서 2시간 정도 가열한 후 방랭하여 준비한다. 시료에 산을 가하였을 때에 거품이 생기면 그 시료는 버리고 산을 가하지 않은 시료를 채취한다.

⑯ 미생물 시료는 멸균된 용기를 이용하여 무균적으로 채취하여야 하며, 시료채취 직전에 물속에서 채수병의 뚜껑을 열고 폴리글로브를 착용하는 등 신체접촉에 의한 오염이 발생하지 않도록 유의하여야 한다.

⑰ 물벼룩 급성 독성을 측정하기 위한 시료용기와 배양용기는 자주 사용하는 경우 내벽에 석회성분이 침적되므로 주기적으로 묽은 염산 용액에 담가 제거한 후 세척하여 사용하고, 농약, 휘발성 유기화합물, 기름 성분이 시험수에 포함된 경우에는 시험 후 시험용기 세척 시 '뜨거운 비눗물 세척-헹굼-아세톤 세척-헹굼'과정을 추가한다. 시험수의 유해성이 금속성분에 기인한다고 판단되는 경우, 시험 후 시험용기 세척 시 '묽은 염산(10%) 세척 혹은 질산 용액 세척-헹굼'과정을 추가한다.

⑱ 식물성플랑크톤을 측정하기 위한 시료채취 시 플랑크톤 네트(mesh size 25μm)를 이용한 정성채집과, 반도런(Van-Doren) 채수기 또는 채수병을 이용한 정량채집을 병행한다. 정성채집 시 플랑크톤 네트는 수평 및 수직으로 수회씩 끌어 채집한다.

⑲ 채취된 시료는 즉시 실험하여야 하며, 그렇지 못한 경우에는 시료의 보존방법에 따라 보존하고 규정된 시간 내에 실험하여야 한다.

> 🌱 **수질연속자동측정기의 설치 시 취수구의 위치**
>
> 취수구의 위치는 수면하 10cm 이상, 바닥으로부터 15cm를 유지하여 동절기의 결빙을 방지하고 바닥퇴적물이 유입되지 않도록 하되, 불가피한 경우는 수면하 5cm에서 채수할 수 있다.

(4) 시료채취지점

① 배출시설 등의 폐수

　㉠ 폐수의 성질을 대표할 수 있는 곳(그림 3-16)에서 채취한다.

　㉡ 폐수의 방류수로가 한 지점 이상일 때에는 각 수로별로 채취하여 별개의 시료로 하며 필요에 따라 부지경계선 외부의 배출구수로에서도 채취할 수 있다.

　㉢ 시료채취 시 우수나 조업목적 이외의 물이 포함되지 말아야 한다.

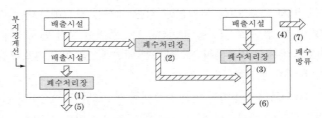

- 당연 채취지점 : (1), (2), (3), (4)
- 필요시 채취지점 : (5), (6), (7)
- (1), (2), (3) : 방지시설 최초방류지점
- (4) : 배출시설 최초방류지점
  (방지시설을 거치지 않을 경우)
- (5), (6), (7) : 부지경계선 외부배출수로

[그림 3-16] 시료채취지점 예시

② 하천수

　㉠ 하천수의 오염 및 용수의 목적에 따라 채수지점을 선정한다. 하천본류와 하천지류가 합류하는 경우에는 그림 3-17의 합류 이전의 각 지점과 합류 이후 충분히 혼합된 지점에서 각각 채수한다.

　㉡ 하천의 단면에서 수심이 가장 깊은 수면의 지점과 그 지점을 중심으로 하여, 좌우로 수면 폭을 2등분한 각각의 지점의 수면으로부터 수심이 2m 미만일 때에는 수심의 1/3에서, 수심이 2m 이상일 때에는 수심의 1/3 및 2/3에서 각각 채수한다(그림 3-18).

　㉢ 기타 ㉠, ㉡항 이외의 경우에는 시료채취 목적에 따라 필요하다고 판단되는 지점 및 위치에서 채수한다.

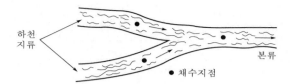

[그림 3-17] 하천수 채수지점

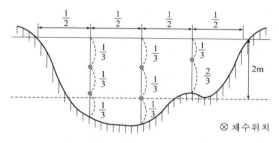

[그림 3-18] 하천수 채수위치(단면)

(5) 시료의 보존방법

① 채취한 시료를 즉시 실험할 수 없을 때에는 따로 규정이 없는 한 다음 표의 보존방법에 따라 보존하고 어떠한 경우에도 보존기간 이내에 실험을 끝내야 한다.

[표 3-8] 시료의 보존방법 및 보존기간

측정항목	시료용기	보존방법	최대보존기간 (권장보존기간)
온도	P, G	–	즉시 측정
수소이온농도	P, G	–	즉시 측정
용존산소 전극법	BOD병	–	즉시 측정
적정법(윙클러법)	BOD병	즉시 용존산소 고정 후 암소보관	8시간
생물화학적 산소요구량	P, G	4℃ 보관	48시간(6시간)
화학적 산소요구량	P, G	4℃ 보관, H_2SO_4로 pH 2 이하	28일(7일)
색도	P, G	4℃ 보관	48시간
탁도	P, G	4℃ 냉암소에서 보관	48시간(24시간)
냄새	G	가능한 한 즉시 분석 또는 냉장보관	6시간
부유물질	P, G	4℃ 보관	7일
염소이온	P, G	–	28일
잔류염소	G(갈색)	즉시 분석	–
전기전도도	P, G	4℃ 보관	24시간
노말헥산 추출물질	G	4℃, H_2SO_4로 pH 2 이하 (채취한 시료전량을 취하여 실험)	28일
암모니아성 질소	P, G	4℃, H_2SO_4로 pH 2 이하	28일(7일)
아질산성 질소	P, G	4℃ 보관	48시간(즉시)
질산성 질소	P, G	4℃ 보관	48시간

측정항목		시료용기	보존방법	최대보존기간 (권장보존기간)
총 질소(용존 총 질소)		P, G	4℃, H₂SO₄로 pH 2 이하	28(7일)
인산염인		P, G	즉시 여과한 후 4℃ 보관	48시간
총 인(용존 총 인)		P, G	4℃, H₂SO₄로 pH 2 이하	28일
페놀류		G	4℃ 보관, H₃PO₄로 pH 4 이하 조정한 후 CuSO₄ 1g/L 첨가	28일
퍼클로레이트		P, G	6℃ 이하 보관, 현장에서 멸균된 여과지로 여과	28일
황산이온		P, G	6℃ 이하 보관	28일(48시간)
시안		P, G	4℃ 보관, NaOH로 pH 12 이상 (잔류염소가 공존할 경우 아스코빈산 1g/L 첨가)	14일(24시간)
불소		P	−	28일
브롬이온		P, G	−	28일
6가 크롬		P, G	4℃ 보관	24시간
금속류(일반)		P, G	시료 1L당 HNO₃ 2mL 첨가	6개월
비소		P, G	시료 1L당 HNO₃ 1.5mL로 pH 2 이하	6개월
셀레늄		P, G	시료 1L당 HNO₃ 1.5mL로 pH 2 이하	6개월
수은(0.2μg/L이하)		P, G	시료 1L당 HCl(12M) 5mL 첨가	28일
알킬수은		P, G	C−HNO₃ 2mL/L	1개월
유기인		G	4℃ 보관, HCl로 pH 5~9	7일(추출 후 40일)
폴리클로리네이티드 비페닐(PCB)		G	4℃ 보관, HCl로 pH 5~9	7일(추출 후 40일)
음이온 계면활성제		P, G	4℃ 보관	48시간
클로로필−a		P, G	즉시 여과하여 −20℃ 이하에서 보관	7일(24시간)
분원성 대장균군, 대장균군		P, G	저온(10℃ 이하)	24시간
총대장균군	환경기준 적용시료	P, G	저온(10℃ 이하)	24시간
	배출허용기준 및 방류수기준 적용시료	P, G	저온(10℃ 이하)	6시간
휘발성 유기화합물		G	냉장보관 또는 HCl을 가하여 pH<2로 조정 후 4℃ 냉암소 보관	7일(추출 후 14일)
식물성플랑크톤 (조류)		P, G	즉시 분석 또는 포르말린 용액을 시료의 (3~5)% 가하거나, 글루타르 알데하이드 또는 루골용액을 시료의(1~2)% 가하여 냉암소에 보관	6개월
석유계 총 탄화수소		G(갈색)	4℃ 보관, H₂SO₄ 또는 HCl로 pH 2 이하	7일 이내 추출, 추출 후 40일
염화비닐, 아크릴로 니트릴, 브로모포름		G(갈색)	HCl(1+1)을 시료 10mL당 1~2방울씩 가하여 pH 2 이하	14일
다이에틸헥실프탈레이트		G(갈색)	4℃ 보관	7일(추출 후 40일)

측정항목	시료용기	보존방법	최대보존기간 (권장보존기간)
1,4-다이옥산	G(갈색)	HCl(1+1)을 시료 10mL당 1~2방울씩 가하여 pH 2 이하	14일
총 유기탄소(TOC) (용존유기탄소)	P, G	즉시분석, HCl 또는 H_3PO_4 또는 H_2SO_4를 가한 후(pH<2) 4℃ 냉암소에서 보관	28일(7일)
물벼룩급성독성	G	4℃ 보관	36시간

≫ P : Polyethylene, G : Glass

Tip▶ 상기 표를 자주 반복하여 숙지하시오(매회 출제됨).

② 클로로필-a 분석용 시료는 즉시 여과하여 여과한 여과지를 알루미늄호일로 싸서 -20℃ 이하에서 보관한다. 여과한 여과지는 상온에서 3시간까지 보관할 수 있으며, 냉동보관 시에는 25일까지 가능하다. 즉시 여과할 수 없다면 시료를 빛이 차단된 암소에서 4℃ 이하로 냉장하여 보관하고 채수 후 24시간 이내에 여과하여야 한다.

③ 시안 분석용 시료에 잔류염소가 공존할 경우 시료 1L당 아스코빈산 1g을 첨가하고, 산화제가 공존할 경우에는 시안을 파괴할 수 있으므로 채수 즉시 이산화비소산나트륨 또는 티오황산나트륨을 시료 1L당 0.6g을 첨가한다.

④ 암모니아성 질소 분석용 시료에 잔류염소가 공존할 경우 증류과정에서 암모니아가 산화되어 제거될 수 있으므로 시료채취 즉시 티오황산나트륨 용액(0.09%)을 첨가한다.

≫ 티오황산나트륨 용액(0.09%) 1mL를 첨가하면 시료 1L 중 2mg 잔류염소를 제거할 수 있다.

⑤ 페놀류 분석용 시료에 산화제가 공존할 경우 채수 즉시 황산암모늄철 용액을 첨가한다.

⑥ 비소와 셀레늄 분석용 시료를 pH 2 이하로 조정할 때에는 질산(1+1)을 사용할 수 있으며, 시료가 알칼리화되어 있거나 완충효과가 있다면 첨가하는 산의 양을 질산(1+1) 5mL까지 늘려야 한다.

⑦ 저농도 수은(0.0002mg/L 이하) 분석용 시료는 보관기간 동안 수은이 시료 중의 유기성 물질과 결합하거나 벽면에 흡착될 수 있으므로 가능한 빠른 시간 내 분석하여야 하고, 용기 내 흡착을 최대한 억제하기 위하여 산화제인 브롬산/브롬 용액(0.1N)을 분석하기 24시간 전에 첨가한다.

⑧ 다이에틸헥실프탈레이트 분석용 시료에 잔류염소가 공존할 경우 시료 1L당 티오황산나트륨을 80mg 첨가한다.

⑨ 1,4-다이옥산, 염화비닐, 아크릴로니트릴 및 브로모폼 분석용 시료에 잔류염소가 공존할 경우 시료 40mL(잔류염소농도 5mg/L 이하)당 티오황산나트륨 3mg 또는 아스코빈산 25mg을 첨가하거나 시료 1L당 염화암모늄 10mg을 첨가한다.

⑩ 휘발성 유기화합물 분석용 시료에 잔류염소가 공존할 경우 시료 1L당 아스코빈산 1g을 첨가한다.

⑪ 식물성플랑크톤을 즉시 시험하는 것이 어려울 경우 포르말린 용액을 시료의 3~5% 가하여 보존한다. 침강성이 좋지 않은 남조류나 파괴되기 쉬운 와편모조류와 황갈조류 등은 글루타르알데하이드나 루골 용액을 시료의 1~2% 가하여 보존한다.

퇴적물 채취기(bottom sampler)

호수나 하천바닥의 퇴적물을 채취할 때 사용되는 기구로 일반적으로 사용하는 표층채취기로는 포나 그랩(ponar grab), 에크만 그랩(ekman grab), 에크만−버르거 그랩(ekman−brige grab) 등에 많이 쓰이고, 그 밖에 심층 시료까지 채취하는 주상채취기(core sampler)가 있다.

1) 포나 그랩(ponar grab)

모래가 많은 지점에서도 채취가 잘되는 중력식 채취기로서, 조심스럽게 수면 아래로 내려 보내다가 채취기가 바닥에 닿아 줄의 장력이 감소하면 아래 날(jaws)이 닫히도록 되어 있다. 부드러운 펄층이 두터운 경우에는 깊이 빠져 들어가기 때문에 사용하기 어렵다.

[그림 3-18-1] 포나 그랩과 소형 포나 그랩

2) 에크만 그랩(ekman grab)

물의 흐름이 거의 없는 곳에서 채취가 잘되는 채취기로서, 채취기를 바닥 퇴적물 위에 내린 후 메신저를 투하하면 장방형 상자의 밑판이 닫히도록 설계되었다. 바닥이 모래질인 곳에서는 사용하기 어렵다. 채집면적이 좁고 조류가 센 곳에서는 바닥에 안정시키기 어렵지만, 가벼워 휴대가 용이하며 작은 배에서 손쉽게 사용할 수 있다.

[그림 3-18-2] 에크만 그랩

04 시료의 전처리방법

(1) 개요

채취된 시료에는 보통 유기물 및 부유물질 등을 함유하고 있어 탁하거나 색상을 띠고 있는 경우가 있을 뿐만 아니라 목적성분들이 흡착되어 있거나 난분해성의 착화합물 또는 착이온 상태로 존재하는 경우가 있기 때문에 실험의 목적에 따라 적당한 방법으로 전처리를 한 다음 실험하여야 한다. 특히 금속성분을 측정하기 위한 시료일 경우에는 유기물 등을 분해시킬 수 있는 전처리조작이 필수적이며, 전처리에 사용되는 시약은 목적성분을 함유하지 않는 고순도의 것을 사용하여야 한다.

① 적용범위 : 원자흡수분광광도법, 유도결합플라스마−원자발광분광법, 유도결합플라스마−질량분석법, 양극벗김전압전류법, 자외선/가시선 분광법을 위한 **금속측정용 시료의 전처리**에 사용한다.

② 산분해법 : 시료에 산을 첨가하고 가열하여 시료 중의 유기물 및 방해물질을 제거하는 방법이다. 이 과정에서 시료 중의 유기물 및 방해물질은 산에 의해 분해되고 이들과 착화합물을 형성하고 있던 중금속류는 이온상태로 시료 중에 존재하게 된다.

③ 마이크로파 분해법 : 전반적인 처리 절차 및 원리는 산분해법과 같으나 **마이크로파를 이용해서 시료를 가열**하는 것이 다르다. 마이크로파를 이용하여 시료를 가열할 경우 고온, 고압하에서 조작할 수 있어 전처리 효율이 좋아진다.

④ 회화(恢化)에 의한 분해 : 시료를 회화로에서 400~500℃로 가열하여 유기물 등 방해물질을 제거하는 방법이다.

⑤ 용매추출법 : 시료에 적당한 착화제를 첨가하여 시료 중의 **금속류와 착화합물을 형성**시킨 다음 형성된 착화합물을 유기용매로 추출하여 분석하는 방법이다. 이 방법은 시료 중의 분석대상물의 농도가 낮거나 복잡한 매질 중에서 분석대상물만을 선택적으로 추출하여 분석하고자 할 때 사용한다.

≫ 전처리를 하지 않는 경우 : 무색투명한 탁도 1NTU 이하인 경우 전처리 과정을 생략하고 pH 2 이하로(시료 1L당 진한 질산 1~3mL를 첨가)하여 분석용 시료로 한다.

(2) 산분해법

방법명	적용시료	주의사항
질산법	유기물 함량이 비교적 높지 않은 시료	−
질산−염산법	유기물 함량이 비교적 높지 않고 금속의 수산화물, 산화물, 인산염 및 황화물을 함유하고 있는 시료	휘발성 또는 난용성 염화물을 생성하는 금속물질의 분석에는 주의한다.
질산−황산법	유기물 등을 많이 함유하고 있는 대부분의 시료	칼슘, 바륨, 납 등을 다량 함유한 시료는 **난용성의 황산염**을 생성하여 다른 금속성분을 흡착하므로 주의한다.
질산−과염소산법	유기물을 다량 함유하고 있으면서 산화분해가 어려운 시료	• 과염소산(HClO₄)을 넣을 경우 질산이 공존하지 않으면 폭발할 위험이 있으므로 반드시 질산을 먼저 넣어주어야 하며 어떠한 경우에도 유기물을 함유한 뜨거운 용액에 과염소산을 넣어서는 안 된다. • 납을 측정할 경우 시료 중에 황산이온(SO₄²⁻)이 다량 존재하면 불용성의 황산납이 생성되어 측정값에 손실을 가져온다.
질산−과염소산−불화수소산	다량의 점토질 또는 규산염을 함유한 시료	−

(3) 마이크로파 산분해법

이 방법은 밀폐용기를 이용한 마이크로파 장치에 의한 방법에 적용되는 방법으로 마이크로파 영역에서 극성분자나 이온이 쌍극자 모멘트(dipole moment)와 이온전도(ionic conductance)를 일으켜 온도가 상승하는 원리를 이용하여 시료를 가열하는 방법이다.

① 깨끗한 용기에 잘 혼합된 시료 적당량을 옮긴 후 적당량의 질산을 가한다. 이 방법은 유기물을 다량 함유하고 있으면서 산분해가 어려운 시료에 적용된다.

② 시료와 동일한 방법으로 바탕시험을 하며 전체 회전판의 평형을 맞추기 위하여 남은 용기에도 시료와 동일하게 정제수에 시약을 가하여 용기가 모두 일정하게 가열이 되도록 한다. 기타 전처리 조건은 제조사의 매뉴얼에 따른다.

③ 분해가 완료되면 용기를 꺼내어 시료용액이 실온이 되도록 냉각시키고 시료를 혼합시키기 위해 용기를 잘 흔들어 섞고 용기 내에 남아 있는 가스를 제거한다. 분해된 시료가 고체물질을 함유한다면 거르거나, 10분간 2,000~3,000rpm으로 원심분리하여 거르거나 정치시켜 사용한다.

(4) 회화에 의한 분해

목적성분이 400℃ 이상에서 휘산되지 않고 쉽게 회화될 수 있는 시료에 적용된다. 시료 중에 염화암모늄, 염화마그네슘 등이 다량 함유된 경우에는 납, 철, 주석, 아연, 안티몬 등이 휘산되어 손실을 가져오므로 주의하여야 한다.

| 시료 | → 증발건조(백금, 실리카 또는 자제 증발접시에 넣고 물중탕 또는 열판에서 가열) |

(100~500mL)

→ 용기를 회화로에서 옮겨 잔류물 회화(400~500℃) ⟶ 냉각 ⟶ HCl(1+1) 10mL를 넣어 열판에서 가열 ⟶ 잔류물이 녹으면 온수 20mL를 넣고 여과 ⟶ 거름종이를 온수로 3회 씻어줌 ⟶ 여액+씻은 액 ⟶(물) | 시료 100mL |

(용액의 산도 0.5N)

(5) 원자흡수분광광도법(또는 금속류 측정)을 위한 용매추출법

목적성분의 농도가 미량이거나 측정에 방해되는 성분이 공존할 경우 시료의 농축 또는 방해물질을 제거하기 위한 목적으로 사용된다.

이 방법으로 시료를 전처리한 경우에는 따로 규정이 없는 한 검량선 작성용 표준용액도 적당한 농도로 조제하여 시료와 같은 방법으로 처리하여 시험한다.

① 다이에틸다이티오카바민산 추출법(DDTC-MIBK, 아세트산부틸) : 이 방법은 시료 중 **구리, 아연, 납, 카드뮴 및 니켈의** 측정에 적용된다.

② 디티존-MIBK 추출법 : 시료 중 구리, 아연, 납, 카드뮴, 니켈 및 코발트 등의 측정에 적용된다.

③ 디티존-사염화탄소추출법 : 시료 중 아연, 납, 카드뮴 등의 측정에 적용된다.

④ 피로리딘 다이티오카바민산암모늄(APDC-MIBK) 추출법 : 시료 중 구리, 아연, 납, 카드뮴, 니켈, 철, 망간, 6가 크롬, 코발트 및 은 등의 측정에 적용된다. 다만, 망간은 착화합물 상태에서 매우 불안정하므로 추출 즉시 측정하여야 하며, 크롬은 6가 크롬 상태로 존재할 경우에만 추출된다. 또한, 철의 농도가 높을 경우에는 다른 금속의 추출에 방해를 줄 수 있으므로 주의해야 한다.

01 정량분석방법과 분류

1 정량분석법

(1) **용량법(적정법)** : 중화적정법, 침전적정법, 산화환원적정법, 킬레이트 적정법

(2) **중량법** : 목적성분을 분리하여 천평으로 그 중량을 측정(분리방법 : 여과, 전해, 휘발, 침전 등)

(3) **용매추출법** : 보통 유기용매를 사용하여 목적성분을 추출분리

(4) **흡광측정법** : 자외선/가시선 분광법, 원자흡수분광광도법, 유도결합플라스마(ICP) 발광분광법

(5) **분리분석법** : 기체크로마토그래피법, 박층크로마토그래피법, 칼럼크로마토그래피법, 이온크로마토그래피법

(6) **이온전극법**

2 수질항목별 측정방법의 분류

[표 3-9] 수질항목별 측정방법의 분류 ※ ○ : 해당시험법

측정법 항 목	흡광 광도법 (자외선 /가시선 분광법)	원자흡수 분광광도법		유도결합 플라스마 발광분광법		양극 벗김 전압 전류법	기체 크로 마토 그래 피법	이온 크로마 토그래 피법	이온 전극법	중량법	용량법 (적정법)	비 고
		불꽃	흑연로	원자 발광 분광법	질량 분석법							
냄새												냄새역치(TON)법
온도												직접측정법
투명도												시각판독(투명도판)
전기전도도									△			전기전도도측정계
pH									△			전위차
DO									격막 전극법		○	윙클러 - 아자이드화나트륨변법(산화환원적정법), 격막전극법
BOD											○	미생물 이용(DO 측정)

측정법 / 항목	흡광광도법 (자외선/가시선분광법)	원자흡수분광광도법		유도결합플라스마발광분광법		양극벗김전압전류법	기체크로마토그래피법	이온크로마토그래피법	이온전극법	중량법	용량법 (적정법)	비 고
		불꽃	흑연로	원자발광분광법	질량분석법							
COD											○	산성 KMnO₄법, 알칼리성 KMnO₄법, 산성 K₂Cr₂O₇(다이크롬산칼륨)법
색도	△											투과율법
탁도												탁도계(빛의 산란 측정)
SS										○		유리섬유여과지법
N – h 추출물질 (유분)										○		용매추출분리
잔류염소	△										○	비색법, 적정법
총 유기탄소										△		가감법(고온연소산화법, 과황산UV 및 과황산열산화법)
음이온류								○	○			
염소이온(Cl⁻)								○	○		○	질산은적정법
브롬이온(Br⁻)								○				음이온류–이온크로마토그래피
NH₃–N	○								○		○	인도페놀법, 중화적정법
NO₂–N	○							○				다이아조화법
NO₃–N	○							○			○	부루신법, 활성탄흡착법, 데발다합금환원증류법
총 질소(T–N)	○											산화법, 카드뮴 – 구리환원법, 환원증류 –킬달법(합산법), 연속흐름법
황산이온 (SO₄²⁻)								○				
퍼클로레이트								○				액체크로마토그래피–질량분석법
용존 총 질소(DTN)	○											자외부흡광광도법
PO₄³⁻–P	○							○				이염화주석환원법 아스코빈산환원법
총 인(T–P)	○											아스코빈산환원법, 연속흐름법
용존 총 인	○											아스코빈산환원법

측정법 / 항목	흡광광도법 (자외선/가시선분광법)	원자흡수분광광도법		유도결합플라스마발광분광법		양극벗김전압전류법	기체크로마토그래피법	이온크로마토그래피법	이온전극법	중량법	용량법 (적정법)	비 고
		불꽃	흑연로	원자발광분광법	질량분석법							
페놀류	○											4-아미노안티피린법 (추출법, 직접법), 연속흐름법
시안(CN⁻)	○								○			피리딘-피라졸론법, 연속흐름법
불소(F⁻)	○							○	○			란탄알리자린 콤플렉손법
크롬(Cr)	○	○		○	○							DPC법
6가 크롬(Cr⁶⁺)	○	○		○								DPC법
아연(Zn)	○	○		○	○	○						진콘법
구리(Cu)	○	○		○	○							DDTC법
카드뮴(Cd)	○	○		○	○							디티존법
납(Pb)	○	○		○	○	○						디티존법
망간(Mn)	○	○		○	○							과요오드산칼륨법
바륨(Ba²⁺)		○		○	○							–
비소(As)	○	○		○	○	○						다이에틸디티오카르바민산은법
니켈(Ni)	○	○		○	○							다이메틸글리옥심법
안티몬(Sb²⁺)				○	○							–
주석(Sn²⁺)			○	○	○							–
철(Fe)	○	○		○								O-페난트로린법
셀레늄(Se)		○			○							(수소화물생성)
수은(Hg)	○	○				○						환원기화순환법, 디티존법 ※ 냉증기-원자형광법
알킬수은		○					○					박층크로마토그래피분리에 의한 원자흡수분광광도법
음이온 계면활성제	○											메틸렌블루법, 연속흐름법
유기인							○					용매추출-기체크로마토그래피
PCB							○					헥산추출
1,4-다이옥산							○					용매추출/질량분석법

측정법 항목	흡광 광도법 (자외선 /가시선 분광법)	원자흡수 분광광도법		유도결합 플라스마 발광분광법		양극 벗김 전압 전류법	기체 크로 마토 그래 피법	이온 크로마 토그래 피법	이온 전극법	중량법	용량법 (적정법)	비 고
		불꽃	흑연로	원자 발광 분광법	질량 분석법							
브로모폼, 염화비닐, 아크릴로니 트릴							○					헤드 스페이스/질량분석법
휘발성 유기화합물							○					용매추출법 퍼지·트랩/질량분석법 헤드 스페이스/질량분석법
총 대장균군												막여과법, 시험관법, 평 판집락법
분원성 대장균군												막여과법, 시험관법
대장균												효소이용정량법
클로로필-a	○											색소추출 : 아세톤
물벼룩을 이용한 독성시험												생태독성값(toxic unit)
식물성 플랑크톤 (조류)												현미경계수법(저배율, 중배율)

Tip▶ 이 표를 우선 살펴 보고 문제를 다루면서 확인하시오.

(1) 중량분석법

① 수질오염 공정시험기준 중 중량분석법으로 측정하는 것은 2개 항목으로 SS와 N-h(노말헥산) 추출물질(유분)이 있다.

② 중량분석이란 목적성분을 시료로부터 가능한 한 선택적으로 또는 완전히 분리시킨 후, 화학천평으로 그 중량을 측정하여 목적성분의 함량을 정량하는 방법이다.

③ 목적성분의 분리방법에는 여과법, 전해법, 추출법, 휘발법, 침전법 등이 있다.

④ 침전의 분리에는 유리여과기, 거름종이, 석면, 자기도가니 등을 사용한다.

(2) 용매추출법

수질오염 공정시험기준 중 용매추출법으로 측정하는 것은 노말헥산추출물질 등이다.

① 이 방법은 목적성분이 물과 물에 녹지 않는 유기용매와의 2액상으로 분배되는 현상에 바탕을 두고 목적성분을 분리하는 수단이다. 즉, 물층 중의 목적성분을 적당한 시약을 가해서 유기용매에 잘 녹게 한 후, 거기에 또 유기용매를 가해 진탕정치하여 양층을 완전히 분리한 후 유기용매를 따로 취해내는 방법이다,

② 용매추출법은 그 자신이 정량법은 아니지만 여러 가지 정량 방법의 전처리과정으로 널리 쓰인다.

③ 추출용매의 선택에 있어서 주의해야 할 점은 다음과 같다.

　㉠ 수층과 현탁을 일으키지 않는 용매일 것

　㉡ 수층과 비중 차가 큰 용매일 것

　㉢ 용매는 회수가 쉽고 추출된 금속이온도 회수가 쉬울 것

　㉣ 추출된 금속이온이 용매 중에서 화학적으로 안정할 것

(3) 분리분석법

분리분석법은 크로마토그래피법이라고도 말하며 크게 5종류로 나눈다. 크로마토그래피법은 물질의 분리, 정제, 동정, 정량 등을 할 수 있으며 특히 시료가 혼합물인 경우에 분별흡착현상을 이용해서 그 혼합성분을 분리하여 정성 혹은 정량하는 방법이다. 이 방법은 시료가 액체, 고체, 기체이든 간에 관계없이 전개조작에 따라 분리정량이 가능하다.

종류는 다음과 같다.

① 기체크로마토그래피법

② 이온크로마토그래피법

③ 칼럼크로마토그래피법

④ 박층크로마토그래피법

02 흡광광도(吸光光度)법(absorptiometric analysis) － 자외선/가시선 분광법

1 원리

(1) 이 시험방법은 빛이 시료용액을 통과할 때 흡수나 산란 등에 의하여 강도가 변화하는 것을 이용하는 것으로서, 시료물질의 용액 또는 여기에 적당한 시약을 넣어 발색(發色)시킨 용액의 흡광도를 측정하여 시료 중의 목적성분을 정량하는 방법이다.

(2) 일반적으로 광원(光源)으로부터 나오는 빛을 단색화장치(monochromator) 또는 거름종이(filter)에 의하여 좁은 파장범위의 빛(光束)만을 선택하여 액층을 통과시킨 다음 광전측광(光電測光)으로 흡광도를 측정하여 목적성분의 농도를 정량하는 방법이다.

(3) 강도 I_o 되는 단색광속이 그림 3-19와 같이 농도 c, 길이 l 되는 용액층을 통과하면 이 용액에 빛이 흡수되어 입사광의 강도가 감소한다. 통과한 직후의 빛의 강도 I_t 와 I_o 사이에는 램버트－비어(Lambert－Beer)의 법칙에 의하여 다음의 관계가 성립한다.

$$I_t = I_o \cdot 10^{-\varepsilon cl}$$

여기서, I_t : 투사광의 강도

　　　I_o : 입사광의 강도

　　　ε : 비례상수로서 흡광계수(吸光係數)라 하고, $c=1\text{mol}$, $l=10\text{mm}$일 때의 ε의 값을 몰흡광
　　　　계수라 하며 K로 표시한다.

　　　c : 농도

　　　l : 빛의 투과거리

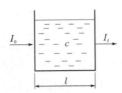

[그림 3-19] 흡광광도분석방법 원리도

I_t와 I_o의 관계에서 $\dfrac{I_t}{I_o} = t$를 투과도(透過度), 이 투과도를 백분율로 표시한 것 즉, $t \times 100 = T$ 를 투과퍼센트라 하고, 투과도 역수(逆數)의 상용대수 즉, $\log \dfrac{1}{t} = -\log \dfrac{I_t}{I_o} = A$를 흡광도(吸光度)라 한다.

> $A = -\log \dfrac{I_t}{I_o} = \varepsilon c l$

(4) 흡광도를 이용한 램버트－비어 법칙을 식으로 표시하면 $A = \varepsilon c l$ 이 되므로 농도를 알고 있는 표준액에 대하여 흡광도를 측정하고 흡광계수(ε)를 구해 놓으면 시료액에 대해서도 같은 방법으로 흡광도를 측정함으로써 정량을 할 수가 있다.

그러나 실제로는 ε을 구하는 대신에 농도가 다른 몇 가지 표준액을 사용하여 시료액과 똑같은 방법으로 조작하여 얻은 검량선으로부터 시료 중의 목적성분을 정량하는 것이 보통이다.

> 대조액층(對照液層)으로는 보통 용매 또는 바탕시험액을 사용하며 이것을 대조액이라 한다.

2 장치의 구성 및 기능

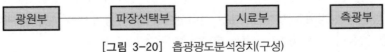

[그림 3-20] 흡광광도분석장치(구성)

(1) 광원부 : 광원 ⎰ • 텅스텐램프 : 가시부(可視部)와 근적외부(近赤外部)
　　　　　　　　　의 광원으로 사용한다.
　　　　　　　⎱ • 중수소방전관(重水素放電管) : 자외부(紫外部)의
　　　　　　　　　광원으로 사용한다.

⎫ 점등을 위하여 전원부나 렌즈
⎬ 같은 광학계를 부속시킨다.
⎭

(2) 파장선택부 : 파장의 선택
- 단색화장치(monochromator) : 프리즘, 회절격자 또는 양자의 조합을 사용한다(단색광을 내기 위하여 slit을 부속시킴).
- 거름종이(filter) : 색유리 필터, 젤라틴 필터, 간섭 필터를 사용한다.

(3) 시료부 :
- 시료셀 : 시료액을 넣는 흡수셀
- 대조셀 : 대조액(레퍼런스)을 넣는 흡수셀
- 셀홀더(cell holder) : 셀을 보호
- 시료실

(4) 측광부 : 광전측광
- 광전관(光電管)
- 광전자증배관(光電子增倍管) } 주로 자외(紫外) 내지 가시(可視) 파장범위
- 광전도셀 : 근적외(近赤外) 파장범위
- 광전지(光電池) : 주로 가시(可視) 파장범위
- 증폭기(增幅器)
- 대수변환기(對數變換機) } 필요에 따라 적용
- 지시계(指示計) : 투과율, 흡광도, 농도 또는 이를 조합한 눈금이 있고 숫자로 표시되는 것도 있음
- 기록계 : 투과율, 흡광도, 농도 등을 자동기록

≫ 파장 200~900nm 범위에서의 흡광도를 측정한다.

(5) 흡수셀

① 구조 : 4각형 또는 시험관형 등

② 재질
- 유리제 : 주로 가시(可視) 및 근적외(近赤外)부 파장범위 측정
- 석영제 : 자외(紫外)부 파장범위 측정
- 플라스틱제 : 근적외부 파장범위 측정

광원의 파장범위
① 원적외선 : $600 \sim 30\mu\text{m}$
② 근적외선 : $30 \sim 0.8\mu\text{m}(30,000 \sim 800\text{nm})$
③ 가시광선 : $800 \sim 400\text{nm}(780 \sim 380\text{nm})$
④ 자외선 : $400 \sim 150\text{nm}$

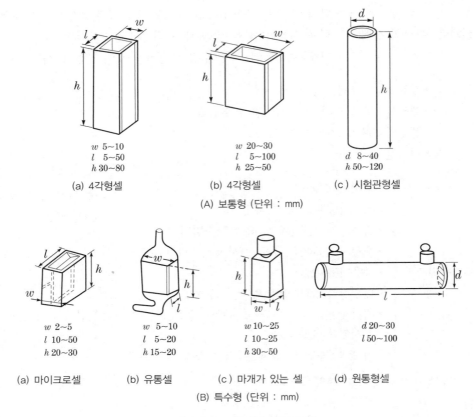

w 5~10
l 5~50
h 30~80

(a) 4각형셀

w 20~30
l 5~100
h 25~50

(b) 4각형셀

d 8~40
h 50~120

(c) 시험관형셀

(A) 보통형 (단위 : mm)

w 2~5
l 10~50
h 20~30

(a) 마이크로셀

w 5~10
l 5~20
h 15~20

(b) 유통셀

w 10~25
l 10~25
h 30~50

(c) 마개가 있는 셀

d 20~30
l 50~100

(d) 원통형셀

(B) 특수형 (단위 : mm)

[그림 3-21] 흡수셀의 모양

(6) 광도계(photometer)

① 광전분광광도계 : 파장선택부에 단색화장치(monochromator)를 사용한 것으로 구조에 따라 단광 속형과 복광속형이 있다.

② 광전광도계 : 파장선택부에 **거름종이(filter)**를 사용한 장치로, 단광속형이 많고 비교적 구조가 간단 하여 작업분석용에 적당하다.

3 측정(測定)

(1) 장치설치(실내)의 구비조건

① 전원의 전압 및 주파수의 변동이 적을 것
② 직사일광을 받지 않을 것
③ 습도가 높지 않고 온도변화가 적을 것
④ 부식성 가스나 먼지가 없을 것
⑤ 진동이 없을 것

(2) 흡수셀의 준비

① 흡수셀의 선정 ┌ 흡수파장이 약 370nm 이상 : 석영 또는 경질유리 흡수셀
　　　　　　　 └ 흡수파장이 약 370nm 이하 : 석영 흡수셀
　　　　　 ≫ 흡수셀의 길이(l)를 지정하지 않았을 때는 10mm 셀을 사용

② 시료셀에는 시험용액을, 대조셀에는 따로 규정이 없는 한 증류수를 넣는다.
　　≫ 넣고자 하는 용액으로 흡수셀을 잘 씻은 다음 셀의 약 8부까지 넣고 외면이 젖어 있을 때는 깨끗이 닦는다.

③ 흡수셀은 미리 깨끗하게 씻은 것을 사용한다.

(3) 측정준비 : 흡광도의 측정준비는 다음과 같이 한다.

① 측정파장에 따라 필요한 광원과 광전측광의 검출기를 선정한다.

② 전원을 넣고 잠시 방치하여 장치를 안정시킨 후 감도와 영(zero)점을 조절한다.

③ 단색화장치나 거름종이를 이용하여 지정된 **측정파장**을 선택한다.

(4) 흡광도의 측정 : 흡광도의 측정은 원칙적으로 다음과 같은 순서로 한다.

① 눈금판의 지시가 안정되어 있나를 확인한다.

② 대조셀을 광로(光路)에 넣고 광원으로부터의 **광속**(光束)을 차단하고 영(zero)점을 맞춘다. 영점을 맞춘다는 것은 투과율 눈금으로 눈금판의 지시가 영이 되도록 맞추는 것이다.

③ 광원으로부터 광속을 통하여 **눈금 100에 맞춘다.**

④ 시료셀을 광로(光路)에 넣고 눈금판의 지시치(指示値)를 흡광도 또는 투과율로 읽는다. 투과율로 읽을 때는 나중에 흡광도로 환산해 주어야 한다.

⑤ 필요하면 대조셀을 광로에 바꿔넣고 영점과 100에 변화가 없는가를 확인한다.

⑥ 위 ②, ③, ④의 조작 대신에 농도를 알고 있는 표준액 계열을 사용하며 각각의 눈금에 맞추는 방법도 무방하다.

(5) 흡수곡선의 측정(吸收曲線의 測定) : 흡수곡선의 측정은 다음과 같이 한다.

필요한 파장범위에 대해서 10nm마다 **흡광도를 측정**하고 횡축(가로)에 파장을, 종축(세로)에 흡광도를 표시하고 그래프용지에 양자의 관계곡선을 작성하여 흡수곡선을 만든다. 이때 흡수최대치(peak) 부근에서는 **파장간격을 1~5nm까지 좁게 하여 흡광도를 측정**하는 것이 좋다. 또, 흡광도의 변화가 적은 파장에서는 파장간격을 적당히 넓게 하여도 상관없다. 이때 흡광도 대신에 투과율을 종축(縱軸)에 표시해도 된다. 또한, 흡수곡선을 작성하는 데는 자기분광광전광도계(自己分光光電光度計)를 사용하는 것이 편리하다.

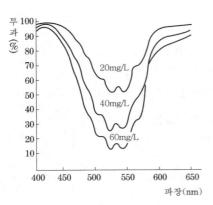
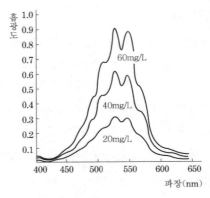

[그림 3-22] 흡수곡선의 예(KMnO₄ 수용액의 흡수곡선)

[사진 3-1] 광전분광광도계

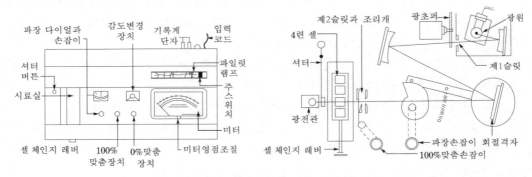

[그림 3-23] 광전분광광도계의 구조와 측정원리

4 정량방법

흡광광도분석방법으로 정량분석을 하려면 이미 흡광도와 시료성분의 농도와의 비례성과, 같은 시료에 대한 흡광도의 재현성을 검토하여야 한다.

일반적으로 정량분석에는 검량선을 미리 작성해 놓는 방법을 이용하며 경우에 따라서는 ε의 값(몰 흡광계수)을 미리 구해 놓는 방법도 이용한다.

(1) 검량선의 작성

① 검량선은 표준액의 여러 가지 농도에 대하여 적당한 대조액을 사용하며 흡광도를 측정하고 표준액의 농도를 횡축, 흡광도를 종축에 취하여 그래프상에 양자의 관계선을 구하여 작성한다.

② 검량선은 거의 직선을 나타내는 범위 내에서 사용하는 것이 좋다. 시약이 바뀌거나 시험자가 바뀔 때에는 검량선을 다시 작성하는 것이 좋다. 단, 투과율을 측정하여 흡광도로 환산하지 않고

검량선을 작성할 때는 편대수(片對數) 그래프를 사용하여 대수축에 투과율을 취하여 검량선을 작성한다.

③ 표준액 : 분석하려는 성분의 순물질(純物質) 또는 일정농도의 표준액을 단계적으로 취하여 규정된 방법에 따라 표준액 계열을 만든다. 이때의 표준액 농도는 시험용액 중의 분석하려는 성분의 추정농도와 거의 같은 농도범위로 한다.

④ 대조액 : 일반적으로 용매를 사용하며 분석하려는 성분이 들어 있지 않은 같은 종류의 시료를 사용하여 규정된 방법에 따라 조제한다.

(2) 정량조건의 검토

① 발색반응의 검토

　㉠ 발색한 시험용액에 대한 흡수곡선과 최대흡수파장

　㉡ 바탕시험액의 흡수곡선과 바탕시험치

　㉢ 액성의 변화에 따른 흡광도의 변화

　㉣ 최적 pH 범위와 완충액의 종류 및 첨가량

　㉤ 마스킹이 필요할 때는 마스킹제의 종류와 첨가량

　㉥ 안정제, 산화방지제 등의 종류와 첨가량

　㉦ 온도변화 및 방치시간에 의한 흡광도의 변화

　㉧ 시약의 농도, 첨가량, 첨가순서의 영향

　㉨ 시료액 중의 피검성분의 최적농도범위

　㉩ 시료액에 대한 빛(光)의 영향

　㉪ 용매추출을 할 때는 최적용매의 선정

② 측정조건의 검토

　㉠ 측정파장은 원칙적으로 **최고의 흡광도가 얻어질 수 있는 흡수파장**을 선정한다. 단, 방해성분의 영향, 재현성 및 안정성 등을 고려하여 차선(次善)의 측정파장 또는 필터를 선정하는 수도 있다.

　㉡ 대조액은 용매, 바탕시험액 기타 적당한 용액을 선정한다.

　㉢ 측정된 **흡광도는 되도록 0.2~0.8의 범위**에 들도록 시험용액의 농도 및 흡수셀의 길이를 선정한다.

　㉣ 부득이 **흡광도를 0.1 미만에서 측정할 때는 눈금확대기를 사용**하는 것이 좋다.

③ **정량조작** : 정량조작은 원칙적으로 다음과 같은 순서로 한다.

　㉠ 피검액(被檢液)을 메스플라스크 같은 용기에 달아 넣는다.

　㉡ 발색시약, 산, 알칼리, 완충액, 마스킹제, 안정제 등 각각 규정된 순서에 따라 가한다.

　㉢ 충분한 발색이 되도록 필요하면 가열 또는 방치한다.

　㉣ 용매를 가하여 일정용적으로 희석한다.

　㉤ 광도계의 측정파장 또는 필터, 슬릿의 폭, 흡수셀 등을 규정한 방법에 따라 조절 또는 준비한다.

　㉥ 발색액의 일부를 흡수셀에 넣어 **3**의 (4)의 순서에 따라 흡광도를 측정한다.

　㉦ 측정한 흡광도를 **4**의 (1)의 요령에 따라 작성한 검량선과 비교하여 목적하는 성분의 농도를 구한다.

≫ 시료 중의 목적성분농도가 낮을 때는 발색액에 잘 녹지 않는 피검성분을 다시 잘 녹는 용매로 추출하여 흡
광도를 측정하고 농도를 구해도 무방하다.

[표 3-10] 흡광광도법(자외선/가시선 분광법)의 측정항목 요점정리

물질명	측정법	측정파장	정색시약	착 색	정량한계
NH$_3$-N	인도페놀법	630nm	하이포염소산과 페놀	청색 (인도페놀)	0.01mg/L
NO$_2$-N	다이아조화법	540nm	다이아조화 + α-나프틸에틸렌 다이아민이염산염	붉은색 (다이아조화합물)	0.004mg/L
NO$_3$-N	부루신법	410nm	부루신	황색	0.1mg/L
	활성탄흡착법	215nm	혼합산성액으로 아질산염 은폐	—	0.3mg/L
	데발다합금환원증류법				
총 질소	산화법	220nm	알칼리성 과황산칼륨 사용 120℃부근에서 유기물과 함께 질산이온으로 산화 후 산성상태	—	0.1mg/L
	카드뮴-구리환원법	540nm N-(1-나프틸) 에틸렌다이아민· 이염산염 220nm	—	붉은색	0.004mg/L
	환원증류·킬달법	630nm	NH$_3$-N과 같음	청색	0.02mg/L
	연속흐름법	550nm	NO$_2$-N과 같음	붉은색	0.06mg/L
용존 총 질소	자외부흡광광도법	자외부 (220nm)	알칼리성 과황산칼륨 존재하에 120℃에서 질산이온으로 산화 후 산성상태	—	0.1mg/L
PO$_4^{3-}$-P	이염화 주석환원법	690nm	몰리브덴산암모늄 (염화제1주석환원)	청색	0.003mg/L
	아스코빈산환원법	880nm (불가능 시 710nm)	몰리브덴산암모늄 (아스코빈산환원)	청색	0.003mg/L
총 인	아스코빈산 환원법	880nm (불가능 시 710nm)	몰리브덴산암모늄 (아스코빈산환원)	청색	0.005mg/L
	연속흐름법	880nm	몰리브덴산암모늄 (아스코빈산환원)	청색	0.003mg/L
용존 총 인	아스코빈산환원법	880nm (불가능 시 710nm)	몰리브덴산암모늄 (아스코빈산환원)	청색	0.005mg/L

물질명	측정법		측정파장	정색시약	착색	정량한계
페놀류	4-아미노안티피린법	클로로폼 용액법(추출법)	460nm	4-아미노안티피린과 헥사시안화철(Ⅱ)산 칼륨	붉은색	0.005mg/L
		수용액법 (직접법)	510nm			0.05mg/L
		연속흐름법	510nm			0.007mg/L
시안 (CN⁻)	피리딘-피라졸론법		620nm	피리딘-피라졸론 혼액	청색	0.01mg/L
불소 (F)	란탄-알리자린 콤플렉손법		620nm	란탄-알리자린 콤플렉손착화합물	청색	0.15mg/L
크롬, 6가 크롬	다이페닐카바자이드법 (DPC법)		540nm	다이페닐카바자이드	적자색	0.004mg/L
아연 (Zn)	진콘법		620nm	진콘(2-카르복시-2-히드록시-5술포포마질-벤젠·나트륨염)	청색	0.010mg/L
구리 (Cu)	다이에틸다이티오카르바민산법 (DDTC법)		440nm	다이에틸다이티오카바민산나트륨	황갈색	0.01mg/L
카드뮴 (Cd)	디티존법		520nm	디티존, 추출용매 : 사염화탄소	등색-적색-적자색	0.004mg/L
납 (Pb)	디티존법		520nm	디티존, 추출용매 : 사염화탄소	등색-적색-적자색	0.004mg/L
망간 (Mn)	과요오드산 칼륨법		525nm	과요오드산 칼륨	적자색	0.2mg/L
비소 (As)	다이에틸다이티오카바민산은법		530nm	다이에틸다이티오카바민산은 피리딘 용액	적자색	0.004mg/L
니켈 (Ni)	다이메틸글리옥심법 (A법, B법)		450nm	다이메틸글리옥심	적갈색	0.008mg/L
철(Fe)	O-페난트로린법		510nm	O-페난트로린	등적색	0.08mg/L
수은 (Hg)	디티존법		490nm	디티존, 추출용매 : 사염화탄소	등색-적색-적자색	0.003mg/L
음이온 계면활성제	메틸렌블루법		650nm	메틸렌블루, 추출용매 : 클로로폼	청색	0.02mg/L
클로로필-a	클로로필 색소추출		663nm, 645nm 630nm, 750nm	색소추출용매 : 아세톤	엽록소	-

> **Tip▶** 표 내용 중 측정법, 정색시약, 착색, 특기사항은 뒷부분의 항목별 시험방법의 공부과정에서도 자주 반복하므로 확인, 정리해 두시오.

03 원자흡수분광광도법(atomic absorption spectrophotometry)

1 원리 및 개요

이 시험방법은 시료를 적당한 방법으로 해리(解離)시켜 중성원자로 증기화하여 생긴 바닥상태(ground state)의 원자가 이 원자증기층을 투과하는 고유파장의 빛을 흡수하는 현상을 이용(원자에 의한 빛의 흡수정도와 원자증기밀도와의 관계)하여 광전측광(光電測光)과 같은 개개의 고유파장에 대한 흡광도를 측정함으로써 시료 중의 원소(元素)농도를 정량하는 방법으로 시료 중의 유해금속 및 기타 원소의 분석에 적용한다. 종류로는 불꽃원자흡수분광광도법과 흑연로원자흡수분광광도법이 있다.

원자에 의한 빛의 흡수도와 원자증기밀도와의 사이에는 다음과 같은 관계가 있다. 지금 진동수 ν, 강도 I_{0v}인 빛의 길이 l (cm)의 원자증기층을 투과할 때 그 강도가 I_{0v}에서 I_v로 감소되었다고 하면 다음 식이 성립된다.

$$I_v = I_{0v} e^{-K_v l}$$

여기서, K_v : 흡수율

지금 흡광도를 $A = \log_{10}(I_{0v}/I_v)$, 스펙트럼선의 중앙흡수율을 K_{max}라 하고 K_{max}를 C로 나눈 값을 원자흡광률 E_{AA}라고 하면 위 식은 다음과 같이 된다.

$$A = 0.4343 K_v l = K_{max} l = E_{AA} \times C \times l$$

여기서, E_{AA} : 목적원자의 고유의 수

따라서 l이 결정되면 A를 측정하여 시료 중 대상원소의 농도 C를 구할 수 있다.

(1) **불꽃원자흡수분광광도법** : 물속에 존재하는 중금속을 정량하기 위하여 시료를 2,000~3,000K의 불꽃 속으로 시료를 주입하였을 때 생성된 바닥상태의 중성원자가 고유파장의 빛을 흡수하는 현상을 이용하여, 개개의 고유파장에 대한 흡광도를 측정하여 시료 중의 원소농도를 정량하는 방법으로 분석이 가능한 원소는 구리, 납, 니켈, 망간, 비소, 셀레늄, 수은, 아연, 철, 카드뮴, 크롬, 6가 크롬, 바륨, 주석 등이다.

(2) **흑연로원자흡수분광광도법** : 물속에 존재하는 중금속을 분석하기 위하여, 일정 부피의 시료를 전기적으로 가열된 흑연로 등에서 용매를 제거하고, 전류를 다시 급격히 증가시켜 2,000~3,000K 온도에서 원자화시킨 후 각 원소의 고유파장에 대한 흡광도를 측정하여 시료 중의 원소농도를 정량하는 방법으로 분석이 가능한 원소는 구리, 납, 니켈, 망간, 비소, 셀레늄, 철, 카드뮴, 크롬, 6가 크롬, 바륨, 주석 등이다.

> 🌱 **공정시험방법상 측정대상물질**
> 크롬(Cr), 6가 크롬(Cr^{6+}), 아연(Zn), 구리(Cu), 카드뮴(Cd), 납(Pb), 망간(Mn), 비소(As), 니켈(Ni), 철(Fe), 셀레늄(Se), 수은(Hg), 알킬수은 등의 중금속류

2 불꽃원자흡수분광광도법(flame atomic absorption spectrometry)

(1) 분석 기기 및 기구

① 원자흡수분광광도계

단일 또는 이중 채널, 단일 또는 이중 빔을 채용한 분광계로 단색화장치, 광전자증폭검출기, 190~800nm 나비의 슬릿 및 기록계로 구성된다.

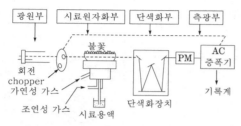

[그림 3-24] 원자흡광분석장치의 구성

[사진 3-2] 원자흡광광도계

② 광원램프

속빈음극(中空陰極)램프(원자흡광스펙트럼선의 선폭보다 좁은 선폭을 갖고 휘도가 높은 스펙트럼을 방사) 또는 전극 없는 방전(放電)램프(금속의 할로겐화물을 봉입하여 고주파방전에 의하여 점등하는 방식으로 주로 비점이 낮은 금속원소에 적용)가 사용가능하며, 단일파장램프가 권장되나 다중파장램프도 사용가능하다.

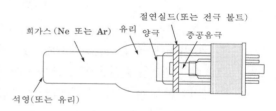

[그림 3-25] 속빈음극램프의 구조

ㄱ) 속빈음극램프(HCL : Hollow Cathode Lamp) : 원자흡수 측정에 사용하는 가장 보편적인 광원으로 네온이나 아르곤 가스를 1~5torr의 압력으로 채운 유리관에 텅스텐 양극과 원통형 음극을 봉입한 형태의 램프이다.

ㄴ) 전극없는 방전램프(EDL : Electrodeless Discharge Lamp) : 해당 스펙트럼을 내는 금속염과 아르곤이 들어있는 밀봉된 석영관으로 전극 대신 라디오주파수 장이나 마이크로파 복사선에 의해 에너지가 공급되는 형태의 램프이다.

③ 시료의 원자화

시료를 원자증기화하기 위한 시료 원자화장치와 원자증기 중에 빛을 투과시키기 위한 광학계로 되어 있다.

ㄱ) 원자화장치 : 버너는 기기업체에서 제공하는 사양에 따른다.

불꽃원자화장치와 비불꽃원자화장치로 대별되나 일반적인 수단은 용액상태로 만든 시료를 불꽃 중에 분무하는 불꽃원자화방법으로 plasma jet 불꽃 또는 방전(spark)을 이용하는 수도 있다. 휘발성이 강한 성분(Hg, As, Se 등)의 측정에는 환원기화법이 많이 사용된다.

• 버너 ┌ 전분무(全噴霧) 버너 : 시료 용액을 직접 flame 중에 분무하여 원자화
 └ 예혼합(豫混合) 버너 : 시료 용액을 일단 분무실로 불어넣고 미세한 입자만을 flame 중에 보내는 방법

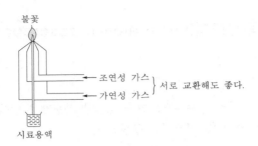

[그림 3-26] 전분무 버너

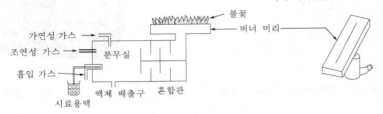

[그림 3-27] 예혼합 버너

ⓛ 불꽃가스 : 불꽃(flame) 생성을 위해 아세틸렌(C_2H_2)-공기가 일반적인 원소분석에 사용되며, 아세틸렌-아산화질소(N_2O)는 바륨 등 산화물을 생성하는 원소의 분석에 사용된다. 아세틸렌 은 일반등급을 사용하고, 공기는 공기압축기 또는 일반압축공기실린더 모두 사용가능하다. 아 산화질소 사용 시 시약등급을 사용한다.

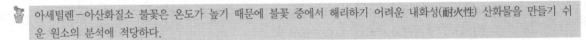
아세틸렌-아산화질소 불꽃은 온도가 높기 때문에 불꽃 중에서 해리하기 어려운 내화성(耐火性) 산화물을 만들기 쉬 운 원소의 분석에 적당하다.

어떤 종류의 불꽃이라도 가연성 가스와 조연성 가스의 혼합비는 감도에 크게 영향을 주며 최적혼합 비는 원소에 따라 다르다. 또, 불꽃 중에서 원자증기의 밀도분포는 원소의 종류와 플레임의 성질에 따라 다르다. 따라서, 광원에서 빛을 플레임의 어느 부분에 투과시키는가에 따라 감도가 달라지므로 분석원소나 분석조건에 맞게 버너의 위치를 조절하여야 한다.

[표 3-11] 조연성 가스와 가연성 가스의 혼합에 의한 불꽃온도

불 꽃	최고온도(℃)	특 징	주요 측정원소
공기 - 아세틸렌	2,300	가장 일반적인 예혼합 버너용으로, 안정산화물을 만들기 쉽다. Cr, Mo에는 많은 연료로 한다.	Cd, Cr, Cu, Ag, Bi, Co, Mg, Mn, Ni, Zn, Pb
아산화질소-아세틸렌(고온불꽃)	2,955	안정산화물을 만든다. Al, Be, W, V 등에 적당하고 이온화 간섭이 증가하며, 예혼합 버너를 사용한다.	Fe, Cr, Al, B, Ba, Be, Mo, Si, Sn, Ti, V, W
공기-수소	2,050	원자화 효율, 화학적 간섭에 불리하며, 불꽃 투명으로 S/N이 좋다. 230nm 이하의 원소에 좋으며, 전분무 버너를 사용한다.	Sn
공기-프로판	1,925	알칼리 금속 등 이온화되기 쉬운 원소에 적당	알칼리 금속
아르곤-수소	1,577	230nm 이하의 단파장 영역에 유효하다.	As, Sb, Se

≫ S/N : Signal-Noise ratio의 약자로 신호량 S와 잡음량 N의 비

(2) 측정방법

① 측정조건의 결정

㉠ 버너 및 불꽃의 선택

㉡ 분석선의 선택 : 감도가 가장 높은 스펙트럼선을 분석선으로 하는 것이 일반적이지만 시료농도가 높을 때는 비교적 감도가 낮은 스펙트럼선을 선택하는 경우도 있다.

㉢ 램프 전류값의 설정 : 일반적으로 광원램프의 전류값이 높으면 램프의 감도가 떨어지고 수명이 감수하므로 장치의 성능이 허락하는 범위 내에서 **되도록** 낮은 **전류값**에서 **작동**시킨다.

㉣ 분광기 슬릿(slit) 폭의 설정 : 양호한 SN(Signal to Noise)비를 얻기 위하여 분광기의 슬릿 폭은 목적으로 하는 분석선을 분리할 수 있는 범위 내에서 **되도록 넓게** 한다(이웃 스펙트럼선과 겹치지 않는 범위 내에서).

㉤ 가연성 가스 및 조연성 가스의 유량과 압력조정

㉥ 불꽃을 투과하는 광속의 위치 결정

② 분석절차

㉠ 분석하고자 하는 원소의 속빈음극램프를 설치하고 프로그램상에서 분석파장을 선택한 후 슬릿 나비를 설정한다.

㉡ 기기를 가동하여 속빈음극램프에 전류가 흐르게 하고 에너지레벨이 안정될 때까지 10~20분간 예열한다.

㉢ 최적에너지값(gain)을 얻도록 선택파장을 최적화한다.

㉣ 버너헤드를 설치하고 위치를 조정한다.

㉤ 공기와 아세틸렌을 공급하면서 불꽃을 발생시키고, 최대감도를 얻도록 유량을 조절한다.

㉥ 바탕시료를 주입하여 영점조정을 하고, 시료분석을 수행한다.

(3) 검량곡선의 작성과 정량

① 검량곡선의 작성

㉠ 검정곡선법

• 항목별 표준용액을 시료의 농도에 따라 0~25mL 범위 내에서 100mL 부피플라스크에 단계적으로 취한다.

• 여기에 시료용액과 동일한 조건이 되도록 산을 가한 후 정제수를 표선까지 채운다. 이 용액에 대해 표준용액의 농도와 흡광도에 대한 검정곡선을 작성한다.

• 정제수를 취하여 표준용액과 유사한 용매조건이 되도록 정제수에 산을 가하여 조제한다. 이 용액에 대해 흡광도를 측정하여, 표준용액에 대해 얻은 흡광도를 보정하고 분석항목 각각의 농도와 흡광도와의 관계로부터 검정곡선을 작성한다.

㉡ 표준물질첨가법

• 시료 적당량(75mL 미만)을 3~5개의 100mL 부피플라스크에 동일한 양을 첨가한다.

• 항목별 표준용액을 시료의 농도에 따라 0mL부터 순차적으로 25mL까지 시료가 들어있는 부피플라스크에 단계적으로 첨가하고 정제수로 표선까지 채운다.

• 작성된 관계식으로부터 관계식의 기울기와 절편을 구하고 (4)의 계산식에 따라 농도를 구한다.

② 검량곡선의 검증

　㉠ 검정곡선의 직선성은 3~5개의 표준용액의 측정결과로부터 얻어진 **검정곡선의 결정계수(R^2)** 로서 평가하며 그 값이 0.99 이상이어야 한다.

　㉡ 기기의 감도를 확인하기 위하여 검정곡선 작성이 끝난 후 시료 10개의 분석이 끝날 때마다 검정 곡선 작성용 표준용액 중 1개의 농도를 측정하여 **처음 측정값의 ±15% 이내**에 들어야 한다. 만일 ±15% 이내에 들지 못할 경우 앞서 분석한 10개의 시료는 검정곡선을 재작성하여 분석하여야 한다.

③ 정확도 및 정밀도

　㉠ 정확도 및 정밀도의 측정은 "Chapter 01의 03" 정도보증/정도관리에 따른다. 정제수에 동일한 농도의 표준물질을 7개 이상 첨가한 후 이를 분석절차에 따라 측정하여 **평균값과 상대표준편차 (RSD)**를 구하여 산출한다.

　㉡ 정확도는 첨가한 표준물질의 농도에 대한 측정평균값의 상대백분율로서 나타내며 그 값이 75~ 125% 이내이어야 한다.

　㉢ 정밀도는 측정값의 % 상대표준편차(RSD)로 계산하며 측정값이 25% 이내이어야 한다.

---

① 검량선 작성방법 : 검량선법, 표준첨가법, 내표준법

② 검량선의 직선영역 : 원자흡광분석에 있어서의 검량선은 일반적으로 **저농도영역에서는 양호한 직선성**을 나타내지 만 **고농도영역에서는 여러 가지 원인에 의하여 휘어진다.** 따라서 정량을 행하는 경우에는 직선성이 좋은 농도 또는 흡광도의 영역을 사용한다.

---

④ 내부정도관리 주기 및 목표

　㉠ 방법검출한계, 정량한계, 정밀도 및 정확도는 **연 1회 이상 산정**하는 것을 원칙으로 하며, 분석 자의 교체, 분석장비의 수리 및 이동 등의 주요 변동사항이 생길 경우에는 다시 실시한다. 단, 장비의 청소 및 측정장비의 감도가 의심될 때에는 언제든지 측정하여 확인하여야 한다.

　㉡ 검정곡선 검증 및 방법바탕시료의 분석은 각 시료군마다 실시하며, **고농도의 시료 다음**에는 **방법바탕시료를 측정**하여 오염여부를 점검한다.

　㉢ 각 정도관리항목에 대한 정도관리목표값은 표 3-12와 같다.

[표 3-12] 정도관리목표값

정도관리항목	정도관리목표
정량한계	표 3-13에 따른다.
검정곡선	결정계수(R^2) ≥ 0.99
정밀도	상대표준편차가 ±25% 이내
정확도	75~125%

(4) 결과보고

① 검정곡선법

$$농도(\text{mg/L}) = (y - b)/a$$

여기서, y : 시료의 흡광도

　　　　b : 검정곡선의 절편

　　　　a : 검정곡선의 기울기

② 표준물질첨가법

　　농도(mg/L)$= (y-b)/a$

여기서, y : 표준물질이 첨가되지 않은 시료의 흡광도

　　　　b : 표준물질첨가에 따른 관계식의 절편

　　　　a : 표준물질첨가에 따른 관계식의 기울기

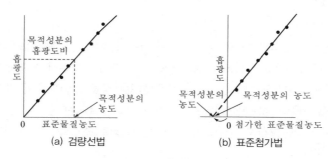

[그림 3-28] 각종 정량법에 의한 검량선

(5) 적용범위

① 이 시험기준은 지표수, 지하수, 폐수 등에 적용할 수 있으며, 금속의 분석 시 선택파장, 불꽃연료, 정량한계는 표 3-13을 참조한다.

② 표 3-13보다 낮은 정량한계를 얻을 수 있는 기기를 사용할 경우 소급성이 인정된다면 정량한계로 사용될 수 있다.

[표 3-13] 원자흡수분광광도법의 원소별 정량한계 비교

원 소	선택파장(nm)	불꽃연료	정량한계(mg/L)
Cu	324.7	A-Ac[1]	0.008
Pb	283.3/217.0	A-Ac[1]	0.04
Ni	232.0	A-Ac[1]	0.01
Mn	279.5	A-Ac[1]	0.005
Ba	553.6	N-Ac[2]	0.1
As	193.7	H[3]	0.005
Se	196.0	H[3]	0.005
Hg	253.7	CV[4]	0.0005
Zn	213.9	A-Ac[1]	0.002
Sn	224.6	A-Ac[1]	0.8
Fe	248.3	A-Ac[1]	0.03

원 소	선택파장(nm)	불꽃연료	정량한계(mg/L)
Cd	228.8	A－Ac[1]	0.002
Cr	357.9	A－Ac[1]	0.01(산처리), 0.001(용매추출)

US EPA Method 200.0 Metals Atomic Absorption Spectrometry

[1] A－Ac : 공기－아세틸렌
[2] N－Ac : 아산화질소－아세틸렌
[3] H : 환원기화법(수소화물 생성법)
[4] CV : 냉증기법

(5) 측정 시 간섭(干涉)

① 광학적 간섭

㉠ 분석하고자 하는 원소의 흡수파장과 비슷한 다른 원소의 파장이 서로 겹쳐 비이상적으로 높게 측정되는 경우이다. 또는 다중원소램프 사용 시 다른 원소로부터 공명에너지나 속빈음극램프의 금속불순물에 의해서도 발생한다. 이 경우 슬릿간격을 좁힘으로써 간섭을 배제할 수 있다.

㉡ 시료 중에 유기물의 농도가 높을 경우 이들에 의한 복사선 흡수가 일어나 양(＋)의 오차를 유발하게 되므로 바탕선보정(background correction)을 실시하거나 분석 전에 유기물을 제거하여야 한다.

㉢ 용존고체물질농도가 높으면 빛 산란 등 비원자적 흡수현상이 발생하여 간섭이 발생할 수 있다. 바탕값이 높아서 보정이 어려울 경우 다른 파장을 선택하여 분석한다.

② 물리적 간섭 : 표준용액과 시료 또는 시료와 시료 간의 물리적 성질(점도, 밀도, 표면장력 등)의 차이 또는 표준물질과 시료의 매질(matrix) 차이에 의해 발생한다. 이러한 차이는 시료의 주입 및 분무효율에 영향을 주어 양(＋) 또는 음(－)의 오차를 유발하게 된다. 물리적 간섭은 **표준용액과 시료 간의 매질을 일치시키거나 표준물질첨가법을 사용하여 방지**할 수 있다.

③ 이온화 간섭 : 불꽃온도가 너무 높을 경우 중성원자에서 전자를 빼앗아 이온이 생성될 수 있으며 이 경우 음(－)의 오차가 발생하게 된다. 이러한 간섭은 시료와 **표준물질에 보다 쉽게 이온화되는 물질을 과량첨가하면 감소**시킬 수 있다.

④ 화학적 간섭 : 불꽃의 온도가 분자를 들뜬상태로 만들기에 충분히 높지 않아서 해당 파장을 흡수하지 못하여 발생한다. 그 예로 시료 중에 인산이온(PO_4^{3-}) 존재 시 마그네슘과 결합하여 간섭을 일으킬 수 있다. 칼슘, 마그네슘, 바륨의 분석 시 란타늄(La)을 첨가하여 인산의 화학적 간섭을 배제할 수 있다. 또는 간섭을 일으키는 금속을 킬레이트제 등으로 제거할 수 있다.

3 흑연로원자흡수분광광도법(graphite furnace atomic absorption)

(1) 분석 기기 및 기구

① 원자흡수분광광도계 : 단일 또는 이중 채널, 단일 또는 이중 빔을 채용한 분광계로 단색화장치, 광전자증폭검출기, 190~800nm 나비의 슬릿 및 기록계로 구성된다.

② 광원램프 : 속빈음극램프(HCL : Hollow Cathode Lamp) 사용

③ 시료의 원자화
　㉠ 원자화장치 : 가로 또는 세로 형태의 흑연로 가열장치와 흑연로튜브(graphite tube)를 사용한
　　다. 흑연로가열장치는 초당 2,000℃ 이상 가열할 수 있는 것을 사용하여야 하며, 흑연로튜브는
　　일정 횟수(20~30회) 이상 사용하면 교체하여야 한다.
　㉡ 불꽃가스 : 아르곤－공기 또는 질소－공기가 사용된다. 공기는 공기압축기 또는 일반압축공기
　　실린더 모두 사용가능하다. 99.999% 이상의 고순도 아르곤 또는 고순도 질소가 사용된다.

(2) 분석절차 및 방법
① 기기업체에서 제공하는 매뉴얼에 따라 분석하고자 하는 원소의 속빈음극램프를 설치하고 프로그
　램상에서 분석파장을 선택한다.
② 원자화과정에서 빛 산란에 의한 영향을 받기 쉬운 350nm 이하의 파장 선택 시 바탕값 보정을
　수행한다.
③ 기기업체에서 제공하는 매뉴얼에 따라 최대감도 및 최적의 바탕값을 얻도록 흑연로의 온도프로그
　램을 설정한다.
④ 시료건조단계의 온도를 용매의 끓는점보다 약간 높게 설정하여, 끓어오름 없이 완전한 기화가 이
　루어지도록 한다.
⑤ 표준용액을 사용하여 0.2~0.5 범위의 흡광도를 얻을 수 있도록 시료의 원자화온도를 설정한 후
　분석을 수행한다.

(3) 검량곡선의 작성과 정량
① 검량곡선의 작성
　㉠ 검량곡선법 : 불꽃원자흡수분광광도법의 내용 참조
　㉡ 표준물질첨가법
　　• 시료 적당량(75mL 미만)을 3~5개의 100mL 부피플라스크에 동일한 양을 첨가한다.
　　• 항목별 표준용액을 시료의 농도에 따라 0mL부터 순차적으로 25mL까지 시료가 들어있는
　　　부피플라스크에 단계적으로 첨가하고 정제수로 표선까지 채운다.
　　• 작성된 관계식으로부터 관계식의 기울기와 절편을 구하고 표준물질첨가법에 의한 계산식에
　　　따라 농도를 구한다.
② 검량곡선의 검증 : 불꽃원자흡수분광광도법 내용 참조
③ 정확도 및 정밀도 : 불꽃원자흡수분광광도법 내용 참조

(4) 간섭작용
① 매질 간섭 : 시료의 매질로 인한 원자화과정상에 발생하는 간섭이다. 매질개선제(matrix modifier)
　및 수소(5%)와 아르곤(95%)을 사용하여 간섭을 줄일 수 있다.
② 메모리 간섭 : 고농도 시료분석 시 충분히 제거되지 못하고 잔류하는 원소로 인해 발생하는 간섭
　이다. 흑연로 온도 프로그램 상에서 충분히 제거되도록 설정하거나, 시료를 희석하고 바탕시료로
　메모리 간섭 여부를 확인한다.
③ 스펙트럼 간섭 : 다른 분자나 원소에 의한 파장의 겹침 또는 흑체 복사에 의한 간섭으로 발생한다.
　매질개선제(matrix modifier)를 사용하여 간섭을 배제할 수 있다.

매질개선제(matrix modifier)

① 흑연로원자흡수분광광도법으로 분석 시 감도개선과 간섭현상 감소를 위하여 시료 및 표준물질에 첨가하는 화합물로서 표 3-14에 나타냈다.

② 일반적으로 많이 사용되는 매질개선제는 300mg의 팔라듐(Pd, palladium) 분말을 질산원액 1mL(필요시 0.1mL 염산 첨가)에 녹인 후 200mg의 질산마그네슘(magnesium nitrate, $Mg(NO_3)_2$, 분자량 : 148.31)을 정제수에 녹여 각 용액을 한 개의 100mL 부피플라스크에 혼합하여 정제수로 희석하여 사용한다.

[표 3-14] 흑연로원자화법에 사용되는 원소별 매질개선제[1]

해당 원소	매질개선제(modifier)
As, Cu, Mn, Se, Sn	1,500mg Pd/L+1,000mg $Mg(NO_3)_2$/L
As, Cd, Cr, Cu, Fe, Mn, Ni, Pb	500~2,000mg Pd/L+환원제
Cr, Fe, Mn	5,000mg $Mg(NO_3)_2$/L
As, Sn	100~500mg Pd/L
As, Se	50mg Ni/L
Cd, Pb	2% PO_3^{4-}+1,000mg $Mg(NO_3)_2$/L

[1] US Standard Method 3113, Metals by Electrothermal Atomic Absorption Spectrometry(1999)

(5) 결과보고

① 검정곡선법

불꽃원자흡수분광광도법 내용 참조

② 표준물질첨가법

불꽃원자흡수분광광도법 내용 참조

③ 적용범위

이 시험기준은 지표수, 지하수, 폐수 등에 적용할 수 있으며, 금속의 분석 시 선택파장, 불꽃연료, 정량한계는 다음 표 3-15를 참조한다.

[표 3-15] 흑연로원자흡수분광광도법의 원소별 선택파장과 정량한계

원소명	선택파장(nm)	정량한계(mg/L)
Cu	324.7	0.005mg/L
Pb	293.3/217.0	0.005mg/L
Ni	232.0	0.005mg/L
Mn	279.5	0.001mg/L
Ba	553.6	0.01mg/L
As	193.7	0.005mg/L
Se	196.0	0.005mg/L
Sn	224.6	0.002mg/L
Fe	248.3	0.005mg/L
Cd	228.8	0.0005mg/L
Cr	357.9	0.005mg/L

04 유도결합플라스마 발광분광법
(Inductively Coupled Plasma(ICP) emission spectroscopy)

1 유도결합플라스마 – 원자발광분광법
(Inductively Coupled Plasma(ICP) – atomic emission spectrometry)

(1) 개요

① 원리

물속에 존재하는 중금속을 정량하기 위하여 시료를 고주파유도코일에 의하여 형성된 아르곤플라스마에 주입하여 6,000~8,000K에서 들뜬상태의 원자가 바닥상태로 전이할 때 방출하는 발광선 및 발광강도를 측정하여 원소의 정성 및 정량 분석에 이용하는 방법으로 분석이 가능한 원소는 구리, 납, 니켈, 망간, 비소, 아연, 안티몬, 철, 카드뮴, 크롬, 6가 크롬, 바륨, 주석 등이다.

② 장치의 구성

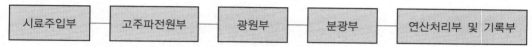

>> 분광부는 검출 및 측정 방법에 따라 연속주사형 단원소 측정장치(sequential type, monochromator)와 다원소 동시측정장치(simultaneous type, polychromator)로 구분된다.

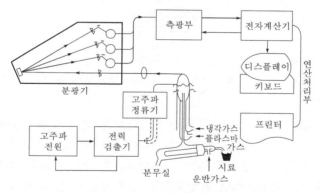

[그림 3-29] ICP 발광광도계 분석장치의 구성

(2) 분석 기기 및 기구

① 분광계 : 검출 및 측정 방법에 따라 다색화분광기 또는 단색화장치 모두 사용가능해야 하며 스펙트럼의 띠 통과(band pass)는 0.05nm 미만이어야 한다.

② 시료주입장치

㉠ 분무기 : 일반적인 시료의 경우 동심축 분무기(concentric nebulizer) 또는 교차흐름 분무기(cross–flow nebulizer)를 사용하며, 점성이 있는 시료나 입자상 물질이 존재할 경우 바빙톤 분무기(barbington nebulizer)를 사용한다. 이외에도, 분석목적에 따라 초음파 분무기(ultrasonic nebulizer) 등 다양한 형태의 분무기 사용이 가능하다.

ⓛ 아르곤가스 공급장치 : 순도 99.9% 이상 고순도 가스상 또는 액체 아르곤을 사용해야 한다.

ⓒ 유량조절기 : 속도조절이 가능한 연동펌프와 아르곤 및 플라스마 기체의 유량조절기를 사용해
야 한다.

③ 유도결합플라스마발광기

㉠ 라디오고주파발생기(RF generator) : 라디오고주파(RF : Radio Frequency)발생기는 출력범
위 750~1,200W 이상의 것을 사용하며, 이때 사용하는 주파수는 27.12MHz 또는 40.68MHz
를 사용한다.

ⓛ 토치 : 내부직경 18nm, 12nm, 1.5nm인 3개의 동심원 또는 동등한 규격의 석영관을 사용한다.
가장 바깥쪽 관의 냉각기체는 아르곤을 사용하며, 중심관과 중간관의 운반기체와 보조기체로
는 아르곤을 사용한다.

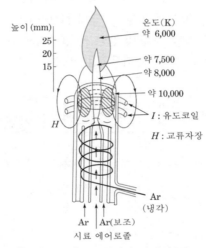

[그림 3-30] ICP 토치 및 온도분포

(3) 측정 시 작용간섭

① 물리적 간섭 : 시료 도입부의 분무과정에서 시료의 비중, 점성도, 표면장력의 차이에 의해 발생한
다. 시료의 물리적 성질이 다르며 플라스마로 흡입되는 원소의 양이 달라져 방출선의 세기에 차이
가 생기며, 특히 비중이 큰 황산과 인산 사용 시 물리적 간섭이 크다. 시료의 종류에 따라 분무기
의 종류를 바꾸거나, 시료의 희석, 매질 일치법, 내부 표준법, 농축분리법을 사용하여 간섭을 최소
화한다.

② 이온화간섭 : 이온화 에너지가 작은 나트륨 또는 칼륨 등 알칼리 금속이 공존원소로 시료에 존재
시 플라스마의 전자밀도를 증가시키고, 증가된 전자밀도는 들뜬상태의 원자와 이온화된 원자수를
증가시켜 방출선의 세기를 크게 할 수 있다. 또는 전자가 이온화된 시료 내의 원소와 재결합하여
이온화된 원소의 수를 감소시켜 방출선의 세기를 감소시킨다.

③ 분광간섭 : 측정원소의 방출선에 대해 플라스마의 기체 성분이나 공존 물질에서 유래하는 분광학
적 요인에 의해 원래의 방출선의 세기 변동 및 다른 원자 혹은 이온의 방출선과의 겹침 현상이
발생할 수 있으며, 시료 분석 후 보정이 반드시 필요하다.

④ 기타 : 플라스마의 높은 온도와 비활성으로 화학적 간섭의 발생가능성은 낮으나, 출력이 낮은 경
우 일부 발생할 수 있다.

(4) 검량곡선의 작성

① 검정곡선법

② 표준물질첨가법

③ 내부표준법

[표 3-16] 유도결합플라스마-원자방출분광법에 의한 원소별 선택파장과 정량한계(mg/L)

원소명	선택파장(1차)	선택파장(2차)	정량한계(mg/L)
Cu	324.75	219.96	0.006mg/L
Pb	220.35	217.00	0.04mg/L
Ni	231.60	221.65	0.015mg/L
Mn	257.61	294.92	0.002mg/L
Ba	455.40	493.41	0.003mg/L
As	193.70	189.04	0.05mg/L
Zn	213.90	206.20	0.002mg/L
Sb	217.60	217.58	0.02mg/L
Sn	189.98	–	0.02mg/L
Fe	259.94	238.20	0.007mg/L
Cd	226.50	214.44	0.004mg/L
Cr	262.72	206.15	0.007mg/L

2 유도결합플라스마-질량분석법
(Inductively coupled plasma-mass spectrometry)

(1) 측정원리

6,000~10,000K의 고온플라스마에 의해 이온화된 원소를 진공상태에서 질량 대 전하비(m/z)에 따라 분리하는 방법으로, 분석이 가능한 원소는 구리, 납, 니켈, 망간, 바륨, 비소, 셀레늄, 아연, 안티몬, 카드뮴, 주석, 크롬 등이다.

(2) 분석 기기 및 기구

① 검출기

② 라디오고주파 발생기(RF generator)

③ 시료주입장치

④ 아르곤가스 공급장치

⑤ 인터페이스

　　㉠ 샘플링콘

　　㉡ 스키머콘

⑥ 진공펌프

⑦ 질량분석기

(3) 측정 시 간섭작용

① 다원자이온간섭 : 구리(Cu) 분석 시 나트륨(Na), 비소(As) 분석 시 염소(Cl) 등
② 동중 원소간섭 : 셀레늄(Se) 분석 시 크립톤(Kr), 카드뮴(Cd) 분석 시 주석(Sn) 등
③ 메모리간섭
④ 물리적 간섭

05 기체크로마토그래피법(gas chromatography)

1 원리 및 개요

이 방법은 적당한 방법으로 전처리한 시료를 운반가스(carrier gas)에 의하여 크로마토 관 내에 전개시켜 이동속도 차에 의해 분리되는 각 성분의 크로마토그램을 이용하여 목적성분을 분석하는 방법으로, 일반적으로 유기화합물에 대한 **정성**(定性) 및 **정량**(定量) 분석에 이용한다. 수질오염 공정시험기준에서 정한 측정대상물질은 알킬수은, 유기인, PCB, 석유계 총 탄화수소, 휘발성 유기화합물, 1,4-다이옥산, 다이에틸헥실프탈레이트, 포름알데하이드, 염화비닐, 아크릴로니트릴, 브로포폼, 나프탈렌 등이다.

(1) 종류

① 기체-고체 크로마토그래피법 : 충전물(充塡物)로서 흡착성 고체분말을 사용할 경우
② 기체-액체 크로마토그래피법 : 적당한 담체(solid support)에 고정상 액체를 함침(含浸)시킨 것을 사용할 경우

(2) 시료주입부로부터 기체, 액체 또는 고체 시료를 도입하면 기체는 그대로, 액체나 고체는 가열기화(加熱氣化)되어 운반가스에 의하여 분리관 내로 송입되고 시료 중의 각 성분은 충전물에 대한 각각의 흡착성 또는 용해성 차이에 따라 분리관 내에서의 이동속도가 달라지기 때문에 각각 분리되어 분리관 출구에 접속된 검출기를 차례로 통과하게 된다.

(3) 검출기에는 원리에 따라 여러 가지가 있으며, 성분의 양과 일정한 관계가 있는 전기신호(電氣信號)로 변환시켜 기록계(또는 다른 데이터 처리장치)에 보내져서 분리된 각 성분에 대응하는 일련의 곡선봉우리(peak)가 되는 크로마토그램(chromatogram)을 얻게 된다.

(4) 어떤 조건에서 시료를 분리관에 도입시킨 후 그 중의 어떤 성분이 검출되어 기록지 상에 봉우리(peak)로 나타날 때까지의 시간을 유지(머무름)시간(retention time)이라 하며 이 유지(머무름)시간에 운반가스의 유량을 곱한 것을 유지(머무름)용량(retention volume)이라 한다.

(5) (4)의 값은 어떤 특정한 실험조건하에서는 그 성분물질마다 고유한 값을 나타내기 때문에 정성분석(定性分析)을 할 수 있으며 또 기록지에 그려진 곡선의 넓이 또는 봉우리의 높이는 시료성분량과 일정한 관계가 있기 때문에 이것에 의하여 정량분석(定量分析)을 할 수 있다.

2 장치의 구성

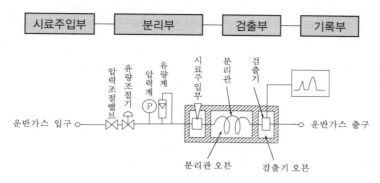

[그림 3-31] 장치의 기본구성

≫ 이 장치의 기본구성은 복수열(複數列)로 조합시킨 형식이나 복수열유로(流路)로 검출기의 신호를 서로 보상(補償)하는 형식도 있다.

(1) 가스유로계(流路系)

① 운반가스유로

㉠ 유량조절부 : 압력조절밸브, 유량조절기, 필요에 따라 유량계 첨부

㉡ 분리관유로 : 시료주입부, 분리관, 검출기기 배관

② 연소용 가스 기타 필요한 가스의 유로

(2) 시료주입부

① 주사기를 사용하는 시료주입부는 실리콘고무와 같은 **내열성 탄성체 격막이 있는 시료기화실**로서, 분리관온도와 동일하거나 또는 그 이상의 온도를 유지할 수 있는 가열기구가 갖추어져야 하고, 필요하면 온도조절기구, 온도측정기구 등이 있어야 한다.

② 가스시료주입부는 **가스계량관**(통상 0.5~5mL)**과 온도변환기구로 구성**된다.

(3) 가열오븐(heating oven)

① 분리관오븐(column oven) : 가열기구, 온도조절기구, 온도측정기구 등으로 구성되고 온도조절정밀도는 ±0.5℃의 범위 이내, 전원 전압변동 10%에 대하여 **온도변화 ±0.5℃ 범위 이내**(오븐의 온도가 150℃ 부근일 때)이어야 한다.

≫ 승온가스크로마토그래프에서는 승온기구 및 냉각기구를 부가

② 검출기오븐(detector oven) : 검출기를 한 개 또는 여러 개를 수용할 수 있고 분리관오븐과 동일하거나 그 이상의 온도를 유지할 수 있는 **가열기구, 온도조절기구 및 온도측정기구를 갖추어야** 하며 방사성 동위원소를 사용하는 검출기를 수용하는 검출기오븐에 대하여는 온도조절기구와는 별도로 독립작용을 할 수 있는 과열방지기구를 설치해야 한다.

(4) 검출기

검출기는 다음과 같은 5종류가 있으며 목적성분에 따라 잘 선정해야 한다.

[표 3-17] 검출기 분류

종 류	구 성	용 도	감 도	운반가스	연료 가스
열전도도 검출기 (TCD)	금속필라멘트(filament) 또는 전기저항체 (thermister)를 검출소자(素子)로 하여 금속판(block) 안에 들어 있는 본체와 여기에 안정된 직류전기를 공급하는 전원회로, 전류조절부, 신호검출전기회로, 신호감쇄부 등으로 구성된다.	감도 또는 물에 대한 영향으로 자주 쓰이지 않는다.	시료성분의 감도에 따라 다르며, 고전적 검출기이다.	순도 99.9% 이상의 수소나 헬륨	–
불꽃 (수소염) 이온화 검출기 (FID)	수소연소노즐, 이온수집기(ion collector)와 함께 대극(大極) 및 배기구(排氣口)로 구성되는 본체와 이온전극 사이에 직류전압을 주어 흐르는 이온전류를 측정하기 위한 직류전압변환회로, 감도조절부, 신호감쇄부 등으로 구성된다.	일반적으로 쓰이며, 특히 물에 대한 영향이 없는 것이 특징이다.	유기물에 대한 함유탄소수에 거의 비례되는 감도를 갖는다. 고감도에 자주 쓰인다.	순도 99.9% 이상의 질소 또는 헬륨	수소
전자 포획형 검출기 (ECD)	방사성 동위원소(^{63}Ni, ^{3}H 등)로 방출되는 β선이 운반가스를 전리하여 미소전류를 흘려보낼 때 시료 중의 할로겐이나 산소와 같이 전자포획력이 강한 화합물에 의하여 전자가 포획되어 전류가 감소하는 것을 이용하는 방법으로 유기할로겐화합물, 니트로화합물 및 유기금속화합물을 선택적으로 검출할 수 있다.	PCB, 유기수은 등의 분석 등에 쓰인다.	할로겐, 니트로기 등을 갖는 친전자성 성분에 대해 고감도	순도 99.99% 이상의 질소 또는 헬륨	–
불꽃 (염광) 광도형 검출기 (FPD)	수소염에 의하여 시료성분을 연소시키고 이때 발생하는 불꽃의 광도를 분광학적으로 측정하는 방법으로서, 인 또는 유황화합물을 선택적으로 검출할 수 있다. 운반가스와 조연가스의 혼합부, 수소공급부 연소노즐, 광학필터, 광전자증배관 및 전원 등으로 구성되어 있다.	악취관계 물질분석 등에 쓰인다.	유기인, 유기유황화합물에 대해 고감도이다.	순도 99.9% 이상의 질소	수소
불꽃 (알칼리) 열이온화 검출기 (FTD)	FID에 알칼리 또는 알칼리 토류금속염의 튜브를 부착한 것으로, 유기질소화합물 및 유기염소화합물을 선택적으로 검출할 수 있다. 운반가스와 수소가스의 혼합부, 조연가스공급부, 연소노즐, 알칼리원가열기구, 전극 등으로 구성되어 있다.	유기인 등의 분석에 쓰인다.	유기인화합물, 질소화합물에 고감도(후자는 전자의 1/1,000 정도)이다.	순도 99.9% 이상의 질소 또는 헬륨	수소

비고 TCD : Thermal Conductivity Detector
FID : Flame Ionization Detector
ECD : Electronic Capture Detector
FPD : Flame Photometric Detector
FTD : Flame Thermionic Detector

(5) **기록계(recorder)** : 기록계는 스트립 차트(strip chart)식 자동평형기록계로, 스팬(span)전압 1mV, 펜응답시간(pen response time) 2초 이내, 기록지 이동속도(chart speed)는 10mm/분을 포함한 다단변속(多段變速)이 가능한 것이어야 한다.

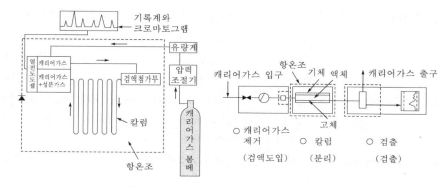

[그림 3-32] 기체크로마토그래피법 분석장치의 구성

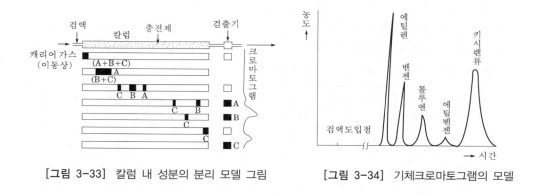

[그림 3-33] 칼럼 내 성분의 분리 모델 그림   [그림 3-34] 기체크로마토그램의 모델

3 분리관(column)과 충전물질(packing material)

(1) **분리관(column)** : 충전물질을 채운 내경 2~7mm(모세관식 분리관을 사용할 수도 있다.)의 관으로, 시료에 대하여 불활성금속, 유리 또는 합성수지관으로 각 분석방법에서 규정하는 것을 사용한다.

(2) **충전물질(packing material)**

① 흡착형 충전물질 : 기체-고체 크로마토그래피법에서는 분리관의 내경에 따라 다음과 같이 입도(粒度)가 고른 흡착성 고체분말(吸着性固體粉末)을 사용한다.

[표 3-18]

분리관내경(mm)	흡착제 및 담체의 입경범위(μm)
3	149~177(100~80mesh)
4	177~250(80~60mesh)
5~6	250~590(60~28mesh)

여기서 사용하는 흡착성 고체분말은 실리카겔, 활성탄, 알루미나, 합성제올라이트(zeolite) 등이 며, 또한 이러한 분말에 표면처리(表面處理)한 것을 각 분석방법에서 규정하는 방법대로 처리하여 활성화한 것을 사용한다.

② 분배형 충전물질 : 기체–액체 크로마토그래피법에서는 위에 표시한 입경범위에서의 적당한 담체(擔體)에 고정상액체(固定狀液體)를 함침(含浸)시킨 것을 충전물로 사용한다.

　㉠ 담체(support) : 담체는 시료 및 고정상액체에 대하여 불활성인 것으로, **규조토, 내화벽돌**[1], 유리, 석영, 합성수지 등을 사용하며 각 분석방법에서 전처리를 규정한 경우에는 그 방법에 따라 산처리(酸處理), 알칼리처리, 실란처리(silane finishing) 등을 한 것을 사용한다.

　　≫ 주(1) : 여기서 내화벽돌이라 함은 일반적인 내화점토(耐火粘土)를 사용한 것이 아니고 규조토를 주성분으로 한 내화온도 1,100℃ 정도의 단열(斷熱)벽돌을 뜻한다.

　㉡ 고정상액체(stationary liquid) : 고정상액체는 가능한 한 다음의 조건을 만족시키는 것을 선택한다.

　　• 분석대상 성분을 완전히 분리할 수 있는 것이어야 한다.
　　• 사용온도에서 증기압이 낮고, 점성이 작은 것이어야 한다.
　　• 화학적으로 안정된 것이어야 한다.
　　• 화학성분이 일정한 것이어야 한다.

[표 3-19] 일반적으로 사용하는 고정상액체의 종류

종 류	물질명
탄화수소계	헥사데칸, 스쿠알란(squalane), 진공용 그리스
실리콘계	메틸실리콘, 페닐실리콘, 시아노실리콘, 불화규소
폴리글리콜계	폴리에틸렌 글리콜, 메톡시 폴리에틸렌 글리콜
에스테르계	이염기산디에스테르
폴리에스테르계	이염기산폴리글리콜디에스테르
폴리아미드계	폴리아미드수지
에테르계	폴리페닐에테르
기타	인산트리크레실, 다이에틸포름아미드, 다이메틸술포란

③ 다공성 고분자형 충전물 : 다이비닐벤젠(divinyl benzene)을 가교제(bridge intermediate)로 스티렌(styrene)계 단량체를 중합시킨 것과 같이 고분자물질을 단독 또는 고정상(stationary phase) 액체로 표면처리한다.

4 조작법(procedure)

(1) 설치조건(설치장소 및 전원관계)

① 설치장소는 진동이 없고, 분석에 사용하는 유해물질을 안전하게 처리할 수 있을 것
② 설치장소는 부식가스나 먼지가 적고 실온은 5~35℃일 것
③ 설치장소는 상대습도 85% 이하로서 직사일광이 쪼이지 않는 곳일 것
④ 공급전원은 지정된 전력용량 및 주파수이어야 하고, **전원변동은 지정전압의 10% 이내로서 주파수변동이 없을 것**
⑤ 대형변압기, 고주파가열로(高周波加熱爐)와 같은 것으로부터 전자기의 유도를 받지 않을 것
⑥ 접지저항 100Ω 이하의 접지점이 있는 것일 것

(2) 분석 준비 및 조작

① 장치의 고정설치 : 가스류의 배관, 전기배선 ┐

② 분리관의 부착 및 가스누출시험 ├ 분석 전 준비

③ 시료의 준비 ┘

④ 분석조건의 설정 ┐

⑤ 바탕선 안정도의 확인 ├ 분석조작

⑥ 시료의 주입 ┘

    ㉠ 액체시료 : 시료주입량에 따라 적당한 부피의 미량주사기(micro syringe, 1~100 μL)를 사용하여 시료주입구로부터 신속히 주입

    ㉡ 기체시료 : 보통 기체시료주입장치를 사용하나 주사기(통상 0.5~5mL)를 사용하여 주입할 수 있음

    ㉢ 고체시료 : 용매에 용해시켜 액체와 같은 방법으로 도입

⑦ 크로마토그램의 기록 : 시료주입 직후 크로마토그램에 시료주입점을 기입한다. 시료의 봉우리가 기록계의 기록지 상에 진동이 없고, 가능한 한 큰 봉우리를 그리도록 성분에 따른 감도를 조절한다.

5 정성분석

정성분석은 동일조건하에서 특정한 **미지성분의 머무름값**(維持値)과 예측되는 물질의 봉우리의 머무름값을 비교하여야 한다. 그러나 어떤 조건에서 얻어지는 하나의 봉우리가 한 가지 물질에 반드시 대응한다고 단정할 수 없으므로 고정상 또는 **분리관 온도를 변경**하여 측정하거나 또는 다른 방법으로 정성이 가능한 경우에는 이 방법을 병용하는 것이 좋다.

(1) 머무름(유지)값

① 종류 : 머무름(유지)시간(retention time), 머무름(유지)용량(retention volume), 비머무름용량, 머무름비, 머무름지수 등

② 측정 : 머무름(유지)시간 측정 시에 **3회 측정의 평균값**을 구하고 일반적으로 5~30분 정도에서 측정하는 봉우리의 머무름시간은 반복시험을 할 때 ±3% 오차범위 이내이어야 한다.

(2) 다른 방법을 병용한 정성 : 다른 방법의 병용 시는 반응관, 사용검출기, 분취방법, 기타 사용방법 등에 대한 설명 및 의견을 덧붙일 수가 있다.

6 정량분석

정량분석은 각 분석방법에서 규정하는 방법에 따라 시험하여 얻어진 크로마토그램(chromatogram)의 재현성, 시료성분의 양, 봉우리의 면적 또는 높이와의 관계를 검토하여 분석한다. 이때 정확한 정량결과를 얻기 위해서는 크로마토그램의 각 곡선봉우리는 대칭적이고 각각 완전히 분리되어야 한다.

(1) 봉우리의 높이측정 : 곡선의 정점(peak)으로부터 기록지 횡축으로 수직선을 내려 바탕선(base line)과 교차하는 점과 정점과의 거리를 봉우리의 높이로 한다.

(2) 곡선의 넓이측정

① 반높이선 너비법

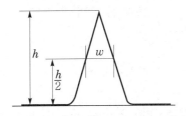

[그림 3-35] 반높이선 너비법에 의한
봉우리의 넓이측정법
(대칭적 봉우리의 경우)

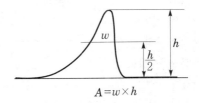

$$A = w \times h$$

[그림 3-36] 반높이선 너비법에 의한
봉우리의 넓이 측정법
(앞으로 기울어진 봉우리의 경우)

② 적분기를 사용하는 방법
　　　－ 생략 －

(3) 정량법 : 측정된 넓이 또는 높이와 성분량과의 관계를 구하는 데는 다음 방법에 의한다.

　　① 절대검량선법
　　② 넓이백분율법
　　③ 보정넓이백분율법
　　④ 내부표준법
　　⑤ 피검성분추가법

(4) 정량치(定量値)표시방법 : 중량 %, 부피 %, 몰 %, ppm 등으로 표시

(5) 검출한계 : 각 분석방법에서 규정하는 조건에서 출력신호를 기록할 때 잡음신호(noise)의 2배의 신호를 검출한계로 한다.

[사진 3-3] 기체크로마토그래피(G·C) 분석기

[표 3-20] 기체크로마토그래피법 요점정리

물질명	검출기	운반기체	농축기	기타 사항
알킬 수은	ECD (전자포획형 검출기)	• 질소 또는 헬륨(99.999% 이상) • 유량 : 30~80mL/분	―	• 정량한계 : 0.0005mg/L (염화메틸수은)
유기인	FPD (불꽃광도형 검출기) 또는 NPD (질소 인 검출기)	• 질소 또는 헬륨(99.999% 이상) • 유량 : 0.5~3mL/min	구데르나다니시 농축기 또는 회전증발 농축기	• 정량한계 : 각 성분별 0.0005mg/L
PCB	ECD (전자포획형 검출기)	• 질소(99.999% 이상) • 유량 : 0.5~3mL/분	구데르나다니시 농축기 또는 회전증발 농축기	• 정량한계 : 0.0005mg/L 이상 • 알칼리 분해를 하여도 헥산층에 유분이 존재할 경우에는 실리카 겔 칼럼으로 정제조작을 하기 전에 플로리실 칼럼을 통과시켜 유분을 분리한다.
휘발성 유기 화합물	ECD (전자포획형 검출기)	• 헬륨(99.999% 이상) • 유량 : 0.5~2mL/분 ※ 퍼지·트랩-기체크 로마토그래프-질량 분석법	―	• 정량한계 : 0.001mg/L (※퍼지·트랩-기체크로마토그 래피-질량분석법)
석유계 총 탄화 수소	FID (불꽃이온화검출기)	• 헬륨 또는 질소(99.999% 이상) • 유량 : 0.5~5mL/min	구데르나다니시 농축기 또는 회전 증발농축기	• 정량한계 : 0.2mg/L • 크로마토그램용 실리카겔 : 35~60mesh의 활성화되지 않는 것 사용 • 전처리 시 수분제거제 : 무수황 산나트륨(칼럼)
다이에틸 헥실프탈 레이트		• 질소 또는 헬륨(99.999% 이상) • 유량 : 0.5~2mL/min	―	• 정량한계 : 0.0025mg/L • 미량주사기는 1~25μL 부피의 기체크로마토그래프용을 사용
1,4- 다이옥산	※SIM (선택이온검출법)	• 헬륨(99.999% 이상) • 유량 : 0.5~2mL/min	―	• 정량한계 : 0.01mg/L

Tip▶ 표 내용 중 검출기, 농축기, 정량한계는 정리해 두어야 한다.

06 이온크로마토그래피법 (ion chromatography)

1 원리 및 적용범위

시료 중 음이온(F^-, Cl^-, NO_2^-, NO_3^-, PO_4^{3-}, Br^- 및 SO_4^{2-})을 이온크로마토그래프를 이용하여 분석하는 방법으로, 시료를 $0.2\mu m$ 막여과지에 통과시켜 고체미립자를 제거한 후 음이온교환칼럼을 통과시켜 각 음이온을 분리한 후 전기전도도검출기로 측정하는 방법이다.

수질오염 공정시험기준에서 이온크로마토그래피법으로 정량하는 것은 불소(F), 염소이온(Cl^-), 브롬이온(Br^-), 아질산성 질소($NO_2^- - N$), 질산성 질소($NO_3^- - N$), 황산이온(SO_4^{2-}), 인산이온(PO_4^{3-}), 퍼클로레이트 등이다.

2 장치의 구성 및 기능

기본구성은 그림 3-37과 같이 용리액조, 펌프, 시료주입부, 분리칼럼, 검출기 및 기록계로 되어 있으며 장치의 제조회사에 따라 분리칼럼의 보호 및 분석감도를 높이기 위하여 분리칼럼 전후에 보호칼럼 및 제거장치(억제기, 서프레서)를 부착한 것도 있다.

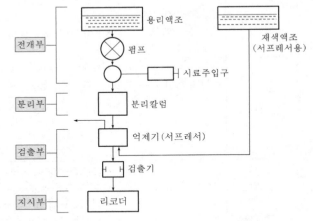

[그림 3-37] 이온크로마토그래프의 기본구성

(1) 펌프 : 분리칼럼 중 이온교환체의 입자는 약 $10\mu m$의 매우 작은 입자로서, 용리액 및 시료를 고압하에서 전개시키지 않으면 요구되는 유속을 얻기가 어렵다.

따라서, 펌프는 $150\sim350kg/cm^2$의 압력에서 사용할 수 있어야 하며 시간 차에 따른 압력 차가 크게 발생하여서는 아니 된다.

(2) 시료주입부 : 일반적으로 미량의 시료를 사용하기 때문에 루프-밸브에 의한 주입방식이 많이 이용되며, 시료주입량은 $10\sim100\mu L$이다.

(3) 분리칼럼 : 유리 또는 에폭시 수지로 만든 관에 **이온교환체를 충전시킨** 것으로 다음과 같은 것이 있다.

① 억제기(서프레서)형 : 폴리스티렌계 페리큐리형 음이온교환수지($10\sim15\mu m$)를 칼럼에 충전시킨 것으로서 안지름 $3\sim5mm$, 길이 $5\sim30cm$이다.

② 비억제기(비서프레서)형 : 폴리에틸렌계 페리큐리형 음이온교환수지($10\sim15\mu m$), 폴리아크릴계 표면다공성 음이온교환수지($10\sim12.5\mu m$) 또는 실리카겔 전다공성형 음이온교환수지($6\mu m$)를 칼럼에 충전시킨 것으로 안지름 $4\sim6mm$, 길이 $5\sim10cm$이다.

(4) 제거장치(억제기, 서프레서) : 분리칼럼으로부터 용리된 각 성분이 검출기에 들어가기 전에 용리액 자체의 전도도를 감소시키고 목적성분의 전도도를 증가시켜 높은 감도로 음이온을 분석하기 위한 장치이다. 고용량의 양이온교환수지를 충전시킨 **칼럼형**과 양이온교환막으로 된 **격막형**이 있다.

(5) 검출기 : 분석 목적 및 성분에 따라 전기전도도검출기, 전기화학적 검출기 및 광학적 검출기 등이 있으나, 일반적으로 음이온분석에는 전기전도도검출기를 사용한다.

3 시료의 분석

(1) 시료의 전처리 : 시료 중에 입자상 물질 등이 존재하면 분리칼럼의 수명을 단축시키기 때문에 $0.45\mu m$ 이상의 입자를 포함하는 시료 또는 $0.20\mu m$ 이상의 입자를 포함하는 시약을 사용할 경우 반드시 여과하여 칼럼과 흐름시스템의 손상을 방지해야 한다. 또한, 특정이온이 고농도로 존재할 경우 더욱 더 이온의 정량분석을 방해할 수 있다. 이때에는 특수 제작된 제거칼럼을 이용하거나 기타 적당한 방법을 이용하여 특정이온을 제거한 다음 시험한다.

(2) 시약의 준비

① 음이온표준원액(1mg/mL) : 각 이온의 염을 105℃에서 항량이 되도록 건조한 다음 표에 기록된 양을 정확히 달아 각각 물에 녹이고 정확히 1L로 한다.

이 액은 플라스틱병에 넣어 냉장고에 보관할 경우 1개월간 안정하다.

[표 3-21] 음이온의 표준원액(1,000mg/L) 제조

음이온	표준시약	대용량(g)[1]
F^-	NaF	2.2100
Cl^-	NaCl	1.6485
Br^-	NaBr	1.2876
NO_3^-	$NaNO_3$	1.3707
NO_2^-	$NaNO_2$	1.4998[2]
PO_4^{3-}	KH_2PO_4	1.4330
SO_4^{2-}	K_2SO_4	1.8141

≫ (1) 정확히 무게를 잰 후, 정제수에 녹여 1L로 한다.
   (2) 건조기 대신 건조용기에서 건조시킨다.

② 검량선 작성용 혼합표준액 : 각 이온의 표준원액을 물로 희석하여 사용기기의 분석감도에 따라 적당한 농도로 혼합, 조제한다.

③ 용리액[주1]

  ㉠ 억제기형(0.003M $NaHCO_3$ - 0.0024M Na_2CO_3)

  ㉡ 비억제기형(0.0013M 글루콘산 - 0.0013M $Na_2B_4O_7$)

  ㉢ 억제기형 재생액(0.05M H_2SO_4)

(3) 분석방법 : 이온크로마토그래피의 전체 시스템을 작동시켜 유속을 1~3mL/min으로 고정시킨 다음 용리액 및 재생액을 흘려보내면서 펌프의 압력 및 검출기의 전도도가 일정하게 유지될 때까지 기다린다. 펌프의 압력이 일정하게 유지되고 용리액의 전도도 및 기록계의 기준선이 안정화되면 적당히 희석된 음이온의 표준액을 각각 주입하여 크로마토그램을 작성하고 각 음이온의 유지시간을 확인한다.

(4) 검량곡선의 작성 : 혼합표준액을 적어도 3종류의 각기 다른 농도로 준비하여 각각의 크로마토그램을 작성하고 그 결과로부터 각 농도에 대한 피크높이 또는 면적을 그래프용지에 플롯하여 직

선성을 확인한다. 직선성이 확인되면 미리 준비된 검량선 작성용 혼합표준용액을 주입하여 크로마토그램을 작성하고 각 음이온의 농도와 크로마토그램상의 피크높이 또는 면적에 대한 검량선을 작성한다.

(5) 시료의 측정[주2] : 여과한 시료를 이온크로마토그래프에 주입하여 검량선 작성 시와 같은 기기조건하에서 크로마토그램을 측정하고 미리 작성한 검량선으로부터 시료의 농도(mg/L)를 산출한다.

>> [주1] 용리액의 조성 및 농도는 기기제조회사 또는 분리칼럼의 종류 등에 따라 달라질 수 있으므로 사용기기에 대한 설명서를 참조한다.
[주2] 억제기형의 경우 시료 중에 유기산이 존재하면 불소이온의 정량분석에 방해를 한다.

[표 3-22] 음이온의 정량한계값

음이온	F^-	Cl^-	Br^-	NO_2^-	NO_3^-	PO_4^{3-}	SO_4^{2-}
정량한계(mg/L)	0.1	0.1	0.03	0.1	0.1	0.1	0.5

07 이온전극법

1 원리 및 적용범위

(1) 시료 중의 분석대상이온의 농도(이온활량)에 감응하여 비교전극과 이온전극 간에 나타나는 전위 차를 이용하여 목적이온의 농도를 정량하는 방법으로서 시료 중 음이온(Cl^-, F^-, NO_2^-, NO_3^-, CN^-) 및 양이온(NH_4^+, 중금속이온 등)의 분석에 이용된다. 즉, 시료에 이온강도조절용 완충용액을 넣어 pH를 조절하고 전극과 비교전극을 사용하여 전위를 측정하고 그 전위 차로부터 정량한다.

(2) 이온전극은 [이온전극|측정용액|비교전극]의 측정계에서 측정대상이온에 감응하여 네른스트(Nernst)식에 따라 이온활량에 비례하는 전위 차를 나타낸다.

$$E = E_0 + \left(\frac{2.303RT}{zF}\right)\log a \quad\cdots\cdots\cdots\cdots\cdots\cdots\cdots\cdots\cdots\cdots\cdots\boxed{1}$$

여기서, E : 측정용액에서 이온전극과 비교전극 간에 생기는 전위 차(mV)
  E_0 : 표준전위(mV)
  R : 기체정수(8.314J/K·mol)
  T : 절대온도(K)
  z : 이온전극에 대하여 전위의 발생에 관계하는 전자 수(이온가)
  F : 패러데이(Faraday)정수(96,480coulomb/mol)
  a : 이온활량(mol/L)

$\dfrac{2.303RT}{zF}$ 는 이론전위구배라 하며 이온활량의 역수의 상용대수를 pX라 할 때 1pX당 전위 차를 나타

내는 값으로서 25℃에서 1가 이온은 59.16mV, 2가 이온은 29.58mV의 값이다. 또한, 이온활량은 활량계수(r)와 이온농도(C) 간에 다음과 같은 관계가 있다.

$$a = r\,C$$

그러므로 네른스트(Nernst)식은 이온농도(C)를 다음과 같은 식으로 표시할 수 있다.

$$E = E_0 + \left(\frac{2.303RT}{zF}\right)\log r\,C$$

$$E = E_0 + \left(\frac{2.303RT}{zF}\right)\log r + \left(\frac{2.303RT}{zF}\right)\log C$$

따라서 활량계수(r)를 알고 있으면 전위측정에 의하여 직접 이온농도의 측정이 가능하다. 여기에서, $E = E_0 + \left(\frac{2.303RT}{zF}\right)\log r$를 일정한 값이라고 하면, $E = E_0 + \left(\frac{2.303RT}{zF}\right)\log C$가 된다.

측정용액 중 총 이온농도가 일정할 때는 활량계수도 일정하게 된다. 그러므로 표준액을 사용하여 이온농도의 전위 차와의 관계를 구하고 미지시료용액의 전위 차를 측정하여 대상이온의 농도를 구할 수 있다.

(3) 수질오염 공정시험기준에서 이온전극법으로 분석할 수 있는 것은 음이온류, 불소, 시안, 염소이 온, 질소 등이다.

≫ 염소이온은 비교적 분해되기 쉬운 유기물을 함유하고 있거나, 자외부에서 흡광도를 나타내는 브롬이온이나 크롬을 함유하지 않는 시료에 적용된다.

2 장치의 구성

이온전극법에 사용하는 장치의 기본구성은 그림 3−38과 같이 **전위차계, 이온전극, 비교전극, 시료용기 및 자석교반기**로 되어 있다.

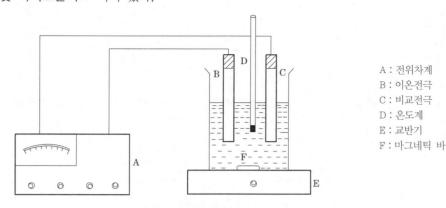

A : 전위차계
B : 이온전극
C : 비교전극
D : 온도계
E : 교반기
F : 마그네틱 바

[그림 3-38] 이온전극법의 장치구성

(1) **전위차계** : 이온전극과 비교전극 간에 발생하는 전위 **차**를 mV 단위까지 읽을 수 있는 고압력저항($10^{12}\,\Omega$ 이상)의 전위차계로서 pH−mV계, 이온전극용 전위차계 또는 이온농도계 등을 사용한다.

(2) **이온전극** : 이온전극은 분석대상이온에 대한 고도의 선택성이 있고 이온농도에 비례하여 전위를 발생할 수 있는 전극으로서 그 감응막의 구성에 따라 표 3-23과 같이 분류된다. 각 이온전극 의 구조는 그림 3-39와 같다.

[표 3-23] 이온전극의 종류와 감응막조성의 예

전극의 종류	측정이온	감응막의 조성
유리막전극	Na^+	산화알루미늄 첨가 유리
	K^+	
	NH_4^+	
고체막전극	F^-	LaF_3
	Cl^-	$AgCl+Ag_2S$, $AgCl$
	CN^-	$AgI+Ag_2S$, Ag_2S, AgI
	Pb^{2+}	$PbS+Ag_2S$
	Cd^{2+}	$CdS+Ag_2S$
	Cu^{2+}	$CuS+Ag_2S$
	NO_3^-	Ni - 베소페난트로린/NO_3^-
	Cl^-	다이메틸디스테아릴암모늄/Cl^-
	NH_4^+	노낙틴/모낙틴/NH_4^+
격막형전극	NH_4^+	pH 감응유리
	NO_2^-	pH 감응유리
	CN^-	Ag_2S

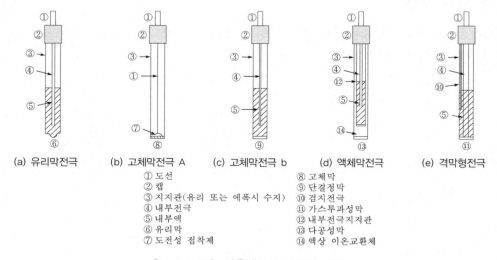

(a) 유리막전극	(b) 고체막전극 A	(c) 고체막전극 b	(d) 액체막전극	(e) 격막형전극

① 도선
② 캡
③ 지지관(유리 또는 에폭시 수지)
④ 내부전극
⑤ 내부액
⑥ 유리막
⑦ 도전성 접착제
⑧ 고체막
⑨ 단결정막
⑩ 검지전극
⑪ 가스투과성막
⑫ 내부전극지지관
⑬ 다공성막
⑭ 액상 이온교환체

[그림 3-39] 이온전극의 종류와 구조

(3) **비교전극** : 이온전극과 조합하여 이온농도에 대응하는 전위 차를 나타낼 수 있는 것으로서 표준 전위가 안정된 전극이 필요하다. 일반적으로 내부전극으로서 **염화제1수은전극(칼로멜 전극)** 또 는 은-염화은전극이 많이 사용된다.

(4) **자석교반기** : 회전에 의하여 열이 발생하여 액온에 변화가 일어나서는 안 되며, 회전속도가 일정하게 유지될 수 있는 것이어야 한다.

(5) **저항전위계 또는 이온측정기** : mV까지 읽을 수 있는 고압의 저항측정기여야 한다.

3 이온전극법의 특성

(1) **측정범위** : 이온농도의 측정범위는 일반적으로 $10^{-1} \sim 10^{-4}$mol/L(또는 10^{-7}mol/L)이다.

(2) **이온강도** : 이온의 활량계수는 이온강도의 영향을 받아 변동되기 때문에 용액 중의 이온강도를 일정하게 유지해야 할 필요가 있다. 따라서, 분석대상이온과 반응하지 않고 전극전위에 영향을 일으키지 않는 염류를 **이온강도조절용 완충액**으로 첨가하여 시험한다.

(3) **pH** : 이온전극의 종류나 구조에 따라서 사용가능한 pH의 범위가 있기 때문에 주의하여야 한다.

(4) **온도** : 측정용액의 온도가 10°C 상승하면 전위구배는 1가 이온이 약 2mV, 2가 이온이 약 1mV 변화한다. 그러므로 검량선 작성 시의 표준액의 온도와 시료용액의 온도는 항상 같아야 한다.

(5) **교반** : 시료용액의 교반은 이온전극의 전극전위, 응답속도, 정량화한 값에 영향을 나타낸다. 그러므로 측정에 방해되지 않는 범위 내에서 세게 일정한 속도로 교반해야 한다.

4 측정방법

(1) 시료 중에 방해이온이 존재할 경우에는 적당한 방법으로 제거하거나 pH 및 이온강도를 조절하여 시료용액으로 한다.

(2) 먼저 각각 농도가 다른 표준액을 단계적으로 조제하여 이온강도 조절용액을 첨가하여 적당량의 비커에 옮긴다.

(3) 이온전극과 비교전극을 물로 깨끗이 씻은 후 수분을 제거하고 전위시계에 연결한다. 이온전극과 비교전극을 표준액이 담긴 비커에 침적시키고 교반하면서 전위를 측정하여 안정될 때 값을 읽는다.

(4) 같은 방법으로 낮은 농도부터 높은 농도의 순서로 표준액의 전위 차를 측정하고 편대수그래프지(semi log 그래프지)의 대수축에 준비된 시료에 대하여 같은 방법으로 전위 차를 측정하고 작성된 검량선으로부터 이온농도(mg/L)를 산출한다.

※ 정량한계는 불소, 시안이 0.1mg/L, 염소 5mg/L, 암모니아성 질소는 0.08mg/L이다.

01 온도

1 개요

(1) **측정방법** : 물의 온도를 수은 막대온도계 또는 서미스터를 사용하여 측정한다.

(2) **담금** : 온도측정을 위해 대상시료에 담그는 것으로 온담금과 76mm 담금이 있다.

    ① 온담금 − 감온액주의 최상부까지를 측정 대상 시료에 담그는 것

    ② 76mm 담금 − 구상부 하단으로부터 76mm까지를 측정 대상 시료에 담그는 것

2 분석 기기 및 기구

(1) **유리제 수은 막대온도계** : KS B 5316 유리제 수은 막대온도계(담금선 붙이 50℃ 또는 100℃) 또는 이에 동등한 유리제 수은 막대온도계로서 최소측정단위가 0.1℃로 교정된 온도계를 사용

(2) **서미스터 온도계** : KS C 2710 직렬형 NTC 서미스터 온도계 또는 이에 동등한 온도계로 **최소측정단위는 0.1℃로 교정된 온도계를 사용**

3 분석절차

(1) **유리제 수은 막대온도계 이용** : 유리제 수은 막대온도계를 측정하고자 하는 수중에 직접 담근 상태에서 일정온도가 유지될 때까지 기다린 다음 온도계의 눈금을 읽는다.

(2) **서미스터 온도계 이용** : 서미스터 온도계의 측정부를 수중에 직접 담근 상태에서 일정 온도가 유지될 때까지 기다린 다음 온도계의 눈금을 읽는다. 수온은 수중의 용존산소량과 관계가 있다. 채수 때의 수온은 시험할 때의 수온과 큰 차이가 있을 수 있으며, **채수 때 녹아 있던 성분 등이 수온의 변화에 따라 이화학적 변화를 일으킬 수 있기 때문에 중요하다.**

> **수온−연속자동측정방법**
> ① 개요 : 연속 수온 자동측정기에서는 온도변화에 따라 저항이 달라지는 금속산화물 서미스터(thermistor)를 사용하는 측정기로 수온을 측정한다.
> ② 적용범위 : 이 방법은 하천, 호소, 하·폐수 중의 수온을 연속적으로 측정하기 위한 측정기에 대하여 규정한다. 정량범위는 −10∼50℃이며, 최소 눈금단위는 0.1℃이다.
> ③ 간섭물질 : 전극에 **이물질이 달라붙어있는 경우**에는 전극의 반응이 느리거나 오차를 발생시킬 수 있다.

02 ┊ 투명도

1 측정원리

지름 30cm의 투명도판(백색원판)을 사용하여 호소나 하천에 보이지 않는 깊이로 넣은 다음 이것을 천천히 끌어 올리면서 보이기 시작한 깊이를 0.1m 단위로 읽어 투명도를 측정하는 방법이다.

2 기구 및 기기

투명도판은 무게가 약 3kg인 지름 30cm의 백색원판에 지름 5cm의 구멍 8개가 뚫린 것이다.

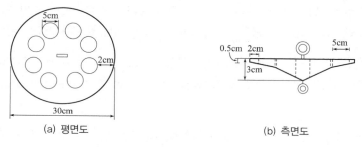

(a) 평면도   (b) 측면도

[그림 3-40] 투명도판

3 측정 방법 및 조건

날씨가 맑고 수면이 잔잔할 때 직사광을 피하여 배의 그늘 등에서 투명도판을 조용히 수중에 보이지 않는 깊이로 넣은 다음 천천히 끌어 올리면서 보이기 시작한 깊이를 반복해서 측정한다.

(1) 투명도판은 측정에 앞서 상판에 이물질이 없도록 깨끗하게 닦아주고, 측정시간은 오전 10시에서 오후 4시 사이에 측정한다.

(2) 투명도판의 색조 차는 투명도에 미치는 영향이 적지만 원판의 광반사능은 투명도에 영향을 미치므로 표면이 더러울 때에는 다시 색칠하여야 한다.

(3) 투명도는 일기, 시각, 개인차 등에 의하여 약간의 차이가 생기므로 측정조건을 기록해 두는 것이 좋다.

(4) 흐름이 있어 줄이 기울어질 경우에는 2kg 정도의 추를 달아서 줄을 세워야 하고 줄은 10cm 간격으로 눈금표시가 되어 있으며, 충분히 강도가 있는 것을 사용한다.

(5) 강우 시나 수면에 파도가 격렬하게 일 때는 정확한 투명도를 얻을 수 없으므로 투명도를 측정하지 않는 것이 좋다.

03 색도

1 측정방법

투과율법

2 측정원리 및 적용

색도의 측정은 시각적으로 눈에 보이는 색상에 관계없이 단순색도 차 또는 단일색도 차를 계산하는데, 애덤스-니컬슨(Adams-Nickerson)의 색도공식을 근거로 하고 있다.

(1) 이 방법은 백금-코발트 표준물질과 아주 다른 색상의 폐·하수에서 뿐만 아니라 표준물질과 비슷한 색상의 폐·하수에도 적용할 수 있으며, 시료 중 부유물질은 제거하여야 한다.

(2) 이 방법은 육안적으로 두 개의 서로 다른 색상을 가진 A, B가 무색으로부터 같은 정도로 색도가 있다고 판정되면, 이들의 **색도값**(ADMI값 : American Dye Manufacturers Institute)도 같게 된다.

(3) **간섭작용** : 근본적인 간섭은 적용파장에서 콜로이드물질 및 부유물질의 존재로 빛이 흡수 혹은 분산되면서 일어난다.

3 시험방법

(1) **전처리** : 모든 시료는 여과한다. 단 최초시료 50mL는 여과하여 버린 후 추가로 50mL를 여과하여 측정한다.

(2) 여과한 정제수를 10mm(250도 이하인 경우 50mm) 흡수셀에 담아 영점을 맞춘다.

(3) 미리 유리기구용 세제로 잘 씻어 준 후 층장 10mm 흡수셀을 여과한 시료로 2회 씻어 준 다음 시료용액을 채워 흡수셀의 표면을 깨끗이 닦은 다음, 정제수를 바탕시험액으로 하여 **10분할법의 선정파장 표의 각 파장(mm)에서 시료용액의 투과율(%)을 측정**한다.

(4) 따로 색도표준액을 10.0mL, 20.0mL, 30.0mL, 40.0mL 및 50.0mL를 각각 정확히 취하여 100mL 부피플라스크에 넣고 정제수를 넣어 정확히 100mL씩으로 하여 시료용액과 같은 방법으로 흡수셀에 옮기고 10분할법의 선정파장표의 각 파장(nm)에서 각 농도별 색도표준액의 투과율(%)을 측정한다.

4 색도계산

구하여진 시료의 색차값(DE)을 사용하여 다음 식에 따라 색도값을 계산한다.

$$색도(도) = \frac{(F)(DE)}{b}$$

여기서, F : 표준액의 보정계수

DE : 시료의 색차값

b : 흡수셀의 길이(cm)

≫ 비고 : 시료용액의 색도가 250도 이하인 경우에는 흡수셀의 층장이 5cm인 것을 사용한다.

04 탁도(turbidity)

1 측정원리 및 적용

(1) **측정방법** : 탁도계를 이용하여 물의 흐림정도를 측정하는 것으로, 텅스텐 필라멘트 램프를 2,200∼ 2,700K로 온도를 상승시킨 후 방출되는 빛이 검사시료를 통과하면서 산란되는 빛을 90° 각도에서 측정하는 방법이다. 이때 산란되는 빛은 광원과 10cm 이내의 거리에서 측정해야 한다.

(2) **간섭작용**

① 파편과 입자가 큰 침전이 존재하는 시료를 빠르게 침전시킬 경우, 탁도값이 낮게 측정된다.

② 시료 속의 거품은 빛을 산란시키고, 높은 측정값을 나타낸다. 따라서 시료분취 시 거품생성을 방지하고 시료를 셀의 벽을 따라 부어야 한다.

③ 물에 색깔이 있는 시료는 색이 빛을 흡수하기 때문에 잠재적으로 측정값이 낮게 분석된다.

2 분석 기기 및 표준용액

(1) **탁도계(turbidimeter)** : 광원부와 광전자식 검출기를 갖추고 있으며 검출한계가 0.02NTU 이상인 NTU(Nephelometric Turbidity Units) 탁도계로서 광원인 텅스텐필라멘트는 2,200∼3,000K 온도에서 작동하고 측정튜브 내의 투사광과 산란광의 총 통과거리는 10cm를 넘지 않아야 하며, 검출기에 의해 빛을 흡수하는 각도는 투사광에 대하여 (90±30)°C를 넘지 않아야 한다.

(2) **측정용기** : 무색투명한 유리재질로서 튜브의 내외부가 긁히거나 부식되지 않아야 한다.

(3) **탁도 표준원액(400NTU)** : 황산하이드라진 용액 5.0mL와 헥사메틸렌테트라아민 용액 5.0mL를 섞어 실온에서 24시간 방치한 다음, 물을 넣어 100mL로 한다(이 용액 1mL는 탁도 400NTU에 해당하며 1개월간 사용한다).

05 ┇ 냄새(odor)

1 측정원리 및 적용

(1) **측정방법** : 후각을 이용하는 방법

(2) **측정원리** : 물(지표수, 지하수, 폐수 등)속의 냄새를 측정하기 위하여 측정자의 후각을 이용하는 방법으로, 시료를 정제수로 희석하면서 냄새가 느껴지지 않을 때까지 반복하여 희석배수를 수치화한다. 잔류염소냄새는 측정에서 제외하며, 잔류염소가 존재 시는 티오황산나트륨 용액을 첨가(티오황산나트륨 1mL는 잔류염소농도 1mg/L인 시료 500mL의 잔류염소 제거가능)하여 제거한다.

2 시험방법(분석절차)

(1) 각각 200mL, 50mL, 12mL, 2.8mL의 시료를 취해서 4개의 500mL 부피의 암갈색 삼각플라스크에 담고 무취 정제수를 넣어 200mL로 맞춘 후 마개를 한다. 무취 정제수만 넣은 삼각플라스크는 비교시료로 한다.

(2) 시료를 담은 삼각플라스크를 항온수조 또는 항온판에서 시험온도인 40~50℃까지 가열한다.

(3) 가열한 시료를 흔들어 섞어 무취 정제수 증기의 냄새를 맡고, 시료량이 적은 플라스크 순서대로 증기의 냄새를 맡는다. 냄새가 나는 최저 시료량을 결정한다. 측정 시 시료량이 2.8mL인 플라스크에서 냄새가 나는 경우 (4)의 방법으로 계속하며, 중간단계의 시료에서 냄새가 나는 경우, 최저시료부피를 표 3-24와 같이 희석하여 (2)와 같이 다시 측정한다.

(4) 시료가 2.8mL 이하에서는 표 3-24에서 제시하는 희석배수보다 더 희석하며 최대시료 20mL에 무취 정제수 200mL까지 측정한다. 희석 배수율은 10배 단위로 희석하여 평가한다.

> (주1) 냄새 측정자는 너무 후각이 민감하거나, 둔감해서는 안 된다. 또한, 측정자는 측정 전에 흡연을 하거나 음식을 섭취하면 안 되고, 로션, 향수, 진한 비누 등을 사용해서도 아니 된다. 감기나 냄새에 대한 알레르기 등이 없어야 한다. 미리 정해진 횟수를 측정한 측정자는 무취공간에서 30분 이상 휴식을 취해야 한다.
> (주2) 냄새 측정 실험실은 주위가 산만하지 않으며, 환기가 가능해야 한다. 필요하다면 활성탄 필터와 항온·항습 장치를 갖춘다.
> (주3) 냄새를 정확하게 측정하기 위하여 측정자는 5명 이상으로 한다.
> (주4) 시료 측정 시 탁도, 색도 등이 있으면 온도 변화에 따라 냄새가 발생할 수 있으므로, 온도변화를 1℃ 이내로 유지한다. 또한 측정자가 시료에 대한 선입견을 갖지 않도록 어둡게 처리된 플라스크 또는 갈색 플라스크를 사용한다.

3 냄새역치(TON) 산정식

냄새 역치(TON ; Threshold Odor Number)를 구하는 경우 사용한 시료의 부피와 냄새없는 희석수의 부피를 사용하여 다음과 같이 계산한다.

$$냄새역치(TON) = \frac{A+B}{A}$$

여기서, A : 시료부피(mL), B : 무취정제수부피(mL)

> 냄새를 역치로 보고하는 경우에는 각 판정요원 냄새의 역치를 기하평균하여 결과로 보고한다.

[표 3-24] 감도에 따른 희석농도

냄새가 감지된 최저시료부피(mL)	200mL에 대한 시료희석부피
200	200, 140, 100, 70, 50
50	50, 35, 25, 17, 12
12	12, 8.3, 5.7, 4.0, 2.8
2.8	반감희석

06 수소이온농도(pH)

1 개요

(1) **측정원리** : 물속의 수소이온농도(pH)를 측정하는 방법으로는 기준전극과 비교전극으로 구성된 pH 측정기를 사용하여 양극 간에 생성되는 기전력의 차를 이용한다.

(2) **적용범위** : 이 시험기준은 수온이 0~40℃인 지표수, 지하수, 폐수에 적용되며 정량범위는 pH 0~14이다. 안티몬전극을 사용하는 경우에 정량범위는 pH 2~12이다.

(3) **간섭작용**

① 일반적으로 유리전극은 용액의 색도, 탁도, 콜로이드성 물질들, 산화성 및 환원성 물질들 그리고 염도에 의해 간섭을 받지 않는다.

② pH 10 이상에서 **나트륨**에 의해 오차가 발생할 수 있는데, 이는 "낮은 나트륨오차전극"을 사용하여 줄일 수 있다.

③ 기름층이나 작은 입자상이 전극을 피복하여 pH 측정을 방해할 수 있는데, 이 피복물을 부드럽게 문질러 닦아내거나 세척제로 닦아낸 후 증류수로 세척하여 부드러운 천으로 물기를 제거하여 사용한다. 염산(1＋9)(0.1M)을 사용하여 피복물을 제거할 수 있다.

④ pH는 온도변화에 따라 영향을 받는다. 대부분의 pH 측정기는 자동으로 온도를 보정하나 기준표에 따라 수동으로 보정할 수 있다.

2 기기 및 기구

(1) **pH 측정기** : pH 측정기는 보통 유리전극 및 비교전극으로 된 검출부와 검출된 pH를 표시하는 지시부로 되어 있다. 지시부에는 비대칭 전위조절(영점조절)용 꼭지 및 온도보상용 꼭지가 있다. 온도보상용 꼭지가 없는 것은 온도보상용 감온부가 있다.

(2) **검출부** : 시료에 접하는 부분으로 유리전극 또는 안티몬전극과 비교전극으로 구성되어 있다. pH는 온도에 대한 영향이 매우 크므로, 야외에서 시료를 채취하여 실내에서 측정할 때에는 온도를 함께 측정할 수 있어야 한다.

(3) **유리전극** : pH 측정기를 구성하는 유리전극으로서 수소이온농도가 감지되는 전극이다.

(4) **비교전극** : 은-염화은과 칼로멜전극이 주로 사용되며, 기준전극과 작용전극이 결합된 전극이 측정하기에 편리하다.

(5) **지시부** : 비대칭전위조절(영점조절) 및 온도보상용 꼭지로 구성되어 있고, 측정기의 운전상태, 측정결과, 교정값 등을 확인하고 기록할 수 있어야 한다.

3 pH 표준용액

(1) **조제에 사용하는 물** : pH 표준용액의 조제에 사용되는 물은 정제수를 15분 이상 끓여서 이산화탄소를 날려 보내고 산화칼슘(생석회)흡수관을 달아 식혀서 준비한다.

(2) **전도도** : 제조된 pH 표준용액의 전도도는 $2\mu S/cm$ 이하이어야 한다.

(3) **pH 표준용액 보관** : 조제한 pH 표준용액은 경질유리병 또는 폴리에틸렌병에 담아서 보관하며, 보통 산성 표준용액은 3개월, 염기성 표준용액은 산화칼슘흡수관을 부착하여 1개월 이내에 사용한다.

(4) **pH 표준액의 조제**

[표 3-25] pH 표준액의 조제방법 및 온도별 pH값

종 류	조제방법	온도별 pH값				
		0℃	10℃	25℃	40℃	50℃
옥살산염표준액 (0.05M)	사옥살산칼륨($KH_3(C_2O_4)_2 \cdot 2H_2O$, 분자량 254.19)을 실리카겔이 들어있는 데시게이터에서 건조한 다음 12.71g을 정확하게 달아 정제수에 넣어 녹인 다음 정확히 1L로 한다.	1.67	1.67	1.68	1.70	1.71
프탈산염표준액 (0.05M)	프탈산수소칼륨($C_8H_5O_4K$, 분자량 204.22)을 건조기 110℃에서 항량이 될 때까지 건조한 다음 10.12g을 정제수에 녹여 정확히 1L로 한다.	4.01	4.00	4.01	4.03	4.06
인산염표준액 (0.025M)	인산이수소칼륨(KH_2PO_4, 분자량 136.09) 및 인산일수소나트륨(Na_2HPO_4, 분자량 141.96)을 110℃에서 건조한 다음 인산이수소칼륨 3.387g 및 인산일수소나트륨 3.533g을 정확하게 달아 정제수에 녹여 정확히 1L로 한다.	6.98	6.92	6.86	6.84	6.83
붕산염표준액 (0.01M)	붕산나트륨 · 10수화물($Na_2B_4O_7 \cdot 10H_2O$, 분자량 381.37)을 건조용기(물로 적신 브롬화나트륨 : NaBr, 분자량 102.89)에 넣어 항량으로 한 다음 3.81g을 정확하게 달아 정제수에 녹여 정확히 1L로 한다.	9.46	9.33	9.18	9.07	9.01
탄산염표준액 (0.025M)	건조용기(실리카겔)에서 건조한 탄산수소나트륨($NaHCO_3$, 분자량 100.01) 2.092g과 500~650℃에서 건조한 무수탄산나트륨(Na_2CO_3, 분자량 105.99) 2.64g을 정제수에 녹여 정확히 1L로 한다.	10.32	10.18	10.02	—	—
수산화칼슘 표준액 (0.02M, 25℃ 포화용액)	수산화칼슘($Ca(OH)_2$, 분자량 74.09) 5g을 플라스크에 넣고 정제수 1L를 넣어 잘 흔들어 섞어 23~27℃에서 충분히 포화시켜 그 온도에서 상층액을 여과하여 투명한 여액을 만들어 사용한다.	13.43	13.00	12.45	11.99	11.70

4 측정방법

(1) 측정절차

① 유리전극을 미리 정제수에 수 시간 담가 둔다.

② 유리전극을 정제수에서 꺼내어 거름종이 등으로 가볍게 닦아낸다.

③ 유리전극을 측정하고자 하는 시료에 담가 pH의 측정결과가 안정화될 때까지 기다린다.

④ 측정된 pH가 안정되면 측정값을 기록한다.

⑤ 시료로부터 pH 전극을 꺼내어 정제수로 세척한 다음 거름종이 등으로 가볍게 닦아내어 제조사에서 제시하는 보관용액 또는 정제수에 담아 보관한다.

(2) pH 전극 보정

① 측정기의 전원을 켜고 시험 시작까지 **30분 이상 예열**한다. 전극은 정제수에 3회 이상 반복하여 씻고 물방울을 잘 닦아낸다. 전극이 더러워진 경우 세제나 염산 용액(0.1M)등으로 닦아낸 다음 정제수로 충분히 흘려 씻어 낸다. 오랜 기간 건조상태에 있었던 유리전극은 미리 하루 동안 pH 7 표준용액에 담가 놓은 후에 사용한다.

② 보정은 다음과 같은 순서로 3개 이상의 표준용액으로 실시한다.

　㉠ 전극을 프탈산염 표준용액(pH 4.00) 또는 pH 4.01 표준용액에 담그고 표시된 값을 보정한다.

　㉡ 전극을 표준용액에서 꺼내어 정제수로 3회 이상 세척하고 거름종이 등으로 가볍게 닦아낸다.

　㉢ 전극을 인산염 표준용액(pH 6.88) 또는 pH 7.00 표준용액에 담그고 표시된 값을 보정한 후 "㉡"과 같이 한다.

　㉣ 전극을 탄산염 표준용액 pH 10.07 또는 pH 10.01 표준용액에 담그고 표시된 값을 보정한 후 "㉡"과 같이 한다.

(3) 온도보정 : pH 4 또는 10 표준용액에 전극(온도보정용 감온소자 포함)을 담그고 표준용액의 온도를 10~30℃ 사이로 변환시켜 5℃ 간격으로 pH를 측정하여 차이를 구한다. 가능하면 pH 측정 시 온도를 함께 측정해야 하며, 그렇지 못할 경우 온도보정값을 사용하여야 한다. 표에 없는 온도의 pH값은 표의 값에서 내삽법으로 구한다.

(a) 전기로 작동되는 실험실용　　　　(b) 기록계가 장치된 휴대용

[사진 3-4] pH 미터의 형태

07 전기전도도(電氣傳導度)

1 개요

(1) 전기전도도는 용액이 전류를 운반할 수 있는 정도를 말하며, 용액 중의 이온세기를 신속하게 평가할 수 있는 항목으로서 전기저항의 역수 ohm^{-1} 또는 mho로 나타내나 현재는 국제적으로 S(Siemens) 단위가 통용되고 있다.

(2) **측정원리** : 용액에 담겨있는 2개의 전극에 일정한 전압을 가해 주면 가한 전압이 전류를 흐르게 한다. 이때 흐르는 전류의 크기는 용액의 전도도에 의존한다는 사실을 이용한 것으로, 전기전도도 측정계를 이용하여 수중의 전기전도도를 측정한다.

(3) **간섭물질** : 전극의 표면이 부유물질, 그리스, 오일 등으로 오염될 경우, 전기전도도의 값이 영향을 받을 수 있다.

2 기기 및 기구

(1) **전기전도도 측정계**

① 구성
   ㉠ 지시부 : 교류 Wheatstone bridge 회로나 연산증폭기회로 등으로 구성된 것을 사용
   ㉡ 검출부 : 한 쌍의 고정된 전극(보통 백금전극 표면에 백금흑도금을 한 것)으로 된 전도도셀 등을 사용
      ≫ 전도도셀은 그 형태, 위치, 전극의 크기에 따라 각각 자체의 셀상수를 가지고 있으며, 이 셀상수는 전도도 표준용액(염화칼륨 용액)을 사용하여 결정하거나 셀상수가 알려져 있는 다른 전도도셀과 비교하여 결정할 수 있으나 일반적으로 기기제작사의 지침서 또는 설명서에 명시되어 있다.

② 전기전도도 측정계는 25℃에서의 자체온도 보상회로가 장치되어 있는 것이 사용하기에 편리하며, 그러한 장치가 없는 경우에는 온도에 따른 환산식을 사용하여 25℃에서의 **전도도값으로 환산**해야 한다.

③ 전기전도도셀은 항상 수중에 잠긴 상태에서 보존하여야 하며 정기적으로 점검한 후 사용한다.

(2) **온도계** : 온도-직접측정법에 따라 0.1℃까지 측정가능한 것(다만, 전기전도도 측정계로서 온도 보정이나, 측정이 가능할 경우에는 필요 없음)

3 측정방법

(1) **전기전도도셀의 보정 및 셀상수 측정**

① 전기전도도셀을 정제수로 2~3회 씻는다.
② 염화칼륨 용액(0.01M)으로 2~3회 씻어주고, (25±0.5)℃에서 셀을 염화칼륨 용액에 잠기게 한 상태에서 전기전도도를 측정한다.

➤ 시료의 전기전도도가 낮을 경우 보증서가 첨부된 $1,000\mu$S/cm 이하의 낮은 전기전도도를 갖는 표준용액을 사용한다.

③ 염화칼륨 용액을 교환해 가면서 동일온도에서 **측정치 간의 편차가 ±3% 이하가** 될 때까지 반복측정한다.

④ 평균값을 취하여 다음 식에서 셀상수를 산출한다.

$$셀상수(\text{cm}^{-1}) = \frac{L_{\text{KCl}} + L_{\text{H}_2\text{O}}}{L_x}$$

여기서, L_x : 측정한 전도도값(μS/cm)

　　　L_{KCl} : 사용한 염화칼륨 표준액의 전도도값(μS/cm)

　　　$L_{\text{H}_2\text{O}}$: 염화칼륨 용액을 조제할 때 사용한 물의 전도도값(μS/cm)

⑤ 보통 셀상수 1~2의 셀이 대부분의 시료측정에 적합하다.

⑥ 염화칼륨 용액 0.01M과 0.001M에 대하여 셀상수를 산출할 때 측정값 간의 편차가 ±1% 이내로 들지 않을 경우에는 백금전극을 재도금하여 사용한다.

(2) 분석방법

① 전기전도도 측정기기별 작동법에 따라 전원을 넣는다.

② 측정대상 시료를 사용하여 셀을 2~3회 씻어준다.

③ 시료 중에 셀을 잠기게 하여 (25±0.5)℃를 유지한 상태에서 전기전도도를 반복측정하고 그 평균값을 취하여 다음 식에 따라 시료의 전기전도도값을 산출한다.

$$전기전도도값(\mu\text{S/cm}) = C \times L_x$$

여기서, C : 셀상수(cm^{-1})

　　　L_x : 측정한 전기전도도값(μS)

④ 만일 측정계의 지시값이 전기저항(Ω)으로 나타날 경우에는 다음 식에 따라 전기전도도를 계산한다.

$$전기전도도값(\mu\text{S/cm}) = \frac{C}{R_x} \times 10$$

여기서, C : 셀상수(cm^{-1})

　　　R_x : 측정된 전기저항(Ω)

08 ⋮ 용존산소(DO ; Dissolved Oxygen)

1 측정 방법 및 원리 · 적용

[표 3-26] 윙클러-아자이드화나트륨법/전극법

구 분	적정법(윙클러-아자이드화나트륨법)	전극법
원리	시료에 황산망간($MnSO_4$)과 알칼리성 요오드화칼륨 용액을 넣을 때 생기는 수산화제1망간이 시료 중의 용존산소에 의하여 산화되어 수산화제2망간으로 되고, 황산산성에서 용존산소량에 대응하는 요오드를 유리한다. 유리된 요오드를 티오황산나트륨으로 적정하여 용존산소의 양을 정량한다.	시료 중의 용존산소가 격막을 통과하여 전극의 표면에서 산화, 환원 반응을 일으키고 이때 산소의 농도에 비례하여 전류가 흐르게 되는데, 이 전류량으로부터 용존산소량을 측정한다.
적용	산소포화농도의 2배까지 용해(20.0mg/L)되어 있는 간섭물질이 존재하지 않는 모든 종류의 물에 적용할 수 있다.	산화성 물질이 함유된 시료나 착색된 시료에 적합하며, 특히 적정법을 사용할 수 없는 폐·하수의 용존산소 측정에 유용하게 사용할 수 있다.
간섭물질	• 시료가 착색되거나 현탁된 경우 정확한 측정을 할 수 없다. • 시료 중에 산화·환원성 물질이 존재하면 측정을 방해받을 수 있다. • 시료에 미생물 플록(floc)이 형성된 경우 측정을 방해받을 수 있다.	결막필름은 가스를 선택적으로 통과시키지 못하므로 장시간 사용 시 황화수소(H_2S) 가스의 유입으로 감도가 낮아질 수 있다. 따라서, 주기적으로 격막교체와 기기보정이 필요하다.
정량한계	0.1mg/L	0.5mg/L
기구·기기	DO 측정병, 적정장치	DO 측정기, BOD병, 자석교반기
정확도	–	정확도는 수중의 용존산소를 적정법으로 측정한 결과와 비교하여 산출한다. 4회 이상 측정하여 측정평균값의 상대백분율로 나타내며 그 값이 95~105% 이내여야 한다.

2 시료의 전처리(윙클러-아자이드화나트륨법)

(1) 시료가 착색되어 있거나 현탁된 경우 : 칼륨명반 응집침전법

칼륨명반($AlK(SO_4)_2 \cdot 12H_2O$) 용액(10mL)과 암모니아수(1~2mL)를 가하여 응집침전시키고 그 상층액을 사용한다.

(2) 활성오니로 미생물의 플록(floc)이 형성된 경우 : 황산구리-설퍼민산법

황산구리-설퍼민산($CuSO_4 + HOSO_2 \cdot NH_2$) 용액(10mL)을 사용하여 침강시키고 그 상층액을 사용한다.

(3) 산화성 물질(잔류염소 등)이 함유된 경우

시료(별도의 DO 측정병) ⟶ (알칼리성 KI-NaN_3 용액 1mL +H_2SO_4 1mL) 加 $\xrightarrow{\text{혼합(1분)}}$

$MnSO_4$ 1mL 加 $\xrightarrow{\text{혼합}}$ 200mL 취함 $\xrightarrow{\text{지시약 : 전분}}$ 0.025N-$Na_2S_2O_3$액으로 적정 ⟶ 측정값에 보정

(4) Fe(Ⅲ)가 공존하는 경우

Fe(Ⅲ)가 100~200mg/L 함유되어 있는 시료의 경우 황산의 첨가 전 불화칼륨(KF, 플루오린화칼륨) 용액(300g/L) 1mL를 가한다.

제2철(Fe^{3+})염의 존재 시 I_2를 유리시켜 DO의 높은 값을 나타낸다.
$$2Fe^{3+}+2I^- \rightarrow 2Fe^{2+}+I_2$$
따라서, KF의 첨가는 철착이온(FeF_6^{3-})을 만들어 I_2를 유지하지 못하므로 방해를 방지할 수 있다.

(3) 시험방법(윙클러-아자이드화나트륨변법)

(1) 시험조작

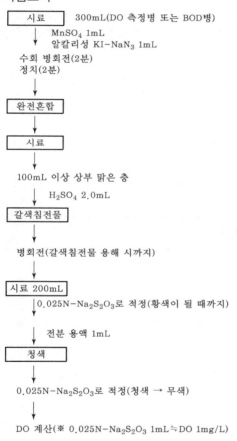

시료	300mL(DO 측정병 또는 BOD병)

$MnSO_4$ 1mL
알칼리성 KI-NaN_3 1mL
수회 병회전(2분)
정치(2분)

완전혼합

시료

100mL 이상 상부 맑은 층

H_2SO_4 2.0mL

갈색침전물

병회전(갈색침전물 용해 시까지)

시료 200mL

0.025N-$Na_2S_2O_3$로 적정(황색이 될 때까지)

전분 용액 1mL

청색

0.025N-$Na_2S_2O_3$로 적정(청색 → 무색)

DO 계산(※ 0.025N-$Na_2S_2O_3$ 1mL≒DO 1mg/L)

(2) DO 계산

① 티오황산나트륨의 소비량으로부터 바로 DO의 양을 구할 수 있다.

$$0.025N-Na_2S_2O_3 \ 1mL=DO \ 1mg/L$$

≫ 0.025N-$Na_2S_2O_3$ 1mL는 0.2mg의 DO에 해당되므로 원래 시료 200mL를 적정할 때 사용된 $Na_2S_2O_3$액 1mL는 1mg의 DO에 해당한다.

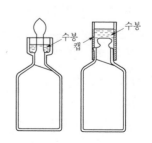

[그림 3-41] 용존산소 측정병(용량 300mL)

② 그러나 좀더 정확히 하려면,

$$DO(mg/L) = a \times f \times \frac{V_1}{V_2} \times \frac{1,000}{V_1 - R} \times 0.2$$

여기서, a : 적정에 소비된 0.025N−Na₂S₂O₃ 용액량(mL)

　　　　f : 0.025N−Na₂S₂O₃의 역가(factor)

　　　　V_1 : 전체의 시료량(mL)

　　　　V_2 : 적정에 사용된 시료량(mL)

　　　　R : 황산망간 용액과 알칼리성 요오드화칼륨−아자이드화나트륨 용액 첨가량(mL)

[Tip▶] DO 분석의 반응원리와 계산문제에 대비하라.

③ 용존산소를 포화율로 나타낼 경우에는 수중의 포화량으로부터 시료의 온도와 염소이온농도에 일 치하는 값을 찾아서 다음 식에 따라 계산한다.

$$용존산소포화율(\%) = \frac{DO}{DO_t \times B/760} \times 100$$

여기서, DO : 시료의 용존산소량(mg/L)

　　　　DO_t : 순수 중의 용존산소포화량(mg/L)

　　　　B : 시료채취 시의 대기압(mmHg)

09 생물화학적 산소요구량(BOD)

1 측정원리

(1) 시료를 20℃에서 5일간 저장하여 두었을 때 시료 중의 호기성 미생물의 증식과 호흡작용에 의 하여 소비되는 용존산소의 양으로 측정하는 방법이다.

(2) 시료 중의 용존산소가 소비되는 산소의 양보다 적을 때에는 시료를 희석수로 적당히 희석하여 사용한다.

(3) 공장폐수나 혐기성 발효의 상태에 있는 시료는 호기성 산화에 필요한 미생물을 식종하여야 한다.

(4) 탄소 BOD를 측정해야 할 경우에는 질산화 억제시약(TCMP, ATU 용액)을 첨가한다.

　≫ 시료 중 질산화 미생물이 충분히 존재할 경우 유기 및 암모니아성 질소 등의 환원상태의 질소화합물질이 BOD 결과를 높게 만든다.

(5) 이 실험은 실제환경조건의 온도, 생물군, 물의 흐름, 햇빛, 용존산소농도에 따라 측정치가 다를 수 있다.

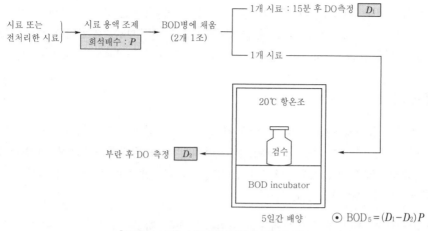

[그림 3-42] BOD 측정원리 및 공정도

2 시료의 전처리

(1) 산성 또는 알칼리성 시료 : pH가 6.5~8.5의 범위를 벗어나는 시료는 **염산용액(1M)** 또는 **수산화나트륨용 액(1M)**으로 시료를 중화하여 pH 7~7.2로 맞춘다. 다만, 이때 넣어주는 산 또는 알칼리의 양이 시료량의 0.5%가 넘지 않도록 하여야 한다. pH가 조정된 시료는 반드시 식종을 실시한다.

(2) 잔류염소가 함유된 시료 : 시료 100mL에 아자이드화나트륨 0.1g과 요오드화칼륨 1g을 넣고 흔 들어 섞은 다음 염산을 넣어 산성(약 pH 1)으로 한다. 여기서 유리된 요오드에 전분지시약을 사 용하여 **아황산나트륨 용액(0.025N)**으로 액의 색깔이 **청색**에서 **무색**으로 될 때까지 적정하여 얻은 아황산나트륨 용액(0.025N)의 소비 mL를 남아 있는 시료의 양에 대응하여 넣어 준다. 일 반적으로 **잔류염소를 함유한 시료는 반드시 식종을 실시한다.**

> 가능한 한 염소소독 전에 시료를 채취한다.

(3) 용존산소가 과포화된 시료 : 수온이 20℃ 이하이거나 20℃일 때의 용존산소 함유량이 포화량 이상 으로 과포화되어 있을 때에는 수온을 23~25℃로 하여 15분간 통기하고 방랭하여 수온을 20℃로 한다.

(4) 독성을 나타내는 시료 : 그 독성을 제거한 후 식종을 실시한다.

3 희석시료용액 조제

(1) 시료(또는 전처리한 시료)의 예상 BOD값으로부터 단계적으로 희석배율을 정하여 3~5종의 희석 시료용액을 2개를 한 조로 하여 조제한다.

(2) 예상 BOD값에 대한 사전경험이 없을 때에는 다음과 같이 희석하여 시료용액을 조제한다. 강한 공장폐수는 0.1~1.0%, 처리하지 않은 공장폐수와 침전된 하수는 1~5%, 처리하여 방류된 공 장폐수는 5~25%, 오염된 하천수는 25~100%의 시료가 함유되도록 희석조제한다.

(3) BOD용 희석수 또는 BOD용 식종희석수를 사용하여 시료용액을 희석할 때에는 2L 메스실린더에 공기가 갇히지 않게 조심하면서 1/2 용량 만큼 채우고, 시료(또는 전처리한 시료) 적당량을 넣은 다음 BOD용 희석수 또는 식종희석수로 희석배율에 맞는 눈금의 높이까지 채운다.

4　측정조작

(1) 희석시료용액을 공기가 갇히지 않게 젖은 막대로 조심하면서 섞고 2개의 300mL BOD병에 완전히 채운 다음, 한 병은 마개를 꼭 닫아 물로 마개 주위를 밀봉하여 BOD용 배양기에 넣고 20℃ 어두운 곳에서 5일간 배양한다. 나머지 한 병은 15분간 방치 후에 희석된 시료 자체의 초기 용존산소를 측정하는 데 사용한다.

(2) 같은 방법으로 미리 정해진 희석배율에 따라 몇 개의 희석시료용액을 조제하여 2개의 300mL BOD병에 완전히 채운 다음, 위와 같이 실험한다.

(3) 처음의 희석시료 자체의 용존산소량과 20℃에서 5일간 배양할 때 소비된 용존산소의 양을 " 08 용존산소"에 따라 측정하여 구한다.

(4) 5일간 저장한 다음 산소의 소비량이 40~70% 범위 안의 희석시료 용액을 선택하여 처음의 용존산소량과 5일간 배양한 다음 남아 있는 용존산소량의 차로부터 BOD를 계산한다.

> 용존산소 측정병은 마개 주위를 물로 밀봉(08 용존산소 그림 3-41 참조)하여 부란기(incubator)에 넣고 부란할 때 수봉수가 증발하므로 때때로 물을 보충하여야 한다. 이 점이 불편하면 항온수조(20±1℃)를 사용하여 병을 물 속에 담그는 것이 좋다. 이는 부란병 속에 공기가 들어가는 것을 방지하기 위해서이다.

(5) **식종액의 BOD 측정** : 시료를 식종하여 BOD를 측정할 때는 실험에 사용한 식종액을 희석수로 단계적으로 희석한 이후에 위의 실험방법에 따라 실험하고 **배양 후의 산소소비량이 40~70%** 범위 안에 있는 식종희석수를 선택하여 배양 전후의 용존산소량과 식종액 함유율을 구하고 시료의 BOD값을 보정한다.

5　BOD용 희석수 및 식종희석수의 검토

시료(또는 전처리한 시료)를 BOD용 희석수(또는 BOD용 식종희석수)를 사용하여 희석할 때에 이들 중에 독성물질이 함유되어 있거나 구리, 납 및 아연 등의 금속이온이 함유된 시료(또는 전처리한 시료)는 호기성 미생물의 증식에 영향을 주어 정상적인 BOD값을 나타내지 않게 된다. 이러한 경우에 다음의 시험을 행하여 적정여부를 검토한다.

(1) **적정여부시험** : 글루코오스 및 글루타민산을 각 150mg씩 취하여 물에 녹여 1,000mL로 한 액 5~10mL를 3개의 300mL BOD병에 넣고 BOD용 희석수(또는 BOD용 식종희석수)로 완전히 채운 다음 이하 BOD 시험방법에 따라 시험할 때에 측정하여 얻은 BOD값은 220±30mg/L의 범위 안에 있어야 한다. 얻은 BOD값의 편차가 클 때에는 BOD용 희석수(또는 BOD용 식종희석수) 및 시료에 문제점이 있으므로 시험전반에 대한 검토가 필요하다.

(2) **BOD용 희석수** : 물의 온도를 20℃로 조절하여 솜으로 막은 유리병에 넣고 용존산소가 포화되도록 충분히 기간을 두거나 물이 완전히 채워지지 않은 병에 넣어 흔들어서 포화시키거나 압축공기를 넣어 준다. 필요한 양의 이 액을 취하여 유리병에 넣고 1,000mL에 대하여 인산염 완충액(pH 7.2), **황산마그네슘 용액, 염화칼슘 용액 및 염화철(Ⅲ) 용액**(BOD용) 각 1mL씩을 넣는다. 이 액의 pH는 7.2이다. pH가 7.2가 아닐 때에는 염산 용액(1N) 또는 수산화나트륨 용액(1N)을 넣어 조절하여야 한다. 이 액은 20±1℃에서 5일간 저장하였을 때의 용존산소의 감소는 0.2mg/L 이하이어야 한다.

> 인산염 완충액 성분구성 : K_2HPO_4, KH_2PO_4, $Na_2HPO_4 \cdot 12H_2O$, NH_4Cl

(3) **BOD용 식종수** : 하수 또는 하천수를 실온에서 24~36시간 가라앉힌 다음 상층액을 사용한다. 하수를 사용할 경우는 5~10mL, 하천수의 경우 10~50mL를 취하고 희석수를 넣어 1,000mL로 한다. 토양추출액을 사용할 경우에는 식물이 살고 있는 곳의 토양 약 200g을 물 2L에 넣어 교반하여 약 25시간 방치한 후 그 상층액 20~30mL를 취하여 희석수 1,000mL를 한다. 식종수는 사용할 때 조제한다.

(4) **BOD용 식종희석수** : 시료 중에 유기물질을 산화시킬 수 있는 미생물의 양이 충분하지 못할 때 미생물을 시료에 넣어 주는 것을 말한다.

🌱 질산화 억제시약(TCMP, ATU 용액)을 첨가한 후에는 반드시 식종을 해야 한다.

6 BOD 계산

(1) 희석검수(희석시료)의 구성

① 식종하지 않은 경우

　　희석검수=시료(검수)+희석수

② 식종하는 경우

　　희석검수=시료(검수)+식종희석수

　　식종희석수=식종수+희석수

(2) 식종하지 않은 시료의 BOD

　　$BOD(mg/L) = (D_1 - D_2) \times P$

(3) 식종희석수를 사용한 시료의 BOD

　　$BOD(mg/L) = [(D_1 - D_2) - (B_1 - B_2) \times f] \times P$

여기서, D_1 : 희석(조제)한 시료를 15분간 방치한 후의 DO(mg/L)

　　　　D_2 : 5일간 배양한 다음 희석(조제)한 시료의 DO(mg/L)

　　　　B_1 : 식종액의 BOD를 측정할 때 희석된 식종액의 배양 전 DO(mg/L)

B_2 : 식종액의 BOD를 측정할 때 희석된 식종액의 배양 후 DO(mg/L)

f : 희석시료 중의 식종액 함유율(x(%))에 대한 희석한 식종액 중의 식종액 함유율(y(%))의 비(x/y)

$$※ \quad f = \frac{x}{y} \quad x : D_1 \text{에서의 식종액 함유율(\%)}$$

$$y : B_1 \text{에서의 식종액 함유율(\%)}$$

P : 희석시료 중 시료의 희석배수(희석시료량/시료량)

희석시료 조제를 위한 시료량의 산출

BOD 측정 시 희석시료의 5일 부란기간 동안 적정 DO 소비는 DO 포화도(20℃에서 약 8.84mg/L)의 40~70%이므로, 8.84×(0.4~0.7)=3.5~6.2mg/L의 소비가 적당하다.

$BOD = (D_1 - D_2)P$에서

$$예상 \ BOD = (3.5\sim6.2) \times \frac{희석시료량}{검수(시료)량}$$

$$∴ \ 검수(시료)량 = \frac{3.5\sim6.2}{예상 \ BOD} \times 희석시료량 ≒ \frac{5(평균)}{예상 \ BOD} \times 희석시료량$$

➤ 예상 BOD값을 알기 위해 COD를 측정하여 BOD값의 대략값을 추정하기도 한다.
일반적으로 하수의 경우 $COD_{Mn} : BOD_5 = 1 : 1\sim2$이고 처리수는 $2 : 1$ 정도이다.
각종 공장폐수는 비율이 일정하지 않고 대개 COD값이 높다.

10 화학적 산소요구량(COD)

1 과망간산칼륨($KMnO_4$)에 의한 COD(COD_{Mn})

구 분	산성 $KMnO_4$법	알칼리성 $KMnO_4$법
측정원리	시료를 황산산성으로 하여 과망간산칼륨 일정과량을 넣고 30분간 수욕상에서 가열반응시킨 다음 소비된 과망간산칼륨량으로부터 이에 상당하는 산소의 양을 측정하는 방법이다.	시료를 알칼리성으로 하여 과망간산칼륨 일정과량을 넣고 60분간 수욕상에서 가열반응시킨 다음 요오드화칼륨 및 황산을 넣어 남아 있는 과망간산칼륨에 의하여 유리된 요오드의 양으로부터 산소의 양을 측정하는 방법이다.
적용	염소이온이 2,000mg/L 이하인 시료(100mg)에 적용	염소이온이 높은(2,000mg/L 이상) 하수 및 해수 시료에 적용
시험 조작 및 순서	<p style="text-align:center">시료(적당량) (둥근바닥플라스크) ↑ ← 정제수 전량 100mL ↑ ← H_2SO_4(1 + 2) 10mL ↑ ← Ag_2SO_4 분말 1g 진탕 후 방치 (수분간) ※ 상층액이 투명 ↑ ← 0.005M-$KMnO_4$ 10mL 수욕 중(물중탕기) 가열 (30분간, 냉각관 부착) ↓ → 냉각관 떼어냄 ↑ ← 0.0125M-$Na_2C_2O_4$ 10mL 60~80℃ 유지 (탈색) ↑ ← 0.005M-$KMnO_4$ 적 정 (무색→엷은 홍색) ↓ [COD 계산]</p>	<p style="text-align:center">시료(적당량) (300mL 둥근바닥플라스크) ↑ ← 정제수 전량 50mL ↑ ← 10% NaOH 1mL(알칼리성) ↑ ← 0.005M-$KMnO_4$ 10mL ↑ ← 냉각관 부착 수욕 중(물중탕기) (60분간, 냉각관 부착) ↓ → 냉각관 떼어냄 ↓ → 10% KI 1mL 방 랭 ↑ ← 4% NaN_3 1방울 ↑ ← H_2SO_4(2+1) 5mL 요오드 유리 ↑ ← 전분용액(지시약) 2mL ↑ ← 0.025M-$Na_2S_2O_3$ 적 정 (청남색→무색) ↓ [COD 계산]</p>
주의사항	① 시료의 양은 30분간 가열반응 후에 0.005M-$KMnO_4$가 처음 첨가한 양의 50~70%가 남도록 채취한다. 다만, 시료의 COD값이 10mg/L 이하인 경우에는 시료 100mL를 취하여 그대로 시험하며, 보다 정확한 COD값이 요구될 경우에는 0.005M-$KMnO_4$ 용액의 소모량이 처음 가한 양의 50%에 접근하도록 시료량을 취한다.	시료의 양은 가열반응하고 남은 0.005M-$KMnO_4$ 용액이 처음 첨가한 양의 50~70%가 남도록 채취한다. 보다 정확한 COD값이 요구될 경우에는 0.005M-$KMnO_4$ 용액의 소모량이 처음 가한 양의 50%에 접근하도록 시료량을 취한다.

구 분	산성 KMnO₄법	알칼리성 KMnO₄법
주의사항	② 황산은(Ag₂SO₄) 분말 1g 대신에 20% 질산은 용액 5mL 또는 질산은(AgNO₃) 분말 1g을 첨가해도 좋다. 다만, 시료 중 염소이온이 다량 존재할 경우에는 염소이온의 당량만큼 황산은 또는 질산은을 가해 준 다음 규정된 양을 추가로 첨가한다. 염소이온 1g에 대한 황산은의 당량은 4.4g이며 질산은의 당량은 4.8g이다. 예 은염의 첨가량=시료 중 염소이온의 양(g)× 염소이온 1g에 대한 은염의 당량(g)+1g	※ COD의 대략값을 알고 있을 때 시료의 적당량 (V(mL) 산출(산성법도 동일함.)) $$V(\text{mL}) = 5 \times \frac{1{,}000 \times 0.2}{\text{시료의 예상 COD 값(mg/L)}}$$ • 측정분석결과는 0.1mg/L까지 표기한다(산성 KMnO₄ 법도 동일).
계산식	$$COD(\text{mgO/L}) = (b-a) \times f \times \frac{1{,}000}{V} \times 0.2$$ b : 시료의 적정에 소비된 0.005M–과망간산칼륨 용액(mL) a : 바탕시험 적정에 소비된 0.005M–과망간산칼륨 용액(mL) f : 0.005M–과망간산칼륨 용액 농도계수(factor) V : 시료의 양(mL)	$$COD(\text{mgO/L}) = (a-b) \times f \times \frac{1{,}000}{V} \times 0.2$$ a : 바탕시험 적정에 소비된 0.025M–티오황산나트륨 용액(mL) b : 시료의 적정에 소비된 0.025M–티오황산나트륨 용액(mL) f : 0.025M–티오황산나트륨 용액 농도계수(factor) V : 시료의 양(mL)
참고사항	• 30분 가열은 산화반응이 아직 진행 중이므로 더 가열하면 COD값이 높아진다. 가열시간을 30분으로 한 것은 검체처리의 신속화때문이므로 가열시간, 수욕조온도 등으로 근소한 오차가 생긴다. 바탕시험을 동시에 실시하여 온도로 인한 오차가 없도록 해야 한다. • 적정 시 온도가 너무 높으면 KMnO₄ 용액이 자기분해하므로 60~80℃ 범위에서 짧은 시간에 완료해야 한다. 또한 종말점의 온도가 60℃ 이하가 되면 반응속도가 느려서 종말점을 찾기 어렵고 COD 오차가 생긴다.	• 알칼리성 산화는 산성 산화에 비하여 무기환원성 물질의 간섭이나 알코올류, 당류, 단백질 등의 알칼리가용성 화합물의 방해를 받지 않는다. 특히 하수성 유기물에 대하여는 산성 산화에 비하여 알칼리성 산화가 산화력이 강하다. • NaN₃를 넣어 주는 것은 NO_2^-의 영향을 제거하기 위해서다. • 가열과정에서 오차가 발생할 수 있으므로 물중탕기의 온도와 가열시간을 잘 지켜야 한다.
간섭물질	• 염소이온(Cl^-) : KMnO₄에 의해 산화되어 COD값이 증가-황산은을 첨가하여 간섭 제거 • 크롬산이온 : COD값이 저하 • 아질산염 : 아질산성 질소 1mg당 1.1mg 산소 소모로 COD값 증가-아질산성 질소 1mg당 10mg의 설퍼민산을 넣어 간섭 제거	

2 다이크롬산칼륨(K₂Cr₂O₇)에 의한 COD(COD_Cr)

(1) 측정원리 : 시료를 황산산성으로 하여 다이크롬산칼륨 일정과량을 넣고 2시간 가열반응(Ag₂SO₄ 촉매)시킨 다음 소비된 다이크롬산칼륨의 양을 구하기 위해 환원되지 않고 남아 있는 다이크롬산칼륨을 황산제1철암모늄 용액으로 적정하여 시료에 의해 소비된 다이크롬산칼륨을 계산하고 이에 상당하는 산소의 양을 측정하는 방법이다. COD 5~50mg/L의 낮은 농도범위를 갖는 시료에 적용하며, 따로 규정이 없는 한 해수를 제외한 모든 시료의 다이크롬산칼륨에 의한 화학적 산소요구량을 필요로 하는 경우에 이 방법에 따라 시험한다.

- $Cr_2O_7^{2-} + 14H^+ + 6e \rightarrow 2Cr^{3+} + 7H_2O$
- $6Fe^{2+} + Cr_2O_7^{2-} + 14H^+ \rightarrow 6Fe^{3+} + 2Cr^{3+} + 7H_2O$

>> 염소이온농도가 1,000mg 이상의 농도일 때에는 COD값이 최소한 250mg/L 이상의 농도여야 한다. 따라서 해수 중의 COD 측정은 이 방법으로 부적절하다.

(2) 간섭작용

① 염소이온은 다이크롬산에 의해 정량적으로 산화되어 양의 오차를 유발하므로 황산수은(II)을 첨가하여 염소이온과 착물을 형성하도록 하여 간섭을 제거할 수 있다. 염소이온의 양이 40mg 이상 공존할 경우에는 $HgSO_4 : Cl^- = 10 : 1$의 비율로 황산수은(II)의 첨가량을 늘린다.

② 아질산이온(NO_2^-) 1mg으로 1.1mg의 산소(O_2)를 소비한다. 아질산이온에 의한 방해를 제거하기 위해 시료에 존재하는 아질산성 질소(NO_2-N) mg당 설퍼민산 10mg을 첨가한다.

(3) 기구

① 300mL 삼각 또는 둥근바닥(환저) 플라스크 또는 이와 동등한 것 ⎤ 서로
② 300mm 리비히냉각관 또는 이와 동등한 것 ─────────── ⎦ 연결맞춤
③ 가열판($1.4W/cm^2$) 또는 맨틀히터(mantle heater)

(4) 시험 조작 및 순서

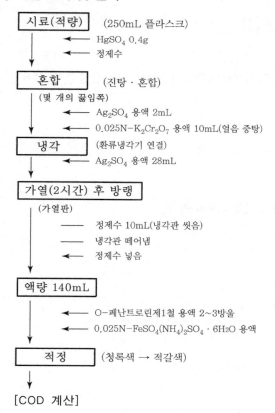

시료(적량)	(250mL 플라스크)
	← HgSO₄ 0.4g
	← 정제수

혼합 (진탕·혼합)
(몇 개의 끓임쪽)
← Ag_2SO_4 용액 2mL
← 0.025N-$K_2Cr_2O_7$ 용액 10mL(얼음 중탕)

냉각 (환류냉각기 연결)
← Ag_2SO_4 용액 28mL

가열(2시간) 후 방랭
(가열판)
── 정제수 10mL(냉각관 씻음)
── 냉각관 떼어냄
← 정제수 넣음

액량 140mL
← O-페난트로린제1철 용액 2~3방울
← 0.025N-$FeSO_4(NH_4)_2SO_4 \cdot 6H_2O$ 용액

적정 (청록색 → 적갈색)

[COD 계산]

🌱 **[주의사항]**

① 시료가 현탁물질을 포함하는 경우에는 잘 흔들어 섞어 균일하게 한 다음 신속하게 분취한다.

② 시료적량은 2시간 동안 끓인 다음 최초에 넣은 $0.025N-K_2Cr_2O_7$ 용액의 약 $\frac{1}{2}$이 남도록 취한다.

③ 이 방법에서는 수은화합물을 사용하므로 시험 후 폐액처리에 특히 주의하여야 한다.

(5) 계산식

$$COD(mg\ O_2/L) = (b-a) \times f \times \frac{1,000}{V} \times 0.2$$

여기서, b : 바탕시험에 소비된 $0.025N-$황산제1철암모늄용액(mL)
a : 적정에 소비된 $0.025N-$황산제1철암모늄용액(mL)
f : $0.025N-$황산제1철암모늄 용액의 농도계수(factor)
V : 시료의 양(mL)

11 ▤ 부유물질(SS)

1 측정원리(유리섬유여과지법, 중량법)

미리 무게를 단 유리섬유거름종이(GF/C)를 여과기에 부착하여 일정량의 시료를 여과시킨 다음 항량으로 건조하여 무게를 달아 여과 전후의 유리섬유여과지의 무게 차를 산출하여 부유물질의 양을 구하는 방법이다.

2 기구 및 기기

(1) 여과기(그림 3-43)

(2) 유리섬유여과지(GF/C) 또는 이와 동등한 규격(지름 47mm의 것)

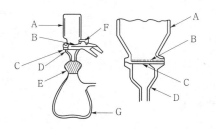

A : 상부여과관
B : 여과재
C : 여과재지지대
D : 하부여과관
E : 고무마개
F : 금속제집게
G : 흡인병

[그림 3-43] 여과기

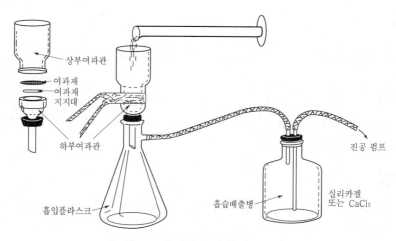

[그림 3-44] 부유물질 흡입여과장치

3 시험방법(조작 및 순서)

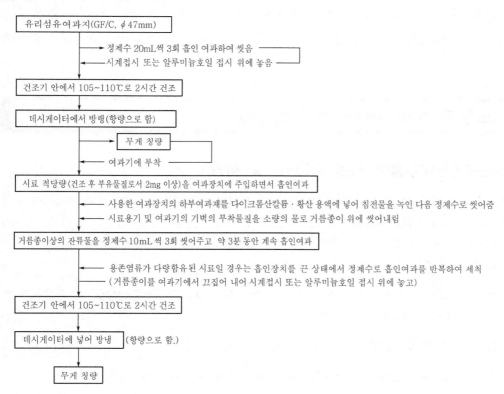

유리섬유여과지(GF/C, ∅47mm)

— 정제수 20mL씩 3회 흡인 여과하여 씻음 —
← 시계접시 또는 알루미늄호일 접시 위에 놓음 ─

건조기 안에서 105~110℃로 2시간 건조

데시게이터에서 방랭(항량으로 함)

→ 무게 칭량
← 여과기에 부착

시료 적당량(건조 후 부유물질로서 2mg 이상)을 여과장치에 주입하면서 흡인여과

← 사용한 여과장치의 하부여과재를 다이크롬산칼륨·황산 용액에 넣어 침전물을 녹인 다음 정제수로 씻어줌
← 시료용기 및 여과기의 기벽의 부착물질을 소량의 물로 거름종이 위에 씻어내림

거름종이상의 잔류물을 정제수 10mL씩 3회 씻어주고 약 3분 동안 계속 흡인여과

← 용존염류가 다량함유된 시료일 경우는 흡인장치를 끈 상태에서 정제수로 흡인여과를 반복하여 세척
← (거름종이를 여과기에서 끄집어 내어 시계접시 또는 알루미늄호일 접시 위에 놓고)

건조기 안에서 105~110℃로 2시간 건조

데시게이터에 넣어 방냉 (항량으로 함.)

무게 칭량

4 계산식

여과 전후의 유리섬유여과지 무게의 차를 구하여 부유물질의 양으로 한다.

$$부유물질(mg/L) = (b-a) \times \frac{1,000}{V}$$

여기서, b : 시료여과 후의 유리섬유여과지 무게(mg), a : 시료여과 전의 유리섬유여과지 무게(mg)
V : 시료의 양(mL)

5 간섭작용

① 나뭇조각, 큰 모래입자 등과 같은 큰 입자들은 부유물질 측정을 방해하므로 직경 2mm 금속 망에 먼저 통과시킨 후 분석을 실시한다.

② 증발잔류물이 1,000mg/L 이상인 경우의 해수, 공장폐수 등은 특별히 취급하지 않을 경우, 높은 부유물질값을 나타낼 수 있다. 이 경우 여과지를 여러 번 세척한다.

③ 철 또는 칼슘이 높은 시료는 금속침전이 발생하며 부유물질 측정에 영향을 줄 수 있다.

④ 유지(oil) 및 혼합되지 않는 유기물도 여과지에 남아 부유물질 측정값을 높게 할 수 있다.

연속자동 측정방법으로는 유리섬유여과지법(중량법)과 광산란법이 있으며, 정량범위는 0~1,000mg/L이다.

12 노말헥산(N-hexane) 추출물질

1 측정원리(용매추출에 의한 중량법) 및 적용

(1) 시료를 pH 4 이하의 산성으로 하여 노말헥산층에 용해되는 물질을 노말헥산으로 추출하여 노말 헥산을 증발시킨 잔류물의 무게로 구하는 방법이다. 다만, 광유류의 양을 시험하고자 할 경우에 는 활성규산마그네슘(플로리실) 칼럼을 이용하여 동식물 유지류를 흡착·제거하고 유출액을 같 은 방법으로 구할 수 있다. 정량한계는 0.5mg/L이다.

(2) 폐수 중에서 비교적 휘발되지 않는 탄화수소, 탄화수소유도체, 그리스유상물질 및 광유류가 노 말헥산층에 용해되는 성질을 이용한 방법이다.

(3) 이 방법은 통상 유분의 성분별 선택적 정량이 곤란하다.

(4) 시료용기는 유리병을 사용하여야 하며, 채취한 시료전량을 사용하여 시험한다.

(5) 최종 무게 측정을 방해할 가능성이 있는 입자가 존재할 경우 0.45μm 여과지로 여과한다.

(6) 정밀도는 측정값의 % 상대표준편차(RSD)로 계산하며, 측정값이 25% 이내이어야 한다.

(7) 정확도는 첨가한 표준물질의 농도에 대한 측정평균값의 상대백분율로서 나타내며 그 값이 75~125 이내이어야 한다.

2 기구 및 기기

(1) 80℃ 온도조절이 가능한 전기열판 또는 전기맨틀

(2) 증발용기 : 알루미늄호일로 만든 접시, 비커 또는 증류플라스크로서 용량이 50~250mL인 것

(3) 'ㅏ'자형 연결관 및 리비히냉각관(증류플라스크를 사용할 경우)

(4) **활성규산마그네슘 칼럼** : 내경 약 10mm, 길이 약 150mm의 콕이 부착된 유리관에 유리섬유(석영섬유)를 깔고 120~130mm 높이로 활성규산마그네슘을 기포가 혼입되지 않도록 노말헥산과 함께 충전한 것

3 시험과정 및 공정(총 노말헥산 추출물질)

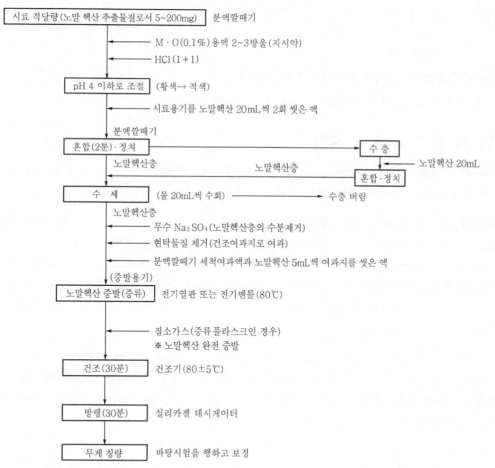

>> 이후 광유류는 별도 시험정량하여 구하고 또한, 총 노말헥산 추출물질 무게(농도)에서 광유류의 무게(농도)를 감하여 동식물 유지류의 무게(농도)를 계산하여 구한다.

4 계산식

(1) 노말헥산 추출물질의 무게(mg/L)

$$(a-b) \times \frac{1,000}{V}$$

여기서, a : 시험 전후 증발용기의 무게 차(mg)
b : 바탕시험 전후 증발용기의 무게 차(mg)
V : 시료의 양(mL)

(2) 노말헥산 추출물질 중 광유류의 무게(mg/L)

$$(a-b) \times \frac{100}{50} \times \frac{1,000}{V}$$

여기서, a : 유출액 중 노말헥산 추출물질의 무게(mg)
b : 바탕시험에 의한 잔류물의 무게(mg)
V : 시료의 양(mL)

(3) 노말헥산 추출물질 중 동식물 유지류의 무게(mg/L)

=총 노말헥산 추출물질의 무게(mg/L)−노말헥산 추출물질 중 광유류의 무게(mg/L)

5 시험 시 참고 및 유의 사항

(1) 활성규산마그네슘은 입경 $150{\sim}250\mu\mathrm{m}$로서 사용 전에 노말헥산으로 씻고 150℃로 약 2시간 가열한 후 진공데시게이터에서 식힌 것을 사용

(2) 노말헥산 추출물질의 함량이 낮은 경우(5mg/L 이하)에는 5L 용량 시료병에 시료 4L를 채취하여 염화제2철 용액(염화제2철(FeCl$_3$ · 6H$_2$O) 30g을 염산(1+11) 100mL에 녹인 용액) 4mL를 넣고 자석교반기로 교반하면서 탄산나트륨 용액(20W/V%)을 넣어 pH 7~9로 조절한다. 5분간 세게 교반한 다음 방치하여 침전물이 전체 액량의 약 1/10이 되도록 침강하면 상등액을 조용히 흡인하여 버린다. 잔류침전층에 염산(1+1)을 넣어 약 pH 1로 하여 침전물을 녹이고 이 용액을 분액깔때기에 옮겨 이하 시험방법에 따라 시험한다.

(3) 추출 시 에멀션을 형성하여 액층이 분리되지 않거나 노말헥산층이 혼탁할 경우에는 분액깔때기 안의 수층을 원래의 시료용기에 옮기고, 에멀션층 또는 헥산층에 약 10g의 **염화나트륨 또는 황산암모늄**을 넣어 환류냉각관(약 300mm)을 부착하고 80℃ 수욕 중에서 약 10분간 가열, 분해한 다음 시험방법에 따라 시험한다.

13 염소이온(Cl^-)

1 질산은적정법(Mohr법)

(1) 측정원리 : 염소이온과 질산은($AgNO_3$)을 정량적으로 반응시킨 다음 과잉의 질산은이 크롬산과 반응하여 크롬산은의 침전으로 나타나는 점을 적정의 종말점으로 하여 염소이온의 농도를 측정하는 방법으로 비교적 분해되기 쉬운 유기물을 함유하고 있거나 자외부에서 흡광도를 나타내는 브롬이온이나 크롬을 함유하지 않는 시료에 적용된다. 정량한계는 0.7mg/L 이상이다.

- $Cl^- + AgNO_3 \rightarrow AgCl \downarrow (백색) + NO_3^-$
- $CrO_4^{2-} + 2Ag^+ \rightarrow Ag_2CrO_4 \downarrow (적황색)$

(2) 시험방법 : 시료 50mL를 정확히 취하여 삼각플라스크에 넣고 수산화나트륨 용액(4W/V%) 또는 황산 용액(1+35)을 사용하여 중화한 다음 크롬산칼륨(K_2CrO_4) 용액 1mL를 넣어 0.01N－질산은 용액으로 적정한다. 적정의 종말점은 엷은 적황색 침전이 나타날 때로 하며, 따로 물 50mL를 취하여 바탕시험액으로 하고 시료의 시험방법에 따라 시험하여 보정한다.

> 적량의 K_2CrO_4 존재하에서 $AgNO_3$로 적정하면 Ag_2CrO_4는 AgCl보다 용해되기 쉬우므로 가한 Ag^+는 당량점에 도달할 때까지 Cl^-과만 반응하여 AgCl로서 침전한 후 종말점 이후에는 CrO_4^{2-}와 반응하여 Ag_2CrO_4의 엷은 적황색 침전이 발생한다.

(3) 계산식

$$염소이온(mg\ Cl/L) = (a-b) \times f \times \frac{1,000}{V} \times 0.3545$$

여기서, a : 시료의 적정에 소비된 0.01N－질산은 용액(mL)
b : 바탕시험액의 적정에 소비된 0.01N－질산은 용액(mL)
f : 0.01N－질산은 용액의 농도계수
V : 시료량(mL)

(4) 참고 및 유의사항

① 시료가 심하게 착색되어 있을 경우에는 **칼륨명반 현탁용액** 3mL를 넣어 탈색시킨 다음 상층액을 취하여 시험한다.

② 시료가 산성 또는 알칼리성인 경우 수산화나트륨 용액(4%) 또는 황산(1+35)을 사용하여 pH를 약 7.0으로 중화조절한다.

③ 브롬화물이온, 요오드화물이온, 시안화물이온 등이 공존하면 염화물이온으로 정량된다. 아황산이온, 티오황산이온, 황산이온도 방해하지만 **과황산수소로 산화시키면** 방해되지 않는다.

2 이온크로마토그래피법

시료를 이온교환칼럼에 고압으로 전개시켜 분리되는 염소이온(Cl^-)을 분석한다. 물속에 존재하는 염소이온의 정성 및 정량 분석하는 방법으로 음이온류-이온 크로마토그래피법에 따른다.

≫ 정량한계 : 0.1mg/L

3 이온전극법

시료에 아세트산염 완충용액을 가해 약 pH 5로 조절하고, 전극과 비교전극을 사용하여 전위 차를 측정하여 정량하는 방법으로 음이온류-이온전극법에 따른다.

≫ 정량한계 : 5mg/L

14 잔류염소

1 비색법

(1) 측정원리 : 시료의 pH를 인산염 완충용액으로 약산성으로 조절한 후 발색하여 잔류염소 표준비색표와 비교하여 측정한다. 정량한계는 0.05mg/L이다.

(2) 시험방법

① 유리잔류염소

ㄱ 50mL의 마개 있는 비색관에 인산염 완충용액 2.5mL를 취하고 DPD 시약 0.5g을 넣는다.

ㄴ 시료(잔류염소농도가 2mg/L 이하인 것)를 ㄱ의 용액에 넣고 전량 50mL로 하여, 섞은 다음 즉시 잔류염소 표준비색표와 옆면에서 비교하여, 유리잔류염소농도(mg/L)를 구한다.

② 총 잔류염소

상기 ①의 ㄴ의 용액에 요오드칼륨 약 0.5g을 넣어 약 2분간 둔 후의 정색을 잔류염소 표준비색표와 옆면에서 비교하여 시료의 총 잔류염소농도(mg/L)를 구한다.

③ 결합잔류염소

상기 ②에서 측정한 총 잔류염소농도와 ①의 유리잔류염소농도와의 차이로부터 결합 잔류염소농도(mg/L)를 구한다.

(3) 간섭작용

① 유리염소는 질소(nitrogen), 트라이클로라이드(trichloride), 트라이클로라민(trichloramine), 클로린디옥사이드(chlorine dioxide)의 존재하에서는 측정이 불가능하다.

② 구리에 의한 간섭은 구리파이프 혹은 황산구리염 처리된 저장고에서 채취된 시료의 측정에서 발생할 수 있다. 이 경우, EDTA를 사용하여 제거할 수 있다.

③ 2mg/L 이상의 크롬산은 종말점에서 간섭을 하는데 이때 염화바륨을 가하여 침전시켜 제거한다.

④ 직사광선 또는 강렬한 빛에 의해 분해된다.

2 적정법

(1) **측정원리** : 물속에 존재하는 잔류염소를 전류적정법으로 측정하는 방법으로 물속의 총 염소를 측정하기 위해 적용한다. 정량한계는 2mg/L이다.

(2) **시험방법**

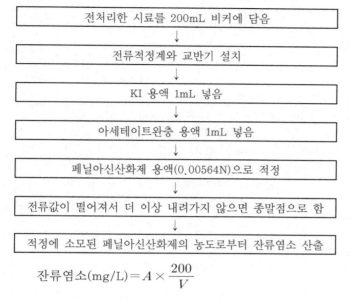

$$잔류염소(mg/L) = A \times \frac{200}{V}$$

여기서, A : 적정에 사용된 0.00564N−페닐아신산화제 총량(mL)
V : 시료의 양(mL)

(3) **간섭작용**

① 유리염소는 질소(nitrogen), 트라이클로라이드(trichloride), 트라이클로라민(trichloramine), 클로린디옥사이드(chlorine dioxide)의 존재하에서는 측정이 불가능하다.

② 구리에 의한 간섭은 구리파이프 혹은 황산구리염 처리된 저장조에서 채취된 샘플들이다. 전극 바깥부분을 구리도금한 것도 전극에 영향을 준다.

③ 시료의 강렬한 교반은 염소를 휘발시키기 때문에 측정값이 낮아질 수 있다.

④ 직사광선 또는 강렬한 빛에 의해 분해된다.

15 질소화합물(NH₃−N, NO₂−N, NO₃−N, T−N, 용존 T−N)

물 질	측정법		측정원리	정량한계 (mg/L)	비 고
NH₃−N	자외선/가시선 분광법 (인도페놀법)		암모늄이온이 하이포염소산의 존재하에서 페놀과 반응하여 생성하는 인도페놀의 청색을 630nm에서 측정하는 방법이다. ※ 시료가 탁하거나 착색물질 등의 방해물질이 함유되어 있는 경우 전처리로서 증류하여 그 유출액으로 시험한다.	0.01	전처리 : 증류
	이온전극법		시료에 수산화나트륨을 넣어 pH 11∼13으로 하여 암모늄이온을 암모니아로 변화시킨 다음 암모니아 이온전극을 이용하여 암모니아성 질소를 정량하는 방법이다.	0.08	
	중화적정법		시료를 증류하여 유출되는 암모니아를 황산용액에 흡수시키고 수산화나트륨 용액으로 잔류하는 황산을 적정(자회색, pH 4.8)하여 암모니아성 질소를 정량하는 방법이다.	1	
NO₂−N	자외선/가시선 분광법 (다이아조화법)		시료 중의 아질산이온을 설퍼닐아미드와 반응시켜 다이아조화하고 α−나프틸에틸렌디아민이염산염과 반응시켜 생성된 다이아조화합물의 붉은색의 흡광도를 540nm에서 측정하는 방법이다.	0.004	−
	이온크로마토 그래피법		시료를 이온교환칼럼에 고압으로 전개시켜 분리되는 아질산이온을 분석하는 방법이다. 물속에 존재하는 아질산이온(NO₂⁻)의 정성 및 정량 분석방법으로 "음이온류−이온크로마토그래피"에 따른다.	0.1	
NO₃−N	자외선/ 가시선 분광법	부루신법	황산산성(13N−H₂SO₄ 용액)에서 질산이온이 부루신과 반응하여 생성된 황색화합물의 흡광도를 410mm에서 측정하여 질산성 질소를 정량하는 방법이다.	0.1	−
		활성탄 흡착법	pH 12 이상의 알칼리성에서 유기물질을 활성탄으로 흡착한 다음 혼합 산성 용액을 가하여 산성으로 하여 아질산염을 은폐시키고 질산성 질소의 흡광도를 215nm에서 측정하는 방법이다.	0.3	
	이온크로마토 그래피법		시료를 이온교환칼럼에 고압으로 전개시켜 분리되는 질산성이온을 분석하는 방법이다. 물속에 존재하는 질산성이온(NO₃⁻)의 정성 및 정량 분석방법으로 음이온류−이온크로마토그래피에 따른다.	0.1	−
	데발다 합금 환원 증류법	자외선/ 가시선 분광법	아질산성 질소를 설퍼민산으로 분해 제거하고 암모니아성 질소 및 일부 분해되기 쉬운 유기질소를 알칼리성에서 증류 제거한 다음 데발다합금으로 질산성 질소를 암모니아성 질소로 환원하여 이를 암모니아성 질소 시험방법에 따라 시험하고 질산성 질소의 농도를 환산하는 방법이다.	0.1	−
		중화 적정법		0.5	

물 질	측정법		측정원리	정량한계 (mg/L)	비 고
T-N	자외선/ 가시선 분광법	산화법	시료 중 모든 질소화합물을 알칼리성 과황산칼륨의 존재하에 120℃에서 유기물과 함께 분해하여 질산이온으로 산화시킨 후 산성상태로 하여 220nm에서 흡광도를 측정하여 총 질소를 정량하는 방법이다. 이 방법은 비교적 분해되기 쉬운 유기물을 함유하고 있거나 자외부에서 흡광도를 나타내는 브롬이온이나 크롬을 함유하지 않는 시료에 적용된다.	0.1	–
		카드뮴－ 구리환원법	시료 중 질소화합물을 알칼리성 과황산칼륨 존재하에 120℃에서 유기물과 함께 분해하여 질산이온으로 산화시킨 다음 질산이온을 다시 카드뮴－구리환원칼럼을 통과시켜 아질산이온으로 환원시키고 아질산성 질소의 양을 구하여 질소로 환산하는 방법이다.	0.004	–
		환원증류－ 킬달법	시료에 데발다합금을 넣고 알칼리성에서 증류하여 시료 중의 무기질소를 암모니아로 환원, 유출시키고, 다시 잔류시료 중의 유기질소를 킬달분해한 다음 증류하여 암모니아로 유출시켜 각각의 암모니아성 질소의 양을 구하고 이들을 합하여 총 질소를 정량하는 방법이다.	0.02	–
	연속흐름법		시료 중 모든 질소화합물을 산화, 분해하여 질산성 질소(NO_3^-) 형태로 변화시킨 다음 카드뮴－구리환원칼럼을 통과시켜 아질산성 질소의 양을 550nm 또는 기기의 정해진 파장에서 측정하는 방법이다.	0.06	–
용존 T-N	자외선/가시선 분광법		시료 중 용존질소화합물을 알칼리성 과황산칼륨의 존재하에 120℃에서 유기물과 함께 분해하여 질산이온으로 산화시킨 다음 산성에서 자외부흡광도를 측정하여 질소를 정량하는 방법이다. 이 방법은 비교적 분해되기 쉬운 유기물을 함유하고 있거나 자외부에서 흡광도를 나타내는 브롬이온이나 크롬을 함유하지 않는 시료에 적용된다.	0.1	–

16 인산염인($PO_4^{3-}-P$), 총 인($T-P$, 용존 총 인(DTP))

물질	측정법		측정원리	정량한계 (mg/L)	비고
$PO_4^{3-}-P$	자외선/ 가시선 분광법	이염화 주석 환원법	인산염인이 몰리브덴산암모늄과 반응하여 생성된 몰리브덴산인암모늄을 이염화주석으로 환원하여 생성된 몰리브덴 청의 흡광도를 690nm에서 측정하는 방법이다.	0.003	-
		아스코 빈산 환원법	인산이온이 몰리브덴산암모늄과 반응하여 생성된 몰리브덴산인암모늄을 아스코빈산으로 환원하여 생성된 몰리브덴 청의 흡광도를 880nm에서 측정하여 인산염인을 정량하는 방법이다.	0.003	880nm에서 불가능 시 710nm에서 측정
	이온크로마토그래피법		시료를 이온교환칼럼에 고압으로 전개시켜 분리되는 인산염인을 분석하는 방법이다. 물속에 존재하는 인산이온(PO_4^{3-})을 정성 및 정량 분석하는 방법으로 음이온류-이온크로마토그래피에 따른다.	0.1	-
$T-P$	자외선/가시선 분광법(아스코빈 산환원법)		시료 중의 유기화합물 형태의 인을 산화, 분해하여 모든 인화합물을 인산염(PO_4^{3-}) 형태로 변화시킨 다음 몰리브덴산암모늄과 반응하여 생성된 몰리브덴산인암모늄을 아스코빈산으로 환원하여 생성된 몰리브덴산의 흡광도를 880nm에서 측정하여 총 인의 양을 정량하는 방법이다.	0.005	880nm에서 불가능 시 710nm에서 측정
	연속흐름법		시료 중의 유기화합물 형태의 인을 산화, 분해하여 모든 인화합물을 인산염(PO_4^{3-}) 형태로 변화시킨 다음 몰리브덴산암모늄과 반응하여 생성된 몰리브덴산인암모늄을 아스코빈산으로 환원하여 생성된 몰리브덴산 등의 흡광도를 880nm 또는 기기의 정해진 파장에서 측정하여 총 인을 분석하는 방법이다.	0.003	-
용존 $T-P$	자외선/가시선 분광법(아스코빈 산환원법)		시료 중의 유기물을 산화, 분해하여 용존 인화합물을 인산염(PO_4^{3-}) 형태로 변화시킨 다음 인산염을 아스코빈산환원흡광광도법(흡광도 측정파장 : 880nm)으로 정량하여 총 인의 농도를 구하는 방법이다. 시료를 유리섬유여과지(GF/C)로 여과하여 여액 50ml (인 함량 0.06mg 이하)를 총 인($T-P$)시험방법에 따라 시험한다.	0.005	-

17 ⫶ 페놀류

1 자외선/가시선 분광법(4-아미노안티피린법)

(1) 측정원리 : 전처리(증류)한 시료에 염화암모늄-암모니아 완충용액을 넣어 pH 10으로 조절한 다음, 4-아미노안티피린과 헥사시안화철(Ⅱ)산칼륨(페리시안칼륨)을 넣어 생성된 붉은색의 안티피린계 색소의 흡광도를 측정하는 방법으로 다음과 같이 구분된다.

구 분	측정파장	정량한계
추출법(클로로폼 용액법)	460nm	0.005mg/L
직접법(수용액법)	510nm	0.05mg/L

≫ 시료 중의 페놀류를 종류별로 구분하여 정량할 수 없다.

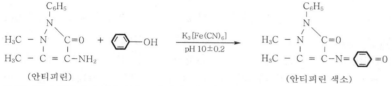

≫ $K_3[Fe(CN)_6]$(페리시안화칼륨) : 산화제

(2) 간섭물질

① 황화합물의 간섭을 받을 수 있는데, 이는 인산(H_3PO_4)을 사용하여 pH 4로 산성화하여 교반하면 황화수소(H_2S)나 이산화황(SO_2)으로 제거할 수 있다. 황산구리($CuSO_4$)를 첨가하여 제거할 수도 있다.

② 오일과 타르 성분은 수산화나트륨을 사용하여 시료의 pH를 12~12.5로 조절한 후 클로로폼(50mL)으로 용매추출하여 제거할 수 있다. 시료 중에 남아있는 클로로폼은 항온물중탕으로 가열시켜 제거한다.

(3) 시료의 전처리(증류)

① 증류조작

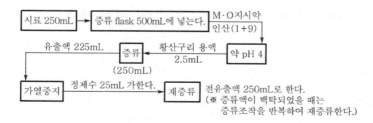

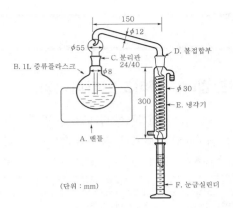

[그림 3-45] 페놀증류장치

② 증류의 목적 : 방해물질인 산화성 물질, 환원성 물질, 금속이온, 방향족아민, 유분 및 타르류 등을 제거하기 위함이다.

③ 유의 : 페놀류의 농도가 5mg/L 이상일 경우에는 시료를 적당량 취하여 물을 넣어 250mL로 하며, 0.025mg/L 이하인 경우에는 시료 500mL를 취하여 1L 증류플라스크에 넣고 황산구리용액 5mL를 넣어 증류하여 유출액 500mL를 받는다. 이 유출액 전량을 1L 분액깔때기에 넣고 추출법에 따라 시험한다. 단, 이때 넣어주는 각 시약은 완충액 10mL, 4-아미노안티피린 용액 3mL, 헥사시안화철(Ⅱ)산칼륨 용액 3mL로 한다.

(4) 시험방법

추출법(페놀 함량 0.05mg/L 이하)	직접법(페놀 함량 0.05~0.5mg/L)
전처리한 시료 100mL→250mL 분액깔때기에 취함→염화암모늄 완충액 3mL 加→pH 10±0.2로 조절→4-아미노안티피린 용액 2.0mL 가해 혼합→헥사시안화철(Ⅱ)산칼륨 2.0mL 넣어 혼합, 3분 방치→클로로폼 10mL를 넣어 1분 이상 흔들어 정치→무수황산나트륨 1g을 넣어 탈수→일부를 층장 10mm 흡수셀에 옮겨 흡광도 측정	전처리한 시료 100mL→플라스크 또는 비색관에 취함→염화암모늄-암모니아 완충액 3.0mL 加→pH 10±0.2로 조절→4-아미노안티피린 용액 2.0mL 가해 혼합→헥사시안화철(Ⅱ)산칼륨 2.0mL 넣어 혼합, 3분 방치→일부를 층장 10mm 흡수셀에 옮겨 흡광도 측정

≫ 안티피린색소의 발색은 pH 9.8~10.2 사이에서 최고를 나타내며, pH 10.2 이상이 되면 급격히 낮아지고 또한 9.8 이하에서는 서서히 낮아진다.

2 연속흐름법(phenols-continuous flow analysis)

(1) 측정원리 : 4-아미노안티피린법 참조

(2) 적용범위 : 측정파장 510nm, 정량한계 0.007mg/L

① 페놀을 종류별로 구분하여 측정할 수는 없으며 또한, 4-아미노안티피린법은 파라위치에 알킬기, 아릴기 (aryl), 니트로기, 벤조일기, 니트로소기 또는 알데하이드가 치환되어 있는 페놀은 측정할 수 없다.

(3) 간섭물질 제거

① 황화합물에 의한 간섭은 인산을 첨가하여 pH 4 이하로 하고 교반 후 황산구리를 넣어 제거한다.

② 전처리 시 시료가 탁한 경우, 시료 중의 부유물 제거를 위해 필요하다면 유리섬유여과지(GF/C) 또는 공극크기(pore size) 0.45μm의 여과지로 여과를 실시한다.

18 시안(CN^-)

1 측정 방법 및 원리

측정법	원 리	정량한계 (mg/L)	비 고
자외선/가시선 분광법(피리딘 – 피라졸론법)	pH 2 이하의 산성에서 에틸렌다이아민테트라아세트산나트륨(EDTA) 용액을 넣고 가열증류하여 시안화물 및 시안착화합물의 대부분을 **시안화수소**로 유출시키고 수산화나트륨 용액에 포집한다. 포집된 시안이온을 중화하고 클로라민–T를 넣어 생성된 염화시안이 **피리딘**–**피라졸론** 등의 발색시약과 반응하여 나타나는 **청색을 620nm에서 측정**하는 방법이다.	0.01	각 시안화물의 종류를 구분하여 정량할 수 없다.
이온전극법	pH 12~13의 알칼리성에서 시안이온전극과 비교전극을 사용하여 전위를 측정하고 그 전위 차로부터 시안을 정량하는 방법으로, "음이온류–이온전극법"에 따른다.	0.10	
연속흐름법	피리딘–피라졸론법 참조	0.01	

2 자외선/가시선 분광법

(1) 시료의 전처리

시료 100mL(CN으로 0.05mg 이하)를 500mL 증류플라스크에 취해 정제수를 넣어 250mL로 함

$$\xrightarrow[\text{(지시약)}]{\text{페놀프탈레인 · 에틸알코올 용액}}$$

인산 또는 2% NaOH로 중화→ 시안증류장치 조립 → 설퍼민산암모늄 용액 (10%) 1mL와 인산 10mL 및 EDTA 10mL를 넣고 수분간 방치 → 증류 플라스크를 가열, 매분 2~3mL의 유출속도로 증류 → 2% NaOH 용액 20mL를 넣어 둔 마개 있는 부피실린더(수기) 100mL에 액량 90mL가 되었을 때 증류 종료 → 냉각기를 떼내어 안쪽을 소량의 물로 씻은 후 물을 넣어 정확히 100mL로 함

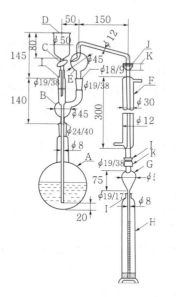

(단위 : mm)
A : 500~1,000mL 증류플라스크
B : 연결관
C : 콕
D : 안전깔때기
E : 분리관
F : 냉각관
G : 역류방지관
H : 수기
I : 접합부
J : 볼접합부
K : 집게

[그림 3-46] 시안증류장치

🌱 설퍼민산암모늄 용액의 첨가는 시료 중의 아질산이온의 방해를 방지하기 위해서이다.

(2) 간섭물질 제거(피리딘-피라졸론법)

① 다량의 유지류가 함유된 시료 : 아세트산 또는 수산화나트륨 용액으로 pH 6~7로 조절하고 시료의 약 2%에 해당되는 노말헥산 또는 클로로폼을 넣어 짧은 시간 동안 흔들어 섞고 수층을 분리하여 시료로 한다.

② 잔류염소가 함유된 시료 : 잔류염소 20mg당 L-아스코빈산(10%) 0.6mL 또는 아비산나트륨 용액(10%) 0.7mL씩 비례하여 넣어 제거한다.

③ 황화합물이 함유된 시료 : +아세트산아연 용액(10%) 2mL를 넣어 제거한다. 이 용액 1mL는 황화물이온 약 14mg에 대응한다.

(3) 참고사항

① 피리딘-피라졸론법

  ㉠ 시료 중에 금속이온이 들어 있으면 시안 착염이 형성되어 시안화수소 회수율이 감소하나, EDTA를 가하면 시안 착염이 분리되거나 방지되어 시안회수율이 증가한다(EDTA : 중금속마스킹제).

  ㉡ 발색 시의 pH는 5~8의 범위 내에서 영향을 받지 않으므로 안전을 기하기 위하여 pH 6.8의 인산염 완충액을 첨가한다.

  ㉢ 발색 시 적정온도 : 20~30℃(20℃ 이하 : 발색이 약함, 30℃ 이상 : 발색이 빠르나 반면 퇴색도 빠름)

  ㉣ 클로라민-T는 강한 산화제로서 시안이온과 결합하여 유독성의 염화시안(CNCl)을 생성한다.

② 이온전극법

  ㉠ 시료와 표준액의 측정 시 온도차는 ±1℃이어야 하고, 교반속도가 일정하여야 한다. 액온이 1℃ 변화할 때에 약 1mV의 전위 차가 변화하게 된다.

  ㉡ 시안이온 전극의 사용 시 시안이온 표준액(0.1mgCN$^-$/L)에 침적시켜 전위값이 안정될 때부터 측정한다.

3 연속흐름법

(1) 시료의 전처리

① 시료의 산화, 발색 반응 및 목적성분의 분리를 위해서는 증류장치와 자외선분해기(UV digester)를 사용한다.

② 시료가 탁한 경우, 유입되는 용액의 부유물질을 제거하기 위해 필요하다면 유리섬유여과지(GF/C) 또는 공극크기(pore size) 0.45μm의 여과지로 여과를 실시한다.

③ 시료에 황화물(sulfide)이 존재할 경우 시료를 pH 12 이하로 안정화시킨 후 탄산납(lead carbonate, PbCO$_3$)을 첨가하여 황화물을 공침시켜 여과하여 제거한다. 이때 시료 중의 황화물의 존재여부는 아세트산납(Pb(CH$_3$COO)$_2$: lead acetate) 시험지를 사용하여 확인할 수 있으며, 탄산납(PbCO$_3$: lead carbonate)을 첨가 시에는 황화물이 공침할 수 있도록 반응시간을 충분히 주도록 한다.

(2) 간섭물질의 제거

① 고농도(60mg/L 이상)의 황화물(sulfide)은 측정과정에서 오차를 유발하므로 전처리를 통해 제거한다.

② 황화시안이 존재하면 분석 시 양의 오차를 유발한다.

③ 고농도의 염(10g/L 이상)은 증류 시 증류코일을 차폐하여 음의 오차를 일으키므로 증류 전에 희석을 한다.

④ 알데히드는 시안을 시아노하이드린으로 변화시키고 증류 시 아질산염으로 전환시키므로 증류 전에 질산은을 첨가하여 제거한다. 단, 이 작업은 총 시안/유리시안의 비율을 변화시킬 수 있으므로 이를 고려하여야 한다.

---

19 불소(fluorine)

1 측정방법 및 원리

측정법	원 리	정량한계 (mg/L)
자외선/가시선 분광법(란탄-알리자린 콤플렉손법)	시료에 넣은 란탄과 알리자린 콤플렉손의 착화합물이 불소이온과 반응하여 생성하는 청색의 복합 착화합물의 흡광도를 620nm에서 측정하는 방법이다. 알루미늄 및 철의 방해가 크나 증류하면 영향이 없다.	0.15
이온전극법	시료에 이온강도조절용 완충액을 넣어 pH 5.0~5.5로 조절하고 불소이온전극과 비교전극을 사용하여 전위를 측정하고 그 전위 차로부터 불소를 정량하는 방법으로 "음이온류-이온전극법"에 따른다.	0.1
이온크로마토 그래피법	시료를 이온교환칼럼에 고압으로 전개시켜 분리되는 불소이온을 분석하는 방법으로, 물속에 존재하는 불소이온(F^-)의 정성 및 정량 분석방법으로 자외선/가시선 분광법의 전처리에 따라 증류한 시료를 음이온류-이온크로마토그래피법에 따른다.	0.05

2 자외선/가시선 분광법

(1) 시료의 전처리(증류)

① 직접증류법 : 1L 증류플라스크에 정제수 400mL 취함 → 황산 200mL를 서서히 가한 후 혼합 → 끓임쪽 수개를 넣어 증류장치에 연결 → 증류플라스크를 180℃가 될 때까지 가열증류(이 조작은 기구와 황산 중의 불소이온을 제거하고 산-물의 부피비를 맞추기 위함) → 유출액 버림 → 증류플라스크를 100℃ 이하로 냉각한 후 시료 300mL를 서서히 가해서 혼합 → 다시 증류장치에 연결, 위와 같은 방법으로 증류 → 유출액은 500mL 부피실린더에 받아 물을 넣어 일정한 용량으로 조절(농도계산 시 시료용량은 보정해 줌)

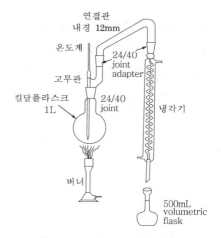

[그림 3-47] 직접증류장치

① 증류플라스크를 가열하여 180℃ 이상이 되면 황산이 분해되어 유출되므로 약 178℃에서 가열을 중지한다.
② 염소이온이 다량 함유되어 있는 시료는 증류하기 전에 황산은을 5mg/mgCl⁻의 비율로 넣어준다.
③ 증류플라스크에 들어있는 황산은 오염이 축적되어 불소 측정에 방해를 주지 않는 한 계속해서 사용할 수 있다.

② 수증기증류법 : 시료 적당량(불소로서 0.03mg 이상 함유)을 비커 또는 자제 증발접시에 취함→
p·p 에틸알코올 용액 2~3방울 첨가하여 NaOH 용액 주입(붉은색 시까지)→수산화나트륨을 넣
고 가열증발→30mL(농축액)→정제수 10mL를 사용, 그림 3-48 증류장치의 킬달플라스크에 씻
어 넣음→이산화규소 1g, 인산 1mL, 과염소산 40mL 및 끓임쪽 수개를 넣음→증류플라스크에
정제수 약 600mL를 넣고 증류장치에서 가열, 증류→미리 정제수 20mL를 넣어 둔 250mL 메스실
린더 또는 부피플라스크를 사용, 냉각관 끝이 정제수에 잠기도록 유출액을 받음→킬달플라스크
내의 액온이 약 140℃가 되었을 때 수증기를 통하기 시작, 증류온도 140~150℃로 유지→유출속도
3~5mL/min로 하여 수기의 액량이 약 220mL가 되었을 때 증류 종료→정제수로 씻은 액과 정제수
를 합하여 250ml로 함

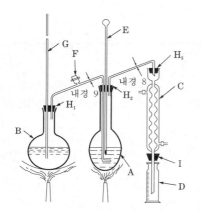

A : 킬달플라스크(300~500mL)
B : 수증기발생용 플라스크(1L)
C : 냉각기
D : 수기(마개 있는 250mL 메스실린더)
E : 온도계
F : 조절용 콕부 고무관
G : 유리관
H₁~H₃ : 고무마개
I : 고무관

[그림 3-48] 수증기증류장치

≫ 색도 20도 이상, PO₄³⁻ 3mg/L 이상, Al³⁺ 1mg/L 이상, Fe²⁺ 및 Fe³⁺ 10mg/L 이상 함유한 시료는 수증기
증류법으로 전처리한다.

(2) 참고사항(자외선/가시선 분광법)

① 시료 중 불소 함량이 정량범위를 초과한 경우 탈색현상이 나타날 수 있다. 이러한 경우에는 취하는
시료량을 정량범위 이내에 들도록 감량하거나 희석한 다음 다시 시험한다.

② alizarin – complexon(1,2–dihydroxy anthraquinonyl–3–methylamine–N, N–2–acetic acid)
은 다음과 같은 구조를 갖는 황갈색 분말이다. 알코올, 에테르에 불용이고 알칼리성 수용액에 녹는다.
pH 13 이상에서 청자색, pH 6~10에서 적색, pH 4.5 이하에서 황갈색이다.

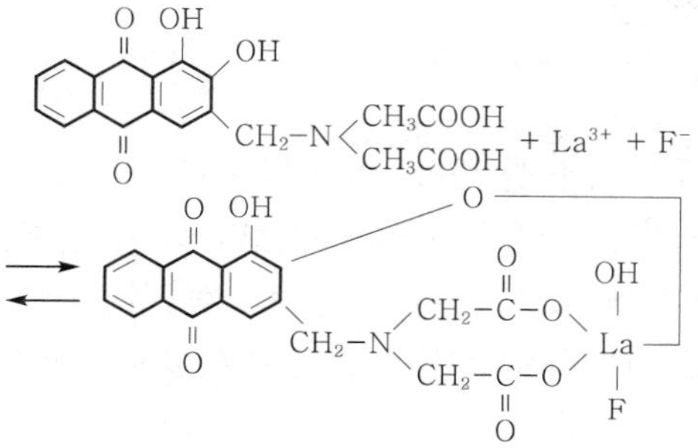

[그림 3-49] ALC-La-F 복합착체(청)

③ 불소와 반응에 적당한 pH 범위는 4~6이며, pH가 높으면 흡광도가 감소하고 낮으면 증가한다.

④ 란탄-알리자린 착화합물(lanthanium alizarin complexon) 용액을 만들 때 아세톤을 가하는 이유는 발색효과를 높임과 동시에 발색의 안정화를 위해서이다.

20 음이온 계면활성제

1 측정 방법 및 원리

측정법	측정원리	정량한계	비 고
자외선/가시선 분광법 (메틸렌블루법)	시료 중의 음이온 계면활성제를 메틸렌블루와 반응시켜 생성된 청색의 착화합물을 클로로폼으로 추출하여 흡광도를 650nm에서 측정하는 방법이다.	0.02mg/L	–
연속흐름법	시료중의 음이온 계면활성제가 메틸렌블루와 반응하여 생성된 청색의 착화합물을 클로로폼 등으로 추출하여 650nm 또는 기기의 정해진 흡수파장에서 흡광도를 측정하는 방법이다.	0.09mg/L	–

(1) 시료 중의 계면활성제를 종류별로 구분하여 측정할 수 없다.

(2) 본법은 ABS, LAS 등의 음이온 계면활성제가 양이온염료인 methylene blue와 반응하여 생성되는 중성의 청색복합체(MBAS ; Methylene Blue Active Substances)가 chloroform으로 추출됨을 이용한 것이다.

(3) 연속흐름법은 해수와 같이 염도가 높은 시료의 계면활성제 측정에는 적용할 수 없다.

2 자외선/가시선 분광법

(1) 전처리

① 두 개의 250mL 분별깔때기(A, B)를 준비하여 분별깔때기(A)에는 정제수 50mL, 분별깔때기(B)에는 정제수 100mL를 넣고 알칼리성 붕산나트륨 용액10mL, 메틸렌블루 용액(0.025%) 5mL 및 클로로폼 10mL씩을 넣고 흔들어 섞고 정치하여 클로로폼층을 버린다.

② 클로로폼층이 무색으로 될 때까지 반복조작을 한다. 분별깔때기(B)에는 황산(1+35) 3mL를 넣어 둔다.

(2) 간섭물질 및 제거

① 약 1,000mL 이상의 **염소이온농도**에서 양의 간섭을 나타내며 따라서, 염분농도가 높은 시료의 분석에는 사용할 수 없다.

② 유기 설폰산염(sulfonate), 황산염(sulfate), 카르복실산염(carboxylate), 페놀 및 그 화합물, 무기 티오시안(thiocynide)류, 질산이온 등이 존재할 경우 **메틸렌블루 중 일부가 클로로폼층으로 이동하여 양의 오차를** 나타낸다.

③ 양이온 계면활성제 혹은 아민과 같은 양이온물질이 존재할 경우 음의 오차가 발생할 수 있다.

④ 시료 속에 미생물이 있을 경우 일부의 음이온 계면활성제가 빨리 변할 가능성이 있으므로 가능한 짧은 시간 안에 분석을 하여야 한다.

> 음이온 계면활성제의 표준물질은 sodium lauryl sulfonate (또는 sodium dodecyl sulfonate)로서 화학식은 $CH_3(CH_2)_{11}OSO_3Na$(분자량 288.38)이다.

3 연속흐름법

(1) 전처리 : 시료가 탁한 경우, 시료 중의 **부유물질을** 제거하기 위해 필요하다면 유리섬유여과지 (GF/C) 또는 공극크기(pore size) $0.45\mu m$의 여과지로 여과를 실시한다.

(2) 간섭물질 : (2) 자외선/가시선 분광법 참조

(3) 분석기

① 분할흐름분석기(SFA ; Segmented Flow Analyzer)
연속흐름분석기의 일종으로 다수의 시료를 연속적으로 자동분석하는 분석기다. 본체의 구성은 시료와 시약을 주입할 수 있는 펌프와 튜브, 시료와 시약을 반응시키는 반응기 및 검출기로 구성되어 있으며, 용액의 흐름 사이에 일정한 간격으로 공기방울을 주입하여 시료의 분산 및 연속흐름에 따른 상호오염을 방지하도록 구성되어 있다.

② 흐름주입분석기(FIA ; Flow Injection Analyzer)
연속흐름분석기의 일종으로 다수의 시료를 연속적으로 자동분석하는 분석기다. 기본적인 본체의 구성은 분할흐름분석기와 같으나 용액의 흐름 사이에 공기방울을 주입하지 않는 것이 차이점이다. 공기방울 미주입에 따라 시료의 분산 및 연속흐름에 따른 상호오염의 우려가 있으나 **분석시간이 빠르고 기계장치가 단순해지는** 장점이 있다.

21 중금속류(Cr, Cr^{6+}, Zn, Cu, Cd, Pb, Mn, Ba, As, Ni, Fe, Se, Sn, Hg 등)

1 불꽃원자흡수분광광도법에 의한 측정

측정항목	측정파장(nm) 정량한계(mg/L)	불꽃조성연료	측정원리 및 특이사항
크롬 (Cr)	357.9 산처리법 : 0.01 용매추출법 : 0.001	공기-아세틸렌, 아산화질소-아세틸렌	• 시료를 산분해하거나 용매추출한 후 시료를 직접 불꽃에 주입하여 원자흡수분광광도계로 분석하는 방법이다. • 산처리 : 황산-질산, 최종농도-0.1~1N • 용매추출 : 처음 pH 2.0 이하, 용매추출 시 pH 2.8, 추출용매-메틸아이소부틸케톤(MIBK) 용액
6가 크롬 (Cr^{6+})	357.9 산처리법 : 0.01	공기-아세틸렌	• 시료 중 6가 크롬을 피로리딘 다이티오카바민산 착물로 만들어 메틸아이소부틸케톤으로 추출한 다음 원자흡수분광광도계로 흡광도를 측정하여 6가 크롬의 농도를 구한다. 최종분석시료는 불꽃에 분무하여 원자화되는 크롬원소가 그 원자증기층을 투과하는 빛을 흡수하는 흡수정도를 시료에 포함된 크롬의 농도로 환산한다. • 간섭 : 폐수에 반응성이 큰 다른 금속이온이 존재할 경우 방해영향이 크므로, 이 경우는 황산나트륨 1%를 첨가하여 측정한다. 일반적으로 표층수에 존재하는 원소의 방해영향은 무시할 수 있다. • 전처리 : 산처리(산분해)
아연 (Zn)	213.9 0.002	공기-아세틸렌	• 시료를 산분해법, 용매추출법으로 전처리한 후 원자흡수분광광도법에 따라 측정한다.
구리 (Cu)	324.7 0.008	공기-아세틸렌	• 시료를 산분해법, 용매추출법으로 전처리한 후 시료를 직접 불꽃에 주입하여 원자화한 후 원자흡수분광광도법에 따라 측정한다.
카드뮴	228.8 0.002	공기-아세틸렌	• 시료를 산분해법, 용매추출법으로 전처리한 후 시료를 직접 불꽃에 주입하여 원자화한 후 원자흡수분광광도법에 따라 측정한다.
납 (Pb)	283.3/217.0 0.04	공기-아세틸렌	• 시료를 산분해법, 용매추출법으로 전처리한 후 시료를 직접 불꽃에 주입하여 원자화한 후 원자흡수분광광도법에 따라 측정한다.
망간 (Mn)	279.5 0.005	공기-아세틸렌	• 시료를 산분해법, 용매추출법으로 전처리한 후 시료를 직접 불꽃에 주입하여 원자화한 후 원자흡수분광광도법에 따라 측정한다. • 용해성 망간은 시료채취 즉시 여과한 후 여액을 전처리하여 시료용액으로 한다.
바륨 (Ba)	553.6 0.1	아산화질소-아세틸렌	• 시료를 산분해법, 용매추출법으로 전처리한 후 시료를 직접 불꽃에 주입하여 원자흡수분광광도법에 따라 측정한다.
비소 (As)	193.7 0.005	아르곤(또는 질소)-수소 ※ 환원기화법 (수소화물 생성법)	〈수소화물생성-원자흡수분광광도법〉 • 아연 또는 나트륨붕소수화물(NaBH$_4$)을 넣어 수소화비소로 포집한 후 아르곤(또는 질소)-수소불꽃에서 원자화시켜 193.7nm에서 흡광도를 측정하고 비소를 정량한다. • 간섭 : 높은 농도의 크롬, 코발트, 구리, 수은, 몰리브덴, 은 및 니켈은 비소분석을 방해한다. • 수소화물(수소화비소) 발생장치(그림 3-50)

측정항목	측정파장(nm)	불꽃조성연료	측정원리 및 특이사항
	정량한계(mg/L)		
니켈 (Ni)	232.0	공기-아세틸렌	• 시료를 산분해법, 용매추출법으로 전처리한 후 시료를 직접 불꽃에 주입하여 원자화한 후 원자흡수분광광도법에 따라 측정하는 방법이다.
	0.01		
철 (Fe)	248.3	공기-아세틸렌	• 시료를 산분해법, 용매추출법으로 전처리한 후 시료를 직접 불꽃에 주입하여 원자화한 후 원자흡수분광광도법에 따라 측정하는 방법이다. • 용해성 철은 시료채취 즉시 여과하고 여액을 전처리하여 시료용액으로 한다.
	0.03		
셀레늄 (Se)	196.0	아르곤(또는 질소)-수소 ※ 환원기화법 (수소화물 생성법)	〈수소화물생성-원자흡수분광광도법〉 • 나트륨붕소수화물(NaBH₄)을 넣어 수소화셀레늄으로 포집한 아르곤(또는 질소)-수소불꽃에서 원자화시켜 196.0nm에서 흡광도를 측정하고 셀레늄을 정량하는 방법이다. • 높은 농도의 크롬, 코발트, 구리, 수은, 몰리브덴, 은 및 니켈은 셀레늄분석을 방해한다. • 수소화물(수소화셀레늄) 발생장치
	0.005		
주석 (Sn)	224.6	공기-아세틸렌	• 시료를 산분해법, 용매추출법으로 전처리한 후 시료를 직접 불꽃에 주입하여 원자화한 후 원자흡수분광광도법에 따라 측정하는 방법과, 일정 부피의 시료를 전기적으로 가열된 흑연로 등에서 용매를 제거하고 원자화한 후 흑연로원자흡수분광광도법에 따라 측정하며, 불꽃원자흡수분광광도법, 흑연로원자흡수분광광도법에 따른다.
	0.8		
수은 (Hg)	253.7	냉증기법	〈냉증기-원자흡수분광광도법〉 • 시료에 이염화주석(SnCl₂)을 넣어 금속수은으로 환원시킨 후, 이 용액에 통기하여 발생하는 수은증기를 원자흡수분광광도법으로 253.7nm의 파장에서 측정하여 정량하는 방법이다. 정량한계는 0.0005mg/L로, 저농도수은분석 시 사용한다. • 간섭 　- 시료 중 염화물이온이 다량 함유된 경우에는 **환원조작 시 유리염소가 발생**하여 253.7nm에서 흡광도를 나타낸다. 이때는 **염산하이드록실아민 용액을 과잉**으로 넣어 유리염소를 환원시키고 용기 중에 잔류하는 염소는 질소가스를 통기시켜 추출한다. 　- 벤젠, 아세톤 등 휘발성 유기물질도 253.7nm에서 흡광도를 나타낸다. 이때에는 **과망간산칼륨 분해 후 헥산**으로 이들 물질을 추출, 분리한 다음 시험한다. • 수은환원기화장치 : 밀폐식, 개방식
	0.0005		
알킬수은	0.0005	박층 크로마토 그래피 농축분리	〈박층크로마토그래피-원자흡수분광광도법〉 • 시료에 존재하는 알킬수은화합물을 **벤젠으로 추출**하고 알루미나 **칼럼으로 농축**한 후 벤젠으로 다시 추출한 다음 박층크로마토그래피에 의하여 농축, 분리하고 분리된 수은을 산화, 분해하여 정량하는 방법이다. • 박층크로마토그래피용 실리카겔 박층판 　- 박층크로마토그래피용 실리카겔 30g에 정제수 60mL를 넣어 흔들어 섞고 유리판(200×200mm)에 0.20~0.25mm 범위의 균일한 두께로 도포한다. 105~110℃로 약 3시간 건조하고 건조용기 중에서 방랭, 보존한다. 　- 크로마토그래피용 알루미나칼럼

측정항목	측정파장(nm)	불꽃조성연료	측정원리 및 특이사항
	정량한계(mg/L)		
알킬 수은	0.0005	박층 크로마토 그래피 농축분리	• 전처리 시 황화물, 티오황산염, 티오시안산염, 시안화물이 시료 중에 함유되어 있을 때에는 약 2M 염산산성에서 염화제일구리(분말) 100mg을 넣어 흔들어 섞고 정치하여 침전을 여과하고, 침전을 물 소량씩으로 2~3회 씻어준 다음 여액 및 씻은 액을 합하여 전처리에 따라 시험한다. • 시료 중에 알킬수은화합물의 벤젠추출을 방해하는 성분이 함유되어 있는 경우에는 알킬수은-기체크로마토그래피법의 조치방법에 따른다.

① 원자흡수분광광도계를 위한 수소화비소 발생장치

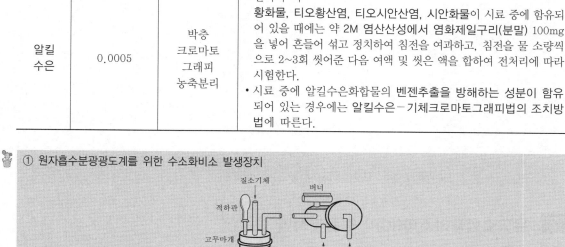

[그림 3-50] 수소화비소 발생장치

② 수은의 환원기화장치

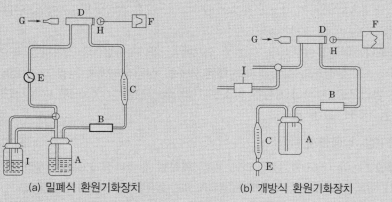

(a) 밀폐식 환원기화장치   (b) 개방식 환원기화장치

A : 환원용기(300~350mL의 유리병)
B : 건조관(입상의 과염소산마그네슘 또는 염화칼슘으로 충진한 것)
C : 유량계(0.5~5L/min의 유량측정이 가능한 것)
D : 흡수셀(길이 10~30cm 석영제)
E : 송기펌프(0.5~3L/min의 송기능력이 있는 것)
F : 기록계
G : 수은속빈음극램프
H : 측광부
I : 세척병(또는 수은제거장치)

[그림 3-51] 수은환원기화장치의 구성

③ 알킬수은 분리(크로마토그래피)용 칼럼

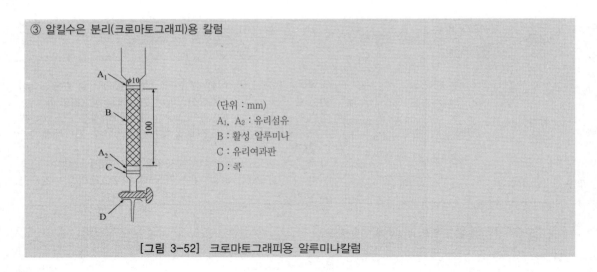

(단위 : mm)
A₁, A₂ : 유리섬유
B : 활성 알루미나
C : 유리여과판
D : 콕

[그림 3-52] 크로마토그래피용 알루미나칼럼

2 유도결합플라스마(ICP) 정량분석법

(1) 측정원리

① 유도결합플라스마－원자발광분광법 : 시료를 산분해법, 용매추출법으로 전처리한 후 시료를 고주파유도코일에 의하여 형성된 아르곤플라스마에 주입하여 6,000~8,000K에서 들뜬상태의 원자가 바닥상태로 전이할 때 방출하는 발광선 및 발광광도를 측정하여 원소의 정성 및 정량 분석에 이용하는 방법으로 분석이 가능한 원소는 구리, 납, 니켈, 망간, 비소, 아연, 안티몬, 철, 카드뮴, 크롬, 6가 크롬, 바륨, 주석 등이다.

② 유도결합플라스마－질량분석법 : 시료를 산분해법, 용매추출법으로 전처리한 후 시료를 6,000~10,000K의 고온플라스마에 의해 이온화된 원소를 진공상태에서 질량 대 전하비(m/z)에 따라 분리하는 방법으로, 분석이 가능한 원소는 구리, 납, 니켈, 망간, 바륨, 비소, 셀레늄, 아연, 안티몬, 카드뮴, 주석, 크롬 등이다.

(2) 항목별 선택파장, 정량한계 등

① 유도결합플라스마－원자발광분광법에 의한 항목별 선택파장과 정량한계값

[표 3-27] 유도결합플라스마－원자발광분광법에 의한 항목별 선택파장과 정량한계값

원소명	선택파장(1차)[1]	선택파장(2차)[2]	정량한계[1,2](mg/L)
Cu	324.75	219.96	0.006mg/L
Pb	220.35	217.00	0.04mg/L
Ni	231.60	221.65	0.015mg/L
Mn	257.61	294.92	0.002mg/L
Ba	455.40	493.41	0.003mg/L
As	193.70	189.04	0.05mg/L
Zn	213.90	206.20	0.002mg/L
Sb	217.60	217.58	0.02mg/L

원소명	선택파장(1차)[1]	선택파장(2차)[2]	정량한계[1,2](mg/L)
Sn	189.98	―	0.02mg/L
Fe	259.94	238.20	0.007mg/L
Cd	226.50	214.44	0.004mg/L
Cr	262.72	206.15	0.007mg/L

[1] Standard method 3120 Metals by Plasma Emission Spectroscopy(1999)
[2] EPA Method 200.7(1994)

② 유도결합플라스마-질량분석법에 의한 항목별 정량한계값

[표 3-28] 유도결합플라스마-질량분석법에 의한 항목별 정량한계값

원소명	분석질량(amu)	정량한계(mg/L)
Cu	63	0.002mg/L
Pb	206, 207, 208	0.002mg/L
Ni	60	0.002mg/L
Mn	55	0.0005mg/L
Ba	137	0.003mg/L
As	75	0.006mg/L
Se	82	0.03mg/L
Zn	66	0.006mg/L
Sb	123	0.0004mg/L
Sn	118	0.0001mg/L
Cd	111	0.002mg/L
Cr	52	0.0002mg/L

3 자외선/가시선 분광법에 의한 측정

크롬(Cr) : 다이페닐카바자이드(DPC)법

(1) 측정원리 : 3가 크롬은 과망간산칼륨($KMnO_4$)을 첨가하여 6가 크롬으로 산화시킨 후 산성에서 다이페닐카바자이드와 반응하여 생성하는 적자색 착화합물의 흡광도를 540nm에서 측정하여 총 크롬을 정량하는 방법으로, 정량한계는 0.04mg/L이다.

• 발색반응 : 다이페닐카바자이드[$(C_6H_5NHNH)_2CO$]가 Cr^{6+}에 의해 산화되고 동시에 Cr^{3+}이 킬레이트화합물을 만든다.

$$O=C \big\langle \begin{smallmatrix} NH \cdot NH \cdot C_6H_5 \\ NH \cdot NH \cdot C_6H_5 \end{smallmatrix} \xrightarrow{Cr^{6+}} O=C \big\langle \begin{smallmatrix} NH \cdot NH \cdot C_6H_5 \\ N=N \cdot C_6H_5 \end{smallmatrix} \xrightarrow{Cr^{3+}} 적자색 \ 착체$$

〈다이페닐카바자이드〉　　　　　　〈디페닐카바존〉

≫ 6가 크롬이 DPC를 산화해서 3가 크롬으로 변하는 과정에서 정색이 일어난다.

① $KMnO_4$ 역할 : $Cr^{3+} \xrightarrow{\text{산화}} Cr^{6+}$

② 발색조건 : H_2SO_4의 농도는 0.2N 전후, 온도는 15℃가 최적

③ 과잉의 $KMnO_4$는 방해되므로 아자이드화나트륨으로 환원하여 분해한다.

④ 흡광도는 발색 후 2~3분 후에 최고가 되었다가 서서히 감소하지만 5~15분까지는 큰 변화가 없다.

(2) 시료의 전처리 : 시료의 전처리방법 중 황산-질산분해법에 따라 전처리한다. 다만, 황산의 백연이 발생하기 시작할 때 강열을 하면 무수황산크롬의 불용성 침전이 생성되므로 필요 이상의 강열은 피해야 한다.

(3) 시험 시 주의사항

① 발색 시 황산의 최적농도는 0.2N이다. 시료의 전처리에서 다량의 황산을 사용하였을 경우에는 시료에 무수황산나트륨 약 20mg을 넣고 가열하여 황산의 백연을 발생시켜 황산을 제거한 다음 황산(1+9) 3mL를 넣고 시험한다.

② 몰리브덴(Mo), 수은(Hg), 바나듐(V), 철(Fe), 구리(Cu) 이온이 과량함유되어 있을 경우에는 방해영향이 나타날 수 있으므로 제거하여야 한다.

③ 방해물질 제거(Fe 및 Mo, V, Cu 과량 함유한 경우) : 전처리한 시료 적당량(크롬으로서 $100\mu g$ 이하 함유)을 피펫으로 정확히 취해 분액깔때기(125mL)에 넣고 정제수를 넣어 총 부피를 약 40mL로 한 다음 얼음물에 냉각한다. 5mL 구페론 용액을 첨가하여 잘 흔든 다음 얼음물에 약 1분간 방치한다. 약 15mL 클로로폼을 분액깔때기에 넣어 잘 흔들어 섞고, 수용액층과 클로로폼층이 분리되도록 한 후, 방해물질이 추출된 클로로폼층은 버린다. 수층의 클로로폼을 증발시킨 후 식힌 다음 5mL 질산과 3mL 황산을 첨가하여 SO_3 기체가 발생할 때까지 가열하여 유기물분해를 하고 질산을 제거한다.

6가 크롬(Cr^{6+}) : 다이페닐카바자이드(DPC)법

(1) 측정원리 : 6가 크롬이 산성 용액에서 다이페닐카바자이드와 반응하여 생성하는 적자색 착화합물의 흡광도를 540nm에서 측정하는 방법이다. 정량한계는 0.040mg/L이다.

(2) 시료의 전처리 : 시료채취 즉시 $0.45\mu m$ 막거름(맴브레인 필터)을 사용하여 거른 후, 24시간 이내에 분석한다.

(3) 시험 시 간섭물질

몰리브덴(Mo), 수은(Hg), 바나듐(V), 철(Fe), 구리(Cu) 이온이 과량함유되어 있을 경우 방해영향이 나타날 수 있으므로 제거하여야 한다.

아연(Zn) : 진콘법

(1) 측정원리 : 아연이온이 약 pH 9에서 진콘(2-카르복시-2'-하이드록시-5'-술퍼포마질-벤젠·나트륨염)과 반응하여 생성하는 **청색 킬레이트화합물의 흡광도를 620nm에서 측정하는 방법**이다. 정량한계는 0.01mg/L이다.

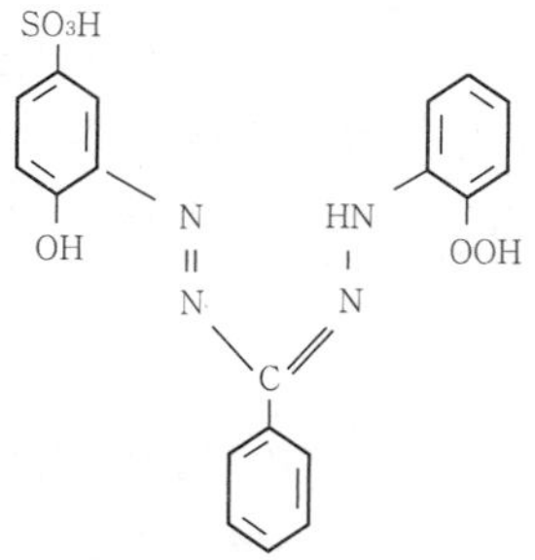

[그림 3-53] 진콘의 구조식

① KCN은 타 금속의 억제제로 Fe(Ⅱ, Ⅲ), Al, Cu, Cr, CrO₄, Cd, Ni, Co 이온 등을 마스크(차폐)한다.

② Cu의 방해에 대해서는 티오요소로 제거할 수 있고 Fe, Al의 공존이 많아(2~5mg/L) 침전을 생성할 때는 사이트르산이암모늄 용액을 가하여 침전생성을 방지할 수 있다.

③ 클로랄하이드레이트(CCl₃ · CHO · H₂O)는 아연시안 착염의 분해제(demasking제)이다.

④ 진콘(Zincon) 용액은 사용 시 조제하는 것이 좋다.

⑤ 진콘은 물에 녹지 않는 적자색 분말로서 NaOH에 용해되어 적색이 된다.

(2) 시험 시 유의사항

① 2가 망간이 공존하지 않을 경우에는 아스코빈산나트륨을 넣지 않는다.

② 발색의 정도는 온도 15~29℃, pH 8.8~9.2의 범위에서 잘 된다.

③ 시료 중에 KCN과 착화합물을 형성하지 않는 중금속이 공존하면 발색할 때 혼탁하여 방해한다.

구리(Cu) : 다이에틸다이티오카바민산(DDTC)법

(1) 측정원리 : 구리이온이 알칼리성에서 다이에틸다이티오카바민산나트륨과 반응하여 생성하는 황갈색의 킬레이트화합물을 아세트산부틸로 추출하여 흡광도를 440nm에서 측정하는 방법이다. 정량한계는 0.01mg/L이다.

① DDTC(Sodium diethyl dithiocarbarmate trihydrate)는 백색결정으로 물에 용해되기 쉬우나 에탄올에 녹기 어렵고 강산성, 중성, 약알칼리성에서 구리염에 의하여 황갈색을 나타내고 갈색침전을 생성한다.

② Fe(Ⅱ)는 흑갈색의 침전을 생성하나, 사이트르산염의 존재하에서 pH 9 이상으로 하면 방해를 제거할 수 있다.

③ EDTA는 Ni, Co, Mn, Bi, Ag, Fe 등의 방해를 억제한다.

④ DDTC는 pH 5 이상에서 구리와 반응하지만 사이트르산이나 EDTA에 의한 억제를 완전하게 하기 위해 pH 9 이상에서 추출, 조작한다.

(2) 시험 시 유의사항

① 시료의 전처리를 하지 않고 직접 시료를 사용하는 경우, 시료 중에 시안화합물이 함유되어 있으면 염산산성으로 하여서 끓여 시안화물을 완전히 분해, 제거한 다음 시험한다.

② 비스무트(Bi)가 구리의 양보다 2배 이상 존재할 경우에는 황색을 나타내어 방해한다. 이때는 시료의 흡광도를 A_1으로 하고 따로 같은 양의 시료를 취하여 시료의 시험방법 중 암모니아수(1+1)를 넣어 중화하기 전에 시안화칼륨 용액(5W/V%) 3mL를 넣어 구리를 시안착화합물로 만든 다음 중화하여 시험하고 이 액의 흡광도를 A_2로 한다. 여기에서 구리에 의한 흡광도(A)는 $A_1 - A_2$이다.

③ 추출용매는 아세트산부틸 대신 사염화탄소, 클로로폼, 벤젠 등을 사용할 수도 있다. 그러나 시료 중 음이온 계면활성제가 존재하면 구리의 추출이 불완전하다.

④ 무수황산나트륨 대신 건조여과지를 사용하여 걸러내어도 된다.

카드뮴(Cd) : 디티존법

(1) 측정원리 : 카드뮴이온을 시안화칼륨이 존재하는 알칼리성에서 디티존과 반응시켜 생성하는 카드뮴 착염을 사염화탄소로 추출하고, 추출한 카드뮴 착염을 타타르산 용액으로 역추출한 다음 다시 수산화나트륨과 시안화칼륨을 넣어 디티존과 반응하여 생성하는 **적색의 카드뮴 착염을 사염화탄소로 추출**하여 그 흡광도를 530nm에서 측정하는 방법이다. 정량한계는 0.004mg/L이다.

① 디티존(diphenylthio carbazone의 약자)은 중금속의 발색시약뿐 아니라 추출시약으로 널리 사용되고 특히 희박한 용액에서 중금속을 농축시킬 수 있으므로 많이 이용되며 많은 종류의 금속과 킬레이트화합물을 생성한다.

dithizone의 구조 : S= C

② 디티존은 흑색 또는 흑갈색의 분말로 물 및 산에는 거의 녹지 않고 사염화탄소나 클로로폼 같은 유기용매에 녹아 진한 녹색을 띤다.

③ 디티존 착염은 직사일광으로 분해되기 쉽고, 또 고온에서 분해되므로 20℃ 이하의 암소에 보관한다.

④ 사이트르산이암모늄 용액은 Fe^{3+}, Al^{3+}, Mg^{2+} 등이 수산화물로 침전을 생성하여 카드뮴을 흡착하므로 이를 방지하기 위함이다(철 등의 침전방지제).

⑤ Cu, Co, Ni 등의 방해이온은 KCN으로 억제한다.

⑥ 카드뮴-디티존 착체는 타타르산산성에서 간단히 분해되어 타타르산수용액층으로 이전한다. 납은 pH 12 이상에서는 추출되지 않고 또, 비스무트(Bi), 납(Pb)은 타타르산으로 역추출할 때 유기층에 남는다.

(2) 시험 시 유의사항

① 카드뮴 - 디티존 착염은 **직사일광에 불안정**(서서히 분해됨)하므로 시험 중에는 직사일광을 피하여 속히 흡광도 측정을 한다. 또 온도에 대해서도 불안정하므로 액온은 20℃ 이하가 좋다.

② 시료 중에 다른 중금속이 많이 함유되어 있을 시는 masking(은폐)제로서 KCN의 첨가량을 배로 가한다.

③ 카드뮴은 **저온에서도 손실될 우려**가 있으므로 유기물이 많은 시료는 전처리로서 습식분해법이 바람직하다.

④ 시료 중 다량의 철과 망간이 함유된 경우 디티존에 의한 **카드뮴추출이 불완전**하다. 이 경우에는 중화한 시료 일정량에 염산용액(2M)을 넣어 산성으로 하여 강염기성 음이온교환수지칼럼(R-Cl형, 지름 10mm, 길이 200mm)에 3mL/min의 속도로 유출시켜 카드뮴을 흡착하고 염산(1+9)으로 씻어준 다음 새로운 수집기에 질산(1+12)을 사용하여 용출되는 카드뮴을 받는다. 이 용출액을 가지고 시험방법에 따라 시험한다. 이때는 시험방법 중 타타르산 용액(2W/V%)으로 역추출하는 조작을 생략해도 된다.

납(Pb) : 디티존법

(1) 측정원리 : 납이온이 시안화칼륨 공존하에 알칼리성에서 디티존과 반응하여 생성하는 납－디티존 착염을 사염화탄소로 추출하고 과잉의 디티존을 시안화칼륨 용액으로 씻은 다음 납 착염의 흡광도를 520nm에서 측정하는 방법이다. 정량한계는 0.004mg/L이다.

① 납－디티존 착염은 약간 불안정하여 서서히 퇴색하므로 직사일광을 피하여 추출 후 신속히 흡광도를 측정한다. 액온도 15℃ 이하가 좋다.
② Fe, Al, Cr^{3+} 등 수산화물 침전을 생성하는 원소는 사이트르산 착염으로 하여 안정화하고, 기타 여러 금속은 안정한 시안 착염으로 하여 디티존과 반응하지 않게 한다.
③ Fe, Al 등이 대단히 적고 중화할 때 침전이 생성되지 않을 때는 사이트르산이암모늄 용액(10W/V%)을 생략해도 좋다.
④ Ni, Co를 다량 함유한 경우에는 KCN 용액의 첨가량을 늘린다.

(2) 시험 시 유의사항 : 시료에 다량의 비스무트(Bi)가 공존하면 시안화칼륨 용액으로 수회 씻어도 무색이 되지 않는다. 이때에는 다음과 같이 납과 비스무트를 분리하여 시험한다.

추출하여 10~20mL로 한 사염화탄소층에 프탈산수소칼륨 완충액(pH 3.4) 20mL씩을 넣어 2회 역추출하고 전체 수층을 합하여 분액깔때기에 옮긴다. 암모니아수(1＋1)를 넣어 약알칼리성으로 하고 시안화칼륨 용액(5W/V%) 5mL 및 물을 넣어 약 100mL로 한 다음 이하 시료의 시험방법에 따라 추출조작부터 다시 시험한다.

망간(Mn) : 과요오드산칼륨(KIO_4)법

(1) 측정원리 : 망간이온을 황산산성에서 과요오드산칼륨으로 산화하여 생성된 과망간산이온의 흡광도를 525nm에서 측정하는 방법이다. 정량한계는 0.2mg/L이다.

- 산화반응 : $2Mn^{2+} + 5IO_4^- + 3H_2O \rightarrow 2MnO_4^- + 5IO_3^- + 6H^+$

 >> 용해성 망간을 측정할 경우에는 시료채취 즉시 여과하여 여액을 전처리하여 시험한다.

(2) 시료의 전처리

① 질산－황산에 의한 분해
② 망간 함유량이 미량인 경우 : 원자흡수분광광도법과 거의 같음

(3) 참고 및 유의 사항

① 시료 중 이 시험방법에 영향이 큰 유기물질이나 기타 방해물질이 존재하지 않을 경우에는 전처리를 생략할 수도 있다.
② 철분은 인산의 첨가로 제거된다.
③ 과요오드산칼륨으로 산화 시 장시간 끓여주면 생성된 과망간산이 분해되므로 주의하여야 한다.
④ 발색 시의 H_2SO_4 농도는 2~5N의 범위이면 좋다. 또한, 생성된 MnO_4^-은 과요오드산이 남아 있으면 장시간 안정하다.
⑤ 본법은 산화 시의 가열온도나 시간의 영향을 적게 받고 정색이 안정하다.
⑥ 염소나 할로겐원소는 MnO_4^-의 생성을 방해하므로 황산(1＋1)을 가해 방해를 제거한다.
⑦ 발색 후 고온에서 방치하면 퇴색되므로 가열(정확히 30분)에 주의한다.

비소(As) : 다이에틸다이티오카바민산(DDTC)은법

(1) 측정원리 : 시료 중의 비소를 3가 비소로 환원시킨 다음 아연을 넣어 발생되는 비화수소를 다이에틸다이티오카바민산은(Ag-DDTC)의 피리딘 용액에 흡수시켜 생성된 적자색의 착화합물을 흡광도 530nm에서 측정하는 방법이다. 정량한계는 0.004mg/L이다.

(2) 시료의 전처리 : 시료 적당량(비소로서 2~30μg 함유)을 비커에 취하여 진한 질산 10mL와 황산 (1+1) 12mL를 넣고 후드 속에서 가열판에 가열하여 삼산화항(SO_3) 기체가 관찰될 때(약 20mL 부피가 될 때)까지 증발시킨다

>> 시료가 검게 타지 않아야 한다. 만일 검게 타면 즉시 가열을 중지하고 식힌 다음 진한 질산 3mL를 가한다.

시료를 식힌 후 정제수 약 25mL를 가하고 다시 질소산화물을 방출시키기 위해서 삼산화항(SO_3) 기체가 발생할 때까지 증발시킨다. 분해된 시료를 50mL 부피플라스크에 옮긴다. 진한 염산 20mL를 가하고 정제수로 표선까지 채운다.

> 유리섬유에 아세트산납[$Pb(CH_3COO)_2 \cdot 3H_2O$]을 적신 이유는 수소화비소 발생병에서 AsH_3와 함께 발생하는 황화수소(H_2S)를 제거하기 위함이다.
> $$H_2S + Pb(CH_3COO)_2 \rightarrow PbS + 2CH_3COOH$$

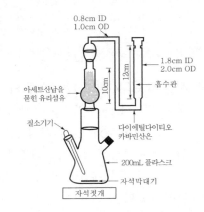

[그림 3-54] 수소화비소 발생 및 흡수 장치

(3) 시험방법 : 전처리한 시료가 들어 있는 수소화비소 발생병에 요오드화칼륨 용액(20W/V%) 15mL를 넣어 2~3분 방치한다. 이염화주석($SnCl_2$) 용액 5mL를 넣고 흔들어 섞은 다음 10분간 방치한다. 신속히 그림 3-54와 같이 수소화비소 발생장치에 다이에틸다이티오카바민산은 용액 (0.5W/V%) 5mL를 넣어 둔 흡수관을 연결하고 질소기체를 수소화비소 발생장치에 연결하고 60mL/min의 속도로 불어 넣으면서 아연분말 3g을 넣고 상온에서 30분 동안 수소가스를 발생시킨다. 이때 발생하는 수소화비소를 다이에틸다이티오카바민산은 용액에 흡수시킨다. 이 흡수 용액의 일부를 층장 10mm 흡수셀에 옮겨 시료용액으로 한다. 따로 시료와 같은 양의 물을 취하여 시료의 시험방법에 따라 시험하고 바탕시험액으로 한다. 바탕시험액을 대조액으로 하여 530nm에서 시료용액의 흡광도를 측정하고 미리 작성한 검량선으로부터 비소의 양을 구하고 농도(mg/L)를 산출한다.

(4) 참고 및 시험 시 유의사항

① 비화수소 발생은 상온에서 실시한다. 액온이 높으면 AsH_3 발생이 격렬하여 흡수가 미처 충분히 되지 않아 낮은 측정값을 나타낸다.

② 안티몬 또한 이 시험조건에서 스티빈(stibine, SbH_3)으로 환원되고 흡수용액과 반응하여 510nm에서 최대흡광도를 갖는 붉은색의 착화합물을 형성한다. 안티몬이 고농도일 경우에는 이 방법을 사용하지 않는 것이 좋다.

③ 높은 농도(>5mg/L)의 크롬, 코발트, 구리, 수은, 몰리브덴, 은 및 니켈은 비소정량을 방해한다.

④ 황화수소(H_2S)기체는 비소정량을 방해하므로 **아세트산납을** 사용하여 제거하여야 한다.

⑤ 수소화비소 흡수관에는 적자색의 콜로이드은이 생성된다.

니켈(Ni) : 다이메틸글리옥심법

(1) 측정원리 : 니켈이온을 암모니아의 약 알칼리성에서 다이메틸글리옥심과 반응시켜 생성한 니켈 착염을 클로로폼으로 추출하고 이것을 묽은 염산으로 역추출한다. 추출액에 브롬과 암모니아수를 넣어 니켈을 산화시키고 다시 암모니아알칼리성에서 다이메틸글리옥심과 반응시켜 생성한 적갈색 니켈 착염의 흡광도를 450nm에서 측정하는 방법이다. 정량한계는 0.008mg/L이다.

(2) 시험 방법 및 과정 : 생략

(3) 참고 및 시험 시 유의사항

① dimethyl glyoxime은 니켈 비색 정량시약으로 니켈과 반응하여 홍색침전을 형성한다.

>> 다이메틸글리옥심 구조식 : $CH_3-C=NOH$
  |
  $CH_3-C=NOH$

② 니켈-다이메틸글리옥심의 클로로폼에 의한 추출은 pH 8.5~9.5가 최상이다.

③ Fe(Ⅱ)이 포함된 경우는 질산을 소량 넣고 끓여서 산화, 방랭하여 시험한다.

철(Fe) : 페난트로린법

(1) 측정원리 : 철이온을 암모니아알칼리성으로 하여 수산화제2철로 침전분리하고 침전을 염산에 녹여서 염산하이드록실아민으로 제1철로 환원한 다음, O-페난트로린을 넣어 약산성에서 나타나는 등적색 철 착염의 흡광도를 510nm에서 측정하는 방법이다. 정량한계는 0.08mg/L이다.

용해성 철을 측정할 경우에는 시료채취 즉시 여과하고 여액을 전처리하여 시료로 한다.

(2) 시험 방법 및 과정 : 생략

(3) 참고 및 시험 시 유의사항

① 염산하이드록실아민은 제2철이온(Fe^{3+})을 제1철이온(Fe^{2-})으로 환원하기 위한 환원제이고, 환원 시 0.2~0.3N-염산산성이 적당하며, 강산성일 때는 염산하이드록실아민만 분해되고 환원이 되지 않는다.

② 시약의 첨가순서는 적정산도 조정 → 환원제 → O-phenanthroline 용액 → 완충 용액의 순이고 발색에 영향을 미친다.

③ 발색의 pH 범위는 2~9이고 **최적범위가 3~5이다.**

④ Al^{3+}, PO_4^{3-}은 침전을 생성하여 방해되므로 사이트르산염, 타타르산염을 가해 침전을 방지한다.

⑤ 최고발색에 도달하는 시간은 20~30분이 필요하다.

> **수은(Hg) : 디티존법**

(1) 측정원리 : 수은을 황산산성에서 디티존·사염화탄소로 1차 추출하고 **브롬화칼륨** 존재하에 황산산성에서 역추출하여 방해성분과 분리한 다음 인산－탄산염 완충액 존재하에서 디티존·사염화탄소로 수은을 추출하여 490nm에서 흡광도를 측정하는 방법이다. 정량한계는 0.003mg/L이다.

(2) 시료의 전처리 : 냉증기－원자흡수분광광도법의 경우와 같다.

4 양극벗김전압전류법에 의한 측정

(1) 측정대상 금속류 : 납(Pb), 아연(Zn), 비소(As), 수은(Hg)

(2) 측정원리 및 분석방법

금 속	측정원리	분석방법
납 (Pb)	자유이온화된 납을 유리탄소전극(GCE ; Glassy Carbon Electrode)에 수은막(mercuryfilm)을 입힌 전극에 의한 은/염화은 전극에 대해 －1,000mV 전위 차에서 작용전극에 농축시킨 다음 이를 분석하는 방법	시료를 5mL를 취하여 아세트산 완충용액 5mL를 넣고 섞는다. 은/염화은 전극에 대해 각각 －1,000mV, －1,300mV의 전위를 걸어주어 착화합물을 형성하지 않은 자유이온상태인 납, 아연을 석출, 농축한 후 양극벗김전압전류법으로 측정한다. 측정된 피크높이(전류값)를 검량곡선식에 대입하여 농도를 구한다.
아연 (Zn)	시료를 산성화시킨 후 자유이온화된 아연을 유리탄소전극(GCE)에 수은막을 입힌 전극에 의한 은/염화은 전극에 대해 －1,300mV 전위 차에서 작용전극에 농축시킨 다음 이를 분석하는 방법	
비소 (As)	시료를 산성화시킨 후 자유이온화된 비소를 금전극(SGE ; Solid Gold Electrode)의 전극에 의한 은/염화은 전극에 대해 －1,600mV 전위 차에서 작용전극에 농축시킨 다음 이를 분석하는 방법	시료 25mL를 취하여 진한 염산(12M) 5mL를 넣고 섞는다. 은/염화은 전극에 대해 －1,600mV 전위를 걸어주어 착화합물을 형성하지 않은 자유이온상태인 비소를 석출, 농축한 후 양극벗김전압전류법으로 측정한다. 측정된 피크높이(전류값)를 검량곡선식에 대입하여 농도를 구한다.
수은 (Hg)	시료를 산성화시킨 후 자유이온화된 수은을 유리탄소전극(GCE)에 금막(gold metal film)을 입힌 전극에 의한 은/염화은 전극에 대해 －200mV 전위 차에서 작용전극에 농축시킨 다음 이를 분석하는 방법	시료 30mL를 취하여 진한 염산 0.25mL를 넣고 섞는다. 은/염화은 전극에 대해 －200mV의 전위를 걸어주어 착화합물을 형성하지 않은 자유이온상태인 수은을 석출, 농축한 후 양극벗김전압전류법으로 측정한다. 측정된 피크높이(전류값)를 검량곡선식에 대입하여 농도를 구한다.

22 : 알킬수은, 유기인, PCBs, 휘발성 유기화합물, 석유계 총 탄화수소 등

1 기체크로마토그래피(gas chromatography)법

(1) 측정원리

[표 3-29] 기체크로마토그래피법에 의한 측정원리

측정항목	측정원리	정량한계	비 고
알킬 수은	알킬수은화합물을 벤젠으로 추출하여 L-시스테인용액에 선택적으로 역추출하고 다시 벤젠으로 추출하여 기체크로마토그래프로 측정하는 방법이다.	0.0005mg/L	-
유기인	이 방법은 물속에 존재하는 유기인계 농약성분 중 이피엔, 파라티온, 메틸디메톤, 다이아지논 및 펜토에이트의 측정에 적용된다. 채수한 시료를 헥산으로 추출하여 필요시 실리카겔 또는 플로리실칼럼을 통과시켜 정제한다. 이 액을 농축시켜 기체크로마토그래프에 주입하고 크로마토그램을 작성하여 유기인을 확인하고 정량하는 방법이다.	0.0005mg/L	용매 추출
PCBs	시료 중의 PCBs를 헥산으로 추출하여 필요시 알칼리 분해한 다음 다시 추출하고 실리카겔 또는 플로리실칼럼을 통과시켜 정제한다. 이 액을 농축시켜 기체크로마토그래프에 주입하고 크로마토그램을 작성하여 나타난 피크의 패턴에 따라 PCB를 확인하고 정량하는 방법이다. 채수한 시료를 헥산으로 추출하여 기체크로마토그래프를 이용하여 분석한다.	0.0005mg/L	용매 추출
휘발성 유기화합물	채수한 시료를 헥산으로 추출하여 기체크로마토그래프를 이용하여 분석한다. / 시료 중에 미량으로 존재하는 휘발성 유기화합물의 분석을 위해서는 적절한 방법으로 전처리하고, 기체크로마토그래프를 이용하여 기기분석을 실시한다. 개별성분에 따른 분석방법은 ① 퍼지·트랩-기체크로마토그래프-질량분석법 ② 퍼지·트랩-크로마토그래피법 ③ 헤드스페이스-기체크로마토그래프-질량분석법 ④ 헤드스페이스-기체크로마토그래피법 ⑤ 용매추출/기체크로마토그래프-질량분석법 ⑥ 용매추출/기체크로마토그래피법 등이 있다.	① 0.001mg/L ② ECD 검출기 0.001mg/L 　FID 검출기 0.002mg/L ③ 0.005mg/L ④ ECD 검출기 0.001mg/L 　FID 검출기 0.002mg/L ⑤ 0.002mg/L ⑥ 0.008mg/L	-
석유계 총 탄화수소 (TPH)	시료 중에 비등점이 높은(150~500℃) 유류에 속하는 제트유·등유·경유·벙커C유·윤활유·원유 등을 다이클로로메탄으로 추출하여 기체크로마토그래프에 따라 확인 및 정량하는 방법으로 크로마토그램에 나타난 봉우리(피크)의 패턴에 따라 유류의 성분을 확인하고 탄소수가 짝수인 노말알칸($C_8 \sim C_{40}$)표준물질과 시료의 크로마토그램 총면적을 비교하여 정량하는 방법이다.	0.2mg/L	용매 추출
다이에틸 헥실프탈 레이트	〈용매추출/기체크로마토그래피-질량분석법〉 시료를 중성에서 헥산으로 추출하여 농축한 후 기체크로마토그래프-질량분석기로 분석하는 방법이다.	0.0025mg/L	용매 추출

측정항목	측정원리	정량한계	비 고
1,4-다이옥산	〈용매추출/기체크로마토그래피-질량분석법〉 다이클로로메탄을 이용하여 1,4 다이옥산을 추출한 다음 실온상태에서 농축하여 기체크로마토그래프-질량분석기로 분석한다.	0.01mg/L	용매 추출
브로모폼, 염화비닐, 아크릴로 니트릴	〈헤드스페이스-기체크로마토그래피-질량분석법〉 물속에 존재하는 염화비닐, 아크릴로니트릴, 브로모폼을 동시에 측정하기 위한 것으로 헤드스페이스 바이알에 시료와 염화나트륨을 넣어 혼합하고 밀폐된 상태에서 약 60℃로 가열한 다음 상부기체 일정량을 기체크로마토그래프-질량분석기에 주입하여 분석한다.	0.005mg/L	―

2 시험 기기 및 기구

[표 3-30] 각 물질에 따라 시험 기기 및 기구

기기·기구＼항목		알킬수은	유기인	PCB	석유계 총 탄화수소(TPH)	다이에틸헥실 프탈레이트	1,4-다이옥산 (용매추출)
검출기		ECD (전자포획형 검출기)	FPD(불꽃광도 검출기) 또는 NPD(질소인 검출기)	ECD (전자포획형 검출기)	FID (불꽃이온화 검출기)	※선택이온검출법 (SIM) 또는 질량 크로마토그래피 (MC) 이용	※ 검출방법 : 선택 이온검출법(SIM) 사용
칼럼규격		• 안지름 : 3mm • 길이 : 40~150cm (모세관칼럼이나 이와 동등한 분리능을 가 진 양호한 것)	• 안지름 : 0.20~0.35mm • 길이 : 30~60m (DB-1, DB-5의 모세관칼럼) • 필름두께 : 0.1~0.5μm	• 안지름 : 0.20~0.35mm • 길이 : 30~100m (DB-1, DB-5 등의 모세관) • 필름두께 : 0.1~3.0μm	• 안지름 : 0.20~0.35mm • 길이 : 15~60m (DB-1, DB-5 및 DB -624 등의 모세관) • 필름두께 : 0.1~3.0μm	• 안지름 : 0.20~0.53mm • 길이 : 20~100m (DB-1, DB-5, DB-624 등의 모세관) • 필름두께 : 0.25~3.0μm	• 안지름 : 0.20~0.53mm • 길이 : 25~75m (5% 페닐-95% 다 이메틸폴리실록산 이 코팅된 모세관) • 필름두께 : 0.1~ 1.5μm
온도(℃)	시료 주입부 (주입구, 도입부)	140~240	200~300	250~300	280~320	280	200~250
	칼럼	130~180	50~300	50~320	40~320	50~325	최적조건으로 분리 되도록 승온조작
	검출기	140~200	270~300	270~320	280~320	310	※연결관 온도 : 200~300℃
운반기체	종류	질소(N₂) 또는 헬륨(He)	질소(N₂) 또는 헬륨(He)	질소(N₂)	질소(N₂) 또는 헬륨(He)	질소(N₂) 또는 헬륨(He)	헬륨(He)
	순도(%)	99.999 이상	99.999 이상	99.999 이상	99.999 이상	99.999 이상	99.999 이상
	유속 (유량) (mL/min)	30~80	0.5~3	0.5~3	0.5~5	0.5~5	0.5~2

기기·기구 \ 항목	알킬수은	유기인	PCB	석유계 총 탄화수소(TPH)	다이에틸헥실 프탈레이트	1,4-다이옥산 (용매추출)
기타	–	• 농축장치 : 구데르나다니시(K.D) 농축기 또는 회전 증발 농축기 • 정제용 칼럼 : 실리카겔, 프로리실	• 농축장치 : 구데르나다니시(K.D) 농축기 또는 회전 증발 농축기 • 정제용 칼럼 : 실리카겔, 프로리실	• 농축장치 : 구데르나다니시(K.D) 농축기 또는 회전 증발 농축기 • 정제용 칼럼 : 실리카겔	• 질량분석기 : 자기장형, 사중극자형, 이온트랩형 등의 성능 ※ 이온화방식은 전자충격법을 사용하며 이온화에너지는 35~70eV 사용 • 원심분리기 : 2,500rpm 이상 • 정제용 칼럼 : 프로리실	• 질량분석기 : ① 사중극자형 또는 이와 동등 이상의 성능 ② 이온화방식은 전자충격을 사용하고 이온화에너지는 70eV로 고정

3 시험조작 시 간섭물질 및 유의사항

(1) 알킬수은

① 황화물, 티오황산염, 티오시안산염, 시안화물이 시료 중에 함유되어 있을 때에는 약 2N 염산산성에서 염화제1구리(분말) 100mg을 넣어 흔들어 섞고 정치하여 침전을 여과하고, 침전을 물 소량씩으로 2~3회 씻어준 다음 여액 및 씻은 액을 합하여 시험방법에 따라 시험한다.

② 시료 중에 알킬수은화합물의 벤젠추출을 방해하는 성분이 함유되어 있는 경우에는 시료에 일정량의 염화메틸수은 또는 염화에틸수은표준액을 첨가하여 회수율을 구하고 정량값에 보정한다.

③ 크로마토그램에 나타난 염화메틸수은 또는 염화에틸수은의 피크의 위치 등에 의심이 있을 경우에는 다음과 같이 시험한다. 사용하고 남아 있는 5~10mL 공전시험관의 벤젠 1mL(시료추출액)를 다른 공전시험관에 넣고 L－시스테인－아세트산나트륨혼합액 1mL를 넣어 2분간 흔들어 섞은 후 정치하여 벤젠층을 분리하고 크로마토그래프용 무수황산나트륨을 넣어 탈수시킨 다음 전처리에서 투입한 양과 같은 양을 기체크로마토그래프에 주입한다. 이 결과 나타난 크로마토그램으로부터 시료의 시험방법에서 나타났던 피크가 없어지면 염화메틸수은 또는 염화에틸수은이 함유되어 있음을 나타낸다.

(2) 유기인(org－P)

① 폴리테트라플루오로에틸렌(PTFE : polytetrafluoroethylene) 재질이 아닌 튜브, 봉합제 및 유속 조절제의 사용을 피해야 한다.

② 높은 농도를 갖는 시료와 낮은 농도를 갖는 시료를 연속하여 분석할 때에 오염이 될 수 있으므로, 높은 농도의 시료를 분석한 후에는 바탕시료를 분석하는 것이 좋다.

③ 실리카겔칼럼정제는 산, 염화페놀, 폴리클로로페녹시페놀 등의 극성화합물을 제거하기 위하여 수행하며, 사용 전에 정제하고 활성화시켜야 하거나 시판용 실리카카트리지를 이용할 수 있다.

④ 플로리실칼럼정제는 시료에 유분의 관찰 또는 분석 후 시료 크로마토그램의 방해성분이 유분의 영향으로 판단될 경우에 수행하며, 시판용 플로리실카트리지를 이용할 수 있다.

⑤ 헥산으로 추출할 경우 메틸디메톤의 추출률이 낮아질 수도 있다. 이때에는 헥산 대신 **디클로로메탄과 헥산의 혼액(15 : 85)**을 사용한다.

⑥ **실리카겔칼럼 용출실험** : 유기인혼합표준용액을 칼럼에 조용히 넣고 콕을 열어 액면이 무수황산나트륨의 상단에 이르도록 조절한다. 크로마토그래프용 헥산 2mL로 칼럼의 내벽을 씻어준 다음 콕을 열어 액면을 조절하고 칼럼의 상부에 크로마토그래프용 헥산 300mL를 넣은 분별깔때기를 연결하여 칼럼과 분별깔때기의 콕을 열고 매초 한방울의 속도로 유출시킨다. 유출액을 10mL 단위로 시험관에 분취하여 각각의 순서에 따라 일정량을 기체크로마토그래프에 주입하고 크로마토그램을 작성하여 유기인의 유출시점과 종료점을 확인한다.

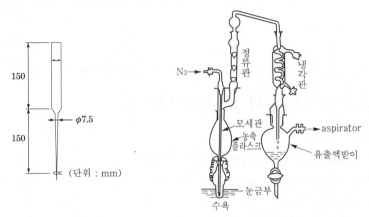

[그림 3-55] 규산칼럼   [그림 3-56] 구데르나다니시농축기

(3) PCBs(polychlorinated biphenyls)

① 시료의 전처리 : 추출(농축) → 알칼리 분해 → 정제

② 시험과정 : 확인시험 → 정량시험

③ 알칼리 분해를 하여도 헥산층에 유분이 존재할 경우에는 실리카겔칼럼으로 정제조작을 하기 전에 **플로리실칼럼을 통과시켜 유분을 분리**한다.

④ 간섭물질 및 제거

　㉠ 기구류는 사용하기 전에 **아세톤, 분석용매 순으로 각각 3회 세정**한 후 건조시킨 것을 사용하여 **오염을 최소화**할 수 있다.

　㉡ 고순도의 시약이나 용매를 사용하여 **방해물질을 최소화**하여야 한다.

　㉢ 전자포획검출기(ECD)를 사용하여 PCBs를 측정할 때 **프탈레이트가 방해**할 수 있는데 이는 플라스틱용기를 사용하지 않음으로써 최소화할 수 있다.

　㉣ 실리카겔칼럼정제는 산, 염화페놀, 폴리클로로페녹시페놀 등의 **극성화합물을 제거**하기 위하여 수행하며, 사용 전에 정제하고 활성화시켜야 하거나 시판용 실리카 카트리지를 이용할 수 있다.

⑤ 플로리실칼럼 정제는 시료의 유분 관찰 또는 분석 후 시료 크로마토그램의 방해성분이 유분의 영향으로 판단될 경우에 수행하며 **시판용 플로리실카트리지**를 이용할 수 있다.

⑥ **실리카겔칼럼 용출시험** : 유기인의 경우와 같다(유기인 → PCBs).

⑦ 각 단계의 농축은 구데르나다니시농축기를 사용한다.

⑧ 측정순서는 다음과 같다.

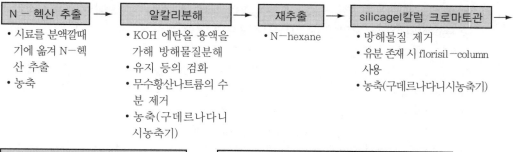

N - 헥산 추출	→	알칼리분해	→	재추출	→	silicagel칼럼 크로마토관	→
• 시료를 분액깔때기에 옮겨 N-헥산 추출 • 농축		• KOH 에탄올 용액을 가해 방해물질분해 • 유지 등의 검화 • 무수황산나트륨의 수분 제거 • 농축(구데르나다니시농축기)		• N-hexane		• 방해물질 제거 • 유분 존재 시 florisil-column 사용 • 농축(구데르나다니시농축기)	

기체크로마토그램 동정(확인시험)	→	정량(계수법에 의함)
• 시료용액과 혼합표준액 비교, 비슷한 peak이면 PCBs 확인		• PCBs 표준액과 같은 위치에 상당하는 전체 peak 높이 및 면적을 측정하여 미리 작성한 검량선으로부터 농도를 구함

(4) 휘발성 유기화합물

① 휘발성 유기화합물의 성분별 시험방법

[표 3-31] 휘발성 유기화합물의 성분별 시험방법

∘P・T : 퍼지・트랩 ∘HS : 헤드스페이스 ∘GC : 기체크로마토그래피 ∘MS : 질량분석

휘발성 유기화합물	P・T-GC -MS	P・T-GC	HS-GC-MS	HS-GC	용매추출/ GC-MS	용매추출/GC
1,1-다이클로로에틸렌	○	○	○			
다이클로로메탄	○	○	○			
클로로폼	○		○		○	
1,1,1-트리클로로에탄	○		○			
1,2-다이클로로에탄	○		○		○	
벤젠	○	○	○	○		
사염화탄소	○	○	○	○		
트리클로로에틸렌	○	○	○	○		○
톨루엔	○	○	○	○		
테트라클로로에틸렌	○	○	○	○		○
에틸벤젠	○	○	○	○		
자일렌	○	○	○	○		

② 휘발성 유기화합물분석에서 일반적인 주의사항

휘발성 유기화합물의 미량분석에서는 유리기구, 정제수 및 분석 기기의 **오염을 방지하는 것이 중요**하다. 정제수는 공기 중의 휘발성 유기화합물에 의하여 쉽게 오염되므로 바탕실험을 통해 오염 여부를 잘 평가해야 한다. 휘발성 유기화합물은 잔류농약분석과 같이 용매를 많이 사용하는 실험실에서 분석하는 경우 오염이 발생하므로 **분리된 다른 장소에서 하는 것이 원칙**이다. 또한, 사용하는 용매의 증기를 배출시킬 수 있는 **환기시설(후드)** 등이 갖추어져 있어야 한다.

(5) 석유계 총 탄화수소(TPH)

① 산업폐수 등 매우 혼탁한 시료나 오염이 많이 된 하천, 호소수를 분석할 경우 주사기 및 주입구 등 분석장비로부터 오염될 수 있으므로 순수한 용매로써 점검해야 한다.

② 시료와 접촉하는 기구의 재질은 폴리테트라플루오로에틸렌(PTFE ; polytetrafluoroethylene), 스테인리스강 또는 유리여야 한다. 폴리염화비닐(PVC)이나 폴리에틸렌 재질과 접촉해서는 안 된다.

③ 실리카겔칼럼정제는 폐수 등 방해성분이 다량으로 포함된 시료에서 이들을 제거하기 위하여 수행하며, 시판용 실리카 카트리지를 사용할 수 있다.

④ 시료의 운반, 보관 및 분석 중 공기 속에 기화된 용매로 오염이 될 수 있으므로 바탕시료를 사용하여 점검하여야 한다.

(6) 다이에틸헥실프탈레이트

① 프탈레이트는 플라스틱, 특히 폴리염화비닐(PVC)을 부드럽게 하기 위해 사용하는 화학성분으로 각종 플라스틱제품, 목재가공 및 향수의 용매, 가정용 바닥재 등에 이르기까지 광범위한 용도로 사용되므로 실험실에서 사용하는 플라스틱 기구 및 기기, 실험실 공기 속에 기화된 성분이 오염원이 될 수 있다. 따라서 바탕시료를 사용하여 이를 점검하여야 한다.

② 폴리테트라플루오로에틸렌(PTFE ; polytetrafluoroethylene) 재질이 아닌 플라스틱의 사용을 피해야 한다.

③ 시료병을 포함한 모든 유리기구는 세정제, 수돗물, 정제수 그리고 아세톤과 메탄올의 비율 1 : 1로 차례로 닦아준 후 마지막으로 고순도메탄올로 마무리를 하여, 300℃에서 1~2일 동안 가열한 후 오븐을 끈 상태에서 식혀 보관하고, 시료를 측정할 때는 다시 헥산으로 세척하여 사용한다.

④ 고순도(HPLC용)의 시약이나 용매를 사용하면 방해물질을 최소화할 수 있다.

⑤ 시료나 시약을 보관, 운반, 주입할 때 격막(septum)이나 기체크로마토그래피의 라이너로 인한 오염영향이 없는지 확인이 필요하다.

⑥ 시료에서 추출되어 나오는 방해물질이 있을 수 있는데 이는 시료마다 다르다. 만약 방해가 심하면 추가적으로 플로리실칼럼과 같은 고체상 정제과정이 필요하다.

⑦ 분석방법 : 검정곡선법, 내부표준법

---

23 총 유기탄소(TOC), 클로로필－a(chlorophyll－a), 식물성플랑크톤(조류), 물벼룩을 이용한 급성독성시험법

1 총 유기탄소(TOC ; Total Organic Carbon)

(1) 고온연소산화법

① 측정원리 : 시료 적당량을 산화성 촉매로 충전된 고온의 연소기에 넣은 후에 연소를 통해서 수중의 유기탄소를 이산화탄소(CO_2)로 산화시켜 정량하는 방법이다. 정량방법은 무기성 탄소를 사전에 제거하여 측정하거나, 무기성 탄소를 측정한 후 총 탄소에서 감하여 총 유기탄소의 양을 구한다. 정량한계는 0.3mg/L로 한다.

② 용어

[표 3-32] 유기탄소 관련 용어

No.	용 어	설 명
1	총 유기탄소(TOC)	수중에서 유기적으로 결합된 탄소의 합
2	총 탄소(TC)	수중에 존재하는 유기적 또는 무기적으로 결합된 탄소의 합
3	무기성 탄소(IC)	수중에 탄산염, 중탄산염, 용존이산화탄소(CO_2) 등 무기적으로 결합된 탄소의 합
4	용존성 유기탄소(DOC)	총 유기탄소 중 공극 $0.45\mu m$의 여과지를 통과하는 유기탄소
5	비정화성 유기탄소(NPOC)	총 탄소 중 pH 2 이하에서 포기에 의해 정화(purging)되지 않는 탄소

③ 산화 및 검출 방법

　㉠ 산화부 : 시료를 산화코발트, 백금, 크롬산바륨과 같은 산화성 촉매로 충전된 550℃ 이상의 고온반응기에서 연소시켜 시료 중의 탄소를 이산화탄소로 전환하여 검출부로 운반한다.

　㉡ 검출부 : 검출부는 비분산적외선분광분석법(NDIR ; Non-Dispersive Infrared), 전기량적정법(Coulometric Titration Method) 또는 이와 동등한 검출방법으로 측정한다.

④ 정량방법

　㉠ 분석절차 : 시료를 검정곡선범위 내에 들도록 원시료를 적절히 희석한 후 분석한다. 부유물질을 함유한 시료의 경우 초음파장치 등 균질화장치를 이용하여 시료를 균질화시킨 후 입경 $100\mu m$ 이하로 하여 분석하며, 자동시료주입기를 사용하는 경우 분석하는 동안 부유물질이 측정 중에 침전되지 않도록 연속적으로 교반을 해야 한다.

　㉡ 비정화성 유기탄소(NPOC)법 : 시료 중 일부를 분취한 후 산(acid)용액을 적당량 주입하여 pH 2 이하로 조절한 후 일정시간 정화(purging)하여 무기성 탄소를 제거한 다음 미리 작성한 검정곡선을 이용하여 총 유기탄소의 양을 구한다.

　　≫ 총 탄소 중 무기성 탄소의 비율이 50%를 초과하는 시료는 비정화성 유기탄소정량방법으로 정량한다.

　㉢ 가감(TC-IC)법 : 시료 일부를 분취한 후 시료의 총 탄소(TC)를 미리 작성한 검정곡선으로부터 구하고 시료 일부를 따로 분취 후 시료에 산(acid)용액 적당량을 주입하여 pH 2 이하로 한 후, 정화과정에서 발생한 무기성 탄소를(IC)를 미리 작성한 검량곡선을 이용하여 구하고, 이를 총 탄소에서 감하여 총 유기탄소(TOC)를 구한다. 경우에 따라서 총 탄소와 무기성 탄소를 동시에 분석할 수 있다.

　　≫ 높은 농도(수mg/L 이상)의 휘발성 유기물질(VOC)이 존재하는 시료는 가감정량방법으로 정량한다.

⑤ 결과

　㉠ 비정화성 유기탄소(NPOC)법으로 정량한 경우

　　총 유기탄소(TOC)＝비정화성 유기탄소(NPOC)

　㉡ 가감(TC-IC)법으로 정량한 경우

　　총 유기탄소(TOC)＝총 탄소(TC)－무기성 탄소(IC)

(2) 과황산 UV 및 과황산 열 산화법

① 측정원리 : 시료에 과황산염을 넣어 자외선이나 가열로 수중의 유기탄소를 이산화탄소로 산화하여 정량하는 방법이다. 정량방법은 무기성 탄소를 사전에 제거하여 측정하거나, 무기성 탄소를 측정한 후 총 탄소에서 감하여 총 유기탄소의 양을 구한다. 정량한계는 0.3mg/L이다.

② 산화 및 검출 방법

　　㉠ 산화부 : 시료에 과황산염을 넣은 상태에서 자외선이나 가열로 시료 중의 유기탄소를 이산화탄소로 산화시켜 검출부로 운반한다.

　　㉡ 검출부 : 검출부는 비분산적외선분광분석법(NDIR ; Non－Dispersive Infrared), 전기량적정법(coulometric titration method) 및 전도도법(conductometry) 또는 이와 동등한 검출방법으로 측정한다.

2 클로로필－a(chlorophyll－a), 식물성플랑크톤(조류, algae)

(1) 클로로필－a(chl－a)

① 측정방법 : 흡광광도법

② 측정원리 : 아세톤 용액을 이용하여 시료를 여과한 여과지로부터 클로로필색소를 추출하여 추출액의 흡광도를 663nm, 645nm, 630nm, 750nm에서 측정하여 클로로필－a의 양을 계산하는 방법이다.

③ 기구 및 기기

　　㉠ 여과기

　　㉡ 조직마쇄기(tissue grinder)

　　㉢ 원심분리기

　　㉣ 마개 있는 원심분리관(15mL, 눈금부)

　　㉤ 광전광도계 또는 광전분광광도계

④ 시험방법 : 시료 적당량(100~2,000mL)을 유리섬유여과지(GF/F 47mmD)로 여과한 다음 여과지와 아세톤(9+1) 적당량(5~10mL)을 조직마쇄기에 함께 넣고 마쇄한다. 마쇄한 시료를 마개 있는 원심분리관에 넣고 밀봉하여 4℃ 어두운 곳에서 하룻밤 방치한 다음 500g의 원심력으로 20분간 원심분리하거나 혹은 용매－저항(solvent－resistance)주사기를 이용하여 여과한다. 원심분리한 상층액을 시료로 하고, 이 시료 적당량을 취하여 층장 10mm 흡수셀에 옮겨 시료로 한다. 따로 바탕시험액으로 아세톤(9+1) 용액을 취하여 대조액으로 하여 663nm, 645nm, 750nm, 630nm에서 시료용액의 흡광도를 측정한다.

⑤ 참고 및 유의 사항

　　㉠ chlorophyll－a : 모든 조류에 존재하는 녹색색소로서 유기물건조량의 약 1~2%를 차지하고 있으며, 조류의 생물량을 평가하는 유력한 지표이다. 또한 클로로필 b, c 등 기타 클로로필양은 조류의 분류학적 조성의 지표이다.

　　㉡ 여과지 또는 실험실에서 기인하는 오염물질들이 630~665nm 파장의 빛을 흡수하여 측정을 방해할 수 있다. 750nm에서의 흡광도 측정은 시료 안의 탁도를 평가하기 위해 시행되며, 663nm,

645nm 및 630nm에서의 시료 흡광도 값에서 750nm에서의 흡광도 값을 뺀 후 실제 클로로필의 양을 측정한다. 측정 전에 시료를 원심분리 또는 여과하여 불순물을 제거한다.

ⓒ 색소에 대한 정확도와 횟수는 여과된 시료의 충분한 불림과 추출용매 내에서 불린 시간에 관계한다.

ⓔ 클로로필 a, b, c의 상대적인 양은 식물성플랑크톤의 분류군에 따라 차이가 있다. 클로로필과 페오포티바이드−a(pheophotibide−a,)·페오파이틴−a(pheophytin−a)의 스펙트럼 겹침 때문에 이 모든 색소를 가지는 용액의 측정값은 증가 또는 감소한다.

ⓜ 모든 광합성 색소들은 빛과 온도에 민감하므로 추출이나 여과조작 시 직사일광을 피해야 한다.

ⓗ 시료여과 시 여과압이 20kPa을 초과하거나 오랜 시간 (10분 이상) 동안 여과를 하면 세포를 손상시켜 클로로필의 손실을 일으킬 수 있다.

(2) 식물성플랑크톤−현미경계수법

① 개요

ㄱ 정의 : 식물성플랑크톤은 운동력이 없거나 극히 적어 수체의 유동에 따라 수체 내에 부유하면서 생활하는 단일개체, 집락성, 선상형태의 광합성 생물을 총칭한다.

ㄴ 분석 : 수중 부유생물인 식물성플랑크톤 분석은 플랑크톤의 종류를 파악하는 정성분석과 개체수를 조사하는 정량분석으로 한다.

ㄷ 시료의 조제 : 시료의 개체수는 계수면적당 10~40 정도가 되도록 희석 또는 농축한다. 시료가 육안상 녹색이나 갈색으로 보일 경우 증류수로 적절한 농도로 희석하고, 개체수가 적을 경우는 농축한다.

》》 계수면적 : 현미경시야에서 계수하기 위하여 계수챔버 내부 혹은 접안마이크로미터에 의하여 설정된 스트립 혹은 격자의 크기로 한다.

ㄹ 농축방법
- 원심분리방법
- 자연침전법

② 기구 및 기기

ㄱ 광학현미경 혹은 위상차현미경(×1,000배율)

ㄴ 세즈윅−라프터(Sedgwick−Rafter)챔버(폭 20mm, 길이 50mm, 깊이 1mm, 부피 1mL)

ㄷ 팔머−말로니(Phalmer−Maloney)챔버(직경 17mm, 깊이 0.4mm, 부피 0.1mL)

ㄹ 혈구계수기 : 각 격자구역 내의 침전된 조류를 제거한 후 mL당 총 세포수 환산

ㅁ 커버글라스(길이 55mm, 폭 24mm 또는 길이 21mm, 폭 21mm)

ㅂ 대물마이크로미터(stage micrometer) : 접안마이크로미터 한 눈금의 길이를 계산하는데 사용

ㅅ 접안마이크로미터(ocular micrometer) : 현미경으로 물체의 길이를 측정하는데 사용

③ 시험방법

ㄱ 정성시험 : 정성시험의 목적은 식물성플랑크톤의 종류를 조사하는 것으로, 검경배율 100~1,000배 시야에서 세포의 형태와 내부구조 등의 미세한 사항을 관찰하면서 종분류표에 따라 식물성플랑크톤 종을 확인하여 계수일지에 기재한다.

ⓛ 정량시험 : 식물성플랑크톤의 계수는 정확성과 편리성을 위하여 일정 용적을 갖는 계수용 챔버를 사용한다. 식물성플랑크톤의 동정에는 고배율이 많이 이용되지만 계수에는 저~중 배율이 많이 이용된다. 계수 시 식물성플랑크톤의 종류에 따라 요구되는 배율이 달라지므로 다음 방법 중 하나를 이용한다.

• 저배율방법(200배율 이하)

- 스트립이용계수
- 격자이용계수 } 세즈윅-라프터챔버 사용

- 개체수계산식(스트립 이용계수)

$$개체수/mL = \frac{C}{L \cdot W \cdot D \cdot N} \times 1,000 \ (스트립이용계수)$$

여기서, C : 계수된 개체수의 합
L : 검경구획의 길이(mm)
W : 검경구획의 폭(mm)
D : 검경구획의 깊이(세즈윅-라프터챔버 깊이, 1mm)
N : 검경한 시야의 횟수

- 주의사항
ⓐ 세즈윅-라프터챔버는 조작이 편리하고 재현성이 높은 반면 중배율 이상에서는 관찰이 어렵기 때문에 미소플랑크톤(nano plankton)의 검경에는 적절하지 않다.
ⓑ 시료를 챔버에 채울 때 피펫은 입구가 넓은 것을 사용하는 것이 좋다.
ⓒ 정체시간이 짧을 경우 충분히 침전되지 않은 개체가 계수 시 제외되어 오차유발요인이 된다.
ⓓ 검경시야크기의 설정은 세즈윅-라프터챔버 내부를 구획하거나, 격자 혹은 스트립상의 접안 마이크로미터를 사용한다. 이때 접안 마이크로미터의 크기는 현미경상의 계수배율에 따라 변동되기 때문에 대물 마이크로미터를 이용하여 각 계수배율에서의 스트립 혹은 격자의 크기를 측정하여야 한다.
ⓔ 계수 시 스트립을 이용할 경우 양쪽 경계면에 걸린 개체는 경계면 중 하나의 경계면에 걸린 개체는 계수하고 다른 경계면에 걸린 개체는 계수하지 않는다.
ⓕ 계수 시 격자의 경우 격자경계면에 걸린 개체는 격자의 4면 중 2면에 걸린 개체는 계수하고 나머지 2면에 들어온 개체는 계수하지 않는다.
ⓖ 시료가 희석되거나 농축되었을 경우 개체수계산 시 보정계수를 산출하여 적용한다.

• 중배율방법(200~500배율 이하)
- 팔머-말로니챔버이용계수
- 혈구계수기이용계수
- 개체수계산식

$$개체수/mL = \frac{C}{A \cdot D \cdot N} \times 1,000$$

여기서, C : 계수된 개체수의 합
A : 격자 또는 혈구계수기 면적(mm^2)
D : 검경한 격자의 깊이(팔머-말로니챔버 깊이 0.4mm) 또는 혈구계수기 깊이(mm)
N : 검경한 시야의 횟수

　　　－ 주의사항
　　　　　ⓐ 팔머－말로니 챔버는 마이크로시스티스 같은 미소 플랑크톤(nanno plankton)의 계수에 적절하다.
　　　　　ⓑ 집락을 형성하는 조류들은 필요에 따라 단일세포로 분리한 후 고르게 현탁하여 검체로 한다.
　　　　　ⓒ 시료를 챔버에 채울 때 피펫은 입구가 넓은 것을 사용하는 것이 좋다.
　　　　　ⓓ 검경시야의 설정은 팔머－말로니 챔버 내부를 구획하거나 격자상의 접안 마이크로미터를 사용한다. 이때 접안 마이크로미터의 크기는 현미경상의 계수배율에 따라 변동되기 때문에 마이크로미터를 이용하여 각 계수배율하에서의 스트립 혹은 격자의 크기를 측정하여야 한다.
　　　　　ⓔ 혈구계수기의 경우는 가장 큰 격자크기 1mm×1mm인 것을 이용한다.
　　　　　ⓕ 정체시간이 짧은 경우 충분히 침전되지 않은 개체가 계수 시 제외되어 오차유발요인이 된다.
　　　　　ⓖ 계수 시 격자의 경우 격자 경계면에 걸린 개체는 격자의 4면 중 2면에 걸린 개체는 계수하고 나머지 2면에 들어온 개체는 계수하지 않는다.
　　　　　ⓗ 시료가 희석되거나 농축되었을 경우는 개체수계산 시 보정계수를 산출하여 적용한다.

3 물벼룩을 이용한 급성독성시험

(1) 개요

① 목적 및 측정원리 : 이 시험방법은 수서무척추동물인 물벼룩을 이용하여 시료의 급성독성 평가를 목적으로 한다.

② 용어
　㉠ 치사(death) : 일정 희석비율로 준비된 시료에 물벼룩을 투입하고 24시간 경과 후 시험용기를 손으로 살짝 두드려 주고, 15초 후 관찰했을 때 독성물질에 영향을 받아 움직임이 명백하게 없는 상태를 "치사"라 판정한다.
　㉡ 유영저해(immobilization) : 일정 희석비율로 준비된 시료에 물벼룩을 투입하여 24시간 경과 후 시험용기를 손으로 살짝 두드려 주고, 15초 후 관찰했을 때 독성물질에 영향을 받아 움직임이 없을 경우를 "유영저해"로 판정한다. 이때 안테나나 다리 등 부속지를 움직인다 하더라도 유영을 하지 못한다면 이 역시 "유영저해"로 판정한다.
　㉢ 반수영향농도(EC_{50} : median effective concentration) : 투입시험생물의 50%가 치사 혹은 유영저해를 나타낸 농도이다.
　㉣ 생태독성값(TU : Toxic Unit) : 통계적 방법을 이용하여 반수영향농도 EC_{50}을 구한 후 100에서 EC_{50}을 나눠 준 값을 말한다. 이때 EC_{50}의 단위는 %이다.
　㉤ 표준독성물질(standard reference toxicity substance) : 독성시험이 정상적인 조건에서 수행되었는지를 주기적으로 확인하기 위하여 다이크롬산칼륨($K_2Cr_2O_7$, potassium dichromate, 분자량 : 294.18)을 이용한다.

ⓗ 지수식 시험방법(static non−renewal test) : 시험기간 중 **시험용액을 교환하지 않는 시험을** 말한다.

(2) 시험 장치 및 기구

① 항온장치(배양기, 항온수조) : 장치설치 시 주변 공기가 깨끗하지 않다면 여과장치를 갖추어야 하고, 배양실 및 실험실의 온도와 조도는 각각 20±2℃와 500~1,000Lux로 유지되어야 한다.
② 시험용기 및 배양용기 : 시험용기 및 배양용기는 배양기간 동안 물벼룩유영에 영향이 없음이 입증된 재질의 용기(유리, PE재질 등)를 사용한다.

(3) 시약

① 배양액 및 희석수
　ⓐ 시험생물을 배양하기 위해 제조된 용액을 "배양액"이라 하며, 독성시험을 할 때 원수를 50%, 25%, 12.5%, 6.25%로 희석하기 위한 용액을 "희석수"라 한다.
　ⓑ 독성시험에 사용하는 희석수는 배양액과 동일한 것을 사용하고 다음 표와 같은 조성으로 제조한다.

[표 3-33] 배양액의 구성

시 약	첨가량
염화칼륨(KCl)	8mg/L
황산마그네슘(MgSO₄)	120mg/L
황산칼륨 · 이수화물(CaSO₄ · 2H₂O)	120mg/L
탄산수소나트륨(NaHCO₃)	192mg/L

　ⓒ 배양액 또는 희석수의 pH는 7.6~8.0, 경도는 160~180mgCaCO₃/L, 알칼리도는 110~120mg CaCO₃/L, 용존산소는 3.0mg/L 이상 유지되도록 하며, 사용하기 전 24시간 정도 폭기시킨다.

② 시험생물
　ⓐ 물벼룩인 *Daphnia magna Straus*를 사용하도록 하며, **출처가 명확하고 건강한 개체를 사용한다.**
　ⓑ 시험을 실시할 때는 계대배양(여러 세대를 거쳐 사육)한 **생후 2주 이상의 물벼룩 암컷 성체를** 시험 전날에 새롭게 준비한 용기에 옮기고 그 다음날까지 생산한 **생후 24시간 미만의 어린** 개체를 사용한다. 물벼룩은 배양상태가 좋을 때 7~10일 사이에 첫 새끼를 부화하게 되는데 이때 부화된 새끼는 시험에 사용하지 않고 같은 어미가 약 네 번째 부화한 새끼부터 시험에 사용하여야 한다. 군집배양의 경우, 부화횟수를 정확히 아는 것이 어렵기 때문에 생후 약 2주 이상의 어미에서 생산된 새끼를 시험에 사용하면 된다.
　ⓒ 외부기관에서 새로 분양받았다면 ⓑ의 방법과 동일한 방법으로 계대배양하여, 2번 이상의 세대교체 후 물벼룩을 시험에 사용해야 한다.
　ⓓ 시험하기 2시간 전에 먹이를 충분히 공급하여 시험 중 먹이가 주는 영향을 최소화하도록 한다.
　ⓔ 먹이는 배양한 *Chlorella sp.*, *Pseudochirknella subcapitata* 등과 같은 단세포 녹조류를 사용하고 보조먹이로 YCT(Yeast, Chlorophyll, Trout chow)를 첨가하여 사용할 수 있다.

(4) 측정방법

① 측정원리 : 시료를 여러 비율로 희석한 시험수에 **물벼룩**을 투입하고 24시간 후 유영상태를 관찰하여 시료농도와 치사 혹은 유영저해를 보이는 물벼룩 마리수와 상관관계를 통해 생태독성값(TU)을 산출한다.

$$TU = \frac{100}{EC_{50}}$$

② 표준독성물질시험

㉠ 표준독성물질시험은 배양액에 24시간−EC_{50}값이 0.9~2.1mg/L 범위가 되도록 다이크롬산칼륨을 첨가한 표준독성물질용액을 이용하여 ③ 시험절차와 동일하게 시험한다.

➤➤ 24시간−EC_{50}값이 0.9~2.1mg/L 범위 밖으로 나왔다면 재시험하고, 재시험결과에서도 24시간−EC_{50}값이 0.9~2.1mg/L 범위 밖으로 나왔다면 시험을 중지하고, 물벼룩을 전량 폐기 후 새로운 개체를 재분양받아야 한다.

㉡ 표준독성물질시험은 월 1회 이상 수행하여야 하며, 이를 내부정도관리차트(control chart)로서 작성하여야 한다.

③ 시험절차 : 생략

발광박테리아를 이용한 급성 독성 실험

(1) 측정원리 : 해양기원의 발광박테리아인 Aliivibrio fischeri(vibrio fischeri)를 이용하여 시료의 급성독성을 평가하는 방법으로 여러 비율로 희석한 시험수에 발광박테리아를 투입하고 30분 후에 변화하는 발광도를 측정하여 생태독성값(TU_B)을 산출하는 방법이다. 본 시험기준은 산업폐수, 하수, 하천수, 호소수, 지하수, 해수 등에 적용할 수 있다.

(2) 용어

① 반수영향농도(EC_{50}) : 투입 시험생물의 발광도가 바탕용액 대비 50%의 저해을 나타내는 농도

② 생태독성값(TU_B) : 발광박테리아에 의한 생태독성값(TU_B)은 100을 EC_{50}으로 나눈 값(TU_B=100/EC_{50})

---

24 · 총 대장균군, 분원성 대장균군, 대장균

1 개요

(1) 정의

총 대장균군	분원성 대장균군	대장균
그람음성·무아포성의 간균으로서 젖당(lactose)을 분해하여 가스 또는 산을 발생하는 모든 호기성 또는 통성 혐기성균	온혈동물의 배설물에서 발견되는 그람음성·무아포성의 간균으로서 44.5℃에서 젖당(lactose)을 분해하여 가스 또는 산을 발생하는 모든 호기성 또는 통성 혐기성균	그람음성·무아포성의 간균으로 총 글루쿠론산 분해효소(β−glucuronidase)의 활성을 가진 모든 호기성 또는 통성 혐기성균

(2) 시험방법

총 대장균군	분원성 대장균군	대장균
• 시험관법 • 막여과법 • 평판집락법	• 시험관법 • 막여과법	• 효소이용정량법

2 시험관법

(1) 측정원리

총 대장균군	분원성 대장균군
물속에 존재하는 총 대장균군을 측정하는 방법으로 다람시험관을 이용하는 추정시험과 백금이를 이용하는 확정시험방법으로 나뉘며 추정시험이 양성일 경우 확정시험을 시행한다.	물속에 존재하는 분원성 대장균군을 측정하기 위하여 다람시험관을 이용하는 추정시험과 백금이를 이용하는 확정시험으로 나뉘며 추정시험이 양성일 경우 확정시험을 시행하는 방법이다.

(2) 시험절차 및 방법

구 분		총 대장균군	분원성 대장균군
분석절차 및 방법	추정시험	• 시료를 10, 1, 0.1, 0.01, 0.001……mL씩 되게 10배 희석법에 따라 희석하여 사용하며, 시료의 오염정도에 따라 희석배수를 다르게 할 수 있다. 각 희석단계마다 5개의 시험관을 사용하며, 시료의 희석은 시료의 최대량을 이식한 5개의 시험관에서 전부 또는 대다수가 양성이고, 최소량을 이식한 5개의 시험관에서 전부 또는 대다수가 음성이 되도록 희석하여야 한다. • 희석된 시료를 다람시험관이 들어있는 추정시험용 배지(젖당배지 또는 라우릴트립토스배지)에 접종하여 (35±0.5)℃에서 (48±3)시간까지 배양한다. 이때, 가스가 발생하지 않는 시료는 총 대장균군 음성으로 판정하고, 가스발생이 있을 때에는 추정시험 양성으로 판정하며, 추정시험 양성시험관은 확정시험을 수행한다.	총 대장균군의 방법에 따라 시험하고 추정시험의 양성시험관은 확정시험을 수행한다.
	확정시험	백금이를 사용하여 추정시험 양성시험관으로부터 확정시험용 배지(BGLB 배지)가 든 시험관에 무균적으로 이식하여 (35±0.5)℃에서, (48±3)시간 동안 배양한다. 이때, 가스가 발생한 시료는 총 대장균군 양성으로 판정하고, 가스가 발생하지 않는 시료는 총 대장균군 음성으로 판정하며, 확정시험까지의 양성시험관 수를 최적확수표에서 찾아 총 대장균군 수를 결정한다. 최적확수표는 시료량이 10mL, 1mL, 0.1mL의 희석단계에 대한 최적확수가 최적확수/100mL로 표시되어 있어, 그 이상 희석을 한 시료는 희석배수를 곱하여야 한다.	백금이를 사용하여 추정시험 양성시험관으로부터 확정시험용 배지(EC 배지)가 든 시험관에 무균적으로 이식하여 (44.5±0.2)℃에서, (24±2)시간 동안 배양한다. 이때, 가스가 발생한 시료는 분원성 대장균군 양성으로 판정하고, 가스가 발생하지 않는 시료는 분원성 대장균군 음성으로 판정하며, 확정시험까지의 양성시험관 수를 최적확수표에서 찾아 분원성 대장균군 수를 결정한다. 최적확수표는 시료량이 10mL, 1mL, 0.1mL의 희석단계에 대한 최적확수가 최적확수/100mL로 표시되어 있어, 그 이상 희석을 한 시료는 희석배수를 곱하여야 한다.

구 분		총 대장균군	분원성 대장균군
분석절차 및 방법	결과보고	총 대장균군 시험관법 시험결과는 확률적인 수치인 최적확수로 나타내지만, 결과는 '총 대장균군 수 /100mL' 표기하며, 반올림하여 유효숫자 2자리 정수로 표기한다. 결과값의 유효숫자가 2자리 미만이 될 경우에는 1자리 정수로 표기한다. 다만, 결과값이 소수점을 포함하는 경우에는 반올림하여 정수로 표기한다. 또한 양성시험관수가 0−0−0일 경우에는 '<2'로 표기하거나 '불검출'로 표기할 수 있다.	총 대장균군방법과 내용이 같다.
시험용 배지	추정시험용	정제수 1L에 배지를 가열하여 녹인 후, pH를 (6.9±0.2) 확인한 다음 다람시험관이 들어있는 시험관에 10mL씩 나누어 넣고 121℃에서 15분간 고압증기멸균한다. (주 1) 시료를 10mL로 하는 경우는 배지의 농도를 2배로 하여 사용하여야 한다. (주 2) 멸균 후 다람시험관에 기포가 있을 경우 배지를 사용할 수 없다.	
시험용 배지	확정시험용	정제수 1L에 배지를 조성대로 넣고 가열하여 녹인 후, pH (7.2±0.2)가 되도록 조정한 다음 다람시험관이 들어있는 시험관에 10mL씩 나누어 넣고 121℃에서 15분간 고압증기멸균한다. (주 3) 멸균 후 다람시험관에 기포가 있을 경우 배지를 사용할 수 없다.	정제수 1L에 배지를 조성대로 넣고 가열하여 녹인 후, pH를 (6.9±0.2)로 맞춘 다음 다람시험관이 들어있는 시험관에 10mL씩 나누어 넣고 121℃에서 15분간 고압증기멸균한다. (주 3) 멸균 후 다람시험관에 기포가 있을 경우 배지를 사용할 수 없다.
시험용 배지	희석액	• 인산염완충희석액 • 펩톤희석액	• 인산염완충희석액 • 펩톤희석액

(3) 분석 기기 및 기구

① 다람시험관 : 안지름 6mm, 높이 30mm 정도의 시험관으로 고압증기멸균을 할 수 있어야 하며 가스포집을 위해 거꾸로 집어넣는다.

② 배양기 : 배양온도를 (35±0.5)℃로 유지할 수 있는 것을 사용한다.

≫ 분원성 대장균군의 경우 44.5±0.2℃

③ 백금이 : 고리의 안지름이 약 3mm인 백금이를 사용한다.

④ 시험관 : 안지름 16mm, 높이 150mm 정도의 시험관으로 마개가 있고, 고압증기멸균을 할 수 있어야 한다.

⑤ 피펫 : 부피 1~25mL의 눈금피펫이나 자동피펫(플라스틱 피펫 팁 포함)으로서 멸균된 것을 사용한다.

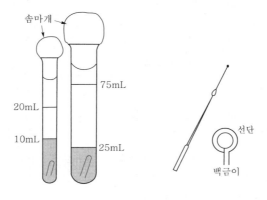

[그림 3-57] Durham 발효관

3 막여과시험방법

(1) 측정원리

총 대장균군	분원성 대장균군
• 원리 : 물속에 존재하는 총 대장균군을 측정하기 위하여 페트리접시에 배지를 올려놓은 다음 배양 후 금속성 광택을 띠는 적색이나 진한 적색 계통의 집락을 계수하는 방법이다.	• 원리 : 물속에 존재하는 분원성 대장균군을 측정하기 위하여 페트리접시에 배지를 올려놓은 다음 배양 후 여러 가지 색조를 띠는 청색의 집락을 계수하는 방법이다.
• 대조군시험 : 이 시험기준을 처음 실시할 경우나 배지, 시약 등이 바뀔 때마다 양성대조군과 음성대조군 시험을 동시에 실시하여야 하며, 양성대조군 시험결과는 양성, 음성대조군 시험결과는 음성으로 나왔을 경우에만 유효한 결과값으로 판정한다. 양성대조군은 E.coli 표준균주를 사용하고 음성대조군은 멸균희석수를 사용하도록 한다.	총 대장균군의 시험방법과 내용이 같다.

(2) 분석 기기 및 기구

① 막여과장치 : 여과막을 끼워서 여과할 수 있게 하는 장치로 무균조작 가능한 것을 사용하며, 멸균하여 사용하여야 한다.

② 배양기 : 배양온도를 (35±0.5)℃로 유지할 수 있는 것을 사용한다.(※ 분원성 대장균군의 경우 44.5±0.2℃)

③ 여과막 및 멸균흡수 패드 : 셀룰로오스 나이트레이트(cellulose nitrate)나 셀룰로오스 에스테르(cellulose ester) 재질로 공경 0.45μm, 직경 47mm 크기의 미생물 분석용 여과막을 사용하며, 흡수 패드는 두꺼운 여과지의 직경 47mm 크기의 멸균된 것을 사용한다.

④ 페트리접시 : 지름 약 5.5cm, 높이 약 1.2cm의 유리제품이나 1회용 플라스틱제품으로 멸균된 것을 사용한다.

⑤ 피펫 : 부피 5~25mL의 눈금피펫이나 자동피펫(플라스틱 피펫 팁 포함)으로서 멸균된 것을 사용한다.

⑥ 핀셋 : 끝이 뭉툭하고 넓으며 여과막을 집어 올릴 때 여과막을 손상시키지 않는 형태의 것으로 화염멸균 가능한 것을 사용한다.

(3) 시험방법

구분	총 대장균군	분원성 대장균군
분석절차	• 멸균된 핀셋으로 여과막을 눈금이 위로 가게 하여 여과장치의 지지대 위에 올려놓은 후, 막여과장치의 깔때기를 조심스럽게 부착시킨다. • 페트리접시에 20~80개의 세균집락을 형성하도록 시료(시료종류별 예상시료량)를 여과관 상부에 주입하면서 흡입여과하고 멸균수 20~30mL로 씻어준다. 　(주 1) 여과하여야 할 예상시료량이 10mL보다 적을 경우에는 멸균된 희석액으로 희석하여 여과하여야 한다. 　(주 2) 총 대장균군 수를 예측할 수 없을 경우에는 여과량을 달리하여 여러 개의 시료를 분석하고, 한 여과 표면 위의 모든 형태의 집락수가 200개 이상의 집락이 형성되지 않도록 하여야 한다.	• 멸균된 핀셋으로 여과막을 눈금이 위로 가게 하여 여과장치의 지지대 위에 올려놓은 후, 막여과장치의 깔때기를 조심스럽게 부착시킨다. • 페트리접시에 20~80개의 세균집락을 형성하도록 시료(시료종류별 예상시료량)를 여과관 상부에 주입하면서 흡입여과하고 멸균수 20~30mL로 씻어 준다. 　(주 1) 여과하여야 할 예상시료량이 10mL보다 적을 경우에는 멸균된 희석액으로 희석하여 여과하여야 한다. 　(주 2) 분원성 대장균수를 예측할 수 없을 경우에는 여과량을 달리하여 여러 개의 시료를 분석하고, 한 여과막 표면 위의 모든 형태의 집락수가 200개 이상의 집락이 형성되지 않도록 하여야 한다.

구분	총 대장균군	분원성 대장균군
분석절차	• 막여과법 고체배지를 사용할 경우에는 여과한 여과막을 눈금이 위로 가게 하여 페트리접시의 배지 위에 올려놓은 다음 페트리접시를 거꾸로 놓고 (35±0.5)℃에서 22~24시간 배양하며, 막여과법 액체배지를 사용할 경우에는 1.8~2.0mL의 액체배지가 들어있는 페트리접시의 흡수패드 위에 여과한 여과막을 기포가 생기지 않도록 올려놓은 다음 (35±0.5)℃에서 22~24시간 동안 배양한다. • 배양 후 금속성 광택을 띠는 적색이나 진한 적색 계통의 집락을 계수하며 집락수가 20~80의 범위에 드는 것을 선정하여 다음의 식에 의해 계산한다. 총 대장균군 수/100mL $= \dfrac{C}{V} \times 100$ 여기서, C : 생성된 집락수 V : 여과한 시료량(mL) • 배지표면에 총 대장균군 이외의 다른 세균이 너무 많이 자랐을 경우에는 총 대장균군 수와 함께 이와 같은 내용을 비고에 기록하고 다시 같은 지점의 시료를 채취하여 검사한다. (주 3) 재검사 시에는 시료의 여과량을 줄이고 여과막의 수를 늘려 다른 세균에 의한 간섭현상을 줄인다. • 정확성을 기하기 위하여 실험할 때마다 1개 이상의 음성대조군시험을 상기방법과 동일한 조건하에서 같이 실시하여야 하며, 이때 음성대조군여과막에서는 전형적인 총 대장균군의 집락이 없어야 한다.	• 막여과법 고체배지를 사용할 경우에는 여과한 여과막을 눈금이 위로 가게 하여 페트리접시의 배지 위에 올려놓은 다음 페트리접시를 거꾸로 놓고 배양기 내부 전체가 항상 균일하게 (44.5±0.2)℃로 유지될 수 있는 정밀배양기에 넣어 (24±2) 시간 배양하거나, 페트리접시를 방수성 플라스틱백에 넣은 후 (44.5±0.2)℃의 항온수조에 잠기도록 하여 배양한다. • 막여과법 액체배지를 사용할 경우에는 1.8~2.0mL의 액체배지가 들어있는 페트리접시의 흡수패드 위에 여과한 여과막을 기포가 생기지 않도록 올려놓은 다음 배양기 내부 전체가 항상 균일하게(44.5±0.2)℃로 유지될 수 있는 정밀배양기에 넣어 (24±2)시간 배양하거나, 페트리접시를 방수성 플라스틱백에 넣은 후(44.5±0.2)℃의 항온수조에 잠기도록 하여 배양한다. • 배양 후 여러 가지 색조를 띠는 청색의 집락을 계수하며, 집락수가 20~80의 범위에 드는 것을 선정하여 다음의 식에 의해 계산한다. 분원성 대장균군 수/100mL $= \dfrac{C}{V} \times 100$ 여기서, C : 생성된 집락수 V : 여과한 시료량(mL) • 배지표면에 분원성 대장균군 이외의 다른 세균이 너무 많이 자랐을 경우에는 분원성 대장균군 수와 함께 이와 같은 내용을 비고에 기록하고 다시 같은 지점의 시료를 채취하여 검사한다. (주 3) 재검사 시에는 시료의 여과량을 줄이고 여과막의 수를 늘려 다른 세균에 의한 간섭현상을 줄인다.
결과보고	• '총 대장균군 수/100mL'로 표기하며, 반올림하여 유효숫자 2자리 정수로 표기한다. 결과값의 유효숫자가 2자리 미만이 될 경우에는 1자리 정수로 표기한다. 다만, 결과값이 소수점을 포함하는 경우에는 반올림하여 정수로 표기한다. • 집락들이 서로 융합되어 있을 경우에는 'CG (Confluent Growth)'로, 집락 수가 200 이상으로 계수가 불가능한 경우에는 'TNTC(Too Numerous To Count)'로 표기하고 시료를 희석하거나 적게 취하여 다시 실험한다. • 수질이 양호한 경우 검출되는 총 대장균군 수가 일반적으로 낮으므로 모든 집락을 다 계수하여 표기한다.	• '분원성 대장균군 수/100mL'로 표기하며, 반올림하여 유효숫자 2자리 정수로 표기한다. 결과값의 유효숫자가 2자리 미만이 될 경우에는 1자리 정수로 표기한다. 다만, 결과값이 소수점을 포함하는 경우에는 반올림하여 정수로 표기한다. • 집락들이 서로 융합되어 있는 경우에는 'CG (Confluent Growth)'로 집락수가 200 이상으로 계수가 불가능한 경우에는 'TNTC(Too Numerous To Count)'로 표기하고 시료를 희석하거나 적게 취하여 다시 실험한다. • 수질이 양호한 경우, 검출되는 분원성 대장균군 수가 일반적으로 낮으므로 모든 집락을 다 계수하여 표기한다.

(3) 배지 : 생략

4 평판집락법(총 대장균군에만 해당)

(1) 측정원리 : 배출수 또는 방류수에 존재하는 총 대장균군을 측정하는 방법으로 페트리접시의 배지표면에 평판집락법배지를 굳힌 후 배양한 다음 진한 적색의 전형적인 집락을 계수하는 방법이다.

(2) 대조군시험 : 이 시험기준을 처음 실시할 경우나 배지, 시약 등이 바뀔 때마다 양성대조군과 음성대조군 시험을 동시에 실시하여야 하며, 양성대조군 시험결과는 양성, 음성대조군 시험결과는 음성으로 나왔을 경우에만 유효한 결과값으로 판정한다. 양성대조군은 *E.coli* 표준균주를 사용하고, 음성대조군은 멸균희석수를 사용하도록 한다.

(3) 배지(desoxycholate agar)조성 : 정제수 1L에 배지를 조성기준대로 넣고 pH 7.3±0.2로 맞춘 다음, 완전히 끓여서 녹인 후, 45~50℃까지 식혀 사용한다.

(주 1) 고압증기멸균하지 않는다.

(4) 분석 기기 및 기구

① 배양기 : 배양온도를 (35±0.5)℃로 유지할 수 있는 것을 사용한다.

② 페트리접시 : 지름 약 9cm, 높이 약 1.5cm의 유리제품이나 1회용 플라스틱제품으로 멸균된 것을 사용한다.

③ 피펫 : 부피 1~10mL의 눈금피펫이나 자동피펫(플라스틱 피펫 팁 포함)으로서 멸균된 것을 사용한다.

④ 항온수조 : 수온을 45℃ 내외로 유지할 수 있는 것을 사용한다.

(5) 분석절차

① 페트리접시에 평판집락법배지를 약 15mL 넣은 후 항온수조를 이용하여 45℃ 내외로 유지시킨다.

(주 2) 3시간을 경과시키지 않는 것이 좋다.

② 평판집락수가 30~300개가 되도록 시료를 희석 후, 1mL씩을 시료당 2매의 페트리접시에 넣는다.

(주 3) 시료의 희석부터 배지를 페트리접시에 넣을 때까지 조작시간이 20분이 초과하지 말아야 한다.

③ 굳기 전에 좌우로 10회전 이상 흔들어 시료와 배지를 완전히 섞은 후 실온에서 굳힌다.

④ 굳힌 페트리접시의 배지표면에 다시 45℃로 유지된 평판집락법 배지를 3~5mL 넣어 표면을 얇게 덮고 실온에서 정치하여 굳힌 후 (35±0.5)℃에서 18~20시간 배양한 다음 진한 적색의 전형적인 집락을 계수한다.

⑤ 정확성을 기하기 위하여 실험할 때마다 1개 이상의 음성대조군 시험을 상기방법과 동일한 조건하에서 같이 실시하여야 하며, 이때 음성대조군 평판에서는 전형적인 총 대장균군의 집락이 없어야 한다.

(6) 결과보고

① 집락수가 30~300의 범위에 드는 것을 산술평균하여 '총 대장균군 수/mL'로 표기하며, 반올림하여 유효숫자 2자리 정수로 표기한다. 결과값의 유효숫자가 2자리 미만이 될 경우에는 1자리 정수로 표기한다. 다만, 결과값이 소수점을 포함하는 경우에는 반올림하여 정수로 표기한다.

② 수질이 양호한 경우, 검출되는 총 대장균군 수가 일반적으로 낮으므로 **모든 집락을 다 계수하여** 표기한다.

5 효소이용정량법(대장균시험)

(1) 측정원리

① 원리 : 물속에 존재하는 대장균을 분석하기 위한 것으로, 효소기질시약과 시료를 혼합하여 배양한 후 자외선검출기로 측정하는 방법이다.

② 대조군시험 : 이 시험기준을 처음 실시할 경우나 배지, 시약 등이 바뀔 때마다 양성대조군과 음성 대조군 시험을 동시에 실시하여야 하며, 양성대조군 시험결과는 양성, 음성대조군 시험결과는 음 성으로 나왔을 경우에만 유효한 결과값으로 판정된다. 양성대조군은 $E.coli$ 표준균주를 사용하 고, 음성대조군은 멸균희석수를 사용하도록 한다.

(2) 분석 기기 및 기구

① 다람시험관 : 안지름 6mm, 높이 30mm 정도의 시험관으로 고압증기멸균할 수 있어야 하며 가스 포집을 위해 거꾸로 집어넣는다.

② 막여과장치 : 여과막을 끼워서 여과할 수 있게 하는 장치로 무균조작이 가능한 것을 사용한다.

③ 배양기 또는 항온수조 : 배양온도는 35±0.5℃ 및 44.5±0.2℃로 유지할 수 있는 것을 사용한다.

④ 백금이 : 고리의 안지름이 약 3mm인 것을 사용한다.

⑤ 시험관 : 안지름 16mm, 높이 150mm 정도의 시험관으로 마개가 있는 것을 사용한다.

⑥ 여과막 : 셀룰로오스 나이트레이트(cellulose nitrate)나 셀룰로오스 에스테르(cellulose ester) 재질로 공경 0.45μm, 직경 47mm 크기의 미생물 분석용을 사용한다.

⑦ 자외선 검출기 : 366nm 부근 파장조사가 가능하여야 한다.

⑧ 페트리접시 : 지름 약 5.5cm, 높이 약 1.2cm의 유리제품 또는 일회용 플라스틱제품으로 멸균된 것을 사용한다.

⑨ 피펫, 핀셋

(3) 배지(NA-MUG)

① 막여과법 배지

② 시험관법(EC-MUG)배지

③ 효소기질 시약 : 다중 웰(multi-well)을 이용하여 대장균을 시험할 경우, 효소기질 시약은 대장균 이 분비하는 효소인 글루쿠론산 분해효소(β-glucuronidase)에 의해 형광을 나타내는 기질을 포함하여야 하며, 막여과법 또는 시험관법을 이용하여 대장균을 분석하는 방법과 동등 또는 이상 의 신뢰성 있고 정량 가능한 상용화된 제품을 사용한다.

"수질오염 개론 및 방지기술편"의 이론을 참조하세요.

수질환경 관계법규

출제기준

필기과목명	주요항목	세부항목
수질환경 관계법규	1. 물환경보전법	(1) 총칙
		(2) 공공수역의 물환경 보전
		(3) 점오염원의 관리
		(4) 비점오염원의 관리
		(5) 기타 수질오염원의 관리
		(6) 폐수처리업
		(7) 보칙 및 벌칙
	2. 물환경보전법 시행령	(1) 시행령(별표 포함)
	3. 물환경보전법 시행규칙	(1) 시행규칙(별표 포함)
	4. 물환경보전법 관련법	(1) 환경정책기본법, 하수도법, 가축분뇨의 관리 및 이용에 관한 법률 등 수질환경과 관련된 기타 법규내용

Tip▶ 본 법은 가장 중요하고 출제비중이 높으므로 문제의 해설 법규 조항을 찾아서 확인, 비교하여 철저히 대비하시오 (필자는 조항을 찾지 않아도 문제를 다루면서 정리가 가능하도록 노력하였음).

법규 제정 및 공포 일자

① 물환경보전법 : 2018년 10월 16일(법률 제15832호)
② 동시행령 : 2019년 10월 15일(대통령령 제30126호)
③ 동시행규칙 : 2019년 10월 17일(환경부령 제829호)

시행령 별표

Tip▶ 시행규칙 별표를 포함하여 별표의 출제비중이 평균 40%를 상회한다.

1 [별표 1] 오염총량초과과징금 산정 방법 및 기준(제10조 제1항 관련)

1. 오염총량초과과징금의 산정방법

> 오염총량초과과징금＝초과배출이익×초과율별 부과계수×지역별 부과계수
> ×위반횟수별 부과계수－감액대상 과징금

비고 감액대상 과징금은 법 제4조의7 제3항에 따른 배출부과금과 과징금을 말한다.

2. 초과배출이익의 산정방법

가. 초과배출이익이란 수질오염물질을 초과배출함으로써 지출하지 아니하게 된 수질오염물질 처리비용을 말하며 산정방법은 다음과 같다.

> 초과배출이익＝초과오염배출량×연도별 과징금 단가

나. 초과오염배출량이란 법 제4조의5 제1항 전단에 따라 할당된 오염부하량(이하 "할당오염부하량"이라 한다)이나 지정된 배출량(이하 "지정배출량"이라 한다)을 초과하여 배출되는 수질오염물질의 양을 말하며, 산정방법은 다음과 같다.

> 초과오염배출량＝일일초과 오염배출량×배출기간

1) 일일초과 오염배출량

가) 일일초과 오염배출량은 다음의 방법에 따라 산정한 값 중 큰 값을 킬로그램으로 표시한 양으로 한다.

> - 일일초과 오염배출량＝일일유량×배출농도×10^{-6}－할당오염부하량
> - 일일초과 오염배출량＝(일일유량－지정배출량)×배출농도×10^{-6}

비고 1. 일일초과 오염배출량의 단위는 킬로그램(kg)으로 하되, 소수점 이하 첫째자리까지 계산한다.
2. 일일유량은 법 제4조의6에 따른 조치명령 등의 원인이 되는 배출오염물질을 채취하였을 때의 오수 및 폐수 유량(이하 "측정유량"이라 한다)으로 계산한 오수 및 폐수 총량을 말한다.
3. 배출농도는 법 제4조의6에 따른 조치명령 등의 원인이 되는 배출오염물질을 채취하였을 때의 배출농도를 말하며, 배출농도의 단위는 리터당 밀리그램(mg/L)으로 한다.
4. 할당오염부하량과 지정배출량의 단위는 1일당 킬로그램(kg/일)과 1일당 리터(L/일)로 한다.

나) 일일유량의 산정방법은 다음과 같다.

> 일일유량＝측정유량×조업시간

비고 1. 일일유량의 단위는 리터(L)로 한다.
2. 측정유량의 단위는 분당 리터(L/min)로 한다.
3. 일일조업시간은 측정하기 전 최근 조업한 30일간의 오수 및 폐수 배출시설의 조업시간 평균치로서 분으로 표시한다.

다) 측정유량과 배출농도는 「환경분야 시험·검사 등에 관한 법률」 제6조에 따른 환경오염 공정시험기준에 따라 산정한다. 다만, 측정유량의 산정이 불가능하거나 실제유량과 뚜렷한 차이가 있다고 인정될 경우에는 다음 중 어느 하나의 방법에 따라 산정한다.

(1) 적산유량계에 의한 산정

(2) 적산유량계에 의한 방법이 적합하지 아니하다고 인정될 경우에는 방지시설 운영일지상의 시료채취일 직전 최근 조업한 30일간의 평균유량에 의한 산정.
이 경우 갑작스런 폭우로 인하여 측정유량 증가가 있는 경우 등 비정상적인 조업일은 제외하고 30일을 산정할 수 있다.

(3) (1)이나 (2)의 방법이 적합하지 아니하다고 인정되는 경우에는 해당 사업장의 용수사용량(수돗물·공업용수·지하수·하천수 또는 해수 등 해당 사업장에서 사용하는 모든 용수를 포함한다)에서 생활용수량·제품함유량, 그 밖에 오수 및 폐수가 발생하지 아니한 용수량을 빼는 방법에 의한 산정

2) 배출기간

가) 배출시설과 방지시설이 다음 중 어느 하나에 해당하는 경우에는 수질오염물질을 배출하기 시작한 날부터 그 행위를 중단한 날

(1) 방지시설을 가동하지 아니하거나 방지시설을 거치지 아니하고 수질오염물질을 배출하거나, 처리약품을 투입하지 아니하고 수질오염물질을 배출하는 경우

(2) 비밀배출구로 수질오염물질을 배출하는 경우

나) 위 가)에 해당하지 아니할 경우에는 할당오염부하량이나 지정배출량을 초과하여 배출하기 시작한 날(배출하기 시작한 날을 알 수 없을 경우에는 초과여부를 검사한 날을 말한다)부터 법 제4조의6 제1항 또는 법 제4조의6 제4항에 따른 조치명령, 조업정지명령, 폐쇄명령(이하 "조치명령 등"이라 한다)의 이행완료 예정일

다. 연도별 부과금 단가는 다음과 같다.

연 도	수질오염물질 1kg당 연도별 부과금 단가
2004	3,000원
2005	3,300원
2006	3,600원
2007	4,000원
2008	4,400원
2009	4,800원
2010	5,300원
2011	5,800원

비고 2012년 이후에는 2011년도 부과금 단가에 연도별 부과금 산정지수를 곱한 값으로 하며, 연도별 부과금 산정지수는 전년도 부과금 산정지수에 환경부 장관이 매년 고시하는 가격변동지수를 곱하여 산출한다. 이 경우 2011년도 부과금 산정지수는 1로 한다.

3. 초과율별 부과계수

초과율	부과계수
20% 미만	1.0
20% 이상, 40% 미만	1.5
40% 이상, 60% 미만	2.0
60% 이상, 80% 미만	2.5
80% 이상, 100% 미만	3.0
100% 이상, 200% 미만	3.5
200% 이상, 300% 미만	4.0
300% 이상, 400% 미만	4.5
400% 이상	5.0

비고 초과율은 법 제4조의5 제1항에 따른 할당오염부하량에 대한 일일초과배출량의 백분율을 말한다.

4. 지역별 부과계수

목표수질	등급	Ⅰa	Ⅰb	Ⅱ	Ⅲ	Ⅳ	Ⅴ	Ⅵ
	BOD	1 이하	1 초과, 2 이하	2 초과, 3 이하	3 초과, 5 이하	5 초과, 8 이하	8 초과, 10 이하	10 초과
부과계수		1.6	1.5	1.4	1.3	1.2	1.1	1.0

비고 목표수질은 법 제4조의2 제1항에 따른 고시 또는 공고된 해당 유역의 목표수질을 말한다.

5. 위반횟수별 부과계수

1일 오수·폐수 배출량 규모(m³)	위반횟수별 부과계수
10,000 이상	• 최초의 위반행위 : 1.8 • 두 번째 이후의 위반행위 : 그 위반행위 직전의 부과계수에 1.5를 곱한 값
7,000 이상, 10,000 미만	• 최초의 위반행위 : 1.7 • 두 번째 이후의 위반행위 : 그 위반행위 직전의 부과계수에 1.5를 곱한 값
4,000 이상, 7,000 미만	• 최초의 위반행위 : 1.6 • 두 번째 이후의 위반행위 : 그 위반행위 직전의 부과계수에 1.5를 곱한 값
2,000 이상, 4,000 미만	• 최초의 위반행위 : 1.5 • 두 번째 이후의 위반행위 : 그 위반행위 직전의 부과계수에 1.5를 곱한 값
700 이상, 2,000 미만	• 최초의 위반행위 : 1.4 • 두 번째 이후의 위반행위 : 그 위반행위 직전의 부과계수에 1.4를 곱한 값
200 이상, 700 미만	• 최초의 위반행위 : 1.3 • 두 번째 이후의 위반행위 : 그 위반행위 직전의 부과계수에 1.3을 곱한 값
50 이상, 200 미만	• 최초의 위반행위 : 1.2 • 두 번째 이후의 위반행위 : 그 위반행위 직전의 부과계수에 1.2를 곱한 값
50 미만	• 최초의 위반행위 : 1.1 • 두 번째 이후의 위반행위 : 그 위반행위 직전의 부과계수에 1.1를 곱한 값

2 [별표 2] 수질오염경보의 종류별 발령 대상, 발령 주체 및 대상 항목 (제28조 제2항 관련)

경보의 종류	대상 수질오염물질		발령 대상	발령 주체
조류경보	상수원 구간	남조류 세포 수	법 제9조에 따라 환경부 장관 또는 시·도지사가 조사·측정하는 하천·호소 중 상수원의 수질보호를 위하여 환경부 장관이 정하여 고시하는 하천·호소	환경부 장관 또는 시·도지사
	친수활동 구간	남조류 세포 수	법 제9조에 따라 환경부 장관 또는 시·도지사가 조사·측정하는 하천·호소 중 수영, 수상스키, 낚시 등 친수활동의 보호를 위하여 환경부 장관이 정하여 고시하는 하천·호소	환경부 장관 또는 시·도지사
수질오염 감시경보	수소이온농도, 용존산소, 총 질소, 총 인, 전기전도도, 총 유기탄소, 휘발성 유기화합물, 페놀, 중금속(구리, 납, 아연, 카드뮴 등), 클로로필 -a, 생물감시		법 제9조에 따른 측정망 중 실시간으로 수질오염도가 측정되는 하천·호소	환경부 장관

3 [별표 3] 수질오염경보의 종류별 경보단계 및 그 단계별 발령 · 해제 기준 (제28조 제3항 관련)

1. 조류경보

가. 상수원 구간

경보단계	발령 · 해제 기준
관심	2회 연속 채취 시 남조류의 세포 수가 1,000세포/mL 이상, 10,000세포/mL 미만인 경우
경계	2회 연속 채취 시 남조류의 세포 수가 10,000세포/mL 이상, 1,000,000세포/mL 미만인 경우
조류대발생	2회 연속 채취 시 남조류의 세포 수가 1,000,000세포/mL 이상인 경우
해제	2회 연속 채취 시 남조류의 세포 수가 1,000,000세포/mL 미만인 경우

나. 친수활동 구간

경보단계	발령 · 해제 기준
관심	2회 연속 채취 시 남조류 세포 수가 20,000세포/mL 이상 100,000세포/mL 미만인 경우
경계	2회 연속 채취 시 남조류 세포 수가 100,000세포/mL 이상인 경우
해제	2회 연속 채취 시 남조류 세포 수가 20,000세포/mL 미만인 경우

비고 1. 발령 주체는 위 가목 및 나목의 발령 · 해제 기준에 도달하는 경우에도 강우 예보 등 기상상황을 고려하여 조류경보를 발령 또는 해제하지 않을 수 있다.
2. 남조류 세포 수는 마이크로시스티스(Microcystis), 아나베나(Anabaena), 아파니조메논(Aphanizo-menon) 및 오실라토리아(Oscillatoria) 속(屬) 세포 수의 합을 말한다.

2. 수질오염감시경보

경보단계	발령 · 해제 기준
관심	가. 수소이온농도, 용존산소, 총 질소, 총 인, 전기전도도, 총 유기탄소, 휘발성 유기화합물, 페놀, 중금속(구리, 납, 아연, 카드뮴 등) 항목 중 2개 이상 항목이 측정항목별 경보기준을 초과하는 경우 나. 생물감시 측정값이 생물감시 경보기준농도를 30분 이상 지속적으로 초과하는 경우
주의	가. 수소이온농도, 용존산소, 총 질소, 총 인, 전기전도도, 총 유기탄소, 휘발성 유기화합물, 페놀, 중금속(구리, 납, 아연, 카드뮴 등) 항목 중 2개 이상 항목이 측정항목별 경보기준을 2배 이상(수소이온농도 항목의 경우에는 5 이하 또는 11 이상을 말한다) 초과하는 경우 나. 생물감시 측정값이 생물감시 경보기준농도를 30분 이상 지속적으로 초과하고, 수소이온농도, 총 유기탄소, 휘발성 유기화합물, 페놀, 중금속(구리, 납, 아연, 카드뮴 등) 항목 중 1개 이상의 항목이 측정항목별 경보기준을 초과하는 경우와 전기전도도, 총 질소, 총 인, 클로로필-a 항목 중 1개 이상의 항목이 측정항목별 경보기준을 2배 이상 초과하는 경우
경계	생물감시 측정값이 생물감시 경보기준농도를 30분 이상 지속적으로 초과하고, 전기전도도, 휘발성 유기화합물, 페놀, 중금속(구리, 납, 아연, 카드뮴 등) 항목 중 1개 이상의 항목이 측정항목별 경보기준을 3배 이상 초과하는 경우

경보단계	발령·해제 기준
심각	경계경보 발령 후 수질오염사고 전개속도가 매우 빠르고 심각한 수준으로서 위기발생이 확실한 경우
해제	측정항목별 측정값이 관심단계 이하로 낮아진 경우

비고 1. 측정소별 측정항목과 측정항목별 경보기준 등 수질오염감시경보에 관하여 필요한 사항은 환경부 장관이 고시한다.
2. 용존산소, 전기전도도, 총 유기탄소 항목이 경보기준을 초과하는 것은 그 기준 초과 상태가 30분 이상 지속되는 경우를 말한다.
3. 수소이온농도 항목이 경보기준을 초과하는 것은 5 이하 또는 11 이상이 30분 이상 지속되는 경우를 말한다.
4. 생물감시장비 중 물벼룩감시장비가 경보기준을 초과하는 것은 양쪽 모든 시험조에서 30분 이상 지속되는 경우를 말한다.

4 [별표 4] 수질오염경보의 종류별·경보단계별 조치사항(제28조 제4항 관련)

1. 조류경보

가. 상수원 구간

단 계	관계기관	조치사항
관심	4대강(한강, 낙동강, 금강, 영산강을 말한다. 이하 같다) 물환경연구소장(시·도 보건환경연구원장 또는 수면관리자)	• 주 1회 이상 시료 채취 및 분석(남조류 세포 수, 클로로필-a) • 시험분석 결과를 발령기관으로 신속하게 통보
	수면관리자 (수면관리자)	취수구와 조류가 심한 지역에 대한 차단막 설치 등 조류 제거 조치 실시
	취수장·정수장 관리자 (취수장·정수장 관리자)	정수처리 강화(활성탄처리, 오존처리)
	유역·지방 환경청장 (시·도지사)	1) 관심경보 발령 2) 주변 오염원에 대한 지도·단속
	홍수통제소장, 한국수자원공사사장 (홍수통제소장, 한국수자원공사사장)	댐, 보 여유량 확인·통보
	한국환경공단이사장 (한국환경공단이사장)	1) 환경기초시설 수질자동측정자료 모니터링 실시 2) 하천 구간 조류 예방·제거에 관한 사항 지원
경계	4대강 물환경연구소장 (시·도 보건환경연구원장 또는 수면관리자)	1) 주 2회 이상 시료 채취 및 분석(남조류 세포 수, 클로로필-a, 냄새물질, 독소) 2) 시험분석 결과를 발령기관으로 신속하게 통보
	수면관리자 (수면관리자)	취수구와 조류가 심한 지역에 대한 차단막 설치 등 조류 제거 조치 실시
	취수장·정수장 관리자 (취수장·정수장 관리자)	1) 조류증식 수심 이하로 취수구 이동 2) 정수처리 강화(활성탄처리, 오존처리) 3) 정수의 독소분석 실시

단 계	관계기관	조치사항
경계	유역·지방 환경청장 (시·도지사)	1) 경계경보 발령 및 대중매체를 통한 홍보 2) 주변 오염원에 대한 단속 강화 3) 낚시·수상스키·수영 등 친수활동, 어패류 어획·식용, 가축 방목 등의 자제 권고 및 이에 대한 공지(현수막 설치 등)
	홍수통제소장, 한국수자원공사사장 (홍수통제소장, 한국수자원공사사장)	기상상황, 하천수문 등을 고려한 방류량 산정
	한국환경공단이사장 (한국환경공단이사장)	1) 환경기초시설 및 폐수배출사업장 관계기관 합동점검 시 지원 2) 하천구간 조류 제거에 관한 사항 지원 3) 환경기초시설 수질자동측정자료 모니터링 강화
조류 대발생	4대강 물환경연구소장 (시·도 보건환경연구원장 또는 수면관리자)	1) 주 2회 이상 시료 채취 및 분석(남조류 세포 수, 클로로필 　-a, 냄새물질, 독소) 2) 시험분석 결과를 발령기관으로 신속하게 통보
	수면관리자 (수면관리자)	1) 취수구와 조류가 심한 지역에 대한 차단막 설치 등 조류 　제거조치 실시 2) 황토 등 조류 제거물질 살포, 조류 제거선 등을 이용한 조 　류 제거 조치 실시
	취수장·정수장 관리자 (취수장·정수장 관리자)	1) 조류증식 수심 이하로 취수구 이동 2) 정수처리 강화(활성탄처리, 오존처리) 3) 정수의 독소분석 실시
	유역·지방 환경청장 (시·도지사)	1) 조류대발생경보 발령 및 대중매체를 통한 홍보 2) 주변 오염원에 대한 지속적인 단속 강화 3) 낚시·수상스키·수영 등 친수활동, 어패류 어획·식용, 　가축 방목 등의 금지 및 이에 대한 공지(현수막 설치 등)
	홍수통제소장, 한국수자원공사사장 (홍수통제소장, 한국수자원공사사장)	댐, 보 방류량 조정
	한국환경공단이사장 (한국환경공단이사장)	1) 환경기초시설 및 폐수배출사업장 관계기관 합동점검 시 지원 2) 하천구간 조류 제거에 관한 사항 지원 3) 환경기초시설 수질자동측정자료 모니터링 강화
해제	4대강 물환경연구소장 (시·도 보건환경연구원장 또는 수면관리자)	시험분석 결과를 발령기관으로 신속하게 통보
	유역·지방 환경청장 (시·도지사)	각종 경보 해제 및 대중매체 등을 통한 홍보

비고 1. 관계기관란의 괄호는 시·도지사가 조류경보를 발령하는 경우의 관계기관을 말한다.
　　2. 관계기관은 위 표의 조치사항 외에도 현지 실정에 맞게 적절한 조치를 할 수 있다.
　　3. 조류경보를 발령하기 전이라도 수면관리자, 홍수통제소장 및 한국수자원공사사장 등 관계기관의
　　　장은 수온 상승 등으로 조류발생 가능성이 증가할 경우에는 일정 기간 방류량을 늘리는 등 조류에
　　　따른 피해를 최소화하기 위한 방안을 마련하여 조치할 수 있다.

나. 친수활동 구간

단 계	관계기관	조치사항
관심	4대강 물환경연구소장 (시·도 보건환경연구원장 또는 수면관리자)	1) 주 1회 이상 시료 채취 및 분석(남조류 세포 수, 클로로필 　-a, 냄새물질, 독소) 2) 시험분석 결과를 발령기관으로 신속하게 통보

관심	유역·지방 환경청장 (시·도지사)	1) 관심경보 발령 2) 낚시·수상스키·수영 등 친수활동, 어패류 어획·식용 등의 자제 권고 및 이에 대한 공지(현수막 설치 등) 3) 필요한 경우 조류 제거물질 살포 등 조류 제거조치
경계	4대강 물환경연구소장 (시·도 보건환경연구원장 또는 수면관리자)	1) 주 2회 이상 시료 채취 및 분석(남조류 세포 수, 클로로필-a, 냄새물질, 독소) 2) 시험분석 결과를 발령기관으로 신속하게 통보
	유역·지방 환경청장 (시·도지사)	1) 경계경보 발령 2) 낚시·수상스키·수영 등 친수활동, 어패류 어획·식용 등의 금지 및 이에 대한 공지(현수막 설치 등) 3) 필요한 경우 조류 제거물질 살포 등 조류 제거조치
해제	4대강 물환경연구소장 (시·도 보건환경연구원장 또는 수면관리자)	시험분석 결과를 발령기관으로 신속하게 통보
	유역·지방 환경청장 (시·도지사)	각종 경보 해제 및 대중매체 등을 통한 홍보

비고 1. 관계기관란의 괄호는 시·도지사가 조류경보를 발령하는 경우의 관계기관을 말한다.
2. 관계기관은 위 표의 조치사항 외에도 현지 실정에 맞게 적절한 조치를 할 수 있다.

2. 수질오염감시경보

단 계	관계기관	조치사항
관심	한국환경공단이사장	1) 측정기기의 이상 여부 확인 2) 유역·지방 환경청장에게 보고 　– 상황보고, 원인조사 및 관심경보 발령 요청 3) 지속적 모니터링을 통한 감시
	수면관리자	물환경변화 감시 및 원인조사
	취수장·정수장 관리자	정수처리 및 수질분석 강화
	유역·지방 환경청장	1) 관심경보 발령 및 관계기관 통보 2) 수면관리자에게 원인조사 요청 3) 원인조사 및 주변 오염원 단속 강화
주의	한국환경공단이사장	1) 측정기기의 이상여부 확인 2) 유역·지방 환경청장에게 보고 　– 상황보고, 원인조사 및 주의경보 발령 요청 3) 지속적인 모니터링을 통한 감시
	수면관리자	1) 물환경변화 감시 및 원인조사 2) 차단막 설치 등 오염물질 방제 조치
	취수장·정수장 관리자	1) 정수의 수질분석을 평시보다 2배 이상 실시 2) 취수장 방제조치 및 정수처리 강화
	4대강 물환경연구소장	1) 원인조사 및 오염물질 추적조사 지원 2) 유역·지방 환경청장에게 원인조사 결과보고 3) 새로운 오염물질에 대한 정수처리 기술 지원
	유역·지방 환경청장	1) 주의경보 발령 및 관계기관 통보 2) 수면관리자 및 4대강 물환경연구소장에게 원인 조사 요청 3) 관계기관 합동 원인조사 및 주변 오염원 단속 강화

경계	한국환경공단이사장	1) 측정기기의 이상여부 확인 2) 유역·지방 환경청장에게 보고 　－ 상황보고, 원인조사 및 경계경보 발령 요청 3) 지속적 모니터링을 통한 감시 4) 오염물질 방제조치 지원
	수면관리자	1) 물환경변화 감시 및 원인조사 2) 차단막 설치 등 오염물질 방제조치 3) 사고 발생 시 지역사고대책본부 구성·운영
	취수장·정수장 관리자	1) 정수처리 강화 2) 정수의 수질분석을 평시보다 3배 이상 실시 3) 취수 중단, 취수구 이동 등 식용수 관리대책 수립
	4대강 물환경연구소장	1) 원인조사 및 오염물질 추적조사 지원 2) 유역·지방 환경청장에게 원인조사 결과 통보 3) 정수처리 기술 지원
	유역·지방 환경청장	1) 경계경보 발령 및 관계기관 통보 2) 수면관리자 및 4대강 물환경연구소장에게 원인조사 요청 3) 원인조사대책반 구성·운영 및 사법기관에 합동단속 요청 4) 식용수 관리대책 수립·시행 총괄 5) 정수처리 기술 지원
심각	환경부 장관	중앙합동대책반 구성·운영
	한국환경공단이사장	1) 측정기기의 이상여부 확인 2) 유역·지방 환경청장에게 보고 　－ 상황보고, 원인조사 및 경계경보 발령 요청 3) 지속적 모니터링을 통한 감시 4) 오염물질 방제조치 지원
	수면관리자	1) 물환경변화 감시 및 원인조사 2) 차단막 설치 등 오염물질 방제조치 3) 중앙합동대책반 구성·운영 시 지원
	취수장·정수장 관리자	1) 정수처리 강화 2) 정수의 수질분석 횟수를 평시보다 3배 이상 실시 3) 취수 중단, 취수구 이동 등 식용수 관리대책 수립 4) 중앙합동대책반 구성·운영 시 지원
	4대강 물환경연구소장	1) 원인조사 및 오염물질 추적조사 지원 2) 유역·지방 환경청장에게 시료분석 및 조사결과 통보 3) 정수처리 기술 지원
	유역·지방 환경청장	1) 심각경보 발령 및 관계기관 통보 2) 수면관리자 및 4대강 물환경연구소장에게 원인조사 요청 3) 필요한 경우 환경부 장관에게 중앙합동대책반 구성 요청 4) 중앙합동대책반 구성 시 사고수습본부 구성·운영
	국립환경과학원장	1) 오염물질 분석 및 원인조사 등 기술 자문 2) 정수처리 기술 지원
해제	한국환경공단이사장	관심 단계 발령기준 이하 시 유역·지방 환경청장에게 수질오염감시경보 해제 요청
	유역·지방 환경청장	수질오염감시경보 해제

5 **[별표 5] 물놀이 등의 행위제한 권고기준(제29조 제2항 관련)**

대상 행위	항목	기준
수영 등 물놀이	대장균	500(개체 수/100mL) 이상
어패류 등 섭취	어패류 체내 총 수은(Hg)	0.3(mg/kg) 이상

비고 조사지점, 측정주기, 분석방법 등 사람의 건강이나 생활에 영향을 미치는 정도를 판단할 수 있는 세부기준 은 환경부 장관이 정하여 고시한다.

6 **[별표 6] 폐수무방류배출시설의 세부 설치기준(제31조 제7항 관련)**

1. 배출시설에서 분리·집수 시설로 유입하는 폐수의 관로는 육안으로 관찰할 수 있도록 설치하여야 한다.
2. 배출시설의 처리공정도 및 폐수 배관도는 누구나 알아볼 수 있도록 주요 배출시설의 설치장소와 폐수처리장에 부착하여야 한다.
3. 폐수를 고체상태의 폐기물로 처리하기 위하여 증발·농축·건조·탈수 또는 소각시설을 설치하여야 하며, 탈수 등 방지시설에서 발생하는 폐수가 방지시설에 재유입하도록 하여야 한다.
4. 폐수를 수집·이송·처리 또는 저장하기 위하여 사용되는 설비는 폐수의 누출을 방지할 수 있는 재질이어야 하며, 방지시설이 설치된 바닥은 폐수가 땅속으로 스며들지 아니하는 재질이어야 한다.
5. 폐수는 고정된 관로를 통하여 수집·이송·처리·저장되어야 한다.
6. 폐수를 수집·이송·처리·저장하기 위하여 사용되는 설비는 폐수의 누출을 육안으로 관찰할 수 있도록 설치하되, 부득이한 경우에는 누출을 감지할 수 있는 장비를 설치하여야 한다.
7. 누출된 폐수의 차단시설 또는 차단공간과 저류시설은 폐수가 땅속으로 스며들지 아니하는 재질이어야 하며, 폐수를 폐수처리장의 저류조에 유입시키는 설비를 갖추어야 한다.
8. 폐수무방류 배출시설과 관련된 방지시설, 차단·저류 시설, 폐기물보관시설 등은 빗물과 접촉되지 아니하도록 지붕을 설치하여야 하며, 폐기물보관시설에서 침출수가 발생될 경우에는 침출수를 폐수처리장의 저류조에 유입시키는 설비를 갖추어야 한다.
9. 폐수무방류 배출시설에서 발생된 폐수를 폐수처리장으로 유입·재처리할 수 있도록 세정식·응축식 대기오염 방지시설 등을 설치하여야 한다.
10. 특별대책지역에 설치되는 폐수무방류 배출시설의 경우 1일 24시간 연속하여 가동되는 것이면 배출폐수를 전량 처리할 수 있는 예비 방지시설을 설치하여야 하고, 1일 최대 폐수발생량이 $200m^3$ 이상이면 배출폐수의 무방류여부를 실시간으로 확인할 수 있는 원격유량감시장치를 설치하여야 한다.

7 [별표 9] 사업장별 부과계수(시행령 제41조 제3항 관련)

사업장 규모	제1종 사업장					제2종 사업장	제3종 사업장	제4종 사업장
	10,000 이상	8,000 이상, 10,000 미만	6,000 이상, 8,000 미만	4,000 이상, 6,000 미만	2,000 이상, 4,000 미만 (단위 : m^3/일)			
부과 계수	1.8	1.7	1.6	1.5	1.4	1.3	1.2	1.1

비고　1. 사업장의 규모별 구분은 별표 13에 따른다.
　　　2. 공공하수처리시설과 공공폐수처리시설의 부과계수는 폐수배출량에 따라 적용한다.

8 [별표 10] 지역별 부과계수(시행령 제41조 제3항 관련)

'청정' 및 '가'지역	'나' 및 '특례'지역
1.5	1

비고　'청정'지역 및 '가'지역, '나'지역 및 '특례'지역의 구분에 대하여는 환경부령으로 정한다.

9 [별표 11] 방류수수질기준 초과율별 부과계수(시행령 제41조 제3항 관련)

초과율	10% 미만	10% 이상, 20% 미만	20% 이상, 30% 미만	30% 이상, 40% 미만	40% 이상, 50% 미만
부과계수	1	1.2	1.4	1.6	1.8
초과율	50% 이상, 60% 미만	60% 이상, 70% 미만	70% 이상, 80% 미만	80% 이상, 90% 미만	90% 이상, 100% 미만
부과계수	2.0	2.2	2.4	2.6	2.8

비고　1. 방류수 수질기준 초과율＝[(배출농도－방류수 수질기준)÷(배출허용기준－방류수 수질기준)]×100
　　　2. 분모의 값이 방류수 수질기준보다 작을 경우와 공공폐수처리시설인 경우에는 방류수 수질기준을 분모의 값으로 한다.
　　　3. 제1호의 배출허용기준은 공공하수처리시설의 하수처리구역에 있는 배출시설에 대하여 환경부 장관이 따로 배출허용기준을 정하여 고시하는 경우에도 그 배출허용기준을 적용하지 아니하고, 환경부령으로 정하는 배출허용기준을 적용한다.

10 [별표 12] 기본부과금의 부과기준일 및 부과기간(시행령 제43조 관련)

반기별	부과기준일	부과기간
상반기	매년 6월 30일	1월 1일부터 6월 30일까지
하반기	매년 12월 31일	7월 1일부터 12월 31일까지

비고　부과기간 중에 배출시설 설치허가를 받거나 신고를 한 사업자의 부과기간은 최초 가동일부터 그 부과기간의 종료일까지로 한다.

11 **[별표 13] 사업장의 규모별 구분(시행령 제44조 제2항 관련)**

종 류	배출규모
제1종 사업장	1일 폐수배출량이 2,000m³ 이상인 사업장
제2종 사업장	1일 폐수배출량이 700m³ 이상, 2,000m³ 미만인 사업장
제3종 사업장	1일 폐수배출량이 200m³ 이상, 700m³ 미만인 사업장
제4종 사업장	1일 폐수배출량이 50m³ 이상, 200m³ 미만인 사업장
제5종 사업장	상기 1종 사업장 내지 4종 사업장에 해당하지 아니하는 배출시설

비고 1. 사업장의 규모별 구분은 1년 중 가장 많이 배출한 날을 기준으로 정한다.
2. 폐수배출량은 그 사업장의 용수사용량(수돗물·공업용수·지하수·하천수 및 해수 등 그 사업장에서 사용하는 모든 물을 포함한다)을 기준으로 다음 산식에 따라 산정한다. 다만, 생산공정에 사용되는 물이나 방지시설의 최종 방류구에 방류되기 전에 일정 관로를 통하여 생산공정에 재이용되는 물은 제외하되, 희석수, 생활용수, 간접냉각수, 사업장 내 청소용 물, 원료야적장 침출수 등을 방지시설에 유입하여 처리하는 물은 포함한다.
폐수배출량=용수사용량-(생활용수량+간접냉각수량+보일러용수량+제품함유수량+공정 중 증발량 +그 밖의 방류구로 배출되지 아니한다고 인정되는 물의 양)+공정 중 발생량
3. 최초 배출시설 설치허가 시의 폐수배출량은 사업계획에 따른 예상용수사용량을 기준으로 산정한다.

12 **[별표 14] 초과부과금의 산정기준(시행령 제45조 제5항 관련)**

(금액단위 : 원)

구 분 오염물질	오염물질 1kg당 부과금액	배출허용기준 초과율 부과계수									지역별 부과계수		
		20% 미만	20% 이상, 40% 미만	40% 이상, 80% 미만	80% 이상, 100% 미만	100% 이상, 200% 미만	200% 이상, 300% 미만	300% 이상, 400% 미만	400% 이상	'청정 및 '가' 지역	'나' 지역	'특례' 지역
유기물질	250	3.0	4.0	4.5	5.0	5.5	6.0	6.5	7.0	2	1.5	1
부유물질	250	3.0	4.0	4.5	5.0	5.5	6.0	6.5	7.0	2	1.5	1
총 질소	500	3.0	4.0	4.5	5.0	5.5	6.0	6.5	7.0	2	1.5	1
총 인	500	3.0	4.0	4.5	5.0	5.5	6.0	6.5	7.0	2	1.5	1
크롬 및 그 화합물	75,000	3.0	4.0	4.5	5.0	5.5	6.0	6.5	7.0	2	1.5	1
망간 및 그 화합물	30,000	3.0	4.0	4.5	5.0	5.5	6.0	6.5	7.0	2	1.5	1
아연 및 그 화합물	30,000	3.0	4.0	4.5	5.0	5.5	6.0	6.5	7.0	2	1.5	1
특정유해물질 페놀류	150,000	3.0	4.0	4.5	5.0	5.5	6.0	6.5	7.0	2	1.5	1
특정유해물질 시안화합물	150,000	3.0	4.0	4.5	5.0	5.5	6.0	6.5	7.0	2	1.5	1
특정유해물질 구리 및 그 화합물	50,000	3.0	4.0	4.5	5.0	5.5	6.0	6.5	7.0	2	1.5	1
특정유해물질 카드뮴 및 그 화합물	500,000	3.0	4.0	4.5	5.0	5.5	6.0	6.5	7.0	2	1.5	1
특정유해물질 수은 및 그 화합물	1,250,000	3.0	4.0	4.5	5.0	5.5	6.0	6.5	7.0	2	1.5	1

(금액단위 : 원)

구 분 / 오염물질	오염물질 1kg당 부과금액	배출허용기준 초과율 부과계수								지역별 부과계수		
		20% 미만	20% 이상, 40% 미만	40% 이상, 80% 미만	80% 이상, 100% 미만	100% 이상, 200% 미만	200% 이상, 300% 미만	300% 이상, 400% 미만	400% 이상	'청정' 및 '가' 지역	'나' 지역	'특례' 지역
특정유해물질 유기인화합물	150,000	3.0	4.0	4.5	5.0	5.5	6.0	6.5	7.0	2	1.5	1
비소 및 그 화합물	100,000	3.0	4.0	4.5	5.0	5.5	6.0	6.5	7.0	2	1.5	1
납 및 그 화합물	150,000	3.0	4.0	4.5	5.0	5.5	6.0	6.5	7.0	2	1.5	1
6가 크롬 화합물	300,000	3.0	4.0	4.5	5.0	5.5	6.0	6.5	7.0	2	1.5	1
폴리염화비페닐	1,250,000	3.0	4.0	4.5	5.0	5.5	6.0	6.5	7.0	2	1.5	1
트리클로로 에틸렌	300,000	3.0	4.0	4.5	5.0	5.5	6.0	6.5	7.0	2	1.5	1
테트라클로로 에틸렌	300,000	3.0	4.0	4.5	5.0	5.5	6.0	6.5	7.0	2	1.5	1

비고 1. 배출허용기준 초과율＝[(배출농도－배출허용기준농도)÷배출허용기준농도]×100

2. 유기물질의 오염측정단위는 생물화학적 산소요구량과 화학적산소요구량을 말하며, 그 중 높은 수치의 배출농도를 산정기준으로 한다.

3. 희석하여 배출하는 경우 배출허용기준 초과율별 부과계수의 산정 시 배출허용기준 초과율의 적용은 희석수를 제외한 폐수의 배출농도를 기준으로 한다.

4. 폐수무방류 배출시설의 유출·누출 계수는 배출허용기준 초과율별 부과계수 400% 이상, 지역별 부과계수는 '청정'지역 및 '가'지역을 적용한다.

13 [별표 14의2] 과징금의 부과기준(시행령 제46조의2 제1항 관련)

과징금 금액은 다음과 같이 산정한다.

> 과징금 금액＝조업정지일수 × 1일당 부과금액(300만원)×사업장 규모별 부과계수

비고 1. 조업정지일수는 법 제71조에 따른 행정처분의 기준에 따른다.

2. 사업장 규모별 부과계수는 별표 13에 따른 사업장의 규모별로 다음 표와 같다.

종 류	부과계수
제1종 사업장	2.0
제2종 사업장	1.5
제3종 사업장	1.0
제4종 사업장	0.7
제5종 사업장	0.4

14 [별표 15] 일일기준 초과배출량 및 일일유량 산정방법 (시행령 제47조 제4항 관련)

1. 일일기준 초과배출량의 산정방법

$$일일기준\ 초과배출량 = 일일유량 \times 배출허용기준\ 초과농도 \times 10^{-6}$$

> 비고 1. 배출허용기준 초과농도는 다음 각목과 같다.
> 　　가. 법 제41조 제1항 제2호 '가'목의 경우 : 배출농도－배출허용기준농도
> 　　나. 법 제41조 제1항 제2호 '나'목의 경우 : 배출농도
> 　　2. 특정 수질유해물질의 배출허용기준 초과 일일오염물질 배출량은 소수점 이하 넷째자리까지 계산하고,
> 　　　그 밖의 수질오염물질은 소수점 이하 첫째자리까지 계산한다.
> 　　3. 배출농도의 단위는 리터당 밀리그램(mg/L)으로 한다.

2. 일일유량의 산정방법

$$일일유량 = 측정유량 \times 일일조업시간$$

> 비고 1. 측정유량의 단위는 분당 리터(L/min)로 한다.
> 　　2. 일일조업시간은 측정하기 전 최근 조업한 30일간의 배출시설의 조업시간 평균치로서 분으로 표시한다.

15 [별표 16] 위반횟수별 부과계수(시행령 제49조 제2항 관련)

1. 위반횟수별 부과계수 적용의 일반기준

　가. 위반횟수는 사업장별로 제46조에 따른 초과부과금 부과대상 수질오염물질을 배출(법 제41조 제1항 제2호 '가'목의 경우에는 배출허용기준을 초과하여 배출한 경우를 말한다)함으로써 법 제39조·제40조·제42조 또는 법 제44조에 따른 개선명령·조업정지명령·허가취소·사용중지명령 또는 폐쇄명령(이하 "개선명령 등"이라 한다)을 받은 경우의 그 위반행위의 횟수로 하되, 그 부과금 부과의 원인이 되는 위반행위를 한 날을 기준으로 최근 2년간의 위반행위를 한 횟수로 한다.

　나. 둘 이상의 위반행위로 하나의 개선명령 등을 받은 때에는 하나의 위반행위로 보되, 그 위반일은 가장 최근에 위반한 날을 기준으로 한다.

2. 사업장의 종별 구분에 따른 위반횟수별 부과계수

종 별	위반횟수별 부과계수			
제1종 사업장	• 처음 위반의 경우			
	사업장 규모	$2,000m^3/$일 이상, $4,000m^3/$일 미만	$4,000m^3/$일 이상, $7,000m^3/$일 미만	$7,000m^3/$일 이상, $10,000m^3/$일 미만
	부과계수	1.5	1.6	1.7
	• 다음 위반부터는 그 위반 직전의 부과계수에 1.5를 곱한 것으로 한다.			
제2종 사업장	• 처음 위반의 경우 : 1.4 • 다음 위반부터는 그 위반 직전의 부과계수에 1.4를 곱한 것으로 한다.			

종 별	위반횟수별 부과계수
제3종 사업장	• 처음 위반의 경우 : 1.3 • 다음 위반부터는 그 위반 직전의 부과계수에 1.3을 곱한 것으로 한다.
제4종 사업장	• 처음 위반의 경우 : 1.2 • 다음 위반부터는 그 위반 직전의 부과계수에 1.2를 곱한 것으로 한다.
제5종 사업장	• 처음 위반의 경우 : 1.1 • 다음 위반부터는 그 위반 직전의 부과계수에 1.1을 곱한 것으로 한다.

비고 사업장의 규모별 구분은 별표 13에 따른다.

3. 폐수무방류 배출시설에 대한 위반횟수별 부과계수

처음 위반의 경우 1.8로 하고 다음 위반부터는 그 위반 직전의 부과계수에 1.5를 곱한 것으로 한다.

16 [별표 17] 사업장별 환경기술인의 자격기준(시행령 제59조 제2항 관련)

구 분	환경기술인
제1종 사업장	수질환경기사 1명 이상
제2종 사업장	수질환경산업기사 1명 이상
제3종 사업장	수질환경산업기사, 환경기능사 또는 3년 이상 수질분야 환경 관련 업무에 직접 종사한 자 1명 이상
제4 · 5종 사업장	배출시설 설치허가를 받거나 배출시설 설치신고가 수리된 사업자 또는 배출시설 설치허가를 받거나 배출시설 설치신고가 수리된 사업자가 그 사업장의 배출시설 및 방지시설 업무에 종사하는 피고용인 중에서 임명하는 자 1명 이상

비고 1. 사업장의 규모별 구분은 별표 13에 따른다.
2. 특정 수질유해물질이 포함된 수질오염물질을 배출하는 제4종 또는 제5종 사업장은 제3종 사업장에 해당하는 환경기술인을 두어야 한다. 다만, 특정 수질유해물질이 포함된 1일 10m^3 이하의 폐수를 배출하는 사업장의 경우에는 그러하지 아니하다.
3. 삭제⟨2017.1.17.⟩
4. 공동방지시설에 있어서 폐수배출량이 제4종 및 제5종 사업장의 규모에 해당하면 제3종 사업장에 해당하는 환경기술인을 두어야 한다.
5. 법 제48조에 따른 공공폐수처리시설에 폐수를 유입시켜 처리하는 제1종 또는 제2종 사업장은 제3종 사업장에 해당하는 환경기술인을, 제3종 사업장은 제4종 · 제5종 사업장에 해당하는 환경기술인을 둘 수 있다.
6. 방지시설 설치면제 대상인 사업장과 배출시설에서 배출되는 수질오염물질 등을 공동방지시설에서 처리하게 하는 사업장은 제4종 · 제5종 사업장에 해당하는 환경기술인을 둘 수 있다.
7. 연간 90일 미만 조업하는 제1종부터 제3종까지의 사업장은 제4종 · 제5종 사업장에 해당하는 환경기술인을 선임할 수 있다.
8. 「대기환경보전법」 제40조 제1항에 따라 대기환경기술인으로 임명된 자가 수질환경기술인의 자격을 함께 갖춘 경우에는 수질환경기술인을 겸임할 수 있다.
9. 환경산업기사 이상의 자격이 있는 자를 임명하여야 하는 사업장에서 환경기술인을 바꾸어 임명하는 경우로서 그 자격이 있는 구직자를 찾기 어려운 경우 등 부득이한 사유가 있는 때에는 잠정적으로 30일 이내의 범위에서는 제4종 · 제5종 사업장의 환경기술인 자격에 준하는 자를 그 자격을 갖춘 자로 보아 제59조 제1항 제2호에 따른 신고를 할 수 있다.

17 [별표 17의2] 과징금의 부과기준(제79조의2 제1항 관련)

과징금 금액은 다음과 같이 산정한다.

> 과징금 금액 = 영업정지일수 × 1일당 부과금액(300만원) × 폐수처리업의 종류별 부과계수

비고 1. 영업정지일수는 법 제71조에 따른 행정처분의 기준에 따른다.
2. 폐수처리업의 종류별 부과계수는 다음 표와 같다.

종 류	부과계수
폐수 수탁처리업	2.0
폐수 재이용업	0.5

시행규칙 별표

1 [별표 1] 기타 수질오염원(시행규칙 제2조 관련)

시설구분	대 상	규 모
1. 수산물 양식시설	가. 「내수면 어업법」 제6조에 따른 가두리양식장 나. 「내수면 어업법」 제6조 또는 제11조에 따른 양만장(養鰻場) 또는 일반 양어장 다. 「수산업법」 제41조 제3항 제2호에 따른 육상해수양식어업 중 수조식양식어업시설	면허대상 모두 수조면적 합계 500m² 이상일 것 수조면적 합계 500m² 이상일 것
2. 골프장	「체육시설의 설치·이용에 관한 법률 시행령」 별표 1에 따른 골프장	면적 3만m² 이상이거나 3홀 이상일 것(법 제53조 제1항에 따라 비점오염원으로 설치신고 대상인 골프장은 제외)
3. 운수 장비·정비 또는 폐차장 시설	가. 동력으로 움직이는 모든 기계류·기구류·장비류의 정비를 목적으로 사용하는 시설 나. 자동차 폐차장시설	면적 200m² 이상(검사장 면적을 포함한다)일 것 면적 1,500m² 이상일 것
4. 농·축·수산물 단순가공시설	가. 조류의 알을 물세척만 하는 시설 나. 1차 농산물을 물세척만 하는 시설 다. 농산물의 보관·수송 등을 위하여 소금으로 절임만 하는 시설	물사용량 1일 5m³ 이상일 것 물사용량 1일 5m³ 이상일 것 용량 10m³ 이상일 것 ※ 가, 나, 다 시설 공히 「하수도법」 제2조 제9호 및 제13호에 따른 공공하수처리시설 및 개인하수처리시설에 유입하는 경우에는 1일 20m³ 이상임.
	라. 고정된 배수관을 통하여 바다로 직접 배출하는 시설(양식어민이 직접 양식한 굴의 껍질을 제거하고 물세척을 하는 시설을 포함한다)로서 해조류·갑각류·조개류를 채취한 상태 그대로 물세척만 하거나 삶은 제품을 구입하여 물세척만 하는 시설	물사용량 1일 5m³ 이상(농·축·수산물 단순가공시설이 바다에 붙어 있는 경우에는 물사용량 1일 20m³ 이상)일 것

시설구분	대 상	규 모
5. 사진처리 또는 X-ray 시설	가. 무인자동식 현상·인화·정착시설 나. 한국표준산업분류 733 사진촬영 및 처리업의 사진처리시설(X-ray시설을 포함한다) 중에서 폐수를 전량 위탁처리하는 시설	1대 이상일 것 1대 이상일 것
6. 금은 판매점의 세공시설이나 안경점	가. 금은 판매점의 세공시설(「국토의 계획 및 이용에 관한 법률 시행령」 제30조에 따른 준주거지역 및 상업지역에서 금은을 세공하여 금은 판매점에 제공하는 시설을 포함한다)에서 발생되는 폐수를 전량 위탁처리하는 시설 나. 안경점에서 렌즈를 제작하는 시설(공공하수처리시설로 유입·처리하지 아니하는 경우에만 해당한다)	폐수발생량이 1일 $0.01m^3$ 이상일 것 1대 이상일 것
7. 복합물류 터미널시설	화물의 운송, 보관, 하역과 관련된 작업을 하는 시설	면적이 20만m^2 이상일 것

비고 1. 제1호 '나'목 및 '다'목에 해당되는 시설 중 증발과 누수로 인하여 줄어드는 물을 보충하여 양식하는 양식장, 축제식 양식장 및 전복 양식장은 제외한다.
2. 「환경영향평가법 시행령」 별표 3 제1호 아목에 해당되어 비점오염원 설치신고 대상이 되는 사업은 기타수질오염원 신고대상에서 제외한다.

2 [별표 3] 특정 수질유해물질(시행규칙 제4조 관련)

특정 수질유해물질		
1. 구리(동)와 그 화합물	13. 셀레늄과 그 화합물	25. 아크릴아미드
2. 납(연)과 그 화합물	14. 벤젠	26. 나프탈렌
3. 비소와 그 화합물	15. 사염화탄소	27. 폼알데하이드
4. 수은과 그 화합물	16. 디클로로메탄	28. 에피클로로하이드린
5. 시안화합물	17. 1,1-디클로로에틸렌	29. 페놀
6. 유기인화합물	18. 1,2-디클로로에탄	30. 펜타클로로페놀
7. 6가크롬 화합물	19. 클로로포름	31. 스티렌
8. 카드뮴과 그 화합물	20. 1,4-다이옥산	32. 비스(2-에틸헥실)아디페이트
9. 테트라클로로에틸렌	21. 디에틸헥실프탈레이트(DEHP)	33. 안티몬
10. 트리클로로에틸렌	22. 염화비닐	
11. 삭제(2016.5.20)	23. 아크릴로니트릴	
12. 폴리클로리네이티드바이페닐 (PCB)	24. 브로모폼	

수질오염물질(제3조 관련)

1. 구리(동)와 그 화합물
2. 납과 그 화합물
3. 니켈과 그 화합물
4. 총 대장균군
5. 망간과 그 화합물
6. 바륨화합물
7. 부유물질
8. 브롬화합물
9. 비소와 그 화합물
10. 산과 알칼리류
11. 색소
12. 세제류
13. 셀레늄과 그 화합물
14. 수은과 그 화합물
15. 시안화합물
16. 아연과 그 화합물
17. 염소화합물
18. 유기물질
19. 유기용매류
20. 유류(동·식물성을 포함)
21. 인화합물
22. 주석과 그 화합물
23. 질소화합물
24. 철과 그 화합물
25. 카드뮴과 그 화합물
26. 크롬과 그 화합물
27. 불소화합물
28. 페놀류
29. 페놀
30. 펜타클로로페놀
31. 황과 그 화합물
32. 유기인화합물
33. 6가 크롬화합물
34. 테트라클로로에틸렌
35. 트리클로로에틸렌
36. 폴리클로리네이티드바이페닐
37. 벤젠
38. 사염화탄소
39. 디클로로메탄
40. 1, 1-디클로로에틸렌
41. 1, 2-디클로로에탄
42. 클로로포름
43. 생태독성물질(물벼룩에 대한 독성을 나타내는 물질만 해당한다)
44. 1,4-다이옥산
45. 디에틸헥실프탈레이트(DEHP)
46. 염화비닐
47. 아크릴로니트릴
48. 브로모포름
49. 퍼클로레이트
50. 아크릴아미드
51. 나프탈렌
52. 폼알데하이드
53. 에피클로로하이드린
54. 톨루엔
55. 자일렌
56. 스티렌
57. 비스(2-에틸헥실)아디페이트
58. 안티몬

3 [별표 5] 수질오염 방지시설(시행규칙 제7조 관련)

1. 물리적 처리시설

가. 스크린
나. 분쇄기
다. 침사시설
라. 유수분리시설
마. 유량조정시설(집수조)
바. 혼합시설
사. 응집시설
아. 침전시설
자. 부상시설
차. 여과시설
카. 탈수시설
타. 건조시설
파. 증류시설
하. 농축시설

2. 화학적 처리시설

가. 화학적 침강시설
나. 중화시설
다. 흡착시설
라. 살균시설
마. 이온교환시설
바. 소각시설
사. 산화시설
아. 환원시설
자. 침전물 개량시설

3. 생물화학적 처리시설

   가. 살수여과상   나. 폭기시설

   다. 산화시설(산화조 또는 산화지)   라. 혐기성·호기성 소화시설

   마. 접촉조   바. 안정조

   사. 돈사톱밥 발효시설

4. 제1호부터 제3호까지의 시설과 같거나 그 이상의 방지효율을 가진 시설로서 환경부 장관이 인정하는 시설

5. 별표 6에 따른 비점오염저감시설

> 비고 제1호 '다'목부터 '마'목까지의 시설은 해당 시설에 유입되는 수질오염물질을 더 이상 처리하지 아니하고 직접 최종 방류구에 유입시키거나 최종 방류구를 거치지 아니하고 배출하는 경우에는 이를 수질오염 방지시설로 보지 아니한다. 다만, 그 시설이 최종 처리시설인 경우에는 수질오염 방지시설로 본다.

4 [별표 6] 비점오염저감시설(시행규칙 제8조 관련)

1. 다음 각 목의 구분에 따른 시설

  가. 자연형 시설

    1) 저류시설 : 강우유출수를 저류(貯留)하여 침전 등에 의하여 비점오염물질을 줄이는 시설로 저류지·연못 등을 포함한다.

    2) 인공습지 : 침전, 여과, 흡착, 미생물 분해, 식생식물에 의한 정화 등 자연상태의 습지가 보유하고 있는 정화능력을 인위적으로 향상시켜 비점오염물질을 줄이는 시설을 말한다.

    3) 침투시설 : 강우유출수를 지하로 침투시켜 토양의 여과·흡착 작용에 따라 비점오염물질을 줄이는 시설로서 유공(有孔)포장, 침투조, 침투저류지, 침투도랑 등을 포함한다.

    4) 식생형 시설 : 토양의 여과·흡착 및 식물의 흡착(吸着)작용으로 비점오염물질을 줄임과 동시에 동식물 서식공간을 제공하면서 녹지경관으로 기능하는 시설로서 식생여과대와 식생수로 등을 포함한다.

  나. 장치형 시설

    1) 여과형 시설 : 강우유출수를 집수조 등에서 모은 후 모래·토양 등의 여과재(濾過材)를 통하여 걸러 비점오염물질을 줄이는 시설을 말한다.

    2) 와류(渦流)형 시설 : 중앙회전로의 움직임으로 와류가 형성되어 기름·그리스(grease) 등 부유성(浮游性) 물질은 상부로 부상시키고, 침전가능한 토사, 협잡물(挾雜物)은 하부로 침전·분리시켜 비점오염물질을 줄이는 시설을 말한다.

    3) 스크린형 시설 : 망의 여과·분리작용으로 비교적 큰 부유물이나 쓰레기 등을 제거하는 시설로서 주로 전(前)처리에 사용하는 시설을 말한다.

    4) 응집·침전 처리형 시설 : 응집제(應集劑)를 사용하여 비점오염물질을 응집한 후, 침강시설에서 고형물질을 침전·분리시키는 방법으로 부유물질을 제거하는 시설을 말한다.

    5) 생물학적 처리형 시설 : 전처리 시설에서 토사 및 협잡물 등을 제거한 후 미생물에 의하여 콜로이드(colloid)성, 용존성(溶存性) 유기물질을 제거하는 시설을 말한다.

2. 위 제1호의 시설과 같거나 그 이상의 저감효율을 갖는 시설로서 환경부 장관이 인정하여 고시하는 시설

5 [별표 7] 총량관리 단위유역의 수질측정방법(시행규칙 제10조 관련)

1. 목표수질지점에 대한 수질측정은 기본방침 및 「환경분야 시험·검사 등에 관한 법률」 제6조 제1항 제5호에 따른 환경오염 공정시험기준에 따른다.
2. 목표수질지점별로 연간 30회 이상 측정하여야 한다.
3. 제2호에 따른 수질측정주기는 8일 간격으로 일정하여야 한다. 다만, 홍수, 결빙, 갈수(渴水) 등으로 채수(採水)가 불가능한 특정 기간에는 그 측정주기를 늘리거나 줄일 수 있다.
4. 제1호부터 제3호까지에 따른 수질측정결과를 토대로 다음과 같이 평균수질을 산정하여 해당 목표수질지점의 수질변동을 확인한다.

가. 평균수질 $= e^{\left(\text{변환평균수질} + \frac{\text{변환분산}}{2} \right)}$

나. 변환평균수질 $= \dfrac{\ln(\text{측정수질}) + \ln(\text{측정수질}) + \cdots}{\text{측정횟수}}$

다. 변환분산 $= \dfrac{\{\ln(\text{측정수질}) - \text{변환평균수질}\}^2 + \cdots}{\text{측정횟수} - 1}$

비고 측정수질은 산정 시점으로부터 과거 3년간 측정한 것으로 하며, 그 단위는 리터당 밀리그램(mg/L)으로 표시한다.

6 [별표 10] 공공폐수처리시설의 방류수 수질기준(시행규칙 제26조 관련)

1. 방류수 수질기준(2020년 1월 1일부터 적용)

구 분	수질기준			
	I지역	II지역	III지역	IV지역
생물화학적 산소요구량 (BOD)(mg/L)	10(10) 이하	10(10) 이하	10(10) 이하	10(10) 이하
총유기탄소량 (TOC)(mg/L)	15(25) 이하	15(25) 이하	25(25) 이하	25(25) 이하
부유물질 (SS)(mg/L)	10(10) 이하	10(10) 이하	10(10) 이하	10(10) 이하
총 질소 (T-N)(mg/L)	20(20) 이하	20(20) 이하	20(20) 이하	20(20) 이하
총 인 (T-P)(mg/L)	0.2(0.2) 이하	0.3(0.3) 이하	0.5(0.5) 이하	2(2) 이하
총 대장균군 수 (개/mL)	3,000(3,000) 이하	3,000(3,000) 이하	3,000(3,000) 이하	3,000(3,000) 이하
생태독성 (TU)	1(1) 이하	1(1) 이하	1(1) 이하	1(1) 이하

비고 1. 산업단지 및 농공단지 공공폐수처리시설의 페놀류 등 수질오염물질의 방류수 수질기준은 위 표에도 불구하고 해당 처리시설에서 처리할 수 있는 수질오염물질 항목으로 한정하여 별표 13 제2호 나목의 표 중 특례지역에 적용되는 배출허용기준의 범위에서 해당 처리시설 설치사업시행자의 요청에 따라 환경부 장관이 정하여 고시한다.
2. 적용기간에 따른 수질기준란의 ( )는 농공단지 공공폐수처리시설의 방류수 수질기준을 말한다.
3. 생태독성 항목의 방류수 수질기준은 물벼룩에 대한 급성독성시험기준을 말한다.
4. 생태독성 방류수 수질기준 초과의 경우 그 원인이 오직 염(산의 음이온과 염기의 양이온에 의해 만들어지는 화합물을 말한다. 이하 같다) 성분 때문이라고 증명된 때에는 그 방류수를 법 제2조 제9호의 공공수역 중 항만 또는 연안해역에 방류하는 경우에 한정하여 생태독성 방류수 수질기준을 초과하지 않는 것으로 본다.
5. 제4호에 따른 생태독성 방류수 수질기준 초과원인이 오직 염 성분 때문이라는 증명에 필요한 구비서류, 절차·방법 등에 관하여 필요한 사항은 국립환경과학원장이 정하여 고시한다.

2. 적용대상 지역

구 분	범 위
Ⅰ지역	가. 「수도법」 제7조에 따라 지정·공고된 상수원보호구역 나. 「환경정책기본법」 제22조 제1항에 따라 지정·고시된 특별대책지역 중 수질보전 특별대책지역으로 지정·고시된 지역 다. 「한강수계 상수원수질개선 및 주민지원 등에 관한 법률」 제4조 제1항, 「낙동강수계 물관리 및 주민지원 등에 관한 법률」 제4조 제1항, 「금강수계 물관리 및 주민지원 등에 관한 법률」 제4조 제1항 및 「영산강·섬진강수계 물관리 및 주민지원 등에 관한 법률」 제4조 제1항에 따라 각각 지정·고시된 수변구역 라. 「새만금사업 촉진을 위한 특별법」 제2조 제1호에 따른 새만금사업지역으로 유입되는 하천이 있는 지역으로서 환경부 장관이 정하여 고시하는 지역
Ⅱ지역	법 제22조 제2항에 따라 고시된 중권역 중 생물화학적 산소요구량(BOD), 총유기탄소량(TOC) 또는 총 인(T-P) 항목의 수치가 법 제10조의2 제1항에 따른 물환경 목표기준을 초과하였거나 초과할 우려가 현저한 지역으로서 환경부 장관이 정하여 고시하는 지역
Ⅲ지역	법 제22조 제2항에 따라 고시된 중권역 중 한강·금강·낙동강·영산강·섬진강 수계에 포함되는 지역으로서 환경부 장관이 정하여 고시하는 지역(Ⅰ지역 및 Ⅱ지역을 제외한다)
Ⅳ지역	Ⅰ지역, Ⅱ지역 및 Ⅲ지역을 제외한 지역

7 [별표 12] 안내판의 규격 및 내용(시행규칙 제29조 관련)

1. 안내판의 규격

- 두께 및 재질 : 3mm 또는 4mm 두께의 철판
- **바탕색** : 청색
- **글씨** : 흰색

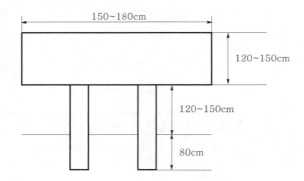

2. 안내판의 내용

가. 낚시금지구역

알림

1. 이 지역은 「물환경보전법」 제20조 제1항에 따라 지정된 낚시금지구역입니다.
2. 낚시금지구역에서는 하천·호소의 수질보전을 위하여 「물환경보전법」 20조 제1항에 따라 낚시행위가 모두 금지되며, 이를 위반하여 낚시행위를 한 사람에게는 「물환경보전법」 제82조 제2항 제1호에 따라 300만원 이하의 과태료가 부과되오니 이를 위반하는 일이 없도록 협조하여 주시기 바랍니다.

년   월   일
○ ○ 시장·군수·구청장
○ ○ 경찰서장

나. 낚시제한구역

알림

1. 이 지역은 「물환경보전법」 제20조 제1항에 따라 지정된 낚시제한구역입니다.
2. 낚시제한구역에서는 하천·호소의 수질보전을 위하여 「물환경보전법」 제20조 제1항과 같은 법 시행규칙 제30조에 따라 아래의 행위가 금지되며, 이를 위반할 경우 「물환경보전법」 제82조 제3항 제2호에 따라 100만원 이하의 과태료가 부과되오니 이를 위반하는 일이 없도록 협조하여 주시기 바랍니다.

아래

가. 낚싯바늘에 끼워서 사용하지 아니하고 고기를 유인하기 위하여 떡밥·어분 등을 던지는 행위
나. 어선을 이용한 낚시행위 등 「낚시어선업법」에 따른 낚시어선업을 영위하는 행위
다. 1명당 4대 이상의 낚싯대를 사용하는 행위
라. 1개의 낚싯대에 5개 이상의 낚싯바늘을 떡밥과 뭉쳐서 미끼로 던지는 행위
마. 쓰레기를 버리거나 취사행위를 하거나 화장실이 아닌 곳에서 대소변을 보는 등 수질오염을 일으킬 우려가 있는 행위
바. 고기를 잡기 위하여 폭발물·배터리·어망 등을 이용하는 행위
사. 「수산자원보호령」에 따른 포획금지 행위
아. 낚시로 인한 수질오염을 예방하기 위하여 그 밖에 시·군·자치구의 조례로 정하는 행위

년   월   일
○ ○ 시장·군수·구청장
○ ○ 경찰서장

비고   제2호 '사'목 및 '아'목은 해당되는 내용이 있는 경우에만 적는다.

8 [별표 13] 수질오염물질의 배출허용기준(시행규칙 제34조 관련)

1. 지역구분 적용에 대한 공통기준

가. 제2호 각 목 및 비고의 지역구분란의 청정지역, 가지역, 나지역 및 특례지역은 다음과 같다.

1) 청정지역 : 「환경정책기본법 시행령」 별표 1 제3호에 따른 수질 및 수생태계 환경기준(이하 "수질 및 수생태계 환경기준"이라 한다) 매우 좋음(Ia) 등급 정도의 수질을 보전하여야 한다고 인정되는 수역의 수질에 영향을 미치는 지역으로서 환경부 장관이 정하여 고시하는 지역

2) 가지역 : 수질 및 수생태계 환경기준 좋음(Ib), 약간 좋음(II) 등급 정도의 수질을 보전하여야 한다고 인정되는 수역의 수질에 영향을 미치는 지역으로서 환경부 장관이 정하여 고시하는 지역

3) 나지역 : 수질 및 수생태계 환경기준 보통(III), 약간 나쁨(IV), 나쁨(V) 등급 정도의 수질을 보전하여야 한다고 인정되는 수역의 수질에 영향을 미치는 지역으로서 환경부 장관이 정하여 고시하는 지역

4) 특례지역 : 환경부 장관이 법 제49조 제③항에 따른 공동처리구역으로 지정하는 지역 및 시장·군수가 「산업입지 및 개발에 관한 법률」 제8조에 따라 지정하는 농공단지

나. 「자연공원법」 제2조 제1호에 따른 자연공원의 공원구역 및 「수도법」 제7조에 따라 지정·공고된 상수원보호구역은 제2호에 따른 항목별 배출허용기준을 적용할 때에는 청정지역으로 본다.

다. 정상가동 중인 공공하수처리시설에 배수설비를 연결하여 처리하고 있는 폐수배출시설에 제2호에 따른 항목별 배출허용기준(같은 호 나목의 항목은 해당 공공하수처리시설에서 처리하는 수질오염물질 항목만 해당한다)을 적용할 때에는 나지역의 기준을 적용한다.

2. 항목별 배출허용기준

가. 생물화학적 산소요구량·총유기탄소량·부유물질량(2020년 1월 1일부터 적용)

대상규모 / 항목 / 지역구분	1일 폐수배출량 2천m³ 이상			1일 폐수배출량 2천m³ 미만		
	생물화학적 산소요구량 (mg/L)	총유기탄소량 (mg/L)	부유물질량 (mg/L)	생물화학적 산소요구량 (mg/L)	총유기탄소량 (mg/L)	부유물질량 (mg/L)
청정지역	30 이하	25 이하	30 이하	40 이하	30 이하	40 이하
가지역	60 이하	40 이하	60 이하	80 이하	50 이하	80 이하
나지역	80 이하	50 이하	80 이하	120 이하	75 이하	120 이하
특례지역	30 이하	25 이하	30 이하	30 이하	25 이하	30 이하

비고 1. 하수처리구역에서 「하수도법」 제28조에 따라 공공하수도관리청의 허가를 받아 폐수를 공공하수도에 유입시키지 아니하고 공공수역으로 배출하는 폐수배출시설 및 「하수도법」 제27조 제1항을 위반하여 배수설비를 설치하지 아니하고 폐수를 공공수역으로 배출하는 사업장에 대한 배출허용기준은 공공하수처리시설의 방류수 수질기준을 적용한다.
2. 「국토의 계획 및 이용에 관한 법률」 제6조 제2호에 따른 관리지역에서의 「건축법 시행령」 별표 1 제17호에 따른 공장에 대한 배출허용기준은 특례지역의 기준을 적용한다.

나. 페놀류 등 수질오염물질

1)~7) 생략

8) 2019년 1월 1일부터 2020년 12월 31일까지 적용되는 기준

항 목 / 지역구분	'청정'지역	'가'지역	'나'지역	'특례'지역
수온이온농도	5.8 ~ 8.6	5.8 ~ 8.6	5.8 ~ 8.6	5.8 ~ 8.6
노말헥산 추출 물질 함유량 - 광유류(mg/L)	1 이하	5 이하	5 이하	5 이하
노말헥산 추출 물질 함유량 - 동식물 유지류(mg/L)	5 이하	30 이하	30 이하	30 이하
페놀류 함유량(mg/L)	1 이하	3 이하	3 이하	5 이하
페놀(mg/L)	0.1 이하	1 이하	1 이하	1 이하
펜타클로로페놀(mg/L)	0.001 이하	0.01 이하	0.01 이하	0.01 이하
시안 함유량(mg/L)	0.2 이하	1 이하	1 이하	1 이하
크롬 함유량(mg/L)	0.5 이하	2 이하	2 이하	2 이하
용해성 철 함유량(mg/L)	2 이하	10 이하	10 이하	10 이하
아연 함유량(mg/L)	1 이하	5 이하	5 이하	5 이하
구리(동) 함유량(mg/L)	1 이하	3 이하	3 이하	3 이하

지역구분 항목	'청정'지역	'가'지역	'나'지역	'특례'지역
카드뮴 함유량(mg/L)	0.02 이하	0.1 이하	0.1 이하	0.1 이하
수은 함유량(mg/L)	0.001 이하	0.005 이하	0.005 이하	0.005 이하
유기인 함유량(mg/L)	0.2 이하	1 이하	1 이하	1 이하
비소 함유량(mg/L)	0.05 이하	0.25 이하	0.25 이하	0.25 이하
납 함유량(mg/L)	0.1 이하	0.5 이하	0.5 이하	0.5 이하
6가 크롬 함유량(mg/L)	0.1 이하	0.5 이하	0.5 이하	0.5 이하
용해성 망간 함유량(mg/L)	2 이하	10 이하	10 이하	10 이하
플로오르(불소) 함유량(mg/L)	3 이하	15 이하	15 이하	15 이하
PCB 함유량(mg/L)	불검출	0.003 이하	0.003 이하	0.003 이하
총 대장균군(群)(총 대장균군 수)(mL)	100 이하	3,000 이하	3,000 이하	3,000 이하
색도(도)	200 이하	300 이하	400 이하	400 이하
온도(℃)	40 이하	40 이하	40 이하	40 이하
총 질소(mg/L)	30 이하	60 이하	60 이하	60 이하
총 인(mg/L)	4 이하	8 이하	8 이하	8 이하
트리클로로에틸렌(mg/L)	0.06 이하	0.3 이하	0.3 이하	0.3 이하
테트라클로로에틸렌(mg/L)	0.02 이하	0.1 이하	0.1 이하	0.1 이하
음이온계면활성제(mg/L)	3 이하	5 이하	5 이하	5 이하
벤젠(mg/L)	0.01 이하	0.1 이하	0.1 이하	0.1 이하
디클로로메탄(mg/L)	0.02 이하	0.2 이하	0.2 이하	0.2 이하
생태독성(TU)	1 이하	2 이하	2 이하	2 이하
셀레늄 함유량(mg/L)	0.1 이하	1 이하	1 이하	1 이하
사염화탄소(mg/L)	0.004 이하	0.04 이하	0.04 이하	0.08 이하
1,1-디클로로에틸렌(mg/L)	0.03 이하	0.3 이하	0.3 이하	0.6 이하
1,2-디클로로에탄(mg/L)	0.03 이하	0.3 이하	0.3 이하	0.3 이하
클로로포름(mg/L)	0.08 이하	0.8 이하	0.8 이하	0.8 이하
니켈(mg/L)	0.1 이하	3.0 이하	3.0 이하	3.0 이하
바륨(mg/L)	1.0 이하	10.0 이하	10.0 이하	10.0 이하
1,4-다이옥산(mg/L)	0.05 이하	4.0 이하	4.0 이하	4.0 이하
디에틸헥실프탈레이트(DEHP)(mg/L)	0.02 이하	0.2 이하	0.2 이하	0.8 이하
염화비닐(mg/L)	0.01 이하	0.5 이하	0.5 이하	1.0 이하
아크릴로니트릴(mg/L)	0.01 이하	0.2 이하	0.2 이하	1.0 이하
브로모포름(mg/L)	0.03 이하	0.3 이하	0.3 이하	0.3 이하
나프탈렌(mg/L)	0.05 이하	0.5 이하	0.5 이하	0.5 이하
폼알데하이드(mg/L)	0.5 이하	5.0 이하	5.0 이하	5.0 이하
에피클로로하이드린(mg/L)	0.03 이하	0.3 이하	0.3 이하	0.3 이하
톨루엔(mg/L)	0.7 이하	7.0 이하	7.0 이하	7.0 이하
자일렌(mg/L)	0.5 이하	5.0 이하	5.0 이하	5.0 이하
퍼클로레이트(mg/L)	0.03 이하	0.3 이하	0.3 이하	0.3 이하
아크릴아미드(mg/L)	0.015 이하	0.04 이하	0.04 이하	0.04 이하

항 목 \ 지역구분	'청정'지역	'가'지역	'나'지역	'특례'지역
스티렌(mg/L)	0.02 이하	0.2 이하	0.2 이하	0.2 이하
비스(2-에틸헥실)아디페이트(mg/L)	0.2 이하	2 이하	2 이하	2 이하
안티몬(mg/L)	0.02 이하	0.2 이하	0.2 이하	0.2 이하

비고 1. 색도항목의 배출허용기준은 별표 4 제2호 18)의 섬유염색 및 가공시설, 같은 호 19)의 기타 섬유제품 제조시설 및 같은 호 23)의 펄프·종이 및 종이제품(색소첨가 제품만 해당한다) 제조시설에만 적용한다.
2. 생태독성 배출허용기준은 물벼룩에 대한 급성독성시험을 기준으로 하며, 별표 4 제2호의 3), 12), 14), 17)부터 20)까지, 23), 26), 27), 30), 31), 33)부터 40)까지, 46), 48)부터 50)까지, 54), 55), 57)부터 60)까지, 63), 67), 74), 75) 및 80)에 해당되는 폐수배출시설에만 적용한다. 다만, 해당 사업장에서 배출되는 폐수를 모두 공공폐수처리시설 또는 「하수도법」 제2조 제9호에 따른 공공하수처리시설에 유입시키는 폐수배출시설에는 적용하지 아니한다.
3. 생태독성 배출허용기준 초과의 경우 그 원인이 오직 염(산의 음이온과 염기의 양이온에 의해 만들어지는 화합물을 말한다. 이하 같다) 성분 때문으로 증명된 때에는 그 폐수를 다음 각 목의 어느 하나에 해당하는 방법으로 방류하는 경우에 한정하여 생태독성 배출허용기준을 초과하지 아니한 것으로 본다.
   가. 공공수역 중 항만·연안해역에 방류하는 경우
   나. 공공수역 중 항만·연안해역을 제외한 곳으로 방류하는 경우(2010년 12월 31일까지 설치허가 또는 변경허가를 받거나 설치신고 또는 변경신고를 한 폐수배출시설로 한정한다)
4. 제3호에 따른 생태독성 배출허용기준 초과원인이 오직 염 성분 때문이라는 증명에 필요한 첨부서류, 절차·방법 등에 관하여 필요한 사항은 국립환경과학원장이 정하여 고시한다.
5. 특례지역 내 폐수배출시설에서 발생한 폐수를 공공폐수처리시설에 유입하지 아니하고 직접 방류할 경우에는 해당 지역 구분에 따른 배출허용기준을 적용한다.
6. 위 표에도 불구하고 퍼클로레이트 항목은 별표 4 제2호 31)의 기초무기화학물질 제조시설 및 같은 호 57)의 비철금속 제련, 정련 및 합금제조 시설의 경우에는 청정지역은 0.4mg/L, 가지역, 나지역 및 특례지역은 4mg/L의 기준을 적용한다.

9) 2021년 1월 1일부터 적용되는 기준

항 목 \ 지역구분		'청정'지역	'가'지역	'나'지역	'특례'지역
수온이온농도		5.8~8.6	5.8~8.6	5.8~8.6	5.8~8.6
노말헥산 추출 물질 함유량	광유류(mg/L)	1 이하	5 이하	5 이하	5 이하
	동식물 유지류(mg/L)	5 이하	30 이하	30 이하	30 이하
페놀류 함유량(mg/L)		1 이하	3 이하	3 이하	5 이하
페놀(mg/L)		0.1 이하	1 이하	1 이하	1 이하
펜타클로로페놀(mg/L)		0.001 이하	0.01 이하	0.01 이하	0.01 이하
시안 함유량(mg/L)		0.2 이하	1 이하	1 이하	1 이하
크롬 함유량(mg/L)		0.5 이하	2 이하	2 이하	2 이하
용해성 철 함유량(mg/L)		2 이하	10 이하	10 이하	10 이하
아연 함유량(mg/L)		1 이하	5 이하	5 이하	5 이하
구리(동) 함유량(mg/L)		1 이하	3 이하	3 이하	3 이하
카드뮴 함유량(mg/L)		0.02 이하	0.1 이하	0.1 이하	0.1 이하
수은 함유량(mg/L)		0.001 이하	0.005 이하	0.005 이하	0.005 이하

지역구분 항 목	'청정'지역	'가'지역	'나'지역	'특례'지역
유기인 함유량(mg/L)	0.2 이하	1 이하	1 이하	1 이하
비소 함유량(mg/L)	0.05 이하	0.25 이하	0.25 이하	0.25 이하
납 함유량(mg/L)	0.1 이하	0.5 이하	0.5 이하	0.5 이하
6가 크롬 함유량(mg/L)	0.1 이하	0.5 이하	0.5 이하	0.5 이하
용해성 망간 함유량(mg/L)	2 이하	10 이하	10 이하	10 이하
플로오르(불소) 함유량(mg/L)	3 이하	15 이하	15 이하	15 이하
PCB 함유량(mg/L)	불검출	0.003 이하	0.003 이하	0.003 이하
총 대장균군(群)(총 대장균군 수)(mL)	100 이하	3,000 이하	3,000 이하	3,000 이하
색도(도)	200 이하	300 이하	400 이하	400 이하
온도(℃)	40 이하	40 이하	40 이하	40 이하
총 질소(mg/L)	30 이하	60 이하	60 이하	60 이하
총 인(mg/L)	4 이하	8 이하	8 이하	8 이하
트리클로로에틸렌(mg/L)	0.06 이하	0.3 이하	0.3 이하	0.3 이하
테트라클로로에틸렌(mg/L)	0.02 이하	0.1 이하	0.1 이하	0.1 이하
음이온계면활성제(mg/L)	3 이하	5 이하	5 이하	5 이하
벤젠(mg/L)	0.01 이하	0.1 이하	0.1 이하	0.1 이하
디클로로메탄(mg/L)	0.02 이하	0.2 이하	0.2 이하	0.2 이하
생태독성(TU)	1 이하	2 이하	2 이하	2 이하
셀레늄 함유량(mg/L)	0.1 이하	1 이하	1 이하	1 이하
사염화탄소(mg/L)	0.004 이하	0.04 이하	0.04 이하	0.08 이하
1,1-디클로로에틸렌(mg/L)	0.03 이하	0.3 이하	0.3 이하	0.6 이하
1,2-디클로로에탄(mg/L)	0.03 이하	0.3 이하	0.3 이하	0.3 이하
클로로포름(mg/L)	0.08 이하	0.8 이하	0.8 이하	0.8 이하
니켈(mg/L)	0.1 이하	3.0 이하	3.0 이하	3.0 이하
바륨(mg/L)	1.0 이하	10.0이하	10.0 이하	10.0 이하
1,4-다이옥산(mg/L)	0.05 이하	4.0 이하	4.0 이하	4.0 이하
디에틸헥실프탈레이트(DEHP)(mg/L)	0.02 이하	0.2 이하	0.2 이하	0.8 이하
염화비닐(mg/L)	0.01 이하	0.5 이하	0.5 이하	1.0 이하
아크릴로니트릴(mg/L)	0.01 이하	0.2 이하	0.2 이하	1.0 이하
브로모포름(mg/L)	0.03 이하	0.3 이하	0.3 이하	0.3 이하
나프탈렌(mg/L)	0.05 이하	0.5 이하	0.5 이하	0.5 이하
폼알데하이드(mg/L)	0.5 이하	5.0 이하	5.0 이하	5.0 이하
에피클로로하이드린(mg/L)	0.03 이하	0.3 이하	0.3 이하	0.3 이하
톨루엔(mg/L)	0.7 이하	7.0 이하	7.0 이하	7.0 이하
자일렌(mg/L)	0.5 이하	5.0 이하	5.0 이하	5.0 이하
퍼클로레이트(mg/L)	0.03 이하	0.3 이하	0.3 이하	0.3 이하

항목 \ 지역구분	'청정'지역	'가'지역	'나'지역	'특례'지역
아크릴아미드(mg/L)	0.015 이하	0.04 이하	0.04 이하	0.04 이하
스티렌(mg/L)	0.02 이하	0.2 이하	0.2 이하	0.2 이하
비스(2-에틸헥실)아디페이트(mg/L)	0.2 이하	2 이하	2 이하	2 이하
안티몬(mg/L)	0.02 이하	0.2 이하	0.2 이하	0.2 이하
주석(mg/L)	0.5 이하	5 이하	5 이하	5 이하

비고　1. 색도항목의 배출허용기준은 별표 4 제2호 18)의 섬유염색 및 가공시설, 같은 호 19)의 기타 섬유제품 제조시설 및 같은 호 23)의 펄프·종이 및 종이제품(색소첨가 제품만 해당한다) 제조시설에만 적용한다.

2. 생태독성 배출허용기준은 물벼룩에 대한 급성독성시험을 기준으로 하며, 해당 사업장에서 배출되는 폐수를 모두 공공폐수처리시설 또는 「하수도법」 제2조 제9호에 따른 공공하수처리시설에 유입시키는 폐수배출시설에는 적용하지 않는다.

3. 생태독성 배출허용기준 초과의 경우 그 원인이 오직 염(산의 음이온과 염기의 양이온에 의해 만들어지는 화합물을 말한다. 이하 같다) 성분 때문으로 증명된 때에는 그 폐수를 다음의 어느 하나에 해당하는 방법으로 방류하는 경우에 한정하여 생태독성 배출허용기준을 초과하지 않는 것으로 본다.
   가. 공공수역 중 항만·연안해역에 방류하는 경우
   나. 다음 시설에서 공공수역 중 항만·연안해역을 제외한 곳으로 방류하는 경우
      1) 별표 4 제2호의 폐수배출시설 분류 중 3), 12), 14), 17)부터 20)까지, 23), 26), 27), 30), 31), 33)부터 40)까지, 46), 48)부터 50)까지, 54), 55), 57)부터 60)까지, 63), 67), 74), 75) 및 80)에 해당되는 폐수배출시설(2010년 12월 31일까지 설치허가 또는 변경허가를 받거나 설치신고 또는 변경신고를 한 폐수배출시설로 한정한다)
      2) 1)에 해당되지 않는 폐수배출시설(2020년 12월 31일까지 설치허가 또는 변경허가를 받거나 설치신고 또는 변경신고를 한 폐수배출시설로 한정한다)

4. 제3호에 따른 생태독성 배출허용기준 초과원인이 오직 염 성분 때문이라는 증명에 필요한 첨부서류, 절차·방법 등에 관하여 필요한 사항은 국립환경과학원장이 정하여 고시한다.

5. 환경부 장관은 「환경기술 및 환경산업 지원법」 제12조에 따라 한국환경공단이 수행하는 생태독성 기술지원을 제공할 수 있으며, 그 결과를 제출받을 수 있다.

6. 특례지역 내 폐수배출시설에서 발생한 폐수를 공공폐수처리시설에 유입하지 않고 직접 방류할 경우에는 해당 지역 구분에 따른 배출허용기준을 적용한다.

7. 위 표에도 불구하고 퍼클로레이트 항목은 별표 4 제2호31)의 기초무기화학물질 제조시설 및 같은 호 57)의 비철금속 제련, 정련 및 합금제조 시설의 경우에는 청정지역은 0.4mg/L, 가지역, 나지역 및 특례지역은 4mg/L의 기준을 적용한다.

8. 총대장균군 배출허용기준은 해당 사업장에서 배출된 폐수를 모두 공공폐수처리시설 또는 「하수도법」 제2조 제9호에 따른 공공하수처리시설에 유입시키는 폐수배출시설에는 적용하지 않는다.

9. 하수처리구역에서 「하수도법」 제28조에 따라 공공하수도관리청의 허가를 받아 폐수를 공공하수도에 유입시키지 않고 공공수역으로 배출하는 폐수배출시설 및 「하수도법」 제27조 제1항을 위반하여 배수설비를 설치하지 않고 폐수를 공공수역으로 배출하는 사업장에 대한 배출허용기준은 공공하수처리시설의 방류수 수질기준을 적용한다.

9 [별표 13의2] 특정 수질유해물질 폐수배출시설 적용기준(제35조의2 관련)

물질명	기준농도(mg/L)
구리와 그 화합물	0.1
납과 그 화합물	0.01
비소와 그 화합물	0.01
수은과 그 화합물	0.001
시안화합물	0.01
유기인 화합물	0.0005
6가 크롬 화합물	0.05
카드뮴과 그 화합물	0.005
테트라클로로에틸렌	0.01
트리클로로에틸렌	0.03
폴리클로리네이티드바이페닐	0.0005
셀레늄과 그 화합물	0.01
벤젠	0.01
사염화탄소	0.002
디클로로메탄	0.02
1,1-디클로로에틸렌	0.03
1,2-디클로로에탄	0.03
클로로포름	0.08
1,4-다이옥산	0.05
디에틸헥실프탈레이트(DEHP)	0.008
염화비닐	0.005
아크릴로니트릴	0.005
브로모포름	0.03
페놀	0.1
펜타클로로페놀	0.001
아크릴아미드	0.015
나프탈렌	0.05
폼알데하이드	0.5
에피클로로하이드린	0.03
스티렌	0.02
비스(2-에틸헥실)아디페이트	0.2
안티몬	0.02

10 [별표 14] 방지시설의 설치가 면제되는 자의 준수사항(제44조 관련)

1. 영 제33조 제1호에 해당하는 자의 경우

방지시설을 설치하지 아니한 폐수배출시설의 공정을 변경하거나 사용원료·부원료 등을 바꾸면 배출허용기준을 초과할 우려가 있다고 판단되는 경우에는 변경 전에 폐수배출시설 변경허가를 받거나 또는 변경신고를 하고 방지시설을 설치하여야 한다.

2. 영 제33조 제2호에 해당하는 자의 경우

가. 발생된 폐수는 폐수처리업자 등에게 위탁처리하여야 한다.

나. 폐수위탁은 제41조에 따라 위탁처리할 수 있는 폐수로 한정한다.

다. 사업장에서 발생되는 위탁처리할 폐수의 일일 최대 발생량을 기준으로 5일분 이상을 성상별로 보관할 수 있도록 저장시설을 설치하고 그 양을 알아볼 수 있는 계측기(간이측정자·눈금 등)를 부착하여야 한다. 다만, 발생된 폐수를 이송저장하지 아니하고 폐수배출시설에서 직접 위탁할 수 있을 경우에는 별도로 보관시설을 설치하지 아니하여도 된다.

라. 폐수성상이 서로 다른 폐수를 혼합 보관하여서는 아니 되고, 출판·인쇄, 자동식 사진처리, X-Ray시설에서 위탁처리하는 현상액, 정착액 및 세척액은 각각 분리수거하여 보관하여야 하며, 18리터 이상의 합성수지용기의 윗부분과 양측면에 가로 10센티미터, 세로 4센티미터 크기의 바탕에 현상액은 황색 바탕에 검정색으로 '현상폐수'라고 적고, 정착액은 녹색 바탕에 검정색으로 '정착폐수'라고 적어야 한다. 다만, 소규모 자동식 사진처리시설에서 배출되는 세척액의 수질오염물질 농도가 공공폐수처리시설의 방류수 수질기준 이하인 경우에는 위탁처리하지 아니할 수 있다.

마. 폐수수탁처리업자와 폐수인계·인수를 하는 경우에는 별지 제44호 서식에 따른 폐수(위)수탁확인서를 전자인계·인수관리시스템을 통하여 입력해야 하며, 입력방법은 별표 21의 2와 같다.

바. 사업장에 폐수수탁처리계약서를 갖추어 두어야 한다.

사. 폐수수탁처리업의 등록을 한 자가 휴업, 폐업 또는 행정처분에 따른 영업의 일시정지 등을 통보를 받은 경우에는 새로 폐수수탁처리업의 등록을 한 자에게 폐수를 위탁하여 처리하는 등 적절한 대책을 마련하여야 한다.

아. 매년 다음 해 1월 10일까지 위탁처리폐수에 대한 폐수성상별 위탁물량 및 폐수수탁처리업소 등에 관한 사항을 관할 행정기관의 장에게 보고하여야 한다.

자. 유해성·위해성이 우려되는 폐수(폐산, 폐알칼리, 유해화학물질이 포함된 폐수 등) 또는 수질오염물질이 고농도로 함유된 폐수를 위탁하려는 경우 폐수처리업자가 해당 폐수를 충분히 처리할 능력이 있는지를 확인한 후 위탁해야 한다.

3. 영 제33조 제3호에 해당하는 자의 경우

가. 폐수(폐수처리업자 등에게 위탁처리하는 폐수, 지정된 배출해역에 폐기물 해양배출업 등록자가 배출하는 폐수 및 지정폐기물 처리시설을 설치·운영하는 자 등에게 위탁처리하는 폐수는 제외한다)가 외부로 배출되지 아니하도록 하여야 한다. 다만, 제42조 제4호에 해당하는 용도로 사용하기 위하여 부득이하게 사업장 외부에서 사용하려는 경우[영 제79조 제2호

에 따른 폐수 재이용업의 등록을 한 자(이하 "폐수 재이용업자"라 한다)에게 위탁처리하는 경우는 제외한다]에는 사전에 시·도지사의 확인을 받아 외부로 반출할 수 있다.

나. 시설의 고장이나 수리 등으로 폐수가 외부로 배출되는 경우와 공정 중에 순환 재이용하다가 재이용에 적합하지 아니하다고 판단되어 폐수 등 액상오염물질을 외부로 배출하는 경우에는 지체 없이 영 제40조 제1항 제2호에 따른 개선계획서를 제출하고 개선하거나 폐수처리업자에게 위탁처리하여야 한다.

다. 매년 다음 해 1월 10일까지 폐수처리상황 등의 실적을 관할 행정기관의 장에게 보고하여야 한다.

라. 폐기물 해양배출업의 등록을 한 자 또는 지정폐기물 처리업자와 폐수를 인계인수하는 경우로서 제42조 제2호 또는 제3호에 따라 위탁처리하는 경우에는 폐기물인계서를 작성하여 서로 기명날인한 후 1년간 보존하여야 한다.

마. 제42조 제2호 또는 제3호에 따라 위탁처리하는 경우에는 폐수 배출시설에 폐수수탁처리계약서를 갖추어 두어야 한다.

바. 가목 단서에 따라 폐수를 사업장 외부로 반출하는 경우로서 폐수재이용업자에게 위탁하는 경우에는 제2호 마목 및 바목의 규정을 준용하고, 그 외의 경우에는 반출일자별로 반출처, 반출폐수량 등을 기록한 기록부를 작성하여 1년간 보존하여야 한다.

11 [별표 15] 공공폐수처리시설의 유지·관리 기준(시행규칙 제71조 관련)

1. 처리시설을 정상적으로 가동하여 배출되는 수질오염물질이 공공폐수처리시설의 방류수 수질기준에 적합하도록 하여야 한다.

2. 법 제50조 제3항에 따른 개선 등 조치명령을 받지 아니한 운영자가 부득이하게 방류수 수질기준을 초과하여 수질오염물질을 배출하게 되는 경우에는 처리시설의 개선사유, 개선기간, 개선하려는 내용, 개선기간 중의 수질오염물질 예상 배출량 및 배출농도 등을 적은 개선계획서를 유역환경청장 또는 지방환경청장에게 제출하고 처리시설을 개선하여야 한다.

3. 처리시설의 가동시간, 폐수방류량, 약품투입량, 관리·운영자, 그 밖에 처리시설의 운영에 관한 주요사항을 사실대로 매일 기록하고 이를 최종 기재한 날부터 1년간 보존하여야 한다.

4. 처리시설에서 배출되는 수질오염물질의 양을 측정할 수 있는 기기를 부착하는 등 필요한 조치를 하여야 한다.

5. 처리시설의 관리·운영자는 방수류 수질기준 항목(법 제38조의 2에 따라 측정기기를 부착하여 법 제38조의 5에 따라 관제센터로 측정자료가 전송되는 항목은 제외한다.)에 대한 방류수 수질검사를 다음과 같이 실시하여야 한다.

    가. 처리시설의 적정 운영 여부를 확인하기 위하여 방류수 수질검사를 월 2회 이상 실시하되, 2,000m³/일 이상인 시설은 주 1회 이상 실시하여야 한다. 다만, 생태독성(TU) 검사는 월 1회 이상 실시하여야 한다.

    나. 방류수의 수질이 현저하게 악화되었다고 인정되는 경우에는 수시로 방류수 수질검사를 하여야 한다.

6. 삭제(2017.1.19.)

12 **[별표 16] 폐수관로 및 배수설비의 설치방법 · 구조기준(시행규칙 제72조 관련)**

1. 폐수관로는 분류식으로 설치하고, 유입되는 오수·폐수가 전량 공공폐수처리시설로 유입되도록 다른 폐수관로·맨홀 또는 오수·폐수받이와 연결되어야 한다.
2. 관정은 품질관리를 위하여 「하수도법 시행령」 제10조 제2항 각 호의 어느 하나에 해당하는 품질과 성능을 가진 것을 사용하여야 한다.
3. 폐수관로의 기초 지반은 관로의 종류, 매설토양의 특성, 시공방법, 하중조건 및 매설조건을 고려하여 관로의 침하가 최소화되도록 하여야 한다.
4. 폐수관로를 시공한 경우에는 경사 검사, 수밀(水密) 검사 및 영상촬영 검사를 활용하여 적정하게 시공되었는지 여부를 확인하여야 한다.
5. 배수관은 폐수관로와 연결되어야 하며, 관경은 내경 150밀리미터 이상으로 하여야 한다.
6. 배수관은 우수관과 분리하여 빗물이 혼합되지 아니하도록 설치하여야 한다.
7. 배수관의 기점·종점·합류점·굴곡점과 관경(管經)·관종(管種)이 달라지는 지점에는 맨홀을 설치하여야 하며, 직선인 부분에는 내경의 120배 이하의 간격으로 맨홀을 설치하여야 한다.
8. 배수관 입구에는 유효간격 10밀리미터 이하의 스크린을 설치하여야 하고, 다량의 토사를 배출하는 유출구에는 적당한 크기의 모래받이를 각각 설치하여야 하며, 배수관·맨홀 등 악취가 발생할 우려가 있는 시설에는 방취(防臭)장치를 설치하여야 한다.
9. 사업장에서 공공폐수처리시설까지로 폐수를 유입시키는 배수관에는 유량계 등 계량기를 부착하여야 한다.
10. 시간당 최대폐수량이 일평균 폐수량의 2배 이상인 사업자와 순간수질과 일평균 수질과의 격차가 리터당 100밀리그램 이상인 시설의 사업자는 자체적으로 유량조정조를 설치하여 공공폐수처리시설 가동에 지장이 없도록 폐수배출량 및 수질을 조정한 후 배수하여야 한다.
11. 제1호부터 제10호까지에서 규정한 사항 외에 폐수관로 및 배수설비의 설치방법 및 구조기준에 관하여 필요한 사항은 「하수도법 시행규칙」 별표 5를 따른다.

13 **[별표 17] 비점오염저감시설의 설치기준(시행규칙 제76조 제1항 관련)**

1. 공통사항

가. 비점오염저감시설을 설치하려는 경우에는 설치지역의 유역 특성, 토지이용의 특성, 지역사회의 수인가능성(불쾌감, 선호도 등), 비용의 적정성, 유지·관리의 용이성, 안정성 등을 종합적으로 고려하여 가장 적합한 시설을 설치한다.
나. 시설을 설치한 후 처리효과를 확인하기 위한 시료채취나 유량측정이 가능한 구조로 설치하여야 한다.
다. 침수를 방지할 수 있도록 구조물을 배치하는 등 시설의 안정성을 확보한다.
라. 강우가 설계유량 이상으로 유입되는 것에 대비하여 우회시설을 설치하여야 한다.

마. 비점오염저감시설이 설치되는 지역의 지형적 특성, 기상조건, 그 밖에 천재지변이나 화재, 돌발적인 사고 등 불가항력의 사유로 제2호에 따른 시설유형별 기준을 준수하기 어렵다고 유역환경청장 또는 지방환경청장이 인정하는 경우에는 제2호에 따른 기준보다 완화된 기준을 적용할 수 있다.

바. 비점오염저감시설은 시설유형별로 적절한 체류시간을 갖도록 하여야 한다.

사. 비점오염저감시설의 설계 규모 및 용량은 다음의 기준에 따라 초기 우수(雨水)를 충분히 처리할 수 있도록 설계하여야 한다.

  1) 해당 지역의 강우빈도 및 유출수량, 오염도 분석 등을 통하여 설계규모 및 용량을 결정하여야 한다.

  2) 해당 지역의 강우량을 누적유출고로 환산하여 최소 5mm 이상의 강우량을 처리할 수 있도록 하여야 한다.

  3) 처리대상 면적은 주요 비점오염물질이 배출되는 토지이용면적 등을 대상으로 한다. 다만, 비점오염저감계획에 비점오염저감시설 외의 비점오염저감대책이 포함되어 있는 경우에는 그에 상응하는 규모나 용량은 제외할 수 있다.

2. 시설유형별 기준

가. 자연형 시설

  1) 저류시설

    가) 자연형 저류지는 지반을 절토·성토하여 설치하는 등 사면의 안전도와 누수를 방지하기 위하여 제반 토목공사기준을 따라 조성하여야 한다.

    나) 저류지 계획최대수위를 고려하여 제방의 여유고가 0.6m 이상이 되도록 설계하여야 한다.

    다) 강우유출수가 유입되거나 유출될 때에 시설의 침식이 일어나지 아니하도록 유입·유출구 아래에 웅덩이를 설치하거나 사석(砂石)을 깔아야 한다.

    라) 저류지의 호안(湖岸)은 침식되지 아니하도록 식생 등의 방법으로 사면을 보호하여야 한다.

    마) 처리효율을 높이기 위하여 길이 대 폭의 비율은 1.5 : 1 이상이 되도록 하여야 한다.

    바) 저류시설에 물이 항상 있는 연못 등의 저류지에서는 조류 및 박테리아 등의 미생물에 의하여 용해성 수질오염물질이 효과적으로 제거될 수 있도록 하여야 한다.

    사) 수위가 변동하는 저류지에서는 침전효율을 높이기 위하여 유출수가 수위별로 유출될 수 있도록 하고 유출지점에서 소류력이 작아지도록 설계한다.

    아) 저류지의 부유물질이 저류지 밖으로 유출하지 아니하도록 여과망, 여과쇄석 등을 설치하여야 한다.

    자) 저류지는 퇴적토 및 침전물의 준설이 쉬운 구조로 하며, 준설을 위한 장비 진입도로 등을 만들어야 한다.

  2) 인공습지

    가) 인공습지의 유입구에서 유출구까지의 유로는 최대한 길게 하고, 길이 대 폭의 비율은 2 : 1 이상으로 한다.

나) 다양한 생태환경을 조성하기 위하여 인공습지 전체 면적 중 50%는 얕은 습지 (0~0.3m), 30%는 깊은 습지(0.3~1.0m), 20%는 깊은 못(1~2m)으로 구성한다.

다) 유입부에서 유출부까지의 경사는 0.5% 이상, 1.0% 이하의 범위를 초과하지 아니하도록 한다.

라) 물이 습지의 표면 전체에 분포할 수 있도록 적당한 수심을 유지하고, 물 이동이 원활하도록 습지의 형상 등을 설계하며, 유량과 수위를 정기적으로 점검한다.

마) 습지는 생태계의 상호작용 및 먹이사슬로 수질정화가 촉진되도록 정수식물, 침수식물, 부엽식물 등의 수생식물과 조류, 박테리아 등의 미생물, 소형 어패류 등의 수중 생태계를 조성하여야 한다.

바) 습지에는 물이 연중 항상 있을 수 있도록 유량공급대책을 마련하여야 한다.

사) 생물의 서식공간을 창출하기 위하여 5종부터 7종까지의 다양한 식물을 심어 생물다양성을 증가시킨다.

아) 부유성 물질이 습지에서 최종 방류되기 전에 하류수역으로 유출되지 아니하도록 출구 부분에 자갈쇄석, 여과망 등을 설치한다.

3) 침투시설

가) 침전물(沈澱物)로 인하여 토양의 공극(孔隙)이 막히지 아니하는 구조로 설계한다.

나) 침투시설 하층 토양의 침투율은 시간당 13mm 이상이어야 하며, 동절기에 동결로 기능이 저하되지 아니하는 지역에 설치한다.

다) 지하수 오염을 방지하기 위하여 최고지하수위 또는 기반암으로부터 수직으로 최소 1.2m 이상의 거리를 두도록 한다.

라) 침투도랑, 침투저류조는 초과유량의 우회시설을 설치한다.

마) 침투저류조 등은 비상시 배수를 위하여 암거 등 비상배수시설을 설치한다.

4) 식생형 시설

길이 방향의 경사를 5% 이하로 한다.

나. 장치형 시설

1) 여과형 시설

가) 시설의 제거효율, 공사비 및 유지관리비용 등을 고려하여 저장용량, 체류시간, 여과재 등을 결정하여야 한다.

나) 여과재 통과수량을 고려하여 여과면적과 여과깊이 등을 설계한다.

2) 와류형(渦流形) 시설

가) 입자성(粒子性) 수질오염물질을 효과적으로 분리하기 위하여 와류가 충분히 형성될 수 있도록 체류시간을 고려하여 설계한다.

나) 입자상 수질오염물질의 침전율을 높일 수 있도록 수면적부하율을 최대한 낮추어야 한다.

다) 슬러지 준설을 위한 장비의 반입 등이 가능한 구조로 설계한다.

3) 스크린형 시설

가) 제거대상 물질의 종류에 따라 적정한 크기의 망을 설치하여야 한다.

나) 슬러지의 준설을 위한 장비의 반입 등이 가능한 구조로 설계한다.

4) 응집·침전 처리형 시설

가) 단시간에 발생하는 유량을 차집(遮集)하기 위하여 저감시설 앞 단에 저류조를 설치한다.

5) 생물학적 처리형 시설

가) 미생물 접촉시설에 이들 수질오염물질이 유입하지 아니하도록 여과재 또는 미세 스크린 등을 이용하여 토사 및 협잡물을 제거하여야 한다.

나) 미생물 접촉시설은 비가 오지 아니할 때에도 미생물 정화기능이 유지되도록 설계한다.

14 [별표 18] 비점오염저감시설의 관리·운영 기준(시행규칙 제76조 제2항 관련)

1. 공통사항

가. 설치한 저감시설의 보존상태와 주변부의 여건, 상황 등을 파악하여 시설물의 기능을 유지하기 어렵거나 어렵게 될 우려가 있는 부분을 보수하여야 한다.

나. 슬러지 및 협잡물 제거

1) 저감시설의 기능이 정상상태로 유지될 수 있도록 침전부 및 여과시설의 슬러지 및 협잡물을 제거하여야 한다.

2) 유입 및 유출수로의 협잡물, 쓰레기 등을 수시로 제거하여야 한다.

3) 준설한 슬러지는 「폐기물관리법」에 따른 기준에 맞도록 처리한 후 최종 처분하여야 한다.

다. 정기적으로 시설을 점검하되, 장마 등 큰 유출이 있는 경우에는 시설을 전반적으로 점검하여야 한다.

라. 주기적으로 수질오염물질의 유입량, 유출량 및 제거율을 조사하여야 한다.

마. 시설의 유지관리계획을 적절히 수립하여 주기적으로 점검하여야 한다.

바. 사업자는 제75조 제1항에 따라 비점오염저감시설을 설치한 경우에는 지체없이 그 설치내용, 운영내용 및 유지관리계획 등을 유역환경청장 또는 지방환경청장에게 서면으로 알려야 한다.

2. 시설유형별 기준

가. 자연형 시설

1) 저류시설

저류지의 침전물은 주기적으로 제거하여야 한다.

2) 인공습지

가) 동절기(11월부터 다음 해 3월까지를 말한다)에는 인공습지에서 말라 죽은 식생(植生)을 제거·처리하여야 한다.

나) 인공습지의 퇴적물은 주기적으로 제거하여야 한다.

다) 인공습지의 식생대가 50% 이상 고사하는 경우에는 추가로 수생식물을 심어야 한다.

라) 인공습지에서 식생대의 과도한 성장을 억제하고 유로(流路)가 편중되지 아니하도록 수생식물을 잘라내는 등 수생식물을 관리하여야 한다.

마) 인공습지 침사지의 매몰 정도를 주기적으로 점검하여야 하고, 50% 이상 매몰될 경우에는 토사를 제거하여야 한다.

3) 침투시설

가) 토양의 공극이 막히지 아니하도록 시설 내의 침전물을 주기적으로 제거하여야 한다.

나) 침투시설은 침투단면의 투수계수 또는 투수용량 등을 주기적으로 조사하고 막힘현상이 발생하지 아니하도록 조치하여야 한다.

4) 식생형 시설

가) 식생이 안정화되는 기간에는 강우유출수를 우회시켜야 한다.

나) 식생수로 바닥의 퇴적물이 처리용량의 25%를 초과하는 경우에는 침전된 토사를 제거하여야 한다.

다) 침전물질이 식생을 덮거나 생물학적 여과시설의 용량을 감소시키기 시작하면 침전물을 제거하여야 한다.

라) 동절기(11월부터 다음 해 3월까지를 말한다)에 말라 죽은 식생을 제거·처리한다.

나. 장치형 시설

1) 여과형 시설

가) 전(前)처리를 위한 침사지(沈砂池)는 저장능력을 고려하여 주기적으로 협잡물과 침전물을 제거하여야 한다.

나) 시설의 성능을 유지하기 위하여 필요하면 여과재를 교체하거나 침전물을 제거하여야 한다.

2) 와류(渦流)형 시설

침전물의 저장능력을 고려하여 주기적으로 침전물을 제거하여야 한다.

3) 스크린형 시설

망이 막히지 아니하도록 망 사이의 협잡물 등을 주기적으로 제거하여야 한다.

4) 응집·침전 처리형 시설

가) 다량의 슬러지(sludge) 발생에 대한 처리계획을 세우고 발생한 슬러지는 「폐기물관리법」에 따라서 처리하여야 한다.

나) 자 테스트(jar-test)를 실시하거나 자 테스트를 통하여 작성된 일람표 등을 이용하여 유입수의 농도 변화에 따라 적정량의 응집제를 투입하여야 한다.

다) 주기적으로 부대시설에 대한 점검을 실시하여야 한다.

5) 생물학적 처리형 시설

가) 강우유출수에 포함된 독성물질이 미생물의 활성에 영향을 미치지 아니하도록 관리한다.

나) 부하 변동이 심한 강우유출수의 적정한 처리를 위하여 미생물의 활성(活性)을 유지하도록 한다.

15 [별표 19] 기타 수질오염원의 설치·관리자가 하여야 할 조치 (시행규칙 제87조 관련)

기타 수질오염원의 구분		시설설치 등의 조치
1. 수산물 양식시설	가. 가두리 양식어장	(1) 사료를 준 후 2시간 지났을 때 침전되는 양이 10% 미만인 부상(浮上)사료를 사용한다. 다만, 10cm 미만의 치어 또는 종묘(種苗)에 대한 사료는 제외한다. (2) 「사료관리법」 제10조에 따라 농림부장관이 고시한 사료공정에 적합한 사료만을 사용하여야 한다. 다만, 특별한 사유로 시·도지사가 인정하는 경우에는 그러하지 아니하다. (3) 부상사료 유실방지대를 수표면 상·하로 각각 10cm 이상 높이로 설치하여야 한다. 다만, 사료유실의 우려가 없는 때에는 그러하지 아니하다. (4) 분뇨를 수집할 수 있는 시설을 갖춘 변소를 설치하여야 하며, 수집된 분뇨를 육상으로 운반하여 호소에 재유입되지 아니하도록 처리하여야 한다. (5) 죽은 물고기는 지체없이 수거하여야 하고, 육상에 운반하여 수질오염이 발생되지 아니하도록 적정하게 처리하여야 한다. (6) 어병(魚病)의 예방이나 치료를 하기 위한 항생제를 과도하게 사용하여서는 아니 된다.
	나. 양만장 및 일반 양어장	(1) 시료찌꺼기·배설물, 그 밖의 슬러지 등을 적정하게 처리하기 위하여 면적이 사육시설 면적의 20% 이상이고 깊이가 1m 내지 1.5m인 침전시설(배출수가 1.5시간 이상 체류할 수 있는 경우에는 깊이를 1m 이하로 할 수 있다) 또는 이와 동등 이상의 효율이 있는 것으로 입증할 수 있는 방지시설을 설치하여야 한다. 다만, 비고1에 따라 배출수의 수질기준이 적용되는 경우에는 침전시설 또는 방지시설을 다르게 설치할 수 있다. (2) 양식수조를 청소하거나 양식에 사용되는 기계·기구류를 세척하는 때에 발생하는 수질오염물질은 (1)의 침전시설에 유입시켜 처리하거나 별도의 침전시설 등을 설치하여 처리하여야 한다. (3) 양식수조를 청소할 경우에는 청소주기 및 연간 청소횟수를 신고서에 적어야 한다. (4) (1) 또는 (2)에 따라 설치된 침전시설에 가라앉은 침전물에 대하여는 주기적으로 침전물이 확산되지 아니하도록 하는 방법으로 제거하여야 하며, 이 경우 세목(細目)여과망·모래여과상 등의 여과시설 또는 침전물 탈수시설을 설치하여야 한다. (5) 죽은 물고기는 지체없이 수거하여야 하고, 육상에 운반하여 수질오염이 발생되지 아니하도록 적정하게 처리하여야 한다. (6) 어병의 예방이나 치료를 하기 위한 항생제를 지나치게 사용하여서는 아니 된다.
	다. 수조식 양식 어업시설	'나'목에서 정한 조치의 내용과 같다.
2. 골프장		(1) 골프장 안에 초기 빗물 5mm 이상을 저장할 수 있는 조정지(調整池)를 설치·운영하여야 한다. (2) 침전물 등 오염물질을 주기적으로 제거하여 조정지의 기능이 적정하게 유지되도록 하여야 한다.

기타 수질오염원의 구분	시설설치 등의 조치
3. 운수장비·정비 또는 폐차장 시설	(1) 정비가 이루어지는 장소 또는 폐차 시 엔진부분을 취급하는 장소는 가능한 한 지붕을 설치하여야 한다. (2) 부득이하게 지붕시설을 할 수 없는 경우에는 바닥을 방수처리하여 오염물질이 지하로 침투되는 것을 방지하여야 한다. (3) 바닥에 유출된 기름류는 가능한 한 흡착제 등으로 흡착·제거하여 2차 오염이 발생하지 아니하도록 안전하게 처리하여야 한다. (4) 위 (3)의 방법에 따른 처리가 어려워 물로 청소하거나 작업장 바닥을 물로 청소할 경우에는 발생되는 수질오염물질을 제거하기 위한 침전시설 및 유수분리시설을 설치하여야 한다. (5) 강우 시 작업장 바닥의 수질오염물질이 공공수역으로 유출되는 것을 방지하기 위하여 침전시설 및 유수분리시설을 설치하여야 한다. 이 경우 침전시설의 규모는 5mm 강우 시 실제 작업을 행하는 모든 작업장에서 발생할 수 있는 초기 강우량을 저류할 수 있는 용량이어야 하고, 유수분리기의 성능은 배출수의 노말헥산추출물을 30mg/L 이하로 처리할 수 있는 수준이어야 한다. 다만, 작업장 전체에 지붕이 설치되어 있고 물로 청소하지 아니하는 경우에는 침전시설 및 유수분리시설을 설치하지 아니할 수 있다. (6) 침전시설에 침전되는 침전물은 바닥에서 2cm 이상 퇴적되기 전에 이를 제거하여 2차 오염이 발생되지 아니하도록 안전하게 처리하여야 한다.
4. 농·축·수산물 단순가공시설	(1) 수면 위의 부유물질을 제거하여 방류하여야 한다. (2) 침전물은 침전시설을 설치하여 침전처리하여야 하고, 이때 침전물이 재차 부유하지 아니하도록 한다. (3) 염분 등으로 타인에 피해가 가지 아니하도록 하여야 한다.
5. 사진처리, X-Ray시설, 금은 판매점의 세공시설 및 안경점	(1) 별표 1 제5호 '가'목 또는 제6호 '나'목에 해당하는 시설의 경우에는 폐수를 배출허용기준 이하로 처리하여 배출하거나 법 제62조에 따른 폐수처리업자에게 위탁처리하여야 하며, 별표 1 제5호 '나'목 또는 제6호 '가'목의 경우에는 법 제62조에 따른 폐수처리업자에게 위탁처리하여야 한다. (2) 폐수를 위탁처리하는 경우에 폐수의 수거·보관·처리 및 수거용기의 표기에 관하여는 별표 14 제2호 '라'목을 준용한다. (3) 폐수의 발생량·처리량 및 수탁자에 관한 사항은 이를 기록하되, 최종 기재한 날부터 1년간 보존하여야 한다.
6. 복합물류 터미널시설	(1) 강우 시 사업장 바닥의 비점오염물질 및 수질오염물질이 공공수역으로 유출되는 것을 방지하기 위하여 침전시설 및 유수분리시설을 설치하여야 한다. 이 경우 침전시설의 규모는 해당 지역의 강우량을 누적유출고로 환산하여 최소 5mm 이상의 강우량을 저류할 수 있는 용량이어야 하고, 유수분리기의 성능은 배출수의 노말헥산추출물질 5mg/L 이하로 처리할 수 있어야 한다. 다만, 비점오염저감시설이 침전시설 및 유수분리시설 이상의 효과가 있다고 시·도지사가 인정하는 경우에는 비점오염저감시설의 설치로 침전시설 및 유수분리시설의 설치를 대체할 수 있다. (2) 비점오염물질의 흩날림을 방지하기 위하여 주기적인 사업장 내 노면 청소를 실시하여야 한다.

비고 1. 양만장, 일반 양어장, 수조식 양식어업시설에 대하여는 시·도지사가 지역환경의 특수성을 고려하여 필요하다고 인정하는 경우에는 환경부 장관의 승인을 얻어 배출수의 수질기준을 정하고, 별도의 시설 또는 조치를 명령할 수 있다.

2. 산업단지, 그 밖에 사업장이 밀집된 지역에 설치된 기타 수질오염원의 경우에는 그 시설에서 발생되는 수질오염물질을 공동으로 처리하기 위하여 공동처리시설을 설치할 수 있다.

3. 하나의 사업장에 폐수배출시설과 기타 수질오염원이 함께 설치되어 있는 경우로서 기타 수질오염원에서 발생되는 수질오염물질이 배출허용기준을 초과하는 경우에는 이를 방지시설에 유입하여 처리할 수 있다.

16 [별표 21] 폐수처리업자의 준수사항(시행규칙 제91조 제1항 관련)

1. 기술인력을 그 해당 분야에 종사하도록 하여야 하며, 폐수처리시설을 16시간 이상 가동할 경우에는 해당 처리시설의 현장 근무 2년 이상의 경력자를 작업현장에 책임 근무하도록 하여야 한다.
2. 삭제(2015.12.22.)
3. 삭제(2015.12.22.)
4. 폐수처리를 수탁요청 받은 때에는 정당한 사유없이 이를 거부하거나 수거를 지연하여 위탁자의 사업에 지장을 주어서는 아니 된다.
5. 삭제(2014.1.29.)
6. 폐수는 처리방법별(재이용업의 경우 성상별)로 분리하여 수거·운반 및 저장하여야 하고, 그 처리와 관련한 각종 기록을 정확하게 유지·관리하여야 하며, 그 기록문서 또는 전산자료를 3년간 보관하여야 한다.
7. 폐수를 수탁받은 때에는 한국폐수처리협회에서 일련번호를 부여한 별지 제44호 서식의 폐수(위)수탁확인서를 사실대로 기록하고, 위탁자와 폐수처리업자가 각각 날인하여 1부는 폐수처리업자, 1부는 위탁자가 각각 전자인계·인수관리시스템을 통하여 입력하고 확인해야 하며, 거짓으로 입력해서는 아니 된다.
8. 폐수처리업자가 휴업·폐업 또는 행정처분에 의한 영업정지를 받은 때에는 그 사실을 위탁자에게 즉시 통보하여 적절한 대책을 강구하도록 하여야 한다.
9. 수탁한 폐수는 정당한 사유없이 10일 이상 보관할 수 없으며, 보관폐수의 전체량이 저장시설 저장능력의 90% 이상 되게 보관하여서는 아니 된다.
10. 폐수처리업의 등록을 한 자는 반기별로 수탁폐수(재이용폐수를 포함한다)의 위탁업소별·성상별 수탁량·처리량(재이용량을 포함한다)·보관량 및 폐기물 처리량 등을 다음 반기의 시작 후 10일 이내에 시·도지사, 관할 등록기관장에게 통보하여야 한다.
11. 등록을 한 운반시설로서 수탁폐수 외의 다른 화물을 운반하는 영업행위를 하여서는 아니 된다.
12. 운반장비·저장시설 및 처리시설은 항상 등록기준에 맞게 유지하여야 한다.
13. 별표 13의 "나지역"에 입지한 시설 중 하수처리구역 또는 공동처리구역 외의 지역에 입지한 시설은 별표 13에도 불구하고 "가지역"의 배출허용기준을 적용한다.
14. 처리 후 발생하는 슬러지의 수분 함량은 85% 이하이어야 한다.
15. 별표 20 제2호 라목 3)의 라) 및 마)에 따른 물리화학적 처리시설 및 생물화학적 처리시설을 이용하여 처리하는 경우에는 등록기관에서 인정한 수탁처리대상의 폐수에 한정하여 수탁하여야 하며, 그 폐수는 해당 처리방법별로 분리·저장하여야 한다.
16. 소각시설의 악취물질 및 대기오염물질의 제거를 위해 연소실 출구 배출가스 온도는 최소 850℃ 이상, 체류시간은 최소 1초 이상으로 유지하여야 하며, 초기 승온은 850℃ 이상으로 유지한 상태에서 처리대상 폐수를 투입하여야 한다.
17. 증발농축시설, 건조시설, 소각시설의 대기오염물질농도를 매월 1회 자가측정하여야 하며, 분기마다 악취에 대한 자가측정을 실시하여야 한다.
18. 별표 20 제2호 라목 3)의 라) 및 마)에 따른 물리화학적 처리시설 및 생물화학적 처리시설의 처리수에 대하여는 별표 20 제2호 나목 1)부터 15)까지 중 수탁폐수에 함유된 항목을 주 1회 이상 수질오염물질 분석을 실시하여 적정 운영상태를 확인하여야 한다.

17 [별표 23] 위임업무 보고사항(시행규칙 제107조 제1항 관련)

업무내용	보고횟수	보고기일	보고자
1. 폐수배출시설의 설치허가, 수질오염물질의 배출상황검사, 배출시설에 대한 업무처리 현황	연 4회	매분기 종료 후 15일 이내	시·도지사
2. 폐수무방류 배출시설의 설치허가(변경허가) 현황	수시	허가(변경허가) 후 10일 이내	시·도지사
3. 기타 수질오염원 현황	연 2회	매반기 종료 후 15일 이내	시·도지사
4. 폐수처리업에 대한 등록·지도 단속 실적 및 처리실적 현황	연 2회	매반기 종료 후 15일 이내	시·도지사
5. 폐수위탁·사업장 내 처리현황 및 처리실적	연 1회	다음 해 1월 15일까지	시·도지사
6. 환경기술인의 자격별·업종별 현황	연 1회	다음 해 1월 15일까지	시·도지사
7. 배출업소의 지도·점검 및 행정처분 실적	연 4회	매분기 종료 후 15일 이내	시·도지사
8. 배출부과금 부과실적	연 4회	매분기 종료 후 15일까지	시·도지사, 유역환경청장, 지방환경청장
9. 배출부과금 징수실적 및 체납처분 현황	연 2회	매반기 종료 후 15일 이내	시·도지사, 유역환경청장, 지방환경청장
10. 배출업소 등에 따른 수질오염사고 발생 및 조치사항	수시	사고 발생 시	시·도지사, 유역환경청장, 지방환경청장
11. 과징금 부과실적	연 2회	매반기 종료 후 10일 이내	시·도지사
12. 과징금 징수실적 및 체납처분 현황	연 2회	매반기 종료 후 10일 이내	시·도지사
13. 비점오염원의 설치신고 및 방지시설 설치현황 및 행정처분 현황	연 4회	매분기 종료 후 15일 이내	유역환경청장, 지방환경청장
14. 골프장 맹·고독성 농약 사용여부 확인결과	연 2회	매반기 종료 후 10일 이내	시·도지사
15. 측정기기 부착시설 설치현황	연 2회	매반기 종료 후 15일 이내	시·도지사, 유역환경청장, 지방환경청장
16. 측정기기 부착사업장 관리현황	연 2회	매반기 종료 후 15일 이내	시·도지사, 유역환경청장, 지방환경청장
17. 측정기기 부착사업자에 대한 행정처분 현황	연 2회	매반기 종료 후 15일 이내	시·도지사, 유역환경청장, 지방환경청장
18. 측정기기 관리대행업에 대한 등록·변경등록, 관리대행능력 평가·공시 및 행정처분현황	연 1회	다음 해 1월 15일까지	유역환경청장, 지방환경청장
19. 수생태계 복원계획(변경계획)수립·승인 및 시행계획(변경계획)협의현황	연 2회	매반기 종료 후 15일 이내	유역환경청장, 지방환경청장
20. 수생태계 복원시행계획(변경계획)협의현황	연 2회	매반기 종료 후 15일 이내	유역환경청장, 지방환경청장

환경정책기본법령

Tip▶ 환경정책기본법령은 시행령 별표 1의 환경기준 위주로 공부하시오. "환경기준"은 매회 출제된다.

 법령 최종 개정 공포 일자
① 환경정책기본법 : 2017년 1월 27일(법률 제14532호)
② 동시행령 : 2017년 4월 25일(대통령령 제28002호)

[별표 1] 환경기준(시행령 제2조 관련)

1. 대기 : 생략

2. 소음 : 생략

3. 수질 및 수생태계

가. 하천

1) 사람의 건강보호기준

항 목	기준값(mg/L)
카드뮴(Cd)	0.005 이하
비소(As)	0.05 이하
시안(CN)	검출되어서는 안 됨(검출한계 0.01)
수은(Hg)	검출되어서는 안 됨(검출한계 0.001)
유기인	검출되어서는 안 됨(검출한계 0.0005)
폴리크로리네이티드비페닐(PCB)	검출되어서는 안 됨(검출한계 0.0005)
납(Pb)	0.05 이하
6가 크롬(Cr^{6+})	0.05 이하
음이온 계면활성제(ABS)	0.5 이하
사염화탄소	0.004 이하
1,2-디클로로에탄	0.03 이하
테트라클로로에틸렌(TCE)	0.04 이하
디클로로메탄	0.02 이하
벤젠	0.01 이하
클로로폼	0.08 이하

항 목	기준값(mg/L)
디에틸헥실프탈레이트(DEHP)	0.008 이하
안티몬	0.02 이하
1,4-다이옥세인	0.05 이하
포름알데하이드	0.5 이하
헥사클로로벤젠	0.00004 이하

2) 생활환경기준

등 급		상태 (캐릭터)	수소이온 농도 (pH)	생물 화학적 산소 요구량 (BOD) (mg/L)	화학적 산소 요구량 (COD) (mg/L)	총 유기 탄소량 (TOC) (mg/L)	부유 물질량 (SS) (mg/L)	용존 산소량 (DO) (mg/L)	총 인 (T-P) (mg/L)	대장균군 (군 수/100mL)	
										총 대장균군	분원성 대장균군
매우 좋음	Ia		6.5~8.5	1 이하	2 이하	2 이하	25 이하	7.5 이상	0.02 이하	50 이하	10 이하
좋음	Ib		6.5~8.5	2 이하	4 이하	3 이하	25 이하	5.0 이상	0.04 이하	500 이하	100 이하
약간 좋음	II		6.5~8.5	3 이하	5 이하	4 이하	25 이하	5.0 이상	0.1 이하	1,000 이하	200 이하
보통	III		6.5~8.5	5 이하	7 이하	5 이하	25 이하	5.0 이상	0.2 이하	5,000 이하	1,000 이하
약간 나쁨	IV		6.0~8.5	8 이하	9 이하	6 이하	100 이하	2.0 이상	0.3 이하	—	—
나쁨	V		6.0~8.5	10 이하	11 이하	8 이하	쓰레기 등이 떠 있지 않을 것	2.0 이상	0.5 이하	—	—
매우 나쁨	VI		—	10 초과	11 초과	8 초과	—	2.0 미만	0.5 초과	—	—

비고 1. 등급별 수질 및 수생태계 상태

가. 매우 좋음 : 용존산소가 풍부하고 오염물질이 없는 청정상태의 생태계로 여과·살균 등 간단한 정수처리 후 생활용수로 사용할 수 있음.

나. 좋음 : 용존산소가 많은 편이고 오염물질이 거의 없는 청정상태에 근접한 생태계로 여과·침전·살균 등 일반적인 정수처리 후 생활용수로 사용할 수 있음.

다. 약간 좋음 : 약간의 오염물질은 있으나 용존산소가 많은 상태의 다소 좋은 생태계로 여과·침전·살균 등 일반적인 정수처리 후 생활용수 또는 수영용수로 사용할 수 있음.

라. 보통 : 보통의 오염물질로 인하여 용존산소가 소모되는 일반 생태계로 여과, 침전, 활성탄 투입, 살균 등 고도의 정수처리 후 생활용수로 이용하거나 일반적 정수처리 후 공업용수로 사용할 수 있음.

마. 약간 나쁨 : 상당량의 오염물질로 인하여 용존산소가 소모되는 생태계로 농업용수로 사용하거나 여과, 침전, 활성탄 투입, 살균 등 고도의 정수처리 후 공업용수로 사용할 수 있음.

바. 나쁨 : 다량의 오염물질로 인하여 용존산소가 소모되는 생태계로 산책 등 국민의 일상생활에 불쾌감을 주지 않으며, 활성탄 투입, 역삼투압 공법 등 특수한 정수처리 후 공업용수로 사용할 수 있음.

사. 매우 나쁨 : 용존산소가 거의 없는 오염된 물로 물고기가 살기 어려움.

아. 용수는 해당 등급보다 낮은 등급의 용도로 사용할 수 있음.

자. 수소이온농도(pH) 등 각 기준항목에 대한 오염도 현황, 용수처리방법 등을 종합적으로 검토하여 그에 맞는 처리방법에 따라 용수를 처리하는 경우에는 해당 등급보다 높은 등급의 용도로도 사용할 수 있음.

2. 상태(캐릭터) 도안
  가. 도안모형 및 도안요령

등 급	도안모형	도안요령	색 상		
			원	물방울	입
매우 좋음	Ia		검은색 (black, K) 15%	파란색(cyan, C) 100~90%, 빨간색(magenta, M) 20~17%, 검은색(black, K) 5%	빨간색(magenta, M) 60%, 노란색(yellow, Y) 100%
좋음	Ib			파란색(cyan, C) 85~80%, 노란색(yellow, Y) 43~40%, 빨간색(magenta, M) 8%	빨간색(magenta, M) 60%, 노란색(yellow, Y) 100%
약간 좋음	II			파란색(cyan, C) 57~45%, 노란색(yellow, Y) 96~85%, 검은색(black, K) 7%	—
보통	III			파란색(cyan, C) 20%, 검은색(black, K) 42~30%	—
약간 나쁨	IV			빨간색(magenta, M) 35~30%, 노란색(yellow, Y) 100%, 검은색(black, K) 10%	—
나쁨	V			빨간색(magenta, M) 65~55%, 노란색(yellow, Y) 100%, 검은색(black, K) 10%	—
매우 나쁨	VI			빨간색(magenta, M) 100~90%, 노란색(yellow, Y) 100%, 검은색(black, K) 10%	—

  나. 도안모형은 상하 또는 좌우로 형태를 왜곡하여 사용하여서는 안된다.

3. 수질 및 수생태계
  가. 상태별 생물학적 특성 이해표

생물등급	생물지표종		서식지 및 생물 특성
	저서(底棲)생물	어 류	
매우 좋음 ~ 좋음	옆새우, 가재, 뿔하루살이, 민하루살이, 강도래, 물날도래, 광택날도래, 띠무늬우묵날도래, 바수염날도래	산천어, 금강모치, 열목어, 버들치 등 서식	• 물이 매우 맑으며, 유속은 빠른 편임 • 바닥은 주로 바위와 자갈로 구성됨 • 부착조류(藻類)가 매우 적음
좋음 ~ 보통	다슬기, 넓적거머리, 강하루살이, 동양하루살이, 등줄하루살이, 등딱지하루살이, 물삿갓벌레, 큰줄날도래	쉬리, 갈겨니, 은어, 쏘가리 등 서식	• 물이 맑으며, 유속은 약간 빠르거나 보통임 • 바닥은 주로 자갈과 모래로 구성됨 • 부착조류가 약간 있음
보통 ~ 약간 나쁨	물달팽이, 턱거머리, 물벌레, 밀잠자리	피라미, 끄리, 모래무지, 참붕어 등 서식	• 물이 약간 혼탁하며, 유속은 약간 느린 편임 • 바닥은 주로 잔자갈과 모래로 구성됨 • 부착조류가 녹색을 띠며 많음
약간 나쁨 ~ 매우 나쁨	왼돌이물달팽이, 실지렁이, 붉은깔따구, 나방파리, 꽃등에	붕어, 잉어, 미꾸라지, 메기 등 서식	• 물이 매우 혼탁하며, 유속은 느린 편임 • 바닥은 주로 모래와 실트로 구성되며, 대체로 검은색을 띰 • 부착조류가 갈색 혹은 회색을 띠며 매우 많음

  나. 화학적 산소요구량(COD) 기준은 2015년 12월 31일까지 적용된다.

나. 호소

1) 사람의 건강보호기준

가목 1)과 같다.

2) 생활환경기준

등급		상태 (캐릭터)	기준									
			수소이온 농도 (pH)	화학적 산소 요구량 (COD) (mg/L)	총 유기 탄소량 (TOC) (mg/L)	부유 물질량 (SS) (mg/L)	용존 산소량 (DO) (mg/L)	총 인 (T-P) (mg/L)	총 질소 (T-N) (mg/L)	클로로필 -a (Chl-a) (mg/m³)	대장균군 (군 수/100mL)	
											총 대장균군	분원성 대장균군
매우 좋음	Ia		6.5~8.5	2 이하	2 이하	1 이하	7.5 이상	0.01 이하	0.2 이하	5 이하	50 이하	10 이하
좋음	Ib		6.5~8.5	3 이하	3 이하	5 이하	5.0 이상	0.02 이하	0.3 이하	9 이하	500 이하	100 이하
약간 좋음	II		6.5~8.5	4 이하	4 이하	5 이하	5.0 이상	0.03 이하	0.4 이하	14 이하	1,000 이하	200 이하
보통	III		6.5~8.5	5 이하	5 이하	15 이하	5.0 이상	0.05 이하	0.6 이하	20 이하	5,000 이하	1,000 이하
약간 나쁨	IV		6.0~8.5	8 이하	6 이하	15 이하	2.0 이상	0.10 이하	1.0 이하	35 이하	–	–
나쁨	V		6.0~8.5	10 이하	8 이하	쓰레기 등이 떠 있지 않을 것	2.0 이상	0.15 이하	1.5 이하	70 이하	–	–
매우 나쁨	VI		–	10 초과	8 초과	–	2.0 미만	0.15 초과	1.5 초과	70 초과	–	–

비고 1. 총 인, 총 질소의 경우 총 인에 대한 총 질소의 농도비율이 7 미만일 경우에는 총 인의 기준을 적용하지
않으며, 그 비율이 16 이상일 경우에는 총 질소의 기준을 적용하지 않는다.
2. 등급별 수질 및 수생태계 상태는 가목 2) 비고 제1호와 같다.
3. 상태(캐릭터) 도안모형 및 도안요령은 가목 2) 비고 제2호와 같다.
4. 화학적 산소요구량(COD) 기준은 2015년 12월 31일까지 적용한다.

다. 지하수

지하수 환경기준 항목 및 수질기준은 「먹는물관리법」 제5조 및 「수도법」 제26조에 따라 환경부
령으로 정하는 수질기준을 적용한다. 다만, 환경부 장관이 고시하는 지역 및 항목은 적용하지
않는다.

라. 해역

1) 생활환경

항 목	수소이온농도 (pH)	총 대장균군 (총 대장균군 수/100mL)	용매추출유분 (mg/L)
기 준	6.5~8.5	1,000 이하	0.01 이하

2) 생태기반 해수 수질기준

등 급	수질평가 지수값(Water Quality Index)
Ⅰ(매우 좋음)	23 이하
Ⅱ(좋음)	24~33
Ⅲ(보통)	34~46
Ⅳ(나쁨)	47~59
Ⅴ(아주 나쁨)	60 이상

3) 해양생태계 보호기준

중금속류	구리	납	아연	비소	카드뮴	크롬(6가)
단기기준*	3.0	7.6	34	9.4	19	200
장기기준**	1.2	1.6	11	3.4	2.2	2.8

(단위 : $\mu g/L$)

비고　* 단기기준 : 1회성 관측값과 비교 적용

비고　** 장기기준 : 연간 평균값(최소 사계절 동안 조사한 자료)과 비교 적용

4) 사람의 건강보호

등 급	항 목	기준(mg/L)
모든 수역	6가 크롬(Cr^{6+})	0.05
	비소(As)	0.05
	카드뮴(Cd)	0.01
	납(Pb)	0.05
	아연(Zn)	0.1
	구리(Cu)	0.02
	시안(CN)	0.01
	수은(Hg)	0.0005
	폴리클로리네이티드비페닐(PCB)	0.0005
	다이아지논	0.02
	파라티온	0.06
	말라티온	0.25
	1,1,1-트리클로로에탄	0.1
	테트라클로로에틸렌	0.01
	트리클로로에틸렌	0.03
	디클로로메탄	0.02
	벤젠	0.01
	페놀	0.005
	음이온 계면활성제(ABS)	0.5

성공하려면

당신이 무슨 일을 하고 있는지를 알아야 하며,

하고 있는 그 일을 좋아해야 하며,

하는 그 일을 믿어야 한다.

-윌 로저스(Will Rogers)-

☆

때론 지치고 힘들지만 언제나 가슴에 큰 꿈을 안고 삽시다.

노력은 배반하지 않습니다.^^

과년도 기출문제

- 최근의 수질환경산업기사 기출문제 수록

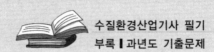
수질환경산업기사 필기
부록┃과년도 기출문제

2016년 제1회 수질환경산업기사 기/출/문/제

제1과목 : 수질오염 개론

01 다음 중 물의 밀도에 대한 설명으로 가장 거리가 먼 것은?

① 물의 밀도는 3.98℃에서 최대값을 나타낸다.
② 해수의 밀도가 담수의 밀도보다 큰 값을 나타낸다.
③ 물의 밀도는 3.98℃보다 온도가 상승하거나 하강하면서 감소한다.
④ 물의 밀도는 비중량을 부피로 나눈 값이다.

해설 밀도는 단위체적에 포함되어 있는 질량으로서, 질량을 부피로 나눈 값이다.

$$밀도(\rho) = \frac{질량(M)}{부피(V)}$$

02 분뇨처리과정에서 병원균과 기생충란을 사멸하기 위한 온도는?

① 25~30℃   ② 35~40℃
③ 45~50℃   ④ 55~60℃

해설 병원균과 기생충란을 사멸하기 위한 온도는 55~60℃이다.

03 일반적으로 담수의 DO가 해수의 DO보다 높은 이유로 가장 적절한 것은?

① 수온이 낮기 때문에
② 염도가 낮기 때문에
③ 산소의 분압이 크기 때문에
④ 기압에 따른 산소용해율이 크기 때문에

해설 이론편 참조

04 상수원에 대한 수질검사 결과 질산성 질소만 다량 검출되었을 때 옳은 것은?

① 유기질소에 의한 일시적인 오염
② 유기질소에 의한 계속적인 오염

③ 유기질소에 의한 영구적인 오염
④ 지질(地質)에 의한 오염

해설 질산성 질소만 검출되는 것은 오래 전에 일시적으로 유기질소가 유입되어 질산화가 진행되었음을 나타낸다.

참고 질산화 과정 : 유기질소 → 암모니아성 질소 → 아질산성 질소 → 질산성 질소

05 호기성 bacteria의 질소 함량은? (단, 경험적 호기성 박테리아를 나타내는 화학식기준.)

① 약 4.2%   ② 약 8.9%
③ 약 12.4%   ④ 약 18.2%

해설 $C_5H_7O_2N : N = 113 : 14$

∴ 질소함량 $= \frac{14}{113} \times 100 ≒ 12.4\%$

06 다음 중 성층현상이 있는 호수에서 수온의 큰 도약을 가지는 층은?

① hypolimnion
② thermocline
③ sedimentation
④ epilimnion

해설 이론편 참조

07 우리나라 물의 이용 형태별로 볼 때 가장 수요가 많은 용수는?

① 생활용수   ② 공업용수
③ 농업용수   ④ 유지용수

해설 이론편 참조

08 세균의 세포형성에 따른 분류가 아닌 것은?

① 구균   ② 진균
③ 간균   ④ 나선균

해설 이론편 참조

09 지하수가 오염되었을 때, 실시할 수 있는 대책 중 오염물질의 유발요인이 집중적이고 오염된 면적이 비교적 적을 경우 적용할 수 있는 가장 적절한 방법은?

① 현장공기추출법
② 유해물질 굴착 제거법
③ 오염지하수의 양수처리법
④ 토양 내의 미생물을 이용한 처리법

해설 ① 토양이 휘발성 오염물질로 오염되었을 때 공기추출 (air stripping)로 제거하는 방법
③ 지하수 오염을 복구하는 한 방법
④ 오염지역 아래의 토양이나 포화수대에 존재하는 미 생물의 활성도를 높여 처리하는 방법

10 석회를 투입하여 물의 경도를 제거하고자 한다. 반응식이 다음과 같을 때 Ca^{2+} 20mg/L를 제거하기 위해 필요한 석회량(mg/L)은? (단, Ca의 원자량은 40이다.)

$$Ca(HCO_3)_2 + Ca(OH)_2 \rightarrow 2CaCO_3 \downarrow + 2H_2O$$

① 18
② 28
③ 37
④ 45

해설 주어진 반응식에서, $Ca : Ca(OH)_2 = 40g : 74g$
∴ 석회필요량 $= 20mg/L \times \dfrac{74}{40} = 37mg/L$

11 수중의 용존산소에 대한 설명으로 가장 거리가 먼 것은?

① 수온이 높을수록 용존산소량은 감소한다.
② 용존염류의 농도가 높을수록 용존산소량은 감소한다.
③ 같은 수온하에서는 담수보다 해수의 용존산소량이 높다.
④ 현존 용존산소농도가 낮을수록 산소전달률은 높아진다.

해설 같은 수온하에서는 해수보다 담수의 용존산소량이 높다.

12 미생물 중 fungi에 관한 설명이 아닌 것은 어느 것인가?

① 탄소동화작용을 하지 않는다.
② pH가 낮아도 잘 성장한다.
③ 충분한 용존산소에서만 잘 성장한다.
④ 폐수처리 중에는 sludge bulking의 원인이 된다.

해설 fungi는 호기성 미생물이지만 용존산소가 낮은 상태에 서 잘 성장한다.

13 크기가 $300m^3$인 반응조에 색소를 주입할 경우, 주입농도가 150mg/L였다. 이 반응조에 연속적으로 물을 넣어 색소농도를 2mg/L로 유지하기 위하여 필요한 소요시간(hr)은? (단, 유입유량은 $5m^3/hr$이며, 반응조 내의 물은 완전혼합, 1차 반응이라 가정한다.)

① 205
② 215
③ 260
④ 295

해설 $\dfrac{C_i}{C_0} = e^{-Kt}$

$\ln \dfrac{C_i}{C_0} = -Kt$

$t = \dfrac{1}{K} \ln \dfrac{C_0}{C_i}$

$K = \dfrac{1}{t} = \dfrac{1}{V/Q} = \dfrac{Q}{V}$

∴ $t = \dfrac{V}{Q} \ln \dfrac{C_0}{C_i} = \dfrac{300m^3}{5m^3/hr} \ln \dfrac{150}{2}$

$= 259.05hr$

14 해수의 특성에 관한 설명으로 옳은 것은?

① 해수 내 아질산성 질소와 질산성 질소는 전체 질소의 약 35%이며 나머지는 암모니아성 질소와 유기질소의 형태이다.
② 해수의 pH는 7.3~7.8 정도이며 탄산염의 완충용액이다.
③ 해수의 주요성분 농도비는 일정하다.
④ 해수는 약전해질로 평균 35% 정도의 염분농도를 함유한다.

해설 ① 35% → 65%
② 7.3~7.8 → 7.8~8.5(평균 8.2), 탄산염 → 중탄산염
④ 약전해질 → 강전해질, 35% → 35‰

15 1차 반응에서 반응개시의 물질농도가 220mg/L 이고, 반응 1시간 후의 농도는 94mg/L였다면 반응 8시간 후의 물질의 농도는?

① 0.12mg/L ② 0.25mg/L
③ 0.36mg/L ④ 0.48mg/L

해설 $\ln\dfrac{C}{C_0} = -Kt$ 에서 먼저 K를 구하면,

$K = \dfrac{1}{t}\ln\dfrac{C_0}{C} = \dfrac{1}{1\text{hr}}\ln\dfrac{220}{94} = 0.85\text{hr}^{-1}$

$\therefore C = C_0 e^{-Kt} = 220 \times e^{-0.85/\text{hr} \times 8\text{hr}} = 0.245\text{mg/L}$

16 폭이 60m, 수심이 1.5m로 거의 일정한 하천에서 유량을 측정하였더니 18m³/sec였다. 하류의 어떤 지점에서 측정한 BOD 농도가 17mg/L였다면 이로부터 상류 40km 지점의 BOD_u의 농도는? (단, $K_1 = 0.1/\text{day}$(자연대수인 경우), 중간에는 지천이 없으며 기타 조건은 고려하지 않음.)

① 28.9mg/L
② 25.2mg/L
③ 23.8mg/L
④ 21.4mg/L

해설 $L_t = L_a \cdot e^{-K_1 t}$ 에서

$L_a = \dfrac{L_t}{e^{-K_1 t}}$

$L_t = 17\text{mg/L}$

$K_1 = 0.1/\text{day}$

$V = \dfrac{Q}{A} = \dfrac{18\text{m}^3/\text{sec} \times 86,400\text{sec/day}}{(60 \times 1.5)\text{m}^2}$
$= 17,280\text{m/day}$

$t = \dfrac{(40 \times 10^3)\text{m}}{17,280\text{m/day}} = 2.315\text{day}$

$L_a = \dfrac{17}{e^{-0.1 \times 2.315}} = 21.43\text{mg/L}$

17 분뇨처리장에서 1차 처리 후 BOD 농도가 2,000mg/L, Cl⁻ 농도가 200mg/L로 너무 높아 2차 처리에 어려움이 있어 희석수로 희석하고자 한다. 희석수 Cl⁻ 농도는 10mg/L이고, 희석 후 2차 처리 유입수의 Cl⁻ 농도가 20mg/L일 때 희석배율은?

① 19배 ② 21배
③ 23배 ④ 25배

해설 Cl⁻ 농도는 1차 및 2차 처리(내생물처리)에서 제거되지 않으므로 희석에 의해서 농도가 변화된다.
폐수량을 1로 가정하고 희석수량을 x라 하면,

$C_m = \dfrac{C_1 Q_1 + C_2 Q_2}{Q_1 + Q_2}$ 에서

$20 = \dfrac{200 \times 1 + 10 \times x}{1 + x}$

$x = 18$

$\therefore$ 희석배율 $= \dfrac{1 + 18}{1} = 19$배

18 혐기성 조건하에서 295g의 glucose($C_6H_{12}O_6$)로부터 발생 가능한 CH_4 가스의 용적은? (단, 완전분해, 표준상태기준)

① 약 60L
② 약 80L
③ 약 110L
④ 약 150L

해설 $\underset{180\text{g}}{C_6H_{12}O_6} \xrightarrow{\text{혐기성}} \underset{\substack{3 \times 22.4\text{L} \\ (\text{표준상태})}}{3CH_4} + 3CO_2$

$\therefore CH_4$ 가스 용적 $= 295\text{g} \times \dfrac{3 \times 22.4\text{L}}{180\text{g}} = 110.13\text{L}$

19 유량이 10,000m³/day인 폐수를 BOD 4mg/L, 유량 4,000,000m³/day인 하천에 방류하였다. 방류한 폐수가 하천수와 완전혼합되어졌을 때 하천의 BOD가 1mg/L 높아졌다면 하천에 가해진 폐수의 BOD 부하량은? (단, 기타 조건은 고려하지 않음.)

① 1,425kg/day
② 1,810kg/day
③ 2,250kg/day
④ 4,050kg/day

해설 $C_m = \dfrac{C_i Q_i + C_w Q_w}{Q_i + Q_w}$ 에서

$5 = \dfrac{4 \times 4,000,000 + C_w \times 10,000}{4,000,000 + 10,000}$

C_w (폐수의 BOD 농도) $= 405\text{mg/L}$

$\therefore$ 폐수의 BOD 부하량
$= 405\text{g/m}^3 \times 10,000\text{m}^3/\text{day} \times 10^{-3}\text{kg/g}$
$= 4,050\text{kg/day}$

20 화학반응에서 의미하는 산화에 대한 설명이 아닌 것은?

① 산소와 화합하는 현상이다.
② 원자가가 증가되는 현상이다.
③ 전자를 받아들이는 현상이다.
④ 수소화합물에서 수소를 잃은 현상이다.

해설 이론편 참조

제2과목 : 수질오염 방지기술

21 ( ) 안에 알맞은 내용은?

> 상수의 계획취수량을 확보하기 위하여 필요한 저수용량의 결정에 사용하는 계획기준년은 원칙적으로 ( )에 제1위 정도의 갈수를 표준으로 한다.

① 5개년 　　　 ② 7개년
③ 10개년 　　　 ④ 15개년

해설 상수의 계획취수량을 확보하기 위하여 필요한 저수용량의 결정에 사용하는 계획기준년은 원칙적으로 10개년에 제1위 정도의 갈수를 표준으로 한다.

22 활성슬러지 폭기조의 F/M비를 0.4kg BOD/kg MLSS · day로 유지하고자 한다. 운전조건이 다음과 같을 때 MLSS의 농도(mg/L)는? (단, 운전조건 : 폭기조 용량 100m³, 유량 1,000m³/day, 유입 BOD 100mg/L)

① 1,500 　　　 ② 2,000
③ 2,500 　　　 ④ 3,000

해설 $F/M = \dfrac{BOD \cdot Q}{MLSS \cdot V}$

$MLSS = \dfrac{BOD \cdot Q}{F/M \cdot V} = \dfrac{100 \times 1,000}{0.4 \times 100}$
$= 2,500 \text{mg/L}$

23 최근 활성슬러지법으로 2차 폐수처리장을 건설할 때 1차 침전지(primary settling tank)를 생략하는 경우가 많아지고 있다. 1차 침전지가 없으므로 갖는 장점이 아닌 것은?

① 부지면적과 건설비가 절감된다.
② 충격부하 시 처리가 용이하다.
③ 슬러지 양이 감소된다.
④ 생물학적 처리 이전의 고농도 유기물의 부패 방지가 된다.

해설 충격부하 시 처리에 문제가 있다.
※ 완충역할이 부족함.

24 하 · 폐수 처리의 근본적인 목적으로 가장 알맞은 것은?

① 질 좋은 상수원의 확보
② 공중보건 및 환경보호
③ 미관 및 냄새 등 심미적 요소의 충족
④ 수중생물의 보호

해설 하 · 폐수 처리의 근본적인 목적은 공중보건 및 환경보호에 있다.

25 정수처리시설 중 완속여과지에 관한 설명으로 가장 거리가 먼 것은?

① 완속여과지의 여과속도는 15~25m/day를 표준으로 한다.
② 여과면적은 계획정수량을 여과속도로 나누어 구한다.
③ 완속여과지의 모래층의 두께는 70~90cm를 표준으로 한다.
④ 여과지의 모래면 위의 수심은 90~120cm를 표준으로 한다.

해설 여과속도 4~5m/day

26 1차 침전지의 침전효율에 가장 큰 영향을 미치는 인자는?

① 침전지 폭
② 침전지 깊이
③ 침전지 표면적
④ 침전지 부피

해설 $E = \dfrac{V_s}{V_0} = \dfrac{V_s}{Q/A}$
※ 침전효율은 표면적에 영향을 크게 받는다.

27 유기인 함유 폐수에 관한 설명으로 틀린 것은?

① 폐수에 함유된 유기화합물은 파라티온, 말라티온 등의 농약이다.

② 유기인화합물은 산성이나 중성에서 안정하다.

③ 물에 쉽게 용해되어 독성을 나타내기 때문에 전처리과정을 거친 후 생물학적 처리법을 적용할 수 있다.

④ 가장 일반적이고 효과적인 방법으로는 생석회 등의 알칼리로 가수분해 시키고 응집침전 또는 부상으로 전처리한 다음 활성탄흡착으로 미량의 잔유물질을 제거시키는 것이다.

해설 유기인은 대체로 불용성이며 현탁 또는 부유상태로 존재한다. 독성을 나타내며 난분해성으로 생물학적 처리법을 적용하기 어렵다.

28 분뇨처리에 있어서 SVI를 측정한 결과 120이었고 SV는 30%였다. 포기조의 MLSS 농도는?

① 2,000mg/L

② 2,500mg/L

③ 3,000mg/L

④ 3,500mg/L

해설 $SVI = \dfrac{SV\% \times 10^4}{MLSS\,(mg/L)}$

$MLSS = \dfrac{SV\% \times 10^4}{SVI} = \dfrac{30 \times 10^4}{120} = 2,500mg/L$

29 오존살균에 관한 설명으로 틀린 것은?

① 오존은 상수의 최종 살균을 위해 주로 사용된다.

② 오존은 저장할 수 없어 현장에서 생산해야 한다.

③ 오존은 산소의 동소체로 HOCl보다 더 강력한 산화제이다.

④ 수용액에서 오존은 매우 불안정하여 20℃의 증류수에서의 반감기는 20~30분 정도이다.

해설 오존은 상수에 최종처리로서는 결코 사용하지 않는다. 왜냐하면 오존은 잔류성이 없어 미생물이 배수시스템에서 어떤 환경하에 증식하여 여러 형태의 문제를 유발할 수 있기 때문이다. 따라서, 최종 살균으로는 낮은 농도의 염소를 주입하여 처리하고 있다.

30 20℃에서 탈산소계수 $K = 0.23$일$^{-1}$인 어떤 유기물 폐수의 BOD_5가 200mg/L일 때 2일 BOD는? (단, 상용대수를 적용한다.)

① 78mg/L

② 88mg/L

③ 140mg/L

④ 204mg/L

해설 $y = L_a(1 - 10^{-Kt})$에서

$L_a(BOD_u) = \dfrac{200}{1 - 10^{-0.23 \times 5}} = 215.24mg/L$

$BOD_2 = BOD_u(1 - 10^{-K \times 2})$

$= 215.24(1 - 10^{-0.23 \times 2}) = 140.61mg/L$

31 침전지의 수면적부하와 관련이 없는 것은?

① 유량

② 표면적

③ 속도

④ 유입농도

해설 $수면적부하 = \dfrac{Q}{A}$

$침전속도(V) = \dfrac{Q}{A}$

32 하수소독방법인 UV 살균의 장점으로 가장 거리가 먼 것은?

① 유량과 수질의 변동에 대해 적응력이 강하다.

② 접촉시간이 짧다.

③ 물의 탁도나 혼탁이 소독효과에 영향을 미치지 않는다.

④ 강한 살균력으로 바이러스에 대해 효과적이다.

해설 UV 살균은 물의 탁도나 혼탁이 소독효과에 영향을 미치며, 살균효과를 저하시킨다.

33 물 5m³의 DO가 9.0mg/L이다. 이 산소를 제거하는 데 이론적으로 필요한 아황산나트륨(Na_2SO_3)의 양은? (단, 나트륨 원자량 : 23)

① 약 355g

② 약 385g

③ 약 402g

④ 약 429g

해설 $O_2 + 2Na_2SO_3 \rightarrow 2Na_2SO_4$

32g : $2 \times 126g$

$\therefore Na_2SO_3$ 필요량 $= 9.0g/m^3 \times 5m^3 \times \dfrac{2 \times 216}{32}$

$= 354.4g$

34 인구 15만 명의 도시에서 유량이 400,000m³/day 이고, BOD가 1.2mg/L인 하천에 50,000m³/day 의 하수가 배출된다고 가정한다. 하수처리장에서 처리된 하수가 유입되어 BOD가 2.0ppm으로 유지될 때, BOD 제거율은? (단, 1인당 1일 BOD 배출량 50g, 하수가 하천으로 유입될 때는 완전혼합으로 가정)

① 88.5%

② 92.5%

③ 94.4%

④ 96.5%

> **해설** $C_m = \dfrac{C_i Q_i + C_w Q_w}{Q_i + Q_w}$ 에서
>
> 하수처리 후 방류 BOD(C_w) $= x(\mathrm{mg/L})$ 라면
>
> $2.0 = \dfrac{1.2 \times 400,000 + x \times 50,000}{400,000 + 50,000}$
>
> $x = 8.4\mathrm{mg/L}$
>
> 하수의 BOD $= \dfrac{50\mathrm{g/인 \cdot day} \times 150,000인}{50,000\mathrm{m}^3/\mathrm{day}}$
>
> $\qquad = 150\mathrm{g/m}^3 = 150\mathrm{mg/L}$
>
> $\therefore$ BOD 제거율 $= \dfrac{150 - 8.4}{150} \times 100 = 94.4\%$

35 산화지에 관한 설명으로 틀린 것은?

① 호기성 산화지의 깊이는 0.3~0.6m 정도이며 산소는 바람에 의한 표면포기와 조류에 의한 광합성에 의하여 공급된다.

② 호기성 산화지는 전 수심에 걸쳐 주기적으로 혼합시켜 주어야 한다.

③ 임의성 산화지는 가장 흔한 형태의 산화지이며, 깊이는 1.5~2.5m 정도이다.

④ 임의성 산화지의 체류시간은 7~20일 정도이며 BOD 처리효율이 우수하다.

> **해설** 임의성 산화지는 체류기간이 10~40일 정도이며, 호기성 산화지에 비해 BOD 처리효율이 낮다.

36 BOD 12,000ppm, 염소이온농도 800ppm의 분뇨를 희석하여 활성오니법으로 처리하였다. 처리수가 BOD 60ppm, 염소이온농도 50ppm으로 되었을 때 BOD 제거율은 어느 것인가? (단, 염소이온은 활성오니법으로 처리할 때 제거되지 않는다고 가정)

① 85%

② 88%

③ 92%

④ 95%

> **해설** 염소이온은 활성오니법에서 제거되지 않으므로 염소이온농도의 감소는 희석배수를 제시해 준다.
>
> 희석배수 $= \dfrac{\text{희석 전 농도}}{\text{희석 후 농도}} = \dfrac{800}{50} = 16$배
>
> 희석 후 BOD 농도 $= \dfrac{12,000}{16} = 750\mathrm{ppm}$
>
> $\therefore$ BOD 제거율 $= \dfrac{750 - 60}{750} \times 100 = 92\%$

37 하수 고도 처리공법인 A/O 공법의 공정 중 혐기조의 역할을 가장 적절하게 설명한 것은?

① 유기물 제거, 질산화

② 탈질, 유기물 제거

③ 유기물 제거, 용해성 인 방출

④ 유기물 제거, 인 과잉흡수

> **해설** 이론편 참조

38 3,200m³/day의 하수를 폭 4m, 깊이 3.2m, 길이 20m인 직사각형 침전지로 처리한다면 이 침전지의 표면부하율은?

① 30m/day

② 40m/day

③ 50m/day

④ 60m/day

> **해설** 표면부하율 $= \dfrac{Q}{A} = \dfrac{3,200\mathrm{m}^3/\mathrm{day}}{4\mathrm{m} \times 20\mathrm{m}} = 40\mathrm{m}^3/\mathrm{m}^2 \cdot \mathrm{day}$

39 하수관거의 부식과 가장 관계가 깊은 것은?

① NH_3 가스

② H_2S 가스

③ CO_2 가스

④ CH_4 가스

> **해설** $H_2S + 2O_2 \rightarrow H_2SO_4$(부식성)

40 활성탄 흡착의 정도와 평형관계를 나타내는 식과 관계가 가장 먼 것은?

① Freundlich식

② Michaelis－Santen식

③ Langmuir식

④ BET식

> **해설** 이론편 참조

제3과목 : 수질오염 공정시험기준

41 원자흡수분광광도계에 사용되는 가장 일반적인 불꽃 조성 가스는?

① 산소 − 공기
② 아세틸렌 − 공기
③ 프로판 − 산화질소
④ 아세틸렌 − 질소

해설 이론편 참조
참고 환원기화법(수소화물 생성법) : As, Se
냉증기법 : Hg
Ba : 아산화질소−아세틸렌

42 다음 ( )에 알맞은 것은?

> 6가 크롬 측정원리 : 6가 크롬을 ( )와(과) 반응하여 생성되는 적자색의 착화합물의 흡광도를 측정, 정량한다.

① 다이아조화페닐
② 다이에틸다이티오카르바민산나트륨
③ 아스코빈산은
④ 다이페닐카바자이드

해설 이론편 참조

43 pH 측정에 사용하는 전극이 오염되었을 때 전극의 세척에 사용하는 용액은?

① 황산 0.1M   ② 황산 0.01M
③ 염산 0.1M   ④ 염산 0.01M

해설 이론편 참조

44 수은 측정을 위해 자외선/가시선 분광법(디티존법)을 적용할 때 사용되는 완충액은?

① 인산 − 탄산염 완충용액
② 붕산 − 탄산염 완충용액
③ 인산 − 수산염 완충용액
④ 붕산 − 수산염 완충용액

해설 이론편 참조

45 자외선/가시선 분광법으로 정량하는 물질이 아닌 것은?

① 총 인
② 노말헥산 추출물질
③ 불소
④ 페놀

해설 이론편 참조

46 이온크로마토그래피의 일반적인 시료주입량과 주입방식은?

① 1~5μL, 루프−밸브에 의한 주입방식
② 5~10μL, 분무기에 의한 주입방식
③ 10~100μL, 루프−밸브에 의한 주입방식
④ 100~250μL, 분무기에 의한 주입방식

해설 이론편 참조

47 시험에 적용되는 용어의 정의로 틀린 것은?

① 기밀용기 : 취급 또는 저장하는 동안에 밖으로부터의 공기 또는 다른 가스가 침입하지 아니하도록 내용물을 보호하는 용기
② 정밀히 단다. : 규정된 양의 시료를 취하여 화학저울 또는 미량저울로 칭량함을 말한다.
③ 정확히 취하여 : 규정된 양의 액체를 부피피펫으로 눈금까지 취하는 것을 말한다.
④ 감압 : 따로 규정이 없는 한 15mmH$_2$O 이하를 뜻한다.

해설 15mmH$_2$O → 15mmHg

48 용존산소−적정법으로 DO를 측정할 때 지시약 투입 후 적정 종말점 색은?

① 청색   ② 무색
③ 황색   ④ 홍색

해설 이론편 참조

49 폐수 중의 부유물질을 측정하기 위한 실험에서 다음과 같은 결과를 얻었다. 이 결과로부터 알 수 있는 거름종이와 여과물질(건조상태)의 무게는? (단, 거름종이 무게 : 1.991g, 시료의 SS : 120mg/L, 시료량 : 200mL)

① 2.005g   ② 2.015g
③ 2.150g   ④ 2.550g

해설 $SS(mg/L) = (b-a) \times \dfrac{1,000}{V}$

$120g/L = (b-1.991)g \times 10^3 mg/g \times \dfrac{1,000}{200}$

$\therefore b(거름종이 + SS) = 2.015g$

50 다음 이온 중 이온크로마토그래피로 분석 시 정량한계 값이 다른 하나는?

① F^-
② NO_2^-
③ Cl^-
④ SO_4^{2-}

해설 〈음이온의 이온크로마토그래피 분석 시 정량한계 값〉

이온	F^-	Br^-	NO_2^-	NO_3^-	Cl^-	PO_4^{3-}	SO_4^{2-}
정량한계 (mg/L)	0.1	0.03	0.1	0.1	0.1	0.1	0.5

51 처리하여 방류된 공장폐수의 BOD값을 전혀 모르고 BOD 측정을 하려할 때 희석수에 함유되는 공장폐수시료의 비율은?

① 0.1~1.0%
② 1~5%
③ 5~25%
④ 25~50%

해설 ① 오염정도가 심한 공장폐수
② 처리하지 않은 공장폐수와 침전된 하수
④ 오염된 하천수

52 폐수처리공정 중 관 내의 압력이 필요하지 않은 측정용 수로의 유량 측정 장치인 위어가 적용되지 않는 것은?

① 공장폐수원수
② 1차 처리수
③ 2차 처리수
④ 공정수

해설 공장폐수원수는 플룸(flume)에만 적용된다.
참고 ②, ③, ④항은 위어(weir)와 플룸(flume) 양쪽 모두 적용된다.

53 자외선/가시선 분광법으로 비소를 측정할 때의 방법이다. ( )에 옳은 내용은?

물속에 존재하는 비소를 측정하는 방법으로, (㉮)로 환원시킨 다음 아연을 넣어 발생되는 수소화비소를 다이에틸다이티오카바민산은의 피리딘 용액에 흡수시켜 생성된 (㉯) 착화합물을 (㉰)에서 흡광도를 측정하는 방법이다.

① ㉮ 3가 비소, ㉯ 청색, ㉰ 620nm
② ㉮ 3가 비소, ㉯ 적자색, ㉰ 530nm
③ ㉮ 6가 비소, ㉯ 청색, ㉰ 620nm
④ ㉮ 6가 비소, ㉯ 적자색, ㉰ 530nm

해설 이론편 참조

54 물벼룩을 이용한 급성독성시험법(시험 생물)에 관한 내용으로 틀린 것은?

① 시험하기 12시간 전부터는 먹이 공급을 중단하여 먹이에 대한 영향을 최소화한다.
② 태어난 지 24시간 이내의 시험생물일지라도 가능한 한 크기가 동일한 시험생물을 시험에 사용한다.
③ 배양 시 물벼룩이 표면에 뜨지 않아야 하고, 표면에 뜰 경우 시험에 사용하지 않는다.
④ 물벼룩을 옮길 때 사용되는 스포이드에 의한 교차 오염이 발생하지 않도록 주의를 기울인다.

해설 시험하기 2시간 전에 먹이를 충분히 공급하여 먹이가 주는 영향을 최소화하도록 한다.

55 배출허용기준 적합여부 판정을 위한 복수시료 채취방법에 대한 기준으로 ( )에 알맞은 것은?

자동시료채취기로 시료를 채취할 경우에 6시간 이내에 30분 이상 간격으로 ( ) 이상 채취하여 일정량의 단일 시료로 한다.

① 1회
② 2회
③ 4회
④ 8회

해설 이론편 참조

56 용액 중 CN^- 농도를 2.6mg/L로 만들려고 하면 물 1,000L에 용해될 NaCN의 양(g)은? (단, Na 원자량 : 23)

① 약 5
② 약 10
③ 약 15
④ 약 20

해설 $NaCN : CN = 49g : 26g$

$\therefore$ NaCN 양 $= 2.6mg/L \times 1,000L \times \dfrac{49}{26} \times 10^{-3}g/mg$

$= 4.9g$

57 투명도 측정원리에 관한 설명으로 (   ) 안에 알맞은 것은?

> 지름 30cm의 투명도판(백색원판)을 사용하여 호소나 하천에 보이지 않는 깊이로 넣은 다음 이것을 천천히 끌어올리면서 보이기 시작한 깊이를 (㉮) 단위로 읽어 무게가 약 3kg인 지름 30cm의 백색 원판에 지름 (㉯)의 구멍 (㉰)개가 뚫린 것을 사용한다.

① ㉮ 0.1m, ㉯ 5cm, ㉰ 8
② ㉮ 0.1m, ㉯ 10cm, ㉰ 6
③ ㉮ 0.5m, ㉯ 5cm, ㉰ 8
④ ㉮ 0.5m, ㉯ 10cm, ㉰ 6

해설 이론편 참조

58 시료의 보존방법 및 최대 보존기간에 대한 내용으로 옳은 것은?

① 냄새용 시료는 4℃ 보관, 최대 48시간 동안 보존한다.
② COD용 시료는 황산 또는 질산을 첨가하여 pH 4 이하, 최대 7일간 보존한다.
③ 유기인용 시료는 HCl로 pH 5~9, 4℃ 보관, 최대 7일간 보존한다.
④ 질산성 질소용 시료는 4℃ 보관, 최대 24시간 보존한다.

해설 이론편 참조

59 총 대장균군의 분석방법이 아닌 것은?

① 막여과법
② 현미경계수법
③ 시험관법
④ 평판집락법

해설 이론편 참조
설명 현미경계수법은 식물성 프랑크톤 분석방법이다.

60 자외선/가시선 분광법(다이에틸다이티오카바민산법)을 사용하여 구리(Cu)를 정량할 때 생성되는 킬레이트화합물의 색깔은?

① 적색
② 황갈색
③ 청색
④ 적자색

해설 이론편 참조

제4과목 수질환경 관계법규

61 오염총량관리기본계획 수립 시 포함되어야 하는 사항이 아닌 것은?

① 해당 지역 개발현황
② 지방자치단체별 수계구간별 오염부하량의 할당
③ 관할 지역에서 배출되는 오염부하량의 총량 및 저감계획
④ 해당 지역 개발계획으로 인하여 추가로 배출되는 오염부하량 및 그 저감계획

해설 법 제4조의3 참조

62 조업정지처분에 갈음한 과징금 처분대상 배출시설이 아닌 것은?

① 방위사업법 규정에 따른 방위산업체의 배출시설
② 수도법 규정에 의한 수도시설
③ 도시가스사업법 규정에 의한 가스공급시설
④ 석유 및 석유대체연료 사업법 규정에 따른 석유비축계획에 따라 설치된 석유비축시설

해설 시행령 제58조 참조

63 환경부 장관이 폐수처리업자의 등록을 취소할 수 있는 경우와 가장 거리가 먼 것은?

① 파산선고를 받고 복권되지 아니한 자
② 거짓이나 그 밖의 부정한 방법으로 등록한 경우
③ 등록 후 1년 이내에 영업을 시작하지 아니하거나 계속하여 1년 이상 영업실적이 없는 경우
④ 대기환경보전법을 위반하여 징역의 실행을 선고받고 그 형의 집행이 끝나거나 집행을 받지 아니하기로 확정된 후 2년이 지나지 아니한 사람

해설 법 제64조 참조

64 수질오염감시경보에 관한 내용으로 측정항목별 측정값이 관심단계 이하로 낮아진 경우의 수질오염감시경보단계는?

① 경계   ② 주의
③ 해제   ④ 관찰

해설 시행령 별표 3 제2호 참조

65 수질오염 방지시설 중 생물화학적 처리시설이 아닌 것은?

① 접촉조
② 살균시설
③ 살수여과상
④ 산화시설(산화조 또는 산화지를 말한다)

해설 시행규칙 별표 5 참조

66 위임업무 보고사항 중 골프장 맹·고독성 농약 사용여부 확인결과에 대한 보고횟수기준으로 옳은 것은 어느 것인가?

① 수시   ② 연 4회
③ 연 2회   ④ 연 1회

해설 시행규칙 별표 23 참조

67 배출부과금을 부과할 때 고려하여야 하는 사항에 해당되지 않는 것은?

① 배출시설 규모
② 배출허용기준 초과여부
③ 수질오염물질의 배출기간
④ 배출되는 수질오염물질의 종류

해설 법 제41조 제2항 참조

68 오염총량초과부과금의 납부통지는 부과 사유가 발생한 날부터 며칠 이내에 하여야 하는가?

① 15일   ② 30일
③ 60일   ④ 90일

해설 시행령 제11조 제1항 참조

69 기타 수질오염원 대상에 해당되지 않는 것은?

① 골프장

② 수산물 양식시설
③ 농축수산물 수송시설
④ 운수장비 정비 또는 폐차장 시설

해설 시행규칙 별표 1 참조

70 정당한 사유 없이 하천·호소에서 자동차를 세차한 자에 대한 과태료 처분기준으로 옳은 것은?

① 100만원 이하
② 300만원 이하
③ 500만원 이하
④ 1,000만원 이하

해설 법 제82조 제3항 참조

71 환경기술인을 임명하지 아니하거나 임명(바꾸어 임명한 것을 포함한다)에 대한 신고를 하지 아니한 자에 대한 과태료 처분기준은?

① 100만원   ② 300만원
③ 500만원   ④ 1,000만원

해설 법 제82조 제1항 참조

72 사업장 규모에 따른 종별 구분이 잘못된 것은?

① 1일 폐수배출량 $5,000m^3$ – 제1종 사업장
② 1일 폐수배출량 $1,500m^3$ – 제2종 사업장
③ 1일 폐수배출량 $800m^3$ – 제3종 사업장
④ 1일 폐수배출량 $150m^3$ – 제4종 사업장

해설 시행령 별표 13 참조

73 환경부 장관이 비점오염원관리지역을 지정, 고시한 때에 관계 중앙행정기관의 장 및 시·도지사와 협의하여 수립하여야 하는 비점오염원관리대책에 포함되어야 할 사항이 아닌 것은?

① 관리대상 수질오염물질의 종류 및 발생량
② 관리대상 수질오염물질의 관리지역 영향평가
③ 관리대상 수질오염물질의 발생예방 및 저감방안
④ 관리목표

해설 법 제55조 제1항 참조

74 수질 및 수생태계 보전에 관한 법률상 호소에서 수거된 쓰레기의 운반·처리 의무자는?

① 수면관리자
② 환경부 장관
③ 지방환경관서의 장
④ 특별자치시장·특별자치도지사·시장·군수·구청장

해설 법 제31조 제1항 참조

75 환경부령이 정하는 수로에 해당되지 않는 것은?

① 운하　　　② 상수관거
③ 지하수로　　④ 농업용 수로

해설 시행규칙 제5조 참조

76 해당 부과기간의 시작일 전 1년 6개월 동안 방류수 수질기준을 초과하지 아니한 사업자의 기본배출부과금 감면율로 옳은 것은?

① 100분의 20　　② 100분의 30
③ 100분의 40　　④ 100분의 50

해설 시행령 제52조 제2항 제2호 참조

77 다음 중 특정수질유해물질인 것은?

① 바륨화합물
② 브롬화합물
③ 니켈과 그 화합물
④ 셀레늄과 그 화합물

해설 시행규칙 별표 3 참조

78 환경정책기본법 시행령에서 명시된 환경기준 중 수질 및 수생태계(해역)의 생활환경기준 항목이 아닌 것은?

① 총 질소　　② 총 대장균군
③ 수소이온농도　④ 용매 추출유분

해설 환경정책기본법 시행령 별표 1 제3호 라목 참조

79 수질 및 수생태계 정책심의위원회에 관한 설명으로 틀린 것은?

① 위원회의 위원장은 환경부 차관으로 한다.
② 수질 및 수생태계와 관련된 측정 조사에 관한 사항을 심의한다.
③ 환경부 장관이 위촉하는 수질 및 수생태계관련 전문가 3명을 포함한다.
④ 위원회는 위원장과 부위원장 각 1명을 포함한 20명 이내의 위원으로 성별을 고려하여 구성한다.

해설 법 제10조의3 참조(※ 2016.1.17일 삭제되었음)
설명 환경부 차관 → 환경부 장관

80 환경부 장관은 대권역별로 수질 및 수생태계 보전을 위한 기본계획을 다음 중 몇 년마다 수립하여야 하는가?

① 1년　　② 3년
③ 5년　　④ 10년

해설 법 제24조 제1항 참조

2016년 제2회 수질환경산업기사 기/출/문/제

제1과목 : 수질오염 개론

01 Cd^{2+}를 함유하는 산성 수용액의 pH를 증가시키면 침전이 생긴다. pH를 11로 증가시켰을 때 Cd^{2+}의 농도(mg/L)는? (단, $Cd(OH)_2$의 $K_{sp} = 4 \times 10^{-14}$, 원자량은 Cd=112, O=16, H=1 기타 공존이온의 영향이나 착염에 의한 재용해도는 없는 것으로 본다.)

① 3.12×10^{-3} ② 3.46×10^{-3}
③ 4.48×10^{-3} ④ 6.29×10^{-3}

해설 $Cd(OH)_2 \rightleftharpoons Cd^{2+} + 2OH^-$

$K_{sp} = [Cd^{2+}][OH^-]^2$

$[OH^-] = \dfrac{K_w}{[H^+]} = \dfrac{1 \times 10^{-14}}{10^{-11}} = 10^{-3} mol/L$

$4.0 \times 10^{-14} = [Cd^{2+}][10^{-3}]^2$

$[Cd^{2+}] = 4.0 \times 10^{-8} mol/L$

∴ Cd^{2+} 농도

$= 4.0 \times 10^{-8} mol/L \times 112.4 g/mol \times 10^3 mg/g$

$= 4.48 \times 10^{-3} mg/L$

02 물의 동점성계수를 가장 알맞게 나타낸 것은?

① 전단력 τ과 점성계수 μ를 곱한 값이다.
② 전단력 τ과 밀도 ρ를 곱한 값이다.
③ 점성계수 μ를 전단력 τ로 나눈 값이다.
④ 점성계수 μ를 밀도 ρ로 나눈 값이다.

해설 $\nu = \dfrac{\mu}{\rho}$

ν : 동점성계수(m^2/sec, cm^2/sec)
μ : 점성계수(kg/m · sec, g/cm · sec)
ρ : 밀도(kg/m^3, g/cm^3)

03 일반적으로 물속의 용존산소(DO)농도가 증가하게 되는 경우는?

① 수온이 낮고 기압이 높을 때
② 수온이 낮고 기압이 낮을 때
③ 수온이 높고 기압이 높을 때
④ 수온이 높고 기압이 낮을 때

해설 이론편 참조

04 다음 그림은 일반적인 하천에 유기물질이 배출되었을 때 하천의 수질변화를 나타낸 것이다. ㉯ 곡선이 나타내는 수질지표로 가장 적절한 것은 무엇인가?

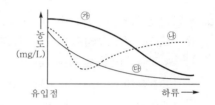

① DO ② BOD
③ SS ④ COD

해설 ㉮ : BOD, ㉯ : DO, ㉰ : SS

05 성장을 위한 먹이(탄소원) 취득방법이 나머지와 크게 다른 것은?

① 조류
② 곰팡이
③ 질산화박테리아
④ 황박테리아

해설 〈물질대사에 따른 미생물군의 분류〉

구 분	광합성	화학합성
독립 (자가) 영양계	탄소원 : CO_2 에너지원 : 태양광	탄소원 : CO_2 에너지원 : 무기산화환 원 반응
	조류, 광합성균, 황세균	질산화박테리아
종속 (타가) 영양계	탄소원 : 유기물질 에너지원 : 태양광	틴소원 : 유기물질 에너지원 : 유기산화환 원 반응
	비황세균	세균, 원생동물, 곰팡이

06 반응조에 주입된 물감의 10%, 90%가 유출되기까지의 시간을 t_{10}, t_{90}이라 할 때 Morrill지수는 t_{90}/t_{10}으로 나타낸다. 이상적인 plug flow인 경우의 Morrill지수값은?

① 1보다 작다.
② 1이다.
③ 1보다 크다.
④ 0이다.

[해설]

혼합 정도의 표시	완전 혼합 흐름	플러그 흐름	비 고
분산 (variance)	1	0	—
분산수 (dispersion No.)	∞ (무한대)	0	0 : 이상적 plug flow 0.002 : 낮은 분산 0.2 : 높은 분산 0.025 : 중간 분산
모릴지수 (Morrill index)	값이 클수록	1	$M_0 = \dfrac{t_{90}}{t_{10}}$

07 0.25M MgCl₂ 용액의 이온강도는 어느 것인가? (단, 완전해리 기준)

① 0.45　　② 0.55
③ 0.65　　④ 0.75

[해설] MgCl₂ 용액을 완전해리시켜 이온의 농도를 구하고, 이온강도를 구한다.

$$\underline{MgCl_2} \rightleftarrows \underline{Mg^{2+}} + \underline{2Cl^-}$$
$$0.25M \quad 0.25M \quad 2\times0.25M$$

$$\mu = \frac{1}{2}\sum_1^i C_i \cdot Z_i^2$$
$$= \frac{1}{2}\left[\{0.25\times2^2\}+\{2\times0.25\times1^2\}\right]$$
$$= 0.75$$

08 pH=6.0인 용액의 8배의 산도를 가진 용액의 pH는 어느 것인가?

① 5.1　　② 5.3
③ 5.4　　④ 5.6

[해설] $[H^+] = 10^{-pH}(mol/L) = 10^{-6}mol/L$
산도가 8배인 $[H^+] = 8\times10^{-6}mol/L$
$\therefore pH = -\log(8\times10^{-6})$
$= 6 - \log 8 = 5.1$

09 다음 중 하수처리구역이 아닌 경우 오수, 분뇨의 처리방안으로 옳은 것은?

① 분뇨는 단독정화조에서 처리하여 생활오수와 함께 BOD 50mg/L 이하로 공공수역에 방류시킨다.
② 분뇨와 생활오수를 함께 오수처리시설에 유입시켜 BOD 20mg/L 이하로 처리하여 공공수역에 방류시킨다.
③ 분뇨와 생활오수를 함께 우·오수 분류식 하수처리장에 처리한 후 BOD 20mg/L 이하로 공공수역에 방류시킨다.
④ 분뇨는 단독정화조에서 처리하고 생활오수는 우·오수 분류식 하수처리장에서 처리한 후 BOD 20mg/L 이하로 처리하여 공공수역에 방류시킨다.

10 자정계수(f)에 관한 다음 설명 중 잘못된 것은?

① 자정계수는 소규모 저수지보다 대형 호수가 크다.
② [재폭기계수/탈산소계수]로 나타낸다.
③ 수온이 증가할수록 자정계수는 높아진다.
④ 하천의 유속이 클수록 자정계수는 커진다.

[해설] 수온이 높아지면 탈산소계수(K_1)와 재폭기계수(K_2)가 모두 증가하지만, 탈산소계수가 더욱 증가하게 되어 결국 자정계수(f)는 감소하게 된다.

$$※ f = \frac{K_2}{K_1}$$
$$\begin{cases} K_1(t℃) = K_1(20℃)\times1.047^{t-20} \\ K_2(t℃) = K_2(20℃)\times1.018^{t-20} \end{cases}$$

11 수분함량 97%의 슬러지 14.7m³를 수분함량 85%로 농축하면 농축 후 슬러지 용적(m³)은? (단, 슬러지 비중은 1.0)

① 1.92　　② 2.94
③ 3.21　　④ 4.43

[해설] $V_1(100-P_1) = V_2(100-P_2)$
$14.7(100-97) = V_2(100-85)$
$\therefore V_2 = 2.94m^3$

12 지하수에 대한 설명으로 틀린 것은?

① 천층수 : 지하로 침투한 물이 제1불투수층 위에 고인 물로, 공기와의 접촉 가능성이 커 산소가 존재할 경우 유기물은 미생물의 호기성 활동에 의해 분해될 가능성이 크다.

② 심층수 : 제1불침투수층과 제2불침투수층 사이에 피압지하수를 말하며, 지층의 정화작용으로 거의 무균에 가깝고 수온과 성분의 변화가 거의 없다.

③ 용천수 : 지표수가 지하로 침투하여 암석 또는 점토와 같은 불투수층에 차단되어 지표로 솟아나온 것으로, 유기성 및 무기성 불순물의 함유도가 낮고, 세균도 매우 적다.

④ 복류수 : 하천, 저수지 혹은 호수의 바닥, 자갈모래층에 함유되어 있는 물로, 지표수보다 수질이 나쁘며 철과 망간과 같은 광물질 함유량도 높다.

해설 복류수는 하천, 저수지 혹은 호수의 바닥, 자갈모래층에 함유되어 있는 물로, 지표수보다 수질이 양호하므로 정수과정에서 침전지를 생략하는 경우도 있다.

13 산(acid)이 물에 녹았을 때 가지는 특성과 가장 거리가 먼 것은 어느 것인가?

① 맛이 시다.
② 미끈미끈거리며 염기를 중화시킨다.
③ 푸른 리트머스 시험지를 붉게 한다.
④ 활성을 띤 금속과 반응하여 원소상태의 수소를 발생시킨다.

해설 미끈미끈거리는 성질은 염기(base)의 특성이다.

14 물의 물성을 나타내는 값으로 가장 거리가 먼 것은?

① 비점 : 100℃(1기압하)
② 비열 : 1.0cal/g · ℃(15℃)
③ 기화열 : 539cal/g(100℃)
④ 융해열 : 179.4cal/g(0℃)

해설 융해열은 79.4cal/g(0℃)이다.

15 우리나라에서 주로 설치·사용된 분뇨 정화조의 형태로 가장 적합하게 짝지어진 것은?

① 임호프탱크 - 부패탱크
② 접촉포기법 - 접촉안정법
③ 부패탱크 - 접촉포기법
④ 임호프탱크 - 접촉포기법

해설 이론편 참조

16 수중 탄산가스농도나 암모니아성 질소의 농도가 증가하며 fungi가 사라지는 하천의 변화과정 지대는? (단, Whipple의 4지대 기준)

① 활발한 분해지대
② 점진적 분해지대
③ 분해지대
④ 점진적 회복지대

해설 문제의 내용은 활발한 분해지대에 대한 설명이다.

17 폐수의 분석결과 COD가 400mg/L였고 BOD$_5$가 250mg/L였다면 NBDCOD(mg/L)는? (단, 탈산소계수 K_1(밑이 10)=0.2day^{-1}이다.)

① 78
② 122
③ 172
④ 210

해설 $COD = BDCOD + NBDCOD$

$BOD_5 = BOD_u \times (1 - 10^{-K_1 \times t})$

$250mg/L = BOD_u \times (1 - 10^{-0.2 \times 5})$

$BOD_u = 277.78mg/L \cdots\cdots BDCOD$

$COD = BDCOD(=BOD_u) + NBDCOD$

$NBDCOD = COD - BOD_u$

$\therefore NBDCOD = 400 - 277.78$

$= 122.22mg/L$

18 미생물의 발육과정을 순서대로 나열한 것은?

① 유도기 - 대수증식기 - 정지기 - 사멸기
② 대수증식기 - 정지기 - 유도기 - 사멸기
③ 사멸기 - 대수증식기 - 유도기 - 정지기
④ 정지기 - 유도기 - 대수증식기 - 사멸기

해설 미생물의 발육과정(4단계)
유도기(지체기) → 대수증식기 → 정지기 → 사멸기

19 우리나라의 물 이용 형태에서 볼 때 수요가 가장 많은 분야는?

① 공업용수　　　　② 농업용수

③ 유지용수　　　　④ 생활용수

해설 전체 이용되고 있는 수자원 중 농업용수가 차지하는 비율은 47.7%로 가장 많으며, 다음으로 생활용수가 22.5% 정도이고, 공업용수는 6.3% 정도에 불과하다.

20 glucose($C_6H_{12}O_6$) 800mg/L 용액의 호기성 처리 시 필요한 이론적 인의 양(P, mg/L)은? (단, BOD_5：N：P=100：5：1, $K_1 = 0.1day^{-1}$, 상용대수기준)

① 약 9.6　　　　② 약 7.9

③ 약 5.8　　　　④ 약 3.6

해설 ㉠ 글루코오스의 BOD_5를 계산

$\underset{180g}{C_6H_{12}O_6} + \underset{6\times32g}{6O_2} \rightarrow 6CO_2 + 6H_2O$

$BOD_u = 800mg/L \times \dfrac{6\times32}{180}$

$\qquad = 853.33mg/L$

$BOD_5 = BOD_u \times (1 - 10^{-K_1 \times t})$

$\qquad = 853.33 \times (1 - 10^{-0.1\times5}) = 583.48mg/L$

㉡ 인의 양 산출

$BOD_5 : P = 100 : 1$

$\therefore$ 인의 농도 $= 583.4mg/L \times \dfrac{1}{100}$

$\qquad = 5.83mg/L$

제2과목　**수질오염 방지기술**

21 3차 처리 프로세스 중 5단계－Bardenpho 프로세스에 대한 설명으로 가장 거리가 먼 것은 어느 것인가?

① 1차 폭기조에서는 질산화가 일어난다.

② 혐기조에서는 용해성 인의 과잉흡수가 일어난다.

③ 인의 제거는 인의 함량이 높은 잉여슬러지를 제거함으로써 가능하다.

④ 무산소조에서는 탈질화과정이 일어난다.

해설 5단계 Bardenpho 공법에서 각 공정의 기능

㉠ 혐기조：유기물 제거, 인 방출

㉡ 1단계 무산소조：탈질

㉢ 1단계 호기조：질산화, 인 과잉흡수

㉣ 2단계 무산소조：잔류 질산성 질소 제거(탈질)

㉤ 2단계 호기조：재폭기, 2차 침전지에서 질소가스에 의한 슬러지 rising 현상 및 인의 재방출 방지

22 2,700m³/day의 폐수처리를 위해 폭 5m, 길이 15m, 깊이 3m인 침전지(유효수심 2.7m)를 사용하고 있다면 침전된 슬러지가 바닥에서 유효수심의 1/50이 찬 경우 침전지의 수평유속(m/min)은?

① 약 0.17　　　　② 약 0.42

③ 약 0.82　　　　④ 약 1.23

해설 수평유속은 다음과 같이 계산한다.

$V = \dfrac{Q}{A}$

$Q = 2,700m^3/day$

$A = 폭(W) \times 높이(H) = 5 \times \left(2.7 \times \dfrac{4}{5}\right) = 10.8m^2$

$\therefore V = \dfrac{2,700m^3/day}{10.8m^2} \times \dfrac{1day}{1,440min}$

$\qquad = 0.174m/min$

23 가스상태의 염소가 물에 들어가면 가수분해와 이온화반응이 일어나 살균력을 나타낸다. 이때 살균력이 가장 높은 pH 범위는?

① 산성 영역　　　　② 알칼리성 영역

③ 중성 영역　　　　④ pH와 관계없다.

해설 pH가 낮을수록 HOCl의 생성량이 OCl⁻보다 많으며, HOCl의 살균력은 OCl⁻의 약 80배 이상 강하다고 한다.

24 차아염소산과 수중의 암모니아가 유기성 질소화합물과 반응하여 클로라민을 형성할 때 pH가 9인 경우 가장 많이 존재하게 되는 것은?

① 모노클로라민　　　　② 다이클로라민

③ 트리클로라민　　　　④ 헤테로클로라민

해설 pH가 8.5 이상에서는 모노클로라민이 많이 생성된다 (이론편 참조).

㉠ $NH_3 + HOCl \rightarrow NH_2Cl + H_2O$ … pH 8.5 이상

㉡ $HOCl + NH_2Cl \rightarrow NHCl_2 + H_2O$ … pH 4.4 정도

㉢ $HOCl + NHCl_2 \rightarrow NCl_3 + H_2O$ … pH 4.4 이하

2016

25 다음 조건에서 폐슬러지의 배출량은?

- 폭기조 용적 : 10,000m^3
- 폭기조 MLSS 농도 : 3,000mg/L
- SRT : 3day
- 폐슬러지 함수율 : 99%
- 유출수 SS 농도는 무시

① 1,000m^3/day

② 1,500m^3/day

③ 2,000m^3/day

④ 2,500m^3/day

해설 $SRT = \dfrac{V \cdot X}{X_r \cdot Q_w}$

$$Q_w = \frac{V \cdot X}{X_r \cdot SRT}$$

$$= \frac{10,000\text{m}^3 \times 3,000\text{mg/L}}{10,000\text{mg/L} \times 3\text{day}}$$

$$= 1,000\text{m}^3/\text{day}$$

26 혐기적 공정운전에 가장 중요한 인자에 해당되지 않는 것은?

① pH

② 교반(mixing)

③ 암모니아와 황산염의 제어

④ 염소요구량

해설 혐기적 공정운전에 중요한 인자 : 온도, pH, 교반(mixing), 암모니아와 황산염의 제어, 영양소 요구량 등

27 구형 입자의 침강속도가 Stokes 법칙에 따른다고 할 때 직경이 0.5mm이고 비중이 2.5인 구형 입자의 침강속도(m/sec)는? (단, 물의 밀도는 1,000kg/m^{3}이고, 점성계수 μ는 1.002×10^{-3}kg/m·sec라고 가정한다.)

① 0.1   ② 0.2

③ 0.3   ④ 0.4

해설 $V_s = \dfrac{g(\rho_s - \rho)d^2}{18\mu}$

$$= \frac{9.8\text{m/sec}^2 \times (2,500 - 1,000)\text{kg/m}^3 \times (0.5 \times 10^{-3}\text{m})^2}{18 \times (1.002 \times 10^{-3})\text{kg/m·sec}}$$

$$= 0.2\text{m/sec}$$

28 1차 처리된 분뇨의 2차 처리를 위해 폭기조, 2차 침전지로 구성된 활성슬러지공정을 운영하고 있다. 운영조건이 다음과 같을 때 폭기조 내의 고형물 체류시간(day)은?

- 유입유량 : 200m^3/day
- 폭기조 용량 : 1,000m^3
- 잉여슬러지 배출량 : 50m^3/day
- 반송슬러지 SS : 농도 1%
- MLSS 농도 : 2,500mg/L
- 2차 침전지 유출수 SS 농도 : 0mg/L

① 4   ② 5

③ 6   ④ 7

해설 $SRT = \dfrac{V \cdot X}{X_r \cdot Q_w + (Q - Q_w)X_e}$

$$= \frac{1,000\text{m}^3 \times 2,500\text{mg/L}}{10,000\text{mg/L} \times 50\text{m}^3/\text{day} + (200 - 50)\text{m}^3/\text{d} \times 0\text{mg/L}}$$

$$= 5\text{day}$$

29 유량이 2,500m^3/day인 폐수를 활성슬러지법으로 처리하고자 한다. 폭기조로 유입되는 SS 농도가 200mg/L이고, 폭기조 내의 MLSS 농도가 2,000mg/L이며, 폭기조 용적이 2,000m^{3}일 때 슬러지 일령(day)은?

① 3   ② 4

③ 6   ④ 8

해설 $S \cdot A = \dfrac{V \cdot X}{SS \cdot Q}$

$$= \frac{2,000\text{m}^3 \times 2,000\text{mg/L}}{200\text{mg/L} \times 2,500\text{m}^3/\text{day}}$$

$$= 8\text{day}$$

30 염소요구량이 5mg/L인 하수처리수에 잔류염소농도가 0.5mg/L가 되도록 염소를 주입하려고 한다. 이때 염소주입량(mg/L)은?

① 4.5   ② 5.0

③ 5.5   ④ 6.0

해설 염소주입량(농도)
= 염소요구량(농도) + 잔류염소량(농도)
= 5mg/L + 0.5mg/L
= 5.5mg/L

31 인(P)의 제거방법 중 금속(Al, Fe)염 첨가법의 장점이라 볼 수 없는 것은?

① 기존 시설에 적용이 비교적 쉽다.

② 방류수의 인 농도는 금속염 주입량에 의하여 최대의 효율을 나타낼 수 있다.

③ 처리실적이 많고 제거조작이 간편·명확하다.

④ 금속염을 사용하지 않는 재래식 폐수처리장의 슬러지보다 탈수가 용이하다.

해설 금속염 첨가법은 기존 슬러지보다 슬러지의 탈수성이 나쁘다.

32 유기성 폐·하수의 고도 처리 및 효율적인 처리법으로 사용되고 있는 미생물자기조립법에 의한 처리방법이 아닌 것은?

① AUSB법 ② UASB법

③ SBR법 ④ USB법

해설 SBR 프로세스는 하나의 반응탱크 안에서 시차를 두고 유입·반응·침전·유출·휴지 등의 각 과정을 거치도록 되어 있으며, 혐기조와 호기조를 차례로 교환시켜 주면서 질소 및 인을 제거하는 시스템으로, 용존산소 부족기간에 질산성 질소를 제거(탈질)하고 혐기성에서 인을 방출시킨 다음 폭기되는 호기성에서 질산화되고, 인을 흡수시켜 침전슬러지의 방출로 최종적으로 인을 제거하고 있다.

참고 ㉠ AUSB – 호기성 자기조립법
㉡ UASB – 완전혐기성 자기조립법
㉢ USB – 통성혐기성 자기조립법

33 미생물접착용 회전원판의 지름이 3m이며, 740매로 구성되었다. 유입수량이 1,000m³/일, BOD가 150mg/L일 경우 수량부하(L/m²)와 BOD부하(g/m²)는?

① 370, 75 ② 95.6, 14.3

③ 74.0, 50 ④ 246, 450

해설 단면적(m²) = $\left(\dfrac{\pi}{4} \times 3^2\right)$m²/면 × 2면/매 × 740매

$= 10,461.5\text{m}^2$

㉠ 수량부하(L/m² · day)

$= \dfrac{\text{유량(L/day)}}{\text{단면적(m}^2)} = \dfrac{1,000\text{m}^3 \times 10^3\text{L/m}^3}{10,461.5\text{m}^2}$

$= 95.58\text{L/m}^2 \cdot \text{day}$

㉡ BOD부하(g/m² · day)

$= \dfrac{\text{BOD부하량(g/day)}}{\text{단면적(m}^2)}$

$= \dfrac{150\text{g/m}^3 \times 1,000\text{m}^3/\text{day}}{10,461.5\text{m}^2}$

$= 14.33\text{g/m}^2 \cdot \text{day}$

34 BOD_5가 85mg/L인 하수가 완전혼합 활성슬러지공정으로 처리된다. 유출수의 BOD_5가 15mg/L, 온도가 20℃, 유입유량이 40,000ton/일, MLVSS가 2,000mg/L, Y값이 0.6mg VSS/mg BOD_5, K_d값이 0.6d^{-1}, 미생물체류시간이 10일이라면 Y값과 K_d값을 이용한 반응조의 부피(m³)는? (단, 비중은 1.0 기준)

① 800 ② 1,000

③ 1,200 ④ 1,400

해설 $\dfrac{1}{\text{SRT}} = \dfrac{Y \cdot Q \cdot (S_i - S_e)}{V \cdot X} - K_d$

여기서, $Q = 40,000\text{ton/day} \times 1.0\text{m}^3/\text{ton}$

$= 40,000\text{m}^3/\text{day}$

$\dfrac{1}{10\text{day}} = \dfrac{0.6 \times 40,000 \times (85 - 15)}{V \times 2,000} - 0.6$

$\therefore V = 1,200\text{m}^3$

35 용존산소와 미생물의 관계를 설명한 것으로 틀린 것은?

① 호기성 미생물은 호흡을 위해 물속의 용존산소를 섭취한다.

② 혐기성 미생물은 호흡을 위해 화학적으로 결합된 산화물에서 산소를 섭취한다.

③ 임의성 미생물은 호기성 환경이나 임의성 환경에 관계없이 성장하는 미생물을 의미한다.

④ 혐기성 미생물은 모든 종류의 산소가 차단된 상태에서 잘 성장한다.

해설 혐기성 미생물은 세포의 유지와 합성에 필요한 에너지 및 전구물질을 얻기 위해 무기물 중의 결합산소(질산염, 황산염 등)를 탈취해서 세포를 합성하는 미생물을 말한다. 유리산소는 오히려 독성으로 작용한다.

36 다음 중 흡착에 대한 설명으로 가장 거리가 먼 것은?

① 흡착은 보통 물리적 흡착과 화학적 흡착으로 분류한다.

② 화학적 흡착은 주로 Van der Waals의 힘에 기인하며 비가역적이다.

③ 흡착제는 단위질량당 표면적이 큰 활성탄, 제올라이트 등이 사용된다.

④ 활성탄은 코코넛껍질, 석탄 등을 탄화시킨 후 뜨거운 공기나 증기로 활성화시켜 제조한다.

해설 화학적 흡착은 비가역적이지만, Van der Waals 힘에 기인하는 것은 물리적 흡착이다.

37 표준활성슬러지법의 특성과 가장 거리가 먼 것은? (단, 하수도시설 기준)

① MLSS 농도(mg/L) : 1,500~2,500

② 반응조의 수심(m) : 2~3

③ HRT(시간) : 6~8

④ SRT(일) : 3~6

해설 표준활성슬러지법의 반응조 수심은 4~6m를 기준으로 한다.

38 하수 고도 처리를 위한 단일단계 질산화공정(부유성장식)에 관한 설명으로 틀린 것은 어느 것인가?

① BOD/TKN비가 높아서 안정적인 MLSS 운영이 가능함

② 독성 물질에 대한 질산화 저해방지가 가능함

③ 온도가 낮을 경우 반응조 용적이 매우 크게 소요됨

④ 운전의 안전성은 미생물반송을 위한 2차 침전지의 운전에 좌우됨

해설 질산화공정은 BOD 제거와 질산화 기능의 분리정도에 따라 구분될 수 있는데, BOD 제거와 질산화가 하나의 반응조에서 일어나는 단일단계(single−stage) 질산화공정과, 다른 반응조에서 일어나는 분리단계(separated−stage) 질산화공정으로 분류된다.

공정형태		장 점	단 점
단일단계 질산화	부유성장식	• BOD와 암모니아성 질소의 동시 제거 가능 • BOD/TKN비가 높아서 안정적인 MLSS 운영 가능	• 독성 물질에 대한 질산화 저해 방지 불가능 • 온도가 낮을 경우에는 큰 반응조 필요 • 운전의 안정성은 미생물반송을 위한 2차 침전지의 운전에 좌우됨
	부착성장식	• BOD와 암모니아성 질소의 동시 제거 가능 • 미생물이 여재에 부착되어 있으므로 안정성은 2차 침전과 무관	• 독성 물질에 대한 질산화 저해 방지 불가능 • 유출수의 암모니아 농도는 약 1~3mg/L 정도임(RBC 제외) • 추운 기후에서 운전은 비실용적임
분리단계 질산화	부유성장식	• 독성 물질에 대한 질산화 저해 방지 가능 • 안정적 운전 가능 • 유출수 암모니아 저농도 가능	• BOD₅/TKN비가 낮을 때 슬러지 저장에 세심한 관리 요구 • 운전의 안정성은 미생물반송을 위한 2차 침전지의 운전에 좌우됨 • 단일단계 질산화에 비해 많은 수의 단위공정 필요
	부착성장식	• 독성 물질에 대한 질산화 저해방지 가능 • 안정적 운전 가능 • 미생물이 여재에 부착되어 있으므로 안정성은 2차 침전과 무관	• 단일단계 질산화에 비해 많은 단위공정 필요 • 유출수의 암모니아는 약 1~3mg/L

39 직경이 10m이고, 평균 깊이가 2.5m인 1차 침전지가 1,200m³/day의 폐수를 처리할 때 체류시간(hr)은?

① 약 2시간　　　② 약 4시간

③ 약 6시간　　　④ 약 8시간

해설 $t = \dfrac{V}{Q}$

$$V = \dfrac{\pi d^2}{4} \cdot h$$

$$= \dfrac{\pi \times 10^2}{4} \times 2.5 = 196.35 \text{m}^3$$

$$\therefore t = \dfrac{196.35 \text{m}^3}{1,200 \text{m}^3/\text{day}} \times 24 \text{hr/day} = 3.93 \text{hr}$$

40 철과 망간 제거방법으로 사용되는 산화제는?

① 과망간산염
② 수산화나트륨
③ 산화칼슘
④ 석회

해설 철과 망간 제거의 산화법으로는 폭기법, 염소법, 과망간산칼륨법, 접촉산화법 등이 있다(이론편 참조).

제3과목 : 수질오염 공정시험기준

41 수질오염 공정시험기준 중 온도표시에 관한 설명으로 옳지 않은 것은?

① 찬 곳은 따로 규정이 없는 한 0~15℃의 곳을 뜻한다.
② 냉수는 15℃ 이하를 말한다.
③ 온수는 60~70℃를 말한다.
④ 시험은 따로 규정이 없는 한 실온에서 조작한다.

해설 시험은 따로 규정이 없는 한 상온(15~25℃)에서 조작하고 조작 직후에 그 결과를 관찰한다. 단, 온도의 영향이 있는 것의 판정은 표준온도를 기준으로 한다.

42 수질오염 공정시험기준 총칙에 정의된 용어에 관한 설명으로 가장 거리가 먼 것은?

① "표준편차율"이라 함은 표준편차를 정량범위로 나눈 값의 백분율이다.
② "약"이라 함은 기재된 양에 대하여 ±10% 이상의 차가 있어서는 안 된다.
③ 시험조작 중 "즉시"란 30초 이내에 표시된 조작을 하는 것을 뜻한다.
④ "항량으로 될 때까지 건조한다."라 함은 같은 조건에서 1시간 더 건조할 때 전후 무게의 차가 g당 0.3mg 이하일 때를 말한다.

해설 "표준편차율"이란 표준편차를 평균값으로 나눈 값의 백분율을 말한다.

43 순수한 물 150mL에 에틸알코올(비중 0.79) 80mL를 혼합하였을 때 이 용액 중의 에탄올의 농도(W/W%)는?

① 약 30% ② 약 35%
③ 약 40% ④ 약 45%

해설
$$W/W(\%) = \frac{용질(g)}{용액(g)} \times 100$$
$$= \frac{(80mL \times 0.79g/mL) \times 100}{(150mL \times 1.0g/mL) + (80mL \times 0.79g/mL)}$$
$$= 29.64\%$$

44 이온크로마토그래피의 기본 구성에 관한 설명으로 가장 거리가 먼 것은?

① 펌프 : 150~350kg/cm^2 압력에서 사용될 수 있어야 한다.
② 제거장치(억제기) : 고용량의 음이온 교환수지를 충전시킨 칼럼형과 음이온 교환막으로 된 격막형이 있다.
③ 분리칼럼 : 유리 또는 에폭시 수지로 만든 관에 이온교환제를 충전시킨 것이다.
④ 검출기 : 일반적으로 음이온 분석에는 전기전도도 검출기를 사용한다.

해설 이온크로마토그래피의 제거장치(억제기)는 분리칼럼으로부터 용리된 각 성분이 검출기에 들어가기 전에 용리액 자체의 전도도를 감소시키고 목적 성분의 전도도를 증가시켜 높은 감도로 음이온을 분석하기 위한 장치이다. 고용량의 양이온 교환수지를 충전시킨 칼럼형과 양이온 교환막으로 된 격막형이 있다.

45 익류(over flow) 폭이 5m인 유분리기(oil separator)로부터 폐수가 넘쳐 흐르고 있다. 넘쳐 흐르는 부분의 수두를 측정하니 10cm로 하루종일 변동이 없었다. 배출하는 하루 유량은?
(단, $Qm^3/sec = 1.7bh^{3/2}$)

① $1.21 \times 10^4 m^3/day$
② $2.32 \times 10^4 m^3/day$
③ $3.43 \times 10^4 m^3/day$
④ $4.54 \times 10^4 m^3/day$

해설
$$Q = 1.7bh^{\frac{3}{2}}$$
$$= 1.7 \times 5 \times 0.1^{\frac{3}{2}} = 0.269 m^3/sec$$
$$= 23,224.8 m^3/day$$

46 식물성플랑크톤(조류)의 저배율방법에 의한 정량시험 시 주의사항에 관한 내용으로 틀린 것은?

① 세즈윅-라프터 챔버는 조작이 편리하고 재현성이 높아 미소플랑크톤의 검경에 적절하다.

② 정체시간이 짧을 경우 충분히 침전되지 않은 개체가 계수 시 제외되어 오차유발요인이 된다.

③ 시료를 챔버에 채울 때 피펫은 입구가 넓은 것을 사용하는 것이 좋다.

④ 계수 시 스트립을 이용할 경우, 양쪽 경계면에 걸린 개체는 하나의 경계면에 대해서만 계수한다.

해설 세즈윅-라프터 챔버는 조작이 편리하고 재현성이 높은 반면 중배율 이상에서는 관찰이 어렵기 때문에 미소플랑크톤(nanno plankton)의 검경에는 적절하지 않다.

47 0.08N HCl 70mL와 0.04N NaOH 130mL를 혼합한 용액의 pH는?

① 2.7 　　　② 3.6
③ 4.2 　　　④ 5.4

해설 $N_1 V_1 - N_2 V_2 = N(V_1 + V_2)$

$N = \dfrac{N_1 V_1 - N_2 V_2}{V_1 + V_2} = \dfrac{0.08 \times 70 - 0.04 \times 130}{70 + 130}$

$= 2.0 \times 10^{-3} N$

남아있는 HCl은 강산으로서 100% 전리하므로

$[H^+] = 2 \times 10^{-3} mol/L$

$\therefore \ pH = -\log(2 \times 10^{-3}) = 2.70$

48 다음 ( )에 알맞은 것은?

> 금속류-불꽃 원자흡수분광광도법은 시료를 2,000~3,000K의 불꽃 속으로 주입하였을 때 생성된 ( )의 중성원자가 고유파장의 빛을 흡수하는 현상을 이용하여 개개의 고유파장에 대한 흡광도를 측정한다.

① 여기상태 　　② 이온상태
③ 분자상태 　　④ 바닥상태

해설 금속류-불꽃 원자흡수분광광도법은 물속에 존재하는 중금속을 정량하기 위하여 시료를 2,000~3,000K의 불꽃 속으로 주입하였을 때 생성된 바닥상태의 중성원자가 고유파장의 빛을 흡수하는 현상을 이용하여, 개개의 고유파장에 대한 흡광도를 측정한다. 시료 중의 원

소농도를 정량하는 방법으로 분석이 가능한 원소는 구리, 납, 니켈, 망간, 비소, 셀레늄, 수은, 아연, 철, 카드뮴, 크롬, 6가 크롬, 바륨, 주석 등이다.

49 알킬수은-기체크로마토그래피에서 시료주입부 온도, 칼럼 온도 및 검출기의 온도는?

구분 보기	시료주입부 온도	칼럼 온도	검출기의 온도
①	140~240℃	130~180℃	140~200℃
②	130~180℃	250~380℃	280~330℃
③	350~380℃	340~380℃	340~380℃
④	380~410℃	420~460℃	450~480℃

해설 (1) 알킬수은-기체크로마토그래피법에서 칼럼은 안지름 3mm, 길이 40~150cm의 모세관 칼럼이나 이와 동등한 분리능을 가지고 대상 분석물질의 분리가 양호한 것을 택하여 시험한다.

㉠ 운반기체는 순도 99.999% 이상의 질소 또는 헬륨으로서 유속은 30~80mL/min, 시료주입부 온도는 140~240℃, 칼럼 온도는 130~180℃로 사용한다.

㉡ 검출기로 전자포획형 검출기(ECD ; Electron Capture Detector)를 사용하고, 검출기의 온도는 140~200℃로 한다.

50 A폐수의 부유물질 측정을 위한 실험결과가 다음과 같을 때 부유물질의 농도?

> • 시료 여과 전의 유리섬유여과지의 무게 : 42.6645g
> • 시료 여과 후의 유리섬유여과지의 무게 : 42.6812g
> • 시료의 양 : 100mL

① 0.167mg/L

② 1.67mg/L

③ 16.7mg/L

④ 167mg/L

해설 $SS(mg/L) = (b-a) \times \dfrac{1,000}{V}$

여기서, $b = 42.6812g$
$a = 42.6645g$
$V = 100mL$

$\therefore \ SS = (42.6812 - 42.6645)g \times \dfrac{1,000}{100mL}$

$= 0.167g/L = 167mg/L$

51 불소화합물 측정방법으로 가장 적절하게 짝지은 것은?

① 자외선/가시선 분광법 - 기체크로마토그래피
② 자외선/가시선 분광법 - 불꽃 원자흡수분광광도법
③ 유도결합플라스마/원자발광광도법 - 불꽃 원자흡수분광광도법
④ 자외선/가시선 분광법 - 이온크로마토그래피

해설 불소화합물 측정 시 적용 가능한 시험방법은 자외선/가시선 분광법, 이온전극법, 이온크로마토그래피법 등이다.

52 다음은 총 대장균군(평판집락법) 측정에 관한 내용이다. (   )의 내용으로 옳은 것은 어느 것인가?

> 배출수 또는 방류수에 존재하는 총 대장균군을 측정하는 방법으로 페트리접시의 배지 표면에 평판집락법 배지를 굳힌 후 배양한 다음 진한 (   )의 전형적인 집락을 계수하는 방법이다.

① 황색   ② 적색
③ 청색   ④ 녹색

해설 이론편 참조

53 다음 중 측정항목-시료용기-보존방법이 맞는 것은?

① 용존 총 질소 - 폴리에틸렌 또는 유리용기 - 4℃, H_2SO_4로 pH 2 이하
② 음이온 계면활성제 - 폴리에틸렌 - 4℃, H_2SO_4로 pH 2 이하
③ 인산염인 - 유리용기 - 즉시 여과한 후 4℃, $CuSO_4$ 1g/L 첨가
④ 질산성 질소 - 폴리에틸렌 또는 유리용기 - 4℃, NaOH로 pH 12 이상

해설 ② 음이온 계면활성제 - 폴리에틸렌 또는 유리용기 - 4℃ 보관
③ 인산염인 - 폴리에틸렌 또는 유리용기 - 즉시 여과한 후 4℃ 보관
④ 질산성 질소 - 폴리에틸렌 또는 유리용기 - 4℃ 보관

54 다음 그림은 자외선/가시선 분광법으로 불소측정 시 사용되는 분석기기인 수증기 증류장치이다. C의 명칭으로 옳은 것은?

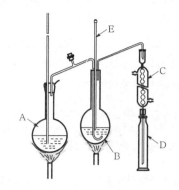

① 유리연결관   ② 냉각기
③ 정류관   ④ 메스실린더관

해설 A : 둥근바닥 플라스크, B : 킬달플라스크, C : 냉각기
D : 메스실린더(수기), E : 온도계

55 유기물 함량이 비교적 높지 않고 금속의 수산화물, 산화물, 인산염 및 황화물을 함유하고 있는 시료에 적용되며 휘발성 또는 난용성 염화물을 생성하는 금속물질의 분석에 주의하여야 하는 시료의 전처리방법(산분해법)으로 가장 적절한 것은 어느 것인가?

① 질산 - 염산법
② 질산 - 황산법
③ 질산 - 과염소산법
④ 질산 - 불화수소산법

해설 시료의 전처리방법 중 산분해법의 적용
㉠ 질산법 : 유기물 함량이 비교적 높지 않은 시료
㉡ 질산-염산법 : 유기물 함량이 비교적 높지 않고 금속의 수산화물, 산화물, 인산염 및 황화물을 함유하고 있는 시료
㉢ 질산-황산법 : 유기물 등을 많이 함유하고 있는 대부분의 시료에 적용(※ Ca, Mg, Pb 등을 다량 함유한 시료는 난용성의 황산염을 생성하여 다른 금속성분을 흡착)
㉣ 질산-과염소산법 : 유기물을 다량 함유하고 있는 산 분해가 어려운 시료
㉤ 질산-과염소산-불화수소산법 : 다량의 점토질 또는 규산염을 함유한 시료

56 아연의 자외선/가시선 분광법에 관한 설명이다. ( )에 알맞은 것은?

> 아연이온이 ( )에서 진콘과 반응하여 생성하는 청색 킬레이트화합물의 흡광도를 측정하는 방법이다.

① pH 약 2　　　② pH 약 4
③ pH 약 9　　　④ pH 약 12

해설 이 시험은 시료 중의 아연이온이 약 pH 9에서 진콘과 반응하여 생성하는 청색 킬레이트화합물의 흡광도를 620nm에서 측정하는 방법이다.

57 불꽃－원자흡수분광광도법에서 일어나는 간섭 중 화학적 간섭은?

① 분석하고자 하는 원소의 흡수파장과 비슷한 다른 원소의 파장이 서로 겹쳐 비이상적으로 높게 측정되는 경우
② 표준용액과 시료 또는 시료와 시료 간의 물리적 성질의 차이 또는 표준물질과 시료의 매질 차이에 의해서 발생
③ 불꽃의 온도가 분자를 들뜬상태로 만들기에 충분히 높지 않아서, 해당 파장을 흡수하지 못하여 발생
④ 불꽃의 온도가 너무 높을 경우 중성원자에서 전자를 빼앗아 이온이 생성될 수 있으며 이 경우 음(－)의 오차가 발생

해설 불꽃－원자흡수분광광도법에서 일어나는 간섭 중 화학적 간섭은 불꽃의 온도가 분자를 들뜬상태로 만들기에 충분히 높지 않아서, 해당 파장을 흡수하지 못하여 발생한다. 그 예로 시료 중에 인산이온(PO_4^{3-}) 존재 시 마그네슘과 결합하여 간섭을 일으킬 수 있다. 칼슘, 마그네슘, 바륨의 분석 시 란타늄(La)을 첨가하여 인산의 화학적 간섭을 배제할 수 있다. 또한 간섭을 일으키는 금속을 킬레이트제 등으로 제거할 수 있다.
※ ②는 물리적 간섭에 대한 내용이다.

58 비소 표준원액(1mg/mL)을 100mL 조제하기 위한 삼산화비소(As_2O_3)의 채취량은? (단, 비소의 원자량은 74.92이다.)

① 37mg　　　② 74mg
③ 132mg　　　④ 264mg

해설 $As_2O_3 : As_2 = 197.84 : 149.84$

$\therefore As_2O_3$ 채취량 $= 1mg/mL \times 100mL \times \dfrac{197.84}{149.84}$

　　　　　$= 132.03mg$

59 공장폐수 및 하수유량(측정용 수로 및 기타 유량 측정방법) 측정을 위한 위어의 최대유속과 최소유속의 비로 옳은 것은?

① 100 : 1
② 200 : 1
③ 400 : 1
④ 500 : 1

해설 위어(weir)의 최대유속과 최소유속의 비율 범위(최대유량 : 최소유량)는 500 : 1이다.

60 DO(적정법) 측정 시 end point(종말점)에 있어서의 액의 색은?

① 무색
② 적색
③ 황색
④ 황갈색

해설 이론편 참조

제4과목　수질환경 관계법규

61 시장, 군수, 구청장이 낚시금지구역 또는 낚시제한구역을 지정하려는 경우 고려하여야 할 사항이 아닌 것은?

① 서식어류의 종류 및 양 등 수중 생태계의 현황
② 낚시터 발생 쓰레기의 환경영향평가
③ 연도별 낚시인구의 현황
④ 수질오염도

해설 시행령 제27조(낚시금지구역 또는 낚시제한구역의 지정 등) 참조

62 배출시설의 설치허가를 받아야 하는 경우가 아닌 것은?

① 특정 수질유해물질이 발생되는 배출시설
② 특별대책지역에 설치하는 배출시설
③ 상수원보호구역으로부터 상류로 10km 이내에 설치하는 배출시설
④ 특정 수질유해물질이 발생되지 아니하더라도 배출되는 폐수를 폐수종말처리시설에 유입시키는 경우

해설 시행령 제31조(설치허가 및 신고대상 폐수배출시설의 범위 등) 참조

63 수질 및 수생태계 환경기준인 수질 및 수생태계 상태별 생물학적 특성 이해표에 관한 내용 중 생물등급이 '약간 나쁨~매우 나쁨'일 경우의 생물지표종(어류)으로 틀린 것은?

① 피라미   ② 미꾸라지
③ 메기   ④ 붕어

해설 환경정책기본법 시행령 별표 1 참조
설명 피라미는 생물등급이 '보통~약간 나쁨'인 생물지표종(어류)이다.

64 폐수무방류 배출시설을 설치·운영하는 사업자가 규정에 의한 관계 공무원의 출입, 검사를 거부, 방해 또는 기피한 경우의 벌칙기준은?

① 1년 이하의 징역 또는 1천만원 이하의 벌금에 처한다.
② 1년 이하의 징역 또는 500만원 이하의 벌금에 처한다.
③ 500만원 이하의 벌금에 처한다.
④ 300만원 이하의 벌금에 처한다.

해설 법 제78조 제17호 참조

65 다음의 위임업무 보고사항 중 보고횟수기준이 연 2회에 해당하는 것은?

① 배출업소의 지도, 점검 및 행정처분실적
② 배출부과금의 부과실적
③ 과징금 부과실적
④ 비점오염원의 설치 신고 및 방지시설 설치현황 및 행정처분현황

해설 시행규칙 별표 23 참조
설명 ①, ②, ④의 내용은 연 4회에 해당되는 내용이다.

66 환경부 장관은 대권역 수질 및 수생태계 보전을 위한 기본계획을 몇 년마다 수립하여야 하는가?

① 3년   ② 5년
③ 7년   ④ 10년

해설 법 제24조(대권역 수질 및 수생태계 보전계획의 수립) 참조

67 수질 및 수생태계 보전에 관한 법률의 목적이 아닌 것은?

① 수질오염으로 인한 국민의 건강과 환경상의 위해를 예방
② 하천, 호소 등 공공수역의 수질 및 수생태계를 적정하게 관리·보전
③ 국민으로 하여금 수질 및 수생태계 보전 혜택을 널리 향유할 수 있도록 함
④ 수질환경을 적정하게 관리하여 양질의 상수원수를 보전

해설 법 제1조(목적) 참조
참고 이 법은 수질오염으로 인한 국민건강 및 환경상의 위해(危害)를 예방하고 하천·호소(湖沼) 등 공공수역의 물환경을 적정하게 관리·보전함으로써 국민이 그 혜택을 널리 향유할 수 있도록 함과 동시에 미래의 세대에게 물려줄 수 있도록 함을 목적으로 한다.

68 오염총량관리지역을 관할하는 시·도지사가 수립하여 환경부 장관에게 승인을 얻는 오염총량관리기본계획에 포함되는 사항이 아닌 것은?

① 해당 지역 개발계획의 내용
② 지방자치단체별·수계구간별 오염부하량의 할당
③ 해당 지역의 점오염원, 비점오염원, 기타 오염원 현황
④ 해당 지역 개발계획으로 인하여 추가로 배출되는 오염부하량 및 그 저감계획

해설 법 제4조의3(오염총량관리기본계획의 수립 등) 참조

69 측정망 설치계획을 고시하는 시기에 해당하는 것은 어느 것인가?

① 측정망을 최초로 설치하는 날
② 측정망을 최초로 측정소에 설치하는 날의 3개월 이전
③ 측정망 설치계획이 확정되기 3개월 이전
④ 측정망 설치계획이 확정되기 6개월 이전

해설 시행규칙 제24조(측정망 설치계획의 고시) 참조

70 초과부과금 산정을 위한 기준에서 수질오염물질 1kg당 부과금액이 가장 낮은 수질오염물질은?

① 카드뮴 및 그 화합물
② 유기인화합물
③ 비소 및 그 화합물
④ 6가 크롬화합물

해설 시행령 별표 14 참조
참고 부과금액의 크기 순서
수은, PCB(1,250,000) > 카드뮴(500,000) > 6가 크롬, 트리클로로에틸렌, 테트라클로로에틸렌(300,000) > 페놀, 시안, 유기인, 납(150,000) > 비소(100,000) > 크롬(75,000) > 구리(50,000) > 망간, 아연(30,000) > 총 질소, 총 인(500) > 유기물질, 부유물질(250)

71 환경부 장관이 폐수처리업자의 등록을 취소할 수 있는 경우에 해당되지 않는 것은?

① 파산선고를 받고 복권이 되지 아니한 자
② 거짓이나 그 밖의 부정한 방법으로 등록한 경우
③ 등록 후 1년 이내에 영업을 개시하지 아니하거나 계속하여 1년 이상 영업실적이 없는 경우
④ 배출해역 지정기간이 끝나거나 폐기물 해양배출업의 등록이 취소되어 기술능력·시설 및 장비기준을 유지할 수 없는 경우

해설 법 제64조(등록의 취소 등) 참조
설명 1년 → 2년(2개 모두)

72 1일 폐수배출량이 2,000m³ 미만인 규모의 지역별·항목별 배출허용기준으로 틀린 것은? (단, 단위는 mg/L)

①
농 도 지 역	BOD	COD	SS
청정지역	40 이하	50 이하	40 이하

②
농 도 지 역	BOD	COD	SS
'가'지역	80 이하	90 이하	80 이하

③
농 도 지 역	BOD	COD	SS
'나'지역	100 이하	110 이하	100 이하

④
농 도 지 역	BOD	COD	SS
특례지역	30 이하	40 이하	30 이하

해설 시행규칙 별표 13(수질오염물질의 배출허용기준) 참조

구 분	1일 폐수배출량 2,000m³ 미만		
	생물화학적 산소요구량 (mg/L)	화학적 산소요구량 (mg/L)	부유 물질량 (mg/L)
청정지역	40 이하	50 이하	40 이하
'가'지역	80 이하	90 이하	80 이하
'나'지역	120 이하	130 이하	120 이하
특례지역	30 이하	40 이하	30 이하

73 비점오염원의 변경신고를 하여야 하는 경우에 해당되지 않는 것은?

① 상호, 사업장 위치 및 장비(예비차량 포함)가 변경되는 경우
② 비점오염원 또는 비점오염저감시설의 전부 또는 일부를 폐쇄하는 경우
③ 비점오염저감시설의 종류, 위치, 용량이 변경되는 경우
④ 총 사업면적, 개발면적, 또는 사업장 부지면적이 처음 신고면적의 100분의 15 이상 증가하는 경우

해설 시행령 제73조(비점오염원의 변경신고) 참조

74 대권역 수질 및 수생태계 보전계획에 포함되어야 하는 사항이 아닌 것은?

① 오염원별 수질오염저감시설 현황

② 점오염원, 비점오염원 및 기타 수질오염원에 의한 수질오염물질 발생량

③ 상수원 및 물 이용현황

④ 수질오염 예방 및 저감 대책

해설 법 제24조(대권역 수질 및 수생태계 보전계획의 수립) 참조

75 수질오염감시경보의 경계단계 발령·해제 기준이다. ( ) 안에 옳은 내용은?

> 생물감시 측정값이 생물감시 경보기준농도를 30분 이상 지속적으로 초과하고, 전기전도도, 휘발성 유기화합물, 페놀, 중금속(구리, 납, 아연, 카드뮴 등) 항목 중 1개 이상의 항목이 측정 항목별 경보기준을 ( )배 이상 초과하는 경우

① 2 　　　　　　② 3

③ 5 　　　　　　④ 10

해설 시행령 별표 3(수질오염경보의 종류별 경보단계 및 그 단계별 발령·해제 기준)

76 사업장별 환경기술인의 자격기준에 해당하지 않는 것은?

① 제1종 및 제2종 사업장 중 1개월 간 실제 작업한 날만을 계산하여 1일 평균 17시간 이상 작업하는 경우 그 사업장은 환경기술인을 각각 2명 이상 두어야 한다.

② 연간 90일 미만 조업하는 제1종부터 제3종까지의 사업장은 제4종 사업장, 제5종 사업장에 해당하는 환경기술인을 선임할 수 있다.

③ 대기환경기술인으로 임명된 자가 수질환경기술인의 자격을 함께 갖춘 경우에는 수질환경기술인을 겸임할 수 있다.

④ 공동방지시설의 경우에는 폐수배출량이 제1종, 제2종 사업장 규모에 해당하는 경우 제3종 사업장에 해당하는 환경기술인을 둘 수 있다.

해설 시행령 별표 17(사업장별 환경기술인의 자격기준) 참조

설명 공동방지시설의 경우에는 폐수배출량이 제4종 또는 제5종 사업장의 규모에 해당하면 제3종 사업장에 해당하는 환경기술인을 두어야 한다.
(※ 보기 ①의 내용은 삭제되었다.)

77 오염총량관리 조사·연구반이 속한 기관은?

① 시·도 보건환경연구원

② 유역환경청 또는 지방환경청

③ 국립환경과학원

④ 한국환경공단

해설 시행규칙 제20조(오염총량관리 조사·연구반)

설명 오염총량관리 조사·연구반은 국립환경과학원에 둔다.

78 폐수처리업의 등록기준에 관한 설명으로 알맞은 것은? (단, 폐수수탁처리업기준.)

① 생물학적 방지시설을 갖추어야 한다.

② 법인인 경우는 자본금 2억원 이상이어야 한다.

③ 개인인 경우는 재산이 5천만원 이상이어야 한다.

④ 자본금 또는 재산은 등록기준에 포함되지 않는다.

해설 시행규칙 별표 20 참조

설명 폐수처리업의 등록기준에는 자본금 또는 재산은 등록기준에 포함되지 않는다.

79 유류·유독물·농약 또는 특정 수질유해물질을 운송 또는 보관 중인 자가 해당 물질로 인하여 수질을 오염시킨 경우 지체 없이 신고해야 할 기관이 아닌 것은?

① 시청 　　　　　② 구청

③ 환경부 　　　　④ 지방환경관서

해설 법 제16조(수질오염사고의 신고) 참조

Tip▶ 유류, 유독물, 농약 또는 특정 수질유해물질을 운송 또는 보관 중인 자가 해당 물질로 인하여 수질을 오염시킨 때에는 지체 없이 지방환경관서, 시·도 또는 시·군·구(자치구를 말한다) 등 관계 행정기관에 신고하여야 한다.

80 폐수처리업 등록을 할 수 없는 자에 대한 기준으로 틀린 것은?

① 피성년후견인

② 피한정후견인

③ 폐수처리업의 등록이 취소된 후 2년이 지나지 아니한 자

④ 파산선고를 받은 후 2년이 지나지 아니한 자

해설 법 제63조(결격사유) 참조

나는 항상 내가 할 수 없는 것을 한다.
그렇게 하면 할 수 있게 되기 때문이다.

—피카소—

80.④ 정답

2016년 제3회 수질환경산업기사 기/출/문/제

제1과목 : 수질오염 개론

01 물의 물리·화학적 특성으로 옳지 않은 것은?

① 물은 온도가 낮을수록 밀도는 커진다.

② 물 분자는 H^+와 OH^-로 극성을 이루므로 유용한 용매가 된다.

③ 물은 기화열이 크기 때문에 생물의 효과적인 체온조절이 가능하다.

④ 생물체의 결빙이 쉽게 일어나지 않는 것은 물의 융해열이 크기 때문이다.

> **해설** 물의 온도가 4℃일 때 밀도가 가장 크다.

02 25℃, 2기압의 압력에 있는 메탄가스 200kg을 저장하는 데 필요한 탱크의 부피(L)는? (단, 이상 기체법칙 적용, $R=0.082$L·atm/mol·K)

① 1.53×10^5 ② 1.53×10^4

③ 2.53×10^5 ④ 2.53×10^4

> **해설** $PV = \dfrac{W}{M}RT$
>
> $V = \dfrac{WRT}{PM}$
>
> 여기서, $W = 200\text{kg} = 200,000\text{g}$
>
> $T = 25 + 273 = 298\text{K}$
>
> $M = 16\text{g}$
>
> $P = 2\text{atm}$
>
> $\therefore V = \dfrac{200,000\text{g} \times 0.082\text{L} \cdot \text{atm/mol} \cdot \text{K} \times 298\text{K}}{2\text{atm} \times 16\text{g/mol}}$
>
> $= 152,725\text{L}$

03 1차 반응에 있어 반응 초기의 농도가 100mg/L이고, 반응 4시간 후에 10mg/L로 감소되었다. 반응 3시간 후의 농도(mg/L)는?

① 17.8   ② 23.6

③ 31.7   ④ 42.2

> **해설** $\log \dfrac{C}{C_0} = -Kt$ 에서 먼저 K를 구하면,
>
> $K = \dfrac{1}{t} \log \dfrac{C_0}{C} = \dfrac{1}{4\text{hr}} \log \dfrac{100}{10} = 0.25\text{hr}^{-1}$
>
> $C = C_0 \cdot 10^{-Kt}$ 에서,
>
> $\therefore$ 3시간 후의 농도$(C) = 100 \times 10^{-0.25 \times 3}$
>
> $= 17.78\text{mg/L}$

04 해류와 그것을 일으키는 원인이 알맞게 짝지어진 것은?

① 상승류 – 바람과 해양 및 육지의 상호작용

② 조류 – 해수의 염분, 온도 차이에 의해 형성

③ 쓰나미 – 해수의 밀도 차에 의한 해일작용

④ 심해류 – 해저의 화산활동

> **해설** ② 조류 – 태양과 달의 영향
>
> ③ 쓰나미 – 해저의 지진, 화산활동
>
> ④ 심해류 – 해수의 온도, 염분에 의한 밀도 차

05 용량 600L인 물의 용존산소농도가 10mg/L인 경우, Na_2SO_3로 물속의 용존산소를 완전히 제거하려고 한다. 이론적으로 필요한 Na_2SO_3의 양(g)은? (단, Na 원자량 : 23)

① 약 36.3   ② 약 47.3

③ 약 56.3   ④ 약 64.3

> **해설** $\underset{32 \,:\, 2 \times 126}{O_2 + 2Na_2SO_3 \longrightarrow 2Na_2SO_4}$
>
> $\therefore Na_2SO_3$ 필요량
>
> $= 10\text{mg/L} \times 600\text{L} \times 10^{-3}\text{g/mg} \times \dfrac{2 \times 126}{32}$
>
> $= 47.25\text{g}$

06 증류수에 NaOH 400mg을 가하여 1L로 제조한 용액의 pH는? (단, 완전해리기준, Na 원자량은 23임)

① 9   ② 10

③ 11   ④ 12

[해설] NaOH 농도
$$= 400\text{mg/L} \times 10^{-3}\text{g/mg} \times 1\text{mol}/40\text{g}$$
$$= 10^{-2}\text{mol/L}$$

$$\underline{NaOH} \xrightarrow{\text{100\% 전리}} \underline{Na^+} + \underline{OH^-}$$
$$10^{-2}\text{mol/L} \qquad\qquad 10^{-2}\text{mol/L} \quad 10^{-2}\text{mol/L}$$

따라서 $[OH^-] = 10^{-2}\text{mol/L}$
$$\therefore\ pH = 14 + \log[OH^-]$$
$$= 14 + \log(10^{-2})$$
$$= 12$$

07 Henry법칙에 가장 잘 적용되는 기체는?

① Cl_2 ② O_2

③ NH_3 ④ HF

[해설] Henry 법칙에 잘 적용되는 기체는 용해도가 낮은 O_2, N_2 등이다.

08 유량이 5,000m^3/day인 폐수를 하천에 방류할 때 하천의 BOD는 4mg/L, 유량은 400,000m^3/day이다. 방류한 폐수가 하천수와 완전혼합하였을 때 하천의 BOD가 1mg/L 높아진다고 하면, 하천으로 유입되는 폐수의 BOD 농도(mg/L)는?

① 73 ② 85

③ 95 ④ 100

[해설] $C_m = \dfrac{C_i Q_i + C_w Q_w}{Q_i + Q_w}$ 에서

$$(4+1) = \frac{4 \times 400,000 + C_w \times 5,000}{400,000 + 5,000}$$
$$\therefore\ \text{폐수의 BOD 농도}(C_w) = 85\text{mg/L}$$

09 BOD_5가 300mg/L, COD가 800mg/L인 경우 NBDCOD(mg/L)는? (단, 탈산소계수 $K_1 = 0.2\text{day}^{-1}$, 상용대수기준)

① 367 ② 397

③ 467 ④ 497

[해설] COD = BDCOD + NBDCOD
NBDCOD = COD − BDCOD
$$= COD - BOD_u$$
$$BOD_5 = BOD_u(1 - 10^{-K_1 \times 5})$$
$$BOD_u = \frac{300}{1 - 10^{-0.2 \times 5}} = 333.3\text{mg/L}$$
$$\therefore\ NBDCOD = 800 - 333.3 = 466.7\text{mg/L}$$

10 1,000m^3인 탱크의 염소이온농도가 100mg/L이다. 탱크 내의 물은 완전혼합이고, 계속적으로 염소이온이 없는 물이 480m^3/day로 유입된다면 탱크 내 염소이온농도가 20mg/L로 낮아질 때까지의 소요시간(hr)은? (단, $C_i/C_o = e^{-Kt}$)

① 약 61 ② 약 71

③ 약 81 ④ 약 91

[해설] 주어진 식에서
$$C_i = 20\text{mg/L}$$
$$C_0 = 100\text{mg/L}$$
$$K = \frac{1}{t} = \frac{1}{V/Q} = \frac{Q}{V} = \frac{480\text{m}^3/\text{d}}{1,000\text{m}^3}$$
$$= 0.48\text{d}^{-1} = 0.02\text{hr}^{-1}$$
$$\therefore\ t = \frac{1}{K}\ln\frac{C_0}{C_i} = \frac{1}{0.02/\text{hr}}\ln\frac{100}{20}$$
$$= 80.5\text{hr}$$

11 여름철 부영양화된 호수나 저수지에서 다음 조건을 나타내는 수층으로 가장 적절한 것은 무엇인가?

- pH는 약산성이다.
- 용존산소는 거의 없다.
- CO_2는 매우 많다.
- H_2S가 검출된다.

① 성층
② 수온약층
③ 심수층
④ 혼합층

[해설] 이론편 참조

12 소수성 colloid에 관한 설명으로 가장 거리가 먼 것은?

① 표면장력은 용매와 비슷하다.
② emulsion 상태로 존재한다.
③ 틴들(Tyndall)효과가 크다.
④ 염에 민감하다.

[해설] ②의 내용은 친수성 colloid에 관한 설명이고, 소수성 colloid는 suspension 상태로 존재한다.

13 진한 산성폐수를 중화처리하고자 한다. 20% NaOH 용액 사용 시 40mL가 투입되었는데 만일 20% Ca(OH)₂로 사용한다면 다음 중 몇 mL가 필요하겠는가? (단, 완전해리기준, 원자량 Na : 23, Ca : 40)

① 17.4   ② 18.5

③ 37.0   ④ 74.0

해설 당량 대 당량으로 대치되므로,
NaOH 당량=40
Ca(OH)₂ 당량=37

∴ Ca(OH)₂ 필요량 $=40\times\dfrac{37}{40}=37$mL

14 하천수 수온은 15℃이다. 20℃에서 탈산소계수 K(상용대수)가 0.1day⁻¹이라면 최종 BOD에 대한 BOD₃의 비는? (단, $K_T = K_{20}\times1.047^{(T-20)}$)

① 0.42   ② 0.56

③ 0.62   ④ 0.79

해설 $K_{15} = K_{20}\times1.047^{(15-20)}$
$= 0.1\times1.047^{-5} = 0.0795$day⁻¹
$BOD_3 = BOD_u(1-10^{-K\times3})$

∴ $\dfrac{BOD_3}{BOD_u} = 1-10^{-0.0795\times3} = 0.423$

15 미생물의 성장과 유기물과의 관계곡선 중 변곡점까지의 미생물의 성장상태를 가장 적절하게 나타낸 것은? (단, F : 먹이인 유기물량, M : 미생물량)

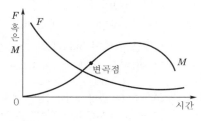

① 내생성장상태
② 감소성장상태
③ floc 형성상태
④ log 성장상태

해설 이론편 참조

16 하천의 환경기준이 BOD 3mg/L 이하이고 현재 BOD는 1mg/L이며 유량은 50,000m³/d이다. 하천 주변에 돼지사육단지를 조성하고자 하는데 환경기준치 이하를 유지시키기 위해서는 몇 마리까지 사육을 허가할 수 있겠는가? (단, 돼지 사육으로 인한 하천의 유량증가 무시, 돼지 1마리당 BOD 배출량 : 0.4kg/d)

① 125마리   ② 150마리

③ 250마리   ④ 350마리

해설 허용 BOD 부하량
$=(3-1)$g/m³$\times50,000$m³/d$\times10^{-3}$kg/g
$=100$kg/d

∴ 허가가능 돼지 사육 수 $=\dfrac{100\text{kg/d}}{0.4\text{kg/마리}\cdot\text{d}}=250$마리

17 glucose(C₆H₁₂O₆) 600mg/L 용액의 이론적 COD값(mg/L)은?

① 540   ② 580

③ 640   ④ 680

해설 $\underline{C_6H_{12}O_6}$ + $\underline{6O_2}$ → $6CO_2$ + $6H_2O$
  180g : 192g

∴ 이론적 COD$=600$mg/L$\times\dfrac{192}{180}=640$mg/L

18 하천모델의 종류 중 Streeter—Phelps models에 관한 내용으로 틀린 것은?

① 최초의 하천수질모델링이다.
② 하천의 유기물 분해가 1차 반응에 따르는 완전혼합흐름반응기라고 가정한 모델이다.
③ 점오염원으로부터 오염부하량을 고려한다.
④ 유기물의 분해에 따라 용존산소 소비와 재포기를 고려한다.

해설 완전혼합흐름반응기 → 플러그흐름반응기

19 농업용수의 수질평가 시 사용되는 SAR(Sodium Adsorption Ratio) 산출식에 직접 관련된 원소로만 옳게 나열된 것은?

① K, Mg, Ca   ② Mg, Ca, Fe

③ Ca, Mg, Al   ④ Ca, Mg, Na

해설 $SAR = \dfrac{Na^+}{\sqrt{\dfrac{Ca^{2+}+Mg^{2+}}{2}}}$

20 수질분석 결과, 양이온이 Ca^{2+} 20mg/L, Na^+ 46mg/L, Mg^{2+} 36mg/L일 때 이 물의 총 경도 (mg/L as $CaCO_3$)는? (단, 원자량은 Ca=40, Mg=24, Na=23)

① 150 ② 200
③ 250 ④ 300

해설 $TH(CaCO_3 mg/L) = \sum\left(M^{2+}mg/L \times \dfrac{50}{M^{2+}당량}\right)$
$= \left(20mg/L \times \dfrac{50}{20}\right) + \left(36mg/L \times \dfrac{50}{12}\right)$
$= 200mg/L$

제2과목 : **수질오염 방지기술**

21 공장의 BOD 배출량이 500명의 인구당량에 해당하며, 폐수량은 $30m^3/hr$이다. 공장폐수의 BOD(mg/L) 농도(mg/L)는? (단, 1인당 하루에 배출하는 BOD=45g)

① 31.25 ② 33.42
③ 40.15 ④ 51.25

해설 BOD 농도$=\dfrac{45g/인 \cdot d \times 500인}{30m^3/hr \times 24hr/d} = 31.25g/m^3$
$= 31.25mg/L$

22 SS가 8,000mg/L인 분뇨를 전처리에서 15%, 1차 처리에서 80%의 SS를 제거하였을 때 1차 처리 후 유출되는 분뇨의 SS 농도(mg/L)는?

① 1,360 ② 2,550
③ 2,750 ④ 2,950

해설 유출 SS 농도$=8,000mg/L \times (1-0.15) \times (1-0.8)$
$=1,360mg/L$

23 수중의 암모니아(NH_3)를 공기탈기법(air stripping)으로 제거하고자 할 때 가장 중요한 인자는?

① 기압 ② pH
③ 용존산소 ④ 공기공급량

해설 암모니아 제거를 위한 공기탈기법(air stripping)의 적정 pH는 11.0 전후이다.

24 하수 내 함유된 유기물질뿐 아니라 영양물질까지 제거하기 위한 공법인 phostrip 공법에 관한 설명으로 옳지 않은 것은?

① 생물학적 처리방법과 화학적 처리방법을 조합한 공법이다.
② 유입수의 일부를 혐기성 상태의 조로 유입시켜 인을 방출시킨다.
③ 유입수의 BOD 부하에 따라 인 방출이 큰 영향을 받지 않는다.
④ 기존의 활성슬러지처리장에 쉽게 적용이 가능하다.

해설 유입수의 일부 → 반송슬러지 일부

25 폐수의 고도 처리에서 용해성 무기물 제거에 사용되는 공정에 대한 설명으로 맞는 것은?

① 탄소흡착 : 여타 무기물 제거법으로 잘 제거되지 않는 용존 무기물 제거에 유리하다.
② 역삼투 : 잔류 교질성 물질과 분자량이 5,000 이상인 큰 분자 제거에 사용되며 경제적이다.
③ 이온교환 : 부유물질의 농도가 높으면 수두손실이 커지고, 무기물 제거 전에 화학적 처리와 침전이 요구된다.
④ 전기투석 : 주입수량의 약 30%가 박막의 연속세척을 위하여 필요하고, 스케일 형성을 막기 위해 pH를 높게 유지해야 한다.

해설 ① 탄소흡착 : 폐수 중의 내성유기물의 제거에 자주 이용되는 방법으로 입상 또는 분말활성탄을 사용한다. 저분자 극성유기물에 대하여는 흡착친화성이 낮다.
② 역삼투 : 여타 무기물 제거법으로 잘 제거되지 않는 유기물 제거에 유리하다. 역삼투 장치의 박막은 원수 내의 교질성 물질에 의하여 파괴될 수 있다. 때로는 철과 망간의 제거가 스케일 방지를 위하여 필요하며, 주입수의 pH를 4.0~7.5 범위를 조절하여 스케일 형성을 방지하여야 한다.

④ 전기투석 : 주입수량의 약 10%의 정도인 make up water는 박막의 연속세척을 위하여 필요하다. 농축된 흐름의 일부는 각 박막의 양단에 거의 동일한 유량과 압력을 유지하기 위하여 폐수흐름으로 재순환되며, 황산을 농축된 흐름에 주입하여 pH를 낮게 유지함으로서 스케일 형성을 최소화한다.
- 한외여과 : 교질성 물질과 분자량 5,000 이상의 큰 분자 제거에 일반적으로 사용된다. 용도는 물로부터 기름을 제거하거나 색도·콜로이드로부터 탁도를 제거하는데 사용된다.
- 화학적 침전 : 황산반토, 석회 또는 철염 그리고 유기성폴리머 주입에 의한 인 제거 및 중금속 제거
- 이온교환 : 경도 및 용존무기물 제거

26 5단계 Bardenpho 공정 중 호기조의 역할에 관한 설명으로 가장 적절한 것은?
① 인의 방출 ② 인의 과잉섭취
③ 슬러지 라이징 ④ 탈질산화

해설 이론편 참조

27 폭기조 용액을 1L 메스실린더에서 30분간 침강시킨 침전슬러지 부피가 500mL였다. MLSS 농도가 2,500mg/L라면 SDI는?
① 0.5 ② 1
③ 2 ④ 4

해설 $SDI = \dfrac{100}{SVI} = \dfrac{MLSS\,(mg/L)}{SV\,(mL/L) \times 10}$
$= \dfrac{2,500\,mg/L}{500\,mL/L \times 10} = 0.5$

28 다음 중 크롬 함유 폐수의 처리에 대한 설명으로 틀린 것은?
① 침전과정에서 사용되는 알칼리제는 가능한 한 묽게 사용하며 pH 12 이상에서는 착염을 형성하므로 주의한다.
② 6가 크롬의 환원은 pH 4~5에서 가장 활발하다.
③ 6가 크롬을 3가 크롬으로 환원시킨 후 알칼리제를 주입하여 수산화물로 침전시킨 후 제거한다.
④ 6가 크롬의 환원제로는 $FeSO_4$, Na_2SO_3, $NaHSO_3$ 등이 있다.

해설 6가 크롬의 환원은 pH 2~3에서 활발하다.

29 고도 수처리에 사용되는 분리막에 관한 설명으로 틀린 것은?
① 정밀여과의 막형태는 비대칭형 skin형 막이다.
② 한외여과의 구동력은 정수압 차이다.
③ 역삼투의 분리형태는 용해, 확산이다.
④ 투석의 구동력은 농도 차이다.

해설 정밀여과의 막형태는 대칭형 다공성 막이다.

30 폐수처리장 2차 침전지에서 침전된 잉여슬러지를 폐기하지 않을 경우 생기는 현상으로 가장 거리가 먼 것은?
① 혐기성 상태가 되어 N_2, H_2S 등의 가스가 발생하여 냄새가 난다.
② 침전지에서 슬러지가 부상하지 않는다.
③ 슬러지 밀도가 높아지며 유출수의 수질은 나빠진다.
④ 침전지 수면에 기체방울이 형성되고 부유물질이 방류수와 함께 유출된다.

해설 기체가 발생하면서 슬러지를 부상시킨다.

31 유입수의 유량이 360L/인·일, BOD_5 농도가 200mg/L인 폐수를 처리하기 위해 완전혼합형 활성슬러지처리장을 설계하려고 한다. pilot plant를 이용하여 처리능력을 실험한 결과, 1차 침전지에서 유입수 BOD_5의 25%가 제거되었다. 최종 유출수 BOD_5 10mg/L, MLSS 3,000mg/L, MLVSS는 MLSS의 75%라면 1차 반응일 경우 반응시간(hr)은? (단, 반응속도상수(K) = 0.93L/gMLVSS·hr, 2차 침전지는 고려하지 않음.)
① 4.5 ② 5.4
③ 6.7 ④ 7.9

해설 $\theta = \dfrac{S_i - S_t}{K \overline{X} S_t}$
$S_i = 200 \times (1 - 0.25) = 150\,mg/L$
$S_t = 10\,mg/L$
$\overline{X} = 3,000 \times 0.75 = 2,250\,mg/L = 2.25\,g/L$
$\therefore \theta = \dfrac{(150 - 10)\,mg/L}{0.93\,L/gMLVSS \cdot hr \times 2.25\,g/L \times 10\,mg/L}$
$= 6.69\,hr$

32 1,000m³/day의 하수를 처리하는 처리장이 있다. 침전지의 깊이가 3m, 폭이 4m, 길이가 16m인 침전지의 이론적인 하수 체류시간(hr)은?

① 3.6 ② 4.6
③ 5.6 ④ 6.6

해설 $t = \dfrac{V}{Q} = \dfrac{4m \times 16m \times 3m}{1,000m^3/d} \times 24hr/d = 4.61hr$

33 입자농도와 상호작용에 따른 침전형태 중 Stokes law를 적용할 수 있는 것은?

① 응결침전(flocculent settling)
② 독립침전(discrete settling)
③ 지역침전(zone settling)
④ 압축침전(compression settling)

해설 이론편 참조

34 인구 45,000명인 도시의 폐수를 처리하기 위한 처리장을 설계하였다. 폐수의 유량은 350L/인·day이고 침강탱크의 체류시간은 2hr, 월류속도는 35m³/m²·day가 되도록 설계하였다면 이 침강탱크의 용적(V)과 표면적(A)은?

① $V = 1,313m^3$, $A = 540m^2$
② $V = 1,313m^3$, $A = 450m^2$
③ $V = 1,475m^3$, $A = 540m^2$
④ $V = 1,475m^3$, $A = 450m^2$

해설 $V = Q \cdot t$

$\quad = (0.35m^3/인 \cdot day \times 45,000인)\left(\dfrac{2}{24}day\right)$

$\quad = 1,312.5m^3$

$\quad 월류속도 = \dfrac{Q}{A}$

$\quad A = \dfrac{Q}{월류속도} = \dfrac{15,750m^3/day}{35m^3/m^2 \cdot day} = 450m^2$

35 혐기성 소화공정의 환경적 변수가 아닌 것은?

① 온도 ② 교반
③ 용존산소농도 ④ pH

해설 혐기성 소화조는 용존산소(DO)가 없다.

36 응집제 투여량에 영향을 미치는 인자로서 가장 거리가 먼 것은?

① DO ② 수온
③ 응집제의 종류 ④ pH

해설 DO와 응집제 투여와는 상관이 없다.

37 폭기조 내의 DO 농도가 2mg/L이고, 이때의 포화 용존산소는 8mg/L라고 할 때 MLSS 3,000mg/L에서 MLSS 1L당 산소소비속도가 60mg/L·hr라고 하면 폭기조에서 산소이동계수 $K_L a$의 값(hr⁻¹)은 무엇인가?

① 2 ② 6
③ 10 ④ 14

해설 $r_m = K_L a(C_s - C_t)$

$\quad K_{La} = \dfrac{r_m}{C_s - C_t} = \dfrac{60mg/L \cdot hr}{(8-2)mg/L} = 10hr^{-1}$

38 슬러지의 함수율이 95%에서 90%로 줄어들면 슬러지의 부피는? (단, 슬러지 비중은 1.0)

① 2/3로 감소한다.
② 1/2로 감소한다.
③ 1/3로 감소한다.
④ 3/4으로 감소한다.

해설 $V_2 = \dfrac{V_1(100 - P_1)}{(100 - P_2)} = V_1 \times \dfrac{100 - 95}{100 - 90} = V_1 \times \dfrac{1}{2}$

39 처리장에 22,500m³/day의 폐수가 유입되고 있다. 체류시간 30분, 속도구배 44sec⁻¹의 응집조를 설계하고자 할 때 교반기 모터의 동력효율을 60%로 예상한다면 응집조의 교반에 필요한 모터의 총 동력(W)은? (단, $\mu = 10^{-3}kg/m \cdot s$이다.)

① 544.5 ② 756.4
③ 907.5 ④ 1,512.5

해설 $P = G^2 \mu V$에서

$\quad V = Q \cdot t = 22,500m^3/d \times \dfrac{30}{1,440}d = 468.75m^3$

$\quad P = (44/sec)^2 \times (10^{-3}kg/m \cdot s) \times (468.75m^3)$

$\quad = 907.5kg \cdot m^2/sec^3 = 907.5W$

$\quad \therefore 필요총동력 = 907.5 \times \dfrac{100}{60} = 1,512.5W$

40 암모니아성 질소의 처리방법으로 가장 거리가 먼 것은?

① 탈기법
② 화학적 응결
③ 불연속점 염소처리
④ 토지적용 처리

해설 ②는 인 처리방법에 해당한다.

제3과목 : **수질오염 공정시험기준**

41 자외선/가시선 분광법에서 흡광도가 1.0에서 2.0으로 증가하면 투과도는?

① 1/2로 감소한다.
② 1/5로 감소한다.
③ 1/10로 감소한다.
④ 1/100로 감소한다.

해설 $E = \log \dfrac{1}{t}$

$t = 10^{-E}$

$\therefore \dfrac{t_2}{t_1} = \dfrac{10^{-2.0}}{10^{-1.0}} = 0.1 = \dfrac{1}{10}$

42 시안의 자외선/가시선 분광법(피리딘－피라졸론법) 측정 시 시료 전처리에 관한 설명으로 가장 거리가 먼 것은?

① 다량의 유지류가 함유된 시료는 초산 또는 수산화나트륨 용액으로 pH 6~7로 조절하고 시료의 약 2%에 해당하는 노말헥산 또는 클로로포름을 넣어 짧은 시간 동안 흔들어 섞고 수층을 분리하여 시료를 취한다.
② 잔류염소가 함유된 시료는 L－아스코빈산 용액을 넣어 제거한다.
③ 황화합물이 함유된 시료는 초산나트륨 용액을 넣어 제거한다.
④ 잔류염소가 함유된 시료는 아비산나트륨 용액을 넣어 제거한다.

해설 황화합물이 함유된 시료는 아세트산아연 용액(10%) 2mL를 넣어 제거한다. 이 용액 1mL는 황화물이온 약 14mg에 대응한다.

43 식품공장폐수의 BOD를 측정하기 위하여 검수에 희석수를 가하여 20배로 희석한 것을 6개의 BOD병에 넣어 3개의 BOD병은 즉시, 나머지 3개의 BOD병은 20℃, 5일간 부란 후 각각의 DO를 측정하였다. 0.025N $Na_2S_2O_3$에 의한 적정량의 평균치는 4.0mL와 1.5mL였다면, 이 식품공장의 BOD값(mg/L)은? (단, BOD병의 용량＝302mL, 적정액의 양 100mL, 황산망간 2mL, 알칼리 요오드아자이드 2mL, 농황산 2mL를 가하였다. 0.025N $Na_2S_2O_3$의 역가＝1.00)

① 92
② 102
③ 112
④ 122

해설 $BOD(mg/L) = (D_1 - D_2)P$에서

$DO(mg/L) = a \times f \times \dfrac{V_1}{V_2} \times \dfrac{1,000}{V_1 - R} \times 0.2$

$D_1 = 4.0 \times 1.00 \times \dfrac{302}{100} \times \dfrac{1,000}{302-4} \times 0.2 = 8.11 mg/L$

$D_2 = 1.5 \times 1.00 \times \dfrac{302}{100} \times \dfrac{1,000}{302-4} \times 0.2 = 3.04 mg/L$

$P = 20$배

$\therefore BOD = (8.11 - 3.04) \times 20 = 101.4 mg/L$

44 개수로의 평균 단면적이 $1.6m^2$이고, 부표를 사용하여 10m 구간을 흐르는 데 걸리는 시간을 측정한 결과 5초(sec)였을 때 이 수로의 유량(m^3/min)은? (단, 수로의 구성, 재질, 수로 단면의 형상, 기울기 등이 일정하지 않은 개수로 경우의 기준)

① 144　　② 154
③ 164　　④ 174

해설 $V = 0.75 V_e = 0.75 \times (10m/5sec)$
$= 1.5 m/sec$

$\therefore Q = 60 VA = 60 \times 1.5 m/sec \times 1.6 m^2$
$= 144 m^3/min$

45 공장폐수 및 하수유량(관 내의 유량측정방법)을 측정하는 장치 중 공정수(process water)에 적용하지 않는 것은?

① 유량측정용 노즐
② 오리피스
③ 벤투리미터
④ 자기식 유량측정기

[해설] 이론편 참조

46 인산염인을 측정하기 위해 적용 가능한 시험방법으로 가장 거리가 먼 것은? (단, 수질오염 공정시험기준 기준)

① 자외선/가시선 분광법(이염화주석 환원법)
② 자외선/가시선 분광법(아스코빈산 환원법)
③ 자외선/가시선 분광법(부루신 환원법)
④ 이온크로마토그래피

[해설] ③은 질산성 질소의 시험방법에 해당된다.

47 적정법-산성 과망간산칼륨법에 의해 COD를 측정할 때 염소이온의 방해를 제거하기 위해 첨가할 수 있는 시약으로 틀린 것은?

① 황산은 분말   ② 염화은 분말
③ 질산은 용액   ④ 질산은 분말

[해설] 이론편 참조

48 지하수 시료는 취수정 내에 고여 있는 물과 원래 지하수의 성상이 달라질 수 있으므로 고여 있는 물을 충분히 퍼낸 다음 새로 나온 물을 채취한다. 이 경우 퍼내는 양은?

① 고여 있는 물의 절반 정도
② 고여 있는 물의 2~3배 정도
③ 고여 있는 물의 4~5배 정도
④ 고여 있는 물의 전체량 정도

[해설] 이론편 참조

49 색도측정법(투과율법)에 관한 설명으로 옳지 않은 것은?

① 아담스-니컬슨의 색도 공식을 근거로 한다.
② 시료 중 백금-코발트 표준물질과 아주 다른 색상의 폐·하수는 적용할 수 없다.
③ 색도의 측정은 시각적으로 눈에 보이는 색상에 관계없이 단순 색도차 또는 단일 색도차를 계산한다.
④ 시료 중 부유물질은 제거하여야 한다.

[해설] 이 방법은 백금-코발트 표준물질과 아주 다른 색상의 폐·하수뿐 아니라 비슷한 색상의 폐·하수에도 적용할 수 있다.

50 6가 크롬을 자외선/가시선 분광법으로 측정할 때에 관한 내용으로 옳은 것은?

① 산성 용액에서 다이페닐카바자이드와 반응하여 생성되는 청색 착화합물의 흡광도를 620nm에서 측정
② 산성 용액에서 페난트로린 용액과 반응하여 생성되는 청색 착화합물의 흡광도를 620nm에서 측정
③ 산성 용액에서 다이페닐카바자이드와 반응하여 생성되는 적자색 착화합물의 흡광도를 540nm에서 측정
④ 산성 용액에서 페난트로린 용액과 반응하여 생성되는 적자색 착화합물의 흡광도를 540nm에서 측정

[해설] 이론편 참조

51 직각 3각 위어를 사용하여 유량을 산출할 때 사용되는 공식과 다음 조건에서의 유량(m^3/분)으로 맞는 것은? [단, 유량계수(K)=50, 절단의 폭(b)=1m, 위어의 수두(h)=0.5m]

① $Q = Kh^{5/2}$, 8.84
② $Q = Kh^{3/2}$, 17.74
③ $Q = Kbh^{5/2}$, 8.84
④ $Q = Kbh^{3/2}$, 17.74

[해설] $Q = Kh^{\frac{5}{2}} = 50 \times 0.5^{\frac{5}{2}} = 8.84 \mathrm{m^3/min}$

52 이온크로마토그래피의 장치에 관한 설명으로 틀린 것은?

① 액송펌프 : 펌프는 150~350kg/cm² 압력에서 사용될 수 있어야 하며 시간 차에 따른 압력 차가 크게 발생하여서는 안 된다.

② 시료의 주입부 : 일반적으로 루프－밸브에 의한 주입방식이 많이 이용되며 시료 주입량은 보통 10~100μL이다.

③ 분리칼럼 : 억제기형과 비억제기형이 있다.

④ 검출기 : 일반적으로 음이온 분석에는 열전도도 검출기를 사용한다.

해설 열전도도 검출기 → 전기전도도 검출기

53 실험에 관한 용어의 설명으로 틀린 것은?

① 냄새가 없다. : 냄새가 없거나 또는 거의 없을 것을 표시하는 것이다.

② 시험에서 사용하는 물은 따로 규정이 없는 한 정제수 또는 탈염수를 말한다.

③ 정확히 단다. : 규정된 양의 시료를 취하여 분석용 저울로 0.1mg까지 다는 것을 말한다.

④ 감압이라 함은 따로 규정이 없는 한 15mmH₂O 이하를 말한다.

해설 15mmH₂O → 15mmHg

54 총 유기탄소의 측정 시 적용되는 용어에 대한 설명으로 틀린 것은?

① 무기성 탄소 : 수중에 탄산염, 중탄산염, 용존 이산화탄소 등 무기적으로 결합된 탄소의 합을 말한다.

② 부유성 유기탄소 : 총 유기탄소 중 공극 0.45μm의 막여지를 통과하여 부유하는 유기탄소를 말한다.

③ 비정화성 유기탄소 : 총 탄소 중 pH 2 이하에서 포기에 의해 정화되지 않는 탄소를 말한다.

④ 총 탄소 : 수중에서 존재하는 유기적 또는 무기적으로 결합된 탄소의 합을 말한다.

해설 용존성 유기탄소
총 유기탄소 중 공극 0.45μm의 여과지를 통과하는 유기탄소를 말한다.

55 시료의 전처리방법 중 유기물을 다량 함유하고 있으면서 산 분해가 어려운 시료에 적용하기 가장 적절한 것은?

① 회화에 의한 분해

② 질산－과염소산법

③ 질산－황산법

④ 질산－염산법

해설 이론편 참조

56 유도결합플라스마－원자발광광도계에 관한 설명으로 틀린 것은?

① 시료주입부 : 분무기 및 챔버로 이루어져 있다.

② 고주파 전원부 : 고주파 전원은 수정발전식 20.73MHz로, 100~300kW의 출력이다.

③ 분광부 및 측광부 : 분광기는 기능에 따라 단색화분광기, 다색화분광기로 구분된다.

④ 분광부 및 측광부 : 플라스마광원으로부터 발광하는 스펙트럼선을 선택적으로 분리하기 위해서는 분해능이 우수한 회절격자가 많이 사용된다.

해설 고주파 전원은 수정발전식 27.13MHz로, 1~3kW의 출력이다.

57 페놀류－자외선/가시선 분광법 측정 시 정량한계에 관한 내용으로 옳은 것은?

① 클로로폼 추출법 : 0.003mg/L,
직접 측정법 : 0.03mg/L

② 클로로폼 추출법 : 0.03mg/L,
직접 측정법 : 0.003mg/L

③ 클로로폼 추출법 : 0.005mg/L,
직접 측정법 : 0.05mg/L

④ 클로로폼 추출법 : 0.05mg/L,
직접 측정법 : 0.005mg/L

해설 이론편 참조

58 수심이 0.6m, 폭이 2m인 하천의 유량을 구하기 위해 수심 각 부분의 유속을 측정한 결과가 다음과 같다. 하천의 유량(m³/sec)은? (단, 하천은 장방형이라 가정한다.)

수 심	표면	20% 지점	40% 지점	60% 지점	80% 지점
유 속 (m/sec)	1.5	1.3	1.2	1.0	0.8

① 1.05   ② 1.26
③ 2.44   ④ 3.52

해설 $V_m = (V_{0.2} + V_{0.8})\dfrac{1}{2} = (1.3 + 0.8)\dfrac{1}{2} = 1.05\text{m/sec}$

$Q = A \cdot V_m = (0.6 \times 2)\text{m}^2 \times 1.05\text{m/sec} = 1.26\text{m}^3/\text{sec}$

59 0.1N−NaOH의 표준용액($f = 1.008$) 30mL를 완전히 반응시키는 데 0.1N−H₂C₂O₄ 용액 30.12mL를 소비했을 때 0.1N−H₂C₂O₄ 용액의 factor는?

① 1.004
② 1.012
③ 0.996
④ 0.992

참고 $N_1 V_1 f_1 = N_2 V_2 f_2$
$0.1 \times 30 \times 1.008 = 0.1 \times 30.12 \times f_2$
$\therefore f_2 = 1.004$

60 자외선/가시선 분광법에 의해 페놀류를 분석할 때 클로로폼 용액에서 측정하는 파장(nm)은?

① 460   ② 510
③ 620   ④ 710

해설 이론편 참조
※ 수용액에서는 510mm이다.

제4과목 : 수질환경 관계법규

61 오염총량관리 기본계획에 포함되어야 할 사항으로 틀린 것은?

① 해당 지역 개발계획의 내용
② 지방자치단체별, 수계구간별 저감시설현황
③ 관할 지역에서 배출되는 오염부하량의 총량 및 저감계획
④ 해당 지역 개발계획으로 인하여 추가로 배출되는 오염부하량 및 그 저감계획

해설 법 제4조의3 제1항 참조

62 수질 및 수생태계 보전에 관한 법률 시행규칙에서 정한 오염도 검사기관이 아닌 것은?

① 지방환경청
② 시·군 보건소
③ 국립환경과학원
④ 도의 보건환경연구원

해설 시행규칙 제47조 제2항 참조

63 환경부 장관이 비점오염원관리지역을 지정·고시한 때에 수립하는 비점오염원관리대책에 포함되어야 하는 사항으로 틀린 것은?

① 관리목표
② 관리대상 수질오염물질의 종류 및 발생량
③ 관리대상 수질오염물질의 발생예방 및 저감 방안
④ 관리대상 수질오염물질이 수질오염에 미치는 영향

해설 법 제55조 제1항 참조

64 비점오염원의 변경신고 기준으로 (   )에 옳은 것은 어느 것인가?

총 사업면적·개발면적 또는 사업장 부지면적이 처음 신고 면적의 (   ) 증가하는 경우

① 100분의 15 이상
② 100분의 20 이상
③ 100분의 30 이상
④ 100분의 50 이상

해설 시행령 제73조 제2호 참조

65 폐수 배출규모에 따른 사업장 종별기준으로 맞는 것은?

① 1일 폐수배출량 2,000m³ 이상 − 1종 사업장
② 1일 폐수배출량 700m³ 이상 − 3종 사업장
③ 1일 폐수배출량 200m³ 이상 − 4종 사업장
④ 1일 폐수배출량 50m³ 이상 200m³ 미만 − 5종 사업장

해설 시행령 별표 13 참조

66 공공수역 중 환경부령으로 정하는 수로가 아닌 것은 어느 것인가?

① 지하수로
② 농업용 수로
③ 상수관로
④ 운하

해설 시행규칙 제5조 참조

67 하천 수질 및 수생태계 상태가 생물등급으로 '약간 나쁨 ~ 매우 나쁨'일 때의 생물 지표종(저서생물)은? (단, 수질 및 수생태계 상태별 생물학적 특성 이해표기준)

① 붉은 깔따구, 나방파리
② 넓적거머리, 민하루살이
③ 물달팽이, 턱거머리
④ 물삿갓벌레, 물벌레

해설 환경정책기본법 시행령 별표 제3항 비고 참조

68 낚시금지구역 또는 낚시제한구역을 지정하려는 경우에 몇 가지 사항을 고려하여야 한다. 이에 해당되지 않는 사항은?

① 용수의 목적
② 오염원 현황
③ 월별 수질오염물질 파악
④ 낚시터 인근에서의 쓰레기 발생현황 및 처리여건

해설 시행령 제27조 참조

69 수질 및 수생태계 환경기준 중 하천 전 수역에서 사람의 건강보호기준으로 검출되어서는 안 되는 오염물질(검출한계 0.0005)은?

① 폴리클로리네이티드비페닐(PCB)
② 테트라클로로에틸렌(PCE)
③ 사염화탄소
④ 비소

해설 환경정책기본법 시행령 별표 제3항 참조

70 특정 수질유해물질 등을 누출·유출하거나 버린 자에 대한 벌칙기준으로 적합한 것은?

① 2년 이하의 징역
② 3년 이하의 징역
③ 5년 이하의 징역
④ 7년 이하의 징역

해설 법 제77조 참조

71 시·도지사 또는 시장·군수가 도종합계획 또는 시·군 종합계획을 작성할 때 시설의 설치계획을 반영하여야 하는 시설이 아닌 것은?

① 분뇨처리시설
② 쓰레기처리시설
③ 폐수종말처리시설
④ 공공하수처리시설

해설 시행령 제21조 참조

72 환경부 장관이 폐수처리업의 등록을 한 자에 대하여 영업정지를 명하여야 하는 경우로 그 영업정지가 주민의 생활, 그 밖의 공익에 현저한 지장을 초래할 우려가 있다고 인정되는 경우에는 영업정지 처분에 갈음하여 과징금을 부과할 수 있다. 이 경우 최대 과징금 액수는?

① 1억원　　　② 2억원
③ 3억원　　　④ 5억원

해설 법 제66조 참조

73 비점오염저감시설의 구분 중 장치형 시설이 아닌 것은?

① 여과형 시설 ② 와류형 시설

③ 저류형 시설 ④ 스크린형 시설

해설 시행규칙 별표 6 참조

74 낚시금지구역에서 낚시행위를 한 자에 대한 과태료기준은?

① 50만원 이하의 과태료

② 100만원 이하의 과태료

③ 200만원 이하의 과태료

④ 300만원 이하의 과태료

해설 법 제82조 제2항 참조

75 수질오염물질의 종류가 아닌 것은?

① BOD ② 색소

③ 세제류 ④ 부유물질

해설 시행규칙 별표 2 참조

76 수질오염 방지시설 중 물리적 처리시설에 해당되는 것은?

① 응집시설 ② 흡착시설

③ 이온교환시설 ④ 침전물 개량시설

해설 시행규칙 별표 5 참조

77 폐수종말처리시설 기본계획에 포함되어야 하는 사항으로 틀린 것은?

① 폐수종말처리시설의 설치·운영자에 관한 사항

② 오염원 분포 및 폐수배출량과 그 예측에 관한 사항

③ 폐수종말처리시설 부담금의 비용부담에 관한 사항

④ 폐수종말처리시설 대상 지역의 수질 영향에 관한 사항

해설 시행령 제66조 참조

78 수질 및 수생태계 환경기준에서 하천의 생활환경기준 중 '매우 나쁨(Ⅵ)' 등급의 BOD 기준(mg/L)은?

① 6 초과 ② 8 초과

③ 10 초과 ④ 12 초과

해설 환경정책기본법 시행령 별표 제3항 가목 참조

79 배출부과금을 부과할 때 고려하여야 하는 사항으로 틀린 것은?

① 배출허용기준 초과여부

② 수질오염물질의 배출량

③ 수질오염물질의 배출시점

④ 배출되는 수질오염물질의 종류

해설 법 제41조 제2항 참조

80 수질 및 수생태계 보전에 관한 법률상 공공수역에 해당되지 않는 것은?

① 상수관거 ② 하천

③ 호소 ④ 항만

해설 법 제2조 제9호 및 시행규칙 제5조 참조

2017년 제1회 수질환경산업기사 기/출/문/제

제1과목 : 수질오염 개론

01 2차 처리 유출수에 포함된 10mg/L의 유기물을 분말활성탄흡착법으로 3차 처리하여 유출수가 1mg/L가 되게 만들고자 한다. 이때 폐수 1L당 필요한 활성탄의 양(g)은? (단, 흡착식은 Freundlich 등온식을 적용, $K=0.5$, $n=2$)

① 9
② 12
③ 16
④ 18

해설 $\dfrac{X}{M}=KC^{\frac{1}{n}}$ 에서, $\dfrac{(10-1)}{M}=0.5\times1^{\frac{1}{2}}$

∴ $M=18g/L$

02 포도당($C_6H_{12}O_6$) 500mg이 탄산가스와 물로 완전 산화하는 데 소요되는 이론적 산소요구량(mg)은 어느 것인가?

① 512
② 521
③ 533
④ 548

해설 $\underset{180g}{C_6H_{12}O_6} + \underset{192g}{6O_2} \rightarrow 6CO_2+6H_2O$

∴ 산소요구량 $=500mg\times\dfrac{192}{180}=533.33mg/L$

03 지하수의 특성을 설명한 것으로 가장 거리가 먼 것은 어느 것인가?

① 탁도가 높다.
② 자정작용이 느리다.
③ 수온의 변동이 적다.
④ 국지적인 환경조건의 영향을 크게 받는다.

해설 지하수는 토양여과과정을 거친 물이므로 탁도가 낮다.

04 남조류(blue-green algae)에 관한 설명으로 틀린 것은?

① 독립된 세포핵이 있다.
② 세포벽의 구조는 박테리아와 흡사하다.
③ 광합성 색소가 엽록체 안에 들어 있지 않다.
④ 호기성 신진대사를 하며 전자공여체로 물을 사용한다.

해설 남조류는 원핵생물로서 세포 내에 독립된 세포핵이 없다.
※ 엽록소가 엽록체 내부에 있지 않고 세포 전체에 퍼져 있다.

05 1,000개의 세포가 5시간 후에 100,000개로 증식했다면 세대시간(분)은? (단, 단위시간에 일어난 분열횟수(K)$=[(\log X_t-\log X_o)]/(0.301\times t)$, 출발시간의 세포수 : X_o, 일정한 시간이 경과된 후의 세포수 : X_t)

① 80
② 60
③ 45
④ 30

해설 $K=[(\log100,000-\log1,000)]/0.301\times5=1.33$회/hr

∴ 세대시간 $=\dfrac{60min}{1.33}=45분$

06 0.04M-NaOH 용액의 농도(mg/L)는? (단, Na 원자량 23)

① 1,000
② 1,200
③ 1,400
④ 1,600

해설 NaOH 1mol=40g
$0.04mol/L\times(40\times10^3)mg/mol=1,600mg/L$

07 수은주 높이 300mm는 수주로 몇 mm인가? (단, 표준상태기준)

① 1,960
② 3,220
③ 3,760
④ 4,078

해설 1기압$=760mmHg=10,330mmH_2O$

∴ $300\times\dfrac{10,330}{760}≒4,078mmH_2O$

08 해수의 화학적 성질에 관한 설명으로 가장 거리가 먼 것은?

① 해수의 pH는 8.2로서 약알칼리성을 가진다.

② 해수의 주요 성분 농도비는 지역에 따라 다르며 염분은 적도해역에서 가장 낮다.

③ 해수의 밀도는 수온, 염분, 수압의 함수이며 수심이 깊을수록 증가한다.

④ 해수 내에 주요 성분 중 염소이온은 19,000mg/L 정도로 가장 높은 농도를 나타낸다.

해설 해수의 주요 성분 농도비는 지역의 차이 없이 거의 일정하다.

09 저수지 및 호소의 sediments(저질)는 수층의 환경변화에 따라 수층으로 오염물질을 용출함으로써 장기적인 내부오염원으로 작용을 한다. 오염물질 유출에 관여하는 영향인자에 대한 설명으로 가장 거리가 먼 것은?

① 수층의 DO 농도가 감소함에 따라 용출이 증가한다.

② 수층의 pH가 10 이상으로 높아질수록 용출이 증가한다.

③ 수층의 pH가 5 이하로 줄어들수록 용출이 증가한다.

④ 수온은 용출과 관계가 없다.

해설 수온은 용출과 관계가 있으며, 수온이 높아질수록 용출이 증가한다.

10 하천의 DO가 6.3mg/L이고, BOD_u 가 17.1mg/L일 때 용존산소곡선(DO Sag Curve)에서 임계점에 달하는 시간(day)은? (단, 온도는 20℃, 용존산소 포화량은 9.2mg/L이고, $K_1=0.1$/day, $K_2=0.3$/day, $f=K_2/K_1$,

$$t_c = \frac{1}{K_1(f-1)} \log\left[f\left\{ 1-(f-1)\frac{D_0}{L_0} \right\} \right]$$

이다.)

① 약 1.0   ② 약 1.5

③ 약 2.0   ④ 약 2.5

해설
$$t_c = \frac{1}{0.1(3-1)} \log\left[3\left\{ 1-(3-1)\frac{(9.2-6.3)}{17.1} \right\} \right]$$
$$=1.486\text{day}$$

11 탄소동화작용을 하지 않는 다세포식물로서, 유기물을 섭취하며 수중에 질소나 용존산소가 부족한 경우에도 잘 성장하는 미생물은?

① bacteria   ② algae

③ fungi   ④ protozoa

해설 이론편 참조

12 여름 정체기간 중 호수의 깊이에 따른 CO_2와 DO 농도의 변화를 설명한 것으로 옳은 것은?

① 표수층에서 CO_2 농도가 DO 농도보다 높다.

② 심해에서 DO 농도는 매우 낮지만 CO_2 농도는 표수층과 큰 차이가 없다.

③ 깊이가 깊어질수록 CO_2 농도보다 DO 농도가 높다.

④ CO_2 농도와 DO 농도가 같은 지점(깊이)이 존재한다.

해설 ① 높다 → 낮다
② 없다 → 있다
③ 높다 → 낮다

13 개미산(HCOOH)의 ThOD/TOC의 비는?

① 1.33   ② 2.14

③ 2.67   ④ 3.19

해설
$$\text{HCOOH} + \frac{1}{2}O_2 \rightarrow CO_2 + H_2O$$
$$\underbrace{\phantom{\text{HCOOH}}}_{46g} \quad \underbrace{\phantom{\frac{1}{2}O_2}}_{16g}$$
TOC=1C=12g
ThOD=16g
∴ ThOD/TOC=16/12=1.33

14 글리신($C_2H_5O_2N$) 10g이 호기성 조건에서 CO_2, H_2O 및 HNO_3로 변화될 때 필요한 총 산소량(g)은 어느 것인가?

① 15   ② 20

③ 30   ④ 40

해설 $C_2H_5O_2N + \dfrac{7}{2}O_2 \rightarrow 2CO_2 + 2H_2O + HNO_3$

$\underset{75}{} \quad : \quad \underset{112}{}$

∴ 총 산소량 $= 10g \times \dfrac{112}{75} = 14.93g$

15 부영양호(eutrophic lake)의 특성에 해당하는 것은 어느 것인가?

① 생산과 소비의 균형

② 낮은 영양염류

③ 조류의 과다발생

④ 생물종 다양성 증가

해설 ① 균형 → 불균형
② 낮은 → 높은
④ 증가 → 감소

16 빗물의 특성에 관한 설명으로 가장 거리가 먼 것은 어느 것인가?

① 빗물은 낙하하면서 대기 중의 CO_2를 포화상태로 녹여 순수한 빗물의 pH를 약 5.6으로 만든다.

② 일반적으로 빗물은 용해성분이 많아 경수이며 완충작용이 강하다.

③ SO_2나 NO_2 같은 기체가 빗물에 녹아 H_2SO_4와 HNO_3가 되어 산성비를 만든다.

④ 수자원으로서는 비정기적인 강우패턴과 집수·저장 방법 문제로 가치가 비교적 크지 않은 편이다.

해설 빗물은 용해 성분이 적어 연수이며 완충작용이 약하다.

17 시험용 동물의 50%를 사망시킬 때 그 환경 중의 약물농도를 나타내는 것은?

① TLN_{50}

② LD_{50}

③ LC_{50}

④ LI_{50}

해설 이론편 참조

18 $Ca(OH)_2$ 800mg/L 용액의 pH는? (단, $Ca(OH)_2$는 완전해리하며, Ca의 원자량은 40)

① 약 12.1

② 약 12.3

③ 약 12.7

④ 약 12.9

해설 $\underset{1mol}{Ca(OH)_2} \rightarrow Ca^{2+} + \underset{2mol}{2OH^-}$

$Ca(OH)_2$ 농도 $= 800mg/L \times 1mol/(74 \times 10^3)mg$
$= 1.081 \times 10^{-2} mol/L$

$[OH^-] = 2 \times 1.081 \times 10^{-2} = 2.162 \times 10^{-2} mol/L$

∴ $PH = 14 + log[OH^-]$
$= 14 + log(2.162 \times 10^{-2}) = 12.335$

19 물이 가지는 특성으로 틀린 것은?

① 물의 밀도는 0℃에서 가장 크며, 그 이하의 온도에서는 얼음형태로 물에 뜬다.

② 물은 광합성의 수소공여체이며 호흡의 최종 산물이다.

③ 생물체의 결빙이 쉽게 일어나지 않는 것은 용해열이 크기 때문이다.

④ 물은 기화열이 크기 때문에 생물의 효과적인 체온조절이 가능하다.

해설 ① 물의 밀도는 4℃에서 가장 크다.

20 반응조에 주입된 물감의 10%, 90%가 유출되기까지의 시간을 t_{10}, t_{90}이라 할 때 Morrill지수는 t_{90}/t_{10}으로 나타낸다. 이상적인 plug flow인 경우의 Morrill지수값은?

① 1보다 작다.

② 1보다 크다.

③ 1이다.

④ 0이다.

해설 이론편 참조
※ Morrill지수값이 클수록 이상적 완전혼합에 해당된다.

제2과목 **수질오염 방지기술**

21 BOD 1,000mg/L, 유량 1,000m^3/day인 폐수를 활성슬러지법으로 처리하는 경우, 포기조의 수심을 5m로 할 때 필요한 포기조의 표면적(m^2)은? (단, BOD 용적부하 0.4kg/m^3·day)

① 400

② 500

③ 600

④ 700

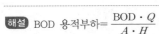

해설 BOD 용적부하 $=\dfrac{\text{BOD} \cdot Q}{A \cdot H}$

$A = \dfrac{\text{BOD} \cdot Q}{\text{BOD용적부하} \cdot H} = \dfrac{1\text{kg/m}^3 \times 1{,}000\text{m}^3/\text{d}}{0.4\text{kg/m}^3 \cdot \text{d} \times 5\text{m}}$

$\qquad = 500\text{m}^2$

22 폐수 유입량이 1,000m³/day이고, 포기조의 SVI가 100일 때 반송슬러지의 양(m³/day)은? (단, SV₃₀=50%)

① 1,000 　　② 850

③ 700 　　④ 550

해설 $r(\%) = \dfrac{100 \times \text{SV}(\%)}{100 - \text{SV}(\%)} = \dfrac{100 \times 50}{100 - 50} = 100\%$

∴ 반송슬러지량 $= Q \cdot r = 1{,}000\text{m}^3/\text{day} \times \dfrac{100}{100}$

$\qquad = 1{,}000\text{m}^3/\text{day}$

23 염소의 살균력에 관한 내용으로 틀린 것은?

① pH가 낮을수록 살균능력이 크다.

② 온도가 낮을수록 살균능력이 크다.

③ HOCl은 OCl⁻보다 살균력이 크다.

④ chloramine은 OCl⁻보다 살균력이 작다.

해설 온도가 높을수록 살균능력이 크다.

24 입자 간 거리가 2cm이고, 상대속도가 100cm/s인 두 유체 입자의 속도경사(sec⁻¹)는?

① 25 　　② 50

③ 75 　　④ 100

해설 입자 속도경사 $= \dfrac{du}{dy} = \dfrac{100\text{cm/sec}}{2\text{cm}} = 50\text{sec}^{-1}$

25 식품공장폐수를 생물학적 호기성 공정으로 처리하고자 한다. 수질을 분석한 결과, 질소분이 없어 요소((NH₂)₂CO)를 주입하고자 할 때 필요한 요소의 양(mg/L)은? (단, BOD=5,000mg/L, TN=0, BOD : N : P=100 : 5 : 1 기준)

① 약 430 　　② 약 540

③ 약 670 　　④ 약 790

해설 (NH₂)₂CO : N₂=60 : 28

∴ 요소필요량 $= 5{,}000\text{mg/L} \times \dfrac{5}{100} \times \dfrac{60}{28}$

$\qquad = 535.7\text{mg/L}$

26 폐수처리과정인 침전 시 입자의 농도가 매우 높아 입자들끼리 구조물을 형성하는 침전형태는 어느 것인가?

① 농축침전 　　② 응집침전

③ 압밀침전 　　④ 독립침전

해설 이론편 참조

27 회전원판법(RBC)의 단점으로 가장 거리가 먼 것은 어느 것인가?

① 일반적으로 회전체가 구조적으로 취약하다.

② 처리수의 투명도가 나쁘다.

③ 충격부하 및 부하변동에 약하다.

④ 외기기온에 민감하다.

해설 RBC는 충격부하 및 부하변동에 강하다.

28 함수율 95%의 슬러지를 함수율 75%의 탈수케이크로 만들었을 때, 탈수 전 슬러지의 체적대비 탈수 후 탈수케이크의 체적의 변화는? (단, 분리액으로 유출된 슬러지양은 무시하며, 탈수 전 슬러지와 탈수 후 탈수케이크의 비중은 모두 1.0으로 가정)

① 1/3 　　② 1/4

③ 1/5 　　④ 1/6

해설 $V_1(100 - P_1) = V_2(100 - P_2)$에서

∴ $\dfrac{V_2}{V_1} = \dfrac{(100 - P_1)}{(100 - P_2)} = \dfrac{(100 - 95)}{(100 - 75)} = \dfrac{1}{5}$

29 생물학적 방법으로 폐수 중의 질소를 제거하려고 할 때 가장 적절하지 않은 공법은?

① A/O 공법

② VIP 공법

③ UCT 공법

④ 5단계 Bardenpho 공법

해설 A/O 공법은 인 제거공법이다.

30 BAC(Biological Activated Carbon)공법을 이용한 고도 정수처리 시 장점이 아닌 것은?

① 오염물질에 따라 생물분해, 흡착작용이 상호 보완하여 준다.

② 생물학적으로 분해 불가능한 독성물질이라도 흡착기능에 의하여 오염물질 제거가 가능하다.

③ 분해속도가 빠른 물질이나 적응시간이 필요 없는 유기물 제거에 효과적이다.

④ 부유물질과 유기물 농도가 낮은 깨끗한 유출수를 배출한다.

해설 BAC는 분해속도가 느린 물질이나 적응시간이 필요한 유기물 제거에 효과적이다.

31 표준활성슬러지법에서 MLSS 농도(mg/L)의 표준 운전범위는?

① 1,000~1,500 ② 1,500~2,500

③ 2,500~4,500 ④ 4,500~6,000

해설 이론편 참조

32 40mg/L의 황산제일철($FeSO_4 \cdot 7H_2O$)을 사용하여 폐수를 처리하고자 한다. 이 물에 알칼리도가 없는 경우 공급하여야 하는 $Ca(OH)_2$의 양 (mg/L)은? (단, 분자량 : $FeSO_4 \cdot 7H_2O$=277.9, $Ca(OH)_2$=74.1)

① 10.7 ② 21.4

③ 32.1 ④ 42.8

해설 $Ca(OH)_2$ 공급량$=40mg/L \times \dfrac{74.1}{277.9}=10.67mg/L$

33 포기조 혼합액을 30분간 침전시킨 뒤의 침전물의 부피는 400mL/L였고, MLSS 농도가 3000mg/L였다면 침전지에서 침전상태는?

① 슬러지의 침전이 양호하다.

② 슬러지팽화로 인하여 침전이 되지 않는다.

③ 슬러지부상(sludge rising)현상이 발생하여 슬러지덩어리가 떠오른다.

④ 슬러지플록이 제대로 형성되지 못 하고 미세하게 분산한다.

해설 적정 SVI 범위=50~150

$SVI = \dfrac{SV_{30}(mL/L) \times 1,000}{MLSS} = \dfrac{400 \times 1,000}{3,000} = 133.3$

∴ 슬러지침전이 양호한 편이다.

34 일반적으로 회전원판법은 원판의 몇 %가 물에 잠긴 상태에서 운영되는가?

① 10~20% ② 30~40%

③ 50~60% ④ 70~80%

해설 이론편 참조

35 상수 원수 내의 비소처리에 관한 설명으로 옳지 않은 것은?

① 응집처리에는 응집침전에 의한 제거방법과 응집여과에 의한 제거방법이 있다.

② 이산화망간을 사용하는 흡착처리에서는 5가 비소를 제거할 수 있다.

③ 흡착 시의 pH는 활성알루미나에서는 1~3이 효과적인 범위이다.

④ 수산화세륨을 흡착제로 사용하는 경우에는 3가 및 5가 비소를 흡착할 수 있다.

해설 흡착시의 pH는 활성알루미나에서는 4~6, 이산화망간에서는 5~7, 수산화세륨은 5~8이 효과적인 범위이다.

36 하수처리에 적용되는 물리적 조작과 기능에 대한 설명으로 틀린 것은?

① 분쇄 – 수로 내에서 고형물을 분쇄하는 것으로 예비처리 조작이다.

② 유량조정 – 후속의 처리시설에 걸리는 유량 및 수질부하를 균등하게 하는 조작이다.

③ 응집 – 부유물질의 침전특성을 개선하는 조작이다.

④ 부상분리 – 고형물이나 부유성 물질의 제거를 위해 사용되는 조작이다.

해설 부유물질 → 콜로이드물질(작은 입자)

37 공장폐수의 BOD 1kg을 제거하기 위해 필요한 산소량이 1kg이다. 공기 $1m^3$에 함유되어 있는 산소량이 0.277kg이고 활성슬러지에서 공기 용해율이 4%(부피%)라 할 때, BOD 5kg을 제거하는 데 필요한 공기량(m^3)은? (단, 공기 내 각 성분은 동일한 비율로 용해된다고 가정)

① 451   ② 554
③ 632   ④ 712

해설 공기필요량
$$=5kgBOD \times 1kg산소/kgBOD \times 1m^3공기/0.277kg산소$$
$$\times \frac{100}{4} = 451.26m^3 \ 공기$$

38 냄새역치(TON ; Threshold Odor Number)에 대한 설명으로 틀린 것은?

① 냄새의 강도를 나타낼 때 사용한다.
② 관능분석에 의해 결정한다.
③ 같은 시료에 대해서는 시험자가 다르더라도 TON값이 일정하다.
④ TON값이 클수록 시료의 냄새가 강하다고 볼 수 있다.

해설 같은 시료라도 시험자가 다르면 TON값이 다르게 나타날 수 있다.

39 공장에서 pH 2인 황산폐수 $180m^3$/day가 배출되고 있다. 이 폐수를 중화시키고자 할 때 필요한 NaOH양(kg/day)은? (단, NaOH 순도 90%)

① 약 60   ② 약 70
③ 약 80   ④ 약 90

해설 pH 2 → $[H^+]=10^{-2}mol/L$
중화반응 : $\underset{(10^{-2}mol/L)}{\underline{H^+}} + \underset{(10^{-2}mol/L)}{\underline{OH^-}} \rightarrow H_2O$

$\underset{(10^{-2}mol/L)}{\underline{NaOH}} \xrightarrow{100\%전리} \underset{}{Na^+} + \underset{(10^{-2}mol/L)}{\underline{OH^-}}$

즉, NaOH는 완전전리하므로 $[H^+]=10^{-2}mol/L$를 전리생성하는 NaOH 농도는=$10^{-2}mol/L$이다.
∴ NaOH 필요량=$10^{-2}mol/L \times (180 \times 10^3)L/day$
$$\times 40g/mol \times 10^{-3}kg/g \times \frac{100}{90}$$
$$=80kg/day$$

40 생물학적 인 제거공법에서 호기성 공정의 주된 역할은 어느 것인가?

① 용해성 인의 과잉 산화
② 용해성 인의 과잉 방출
③ 용해성 인의 과잉 환원
④ 용해성 인의 과잉 섭취

해설 이론편 참조

제3과목 : 수질오염 공정시험기준

41 분석을 위해 채취한 시료수에 다량의 점토질 또는 규산염이 함유된 경우, 적합한 전처리방법은 어느 것인가?

① 질산−황산에 의한 분해
② 질산−과염소산−불화수소산에 의한 분해
③ 질산−황산−과염소산에 의한 분해
④ 회화에 의한 분해

해설 이론편 참조

42 물속의 냄새 측정 시 잔류염소 냄새는 측정에서 제외한다. 잔류염소 제거를 위해 첨가하는 시약은 어느 것인가?

① 티오황산나트륨 용액
② 과망간산칼륨 용액
③ 아스코빈산암모늄 용액
④ 질산암모늄 용액

해설 티오황산나트륨 용액 1mL는 잔류염소농도가 1mg/L인 시료 500mL의 잔류염소를 제거할 수 있다.

43 수은(냉증기−원자흡수분광광도법) 측정 시 물속에 있는 수은을 금속수은으로 환원시키기 위해 주입하는 것은?

① 이염화주석
② 아연분말
③ 염산하이드록실아민
④ 시안화칼륨

해설 이론편 참조

44 4각 웨어에 의하여 유량을 측정하려고 한다. 수두가 90cm이고, 절단 폭이 1.0m일 때 유량(m^3/min)은? (단, 유량계수 $K=1.2$)

① 약 1.03 ② 약 1.26
③ 약 1.37 ④ 약 1.53

해설 $Q=Kbh^{\frac{3}{2}}=1.2\times1.0\times0.9^{\frac{3}{2}}=1.025m^3/min$

45 아질산성 질소 표준원액(약 0.25mg/mL)을 제조하기 위해서 아질산나트륨($NaNO_2$)을 데시케이터에서 24시간 건조시킨 후, 일정량을 취하여 물에 녹이고 클로로폼 0.5mL와 물을 넣어 500mL로 하였다. 표준원액 제조를 위해 취한 아질산나트륨의 양(g)은? (단, 원자량 Na＝23)

① 약 0.31 ② 약 0.62
③ 약 1.23 ④ 약 2.46

해설 $NaNO_2 : N=69 : 14$

∴ 아질산나트륨 양$=0.25mg/mL\times500mL\times\dfrac{69}{14}$
$=616.07mg≒0.6161g$

46 분석에 요구되는 시료의 최대 보존기간이 가장 짧은 측정항목은?

① 염소이온 ② 부유물질
③ 총 인 ④ 용존 총 인

해설 ① 28일, ② 7일, ③ 28일, ④ 28일

47 기체크로마토그래피법에서 검출하고자 하는 화합물에 대한 검출기가 바르게 연결된 것은?

① 유기할로겐화합물 : 열전도도 검출기(TCD),
황화합물 : 불꽃이온화 검출기(FID)
② 유기할로겐화합물 : 불꽃이온화 검출기(FID),
황화합물 : 열전도도 검출기(TCD)
③ 유기할로겐화합물 : 전자포획형 검출기(ECD),
황화합물 : 불꽃광도형 검출기(FPD)
④ 유기할로겐화합물 : 불꽃광도형 검출기(FPD),
황화합물 : 불꽃이온화 검출기(FID)

해설 이론편 참조
참고 석유계 총탄화수소 : 불꽃이온화 검출기(FID)

48 유도결합플라스마－원자발광분광법(ICP)의 장치구성을 순서대로 나타낸 것은?

① 시료도입부－광원부－파장선택부－측정부－기록부
② 시료도입부－파장분리부－광원부－검출부－기록부
③ 시료도입부－고주파전원부－광원부－분광부－연산처리부－기록부
④ 시료도입부－저주파전원부－분광부－측광부－기록부

해설 이론편 참조

49 수질오염 공정시험기준에 따라 분석에 요구되는 시료량은 시험항목 및 시험횟수에 따라 차이가 있으나 일반적으로 채취하는 시료의 양(L)은 어느 것인가?

① 0.5~1 ② 1.5~2
③ 2~3 ④ 3~5

해설 이론편 참조

50 0.1N 과망간산칼륨액의 표정에 사용되는 표준시약은?

① 무수탄산나트륨
② 옥살산나트륨
③ 티오황산나트륨
④ 수산화나트륨

해설 과망간산칼륨액의 표정에 사용되는 표준시약은 옥살산나트륨($Na_2C_2O_4$)이다.

51 흡광광도계 측광부의 광전측광에 광전도셀이 사용될 때 적용되는 파장은?

① 자외 파장 ② 가시 파장
③ 근적외 파장 ④ 근자외 파장

해설 이론편 참조

52 물벼룩을 이용한 급성독성 시험법에서 적용되는 용어인 '치사'의 정의에 대한 설명으로 ( )에 옳은 것은?

> 일정 비율로 준비된 시료에 물벼룩을 투입하여 (㉮)시간 경과 후 시험용기를 살며시 움직여 주고, (㉯)초 후 관찰했을 때 아무 반응이 없는 경우 치사로 판정한다.

① ㉮ 12, ㉯ 15
② ㉮ 12, ㉯ 30
③ ㉮ 24, ㉯ 15
④ ㉮ 24, ㉯ 30

해설 이론편 참조(2017년 일부내용 개정)

53 생물화학적 산소요구량(BOD)의 분석방법에 대한 설명으로 틀린 것은?

① 시료의 예상 BOD값으로부터 단계적으로 희석배율을 정하여 3~5종의 희석시료를 조제한다.
② 공장폐수나 혐기성 발효의 상태에 있는 시료는 호기성 산화에 필요한 미생물을 식종하여야 한다.
③ 탄소계 BOD를 측정해야 할 경우에는 질산화 억제 시약을 첨가한다.
④ 5일 저장기간 동안의 산소 소비량이 20~40% 범위 안인 희석 시료를 선택하여 BOD를 계산한다.

해설 20~40% → 40~70%

54 수질오염 공정시험기준에서 일반적으로 적용되는 용어의 정의로 옳지 않은 것은 어느 것인가?

① '감압'이라 함은 따로 규정이 없는 한 15mmH₂O 이하를 뜻한다.
② '밀폐용기'라 함은 취급 또는 저장하는 동안에 이물질이 들어가거나 또는 내용물이 손실되지 아니하도록 보호하는 용기를 말한다.

③ '냄새가 없다'라고 기재한 것은 냄새가 없거나 또는 거의 없는 것을 표시하는 것이다.
④ '정확히 취하여'란 규정한 양의 액체를 부피 피펫으로 눈금까지 취하는 것을 말한다.

해설 15mmH₂O → 15mmHg

55 자외선/가시선 분광법으로 정량할 때 측정항목과 그에 따른 발색시약이 잘못 연결된 것은 어느 것인가?

① 불소 : 란탄알리자린 콤플렉손 용액
② 페놀류 : 4-아미노안티피린과 헥사시안화철(Ⅱ)산칼륨 용액
③ 질산성 질소 : 부루신-설퍼민산용 액
④ 비소 : 피리딘-피라졸론 용액

해설 비소 : 다이에틸다이티오카바민산은(Ag-DDTC)-피리딘 용액

56 총 대장균군-막여과법에 관한 내용으로 ( )에 옳은 것은?

> 물속에 존재하는 총 대장균군을 측정하기 위해 페트리접시에 배지를 올려놓은 다음 배양 후 ( ) 계통의 집락을 계수하는 방법이다.

① 금속성 광택을 띠는 적색이나 진한 적색
② 금속성 광택을 띠는 청색이나 진한 청색
③ 여러 가지 색조를 띠는 적색
④ 여러 가지 색조를 띠는 청색

해설 이론편 참조

57 알칼리성 과망간산칼륨에 의한 화학적 산소요구량(COD) 측정법에서 반응 후 적정에 사용하는 시약과 종말점에서 변하는 색은?

① Na₂S₂O₃, 무색
② KMnO₄, 엷은 홍색
③ Ag₂SO₄, 엷은 홍색
④ Na₂C₂O₄, 적색

해설 이론편 참조

58 BOD 측정 시 산성 또는 알칼리성 시료의 중화를 위해 전처리로 넣어주는 산 또는 알칼리성 용액의 양은 다음 중 시료량의 얼마를 넘지 않도록 해야 하는가?

① 0.5%   ② 1.5%

③ 2.5%   ④ 3.5%

해설 이론편 참조

59 시료의 용존산소량은 8.50mg/L였고, 순수 중의 용존산소 포화량은 8.84mg/L였다. 시료채취 시의 대기압이 750mmHg였다면 용존산소포화율(%)은?

① 95.5   ② 96.2

③ 97.4   ④ 98.8

해설 용존산소포화율(%)

$$= \frac{DO}{DO_t \times B/760} \times 100 = \frac{8.50}{8.84 \times 750/760} \times 100$$
$$= 97.4\%$$

60 시험에 적용되는 온도표시로 틀린 것은?

① 실온은 1~35℃

② 찬 곳은 0℃ 이하

③ 온수는 60~70℃

④ 상온은 15~25℃

해설 찬 곳은 0~15℃

제4과목 : **수질환경 관계법규**

61 폐수처리업에 종사하는 기술요원의 폐수처리 기술요원과정의 교육기간은?

① 8시간(1일) 이내

② 2일 이내

③ 4일 이내

④ 6일 이내

해설 시행규칙 제94조 제2항 참조

62 기타 수질오염원인 수산물양식시설 중 가두리양식어장의 시설설치 등의 조치기준으로 틀린 것은?

① 사료를 준 후 2시간 지났을 때 침전되는 양이 10% 미만인 부상사료를 사용한다. 다만, 10cm 미만의 치어 또는 종묘에 대한 사료는 제외한다.

② 부상사료 유실방지대를 수표면 상하로 각각 30cm 이상 높이로 설치하여야 한다. 다만, 사료유실의 우려가 없는 경우에는 그러하지 아니하다.

③ 어병의 예방이나 치료를 하기 위한 항생제를 지나치게 사용하여서는 아니 된다.

④ 분뇨를 수집할 수 있는 시설을 갖춘 변소를 설치하여야 하며, 수집된 분뇨를 육상으로 운반하여 호소에 재유입되지 아니하도록 처리하여야 한다.

해설 시행규칙 별표 19 참조
30cm → 10cm

63 폐수무방류배출시설의 설치가 가능한 특정 수질유해물질이 아닌 것은?

① 구리 및 그 화합물

② 망간 및 그 화합물

③ 디클로로메탄

④ 1,1-디클로로에틸렌

해설 시행규칙 제39조 참조
설명 폐수무방류배수시설의 설치가 가능한 특정 수질유해물질은 보기의 ①, ③, ④ 세 가지 물질이다.

64 비점오염원의 변경신고기준으로 틀린 것은?

① 상호·대표자·사업명 또는 업종의 변경

② 총 사업면적·개발면적 또는 사업장 부지면적이 처음 신고면적의 100분의 30 이상 증가하는 경우

③ 비점오염저감시설의 종류, 위치, 용량이 변경되는 경우

④ 비점오염원 또는 비점오염저감시설의 전부 또는 일부를 폐쇄하는 경우

해설 시행령 제73조 참조
100분의 30 → 100분의 15

65 환경부장관이 제조업의 배출시설(폐수무방류 배출시설을 제외)을 설치·운영하는 사업자에 대하여 조업정지를 명하여야 하는 경우로서 그 조업정지가 주민의 생활, 대외적인 신용, 고용, 물가 등 국민경제, 그 밖에 공익에 현저한 지장을 초래할 우려가 있다고 인정되는 경우에 조업 정지처분에 갈음하여 부과할 수 있는 과징금의 최대액수는?

① 1억원 이하　　② 2억원 이하
③ 3억원 이하　　④ 5억원 이하

해설 법 제43조 참조

66 배출부과금을 부과할 때 고려해야 할 사항이 아닌 것은?

① 배출허용기준 초과여부
② 배출되는 수질오염물질의 종류
③ 배출시설의 정상가동여부
④ 수질오염물질의 배출기간

해설 법 제41조 제2항 참조

67 위임업무 보고사항 중 보고횟수가 다른 것은?

① 배출업소의 지도·점검 및 행정처분실적
② 배출부과금 부과실적
③ 과징금 부과실적
④ 비점오염원의 설치신고 및 방지시설설치현황 및 행정처분현황

해설 시행규칙 별표 23 참조
설명 ①, ②, ④ : 연 4회
③ : 연 2회

68 폐수수탁처리 영업을 하려는 자의 준수사항으로 틀린 것은?

① 폐수의 처리능력과 처리가능성을 고려하여 수탁할 것
② 처리 능력이나 용량 미만의 시설을 설치하거나 운영하지 아니할 것

③ 등록한 사항 중 환경부령이 정하는 중요사항을 변경하는 때에는 시장·군수에게 등록할 것
④ 기술 능력·시설 및 장비 등을 항상 유지·점검하여 폐수처리업의 적정 운영에 지장이 없도록 할 것

해설 법 제62조 제2항 참조
설명 시장·군수 → 환경부 장관(시·도지사에게 위임사항)

69 폐수무방류배출시설의 설치허가 또는 변경허가를 받은 사업자가 폐수무방류배출시설에서 배출되는 폐수를 오수 또는 다른 배출시설에서 배출되는 폐수와 혼합하여 처리하거나 처리할 수 있는 시설을 설치하는 행위를 한 경우 벌칙기준은?

① 2년 이하의 징역 또는 2천만원 이하의 벌금
② 3년 이하의 징역 또는 3천만원 이하의 벌금
③ 5년 이하의 징역 또는 5천만원 이하의 벌금
④ 7년 이하의 징역 또는 7천만원 이하의 벌금

해설 법 제75조 제3호 참조

70 수질오염경보인 조류경보단계 중 조류 대발생 시 취수장, 정수장 관리자의 조치사항으로 틀린 것은?

① 정수의 독소분석 실시
② 정수처리 강화(활성탄처리, 오존처리)
③ 조류증식 수심 이하로 취수구 이동
④ 취수구 등에 대한 조류 방어막 설치

해설 시행령 별표 4 가목 참조

71 총량관리 단위유역의 수질 측정방법에 관한 내용으로 (　)에 옳은 것은?

> 목표수질지점별로 연간 30회 이상 측정하여야 하며 이에 따른 수질 측정주기는 (　) 간격으로 일정하여야 한다. 다만, 홍수, 결빙, 갈수 등으로 채수가 불가능한 특정기간에는 그 측정주기를 늘리거나 줄일 수 있다.

① 3일　　　　② 5일
③ 8일　　　　④ 10일

해설 시행규칙 별표 7 참조

72 사업장별 환경기술인의 자격기준으로 틀린 것은 어느 것인가?

① 제1종사업장 : 수질환경기사 1명 이상
② 제2종사업장 : 수질환경산업기사 1명 이상
③ 제3종사업장 : 2년 이상 수질분야 환경관련 업무에 종사한 자 1명 이상
④ 제4종사업장, 제5종사업장 : 배출시설 설치허가를 받거나 배출시설 설치신고가 수리된 사업자 또는 배출시설 설치허가를 받거나 배출시설 설치신고가 수리된 사업자가 그 사업장의 배출시설 및 방지시설업무에 종사하는 피고용인 중에서 임명하는 자 1명 이상

해설 시행령 별표 17 참조
설명 2년 → 3년

73 공공폐수처리시설의 방류수 수질기준(mg/L) 중 BOD, COD, T-N 각각의 농도기준은? (단, 상수원보호구역으로 현재 적용하는 기준)

① 10 이하, 20 이하, 20 이하
② 20 이하, 40 이하, 40 이하
③ 20 이하, 40 이하, 60 이하
④ 30 이하, 50 이하, 60 이하

해설 시행규칙 별표 9 참조
설명 상수원보호구역은 Ⅰ지역에 해당한다.

74 공공수역에 특정 수질유해물질 등을 누출, 유출하거나 버린 자가 받을 수 있는 벌칙기준은?

① 100만원 이하의 벌금
② 500만원 이하의 벌금
③ 1천만원 이하의 벌금
④ 3천만원 이하의 벌금

해설 법 제77조 참조

75 시·도지사가 희석하여야만 오염물질의 처리가 가능하다고 인정할 수 있는 경우로 틀린 것은?

① 폐수의 염분농도가 높아 원래의 상태로는 생물화학적 처리가 어려운 경우
② 폐수의 유기물농도가 높아 원래의 상태로는 생물화학적 처리가 어려운 경우
③ 폐수의 중금속농도가 높아 원래의 상태로는 화학적 처리가 어려운 경우
④ 폭발의 위험 등이 있어 원래의 상태로는 화학적 처리가 어려운 경우

해설 시행규칙 제48조 제1항 참조

76 폐수처리업의 종류(업종 구분)로 가장 옳은 것은 어느 것인가?

① 폐수 수탁처리업, 폐수 재이용업
② 폐수 수탁처리업, 폐수 재활용업
③ 폐수 위탁처리업, 폐수 수거·운반업
④ 폐수 수탁처리업, 폐수 위탁처리업

해설 시행규칙 별표 20 참조

77 시장·군수·구청장이 하천, 호소에 낚시금지구역 또는 낚시제한구역 지정 시 고려할 사항으로 틀린 것은?

① 연도별 낚시 어획량
② 연도별 낚시 인구현황
③ 낚시터 인근에서의 쓰레기 발생현황 및 처리여건
④ 용수의 목적

해설 시행령 제27조 제1항 참조

78 수질 및 수생태계 보전에 관한 법률(현재 물환경보전법)의 제정목적이 아닌 것은?

① 수질오염으로 인한 국민건강 예방
② 공공수역 수질 적정관리
③ 미래의 세대에게 책임관리
④ 국민에게 혜택향유

해설 법 제1조 참조

79 수질오염방제센터에서 수행하는 사업으로 틀린 것은?

① 공공수역의 수질오염 사고감시

② 지자체별 수질오염 사고예방 및 처리대행

③ 수질오염 방제기술 관련 교육·훈련, 연구 개발 및 홍보

④ 수질오염 사고에 대비한 장비, 자재, 약품 등의 비치 및 보관을 위한 시설의 설치·운영

해설 법 제16조의3 참조

80 낚시금지 제한구역의 안내판 규격에 관한 내용으로 옳은 것은?

① 바탕색 : 흰색, 글씨 : 녹색

② 바탕색 : 청색, 글씨 : 흰색

③ 바탕색 : 녹색, 글씨 : 흰색

④ 바탕색 : 흰색, 글씨 : 녹색

해설 시행규칙 별표 12 참조

오늘은 오늘 일만 생각하고,
한 번에 모든 것을 하려고 하지 않을 것.
이것이 현명한 사람의 방법이다.

−세르반데스−

2017년 제2회 수질산업환경기사 기/출/문/제

제1과목 : 수질오염 개론

01 응집처리 시 응집의 원리와 가장 거리가 먼 것은?

① Zeta potential을 감소시킨다.

② Van der Waals힘을 증가시킨다.

③ 응집제를 투여하여 입자끼리 뭉치게 한다.

④ 콜로이드입자의 표면전하를 증가시킨다.

해설 응집을 위해서는 콜로이드입자의 표면전하를 감소시켜야 한다.

02 Streeter-Phelps 모델에 관한 내용으로 옳지 않은 것은?

① 최초의 하천수질모델링이다.

② 유속, 수심, 조도계수에 의한 확산계수를 결정한다.

③ 점오염원으로부터 오염부하량을 고려한다.

④ 유기물의 분해에 따라 용존산소 소비와 재폭기를 고려한다.

해설 ②의 내용은 QUAL-1 모델에 해당된다.

03 하천의 자정능력은 통상 겨울보다 여름이 더 활발하다. 그 원인 중 올바르게 설명된 것은?

① 여름의 높은 온도는 박테리아의 성장을 촉진시키기 때문이다.

② 여름에는 겨울보다 물속에 용존산소가 많기 때문이다.

③ 여름에는 유량이 많고 유기물이 적기 때문이다.

④ 여름에는 겨울보다 살균작용이 크기 때문이다.

해설 이론편 참조

04 황산바륨 포화용액에 염화바륨을 첨가하여 침전을 유도하는 방법으로 가장 관계가 깊은 것은?

① 공통이온효과 ② 상승작용

③ 완충작용 ④ 이종이온효과

해설 ㉠ $BaSO_4 \rightleftarrows Ba^{2+} + SO_4^{2-}$

㉡ $BaCl_2 \rightleftarrows Ba^{2+} + 2Cl^-$

위 식에서 ㉡의 염화바륨 첨가로 Ba^{2+}이온이 증가하면 ㉠의 반응이 왼쪽으로 진행하여 $BaSO_4$ 침전이 더욱 생성된다.

05 20℃, 5일 BOD가 50mg/L인 하수의 2일 BOD(mg/L)는? (단 20℃, 탈산소계수 $K=0.23day^{-1}$이고, 자연대수기준)

① 21 ② 24

③ 27 ④ 29

해설 $BOD_5 = BOD_u(1-e^{-Kt})$에서

$BOD_u = \dfrac{50}{1-e^{-0.23 \times 5}} = 73.168 mg/L$

∴ $BOD_2 = BOD_u(1-e^{-0.23 \times 2})$
$= 73.168(1-e^{-0.23 \times 2}) = 26.98 mg/L$

06 수질오염에 의한 벼농사의 피해에 관한 설명으로 잘못된 것은?

① 논에 다량의 유기물을 함유한 폐수가 유입되면 토양이 환원상태로 되어 피해가 발생한다.

② 논의 토양이 산성화되면, 토양 중의 중금속의 일부가 용해되어 벼에 흡수되고 생육을 저해한다.

③ 염류농도가 낮은 폐수가 유입되면 세포의 원형질에 나쁜 영향을 끼쳐 수확량이 감소한다.

④ 콜로이드상의 미립자를 함유한 폐수가 과도하게 유입되면 토양입자를 고결시켜 침투성이 악화된다.

해설 ③ 낮은 → 높은

07 지하수의 특성을 지표수와 비교해서 설명한 것으로 옳지 않은 것은?

① 경도가 높다.

② 자정작용이 빠르다.

③ 탁도가 낮다.

④ 수온변동이 적다.

해설 지하수는 자정작용이 느리다.

08 pH=4.5인 물의 수소이온농도(M)는?

① 약 3.2×10^{-5}

② 약 5.2×10^{-5}

③ 약 3.2×10^{-4}

④ 약 5.2×10^{-4}

해설 $pH = -\log[H^+]$
$[H^+] = 10^{-pH} = 10^{-4.5} = 3.16 \times 10^{-5} mol/L$

09 96TLm은 NH_3=2.5mg/L, Cu^{2+}=1.5mg/L, CN^-=0.2mg/L이고, 실제 시험수의 농도가 Cu^{2+}=0.6mg/L, CN^-=0.01mg/L, NH_3=0.4mg/L였다면, Toxic Unit는?

① 0.25　　② 0.61

③ 1.23　　④ 1.52

해설 $Toxic \ Unit = \sum_1^i \dfrac{독성물질농도}{TLm}$
$= \dfrac{0.6}{1.5} + \dfrac{0.01}{0.2} + \dfrac{0.4}{2.5} = 0.61$

10 하천수 수온은 10℃이다. 20℃ 탈산소계수 K(상용대수)가 0.1day^{-1}이라면 최종 BOD와 BOD_4의 비(BOD_4/BOD_u)는? (단 $K_T = K_{20} \times 1.047^{(T-20)}$)

① 0.75

② 0.64

③ 0.52

④ 0.44

해설 $BOD_4 = BOD_u(1 - 10^{-K \times 4})$
$BOD_4/BOD_u = (1 - 10^{-K \times 4})$
$K_{10} = K_{20} \times 1.047^{(10-20)} = 0.1 \times 1.047^{-10} = 0.063$
$\therefore \ BOD_4/BOD_u = (1 - 10^{-0.063 \times 4}) = 0.44$

11 물의 물리적 특성에 관한 설명 중 옳은 것은?

① 비열이 커지면 물당량도 커진다.

② 증기압은 온도가 높을수록 낮아진다.

③ 물의 점성계수는 온도가 증가하면 높아진다.

④ 물의 표면장력은 온도가 증가하면 높아진다.

해설 ② 낮아진다 → 높아진다
③ 높아진다 → 낮아진다
④ 높아진다 → 낮아진다

참고 물당량(Water equivalent) : 어떤 물질의 열용량과 같은 열용량을 갖은 물의 질량
열용량(C) = 비열×질량
※ 열용량은 어떤 물질의 온도를 1℃ 높이는데 필요한 용량

12 해수의 탁도에 관한 설명으로 옳지 않은 것은?

① 해수의 탁도는 용존 착색물질이나 무기 및 유기 물질로 이루어진 미립자와 플랑크톤과 같은 미생물이 포함된 현탁입자가 그 원인이 된다.

② 흐려진 해수의 경우는 현탁입자에 의하여 적색광선이 선택적으로 산란되므로 투과광선의 극대 스펙트럼은 550nm에서 최대의 투과를 나타낸다.

③ 수중의 빛은 수중조도 또는 직경 3cm의 자색원판인 투명도판으로 측정한다.

④ 수중조도는 플랑크톤이나 해조류의 광합성에 필요한 빛에너지의 도착심도를 결정하는데 중요한 의미를 가진다.

해설 흐려진 해수의 경우는 현탁입자에 의하여 청색광선이 선택적으로 산란되므로 투과광선의 극대 스펙트럼은 적색광선쪽으로 기울며, 550nm 부근에서 최대의 투과를 나타낸다.

13 수화현상(water bloom)이란 정체수역에서 식물플랑크톤이 대량 번식하여 수표면에 막층 또는 플록(floc)을 형성하는 현상을 말하는데, 이의 발생원이 아닌 것은?

① 유기물 및 질소, 인 등 영양염류의 대량 유입

② 여름철의 높은 수온

③ 긴 체류시간

④ 수층의 순환

해설 수층의 순환이 이루어지면 수화현상이 발생하지 않는다.

14 0.4g 녹인 화합물 수용액이 있다. 이 화합물 중에 있는 Cl^-이온을 완전히 반응시키는 데 0.1M$-AgNO_3$ 35mL가 소모되었다. 화합물에 함유된 Cl^-의 함량(%)은? (단 Cl의 원자량=35.5)

① 15.5 ② 31.0
③ 61.0 ④ 82.0

해설 Cl^- 당량수=반응한 $AgNO_3$ 당량수
$\qquad$ =0.1당량/L×0.035L=$3.5×10^{-3}$g당량
Cl^- 함유량=$3.5×10^{-3}$g당량×35.5g/g당량
$\qquad$ =0.124g
∴ Cl^- 함량=$\dfrac{0.124}{0.4}×100$=31.0%

15 암모니아성 질소 42mg/L와 아질산성 질소 14mg/L가 포함된 폐수를 완전 질산화시키기 위한 산소요구량(mgO_2/L)은?

① 135 ② 174
③ 208 ④ 232

해설 $\underset{28}{2NH_3}+\underset{144}{\dfrac{9}{2}O_2} \rightarrow 2NO_3+3H_2O$

$\underset{14}{NO_2^-}+\underset{10}{\dfrac{1}{2}O_2} \rightarrow NO_3^-$

- 암모니아성 질소 산소요구량
$\qquad$ =42mg/L×$\dfrac{144}{28}$=216mg/L

- 아질산성 질소 산소요구량
$\qquad$ =14mg/L×$\dfrac{16}{14}$=16mg/L

∴ 총 산소요구량=216+16=232mg/L

16 미생물 증식곡선의 단계순서로 옳은 것은?

① 대수기 − 유도기 − 정지기 − 사멸기
② 유도기 − 대수기 − 정지기 − 사멸기
③ 대수기 − 유도기 − 사멸기 − 정지기
④ 유도기 − 대수기 − 사멸기 − 정지기

해설 이론편 참조

17 유해물질과 그에 따른 증상 및 질병의 연결이 잘못된 것은?

① 카드뮴 − 골연화증
② 시안 − 호흡효소작용 저해
③ 유기인화합물 − cholinesterase 저해
④ 6가 크롬 − 흑피증, 각화증

해설 비소−흑피증, 각화증

18 적조의 발생에 관한 설명으로 옳지 않은 것은?

① 정체해역에서 일어나기 쉬운 현상이다.
② 강우에 따라 오염된 하천수가 해수에 유입될 때 발생될 수 있다.
③ 수괴의 연직 안정도가 크고 독립해 있을 때 발생한다.
④ 해역의 영양부족 또는 염소농도 증가로 발생된다.

해설 이론편 참조

19 유기성 폐수에 관한 설명 중 옳지 않은 것은?

① 유기성 폐수의 생물학적 산화는 수서 세균에 의하여 생산되는 산소로 진행되므로 화학적 산화와 동일하다고 할 수 있다.
② 생물학적 처리의 영향조건에는 C/N비, 온도, 공기공급 정도 등이 있다.
③ 유기성 폐수는 C, H, O를 주성분으로 하고 소량의 N, P, S 등을 포함하고 있다.
④ 미생물이 물질대사를 일으켜 세포를 합성하게 되는데 실제로 생성된 세포량은 합성된 세포량에서 내호흡에 의한 감량을 뺀 것과 같다.

해설 유기성 폐수의 생물학적 산화는 미생물의 활동과 용존 산소에 의해 진행된다.

20 수중 질소순환과정의 질산화 및 탈질의 순서를 옳게 표시한 것은?

① $NH_3 \rightarrow NO_2^- \rightarrow NO_3^- \rightarrow N_2$
② $NO_3^- \rightarrow NH_3 \rightarrow NO_2^- \rightarrow N_2$
③ $NO_3^- \rightarrow N_2 \rightarrow NH_3 \rightarrow NO_2^-$
④ $N_2 \rightarrow NH_3 \rightarrow NO_3^- \rightarrow NO_2^-$

해설 이론편 참조

제2과목 : 수질오염 방지기술

21 질산화 미생물에 대한 설명으로 옳은 것은?

① 혐기성이며 독립영양성 미생물

② 호기성이며 독립영양성 미생물

③ 혐기성이며 종속영양성 미생물

④ 호기성이며 종속영양성 미생물

해설 이론편 참조

22 유량이 1,000m³/day, 포기조 내의 MLSS 농도가 4,500mg/L이며, 포기시간은 12hr, 최종 침전지에서 25m³/day의 잉여슬러지를 인발한다. 잉여슬러지의 농도는 20,000mg/L이며, 방류수의 SS를 무시한다면 슬러지 체류시간(day)은?

① 4.5

② 9.0

③ 12.5

④ 15.0

해설 $SRT = \dfrac{V \cdot X}{X_r \cdot Q_w}$ 에서

$V = Q \cdot t$

$= 1,000\text{m}^3/\text{day} \times \dfrac{12}{24}\text{day} = 500\text{m}^3$

$\therefore \; SRT = \dfrac{500\text{m}^3 \times 4,500\text{mg/L}}{20,000\text{mg/L} \times 25\text{m}^3/\text{day}} = 4.5\text{day}$

23 폐수를 염소처리하는 목적으로 가장 거리가 먼 것은 어느 것인가?

① 살균

② 탁도 제거

③ 냄새 제거

④ 유기물 제거

해설 이론편 참조

24 하수처리를 위한 생물학적 처리방법 중 미생물 성장방식이 다른 것은?

① 활성슬러지법   ② 살수여상법

③ 회전원판법   ④ 접촉산화법

해설 ②, ③, ④의 방식은 부착성장방식이고 ①은 현탁성장방식이다.

25 포기조 내의 MLSS가 4,000mg/L, 포기조 용적이 500m³인 활성슬러지공정에서 매일 25m³의 폐슬러지를 인발하여 소화조에서 처리한다면 슬러지의 평균 체류시간(day)은 어느 것인가? (단, 반송슬러지의 농도 20,000mg/L, 유출수의 SS 농도는 무시)

① 2

② 3

③ 4

④ 5

해설 $SRT = \dfrac{V \cdot X}{X_r \cdot Q_w}$

$= \dfrac{500\text{m}^3 \times 4,000\text{mg/L}}{20,000\text{mg/L} \times 25\text{m}^3/\text{day}} = 4\text{day}$

26 하수의 pH 조정조에 대한 내용으로 틀린 것은?

① 체류시간은 10~15분을 기준으로 한다.

② 교반속도는 약품의 혼합과 단락류의 현상을 방지하기 위하여 통상 20~80rpm의 범위로 운전한다.

③ 조의 형태는 사각형 및 원형으로 한다.

④ 조정조의 교반강도는 속도경사(G)로 300~1,500/s로 급속교반한다.

해설 20~80rpm → 120~180rpm

27 미생물이 분해 불가능한 유기물을 제거하기 위하여 흡착제인 활성탄을 사용하였다. COD가 56mg/L인 원수에 활성탄 20mg/L를 주입시켰더니 COD가 16mg/L로, 활성탄 52mg/L를 주입시켰더니 COD가 4mg/L로 되었다. COD를 9mg/L로 만들기 위해 주입해야 할 활성탄의 양(mg/L)은? (단, Freundlich 등온공식 : $\dfrac{X}{M} = KC^{\frac{1}{n}}$ 이용)

① 31.3

② 36.3

③ 41.3

④ 46.3

해설 먼저 주어진 조건으로 상수 K와 n을 구한다.

$\dfrac{56-16}{20} = K \times 16^{\frac{1}{n}} \;\rightarrow\; 2 = K \times 16^{\frac{1}{n}}$ ·················· ㉠

$\dfrac{56-4}{52} = K \times 4^{\frac{1}{n}} \;\rightarrow\; 1 = K \times 4^{\frac{1}{n}}$ ·················· ㉡

㉠식을 ㉡식으로 나누면 $2 = 4^{\frac{1}{n}} \rightarrow n = 2$ ·········㉢

㉢을 ㉠식에 대입하면 $K = \frac{1}{2}$ ·········㉣

㉢과 ㉣을 사용하여 등온공식에 대입하면

$$\frac{56-9}{M} = \frac{1}{2} \times 9^{\frac{1}{2}}$$

∴ M(주입되어야 할 활성탄의 양) = 31.3mg/L

28 슬러지처리의 목표가 아닌 것은?

① 부피의 감소

② 중금속 제거

③ 안정화

④ 병원균 제거

해설 이론편 참조

29 Zeolite로 중금속을 제거하려고 한다. 반응탑 직경 2m, 폐수의 통과량 200m³/hr일 때 선속도 (m³/m²·hr)는?

① 약 150   ② 약 120

③ 약 96   ④ 약 64

해설 $LV = \dfrac{Q}{A} = \dfrac{200\text{m}^3/\text{hr}}{(\pi d^2/4)\text{m}^2}$

$\qquad = \dfrac{200\text{m}^3/\text{hr}}{(\pi \times 2^2/4)\text{m}^2} = 63.7\text{m}^3/\text{m}^2 \cdot \text{hr}$

30 질소가 없는 공장의 폐수유량과 BOD 농도가 각각 1,000m³/day, 600mg/L일 때, 활성슬러지 처리를 위해서 필요한 $(NH_4)_2SO_4$의 양 (kg/day)은? (단, BOD : N : P=100 : 5 : 1이라 가정)

① 111   ② 121

③ 131   ④ 141

해설 BOD : N : P=100 : 5 : 1

N요구농도 $= 600\text{mg/L} \times \dfrac{5}{100} = 30\text{mg/L}$

$(NH_4)_2SO_4 : N_2 = 132 : 28$

∴ $(NH_4)_2SO_4$ 필요량

$\quad = 30\text{g/m}^3 \times 1,000\text{m}^3/\text{day} \times \dfrac{132}{28} \times 10^{-3}\text{kg/g}$

$\quad = 141.43\text{kg/day}$

31 생물학적으로 하수 내 질소와 인을 동시에 제거할 수 있는 고도 처리공법인 혐기-무산소-호기조합법에 관한 설명으로 틀린 것은?

① 방류수의 인 농도를 안정적으로 확보할 필요가 있는 경우에는 호기 반응조의 말단에 응집제를 첨가할 설비를 설치하는 것이 바람직하다.

② 인을 효과적으로 제거하기 위해서는 일차 침전지 슬러지와 잉여슬러지의 농축을 분리하는 것이 바람직하다.

③ 혐기조에서는 인 방출, 호기조에서는 인의 과잉 섭취현상이 발생한다.

④ 인 제거율 또는 인 제거량은 잉여슬러지의 인방출률과 수온에 의해 결정된다.

해설 인 제거율 또는 인 제거량은 잉여슬러지양과 잉여슬러지 인함량에 의해 결정되지만, 이를 지배하는 인자는 유입하수의 BOD/P비, SRT, BOD-SS 등이다. 또한, 수온에 의한 인 제거율의 영향은 적지만 우수가 유입되는 경우에는 인 제거성능이 저하되는 경우가 많다.

32 환경에 잠재적으로 독성이 있는 염소 잔류물의 영향을 최소화하기 위해 염소살균된 하수로부터 염소를 제거하는 데 이용되는 탈염소공정에 대한 설명으로 틀린 것은?

① 이산화황과 염소의 원활한 접촉을 위해 충분한 접촉시간과 접촉조가 필요하다.

② 이산화황을 과잉 주입하게 되면 약품 낭비뿐만 아니라 산소요구량도 많아지게 된다.

③ 활성탄을 이용한 공정은 유기물질의 고도 제거가 동시에 필요한 경우 더 타당하다.

④ 이산화황을 이용한 공정에서 염소 잔류물과 반응하는 이산화황의 실제 요구량은 1 : 1이다.

해설 이산화황(SO_2)에 의한 탈염소효율을 좋게 하기 위해서는 이산화황과 하수를 충분히 혼합해야 한다. 이산화황과 염소는 거의 순간적으로 반응하므로 접촉시간은 대개 문제가 되지 않으며 접촉조도 사용하지 않는다. 그러나 주입지점에서 급속하고 확실한 교반이 절대적으로 필요하다.

33 활성슬러지공법 포기조의 MLSS 농도를 2,500 mg/L로 유지하려면 SVI가 150인 경우 슬러지 반송비(R)는 어느 것인가?

① 0.50   ② 0.55

③ 0.60   ④ 0.65

해설 $r = \dfrac{C_A}{C_R - C_A}$

$C_A = 2,500 \text{mg/L}$

$C_R \fallingdotseq \dfrac{10^6}{\text{SVI}} = \dfrac{10^6}{150} = 6,667 \text{mg/L}$

$\therefore r = \dfrac{2,500}{6,667 - 2,500} \fallingdotseq 0.60$

34 회전원판법(RBC)에 관한 설명으로 틀린 것은?

① 산소공급이 필요 없어 소요전력이 적고 높은 슬러지일령이 유지된다.

② 여재는 전형적으로 약 40% 정도가 물에 잠기도록 한다.

③ 타 생물학적 처리공정에 비하여 scale-up 시키기 어렵다.

④ 유입수는 스크린이나 침전과정 없이 여재에 바로 접촉시켜 처리효율을 높인다.

해설 유입수는 스크린이나 침전과정을 거친다.

35 활성슬러지법에 의한 폐수처리의 운전 및 유지관리상 가장 중요도가 낮은 사항은?

① 포기조 내의 수온

② 포기조에 유입되는 폐수의 용존산소량

③ 포기조에 유입되는 폐수의 pH

④ 포기조에 유입되는 폐수의 BOD 부하량

해설 활성슬러지법에서 미생물처리를 위한 폐수의 용존산소 공급은 포기조에서 이루어지므로 유입되는 폐수의 용존산소량은 의미가 없다(사실상 유입폐수 내의 용존산소는 거의 없다).

36 BOD 200mg/L, 유량 2,000m³/day인 폐수를 표준활성슬러지법으로 처리하고자 한다. 포기조의 폭 5m, 길이 10m, 유효 깊이 4m일 때 용적부하(kg BOD/m³·day)는?

① 1.5   ② 2.0

③ 2.5   ④ 3.0

해설 BOD 용적부하

$= \dfrac{\text{BOD} \cdot Q}{V} = \dfrac{0.2 \text{kg/m}^3 \times 2,000 \text{m}^3/\text{day}}{(5 \times 10 \times 4) \text{m}^3}$

$= 2.0 \text{kgBOD/m}^3 \cdot \text{day}$

37 하수처리시설 1차 침전지(clarifier)의 운전 시 지켜야 할 조건으로 틀린 것은?

① 침전지 수면의 여유고는 1.5m 이상으로 하여야 한다.

② 체류시간은 2~4시간 정도가 적당하다.

③ 표면부하율은 합류식의 경우 25~50m³/m²·day로 유지한다.

④ 월류위어의 부하율은 일반적으로 250m³/m·day 이하로 한다.

해설 1차 침전지 수면의 여유고는 40~60cm 정도로 한다.

38 혐기성 소화의 특징으로 옳지 않은 것은?

① 발생되는 슬러지의 양이 작다.

② 부패성 유기물을 분해하여 안정화시킨다.

③ 질소, 인 등의 영양염류 제거효율이 높다.

④ 고농도 폐수처리에 적당하다.

해설 혐기성 소화는 질소, 인 등의 영양염류 제거효율이 낮다.

39 도금공정에서 발생하는 폐수의 6가 크롬 처리에 가장 알맞은 방법은?

① 오존산화법   ② 알칼리염소법

③ 환원처리법   ④ 활성슬러지법

해설 이론편 참조

40 보통 1차 침전지에서 부유물질의 침강속도가 작게 되는 경우는? (단, Stokes 법칙 적용)

① 부유물질 입자의 밀도가 클 경우

② 부유물질 입자의 입경이 클 경우

③ 처리수의 밀도가 작을 경우

④ 처리수의 점성도가 클 경우

해설 $V_s = \dfrac{g(\rho_s - \rho_w)d^2}{18\mu}$ 에서

V_s는 μ에 반비례한다.

제3과목 : 수질오염 공정시험기준

41 수질오염 공정시험기준상 노말헥산 추출물질과 가장 거리가 먼 것은?

① 휘발되지 않는 탄화수소, 탄화수소유도체
② 그리스유상물질
③ 광유류
④ 셀룰로오스류

해설 이론편 참조

42 대장균군 실험방법(최적확수시험법)에 관한 설명으로 틀린 것은?

① 실험상의 오염을 방지하기 위하여 모든 조작은 무균조작을 해야 한다.
② 측정원리는 시료를 유당이 포함된 배지에 배양할 때 대장균군이 증식하면서 가스를 생성하는데, 이때 음성시험관 수를 확률적 수치인 최적 확수로 표시한다.
③ 대장균군의 정성시험은 추정시험, 확정시험, 완전시험 3단계로 나눈다.
④ 대장균군이라 함은 그람음성, 무아포성 간균으로, 유당을 분해하여 가스 또는 산을 발생하는 모든 호기성 또는 통성 혐기성균을 말한다.

해설 ② 음성시험관 수 → 양성시험관 수

43 자외선/가시선 분광법으로 측정하지 않는 항목은 어느 것인가?

① 유기인   ② 페놀류
③ 불소   ④ 시안

해설 유기인은 용매추출/기체크로마토그래피법으로 측정한다.

44 식물성플랑크톤을 현미경계수법으로 분석하고자 할 때 분석절차에 관한 설명으로 틀린 것은?

① 시료의 개체수는 계수 면적당 10~40 정도가 되도록 희석 또는 농축한다.
② 시료가 육안으로 녹색이나 갈색으로 보일 경우 정제수로 적절한 농도로 희석한다.
③ 시료 농축방법인 원심분리방법은 일정량의 시료를 원심침전관에 넣고 100~150g으로 20분 정도 원심분리하여 일정배율로 농축한다.
④ 시료농축방법인 자연침전법은 일정 시료에 포르말린 용액 또는 루골 용액을 가하여 플랑크톤을 고정시켜 실린더 용기에 넣고 일정시간 정치 후 사이폰을 이용하여 상층액을 따라 내어 일정량으로 농축한다.

해설 원심분리방법은 일정량의 시료를 원심침전관에 넣고 1,000×g로 20분 정도 원심분리하여 일정배율로 농축한다.

45 수질오염 공정시험기준상 자외선/가시선 분광법과 원자흡수분광광도법을 병행할 수 없는 물질은 어느 것인가?

① 크롬화합물
② 카드뮴화합물
③ 납화합물
④ 불소화합물

해설 불소는 비금속으로서 원자흡수분광광도법으로 측정할 수 없다.

46 공장폐수의 BOD를 측정하기 위해 검수 30mL를 취한 다음 물 270mL를 BOD병에 취하였다. 20℃에서 5일간 방치한 후 다음과 같은 결과를 얻었다면 이 공장폐수의 BOD(mg/L)는? (단, 초기 용존산소량=8.0mg/L, 5일 후의 용존산소량=4.0mg/L)

① 40   ② 36
③ 24   ④ 12

해설 $BOD = (D_1 - D_2)P = (8.0 - 4.0) \times 10 = 40m/L$

47 도금공장에서 전기도금 용액 탱크에 물 100L를 넣고 NaCN 4g을 용해하였다. 이 도금 용액의 시안이온(CN^-)의 농도(mg/L)는? (단, 완전히 해리된다고 가정, Na 원자량=23)

① 약 17   ② 약 21

③ 약 34   ④ 약 49

해설 $NaCN : CN^- = 49 : 26$

$$\therefore \text{시안이온}(CN^-)\text{농도} = \frac{4g \times 10^3 mg/g}{100L} \times \frac{26}{49}$$
$$= 21.2 mg/L$$

48 밀폐용기에 대한 설명으로 옳은 것은?

① 취급 또는 저장하는 동안에 기체 또는 미생물이 침입하지 아니하도록 내용물을 보호하는 용기를 말한다.

② 취급 또는 저장하는 동안에 이물질이 들어가거나 또는 내용물이 손실되지 아니하도록 보호하는 용기를 말한다.

③ 취급 또는 저장하는 동안에 밖으로부터의 공기, 다른 가스가 침입하지 아니하도록 내용물을 보호하는 용기를 말한다.

④ 취급 또는 저장하는 동안에 이물질이나 미생물이 침입하지 아니하도록 내용물을 보호하는 용기를 말한다.

해설 이론편 참조
① 밀봉용기
③ 기밀용기

49 흡광광도 측정에서 투과율이 50%일 때 흡광도는 어느 것인가?

① 0.2   ② 0.3

③ 0.4   ④ 0.5

해설 $A = -\log \frac{I_t}{I_o} = \log \frac{I_o}{I_t} = \log \frac{100}{50} = 0.301$

50 자외선/가시선 분광법으로 인산염인을 측정하고자 할 때, 측정시험과 관련된 내용으로만 짝지어진 것은?

① 몰리브덴산암모늄, 이염화주석, 적색

② 몰리브덴산암모늄, 이염화주석, 청색

③ 부루신설퍼민산, 안티몬, 적색

④ 부루신설퍼민산, 안티몬, 청색

해설 인산염인－자외선/가시선 분광법(이염화주석환원법)
측정원리 : 시료 중의 인산염인이 몰리브덴산암모늄과 반응하여 생성된 몰리브덴산암모늄을 이염화주석으로 환원하여 생성된 몰리브덴 청의 흡광도를 690nm에서 측정한다.

51 원자흡수분광광도법에 관한 설명으로 틀린 것은 어느 것인가?

① 보통 5,000~7,000K의 불꽃을 적용한다.

② 불꽃온도가 너무 높으면 중성원자에서 전자를 빼앗아 이온이 생성될 수 있어 음의 오차가 발생한다.

③ 물리적 간섭은 표준물질 첨가법을 사용하여 방지할 수 있다.

④ 광학적 간섭은 슬릿간격을 좁혀서 해결 가능하다.

해설 5,000~7,000K → 2,000~3,000K

52 이온전극법과 관련된 설명으로 틀린 것은?

① 시료 중 분석대상이온의 농도에 감응하는 비교전극과 이온전극 간에 나타나는 전위 차를 이용하는 방법이다.

② 목적이온의 농도를 정량하는 방법으로, 시료 중 양이온과 음이온의 분석에 이용된다.

③ 비교전극은 분석대상이온에 대해 고도의 선택성이 있고, 이온농도에 비례하여 전위를 발생할 수 있는 전극이다.

④ 전위차계는 발생되는 전위 차를 mV 단위까지 읽을 수 있고, 고압력 저항의 전위차계로서 pH－mV계, 이온전극용 전위차계 또는 이온농도계 등을 사용한다.

해설 ③의 내용은 비교전극이 아니고 이온전극에 대한 설명이다.

53 하천유량(유속면적법) 측정의 적용범위로 틀린 것은 어느 것인가?

① 모든 유량 규모에서 하나의 하도로 형성되는 지점

② 가능하면 하상이 안정되어 있고 식생의 성장이 없는 지점

③ 교량 등 구조물 근처에서 측정할 경우 교량의 하류 지점

④ 합류나 분류가 없는 지점

해설 ③ 하류 → 상류

54 질산성 질소 표준원액 0.5mgNO₃−N/mL를 제조하려면, 미리 105~110℃에서 4시간 건조한 질산칼륨(KNO₃ 표준시약) 몇 g을 물에 녹여 1,000mL로 하면 되는가? (단, K 원자량=39.1)

① 2.83   ② 3.61

③ 4.72   ④ 5.38

해설 $KNO_3 : N = 101.1 : 14$

질산칼륨 용해량

$= 0.5mg/mL \times 1,000mL \times \dfrac{101.1}{14} \times 10^{-3} g/mg$

$= 3.61g$

55 예상 BOD값에 대한 사전경험이 없을 때 BOD 시험을 위한 시료용액 조제 시 희석기준에 관한 설명으로 틀린 것은?

① 오염된 하천수는 10~20%의 시료가 함유되도록 희석한다.

② 처리하여 방류된 공장폐수는 5~25%의 시료가 함유되도록 희석한다.

③ 처리하지 않은 공장폐수는 1~5%의 시료가 함유되도록 희석한다.

④ 강한 공장폐수는 0.1~1.0%의 시료가 함유되도록 희석한다.

해설 10~20% → 25~100%

56 수질오염 공정시험기준상 온도에 대한 내용으로 틀린 것은?

① 냉수는 4℃ 이하

② 상온은 15~25℃

③ 온수는 60~70℃

④ 찬 곳은 따로 규정이 없는 한 0~15℃

해설 냉수는 15℃ 이하

57 시료의 보존방법이 4℃ 이하 보관에 해당되지 않는 측정항목은?

① 유기인

② 6가 크롬

③ 황산이온

④ 폴리클로리네이티드비페닐(PCB)

해설 황산이온은 6℃ 이하로 보관한다.

58 유도결합플라스마(ICP) 원자발광분광법에 대한 설명으로 틀린 것은?

① 분석장치는 시료주입부, 고주파전원부, 광원부, 분광부, 연산처리부 및 기록부로 구성되어 있다.

② 분광부는 검출 및 측정 방법에 따라 연속주사형 단원소 측정장치와 다원소 동시 측정장치로 구분된다.

③ 시료주입부는 시료 기화실과 분리관으로 이루어져 있으며 시료를 플라스마에 도입시키는 부분이다.

④ 플라스마광원으로부터 발광하는 스펙트럼선을 선택적으로 분리하기 위해서는 분해능이 우수한 회절격자가 많이 사용된다.

해설 시료주입부는 분무기(nebulizer) 및 챔버로 이루어져 있으며, 시료 용액을 흡입하여 에어로졸 상태로 플라스마에 도입시키는 부분이다.

59 유량측정방법 중에서 단면이 축소되는 목부분을 조절함으로써 유량을 조절하는 유량계는?

① 노즐(nozzle)

② 오리피스(orifice)

③ 벤투리미터(venturi meter)

④ 피토(pitot)관

해설 이론편 참조

60 피토관에 관한 설명으로 틀린 것은?

① 부유물질이 적은 대형관에서 효율적인 유량 측정기이다.

② 피토관의 유속은 마노미터에 나타나는 수두차에 의하여 계산한다.

③ 피토관으로 측정할 때는 반드시 일직선상의 관에서 이루어져야 한다.

④ 피토관의 설치장소는 엘보, 티 등 관이 변화하는 지점으로부터 최소한 관지름의 5~15배 정도 떨어진 지점이어야 한다.

해설 5~15배 → 15~50배

제4과목 : 수질환경 관계법규

61 공공폐수처리시설의 방류수 수질기준으로 옳은 것은? (단, Ⅰ지역 기준, 2013.1.1. 이후 기준, (   )는 농공단지 공공폐수처리시설의 방류수 수질기준)

① 총 질소 10(20)mg/L 이하

② 총 인 0.2(0.2)mg/L 이하

③ COD 10(20)mg/L 이하

④ 부유물질 20(30)mg/L 이하

해설 시행규칙 별표 9 참조

설명 ① 10(20) → 20(20)
③ 10(20) → 20(40)
④ 20(30) → 10(10)

62 조업정지처분에 갈음하여 과징금을 부여할 수 있는 사업장으로 틀린 것은?

① 발전소의 발전시설

② 의료기관의 배출시설

③ 학교의 배출시설

④ 공공기관의 배출시설

해설 법 제43조 참조

63 발전소 발전설비의 배출시설(폐수무방류 배출시설 제외)을 설치, 운영하는 사업자에 대한 조업정지처분을 갈음하여 징수할 수 있는 과징금의 최대금액은?

① 1억원 ② 2억원

③ 3억원 ④ 5억원

해설 법 제43조 참조

64 환경부 장관이 폐수처리업자의 등록을 취소하거나 6개월 이내의 기간을 정하여 영업정지를 명할 수 있는 경우가 아닌 것은?

① 다른 사람에게 등록증을 대여한 경우

② 1년에 2회 이상 영업정지처분을 받은 경우

③ 고의 또는 중대한 과실로 폐수처리영업을 부실하게 한 경우

④ 등록한 후 1년 이내에 영업을 개시하지 아니한 경우

해설 법 제64조 참조
설명 1년 → 2년

65 초과부과금의 산정 시 수질오염물질 1kg 당 부과금액이 가장 큰 수질오염물질은?

① 크롬 및 그 화합물

② 총 인

③ 페놀류

④ 비소 및 그 화합물

해설 시행령 별표 14 참조
설명 ① : 75,000
② : 500
③ : 150,000
④ : 100,000

66 1일 폐수배출량이 500m³인 사업장의 종별 규모는 어느 것인가?

① 1종 사업장 ② 2종 사업장

③ 3종 사업장 ④ 4종 사업장

해설 시행령 별표 13 참조

67 환경부 장관이 공공수역을 관리하는 자에게 수질 및 수생태계의 보전을 위해 필요한 조치를 권고하려는 경우 포함되어야 할 사항으로 틀린 것은 어느 것인가?

① 수질 및 수생태계를 보전하기 위한 목표에 관한 사항

② 수질 및 수생태계에 미치는 중대한 위해에 관한 사항

③ 수질 및 수생태계를 보전하기 위한 구체적인 방법

④ 수질 및 수생태계의 보전에 필요한 재원 마련에 관한 사항

해설 시행령 제24조 참조

68 폐수처리방법이 생물화학적 처리방법인 방지시설의 가동 개시를 11월 5일에 한 경우 시운전 기간으로 적절한 것은?

① 가동개시일부터 30일

② 가동개시일부터 50일

③ 가동개시일부터 70일

④ 가동개시일부터 90일

해설 시행규칙 제47조 참조

69 법적으로 규정된 환경기술인의 관리사항이 아닌 것은?

① 환경오염방지를 위하여 환경부 장관이 지시하는 부하량 통계관리에 관한 사항

② 폐수배출시설 및 수질오염 방지시설의 관리에 관한 사항

③ 폐수배출시설 및 수질오염 방지시설의 개선에 관한 사항

④ 운영일지의 기록, 보존에 관한 사항

해설 시행규칙 제64조 참조

70 환경부 장관은 비점오염원 관리지역을 지정·고시한 때에는 비점오염원관리대책을 관계 중앙행정기관의 장 및 시·도지사와 협의하여 수립하여야 한다. 비점오염원관리대책에 포함되어야 하는 사항이 아닌 것은?

① 관리대상 수질오염물질 발생시설현황

② 관리대상 수질오염물질의 종류 및 발생량

③ 관리대상 수질오염물질의 발생예방 및 저감방안

④ 관리목표

해설 법 제55조 제1항 참조

71 수질오염경보의 종류별 경보단계 중 조류대발생에 해당하는 발령기준은? (단, 상수원 구간)

• (㉮) 연속 채취 시 남조류 세포 수
• (㉯) 세포/mL 이상인 경우

① ㉮ 1회, ㉯ 10,000

② ㉮ 1회, ㉯ 1,000,000

③ ㉮ 2회, ㉯ 10,000

④ ㉮ 2회, ㉯ 1,000,000

해설 시행령 별표 3 제1항 참조

72 법에서 정하는 기술인력, 환경기술인, 기술요원 등의 교육에 관한 설명으로 틀린 것은?

① 교육기관은 국립환경인력개발원과 환경보전협회이다.

② 최초 교육 후 3년마다 실시하는 보수교육을 받게 하여야 한다.

③ 지방환경청장은 해당 지역 교육계획을 매년 1월 31일까지 환경부 장관에게 보고하여야 한다.

④ 시·도지사는 관할구역의 교육대상자를 선발하여 그 명단을 교육과정개시 15일 전까지 교육기관의 장에게 통보하여야 한다.

해설 시행규칙 제93조, 제95조, 제96조 참조

설명 교육기관의 장은 다음해의 교육계획을 매년 11월 30일까지 환경부 장관에게 제출하여 승인을 받아야 한다.

73 다음 중 특정 수질유해물질이 아닌 것은?

① 구리와 그 화합물

② 바륨화합물

③ 수은과 그 화합물

④ 시안화합물

해설 시행규칙 별표 3 참조

74 수질 및 수생태계 환경기준 중 사람의 건강보호 기준에서 검출되어서는 안 되는 항목은?

① 카드뮴　　② 수은

③ 벤젠　　　④ 사염화탄소

해설 환경정책기본법 시행령 별표 제3항 참조

75 환경부 장관 또는 시·도지사가 청문을 실시하여야 하는 해당 처분사항이 아닌 것은?

① 배출시설의 허가취소

② 기타 수질오염원의 폐쇄명령

③ 배출시설의 사용중지 또는 조업정지

④ 폐수처리업의 등록취소

해설 법 제72조 참조

76 수질오염경보의 조류경보 중 조류대발생 단계 시 유역·지방 환경청장(시·도지사)의 조치사항으로 틀린 것은? (단, 상수원 구간)

① 주변 오염원에 대한 지속적인 단속강화

② 어패류 어획, 식용 및 가축방목의 금지

③ 취수장·정수장 정수처리 강화지시

④ 조류대발생경보의 발령 및 대중매체를 통한 홍보

해설 시행령 별표 4, 제1항 가목 참조

77 수질 및 수생태계 환경기준 중 하천의 용존산소량(DO, mg/L) 생활환경기준으로 옳은 것은? (단, 등급은 '좋음' 기준)

① 10 이상　　② 7.5 이상

③ 5.0 이상　　④ 2.0 이상

해설 환경정책기본법 시행령 별표 제3항 가목 참조

78 수질오염의 요인이 되는 물질로서 수질오염물질의 지정권자는?

① 대통령

② 국무총리

③ 행정안전부 장관

④ 환경부장관

해설 법 제2조 제7호 참조

79 1일 폐수배출량이 2천 m³ 미만인 '나 지역'에 위치한 폐수배출시설의 화학적 산소요구량(mg/L) 배출허용기준으로 옳은 것은?

① 40 이하　　② 70 이하

③ 90 이하　　④ 130 이하

해설 시행규칙 별표 13 제2항 참조

80 수질오염물질 배출량 등의 확인을 위한 오염도 검사의 결과를 통보받은 시·도지사 등은 통보를 받은 날로부터 다음 중 며칠 이내에 사업자 등에게 배출농도와 일일유량에 관한 사항을 통보해야 하는가?

① 7일　　② 10일

③ 15일　　④ 30일

해설 시행규칙 제55조 제2항 참조

2017년 제3회 수질환경산업기사 기/출/문/제

제1과목 : 수질오염 개론

01 적조현상의 주 원인이 되는 조류를 제거하기 위한 방법으로 황산동을 주입하는 화학적인 방법을 사용하기도 한다. 알칼리도가 40ppm 이하일 경우에 주입되는 황산동의 농도로 가장 적절한 것은 어느 것인가?

① 5~10ppb
② 10~20ppb
③ 0.05~0.1ppm
④ 0.2~0.5ppm

해설 황산동 살포는 알칼리도가 40mg/L 이하일 경우에 0.3mg/L ($CuSO_4 \cdot 5H_2O$)을 일반적으로 권유하고 있다.

참고 알칼리도가 40mg/L 이상일 때는 $0.58g/m^2$($CuSO_4 \cdot 5H_2O$ 1mg/L, 수심 6m 이내)가 적절함

02 해수의 담수화에 관한 설명으로 옳지 않은 것은 어느 것인가?

① 단물은 1,000mg/L 이하의 염을 포함한다.
② 역삼투법은 반투막과 정수압을 이용하여 순수한 물을 분리하는 방법이다.
③ 해수는 대략 35,000mg/L의 염을 포함한다.
④ 증발법은 가장 오래된 담수화방법으로 에너지가 많이 소모되며 해수 염의 농도에 따라 열 및 동력요구량이 크게 달라진다.

해설 증발법에서의 열 및 동력요구량은 해수 염의 농도와는 비교적 무관하다.

03 균류(fungi)의 경험적인 분자식으로 가장 적절한 것은?

① $C_6H_9O_5N$
② $C_7H_{12}O_5N$
③ $C_9H_{14}O_6N$
④ $C_{10}H_{17}O_6N$

해설 이론편 참조

04 0.1N CH_3COOH 100mL를 NaOH로 적정하고자 하여 0.1N NaOH 96mL를 가했을 때, 이 용액의 pH는? (단, CH_3COOH의 해리상수 $K_a = 1.8 \times 10^{-5}$)

① 1.9
② 3.7
③ 4.7
④ 5.7

해설 반응(중화) 후 남은 CH_3COOH 농도(N)

$$= \frac{N_a V_a - N_b V_b}{V_a + V_b} = \frac{0.1 \times 100 - 0.1 \times 96}{100 + 96}$$

$$= 2.04 \times 10^{-3} N$$

$$[H^+] = \sqrt{K_a \cdot C} = \sqrt{(1.8 \times 10^{-5})(2.04 \times 10^{-3})}$$

$$= 1.916 \times 10^{-4} mol/L$$

$$pH = -\log[H^+] = -\log(1.916 \times 10^{-4})$$

$$= 4 - \log 1.916 = 3.717$$

05 bacteria의 약 80%는 H_2O이고, 약 20%가 고형물로 구성되어 있다. 이 고형물 중 유기물질(%)은 어느 것인가?

① 70%
② 80%
③ 90%
④ 99%

해설 이론편 참조

06 공장에서 BOD 200mg/L인 폐수 500m³/d를 BOD 4mg/L, 유량 200,000m³/d의 하천에 방류할 때 합류점의 BOD(mg/L)는?

① 4.20
② 4.49
③ 4.72
④ 4.84

해설
$$C_m = \frac{C_i Q_i + C_w Q_w}{Q_i + Q_w}$$

$$= \frac{4 \times 200,000 + 200 \times 500}{200,000 + 500}$$

$$= 4.489 mg/L$$

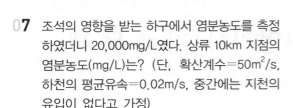

07 조석의 영향을 받는 하구에서 염분농도를 측정하였더니 20,000mg/L였다. 상류 10km 지점의 염분농도(mg/L)는? (단, 확산계수=50m²/s, 하천의 평균유속=0.02m/s, 중간에는 지천의 유입이 없다고 가정)

① 약 370　　　② 약 740

③ 약 3,700　　④ 약 7,400

해설 $\ln\dfrac{C}{C_o}=\dfrac{v}{E}x$

$C=C_o\cdot e^{(v/E)x}=C_o\cdot e^{jx}$

$C_o=20,000\text{mg/L}$

$v=0.02\text{m/sec}\times10^{-3}\text{km/m}\times86,400\text{sec/d}$

$\quad=1.728\text{km/d}$

$E=50\text{m}^2/\text{sec}=4.32\text{km}^2/\text{d}$

$j=1.728/4.32=0.4/\text{km}$

$x=-10\text{km}$

$\therefore C=20,000\times e^{0.4(-10)}=366.3\text{mg/L}$

08 수처리에 이용되는 습지식물 중 부수식물(free floating plants)에 해당하지 않는 것은?

① 부레옥잠　　　② 물수세미

③ 생이가래　　　④ 물개구리밥류

해설 부수식물은 식물체를 고착하지 않고 수면 위에 떠서 사는 수생식물로 부표식물 또는 부엽식물이라고도 한다. 물속에 뿌리를 뻗는 식물로서 물에 떠 있으면서 물속의 오염성분을 영양으로 흡수하여 성장한 식물을 제거하면 정화효과를 얻으므로 수처리에 이용된다.
종류로는 부레옥잠, 물개구리밥, 좀개구리밥, 생이가래, 올피아, 마름 등이 있다. 물수세미는 침수식물(Submerged plants)로서 뿌리를 땅에 고착하는 특성이 있으므로 부수생물이 아니다.

참고 침수식물 : 가래, 물수세미, 붕어마름, 어항마름, Water weed 등

09 CaCl₂ 200mg/L는 몇 meq/L인가? (단, Ca 원자량=40, Cl 원자량=35.5)

① 1.8　　　② 2.4

③ 3.6　　　④ 4.8

해설 CaCl₂ 1당량(eq)$=\dfrac{(40+35.5\times2)}{2}=55.5\text{g}$

1밀리당량(meq)=55.5mg

$\therefore 200\text{mg/L}\times1\text{meq}/55.5\text{mg}\doteqdot3.6\text{meq/L}$

참고 mg/L÷당량=meq/L

meq/L×당량=mg/L

10 다음 중 성층현상이 거의 일어나지 않는 곳은?

① 극지방의 호수

② 열대지방의 호수

③ 수심이 얕은 호수

④ 온대나 아열대 지역의 호수

해설 수심이 얕은 호수는 깊이에 따른 열-밀도층이 형성되지 않아 성층현상이 거의 일어나지 않는다.

11 기체분석법의 이해에 바탕이 되는 법칙으로 기체가 관련된 화학반응에서 반응하는 기체와 생성된 기체의 부피 사이에는 정수관계가 성립된다는 법칙은?

① Graham 법칙

② Charles 법칙

③ Gay-Lussac 법칙

④ Dalton 법칙

해설 이론편 참조

12 다음 중 소수성콜로이드에 관한 설명으로 틀린 것은?

① 현탁(suspension) 상태이다.

② 염(salt)에 매우 민감하다.

③ 물과 반발하는 성질을 가지고 있다.

④ 틴들(Tyndall)효과가 약하거나 거의 없다.

해설 소수성콜로이드는 틴들(Tyndall)효과가 현저하다. ④의 내용은 친수성콜로이드에 대한 설명이다.

13 미생물 세포를 C₅H₇O₂N이라고 하면 세포 5kg당의 이론적인 공기소모량(kg air)은? (단, 완전산화 기준, 분해 최종산물은 CO₂, H₂O, NH₃, 공기 중 산소는 23%(W/W)로 가정)

① 약 27　　　② 약 31

③ 약 42　　　④ 약 48

해설 $\underline{C_5H_7O_2N}+\underline{5O_2}\rightarrow5CO_2+2H_2O+NH_3$

$\quad\;113\text{g}\quad\;\;:5\times32\text{g}$

$\therefore$ 공기소모량=5kg세포$\times$160kgO₂/113kg세포

$\qquad\qquad\times100\text{kg air}/23\text{kgO}_2$

$\qquad\quad=30.78\text{kg air}$

14 호수나 저수지를 상수원으로 사용할 경우 전도(turn over)현상으로 수질 악화가 우려되는 시기는 어느 것인가?

① 봄과 여름   ② 봄과 가을
③ 여름과 겨울   ④ 가을과 겨울

해설 이론편 참조

15 심하게 오염된 하천의 분해지대에서 주로 존재하는 질소화합물의 형태는?

① NO_3^- ② NO_2^-
③ N_2 ④ NH_3

해설 하천의 분해지대에서 주로 존재하는 질소화합물은 NH_3 형태이다.

16 우수(雨水)에 대한 설명으로 틀린 것은?

① 우수의 주성분은 육수보다는 해수의 주성분과 거의 동일하다고 할 수 있다.
② 해안에 가까운 우수는 염분 함량의 변화가 크다.
③ 용해성분이 많아 완충작용이 크다.
④ 산성비가 내리는 것은 대기오염물질인 NO_X, SO_X 등의 용존성분 때문이다.

해설 우수는 용존염류가 적어 완충작용이 낮다.

17 비료, 가축분뇨 등이 유입된 하천에서 pH가 증가되는 경향을 볼 수 있는데, 여기에 주로 관여하는 미생물과 반응은?

① fungi, 광합성   ② bacteria, 호흡작용
③ algae, 광합성   ④ bacteria, 내호흡

해설 조류(algae)는 광합성을 하면서 물속의 CO_2를 소비하므로 pH를 증가시키는 경향을 나타낸다.

18 pH가 낮은 상태에서도 잘 자랄 수 있는 미생물의 종류는?

① bacteria   ② algae
③ fungi   ④ protozoa

해설 fungi는 pH가 낮은 상태에서 잘 성장한다.

19 글리신($CH_2(NH_2)COOH$)의 이론적 COD/TOC의 비는? (단, 글리신의 최종 분해물은 CO_2, HNO_3, H_2O이다.)

① 4.67   ② 5.83
③ 6.72   ④ 8.32

해설 $$CH_2(NH_2)COOH + \frac{7}{2}O_2 \rightarrow 2CO_2 + HNO_3 + 2H_2O$$
$$\underset{(1mol)}{} \quad \underset{112g}{}$$
$$TOC = 2C = 2 \times 12 = 24g$$
$$COD = 112g$$
$$\therefore \frac{COD}{TOC} = \frac{112}{24} = 4.67$$

20 초기농도가 300mg/L인 오염물질이 있다. 이 물질의 반감기가 10일 때 반응속도가 1차 반응에 따른다면 5일 후의 농도(mg/L)는?

① 212
② 228
③ 235
④ 246

해설 $\log \frac{C}{C_0} = -Kt$에서, $t = 10d$일 때, $\frac{C}{C_0} = \frac{1}{2}$이므로

$$\log \frac{1}{2} = -K \times 10d$$
$$K = 0.0301d^{-1}$$
위 식에서
$$C = C_0 \cdot 10^{-Kt}$$
$$\therefore 5일 후의 농도(C) = 300 \times 10^{-0.0301 \times 5} = 212.14mg/L$$

제2과목 **수질오염 방지기술**

21 잉여 활성슬러지를 처리하는 혐기성 소화조에서 발생되는 소화가스의 CO_2가 50~60% 이상으로 증가될 때, 소화조의 상태에 대해 바르게 설명한 것은?

① 소화가스의 발생량이 최대로 증가한다.
② 소화조가 양호하게 작동하고 있지 않다.
③ 소화가스의 열량이 증가하고 있다.
④ 소화가스의 메탄도 함께 증가한다.

해설 정상적인 소화조에서 발생되는 CH_4와 CO_2의 구성비는 약 $\frac{2}{3} : \frac{1}{3}$의 비율인데 CO_2가 50~60%이면 소화조가 양호하게 작동하지 않아 CH_4 줄고 상대적으로 CO_2의 구성비가 높아진 상태이다.

22 슬러지처리를 위한 혐기성 소화조의 운영조건이 다음과 같을 때 하루에 발생하는 평균 가스 발생량(m^3/day)은?

처리방식	Batch식
TS	25,000mg/L
VS	TS의 63.5%
가스 발생량	VS 1kg당 0.5m^3
슬러지 유입량	100kL
소화일수	20day

① 약 54 ② 약 40

③ 약 33 ④ 약 28

해설 VS 양 $= 25,000g/m^3 \times 100m^3 \times 0.635 \times 10^{-3} kg/g$
$= 1,587.5kg$
가스 발생량 $= 1,587.5kg \times 0.5m^3/kg = 793.75m^3$
∴ 하루 평균 가스 발생량 $= \dfrac{793.75m^3}{20day} = 39.7m^3/day$

23 정유공장에서 최소입경이 0.009cm인 기름방울을 제거하려고 할 때 부상속도(cm/s)는? (단, 중력가속도$=980cm/s^2$, 물의 밀도$=1g/cm^3$, 기름의 밀도$=0.9g/cm^3$, 점도$=0.02g/cm \cdot s$, Stokes 법칙 적용)

① 0.044 ② 0.033

③ 0.022 ④ 0.011

해설 $V_f = \dfrac{g(\rho_w - \rho_s)d^2}{18\mu} = \dfrac{980(1-0.9)0.009^2}{18 \times 0.02}$
$= 0.02205cm/s$

24 호기성 슬러지 퇴비화공법 설계 시 고려사항으로 가장 거리가 먼 것은?

① 슬러지의 형태 ② 수분 함량

③ 혼합과 회전 ④ 가스발생량

해설 호기성 슬러지의 퇴비화 공법 설계 시 고려사항
㉠ 슬러지 형태

㉡ 개량제와 성근 물질(나무칩, 톱밥, 반송퇴비, 밀짚 등)
㉢ 휘발성 고형물질 필요공기량
㉣ 수분함량(60% 또는 65% 이하)
㉤ pH(6~9)
㉥ 온도(45~60℃)
㉦ 혼합과 회전(건조, 케익 형성, 공기의 편류현상 방지)
㉧ 중금속과 미량 유기물질
㉨ 부지제한

25 계면활성제에 대한 설명으로 틀린 것은?

① 가정하수, 세탁소 등에서 배출된다.

② 지방과 유지류를 유액상으로 만들기 때문에 물과 분리가 잘 되지 않는다.

③ ABS가 LAS보다 미생물에 의해 분해가 잘된다.

④ 처리방법으로는 오존산화법이나 활성탄흡착법 등이 있다.

해설 LAS가 ABS보다 미생물에 의해 분해가 잘 된다.

26 슬러지 침강특성에 관한 설명으로 옳은 것은?

① SVI가 매우 낮으면 슬러지 팽화의 원인이 되기도 한다.

② SDI는 SVI의 역수에 1,000배하여 표시한다.

③ SVI는 SV_{30}에 MISS 농도를 곱하여 산출한다.

④ SVI는 50~150 범위가 적절하다.

해설 ① 낮으면 → 높으면
② 1,000배 → 100배
③ $SVI = \dfrac{SV_{30}(mL/L) \times 1,000}{MLSS 농도(mg/L)}$
$= \dfrac{SV_{30}(\%) \times 10^4}{MLSS 농도(mg/L)}$

27 탈염소 공정에서 사용되는 약품으로 적합하지 않은 것은?

① 이산화황(SO_2)

② 아황산나트륨(Na_2SO_3)

③ 명반($Al_2(SO_4)_3$)

④ 활성탄

해설 탈염소 공정에서 사용되는 약품은 환원제인 이산화황, 아황산나트과 활성탄이다.

28 처리유량이 50m³/hr이고, 염소요구량이 9.5mg/L, 잔류염소농도가 0.5mg/L일 때 주입하여야 하는 염소의 양(kg/day)은?

① 2
② 12
③ 22
④ 48

해설 주입염소량＝염소요구량＋잔류염소량
$$=(9.5+0.5)g/m^3 \times 50m^3/hr$$
$$\times 10^{-3}kg/g \times 24hr/day$$
$$=12kg/day$$

29 화학합성을 하는 독립영양성 미생물의 에너지원과 탄소원이 순서대로 나열된 것은?

① 무기물의 산화환원반응, 유기탄소
② 무기물의 산화환원반응, CO_2
③ 유기물의 산화환원반응, 유기탄소
④ 유기물의 산화환원반응, CO_2

해설 이론편 참조

30 Cr^{6+} 함유 폐수를 처리하기 위한 단위조작의 조합 중 가장 타당하게 연결된 것은?

① 환원 → pH 조정(2~3) → 침전 → pH 조정(8~10)
② pH 조정(8~10) → 환원 → pH 조정(2~3) → 침전
③ pH 조정(8~10) → 침전 → pH 조정(2~3) → 환원
④ pH 조정(2~3) → 환원 → pH 조정(8~10) → 침전

해설 이론편 참조(Cr^{6+} 제거를 위한 환원침전법)

31 공장폐수의 생물학적 처리에 관한 설명으로 가장 거리가 먼 것은?

① 주로 유기성 폐수의 처리에 적용된다.
② 독성물질이 다량 함유된 폐수는 처리가 어렵다.

③ 활성슬러지법에서는 폐수 중의 유기물이 슬러지 중의 미생물과 접촉, 산화된다.
④ 표준활성슬러지법에서 포기조 내 용존산소는 5~8mg/L 이상의 높은 상태로 운전한다.

해설 표준활성슬러지법에서 포기조 내 용존산소는 2.0mg/L 정도 유지함이 좋다.

32 공장폐수의 BOD가 67mg/L, 유입수량이 1,600m³/day일 때 BOD 부하량(kg/day)은?

① 0.04 ② 23.9
③ 107.2 ④ 256.2

해설 BOD 부하량$=67g/m^3 \times 1,600m^3/day \times 10^{-3}kg/g$
$$=107.2kg/day$$

33 혐기성 소화조의 정상작동여부를 판단할 수 있는 인자 중 가장 거리가 먼 것은?

① 소화조 내의 혼합도
② 1일 가스 발생량
③ 발생가스 중의 CO_2 함유율
④ 소화조 내 슬러지의 volatile acid 함유도

해설 이론편 참조

34 폐수 6,000m³/day를 처리하는 1차 침전지에서 발생되는 슬러지의 부피(m³/day)는? (단, 부유물질 제거효율=60%, 폐수의 부유물질 농도=220mg/L, 슬러지 비중=1.03, 슬러지 함수율=94%, 1차 침전지에서 제거된 부유물질 전량이 슬러지로 발생되는 것으로 가정)

① 10.4 ② 12.8
③ 15.8 ④ 17.0

해설 1차 슬러지＝수분＋고형물
94%　6%
제거 SS

제거 SS 양
$$=220g/m^3 \times 6,000^3/day \times 0.6 \times 10^{-6}ton/g$$
$$=0.792ton/day$$
∴ 1차 슬러지 부피$=0.792ton/day \times \frac{100}{(100-94)}$
$$\times 1m^3/1.03ton$$
$$=12.82m^3/day$$

35 6가 크롬을 함유하는 폐수의 처리방법은?

① 생물학적 처리법

② 오존산화법

③ 차아염소산에 의한 산화법

④ 아황산수소나트륨에 의한 환원법

해설 이론편 참조

36 20℃인 물속에서 직경(d_B)이 6mm이고, 상승 속도(V_r)가 3.0cm/s인 기포의 산소이전계수 (cm/hr)는? (단, $K_L = 2\sqrt{\dfrac{D \cdot V_r}{\pi \cdot d_B}}$, 20℃에서 확산계수 $D = 9.4 \times 10^{-2}$cm²/hr)

① 0.23

② 0.46

③ 23.2

④ 46.4

해설 주어진 식에서

$V_r = 3.0$cm/s $= 10,800$cm/hr

$d_B = 0.6$cm

$\therefore K_L = 2 \times \sqrt{\dfrac{9.4 \times 10^{-2} \text{cm}^2/\text{hr} \times 10,800 \text{cm/hr}}{\pi \times 0.6 \text{cm}}}$

$\quad = 46.415$cm/hr

37 임호프탱크의 특징이 아닌 것은?

① 유입분뇨의 침전작용과 침전슬러지의 혐기 성 소화가 동시에 이루어진다.

② 침전실, 소화실, 스컴실이 동일 공간에 각각 수직으로 분리되어 있다.

③ 처리효율이 낮지만 처리기간은 매우 짧다.

④ 기계실이 필요 없으며 유지관리가 필요 없다.

해설 임호프탱크는 혐기성 처리로서 처리기간이 길다.

38 활성슬러지 공법에서 겨울철과 같이 포기조의 수온이 저하됨에 따른 처리효율의 영향을 줄일 수 있는 방법으로 틀린 것은?

① F/M비를 감소시킨다.

② 포기시간을 증가시킨다.

③ MLSS 농도를 감소시킨다.

④ 2차 침전지의 수면부하율을 감소시킨다.

해설 겨울철은 온도가 낮아 미생물의 활동도와 반응속도가 저하되므로 미생물의 농도(MLSS)를 증가시켜야 한다.

39 폐수처리공정에서 BOD 제거효율을 1차 처리 30%, 2차 처리 85%, 3차 처리 10%로 하고자 한다. 최종 방류수(처리수)의 BOD가 10mg/L 이었다면 유입수의 BOD(mg/L)는?

① 약 106

② 약 112

③ 약 118

④ 약 124

해설 유입수의 BOD 농도 $= x$ mg/L

$x(1-0.3)(1-0.85)(1-0.1) = 10$

$\therefore x = 105.82$mg/L

40 음이온 교환수지의 재생과정을 나타낸 것으로 가장 알맞은 것은?

① $2R-N-SO_4 + Na_2CrO_4$

$\rightarrow (R-N)_2CrO_4 + Na_2SO_4$

② $2R-N-OH + H_2SO_4$

$\rightarrow (R-N)_2SO_4 + H_2O$

③ $R-COOH + NaOH \rightarrow R-COONa + H_2O$

④ $(R-N)_2CrO_4 + 2NaOH$

$\rightarrow 2R-N-OH + Na_2CrO_4$

해설 ①, ②, ③항은 이온 제거반응이고, ④는 수지재생반응 이다.

제3과목 수질오염 공정시험기준

41 수로 및 직각 3각 위어판을 만들어 유량을 산출 할 때 위어의 수두 0.2m, 수로의 밑면에서 절단 하부점까지의 높이 0.75m, 수로의 폭 0.5m일 때의 위어의 유량(m³/min)은?

(단, $K = 81.2 + \dfrac{0.24}{h} + \left[8.4 + \dfrac{12}{\sqrt{D}} \right]$

$\times \left[\dfrac{h}{B} - 0.09 \right]^2$ 이용)

① 0.54

② 1.15

③ 1.51

④ 2.33

해설 $K = 81.2 + \dfrac{0.24}{0.2} + \left[8.4 + \dfrac{12}{\sqrt{0.75}} \right] \times \left[\dfrac{0.2}{0.5} - 0.09 \right]^2$

$\qquad = 84.54$

$\qquad Q = Kh^{\frac{5}{2}} = 84.54 \times 0.2^{\frac{5}{2}} = 1.51 \text{m}^3/\text{min}$

42 정량분석에 이온크로마토그래피법을 이용하는 항목으로 틀린 것은?

① Br^-

② NO_3^-

③ Fe^-

④ SO_4^{2-}

해설 이온크로마토그래피법으로 측정하는 항목 : F^-, Cl^-, Br^-, NO_2^-, NO_3^-, PO_4^{3-}, SO_4^{2-}

43 다음 중 자기식 유량측정기에 대한 설명으로 틀린 것은?

① 고형물이 많아 관을 메울 우려가 있는 하·폐수에 이용한다.

② 측정원리는 패러데이 법칙이다.

③ 자장의 직각에서 전도체를 이동시킬 때 유발되는 전압은 전도체의 속도에 비례한다는 원리를 이용한다.

④ 유체(하·폐수)의 유속에 의하여 유량이 결정되므로 수두손실이 크다.

해설 자기식 유량측정기는 수두손실이 적다.

44 자외선/가시선 분광법에 관한 설명으로 틀린 것은 어느 것인가?

① 파장 200~900nm에서 측정한다.

② 측정된 흡광도는 1.2~1.5의 범위에 들도록 시험액 농도를 선정한다.

③ $c = 1$mol, $l = 10$mm일 때의 ε값을 몰흡광계수라 하고 K로 표시한다.

④ 빛이 시료용액 중에 통과할 때 흡수나 산란 등에 의하여 강도가 변화하는 것을 이용한다.

해설 ② 1.2~1.5 → 0.2~0.8

45 기체크로마토그래피법에 의해 알킬수은이나 PCBs를 정량할 때 기록계에 여러 개의 피크가 각각 어떤 물질인지 확인할 수 있는 방법은 어느 것인가?

① 표준물질의 피크 높이와 비교해서

② 표준물질의 머무르는 시간과 비교해서

③ 표준물질의 피크 모양과 비교해서

④ 표준물질의 피크 폭과 비교해서

해설 이론편 참조

46 금속 필라멘트 또는 전기저항체를 검출소자로 하여 금속판 안에 들어 있는 본체와 여기에 직류전기를 공급하는 전원회로, 전류조절부 등으로 구성된 기체크로마토그래프 검출기는?

① 열전도도검출기

② 전자포획형 검출기

③ 알칼리열이온화검출기

④ 수소염이온화검출기

해설 이론편 참조

47 온도 표시로 틀린 것은?

① 냉수 : 15℃ 이하

② 온수 : 60~70℃

③ 찬 곳 : 0~4℃

④ 실온 : 1~35℃

해설 ③ 찬 곳 : 0~15℃

48 24℃에서 pH가 6.35일 때 $[OH^-]$(mol/L)는?

① 5.54×10^{-8}

② 4.54×10^{-8}

③ 3.24×10^{-8}

④ 2.24×10^{-8}

해설 $[H^+] = 10^{-pH} = 10^{-6.35} = 4.47 \times 10^{-7}$mol/L

24℃에서 $[H^+][OH^-] \fallingdotseq 1.0 \times 10^{-14}$

$\therefore [OH^-] = \dfrac{1.0 \times 10^{-14}}{4.47 \times 10^{-7}} = 2.24 \times 10^{-8}$mol/L

49 유기물 등을 많이 함유하고 있는 대부분의 시료에 적용되며 칼슘, 바륨, 납 등을 다량 함유한 시료는 난용성의 염을 생성하여 다른 금속성분을 흡착하므로 주의하여야 하는 시료의 전처리 방법은?

① 질산 - 황산에 의한 분해
② 질산 - 과염소산에 의한 분해
③ 질산 - 염산에 의한 분해
④ 질산 - 불화수소산에 의한 분해

해설 이론편 참조

50 수소이온농도를 기준전극과 비교전극으로 구성된 pH 측정기로 측정할 때, 간섭물질에 대한 설명으로 틀린 것은?

① pH 10 이상에서는 나트륨에 의해 오차가 발생할 수 있는데 이는 "낮은 나트륨 오차 전극"을 사용하여 줄일 수 있다.
② pH는 온도변화에 따라 영향을 받는다.
③ 기름층이나 작은 입자상이 전극을 피복하여 pH 측정을 방해할 수 있다.
④ 유리전극은 산화 및 환원성 물질, 염도에 의해 간섭을 받는다.

해설 유리전극은 용액의 색도, 탁도, 콜로이드성 물질들, 산화 및 환원성 물질들, 그리고 염도에 의해 간섭을 받지 않는다.

51 바륨을 원자흡수분광광도법으로 측정하고자 할 때 사용되는 불꽃연료는?

① 수소-공기
② 아산화질소-아세틸렌
③ 아세틸렌-공기
④ 프로판-공기

해설 바륨 측정 시 불꽃연료는 "아산화질소(N_2O)-아세틸렌(C_2H_2)"이다.

52 기체크로마토그래피법으로 PCBs를 정량할 때 필요한 것이 아닌 것은?

① 전자포획검출기
② 석영가스흡수셀
③ 실리카겔 칼럼
④ 질소캐리어가스

해설 이론편 참조

53 수질오염 공정시험기준에서 시안 정량을 위해 적용 가능한 시험방법으로 틀린 것은?

① 자외선/가시선 분광법
② 이온전극법
③ 이온크로마토그래피
④ 연속흐름법

해설 이론편 참조

54 기체크로마트그래피법으로 유기인을 정량함에 따른 설명 중 틀린 것은?

① 검출기는 불꽃광도검출기(FPD)를 사용한다.
② 농축장치는 구데르나다니쉬형 농축기 또는 회전증발농축기를 사용한다.
③ 운반기체는 질소 또는 헬륨으로서 유량은 0.5~3mL/min로 사용한다.
④ 칼럼은 안지름 3~4mm, 길이 0.5~2m의 석영제를 사용한다.

해설 칼럼은 안지름 0.20~0.35mm, 필름두께 0.1~0.5μm, 길이 30~60m의 DB-1, DB-5 등의 모세관 칼럼이나 동등한 분리능을 가진 것을 택하여 시험한다.

55 다이에틸헥실프탈레이트 분석용 시료에 잔류염소가 공존할 경우의 시료 보존방법으로 옳은 것은?

① 시료 1L당 티오황산나트륨을 80mg 첨가한다.
② 시료 1L당 글루타르알데하이드를 80mg 첨가한다.
③ 시료 1L당 브로모폼을 80mg 첨가한다.
④ 시료 1L당 과망간산칼륨을 80mg 첨가한다.

해설 이론편 참조

56 시료 용기로 유리재질의 사용이 불가능한 항목은 어느 것인가?

① 노말헥산 추출물질
② 페놀류
③ 색도
④ 불소

해설 시료용기로 유리재질 사용이 불가능한 항목은 불소뿐이다.

57 노말헥산 추출물질 측정원리에서 노말헥산으로 추출 시 시료의 액성으로 알맞은 것은?

① pH 10 이상의 알칼리성으로 한다.
② pH 4 이하의 산성으로 한다.
③ pH 6~8 범위의 중성으로 한다.
④ 액성에는 관계 없다.

해설 이론편 참조

58 각 시험항목의 제반시험 조작은 따로 규정이 없는 한 어떤 온도에서 실시하는가?

① 상온   ② 실온
③ 표준온도   ④ 항온

해설 이론편 참조(상온 : 15~25℃)

59 수질오염 공정시험기준상 총 대장균군시험법이 아닌 것은?

① 시험관법   ② 막여과법
③ 평판집락법   ④ 확정계수법

해설 이론편 참조

60 활성슬러지의 미생물 플록이 형성된 경우 DO 측정을 위한 전처리방법은?

① 칼륨명반 응집침전법
② 황산구리 설퍼민산법
③ 불화칼륨 처리법
④ 아자이드화나트륨 처리법

해설 이론편 참조

제4과목 **수질환경 관계법규**

61 시장·군수·구청장이 낚시금지구역 또는 낚시제한구역을 지정하려는 경우에 고려할 사항으로 틀린 것은?

① 서식 어류의 종류 및 양 등 수중생태계 현황
② 낚시터 인근에서의 쓰레기 발생현황 및 처리 여건
③ 수질오염도
④ 계절별 낚시인구 현황

해설 시행령 제27조 참조
설명 계절별 → 연도별

62 특정 수질유해물질에 해당되지 않는 것은?

① 구리와 그 화합물
② 셀레늄과 그 화합물
③ 디클로로메탄
④ 주석과 그 화합물

해설 시행규칙 별표 3 참조
설명 주석과 그 화합물은 특정수질유해물질이 아니며, 수질오염물질에는 해당된다.

63 배출시설의 설치허가를 받은 자가 변경허가를 받아야 하는 경우가 아닌 것은?

① 폐수배출량이 허가 당시보다 100분의 50 이상 증가되는 경우(특정 수질유해물질 제외)
② 폐수배출량이 허가 당시보다 1일 300m³ 이상 증가되는 경우
③ 특정 수질유해물질이 배출되는 시설에서 폐수배출량이 허가 당시보다 100분의 30 이상 증가되는 경우
④ 배출허용기준을 초과하는 새로운 오염물질이 발생되어 배출시설 또는 수질오염 방지시설의 개선이 필요한 경우

해설 시행령 제31조 제3항 참조
설명 300m³ → 700m³

---

64 수질 및 수생태계 보전에 관한 법률에 의하여 관계 기관에 협조를 요청할 수 있는 사항이 아닌 것은?

① 해충구제방법의 개선
② 농약·비료의 사용규제
③ 녹지지역 및 풍치지구의 지정
④ 폐수방류 감시지역의 지정

해설 법 제70조 참조

65 사업자의 규모별 구분에 관한 설명으로 틀린 것은 어느 것인가?

① 1일 폐수배출량이 400m³인 사업장은 제3종 사업장이다.
② 1일 폐수배출량이 800m³인 사업장은 제2종 사업장이다.
③ 사업장의 규모별 구분은 1년 중 가장 많이 배출한 날을 기준으로 정한다.
④ 최초 배출시설 설치허가 시의 폐수배출량은 사업계획에 따른 예상 폐수배출량을 기준으로 한다.

해설 시행령 별표 13 참조
설명 예상 폐수배출량 → 예상 용수사용량

66 1종 사업장 1개와 3종 사업장 1개를 운영하는 오염할당 사업자가 각각 조업정지 10일씩을 갈음하여 납부하여야 하는 과징금의 총액은?

① 4,500만원　② 6,000만원
③ 8,500만원　④ 9,000만원

해설 시행령 별표 14의2 참조
설명 과징금 금액=1일 부과금액(300만원)×조업정지일수×사업장규모별 부과계수
=(300만원/일×10일×2.0)
+(300만원/일×10일×1.0)
=9,000만원

67 배출부과금 부과 시 고려되어야 할 사항으로 틀린 것은?

① 배출허용기준의 초과 여부
② 배출되는 수질오염물질의 종류

③ 수질오염물질의 배출농도
④ 수질오염물질의 배출기간

해설 법 제4조 제2항 참조
설명 배출농도 → 배출량

68 3종 규모에 해당되는 사업장은?

① 1일 폐수배출량이 500m³인 사업장
② 1일 폐수배출량이 1,000m³인 사업장
③ 1일 폐수배출량이 2,000m³인 사업장
④ 1일 폐수배출량이 4,000m³인 사업장

해설 시행령 별표 13 참조
설명 폐수량 $\xrightarrow[(제5종)]{}$ 50m³ $\xrightarrow[(제4종)]{}$ 200m³ $\xrightarrow[(제3종)]{}$ 700m³ $\xrightarrow[(제2종)]{}$ 2000m³ $\xrightarrow[(제1종)]{}$

69 초과배출부과금의 부과 대상이 되는 수질오염물질의 종류가 아닌 것은?

① 유기물질
② 부유물질
③ 트리클로로에틸렌
④ 클로로폼

해설 시행령 제46조 참조
설명 초과배출부과금 부과대상이 되는 수질오염물질 종류 : 19종

70 개선명령을 받은 자가 천재지변이나 그 밖의 부득이한 사유로 개선명령의 이행을 마칠 수 없는 경우, 신청할 수 있는 개선기간의 최대 연장 범위는 어느 것인가?

① 2년　② 1년
③ 6월　④ 3월

해설 시행령 제39조 참조

71 해역의 항목별 생활환경기준으로 틀린 것은?

① 수소이온농도(pH) : 6.5~8.5
② 총 대장균군(총 대장균군 수/100mL) : 1,000 이하
③ 용매 추출유분(mg/L) : 0.01 이하
④ T-N(mg/L) : 0.01 이하

해설 환경정책기본법 시행령 별표 환경기준 제3항 라목 참조
설명 T−N은 해역의 생활환경기준 항목에 해당되지 않음

72 공공수역에 분뇨 · 가축분뇨 등을 버린 자에 대한 벌칙기준은?

① 5년 이하의 징역 또는 5천만원 이하의 벌금
② 3년 이하의 징역 또는 3천만원 이하의 벌금
③ 1년 이하의 징역 또는 1천만원 이하의 벌금
④ 5백만원 이하의 벌금

해설 법 제78조 참조

73 환경기술인의 업무를 방해하거나 환경기술인의 요청을 정당한 사유 없이 거부한 자에 대한 벌칙기준은?

① 500만원 이하의 벌금
② 300만원 이하의 벌금
③ 200만원 이하의 벌금
④ 100만원 이하의 벌금

해설 법 제80조 참조

74 수질 및 수생태계 보전에 관한 법률에서 사용하는 용어의 뜻으로 틀린 것은?

① 폐수 : 물에 액체성 또는 고체성의 수질오염물질이 섞여 있어 그대로 사용할 수 없는 물을 말한다.
② 수질오염물질 : 수질오염의 요인이 되는 물질로서 환경부령으로 정하는 것을 말한다.
③ 불투수층 : 빗물 또는 눈 녹은 물 등이 지하로 스며들 수 없게 하는 아스팔트, 콘크리트 등으로 포장된 도로, 주차장, 보도 등을 말한다.
④ 강우유출수 : 점오염원 및 비점오염원의 수질오염물질이 섞여 유출되는 빗물 또는 눈 녹은 물 등을 말한다.

해설 법 제2조 참조
설명 강우유출수 : 비점오염원의 수질오염물질이 섞여 유출되는 빗물 또는 눈 녹은 물 등을 말한다.

75 자연형 비점오염저감시설의 종류가 아닌 것은?

① 여과형 시설
② 인공습지
③ 침투시설
④ 식생형 시설

해설 시행규칙 별표 6 참조
설명 여과형 시설은 장치형 시설에 속하고, 대신 저류시설이 자연형 시설에 해당한다.

76 환경부 장관이 비점오염원 관리지역을 지정 · 고시한 때에 수립하는 비점오염원 관리대책에 포함되어야 할 사항으로 틀린 것은?

① 관리대상 수질오염물질의 발생 예방 및 저감 방안
② 관리대상 지역 내 수질오염물질 발생원현황
③ 관리목표
④ 관리대상 수질오염물질의 종류 및 발생량

해설 법 제55조 참조

77 수질 및 수생태계 환경기준(하천) 중 생활환경기준의 기준치로 맞는 것은? (단, 등급은 좋음(Ib))

① 부유물질량 : 10mg/L 이하
② BOD : 2mg/L 이하
③ DO : 2mg/L 이하
④ T−N : 20mg/L 이하

해설 환경정책기본법 시행령 별표 환경기준 제3항 가목 참조
설명 ① : 25mg/L 이하
③ : 5.0mg/L 이상
④ : 해당되지 않음

78 조업정지처분에 갈음하여 부과할 수 있는 과징금의 최대금액은?

① 1억원
② 2억원
③ 3억원
④ 5억원

해설 법 제43조 참조

79 폐수처리업자의 준수사항으로 (　) 안에 맞는 내용은 어느 것인가?

> 수탁한 폐수는 정당한 사유 없이 (　) 이상 보관할 수 없다.

① 5일 　　　② 10일
③ 20일 　　　④ 30일

해설 시행규칙 별표 21 참조

80 위임업무 보고사항 중 분기별로 보고하여야 하는 것은?

① 배출업소 등에 의한 수질오염사고 발생 및 조치사항
② 폐수위탁사업장 내 처리현황 및 처리실적
③ 폐수처리업에 대한 등록·지도단속실적 및 처리실적현황
④ 배출업소의 지도·점검 및 행정처분실적

해설 시행규칙 별표 23 참조

위대한 성과는 갑작스런 충동에 의해
이루어지는 것이 아니라,
느리지만 연속된 여러 번의 작은 일들로써
비로소 이루어진다.

-고흐-

2018년 제1회 수질환경산업기사 기/출/문/제

제1과목 수질오염 개론

01 정체된 하천수역이나 호소에서 발생되는 부영양화 현장의 주원인물질은?

① 인
② 중금속
③ 용존산소
④ 유류성분

해설 정체된 수역이나 호소에서 발생되는 부영양화의 주원인물질은 인(P)이다.

설명 질소는 수역에 유입되지 아니하여도 조류에 의해 대기 중으로부터 섭취·합성이 가능하므로 부영양화의 주된 인자는 인(P)이라고 한 것이다.

02 호수의 성층현상에 관한 설명으로 알맞지 않은 것은?

① 겨울에는 호수 바닥의 물이 최대밀도를 나타내게 된다.
② 봄이 되면 수직운동이 일어나 수질이 개선된다.
③ 여름에는 수직운동이 호수 상층에만 국한된다.
④ 수심에 따른 온도변화로 인해 발생되는 물의 밀도차에 의해 일어난다.

해설 호수는 봄이 되면 수직운동(turn over)이 일어나 수질이 악화된다.

03 지하수의 특성에 관한 설명으로 틀린 것은?

① 토양수 내 유기물질 분해에 따른 CO_2의 발생과 약산성의 빗물로 인한 광물질의 침전으로 경도가 낮다.
② 기온의 영향이 거의 없어 연중 수온의 변동이 적다.

③ 하천수에 비하여 흐름이 완만하여 한번 오염된 후에는 회복되는 데 오랜 시간이 걸리며 자정작용이 느리다.
④ 토양의 여과작용으로 미생물이 적으며 탁도가 낮다.

해설 지하수는 토양수 내 유기물질 분해에 따른 CO_2의 발생과 약산성의 빗물로 인한 광물질의 용해로 경도가 높다.

04 1차 반응에서 반응 초기의 농도가 100mg/L이고, 반응 4시간 후에 10mg/L로 감소되었다. 반응 3시간 후의 농도(mg/L)는?

① 10.8
② 14.9
③ 17.8
④ 22.3

해설 1차 반응식 $\log \dfrac{C}{C_o} = -Kt$ 에서

주어진 조건으로 K를 구하면

$K = \dfrac{1}{t}\log\dfrac{C_o}{C} = \dfrac{1}{4\text{hr}}\log\dfrac{100}{10} = 0.25\,\text{hr}^{-1}$

$C = C_o \cdot 10^{-Kt}$ 에서

∴ $C = 100 \times 10^{-0.25 \times 3} = 17.783\,\text{mg/L}$

05 Whipple의 하천 자정단계 중 수중에 DO가 거의 없어 혐기성 Bacteria가 번식하며, CH_4, NH_4^+-N 농도가 증가하는 지대는?

① 분해지대
② 활발한 분해지대
③ 발효지대
④ 회복지대

해설 문제 내용의 지대는 "활발한 분해지대"에 해당한다.

06 산성 강우의 주요 원인물질로 가장 거리가 먼 것은?

① 황산화물
② 염화불화탄소
③ 질소산화물
④ 염소화합물

해설 산성 강우의 주요 원인물질은 ①, ③, ④이다.

07 환경공학 실무와 관련하여 수중의 질소농도 분석과 가장 관계가 적은 것은?

① 소독
② 호기성 생물학적 처리
③ 하천의 오염제어 계획
④ 폐수처리에서의 산·알칼리 주입량 산출

해설 수중의 질소(질소화합물)는 소독 시 염소와 반응하여 감소하고, 호기성 생물학적 처리 시 미생물 영양소로 이용되며, 하천에서 질소의 변화과정은 하천의 오염 및 정화상태를 판단해 주는 지표로서 이용되지만, 폐수처리에서 산·알칼리 주입량 산출과는 무관하다.

08 PCB에 관한 설명으로 알맞은 것은?

① 산, 알칼리, 물과 격렬히 반응하여 수소를 발생시킨다.
② 만성질환증상으로 카네미유증이 대표적이다.
③ 화학적으로 불안정하며 반응성이 크다.
④ 유기용제에 난용성이므로 절연제로 활용된다.

해설 PCB는 물리·화학적으로 안정하고 난연성이므로 절연제로 활용된다. (수질오염개론 chapter 03 이론 및 문제 139 해설 참조)

09 0.01N 약산이 2% 해리되어 있을 때 이 수용액의 pH는?

① 3.1   ② 3.4
③ 3.7   ④ 3.9

해설 $[H^+] = C \cdot a = 0.01 \times \dfrac{2}{100} = 2 \times 10^{-4} \, mol/L$

$pH = -\log(2 \times 10^{-4}) = 4 - \log 2 = 3.70$

10 생물학적 폐수처리 시의 대표적인 미생물인 호기성 Bacteria의 경험적 분자식을 나타낸 것은?

① $C_2H_5O_3N$
② $C_2H_7O_5N$
③ $C_5H_7O_2N$
④ $C_5H_9O_3N$

해설 Bacteria의 경험적 분자식은 ③이다.

11 수질오염지표로 대장균을 사용하는 이유로 알맞지 않은 것은?

① 검출이 쉽고 분석하기가 용이하다.
② 대장균이 병원균보다 저항력이 강하다.
③ 동물의 배설물 중에서 대체적으로 발견된다.
④ 소독에 대한 저항력이 바이러스보다 강하다.

해설 대장균은 바이러스보다 소독에 대한 저항력이 약하다.

12 활성슬러지나 살수여상 등에서 잘 나타나는 Vorticella가 속하는 분류는?

① 조류(Algae)
② 균류(Fungi)
③ 후생동물(Metazoa)
④ 원생동물(Protozoa)

해설 Vorticella는 섬모충류로서 원생동물(Protozoa)에 속한다.

13 생물학적 질화반응 중 아질산화에 관한 설명으로 틀린 것은?

① 관련 미생물 : 독립영양성 세균
② 알칼리도 : NH_4^+-N 산화에 알칼리도 필요
③ 산소 : NH_4^+-N 산화에 O_2 필요
④ 증식속도 : g NH_4^+-N/g MLVSS·hr로 표시

해설 증식속도 단위는 day^{-1}(아질산화의 경우 0.21~1.08day^{-1})로 표시하며, 보기 ④의 단위는 분해속도 단위이다.

14 농업용수 수질의 척도인 SAR을 구할 때 포함되지 않는 항목은?

① Ca   ② Mg
③ Na   ④ Mn

해설 $SAR = \dfrac{Na^+}{\sqrt{\dfrac{Ca^{2+} + Mg^{2+}}{2}}}$

15 탈산소계수가 $0.1day^{-1}$인 오염물질의 BOD_5가 800mg/L라면 4일 BOD(mg/L)는? (단, 상용대수 적용)

① 653   ② 685

③ 704   ④ 732

해설 $BOD_5 = BOD_u(1 - 10^{-K_1 \times 5})$

$BOD_u = \dfrac{BOD_5}{1 - 10^{-K_1 \times 5}} = \dfrac{800}{1 - 10^{-0.1 \times 5}} = 1170.0\,mg/L$

$\therefore BOD_4 = BOD_u(1 - 10^{-K_1 \times 4})$

$\qquad = 1170.0(1 - 10^{-0.1 \times 4}) = 704.2\,mg/L$

16 다음 설명에 해당하는 기체 법칙은?

> 공기와 같은 혼합기체 속에서 각 성분 기체는 서로 독립적으로 압력을 나타낸다. 각 기체의 부분압력은 혼합물 속에서의 그 기체의 양(부피 퍼센트)에 비례한다. 바꾸어 말하면 그 기체가 혼합기체의 전체 부피를 단독으로 차지하고 있을 때에 나타내는 압력과 같다.

① Dalton의 부분압력 법칙

② Henry의 부분압력 법칙

③ Avogadro의 부분압력 법칙

④ Boyle의 부분압력 법칙

해설 문제의 내용은 Dalton의 부분압력 법칙에 대한 설명이다.

17 다음과 같은 용액을 만들었을 때 몰농도가 가장 큰 것은? (단, Na=23, S=32, Cl=35.5)

① 3.5L 중 NaOH 150g

② 30mL 중 H_2SO_4 5.2g

③ 5L 중 NaCl 0.2kg

④ 100mL 중 HCl 5.5g

해설 몰농도=g분자/L=mol/L

① NaOH 몰농도 $= \dfrac{150g}{3.5L}\bigg|\dfrac{1mol}{40g} = 1.0714\,mol/L$

② H_2SO_4 몰농도 $= \dfrac{5.2g}{0.03L}\bigg|\dfrac{1mol}{98g} = 1.7687\,mol/L$

③ NaCl 몰농도 $= \dfrac{200g}{5L}\bigg|\dfrac{1mol}{58.5g} = 0.6838\,mol/L$

④ HCl 몰농도 $= \dfrac{5.5g}{0.1L}\bigg|\dfrac{1mol}{36.5g} = 1.5068\,mol/L$

18 인축(人畜)의 배설물에서 일반적으로 발견되는 세균이 아닌 것은?

① Escherchia-Coli   ② Salmonella

③ Acetobacter   ④ Shigella

해설 ① : 대장균
② : 위장염(식중독), 장티푸스, 파라티푸스균
③ : 초산균속
④ : 이질균

19 Formaldehyde(CH_2O)의 COD/TOC의 비는?

① 2.67   ② 2.88

③ 3.37   ④ 3.65

해설 2018년 제1회 수질환경기사 문제 10번 참조

20 수자원 종류에 대해 기술한 것으로 틀린 것은?

① 지표수는 담수호, 염수호, 하천수 등으로 구성되어 있다.

② 호수 및 저수지의 수질변화의 정도나 특성은 배수지역에 대한 호수의 크기, 호수의 모양, 바람에 의한 물의 운동 등에 의해서 결정된다.

③ 천수는 증류수 모양으로 형성되며 통상 25℃, 1기압의 대기와 평형상태인 증류수의 이론적인 pH는 7.2이다.

④ 천층수에서 유기물은 미생물의 호기성 활동에 의해 분해되고, 심층수에서 유기물분해는 혐기성 상태하에서 환원작용이 지배적이다.

해설 통상 25℃, 1기압의 대기와 평형상태인 증류수의 이론적인 pH는 5.7 정도이다.

제2과목 **수질오염 방지기술**

21 부피가 $1,000m^3$인 탱크에서 평균속도경사(G)를 $30s^{-1}$로 유지하기 위해 필요한 이론적 소요 동력(W)은? (단, 물의 점성계수(μ)$=1.139 \times 10^{-3}N \cdot s/m^2$)

① 1,025   ② 1,250

③ 1,425   ④ 1,650

해설 $P = G^2 \cdot \mu \cdot V$

$= (30/s)^2 \times (1.139 \times 10^{-3} \text{N} \cdot \text{s/m}^2) \times 1,000 \text{m}^3$

$= 1025.1 \text{N} \cdot \text{m/sec}$

$= 1025.1 \text{Watt}$

22 무기성 유해물질을 함유한 폐수 배출업종이 아닌 것은?

① 전기도금업

② 염색공업

③ 알칼리세정시설업

④ 유지제조업

해설 유지제조업은 유기성 고농도 폐수를 배출하는 업종이다.

23 1,000mg/L의 SS를 함유하는 폐수가 있다. 90%의 SS 제거를 위한 침강속도는 10mm/min이었다. 폐수의 양이 14,400m³/day일 경우 SS 90% 제거를 위해 요구되는 침전지의 최소 수면적(m²)은?

① 900

② 1,000

③ 1,200

④ 1,500

해설 90% 제거될 수 있는 입자의 침강속도=10mm/min

$= 14.4 \text{m/d}$

침강속도(V_s)=14.4m/d인 입자가 제거되려면 $\dfrac{Q}{A}$와 같은 조건이어야 한다.

따라서, $V_s = \dfrac{Q}{A}$에서

$\therefore A = \dfrac{Q}{V_s} = \dfrac{14,400 \text{m}^3/\text{d}}{14.4 \text{m/d}} = 1,000 \text{m}^2$

24 혐기성 처리에서 용해성 COD 1kg이 제거되어 0.15kg은 혐기성 미생물로 성장하고 0.85kg은 메탄가스로 전환된다면 용해성 COD 100kg의 이론적인 메탄 생성량(m³)은? (단, 용해성 COD는 모두 BDCOD이며, 메탄 생성률은 0.35m³/kg COD이다.)

① 약 16.2

② 약 29.8

③ 약 36.1

④ 약 41.8

해설 메탄 생성량=100kgCOD×0.85×0.35m³/kgCOD

$= 29.75 \text{m}^3$

25 하수처리를 위한 심층포기법에 관한 설명으로 틀린 것은?

① 산기수심을 깊게 할수록 단위송풍량당 압축동력이 커져 송풍량에 따른 소비동력이 증가한다.

② 수심은 10m 정도로 하며, 형상은 직사각형으로 하고, 폭은 수심에 대해 1배 정도로 한다.

③ 포기조를 설치하기 위해서 필요한 단위용량당 용지면적은 조의 수심에 비례해서 감소하므로 용지이용률이 높다.

④ 산기수심이 깊을수록 용존질소농도가 증가하여 이차 침전지에서 과포화분의 질소가 재기포화되는 경우가 있다.

해설 산기수심을 깊게 할수록 단위송기량당 압축동력은 증대하지만, 산소 용해력의 증대에 따라 송기량이 감소하기 때문에 결국 소비동력은 증대하지 않는다.

26 생물학적 처리에서 질산화와 탈질에 대한 내용으로 틀린 것은? (단, 부유성장 공정 기준)

① 질산화 박테리아는 종속영양 박테리아보다 성장속도가 느리다.

② 부유성장 질산화 공정에서 질산화를 위해서는 2.0mg/L 이상의 DO 농도를 유지하여야 한다.

③ Nitrosomonas와 Nitrobacter는 질산화시키는 미생물로 알려져 있다.

④ 질산화는 유입수의 BOD_5/TKN 비가 클수록 잘 일어난다.

해설 질산화는 유입수의 BOD_5/TKN 비가 작을수록 잘 일어난다.

27 슬러지 반송률이 50%이고 반송슬러지 농도가 9,000mg/L일 때 포기조의 MLSS 농도(mg/L)는?

① 2,300

② 2,500

③ 2,700

④ 3,000

해설 $\gamma = \dfrac{C_A}{C_R - C_A} \rightarrow C_A = \dfrac{\gamma \cdot C_R}{1 + \gamma}$

$\therefore C_A = \dfrac{0.5 \times 9,000}{1 + 0.5} = 3,000 \text{mg/L}$

28 살수여상법에서 연못화(ponding) 현상의 원인이 아닌 것은?

① 여재가 불균일할 때
② 용존산소가 부족할 때
③ 미처리 고형물이 대량 유입할 때
④ 유기물부하율이 너무 높을 때

해설 이론편(수질오염방지기술 chapter 05.05) 참조
※ 용존산소가 부족할 때는 혐기성으로 되어 냄새를 발생한다.

29 슬러지 함수율이 95%에서 90%로 낮아지면 전체 슬러지의 감소된 부피의 비(%)는? (단, 탈수 전후의 슬러지 비중=1.0)

① 15 ② 25
③ 50 ④ 75

해설 $V_2 = \dfrac{V_1(100-P_1)}{(100-P_2)} = \dfrac{V_1(100-95)}{(100-90)} = V_1 \times 0.5$

∴ 감소된 부피=$1-0.5=0.5$ → 50%

30 정수처리 단위공정 중 오존(O_3)처리법의 장점이 아닌 것은?

① 소독부산물의 생성을 유발하는 각종 전구물질에 대한 처리효율이 높다.
② 오존은 자체의 높은 산화력으로 염소에 비하여 높은 살균력을 가지고 있다.
③ 전염소처리를 할 경우, 염소와 반응하여 잔류염소를 증가시킨다.
④ 철, 망간의 산화능력이 크다.

해설 전염소처리는 오염된 원수에 대한 정수처리대책의 일환으로 응집·침전 이전의 처리과정에 염소를 주입하는 것으로 전염소처리를 할 경우 염소와 반응하여 잔류염소가 감소한다.

31 염소소독에서 염소의 거동에 대한 내용으로 틀린 것은?

① pH 5 또는 그 이하에서 대부분의 염소는 HOCl 형태이다.
② HOCl은 암모니아와 반응하여 클로라민을 생성한다.
③ HOCl은 매우 강한 소독제로 OCl^-보다 약 80배 정도 더 강하다.
④ 트리클로라민(NCl_3)은 매우 안정하여 잔류산화력을 유지한다.

해설 트리클로라민(NCl_3)은 매우 불안정하여 잔류산화력을 유지하기 어렵다.

32 유량 $300m^3$/day, BOD 200mg/L인 폐수를 활성슬러지법으로 처리하고자 할 때 포기조의 용량(m^3)은? (단, BOD 용적부하 0.2kg/m^3·day)

① 150 ② 200
③ 250 ④ 300

해설 BOD 용적부하$= \dfrac{BOD \cdot Q}{V}$

$V = \dfrac{BOD \cdot Q}{BOD\ 용적부하}$

$= \dfrac{0.2\mathrm{kg/m^3} \times 300\mathrm{m^3/day}}{0.2\mathrm{kg/m^3 \cdot day}} = 300\mathrm{m^3}$

33 활성슬러지 변법인 장기포기법에 관한 내용으로 틀린 것은?

① SRT를 길게 유지하는 동시에 MLSS 농도를 낮게 유지하여 처리하는 방법이다.
② 활성슬러지가 자산화되기 때문에 잉여슬러지의 발생량은 표준활성슬러지법에 비해 적다.
③ 과잉포기로 인하여 슬러지의 분산이 야기되거나 슬러지의 활성도가 저하되는 경우가 있다.
④ 질산화가 진행되면서 pH는 저하된다.

해설 장기포기법은 활성슬러지법의 변법으로 플러그 흐름형태의 반응조에 HRT와 SRT를 길게 유지하는 동시에 MLSS 농도를 높게 유지하여 처리하는 방법이다.

34 고형물 상관관계에 대한 표현으로 틀린 것은?

① TS=VS+FS
② TSS=VSS+FSS
③ VS=VSS+VDS
④ VSS=FSS+FDS

해설 FS=FSS+FDS

35 살수여상을 저속, 중속, 고속 및 초고속 등으로 분류하는 기준은?

① 재순환 횟수　　② 살수간격

③ 수리학적 부하　④ 여재의 종류

해설 살수여상은 수리학적 부하율과 유기물 부하율에 따라 저속, 중속, 고속 및 초고속 등으로 분류한다. (수질오염방지기술 chapter 05 문제 224 참조)

36 다음 설명에 적합한 반응기의 종류는?

> • 유체의 유입 및 배출 흐름은 없다.
> • 액상 내용물은 완전혼합 된다.
> • BOD 실험 중 부란병에서 발생하는 반응과 같다.

① 연속흐름완전혼합 반응기

② 플러그흐름 반응기

③ 임의흐름 반응기

④ 완전혼합회분식 반응기

해설 이론편(수질오염개론 chapter 08.01) 참조

37 침전지 유입 폐수량 400m³/day, 폐수 SS 500mg/L, SS 제거효율 90%일 때 발생되는 슬러지의 양(m³/day)은? (단, 슬러지의 비중 1.0, 슬러지의 함수율 97%, 유입폐수 SS만 고려, 생물학적 분해는 고려하지 않는다.)

① 약 6　　　　② 약 10

③ 약 14　　　④ 약 20

해설 슬러지 $=\dfrac{\text{수분}+\text{고형물}}{(97\%)\ \ \text{제거 SS}}$

제거 SS량 $=$ 슬러지 중 고형물량

$\qquad = 500g/m^3 \times 400m^3/day \times 10^{-6}ton/g \times 0.9$

$\qquad = 0.18ton/day$

$\therefore$ 발생 슬러지량 $= 0.18ton/day \times \dfrac{100}{100-97}$

$\qquad\qquad\qquad\quad \times 1m^3/1ton$

$\qquad\qquad\qquad = 6m^3/day$

38 수은 함유 폐수를 처리하는 공법으로 가장 거리가 먼 것은?

① 황화물침전법　② 아말감법

③ 알칼리환원법　④ 이온교환법

해설 이론편(수질오염방지기술 chapter 04.09) 참조

39 8kg glucose($C_6H_{12}O_6$)로부터 이론적으로 발생 가능한 CH_4가스의 양(L)은? (단, 표준상태, 혐기성 분해 기준)

① 약 1,500　　② 약 2,000

③ 약 2,500　　④ 약 3,000

해설

$$\underset{180g}{C_6H_{12}O_6} \xrightarrow{\ \text{혐기성}\ } \underset{3\times 22.4L}{3CH_4} + 3CO_2$$

$$\therefore\ CH_4\text{가스 발생량} = 8,000g \times \dfrac{3\times 22.4L}{180g} = 2986.67L$$

40 폐수처리장에서 방류된 처리수를 산화지에서 재처리하여 최종 방류하고자 한다. 낮 동안 산화지 내의 DO 농도가 15mg/L로 포화농도보다 높게 측정되었을 때 그 이유는?

① 산화지의 산소흡수계수가 높기 때문

② 산화지에서 조류의 탄소동화작용

③ 폐수처리장 과포기

④ 산화지 수심의 온도차

해설 산화지는 bacteria와 조류(algae)의 공생에 의해 처리되는데, 조류는 탄소동화작용(광합성)에 의해 산소를 내놓기 때문에 낮동안 조류의 활동이 활발할 때에는 DO가 과포화상태가 형성된다.

제3과목 ▶ 수질오염 공정시험기준

41 생물화학적 산소요구량(BOD)의 측정방법에 관한 설명으로 틀린 것은?

① 시료를 20℃에서 5일간 저장하여 두었을 때 시료 중의 호기성 미생물의 증식과 호흡작용에 의하여 소비되는 용존산소의 양으로부터 측정하는 방법이다.

② 산성 또는 알칼리성 시료의 pH 조절 시 시료에 첨가하는 산 또는 알칼리의 양이 시료량의 1.0%가 넘지 않도록 하여야 한다.

③ 시료는 시험하기 바로 전에 온도를 (20±1)℃로 조정한다.

④ 잔류염소를 함유한 시료는 Na_2SO_3 용액을 넣어 제거한다.

해설 ② 1.0% → 0.5%

42 수질오염공정시험기준상 원자흡수분광광도법으로 측정하지 않는 항목은?

① 불소
② 철
③ 망간
④ 구리

해설 불소는 비금속으로서 원자흡수분광광도법으로 측정할 수 없다.

참고 불소 측정방법 : 자외선/가시선 분광법, 이온전극법, 이온 크로마토그래피법

43 하수의 DO를 윙클러－아지드변법으로 측정한 결과 0.025M－$Na_2S_2O_3$의 소비량은 4.1mL였고, 측정병 용량은 304mL, 검수량은 100mL, 그리고 측정병에 가한 시액량은 4mL였을 때 DO 농도(mg/L)는? (단, 0.025M－$Na_2S_2O_3$의 역가 ＝1.000)

① 약 4.3
② 약 6.3
③ 약 8.3
④ 약 9.3

해설 $DO(mg/L) = a \times f \times \dfrac{V_1}{V_2} \times \dfrac{1,000}{V_1 - R} \times 0.2$

$= 4.1 \times 1.000 \times \dfrac{304}{100} \times \dfrac{1,000}{304 - 4} \times 0.2$

$≒ 8.3 mg/L$

※ 수질오염공정시험기준 chapter 04 "용존산소" 항목 문제 28 참조

44 카드뮴 측정원리(자외선/가시선 분광법 : 디티존법)에 관한 내용으로 (   )에 공통으로 들어가는 내용은?

카드뮴 이온을 (   )이 존재하는 알칼리성에서 디티존과 반응시켜 생성하는 카드뮴 착염을 사염화탄소로 추출하고, 추출한 카드뮴 착염을 주석산 용액으로 역추출한 다음 다시 수산화나트륨과 (   )을 넣어 디티존과 반응하여 생성하는 적색의 카드뮴 착염을 사염화탄소로 추출하고 그 흡광도를 530nm에서 측정하는 방법이다.

① 시안화칼륨
② 염화제일주석산
③ 분말아연
④ 황화나트륨

해설 이론편(수질오염공정시험기준 chapter 04.21) 참조

45 페놀류 측정에 관한 설명으로 틀린 것은? (단, 자외선/가시선분광법 기준)

① 붉은색의 안티피린계 색소의 흡광도를 측정하는 방법으로 수용액에서는 510nm에서 측정한다.
② 붉은색의 안티피린계 색소의 흡광도를 측정하는 방법으로 클로로폼 용액에서는 460nm에서 측정한다.
③ 추출법일 때 정량한계는 0.5mg/L이다.
④ 직접법일 때 정량한계는 0.05mg/L이다.

해설 추출법일 때 정량한계는 0.005mg/L이다.

46 디티존법으로 측정할 수 있는 물질로만 구성된 것은?

① Cd, Pb, Hg
② As, Fe, Mn
③ Cd, Mn, Pb
④ As, Ni, Hg

해설 디티존법으로 측정하는 물질(금속)은 Pb(연), Cd(카), Hg(수)이다.

47 측정시료 채취 시 반드시 유리용기를 사용해야 하는 측정항목은?

① PCB
② 불소
③ 시안
④ 셀레늄

해설 측정시료 채취 시 반드시 유리용기를 사용해야 하는 측정 항목 : 냄새, 노말헥산추출물질, 페놀류, 유기인, PCB, 휘발성 유기화합물, 석유계 총탄화수소(갈색), 다이에틸헥실프탈레이트(갈색), 1,4－다이옥산(갈색), 염화비닐·아크릴로니트릴·브로모포름(갈색), 물벼룩 급성독성

48 시안분석을 위하여 채취한 시료의 보존방법에 관한 내용으로 틀린 것은?

① 잔류염소가 공존할 경우 시료 1L당 아스코르빈산 1g을 첨가한다.
② 산화제가 공존할 경우에는 시안을 파괴할 수 있으므로 채수 즉시 황산암모늄철을 시료 1L당 0.6g 첨가한다.
③ NaOH로 pH 12 이상으로 하여 4℃에서 보관한다.
④ 최대 보존기간은 14일 정도이다.

해설 ② 황산암모늄철 → 이산화비소산나트륨 또는 티오황산나트륨(수질오염공정시험기준 chapter 02.03 참조)

49 자외선/가시선 분광법에 사용되는 흡수셀에 대한 설명으로 틀린 것은?

① 흡수셀의 길이를 지정하지 않았을 때는 10mm셀을 사용한다.

② 시료액의 흡수파장이 약 370nm 이상일 때는 석영셀 또는 경질유리셀을 사용한다.

③ 시료액의 흡수파장이 약 370nm 이하일 때는 석영셀을 사용한다.

④ 대조셀에는 따로 규정이 없는 한 원시료를 셀의 6부까지 채워 측정한다.

해설 ④ 6부 → 8부

50 COD 분석을 위해 0.02M－KMnO₄ 용액 2.5L를 만들려고 할 때 필요한 KMnO₄의 양(g)은? (단, KMnO₄ 분자량＝158)

① 6.2

② 7.9

③ 8.5

④ 9.7

해설 KMnO₄ 필요량＝0.02mol/L×2.5L×158g/mol
　　　＝7.9g

51 노말헥산 추출물질을 측정할 때 지시약으로 사용되는 것은?

① 메틸레드

② 페놀프탈레인

③ 메틸오렌지

④ 전분용액

해설 이론편(수질오염공정시험기준 chapter 04.12) 참조

52 시안화합물을 함유하는 폐수의 보존방법으로 옳은 것은?

① NaOH 용액으로 pH를 9 이상으로 조절하여 4℃에서 보관한다.

② NaOH 용액으로 pH를 12 이상으로 조절하여 4℃에서 보관한다.

③ H₂SO₄ 용액으로 pH를 4 이하로 조절하여 4℃에서 보관한다.

④ H₂SO₄ 용액으로 pH를 2 이하로 조절하여 4℃에서 보관한다.

해설 이론편(수질오염공정시험기준 chapter 02.03) 참조

53 총질소의 측정방법으로 틀린 것은?

① 염화제일주석환원법

② 카드뮴환원법

③ 환원증류－킬달법(합산법)

④ 자외선/가시선 분광법

해설 염화제일주석(이염화주석)환원법은 인산염의 인(PO_4^{3-}－P) 측정법(자외선/가시선 분광법)이다.

54 농도표시에 관한 설명으로 틀린 것은?

① 십억분율을 표시할 때는 μg/L, ppb의 기호로 쓴다.

② 천분율을 표시할 때는 g/L, ‰의 기호로 쓴다.

③ 용액의 농도는 %로만 표시할 때는 V/V%, W/W%를 나타낸다.

④ 용액 100g 중 성분용량(mL)을 표시할 때는 V/W%의 기호로 쓴다.

해설 용액의 농도를 %로만 표시할 때는 W/V%를 나타낸다.

55 원자흡수분광광도법에 관한 설명으로 (　)에 옳은 내용은?

> 시험방법은 시료를 적당한 방법으로 해리시켜 중성원자로 증기화하여 생긴 (㉠)의 원자가 이 원자 증기층을 투과하는 특유 파장의 빛을 흡수하는 현상을 이용하여 (㉡)과(와) 같은 개개의 특유 파장에 대한 흡광도를 측정한다.

① ㉠ 여기상태, ㉡ 근접선

② ㉠ 여기상태, ㉡ 원자흡광

③ ㉠ 바닥상태, ㉡ 공명선

④ ㉠ 바닥상태, ㉡ 광전측광

해설 이론편(수질오염공정시험기준 chapter 03.03) 참조

56 수질오염공정시험기준에서 사용하는 용어에 관한 설명으로 틀린 것은?

① '정확히 취하여'라 하는 것은 규정한 양의 검체 또는 시액을 홀피펫으로 눈금까지 취하는 것을 말한다.

② '냄새가 없다'라고 기재한 것은 냄새가 없거나 또는 거의 없을 것을 표시하는 것이다.

③ '온수'는 60~70℃를 말한다.

④ '감압 또는 진공'이라 함은 따로 규정이 없는 한 15mmH₂O 이하를 말한다.

해설 ④ 15mmH₂O → 15mmHg

57 물벼룩을 이용한 급성 독성 시험법에서 적용되는 용어인 '치사'의 정의에 대한 설명으로 ( )에 옳은 것은?

일정 비율로 준비된 시료에 물벼룩을 투입하여 (㉠)시간 경과 후 시험용기를 살며시 움직여주고, (㉡)초 후 관찰했을 때 아무 반응이 없는 경우 치사로 판정한다.

① ㉠ 12, ㉡ 15   ② ㉠ 12, ㉡ 30
③ ㉠ 24, ㉡ 15   ④ ㉠ 24, ㉡ 30

해설 이론편(수질오염공정시험기준 chapter 04.23) 참조

58 기체 크로마토그래피법으로 분석할 수 있는 항목은?

① 수은   ② 총질소
③ 알킬수은   ④ 아연

해설 문제의 보기 중 기체 크로마토그래피법으로 분석할 수 있는 항목은 알킬수은이다. (이론편 참조)

59 위어(weir)를 이용한 유량측정 방법 중에서 위어의 판재료는 몇 mm 이상의 두께를 가진 철판이어야 하는가?

① 1   ② 2
③ 3   ④ 5

해설 이론편(수질오염공정시험기준 chapter 02.01) 참조

60 검정곡선 작성용 표준용액과 시료에 동일한 양의 내부 표준물질을 첨가하여 시험 분석절차, 기기 또는 시스템의 변동으로 발생하는 오차를 보정하기 위해 사용하는 방법은?

① 검정곡선법
② 표준물첨가법
③ 내부표준법
④ 절대검량선법

해설 이론편(수질오염공정시험기준 chapter 01.03 정도보증/정도관리) 참조

제4과목 **수질환경 관계법규**

61 초과배출부담금 부과대상 수질오염물질의 종류로 맞는 것은?

① 매립지 침출수, 유기물질, 시안화합물
② 유기물질, 부유물질, 유기인화합물
③ 6가크롬, 페놀류, 다이옥신
④ 총질소, 총인, BOD

해설 물환경보전법 시행령 제46조 참조

62 유역환경청장은 대권역별로 대권역물환경관리계획을 몇 년마다 수립하여야 하는가?

① 3년
② 5년
③ 7년
④ 10년

해설 물환경보전법 제24조 참조

63 다음 수질오염방지시설 중 화학적 처리시설인 것은 어느 것인가?

① 혼합시설
② 폭기시설
③ 응집시설
④ 살균시설

해설 물환경보전법 시행규칙 별표 5 참조

64 용어 정의 중 잘못 기술된 것은?

① '폐수'란 물에 액체성 또는 고체성의 수질오염물질이 섞여 있어 그대로는 사용할 수 없는 물을 말한다.

② '수질오염물질'이란 수질오염의 요인이 되는 물질로서 환경부령으로 정하는 것을 말한다.

③ '기타 수질오염원'이란 점오염원 및 비점오염원으로 관리되지 아니하는 수질오염물질을 배출하는 시설 또는 장소로서 환경부령으로 정하는 것을 말한다.

④ '수질오염방지시설'이란 공공수역으로 배출되는 수질오염물질을 제거하거나 감소시키는 시설로서 환경부령으로 정하는 것을 말한다.

해설 물환경보전법 제2조 참조

설명 "수질오염방지시설"이란 점오염원, 비점오염원 및 기타 수질오염원으로부터 배출되는 수질오염물질을 제거하거나 감소하게 하는 시설로서 환경부령으로 정하는 것을 말한다.

65 특정수질유해물질이 아닌 것은?

① 시안화합물

② 구리 및 그 화합물

③ 불소화합물

④ 유기인화합물

해설 물환경보전법 시행규칙 별표 3 참조

66 공공수역에서 환경부령이 정하는 수로에 해당되지 않는 것은?

① 지하수로　　② 농업용 수로

③ 상수관로　　④ 운하

해설 물환경보전법 시행규칙 제5조 참조

설명 ③ 상수관로 → 하수관로

67 오염물질이 배출허용기준을 초과한 경우에 오염물질 배출량과 배출농도 등에 따라 부과하는 금액은?

① 기본부과금　　② 종별부과금

③ 배출부과금　　④ 초과배출부과금

해설 물환경보전법 제41조 제1항 및 제2항 참조

68 폐수처리업에 종사하는 기술요원의 교육기관은?

① 국립환경인력개발원

② 환경기술인협회

③ 환경보전협회

④ 환경기술연구원

해설 물환경보전법 시행규칙 제93조 제2항 참조

69 공공폐수처리시설의 방류수 수질기준 중 총인의 배출허용기준으로 적절한 것은? (단, 2013년 1월 1일 이후 적용, Ⅰ지역 기준)

① 2mg/L 이하　　② 0.2mg/L 이하

③ 4mg/L 이하　　④ 0.5mg/L 이하

해설 물환경보전법 시행규칙 별표 10 참조

70 비점오염저감시설 중 장치형 시설이 아닌 것은?

① 침투형 시설

② 와류형 시설

③ 여과형 시설

④ 생물학적 처리형 시설

해설 물환경보전법 시행규칙 별표 6 참조

설명 침투형 시설은 자연형 시설에 해당된다.

71 대권역 물환경관리계획에 포함되어야 하는 사항과 가장 거리가 먼 것은?

① 상수원 및 물 이용현황

② 점오염원, 비점오염원 및 기타 수질오염원별 수질오염 저감시설 현황

③ 점오염원, 비점오염원 및 기타 수질오염원의 분포현황

④ 점오염원, 비점오염원 및 기타 수질오염원에서 배출되는 수질오염물질의 양

해설 물환경보전법 제24조 제2항 참조

72 기본부과금 산정 시 방류수 수질기준을 100% 초과한 사업자에 대한 부과계수는?

① 2.4   ② 2.6
③ 2.8   ④ 3.0

해설 물환경보전법 시행령 별표 11 참조

73 환경정책기본법령상 환경기준 중 수질 및 수생태계(해역)의 생활환경기준 항목이 아닌 것은?

① 용매 추출유분   ② 수소이온농도
③ 총대장균군   ④ 용존산소량

해설 환경정책기본법 시행령 별표 제3호 라목 참조

74 방지시설을 반드시 설치해야 하는 경우에 해당하더라도 대통령령이 정하는 기준에 해당되면 방지시설의 설치가 면제된다. 방지시설 설치의 면제기준에 해당되지 않는 것은?

① 배출시설의 기능 및 공정상 수질오염물질이 항상 배출허용기준 이하로 배출되는 경우
② 폐수처리업의 등록을 한 자 또는 환경부 장관이 인정하여 고시하는 관계전문기관에 환경부령이 정하는 폐수를 전량 위탁처리하는 경우
③ 폐수 무방류배출시설의 경우
④ 폐수를 전량 재이용하는 등 방지시설을 설치하지 아니하고도 수질오염물질을 적정하게 처리할 수 있는 경우로서 환경부령으로 정하는 경우

해설 물환경보전법 시행령 제33조 참조

75 낚시 제한구역 안에서 낚시를 하고자 하는 자는 낚시의 방법, 시기 등 환경부령이 정하는 사항을 준수하여야 한다. 이러한 규정에 의한 제한사항을 위반하여 낚시 제한구역 안에서 낚시행위를 한 자에 대한 과태료 부과기준은?

① 30만원 이하의 과태료
② 50만원 이하의 과태료
③ 100만원 이하의 과태료
④ 300만원 이하의 과태료

해설 물환경보전법 제82조 제3항 참조

76 비점오염 저감시설 중 "침투시설"의 설치기준에 관한 사항으로 ( )에 옳은 내용은?

> 침투시설 하층 토양의 침투율은 시간당 (㉠)이어야 하며, 동절기에 동결로 기능이 저하되지 아니하는 지역에 설치한다. 또한 지하수 오염을 방지하기 위하여 최고 지하수위 또는 기반암으로부터 수직으로 최소 (㉡)의 거리를 두도록 한다.

① ㉠ 5밀리미터 이상, ㉡ 0.5미터 이상
② ㉠ 5밀리미터 이상, ㉡ 1.2미터 이상
③ ㉠ 13밀리미터 이상, ㉡ 0.5미터 이상
④ ㉠ 13밀리미터 이상, ㉡ 1.2미터 이상

해설 물환경보전법 시행규칙 별표 17 제2호 가목 참조

77 부과금 산정에 적용하는 일일유량을 구하기 위한 측정유량의 단위는?

① m^3/hr ② m^3/min
③ L/hr ④ L/min

해설 물환경보전법 시행령 별표 1 제2호 나목 참조

78 환경정책기본법령상 환경기준 중 수질 및 수생태계(하천)의 생활환경 기준으로 옳지 않은 것은? (단, 등급은 매우 나쁨(VI))

① COD : 11mg/L 초과
② T-P : 0.5mg/L 초과
③ SS : 100mg/L 초과
④ BOD : 10mg/L 초과

해설 환경정책기본법 시행령 별표 제2호 가목
설명 매우 나쁨(VI) 등급에서 SS는 규정하고 있지 않다.

79 발전소의 발전설비를 운영하는 사업자가 조업정지명령을 받을 경우 주민의 생활에 현저한 지장을 초래하여 조업 정지처분에 갈음하여 부과할 수 있는 과징금의 최대액수는?

① 1억원   ② 2억원
③ 3억원   ④ 5억원

해설 물환경보전법 제43조 참조

80 수질오염경보의 종류별 경보단계별 조치사항 중 조류경보의 단계가 [조류 대발생 경보]인 경우 취수장·정수장 관리자의 조치사항으로 틀린 것은?

① 조류증식 수심 이하로 취수구 이동

② 취수구에 대한 조류 방어막 설치

③ 정수처리 강화(활성탄처리, 오존처리)

④ 정수의 독소분석 실시

해설 물환경보전법 시행령 별표 4 제1호 참조

2018년 제2회 수질환경산업기사 기/출/문/제

제1과목 : 수질오염 개론

01 해수의 특성에 관한 설명으로 옳지 않은 것은?

① 해수의 밀도는 $1.5\sim1.7g/cm^3$ 정도로 수심이 깊을수록 밀도는 감소한다.

② 해수는 강전해질이다.

③ 해수의 Mg/Ca비는 3~4 정도이다.

④ 염분은 적도해역보다 남·북극의 양극해역에서 다소 낮다.

해설 해수의 밀도는 1.020~1.030 정도로 수심이 깊을수록 밀도는 증가한다.

02 농도가 A인 기질을 제거하기 위하여 반응조를 설계하고자 한다. 요구되는 기질의 전환율이 90%일 경우 회분식 반응조의 체류시간(hr)은? (단, 기질의 반응은 1차 반응, 반응상수 $K = 0.35hr^{-1}$)

① 6.6

② 8.6

③ 10.6

④ 12.6

해설 회분식 반응기(batch reactor)에서는 혼합은 있으나 물질의 유입, 유출이 없으므로 1차 반응에 의해서만 물질이 감소한다.

$$\frac{dC}{dt} = -KC$$

적분하여 정리하면

$$\int_{C_o}^{C} \frac{dC}{C} = -K\int_{o}^{t} dt$$

$$\ln\frac{C}{C_o} = -Kt$$

$$t = -\frac{1}{K}\ln\frac{C}{C_o}$$

$$\therefore\ t = -\frac{1}{0.35/hr}\ln\frac{10}{100} = 6.58hr$$

03 다음 설명에 해당하는 하천 모델로 가장 적절한 것은?

- 하천 및 호수의 부영양화를 고려한 생태계 모델이다.
- 정적 및 동적인 하천의 수질, 수문학적 특성이 광범위하게 고려된다.
- 호수에는 수심별 1차원 모델이 적용된다.

① QUAL

② DO-SAG

③ WQRRS

④ WASP

해설 이론편(수질오염개론 chapter 08.03) 참조

04 소수성 콜로이드 입자가 전기를 띠고 있는 것을 조사하고자 할 때 다음 실험 중 가장 적합한 것은?

① 전해질을 소량 넣고 응집을 조사한다.

② 콜로이드 용액의 삼투압을 조사한다.

③ 한외현미경으로 입자의 Brown 운동을 관찰한다.

④ 콜로이드 입자에 강한 빛을 조사하여 틴들 현상을 조사한다.

해설 전기를 띠고 있는 소수성 콜로이드 입자는 소량의 전해질 주입에 의해 쉽게 응집이 일어난다.

05 시판되고 있는 액상 표백제는 8W/W(%) 하이포아염소산나트륨(NaOCl)을 함유한다고 한다. 표백제 2,886mL 중 NaOCl의 무게(g)는? (단, 표백제의 비중=1.1)

① 254

② 264

③ 274

④ 284

해설 NaOCl의 무게 $= 2,886mL \times 1.1g/mL \times \dfrac{8}{100}$

$\fallingdotseq 254g$

정답 01.① 02.① 03.③ 04.① 05.①

06 하천의 수질이 다음과 같을 때 이 물의 이온강도는?

> $Ca^{2+}=0.02M$, $Na^+=0.05M$, $Cl^-=0.02M$

① 0.055 ② 0.065
③ 0.075 ④ 0.085

해설
$$I=\frac{1}{2}\sum_1^i C_i Z_i^2$$
$$=\frac{1}{2}\{(0.02\times 2^2)+(0.05\times 1^2)+(0.02\times 1^2)\}$$
$$=0.075$$

07 용존산소(DO)에 대한 설명으로 가장 거리가 먼 것은?

① DO는 염류농도가 높을수록 감소한다.
② DO는 수온이 높을수록 감소한다.
③ 조류의 광합성작용은 낮동안 수중의 DO를 증가시킨다.
④ 아황산염, 아질산염 등의 무기화합물은 DO를 증가시킨다.

해설 아황산염, 아질산염 등의 무기화합물은 수중의 DO를 소비(반응)하여 감소시킨다.

08 유기성 오수가 하천에 유입된 후 유하하면서 자정작용이 진행되어 가는 여러 상태를 그래프로 표시하였다. ①~⑥ 그래프가 각각 나타내는 것을 순서대로 나열한 것은?

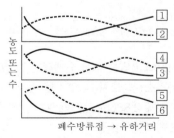

농도 또는 수 (세로축)
폐수방류점 → 유하거리 (가로축)

① BOD, DO, NO_3-N, NH_3-N, 조류, 박테리아
② BOD, DO, NH_3-N, NO_3-N, 박테리아, 조류
③ DO, BOD, NH_3-N, NO_3-N, 조류, 박테리아
④ DO, BOD, NO_3-N, NH_3-N, 박테리아, 조류

해설 이론편(수질오염개론 chapter 06.04) 참조

09 친수성 콜로이드(Colloid)의 특성에 관한 설명으로 옳지 않은 것은?

① 염에 대하여 큰 영향을 받지 않는다.
② 틴들효과가 현저하게 크고, 점도는 분산매보다 작다.
③ 다량의 염을 첨가하여야 응결 침전된다.
④ 존재 형태는 유탁(에멀션)상태이다.

해설 친수성 콜로이드는 틴들효과가 작거나 전무하고 점도는 분산매보다 현저히 크다.

10 Ca^{2+}가 200mg/L일 때 몇 N농도인가? (단, 원자량 Ca=40)

① 0.01
② 0.02
③ 0.5
④ 1.0

해설
$$Ca^{2+}\ \text{N농도}=\frac{200mg}{L}\left|\frac{eq}{20\times 10^3 mg}\right.$$
$$=0.01eq/L$$
$$=0.01N$$

11 광합성에 영향을 미치는 인자로는 빛의 강도 및 파장, 온도, CO_2 농도 등이 있는데, 이들 요소별 변화에 따른 광합성의 변화를 설명한 것 중 틀린 것은?

① 광합성량은 빛의 광포화점에 이를 때까지 빛의 강도에 비례하여 증가한다.
② 광합성 식물은 390~760nm 범위의 가시광선을 광합성에 이용한다.
③ 5~25℃ 범위의 온도에서 10℃ 상승시킬 경우 광합성량은 약 2배로 증가된다.
④ CO_2 농도가 저농도일 때는 빛의 강도에 영향을 받지 않아 광합성량이 감소한다.

해설 CO_2 농도가 저농도일 때는 빛의 강도에 영향을 받지 않고 광합성량이 증가하나 고농도일 때는 빛의 강도에 영향을 받는다.

12 부영양호의 평가에 이용되는 영양상태지수에 대한 설명으로 옳은 것은?

① Shannon과 Brezonik 지수는 전도율, 총유기질소, 총인 및 클로로필−a를 수질변수로 선택하였다.

② Carlson 지수는 총유기질소, 클로로필−a 및 총인을 수질변수로 선택하였다.

③ Porcella 지수는 Carlson 지수 값을 일부 이용하였고, 부영양호 회복방법의 실시효과를 분석하는 데 이용되는 지수이다.

④ Walker 지수는 총인을 근거로 만들었고, 투명도를 기준으로 계산된 Carlson 지수를 보완한 지수로서 조류 외의 투명도에 영향을 주는 인자를 계산에 반영하였다.

해설 부영양호의 평가에 이용되는 영양상태지수

① Shannon과 Brezonik 지수 : 투명도, 전도율, 총유기질소, 총인 및 클로로필−a를 수질변수로 선택함.

② Carlson 지수 : 투명도, 클로로필−a 및 총인을 수질변수로 선택함.

③ Porcella 지수 : Carlson 지수 값을 일부 이용한 LEI(Lake Evaluation Index, 호소평가지수) 값 계산식을 제안하는데 이 LEI 값은 부영양호 회복방법의 실시효과를 분석하는 데 이용되는 지수임.

④ Walker 지수 : 클로로필−a를 근거로 모델을 만들었고, 투명도를 기준으로 계산된 Carlson 지수를 보완한 지수로서 조류 외에 투명도에 영향을 주는 인자를 계산식에 반영함.

13 주간에 연못이나 호수 등에 용존산소(DO)의 과포화상태를 일으키는 미생물은?

① 비루스(Virus)

② 윤충(Rotifer)

③ 조류(Algae)

④ 박테리아(Bacteria)

해설 조류는 주간에 광합성 작용으로 물속에 산소를 내놓으므로 용존산소(DO)가 과포화상태가 된다.

14 물의 밀도가 가장 큰 값을 나타내는 온도는?

① −10℃ ② 0℃

③ 4℃ ④ 10℃

해설 물의 밀도는 4℃에서 가장 큰 값을 나타낸다.

15 0.05N의 약산인 초산이 16% 해리되어 있다면 이 수용액의 pH는?

① 2.1 ② 2.3

③ 2.6 ④ 2.9

해설 $[H^+] = C \cdot \alpha = 0.05 \times 0.16 = 8 \times 10^{-3}\,mol/L$

$$\therefore \ pH = -\log[H^+]$$
$$= -\log(8 \times 10^{-3})$$
$$= 3 - \log 8 ≒ 2.1$$

16 하천 상류에서 $BOD_u = 10mg/L$일 때 2m/min 속도로 유하한 20km 하류에서의 BOD(mg/L)는? (단, K_1(탈산소계수, base=상용대수)=$0.1day^{-1}$, 유하도중에 재폭기나 다른 오염물질 유입은 없다.)

① 2 ② 3

③ 4 ④ 5

해설 유하기간(분해기간)$= \dfrac{20km}{} \left|\dfrac{1,000m}{km}\right| \dfrac{min}{2m} \left|\dfrac{day}{1,440min}\right.$

$= 6.94day$

$L_t = L_a \cdot 10^{-K_1 t}$ 에서

$\therefore \ L_t = 10 \times 10^{-0.1 \times 6.94} = 2.02mg/L$

17 수인성 전염병의 특징이 아닌 것은?

① 환자가 폭발적으로 발생한다.

② 성별, 연령별 구분없이 발병한다.

③ 유행지역과 급수지역이 일치한다.

④ 잠복기가 길고 치사율과 2차 감염률이 높다.

해설 수인성 전염병은 치사율과 감염률이 낮다.

18 난용성염의 용해이온과의 관계, $A_m B_n(s) \rightleftharpoons mA^+(aq) + nB^-(aq)$에서 이온농도와 용해도적($K_{sp}$)과의 관계 중 과포화상태로 침전이 생기는 상태를 옳게 나타낸 것은?

① $[A^+]^m [B^-]^n > K_{sp}$

② $[A^+]^m [B^-]^n = K_{sp}$

③ $[A^+]^m [B^-]^n < K_{sp}$

④ $[A^+]^n [B^-]^m < K_{sp}$

해설 이론편(수질오염개론 chapter 04.02) 참조

참고 ㉠ $K_{sp} = [A^+]^m [B^-]^n$

ㄴ 이온농도의 적 $> K_{sp}$: 과포화 − 침전이 일어남

이온농도의 적 $< K_{sp}$: 불포화 − 침전이 일어나지 않음

이온농도의 적 $= K_{sp}$: 포화 − 평형상태

19 우리나라의 수자원 이용현황 중 가장 많은 양이 사용되고 있는 용수는?

① 생활용수

② 공업용수

③ 하천유지용수

④ 농업용수

해설 이론편(수질오염개론 chapter 02 표 1−11) 참조

20 음용수를 염소 소독할 때 살균력이 강한 것부터 순서대로 옳게 배열된 것은? (단, 강함>약함)

| ㉮ HOCl | ㉯ OCl$^-$ | ㉰ Chloramine |

① ㉮>㉯>㉰　　② ㉯>㉰>㉮

③ ㉯>㉮>㉰　　④ ㉮>㉰>㉯

해설 이론편(수질오염개론 chapter 09.02) 참조

제2과목 : 수질오염 방지기술

21 살수여상에서 연못화(ponding)현상의 원인으로 가장 거리가 먼 것은?

① 너무 낮은 기질부하율

② 생물막의 과도한 탈리

③ 1차 침전지에서 불충분한 고형물 제거

④ 너무 작거나 불균일한 여재

해설 너무 높은 기질부하율일 때 연못화(ponding)현상의 원인이 된다.

22 생물학적 처리공정에 대한 설명으로 옳은 것은?

① SBR은 같은 탱크에서 폐수 유입, 생물학적 반응, 처리수 배출 등의 순서를 반복하는 오염물 처리공정이다.

② 회전원판법은 혐기성 조건을 유지하면서 고형물을 제거하는 처리공정이다.

③ 살수여상은 여재를 사용하지 않으면서 고부하의 운전에 용이한 처리공정이다.

④ 고효율 활성슬러지 공정은 질소, 인 제거를 위한 미생물 부착성장 처리공정이다.

해설 ② 혐기성 → 호기성, 고형물 → 유기물

③ 여재를 사용하지 않으면서 → 여재를 사용하면서

④ 질소, 인 제거 → 고농도 유기물 제거, 부착성장 → 부유성장

23 평균 길이 100m, 평균 폭 80m, 평균 수심 4m인 저수지에 연속적으로 물이 유입되고 있다. 유량이 0.2m^3/s이고 저수지의 수위가 일정하게 유지된다면 이 저수지의 평균 수리학적 체류시간(day)은?

① 1.85　　　　② 2.35

③ 3.65　　　　④ 4.35

해설 $t = \dfrac{V}{Q}$

$= \dfrac{(100m \times 80m \times 4m)}{(0.2m/sec \times 86,400sec/day)} = 1.85day$

24 호기성 미생물에 의하여 진행되는 반응은?

① 포도당 → 알코올

② 아세트산 → 메탄

③ 아질산염 → 질산염

④ 포도당 → 아세트산

해설 ①, ②, ④는 혐기성 미생물에 의하여 진행되는 반응이고, ③은 호기성 미생물에 의하여 진행되는 반응이다.

25 하수슬러지 농축방법 중 부상식 농축의 장·단점으로 틀린 것은?

① 잉여슬러지의 농축에 부적합하다.

② 소요면적이 크다.

③ 실내에 설치할 경우 부식문제의 유발 우려가 있다.

④ 약품 주입 없이 운전이 가능하다.

해설 부상식 농축은 잉여슬러지의 농축에 적합하다.

26 혐기성 슬러지 소화조의 운영과 통제를 위한 운전관리지표가 아닌 항목은?

① pH
② 알칼리도
③ 잔류염소
④ 소화가스의 CO_2 함유도

해설 잔류염소는 슬러지 소화조의 운전관리지표 항목이 아니다.

27 분뇨처리장에서 발생되는 악취물질을 제거하는 방법 중 직접적인 탈취효과가 가장 낮은 것은?

① 수세법
② 흡착법
③ 촉매산화법
④ 중화 및 masking법

해설 masking법(은폐법)은 직접적인 탈취효과가 아니며, 제거율 순위는 촉매산화(연소)법 > 흡착법 > 수세법 > 중화법 > masking법 순이다.

28 폐수시료 200mL를 취하여 Jar-test한 결과 $Al_2(SO_4)_3$ 300mg/L에서 가장 양호한 결과를 얻었다. 2,000m³/day의 폐수를 처리하는 데 필요한 $Al_2(SO_4)_3$의 양(kg/day)은?

① 450
② 600
③ 750
④ 900

해설 $Al_2(SO_4)_3$ 필요량
$= 300g/m^3 \times 2,000m^3/day \times 10^{-3}kg/g = 600kg/day$

29 침전지 설계 시 침전시간 2hr, 표면부하율 30m³/m²·day, 폭과 길이의 비는 1:5로 하고 폭을 10m로 하였을 때 침전지의 크기(m³)는?

① 875
② 1,250
③ 1,750
④ 2,450

해설 표면부하율 $= \dfrac{Q}{A} = \dfrac{V/t}{A} = \dfrac{AH/t}{A} = \dfrac{H}{t}$

$H = $ 표면부하율 $\times t = 30m^3/m^2 \cdot day \times \dfrac{2}{24}day = 2.5m$

길이 $= 10m \times 5 = 50$

∴ 침전지의 크기 $= 10m \times 50m \times 2.5m = 1,250m^3$

30 도금공장에서 발생하는 CN 폐수 30m³를 NaOCl을 사용하여 처리하고자 한다. 폐수 내 CN^- 농도가 150mg/L일 때 이론적으로 필요한 NaOCl의 양(kg)은? (단, $2NaCN+5NaOCl+H_2O \rightarrow N_2+2CO_2+2NaOH+5NaCl$, 원자량: Na=23, Cl=35.5)

① 20.9
② 22.4
③ 30.5
④ 32.2

해설 주어진 반응식에서
$2CN : 5NaOCl = 2 \times 26g : 5 \times 74.5g$
폐수 내 CN 함유량 $= 150g/m^3 \times 30m^3 \times 10^{-3}kg/g$
$= 4.5kg$

∴ NaOCl 필요량 $= 4.5kg \times \dfrac{5 \times 74.5}{2 \times 26}$
$= 32.24kg$

31 폐수처리장의 설계유량을 산정하기 위한 첨두유량을 구하는 식은?

① 첨두인자×최대유량
② 첨두인자×평균유량
③ 첨두인자/최대유량
④ 첨두인자/평균유량

해설 첨두유량 = 첨두인자×평균유량

32 폐수의 용존성 유기물질을 제거하기 위한 방법으로 가장 거리가 먼 것은?

① 호기성 생물학적 공법
② 혐기성 생물학적 공법
③ 모래여과법
④ 활성탄흡착법

해설 용존성 유기물은 모래여과지를 통과하므로 모래여과법으로 제거되지 않는다.

33 농도와 흡착량과의 관계를 나타내는 그림 중 고농도에서 흡착량이 커지는 반면에 저농도에서의 흡착량이 현저히 적어지는 것은? (단, Freundlich 등온흡착식으로 Plot한 것이다.)

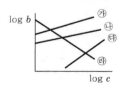

여기서, b: 흡착량
c: 평형농도

① ㉮
② ㉯
③ ㉰
④ ㉱

해설 그림에서 문제의 설명에 해당되는 것은 ㉰이다.

34 도시하수에 함유된 영양물질인 질소, 인을 동시에 처리하기 어려운 생물학적 처리공법은?

① A/O

② A^2/O

③ 5단계 Bardenpho

④ UCT

해설 A/O 공법인 인만의 제거공법이다.

35 생물막법의 미생물학적인 특징이 아닌 것은 어느 것인가?

① 정화에 관여하는 미생물의 다양성이 높다.

② 각단에서 우점 미생물이 상이하다.

③ 먹이연쇄가 짧다.

④ 질산화세균 및 탈질균이 잘 증식된다.

해설 먹이연쇄가 길다.

36 염소의 살균력에 관한 설명으로 틀린 것은?

① 살균강도는 HOCl이 OCl^-의 80배 이상 강하다.

② Chloramines은 소독 후 살균력이 약하여 살균작용이 오래 지속되지 않는다.

③ 염소의 살균력은 온도가 높고 pH가 낮을 때 강하다.

④ 바이러스는 염소에 대한 저항성이 커 일부 생존할 염려가 있다.

해설 Chloramine은 살균력은 약하지만 살균작용이 오래 지속되는 장점이 있다.

37 하수소독 시 사용되는 이산화염소(ClO_2)에 관한 내용으로 틀린 것은?

① THMs이 생성되지 않음

② 물에 쉽게 녹고, 냄새가 적음

③ 일광과 접촉할 경우 분해됨

④ pH에 의한 살균력의 영향이 큼

해설 이산화염소(ClO_2)는 pH 변화에 따른 살균력의 영향이 적다.

38 표준활성슬러지법의 일반적 설계범위에 관한 설명으로 옳지 않은 것은?

① HRT는 8~10시간을 표준으로 한다.

② MLSS는 1,500~2,500mg/L를 표준으로 한다.

③ 포기조(표준식)의 유효수심은 4~6m를 표준으로 한다.

④ 포기방식은 전면포기식, 선회류식, 미세기포분사식, 수중 교반식 등이 있다.

해설 HRT는 6(4)~8시간을 표준으로 한다.

39 유량이 100m³/day이고 TOC 농도가 150mg/L인 폐수를 고정상 탄소흡착 칼럼으로 처리하고자 한다. 유출수의 TOC 농도를 10mg/L로 유지하려고 할 때, 탄소 kg당 처리된 유량(L/kg)은? (단, 수리학적 용적부하율=1.5m³/m³·hr, 탄소밀도=500kg/m³, 파과점 농도까지 처리된 유량=300m³)

① 약 205 　　② 약 216

③ 약 275 　　④ 약 311

해설 수리학적 용적부하율 $=\dfrac{Q}{BV}$

$$BV = \dfrac{Q}{수리학적\ 용적부하율}$$
$$= \dfrac{100\text{m}^3/\text{day}}{1.5\text{m}^3/\text{m}^3 \cdot \text{hr} \times 24\text{hr}/\text{day}} = 2.78\text{m}^3$$

탄소량$(M) = (BV)(\rho_s)$
$$= 2.78\text{m}^3 \times 500\text{kg}/\text{m}^3 = 1,390\text{kg}$$

∴ 탄소 1kg당 처리된 유량 $= \dfrac{300\text{m}^3 \times 10^3 \text{L}/\text{m}^3}{1,390\text{kg}}$
$$= 215.83\text{L}/\text{kg}$$

40 수중에 존재하는 오염물질과 제거방법을 기술한 내용 중 틀린 것은?

① 부유물질 – 급속여과, 응집침전

② 용해성 유기물질 – 응집침전, 오존산화

③ 용해성 염류 – 역삼투, 이온교환

④ 세균, 바이러스 – 소독, 급속여과

해설 바이러스는 급속여과로 제거되지 않는다.

제3과목 : 수질오염 공정시험기준

41 아연을 자외선/가시선 분광법으로 분석할 때 어떤 방해물질때문에 아스코르빈산을 주입하는가?

① Fe^{2+} ② Cd^{2+}

③ Mn^{2+} ④ Sr^{2+}

해설 2가망간(Mn^{2+})이 공존할 때 아스코르빈산나트륨을 주입한다.

42 투명도판(백색원판)을 사용한 투명도 측정에 관한 설명으로 옳지 않은 것은?

① 투명도판의 색도차는 투명도에 크게 영향을 주므로 표면이 더러울 때에는 깨끗하게 닦아 주어야 한다.

② 강우 시에는 정확한 투명도를 얻을 수 없으므로 투명도를 측정하지 않는 것이 좋다.

③ 흐름이 있어 줄이 기울어질 경우에는 2kg 정도의 추를 달아서 줄을 세워야 한다.

④ 투명도판을 보이지 않는 깊이로 넣은 다음 천천히 끌어 올리면서 보이기 시작한 깊이를 반복해 측정한다.

해설 투명도판의 색도차는 투명도에 미치는 영향이 적지만 원판의 광방사능은 투명도에 영향을 미치므로 표면이 더러울 때에는 다시 색칠하여야 한다.

43 기체 크로마토그래피 분석에서 전자포획형 검출기(ECD)를 검출기로 사용할 때 선택적으로 검출할 수 있는 물질이 아닌 것은?

① 유기할로겐화합물

② 니트로화합물

③ 유기금속화합물

④ 유기질소화합물

해설 유기질소화합물은 불꽃염이온화검출기(FTD)로 선택적으로 검출할 수 있다.

44 물벼룩을 이용한 급성독성시험을 할 때 희석수 비율에 해당되는 것은? (단, 원수 100% 기준)

① 35%   ② 25%

③ 15%   ④ 5%

해설 희석수 비율은 원수를 50%, 25%, 12.5%, 6.25%로 한다.

45 취급 또는 저장하는 동안에 기체 또는 미생물이 침입하지 아니하도록 내용물을 보호하는 용기는?

① 밀봉용기   ② 기밀용기

③ 밀폐용기   ④ 완밀용기

해설 문제의 설명은 '밀봉용기'에 대한 내용이다.

46 식물성 플랑크톤 현미경계수법에 관한 설명으로 틀린 것은?

① 시료의 개체수는 계수면적당 10~40 정도가 되도록 조정한다.

② 시료 농축은 원심분리방법과 자연침전법을 적용한다.

③ 정성시험의 목적은 식물성 플랑크톤의 종류를 조사하는 것이다.

④ 식물성 플랑크톤의 계수는 정확성과 편리성을 위하여 고배율이 주로 사용된다.

해설 식물성 플랑크톤의 계수는 정확성과 편리성을 위하여 일정부피를 갖는 계수용 챔버를 사용하며, 식물성 플랑크톤의 동정에는 고배율이 많이 이용되지만 계수에는 저~중 배율이 많이 이용된다.

47 수질오염공정시험방법에 적용되고 있는 용어에 관한 설명으로 옳은 것은?

① 진공이라 함은 따로 규정이 없는 한 15mmH₂O 이하를 말한다.

② 방울수는 정제수 10방울 적하 시 부피가 약 1mL가 되는 것을 뜻한다.

③ 항량이란 1시간 더 건조하거나 또는 강열할 때 전후 차가 g당 0.1mg 이하일 때를 말한다.

④ 온수는 60~70℃, 냉수는 15℃ 이하를 말한다.

해설 ① 15mmH₂O → 15mmHg
② 10방울 → 20방울(20℃에서)
③ 0.1mg → 0.3mg

48 순수한 물 200L에 에틸알코올(비중 0.79) 80L를 혼합하였을 때, 이 용액 중의 에틸알코올 농도(중량 %)는?

① 약 13
② 약 18
③ 약 24
④ 약 29

해설 에틸알코올 중량%

$$= \frac{80L \times 0.79kg/L}{(200L \times 1.0kg/L) + (80L \times 0.79kg/L)} \times 100$$

$$= 24.01\%$$

49 유기물 함량이 비교적 높지 않고 금속의 수산화물, 산화물, 인산염 및 황화물을 함유하고 있는 시료에 적용되는 전처리 방법은?

① 질산법
② 질산－염산법
③ 질산－과염소산법
④ 질산－과염소산－불화수소산법

해설 문제의 설명은 질산－염산법에 의한 전처리 방법이다.

50 수질오염공정시험기준상 불소화합물을 측정하기 위한 시험방법이 아닌 것은?

① 원자흡수분광광도법
② 이온 크로마토그래피
③ 이온전극법
④ 자외선/가시선 분광법

해설 이론편(수질오염공정시험기준 chapter 04.19) 참조

51 수질오염공정시험기준상 바륨(금속류)을 측정하기 위한 시험방법이 아닌 것은?

① 원자흡수분광광도법
② 자외선/가시선 분광법
③ 유도결합플라스마 원자발광분광법
④ 유도결합플라스마 질량분석법

해설 이론편(수질오염공정시험기준 chapter 03 표 3－9) 참조

52 기체 크로마토그래피법에 관한 설명으로 틀린 것은?

① 충전물로서 적당한 담체에 정지상 액체를 함침시킨 것을 사용할 경우에는 기체－액체 크로마토그래피법이라 한다.
② 일반적으로 유기화합물에 대한 정성 및 정량 분석에 이용된다.
③ 전처리한 시료를 운반가스에 의하여 크로마토 관 내에 전개시켜 분리되는 각 성분의 크로마토그램을 이용하여 목적성분을 분석하는 방법이다.
④ 운반가스는 시료주입부로부터 검출기를 통한 다음 분리관과 기록부를 거쳐 외부로 방출된다.

해설 운반가스는 시료주입부로부터 분리관을 통한 다음 검출기를 거쳐 외부로 방출된다.

53 산성 과망간산칼륨법으로 폐수의 COD를 측정하기 위해 시료 100mL를 취해 제조한 과망간산칼륨으로 적정하였더니 11.0mL가 소모되었다. 공시험 적정에 소요된 과망간산칼륨이 0.2mL이었다면 이 폐수의 COD(mg/L)는? (단, 과망간산칼륨 용액의 factor 1.1로 가정, 원자량 : K=39, Mn=55)

① 약 5.9
② 약 19.6
③ 약 21.6
④ 약 23.8

해설 $CDO(mg/L) = (b-a) \times f \times \frac{1,000}{V} \times 0.2$

$$= (11.0 - 0.2) \times 1.1 \times \frac{1,000}{100} \times 0.2$$

$$= 23.76 mg/L$$

54 자외선/가시선 분광법 구성장치의 순서를 바르게 나타낸 것은?

① 시료부－광원부－파장선택부－측광부
② 광원부－파장선택부－시료부－측광부
③ 광원부－시료원자화부－단색화부－측광부
④ 시료부－고주파전원부－검출부－연산처리부

해설 이론편(수질오염공정시험기준 chapter 03.02) 참조

55 수로의 구성, 재질, 수로단면의 형상, 기울기 등이 일정하지 않은 개수로에서 부표를 사용하여 유속을 측정한 결과, 수로의 평균 단면적이 3.2m², 표면 최대유속이 2.4m/s일 때, 이 수로에 흐르는 유량(m³/s)은?

① 약 2.7
② 약 3.6
③ 약 4.3
④ 약 5.8

해설 $V = 0.75\,Ve = 0.75 \times 2.4\text{m/s} = 1.8\text{m/s}$
$Q = VA = 1.8\text{m/s} \times 3.2\text{m}^2 = 5.76\text{m/s}$

56 0.25N 다이크롬산칼륨액 조제방법에 관한 설명으로 틀린 것은? (단, $K_2Cr_2O_7$ 분자량= 294.2)

① 다이크롬산칼륨은 1g분자량이 6g당량에 해당한다.
② 다이크롬산칼륨(표준시약)을 사용하기 전에 103℃에서 2시간 동안 건조한 다음 건조용기(실리카겔)에서 식힌다.
③ 건조용기(실리카겔)에서 식힌 다이크롬산칼륨 14.71g을 정밀히 담아 물에 녹여 1,000mL로 한다.
④ 0.025N 다이크롬산칼륨액은 0.25N 다이크롬산칼륨액 100mL를 정확히 취하여 물을 넣어 정확히 1,000mL로 한다.

해설 14.71g → 12.26g
설명 $K_2Cr_2O_7$ 1g당량$= \dfrac{294.2\text{g}}{6} = 49.03\text{g}$
0.25N=0.25g당량/L
∴ 0.25g당량/L×49.03g/g당량≒12.26g/L

57 BOD 실험 시 희석수는 5일 배양 후 DO(mg/L) 감소가 얼마 이하이어야 하는가?

① 0.1
② 0.2
③ 0.3
④ 0.4

해설 이론편(수질오염공정시험기준 chapter 04.09) 참조

58 수로의 폭이 0.5m인 직각 삼각위어의 수두가 0.25m일 때 유량(m³/min)은? (단, 유량계수= 80)

① 2.0
② 2.5
③ 3.0
④ 3.5

해설 $Q = Kh^{\frac{5}{2}} = 80 \times 0.25^{\frac{5}{2}} = 2.5\text{m}^3/\text{min}$

59 냄새 측정 시 냄새역치(TON)를 구하는 산식으로 옳은 것은? (단, A : 시료 부피(mL), B : 무취 정제수 부피(mL))

① 냄새역치=(A+B)/A
② 냄새역치=A/(A+B)
③ 냄새역치=(A+B)/B
④ 냄새역치=B/(A+B)

해설 이론편(수질오염공정시험기준 chapter 04.05) 참조

60 수중의 중금속에 대한 정량을 원자흡수분광광도법으로 측정할 경우, 화학적 간섭현상이 발생되었다면 이 간섭을 피하기 위한 방법이 아닌 것은?

① 목적원소 측정에 방해되는 간섭원소 배제를 위한 간섭원소의 상대원소 첨가
② 은폐제나 킬레이트제의 첨가
③ 이온화 전압이 높은 원소를 첨가
④ 목적원소의 용매 추출

해설 이온화 전압이 더 낮은 원소 등을 첨가하여 목적원소의 이온화를 방지하여 간섭을 피할 수 있다.

제4과목 : **수질환경 관계법규**

61 배출부과금을 부과할 때 고려할 사항이 아닌 것은?

① 수질오염물질의 배출기간
② 배출되는 수질오염물질의 종류
③ 배출허용기준 초과 여부
④ 배출되는 오염물질농도

해설 물환경보전법 제41조 제2항 참조

62 정당한 사유 없이 공공수역에 특정수질유해물질을 누출·유출하거나 버린 자에게 부가되는 벌칙기준은?

① 2년 이하의 징역 또는 2천만원 이하의 벌금
② 3년 이하의 징역 또는 3천만원 이하의 벌금
③ 5년 이하의 징역 또는 5천만원 이하의 벌금
④ 7년 이하의 징역 또는 7천만원 이하의 벌금

해설 물환경보전법 제77조 참조

63 환경기술인 등의 교육을 받게 하지 아니한 자에 대한 과태료 처분기준은?

① 과태료 300만원 이하
② 과태료 200만원 이하
③ 과태료 100만원 이하
④ 과태료 50만원 이하

해설 물환경보전법 제82조 제3항 참조

64 다음 (   ) 안에 알맞은 내용은?

> 배출시설을 설치하려는 자는 (㉠)으로 정하는 바에 따라 환경부 장관의 허가를 받거나 환경부 장관에게 신고하여야 한다. 다만, 규정에 의하여 폐수무방류배출시설을 설치하려는 자는 (㉡).

① ㉠ 환경부령,
 ㉡ 환경부 장관의 허가를 받아야 한다.
② ㉠ 대통령령,
 ㉡ 환경부 장관의 허가를 받아야 한다.
③ ㉠ 환경부령,
 ㉡ 환경부 장관에게 신고하여야 한다.
④ ㉠ 대통령령,
 ㉡ 환경부 장관에게 신고하여야 한다.

해설 물환경보전법 제33조 제1항 참조

65 국립환경과학원장이 설치·운영하는 측정망의 종류에 해당하지 않는 것은?

① 생물 측정망
② 공공수역 오염원 측정망
③ 퇴적물 측정망
④ 비점오염원에서 배출되는 비점오염물질 측정망

해설 물환경보전법 시행규칙 제22조 참조

66 폐수의 처리능력과 처리가능성을 고려하여 수탁하여야 하는 준수사항을 지키지 아니한 폐수처리업자에 대한 벌칙기준은?

① 3년 이하의 징역 또는 3천만원 이하의 벌금
② 2년 이하의 징역 또는 2천만원 이하의 벌금
③ 1년 이하의 징역 또는 1천만원 이하의 벌금
④ 5백만원 이하의 벌금

해설 물환경보전법 제79조 참조

67 공공폐수처리시설의 관리·운영자가 처리시설의 적정운영 여부를 확인하기 위하여 실시하여야 하는 방류수 수질의 검사주기는? (단, 처리시설은 2,000㎥/일 미만)

① 매분기 1회 이상 ② 매분기 2회 이상
③ 월 2회 이상   ④ 월 1회 이상

해설 물환경보전법 시행규칙 별표 15 참조
참고 2,000㎥/일 이상은 주 1회 이상 실시

68 2회 연속 채취 시 남조류 세포수가 50,000세포/mL인 경우의 수질오염경보단계는? (단, 조류경보, 상수원 구간 기준)

① 관심   ② 경계
③ 조류 대발생   ④ 해제

해설 물환경보전법 시행령 별표 3 제1호 참조

69 대권역 물환경관리계획의 수립에 포함되어야 하는 사항이 아닌 것은?

① 배출허용기준 설정계획
② 상수원 및 물 이용현황
③ 수질오염 예방 및 저감 대책
④ 점오염원, 비점오염원 및 기타 수질오염원에서 배출되는 수질오염물질의 양

해설 물환경보전법 제24조 제2항 참조

70 폐수처리업의 등록기준 중 폐수재이용업의 기술능력 기준으로 옳은 것은 다음 중 어느 것인가?

① 수질환경산업기사, 화공산업기사 중 1명 이상

② 수질환경산업기사, 대기환경산업기사, 화공산업기사 중 1명 이상

③ 수질환경기사, 대기환경기사 중 1명 이상

④ 수질환경산업기사, 대기환경기사 중 1명 이상

해설 물환경보전법 시행규칙 별표 20 참조

71 초과부과금 산정기준 중 1킬로그램당 부과금액이 가장 큰 수질오염물질은 다음 중 어느 것인가?

① 6가크롬 화합물

② 납 및 그 화합물

③ 카드뮴 및 그 화합물

④ 유기인 화합물

해설 물환경보전법 시행령 별표 14 참조

72 환경부 장관이 측정결과를 전산처리할 수 있는 전산망을 운영하기 위하여 수질원격감시체계 관제센터를 설치·운영하는 곳은 다음 중 어느 것인가?

① 국립환경과학원

② 유역환경청

③ 한국환경공단

④ 시·도 보건환경연구원

해설 물환경보전법 시행령 제37조 제1항 참조

73 수질오염방지시설 중 물리적 처리시설에 해당되는 것은?

① 응집시설

② 흡착시설

③ 침전물 개량시설

④ 중화시설

해설 물환경보전법 시행규칙 별표 5 참조

74 폐수처리업 중 폐수재이용업에서 사용하는 폐수운반차량의 도장 색깔로 적절한 것은 어느 것인가?

① 황색

② 흰색

③ 청색

④ 녹색

해설 물환경보전법 시행규칙 별표 20 참조

75 다음 중 특정수질유해물질이 아닌 것은 어느 것인가?

① 불소와 그 화합물

② 셀레늄과 그 화합물

③ 구리와 그 화합물

④ 테트라클로로에틸렌

해설 물환경보전법 시행규칙 별표 3 참조

76 수질 및 수생태계 환경기준 중 해역인 경우 생태기반 해수 수질 기준으로 옳은 것은? (단, Ⅴ(아주 나쁨) 등급)

① 수질평가 지수값 : 30 이상

② 수질평가 지수값 : 40 이상

③ 수질평가 지수값 : 50 이상

④ 수질평가 지수값 : 60 이상

해설 환경정책기본법 시행령 별표 제3호 라목 참조

77 수질 및 수생태계 환경기준 중 하천(사람의 건강보호 기준)에 대한 항목별 기준값으로 틀린 것은?

① 비소 : 0.05mg/L 이하

② 납 : 0.05mg/L 이하

③ 6가크롬 : 0.05mg/L 이하

④ 수은 : 0.05mg/L 이하

해설 환경정책기본법 시행령 별표 제3호 가목 참조

설명 수은 : 검출되어서는 안됨(검출한계 0.001mg/L)

78 낚시제한구역에서의 제한사항에 관한 내용으로 틀린 것은? (단, 안내판 내용기준)

① 고기를 잡기 위하여 폭발물·배터리·어망 등을 이용하는 행위

② 낚시바늘에 끼워서 사용하지 아니하고 고기를 유인하기 위하여 떡밥·어분 등을 던지는 행위

③ 1개의 낚시대에 3개 이상의 낚시바늘을 사용하는 행위

④ 1인당 4대 이상의 낚시대를 사용하는 행위

[해설] 물환경보전법 시행규칙 제30조 참조
[설명] 1개의 낚시대에 5개 이상의 낚시바늘을 떡밥과 뭉쳐서 미끼로 던지는 행위

79 초과배출부과금 부과대상 수질오염물질의 종류가 아닌 것은?

① 아연 및 그 화합물
② 벤젠
③ 페놀류
④ 트리클로로에틸렌

[해설] 물환경보전법 시행령 제46조 참조

80 물환경보전법에서 사용되는 용어의 정의로 틀린 것은?

① 강우유출수 : 비점오염원의 수질오염물질이 섞여 유출되는 빗물 또는 눈 녹은 물 등을 말한다.

② 공공수역 : 하천, 호소, 항만, 연안해역, 그 밖에 공공용으로 사용되는 수역과 이에 접속하여 공공용으로 사용되는 대통령령으로 정하는 수로를 말한다.

③ 기타 수질오염원 : 점오염원 및 비점오염원으로 관리되지 아니하는 수질오염물질을 배출하는 시설 또는 장소로서 환경부령으로 정하는 것을 말한다.

④ 수질오염물질 : 수질오염의 요인이 되는 물질로서 환경부령으로 정하는 것을 말한다.

[해설] 물환경보전법 제2조 참조
[설명] 대통령령 → 환경부령

2018년 제3회 수질환경산업기사 기/출/문/제

제1과목 : 수질오염 개론

01 물의 특성으로 가장 거리가 먼 것은?

① 물의 표면장력은 온도가 상승할수록 감소한다.

② 물은 4℃에서 밀도가 가장 크다.

③ 물의 여러 가지 특성은 물의 수소결합 때문에 나타난다.

④ 융해열과 기화열이 작아 생명체의 열적안정을 유지할 수 있다.

해설 융해열과 기화열이 커서 생명체의 열적안정을 유지할 수 있다.

02 생물학적 오탁지표들에 대한 설명이 바르지 않은 것은?

① BIP(Biological Index of Pollution) : 현미경적인 생물을 대상으로 하여 전 생물 수에 대한 동물성 생물 수의 백분율을 나타낸 것으로, 값이 클수록 오염이 심하다.

② BI(Biotix Index) : 육안적 동물을 대상으로 전 생물 수에 대한 청수성 및 광범위하게 출현하는 미생물의 백분율을 나타낸 것으로, 값이 클수록 깨끗한 물로 판정된다.

③ TSI(Trophic State Index) : 투명도, 투명도와 클로로필 농도의 상관관계 및 투명도와 총인의 상관관계를 이용한 부영양화도 지수를 나타내는 것이다.

④ SDI(Species Diversity Index) : 종의 수와 개체 수의 비로 물의 오염도를 나타내는 지표로, 값이 클수록 종의 수는 적고 개체 수는 많다.

해설 값이 적을수록 종의 수는 적고 개체 수는 많다.

참고 종다양성지수(SDI)$=(S-1)/\log N$
여기서, S : 종의 수, N : 개체 수
오염이 심한 하천일수록 SDI 값은 감소한다. 즉, 종의 수는 적고, 개체 수(마리 수)는 많다.

03 0.1M−NaOH의 농도를 mg/L로 나타낸 것은?

① 4　　　　　② 40

③ 400　　　　④ 4,000

해설 NaOH 1mol$=40$g$=40\times10^3$mg
∴ 농도$=0.1$mol/L$\times40\times10^3$mg/mol$=4,000$mg/L

04 호소의 부영양화 현상에 관한 설명 중 옳은 것은?

① 부영양화가 진행되면 COD와 투명도가 낮아진다.

② 생물종의 다양성은 증가하고 개체 수는 감소한다.

③ 부영양화의 마지막 단계에는 청록조류가 번식한다.

④ 표수층에는 산소의 과포화가 일어나고 pH가 감소한다.

해설 ① 부영양화가 진행되면 COD는 높아지고 투명도는 낮아진다.
② 생물종의 다양성은 감소하고 개체 수는 증가한다.
④ pH가 높아진다.

05 0.04N의 초산이 8% 해리되어 있다면 이 수용액의 pH는?

① 2.5　　　　② 2.7

③ 3.1　　　　④ 3.3

해설 $[H^+]=C\cdot\alpha=0.04\times\dfrac{8}{100}=3.2\times10^{-3}$mol/L

$pH=-\log[H^+]=-\log(3.2\times10^{-3})$
　　　$=3-\log3.2=2.495$

06 물의 밀도에 대한 설명으로 틀린 것은?

① 물의 밀도는 3.98℃에서 최대값을 나타낸다.
② 해수의 밀도가 담수의 밀도보다 큰 값을 나타낸다.
③ 물의 밀도는 3.98℃보다 온도가 상승하거나 하강하면 감소한다.
④ 물의 밀도는 비중량을 부피로 나눈 값이다.

해설 물의 밀도는 질량을 부피로 나눈 값이다.

참고 밀도와 비중량과의 관계

$$W = mg$$
$$m = \frac{W}{g}$$
$$\rho = \frac{m}{V} = \frac{W}{V \cdot g} = \frac{W_o}{g}$$
$$W_o = \rho \cdot g$$

W : 무게
m : 질량
g : 중력가속도
ρ : 밀도
$\frac{W}{V}$: 비중량(W_o)

07 일반적으로 물속의 용존산소(DO) 농도가 증가하게 되는 경우는?

① 수온이 낮고, 기압이 높을 때
② 수온이 낮고, 기압이 낮을 때
③ 수온이 높고, 기압이 높을 때
④ 수온이 높고, 기압이 낮을 때

해설 물속의 용존산소(DO)는 수온이 낮고, 기압이 높을 때 증가한다.

08 지하수의 특징이라 할 수 없는 것은?

① 세균에 의한 유기물 분해가 주된 생물작용이다.
② 자연 및 인위의 국지적인 조건의 영향을 크게 받기 쉽다.
③ 분해성 유기물질이 풍부한 토양을 통과하게 되면 물은 유기물의 분해산물인 탄산가스 등을 용해하여 산성이 된다.
④ 비교적 낮은 곳의 지하수일수록 지층과의 접촉시간이 길어 경도가 높다.

해설 길어 → 짧아, 높다 → 낮다

09 전해질 M_2X_3의 용해도적 상수에 대한 표현으로 옳은 것은?

① $K_{sp} = [M^{3+}][X^{2-}]$
② $K_{sp} = [2M^{3+}][3X^{2-}]$
③ $K_{sp} = [2M^{3+}]^2[3X^{2-}]^3$
④ $K_{sp} = [M^{3+}]^2[X^{2-}]^3$

해설 $M_2X_3 \rightleftarrows 2M^{3+} + 3X^{2-}$
$K_{sp} = [M^{3+}]^2[X^{2-}]^3$

10 해수의 주요 성분(Holy seven)으로 볼 수 없는 것은?

① 중탄산염　　② 마그네슘
③ 아연　　　　④ 황산염

해설 해수의 주요성분 7가지(Holy seven)

성 분	농도(mg/L)	성 분	농도(mg/L)
Cl^-	18,900	Ca^{2+}	400
Na^+	10,560	K^+	380
SO_4^{2-}	2,560	HCO_3^-	142
Mg^{2+}	1,270	–	–

11 다음 중 적조 발생지역과 가장 거리가 먼 것은?

① 정체 수역
② 질소, 인 등의 영양염류가 풍부한 수역
③ upwelling 현상이 있는 수역
④ 갈수기 시 수온, 염분이 급격히 높아진 수역

해설 우기 시 수온 상승, 염분이 낮아진 수역

12 1차 반응에서 반응개시의 물질 농도가 220mg/L이고, 반응 1시간 후의 농도는 94mg/L이었다면 반응 8시간 후의 물질의 농도(mg/L)는?

① 0.12　　　② 0.25
③ 0.36　　　④ 0.48

해설 $\ln \frac{C}{C_o} = -Kt$ 에서

$$K = \frac{1}{t}\ln \frac{C_o}{C} = \frac{1}{1hr}\ln \frac{220}{94} = 0.85/hr$$

위 식에서
$$C = C_o e^{-kt} = 220 \times e^{-0.85 \times 8} = 0.245mg/L$$

13 음용수를 염소 소독할 때 살균력이 강한 것부터 약한 순서로 나열한 것은?

> ⊙ OCl⁻
> ⓒ HOCl
> ⓒ Chloramine

① ⊙ → ⓒ → ⓒ ② ⓒ → ⊙ → ⓒ
③ ⓒ → ⊙ → ⓒ ④ ⊙ → ⓒ → ⓒ

해설 살균력 : $HOCl > OCl^- > Chloramine$

14 질소순환과정에서 질산화를 나타내는 반응은?

① $N_2 \rightarrow NO_2^- \rightarrow NO_3^-$
② $NO_3^- \rightarrow NO_2^- \rightarrow N_2$
③ $NO_3^- \rightarrow NO_2^- \rightarrow NH_3$
④ $NH_3 \rightarrow NO_2^- \rightarrow NO_3^-$

해설 질산화 : $NH_3 \rightarrow NO_2^- \rightarrow NO_3^-$

15 Ca^{2+}이온의 농도가 450mg/L인 물의 환산경도 ($CaCO_3$mg/L)는? (단, Ca 원자량=40)

① 1,125 ② 1,250
③ 1,350 ④ 1,450

해설 경도($CaCO_3$mg/L)$= M^{2+}$mg/L$\times \dfrac{50}{M^{2+}당량}$

$= 450$mg/L$\times \dfrac{50}{20}$

$= 1,125$mg/L

16 폐수의 BOD_u 가 120mg/L이며 K_1(상용대수) 값이 0.2/day라면 5일 후 남아 있는 BOD(mg/L)는?

① 10 ② 12
③ 14 ④ 16

해설 $L_t = L_a \cdot 10^{-k_1 t}$ 에서,

$L_5 = 120 \times 10^{-0.2 \times 5} = 12$mg/L

17 박테리아의 경험적인 화학적 분자식이 $C_5H_7O_2N$ 이면 100g의 박테리아가 산화될 때 소모되는 이론적 산소량(g)은? (단, 박테리아의 질소는 암모니아로 전환된다.)

① 92 ② 101
③ 124 ④ 142

해설 $C_5H_7O_2N + 5O_2 \rightarrow 5CO_2 + 2H_2O + NH_3$
     113g   : 160g

∴ 산소 소모량$= 100$g$\times \dfrac{160}{113} = 141.6$g

18 호수가 빈영양 상태에서 부영양 상태로 진행되는 과정에서 동반되는 수환경의 변화가 아닌 것은?

① 심수층의 용존산소량 감소
② pH의 감소
③ 어종의 변화
④ 질소 및 인과 같은 영양염류의 증가

해설 pH 증가

19 과대한 조류의 발생을 방지하거나 조류를 제거하기 위하여 일반적으로 사용하는 것은?

① E.D.T.A. ② $NaSO_4$
③ $Ca(OH)_2$ ④ $CuSO_4$

해설 조류 제거를 위해 일반적으로 사용하는 약품은 $CuSO_4$ 이다.

20 다음 중 조류의 경험적 화학분자식으로 가장 적절한 것은?

① $C_4H_7O_2N$ ② $C_5H_8O_2N$
③ $C_6H_9O_2N$ ④ $C_7H_{10}O_2N$

해설 $C_5H_8O_2N$

제2과목 :: **수질오염 방지기술**

21 27mg/L의 암모늄이온(NH_4^+)을 함유하고 있는 폐수를 이온교환수지로 처리하고자 한다. 1,667m³의 폐수를 처리하기 위해 필요한 양이온교환수지의 용적(m³)은? (단, 양이온교환수지 처리능력 100,000g $CaCO_3$/m³, Ca 원자량=40)

① 0.60 ② 0.85
③ 1.25 ④ 1.50

해설 $2NH_4^+ + CaCO_3 \rightleftarrows (NH_4)_2CO_3 + 2Ca^{2+}$
$(2\times18g) : (100g)$
폐수 내 NH_4^+ 함유량$=27g/m^3\times1,667m^3$
$= 45,009g$

$\therefore$ 양이온교환수지 필요용적$=\dfrac{45,009g\times\dfrac{100}{2\times18}}{100,000g/m^3}$
$= 1.25m^3$

22 BOD 150mg/L, 유량 1,000m³/day인 폐수를 250m³의 유효용량을 가진 포기조로 처리할 경우 BOD 용적부하(kg/m³·day)는?

① 0.2　　　　② 0.4
③ 0.6　　　　④ 0.8

해설 BOD 용적부하$=\dfrac{BOD\cdot Q}{V}$
$=\dfrac{150g/m^3\times1,000m^3/day\times10^{-3}kg/g}{250m^3}$
$= 0.6kg/m^3\cdot day$

23 고형물의 농도가 15%인 슬러지 100kg을 건조상에서 건조시킨 후 수분이 20%로 되었다. 제거된 수분의 양(kg)은? (단, 슬러지 비중 1.0)

① 약 18.8　　　　② 약 37.6
③ 약 62.6　　　　④ 약 81.3

해설 슬러지=수분+고형물
100kg (85%)　15%　← 건조 전
　　　20%　(80%)　← 건조 후
슬러지 중 고형물량(무게)$=100\times0.15=15kg$
슬러지를 건조시키면 수분은 감소하고 고형물량은 변함이 없으므로
건조 후 슬러지량(무게)$=15kg\times\dfrac{100}{100-20}=18.75kg$
$\therefore$ 수분 제거량$=100-18.75=81.25kg$

24 2차 처리수 중에 함유된 질소, 인 등의 영양염류는 방류수역의 부영양화의 원인이 된다. 폐수 중의 인을 제거하기 위한 처리방법으로 가장 거리가 먼 것은?

① 황산반토(alum)에 의한 응집
② 석회를 투입하여 아파타이트 형태로 고정
③ 생물학적 탈인
④ Air stripping

해설 보기 ④는 암모니아 제거(탈기) 방법이다.

25 염소이온 농도가 5,000mg/L인 분뇨를 처리한 결과 80%의 염소이온 농도가 제거되었다. 이 처리수에 희석수를 첨가하여 처리한 결과 염소이온 농도가 200mg/L가 되었다면 이 때 사용한 희석배수(배)는?

① 2　　　　② 5
③ 20　　　　④ 25

해설 분뇨처리 후 염소이온 농도$=5,000mg/L\times(1-0.8)$
$=1,000mg/L$
희석 후 염소이온 농도$=200mg/L$
$\therefore$ 희석배수$=\dfrac{\text{희석 전 농도}}{\text{희석 후 농도}}=\dfrac{1,000}{200}=5$배

26 콜로이드 평형을 이루는 힘인 인력과 반발력 중에서 반발력의 주요 원인이 되는 것은?

① 제타 포텐셜　　② 중력
③ 반 데르 발스 힘　④ 표면장력

해설 반발력의 주요 원인이 되는 것은 제타 포텐셜(Zeta Potential)이다.

27 100m³/day로 유입되는 도금폐수의 CN 농도가 200mg/L이었다. 폐수를 알칼리 염소법으로 처리하고자 할 때 요구되는 이론적 염소량(kg/day)은? (단, $2CN^-+5Cl_2+4H_2O\rightarrow 2CO_2+N_2+8HCl+2Cl^-$, Cl_2 분자량=71)

① 136.5　　　　② 142.3
③ 168.2　　　　④ 204.8

해설 주어진 반응식에서
$2CN^-$: $5Cl_2=2\times26g$: $5\times71g$
$\therefore$ 염소 요구량$=200g/m^3\times100m^3/day\times10^{-3}kg/g$
$\times\dfrac{5\times71}{2\times26}=136.54kg/day$

28 5% Alum을 사용하여 Jar Test한 최적결과가 다음과 같다면 Alum의 최적주입농도(mg/L)는? (단, 5% Alum 비중=1.0, Alum 주입량=3mL, 시료량=500mL)

① 300　　　　② 400
③ 600　　　　④ 900

해설 5%=50,000mg/kg=50,000mg/L (∵ 비중=1.0)

Alum 주입량(무게)=50,000mg/L×0.003L

$\quad\quad$ =150mg

∴ Alum 최적주입농도=$\dfrac{150mg}{0.5L}$=300mg/L

29 정상상태로 운전되는 포기조의 용존산소 농도 3mg/L, 용존산소 포화농도 8mg/L, 포기조 내 측정된 산소전달속도(γ_{O_2}) 40mg/L·hr일 때 총괄 산소전달계수(K_La, hr^{-1})는?

① 6 $\quad\quad\quad\quad\quad$ ② 8

③ 10 $\quad\quad\quad\quad\quad$ ④ 12

해설 $\dfrac{dO}{dt} = K_La(C_s - C_t) - \gamma_{O_2}$

정상상태에서 $\dfrac{dO}{dt}=0$이므로 $\gamma_{O_2} = K_La(C_s - C_t)$

∴ $K_La = \dfrac{\gamma_{O_2}}{C_s - C_t} = \dfrac{40mg/L \cdot hr}{(8-3)mg/L} = 8hr^{-1}$

30 물리, 화학적 질소제거 공정 중 이온교환에 관한 설명으로 틀린 것은?

① 생물학적 처리 유출수 내의 유기물이 수지의 접착을 야기한다.

② 고농도의 기타 양이온이 암모니아 제거능력을 증가시킨다.

③ 재사용 가능한 물질(암모니아 용액)이 생산된다.

④ 부유물질 축적에 의한 과다한 수두손실을 방지하기 위하여 여과에 의한 전처리가 일반적으로 필요하다.

해설 고농도의 기타 양이온이 암모니아 제거능력을 감소시킨다.

31 유입하수량 20,000m³/day, 유입 BOD 200mg/L, 폭기조 용량 1,000m³, 폭기조 내 MLSS 1,750mg/L, BOD 제거율 90%, BOD의 세포합성률(Y) 0.55, 슬러지의 자산화율 0.08day^{-1}일 때, 잉여슬러지 발생량(kg/day)은?

① 1,680 $\quad\quad\quad\quad$ ② 1,720

③ 1,840 $\quad\quad\quad\quad$ ④ 1,920

해설 $X_w = YS_r - K_o X$

$Y = 0.55$

$S_r = 200g/m^3 \times 20,000m^3/day \times 0.9 \times 10^{-3}kg/g$

$\quad = 3,600kg/day$

$K_o = 0.08/day$

$X = 1,750g/m^3 \times 1,000m^3 \times 10^{-3}kg/g$

$\quad = 1,750kg$

∴ $X_w = 0.55 \times 3,600kg/day - 0.08/day \times 1,750kg$

$\quad\quad = 1,840kg/day$

32 폐수의 생물학적 질산화 반응에 관한 설명으로 틀린 것은?

① 질산화 반응에는 유기탄소원이 필요하다.

② 암모니아성 질소에서 아질산성 질소로의 산화반응에 관여하는 미생물은 *Nitrosomo-nas*이다.

③ 질산화 반응은 온도 의존적이다.

④ 질산화 반응은 호기성 폐수처리 시 진행된다.

해설 질산화 반응에는 무기탄소원이 필요하고, 탈질산화 반응에는 유기탄소원이 필요하다.

33 일반적인 슬러지처리 공정의 순서로 옳은 것은?

① 안정화 → 개량 → 농축 → 탈수 → 소각

② 농축 → 안정화 → 개량 → 탈수 → 소각

③ 개량 → 농축 → 안정화 → 탈수 → 소각

④ 탈수 → 개량 → 안정화 → 농축 → 소각

해설 농축 → 안정화 → 개량 → 탈수 → 소각

34 생물학적 회전원판법(RBC)에서 원판의 지름이 2.6m, 600매로 구성되었고, 유입수량 1,000m³/day, BOD 200mg/L인 경우 BOD 부하(g/m²·day)는? (단, 회전원판은 양면사용 기준)

① 23.6 $\quad\quad\quad\quad$ ② 31.4

③ 47.2 $\quad\quad\quad\quad$ ④ 51.6

해설 BOD 부하(g/m² · day)=$\dfrac{\text{BOD 유입량(g/day)}}{\text{원판 표면적(m}^2)}$

원판 표면적(m²)=$\left(\dfrac{\pi \times 2.6^2}{4}\right)$m²/매×600매×2(양면)

$\quad\quad = 6371.15m^2$

∴ BOD 부하 = $\dfrac{200g/m^3 \times 1,000m^3/day}{6371.15m^2}$

$\quad\quad = 31.39g/m^2 \cdot day$

35 소규모 하·폐수처리에 적합한 접촉산화법의 특징으로 틀린 것은?

① 반송 슬러지가 필요하지 않으므로 운전관리가 용이하다.

② 부착 생물량을 임의로 조정할 수 없기 때문에 조작 조건의 변경에 대응하기 어렵다.

③ 반응조 내 여재를 균일하게 포기 교반하는 조건 설정이 어렵다.

④ 비표면적이 큰 접촉재를 사용하여 부착 생물량을 다량으로 보유할 수 있기 때문에 유입 기질의 변동에 유연히 대응할 수 있다.

해설 접촉산화법은 부착미생물을 임의로 조정할 수 있어서 조작 조건의 변경에 대응하기 쉽다.

36 2.5mg/L의 6가크롬이 함유되어 있는 폐수를 황산제일철($FeSO_4$)로 환원처리 하고자 한다. 이론적으로 필요한 황산제일철의 농도(mg/L)는? (단, 산화환원 반응 : $Na_2Cr_2O_7 + 6FeSO_4 + 7H_2SO_4 \rightarrow Cr_2(SO_4)_3 + 3Fe_2(SO_4)_3 + 7H_2O + Na_2SO_4$, 원자량 S=32, Fe=56, Cr=52)

① 11.0

② 16.4

③ 21.9

④ 43.8

해설 주어진 반응식에서

$2Cr : 6FeSO_4 = 2 \times 52g : 6 \times 152g$

∴ 이론적으로 필요한 황산제일철 농도

$= 2.5mg/L \times \dfrac{6 \times 152}{2 \times 52} = 21.92mg/L$

37 생물막을 이용한 처리방법 중 접촉산화법의 장점으로 틀린 것은?

① 분해속도가 낮은 기질제거에 효과적이다.

② 부하, 수량변동에 대하여 완충능력이 있다.

③ 슬러지 반송이 필요 없고, 슬러지 발생량이 적다.

④ 고부하에 따른 공극 폐쇄위험이 작다.

해설 접촉산화법은 고부하 시 매체공극 폐쇄위험이 크다.

38 일반적으로 분류식 하수관거로 유입되는 물의 종류와 가장 거리가 먼 것은?

① 가정하수

② 산업폐수

③ 우수

④ 침투수

해설 우수는 합류식 하수관거에 유입된다.

39 하나의 반응탱크 안에서 시차를 두고 유입, 반응, 침전, 유출 등의 각 과정을 거치도록 되어 있는 생물학적 고도처리 공정은?

① SBR

② UCT

③ A/O

④ A²/O

해설 문제의 설명은 SBR(연속회분식 반응조) 공정에 대한 내용이다.

40 교반장치의 설계와 운전에 사용되는 속도경사의 차원을 나타낸 것으로 옳은 것은?

① [LT] ② [LT^{-1}]

③ [T^{-1}] ④ [L^{-1}]

해설 $G = \sqrt{\dfrac{P}{\mu V}}$, $P = G^2 \mu V$에서 속도경사 G의 단위는 sec^{-1}으로서 단위차원은 T^{-1}이다.

제3과목 **수질오염 공정시험기준**

41 시료채취량 기준에 관한 내용으로 ( )에 들어갈 내용으로 적합한 것은?

> 시험항목 및 시험횟수에 따라 차이가 있으나 보통 ( ) 정도이어야 한다.

① 1~2L ② 3~5L

③ 5~7L ④ 8~10L

해설 3~5L

42 탁도 측정 시 사용되는 탁도계의 설명으로 ( )에 들어갈 내용으로 적합한 것은?

> 광원부와 광전자식 검출기를 갖추고 있으며, 검출한계가 ( )NTU 이상인 NTU 탁도계로서 광원인 텅스텐필라멘트는 2,200~3,000K 온도에서 작동하고 측정튜브 내의 투사광과 산란광의 총 통과거리는 10cm를 넘지 않아야 한다.

① 0.01   ② 0.02
③ 0.05   ④ 0.1

해설 검출한계 : 0.02NTU

43 이온 크로마토그래프로 분석할 때 머무름시간이 같은 물질이 존재할 경우 방해를 줄일 수 있는 방법으로 틀린 것은?

① 컬럼 교체
② 시료 희석
③ 용리액 조성 변경
④ 0.2μm막 여과지로 여과

해설 보기 ④의 내용은 전처리로서 고체 미립자를 제거하는 방법이다.

44 납(Pb)의 정량방법 중 자외선/가시선 분광법에 사용되는 시약이 아닌 것은?

① 에틸렌디아민용액
② 사이트르산이암모늄용액
③ 암모니아수
④ 시안화칼륨용액

해설 ② : 침전방지제
③ : pH 8.5~10으로 조절
④ : Ni, Co의 억제제

45 수용액의 pH 측정에 관한 설명으로 틀린 것은?

① pH는 수소이온농도 역수의 상용대수값이다.
② pH는 기준전극과 비교전극의 양전극간에 생성되는 기전력의 차를 이용하여 구한다.
③ 시료의 온도와 표준액의 온도차는 ±5℃ 이내로 맞춘다.

④ pH 10 이상에서 나트륨에 의해 오차가 발생할 수 있는데, 이는 "낮은 나트륨 오차 전극"을 사용하여 줄일 수 있다.

해설 시료의 온도와 표준액의 온도차는 ±1℃ 이내로 맞춘다.

46 배출허용기준 적합여부 판정을 위한 복수시료 채취방법에 대한 기준으로 ( )에 알맞은 것은?

> 자동시료채취기로 시료를 채취할 경우에 6시간 이내에 30분 이상 간격으로 ( ) 이상 채취하여 일정량의 단일시료로 한다.

① 1회   ② 2회
③ 4회   ④ 8회

해설 2회

47 다음 실험에서 종말점 색깔을 잘못 나타낸 것은?

① 용존산소 - 무색
② 염소이온 - 엷은 적황색
③ 산성 100℃ 과망간산칼륨에 의한 COD - 엷은 홍색
④ 노말헥산추출물질 - 적색

해설 노말헥산 추출물질 측정법은 적정법이 아니므로 종말점 색깔과는 무관하다.

48 시료채취 시 유의사항으로 옳지 않은 것은?

① 휘발성 유기화합물 분석용 시료를 채취할 때에는 뚜껑의 격막을 만지지 않도록 주의하여야 한다.
② 환원성 물질 분석용 시료의 채취병을 뒤집어 공기방울이 확인되면 다시 채취하여야 한다.
③ 천부층 지하수의 시료채취 시 고속 양수펌프를 이용하여 신속히 시료를 채취하여 시료 영향을 최소화한다.
④ 시료채취 시에 시료채취시간, 보존제 사용여부, 매질 등 분석결과에 영향을 미칠 수 있는 사항을 기재하여 분석자가 참고할 수 있도록 한다.

해설 지하수 시료채취 시 심부층의 경우 저속 양수펌프 등을 이용하여 반드시 저속 시료채취하여 시료교란을 최소화하여야 하며, 천부층의 경우 저속 양수펌프 또는 정량 이송펌프 등을 사용한다.

49 유도결합플라스마 발광광도계의 조작법 중 설정조건에 대한 설명으로 틀린 것은?

① 고주파 출력은 수용액 시료의 경우 0.8~1.4kW, 유기용매 시료의 경우 1.5~2.5kW로 설정한다.

② 가스유량은 일반적으로 냉각가스 10~18L/min, 보조가스 5~10L/min 범위이다.

③ 분석선(파장)의 설정은 일반적으로 가장 감도가 높은 파장을 설정한다.

④ 플라스마 발광부 관측높이는 유도코일 상단으로부터 15~18mm 범위에 측정하는 것이 보통이다.

해설 보조가스 : 0~2L/min
참고 운반가스 : 0.5~2L/min

50 수질측정 항목과 최대보존기간을 짝지은 것으로 잘못 연결된 것은? (단, 항목 - 최대보존기간)

① 색도 - 48시간　② 6가크롬 - 24시간

③ 비소 - 6개월　④ 유기인 - 28일

해설 유기인 - 7일

51 자외선/가시선분광법을 적용한 불소 측정방법으로 ( ) 안에 옳은 내용은?

> 물속에 존재하는 불소를 측정하기 위해 시료에 넣은 란탄알리자린 콤프렉손의 착화합물이 불소이온과 반응하여 생성하는 (　　)에서 측정하는 방법이다.

① 적색의 복합 착화합물의 흡광도를 560nm

② 청색의 복합 착화합물의 흡광도를 620nm

③ 황갈색의 복합 착화합물의 흡광도를 460nm

④ 적자색의 복합 착화합물의 흡광도를 520nm

해설 청색의 복합 착화합물의 흡광도를 620nm에서 측정

52 유도결합플라스마-원자발광분석법에 의해 측정이 불가능한 물질은?

① 염소　　　　　② 비소

③ 망간　　　　　④ 철

해설 유도결합플라스마-원자발광분석법에 의해 측정가능물질 : 구리(Cu), 납(Pb), 니켈(Ni), 망간(Mn), 비소(As), 아연(Zn), 안티몬(Sb), 철(Fe), 카드뮴(Cd), 크롬(Cr), 6가크롬(Cr^{6+}), 바륨(Ba), 주석(Sn) 등 금속류

53 원자흡수분광광도법의 원소와 불꽃연료가 잘못 짝지어진 것은?

① 구리 : 공기 - 아세틸렌

② 바륨 : 아산화질소 - 아세틸렌

③ 비소 : 냉증기

④ 망간 : 공기 - 아세틸렌

해설 비소는 셀레늄(Se)과 같이 환원기화법(수소화물생성법)으로 측정하며, 불꽃연료는 아르곤(또는 질소) - 수소이다.

54 수중의 용존산소와 관련된 설명으로 틀린 것은?

① 하천의 DO가 높을 경우 하천의 오염정도는 낮다.

② 수중의 DO는 온도가 낮을수록 감소한다.

③ 수중의 DO는 가해지는 압력이 클수록 증가한다.

④ 용존산소의 20℃ 포화농도는 9.17ppm이다.

해설 수중의 DO는 온도가 낮을수록 증가한다.

55 그림과 같은 개수로(수로의 구성재질과 수로단면의 형상이 일정하고 수로의 길이가 적어도 10m까지 똑바른 경우)가 있다. 수심 1m, 수로폭 2m, 수면경사 $\dfrac{1}{1,000}$인 수로의 평균유속($C(Ri)^{0.5}$)을 케이지(Chezy)의 유속공식으로 계산하였을 때 유량(m³/min)은? (단, Bazin의 유속계수 $C = \dfrac{87}{1+\dfrac{r}{\sqrt{R}}}$ 이며, $R = \dfrac{Bh}{B+2h}$ 이고, $r = 0.46$이다.)

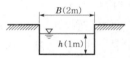

① 102　　　　　② 122

③ 142　　　　　④ 162

해설 $V = C(Ri)^{0.5}$ 에서

$$C = \frac{87}{1 + \dfrac{0.46}{\sqrt{0.5}}} = 52.71$$

$$R = \frac{Bh}{B+2h} = \frac{2 \times 1}{2 + 2 \times 1} = 0.5\text{m}$$

$$i = \frac{1}{1,000}$$

$$V = 52.71 \left(0.5 \times \frac{1}{1,000} \right)^{0.5} ≒ 1.18\text{m/sec}$$

$$\therefore Q = A \cdot V$$
$$= (2 \times 1)\text{m}^2 \times 1.18\text{m/sec} \times 60\text{sec/min}$$
$$= 141.6\text{m}^3/\text{min}$$

56 수질오염공정시험기준에서 총대장균군의 시험방법이 아닌 것은?

① 막여과법
② 시험관법
③ 균군계수시험법
④ 평판집락법

해설 총대장균군의 시험방법은 보기의 ①, ②, ④이다.

57 다음의 경도와 관련된 설명으로 옳은 것은?

① 경도를 구성하는 물질은 Ca^{2+}, Mg^{2+}, K^+, Na^+ 등이 있다.
② 150mg/L as $CaCO_3$ 이하를 나타낼 경우 연수라고 한다.
③ 경도가 증가하면 세제효과를 증가시켜 세제의 소모가 감소한다.
④ Ca^{2+}, Mg^{2+} 등이 알칼리도를 이루는 탄산염, 중탄산염과 결합하여 존재하면 이를 탄산경도라 한다.

해설 ① 경도를 구성하는 물질 : Ca^{2+}, Mg^{2+}, Fe^{2+}, Mn^{2+}, Sr^{2+}.
② 연수 : 75mg/L as $CaCO_3$ 이하
③ 경도가 증가하면 세제효과를 감소시켜 세제의 소모가 증가한다.

58 용어에 관한 설명 중 틀린 것은?

① "방울수"라 함은 15℃에서 정제수 20방울을 적하할 때, 그 부피가 약 10mL되는 것을 말한다.

② "약"이라 함은 기재된 양에 대하여 ±10% 이상의 차이가 있어서는 안 된다.
③ 무게를 "정확히 단다"라 함은 규정된 수치의 무게를 0.1mg까지 다는 것을 말한다.
④ "항량으로 될 때까지 건조한다"라 함은 같은 조건에서 1시간 더 건조할 때 전후 무게의 차가 g당 0.3mg 이하일 때를 말한다.

해설 "방울수"라 함은 20℃에서 정제수 20방울을 적하할 때 그 부피가 약 1mL되는 것을 뜻한다.

59 자외선/가시선분광법을 이용한 카드뮴 측정방법에 대한 설명으로 ( )에 들어갈 내용으로 적합한 것은?

카드뮴이온을 (㉠)이 존재하는 알칼리성에서 디티존과 반응시켜 생성하는 카드뮴착염을 (㉡)로 추출하고, 추출한 카드뮴착염을 주석산용액으로 역추출한 다음 다시 수산화나트륨과 (㉠)을 넣어 디티존과 반응하여 생성하는 적색의 카드뮴착염을 (㉡)로 추출하고 그 흡광도를 530nm에서 측정하는 방법이다.

① ㉠ : 시안화칼륨, ㉡ : 클로로폼
② ㉠ : 시안화칼륨, ㉡ : 사염화탄소
③ ㉠ : 디메틸글리옥심, ㉡ : 클로로폼
④ ㉠ : 디메틸글리옥심, ㉡ : 사염화탄소

해설 ㉠ : 시안화칼륨, ㉡ : 사염화탄소

60 비소표준원액(1mg/mL)을 100mL 조제할 때 삼산화비소(As_2O_3)의 채취량(mg)은? (단, 비소의 원자량=74.92)

① 37
② 74
③ 132
④ 264

해설 As_2O_3 : $2As = 197.84\text{g}$: 149.84g

$\therefore$ 삼산화비소 채취량 $= 1\text{mg/mL} \times 100\text{mL} \times \dfrac{197.84}{149.84}$

$$= 132.034\text{mg}$$

제4과목 수질환경 관계법규

61 환경정책기본법령에서 수질 및 수생태계 환경기준으로 하천에서 사람의 건강보호 기준이 다른 수질오염물질은?

① 납
② 비소
③ 카드뮴
④ 6가크롬

해설 환경정책기본법 시행령 별표 제3호 가목 참조

설명 납, 비소, 6가크롬 : 0.05mg/L
카드뮴 : 0.005mg/L

62 오염총량관리기본방침에 포함되어야 하는 사항으로 틀린 것은?

① 오염원의 조사 및 오염부하량 산정방법
② 총량관리 단위유역의 자연지리적 오염원 현황과 전망
③ 오염총량관리의 대상 수질오염물질 종류
④ 오염총량관리의 목표

해설 시행령 제4조 참조

설명 오염총량관리 기본방침에 포함되어야 할 사항은 보기 ①, ③, ④ 외에
• 오염총량관리 기본계획의 주체, 내용, 방법 및 시한
• 오염총량관리 시행계획의 내용 및 방법
등이 있다.

63 골프장 안의 잔디 및 수목 등에 맹·고독성 농약을 사용한 자에 대한 벌칙기준으로 적절한 것은?

① 100만원 이하의 과태료
② 1천만원 이하의 과태료
③ 1년 이하의 징역 또는 1천만원 이하의 벌금
④ 3년 이하의 징역 또는 3천만원 이하의 벌금

해설 법 제82조 제6호 참조

64 시·도지사가 희석하여야만 수질오염물질의 처리가 가능하다고 인정할 수 없는 경우는?

① 폐수의 염분 농도가 높아 원래의 상태로는 생물학적 처리가 어려운 경우
② 폐수의 유기물 농도가 높아 원래의 상태로는 생물학적 처리가 어려운 경우
③ 폐수의 중금속 농도가 높아 원래의 상태로는 화학적 처리가 어려운 경우
④ 폭발의 위험 등이 있어 원래의 상태로는 화학적 처리가 어려운 경우

해설 시행규칙 제48조 참조

65 다음 설명에 해당하는 환경부령이 정하는 비점오염관련 관계전문기관으로 옳은 것은?

> 환경부 장관은 비점오염저감계획을 검토하거나 비점오염저감시설을 설치하지 아니하여도 되는 사업장을 인정하려는 때에는 그 적정성에 관하여 환경부령이 정하는 관계전문기관의 의견을 들을 수 있다.

① 국립환경과학원
② 한국환경정책·평가연구원
③ 한국환경기술개발원
④ 한국건설기술연구원

해설 시행규칙 제78조 참조

설명 비점오염관련 관계전문기관은 한국환경공단과 한국환경정책·평가연구원이다.

66 1일 폐수 배출량이 500m³인 사업장은 몇 종 사업장에 해당되는가?

① 제2종 사업장
② 제3종 사업장
③ 제4종 사업장
④ 제5종 사업장

해설 시행령 별표 13 참조

67 물환경보전법상 100만원 이하의 벌금에 해당되는 경우는?

① 환경기술인의 요청을 정당한 사유 없이 거부한 자
② 배출시설 등의 운영사항에 관한 기록을 보존하지 아니한 자
③ 배출시설 등의 운영사항에 관한 기록을 허위로 기록한 자
④ 환경기술인 등의 교육을 받게 하지 아니한 자

61.③ 62.② 63.② 64.③ 65.② 66.② 67.① **정답**

해설 법 제82조 제3항 및 시행령 별표 18 참조
설명 ②, ③ : 300만원 이하의 과태료
④ 1차 60만원, 2차 80만원, 3차 100만원 과태료

68 사업장 규모를 구분하는 폐수배출량에 관한 사항으로 알맞지 않은 것은?

① 사업장의 규모별 구분은 연중 평균치를 기준으로 정한다.

② 최초 배출시설 설치허가 시의 폐수배출량은 사업계획에 따른 예상용수사용량을 기준으로 산정한다.

③ 용수사용량에는 수돗물, 공업용수, 지하수, 하천수 및 해수 등 그 사업장에서 사용하는 모든 물을 포함한다.

④ 생산공정 중 또는 방지시설의 최종 방류구에서 방류되기 전에 일정관로를 통해 생산공정에 재이용 물은 용수사용량에서 제외한다.

해설 시행령 별표 13 비고 참조
설명 사업장의 규모별 구분은 1년 중 가장 많이 배출한 날을 기준으로 한다.

69 대권역별 물환경관리계획에 포함되어야 하는 사항이 아닌 것은?

① 물환경의 변화추이 및 물환경 목표기준

② 점오염원, 비점오염원 및 기타 수질오염원의 분포현황

③ 물환경 보전 및 관리체계

④ 수질오염 예방 및 저감 대책

해설 법 제24조 제2항 참조

70 위임업무 보고사항 중 배출부과금 부과실적 보고횟수로 적절한 것은?

① 연 2회　　　　② 연 4회
③ 연 6회　　　　④ 연 12회

해설 시행규칙 별표 23 참조

71 수질오염방지시설 중 화학적 처리시설이 아닌 것은?

① 침전물 개량시설

② 응집시설

③ 살균시설

④ 소각시설

해설 시행규칙 별표 5 참조
설명 응집시설은 물리적 처리시설에 해당한다.

72 측정망 설치계획에 포함되어야 하는 사항이라 볼 수 없는 것은?

① 측정망 설치시기

② 측정오염물질 및 측정농도범위

③ 측정망 배치도

④ 측정망을 설치할 토지 또는 건축물의 위치 및 면적

해설 시행규칙 제24조 제1항 참조
설명 측정망 설치계획에 포함되어야 할 사항은 보기 ①, ③, ④ 외에
• 측정망 운영기관
• 측정자료의 확인방법
등이 있다.

73 환경기술인을 두어야 할 사업장의 범위 및 환경기술인의 자격기준을 정하는 주체는?

① 환경부 장관

② 대통령

③ 사업주

④ 시 · 도지사

해설 법 제 47조 제1항 및 시행령(대통령령) 제59조 제2항 참조

74 환경기준에서 하천의 생활환경 기준에 해당되지 않는 항목은?

① DO　　　　② SS
③ T-N　　　　④ pH

해설 환경정책기본법 시행령 별표 제3호 가목 참조

75 폐수처리업자의 준수사항에 관한 설명으로 ( )에 옳은 것은?

> 수탁한 폐수는 정당한 사유 없이 10일 이상 보관할 수 없으며, 보관폐수의 전체량이 저장시설 저장능력의 ( ) 이상 되게 보관하여서는 아니 된다.

① 60% ② 70%

③ 80% ④ 90%

해설 시행규칙 별표 21 제9호 참조

76 기본배출부과금은 오염물질배출량과 배출농도를 기준으로 산식에 따라 산정하는데, 기본부과금 산정에 필요한 사업장별 부과계수가 틀린 것은?

① 제1종 사업장(10,000m³/일 이상) : 1.8

② 제2종 사업장 : 1.4

③ 제3종 사업장 : 1.2

④ 제4종 사업장 : 1.1

해설 시행령 별표 9 참조
설명 제2종 사업장 : 1.3

77 배수설비의 설치방법·구조기준 중 직선배수관의 맨홀 설치기준에 해당하는 것으로 ( )에 옳은 것은?

> 배수관 내경의 ( ) 이하의 간격으로 설치

① 100배 ② 120배

③ 150배 ④ 200배

해설 시행규칙 별표 16 참조

78 환경부 장관이 비점오염원 관리대책 수립 시 포함하여야 하는 사항이 아닌 것은?

① 관리목표

② 관리대상 수질오염물질의 종류 및 발생량

③ 관리대상 수질오염물질의 발생예방 및 저감방안

④ 적정한 관리를 위하여 대통령령으로 정하는 사항

해설 법 제55조 제1항 참조
설명 대통령령 → 환경부령

79 물환경보전법에서 사용하는 용어의 정의로 틀린 것은?

① 폐수 : 물에 액체성 또는 고체성의 수질오염물질이 섞여 있어 그대로는 사용할 수 없는 물을 말한다.

② 강우유출량 : 불특정장소에서 불특정하게 유출되는 빗물 또는 눈 녹은 물 등을 말한다.

③ 공공수역 : 하천, 호소, 항만, 연안해역, 그 밖에 공공용으로 사용되는 수역과 이에 접속하여 공공용으로 사용되는 환경부령으로 정하는 수로를 말한다.

④ 불투수층 : 빗물 또는 눈 녹은 물 등이 지하로 스며들 수 없게 하는 아스팔트·콘크리트 등으로 포장된 도로, 주차장, 보도 등을 말한다.

해설 법 제2조 참조
설명 강우유출수 : 비점오염원의 수질오염물질이 섞여 유출되는 빗물 또는 눈 녹은 물 등을 말한다.

80 시장·군수·구청장이 낚시금지구역 또는 낚시제한구역을 지정하려 할 때 고려하여야 할 사항으로 틀린 것은?

① 지정의 목적

② 오염원 현황

③ 수질오염도

④ 연도별 낚시인구의 현황

해설 시행령 제27조 제1항 참조
설명 고려사항은 보기 ②, ③, ④ 외에
• 용수의 목적
• 낚시터 인근에서의 쓰레기 발생현황 및 처리여건
• 서식어류의 종류 및 양 등 수중생태계의 현황
등이 있다.

2019년 제1회 수질환경산업기사 기/출/문/제

제1과목 : 수질오염 개론

01 50°C에서 순수한 물 1L의 몰농도(mol/L)는?
(단, 50°C 물의 밀도=0.9881g/mL)

① 33.6 ② 54.9
③ 98.9 ④ 109.8

해설 H_2O 1mol=18g

∴ 몰농도=988.1g/L×$\dfrac{mol}{18g}$=54.89mol/L

02 실험용 물고기에 독성물질을 경구투입 시 실험대상 물고기의 50%가 죽는 농도를 나타낸 것은?

① LC_{50} ② TLm
③ LD_{50} ④ B1P

해설 이론편(수질오염개론 chapter 05) 참조

03 회복지대의 특성에 대한 설명으로 옳지 않은 것은? (단, Whipple의 하천정화단계기준)

① 용존산소량이 증가함에 따라 질산염과 아질산염의 농도가 감소한다.
② 혐기성균이 호기성균으로 대체되며 fungi도 조금씩 발생한다.
③ 광합성을 하는 조류가 번식하고 원생동물, 윤충, 갑각류가 번식한다.
④ 바닥에는 조개나 벌레의 유충이 번식하며 오염에 견디는 힘이 강한 은빛 담수어 등의 물고기도 서식한다.

해설 회복지대는 용존산소량이 증가함에 따라 질산염과 아질산염의 농도가 증가한다.

04 다음 중 10^{-3}M CH_3COOH의 pH는 어느 것인가? (단, CH_3COOH의 $K_a=10^{-4.76}$)

① 3.0 ② 3.9
③ 5.0 ④ 5.9

해설 $CH_3COOH \rightleftarrows CH_3COO^- + H^+$

$K_a = \dfrac{[CH_3COO^-][H^+]}{[CH_3COOH]} = \dfrac{[H^+]^2}{[CH_3COOH]} = 10^{-4.76}$

CH_3COOH의 전리도는 무시할 정도로 낮으므로
$[CH_3COOH] = 10^{-3}$mol/L
$[H^+]^2 = 10^{-4.76} \times 10^{-3} = 1.74 \times 10^{-8}$
$[H^+] = \sqrt{1.74 \times 10^{-8}} = 1.32 \times 10^{-4}$
∴ pH $= -\log(1.32 \times 10^{-4}) = 4 - \log 1.32 = 3.90$
[다른방법]
$[H^+] = \sqrt{K_a \cdot C} = \sqrt{10^{-4.76} \times 10^{-3}} = 1.32 \times 10^{-4}$
∴ pH $= -\log(1.32 \times 10^{-4}) = 4 - \log 1.32 = 3.90$

05 bacteria($C_5H_7O_2N$) 18g의 이론적인 COD(g)는?
(단, 질소는 암모니아로 분해됨을 기준)

① 약 25.5 ② 약 28.8
③ 약 32.3 ④ 약 37.5

해설 $\underset{113g}{C_5H_7O_2N} + \underset{160g}{5O_2} \rightarrow 5CO_2 + 2H_2O + NH_3$

∴ 이론적 COD=18g×$\dfrac{160}{113}$≒25.50g

06 수산화나트륨 30g을 증류수에 넣어 1.5L로 하였을 때 규정농도(N)는? (단, Na의 원자량=23)

① 0.5 ② 1.0
③ 1.5 ④ 2.0

해설 N농도=g당량/L
NaOH 1g당량=40g

∴ 규정농도(N)=$\dfrac{30g}{1.5L}$│$\dfrac{1g당량}{40g}$

　　　　　=0.5g당량/L=0.5N

07 pH가 3~5 정도의 영역인 폐수에서도 잘 생장하는 미생물은?

① fungi ② bacteria
③ algae ④ protozoa

해설 이론편(수질오염개론 chapter 05) 참조

08 대장균군에 관한 설명으로 틀린 것은?

① 인축의 내장에 서식하므로 소화기계 전염병 원균의 존재추정이 가능하다.

② 병원균에 비해 물속에서 오래 생존한다.

③ 병원균보다 저항력이 강하다.

④ virus보다 소독에 대한 저항력이 강하다.

해설 대장균은 virus보다 소독에 대한 저항력이 약하다.

09 산소전달의 환경인자에 관한 설명으로 옳은 것은?

① 수온이 높을수록 증가한다.

② 압력이 낮을수록 산소의 용해율은 증가한다.

③ 염분농도가 높을수록 산소의 용해율은 증가한다.

④ 현존의 수중 DO 농도가 낮을수록 산소의 용해율은 증가한다.

해설 ① 높을수록 → 낮을수록

② 낮을수록 → 높을수록

③ 증가한다. → 감소한다.

④ $\dfrac{dC}{dt} = K_L a(C_s - C)$에서 C(수중 DO 농도)가 낮을수록 $\dfrac{dC}{dt}$(산소용해율)은 증가한다.

10 물의 물리적 특성을 나타내는 용어와 단위가 틀린 것은?

① 밀도 $-$ g/cm^3

② 표면장력 $-$ dyne/cm^2

③ 압력 $-$ dyne/cm^2

④ 열전도도 $-$ cal/cm·sec·℃

해설 ② 표면장력 $-$ dyne/cm

11 에너지원으로 빛을 이용하며 유기탄소를 탄소원으로 이용하는 미생물군은?

① 광합성 독립영양미생물

② 화학합성 독립영양미생물

③ 광합성 종속영양미생물

④ 화학합성 종속영양미생물

해설 이론편(수질오염개론 chapter 05) 참조

12 깊은 호수나 저수지에 수직방향의 물 운동이 없을 때 생기는 성층현상의 성층구분을 수표면에서부터 순서대로 나열한 것은?

① epilimnion → thermocline → hypolimnion → 침전물층

② epilimnion → hypolimnion → thermocline → 침전물층

③ hypolimnion → thermocline → epilimnion → 침전물층

④ hypolimnion → epilimnion → thermocline → 침전물층

해설 이론편(수질오염개론 chapter 07) 참조

13 산성폐수에 NaOH 0.7% 용액 150mL를 사용하여 중화하였다. 같은 산성폐수 중화에 Ca(OH)$_2$ 0.7% 용액을 사용한다면 필요한 Ca(OH)$_2$ 용액(mL)은? (단, 원자량 Na=23, Ca=40, 폐수비중=1.0)

① 약 207   ② 약 139

③ 약 92   ④ 약 81

해설 사용된 NaOH 당량수=대치된 Ca(OH)$_2$ 당량수

NaOH 1g당량=40g, Ca(OH)$_2$ 1g당량=37g

$$\frac{150\text{mL} \times 1\text{g/mL} \times 0.7/100}{40\text{g/g당량}}$$

$$= \frac{x\,\text{mL} \times 1\text{g/mL} \times 0.7/100}{37\text{g/g당량}}$$

∴ Ca(OH)$_2$ 필요량(x)=138.75mL

14 수질모델 중 Streeter $-$ Phelps 모델에 관한 내용으로 옳은 것은?

① 하천을 완전혼합흐름으로 가정하였다.

② 점오염원이 아닌 비점오염원으로 오염부하량을 고려한다.

③ 유속, 수심, 조도계수에 의해 확산계수를 결정한다.

④ 유기물의 분해와 재폭기만을 고려하였다.

해설 ① 완전혼합흐름 → plug flow형 흐름

② 점오염원이 아닌 비점오염원 → 비점오염원이 아닌 점오염원

③ QUAL $-$ I 모델에 대한 내용임

15 유해물질, 오염발생원과 인간에 미치는 영향에 대하여 틀리게 짝지어진 것은?

① 구리－도금공장, 파이프제조업－만성중독 시 간경변
② 시안－아연제련공장, 인쇄공업－파킨슨병 증상
③ PCB－변압기, 콘덴서공장－카네미유증
④ 비소－광산정련공업, 피혁공업－피부흑색 (청색)화

해설 이론편(수질오염개론 chapter 03) 참조
※ 아연제련공장은 Cd 발생원이고 인쇄공업은 Pb 발생원이다. 파킨슨병 증상은 Mn에 기인한다.

16 Na^+ 460mg/L, Ca^{2+} 200mg/L, Mg^{2+} 264mg/L인 농업용수가 있을 때 SAR의 값은? (단, 원자량 Na＝23, Ca＝40, Mg＝24)

① 4 ② 5
③ 6 ④ 7

해설 $$SAR = \frac{Na^+}{\sqrt{\frac{Ca^{2+} + Mg^{2+}}{2}}}$$

$Na^+ = 460mg/L \div 23 = 20me/L$
$Ca^{2+} = 200mg/L \div 20 = 10me/L$
$Mg^{2+} = 264mg/L \div 12 = 22me/L$

$$\therefore SAR = \frac{20}{\sqrt{\frac{10+22}{2}}} = 5$$

17 오수미생물 중에서 유황화합물을 산화하여 균체 내 또는 균체 외에 유황입자를 축적하는 것은?

① Zoogloea ② Sphaerotilus
③ Beggiatoa ④ Crenothrix

해설 문제의 설명은 Beggiatoa에 관한 것이다.

18 적조현상과 가장 관계가 적은 것은?

① 해류의 정체
② 염분농도의 증가
③ 수온의 상승
④ 영양염류의 증가

해설 ② 염분농도의 증가 → 염분농도의 감소

19 임의의 시간 후의 용존산소부족량(용존산소곡선식)을 구하기 위해 필요한 기본인자와 가장 거리가 먼 것은?

① 재포기계수 ② BOD_u
③ 수심 ④ 탈산소계수

해설 $D_t = \frac{K_1 \cdot L_0}{K_2 - K_1}(10^{-K_1 t} - 10^{-K_2 t}) + D_0 \cdot 10^{K_2 t}$ 에서

여기서, K_1 : 탈산소계수(day^{-1})
K_2 : 재포기계수(day^{-1})
L_0 : BOD_u (mg/L)
D_0 : 초기 DO 부족량(mg/L)
t : 유하(분해)기간(day)

20 우리나라에서 주로 설치 · 사용된 분뇨정화조의 형태로 가장 적합하게 짝지어진 것은?

① 임호프탱크－부패탱크
② 접촉포기법－접촉안정법
③ 부패탱크－접촉포기법
④ 임호프탱크－접촉포기법

해설 우리나라 분뇨정화조의 형태는 주로 부패탱크, 임호프탱크 형태이다.

제2과목 **수질오염 방지기술**

21 슬러지농축방법 중 부상식 농축에 관한 내용으로 옳지 않은 것은?

① 소요면적이 크며 악취문제 발생
② 잉여슬러지에 효과적임
③ 실내에 설치 시 부식방지
④ 약품주입 없이도 운전가능

해설 부상식 농축은 실내에 설치할 경우 부식문제를 유발한다.

22 오염물질의 농도가 200mg/L이고, 반응 2시간 후의 농도가 20mg/L로 되었다. 1시간 후의 반응물질의 농도(mg/L)는? (단, 반응속도는 1차 반응, base는 상용대수)

① 28.6 ② 32.5
③ 63.2 ④ 93.8

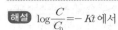

해설 $\log\dfrac{C}{C_0}=-Kt$ 에서

$$K=\frac{1}{t}\log\frac{C_0}{C}=\frac{1}{2\text{hr}}\log\frac{200}{20}=0.5/\text{hr}$$

상기 식에서 $C=C_0\cdot10^{-Kt}$

∴ C(1시간 후의 반응물질농도)$=200\times10^{-0.5\times1}$
$$=63.25\text{mg/L}$$

23 BOD 농도가 2,000mg/L이고 폐수배출량이 1,000m³/day인 산업폐수를 BOD 부하량이 500kg/day로 될 때까지 감소시키기 위해 필요한 BOD 제거효율(%)은?

① 70 ② 75
③ 80 ④ 85

해설 BOD 유입량$=2,000\text{g/m}^3\times1,000\text{m}^3/\text{day}\times10^{-3}\text{kg/g}$
$$=2,000\text{kg/day}$$

∴ BOD 제거효율$=\dfrac{2,000-500}{2,000}\times100=75\%$

24 침전지로 유입되는 부유물질의 침전속도 분포가 다음 표와 같다. 표면적부하가 4,032m³/m²·day 일 때, 전체 제거효율은(%)은?

침전속도 (m/min)	3.0	2.8	2.5	2.0
남아있는 중량비율	0.55	0.46	0.35	0.3

① 74 ② 64
③ 54 ④ 44

해설 입자의 침강조건 : $V_s\geq\dfrac{Q}{A}$

$\dfrac{Q}{A}$ (표면적부하)$=4,032\text{m}^3/\text{m}^2\cdot\text{day}=4,032\text{m/day}$
$$=4,032\text{m}/1,440\text{min}$$
$$=2.8\text{m/min}$$

문제의 표에서 침강속도 2.8m/min일 때 남아있는 비율이 0.46이므로, 제거되는 비율$=1-0.46=0.54$

∴ 전체 제거효율(%)$=54\%$

25 비교적 일정한 유량을 폐수처리장에 공급하기 위한 것으로, 예비처리시설 다음에 설치되는 시설은?

① 균등조   ② 침사조
③ 스크린조 ④ 침전조

해설 문제의 내용은 균등조에 대한 설명이다. 균등조는 유량균등조 또는 유량조정조라고도 하는데 유량균등조는 예비처리시설(스크린과 사석 제거) 다음에 설치되어 이후 처리조과 공정에 거의 일정한 유량을 공급하여 처리효율을 증대시키는 역할을 하며, 뿐만 아니라 BOD, SS 등 수질농도도 균등화시킨다.

26 생물학적 하수고도처리공법인 A/O 공법에 대한 설명으로 틀린 것은?

① 사상성 미생물에 의해 벌킹이 억제되는 효과가 있다.
② 표준활성슬러지법의 반응조 전반 20~40% 정도를 혐기반응조로 하는 것이 표준이다.
③ 혐기반응조에서 탈질이 주로 이루어진다.
④ 처리수의 BOD 및 SS 농도를 표준활성슬러지법과 동등하게 처리할 수 있다.

해설 혐기성 반응조에서는 인의 용출이 일어난다.
※ A/O 공법은 탈인공정이다.

27 직경이 1.0mm이고 비중이 2.0인 입자를 17℃의 물에 넣었다. 입자가 3m 침강하는 데 걸리는 시간(sec)은? (단, 17℃일 때 물의 점성계수= 1.089×10⁻³kg/m·sec, Stokes 침강이론기준)

① 6   ② 16
③ 38 ④ 56

해설 $V_s=\dfrac{g(\rho_s-\rho_w)d^2}{18\mu}$

$$=\frac{9.8\text{m/sec}^2(2,000-1,000)\text{kg/m}^3\times(0.001\text{m})^2}{18\times1.089\times10^{-3}\text{kg/m}\cdot\text{sec}}$$

$$=0.50\text{m/sec}$$

∴ $t=\dfrac{H}{V_s}=\dfrac{3\text{m}}{0.50\text{m/sec}}=6\text{sec}$

28 물의 혼합정도를 나타내는 속도경사 G를 구하는 공식은? (단, μ : 물의 점성계수, V : 반응조 체적, P : 동력)

① $G=\sqrt{\dfrac{PV}{\mu}}$ ② $G=\sqrt{\dfrac{V}{\mu P}}$

③ $G=\sqrt{\dfrac{\mu}{PV}}$ ④ $G=\sqrt{\dfrac{P}{\mu V}}$

해설 이론편(수질오염방지기술 chapter 03.02) 참조

29 20,000명이 거주하는 소도시에 하수처리장이 있으며 처리효율은 60%라 한다. 평균유량이 0.2m³/sec인 하천에 하수처리장의 유출수가 유입되어 BOD 농도가 12mg/L였다면, 이 경우의 BOD 유출률(%)은? (단, 인구 1인당 BOD 발생량=50g/일)

① 52   ② 62

③ 72   ④ 82

해설 하천의 BOD량$=12g/m^3 \times 0.2m^3/sec \times 86,400sec/$일

$$=207,360g/일$$

하수처리 후 BOD량

$$=20,000인 \times 50g/인 \cdot 일 \times (1-0.6)=400,000g/일$$

$$\therefore BOD 유출률 = \frac{207,360}{400,000} \times 100 = 51.84\%$$

30 임호프탱크의 구성요소가 아닌 것은?

① 응집실

② 스컴실

③ 소화실

④ 침전실

해설 이론편(수질오염방지기술 chapter 05.09) 참조

31 축산폐수처리에 대한 설명으로 옳지 않은 것은?

① BOD 농도가 높아 생물학적 처리가 효과적이다.

② 호기성 처리공정과 혐기성 처리공정을 조합하면 효과적이다.

③ 돈사폐수의 유기물농도는 돈사형태와 유지관리에 따라 크게 변한다.

④ COD 농도가 매우 높아 화학적으로 처리하면 경제적이고 효과적이다.

해설 축산폐수는 고농도의 유기폐수로, 주로 생물학적 방법이 이용되고 화학적 처리는 약품비가 많이 들어 비경제적이고 처리효율도 낮다.

32 물 5m³의 DO가 9.0mg/L이다. 이 산소를 제거하는 데 이론적으로 필요한 아황산나트륨(Na₂SO₃)의 양(g)은? (단, Na 원자량=23)

① 약 355   ② 약 385

③ 약 402   ④ 약 429

해설 $\underline{O_2} + \underline{2Na_2SO_3} \rightarrow 2Na_2SO_4$

$32g \quad : \quad 2 \times 126g$

∴ 아황산나트륨(Na_2SO_3) 필요량

$$=9.0g/m^3 \times 5m^3 \times \frac{2 \times 126}{32} = 354.4g$$

33 염산 18.25g을 중화시킬 때 필요한 수산화칼슘의 양(g)은? (단, 원자량 Cl=35.5, Ca=40)

① 18.5   ② 24.5

③ 37.5   ④ 44.5

해설 $\underline{2HCl} + \underline{Ca(OH)_2} \rightarrow CaCl_2 + 2H_2O$

$2 \times 36.5g \quad : \quad 74g$

∴ 수산화칼슘 필요량$=18.25g \times \frac{74}{2 \times 36.5} = 18.5g$

34 분리막을 이용한 수처리방법과 구동력의 관계로 틀린 것은?

① 역삼투-농도차

② 정밀여과-정수압차

③ 전기투석-전위차

④ 한외여과-정수압차

해설 ① 역삼투-정수압차

35 하수슬러지의 농축방법별 특징으로 옳지 않은 것은 어느 것인가?

① 중력식 : 잉여슬러지의 농축에 부적합함

② 부상식 : 악취문제가 발생함

③ 원심분리식 : 악취가 적음

④ 중력벨트식 : 별도의 세정장치가 필요없음

해설 ④ 중력벨트식은 별도의 세정장치가 필요하다.

36 125m³/hr의 폐수가 유입되는 침전지의 월류부하가 100m³/m·day일 때, 침전지의 월류위어의 유효길이(m)는?

① 10   ② 20

③ 30   ④ 40

해설 월류부하$=\frac{Q}{L}$

$Q=125m^3/hr=3,000m^3/day$

$$\therefore L = \frac{Q}{월류부하} = \frac{3,000m^3/day}{100m^3/m \cdot day} = 30m$$

37 물 25.2g에 글루코오스($C_6H_{12}O_6$)가 4.57g 녹아 있는 용액의 몰랄농도(m)는? (단, $C_6H_{12}O_6$ 분자량 =180.2)

① 약 1.0
② 약 2.0
③ 약 3.0
④ 약 4.0

해설 몰랄농도(molality) : 용매 1kg당 용해되어 있는 용질 의 몰수= $\dfrac{\text{용질의 몰수}}{\text{용매kg}}$

용질인 글루코오스 몰수= $\dfrac{4.57g}{180.2g/mol}$ = 0.025361mol

∴ 몰랄농도(m)= $\dfrac{0.025361mol}{0.0252kg}$ = 1.01m

38 하수처리 시 활성슬러지법과 비교한 생물막법 (회전원판법)의 단점으로 볼 수 없는 것은?

① 활성슬러지법과 비교하면 이차 침전지로부터 미세한 SS가 유출되기 쉽다.
② 처리과정에서 질산화 반응이 진행되기 쉽고 이에 따라 처리수의 pH가 낮아지게 되거나 BOD가 높게 유출될 수 있다.
③ 생물막법은 운전관리조작이 간단하지만 운전조작의 유연성에 결점이 있어 문제가 발생할 경우에 운전방법의 변경 등 적절한 대처가 곤란하다.
④ 반응조를 다단화하기 어려워 처리의 안정성이 떨어진다.

해설 반응조를 다단화함으로써 반응효율, 처리의 안정성 향상이 도모된다.

39 유기성 콜로이드가 다량 함유된 폐수의 처리방법으로 옳지 않은 것은?

① 중력침전법
② 응집침전법
③ 활성슬러지법
④ 살수여상법

해설 유기성 콜로이드(colloid)가 다량 함유된 폐수의 처리 방법은 응집침전법, 부상법, 살수여상법, 활성슬러지법 등이 있다(수질오염방지기술 chapter 01 표 2-4 참조).

40 정수처리를 위하여 막여과시설을 설치하였을 때 막모듈의 파울링에 해당되는 내용은?

① 장기적인 압력부하에 의한 막 구조의 압밀화 (creep 변형)
② 건조나 수축으로 인한 막 구조의 비가역적인 변화
③ 막의 다공질부의 흡착, 석출, 포착 등에 의한 폐색
④ 원수 중의 고형물이나 진동에 의한 막 면의 상처나 마모, 파단

해설 보기의 ①, ②, ④ 내용은 막모듈의 열화(물리적 열화)에 해당되고 보기 ③은 막모듈의 파울링에 해당된다.

참고 〈막모듈의 열화(劣化)와 파울링(fauling)〉

분류	정 의		내 용
열화	막 자체의 변질로 생긴 비가역적인 막 성능의 저하	물리적 열화, 압밀화, 손상, 건조	• 장기적인 압력부하에 의한 막 구조의 압밀화(creep 변형) • 원수 중의 고형물이나 진동에 의한 막 면의 상처나 마모·파단 • 건조되거나 수축으로 인한 막 구조의 비가역적인 변화
		화학적 열화, 가수분해, 산화	• 막이 pH나 온도 등의 작용에 의해 분해 • 산화제에 의하여 막 재질의 특성변화나 분해
		생물화학적 변화	미생물과 막 재질의 자화 또는 분비물의 작용에 의한 변화
파울링	막 자체의 변질이 아닌 외적 인자로 생긴 막 성능의 저하	부착층 케이크층	공급수 중의 현탁물질이 막 면상에 축적되어 형성되는 층
		겔층	농축으로 용해성 고분자 등의 막 표면농도가 상승하여 막 면에 형성된 겔(gel)상의 비유동성층
		스케일층	농축으로 난용해성 물질이 용해도를 초과하여 막 면에 석출된 층
		흡착층	공급수 중에 함유되어 막에 대하여 흡착성이 큰 물질이 막 면상에 흡착되어 형성된 층
		막힘	• 고체 : 막의 다공질부의 흡착, 석출, 포착 등에 의한 폐색 • 액체 : 소수성 막의 다공질부가 기체로 치환(건조)
		유로폐색	막모듈의 공급유로 또는 여과 수류로가 고형물로 폐색되어 흐르지 않는 상태

제3과목 : 수질오염 공정시험기준

41 항목별 시료보존방법에 관한 설명으로 틀린 것은 어느 것인가?

① 아질산성질소 함유시료는 4℃에서 보관한다.
② 인산염인 함유시료는 즉시 여과한 후 4℃에서 보관한다.
③ 클로로필－a 함유시료는 즉시 여과한 후 －20℃ 이하에서 보관한다.
④ 불소 함유시료는 6℃ 이하, 현장에서 멸균된 여과지로 여과하여 보관한다.

해설 불소 함유시료는 별도의 시료 보존방법이 없이 28일까지 보존할 수 있다.

42 다음 중 질산성질소 분석방법이 아닌 것은?

① 이온크로마토그래피법
② 자외선/가시선분광법(부루신법)
③ 자외선/가시선분광법(활성탄흡착법)
④ 카드뮴환원법

해설 질산성질소의 분석방법은 보기의 ①, ②, ③ 외에 데발다합금환원증류법이 있다.

43 마이크로파에 의한 유기물 분해원리로 ( ) 안에 알맞은 내용은?

마이크로파 영역에서 (㉠)나 이온이 쌍극자 모멘트와 (㉡)를(을) 일으켜 온도가 상승하는 원리를 이용하여 시료를 가열하는 방법이다.

① ㉠ 전자, ㉡ 분자결합
② ㉠ 전자, ㉡ 충돌
③ ㉠ 극성분자, ㉡ 이온전도
④ ㉠ 극성분자, ㉡ 해리

해설 ㉠ 극성분자, ㉡ 이온전도

44 원자흡수분광광도계의 구성요소가 아닌 것은?

① 속빈음극램프   ② 전자포획형 검출기
③ 예혼합버너   ④ 분무기

해설 전자포획형 검출기는 기체크로마토그래피법의 구성요소이다.

45 다음 조건으로 계산된 직각삼각위어의 유량 (m^3/min)은? (단, 유량계수 $K = 81.2 + \dfrac{0.24}{h} + \left[\left(8.4 + \dfrac{12}{\sqrt{D}}\right) \times \left(\dfrac{h}{B} - 0.09\right)^2\right]$ 여기서, $D = 0.25m$, $B = 0.8m$, $h = 0.1m$)

① 약 0.26   ② 약 0.52
③ 약 1.04   ④ 약 2.08

해설 $Q = Kh^{\frac{5}{2}}$

$$K = 81.2 + \frac{0.24}{0.1} + \left[\left(8.4 + \frac{12}{\sqrt{0.25}}\right) \times \left(\frac{0.1}{0.8} - 0.09\right)^2\right]$$
$$= 83.64$$

$$\therefore Q = 83.64 \times 0.1^{\frac{5}{2}} = 0.26 m^3/min$$

46 하수처리장의 SS 제거에 대한 다음과 같은 분석 결과를 얻었을 때 SS 제거효율(%)은?

구 분 \ 시 료	유입수	유출수
시료부피	250mL	400mL
건조시킨 후 (용기＋SS)무게	16.3542g	17.2712g
용기의 무게	16.3143g	17.2638g

① 약 96.5   ② 약 94.5
③ 약 92.5   ④ 약 88.5

해설 $SS(mg/L) = (b - a) \times \dfrac{1,000}{V}$

유입수의 $SS = (16.3542 - 16.3143)g \times 10^3 mg/g$
$$\times \frac{1,000}{250} = 159.6 mg/L$$

유출수의 $SS = (17.2712 - 17.2638)g \times 10^3 mg/g$
$$\times \frac{1,000}{400} = 18.5 mg/L$$

$$\therefore SS \text{ 제거율} = \frac{159.6 - 18.5}{159.6} \times 100 = 88.41\%$$

47 원자흡수분광광도계의 광원으로 보통 사용되는 것은?

① 열음극램프   ② 속빈음극램프
③ 중수소램프   ④ 텅스텐램프

해설 이론편(수질오염공정시험기준 chapter 03.03 원자흡수분광광도법) 참조

48 총 인의 측정법 중 아스코르빈산환원법에 관한 설명으로 알맞은 것은?

① 220nm에서 시료용액의 흡광도를 측정한다.

② 다량의 유기물을 함유한 시료는 과황산칼륨 분해법을 사용하여 전처리한다.

③ 전처리한 시료의 상등액이 탁할 경우에는 염산 주입 후 가열한다.

④ 정량한계는 0.005mg/L이다.

해설 ① 220nm → 880nm

② 다량의 유기물 → 분해되기 쉬운 유기물(또는 과황산칼륨분해법 → 질산-황산분해법)

③ 염산 주입 후 가열한다. → 유리섬유여과지로 여과하여 여액을 사용한다.

49 수질오염공정시험기준상 6가 크롬을 측정하는 방법이 아닌 것은?

① 원자흡수분광광도법

② 진콘법

③ 유도결합플라스마-원자발광분광법

④ 자외선/가시선분광법

해설 진콘법은 아연의 측정방법 중 자외선/가시선분광법에 해당한다.

50 적정법을 이용한 염소이온의 측정 시 적정의 종말점으로 옳은 것은?

① 엷은 적황색 침전이 나타날 때

② 엷은 적갈색 침전이 나타날 때

③ 엷은 청록색 침전이 나타날 때

④ 엷은 담적색 침전이 나타날 때

해설 질산은적정법을 이용한 염소이온의 측정 시 적정의 종말점은 엷은 적황색 침전이 나타날 때까지로 한다.

51 클로로필-a 측정 시 클로로필색소를 추출하는 데 사용되는 용액은?

① 아세톤(1+9) 용액

② 아세톤(9+1) 용액

③ 에틸알코올(1+9) 용액

④ 에틸알코올(9+1) 용액

해설 이론편(수질오염공정시험기준 chapter 04.23의 2) 참조

52 화학적 산소요구량(COD_{Mn})에 대한 설명으로 틀린 것은?

① 시료량은 가열반응 후에 0.025N 과망간산칼륨 용액의 소모량이 70~90%가 남도록 취한다.

② 시료의 COD값이 10mg/L 이하일 때는 시료 100mL를 취하여 그대로 실험한다.

③ 수욕 중에는 30분보다 더 가열하면 COD값은 증가한다.

④ 황산은 분말 1g 대신 질산은 용액(20%) 5mL 또는 질산은 분말 1g을 첨가해도 좋다.

해설 ① 70~90% → 50~70%

53 시안(자외선/가시선분광법)분석에 대한 설명으로 틀린 것은?

① 각 시안화합물의 종류를 구분하여 정량할 수 없다.

② 황화합물이 함유된 시료는 아세트산나트륨 용액을 넣어 제거한다.

③ 시료에 다량의 유지류가 포함된 경우 노말헥산 또는 클로로폼으로 추출하여 제거한다.

④ 정량한계는 0.01mg/L이다.

해설 ② 아세트산나트륨 → 아세트산아연

54 개수로에 의한 유량측정 시 평균유속은 Chezy의 유속공식을 적용한다. 여기서 경심에 대한 설명으로 옳은 것은?

① 유수단면적을 윤변으로 나눈 것을 말한다.

② 윤변에서 유수단면적을 뺀 것을 말한다.

③ 윤변과 유수단면적을 곱한 것을 말한다.

④ 윤변과 유수단면적을 더한 것을 말한다.

해설 경심$(R) = \dfrac{유수단면적(A)}{윤변(S)}$

55 불소의 분석방법이 아닌 것은?

① 자외선/가시선분광법

② 이온전극법

③ 액체크로마토그래피법

④ 이온크로마토그래피법

해설 불소의 분석방법은 보기의 ①, ③, ④이다.

56 페놀류를 자외선/가시선분광법을 적용하여 분석할 때에 관한 내용으로 ( )에 옳은 것은?

> 이 시험기준은 물속에 존재하는 페놀류를 측정하기 위하여 증류한 시료에 염화암모늄-암모니아 완충용액을 넣어 pH ( )으로 조절한 다음 4-아미노안티피린과 헥사시안화철(Ⅱ)산칼륨을 넣어 생성된 붉은 색의 안티피린계 색소의 흡광도를 측정하는 방법이다.

① 8 ② 9
③ 10 ④ 11

해설 이론편(수질오염공정시험기준 chapter 04.17) 참조

57 노말헥산 추출물질시험법에서 염산(1+1)으로 산성화할 때 넣어주는 지시약과 pH로 옳은 것은?

① 메틸레드-pH 4.0 이하
② 메틸오렌지-pH 4.0 이하
③ 메틸레드-pH 2.0 이하
④ 메틸오렌지-pH 2.0 이하

해설 이론편(수질오염공정시험기준 chapter 04.12) 참조
※ 메틸오렌지-pH 4.0 이하

58 측정시료 채취 시 유리용기만을 사용해야 하는 항목은?

① 불소 ② 유기인
③ 알킬수은 ④ 시안

해설 유리용기만을 사용해야 하는 측정항목은 냄새, 노말헥산 추출물질, 페놀류, 유기인, 폴리클로리네이티드비페닐(PCB), 휘발성 유기화합물, 석유계 총 탄화수소(갈색), 염화비닐(갈색), 아크릴로니트릴(갈색), 브로모폼(갈색), 다이에틸헥실프탈레이트(갈색), 다이옥산(갈색), 물벼룩급성독성 등이다.
※ 불소는 폴리에틸렌용기만을 사용해야 한다.

59 자외선/가시선분광법에 의한 음이온 계면활성제 측정 시 메틸렌블루와 반응시켜 생성된 착화합물의 추출용매로 가장 적절한 것은?

① 디티존사염화탄소 ② 클로로폼
③ 트리클로로에틸렌 ④ 노말헥산

해설 이론편(수질오염공정시험기준 chapter 04.20) 참조

60 농도표시에 관한 설명 중 틀린 것은?

① 백만분율(ppm, parts per million)을 표시할 때는 mg/L, mg/kg의 기호를 쓴다.
② 기체 중의 농도는 표준상태(20℃, 1기압)로 환산표시한다.
③ 용액의 농도를 "%"로만 표시할 때는 W/V%의 기호를 쓴다.
④ 천분율(ppt, parts per thousand)을 표시할 때는 g/L, g/kg의 기호를 쓴다.

해설 ② 표준상태(20℃, 1기압) → 표준상태(0℃, 1기압)

제4과목 : 수질환경 관계법규

61 환경기준에서 수은의 하천수질기준으로 적절한 것은? (단, 구분 : 사람의 건강보호)

① 검출되어서는 안 됨
② 0.01mg/L 이하
③ 0.02mg/L 이하
④ 0.03mg/L 이하

해설 환경정책기본법 시행령 별표 제3호 가목 참조

62 사업장의 규모별 구분 중 1일 폐수배출량이 250m³인 사업장의 종류는?

① 제2종 사업장
② 제3종 사업장
③ 제4종 사업장
④ 제5종 사업장

해설 물환경보전법 시행령 별표 13 참조
설명 제3종 사업장은 1일 폐수배출량이 200m³ 이상, 700m³ 미만인 사업장이다.

63 수질오염방지시설 중 생물화학적 처리시설은?

① 흡착시설 ② 혼합시설
③ 폭기시설 ④ 살균시설

해설 물환경보전법 시행규칙 별표 5 참조
설명 보기 ①, ④는 화학적 처리시설이고, 보기 ②는 물리적 처리시설이다.

64 폐수처리업에 종사하는 기술요원에 대한 교육 기관으로 옳은 것은?

① 한국환경공단
② 국립환경과학원
③ 환경보전협회
④ 국립환경인력개발원

해설 물환경보전법 시행규칙 제93조 제2항 참조

65 폐수무방류배출시설의 운영기록은 최종 기록 일부터 얼마 동안 보존하여야 하는가?

① 1년간   ② 2년간
③ 3년간   ④ 5년간

해설 물환경보전법 시행규칙 제49조 제1항 참조

66 공공수역에 특정수질유해물질 등을 누출 · 유 출시키거나 버린 자에 대한 벌칙기준은 어느 것 인가?

① 6개월 이하의 징역 또는 5백만원 이하의 벌금
② 1년 이하의 징역 또는 1천만원 이하의 벌금
③ 3년 이하의 징역 또는 3천만원 이하의 벌금
④ 5년 이하의 징역 또는 5천만원 이하의 벌금

해설 물환경보전법 제77조 참조

67 환경부 장관이 위법시설에 대해 폐쇄를 명하는 경우에 해당되지 않는 것은?

① 배출시설을 개선하거나 방지시설을 설치 · 개선하더라도 배출허용기준 이하로 내려갈 가능성이 없다고 인정되는 경우
② 배출시설의 설치 허가 및 신고를 하지 아니 하고 배출시설을 설치하거나 사용한 경우
③ 폐수무방류배출시설의 경우 배출시설에서 나오는 폐수가 공공수역으로 배출될 가능성 이 있다고 인정되는 경우
④ 배출시설 설치장소가 다른 법률의 규정에 의 하여 당해 배출시설의 설치가 금지된 장소인 경우

해설 물환경보전법 제44조 참조
설명 보기 ②는 사용중지를 명하는 경우이다.

68 오염총량관리기본계획안에 첨부되어야 하는 서류가 아닌 것은?

① 오염원의 자연증감에 관한 분석자료
② 오염부하량의 산정에 사용한 자료
③ 지역개발에 관한 과거와 장래의 계획에 관한 자료
④ 오염총량관리기준에 관한 자료

해설 물환경보전법 시행규칙 제11조 참조
설명 오염총량관리기본계획안에 첨부되어야 할 서류는 보기 의 ①, ②, ③ 외에
㉠ 유역환경의 조사 · 분석 자료
㉡ 오염부하량의 저감계획을 수립하는 데에 사용한 자 료 등이 있다.

69 물환경보전법상 초과부과금 부과대상이 아닌 것은?

① 망간 및 그 화합물
② 니켈 및 그 화합물
③ 크롬 및 그 화합물
④ 6가 크롬 화합물

해설 물환경보전법 시행령 제46조 참조

70 비점오염저감시설의 구분 중 장치형 시설이 아 닌 것은?

① 여과형 시설   ② 와류형 시설
③ 저류형 시설   ④ 스크린형 시설

해설 물환경보전법 시행규칙 별표 6 참조
설명 저류형 시설은 자연형 시설에 해당된다.

71 공공폐수처리시설로서 처리용량이 1일 700m³ 이상인 시설에 부착해야 하는 측정기기의 종류 가 아닌 것은?

① 수소이온농도(pH) 수질자동측정기기
② 부유물질량(SS) 수질자동측정기기
③ 총 질소(T-N) 수질자동측정기기
④ 온도측정기

해설 물환경보전법 시행령 별표 7 참조
설명 부착해야 하는 측정기기의 종류는 보기의 ①, ②, ③ 외에
㉠ 화학적 산소요구량(COD) 수질자동측정기기
㉡ 총 인(T=P) 수질자동측정기기 등이 있다.

72 폐수배출시설의 설치허가대상시설 범위기준으로 맞는 것은?

> 상수원보호구역이 지정되지 아니한 지역 중 상수원 취수시설이 있는 지역의 경우에는 취수시설로부터 (   ) 이내에 설치하는 배출시설

① 하류로 유하거리 10킬로미터
② 하류로 유하거리 15킬로미터
③ 상류로 유하거리 10킬로미터
④ 상류로 유하거리 15킬로미터

해설 물환경보전법 시행령 제31조 제1항 참조

73 배출시설의 설치제한지역에서 폐수무방류배출시설의 설치가 가능한 특정수질유해물질이 아닌 것은?

① 구리 및 그 화합물
② 디클로로메탄
③ 1,2-디클로로에탄
④ 1,1-디클로로에틸렌

해설 물환경보전법 시행규칙 제39조 참조
설명 해당되는 특정수질유해물질은 보기의 ①, ②, ④ 물질이다.

74 음이온 계면활성제(ABS)의 하천 수질환경기준치는?

① 0.01mg/L 이하
② 0.1mg/L 이하
③ 0.05mg/L 이하
④ 0.5mg/L 이하

해설 환경정책기본법 시행령 별표 제3호 가목 참조

75 배출시설과 방지시설의 정상적인 운영·관리를 위하여 환경기술인을 임명하지 아니한 자에 대한 과태료 처분기준은?

① 1천만원 이하
② 300만원 이하
③ 200만원 이하
④ 100만원 이하

해설 물환경보전법 제82조 제1항 참조

76 폐수를 전량 위탁처리하여 방지시설의 설치면제에 해당되는 사업장은 그에 해당하는 서류를 제출하여야 한다. 다음 중 제출서류에 해당하지 않는 것은?

① 배출시설의 기능 및 공정의 설계도면
② 폐수처리업자 등과 체결한 위탁처리계약서
③ 위탁처리할 폐수의 성상별 저장시설의 설치계획 및 그 도면
④ 위탁처리할 폐수의 종류·양 및 수질오염물질별 농도에 대한 예측서

해설 물환경보전법 시행규칙 제43조 제2호 참조

77 낚시금지구역에서 낚시행위를 한 자에 대한 과태료 처분기준은?

① 100만원 이하 ② 200만원 이하
③ 300만원 이하 ④ 500만원 이하

해설 물환경보전법 제82조 제2항 참조

78 사업자가 환경기술인을 임명하는 목적으로 맞는 것은?

① 배출시설과 방지시설의 운영에 필요한 약품의 구매·보관에 관한 사항
② 배출시설과 방지시설의 사용개시신고
③ 배출시설과 방지시설의 등록
④ 배출시설과 방지시설의 정상적인 운영·관리

해설 물환경보전법 제47조 제1항 참조

79 환경정책기본법령상 환경기준 중 수질 및 수생태계(해역)의 생활환경기준으로 맞는 것은?

① 용매추출유분 : 0.01mg/L 이하
② 총 질소 : 0.3mg/L 이하
③ 총 인 : 0.03mg/L 이하
④ 화학적 산소요구량 : 1mg/L 이하

해설 환경정책기본법 시행령 별표 제3호 가목 참조
참고 〈해역의 생활환경기준〉

항목	수소이온 농도(pH)	총대장균군 (총대장균군수/100mL)	용매추출 유분(mg/L)
기준	6.5~8.5	1,000 이하	0.01 이하

80 사업자 및 배출시설과 방지시설에 종사하는 자는 배출시설과 방지시설의 정상적인 운영, 관리를 위한 환경기술인의 업무를 방해하여서는 아니되며, 그로부터 업무수행에 필요한 요청을 받은 때에는 정당한 사유가 없는 한 이에 응하여야 한다. 이를 위반하여 환경기술인의 업무를 방해하거나 환경기술인의 요청을 정당한 사유없이 거부한 자에 대한 벌칙기준은?

① 100만원 이하의 벌금
② 200만원 이하의 벌금
③ 300만원 이하의 벌금
④ 500만원 이하의 벌금

해설 물환경보전법 제80조 참조

2019년 제2회 수질환경산업기사 기/출/문/제

제1과목 : 수질오염 개론

01 아래와 같은 반응이 있다.

- $H_2O \rightleftharpoons H^+ + OH^-$
- $NH_3(aq) + H_2O \rightleftharpoons NH_4^+ + OH^-$
  (단, $K_w = 1.0 \times 10^{-14}$, $K_b = 1.8 \times 10^{-5}$)

다음 반응의 평형상수(K)는?

$$NH_4^+ \rightleftharpoons NH_3(aq) + H^+$$

① 1.8×10^9
② 1.8×10^{-9}
③ 5.6×10^{10}
④ 5.6×10^{-10}

해설 $K_a \times K_b = K_w$

$K_a = \dfrac{K_w}{K_b} = \dfrac{1.0 \times 10^{-14}}{1.8 \times 10^{-5}} = 5.56 \times 10^{-10}$

설명 $H_2O \rightleftharpoons H^+ + OH^-$

$K_w = K[H_2O] = [H^+][OH^-]$

$NH_4^+ \rightleftharpoons NH_3(aq) + H^+$
　(산)

$K_a = \dfrac{[NH_3(aq)][H^+]}{[NH_4^+]}$

$NH_3(aq) + H_2O \rightleftharpoons NH_4^+ + OH^-$
　(염기)

$K_b = \dfrac{[NH_4^+][OH^-]}{[NH_3(aq)]}$

$K_a \times K_b = \dfrac{[NH_3(aq)][H^+]}{[NH_4^+]} \times \dfrac{[NH_4^+][OH^-]}{[NH_3(aq)]}$

$\qquad = [H^+][OH^-] = K_w$

02 K_1(탈산소계수, base = 상용대수)가 0.1/day인 물질의 $BOD_5 = 400mg/L$이고, COD = 800mg/L 라면 NBDCOD(mg/L)는? (단, BDCOD = BOD_u)

① 215
② 235
③ 255
④ 275

해설 COD = BDCOD + NBDCOD = BOD_u + NBDCOD

NBDCOD = COD $-$ BOD_u

$BOD_5 = BOD_u(1 - 10^{-K_1 \times 5})$

$BOD_u = \dfrac{BOD_5}{(1 - 10^{-K_1 \times 5})} = \dfrac{400}{(1 - 10^{-0.1 \times 5})} = 585mg/L$

∴ NBDCOD = 800 $-$ 585 = 215mg/L

03 glucose($C_6H_{12}O_6$) 800mg/L 용액을 호기성 처리 시 필요한 이론적 인(P)의 양(mg/L)은? (단, BOD_5 : N : P = 100 : 5 : 1, $K_1 = 0.1day^{-1}$, 상용대수 기준)

① 약 9.5
② 약 7.9
③ 약 5.8
④ 약 3.6

해설 $\underline{C_6H_{12}O_6} + \underline{6O_2} \rightarrow 6CO_2 + 6H_2O$
　　180g ： 192g
　　　　　(BOD_u)

$BOD_u = 800mg/L \times \dfrac{192}{180} = 853.33mg/L$

$BOD_5 = BOD_u(1 - 10^{-K_1 \times 5})$

$\qquad = 853.33 \times (1 - 10^{-0.1 \times 5}) = 583.5mg/L$

BOD_5 : P = 100 : 1

∴ P(인) 필요량 = $583.5 \times \dfrac{1}{100} = 5.835mg/L$

04 다음 산화–환원 반응식에 대한 설명으로 옳은 것은?

$$2KMnO_4 + 3H_2SO_4 + 5H_2O_2$$
$$\rightarrow K_2SO_4 + 2MnSO_4 + 5O_2 + 8H_2O$$

① $KMnO_4$는 환원되었고 H_2O_2는 산화되었다.
② $KMnO_4$는 산화되었고 H_2O_2는 환원되었다.
③ $KMnO_4$는 환원제이고 H_2O_2는 산화제이다.
④ $KMnO_4$는 산화되었으므로 산화제이다.

해설 $K\underline{Mn}O_4 \rightarrow \underline{Mn}SO_4$ ·········· 산화수 감소(환원)
　　　$+7$　　　$+2$

$H_2\underline{O}_2 \rightarrow \underline{O}_2$ ····················· 산화수 증가(산화)
　-1　　0

참고 문제의 반응에서 $KMnO_4$은 산화제, H_2O_2은 환원제

05 하구의 물 이동에 관한 설명으로 옳은 것은?

① 해수는 담수보다 무겁기 때문에 하구에서는 수심에 따라 층을 형성하여 담수의 상부에 해수가 존재하는 경우도 있다.

② 혼합이 없고 단지 이류만 일어나는 하천에 염료를 순간적으로 방출하면 하류의 각 지점에서의 염료농도는 직사각형으로 표시된다.

③ 강혼합형은 하상구배와 간만의 차가 커서 염수와 담수의 혼합이 심하고 수심방향에서 밀도차가 일어나서 결국 오염물질이 공해로 운반될 수도 있다.

④ 조류의 간만에 의해 종방향에 따른 혼합이 중요하게 되는 경우도 있으며, 만조 시에 바다 가까운 하구에서 때때로 역류가 일어나는 경우가 있다.

해설 ① 해수는 담수보다 무겁기 때문에 하구에서는 수심에 따라 층을 형성하여 해수의 상부에 담수가 존재하는 경우도 있다.

③ 강혼합형은 하상구배와 간만의 차가 커서 염수와 담수가 하도방향으로 혼합이 심하고 수심방향에서 밀도차가 없어져서 결국 오염물질이 공해로 운반될 수도 있다.

④ 조류(潮流)의 간만에 의해 횡방향에 따른 혼합이 중요하게 되는 경우도 있으며, 만조 시에는 때때로 바다에 가까운 하구에서 역류가 일어나는 경우가 있다.

06 수질항목 중 호수의 부영양화 판정기준이 아닌 것은?

① 인 ② 질소
③ 투명도 ④ 대장균

해설 대장균은 부영양화 판정기준이 아니다.
이론편(수질오염개론 chapter 07) 참조

07 우리나라의 물 이용 형태로 볼 때 수요가 가장 많은 분야는?

① 공업용수
② 농업용수
③ 유지용수
④ 생활용수

해설 농업용수 > 유지용수(하천) > 생활용수 > 공업용수

08 다음 중 적조발생의 환경적 요인과 가장 거리가 먼 것은 어느 것인가?

① 바다의 수온구조가 안정화되어 물의 수직적 성층이 이루어질 때

② 플랑크톤의 번식에 충분한 광량과 영양염류가 공급될 때

③ 정체수역의 염분농도가 상승되었을 때

④ 해저에 빈 산소수괴가 형성되어 포자의 발아 촉진이 일어나고 퇴적층에서 부영양화의 원인물질이 용출될 때

해설 ③ 정체수역의 염분농도가 희석되어 강하되었을 때

09 빈영양호와 부영양호를 비교한 내용으로 옳지 않은 것은?

① 투명도 : 빈영양호는 5m 이상으로 높으나 부영양호는 5m 이하로 낮다.

② 용존산소 : 빈영양호는 전층이 포화에 가까우나, 부영양호는 표수층은 포화이나 심수층은 크게 감소한다.

③ 물의 색깔 : 빈영양호는 황색 또는 녹색이나 부영양호는 녹색 또는 남색을 띤다.

④ 어류 : 빈영양호에는 냉수성인 송어, 황어 등이 있으나 부영양호에는 난수성인 잉어, 붕어 등이 있다.

해설 빈영양호는 남색 또는 녹색을 띠나 부영양호는 녹색 내지 황색을 나타내며 부영양호는 수화(水華) 때문에 때로는 현저하게 착색되는 경우가 있다.

10 물의 동점성계수를 가장 알맞게 나타낸 것은?

① 전단력 τ과 점성계수 μ를 곱한 값이다.
② 전단력 τ과 밀도 ρ를 곱한 값이다.
③ 점성계수 μ를 전단력 τ로 나눈 값이다.
④ 점성계수 μ를 밀도 ρ로 나눈 값이다.

해설 동점성계수$(\nu) = \dfrac{\text{점성계수}(\mu)}{\text{밀도}(\rho)}$

11 자연수 중 지하수의 경도가 높은 이유는 다음 중 어떤 물질의 영향인가?

① NH_3 ② O_2
③ colloid ④ CO_2

해설 지하수는 지표수에 비해 CO_2가 높게 유지되고, 이는 광물질(경도성분)을 용해하여 경도를 높게 유지해 준다.

12 다음에서 설명하는 기체확산에 관한 법칙은?

> 기체의 확산속도(조그마한 구멍을 통한 기체의 탈출)는 기체분자량의 제곱근에 반비례한다.

① Dalton의 법칙
② Graham의 법칙
③ Gay-Lussac의 법칙
④ Charles의 법칙

해설 문제의 내용은 Graham의 법칙에 관한 설명이다.

13 BOD_5가 213mg/L인 하수의 7일 동안 소모된 BOD(mg/L)는? (단, 탈산소계수=0.14/day)

① 238
② 248
③ 258
④ 268

해설 $BOD_5 = BOD_u (1-10^{-K_1 \times 5})$

$$BOD_u = \frac{213}{(1-10^{-0.14 \times 5})} = 266.1 \text{mg/L}$$

$$BOD_7 = BOD_u \times (1-10^{-K_1 \times 7})$$
$$= 266.1 \times (1-10^{-0.14 \times 7})$$
$$= 238.2 \text{mg/L}$$

14 해수에 관한 설명으로 옳은 것은?

① 해수의 밀도는 담수보다 낮다.
② 염분농도는 적도해역보다 남북 양극해역에서 다소 낮다.
③ 해수의 Mg/Ca비는 담수의 Mg/Ca비보다 작다.
④ 수심이 깊을수록 해수의 주요성분농도비의 차이는 줄어든다.

해설 ① 해수의 밀도($1.024 \sim 1.030 \text{g/cm}^3$)는 담수보다 높다.
③ 해수의 Mg/Ca비($3\sim4$)는 담수의 Mg/Ca비($0.1\sim0.3$)보다 크다.
④ 해수의 주요성분농도비는 수심에 관계없이 거의 일정하다.

15 $[H^+] = 5.0 \times 10^{-6}$ mol/L인 용액의 pH는?

① 5.0
② 5.3
③ 5.6
④ 5.9

해설 $pH = -\log[H^+]$
$$= -\log(5.0 \times 10^{-6}) = 6 - \log 5.0$$
$$= 5.3$$

16 PCB에 관한 설명으로 틀린 것은?

① 물에는 난용성이나 유기용제에 잘 녹는다.
② 화학적으로 불활성이고 절연성이 좋다.
③ 만성중독증상으로 카네미유증이 대표적이다.
④ 고온에서 대부분의 금속과 합금을 부식시킨다.

해설 PCB는 금속을 부식시키지 않는다.

17 소수성 콜로이드 입자가 전기를 띠고 있는 것을 알아보기 위한 가장 적합한 실험은?

① 콜로이드 용액의 삼투압을 조사한다.
② 소량의 친수콜로이드를 가하여 보호작용을 조사한다.
③ 전해질을 주입하여 응집정도를 조사한다.
④ 콜로이드 입자에 강한 빛을 쬐어 틴들현상을 조사한다.

해설 전기를 띠고 있는 콜로이드 입자는 전해질을 주입하면 전하작용에 의해 응집한다.

18 다음 중 물의 일반적인 성질에 관한 설명으로 가장 거리가 먼 것은?

① 계면에 접하고 있는 물은 다른 분자를 쉽게 받아들이지 않으며, 온도변화에 대해서 강한 저항성을 보인다.
② 전해질이 물에 쉽게 용해되는 것은 전해질을 구성하는 양이온보다 음이온 간에 작용하는 쿨롱힘이 공기 중에 비해 크기 때문이다.
③ 물분자의 최외각에는 결합전자쌍과 비결합전자쌍이 있는데 반발력은 비결합전자쌍이 결합전자쌍보다 강하다.
④ 물은 작은 분자임에도 불구하고 큰 쌍극자 모멘트를 가지고 있다.

해설 전해질이 물에 쉽게 용해되는 것은 전해질을 구성하는 양이온과 음이온 간에 작용하는 쿨롱힘이 공기 중에 비해 크기 때문이다.

2019

19 여름철 부영양화된 호수나 저수지에서 다음 조건을 나타내는 수층으로 가장 적절한 것은?

> • pH는 약산성이다.
> • 용존산소는 거의 없다.
> • CO_2는 매우 많다.
> • H_2S가 검출된다.

① 성층 ② 수온약층
③ 심수층 ④ 혼합층

해설 문제의 내용은 호수의 성층 중 심수층(hypolimnion)에 대한 설명이다.

20 농업용수의 수질평가 시 사용되는 SAR(Sodium Adsorption Ratio) 산출식에 직접 관련된 원소로만 나열된 것은?

① K, Mg, Ca ② Mg, Ca, Fe
③ Ca, Mg, Al ④ Ca, Mg, Na

해설 $$SAR = \frac{Na^+}{\sqrt{\dfrac{Ca^{2+} + Mg^{2+}}{2}}}$$

제2과목 수질오염 방지기술

21 미생물 고정화를 위한 펠릿(pellet) 재료로서 이상적인 요구조건에 해당되지 않는 것은?

① 기질, 산소의 투과성이 양호할 것
② 압축강도가 높을 것
③ 암모니아 분배계수가 낮을 것
④ 고정화 시 활성수율과 배양 후의 활성이 높을 것

해설 ③ 암모니아 분배계수가 높을 것

22 슬러지의 혐기성 소화과정에서 발생 가능성이 가장 낮은 가스는?

① CH_4 ② CO_2
③ H_2S ④ SO_2

해설 SO_2는 호기성 가스로서 혐기성 소화과정에서 발생되지 않는다.

23 슬러지를 개량하는 주된 이유는?

① 탈수특성을 좋게 하기 위해
② 고형화 특성을 좋게 하기 위해
③ 탈취특성을 좋게 하기 위해
④ 살균특성을 좋게 하기 위해

해설 슬러지 개량(conditioning)은 슬러지의 탈수특성을 좋게 하기 위해 실시된다.

24 토양처리급속침투시스템을 설계하여 1차 처리 유출수 100L/sec를 $160m^3/m^2 \cdot$ 년의 속도로 처리하고자 할 때 필요한 부지면(ha)은? (단, 1일 24시간, 1년 365일로 환산)

① 약 2
② 약 20
③ 약 4
④ 약 40

해설 유출수량 $= \dfrac{100L}{sec} \left| \dfrac{m^3}{1,000L} \right| \dfrac{3,600sec}{hr} \left| \dfrac{24hr}{일} \right| \dfrac{365일}{년}$

$= 3,153,600m^3/년$

$\therefore$ 부지면적$(A) = \dfrac{Q}{V} = \dfrac{3,153,600m^3/년}{160m^3/m^2 \cdot 년}$

$= 19,710m^2$

$= 1.971ha$

25 하폐수처리의 근본적인 목적으로 가장 알맞은 것은 어느 것인가?

① 질좋은 상수원의 확보
② 공중보건 및 환경보호
③ 미관 및 냄새 등 심미적 요소의 충족
④ 수중생물의 보호

해설 이론편 참조

26 다음 물질들이 폐수 내에 혼합되어 있을 경우 이온교환수지로 처리 시 일반적으로 제일 먼저 제거되는 것은 어느 것인가?

① Ca^{2+} ② Mg^{2+}
③ Na^+ ④ H^+

해설 양이온의 선택성 순서
$Ba^{2+} > Pb^{2+} > Sr^{2+} > Ca^{2+} > Ni^{2+} > Cd^{2+} > Cu^{2+} > Co^{2+} > Zn^{2+} > Mg^{2+} > Ag^+ > Cs^+ > K^+ > NH_4^+ > Na^+ > H^+$

27 급속모래여과장치에 있어서 수두손실에 영향을 미치는 인자로 가장 거리가 먼 것은?

① 여층의 두께
② 여과속도
③ 물의 점도
④ 여과면적

해설 수두손실은 여층의 두께, 여과속도, 물의 점도에 비례하여 커지지만 여과면적과는 관계없다.

28 NH_4^+가 미생물에 의해 NO_3^-로 산화될 때 pH의 변화는?

① 감소한다.
② 증가한다.
③ 변화 없다.
④ 증가하다 감소한다.

해설 NH_4^+가 미생물에 의해 NO_3^-로 산화(질산화)되면 pH가 낮아진다(감소한다).

29 어느 슬러지 건조고형물 무게의 1/2이 유기물질, 1/2이 무기물질이며, 슬러지의 함수율은 80%, 유기물질 비중은 1.0, 무기물질 비중은 2.5라면 슬러지 전체의 비중은?

① 1.025
② 1.046
③ 1.064
④ 1.087

해설 슬러지(Sl) = 수분(80%) + 고형물(TS)
고형물(TS) = 무기물질(FS) + 유기물질(VS)
　　　　　　　　(1/2)　　　(1/2)

$\dfrac{W_s}{S_s} = \dfrac{W_f}{S_f} + \dfrac{W_v}{S_v}$ 에서 $\dfrac{1}{S_s} = \dfrac{0.5}{2.5} + \dfrac{0.5}{1.0}$

S_s (고형물 비중) = 1.43

$\dfrac{1}{S_{sl}} = \dfrac{W_s}{S_s} + \dfrac{W_w}{S_w}$ 에서 $\dfrac{1}{S_{sl}} = \dfrac{0.2}{1.43} + \dfrac{0.8}{1.0}$

∴ S_{sl} (슬러지 비중) ≒ 1.64

30 폭이 4.57m, 깊이가 9.14m, 길이가 61m인 분산 플러그흐름반응조의 유입유량은 10,600m³/day일 때, 분산수($d = D/VL$)는? (단, 분산계수 D는 800m²/hr를 적용한다.)

① 4.32
② 3.54
③ 2.63
④ 1.24

해설 $d = D/VL$에서

D(분산계수) = 800m²/hr

V(유체의 속도) = $\dfrac{Q}{A}$

$\quad = \dfrac{10,600\text{m}^3/\text{day}}{(4.57\text{m} \times 9.14\text{m})} \times \text{day}/24\text{hr}$

$\quad = 10.57\text{m/hr}$

L(반응조 길이) = 61m

∴ d(분산수) = $\dfrac{800\text{m}^2/\text{hr}}{10.57\text{m/hr} \times 61\text{m}} = 1.24$

31 폐수 발생원에 따른 특성에 관한 설명으로 옳지 않은 것은?

① 식품 : 고농도 유기물을 함유하고 있어 생물학적 처리가 가능하다.
② 피혁 : 낮은 BOD 및 SS, n-hexane 그리고 독성물질인 크롬이 함유되어 있다.
③ 철강 : 코크스 공장에서는 시안, 암모니아, 페놀 등이 발생하여 그 처리가 문제된다.
④ 도금 : 특정유해물질(Cr^{+6}, CN^-, Pb, Hg 등)이 발생하므로 그 대상에 따라 처리공법을 선정해야 한다.

해설 ② 낮은 → 높은

32 하수관의 부식과 가장 관계가 깊은 것은?

① NH_3 가스
② H_2S 가스
③ CO_2 가스
④ CH_4 가스

해설 하수관거(下水管渠)의 부식은 관정부식(官頂腐植, crown-corrosion)을 일으키는데, 이는 하수가 혐기성 상태에서 황산염이 환원되어 H_2S를 발생, 정부(頂部)로 상승하여 축적되고, 여기서 박테리아의 작용으로 산화되어 H_2SO_4가 생성됨으로써 부식을 일으키는 것이다.

〈하수관거 부식 모식도〉

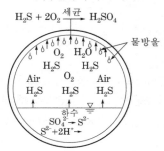

33 도금폐수 중의 CN을 알칼리 조건하에서 산화시키는 데 필요한 약품은?

① 염화나트륨
② 소석회
③ 아황산제이철
④ 차아염소산나트륨

해설 이론편(수질오염방지기술 chapter 04) 참조

34 물리화학적 처리방법 중 수중의 암모니아성 질소의 효과적인 제거방법으로 옳지 않은 것은?

① alum 주입
② break point 염소주입
③ zeolite 이용
④ 탈기법 활용

해설 이론편(수질오염방지기술 chapter 08) 참조

35 1,000명의 인구세대를 가진 지역에서 폐수량이 800m³/day일 때 폐수의 BOD₅ 농도(mg/L)는? (단, 1일 1인 BOD₅ 오염부하=50g)

① 62.5 ② 85.4
③ 100 ④ 150

해설 BOD_5 농도 $= \dfrac{50g/인 \cdot 일 \times 1,000인}{800m^3/일}$
$= 62.5g/m^3 = 62.5mg/L$

36 분뇨와 같은 고농도 유기폐수를 처리하는 데 적합한 처리법은?

① 표준활성슬러지법
② 응집침전법
③ 여과 · 흡착법
④ 혐기성 소화법

해설 분뇨와 같은 고농도 유기폐수를 처리하는 데는 혐기성 소화처리법이 적합하다.

37 포기조 내 MLSS 농도가 3,200mg/L이고, 1L의 임호프콘에 30분간 침전시킨 후 부피가 400mL였을 때 SVI(Sludge Volume Index)는?

① 105 ② 125
③ 143 ④ 157

해설 $SVI = \dfrac{SV_{30}(mL/L) \times 1,000}{MLSS(mg/L)}$
$= \dfrac{400 \times 1,000}{3,200} = 125$

38 활성슬러지법으로 운영되는 처리장에서 슬러지의 SVI가 100일 때 포기조 내의 MLSS 농도를 2,500mg/L로 유지하기 위한 슬러지 반송률(%)은?

① 20.0
② 25.5
③ 29.2
④ 33.3

해설 $r(\%) = \dfrac{C_A}{C_R - C_A} \times 100$
$C_R \fallingdotseq \dfrac{10^6}{SVI} = \dfrac{10^6}{100} = 10,000mg/L$
$\therefore r = \dfrac{2,500}{10,000 - 2,500} \times 100 = 33.3\%$

39 활성슬러지법에서 포기조 내 운전이 악화되었을 때 검토해야 할 사항으로 가장 거리가 먼 것은 어느 것인가?

① 포기조 유입수의 유해성분 유무를 조사
② MLSS 농도가 적정하게 유지되는가를 조사
③ 포기조 유입수의 pH 변동 유무를 조사
④ 유입 원폐수의 SS 농도변동 유무를 조사

해설 보기의 ①, ②, ③은 포기조 내 운전악화 시 검토해야 할 사항이나 원폐수의 SS는 1차 처리에서 제거된 후 포기조로 유입되므로 원폐수의 SS 변동 유무는 검토사항과는 거리가 멀다.

40 생물학적 산화 시 암모늄이온의 1단계 분해에서 생성되는 것은?

① 질소가스
② 아질산이온
③ 질산이온
④ 아민

해설 암모늄이온의 생물학적 산화분해
• 1단계 : $NH_4^+ + \dfrac{3}{2}O_2 \rightarrow NO_2^- + 2H^+ + H_2O$
• 2단계 : $NO_2^- + \dfrac{1}{2}O_2 \rightarrow NO_3^-$

제3과목 : 수질오염 공정시험기준

41 사각위어의 수두가 90cm, 위어의 절단폭이 4m 라면 사각위어에 의해 측정된 유량(m^3/min)은? (단, 유량계수=1.6, $Q = Kbh^{3/2}$)

① 5.46 　② 6.97
③ 7.24 　④ 8.78

해설 $Q = 1.6 \times 4 \times 0.9^{\frac{3}{2}} = 5.464 m^3/min$

42 관 내에 압력이 존재하는 관수로 흐름에서의 관 내 유량측정방법이 아닌 것은?

① 벤투리미터 　② 오리피스
③ 파샬플룸 　④ 자기식 유량측정기

해설 파샬플룸은 측정용 수로에 의한 유량측정방법이다.

43 다음 중 공정시험기준에서 시료 내 인산염인을 측정할 수 있는 시험방법은?

① 란탄알리자린콤플렉손법
② 아스코빈산환원법
③ 디페닐카르바지드법
④ 데발다합금 환원증류법

해설 ① 란탄알리자린콤플렉손법 : 불소
③ 디페닐카르바지드법 : 크롬, 6가 크롬
④ 데발다합금 환원증류법 : 질산성 질소(NO_3-N)
참고 인산염의 인(PO_4^{3-}) 측정법 : 이염화주석환원법, 아스코빈산환원법
※ 디페닐카르바지드법=다이페닐카바자이드법

44 다음 중 노말헥산추출물질 측정에 관한 설명으로 틀린 것은?

① 폐수 중 비교적 휘발되지 않는 탄화수소, 탄화수소유도체, 그리스유상물질 및 광유류를 분석한다.
② 시료를 pH 2 이하의 산성에서 노말헥산으로 추출한다.
③ 시료용기는 유리병을 사용하여야 한다.
④ 광유류의 양을 시험하고자 할 때에는 활성규산마그네슘 칼럼을 이용한다.

해설 ② pH 2 이하 → pH 4 이하

45 polyethylene 재질을 사용하여 시료를 보관할 수 있는 것은?

① 페놀류 　② 유기인
③ PCB 　④ 인산염인

해설 유리용기를 사용하여 보관하여야 하는 시료 : 냄새, 노말헥산추출물질, 페놀류, 유기인, PCB, 휘발성 유기화합물, 물벼룩급성독성, 잔류염소(갈색용기), 석유계총탄화수소(갈색용기), 염화비닐(갈색용기), 아크릴로니트릴(갈색용기), 브로모포름(갈색용기), 다이에틸헥실프탈레이트(갈색용기), 1,4-다이옥산(갈색용기)
※ 인산염의 인은 유리용기나 polyethylene 용기를 다 사용할 수 있다.

46 용액 500mL 속에 NaOH 2g이 녹아있을 때 용액의 규정농도(N)는? (단, Na 원자량=23)

① 0.1 　② 0.2
③ 0.3 　④ 0.4

해설 규정농도(N)=g당량/L
NaOH 1g당량=40g
∴ NaOH 규정농도= $\dfrac{2g}{500mL} \left| \dfrac{1,000mL}{1L} \right| \dfrac{1g당량}{40g}$
=0.1g당량/L
=0.1N

47 질소화합물의 측정방법이 알맞게 연결된 것은?

① 암모니아성 질소 : 환원증류-킬달법(합산법)
② 아질산성 질소 : 자외선/가시선분광법(인도페놀법)
③ 질산성 질소 : 이온크로마토그래피법
④ 총 질소 : 자외선/가시선분광법(디아조화법)

해설 이론편(수질오염공정시험기준 chapter 04.15) 참조

48 수은을 냉증기-원자흡수분광광도법으로 측정하는 경우에 벤젠, 아세톤 등 휘발성 유기물질이 존재하게 되면 이들 물질 또한 동일한 파장에서 흡광도를 나타내기 때문에 측정을 방해한다. 이 물질들을 제거하기 위해 사용하는 시약은?

① 과망간산칼륨, 헥산
② 염산(1+9), 클로로폼
③ 황산(1+9), 클로로폼
④ 무수황산나트륨, 헥산

해설 벤젠, 아세톤 등 휘발성 물질은 동일파장(253.7nm)에서 흡광도를 나타내기 때문에 이들 물질이 존재 시에는 과망간산칼륨 분해 후 헥산으로 추출·분리한다.

49 하천수의 채수위치로 적합하지 않은 지점은?

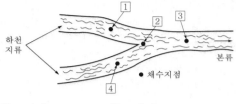

① 1지점　　② 2지점
③ 3지점　　④ 4지점

해설 이론편(수질오염공정시험기준 chapter 02.03) 참조

50 BOD 측정을 위한 전처리과정에서 용존산소가 과포화된 시료는 수온 23~25℃로 하여 몇 분간 통기하고 20℃로 방냉하여 사용하는가?

① 15분　　② 30분
③ 45분　　④ 60분

해설 15분간 통기한다.

51 자외선/가시선분광법을 적용하여 아연 측정 시 발색이 가장 잘 되는 pH 정도는?

① 4　　② 9
③ 11　　④ 12

해설 이론편(수질오염공정시험기준 chapter 04.21) 참조

52 시험에 적용되는 용어의 정의로 틀린 것은?

① 기밀용기 : 취급 또는 저장하는 동안에 밖으로부터의 공기 또는 다른 가스가 침입하지 아니하도록 내용물을 보호하는 용기
② 정밀히 단다 : 규정된 양의 시료를 취하여 화학저울 또는 미량저울로 칭량함을 말한다.
③ 정확히 취하여 : 규정된 양의 액체를 부피피펫으로 눈금까지 취하는 것을 말한다.
④ 감압 : 따로 규정이 없는 한 15mmH₂O 이하를 뜻한다.

해설 15mmH₂O → 15mmHg

53 자외선/가시선분광법을 이용한 시험분석방법과 항목이 잘못 연결된 것은?

① 피리딘－피라졸론법 : 시안
② 란탄알리자린콤플렉손법 : 불소
③ 다이에틸다이티오카르바민산법 : 크롬
④ 아스코빈산환원법 : 총 인

해설 다이에틸다이티오카르바민산법 : 구리
※ 크롬은 다이페닐카바자이드법이다.

54 이온크로마토그래피에서 분리칼럼으로부터 용리된 각 성분이 검출기에 들어가기 전에 용리액 자체의 전도도를 감소시키기 위한 목적으로 사용되는 장치는?

① 액송펌프
② 제거장치
③ 분리칼럼
④ 보호칼럼

해설 문제의 장치는 제거장치(억제기, 서프레서)이다.

55 서로 관계 없는 것끼리 짝지어진 것은?

① BOD－적정법
② PCB－기체크로마토그래피
③ F－원자흡수분광광도법
④ Cd－자외선/가시선분광법

해설 F의 측정방법은 자외선/가시선분광법(란탄알리자린콤플렉손법), 이온전극법, 이온크로마토그래피법이 있다.

56 0.1N－NaOH의 표준용액($f=1.008$) 30mL를 완전히 반응시키는 데 0.1N－H₂C₂O₄ 용액 30.12mL를 소비했을 때 0.1N－H₂C₂O₄ 용액의 factor는 어느 것인가?

① 1.004
② 1.012
③ 0.996
④ 0.992

해설 $N_1 V_1 f_1 = N_2 V_2 f_2$ 에서,
$0.1 \times 30 \times 1.008 = 0.1 \times 30.12 \times f_2$

$\therefore f_2(H_2C_2O_4 \text{ 용액 factor}) = \dfrac{0.1 \times 30 \times 1.008}{0.1 \times 30.12} = 1.004$

57 BOD 시험에서 시료의 전처리를 필요로 하지 않는 시료는?

① 알칼리성 시료
② 잔류염소가 함유된 시료
③ 용존산소가 과포화된 시료
④ 유기물질을 함유한 시료

[해설] BOD 시험은 유기물질함유량(정도)을 측정하기 위한 것으로, 유기물질함유시료는 전처리대상이 아니다.

58 다음 중 온도에 대한 설명으로 옳은 것은 어느 것인가?

① 상온 : 15~25℃
② 상온 : 20~30℃
③ 실온 : 15~25℃
④ 실온 : 20~30℃

[해설] 상온 : 15~25℃, 실온 : 1~35℃

59 원자흡수분광광도법의 광원으로 많이 사용되는 속빈음극램프에 관한 설명으로 옳은 것은 어느 것인가?

① 원자흡광스펙트럼선의 선폭보다 좁은 선폭을 갖고 휘도가 낮은 스펙트럼을 방사한다.
② 원자흡광스펙트럼선의 선폭보다 좁은 선폭을 갖고 휘도가 높은 스펙트럼을 방사한다.
③ 원자흡광스펙트럼선의 선폭보다 넓은 선폭을 갖고 휘도가 낮은 스펙트럼을 방사한다.
④ 원자흡광스펙트럼선의 선폭보다 넓은 선폭을 갖고 휘도가 높은 스펙트럼을 방사한다.

[해설] 이론편(수질오염공정시험기준 chapter 03.03) 참조

60 자외선/가시선분광법으로 카드뮴을 정량할 때 쓰이는 시약과 그 용도가 잘못 짝지어진 것은 어느 것인가?

① 질산-황산법 : 시료의 전처리
② 수산화나트륨 용액 : 시료의 중화
③ 디티존 : 시료의 중화
④ 사염화탄소 : 추출용매

[해설] ③ 디티존 : 발색시약

61 물환경보전법의 목적으로 가장 거리가 먼 것은?

① 수질오염으로 인한 국민의 건강과 환경상의 위해 예방
② 하천·호소 등 공공수역의 수질 및 수생태계를 적정하게 관리·보전
③ 국민으로 하여금 수질 및 수생태계 보전 혜택을 널리 향유할 수 있도록 함
④ 수질환경을 적정하게 관리하여 양질의 상수원수를 보전

[해설] 물환경보전법 제1조 참조

62 배출부과금을 부과할 때 고려해야 할 사항이 아닌 것은?

① 배출허용기준 초과여부
② 배출되는 수질오염물질의 종류
③ 배출시설의 정상가동 여부
④ 수질오염물질의 배출기간

[해설] 물환경보전법 제41조 제2항 참조
[설명] 배출부과금을 부과할 때 고려하여야 할 사항은 보기의 ①, ②, ④ 외에
• 수질오염물질의 배출량
• 자가측정여부
• 그 밖에 수질환경의 오염 또는 개선과 관련되는 사항으로서 환경부령으로 정하는 사항 등이 있다.

63 다음 규정을 위반하여 환경기술인 등의 교육을 받게 하지 아니한 자에 대한 과태료 처분 기준은?

> 폐수처리업에 종사하는 기술요원 또는 환경기술인을 고용한 자는 환경부령이 정하는 바에 의하여 그 해당자에 대하여 환경부 장관 또는 시·도지사가 실시하는 교육을 받게 하여야 한다.

① 100만원 이하의 과태료
② 200만원 이하의 과태료
③ 300만원 이하의 과태료
④ 500만원 이하의 과태료

[해설] 물환경보전법 제82조 제3항 참조

64 물환경보전법에서 사용하고 있는 용어의 정의와 가장 거리가 먼 것은?

① 점오염원이란 폐수배출시설, 하수발생시설, 축사 등으로서 관거·수로 등을 통하여 일정한 지점으로 수질오염물질을 배출하는 배출원을 말한다.

② 비점오염원이란 도시, 도로, 농지, 산지, 공사장 등으로서 불특정 장소에서 불특정하게 수질오염물질을 배출하는 배출원을 말한다.

③ 수면관리자란 다른 법령의 규정에 의하여 하천을 관리하는 자를 말한다.

④ 불투수층이란 빗물 또는 눈 녹은 물 등이 지하로 스며들 수 없게 하는 아스팔트, 콘크리트 등으로 포장된 도로, 주차장, 보도 등을 말한다.

[해설] 물환경보전법 제2조 참조

[설명] "수면관리자"란 다른 법령에 따라 호소를 관리하는 자를 말한다. 이 경우 동일한 호소를 관리하는 자가 둘 이상인 경우에는 「하천법」에 따른 하천관리청 외의 자가 수면관리자가 된다.

65 수질 및 수생태계 환경기준 중 하천(사람의 건강 보호기준)에 대한 항목별 기준값으로 틀린 것은?

① 비소 : 0.05mg/L 이하

② 납 : 0.05mg/L 이하

③ 6가 크롬 : 0.05mg/L 이하

④ 수은 : 0.05mg/L 이하

[해설] 환경정책기본법 시행령 별표 제3항 가목 참조

[설명] 수은 : 검출되어서는 안 됨(검출한계 0.001mg/L)

66 공공폐수처리시설의 방류수 수질기준으로 틀린 것은? (단, 적용기간은 2013년 1월 1일 이후 IV지역 기준이며, ( )안의 기준은 농공단지의 경우이다.)

① 부유물질량 : 10(10)mg/L 이하

② 총 인 : 2(2)mg/L 이하

③ 화학적 산소요구량 : 30(30)mg/L 이하

④ 총 질소 : 20(20)mg/L 이하

[해설] 물환경보전법 시행규칙 별표 10 참조

[설명] 화학적 산소요구량 : 40(40)mg/L 이하

67 환경부 장관이 수질 및 수생태계를 보전할 필요가 있는 호소라고 지정·고시하고 정기적으로 수질 및 수생태계를 조사·측정하여야 하는 호소 기준으로 옳지 않은 것은?

① 1일 30만톤 이상의 원수를 취수하는 호소

② 1일 50만톤 이상이 공공수역으로 배출되는 호소

③ 동식물의 서식지·도래지이거나 생물다양성이 풍부하여 특별히 보전할 필요가 있다고 인정되는 호소

④ 수질오염이 심하여 특별한 관리가 필요하다고 인정되는 호소

[해설] 물환경보전법 시행령 제30조 제1항 참조

68 국립환경과학원장이 설치·운영하는 측정망과 가장 거리가 먼 것은?

① 퇴적물측정망

② 생물측정망

③ 공공수역유해물질측정망

④ 기타 오염원에서 배출되는 오염물질측정망

[해설] 물환경보전법 시행규칙 제22조 참조

69 낚시금지구역 또는 낚시제한구역 안내판의 규격 중 색상기준으로 옳은 것은?

① 바탕색 : 녹색, 글씨 : 회색

② 바탕색 : 녹색, 글씨 : 흰색

③ 바탕색 : 청색, 글씨 : 회색

④ 바탕색 : 청색, 글씨 : 흰색

[해설] 물환경보전법 시행규칙 별표 12 참조

70 비점오염저감시설 중 장치형 시설에 해당하는 것은?

① 여과형 시설

② 저류형 시설

③ 식생형 시설

④ 침투형 시설

[해설] 물환경보전법 시행령 별표 6 참조

[설명] 보기의 ②, ③, ④는 자연형 시설에 해당한다.

71 폐수무방류배출시설의 세부 설치기준에 관한 내용으로 ( )에 옳은 것은?

> 특별대책지역에 설치되는 폐수무방류배출시설의 경우 1일 24시간 연속하여 가동되는 것이면 배출폐수를 전량 처리할 수 있는 예비방지시설을 설치하여야 하고, 1일 최대폐수발생량이 ( ) 이상이면 배출폐수의 무방류여부를 실시간으로 확인할 수 있는 원격유량감시장치를 설치하여야 한다.

① 50m³
② 100m³
③ 200m³
④ 300m³

해설 물환경보전법 시행령 별표 6 제10호 참조

72 폐수처리업의 등록기준에서 등록신청서를 시·도지사에게 제출해야 할 때 폐수처리업의 등록 및 폐수배출시설의 설치에 관한 허가기관이나 신고기관이 같은 경우, 다음 중 반드시 제출해야 하는 것은?

① 사업계획서
② 폐수배출시설 및 수질오염방지시설의 설치명세서 및 그 도면
③ 공정도 및 폐수배출배관도
④ 폐수처리방법별 저장시설 설치명세서(폐수재이용업의 경우에는 폐수성상별 저장시설 설치명세서) 및 그 도면

해설 물환경보전법 시행규칙 제90조 제1항 참조

73 다음 중 물환경보전법에서 정의하고 있는 수질오염방지시설 중 화학적 처리시설이 아닌 것은 어느 것인가?

① 폭기시설
② 침전물개량시설
③ 소각시설
④ 살균시설

해설 물환경보전법 시행규칙 별표 5 참조
설명 폭기시설은 생물화학적 처리시설에 속한다.

74 환경기술인 등에 관한 교육을 설명한 것으로 옳지 않은 것은?

① 보수교육 : 최초 교육 후 3년마다 실시하는 교육
② 최초교육 : 최초로 업무에 종사한 날부터 1년 이내에 실시하는 교육
③ 교육과정의 교육기간 : 5일 이상
④ 교육기관 : 환경기술인은 환경보전협회, 기술요원은 국립환경인력개발원

해설 물환경보전법 시행규칙 제93조 및 제94조 참조
설명 교육과정의 교육기간 : 4일 이내

75 비점오염저감시설 중 자연형 시설이 아닌 것은 어느 것인가?

① 침투시설
② 식생형 시설
③ 저류시설
④ 와류형 시설

해설 물환경보전법 시행령 별표 6 참조
설명 와류형 시설은 장치형 시설에 해당한다.

76 1일 폐수배출량이 750m³인 사업장의 분류기준으로 옳은 것은? (단, 기타 조건은 고려하지 않음)

① 제2종 사업장
② 제3종 사업장
③ 제4종 사업장
④ 제5종 사업장

해설 물환경보전법 시행령 별표 13 참조

77 폐수처리업의 등록기준 중 폐수수탁처리업에 해당하는 기준으로 옳지 않은 것은?

① 폐수저장시설은 폐수처리시설능력의 2.5배 이상을 저장할 수 있어야 한다.
② 폐수처리시설의 총 처리능력은 7.5m³/hr 이상이어야 한다.
③ 폐수운반장비는 용량 2m³ 이상의 탱크로리, 1m³ 이상의 합성수지제 용기가 고정된 차량이어야 한다.
④ 수질환경산업기사, 대기환경산업기사 또는 화공산업기사 1명 이상의 기술능력을 보유하여야 한다.

해설 물환경보전법 시행규칙 별표 20 참조

설명 폐수저장시설의 용량은 1일 8시간(1일 8시간 이상 가동할 경우 1일 최대가동시간으로 한다) 최대처리량의 3일분 이상의 규모이어야 하며, 반입폐수의 밀도를 고려하여 전체용적의 90% 이내로 저장할 수 있는 용량으로 설치하여야 한다.

78 위임업무 보고사항 중 "비점오염원의 설치신고 및 방지시설 설치현황 및 행정처분현황"의 보고 횟수 기준은?

① 연 1회   ② 연 2회

③ 연 4회   ④ 수시

해설 물환경보전법 시행규칙 별표 23 참조

79 상수원의 수질보전을 위해 국가 또는 지방자치단체는 비점오염저감시설을 설치하지 아니한 도로법 규정에 따른 도로 중 대통령령으로 정하는 도로가 다음 지역에 해당되는 경우에는 비점오염저감시설을 설치해야 한다. 해당 지역이 아닌 것은?

① 상수원보호구역

② 비점오염저감계획에 포함된 수변구역

③ 상수원보호구역으로 고시되지 아니한 지역의 경우에는 취수시설의 상류·하류 일정 지역으로서 환경부령으로 정하는 거리 내의 지역

④ 상수원에 중대한 오염을 일으킬 수 있어 환경부령으로 정하는 지역

해설 물환경보전법 제53조의 2 제1항 참조

80 수질오염경보인 조류경보의 경보단계 중 '경계'의 발령기준으로 (　)에 옳은 것은? (단, 상수원 구간)

2회 연속 채취 시 남조류의 세포수가 (　　)인 경우

① 1,000세포/mL 이상 10,000세포/mL 미만

② 10,000세포/mL 이상 1,000,000세포/mL 미만

③ 1,000,000세포/mL 이상

④ 1,000세포/mL 미만

해설 물환경보전법 시행령 별표 3 제1항 참조

2019년 제3회 수질환경산업기사 기/출/문/제

제1과목 : 수질오염 개론

01 현재 수온이 15℃이고 평균수온이 5℃일 때 수심 2.5m인 물의 1m²에 걸친 열전달속도 (kcal/hr)는? (단, 정상상태이며, 5℃에서의 $K_T = 5.8$kcal/hr · m² ℃/m)

① 1.32　　　　② 2.32
③ 10.2　　　　④ 23.2

해설 $\dfrac{dQ}{dt} = K_T \cdot A \cdot \dfrac{dT}{dl}$ 에 의해

$\dfrac{Q}{t} = 5.8$kcal/hr · m² · ℃/m × 1m² × $\dfrac{(15-5)℃}{2.5\text{m}}$

$= 23.2$kcal/hr

참고 Q : t시간 동안 열전달량
T : 거리 l에서의 온도변화
K_T : 열전달률(열전도도)
A : 열전달면적

02 생물학적 처리공정의 미생물에 관한 설명으로 틀린 것은?

① 활성슬러지공정 내의 미생물은 Pseudomonas, Zoogloea, Archromobacter 등이 있다.
② 사상성 미생물인 Protozoa가 나타나면 응집이 안 되고 슬러지벌킹현상이 일어난다.
③ 질산화를 일으키는 박테리아는 Nitrosomonas와 Nitrobacter 등이 있다.
④ 포기조에서 호기성 및 임의성 박테리아는 새로운 세포로 변화시키는 합성과정의 에너지를 얻기 위하여 유기물의 일부를 이용한다.

해설 protozoa는 슬러지벌킹을 일으키는 사상성 미생물이 아니고 원생동물이다.

03 유기성 폐수에 관한 설명 중 옳지 않은 것은?

① 유기성 폐수의 생물학적 산화는 수서세균에 의하여 생산되는 산소로 진행되므로 화학적 산화와 동일하다고 할 수 있다.

② 생물학적 처리의 영향조건에는 C/N비, 온도, 공기공급 정도 등이 있다.
③ 유기성 폐수는 C, H, O를 주성분으로 하고 소량의 N, P, S 등을 포함하고 있다.
④ 미생물이 물질대사를 일으켜 세포를 합성하게 되는데 실제로 생성된 세포량은 합성된 세포량에서 내호흡에 의한 감량을 뺀 것과 같다.

해설 유기성 폐수의 생물학적 산화는 용존산소(DO)에 의해 진행된다.

04 초기농도가 100mg/L인 오염물질의 반감기가 10day라고 할 때, 반응속도가 1차 반응을 따를 경우 5일 후 오염물질의 농도(mg/L)는?

① 70.7　　　　② 75.7
③ 80.7　　　　④ 85.7

해설 $\log \dfrac{C}{C_0} = -Kt$ 에서 먼저 상수 K를 구하면

$K = \dfrac{1}{t} \log \dfrac{C_0}{C} = \dfrac{1}{10\text{day}} \log \dfrac{2}{1} = 0.0301\text{day}^{-1}$

상기 식에서 $C = C_0 \cdot 10^{-Kt}$

∴ $C = 100 \times 10^{-0.0301 \times 5} = 70.7$mg/L

05 해수에 관한 설명으로 옳지 않은 것은 어느 것인가?

① 해수의 Mg/Ca비는 담수에 비하여 크다.
② 해수의 밀도는 수온, 수압, 수심 등과 관계없이 일정하다.
③ 염분은 적도해역에서 높고 남북 양극해역에서 낮다.
④ 해수 내 전체 질소 중 35% 정도는 암모니아성질소, 유기질소 형태이다.

해설 해수의 밀도는 수온, 수압, 수심, 염분농도에 따라 다르다(밀도는 수압, 수심, 염분농도에 비례하고 수온에 반비례한다).

06 하천의 수질모델 중 다음 설명에 해당하는 모델은 어느 것인가?

> - 하천의 수리학적 모델, 수질모델, 독성물질의 거동모델 등을 고려할 수 있으며, 1차원, 2차원, 3차원까지 고려할 수 있음
> - 수질항목 간의 상태적 반응기작을 Streeter-Phelps식부터 수정
> - 수질에 저질이 미치는 영향을 보다 상세히 고려한 모델

① QUAL-Ⅰ model
② WORRS model
③ QUAL-Ⅱ model
④ WASP5 model

해설 문제의 설명에 해당하는 수질모델은 WASP5 model이다.

07 산성비를 정의할 때 기준이 되는 수소이온농도(pH)는?

① 4.3 이하
② 4.5 이하
③ 5.6 이하
④ 6.3 이하

해설 산성비는 pH 5.6 이하를 말한다.

08 여름 정체기간 중 호수의 깊이에 따른 CO_2와 DO 농도의 변화를 설명한 것으로 옳은 것은 어느 것인가?

① 표수층에서 CO_2 농도가 DO 농도보다 높다.
② 심수층에서 DO 농도는 매우 낮지만 CO_2 농도는 표수층과 큰 차이가 없다.
③ 깊이가 깊어질수록 CO_2 농도보다 DO 농도가 높다.
④ CO_2 농도와 DO 농도가 같은 지점(깊이)이 존재한다.

해설 ① 표수층에는 CO_2 농도가 DO 농도보다 낮다.
② 심수층에서는 DO 농도가 낮고 CO_2 농도는 표수층보다 높다.
③ 깊이가 깊어질수록 CO_2 농도보다 DO 농도가 낮다.

09 하천에서 유기물 분해상태를 측정하기 위해 20℃에서 BOD를 측정했을 때 $K_1 = 0.2$/day였다. 실제 하천온도가 18℃일 때 탈산소계수(/day)는? (단, 온도보정계수=1.035)

① 약 0.159
② 약 0.164
③ 약 0.172
④ 약 0.187

해설 $K_1(t℃) = K_1(20℃) \times 1.035^{t-20}$
$= 0.2 \times 1.035^{18-20}$
$= 0.187$/day

10 다음 중 부영양호(eutrophic lake)의 특성에 해당하는 것은?

① 생산과 소비의 균형
② 낮은 영양염류
③ 조류의 과다발생
④ 생물종 다양성 증가

해설 ① 생산과 소비의 불균형
② 높은 영양염류
④ 생물종 다양성 감소

11 시험대상 미생물을 50% 치사시킬 수 있는 유출수 또는 시료에 녹아있는 독성물질의 농도를 나타내는 것은?

① TLN_{50}
② LD_{50}
③ LC_{50}
④ LI_{50}

해설 문제의 설명은 LC_{50}을 말한다(이론편 참조).

12 미생물의 신진대사 과정 중 에너지발생량이 가장 많은 전자(수소)수용체는?

① 산소
② 질산이온
③ 황산이온
④ 환원된 유기물

해설 미생물의 신진대사 과정 중 에너지발생량이 가장 많은 전자(수소)수용체는 산소이다.

13 물 100g에 30g의 NaCl을 가하여 용해시키면 몇 %(W/W)의 NaCl 용액이 제조되는가?

① 15
② 23
③ 31
④ 42

해설 $\dfrac{30g}{100g+30g}\times100=23.08\%(w/w)$

14 폐수의 분석결과 COD가 400mg/L였고 BOD$_5$가 250mg/L였다면 NBDCOD(mg/L)는? (단, 탈산소계수 K_1(밑이 10)=0.2/day)

① 68   ② 122
③ 189   ④ 222

해설 NBDCOD = COD − BDCOD = COD − BOD$_u$
$BOD_5 = BOD_u(1-10^{-K_1\times5})$
$BOD_u = \dfrac{BOD_5}{1-10^{-K_1\times5}} = \dfrac{250}{1-10^{-0.2\times5}} ≒ 278mg/L$
∴ NBDCOD = 400−278 = 122mg/L

15 다음 중 HCHO(formaldehyde) 200mg/L의 이론적 COD값(mg/L)은?

① 163
② 187
③ 213
④ 227

해설 $\underline{HCHO+O_2} \rightarrow CO_2+H_2O$
  30g : 32g
∴ 이론적 COD$=200mg/L\times\dfrac{32}{30}=213.3mg/L$

16 반응조에 주입된 물감의 10%, 90%가 유출되기까지의 시간을 각각 t_{10}, t_{90}이라 할 때 Morrill 지수는 t_{90}/t_{10}으로 나타낸다. 이상적인 plug flow인 경우의 Morrill지수는?

① 1보다 작다.
② 1보다 크다.
③ 1이다.
④ 0이다.

해설 이상적인 plug flow인 경우의 Morrill지수는 1이다.

17 탈산소계수(상용대수 기준)가 0.12/day인 폐수의 BOD$_5$는 200mg/L이다. 이 폐수가 3일 후에 미분해되고 남아 있는 BOD(mg/L)는?

① 67   ② 87
③ 117   ④ 127

해설 $BOD_5 = BOD_u(1-10^{-K_1\times5})$
$BOD_u = \dfrac{BOD_5}{1-10^{-K_1\times5}}$
$= \dfrac{200}{1-10^{-0.12\times5}} ≒ 267.1mg/L\cdots L_a$
$L_t = L_a\cdot10^{-K_1\cdot t}$ 에서
$L_3 = 267.1\times10^{-0.12\times3}=116.6mg/L$

18 지표수에 관한 설명으로 옳은 것은?

① 지표수는 지하수보다 경도가 높다.
② 지표수는 지하수에 비해 부유성 유기물질이 적다.
③ 지표수는 지하수에 비해 각종 미생물과 세균 번식이 활발하다.
④ 지표수는 지하수에 비해 용해된 광물질이 많이 함유되어 있다.

해설 ① 지표수는 지하수보다 경도가 낮다.
② 지표수는 지하수에 비해 부유성 유기물질이 많다.
④ 지하수는 지표수에 비해 용해된 광물질이 많이 함유되어 있다.

19 촉매에 관한 내용으로 옳지 않은 것은?

① 반응속도를 느리게 하는 효과가 있는 것을 역촉매라고 한다.
② 반응의 역할에 따라 반응 후 본래 상태로의 회복여부가 결정된다.
③ 반응의 최종평형상태에는 아무런 영향을 미치지 않는다.
④ 화학반응의 속도를 변화시키는 능력을 가지고 있다.

해설 촉매는 반응에서의 실제 역할과는 무관하게 반응이 끝나면 본래의 상태로 회복이 된다.

20 수은주 높이 300mm는 수주로 몇 mm인가? (단, 표준상태 기준)

① 1,960   ② 3,220
③ 3,760   ④ 4,078

해설 1atm=760mmHg=10,332mmH$_2$O
∴ 수주$=300mmHg\times\dfrac{10,332mmH_2O}{760mmHg}$
$=4,078.4mmH_2O$

제2과목 수질오염 방지기술

21 농축조 설치를 위한 회분침강농축시험의 결과가 아래와 같을 때 슬러지의 초기농도가 20g/L면 5시간 정치 후의 슬러지의 평균농도(g/L)는? (단, 슬러지농도 : 계면 아래의 슬러지농도)

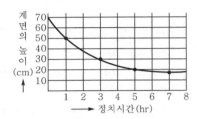

① 50
② 60
③ 70
④ 80

해설 그림에서 5시간 정치 후의 슬러지 계면의 높이=20cm

$$\therefore \ C_u = \frac{C_0 \cdot h_0}{h_u} = \frac{20\text{g/L} \times 70\text{cm}}{20\text{cm}} = 70\text{g/L}$$

22 액체염소의 주입으로 생성된 유리염소, 결합잔류염소의 살균력이 바르게 나열된 것은?

① HOCl > chloramines > OCl⁻
② HOCl > OCl⁻ > chloramines
③ OCl⁻ > HOCl > chloramines
④ OCl⁻ > chloramines > HOCl

해설 이론편(수질오염방지기술 chapter 03) 참조

23 활성슬러지의 공정운영에 대한 설명으로 옳지 않은 것은?

① 포기조 내의 미생물 체류시간을 증가시키기 위해 잉여슬러지 배출량을 감소시켰다.
② F/M비를 낮추기 위해 잉여슬러지 배출량을 줄이고 반송유량을 증가시켰다.
③ 2차 침전지에서 슬러지가 상승하는 현상이 나타나 잉여슬러지 배출량을 증가시켰다.
④ 핀 플록(pin floc)현상이 발생하여 잉여슬러지 배출량을 감소시켰다.

해설 핀 플록(pin floc)현상이 발생하면 SRT를 감소시키거나 F/M비를 높여야 하는데 그러기 위해서는 잉여슬러지 배출량을 증가시킨다.

24 다음 중 철과 망간의 제거에 사용되는 산화제는 어느 것인가?

① 과망간산염
② 수산화나트륨
③ 산화칼슘
④ 석회

해설 철과 망간의 제거에 사용되는 산화제는 보기 ① 과망간산염(MnO_4^-)이다.

25 슬러지 개량방법 중 세정(elutriation)에 관한 설명으로 옳지 않은 것은?

① 알칼리도를 줄이고 슬러지탈수에 사용되는 응집제량을 줄일 수 있다.
② 비료성분의 순도가 높아져 가치를 상승시킬 수 있다.
③ 소화슬러지를 물과 혼합시킨 다음 재침전시킨다.
④ 슬러지의 탈수특성을 좋게 하기 위한 직접적인 방법은 아니다.

해설 세정은 질소분이 씻겨 나가 슬러지의 비료가치가 낮아진다(단점).

26 오존살균에 관한 내용으로 옳지 않은 것은?

① 오존은 비교적 불안정하며 공기나 산소로부터 발생시킨다.
② 오존은 강력한 환원제로 염소와 비슷한 살균력을 갖는다.
③ 오존처리는 용존고형물을 생성하지 않는다.
④ 오존처리는 암모늄이온이나 pH의 영향을 받지 않는다.

해설 오존은 강력한 산화제로서 염소보다 높은 살균력을 갖는다.

27 폐수량=500m³/day, BOD=1,000mg/L인 폐수를 살수여상으로 처리하는 경우 여재에 대한 BOD 부하를 0.2kg/m³ · day로 할 때 여상의 용적(m³)은?

① 250
② 500
③ 1,500
④ 2,500

21.③ 22.② 23.④ 24.① 25.② 26.② 27.④ **정답**

해설 BOD 용적부하$= \dfrac{BOD \cdot Q}{V}$

$$V = \dfrac{BOD \cdot Q}{BOD \text{ 용적부하}}$$

$$= \dfrac{1kg/m^3 \times 500m^3/day}{0.2kg/m^3 \cdot day} = 2,500m^3$$

※ $1,000mg/L = 1,000g/m^3 = 1kg/m^3$

28 슬러지의 함수율이 95%에서 90%로 줄어들면 슬러지의 부피는? (단, 슬러지 비중=1.0)

① 2/3로 감소한다.
② 1/2로 감소한다.
③ 1/3로 감소한다.
④ 3/4으로 감소한다.

해설 $V_1(100 - P_1) = V_2(100 - P_2)$

$$V_2 = V_1 \times \dfrac{(100 - P_1)}{(100 - P_2)} = V_1 \times \dfrac{(100 - 95)}{(100 - 90)} = V_1 \times \dfrac{1}{2}$$

∴ 슬러지 부피는 $\dfrac{1}{2}$로 감소한다.

29 미생물의 고정화를 위한 펠릿(pellet) 재료로서 이상적인 요구조건에 해당되지 않는 것은?

① 처리, 처분이 용이할 것
② 압축강도가 높을 것
③ 암모니아 분배계수가 낮을 것
④ 고정화 시 활성수율과 배양 후의 활성이 높을 것

해설 암모니아 분배계수가 높아야 한다.

30 정수시설 중 취수시설인 침사지 구조에 대한 내용으로 옳은 것은?

① 표면부하율은 2~5mm/min을 표준으로 한다.
② 지내 평균유속은 30cm/sec 이하를 표준으로 한다.
③ 지의 상단높이는 고수위보다 0.6~1m의 여유고를 둔다.
④ 지의 유효수심은 2~3m를 표준으로 하고 퇴사심도는 1m 이하로 한다.

해설 ① 2~5mm/min → 200~500mm/min
② 30cm/sec → 2~7cm/sec
④ 2~3m → 3~4m, 1m 이하 → 0.5~1m

31 폐수특성에 따른 적합한 처리법으로 옳지 않은 것은?

① 비소함유폐수-수산화제2철공침법
② 시안함유폐수-오존산화법
③ 6가 크롬함유폐수-알칼리염소법
④ 카드뮴함유폐수-황화물침전법

해설 6가 크롬함유폐수는 주로 환원침전법으로 처리하고, 알칼리염소법은 시안함유폐수처리방법이다.

32 폐수처리법 중에서 고액분리법이 아닌 것은?

① 부상분리법
② 원심분리법
③ 여과법
④ 이온교환막, 전기투석법

해설 보기의 ①, ②, ③ 방법은 고액분리법에 해당되나 이온교환막, 전기투석법은 액액분리방법으로 고액분리법이 아니다.

참고 기액분리방법 : 탈기, 탈취, 폭기 등

33 길이 23m, 폭 8m, 깊이 2.3m인 직사각형 침전지가 3,000m³/day의 하수를 처리할 경우, 표면부하율(m/day)은?

① 10.5
② 16.3
③ 20.6
④ 33.4

해설 표면부하율$(m^3/m^2 \cdot day)$

$$= \dfrac{Q}{A} = \dfrac{3,000m^3/day}{(23m \times 8m)} = 16.3m^3/m^2 \cdot day = 16.3m/day$$

34 최종침전지에서 발생하는 침전성이 양호한 슬러지의 부상(sludge rising)원인을 가장 알맞게 설명한 것은?

① 침전조의 슬러지압밀작용에 의한다.
② 침전조의 탈질화 작용에 의한다.
③ 침전조의 질산화 작용에 의한다.
④ 사상균류의 출현에 의한다.

해설 유입폐수 중의 질소성분이 포기조에서 질산화되고 최종침전지에서 DO가 부족하면 탈질산화 현상이 일어나면서 이때 발생하는 질소가스가 슬러지를 부상시킨다.

35 SS가 8,000mg/L인 분뇨를 전처리에서 15%, 1차 처리에서 80%의 SS를 제거하였을 때 1차 처리 후 유출되는 분뇨의 SS 농도(mg/L)는?

① 1,360
② 2,550
③ 2,750
④ 2,950

해설 유출되는 분뇨의 SS 농도
$= 8,000\text{mg/L} \times (1-0.15) \times (1-0.8) = 1,360\text{mg/L}$

36 염소의 살균력에 관한 설명으로 옳지 않은 것은 어느 것인가?

① 살균강도는 HOCl가 OCl⁻의 80배 이상 강하다.
② 염소의 살균력은 온도가 높고, pH가 낮을 때 강하다.
③ chloramines은 소독 후 물에 이취미를 발생시키지는 않으나 살균력이 약하여 살균작용이 오래 지속되지 않는다.
④ 염소는 대장균, 소화기 계통의 감염성 병원균에 특히 살균효과가 크나 바이러스는 염소에 대한 저항성이 커 일부 생존할 염려가 크다.

해설 chloramines는 살균력은 약하나 물에 이취미를 주지않고 살균작용이 오래 지속되는 장점이 있다.

37 산업폐수 중에 존재하는 용존무기탄소 및 용존 암모니아(NH_4^+) 기체를 제거하기 위한 가장 적절한 처리방법은?

① 용존무기탄소 : pH 10+air stripping, 용존암모니아 : pH 10+air stripping
② 용존무기탄소 : pH 9+air stripping, 용존암모니아 : pH 4+air stripping
③ 용존무기탄소 : pH 4+air stripping, 용존암모니아 : pH 10+air stripping
④ 용존무기탄소 : pH 4+air stripping, 용존암모니아 : pH 4+air stripping

해설 용존무기탄소(용존 CO_2)와 용존암모니아(NH_4^+) 기체를 제거하기 위한 탈기(air stripping) 시 용존무기탄소 : pH 4 이하, 용존암모니아 : pH 10 이상에서 수행한다.

38 탈질공정의 외부탄소원으로 쓰이지 않는 것은?

① 메탄올
② 소화조상징액
③ 초산
④ 생석회

해설 탈질공정의 외부탄소원으로는 주로 메탄올이 많이 쓰이며 그 외 초산이나 소화조상징액도 있으나 생석회(CaO)는 무기물질로서 탄소원이 아니다.

39 흡착과 관련된 등온흡착식으로 볼 수 없는 것은 어느 것인가?

① Langmuir식
② Freundlich식
③ AET식
④ BET식

해설 이론편 참조

40 완전혼합 활성슬러지공정으로 용해성 BOD_5가 250mg/L인 유기성 폐수가 처리되고 있다. 유량이 15,000m³/day이고 반응조 부피가 5,000m³일 때 용적부하율(kgBOD_5/m³·day)은?

① 0.45
② 0.55
③ 0.65
④ 0.75

해설 BOD 용적부하율(kg BOD_5/m³·day)
$$= \frac{\text{BOD} \cdot Q}{V}$$
$$= \frac{0.25\text{kg/m}^3 \times 15,000\text{m}^3\text{/day}}{5,000\text{m}^3} = 0.75\text{kg/m}^3 \cdot \text{day}$$

제3과목 : **수질오염 공정시험기준**

41 용액 중 CN⁻농도를 2.6mg/L로 만들려고 하면 물 1,000L에 용해될 NaCN의 양(g)은? (단, Na 원자량=23)

① 약 5
② 약 10
③ 약 15
④ 약 20

해설 NaCN : CN⁻=49g : 26g
∴ 용해될 NaCN의 양
$$= 2.6\text{mg/L} \times 1,000\text{L} \times 10^{-3}\text{g/mg} \times \frac{49}{26} = 4.9\text{g}$$

42 자외선/가시선분광법에 의한 수질용 분석기의 파장범위(nm)로 가장 알맞은 것은?

① 0~200 ② 50~300
③ 100~500 ④ 200~900

해설 자외선/가시선분광법에 의한 수질용 분석기의 측정 파장범위는 200~900nm이다.

43 흡광광도법에 대한 설명으로 옳지 않은 것은 어느 것인가?

① 흡광광도법은 빛이 시료용액 중을 통과할 때 흡수나 산란 등에 의하여 강도가 변하는 것을 이용하는 분석방법이다.
② 흡광광도분석장치를 이용할 때는 최고의 투과도를 얻을 수 있는 흡수파장을 선택해야 한다.
③ 흡광광도분석장치는 광원부, 파장선택부, 시료부 및 측광부로 구성되어 있다.
④ 흡광광도법의 기본이 되는 램버트－비어의 법칙은 $A = \log \dfrac{I_o}{I}$ 로 표시할 수 있다.

해설 흡광광도분석장치를 이용할 때는 최고의 흡광도를 얻을 수 있는 흡수파장을 선택해야 한다.

44 다이페닐카바자이드를 작용시켜 생성되는 적자색 착화합물의 흡광도를 540nm에서 측정하여 정량하는 항목은?

① 카드뮴 ② 6가 크롬
③ 비소 ④ 니켈

해설 문제에 해당하는 항목은 크롬이나 6가 크롬이다.

45 총칙 중 온도표시에 관한 내용으로 옳지 않은 것은?

① 냉수는 15℃ 이하를 말한다.
② 찬 곳은 따로 규정이 없는 한 4~15℃의 곳을 뜻한다.
③ 시험은 따로 규정이 없는 한 상온에서 조작하고 조작 직후에 그 결과를 관찰한다.
④ 온수는 60~70℃를 말한다.

해설 찬 곳은 따로 규정이 없는 한 0~15℃의 곳을 뜻한다.

46 망간의 자외선/가시선분광법에 관한 설명으로 옳은 것은?

① 과요오드산칼륨법은 Mn^{2+}을 KIO_3으로 산화하여 생성된 MnO_4^-을 파장 552nm에서 흡광도를 측정한다.
② 염소나 할로겐 원소는 MnO_4^-의 생성을 방해하므로 염산(1+1)을 가해 방해를 제거한다.
③ 정량한계는 0.2mg/L, 정밀도의 상대표준편차는 25% 이내이다.
④ 발색 후 고온에서 장시간 방치하면 퇴색되므로 가열(정확히 1시간)에 주의한다.

해설 ① 552nm → 525nm
② 염산(1+1) → 황산(1+1)
④ 1시간 → 30분간

47 자외선/가시선분광법－이염화주석환원법으로 인산염인을 분석할 때 흡광도 측정파장(nm)은?

① 550 ② 590
③ 650 ④ 690

해설 이론편 참조

48 유량측정 시 적용되는 위어의 위어판에 관한 기준으로 알맞은 것은?

① 위어판 안측의 가장자리는 곡선이어야 한다.
② 위어판은 수로의 장축에 직각 또는 수직으로 하여 말단의 바깥틀에 누수가 없도록 고정한다.
③ 직각 3각 위어판의 유량측정공식은 $Q = K \cdot b \cdot h^{3/2}$이다($K$: 유량계수, b : 수로폭, h : 수두).
④ 위어판의 재료는 10mm 이상의 두께를 갖는 내구성이 강한 철판으로 하여야 한다.

해설 ① 곡선 → 직선
③ $Q = K \cdot b \cdot h^{\frac{3}{2}} \to Q_1 = K \cdot h^{\frac{5}{2}}$
④ 10mm → 3mm

49 pH를 20℃에서 4.00로 유지하는 표준용액은?

① 수산염 표준액 ② 인산염 표준액
③ 프탈산염 표준액 ④ 붕산염 표준액

해설 이론편 참조

50 용존산소를 전극법으로 측정할 때에 관한 내용으로 틀린 것은?

① 정량한계는 0.1mg/L이다.
② 격막필름은 가스를 선택적으로 통과시키지 못하므로 장시간 사용 시 황화수소 가스의 유입으로 감도가 낮아질 수 있다.
③ 정확도는 수중의 용존산소를 윙클러아자이드화나트륨 변법으로 측정한 결과와 비교하여 산출한다.
④ 정확도는 4회 이상 측정하여 측정평균값의 상대백분율로써 나타내며 그 값이 95~105% 이내이어야 한다.

해설 정량한계는 0.5mg/L이다.

51 BOD 실험을 할 때 사전경험이 없는 경우 용존산소가 적당히 감소되도록 시료를 희석한 조합 중 틀린 것은?

① 오염된 하천수 : 25~100%
② 처리하지 않은 공장폐수와 침전된 하수 : 5~15%
③ 처리하여 방류된 공장폐수 : 5~25%
④ 오염정도가 심한 공업폐수 : 0.1~1.0%

해설 처리하지 않은 공장폐수와 침전된 하수 : 1~5%

52 피토관의 압력 수두 차이는 5.1cm이다. 지시계 유체인 수은의 비중이 13.55일 때 물의 유속(m/sec)은?

① 3.68
② 4.12
③ 5.72
④ 6.86

해설
$$V = \sqrt{2gH\left(\frac{S'}{S} - 1\right)}$$
$$= \sqrt{2 \times 9.8 \times 0.051 \times \left(\frac{13.55}{1} - 1\right)}$$
$$= 3.54\text{m/sec}$$

53 수질시료의 전처리 방법이 아닌 것은?

① 산분해법
② 가열법
③ 마이크로파 산분해법
④ 용매추출법

해설 수질시료의 전처리 방법은 보기의 ①, ③, ④ 외에 회화에 의한 분해가 있다.

54 페놀류-자외선/가시선분광법 측정 시 클로로폼 추출법, 직접측정법의 정량한계(mg/L)를 순서대로 옳게 나열한 것은?

① 0.003, 0.03
② 0.03, 0.003
③ 0.005, 0.05
④ 0.05, 0.005

해설 페놀류의 자외선/가시선분광법 측정 시 정량한계
㉠ 클로로폼추출법 : 0.005mg/L
㉡ 직접추출법 : 0.05mg/L

55 시료 중 분석대상물질의 농도를 포함하도록 범위를 설정하고, 분석물질의 농도변화에 따른 지시값을 나타내는 방법이 아닌 것은?

① 내부표준법
② 검정곡선법
③ 최확수법
④ 표준물첨가법

해설 문제의 설명에 해당하는 방법(검정곡선)은 ①, ②, ④ 이다.

56 취급 또는 저장하는 동안에 이물질이 들어가거나 또는 내용물이 손실되지 아니하도록 보호하는 용기는?

① 차광용기
② 밀봉용기
③ 밀폐용기
④ 기밀용기

해설 이론편 참조

57 노말헥산추출물질 시험결과가 다음과 같을 때 노말헥산추출물질의 농도(mg/L)는?
(단, 건조증발용 플라스크의 무게=52.0124g, 추출건조 후 증발용 플라스크와 잔유물질의 무게=52.0246g, 시료의 양=2L)

① 약 2
② 약 4
③ 약 6
④ 약 8

해설 노말헥산추출물질(mg/L)
$$= (a - b) \times \frac{1,000}{V}$$
$$= (52.0246 - 52.0124)\text{g} \times 10^3\text{mg/g} \times \frac{1,000}{2,000}$$
$$= 6.1\text{mg/L}$$

58 다이크롬산칼륨에 의한 화학적 산소요구량 측정 시 염소이온의 양이 40mg 이상 공존할 경우 첨가하는 시약과 염소이온의 비율은?

① $HgSO_4$: $Cl^- = 5$: 1
② $HgSO_4$: $Cl^- = 10$: 1
③ $AgSO_4$: $Cl^- = 5$: 1
④ $AgSO_4$: $Cl^- = 10$: 1

해설 이론편 참조

59 4-아미노안티피린법에 의한 페놀의 정색반응을 방해하지 않는 물질은?

① 질소화합물   ② 황화합물
③ 오일   ④ 타르

해설 이론편 참조

60 기체크로마토그래피법에 의한 폴리클로리네이티드비페닐 분석 시 이용하는 검출기로 가장 적절한 것은?

① ECD   ② FID
③ FPD   ④ TCD

해설 폴리클로리네이티드비페닐(PCB) 분석 시 이용하는 검출기는 ECD(전자포획형 검출기)이다.

제4과목 **수질환경 관계법규**

61 폐수의 원래 상태로는 처리가 어려워 희석하여야만 오염물질의 처리가 가능하다고 인정을 받고자 할 때 첨부하여야 하는 자료가 아닌 것은?

① 처리하려는 폐수농도
② 희석처리의 불가피성
③ 희석배율
④ 희석방법

해설 물환경보전법 시행규칙 제48조 제2항 참조
설명 첨부하여 시·도지사에게 제출하여야 할 자료
  ㉠ 처리하려는 폐수의 농도 및 특성
  ㉡ 희석처리의 불가피성
  ㉢ 희석배율 및 희석량

62 1일 폐수배출량이 500m³인 사업장의 종별 규모는?

① 제1종 사업장   ② 제2종 사업장
③ 제3종 사업장   ④ 제4종 사업장

해설 물환경보전법 시행령 별표 13 참조

63 수질오염감시경보 중 관심경보단계의 발령 기준으로 ( )의 내용으로 옳은 것은?

> • 수소이온농도, 용존산소, 총 질소, 총 인, 전기전도도, 총 유기탄소, 휘발성 유기화합물, 페놀, 중금속(구리, 납, 아연, 카드뮴 등) 항목 중 (㉠) 이상 항목이 측정항목별 경보기준을 초과하는 경우
> • 생물감시 측정값이 생물감시 경보기준농도를 (㉡) 이상 지속적으로 초과하는 경우

① ㉠ 1개, ㉡ 30분
② ㉠ 1개, ㉡ 1시간
③ ㉠ 2개, ㉡ 30분
④ ㉠ 2개, ㉡ 1시간

해설 물환경보전법 시행령 별표 3 제2호 참조

64 폐수배출시설 및 수질오염방지시설의 운영일지 보존기간은? (단, 폐수무방류배출시설 제외)

① 최종 기록일로부터 6개월
② 최종 기록일로부터 1년
③ 최종 기록일로부터 2년
④ 최종 기록일로부터 3년

해설 물환경보전법 시행규칙 제49조 제1항 참조
참고 폐수무방류배출시설의 경우에는 운영일지를 3년간 보존하여야 한다.

65 개선명령을 받은 자가 개선명령을 이행하지 아니하거나 기간 이내에 이행은 하였으나 검사결과가 배출허용기준을 계속 초과할 때의 처분인 '조업정지명령'을 위반한 자에 대한 벌칙기준은?

① 1년 이하의 징역 또는 1천만원 이하의 벌금
② 3년 이하의 징역 또는 3천만원 이하의 벌금
③ 5년 이하의 징역 또는 5천만원 이하의 벌금
④ 7년 이하의 징역 또는 7천만원 이하의 벌금

해설 물환경보전법 제76조 제6호 참조

66 1일 폐수배출량이 2,000m^3 미만인 규모의 지역별, 항목별 수질오염 배출허용기준으로 옳지 않은 것은?

구 분	BOD(mg/L)	COD(mg/L)	SS(mg/L)
㉠ 청정지역	40 이하	50 이하	40 이하
㉡ 가 지역	60 이하	70 이하	60 이하
㉢ 나 지역	120 이하	130 이하	120 이하
㉣ 특례지역	30 이하	40 이하	30 이하

① ㉠ ② ㉡
③ ㉢ ④ ㉣

[해설] 물환경보전법 시행규칙 별표 13 참조
[설명]

구 분	BOD(mg/L)	COD(mg/L)	SS(mg/L)
가 지역	80	90	80

67 국립환경과학원장이 설치·운영하는 측정망의 종류와 가장 거리가 먼 것은?

① 비점오염원에서 배출되는 비점오염물질측정망
② 퇴적물측정망
③ 도심하천측정망
④ 공공수역유해물질측정망

[해설] 물환경보전법 시행규칙 제22조 참조
[설명] 보기 ③은 시·도지사 등이 설치·운영하는 측정망에 해당한다.

68 물환경보전법에서 사용되는 용어의 정의로 틀린 것은?

① 폐수란 물에 액체성 또는 고체성의 수질오염물질이 섞여 있어 그대로는 사용할 수 없는 물을 말한다.
② 불투수층이란 빗물 또는 눈 녹은 물 등이 지하로 스며들 수 없게 하는 아스팔트, 콘크리트 등으로 포장된 도로, 주차장, 보도 등을 말한다.
③ 강우유출수란 점오염원의 오염물질이 혼입되어 유출되는 빗물을 말한다.
④ 기타 수질오염원이란 점오염원 및 비점오염원으로 관리되지 아니하는 수질오염물질을 배출하는 시설 또는 장소로서 환경부령이 정하는 것을 말한다.

[해설] 물환경보전법 제2조 참조
[설명] 강우유출수란 비점오염원의 수질오염물질이 섞여 유출되는 빗물 또는 눈 녹은 물을 말한다.

69 위임업무 보고사항 중 보고횟수 기준이 나머지와 다른 업무내용은?

① 배출업소의 지도, 점검 및 행정처분 실적
② 폐수처리업에 대한 등록·지도단속실적 및 처리실적 현황
③ 배출부과금 부과실적
④ 비점오염원의 설치신고 및 방지시설 설치현황 및 행정처분현황

[해설] 물환경보전법 시행규칙 별표 23 참조
[설명] ①, ③, ④ : 연 4회
② : 연 2회

70 하천의 환경기준에서 사람의 건강보호기준 중 검출되어서는 안 되는 수질오염물질 항목이 아닌 것은?

① 카드뮴 ② 유기인
③ 시안 ④ 수은

[해설] 환경정책기본법 시행령 별표 제3호 가목 참조
[설명] 카드뮴 : 0.005mg/L 이하

71 환경기술인을 교육하는 기관으로 옳은 것은?

① 국립환경인력개발원
② 환경기술인협회
③ 환경보전협회
④ 한국환경공단

[해설] 물환경보전법 시행규칙 제93조 제2항 참조

72 수질 및 수생태계 환경기준 중 하천의 등급이 약간 나쁨인 경우의 생활환경기준으로 틀린 것은?

① 수소이온농도(pH) : 6.0~8.5
② 생물화학적 산소요구량(mg/L) : 8 이하
③ 총 인(mg/L) : 0.8 이하
④ 부유물질량(mg/L) : 100 이하

[해설] 환경정책기본법 시행령 별표 제3호 가목 참조
[설명] 총 인(mg/L) : 0.3 이하

73 환경부 장관이 비점오염원 관리지역을 지정, 고시한 때에 관계 중앙행정기관의 장 및 시·도지사와 협의하여 수립하여야 하는 비점오염원관리대책에 포함되어야 할 사항이 아닌 것은?
① 관리대상 수질오염물질의 종류 및 발생량
② 관리대상 수질오염물질의 관리지역 영향평가
③ 관리대상 수질오염물질의 발생 예방 및 저감방안
④ 관리목표

해설 물환경보전법 제55조 참조

74 환경부 장관이 의료기관의 배출시설(폐수무방류배출시설은 제외)에 대하여 조업정지를 명하여야 하는 경우로서 그 조업정지가 주민의 생활, 대외적인 신용, 고용, 물가 등 국민경제 또는 그 밖의 공익에 현저한 지장을 줄 우려가 있다고 인정되는 경우 조업정지처분을 갈음하여 부과할 수 있는 과징금의 최대액수는?
① 1억원　　② 2억원
③ 3억원　　④ 5억원

해설 물환경보전법 제43조 참조

75 배출부과금을 부과할 때 고려하여야 하는 사항과 가장 거리가 먼 것은?
① 배출허용기준 초과여부
② 수질오염물질의 배출기간
③ 배출되는 수질오염물질의 종류
④ 수질오염물질의 배출원

해설 물환경보전법 제41조 제2항 참조
설명 수질오염물질의 배출량

76 비점오염원의 변경신고를 하여야 하는 경우에 대한 기준으로 ( )에 옳은 것은?

> 총 사업면적, 개발면적 또는 사업장 부지면적이 처음 신고면적의 100분의 ( ) 이상 증가하는 경우

① 10　　② 15
③ 25　　④ 30

해설 물환경보전법 시행령 제73조 제2호 참조

77 수질오염감시경보의 대상 수질오염물질 항목이 아닌 것은?
① 남조류
② 클로로필-a
③ 수소이온농도
④ 용존산소

해설 물환경보전법 시행령 별표 3 제2호 참조
설명 남조류는 조류경보 대상 오염물질이다.

78 2회 연속 채취 시 남조류 세포수가 1,000세포/mL 이상, 10,000세포/mL 미만인 경우의 수질오염경보의 조류경보 경보단계는? (단, 상수원 구간 기준)
① 관심　　② 경보
③ 경계　　④ 조류대발생

해설 물환경보전법 시행령 별표 3 제1호 참조

79 오염총량관리기본계획 수립 시 포함되어야 하는 사항으로 틀린 것은?
① 해당 지역 개발계획의 내용
② 해당 지역 개발계획에 따른 오염부하량의 할당계획
③ 관할 지역에서 배출되는 오염부하량의 총량 및 저감계획
④ 지방자치단체별·수계구간별 오염부하량의 할당

해설 물환경보전법 제4조의 3 제1항 참조
설명 해당 지역 개발계획으로 인하여 추가로 배출되는 오염부하량 및 그 저감계획

80 자연형 비점오염저감시설의 종류가 아닌 것은?
① 여과형 시설
② 인공습지
③ 침투시설
④ 식생형 시설

해설 물환경보전법 시행규칙 별표 17, 별표 18 참조
설명 여과형 시설은 장치형 시설에 해당한다.

인생의 희망은
늘 괴로운 언덕길 너머에서 기다린다.
-폴 베를렌(Paul Verlaine)-
☆
어쩌면 지금이 언덕길의 마지막 고비일지도 모릅니다.
다시 힘을 내서 힘차게 넘어보아요.
희망이란 녀석이 우릴 기다리고 있을 테니까요.^^

2020년 제1·2회 수질환경산업기사 기/출/문/제

제1과목 수질오염 개론

01 성층현상이 있는 호수에서 수온의 큰 변화가 있는 층은?

① Hypolimnion

② Thermocline

③ Sedimentation

④ Epilimnion

해설 성층현상(주로 여름철의 경우)이 있는 호수에서 큰 수온변화가 있는 층은 중간층(mesolimnion)에 해당하는 Thermocline(수온약층, 水溫躍層)으로서 변천대라고도 한다.

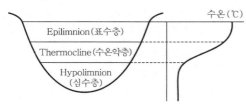

〈여름철의 성층현상〉

참고 Thermocline을 변천대라 하듯이 Epilimnion을 순환대, Hypolimnion을 정체대로 구분하기도 한다.

02 녹조류가 가장 많이 번식하였을 때 호수 표수층의 pH는?

① 6.5   ② 7.0

③ 7.5   ④ 9.0

해설 광합성(光合成)을 하는 녹조류는 햇빛을 많이 받는 호수의 표수층에서 많이 발생하고 CO_2를 흡수하여 광합성을 하므로 pH가 높아져 pH 9 정도에 이른다. 부영양화가 형성되어 조류 번식이 왕성할 때는 pH 9보다 더 크게 상승하기도 한다.

참고 호수에서 조류(plankton)에 의한 광합성이 이루어지면 수중의 CO_2가 소비되고, 그것을 보충하기 위하여 HCO_3가 분해되어, $2HCO_3 \rightleftharpoons CO_2 + CO_3^{2-} + OH^-$로 되고 물은 알칼리성으로 된다.

03 다음 중 경도와 알칼리도에 관한 설명으로 옳지 않은 것은?

① 총알칼리도는 M-알칼리도와 P-알칼리도를 합친 값이다.

② '총경도≤ M-알칼리도'일 때 '탄산경도=총경도'이다.

③ 알칼리도, 산소는 pH 4.5~8.3 사이에서 공존한다.

④ 알칼리도 유발물질은 CO_3^{2-}, HCO_3^-, OH^- 등이다.

해설 M-알칼리도(Methylorange alkalinity)가 총알칼리도(total alkalinity)이다.

참고 '총경도 > M-알칼리도'일 때, '탄산경도=알칼리도'이다.

04 비점오염원에 관한 설명으로 가장 거리가 먼 것은?

① 광범위한 지역에 걸쳐 발생한다.

② 강우 시 발생되는 유출수에 의한 오염이다.

③ 발생량의 예측과 정량화가 어렵다.

④ 대부분이 도시 하수처리장에서 처리된다.

해설 비점오염원(non-point source)은 광범위한 지역에 걸쳐 발생하여 비특정오염원 또는 면오염원이라고 하며, 하수관거를 통해 하수처리장으로 유입하여 처리할 수 없다. 하수처리장에서 처리되는 것은 점오염원에 해당된다.

참고 비점오염원의 구분

• 자연적인 오염 : 암석과 토양이 물과 접촉하여 오염물질 용출, 산림지대의 침식과 유실, 하구의 염수 침투 등과 같은 자연현상에 의한 오염

• 인위적인 오염 : 농경지에서 비료, 살충제 및 제초제 등의 농약 사용, 농경지와 목장 등의 토양 침식, 미처리된 축산폐수, 포장이 많이 된 도시지역의 누적된 먼지와 오물, 합류식 하수관거에서 처리장으로 유입되지 못하고 하천 등으로 방류되는 오수와 빗물의 혼합수

05 바닷물 중에는 0.054M의 $MgCl_2$가 포함되어 있다. 바닷물 250mL에는 몇 g의 $MgCl_2$가 포함되어 있는가? (단, 원자량 : Mg=24.3, Cl=35.5)

① 약 0.8
② 약 1.3
③ 약 2.6
④ 약 3.8

해설 $MgCl_2$ 1mol=24.3+35.5×2=95.3g
0.054M=0.054mol/L
∴ 바닷물 250mL 중 $MgCl_2$ 포함량
=0.054mol/L×95.3g/mol×0.25L≒1.29g

06 미생물에 관한 설명으로 옳지 않은 것은?

① 진핵세포는 핵막이 있으나 원핵세포는 없다.
② 세포소기관인 리보솜은 원핵세포에 존재하지 않는다.
③ 조류는 진핵미생물로 엽록체라는 세포소기관이 있다.
④ 진핵세포는 유사분열을 한다.

해설 ② 리보솜은 원핵세포에도 존재한다.

07 Ca^{2+}이온의 농도가 20mg/L, Mg^{2+}이온의 농도가 1.2mg/L인 물의 경도(mg/L as $CaCO_3$)는? (단, Ca=40, Mg=24)

① 40
② 45
③ 50
④ 55

해설 경도(mg/L as $CaCO_3$)=$\sum\left(M^{2+}mg/L\times\dfrac{50}{M^{2+}당량}\right)$

Ca^{2+}당량=$\dfrac{40}{2}$=20

Mg^{2+}당량=$\dfrac{24}{2}$=12

∴ 경도=$\left(20mg/L\times\dfrac{50}{20}\right)+\left(1.2mg/L\times\dfrac{50}{12}\right)$
=55mg/L as $CaCO_3$

참고 50은 $CaCO_3$(분자량 100)의 당량이다.

08 유해물질과 중독증상과의 연결이 잘못된 것은?

① 카드뮴 – 골연화증, 고혈압, 위장장애 유발
② 구리 – 과다 섭취 시 구토와 복통, 만성중독 시 간경변 유발
③ 납 – 다발성 신경염, 신경장애 유발
④ 크롬 – 피부점막, 호흡기로 흡입되어 전신마비, 피부염 유발

해설 크롬은 급성중독으로 복통, 구토, 접촉성 피부염, 신장장애 등을 나타내며, 만성중독으로는 폐암, 기관지암, 간장애 등을 유발한다.

09 수질오염의 정의는 오염물질이 수계의 자정능력을 초과하여 유입되어 수체가 이용목적에 적합하지 않게 된 상태를 의미하는데, 다음 중 수질오염현상으로 볼 수 없는 것은?

① 수중에 산소가 고갈되는 현상
② 중금속의 유입에 따른 오염
③ 질소나 인과 같은 무기물질이 수계에 소량 유입되는 현상
④ 전염성 세균에 의한 오염

해설 질소나 인과 같은 무기물질이 수계에 소량 유입되면 영양소로서 수생태계에 좋은 작용을 하지만, 다량 유입되면 부영양화(eutrophication) 현상을 유발한다.

10 크롬 중독에 관한 설명으로 틀린 것은?

① 크롬에 의한 급성중독의 특징은 심한 신장장애를 일으키는 것이다.
② 3가 크롬은 피부 흡수가 어려우나, 6가 크롬은 쉽게 피부를 통과한다.
③ 자연 중의 크롬은 주로 3가 형태로 존재한다.
④ 만성 크롬 중독인 경우에는 BAL 등의 금속배설촉진제의 효과가 크다.

해설 크롬 해독제로 BAL은 효과가 없다.
설명 크롬 중독의 해독제로는 황산나트륨(Na_2SO_4), 수산화마그네슘[$Mg(OH)_2$] 등의 수용액이 사용된다.

11 Marson과 Kolkwitz의 하천 자정단계 중 심한 악취가 없어지고 수중 저니의 산화(수산화철 형성)로 인해 색이 호전되며 수질도에서 노란색으로 표시하는 수역은?

① 강부수성 수역(polysaprobic)
② α–중부수성 수역(α–mesosaprobic)
③ β–중부수성 수역(β–mesosaprobic)
④ 빈부수성 수역(oligosaprobic)

해설 문제의 내용은 α–중부수성 수역에 대한 설명이다.

05.② 06.② 07.④ 08.④ 09.③ 10.④ 11.② 정답

12 25℃, pH 4.35인 용액에서 [OH⁻]의 농도(mol/L)는 얼마인가?

① 4.47×10^{-5}

② 6.54×10^{-7}

③ 7.66×10^{-9}

④ 2.24×10^{-10}

해설 $[H^+] = 10^{-pH} = 10^{-4.35} = 4.47 \times 10^{-5}$ mol/L

$[H^+][OH^-] = 10^{-14}$

∴ $[OH^-] = \dfrac{10^{-14}}{[H^+]} = \dfrac{1 \times 10^{-14}}{4.47 \times 10^{-5}} = 2.24 \times 10^{-10}$ mol/L

13 지하수의 특성을 지표수와 비교해서 설명한 것으로 옳지 않은 것은?

① 경도가 높다.

② 자정작용이 빠르다.

③ 탁도가 낮다.

④ 수온변동이 적다.

해설 ② 자정작용이 느리다.

14 화학반응에서 의미하는 산화에 대한 설명이 아닌 것은?

① 산소와 화합하는 현상이다.

② 원자가가 증가되는 현상이다.

③ 전자를 받아들이는 현상이다.

④ 수소화합물에서 수소를 잃는 현상이다.

해설 산화는 전자를 잃는 현상이며, 전자를 받아들이는 것은 환원이다.

15 호수에서의 부영양화 현상에 관한 설명으로 옳지 않은 것은?

① 질소, 인 등 영양물질의 유입에 의하여 발생된다.

② 부영양화에서 주로 문제가 되는 조류는 남조류이다.

③ 성층현상에 의하여 부영양화가 더욱 촉진된다.

④ 조류 제거를 위한 살조제는 주로 $KMnO_4$를 사용한다.

해설 ④ 조류 제거를 위한 살조제는 주로 $CuSO_4$를 사용한다.

16 다음 중 생물농축현상에 대한 설명으로 옳지 않은 것은?

① 생물계의 먹이사슬이 생물농축에 큰 영향을 미친다.

② 영양염이나 방사능 물질은 생물농축되지 않는다.

③ 미나마타병은 생물농축에 의한 공해병이다.

④ 생체 내에서 분해가 쉽고, 배설률이 크면 농축이 되질 않는다.

해설 ② 방사성 물질은 생물농축된다.

17 다음 수역 중 일반적으로 자정계수가 가장 큰 것은?

① 폭포

② 작은 연못

③ 완만한 하천

④ 유속이 빠른 하천

해설 수역의 자정계수(f)값 비교

수 역	f값(20℃)
조그만 연못	0.5~1.0
완만한 하천, 큰 호수, 큰 저수지	1.0~1.5
유속이 느린 큰 하천	1.5~2.0
보통 유속의 큰 하천	2.0~3.0
급유속의 하천	3.0~5.0
급류 또는 폭포	5.0 이상

참고 $f = \dfrac{K_2 (재폭기계수)}{K_1 (탈산소계수)}$

18 용액의 농도에 관한 설명으로 옳지 않은 것은?

① mol농도는 용액 1L 중에 존재하는 용질의 gram 분자량의 수를 말한다.

② 몰랄농도는 규정농도라고도 하며, 용매 1,000g 중에 녹아 있는 용질의 몰수를 말한다.

③ ppm과 mg/L를 엄격하게 구분하면 ppm = (mg/L)/p_{sol}(p_{sol} : 용액의 밀도)로 나타낸다.

④ 노르말농도는 용액 1L 중에 녹아 있는 용질의 g당량수를 말한다.

해설 규정농도는 N농도(normality)를 의미하며, 몰랄농도(molality)는 용매 1,000g 중에 녹아 있는 용질의 몰수를 말한다.

참고 규정농도(N농도)는 용액 1L 속에 포함된(용해되어 있는) 용질의 g당량수로서, g당량(eq)/L로 나타낸다.

2020

19 음용수 중에 암모니아성 질소를 검사하는 것의 위생적 의미는?

① 조류 발생의 지표가 된다.
② 자정작용의 기준이 된다.
③ 분뇨, 하수의 오염지표가 된다.
④ 냄새 발생의 원인이 된다.

해설 음용수(먹는 물) 중에 암모니아성 질소가 일정량 이상 검출되면 분뇨나 하수에 의한 오염이 이루어졌음을 의미한다.

20 $PbSO_4$의 용해도는 물 1L당 0.038g이 녹는다. $PbSO_4$의 용해도적(K_{sp})은? (단, $PbSO_4 = 303g$)

① 1.6×10^{-8}
② 1.6×10^{-4}
③ 0.8×10^{-8}
④ 0.8×10^{-4}

해설 $PbSO_4(s) \rightleftharpoons Pb^{2+}(aq) + SO_4^{2-}(aq)$
$K_{sp} = [Pb^{2+}][SO_4^{2-}]$
$PbSO_4$의 용해도 $= 0.038g/L \times mol/303g$
$\qquad\qquad\qquad = 1.254 \times 10^{-4} mol/L$
따라서, $[Pb^{2+}] = 1.254 \times 10^{-4} mol/L$
$\qquad\quad [SO_4^{2-}] = 1.254 \times 10^{-4} mol/L$
$\therefore K_{sp} = (1.254 \times 10^{-4})(1.254 \times 10^{-4}) \fallingdotseq 1.57 \times 10^{-8}$

제2과목 : 수질오염 방지기술

21 1차 처리된 분뇨의 2차 처리를 위해 포기조, 2차 침전지로 구성된 활성슬러지 공정을 운영하고 있다. 운영조건이 다음과 같을 때 포기조 내의 고형물 체류시간(day)은?

- 유입유량 $= 200m^3/day$
- 포기조 용량 $= 1,000m^3$
- 잉여슬러지 배출량 $= 50m^3/day$
- 반송슬러지 SS 농도 $= 1\%$
- MLSS 농도 $= 2,500mg/L$
- 2차 침전지 유출수 SS 농도 $= 0mg/L$

① 4
② 5
③ 6
④ 7

해설 $SRT = \dfrac{V \cdot X}{X_r \cdot Q_w + (Q - Q_w)X_e}$
여기서, $V = 1,000m^3$, $X = 2,500mg/L$
$\qquad\quad X_r = 1\% = 10,000mg/L$, $Q_w = 50m^3/day$
$\qquad\quad Q = 200m^3/day$, $X_e = 0mg/L$
$\therefore SRT$
$= \dfrac{1,000m^3 \times 2,500mg/L}{10,000mg/L \times 50m^3/day + (200-50)m^3/day \times 0mg/L}$
$= 5day$

22 이온교환법에 의한 수처리의 화학반응으로 다음 과정이 나타낸 것은?

$$2R - H + Ca^{2+} \rightarrow R_2 - Ca + 2H^+$$

① 재생과정
② 세척과정
③ 역세척과정
④ 통수과정

해설 주어진 반응식은 약산성 양이온 교환수지에 의한 경도 성분이 Ca^{2+}를 제거하는 이온제거(교환)반응으로, 통수과정에서 일어난다.

23 암모니아성 질소를 Air stripping할 때(폐수 처리 시) 최적의 pH는?

① 4
② 6
③ 8
④ 10

해설 폐수 처리 시 암모니아성 질소를 Air stripping할 때 최적 pH는 대부분 암모니아 기체형태(NH_3)로 존재하는 pH 10 이상이다.
참고 $[NH_3]/[NH_4^+] = 10^{pH-9.25}$
※ Air stripping 시 탈기되는 것은 기체형태인 NH_3이다.

24 고도 정수처리방법 중 오존처리의 설명으로 가장 거리가 먼 것은?

① HOCl보다 강력한 환원제이다.
② 오존은 반드시 현장에서 생산하여야 한다.
③ 오존은 몇몇 생물학적 분해가 어려운 유기물을 생물학적 분해가 가능한 유기물로 전환시킬 수 있다.
④ 오존에 의해 처리된 처리수는 부착상 생물학적 접촉조인 입상 활성탄 속으로 통과시키는데, 활성탄에 부착된 미생물은 오존에 의해 일부 산화된 유기물을 무기물로 분해시키게 된다.

해설 ① 오존은 HOCl보다 강력한 산화제이다.

25 하수처리장의 1차 침전지에 관한 설명 중 틀린 것은?

① 표면부하율은 계획 1일 최대오수량에 대하여 $25 \sim 40\text{m}^3/\text{m}^2 \cdot \text{day}$로 한다.

② 슬러지 제거기를 설치하는 경우 침전지 바닥 기울기는 $1/100 \sim 1/200$로 완만하게 설치한다.

③ 슬러지 제거를 위해 슬러지 바닥에 호퍼를 설치하며 그 측벽의 기울기는 $60°$ 이상으로 한다.

④ 유효수심은 $2.5 \sim 4\text{m}$를 표준으로 한다.

해설 슬러지 수집기를 설치하는 경우 침전지 바닥 기울기는 직사각형에서는 $1/100 \sim 2/100$로 하고, 원형 및 정사각형에서는 $5/100 \sim 10/100$으로 한다.

26 고형물의 농도가 16.5%인 슬러지 200kg을 건조시켰더니 수분이 20%로 나타났다. 제거된 수분의 양(kg)은? (단, 슬러지 비중=1.0)

① 127 ② 132

③ 159 ④ 166

해설 슬러지 = 수분 + 고형물

(83.5%) 16.5% ← 건조 전

20% (80%) ← 건조 후

슬러지 중 고형물량(무게)$=200\text{kg} \times \dfrac{16.5}{100} = 33\text{kg}$

슬러지 중 수분량(무게)$=200\text{kg} - 33 = 167\text{kg}$

슬러지를 건조시키면 수분은 제거되고 고형물량은 변함이 없다.

건조 후 슬러지양$=33\text{kg} \times \dfrac{100}{100-20} = 41.25\text{kg}$

건조 후 수분량(무게)$=41.25\text{kg} \times \dfrac{20}{100} = 8.25\text{kg}$

$\therefore$ 제거된 수분량(무게)$=167\text{kg} - 8.25 = 158.75\text{kg}$

또는, $200\text{kg} - 41.25 = 158.75\text{kg}$

27 급속여과에 대한 설명으로 가장 거리가 먼 것은?

① 급속여과는 용해성 물질 제거에는 적합하지 않다.

② 손실수두는 여과지의 면적에 따라 증가하거나 감소한다.

③ 급속여과는 세균 제거에 부적합하다.

④ 손실수두는 여과속도에 영향을 받는다.

해설 손실수두는 여과지 면적과는 무관하다.

28 하수의 3차 처리공법인 A/O 공정에서 포기조의 주된 역할을 가장 적합하게 설명한 것은?

① 인의 방출

② 질소의 탈기

③ 인의 과잉섭취

④ 탈질

해설 A/O 공정은 생물학적 탈인공정으로서 혐기조에서의 역할은 인을 방출(용출)하는 것이고, 호기조인 포기조에서의 주된 역할은 인의 과잉섭취(luxury uptake)이다.

29 플러그 흐름반응기가 1차 반응에서 폐수의 BOD가 90% 제거되도록 설계되었다. 속도상수 K가 0.3h^{-1}일 때 요구되는 체류시간(h)은?

① 4.68 ② 5.68

③ 6.68 ④ 7.68

해설 $\dfrac{C}{C_o} = e^{-Kt}$

$\ln \dfrac{C}{C_o} = -Kt$

$t = -\dfrac{1}{K} \ln \dfrac{C}{C_o}$

$K = 0.3\text{h}$

$\left. \begin{array}{l} C = 10 \\ C_o = 100 \end{array} \right\}$ 90% 제거일 때

$\therefore t = -\dfrac{1}{0.3\text{h}} \ln \dfrac{10}{100} \fallingdotseq 7.68\text{h}$

30 포기조 내 MLSS의 농도가 2,500mg/L이고, SV_{30}이 30%일 때 SVI(mL/g)는?

① 85 ② 120

③ 135 ④ 150

해설 $\text{SVI} = \dfrac{\text{SV}_{30}(\%) \times 10^4}{\text{MLSS}} = \dfrac{30 \times 10^4}{2,500} = 120\text{mL/g}$

31 1L 실린더의 250mL 침전부피 중 TSS 농도가 3,050mg/L로 나타나는 포기조 혼합액의 SVI(mL/g)는?

① 62 ② 72

③ 82 ④ 92

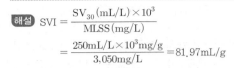

해설 $SVI = \dfrac{SV_{30}(mL/L) \times 10^3}{MLSS(mg/L)}$

$= \dfrac{250mL/L \times 10^3 mg/g}{3,050 mg/L} = 81.97 mL/g$

32 하루 5,000톤의 폐수를 처리하는 처리장에서 최초 침전지의 Weir의 단위길이당 월류부하를 $100m^3/m \cdot day$로 제한할 때 최초침전지에 설치하여야 하는 월류 Weir의 유효길이(m)는?

① 30   ② 40
③ 50   ④ 60

해설 월류부하 $= \dfrac{Q}{L}$

L(월류 Weir의 유효길이) $= \dfrac{Q}{월류부하(m^3/m \cdot day)}$

$= \dfrac{5,000m^3/day}{100m^3/m \cdot day}$

$= 50m$

33 Screen 설치부에 유속한계를 0.6m/sec 정도로 두는 이유는?

① By pass를 사용
② 모래의 퇴적현상 및 부유물이 찢겨 나가는 것을 방지
③ 유지류 등의 scum을 제거
④ 용해성 물질을 물과 분리

해설 스크린 통과 유속을 너무 크게 하면 스크린에 걸린 부유물이 찢겨 나가고 수두손실이 크게 되며, 반면에 유속이 너무 느리면 스크린 설치부에 모래 등 고형물의 퇴적현상이 일어난다.

34 일반적인 슬러지 처리공정을 순서대로 배치한 것은?

① 농축 → 약품조정(개량) → 유기물의 안정화 → 건조 → 탈수 → 최종처분
② 농축 → 유기물의 안정화 → 약품조정(개량) → 탈수 → 건조 → 최종처분
③ 약품조정(개량) → 농축 → 유기물의 안정화 → 탈수 → 건조 → 최종처분
④ 유기물의 안정화 → 농축 → 약품조정(개량) → 탈수 → 건조 → 최종처분

해설 이론편 '슬러지 처리' 참조

35 염소살균에 관한 설명으로 가장 거리가 먼 것은?

① 염소살균강도는 $HOCl > OCl > Chloramines$ 순이다.
② 염소살균력은 온도가 낮고, 반응시간이 길며, pH가 높을 때 강하다.
③ 염소요구량은 물에 가한 일정량의 염소와 일정한 기간이 지난 후에 남아 있는 유리 및 결합잔류염소와의 차이다.
④ 파괴점 염소주입법이란 파괴점 이상으로 염소를 주입하여 살균하는 것을 말한다.

해설 ② 염소살균력은 온도가 높고, 반응시간이 길며, pH가 낮을 때 강하다.

36 폐수처리공정에서 발생하는 슬러지의 종류와 특징이 알맞게 연결된 것은?

① 1차 슬러지 – 성분이 주로 모래이므로 수거하여 매립한다.
② 2차 슬러지 – 생물학적 반응조의 후침전지 또는 2차 침전지에서 상등수로부터 분리된 세포물질이 주종을 이룬다.
③ 혐기성 소화슬러지 – 슬러지 색이 갈색 내지 흑갈색이며, 악취가 없고, 잘 소화된 것은 쉽게 탈수되고, 생화학적으로 안정되어 있다.
④ 호기성 소화슬러지 – 악취가 있고 부패성이 강하며, 쉽게 혐기성 소화시킬 수 있고, 비중이 크며, 염도도 높다.

해설 ① 1차 슬러지 – 1차 침전지에서 상등수로부터 분리된 것으로 주로 유기질 고형물로서 부패성이 강하여 혐기성 소화 처리한다(보통 회색으로, 점착성이 있고 악취가 심하다). 또한 화학적으로 응집된 1차 슬러지는 좀 찐득하고, 냄새가 덜 나며, 비중이 크고, 염도가 조금 높다.
③ 혐기성 소화슬러지 – 슬러지의 색이 흑갈색이며, 가스를 포함한다. 소화가 잘 된 슬러지는 악취가 없으며, 쉽게 탈수되고, 생화학적으로 안정되어 있다.
④ 호기성 소화슬러지 – 슬러지의 색이 갈색 내지 흑갈색이며, 악취가 없고, 잘 소화된 것은 쉽게 탈수되고, 생화학적으로 안정되어 있다.

참고 침사지에서 제거된 것 – 주로 모래이므로 수거하여 매립한다. 유기물이 상당량 포함될 경우에는 미리 물로 씻고, 세정수를 다음 처리공정으로 보낼 때도 있다.

32.③ 33.② 34.② 35.② 36.② 정답

37 염소 요구량이 5mg/L인 하수 처리수에 잔류염소 농도가 0.5mg/L가 되도록 염소를 주입하려고 할 때 염소 주입량(mg/L)은?

① 4.5 ② 5.0
③ 5.5 ④ 6.0

해설 염소 주입량(농도)=염소 요구량(농도)+잔류염소(농도)
=5mg/L+0.5mg/L=5.5mg/L

38 폐수 처리 시 염소 소독을 실시하는 목적으로 가장 거리가 먼 것은?

① 살균 및 냄새 제거
② 유기물의 제거
③ 부식 통제
④ SS 및 탁도 제거

해설 폐수 처리 시 염소 소독은 살균이 주목적이며, 이 외에도 냄새 제거, 부식 통제, BOD(유기물) 제거 등의 목적이 있다.

39 물리·화학적 질소 제거공정이 아닌 것은?

① Air Stripping
② Breakpoint Chlorination
③ Ion Exchange
④ Sequencing Batch Reactor

해설 SBR(Sequencing Batch Reactor, 연속회분식 반응조)은 질소 및 인을 제거시킬 수 있는 공정이지만, 생물학적 제거공정이다.

40 함수율 96%인 혼합슬러지를 함수율 80%의 탈수케이크로 만들었을 때 탈수 후 슬러지 부피비는? (단, 탈수 후 슬러지 부피비=탈수 후 슬러지 부피/탈수 전 슬러지 부피, 탈리액으로 유출된 슬러지의 양은 무시)

① $\dfrac{1}{3}$ ② $\dfrac{1}{4}$
③ $\dfrac{1}{5}$ ④ $\dfrac{1}{6}$

해설 $V_1(100-P_1) = V_2(100-P_2)$
$\dfrac{V_2}{V_1} = \dfrac{(100-P_1)}{(100-P_2)} = \dfrac{100-96}{100-80} = \dfrac{1}{5}$
여기서, V_1 : 탈수 전 슬러지의 부피
V_2 : 탈수 후 슬러지의 부피

제3과목 : **수질오염 공정시험기준**

41 유도결합플라스마－원자발광분광법의 원리에 관한 다음 설명 중 ( ) 안의 내용으로 알맞게 짝지어진 것은?

시료를 고주파 유도코일에 의하여 형성된 아르곤 플라스마에 도입하여 6,000~8,000K에서 들뜬 상태의 원자가 (㉠)로 전이할 때 (㉡)하는 발광선 및 발광강도를 측정하여 원소의 정성 및 정량 분석에 이용하는 방법이다.

① ㉠ 들뜬 상태, ㉡ 흡수
② ㉠ 바닥 상태, ㉡ 흡수
③ ㉠ 들뜬 상태, ㉡ 방출
④ ㉠ 바닥 상태, ㉡ 방출

해설 이론편 참조

42 구리의 측정(자외선/가시선 분광법 기준) 원리에 관한 내용으로 ( )에 옳은 것은?

구리이온이 알칼리성에서 다이에틸다이티오카르바민산 나트륨과 반응하여 생성하는 ( )의 킬레이트화합물을 아세트산부틸로 추출하여 흡광도를 440nm에서 측정한다.

① 황갈색
② 청색
③ 적갈색
④ 적자색

해설 이론편 '구리이온의 측정원리' 참조

43 다음 중 4각 위어에 의한 유량 측정공식은? (단, Q : 유량(m³/min), K : 유량계수, h : 위어의 수두(m), b : 절단의 폭(m))

① $Q = Kh^{5/2}$
② $Q = Kh^{3/2}$
③ $Q = Kbh^{5/2}$
④ $Q = Kbh^{3/2}$

해설 이론편 참조
참고 보기 ①의 식은 직각 3각 위어에 의한 유량 측정공식이다.

정답 37.③ 38.④ 39.④ 40.③ 41.④ 42.① 43.④

44 다음은 박테리아가 산화되는 이론적인 식이다. 박테리아 100mg이 산화되기 위한 이론적 산소요구량(ThOD, g as O_2)은?

$$C_5H_7O_2N + 5O_2 \rightarrow 5CO_2 + 2H_2O + NH_3$$

① 0.122 　　② 0.132
③ 0.142 　　④ 0.152

해설 주어진 반응식에서
$C_5H_7O_2N : 5O_2 = 113g : 160g$
이론적 산소요구량(ThOD)
$=100mg \times 10^{-3}g/mg \times \dfrac{160}{113} \fallingdotseq 0.142g$

45 시료를 질산-과염소산으로 전처리하여야 하는 경우로 가장 적합한 것은?

① 유기물 함량이 비교적 높지 않고 금속의 수산화물, 산화물, 인산염 및 황화물을 함유하고 있는 시료를 전처리하는 경우
② 유기물을 다량 함유하고 있으면서 산화 분해가 어려운 시료를 전처리하는 경우
③ 다량의 점토질 또는 규산염을 함유한 시료를 전처리하는 경우
④ 유기물 등을 많이 함유하고 있는 대부분의 시료를 전처리하는 경우

해설 ① : 질산-염산으로 전처리하여야 하는 경우
② : 질산-과염소산으로 전처리하여야 하는 경우
③ : 질산-과염소산-불화수소산으로 전처리하여야 하는 경우
④ : 질산-황산으로 전처리하여야 하는 경우

46 물속의 냄새를 측정하기 위한 시험에서 시료 부피 4mL와 무취정제수(희석수) 부피 196mL인 경우 냄새역치(TON)는?

① 0.02 　　② 0.5
③ 50 　　④ 100

해설 냄새역치$(TON) = \dfrac{A+B}{A}$

　A(시료 부피)=4mL
　B(무취정제수 부피)=196mL

∴ 냄새역치$(TON) = \dfrac{4+196}{4} = 50$

47 시험에 적용되는 온도 표시로 틀린 것은?

① 실온 : 1~35℃
② 찬 곳 : 0℃ 이하
③ 온수 : 60~70℃
④ 상온 : 15~25℃

해설 ② 찬 곳 : 0~15℃의 곳

48 총대장균군의 정성시험(시험관법)에 대한 설명 중 옳은 것은?

① 완전시험에는 엔도 또는 EMB 한천배지를 사용한다.
② 추정시험 시 배양온도는 48±3℃ 범위이다.
③ 추정시험에서 가스의 발생이 있으면 대장균군의 존재가 추정된다.
④ 확정시험 시 배지의 색깔이 갈색으로 되었을 때는 완전시험을 생략할 수 있다.

해설 ①은 해당되지 않는 내용이다.
② 추정시험 시 배양온도는 35±0.5℃이다.
④ 확정시험 시 배지의 색깔이 갈색으로 되었을 때는 완전시험을 하지 않으면 안 된다.

49 수질오염공정시험기준에서 진공이라 함은?

① 따로 규정이 없는 한 15mmHg 이하를 말함
② 따로 규정이 없는 한 15mmH_2O 이하를 말함
③ 따로 규정이 없는 한 4mmHg 이하를 말함
④ 따로 규정이 없는 한 4mmH_2O 이하를 말함

해설 이론편 참조

50 유기물 함량이 비교적 높지 않고 금속의 수산화물, 산화물, 인산염 및 황화물을 함유하고 있는 시료에 적용되며 휘발성 또는 난용성 염화물을 생성하는 금속물질의 분석에는 주의하여야 하는 시료의 전처리방법(산분해법)으로 가장 적절한 것은?

① 질산-염산법
② 질산-황산법
③ 질산-과염소산법
④ 질산-불화수소산법

해설 이론편 참조

51 기체 크로마토그래피법으로 측정하지 않는 항목은?

① 폴리클로리네이티드비페닐
② 유기인
③ 비소
④ 알킬수은

해설 ③ 비소는 금속으로서 기체 크로마토그래피법으로 측정하지 않는다.

참고 기체 크로마토그래피법으로 측정하는 항목은 알킬수은, 유기인, 폴리클로리네이티드비페닐(PCB), 휘발성 유기화합물, 석유계 총탄화수소, 다이에틸헥실프탈레이트, 1,4-다이옥산 등이 있다.

52 노말헥산 추출물질 시험법은?

① 중량법
② 적정법
③ 흡광광도법
④ 원자흡광광도법

해설 노말헥산 추출물질 시험법은 용매추출에 의한 중량법이다.

53 $0.05N-KMnO_4$ 4.0L를 만들려고 할 때 필요한 $KMnO_4$의 양(g)은? (단, 원자량 K= 39, Mn= 55)

① 3.2   ② 4.6
③ 5.2   ④ 6.3

해설 $KMnO_4$ 1mol=158g

$1g당량 = \dfrac{158}{5} = 31.6g$

$0.05N = 0.05g당량/L$

∴ 필요한 $KMnO_4$의 양
 $= 0.05g당량/L \times 31.6g당량 \times 4L = 6.32g$

54 흡광광도법으로 어떤 물질을 정량하는데 기본원리인 Lambert-Beer 법칙에 관한 설명 중 옳지 않은 것은?

① 흡광도는 시료물질 농도에 비례한다.
② 흡광도는 빛이 통과하는 시료 액층의 두께에 반비례한다.
③ 흡광계수는 물질에 따라 각각 다르다.
④ 흡광도는 투광도의 역대수이다.

해설 ② 흡광도는 빛이 통과하는 시료 액층의 두께에 비례한다.

참고 $A = -\log\dfrac{I_t}{I_o} = \varepsilon cl$

여기서, A : 흡광도

 $\dfrac{I_t}{I_o}$: 투광도

 ε : 흡광계수
 c : 시료물질 농도
 l : 시료 액층의 두께(빛의 투과거리)

55 원자흡수분광광도법은 원자의 어느 상태일 때 특유 파장의 빛을 흡수하는 현상을 이용한 것인가?

① 여기상태   ② 이온상태
③ 바닥상태   ④ 분자상태

해설 이론편 참조

56 윙클러 아지드 변법에 의한 DO 측정 시 시료에 Fe(III) 100~200mg/L가 공존하는 경우, 시료 전처리과정에서 첨가하는 시약으로 옳은 것은?

① 시안화나트륨 용액
② 플루오린화칼륨 용액
③ 수산화망간 용액
④ 황산은

해설 문제의 전처리과정에는 플루오린화칼륨(KF) 용액을 첨가한다.

57 클로로필a(chlorophyll-a) 측정에 관한 내용 중 옳지 않은 것은?

① 클로로필 색소는 사염화탄소 적당량으로 추출한다.
② 시료 적당량(100~2,000mL)을 유리섬유 여과지(GF/F, 47mm)로 여과한다.
③ 663nm, 645nm, 630nm의 흡광도 측정은 클로로필 a, b 및 c를 결정하기 위한 측정이다.
④ 750nm는 시료 중의 현탁물질에 의한 탁도 정도에 대한 흡광도이다.

해설 ① 클로로필 색소는 아세톤 용액으로 추출한다.

2020

58 다음은 물벼룩을 이용한 급성독성 시험법과 관련된 생태독성값(TU)에 대한 내용이다. ( ) 안에 들어갈 내용으로 옳은 것은?

> 통계적 방법을 이용하여 반수영향농도 EC_{50}값을 구한 후 ( )을 말한다.

① 100에서 EC_{50}값을 곱하여준 값
② 100에서 EC_{50}값을 나눠준 값
③ 10에서 EC_{50}값을 곱하여준 값
④ 10에서 EC_{50}값을 나눠준 값

해설 이론편 참조

참고 $TU = \dfrac{100}{EC_{50}}$

59 시료의 전처리방법(산분해법) 중에서 유기물 등을 많이 함유하고 있는 대부분의 시료에 적용하는 것은?

① 질산법
② 질산-염산법
③ 질산-황산법
④ 질산-과염소산법

해설 이론편 참조

60 순수한 물 150mL에 에틸알코올(비중 0.79) 80mL를 혼합하였을 때, 이 용액 중의 에틸알코올 농도(W/W%)는?

① 약 30%
② 약 35%
③ 약 40%
④ 약 45%

해설 에틸알코올 농도(W/W%)
$$= \dfrac{(80\text{mL} \times 0.79\text{g/mL}) \times 100}{(150\text{mL} \times 1.0\text{g/mL}) + (80\text{mL} \times 0.79\text{g/mL})}$$
$$= 29.64\%$$

제4과목 : **수질환경 관계법규**

61 낚시금지, 제한구역의 안내판 규격에 관한 내용으로 옳은 것은?

① 바탕색 : 흰색, 글씨 : 청색
② 바탕색 : 청색, 글씨 : 흰색
③ 바탕색 : 녹색, 글씨 : 흰색
④ 바탕색 : 흰색, 글씨 : 녹색

해설 물환경보전법 시행규칙 별표 12 참조

62 수질오염 방지시설 중 물리적 처리시설에 해당되는 것은?

① 응집시설
② 흡착시설
③ 이온교환시설
④ 침전물 개량시설

해설 물환경보전법 시행규칙 별표 5 참조
설명 보기 ②, ③, ④는 화학적 처리시설에 해당한다.

63 사업장별 환경기술인의 자격기준에 해당하지 않는 것은?

① 방지시설 설치 면제대상인 사업장과 배출시설에서 배출되는 수질오염물질 등을 공동방지시설에서 처리하게 하는 사업장은 제4종 사업장·제5종 사업장에 해당하는 환경기술인을 둘 수 있다.
② 연간 90일 미만 조업하는 제1종부터 제3종까지의 사업장은 제4종 사업장·제5종 사업장에 해당하는 환경기술인을 선임할 수 있다.
③ 대기환경기술인으로 임명된 자가 수질환경기술인의 자격을 함께 갖춘 경우에는 수질환경기술인을 겸임할 수 있다.
④ 공동방지시설의 경우에는 폐수 배출량이 제1종·제2종 사업장 규모에 해당하는 경우 제3종 사업장에 해당하는 환경기술인을 둘 수 있다.

해설 물환경보전법 시행령 별표 17 참조
설명 공동방지시설에 있어서 폐수 배출량이 제4종 및 제5종 사업장 규모에 해당하면 제3종 사업장에 해당하는 환경기술인을 두어야 한다.

64 법적으로 규정된 환경기술인의 관리사항이 아닌 것은?

① 환경오염 방지를 위하여 환경부 장관이 지시하는 부하량 통계 관리에 관한 사항
② 폐수배출시설 및 수질오염 방지시설의 관리에 관한 사항
③ 폐수배출시설 및 수질오염 방지시설의 개선에 관한 사항
④ 운영일지의 기록·보존에 관한 사항

해설 물환경보전법 시행규칙 제64조 참조
설명 환경기술인의 관리사항은 보기 ②, ③, ④ 이외에
• 폐수배출시설 및 수질오염 방지시설의 운영에 관한 기록·보존에 관한 사항
• 수질오염물질의 측정에 관한 사항
• 그 밖에 환경오염 방지를 위하여 시·도지사가 지시하는 사항 등이 있다.

65 환경부 장관은 가동개시신고를 한 폐수 무방류 배출시설에 대하여 10일 이내에 허가 또는 변경허가의 기준에 적합한지 여부를 조사하여야 한다. 이 규정에 의한 조사를 거부·방해 또는 기피한 자에 대한 벌칙기준은?

① 500만원 이하의 벌금
② 1년 이하의 징역 또는 1천만원 이하의 벌금
③ 2년 이하의 징역 또는 2천만원 이하의 벌금
④ 3년 이하의 징역 또는 3천만원 이하의 벌금

해설 물환경보전법 제78조 제9호(동법 제37조 제4항 관련) 참조

66 환경기술인의 임명신고에 관한 기준으로 옳은 것은? (단, 환경기술인을 바꾸어 임명하는 경우)

① 바꾸어 임명한 즉시 신고하여야 한다.
② 바꾸어 임명한 후 3일 이내에 신고하여야 한다.
③ 그 사유가 발생한 즉시 신고하여야 한다.
④ 그 사유가 발생한 날부터 5일 이내에 신고하여야 한다.

해설 물환경보전법 시행령 제59조 제1항 참조
참고 최초로 배출시설을 설치한 경우에는 가동 시작 신고와 동시에 신고한다.

67 초과배출부과금의 부과대상 수질오염물질이 아닌 것은?

① 트리클로로에틸렌
② 노말헥산 추출물질 함유량(광유류)
③ 유기인화합물
④ 총질소

해설 물환경보전법 시행령 제46조 참조

68 비점오염저감시설(식생형 시설)의 관리·운영 기준에 관한 내용으로 (   )에 옳은 것은?

> 식생수로 바닥의 퇴적물이 처리용량의 (   )를 초과하는 경우는 침전된 토사를 제거하여야 한다.

① 10%   ② 15%
③ 20%   ④ 25%

해설 물환경보전법 시행규칙 별표 18 참조

69 폐수처리업자에게 폐수처리업의 등록을 취소하거나 6개월 이내의 기간을 정하여 영업정지를 명할 수 있는 경우가 아닌 것은?

① 다른 사람에게 등록증을 대여한 경우
② 1년에 2회 이상 영업정지 처분을 받은 경우
③ 등록 후 1년 이내에 영업을 개시하지 않은 경우
④ 영업정지 처분기간에 영업행위를 한 경우

해설 물환경보전법 제64조 제2항 참조
설명 문제의 경우에 해당하는 것은 보기 ①, ②, ④ 외에도 고의 또는 중대한 과실로 폐수처리 영업을 부실하게 한 경우가 있다.

70 환경기술인의 교육기관으로 옳은 것은?

① 환경관리공단
② 환경보전협회
③ 환경기술연구원
④ 국립환경인력개발원

해설 물환경보전법 시행규칙 제93조 제2항 참조
참고 측정기기관리대행업에 등록된 기술인력 및 폐수처리업에 종사하는 기술요원 : 국립환경인력개발원

71 비점오염원의 변경신고기준으로 틀린 것은?

① 상호·대표자·사업명 또는 업종의 변경
② 총사업면적·개발면적 또는 사업장 부지면적이 처음 신고면적의 100분의 30 이상 증가하는 경우
③ 비점오염 저감시설의 종류, 위치, 용량이 변경되는 경우
④ 비점오염원 또는 비점오염 저감시설의 전부 또는 일부를 폐쇄하는 경우

[해설] 물환경보전법 시행령 제73조 참조
[설명] ② 총사업면적·개발면적 또는 사업장 부지면적이 처음 신고면적의 100분의 15 이상 증가하는 경우

72 수계영향권별로 배출되는 수질오염물질을 총량으로 관리할 수 있는 주체는?

① 대통령　　　② 국무총리
③ 시·도지사　　④ 환경부 장관

[해설] 물환경보전법 제4조 제1항 참조

73 기본부과금 산정 시 방류수 수질기준을 100% 초과한 사업자에 대한 부과계수는?

① 2.4　　　② 2.6
③ 2.8　　　④ 3.0

[해설] 물환경보전법 시행령 별표 11 참조

74 환경기술인 등의 교육기간, 대상자 등에 관한 내용으로 틀린 것은?

① 폐수처리업에 종사하는 기술요원의 교육기관은 국립환경인력개발원이다.
② 환경기술인 과정과 폐수처리기술요원 과정의 교육기간은 3일 이내로 한다.
③ 최초교육은 환경기술인 등이 최초로 업무에 종사한 날부터 1년 이내에 실시하는 교육이다.
④ 보수교육은 최초교육 후 3년마다 실시하는 교육이다.

[해설] 물환경보전법 시행규칙 제93조·제94조 제2항 참조
[설명] 환경기술인 과정과 폐수처리기술요원 과정의 교육기간은 4일 이내로 한다.

75 호소의 수질상황을 고려하여 낚시금지구역을 지정할 수 있는 자는?

① 환경부 장관
② 중앙환경정책위원회
③ 시장·군수·구청장
④ 수면관리기관장

[해설] 물환경보전법 제20조 제1항, 동시행령 제27조 제1항 참조

76 1일 폐수 배출량이 1,500m³인 사업장의 규모로 옳은 것은?

① 제1종 사업장
② 제2종 사업장
③ 제3종 사업장
④ 제4종 사업장

[해설] 물환경보전법 시행령 별표 13 참조

77 수질 및 수생태계 환경기준인 수질 및 수생태계 상태별 생물학적 특성이해표에 관한 내용 중 생물등급이 [약간 나쁨 ~ 매우 나쁨]인 생물지표종(어류)으로 틀린 것은?

① 피라미　　② 미꾸라지
③ 메기　　　④ 붕어

[해설] 환경정책기본법 시행령 별표 제3호 가목 참조
[설명] ① 피라미는 [보통 ~ 약간 나쁨] 생물지표종(어류)에 해당된다.

78 환경부 장관은 개선명령을 받은 자가 개선명령을 이행하지 아니하거나 기간 이내에 이행은 하였으나 배출허용기준을 계속 초과할 때에는 해당 배출시설의 전부 또는 일부에 대한 조업정지명령을 위반한 자에 대한 벌칙기준은?

① 1년 이하의 징역 또는 1천만원 이하의 벌금
② 2년 이하의 징역 또는 2천만원 이하의 벌금
③ 3년 이하의 징역 또는 3천만원 이하의 벌금
④ 5년 이하의 징역 또는 5천만원 이하의 벌금

[해설] 물환경보전법 제76조 제6호 참조

79 수질 및 수생태계 환경기준 중 하천에서 생활환경기준의 등급별 수질 및 수생태계 상태에 관한 내용으로 ( )에 옳은 내용은?

> 보통 : 보통의 오염물질로 인하여 용존산소가 소모되는 일반 생태계로 여과, 침전, 활성탄 투입, 살균 등 고도의 정수처리 후 생활용수로 이용하거나 일반적 정수처리 후 ( )로 사용할 수 있음

① 재활용수　　② 농업용수
③ 수영용수　　④ 공업용수

해설 환경정책기본법 시행령 별표 제3호 가목의 2) 생활환경기준 [비고] 참조

80 공공수역 중 환경부령으로 정하는 수로가 아닌 것은?

① 지하수로
② 농업용수로
③ 상수관로
④ 운하

해설 물환경보전법 시행규칙 제5조 참조
설명 상수관로가 아니고, 하수관로이다.

2020년 제3회 수질환경산업기사 기/출/문/제

제1과목 : 수질오염 개론

01 Wipple의 하천의 생태변화에 따른 4지대 구분 중 분해지대에 관한 설명으로 옳지 않은 것은?

① 오염에 잘 견디는 곰팡이류가 심하게 번식한다.

② 여름철 온도에서 DO 포화도는 45% 정도에 해당된다.

③ 탄산가스가 줄고, 암모니아성 질소가 증가한다.

④ 유기물 혹은 오염물을 운반하는 하수거의 방출지점과 가까운 하류에 위치한다.

해설 ③의 내용은 '활발한분해지대'에 대한 설명이다.

02 수중의 암모니아를 함유한 용액은 다음과 같은 평형 때문에 수산화암모늄이라고 한다. 0.25M −NH₃ 용액 500mL를 만들기 위한 시약의 부피(mL)는? (단, NH₃ 분자량 17.03, 진한 수산화암모늄 용액(28.0wt%의 NH₃ 함유)의 밀도= 0.899g/cm³)

$$NH_3 + H_2O \leftrightarrow NH_4^+ + OH^-$$

① 4.23

② 8.46

③ 14.78

④ 29.56

해설 0.25M=0.25mol/L

NH₃ 1mol=17.03g

시약(수산화암모늄) 필요량(무게)

$$=0.25mol/L \times 0.5L \times 17.03g/mol \times \frac{100}{28}$$

$$=7.603g$$

$$\therefore 시약의 부피 = \frac{7.603g}{0.899g/cm^3} = 8.457cm^3 = 8.457mL$$

03 적조의 발생에 관한 설명으로 옳지 않은 것은?

① 정체해역에서 일어나기 쉬운 현상이다.

② 강우에 따라 오염된 하천수가 해수에 유입될 때 발생될 수 있다.

③ 수괴의 연직 안정도가 크고 독립해 있을 때 발생한다.

④ 해역의 영양 부족 또는 염소농도 증가로 발생된다.

해설 적조는 해역에 영양이 증가하고, 염분농도가 감소할 때 발생한다.

04 산소 포화농도가 9.14mg/L인 하천에서 $t=0$일 때 DO 농도가 6.5mg/L라면 물이 3일 및 5일 흐른 후 하류에서의 DO 농도(mg/L)는? (단, 최종 BOD=11.3mg/L, $K_1=0.1/day$, $K_2=0.2/day$, 상용대수 기준)

① 3일 후=5.7, 5일 후=6.1

② 3일 후=5.7, 5일 후=6.4

③ 3일 후=6.1, 5일 후=7.1

④ 3일 후=6.1, 5일 후=7.4

해설 $D_t = \frac{K_1 L_o}{K_2 - K_1}(10^{-K_1 t} - 10^{-K_2 t}) + D_o 10^{-K_2 t}$

$D_3 = \frac{0.1 \times 11.3}{0.2 - 0.1}(10^{-0.1 \times 3} - 10^{-0.2 \times 3})$

$\quad + (9.14 - 6.5) \times 10^{-0.2 \times 3}$

$\quad ≒ 3.49mg/L$

∴ 3일 흐른 후 하류 DO=9.14−3.49=5.65mg/L

$D_5 = \frac{0.1 \times 11.3}{0.2 - 0.1}(10^{-0.1 \times 5} - 10^{-0.2 \times 5})$

$\quad + (9.14 - 6.5) \times 10^{-0.2 \times 5}$

$\quad ≒ 2.71mg/L$

∴ 5일 흐른 후 하류 DO=9.14−2.71=6.43mg/L

참고 D_t : t일 후 DO 부족 농도

D_o : 초기($t=0$) DO 부족 농도

05 수중의 질소순환과정인 질산화 및 탈질 순서를 옳게 나타낸 것은?

① $NH_3 \rightarrow NO_2^- \rightarrow NO_3^- \rightarrow NO_2^- \rightarrow N_2$

② $NO_3^- \rightarrow NO_2^- \rightarrow NH_3 \rightarrow NO_2^- \rightarrow N_2$

③ $NO_3^- \rightarrow NO_2^- \rightarrow N_2 \rightarrow NH_3 \rightarrow NO_2^-$

④ $N_2 \rightarrow NH_3 \rightarrow NO_3^- \rightarrow NO_2^-$

해설 $\underbrace{NH_3 \rightarrow NO_2^- \rightarrow NO_3^-}_{\text{질산화}} \rightarrow \underbrace{NO_2^- \rightarrow N_2}_{\text{탈질산화}}$

06 미생물의 증식 단계를 가장 올바른 순서대로 연결한 것은?

① 정지기－유도기－대수증식기－사멸기

② 대수증식기－유도기－사멸기－정지기

③ 유도기－대수증식기－사멸기－정지기

④ 유도기－대수증식기－정지기－사멸기

해설 이론편 참조

07 하천에 유기물질이 배출되었을 때 수질변화를 나타낸 것으로 (2)곡선이 나타내는 수질지표로 가장 적절한 것은?

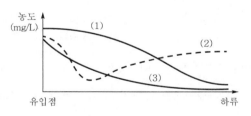

① DO   ② BOD

③ SS   ④ COD

해설 (1)곡선 : BOD
(2)곡선 : DO
(3)곡선 : SS

08 호소에서 계절에 따른 물의 분포와 혼합상태에 관한 설명으로 옳은 것은?

① 겨울철 심수층은 혐기성 미생물의 증식으로 유기물이 적정하게 분해되어 수질이 양호하게 된다.

② 봄, 가을에는 물의 밀도변화에 의한 전도현상(Turn over)이 일어난다.

③ 깊은 호수의 경우 여름철의 심수층 수온변화는 수온약층보다 크다.

④ 여름철에는 표수층과 심수층 사이에 수온의 변화가 거의 없는 수온약층이 존재한다.

해설 ① 여름철 심수층은 산소가 결핍되어 혐기성 미생물의 증식으로 유기물이 분해되어 혐기성 가스 및 악취가 발생하고 수질이 나빠지게 된다.
③ 깊은 호수의 경우 심수층의 수온변화는 수온약층에 비해 거의 없다.
④ 여름철에는 표수층과 심수층 사이에 수온의 변화가 심한 수온약층이 존재한다.

09 호소의 수질검사결과 수온이 18℃, DO 농도가 11.5mg/L이었다. 현재 이 호소의 상태에 대한 설명으로 가장 적합한 것은?

① 깨끗한 물이 계속 유입되고 있다.

② 대기 중의 산소가 계속 용해되고 있다.

③ 수서동물이 많이 서식하고 있다.

④ 조류가 다량 증식하고 있다.

해설 수온 18℃에서 DO 포화농도는 9.0mg/L 정도인데, DO 농도가 11.5mg/L로 과포화상태로 됨은 조류가 다량 번식하면서 산소를 내놓기 때문이다.

10 수중의 용존산소에 대한 설명으로 옳지 않은 것은?

① 수온이 높을수록 용존산소량은 감소한다.

② 용존염류의 농도가 높을수록 용존산소량은 감소한다.

③ 같은 수온 하에서는 담수보다 해수의 용존산소량이 높다.

④ 현존 용존산소 농도가 낮을수록 산소전달률은 높아진다.

해설 ③ 같은 수온 하에서는 해수보다 담수의 용존산소량이 높다(같은 수온 하에서는 담수보다 해수의 용존산소량이 낮다).

11 분뇨처리과정에서 병원균과 기생충란을 사멸시키기 위한 가장 적절한 온도는?

① 25~30℃   ② 35~40℃

③ 45~50℃   ④ 55~60℃

해설 분뇨처리과정에서 병원균과 기생충란을 사멸시키기 위한 가장 적절한 온도는 55~60℃이다.

2020

12 물의 특성으로 옳지 않은 것은?

① 유용한 용매　　② 수소결합
③ 비극성 형성　　④ 육각형 결정구조

해설 물(H_2O)은 기체인 경우에 수증기 속에서 독립된 분자로 존재하며, 고체인 경우에는 수소결합에 의해 육각형 결정구조를 가진다. 액체상태에서는 공유결합과 수소결합의 구조로 H^+와 OH^-로 전리되어 양성을 가지며, 또한 ⊕와 ⊖의 극성(polarity)을 형성하므로 모든 용질(solutes)에 대하여 가장 유용한 용매(solvent)가 된다.

13 우리나라 물의 이용 형태별로 볼 때 가장 수요가 많은 것은?

① 생활용수　　② 공업용수
③ 농업용수　　④ 유지용수

해설 이론편 참조

14 자연계에서 발생하는 질소의 순환에 관한 설명으로 옳지 않은 것은?

① 공기 중 질소를 고정하는 미생물은 박테리아와 곰팡이로 나누어진다.
② 암모니아성질소는 호기성 조건 하에서 탈질균의 활동에 의해 질소로 변환된다.
③ 질산화 박테리아는 화학합성을 하는 독립영양미생물이다.
④ 질산화 과정 중 암모니아성질소에서 아질산성질소로 전환되는 것보다 아질산성질소에서 질산성질소로 전환되는 것이 적은 양의 산소가 필요하다.

해설 암모니아성질소(NH_3-N)는 호기성 조건 하에서 질산화균(질산화 박테리아)에 의해 질산성질소(NO_3-N)로 전환된다.

참고 질산화 과정

① $2NH_3 + 3O_2 \xrightarrow{\text{Nitrosomonas}} 2NO_2^- + 2H^+ + 2H_2O$

② $2NO_2^- + O_2 \xrightarrow{\text{Nitrobacter}} 2NO_3^-$

위의 반응에서 ①의 $NH_3 \rightarrow NO_2^-$로 전환되는 것보다 ②의 $NO_2^- \rightarrow NO_3^-$로 전환될 때 적은 양의 산소가 필요하므로 적은 양의 산소가 소요된다. 그리고 Nitrosomonas가 Nitrobacter에 비해 훨씬 주위 환경의 변화에 민감하므로 NO_2^-가 일단 생성되면 비교적 쉽게 NO_3^-로 산화된다. 이러한 이유로 인해 수중의 무기질소를 분석할 때 NO_3^-가 NO_2^- 농도보다 높은 분포를 나타낸다.

15 전해질 M_2X_3의 용해도적 상수에 대한 표현으로 옳은 것은?

① $K_{sp} = [M^{3+}]^2 [X^{2-}]^3$
② $K_{sp} = [2M^{3+}][3X^{2-}]$
③ $K_{sp} = [2M^{3+}]^2 [3X^{2-}]^3$
④ $K_{sp} = [M^{3+}][X^{2-}]$

해설 $M_2X_3 \rightleftharpoons 2M^{3+} + 3X^{2-}$
∴ $K_{sp} = [M^{3+}]^2 [X^{2-}]^3$

16 수분함량 97%의 슬러지 14.7m³를 수분함량 85%로 농축하면 농축 후 슬러지 용적(m³)은? (단, 슬러지 비중=1.0)

① 1.92　　② 2.94
③ 3.21　　④ 4.43

해설 $V_1(100-P_1) = V_2(100-P_2)$

$V_2 = V_1 \times \dfrac{(100-P_1)}{(100-P_2)} = 14.7 \times \dfrac{(100-97)}{(100-85)} = 2.94\text{m}^3$

17 0.04M NaOH 용액의 농도(mg/L)는? (단, 원자량 Na=23)

① 1,000　　② 1,200
③ 1,400　　④ 1,600

해설 0.04M=0.04mol/L
NaOH 1mol=40g
∴ NaOH 용액 농도 $= 0.04\text{mol/L} \times 40\text{g/mol} \times 10^3\text{mg/g}$
$= 1,600\text{mg/L}$

18 탄광폐수가 하천, 호수 또는 저수지에 유입할 경우 발생될 수 있는 오염의 형태로 옳지 않은 것은?

① 부식성이 높은 수질이 될 수 있다.
② 대체적으로 물의 pH를 낮춘다.
③ 비탄산경도를 높이게 한다.
④ 일시경도를 높이게 된다.

해설 탄광폐수는 영구경도(비탄산경도)를 높이게 된다.

참고 탄광(炭鑛)폐수는 대체적으로 산성이고 pH가 낮으며, 철, 알루미늄, 망간, 마그네슘 등 각종 광물(鑛物)의 황산염을 공유함으로 총고형물의 농도가 높을 뿐 아니라 비탄산경도가 대단히 높다. 따라서 산성폐수가 하천으로 유하되었을 때 하류의 하천수는 부식성이 높아 공업용수나 음용수로서 부적당하다.

19 20℃ 5일 BOD가 50mg/L인 하수의 2일 BOD (mg/L)는? (단, 20℃, 탈산소계수 $k = 0.23 day^{-1}$ 이고, 자연대수 기준)

① 21　　　　　　② 24
③ 27　　　　　　④ 29

해설　$BOD_5 = BOD_u(1 - e^{-k \times 5})$ 에서

$BOD_u = \dfrac{BOD_5}{1 - e^{-k \times 5}} = \dfrac{50}{1 - e^{-0.23 \times 5}} = 73.17 mg/L$

∴　$BOD_2 = BOD_u(1 - e^{-k \times 2})$

　　　$= 73.17(1 - e^{-0.23 \times 2}) = 26.98 mg/L$

20 폐수의 분석결과 COD가 450mg/L이고, BOD_5가 300mg/L였다면 NBDCOD(mg/L)는? (단, 탈산소계수 $k_1 = 0.2/day$, base는 상용대수)

① 약 76
② 약 84
③ 약 117
④ 약 136

해설　$COD = BDCOD + NBDCOD = BOD_u + NBDCOD$
$NBDCOD = COD - BOD_u$
$BOD_5 = BOD_u(1 - 10^{-k_1 \times 5})$

$BOD_u = \dfrac{BOD_5}{(1 - 10^{-k_1 \times 5})}$

　　　$= \dfrac{300}{(1 - 10^{-0.2 \times 5})} ≒ 333 mg/L$

∴　$NBDCOD = 450 - 333 = 117 mg/L$

제2과목　**수질오염 방지기술**

21 고형물 농도 10g/L인 슬러지를 하루 480m³ 비율로 농축 처리하기 위해 필요한 연속식 슬러지 농축조의 표면적(m²)은? (단, 농축조의 고형물부하 = 4kg/m² · hr)

① 50　　　　　　② 100
③ 150　　　　　　④ 200

해설　슬러지 중 고형물량
　　$= 10 kg/m^3 \times 480 m^3/day \times 1 day/24 hr = 200 kg/hr$

∴　농축조 표면적 $= \dfrac{200 kg/hr}{4 kg/m^2 \cdot hr} = 50 m^2$

22 폭 2m, 길이 15m인 침사지에 100cm의 수심으로 폐수가 유입할 때 체류시간이 50sec라면 유량(m³/hr)은?

① 2,025　　　　　② 2,160
③ 2,240　　　　　④ 2,530

해설　$t = \dfrac{V}{Q} \rightarrow Q = \dfrac{V}{t}$

　　$V = 2m \times 15m \times 1m = 30 m^3$

　　$t = 50 sec \times 1 hr / 3,600 sec = \dfrac{50}{3,600} hr$

∴　$Q = \dfrac{30 m^3}{(50/3,600) hr} = 2,160 m^3/hr$

23 처리수의 BOD 농도가 5mg/L인 폐수처리 공정의 BOD 제거효율은 1차 처리 40%, 2차 처리 80%, 3차 처리 15%이다. 이 폐수처리 공정에 유입되는 유입수의 BOD 농도(mg/L)는?

① 39　　　　　　② 49
③ 59　　　　　　④ 69

해설　유입수의 BOD 농도 $= X mg/L$라 하면
$X(1 - 0.4)(1 - 0.8)(1 - 0.15) = 5$
∴　X(유입수의 BOD 농도) $= 49.02 mg/L$

24 일반적인 도시하수 처리 순서로 알맞은 것은?
① 스크린－침사지－1차 침전지－포기조－2차 침전지－소독
② 스크린－침사지－포기조－1차 침전지－2차 침전지－소독
③ 소독－스크린－침사지－1차 침전지－포기조－2차 침전지
④ 소독－스크린－침사지－포기조－1차 침전지－2차 침전지

해설　이론편 참조

25 폐수량 20,000m³/day, 체류시간 30분, 속도경사 40sec⁻¹의 응집침전조를 설계할 때 교반기 모터의 동력효율을 60%로 예상한다면 응집침전조의 교반기에 필요한 모터의 총동력(W)은? (단, $\mu = 10^{-3} kg/m \cdot s$)

① 417　　　　　　② 667.2
③ 728.5　　　　　④ 1,112

해설 $P = G^2 \cdot \mu \cdot V$에서

$\quad G = 40/\text{sec}$

$\quad \mu = 10^{-3} \text{kg/m} \cdot \text{sec}$

$\quad V = Q \cdot t = 20,000 \text{m}^3/\text{day} \times \dfrac{30}{1,440} \text{day}$

$\qquad = 416.67 \text{m}^3$

교반기 동력(P)

$= (40/\text{sec})^2 \times 10^{-3} \text{kg/m} \cdot \text{sec} \times 416.67 \text{m}^3$

$≒ 667 \text{kg} \cdot \text{m}^2/\text{sec}^3 = 667 \text{W}$

$\therefore$ 모터의 총동력 $= 667 \text{W} \times \dfrac{100}{60} ≒ 1,112 \text{W}$

26 1,000m³의 폐수 중 부유물질 농도가 200mg/L
일 때 처리효율이 70%인 처리장에서 발생슬러
지량(m³)은? (단, 부유물질 처리만을 기준으로
하며, 기타 조건은 고려하지 않음, 슬러지 비중
=1.03, 함수율=95%)

① 2.36　　　　② 2.46
③ 2.72　　　　④ 2.96

해설 슬러지=수분+고형물(제거 SS)

　　　　95%　　(5%)

제거 SS량(슬러지 중 고형물량)

$= 200 \text{g/m}^3 \times 1,000 \text{m}^3 \times 0.7 = 140,000 \text{g} = 0.14 \text{ton}$

$\therefore$ 발생슬러지량 $= 0.14 \text{ton} \times \dfrac{100}{100-95} \times 1 \text{m}^3/1.03 \text{ton}$

$\qquad\qquad ≒ 2.72 \text{m}^3$

27 BOD 1,000mg/L, 유량 1,000m³/day인 폐수를
활성슬러지법으로 처리하는 경우, 포기조의 수
심을 5m로 할 때 필요한 포기조의 표면적(m²)
은? (단, BOD 용적부하 0.4kg/m³·day)

① 400　　　　② 500
③ 600　　　　④ 700

해설 BOD 용적부하 $= \dfrac{\text{BOD} \cdot Q}{V} = \dfrac{\text{BOD} \cdot Q}{A \cdot H}$

$A = \dfrac{\text{BOD} \cdot Q}{\text{BOD 용적부하} \cdot H}$

$\quad = \dfrac{1 \text{kg/m}^3 \times 1,000 \text{m}^3/\text{day}}{0.4 \text{kg/m}^3 \cdot \text{day} \times 5 \text{m}} = 500 \text{m}^2$

28 모래여과상에서 공극 구멍보다 더 작은 미세한
부유물질을 제거함에 있어 모래의 주요 제거기
능과 가장 거리가 먼 것은?

① 부착　　　　② 응결
③ 거름　　　　④ 흡착

해설 모래여과상에서 공극(空隙) 구멍보다 더 작은 미세한
부유물을 제거함에 있어 모래의 주요 기능(역할)은 부
착, 응결, 침전, 거름 등이다.

29 공장에서 보일러의 열전도율이 저하되어 확인
한 결과, 보일러 내부에 형성된 스케일이 문제인
것으로 판단되었다. 일반적으로 스케일 형성의
원인이 되는 물질은?

① Ca^{2+}, Mg^{2+}
② Na^+, K^+
③ Cu^{2+}, Fe^{2+}
④ Na^+, Fe^{2+}

해설 보일러 내부의 스케일 형성의 원인이 되는 물질은 경도
성분인 Ca^{2+}, Mg^{2+} 등이다.

30 미생물을 회분식 배양하는 경우의 일반적인 성
장상태를 그림으로 나타낸 것이다. ㉮, ㉯의
(　) 안에 미생물의 적합한 성장단계 및 ㉰,
㉱, ㉲ 안에 활성슬러지공법 중 재래식, 고율,
장기폭기의 운전범위를 맞게 나타낸 것은?

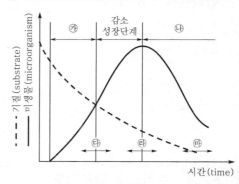

① ㉮ 대수성장단계, ㉯ 내생성장단계,
　㉰ 재래식, ㉱ 고율, ㉲ 장기폭기
② ㉮ 내생성장단계, ㉯ 대수성장단계,
　㉰ 재래식, ㉱ 고율, ㉲ 장기폭기
③ ㉮ 대수성장단계, ㉯ 내생성장단계,
　㉰ 재래식, ㉱ 장기폭기, ㉲ 고율
④ ㉮ 대수성장단계, ㉯ 내생성장단계,
　㉰ 고율, ㉱ 재래식, ㉲ 장기폭기

해설 이론편 참조

31 분무식 포기장치를 이용하여 CO_2 농도를 탈기 시키고자 한다. 최초의 CO_2 농도 30g/m³ 중에서 12g/m³을 제거할 수 있을 때 효율계수(E)와 최초 CO_2 농도가 50g/m³일 경우 유출수 중 CO_2 농도(C_e, g/m³)는? (단, CO_2의 포화농도=0.5g/m³)

① $E=0.6$, $C_e=30$
② $E=0.4$, $C_e=20$
③ $E=0.6$, $C_e=20$
④ $E=0.4$, $C_e=30$

해설 $E = \dfrac{C_e - C_o}{C_s - C_o} = \dfrac{-12}{(0.5-30)} = 0.4$
$C_e = C_o + E(C_s - C_o) = 50 + 0.4(0.5-50) = 30.2$

32 폐수를 염소 처리하는 목적으로 가장 거리가 먼 것은?

① 살균
② 탁도 제거
③ 냄새 제거
④ 유기물 제거

해설 염소 처리의 목적은 살균, 냄새 제거, 부식 통제, 유기물(BOD) 제거 등이다.

33 수중에 존재하는 대상 항목별 제거방법이 틀리게 짝지어진 것은?

① 부유물질-급속여과, 응집침전
② 용해성 유기물질-응집침전, 오존산화
③ 용해된 염류-역삼투법, 이온교환
④ 세균, 바이러스-소독, 급속여과

해설 ④ 세균, 바이러스-소독, 완속여과

34 각종 처리법과 그 효과에 영향을 미치는 주요한 인자의 조합으로 틀린 것은?

① 침강분리법-현탁입자와 물의 밀도차
② 가압부상법-오수와 가압수와의 점성차
③ 모래여과법-현탁입자의 크기
④ 흡착법-용질의 흡착성

해설 ② 가압부상법-가압수와 현탁입자와의 밀도차

35 유기인 함유 폐수에 관한 설명으로 틀린 것은?

① 폐수에 함유된 유기인화합물은 파라티온, 말라티온 등의 농약이다.
② 유기인화합물은 산성이나 중성에서 안정하다.
③ 물에 쉽게 용해되어 독성을 나타내기 때문에 전처리과정을 거친 후 생물학적 처리법을 적용할 수 있다.
④ 일반적이고 효과적인 방법으로는 생석회 등의 알칼리로 가수분해시키고 응집침전 또는 부상으로 전처리한 다음 활성탄 흡착으로 미량의 잔유물질을 제거시키는 것이다.

해설 유기인화합물은 물에 잘 녹지 않으며, 유기인은 특수한 균을 이용하는 생물학적 처리방법을 고려해 볼 수는 있으나 생물학적 생육환경을 일정하게 유지하기가 어려우며, 연속적으로 처리하고자 할 때는 문제점이 많다.

36 포기조 내의 MLSS가 4,000mg/L, 포기조 용적이 500m³인 활성슬러지 공정에서 매일 25m³의 폐슬러지를 인발하여 소화조에서 처리한다면 슬러지의 평균체류시간(day)은? (단, 반송슬러지의 농도 20,000mg/L, 유출수의 SS 농도는 무시)

① 2 ② 3
③ 4 ④ 5

해설 $SRT = \dfrac{V \cdot X}{X_r \cdot Q_w} = \dfrac{500m^3 \times 4,000mg/L}{20,000mg/L \times 25m^3/day} = 4\,day$

37 회전원판법(RBC)에 관한 설명으로 가장 거리가 먼 것은?

① 부착성장공법으로 질산화가 가능하다.
② 슬러지의 반송률은 표준 활성슬러지법보다 높다.
③ 활성슬러지법에 비해 처리수의 투명도가 나쁘다.
④ 살수여상법에 비해 단회로 현상의 제어가 쉽다.

해설 회전원판법(RBC)은 슬러지 반송이 필요 없다.
설명 회전원판법(RBC)에 의한 수처리는 회전체에 상시 미생물막이 형성되어 있으므로 반응조의 미생물 유지를 위한 슬러지 반송이 필요 없다.

38 슬러지 반송률을 25%, 반송슬러지 농도를 10,000mg/L일 때 포기조의 MLSS 농도(mg/L)는? (단, 유입 SS 농도를 고려하지 않음)

① 1,200
② 1,500
③ 2,000
④ 2,500

해설 $r = \dfrac{C_A}{C_R - C_A} \rightarrow C_A = \dfrac{C_R \cdot r}{1 + r}$

$\therefore\ C_A$(포기조의 MLSS 농도) $= \dfrac{10,000 \times 0.25}{1 + 0.25}$

$= 2,000\,\text{mg/L}$

참고 $C_A(1+r) = C_R \cdot r$ (※ 유입 SS를 무시하는 경우)

39 급속여과장치에 있어서 여과의 손실수두에 영향을 미치지 않는 인자는?

① 여과면적
② 입자지름
③ 여액의 점도
④ 여과속도

해설 ① 여과면적은 손실수두에 영향을 미치는 인자가 아니다.

설명

손실수두 영향인자	조 건	손실수두
모래층 두께	두꺼울수록	크다
	얇을수록	작다
모래입경(입자지름)의 크기	클수록	작다
	작을수록	크다
여과속도	클수록	크다
	작을수록	작다
여액의 점성도	클수록	크다
	작을수록	작다
모래의 균일도	좋을수록	작다
	나쁠수록	크다

40 활성슬러지법에서 포기조에 균류(fungi)가 번식하면 처리효율이 낮아지는 이유로 가장 알맞은 것은?

① BOD보다는 COD를 더 잘 제거시키기 때문이다.
② 혐기성 상태를 조성시키기 때문이다.
③ floc의 침강성이 나빠지기 때문이다.
④ fungi가 bacteria를 잡아먹기 때문이다.

해설 포기조에 균류(fungi)가 번식하면 sludge bulking(슬러지 팽화)을 일으켜 floc의 침강성이 나빠진다.

제3과목 : 수질오염 공정시험기준

41 측정하고자 하는 금속물질이 바륨인 경우의 시험방법과 가장 거리가 먼 것은?

① 자외선/가시선 분광법
② 유도결합플라스마 원자발광분광법
③ 유도결합플라스마 질량분석법
④ 원자흡수분광광도법

해설 바륨의 시험방법에 해당하는 것은 보기의 ②, ③, ④이다.

42 공장 폐수의 COD를 측정하기 위하여 검수 25mL에 증류수를 가하여 100mL로 하여 실험한 결과 0.025N−KMnO₄가 10.1mL 최종 소모되었을 때 이 공장의 COD(mg/L)는? (단, 공시험의 적정에 소요된 0.025N−KMnO₄=0.1mL, 0.025N−KMnO₄의 역가=1.0)

① 20
② 40
③ 60
④ 80

해설 $\text{COD}(\text{mg/L}) = (b - a) \times f \times \dfrac{1,000}{V} \times 0.2$

$= (10.1 - 0.1) \times 1.0 \times \dfrac{1,000}{25} \times 0.2$

$= 80\,\text{mg/L}$

43 메틸렌블루에 의해 발색시킨 후 자외선/가시선 분광법으로 측정할 수 있는 항목은?

① 음이온 계면활성제
② 휘발성 탄화수소류
③ 알킬수은
④ 비소

해설 문제의 내용은 음이온계면활성제이다. (이론편 참조)

44 수질오염공정시험기준의 관련 용어 정의가 잘못된 것은?

① '감압 또는 진공'이라 함은 따로 규정이 없는 한 15mmH₂O 이하를 뜻한다.
② '냄새가 없다'라고 기재한 것은 냄새가 없거나 또는 거의 없는 것을 표시하는 것이다.
③ '약'이라 함은 기재된 양에 대하여 ±10% 이상의 차가 있어서는 안 된다.
④ 시험조작 중 '즉시'란 30초 이내에 표시된 조작을 하는 것을 뜻한다.

해설 ① 15mmH₂O가 아니고 15mmHg이다.

45 총대장균군 시험(평판집락법) 분석 시 평판의 집락수는 어느 정도 범위가 되도록 시료를 희석하여야 하는가?

① 1~10개
② 10~30개
③ 30~300개
④ 300~500개

해설 ③ 30~300개 범위이다. (이론편 참조)

46 색도측정법(투과율법)에 관한 설명으로 옳지 않은 것은?

① 아담스-니컬슨의 색도공식을 근거로 한다.
② 시료 중 백금-코발트 표준물질과 아주 다른 색상의 폐·하수는 적용할 수 없다.
③ 색도의 측정은 시각적으로 눈에 보이는 색상에 관계없이 단순 색도차 또는 단일 색도차를 계산한다.
④ 시료 중 부유물질은 제거하여야 한다.

해설 ② 시료 중 백금-코발트 표준물질과 아주 다른 색상의 폐·하수에서 뿐만 아니라 표준물질과 비슷한 색상의 폐·하수에도 적용할 수 있다.

47 기체 크로마토그래피에 의한 폴리클로리네이티드비페닐 시험방법으로 (   )에 가장 적합한 것은?

시료를 헥산으로 추출하여 필요시 (㉠) 분해한 다음 다시 추출한다. 검출기는 (㉡)를 사용한다.

① ㉠ 산, ㉡ 수소불꽃이온화검출기
② ㉠ 산, ㉡ 전자포획검출기
③ ㉠ 알칼리, ㉡ 수소불꽃이온화검출기
④ ㉠ 알칼리, ㉡ 전자포획검출기

해설 ㉠ 알칼리 분해, ㉡ 전자포획검출기

48 pH 표준액의 조제 시 보통 산성 표준액과 염기성 표준액의 각각 사용기간은?

① 1개월 이내, 3개월 이내
② 2개월 이내, 2개월 이내
③ 3개월 이내, 1개월 이내
④ 3개월 이내, 2개월 이내

해설 • 산성 표준액 사용기간 : 3개월
• 염기성 표준액 사용기간 : 1개월

49 생물화학적 산소요구량 측정방법 중 시료의 전처리에 관한 설명으로 틀린 것은?

① pH가 6.5~8.5의 범위를 벗어나는 시료는 염산(1M) 또는 수산화나트륨용액(1M)으로 시료를 중화하여 pH 7~7.2로 맞춘다.
② 시료는 시험하기 바로 전에 온도를 20±1℃로 조정한다.
③ 수온이 20℃ 이하일 때의 용존산소가 과포화되어 있을 경우에는 수온을 23~25℃로 상승시킨 이후에 15분간 통기하고 방치하고 냉각하여 수온을 다시 20℃로 한다.
④ 잔류염소가 함유된 시료는 시료 100mL에 아지드화나트륨 0.1g과 요오드화칼륨 1g을 넣고 흔들어 섞은 다음 수산화나트륨을 넣어 알칼리성으로 한다.

해설 ④ 잔류염소가 함유된 시료는 시료 100mL에 아지드화나트륨 0.1g과 요오드화칼륨 1g을 넣고 흔들어 섞은 다음 염산을 넣어 산성(약 pH 1)으로 한다.

50 자외선/가시선 분광법으로 비소를 측정할 때의 방법으로 (   )에 옳은 것은?

물속에 존재하는 비소를 측정하는 방법으로 (㉠)로 환원시킨 다음 아연을 넣어 발생되는 수소화비소를 다이에틸다이티오-카바민산은의 피리딘 용액에 흡수시켜 생성된 (㉡) 착화합물을 (㉢)nm에서 흡광도를 측정하는 방법이다.

① ㉠ 3가 비소, ㉡ 청색, ㉢ 620
② ㉠ 3가 비소, ㉡ 적자색, ㉢ 530
③ ㉠ 6가 비소, ㉡ 청색, ㉢ 620
④ ㉠ 6가 비소, ㉡ 적자색, ㉢ 530

해설 이론편 참조

51 시안화합물을 측정할 때 pH 2 이하의 산성에서 에틸렌디아민테트라 초산이나트륨을 넣고 가열 증류하는 이유는?

① 킬레이트화합물을 발생시킨 후 침전시켜 중금속 방해를 방지하기 위하여
② 시료에 포함된 유기물 및 지방산을 분해시키기 위하여
③ 시안화물 및 시안착화합물의 대부분을 시안화수소로 유출시키기 위하여
④ 시안화합물의 방해성분인 황화합물을 유화수소로 분리시키기 위하여

해설 가열 증류하는 이유는 시안화물 및 시안착화합물의 대부분을 시안화수소(HCN)로 유출시키기 위해서이다.

52 시판되는 농축 염산은 12N이다. 이것을 희석하여 1N의 염산 200mL을 만들고자 할 때 필요한 농축 염산의 양(mL)은?

① 7.9
② 16.7
③ 21.3
④ 31.5

해설 $N_1 V_1 = N_2 V_2$ 에서
$12 \times V_1 = 1 \times 200$
∴ V_1(농축 염산 필요량)=16.7mL

53 금속 필라멘트 또는 전기저항체를 검출소자로 하여 금속판 안에 들어있는 본체와 여기에 직류전기를 공급하는 전원회로, 전류조절부 등으로 구성된 기체 크로마토그래프 검출기는?

① 열전도도검출기
② 전자포획형검출기
③ 알칼리열 이온화검출기
④ 수소염 이온화검출기

해설 이론편 참조

54 취급 또는 저장하는 동안에 기체 또는 미생물이 침입하지 아니하도록 내용물을 보호하는 용기는?

① 밀봉용기
② 밀폐용기
③ 기밀용기
④ 차광용기

해설 문제의 설명은 "밀봉용기"에 대한 것이다.

55 유기물 함량이 비교적 높지 않고 금속의 수산화물, 산화물, 인산염 및 황화물을 함유하고 있는 시료의 전처리에 이용되는 분해법은?

① 질산에 의한 분해
② 질산－염산에 의한 분해
③ 질산－황산에 의한 분해
④ 질산－과염소산에 의한 분해

해설 이론편 참조

56 최대유속과 최소유속의 비가 가장 큰 유량계는?

① 벤투리미터(venturi meter)
② 오리피스(orifice)
③ 피토(pitot)관
④ 자기식 유량측정기(magnetic flow meter)

해설 최대유속/최소유속비
① 벤투리미터(venturi meter) : 4/1
② 오리피스(orifice) : 4/1
③ 피토(pitot)관 : 3/1
④ 자기식 유량측정기(magnetic flow meter) : 10/1
참고 유량측정용 노즐(nozzle) : 4/1

57 $n-$헥산 추출물질시험법에서 염산(1+1)으로 산성화 할 때 넣어주는 지시약과 pH의 연결이 알맞은 것은?

① 메틸레드지시액－pH 4.0 이하
② 메틸오렌지지시액－pH 4.0 이하
③ 메틸레드지시액－pH 4.5 이하
④ 메틸렌블루지시액－pH 4.5 이하

해설 이론편 참조

58 질산성 질소 분석방법과 가장 거리가 먼 것은?

① 이온 크로마토그래피법
② 자외선/가시선 분광법－부루신법
③ 자외선/가시선 분광법－활성탄 흡착법
④ 연속흐름법

해설
질산성 질소 (NO₃-N) 분석방법
- 자외선/가시선 분광법 ┬ 부루신법
                        └ 활성탄 흡착법
- 이온 크로마토그래피법
- 데발다합금환원증류법 ┬ 자외선/가시선 분광법
                        └ 중화적정법

59 온도표시기준 중 "상온"으로 가장 적합한 범위는?

① 1~15℃
② 10~15℃
③ 15~25℃
④ 20~35℃

해설 이론편 참조

60 시료용기를 유리제로만 사용하여야 하는 것은?

① 불소
② 페놀류
③ 음이온계면활성제
④ 대장균군

해설 시료용기를 유리제로만 사용해야 하는 것 : 냄새, 페놀류, 유기인, PCB, 휘발성유기화합물, 물벼룩 급성독성 등
※ 갈색 유리제 용기 사용 : 식물성 플랑크톤, 염화비닐, 아크릴로니트릴, 브로모포름, 다이에틸헥실프탈레이트, 1,4-다이옥산 등

제4과목 **수질환경 관계법규**

61 폐수 재이용업 등록기준에 관한 내용 중 알맞지 않은 것은?

① 기술능력 : 수질환경산업기사 1인 이상
② 폐수운반차량 : 청색으로 도색하고, 흰색 바탕에 녹색 글씨로 회사명 등을 표시한다.
③ 저장시설 : 원폐수 및 재이용 후 발생되는 폐수의 각각 저장시설의 용량은 1일 8시간 최대처리량의 3일분 이상의 규모이어야 한다.
④ 운반장비 : 폐수운반장비는 용량 2m³ 이상의 탱크로리, 1m³ 이상의 합성수지제 용기가 고정된 차량, 18L 이상의 합성수지제 용기(유가품인 경우만 해당한다)이어야 한다.

해설 물환경보전법 시행규칙 별표 20 참조
설명 폐수운반차량은 청색으로 도색하고, 양쪽 옆면과 뒷면에 가로 50cm, 세로 20cm 이상 크기의 노란색 바탕에 검은색 글씨로 폐수운반차량, 회사명, 등록번호, 전화번호 및 용량을 지워지지 아니하도록 표시하여야 한다.

62 상수원의 수질보전을 위해 전복, 추락 등 사고 시 상수원을 오염시킬 우려가 있는 물질을 수송하는 자동차의 통행제한을 할 수 있는 지역이 아닌 것은?

① 상수원보호구역
② 특별대책지역
③ 배출시설의 설치제한지역
④ 상수원에 중대한 오염을 일으킬 수 있어 환경부령으로 정하는 지역

해설 물환경보전법 제17조 제1항 참조

63 행위제한 권고 기준 중 대상 행위가 어패류 등 섭취, 항목이 어패류 체내 총 수은(Hg)인 경우의 권고기준(mg/kg 이상)은?

① 0.1
② 0.2
③ 0.3
④ 0.5

해설 물환경보전법 시행령 별표 5 참조

64 낚시금지구역 또는 낚시제한구역의 지정 시 고려사항이 아닌 것은?

① 용수의 목적
② 오염원 현황
③ 수중생태계의 현황
④ 호소 인근 인구현황

해설 물환경보전법 시행령 제27조 참조
설명 고려사항은 보기 ①, ②, ③ 외에 다음이 있다.
 • 수질오염도
 • 낚시터 인근에서의 쓰레기 발생현황 및 처리여건
 • 연도별 낚시인구의 현황

65 사업장 규모에 따른 종별 구분이 잘못된 것은?

① 1일 폐수배출량 5,000m³-1종 사업장
② 1일 폐수배출량 1,500m³-2종 사업장
③ 1일 폐수배출량 800m³-3종 사업장
④ 1일 폐수배출량 150m³-4종 사업장

해설 물환경보전법 시행령 별표 13 참조
설명 1일 폐수배출량 800m³-제2종 사업장

---

66 물환경보전법령상 공공수역에 해당되지 않는 것은?

① 상수관거   ② 하천
③ 호소   ④ 항만

[해설] 물환경보전법 제2조 제9호 참조

67 상수원 구간에서 조류경보단계가 '조류대발생'인 경우 발령기준으로 ( )에 알맞은 것은?

> 2회 연속 채취 시 남조류 세포수가 ( )세포/mL 이상인 경우

① 1,000   ② 10,000
③ 100,000   ④ 1,000,000

[해설] 물환경보전법 시행령 별표 3 제1호 참조

68 배출시설의 변경(변경신고를 하고 변경을 하는 경우) 중 대통령령이 정하는 변경의 경우에 해당되지 않는 것은?

① 폐수배출량이 신고 당시보다 100분의 50 이상 증가하는 경우
② 특정수질유해물질이 배출되는 시설의 경우 폐수배출량이 허가 당시보다 100분의 25 이상 증가하는 경우
③ 배출시설에 설치된 방지시설의 폐수처리방법을 변경하는 경우
④ 배출허용기준을 초과하는 새로운 오염물질이 발생되어 배출시설 또는 방지시설의 개선이 필요한 경우

[해설] 물환경보전법 시행령 제31조 제3항 참조
[설명] 100분의 25 → 100분의 30

69 수질오염방지시설 중 화학적 처리시설인 것은?

① 혼합시설   ② 폭기시설
③ 응집시설   ④ 살균시설

[해설] 물환경보전법 시행규칙 별표 5 참조
[설명] ①, ③ : 물리적 처리시설
② : 생물학적 처리시설

70 방지시설을 반드시 설치해야 하는 경우에 해당하더라도 대통령령이 정하는 기준에 해당되면 방지시설의 설치가 면제된다. 방지시설 설치의 면제기준에 해당되지 않는 것은?

① 배출시설의 기능 및 공정상 수질오염물질이 항상 배출허용기준 이하로 배출되는 경우
② 폐수처리업의 등록을 한 자 또는 환경부 장관이 인정하여 고시하는 관계 전문기관에 환경부령으로 정하는 폐수를 전량 위탁처리하는 경우
③ 폐수배출량이 신고 당시보다 100분의 10 이상 감소하는 경우
④ 폐수를 전량 재이용하는 등 방지시설을 설치하지 아니하고도 수질오염물질을 적정하게 처리할 수 있는 경우로서 환경부령으로 정하는 경우

[해설] 물환경보전법 시행령 제33조 참조
[설명] 면제기준에 해당하는 것은 보기 ①, ②, ④ 세 개 항목이다.

71 배출부과금을 부과할 때 고려하여야 하는 사항으로 틀린 것은?

① 배출허용기준 초과 여부
② 수질오염물질의 배출량
③ 수질오염물질의 배출시점
④ 배출되는 수질오염물질의 종류

[해설] 물환경보전법 제41조 제2항 참조
[설명] 배출부과금을 부과할 때 고려하여야 하는 사항은 보기 ①, ②, ④ 외에 다음이 있다.
• 수질오염물질의 배출기간
• 자가측정 여부
• 그 밖에 환경부령으로 정하는 사항

72 배설시설의 설치 허가 및 신고에 관한 설명으로 ( )에 알맞은 것은?

> 배출시설을 설치하려는 자는 (㉠)으로 정하는 바에 따라 환경부 장관의 허가를 받거나 환경부 장관에게 신고하여야 한다. 다만, 규정에 의하여 폐수무방류배출시설을 설치하려는 자는 (㉡).

① ㉠ 환경부령,
㉡ 환경부 장관의 허가를 받아야 한다
② ㉠ 대통령령,
㉡ 환경부 장관의 허가를 받아야 한다
③ ㉠ 환경부령,
㉡ 환경부 장관에게 신고하여야 한다
④ ㉠ 대통령령,
㉡ 환경부 장관에게 신고하여야 한다

해설 물환경보전법 제33조 제1항 참조

73 유역환경청장은 국가 물환경관리 기본계획에 따라 대권역별로 대권역 물환경관리계획을 몇 년마다 수립하여야 하는가?

① 1년
② 3년
③ 5년
④ 10년

해설 물환경보전법 제24조 제1항 참조

74 낚시제한구역에서의 낚시방법의 제한사항에 관한 내용으로 틀린 것은?

① 1명당 4대 이상의 낚싯대를 사용하는 행위
② 1개의 낚싯대에 3개 이상의 낚싯바늘을 사용하는 행위
③ 쓰레기를 버리거나, 취사행위를 하거나, 화장실이 아닌 곳에서 대·소변을 보는 등 수질오염을 일으킬 우려가 있는 행위
④ 낚싯바늘에 끼워서 사용하지 아니하고 물고기를 유인하기 위하여 떡밥·어분 등을 던지는 행위

해설 물환경보전법 시행규칙 제30조 제1호 참조
설명 1개의 낚싯대에 5개 이상의 낚싯바늘을 떡밥과 뭉쳐서 미끼로 던지는 행위

75 수질오염경보의 종류 중 조류경보 단계가 '조류대발생'인 경우, 취수장·정수장 관리자의 조치사항이 아닌 것은? (단, 상수원 구간 기준)

① 조류증식 수심 이하로 취수구 이동
② 정수처리 강화(활성탄 처리, 오존 처리)
③ 취수구와 조류가 심한 지역에 대한 차단막 설치
④ 정수의 독소분석 실시

해설 물환경보전법 시행령 별표 4 참조
설명 상수원 구간의 조류대발생 시 취수장·정수장 관리자의 조치사항은 보기 ①, ②, ④ 3가지이다.
③은 수면관리자의 조치사항이다.

76 수질 및 수생태계 상태별 생물학적 특성 이해 표에서 생물등급이 '약간 나쁨~매우 나쁨'일 때의 생물 지표종(저서생물)은 다음 중 어느 것인가?

① 붉은깔따구, 나방파리
② 넓적거머리, 민하루살이
③ 물달팽이, 턱거머리
④ 물삿갓벌레, 물벌레

해설 환경정책기본법 시행령 별표 제3호 가목 2) 참조

77 위임업무 보고사항 중 보고횟수 기준이 연 2회에 해당되는 것은?

① 배출업소의 지도·점검 및 행정처분 실적
② 배출부과금 부과 실적
③ 과징금 부과 실적
④ 비점오염원의 설치신고 및 방지시설 설치현황 및 행정처분 현황

해설 물환경보전법 시행규칙 별표 23 참조
설명 보기 ①, ②, ④는 연 4회이다.

78 제5종 사업장의 경우, 과징금 산정 시 적용하는 사업장 규모별 부과계수로 옳은 것은?

① 0.2
② 0.3
③ 0.4
④ 0.5

해설 물환경보전법 시행령 별표 14의 2 참조

79 비점오염원의 변경신고를 하여야 하는 경우에 대한 기준으로 ( )에 옳은 것은?

총사업면적·개발면적 또는 사업장 부지면적이 처음 신고면적의 ( ) 이상 증가하는 경우

① 100분의 10
② 100분의 15
③ 100분의 25
④ 100분의 30

해설 물환경보전법 시행령 제73조 참조

80 대권역 물환경관리계획을 수립하고자 할 때 대권역 계획에 포함되어야 하는 사항이 아닌 것은?

① 물환경의 변화 추이 및 물환경목표기준
② 하수처리 및 하수 이용현황
③ 점오염원, 비점오염원 및 기타 수질오염원의 분포현황
④ 점오염원, 비점오염원 및 기타 수질오염원에서 배출되는 수질오염물질의 양

해설 물환경보전법 제24조 제2항 참조

설명 대권역 계획에 포함되어야 하는 사항은 보기 ①, ③, ④ 이외에 다음이 있다.
• 상수원 및 물이용현황
• 수질오염 예방 및 저감대책
• 물환경보전조치의 추진사항
• 기후변화에 대한 적응대책
• 기타 환경부령으로 정하는 사항

2020년 제4회 수질환경산업기사 기/출/복/원/문/제

제1과목 : 수질오염 개론

01 박테리아 10g/L의 이론적인 COD는? (단, 박테리아 경험식 적용, 반응생성물은 CO_2, H_2O, NH_3이다.)

① 21.1g/L   ② 18.4g/L

③ 16.0g/L   ④ 14.2g/L

해설 $C_5H_7O_2N + 5O_2 \rightarrow 5CO_2 + NH_3 + 2H_2O$

$\quad$ 113g $\quad$: $\quad$ 5×32g

∴ 이론적 $COD = 10g/L \times \dfrac{5 \times 32}{113} = 14.16g/L$

02 Glycine[$CH_2(NH_2)COOH$]의 이론적 COD/TOC의 비는? (단, 글리신 최종분해물은 CO_2, HNO_3, H_2O이다.)

① 4.67   ② 5.83

③ 6.72   ④ 8.32

해설 ㉠ $\underline{CH_2(NH_2)COOH} + \dfrac{7}{2}O_2 \rightarrow 2CO_2 + 2H_2O + HNO_3$

$\qquad\quad$ 1mol $\quad$: $\quad$ 112g

$\qquad$ 글리신 1mol의 이론적 COD=112g

㉡ $CH_2(NH_2)COOH$ 1mol의 TOC=2C=2×12g=24g

∴ 글리신의 COD/TOC $= \dfrac{112}{24} = 4.67$

03 진핵생물이나 원핵생물 세포 내 리보솜의 역할로 가장 옳은 것은?

① 호흡대사

② 소화, 잔여물 제거와 배출

③ 단백질 합성

④ 화학에너지 전환

해설 세포소기관의 주요 기능

- 리보솜 : 유전정보(mRNA)에 따라 단백질 합성, 지방대사 및 세포 내 물질수송
- 리소좀 : 소화작용, 이물질 및 잔여물 제거와 배출(세포 내 청소부)
- 액포 : 수분조절(삼투압 유지), 영양소 저장, 독성물질 및 노폐물 분해
- 미토콘드리아 : 호흡대사와 에너지(ATP) 생산(세포 내 발전소) · 공급
  ※ 유기물 속의 화학에너지를 ATP의 화학에너지로 전환
- 소포체 : 물질수송, 미소구조물 고정, 지방질 대사 및 단백질 합성
- 골지체 : 단백질 저장 · 운반 또는 분비(세포 내의 택배소), 탄수화물 운반
  ※ 물질의 저장 및 분비에 관여
- 핵 : 유전정보의 저장
  ※ 세포분열과 유전에 관여

04 BOD 농도 200mg/L, 유량 1,000m³/day인 폐수를 처리하여 BOD 농도 4mg/L, 유량 50,000m³/day인 하천에 방류했을 경우 합류지점의 BOD 농도(mg/L)는? (단, 폐수는 80% 처리 후 방류하며, 합류지점에서는 완전 혼합되었다고 한다.)

① 4.3   ② 4.7

③ 5.4   ④ 5.8

해설 $C_m = \dfrac{C_i Q_i + C_w Q_w}{Q_i + Q_w}$

$\qquad = \dfrac{(4 \times 50,000) + (200 \times 0.2 \times 1,000)}{50,000 + 1,000}$

$\qquad = 4.71mg/L$

05 0.00025M의 NaCl 용액의 농도(ppm)는? (단, NaCl 분자량 : 58.5)

① 9.3

② 14.6

③ 21.3

④ 29.8

해설 $0.00025M = 2.5 \times 10^{-4}mol/L$

∴ NaCl 용액의 농도 $= \dfrac{2.5 \times 10^{-4}mol}{L} \left| \dfrac{58.5g}{mol} \right| \dfrac{10^3 mg}{g}$

$\qquad\qquad\qquad\qquad\quad = 14.6mg/L = 14.6ppm$

2020

06 Ca^{2+} 이온의 농도가 80mg/L, Mg^{2+} 이온의 농도가 4.8mg/L인 물의 경도는 몇 mg/L as $CaCO_3$인가? (단, 원자량은 Ca=40, Mg=24이다.)

① 200   ② 220

③ 240   ④ 260

해설 경도($CaCO_3$mg/L)

$$= \sum \left(M^{2+}mg/L \times \frac{50}{M^{2+}당량} \right)$$

$$= \left(80mg/L \times \frac{50}{20} \right) + \left(4.8mg/L \times \frac{50}{12} \right)$$

$$= 220mg/L \text{ as } CaCO_3$$

07 20℃에서 어떤 하천수의 최종 BOD 농도는 50mg/L이고, 5일 BOD 농도는 30mg/L이다. 하천수의 수온이 10℃일 때 하천수의 반응속도상수 K(탈산소계수)는? (단, 온도에 따른 보정상수는 1.047, 속도식은 상용대수를 기준으로 함)

① $0.03day^{-1}$ ② $0.05day^{-1}$

③ $0.07day^{-1}$ ④ $0.09day^{-1}$

해설 $BOD_5 = BOD_u \left(1 - 10^{-K_1 \times 5} \right)$

$30 = 50 \left(1 - 10^{-K_1 \times 5} \right)$

$K_1 = 0.080day^{-1} (20℃)$

$K_T = K_{20} \times 1.047^{t-20}$

$K_{10℃} = 0.080 \times 1.047^{10-20} = 0.051day^{-1}$

08 우리나라의 물 이용형태별로 볼 때 가장 수요가 많은 용수는 다음 중 어느 것인가?

① 생활용수   ② 공업용수

③ 농업용수   ④ 유지용수

해설 이론편 참조

09 수질모델 중 Streeter & Phelps 모델에 관한 내용으로 옳은 것은?

① 하천을 완전혼합흐름으로 가정하였다.

② 하천에서의 산소변화를 단위면적에 대한 물질수지 방정식으로 모델화하였다.

③ 조류 및 슬러지 퇴적물의 영향이 큰 균일한 단면의 하천에 적용된다.

④ 유기물의 분해와 재폭기만을 고려하였다.

해설 Streeter & Phelps 모델의 특성
- 최초의 하천수질 모델
- 유기물 분해가 1차 반응으로 인한 플러그 흐름(plug flow) 반응으로 가정한 모델
- 점오염원으로부터 오염부하량 고려
- 유기물(BOD) 분해에 따라 DO 소비(탈산소)와 대기로부터 수면을 통해 산소가 재공급되는 재포기만을 고려(하상 퇴적물의 유기물 분해나 조류의 광합성 무시)

10 질소 순환과정에서 질산화를 나타내는 반응은?

① $N_2 \rightarrow NO_2^- \rightarrow NO_3^-$

② $NO_3^- \rightarrow NO_2^- \rightarrow N_2$

③ $NO_3^- \rightarrow NO_2^- \rightarrow NH_3$

④ $NH_3 \rightarrow NO_2^- \rightarrow NO_3^-$

해설 이론편 참조

11 0.04M−HCl이 30% 해리되어 있는 수용액의 pH는?

① 2.82   ② 2.42

③ 1.92   ④ 1.72

해설 $HCl \rightleftharpoons H^+ + Cl^-$

HCl이 30% 해리되면 $[H^+] = 0.04 \times 0.3 = 0.012mol/L$이다.

$\therefore pH = -\log[H^+] = -\log(0.012) = 1.921$

12 탈산소계수(base=상용대수)가 $0.12day^{-1}$일 때 BOD_3/BOD_5의 값은?

① 0.55   ② 0.65

③ 0.75   ④ 0.85

해설 $BOD_3 = BOD_u \left(1 - 10^{-K_1 \times 3} \right)$

$BOD_5 = BOD_u \left(1 - 10^{-K_1 \times 5} \right)$

$$\therefore \frac{BOD_3}{BOD_5} = \frac{BOD_u \left(1 - 10^{-3K_1} \right)}{BOD_u \left(1 - 10^{-5K_1} \right)}$$

$$= \frac{\left(1 - 10^{-3 \times 0.12} \right)}{\left(1 - 10^{-5 \times 0.12} \right)} = 0.753$$

13 어느 물질이 반응을 시작할 때의 농도가 200mg/L이고, 2시간 후의 농도가 35mg/L로 되었다. 반응 시작 1시간 후의 반응물질 농도(mg/L)는? (단, 1차 반응 기준)

① 약 56   ② 약 84

③ 약 112   ④ 약 133

해설 $\ln \dfrac{C}{C_o} = -Kt$

$K = -\dfrac{1}{t} \ln \dfrac{C}{C_o} = -\dfrac{1}{2\mathrm{hr}} \ln \dfrac{35}{200} = 0.871 \mathrm{hr}^{-1}$

$C = C_o \cdot e^{-Kt}$ 에서

1시간 후의 농도$(C) = 200 \times e^{-0.871 \times 1} = 83.7 \mathrm{mg/L}$

14 어느 폐수의 BOD_u가 300mg/L, K_1값이 0.15/day라면 BOD_5는 몇 mg/L인가? (단, 상용대수 기준)

① 270 ② 256

③ 247 ④ 220

해설 $BOD_5 = BOD_u\left(1 - 10^{-K_1 \times 5}\right)$

$= 300\left(1 - 10^{-0.15 \times 5}\right) = 246.65 \mathrm{mg/L}$

15 수은주 높이 300mm는 수주로 몇 mm인가? (단, 표준상태 기준)

① 1,960 ② 3,220

③ 3,760 ④ 4,078

해설 $1\mathrm{atm} = 760\mathrm{mmHg} = 10,332\mathrm{mmH_2O}$

$\therefore$ 수주압력 $= 300\mathrm{mmHg} \times \dfrac{10,332\mathrm{mmH_2O}}{760\mathrm{mmHg}}$

$= 4078.42\mathrm{mmH_2O}$

16 어떤 폐수의 분석결과 COD가 400mg/L이었고, BOD_5가 250mg/L이었다면 NBDCOD(mg/L)는? (단, 탈산소계수 K_1(밑이 10)$= 0.2$/day이다.)

① 78 ② 122

③ 172 ④ 210

해설 $NBDCOD = COD - BDCOD = COD - BOD_u$

$BOD_5 = BOD_u\left(1 - 10^{-K_1 \times 5}\right)$

$BOD_u = \dfrac{BOD_5}{1 - 10^{-K_1 \times 5}}$

$= \dfrac{250}{1 - 10^{-0.2 \times 5}} = 277.78\mathrm{mg/L}$

$\therefore NBDCOD = 400 - 277.78 = 122.22\mathrm{mg/L}$

17 글루코스$(C_6H_{12}O_6)$ 500mg/L를 혐기성 분해시킬 때 생산되는 이론적 메탄의 농도는?

① 약 87mg/L ② 약 114mg/L

③ 약 133mg/L ④ 약 157mg/L

해설 $\underset{180g}{C_6H_{12}O_6} \xrightarrow{\text{(혐기성)}} \underset{3 \times 16g}{3CH_4} + 3CO_2$

$\therefore$ 생산 메탄(CH_4) 농도 $= 500\mathrm{mg/L} \times \dfrac{3 \times 16}{180}$

$= 133.33\mathrm{mg/L}$

18 Glucose$(C_6H_{12}O_6)$ 800mg/L 용액을 호기성 처리할 때 필요한 이론적 인(P)의 양(mg/L)은? (단, $BOD_5 : N : P = 100 : 5 : 1$, $K_1 = 0.1 \mathrm{day}^{-1}$, 상용대수 기준)

① 약 9.6 ② 약 7.9

③ 약 5.8 ④ 약 3.6

해설 $\underset{180g}{C_6H_{12}O_6} + \underset{\substack{6 \times 32g \\ (BOD_u)}}{6O_2} \longrightarrow 6CO_2 + 6H_2O$

글루코스의 $BOD_u = 800\mathrm{mg/L} \times \dfrac{6 \times 32}{180}$

$= 853.33\mathrm{mg/L}$

$BOD_5 = BOD_u\left(1 - 10^{-K_1 \times 5}\right)$

$= 853.33\left(1 - 10^{-0.1 \times 5}\right) = 583.48\mathrm{mg/L}$

$BOD_5 : P = 100 : 1$

$\therefore$ 필요한 인의 양 $= 583.48 \times \dfrac{1}{100} = 5.83\mathrm{mg/L}$

19 적조에 의해 어패류가 폐사하는 원인으로 가장 거리가 먼 것은?

① 수면의 적조생물막에 의한 광차단 현상으로 인해 대사기능 저하로 폐사한다.

② 적조생물에 포함된 치사성의 유독물질로 인해 폐사한다.

③ 적조생물의 급속한 사후분해에 의해 DO가 소비되면서 황화수소나 부패독과 같은 유해물질로 인해 폐사한다.

④ 적조생물이 아가미 등에 부착되어 질식사한다.

해설 어패류의 폐사 원인은 주로 보기의 ②, ③, ④ 내용이며, 보기 ①의 광차단 현상은 적조류의 광범위한 수면막 형성으로 햇빛을 차단하고 대기중의 산소가 수중에 용해를 방해하지만 폐사의 원인은 아니다.

참고 다른 한편으로 광차단 현상은 유류오염 시 해수 표면에 유막을 형성하여 일어나며, 이로 인해 조류의 광합성을 억제하고, 가스교환을 방해하여 해수의 용존산소를 감소시킨다.

2020

20 다음 중 PCB에 대한 설명으로 틀린 것은?

① 물에는 난용성이나 유기용제에 잘 녹는다.
② 화학적으로 불활성이고, 절연성이 좋다.
③ 만성중독 증상으로 카네미유증이 대표적이다.
④ 고온에서 대부분의 금속과 합금을 부식시킨다.

해설 ④ PCB는 금속과 합금을 부식시키지 않는다.

제2과목　수질오염 방지기술

21 활성슬러지 혼합액을 부상농축기로 농축하고자 한다. 부상농축기에 대한 최적 A/S비가 0.008이고, 공기용해도가 18.7mL/L일 때 용존공기의 분율이 0.5라면 필요한 압력은? (단, 비순환식 기준, 혼합액의 고형물 농도는 0.2%임)

① 3.98atm　② 3.62atm
③ 3.32atm　④ 3.14atm

해설 $A/S = \dfrac{1.3S_a(f \cdot P - 1)}{S}$ 에서

$A/S = 0.008$
$S_a = 18.7\text{mL/L}$
$f = 0.5$
$S = 0.2\% \fallingdotseq 2,000\text{mg/L}$
$0.008 = \dfrac{1.3 \times 18.7 \times (0.5P - 1)}{2,000}$
∴ 필요한 압력$(P) = 3.32\text{atm}$

22 하수고도처리공법인 수정 Bardenpho(5단계)에 관한 설명과 가장 거리가 먼 것은?

① 질소와 인을 동시에 처리할 수 있다.
② 내부 반송률을 낮게 유지할 수 있어 비교적 적은 규모의 반응조 사용이 가능하다.
③ 폐슬러지 내 인의 함량이 높아 비료가치가 있다.
④ 2차 호기성 조(재폭기조)의 역할은 최종 침전조에서 탈질에 의한 Rising 현상 및 인의 재방출을 방지하는 데 있다.

해설 내부 반송률이 높아 비교적 큰 규모의 반응조가 필요하며, 펌프에 의한 동력비가 다소 높다.

23 염소요구량이 5mg/L인 하수처리수에 잔류염소 농도가 0.5mg/L가 되도록 염소를 주입하려고 한다. 이때 염소주입량(mg/L)은?

① 4.5　② 5.0
③ 5.5　④ 6.0

해설 염소주입량 = 염소요구량 + 잔류염소량
= 5mg/L + 0.5mg/L = 5.5mg/L

24 폐수량 10,000m³/day, SS 농도 500mg/L인 폐수가 처리장으로 유입되고 있다. 폭기조의 MLSS 농도가 3,000mg/L이고, SVI가 125라면 이 폭기조의 MLSS 농도를 변동 없이 유지하기 위한 반송슬러지 유량(m³/day)은?

① 4,500
② 5,000
③ 5,500
④ 6,000

해설 반송비$(r) = \dfrac{C_A - C_S}{C_R - C_A}$ 에서

C_A(MLSS 농도) = 3,000mg/L
C_S(유입 SS 농도) = 500mg/L
$C_R \fallingdotseq \dfrac{10^6}{\text{SVI}} = \dfrac{10^6}{125} = 8,000\text{mg/L}$
$r = \dfrac{3,000 - 500}{8,000 - 3,000} = 0.5$
∴ 반송슬러지 유량 = $Q \times r$
= 10,000m³/day × 0.5
= 5,000m³/day

25 슬러지 함수율이 95%에서 90%로 낮아지면 전체 슬러지의 부피는 몇 % 감소되는가? (단, 슬러지 비중은 1.0)

① 15　② 25
③ 50　④ 75

해설 $V_1(100 - p_1) = V_2(100 - p_2)$
$\dfrac{V_2}{V_1} = \dfrac{(100 - p_1)}{(100 - p_2)} = \dfrac{(100 - 95)}{(100 - 90)} = 0.5$
∴ 전체 슬러지 부피는 50% 감소한다.

26 원형 관수로에 물의 수심이 50%로 흐르고 있다. 이때의 경심은? (단, D는 원형 관수로 직경)

① $\dfrac{D}{4}$ ② $\dfrac{D}{8}$

③ πD ④ $2\pi D$

해설 경심$(R) = \dfrac{A}{S}$

A(수류 단면적) $= \dfrac{\pi D^2}{4} \times 0.5$

S(윤변) $= \pi D \times 0.5$ ⋯ 물이 접하고 있는 면의 길이

$\therefore$ 경심$(R) = \dfrac{\dfrac{\pi D^2}{4} \times 0.5}{\pi D \times 0.5} = \dfrac{D}{4}$

27 하수고도처리공법인 A/O 공법의 공정 중 혐기조의 역할을 가장 적절하게 설명한 것은?

① 유기물 제거, 질산화
② 탈질, 유기물 제거
③ 유기물 제거, 용해성 인 방출
④ 유기물 제거, 인 과잉흡수

해설 이론편 참조
※ 보기 ④는 A/O 공법에서 호기조의 역할이다.

28 폐유를 함유한 공장폐수가 있다. 이 폐수에는 A, B 두 종류의 기름이 있는데 A의 비중은 0.90이고, B의 비중은 0.94이다. A와 B의 부상속도 비(V_A / V_B)는? (단, Stokes 법칙 적용, 물의 비중은 1.0이고, 직경은 동일함)

① 1.12 ② 1.25
③ 1.43 ④ 1.67

해설 $V_f = \dfrac{g(\rho_w - \rho_s)d^2}{18\mu}$ 에서

g(중력가속도)와 d(입자의 직경)가 동일하고, 같은 폐수이므로 μ(폐수의 점성계수)도 동일한 조건에서 V_f는 $(\rho_w - \rho_s)$에 좌우된다.

$\therefore \dfrac{V_{fA}}{V_{fB}} = \dfrac{(1.0 - 0.90)}{(1.0 - 0.94)} = 1.67$

29 BOD 농도 200ppm, 유량 2,000m³/day인 폐수를 표준 활성슬러지법으로 처리한다. 폭기조의 크기를 폭 5m, 길이 10m, 유효깊이 4m로 할 때 폭기조의 용적부하는 몇 kg BOD/m³·day인가?

① 1.5 ② 2.0
③ 2.5 ④ 3.0

해설 BOD 용적부하(kg BOD/m³·day) $= \dfrac{BOD \cdot Q}{V}$

BOD $= 200$ppm $= 200$mg/L $= 200$g/m³ $= 0.2$kg/m³
$V = 5$m$\times 10$m$\times 4$m $= 200$m³

$\therefore$ BOD 용적부하 $= \dfrac{0.2\text{kg/m}^3 \times 2,000\text{m}^3/\text{day}}{200\text{m}^3}$
$= 2.0$kg BOD/m³·day

30 어느 식품공장에서 BOD가 200mg/L인 폐수를 하루에 500m³ 배출하고 있다. 생물학적 처리법으로 처리하기 위한 제반환경 여건 중에서 질소성분이 부족하여 요소 (NH₂)₂CO를 첨가하려고 한다. 소요되는 요소의 양은 몇 kg/day인가? (단, BOD:N:P = 100:5:1 기준, 폐수 내 질소는 고려하지 않음)

① 5.7 ② 10.7
③ 15.7 ④ 20.7

해설 BOD:N $= 100:5$
폐수의 BOD량 $= 200$g/m³$\times 500$m³/day$\times 10^{-3}$kg/g
$= 100$kg/day

따라서 필요한 N량 $= 100 \times \dfrac{5}{100} = 5$kg/day

$(NH_2)_2CO:N_2 = 60:28$

$\therefore$ 요소[$(NH_2)_2CO$] 소요량 $= 5$kg/day$\times \dfrac{60}{28}$
$= 10.71$kg/day

31 BOD가 250mg/L인 하수를 1차 및 2차 처리를 통해 BOD 10mg/L로 유지하고자 한다. 2차 처리효율이 75%라면 1차 처리효율은 몇 %인가?

① 73 ② 78
③ 84 ④ 89

해설 $250(1 - E_1)(1 - 0.75) = 10$
$\therefore E_1$(1차 처리효율) $= 0.84 \to 84\%$

32 어떤 공장폐수에 미처리된 유기물이 10mg/L 함유되어 있다. 이 폐수를 분말 활성탄 흡착법으로 처리하여 1mg/L까지 처리하고자 할 때 분말 활성탄은 폐수 1m³당 몇 g이 필요한가? (단, Freundlich식을 이용, $K = 0.5$, $n = 1$)

① 18 ② 24
③ 36 ④ 42

해설

$$\frac{X}{M} = KC^{\frac{1}{n}}$$

$$\frac{(10-1)\text{mg/L}}{M} = 0.5 \times 1^{\frac{1}{1}}$$

$\therefore M$(흡착제인 분말 활성탄의 양)$= 18\text{mg/L} = 18\text{g/m}^3$

33 다음 중 화학합성을 하는 자가영양계 미생물의 에너지원과 탄소원으로 옳은 것은?

① 에너지원 : 무기물의 산화환원반응,
　　탄소원 : 유기탄소

② 에너지원 : 무기물의 산화환원반응,
　　탄소원 : CO_2

③ 에너지원 : 유기물의 산화환원반응,
　　탄소원 : 유기탄소

④ 에너지원 : 유기물의 산화환원반응,
　　탄소원 : CO_2

해설 이론편 참조

참고 보기 ③은 화학합성을 하는 종속영양계의 에너지원과 탄소원이다.

34 피혁공장에서 BOD 400mg/L의 폐수가 1,000m³/day로 방류되고, 이것을 활성슬러지법으로 처리하고자 한다. 하루에 처리장으로 유입되는 유량의 5%(부피 기준, 함수율 99%)에 해당되는 슬러지가 발생된다고 보고, 이때 슬러지를 4.5kg/m²·hr(고형물 기준)의 성능을 가진 진공여과기로 매일 8시간씩 탈수작업을 하여 처리하려면 여과기 면적(m²)은? (단, 슬러지 비중은 1.0으로 가정함)

① 약 4　　　　　　② 약 8

③ 약 11　　　　　④ 약 14

해설 진공여과기 고형물 부하(여과속도)(kg/m²·hr)

$$= \frac{\text{고형물 유입량(kg/hr)}}{\text{여과면적(m}^2)}$$

$$\text{여과면적(m}^2) = \frac{\text{고형물 유입량(kg/hr)}}{\text{여과속도(kg/m}^2 \cdot \text{hr)}}$$

고형물 유입량
$= 1,000\text{ton/day} \times 0.05 \times (1-0.99) \times 10^3 \text{kg/ton}$
$= 500\text{kg/day}$

$\therefore$ 여과면적 $= \dfrac{500\text{kg/day} \times 1\text{day/8hr}}{4.5\text{kg/m}^2 \cdot \text{hr}} = 13.89\text{m}^2$

35 염소이온 농도가 500mg/L이고, BOD가 5,000mg/L인 공장폐수를 염소이온이 없는 깨끗한 물로 희석한 후 활성슬러지법으로 처리하여 얻은 유출수의 BOD는 10mg/L이고, 염소이온이 20mg/L이었다. 이때 BOD 제거율(%)은?

① 90　　　　　　② 92

③ 95　　　　　　④ 98

해설 염소이온은 활성슬러지법 처리(미생물 처리) 전·후 변함이 없어 염소이온 농도의 감소는 단지 희석에 의한 것이므로 이로부터 희석배수를 구할 수 있다.

희석배수 $= \dfrac{\text{희석 전 농도}}{\text{희석 후 농도}} = \dfrac{500}{20} = 25$배

희석 후 BOD 농도(활성슬러지 유입 BOD 농도)

$= \dfrac{\text{원폐수의 BOD 농도}}{\text{희석배수}} = \dfrac{5,000}{25} = 200\text{mg/L}$

$\therefore$ BOD 제거율 $= \dfrac{200-10}{200} \times 100 = 95\%$

36 1차 처리된 분뇨의 2차 처리를 위해 폭기조, 2차 침전지로 구성된 활성슬러지 공정을 운영하고 있다. 운영조건이 다음과 같을 때 폭기조 내 고형물의 체류시간은?

- 유입유량 : 200m³/day
- 폭기조 용량 : 1,000m³
- 잉여슬러지 배출량 : 50m³/day
- 반송슬러지 SS 농도 : 1%
- MLSS 농도 : 2,500mg/L
- 침전지 유출수 SS 농도 : 0mg/L

① 4일　　　　　　② 5일

③ 6일　　　　　　④ 7일

해설 $\text{SRT} = \dfrac{V \cdot X}{X_r \cdot Q_w} = \dfrac{1,000\text{m}^3 \times 2,500\text{mg/L}}{10,000\text{mg/L} \times 50\text{m}^3/\text{day}} = 5\text{day}$

참고 $X_r = 1\% = 10,000\text{mg/L}$

37 폐수 6,000m³/day에서 생성되는 1차 슬러지의 부피(m³/day)는 얼마인가? (단, 1차 침전탱크 체류시간 2hr, 현탁 고형물 제거효율 60%, 폐수 중 현탁 고형물 함유량 220mg/L, 발생슬러지 비중 1.03, 슬러지 함수율 94%, 1차 침전탱크에서 제거된 현탁 고형물 전량이 슬러지로 발생되는 것으로 가정함)

① 약 10　　　　　② 약 13

③ 약 16　　　　　④ 약 19

20-32

33.② 34.④ 35.③ 36.② 37.②　**정답**

해설 슬러지＝수분＋고형물(제거 SS량)
　　　　94%　　(6%)

제거 SS량$=220g/m^3 \times 6,000m^3/day \times 0.6 \times 10^{-6} ton/g$
　　　　$=0.792ton/day$

발생슬러지 무게량$=0.792ton/day \times \dfrac{100}{100-94}$

　　　　　　　　$=13.2ton/day$

∴ 발생슬러지 부피량$=13.2ton/day \times 1m^3/1.03ton$
　　　　　　　　　　$=12.82m^3/day$

---

38 활성슬러지 변법인 장기포기법에 관한 내용으로 틀린 것은?

① SRT를 길게 유지하며, 동시에 MLSS 농도를 낮게 유지하여 처리하는 방법이다.
② 활성슬러지가 자산화되기 때문에 잉여슬러지의 발생량은 표준활성슬러지법에 비해 적다.
③ 과잉포기로 인하여 슬러지의 분산이 야기되거나 슬러지의 활성도가 저하되는 경우가 있다.
④ 질산화가 진행되면서 pH의 저하가 발생한다.

해설 장기포기법은 SRT를 길게 유지하며, 동시에 MLSS 농도를 높게 유지하여 처리하는 방법이다.

---

39 물 $5m^3$의 DO가 9.0mg/L이다. 이 산소를 제거하는 데 이론적으로 필요한 아황산나트륨(Na_2SO_3)의 양(g)은? (단, 나트륨 원자량 : 23)

① 약 355　　　　② 약 385
③ 약 402　　　　④ 약 429

해설 $Na_2SO_3 + \dfrac{1}{2}O_2 \rightarrow Na_2SO_4$
　　　126g　：　16g

물 $5m^3$ 내의 DO양$=9.0g/m^3 \times 5m^3=45g$

∴ 아황산나트륨 필요량$=45g \times \dfrac{126}{16}=354.4g$

---

40 유량이 $2,000m^3/day$이고, SS 농도가 200mg/L인 하수가 1차 침전지에서 처리된 후 처리수의 SS 농도는 90mg/L가 되었다. 이때 1차 침전지에서 발생하는 슬러지의 양은 몇 m^3/day인가? (단, 슬러지의 함수율은 97%이고, 비중은 1.0이며, 기타 조건은 고려하지 않음)

① 4.3　　　　　② 5.3
③ 6.3　　　　　④ 7.3

해설 슬러지＝수분＋고형물(제거 SS)
　　　　97%　　(3%)

제거 SS량(슬러지 중 고형물량)
$=(200-90)g/m^3 \times 2,000m^3/day \times 10^{-6}ton/g$
$=0.22ton/day$

∴ 슬러지 발생량$=0.22ton/day \times \dfrac{100}{100-97} \times 1m^3/ton$

　　　　　　　　$=7.33m^3/day$

제3과목 **수질오염 공정시험기준**

41 취급 또는 저장하는 동안에 기체 또는 미생물이 침입하지 아니하도록 내용물을 보호하는 용기는?

① 밀봉용기
② 기밀용기
③ 밀폐용기
④ 완밀용기

해설 문제의 설명에 해당하는 용기는 '밀봉용기'이다. (이론편 참조)

---

42 시료의 전처리법 중 유기물을 다량 함유하고 있으면서 산분해가 어려운 시료에 적용하기 가장 적절한 것은?

① 회화에 의한 분해
② 질산－과염소산법
③ 질산－황산법
④ 질산－염산법

해설 설명에 해당하는 전처리법은 '질산－과염소산법'이다. (이론편 참조)

참고 ① 회화에 의한 유기물의 분해 : 목적성분이 400℃ 이상에서 휘산되지 않고 쉽게 회화할 수 있는 시료에 적용하며, 시료를 회화로에서 400~500℃로 가열하여 유기물 등 방해물질을 제거
③ 질산－황산법 : 유기물 등을 많이 함유하고 있는 대부분의 시료에 적용
④ 질산－염산법 : 유기물 함량이 비교적 높지 않고, 금속의 수산화물, 산화물, 인산염 및 황화물을 함유하고 있는 시료에 적용

---

43 그림은 자외선/가시선 분광법으로 불소 측정 시 사용되는 분석기기인 수증기 증류장치이다. C의 명칭으로 옳은 것은?

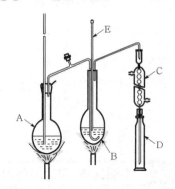

① 유리연결관　② 냉각기
③ 정류관　　　④ 메스실린더관

해설 C의 정확한 명칭은 구부냉각기이다.
참고 A : 환저플라스크(둥근바닥플라스크)
B : 킬달플라스크
D : 메스실린더(※ 수기)
E : 온도계

44 부유물질 측정에 관한 내용으로 틀린 것은?

① 유지(oil) 및 혼합되지 않는 유기물도 여과지에 남아 부유물질 측정값을 높게 할 수 있다.
② 철 또는 칼슘이 높은 시료는 금속 침전이 발생하며, 부유물질 측정에 영향을 줄 수 있다.
③ 증발잔유물이 1,000mg/L 이상인 경우 해수, 공장폐수 등은 특별히 취급하지 않을 경우 높은 부유물질 값을 나타낼 수 있는데, 이 경우 여과지를 여러 번 세척한다.
④ 큰 모래입자 등과 같은 큰 입자들은 부유물질 측정에 방해를 주며, 충분히 침전시킨 후 상등수를 채취하여 분석을 실시한다.

해설 나뭇조각, 큰 모래입자 등과 같은 큰 입자들은 부유물질 측정에 방해를 주며, 이 경우 직경 2mm 금속망에 먼저 통과시킨 후 분석을 실시한다.

45 페놀류의 자외선/가시선 분광법 측정 시 정량한계에 관한 내용으로 옳은 것은?

① 클로로폼추출법 : 0.003mg/L, 직접측정법 : 0.03mg/L

② 클로로폼추출법 : 0.03mg/L, 직접측정법 : 0.003mg/L
③ 클로로폼추출법 : 0.005mg/L, 직접측정법 : 0.05mg/L
④ 클로로폼추출법 : 0.05mg/L, 직접측정법 : 0.005mg/L

해설 • 클로로폼추출법 : 0.005mg/L
• 직접측정법 : 0.05mg/L

46 전기전도도 측정에 관한 설명으로 틀린 것은?

① 전극의 표면이 부유물질, 그리스, 오일 등으로 오염될 경우 전기전도도의 값이 영향을 받을 수 있다.
② 전기전도도 측정계는 지시부와 검출부로 구성되어 있다.
③ 정확도는 측정값의 % 상대표준편차(RSD)로 계산하며, 측정값이 25% 이내이어야 한다.
④ 전기전도도 측정계 중에서 25℃에서의 자체 온도 보상회로가 장치되어 있는 것이 사용하기에 편리하다.

해설 정밀도는 측정값의 % 상대표준편차(RSD)로 계산하며, 측정값이 20% 이내이어야 한다.
(※ 정확도 → 정밀도, 25% → 20%)

47 다음 중 관내에 압력이 존재하는 관수로 흐름에서의 관내 유량측정방법이 아닌 것은?

① 벤투리미터
② 오리피스
③ 파샬플룸
④ 자기식 유량측정기

해설 • 관내 유량측정방법 : 벤투리미터, 유량측정용 노즐, 오리피스, 피토관, 자기식 유량측정기
• 측정용 수로에 의한 유량측정방법 : 위어, 파샬플룸

48 클로로필-a 시료의 보존방법으로 옳은 것은?

① 즉시 여과하여 4℃ 이하에서 보관
② 즉시 여과하여 0℃ 이하에서 보관
③ 즉시 여과하여 -10℃ 이하에서 보관
④ 즉시 여과하여 -20℃ 이하에서 보관

해설 이론편 참조

49 폐수처리 공정 중 관내의 압력이 필요하지 않은 측정용 수로의 유량측정장치인 위어가 적용되지 않는 것은?

① 공장폐수 원수   ② 1차 처리수
③ 2차 처리수   ④ 공정수

해설 폐수처리 공정에서 유량측정장치의 적용
• 위어(Weir) : 1차 처리수, 2차 처리수, 공정수
• 파샬플룸(Flume) : 공장폐수 원수, 1차 처리수, 2차 처리수, 공정수

50 인산염인을 측정하기 위해 적용 가능한 시험방법과 가장 거리가 먼 것은?

① 이온 크로마토그래피법
② 자외선/가시선 분광법(카드뮴-구리 환원법)
③ 자외선/가시선 분광법(아스코르빈산 환원법)
④ 자외선/가시선 분광법(이염화주석 환원법)

해설 인산염의 인($PO_4^{3-}-P$) 측정방법은 보기 ①, ③, ④이다.

51 다음 측정항목 중 시료의 최대보존기간이 가장 짧은 것은?

① 시안   ② 탁도
③ 부유물질   ④ 염소이온

해설 시료의 최대보존기간
① 시안 : 14일
② 탁도 : 48시간
③ 부유물질 : 7일
④ 염소이온 : 28일

52 다음은 카드뮴 측정원리(자외선/가시선 분광법)에 대한 내용이다. (   ) 안에 들어갈 내용을 순서대로 옳게 나열한 것은?

> 카드뮴이온을 시안화칼륨이 존재하는 알칼리성에서 디티존과 반응시켜 생성하는 카드뮴 착염을 사염화탄소로 추출하고, 추출한 카드뮴 착염을 타타르산 용액으로 역추출한 다음 다시 수산화나트륨과 시안화칼륨을 넣어 디티존과 반응하여 생성하는 (   )의 카드뮴 착염을 사염화탄소로 추출하고, 그 흡광도를 (   )에서 측정하는 방법이다.

① 적색, 420nm   ② 적색, 530nm
③ 청색, 620nm   ④ 청색, 680nm

해설 적색, 530nm(이론편 참조)

53 용액 중 CN^- 농도를 2.6mg/L로 만들기 위해서는 물 1,000L에 NaCN 몇 g을 용해시키면 되는가? (단, Na 원자량 : 23)

① 약 5   ② 약 10
③ 약 15   ④ 약 20

해설 NaCN : CN=49g : 26g
∴ NaCN 용해량
$$=2.6mg/L×1,000L×10^{-3}g/mg×\frac{46}{26}$$
$$=4.9g$$

54 염소이온-적정법 측정 시 적정의 종말점에 관한 설명으로 옳은 것은?

① 엷은 황갈색 침전이 나타날 때
② 엷은 적자색 침전이 나타날 때
③ 엷은 적황색 침전이 나타날 때
④ 엷은 청록색 침전이 나타날 때

해설 염소이온-적정법(질산은 적정법)은 염소이온(Cl^-)과 질산은($AgNO_3$)을 정량적으로 반응시킨 다음 과잉의 질산은이 크롬산과 반응하여 크롬산은(Ag_2CrO_4)의 침전(엷은 적황색 침전)이 나타나는 점을 적정의 종말점으로 한다.

55 분원성 대장균군 측정방법 중 막여과법에 관한 설명으로 옳지 않은 것은?

① 분원성 대장균군수/mg 단위로 표시한다.
② 핀셋은 끝이 뭉툭하고 넓으며, 여과막을 집어 올릴 때 여과막을 손상시키지 않는 형태의 것으로 화염멸균이 가능한 것을 사용한다.
③ 배양기 또는 항온수조는 배양온도를 (44.5±0.2)℃로 유지할 수 있는 것을 사용한다.
④ 분원성 대장균군은 배양 후 여러 가지 색조를 띠는 청색의 집락을 형성하며 이를 계수한다.

해설 ① 분원성 대장균군의 수/100mL 단위로 표기한다.

56 수질오염공정시험기준 중 크롬의 측정방법이 아닌 것은?

① 자외선/가시선 분광법
② 유도결합플라스마-원자발광분광법
③ 유도결합플라스마-질량분석법
④ 이온전극법

해설 크롬의 측정방법은 원자흡수분광광도법, 자외선/가시선 분광법, 유도결합플라스마-원자발광분광법, 유도결합플라스마-질량분석법이 있다.

57 측정금속이 수은인 경우의 시험방법에 해당되지 않는 것은?

① 자외선/가시선 분광법
② 양극벗김 전압전류법
③ 유도결합플라스마 원자발광분광법
④ 냉증기-원자형광법

해설 수은의 측정방법은 자외선/가시선 분광법, 냉증기-원자흡수분광광도법, 냉증기-원자형광법, 양극벗김 전압전류법이 있다.

58 노말헥산추출물질 시험법에서 염산(1+1)으로 산성화할 때 넣어주는 지시약과 이때의 조절되는 pH를 바르게 나타낸 것은?

① 메틸레드- pH 4.0 이하
② 메틸오렌지- pH 4.0 이하
③ 메틸레드-pH 2.0 이하
④ 메틸오렌지-pH 2.0 이하

해설 노말헥산추출물질 시험법에서 pH 조절은 시료 적당량(노말헥산추출물질로서 5~200mg)을 분액깔대기에 넣고 메틸오렌지(M.O)용액(0.1%) 2~3방울을 넣고 황색이 적색으로 변할 때까지 염산(1+1)을 넣어 시료의 pH를 4 이하로 조절한다.

59 4각위어에 의하여 유량을 측정하려고 한다. 위어의 수두 90cm, 위어 절단의 폭 1.0m일 때의 유량(m³/min)은? (단, 유량계수 $K=1.2$임.)

① 약 1.03   ② 약 1.26
③ 약 1.37   ④ 약 1.53

해설 $Q = Kbh^{\frac{3}{2}} = 1.2 \times 1.0 \times 0.9^{\frac{3}{2}} = 1.025 \mathrm{m^3/min}$

60 다음 중 질산성 질소의 측정방법이 아닌 것은 어느 것인가?

① 이온 크로마토그래피법
② 자외선/가시선 분광법-부루신법
③ 자외선/가시선 분광법-활성탄 흡착법
④ 자외선/가시선 분광법-데발다 합금·킬달법

해설 질산성 질소($NO_3^- - N$)의 측정방법은 자외선/가시선 분광법-부루신법, 자외선/가시선 분광법-활성탄 흡착법, 이온 크로마토그래피법, 데발다 합금 환원증류법(자외선/가시선 분광법, 중화적정법) 등이 있다.

제4과목 : **수질환경 관계법규**

61 수질 및 수생태계 환경기준 중 해역인 경우 생태기반 해수수질기준으로 옳은 것은 다음 중 어느 것인가?

① 등급 : I(매우 좋음), 수질평가지수값 : 12 이하
② 등급 : I(매우 좋음), 수질평가지수값 : 23 이하
③ 등급 : I(매우 좋음), 수질평가지수값 : 34 이하
④ 등급 : I(매우 좋음), 수질평가지수값 : 40 이하

해설 환경정책기본법 시행령 별표 제3호 라목 2) 참조
설명
〈생태기반 해수수질기준〉

등급	수질평가지수(WQI)값
I (매우 좋음)	23 이하
II (좋음)	24~33
III (보통)	34~46
IV (나쁨)	47~59
V (매우 나쁨)	60 이상

62 다음의 수질오염방지시설 중 물리적 처리시설에 해당되는 것은?

① 응집시설
② 흡착시설
③ 이온교환시설
④ 침전물 개량시설

해설 물환경보전법 시행규칙 별표 5 참조
설명 보기 ②, ③, ④는 화학적 처리시설이다.

63 폐수의 처리능력과 처리가능성을 고려하여 수탁하여야 하는 폐수처리업자의 준수사항을 지키지 아니한 폐수처리업자에게 부과되는 벌칙기준은?

① 300만원 이하의 벌금
② 500만원 이하의 벌금
③ 1천만원 이하의 벌금
④ 1년 이하의 징역 또는 1천만원 이하의 벌금

해설 물환경보전법 제79조 제2호 참조

64 다음에서 언급한 "환경부령이 정하는 해발고도"의 기준은?

> 시·도지사는 공공수역의 수질보전을 위하여 환경부령이 정하는 해발고도 이상에 위치한 농경지 중 환경부령이 정하는 경사도 이상의 농경지를 경작하는 자에 대하여 경작방식의 변경 등을 권고할 수 있다.

① 해발 400m
② 해발 500m
③ 해발 600m
④ 해발 700m

해설 물환경보전법 시행규칙 제85조 참조

65 수질오염경보의 종류별·경보단계별 조치사항 중 조류경보가 "조류대발생 단계"인 경우 취수장, 정수장 관리자의 조치사항이 아닌 것은? (단, 상수원 구간임)

① 조류증식 수심 이하로 취수구 이동
② 정수처리 강화(활성탄 처리, 오존 처리)
③ 취수구와 조류가 심한 지역에 대한 차단막 설치
④ 정수의 독소분석 실시

해설 물환경보전법 시행령 별표 4 참조
설명 보기 ③의 내용은 수면관리자의 조치사항이다.

66 비점오염저감시설 중 장치형 시설에 해당되는 것은?

① 생물학적 처리형 시설
② 저류시설
③ 식생형 시설
④ 침투시설

해설 물환경보전법 시행규칙 별표 6 참조
설명 보기 ②, ③, ④는 자연형 시설에 해당한다.

67 다음은 호소수 이용상황 등 조사·측정 및 분석 등의 기준에 관한 내용이다. (   ) 안에 옳은 내용은?

> 시·도지사는 환경부 장관이 지정·고시하는 호소 외의 호소로서 (   )인 호소의 물환경 등을 정기적으로 조사·측정 및 분석하여야 한다.

① 원수 취수량이 10만톤 이상
② 원수 취수량이 20만톤 이상
③ 만수위일 때의 면적이 30만제곱미터 이상
④ 만수위일 때의 면적이 50만제곱미터 이상

해설 물환경보전법 시행령 제30조 제2항 참조

68 대권역 물환경관리계획에 포함되어야 하는 사항과 가장 거리가 먼 것은?

① 점오염원, 비점오염원 및 기타 오염원에서 배출되는 수질오염물질의 양
② 상수원 및 물 이용현황
③ 물환경의 변화 추이 및 목표 기준
④ 물환경 보전대책

해설 물환경보전법 제24조 제2항 참조
설명 대권역 물환경관리계획(대권역 계획)에 포함되어야 할 사항은 보기의 ①, ②, ③ 외에 다음 사항이 있다.
•점오염원, 비점오염원 및 기타 수질오염원의 분포현황
•수질오염 예방 및 저감대책
•물환경 보전조치의 추진방향
•「저탄소녹색성장기본법」에 따른 기후변화에 대한 적응대책
•그 밖에 환경부령으로 정하는 사항

69 다음은 수질 및 수생태계 환경기준 중 하천에서 생활환경기준의 등급별 수질 및 수생태계 상태에 관한 내용이다. ( ) 안에 옳은 내용은?

> 보통 : 보통의 오염물질로 인하여 용존산소가 소모되는 일반생태계로 여과, 침전, 활성탄 투입, 살균 등 고도의 정수처리 후 생활용수로 이용하거나 일반적 정수처리 후 ( )로 사용할 수 있음

① 재활용수　　　② 농업용수
③ 수영용수　　　④ 공업용수

해설 환경정책기본법 시행령 별표 제3호 가목 2) 참조

70 공공폐수처리시설의 방류수 수질기준으로 옳은 것은? (단, IV지역 기준, ( )는 농공단지 공공폐수처리시설의 방류수 수질기준)

① 부유물질 10(10)mg/L 이하
② 부유물질 20(20)mg/L 이하
③ 부유물질 30(30)mg/L 이하
④ 부유물질 40(40)mg/L 이하

해설 물환경보전법 시행규칙 별표 10 참조

71 오염총량관리 조사 · 연구반이 속한 기관은?

① 시 · 도 보건환경연구원
② 유역환경청 또는 지방환경청
③ 국립환경과학원
④ 한국환경공단

해설 물환경보전법 시행규칙 제20조 제1항 참조

72 폐수처리업의 허가를 받은 자에 대하여 영업정지처분에 갈음하여 부과할 수 있는 과징금의 기준은?

① 매출액에 100분의 10을 곱한 금액을 초과하지 않는 범위
② 매출액에 100분의 5를 곱한 금액을 초과하지 않는 범위
③ 매출액에 100분의 3을 곱한 금액을 초과하지 않는 범위
④ 매출액에 100분의 2를 곱한 금액을 초과하지 않는 범위

해설 물환경보전법 제66조 제1항 참조

73 다음에서 언급한 '환경부령이 정하는 관계전문기관'은?

> 환경부 장관은 폐수무방류배출시설의 설치허가 신청을 받은 때에는 폐수무방류배출시설 및 폐수를 배출하지 아니하고 처리할 수 있는 수질오염방지시설 등의 적정성 여부에 대하여 환경부령이 정하는 관계전문기관의 의견을 들어야 한다.

① 한국환경공단
② 국립환경과학원
③ 한국환경기술개발원
④ 환경산업시험원

해설 물환경보전법 제34조 제2항 및 동 시행규칙 제40조 참조

74 방지시설의 설치가 면제되는 자의 다음 준수사항의 ( )에 들어갈 내용으로 맞는 것은?

> 사업장에서 발생되는 위탁처리할 폐수의 1일 최대 발생량을 기준으로 ( )을 성상별로 보관할 수 있도록 저장시설을 설치하고 그 양을 알아볼 수 있는 계측기(간이측정자 · 눈금 등)를 부착하여야 한다.

① 3일분 이상　　② 5일분 이상
③ 10일분 이상　　④ 15일분 이상

해설 물환경보전법 시행규칙 별표 14 제2호 다목 참조

75 오염총량관리지역을 관할하는 시 · 도지사가 수립하여 환경부 장관에게 승인을 얻는 오염총량관리 기본계획에 포함하는 사항과 가장 거리가 먼 것은?

① 해당 지역개발계획의 내용
② 지방자치단체별 · 수계구간별 오염부하량의 할당
③ 해당 지역의 점오염원, 비점오염원, 기타 오염원 현황
④ 해당 지역개발계획으로 인하여 추가로 배출되는 오염부하량 및 그 저감계획

해설 물환경보전법 제4조의 3 제1항 참조
설명 오염총량관리 기본계획에 포함하는 사항은 보기의 ①, ②, ④ 이외에 '관할지역에서 배출되는 오염부하량의 총량 및 저감계획'이 있다.

76 다음 중 중점관리저수지 지정기준으로 옳은 것은?

① 총 저수량이 5백만세제곱미터 이상인 저수지
② 총 저수량이 1천만세제곱미터 이상인 저수지
③ 총 저수량이 3천만세제곱미터 이상인 저수지
④ 총 저수량이 5천만세제곱미터 이상인 저수지

해설 물환경보전법 제31조의 2 제1항 제1호 참조

77 국립환경과학원장 등이 설치·운영하는 측정 망의 종류와 가장 거리가 먼 것은?

① 생물 측정망
② 공공수역오염원 측정망
③ 퇴적물 측정망
④ 비점오염원에서 배출되는 비점오염물질 측정망

해설 물환경보전법 시행규칙 제22조 제1항 참조
설명 국립환경과학원장 등이 설치·운영하는 측정망의 종류는 보기의 ①, ③, ④ 외에
• 수질오염총량관리를 위한 측정망
• 공공폐수처리시설, 공공하수처리시설, 분뇨처리시설 등 대규모 오염원의 하류지점 측정망
• 수질오염경보를 위한 측정망
• 대권역·중권역을 관리하기 위한 측정망
• 공공수역 유해물질 측정망
• 그 밖에 국립환경과학원장, 유역환경청장 또는 지역환경청장이 필요하다고 인정하여 설치·운영하는 측정망 등이 있다.

78 환경부 장관이 비점오염원관리지역을 지정·고시한 때에 수립하는 비점오염원 관리대책에 포함되어야 하는 사항과 가장 거리가 먼 것은?

① 관리목표
② 관리대상 수질오염물질의 종류 및 발생량
③ 관리대상 수질오염물질의 발생 예방 및 저감 방안
④ 관리대상 수질오염물질의 수질오염에 미치는 영향

해설 물환경보전법 제55조 제1항 참조
설명 비점오염원 관리대책에 포함되어야 할 사항은 보기 ①, ②, ③ 외에 '그 밖에 관리지역을 적정하게 관리하기 위하여 환경부령으로 정하는 사항'이 있다.

79 환경기술인을 바꾸어 임명하는 경우의 신고기준으로 옳은 것은?

① 그 사유가 발생함과 동시에 신고하여야 한다.
② 그 사유가 발생한 날부터 5일 이내에 신고하여야 한다.
③ 그 사유가 발생한 날부터 10일 이내에 신고하여야 한다.
④ 그 사유가 발생한 날부터 15일 이내에 신고하여야 한다.

해설 물환경보전법 시행령 제59조 제1항 제2호 참조

80 공공폐수처리시설에 유입된 수질오염물질을 최종 방류구를 거치지 아니하고 배출하거나 최종 방류구를 거치지 아니하고 배출할 수 있는 시설을 설치하는 행위를 한 자에 대한 벌칙기준은?

① 1년 이하의 징역 또는 1천만원 이하의 벌금
② 3년 이하의 징역 또는 2천만원 이하의 벌금
③ 5년 이하의 징역 또는 3천만원 이하의 벌금
④ 7년 이하의 징역 또는 5천만원 이하의 벌금

해설 물환경보전법 제76조 제9호(법 제50조 제1항 제2호 관련) 참조

인생에서 가장 멋진 일은
사람들이 당신이 해내지 못할 것이라 장담한 일을
해내는 것이다.

-월터 배것(Walter Bagehot)-

☆

항상 긍정적인 생각으로 도전하고 노력한다면,
언젠가는 멋진 성공을 이끌어 낼 수 있다는 것을 잊지 마세요.^^

제1과목 : 수질오염 개론

01 박테리아(분자식 : $C_5H_7O_2N$) 50g의 호기성 분해 시 이론적 소요산소량(g)은? (단, CO_2, NH_3, H_2O로 분해됨)

① 52.6　　　　　② 65.3
③ 70.8　　　　　④ 87.8

해설 박테리아의 호기성 분해 시 산화반응

$$\underset{113g}{C_5H_7O_2N} + \underset{5 \times 32g}{5O_2} \rightarrow 5CO_2 + 2H_2O + NH_3$$

∴ 이론적 산소소모량 $= 50g \times \dfrac{5 \times 32}{113} = 70.80g$

02 BOD가 4mg/L, 유량이 1,000,000m^3/day인 하천에 유량이 10,000m^3/day인 폐수가 유입되었다. 하천과 폐수가 완전히 혼합된 후 하천의 BOD가 1mg/L 높아졌다면 하천에 가해지는 폐수의 BOD 부하량(kg/day)은? (단, 기타 사항은 고려하지 않음.)

① 460　　　　　② 610
③ 805　　　　　④ 1,050

해설 $C_m = \dfrac{C_i Q_i + C_w Q_w}{Q_i + Q_w}$ 에서

$$(4+1) = \dfrac{4 \times 1,000,000 + C_w \times 10,000}{1,000,000 + 10,000}$$

C_w(폐수의 BOD 농도) $= 105$mg/L

∴ 폐수의 BOD 부하량
$$= 105g/m^3 \times 1,000m^3/day \times 10^{-3}kg/g$$
$$= 1,050kg/day$$

03 어느 1차 반응에서 반응개시의 물질 농도가 220mg/L이고, 반응 1시간 후의 농도는 94mg/L이었다면 반응 8시간 후 물질의 농도(mg/L)는?

① 0.12　　　　　② 0.25
③ 0.36　　　　　④ 0.48

해설 $\ln \dfrac{C_t}{C_0} = -Kt$ 에서

먼저 반응속도상수 K를 구하면
$$\ln \dfrac{94}{220} = -K \times 1hr$$
$$K = 0.8503hr^{-1}$$
$C_t = C_0 \cdot e^{-Kt}$ 에서
∴ 8시간 후 물질의 농도$(C_8) = 220 \times e^{-0.8503 \times 8}$
$$= 0.244mg/L$$

04 우리나라의 물 이용 형태로 볼 때 수요가 가장 많은 분야는?

① 공업용수　　　　② 농업용수
③ 유지용수　　　　④ 생활용수

해설 우리나라 수자원 중 물 이용 형태를 보면 농업용수가 가장 많으며 그 다음이 유지용수, 생활용수, 공업용수 순이다.

05 0.25M $MgCl_2$ 용액의 이온강도는? (단, 완전해리 기준)

① 0.45　　　　　② 0.55
③ 0.65　　　　　④ 0.75

해설 이온강도$(I) = \dfrac{1}{2} \sum_1^i C_i Z_i^2$

여기서, C_i : 각 이온의 몰농도(mol/L)
　　　　Z_i : 이온전하의 크기

$$\underset{0.25mol/L}{MgCl_2} \rightarrow \underset{0.25mol/L}{Mg^{2+}} + \underset{2 \times 0.25mol/L}{2Cl^-}$$

∴ $I = \dfrac{1}{2} \{[0.25 \times (+2)^2] + [2 \times 0.25 \times (-1)^2]\} = 0.75$

06 산성비를 정의할 때 기준이 되는 수소이온농도(pH)는?

① 4.3　　　　　② 4.5
③ 5.6　　　　　④ 6.3

해설 산성비는 pH 5.6 이하일 경우를 말하며, 따라서 기준이 되는 수소이온농도(pH)는 5.6이다.

07 용존산소의 포화농도가 9mg/L인 하천의 상류에서 용존산소의 농도가 6mg/L라면(BOD$_5$가 5mg/L, $K_1 = 0.1$day^{-1}, $K_2 = 0.4$day^{-1}) 5일 후 하류에서의 DO 부족량(mg/L)은? (단, 상용대수 기준이며, 기타 조건은 고려하지 않음.)

① 약 0.8　　　　② 약 1.8
③ 약 2.8　　　　④ 약 3.8

해설 $D_t = \dfrac{K_1 L_0}{K_2 - K_1}(10^{-K_1 t} - 10^{-K_2 t}) + D_0 \cdot 10^{-K_2 t}$ 에서

L_0는 BOD$_u$ 이므로 BOD$_5$로부터 구한다.

$BOD_5 = BOD_u (1 - 10^{-K_1 \times 5})$

$BOD_u = \dfrac{BOD_5}{1 - 10^{-K_1 \times 5}} = \dfrac{5}{1 - 10^{-0.1 \times 5}} = 7.31$mg/L

D_0(초기 DO 부족량) $= 9 - 6 = 3$mg/L

$\therefore\ D_5 = \dfrac{0.1 \times 7.31}{0.4 - 0.1}(10^{-0.1 \times 5} - 10^{-0.4 \times 5})$

$\qquad + 3 \times 10^{-0.4 \times 5}$

$\qquad = 0.776$mg/L

08 분뇨 처리 후 방류수 잔류염소를 3mg/L로 하고자 한다. 하루 방류수 유량이 1,600m^{3}이고, 염소요구량이 4mg/L라면 염소는 하루에 얼마나 필요(주입)한가?

① 8.6kg/day
② 11.2kg/day
③ 14.3kg/day
④ 18.6kg/day

해설 염소주입량(농도) = 염소요구량(농도) + 잔류염소량(농도)
염소주입농도 $= 4 + 3 = 7$mg/L

$\therefore$ 염소주입량 $= 7$g/m$^3 \times 1,600$m^3/day $\times 10^{-3}$kg/g
$\qquad = 11.2$kg/day

09 다음 중 개미산(HCOOH)의 $\dfrac{ThOD}{TOC}$ 의 비는 어느 것인가?

① 1.33　　　　② 2.14
③ 2.67　　　　④ 3.19

해설 $\underbrace{HCOOH + \dfrac{1}{2}O_2 = CO_2 + H_2O}_{ThOD}$

$ThOD = \dfrac{1}{2} \times 32 = 16$g

$TOC = 1C = 12$g

$\therefore\ \dfrac{ThOD}{TOC} = \dfrac{16}{12} = 1.33$

10 어떤 하천의 물이 농업용수로 적당한지 알아보기 위하여 수질을 분석한 결과는 다음과 같다. 이 하천의 Sodium Adsorption Ratio는? (단, 원자량은 Na$=23$, Ca$=40$, Mg$=24.3$, P$=31$, N$=14$, O$=16$)

이온	Na$^+$	Ca^{2+}	Mg^{2+}	PO$_4{}^{3-}$	NO$_3{}^-$
농도 (mg/L)	184	50	97.2	100	68

① 1.5　　　　② 2.5
③ 3.5　　　　④ 4.5

해설 $SAR = \dfrac{Na^+}{\sqrt{\dfrac{Ca^{2+} + Mg^{2+}}{2}}}$

Ca^{2+} 당량 $= \dfrac{40}{2} = 20$

Mg^{2+} 당량 $= \dfrac{24.3}{2} = 12.15$

Na^+ 당량 $= \dfrac{23}{1} = 23$

위 식에서 각 이온의 적용 농도단위

: me/L $\left(= \dfrac{\text{농도(mg/L)}}{\text{당량}} \right)$

$Na^+ = \dfrac{184}{23} = 8$me/L

$Ca^{2+} = \dfrac{50}{20} = 2.5$me/L

$Mg^{2+} = \dfrac{97.2}{12.15} = 8$me/L

$\therefore\ SAR = \dfrac{8}{\sqrt{\dfrac{2.5 + 8}{2}}} = 3.49$

11 물 1L에 NaOH 0.04g을 녹인 용액의 pH는? (단, Na : 23, 완전해리 기준)

① 9　　　　② 10
③ 11　　　　④ 12

해설 NaOH 농도 $= \dfrac{0.04g}{L} \left| \dfrac{mol}{40g} \right. = 1 \times 10^{-3} mol/L$

※ NaOH 1mol = 40g

$\underset{1 \times 10^{-3} mol/L}{NaOH} \xrightarrow{완전해리} Na + \underset{1 \times 10^{-3} mol/L}{OH^-}$

$[OH^-] = 1 \times 10^{-3} mol/L$

$pH = 14 + \log[OH^-] = 14 + \log(1 \times 10^{-3}) = 11$

12 하천에서 유기물 분해상태를 측정하기 위해 20℃에서 BOD를 측정했을 때 K_1은 0.2/day 이었다. 실제 하천온도가 18℃일 때 탈산소계수는? (단, 온도보정계수는 1.035이다.)

① 약 0.159/day
② 약 0.164/day
③ 약 0.172/day
④ 약 0.187/day

해설 $K_{1(T)} = K_{1(20℃)} \times \theta^{T-20}$

$K_{1(18℃)} = 0.2 \times 1.035^{18-20} = 0.187/day$

13 물의 물리화학적 특성에 관한 설명으로 틀린 것은?

① 물은 기화열이 적기 때문에 생물의 효과적인 체온조절이 가능하다.
② 물(액체) 분자는 H^+와 OH^-의 극성을 형성하므로 다양한 용질에 유효한 용매이다.
③ 물은 광합성의 수소공여체이며, 호흡의 최종 산물로서 생체의 중요한 대사물이 된다.
④ 물은 융해열이 크기 때문에 생물의 생활에 적합한 매체가 된다.

해설 물은 기화열(증발열)이 크기 때문에 생물의 효과적인 체온조절이 가능하다.

참고 물의 기화열 : 539cal/g (100℃)
                 596cal/g (0℃)

14 BOD_u / BOD_5의 비가 1.72인 경우의 탈산소계수 (day^{-1})는? (단, base는 상용대수임.)

① 0.056
② 0.066
③ 0.076
④ 0.086

해설 $BOD_5 = BOD_u \left(1 - 10^{-K_1 \times 5}\right)$

$\dfrac{BOD_5}{BOD_u} = 1 - 10^{-K_1 \times 5}$

$\dfrac{1}{1.72} = 1 - 10^{-K_1 \times 5}$

$10^{-K_1 \times 5} = 1 - \dfrac{1}{1.72} = 0.4186$

$-K_1 \times 5 = \log 0.4186$

$\therefore K = 0.0756$

15 여름철 부영양화된 호수나 저수지에서 다음과 같은 조건을 나타내는 수층으로 가장 적절한 것은 어느 것인가?

> • pH는 약산성이다.
> • 용존산소는 거의 없다.
> • CO_2는 매우 많다.
> • H_2S가 검출된다.

① 성층
② 수온약층
③ 심수층
④ 혼합층

해설 여름철 부영양화된 호수나 저수지 문제의 조건을 나타내는 수층(성층을 이룸)은 하부층인 심수층이다.

16 0.05N의 약산인 초산이 16% 해리되어 있다면 이 수용액의 pH는?

① 2.1
② 2.3
③ 2.6
④ 2.9

해설 초산(아세트산) : CH_3COOH

$CH_3COOH = 0.05N \rightarrow 0.05M$

$\underset{농도 : C}{CH_3COOH} \rightleftharpoons \underset{C \cdot \alpha}{CH_3COO^-} + \underset{C \cdot \alpha}{H^+}$
전리도 : α

$[H^+] = C \cdot \alpha = 0.05 \times 0.16 = 8 \times 10^{-3} mol/L$

$\therefore pH = -\log[H^+] = -\log(8 \times 10^{-3}) = 3 - \log 8 = 2.1$

17 K_1 (탈산소계수)가 0.1/day인 어떤 폐수의 BOD_5가 500mg/L이라면 2일 소모 BOD(mg/L)는 어느 것인가? (단, 상용대수 기준)

① 220
② 250
③ 270
④ 290

해설 $BOD_5 = BOD_u(1 - 10^{-K_1 \times 5})$

$500 = BOD_u(1 - 10^{-0.1 \times 5})$

$BOD_u = 731.24 \text{mg/L}$

$\therefore BOD_2 = BOD_u(1 - 10^{-K_1 \times 2})$

$\qquad = 731.24(1 - 10^{-0.1 \times 2})$

$\qquad = 269.86 \text{mg/L}$

18 6% NaCl의 M농도는? (단, NaCl 분자량 58.5, 비중 1.0 기준)

① 0.61M　　　　② 0.83M

③ 1.03M　　　　④ 1.26M

해설 M농도 = mol/L

$6\% = 60,000 \text{mg/L} = 60 \text{g/L}$

$\therefore$ NaOH의 M농도 = $\dfrac{60\text{g}}{\text{L}} \bigg| \dfrac{\text{mol}}{58.5\text{g}}$

$\qquad\qquad\qquad = 1.026 \text{mol/L} = 1.026\text{M}$

19 0.01M NaOH 500mL를 완전중화시키는 데 소요되는 0.1N H_2SO_4량은?

① 10mL　　　　② 25mL

③ 50mL　　　　④ 100mL

해설 $N_a V_a = N_b V_b$

NaOH 0.01M = 0.01N

$0.1 \times V_a = 0.01 \times 500$

$\therefore H_2SO_4$ 소요량(V_a) = 50mL

20 알칼리도에 관한 것 중 옳지 않은 것은?

① 수중 알칼리도는 지질에 의한 것과 공장폐수에서 기인된다.

② 자연수 중의 알칼리도는 중탄산염의 형태이다.

③ 중탄산염은 냉수에서 OH^-를 발생하므로 pH는 높아진다.

④ 중탄산염이 많이 함유된 물을 가열하면 pH는 높아진다.

해설 수산화물이나 탄산염은 수중에서 OH^-를 내므로 그 양에 따라 알칼리성을 나타내나 중탄산염은 냉수 등에서 OH^-를 거의 내지 않으므로 중탄산염의 양이 많을 때도 pH가 높아지지 않는다. 특히 용존 CO_2가 많을수록 OH^-가 나오기 어려우므로 pH가 높아지지 않는다.

제2과목　수질오염 방지기술

21 8kg Glucose($C_6H_{12}O_6$)로부터 발생 가능한 CH_4 가스의 용적(L)은? (단, 표준상태, 혐기성 분해 기준)

① 약 1,500　　　② 약 2,000

③ 약 2,500　　　④ 약 3,000

해설 $\underset{180\text{g}}{C_6H_{12}O_6} \xrightarrow{\text{(혐기성)}} \underset{3 \times 22.4\text{L}}{3CH_4 + 3CO_2}$

$\therefore$ 발생 CH_4 가스 용적 = $8,000\text{g} \times \dfrac{3 \times 22.4\text{L}}{180\text{g}} = 2986.67\text{L}$

22 2,000m³/day의 하수를 처리하고 있는 하수처리장에서 염소 처리 시 염소요구량이 5.5mg/L이고, 잔류염소 농도가 0.5mg/L일 때 1일 염소 주입량(kg/day)은? (단, 주입염소에는 40%의 불순물이 함유되어 있다.)

① 10　　　　　　② 15

③ 20　　　　　　④ 25

해설 염소주입량(농도)

= 염소요구량(농도) + 잔류염소량(농도)

$\therefore$ 염소주입량

$= (5.5 + 0.5)\text{g/m}^3 \times 2,000\text{m}^3/\text{day} \times 10^{-3}\text{kg/g} \times \dfrac{100}{60}$

$= 20\text{kg/day}$

23 펜톤(Fenton)반응에서 사용되는 과산화수소의 용도는?

① 응집제　　　　② 촉매제

③ 산화제　　　　④ 침강촉진제

해설 펜톤(Fenton)반응에서 사용되는 과산화수소(H_2O_2)의 용도는 산화제이다.

참고 펜톤시약 : $\underset{\text{산화제}}{H_2O_2} + \underset{\text{촉매제}}{FeSO_4}$

24 표준활성슬러지법의 MLSS 농도의 표준범위로 가장 옳은 것은?

① 1,000~1,500mg/L

② 1,500~2,500mg/L

③ 2,500~3,500mg/L

④ 3,500~4,500mg/L

해설 표준활성슬러지법의 MLSS 농도는 1,500~2,500mg/L 기준이다.

25 5℃의 수중에 동일한 직경을 가지는 기름방울 A와 B가 있다. A의 비중은 0.84, B의 비중은 0.98일 때 A와 B의 부상속도비(V_A / V_B)는?

① 2   ② 4
③ 6   ④ 8

해설 $V_f = \dfrac{g(\rho_w - \rho_s)d^2}{18\mu}$ 에서

직경(d)이 동일할 때 부상속도(V_f)는 $(\rho_w - \rho_s)$에 비례한다.

5℃의 물의 비중은 1.0으로 보면 된다.

$\therefore \dfrac{V_f A}{V_f B} = \dfrac{(1.0 - 0.84)}{(1.0 - 0.98)} = 8$

참고 ρ_w, ρ_s는 각각 물의 밀도, 입자의 밀도이나 밀도나 비중의 수치는 같으므로 비중을 대입해도 된다. (비중 1.0 → 밀도 1.0g/cm^3)

26 폭기조 용액을 1L 메스실린더에서 30분간 침강시킨 침전슬러지 부피가 500mL이었다. MLSS 농도가 2,500mg/L라면 SDI는?

① 0.5   ② 1
③ 2   ④ 4

해설 $\text{SVI} = \dfrac{\text{SV}_{30}(\text{mL/L}) \times 10^3}{\text{MLSS}(\text{mg/L})} = \dfrac{500\text{mL/L} \times 10^3}{2,500\text{mg/L}}$

$\qquad = 200(\text{mL/g})$

$\text{SVI} \times \text{SDI} = 100$

$\therefore \text{SDI} = \dfrac{100}{\text{SVI}} = \dfrac{100}{200} = 0.5$

27 활성슬러지법에 의한 폐수 처리의 운전 및 유지관리상 가장 중요도가 낮은 사항은?

① 포기조 내의 수온
② 포기조에 유입되는 폐수의 용존산소량
③ 포기조에 유입되는 폐수의 pH
④ 포기조에 유입되는 폐수의 BOD 부하량

해설 포기조에 유입되는 폐수에는 용존산소(DO)가 거의 없기도 하지만, 포기조에서 공기를 불어넣어 산소를 공급해 주므로 유입폐수의 용존산소 유무는 운전관리에서 중요하지 않다.

28 슬러지의 함수율이 95%에서 90%로 줄어들면 슬러지의 부피는? (단, 슬러지 비중은 1.0)

① 2/3로 감소한다.
② 1/2로 감소한다.
③ 1/3로 감소한다.
④ 3/4으로 감소한다.

해설 $V_1(100 - P_1) = V_2(100 - P_2) \cdots$ 비중이 같을 때

$\dfrac{V_2}{V_1} = \dfrac{(100 - P_1)}{(100 - P_2)} = \dfrac{(100 - 95)}{(100 - 90)} = \dfrac{1}{2}$

29 잉여슬러지의 농도가 10,000mg/L일 때 포기조 MLSS 2,500mg/L로 유지하기 위한 반송비는? (단, 기타 조건은 고려하지 않음.)

① 0.23   ② 0.33
③ 0.43   ④ 0.53

해설 $r = \dfrac{C_A}{C_R - C_A} = \dfrac{2,500}{10,000 - 2,500} = 0.33$

30 BOD 300mg/L인 폐수를 20℃에서 살수여상법으로 처리한 결과 유출수 BOD가 60mg/L가 되었다. 이 폐수를 10℃에서 처리한다면 유출수의 BOD(mg/L)는 어느 것인가? (단, 처리효율 $E_t = E_{20} \times 1.035^{T-20}$ 이다.)

① 110   ② 130
③ 150   ④ 170

해설 주어진 식에서

E_t : t℃에서의 BOD 제거율

E_{20} : 20℃에서의 BOD 제거율

$E_{10℃} = \left(\dfrac{300 - 60}{300} \times 100\right) \times 1.035^{10-20} = 56.71\%$

$\therefore 10℃$에서 유출 BOD $= 300(1 - 0.5671) = 129.87\text{mg/L}$

31 혐기성 소화조 운전 중 소화가스발생량이 저하되었다. 그 원인으로 가장 거리가 먼 것은?

① 조내 온도 저하
② 저농도 슬러지 유입
③ 소화슬러지 과잉 배출
④ 과다 교반

해설 소화가스발생량 저하원인은 보기의 ①, ②, ③ 이외에
- 소화가스 누출
- 과다한 산 생성 등이 있다.

32 진공여과기로 슬러지를 탈수하여 함수율 78%의 탈수 Cake을 얻었다. 여과면적은 30m², 여과속도는 25kg/m²·hr라면 진공여과기의 시간당 Cake 생산량(m³/hr)은? (단, 슬러지 비중은 1.0으로 가정한다.)
① 약 2.8 　　 ② 약 3.4
③ 약 4.2 　　 ④ 약 5.3

해설 여과속도(kg/m²·hr) $= \dfrac{\text{고형물 유입량(kg/hr)}}{\text{여과면적(m}^2)}$

고형물 유입량 = 여과속도 × 여과면적
$= 25\text{kg/m}^2 \cdot \text{hr} \times 30\text{m}^2$
$= 750\text{kg/hr}$

슬러지 중 고형물량은 탈수 전후 변함이 없으므로 탈수 cake(탈수 슬러지) 중 고형물량도 750kg/hr이다.
탈수 cake(탈수 슬러지) = 수분(78%) + 고형물

$\therefore$ 탈수 cake 생산량 $= \dfrac{750\text{kg}}{\text{hr}} \left| \dfrac{100}{100-78} \right| \dfrac{\text{ton}}{1,000\text{kg}} \left| \dfrac{\text{m}^3}{1\text{ton}} \right.$
$= 3.41\text{m}^3/\text{hr}$

참고 비중 1.0 → 밀도 1g/cm³ = 1,000kg/m³ = 1ton/m³

33 슬러지 건조 고형물 무게의 1/2이 유기물질, 1/2이 무기물질이며, 이 슬러지 함수율은 80%, 유기물질 비중은 1.0, 무기물질 비중은 2.5라면 슬러지 전체의 비중은?
① 1.025 　　 ② 1.046
③ 1.064 　　 ④ 1.087

해설 TS(고형물) = FS(무기물) + VS(유기물)
　　　　　　　(1/2)　　　(1/2)
슬러지 = 수분(W) + 고형물(TS)
　　　　　(80%)

$\dfrac{W_s}{S_s} = \dfrac{W_f}{S_f} + \dfrac{W_v}{S_v}$ 에서 $\dfrac{1}{S_s} = \dfrac{1/2}{2.5} + \dfrac{1/2}{1.0}$

S_s(고형물 비중) = 1.429

$\dfrac{W_{st}}{S_{st}} = \dfrac{W_s}{S_s} + \dfrac{W_w}{S_w}$ 에서 $\dfrac{1}{S_{st}} = \dfrac{0.2}{1.429} + \dfrac{0.8}{1.0}$

$\therefore S_{st}$(슬러지 비중) = 1.064

참고 슬러지 무게를 1로 보면 함수율이 80%이므로 W_w(물의 무게) = 0.8, W_s(고형물 무게) = 0.2가 된다. 그리고 물의 비중(밀도)이 주어져 있지 않아도 당연히 1.0으로 한다.

34 다음의 생물학적 고도처리공정 중 수중 인의 제거를 주목적으로 개발한 공법은?
① 4단계 Bardenpho 공법
② 5단계 Bardenpho 공법
③ A²/O 공법
④ A/O 공법

해설 A/O 공법은 혐기-호기 공법이라고 하며 인(P)의 제거를 주목적으로 개발한 공법이다.

참고 ① 4단계 Bardenpho 공법 : 질소제거공법
② 5단계 Bardenpho 공법 : 질소·인제거공법
③ A²/O(혐기-무산소-호기) 공법 : 질소·인제거공법

35 하수 소독방법인 UV 살균의 장점과 거리가 먼 것은?
① 유량과 수질의 변동에 대해 적응력이 강하다.
② 접촉시간이 짧다.
③ 물의 탁도나 혼탁이 소독효과에 영향을 미치지 않는다.
④ 강한 살균력으로 바이러스에 대해 효과적이다.

해설 UV 살균의 장단점
㉠ 장점
- 강한 살균력으로 바이러스에 의해 효과적으로 작용한다.
- 유량과 수질의 변동에 대해 적응력이 강하다.
- 전력이 적게 소비되고 램프수가 적게 소요되므로 유지비가 낮다.
- 접촉시간이 짧다(1~5초).
- 화학적 부작용이 적어 안전하다.
- 전원의 제어가 용이하다.
- 설치가 용이하다.
- 인체에 위해성이 없다.
- pH 변화에 관계없이 지속적인 살균이 가능하다.
- 자동 모니터링으로 기록, 감시가 가능하다.
- 과학적으로 증명된 정밀한 처리시스템이다.
㉡ 단점
- 잔류하지 않는다(소독의 잔류성이 없다).
- 물이 혼탁하거나 탁도가 높으면 소독능력에 영향을 미친다(소독능력이 저하된다).

36 부피 2,000m³인 탱크의 G 값을 50/sec로 할 때 필요한 이론소요동력(W)은? (단, 유체 점도는 0.001kg/m·sec)
① 3,500 　　 ② 4,000
③ 4,500 　　 ④ 5,000

해설 $G = \sqrt{\dfrac{P}{\mu \cdot V}}$

$P = G^2 \cdot \mu \cdot V$

$\quad = (50/\sec)^2 \times 0.001 \text{kg/m} \cdot \sec \times 2{,}000\text{m}^3$

$\quad = 5{,}000 \text{kg} \cdot \text{m}^2/\sec^3$

$\quad = 5{,}000\text{Watt}$

37 다음 중 지름이 20m이고, 깊이가 5m인 원형 침전지에서 BOD 200mg/L, SS 240mg/L인 하수 4,000m³/day를 처리할 때 침전지의 수면적 부하율(m/day)은?

① 2.7   ② 12.7

③ 23.7   ④ 27.0

해설 수면적 부하율(m³/m² · day)

$= \dfrac{\text{폐 · 하수유입량(m}^3\text{/day)}}{\text{수면적(m}^2\text{)}} = \dfrac{Q}{A}$

$A = \dfrac{\pi D^2}{4} = \dfrac{\pi \times 20^2}{4} = 314.16\text{m}^2$

$\therefore$ 수면적 부하율 $= \dfrac{4{,}000\text{m}^3/\text{day}}{314.16\text{m}^2} = 12.73\text{m}^3/\text{m}^2 \cdot \text{day}$

$\qquad\qquad\qquad = 12.73\text{m/day}$

38 폐수에 포함된 15mg/L의 난분해성 유기물을 활성탄 흡착에 의해 1mg/L로 처리하고자 하는 경우 필요한 활성탄의 양(mg/L)은? (단, 오염물질의 흡착량과 흡착제 양의 관계는 Freundlich의 등온식에 따르며 $K = 0.5$, $n = 1$이다.)

① 24   ② 28

③ 32   ④ 36

해설 $\dfrac{X}{M} = KC^{\frac{1}{n}}$ 에서 $\dfrac{(15-1)}{M} = 0.5 \times 1^{\frac{1}{1}}$

$\therefore M$(흡착제 양) $= 28\text{mg/L}$

39 일반적으로 회전원판법에서 원판 면적의 몇 %가 물에 잠긴 상태에서 운영하는가? (단, 공기구동방식이 아님.)

① 약 20   ② 약 40

③ 약 60   ④ 약 80

해설 회전원판법에서 원판의 침적률(물에 잠기는 면적률)은 원판 면적의 약 40%(35~45%)가 수면하에 잠기도록 하여 운전하며 회전축이 폐수에 잠기지 않도록(수몰되지 않도록) 한다.

참고 회전원판의 구동방식은 전기구동방식과 공기구동방식으로 나누는데, 공기구동방식은 공기의 부력을 이용하여 원판을 회전시킨다. 회전판의 침적률은 공기구동방식이 조금 낮게 하기도 하지만 둘다 40% 정도로 거의 같다.

40 BOD 300mg/L, 유량 2,000m³/day의 폐수를 활성슬러지법으로 처리할 때 BOD 슬러지 부하 0.25kg BOD/kgMLSS · day, MLSS 2,000mg/L로 하기 위한 포기조의 용적(m³)은?

① 800   ② 1,000

③ 1,200   ④ 1,400

해설 BOD 슬러지 부하(kgBOD/kgMLSS · day)

$= \dfrac{\text{BOD 유입량(kg/day)}}{\text{포기조 MLSS량(kg)}} = \dfrac{\text{BOD} \cdot Q}{\text{MLSS} \cdot V}$

$\therefore V$(포기조 용적) $= \dfrac{\text{BOD} \cdot Q}{\text{MLSS} \cdot \text{BOD 슬러지 부하}}$

$= \dfrac{300\text{mg/L} \times 2{,}000\text{m}^3/\text{day}}{2{,}000\text{mg/L} \times 0.25}$

$= 1{,}200\text{m}^3$

제3과목 **수질오염 공정시험방법**

41 비소를 수소화물 생성-원자흡수분광광도법으로 측정할 때의 내용으로 옳은 것은?

① 수소화비소를 아르곤-수소 불꽃에서 원자화시켜 228.7nm에서 흡광도를 측정한다.

② 염화제일주석으로 시료 중의 비소를 6가비소로 산화시킨다.

③ 망간을 넣어 수소화비소를 발생시킨다.

④ 정량한계는 0.005mg/L이다.

해설 ① 228.7nm → 193.7nm

② 관계없는 내용임.(※염화제일주석은 환원제임.)

③ 망간 → 아연 또는 나트륨붕소수화물(NaBH₄)

42 수은 측정에 적용 가능한 시험방법과 가장 거리가 먼 것은? (단, 공정시험기준 기준)

① 자외선/가시선 분광법

② 양극벗김 전압전류법

③ 냉증기-원자형광법

④ 유도결합플라스마-원자발광분광법

2021

해설 수은 측정방법은 보기의 ①, ②, ③ 외에 냉증기-원자
흡수분광광도법이 있다.

43 다음은 총대장균군(평판집락법) 측정에 관한 내용이다. ( ) 안에 내용으로 옳은 것은?

> 배출수 또는 방류수에 존재하는 총대장균군을 측정하는 방법으로 페트리접시의 배지 표면에 평판집락법 배지를 굳힌 후 배양한 다음 진한 ( )의 전형적인 집락을 계수하는 방법이다.

① 황색   ② 적색
③ 청색   ④ 녹색

해설 적색(이론편 참조)

44 시료의 보존방법 및 최대보존기간에 대한 내용으로 옳은 것은?

① 냄새용 시료는 4℃에서 최대 48시간 동안 보존한다.
② COD용 시료는 황산 또는 질산을 첨가하여 pH 4 이하로 최대 7일간 보존한다.
③ 유기인용 시료는 HCl로 pH 5~9, 4℃에서 최대 7일간 보존한다.
④ 질산성 질소용 시료는 4℃에서 최대 24시간 보존한다.

해설 ① 냄새용 시료는 가능한 한 즉시 분석 또는 냉장보관하며, 최대 6시간 보존한다.
② COD용 시료는 황산을 첨가하여 pH 2 이하로 4℃에서 보관하며, 최대 28일간 보존한다.
④ 질산성 질소용 시료는 4℃에서 보관하며, 최대 48시간 보존한다.

45 개수로에 의한 유량 측정 시에는 케이지(Chezy)의 유속공식이 적용된다. 경심이 0.653m, 홍바닥의 구배 $i = 1/1,500$, 유속계수가 31.3일 때 평균유속(m/sec)은? (단, 수로의 구성재질과 수로 단면의 형상이 일정하고, 수로의 길이가 적어도 10m까지 똑바른 경우 케이지 유속공식은 $V(\text{m/sec}) = C\sqrt{iR}$ 이다.)

① 0.65   ② 0.84
③ 1.21   ④ 1.63

해설 주어진 식에서
$C = 31.3$
$i = \dfrac{1}{1,500}$
$R = 0.653\text{m}$
$$\therefore \ V = 31.3 \times \sqrt{0.653 \times \frac{1}{1,500}} = 0.65\text{m/sec}$$

46 밀폐용기를 설명한 것으로 옳은 것은?

① 취급 또는 저장하는 동안에 기체 또는 미생물이 침입하지 아니하도록 내용물을 보호하는 용기를 말한다.
② 취급 또는 저장하는 동안에 이물질이 들어가거나 또는 내용물이 손실되지 아니하도록 보호하는 용기를 말한다.
③ 취급 또는 저장하는 동안에 밖으로부터의 공기, 다른 가스가 침입하지 아니하도록 내용물을 보호하는 용기를 말한다.
④ 취급 또는 저장하는 동안에 이물질이나 미생물이 침입하지 아니하도록 내용물을 보호하는 용기를 말한다.

해설 ① : 밀봉용기
② : 밀폐용기
③ : 기밀용기
④는 보기 ①과 비교하면 됨

47 4각 위어에 의하여 유량을 측정하려고 한다. 위어의 수두가 0.8m, 절단의 폭이 2.5m이면 유량(m³/min)은? (단, 유량계수는 4.80이다.)

① 4.8   ② 6.7
③ 8.6   ④ 10

해설 $Q = Kbh^{\frac{3}{2}} = 4.8 \times 2.5 \times 0.8^{\frac{3}{2}} = 8.59\text{m}^3/\text{min}$

48 아연의 일반적 성질에 관한 내용으로 틀린 것은?

① 토양 중에는 10~300mg/kg 정도가 존재한다.
② 지하수에는 0.1mg/L 이하로 존재한다.
③ 5mg/L 이상의 농도에서 신맛을 나타낸다.
④ 염산이나 묽은 황산에서는 수소를 발생하며 녹아 각각의 염이 된다.

해설 아연은 5mg/L 이상의 농도에서 쓴맛을 나타낸다.

49 니켈의 자외선/가시선 분광법 측정원리에 대한 설명이다. (   )에 내용으로 옳은 것은 어느 것인가?

> 니켈이온을 암모니아의 (   )에서 (   )과 반응시켜 생성한 니켈 착염을 클로로폼으로 추출하고, 이것을 묽은 염산으로 역추출한다. 추출물에 브롬과 암모니아수를 넣어 니켈을 산화시키고 다시 암모니아 알칼리성에서 반응시켜 생성한 니켈 착염의 흡광도를 측정하는 방법이다.

① 약산성, 다이메틸글리옥심
② 약산성, 과요오드산칼륨
③ 약알칼리성, 다이메틸글리옥심
④ 약알칼리성, 과요오드산칼륨

해설 약알칼리성, 다이메틸글리옥심 (※ 이론편 참조)

50 다음 중 물속의 냄새를 측정하기 위한 시험에서 시료 부피가 4mL, 무취 정제수(희석수) 부피가 196mL인 경우 냄새역치(TON ; Threshold Odor Number)는?

① 0.02
② 0.5
③ 50
④ 100

해설 냄새역치(TON) $= \dfrac{A+B}{A} = \dfrac{4+196}{4} = 50$

여기서, A : 시료 부피(mL)
　　　　B : 무취 정제수 부피(mL)

51 다음은 구리(자외선/가시선 분광법) 측정에 관한 내용이다. (   ) 안에 알맞은 내용으로 옳은 것은?

> 물속에 존재하는 구리이온이 알칼리성에서 다이에틸다이티오카르바민산나트륨과 반응하여 생성하는 (   )을 아세트산부틸로 추출하여 흡광도를 측정한다.

① 황갈색의 킬레이트화합물
② 적갈색의 킬레이트화합물
③ 청색의 킬레이트화합물
④ 적색의 킬레이트화합물

해설 이론편 참조

52 시안을 자외선/가시선 분광법으로 측정할 때 정량한계(mg/L)로 옳은 것은?

① 0.1
② 0.05
③ 0.01
④ 0.005

해설 시안을 자외선/가시선 분광법으로 측정 시 정량한계는 0.01mg/L이다.

53 다음이 설명하는 정도관리 요소에 해당하는 것은 어느 것인가?

> 시험분석결과의 반복성을 나타내는 것으로, 반복 시험하여 얻은 결과를 상대표준편차(RSD ; Relative Standard Deviation)로 나타내며, 연속적으로 n회 측정한 결과의 평균값과 표준편차로 구한다.

① 정밀도
② 정확도
③ 정량한계
④ 검출한계

해설 정밀도(precision)는 시험분석결과의 반복성을 나타내는 것으로 반복 시험하여 얻은 결과를 상대표준편차(RSD ; Relative Standard Deviation)로 나타내며, 연속적으로 n회 측정한 결과의 평균값($\bar{x}$)과 표준편차(s)로 구한다.

정밀도(%) $= \dfrac{s}{x} \times 100$

54 생물화학적 산소요구량(BOD) 측정 시 사용되는 ATU 용액, TCMP 시약의 역할로 옳은 것은?

① 식종 정착
② 질산화 억제
③ 산소 고정
④ 미생물 영양

해설 ATU 용액과 TCMP 시약은 질산화 억제 시약이다.

참고 ATU(Allylthiourea) : $C_4H_8N_2S$
TCMP(2−chloro−6(trichloromethyl) pyridine) : $C_6H_3Cl_4N$

55 DO 측정 시(적정법) End point(종말점)에 있어서의 액의 색은?

① 무색
② 적색
③ 황색
④ 황갈색

해설 청색에서 무색으로 될 때까지 적정한다.

56 다음 중 용어의 정의에 대한 설명으로 옳은 것은 어느 것인가?

① 시험조작 중 "즉시"란 1분 이내에 표시된 조작을 하는 것을 뜻한다.

② "항량으로 될 때까지 건조한다"라는 뜻은 같은 조건에서 30분 더 건조할 때 전후 무게의 차가 g당 0.3mg 이하일 때이다.

③ 무게를 "정밀히 단다"라 함은 규정된 수치의 무게를 0.1mg/L까지 다는 것을 말한다.

④ "약"이라 함은 기재된 양에 대하여 ±10% 이상의 차가 있어서는 안 된다.

해설 ① 1분 → 30초
② 30분 → 1시간
③ "정밀히 단다"라 함은 규정된 양의 시료를 취하여 화학저울 또는 미량저울로 칭량함을 말한다.

57 인산염인을 측정하기 위해 적용 가능한 시험방법과 가장 거리가 먼 것은? (단, 공정시험기준 기준)

① 자외선/가시선 분광법(이염화주석환원법)

② 자외선/가시선 분광법(아스코르빈산환원법)

③ 자외선/가시선 분광법(부루신환원법)

④ 이온크로마토그래피법

해설 인산염의 인($PO_4^{3-}-P$)을 측정하기 위해 적용 가능한 시험방법은 보기의 ①, ②, ④이다.

58 다음 중 다량의 점토질 또는 규산염을 함유한 시료의 전처리방법으로 가장 옳은 것은 어느 것인가?

① 질산-과염소산-불화수소산법

② 질산-과염소산법

③ 질산-염산법

④ 질산-황산법

해설 이론편 참조
설명 ② : 유기물을 다량 함유하고 있으면서 산화분해가 어려운 시료
③ : 유기물 함량이 비교적 높지 않고 금속의 수산화물, 산화물, 인산염 및 황화물을 함유하고 있는 시료
④ : 유기물 등을 많이 함유하고 있는 대부분의 시료

59 자외선/가시선 분광법을 사용한 크롬 분석에 관한 설명으로 옳은 것은?

① 정량한계는 0.01mg/L이다.

② 다이페닐카바자이드를 작용시켜 생성하는 청색 착화물의 흡광도를 측정한다.

③ RSD(%)는 ±15% 이내이다.

④ 과망간산칼륨을 첨가하여 3가크롬을 6가크롬으로 산화시킨다.

해설 ① 0.01 → 0.04
② 청색 → 적자색
③ RSD(%)는 ±25% 이내이다.

참고 RSD(Relative Standard Deviation) : 상대표준편차로서 시험분석결과의 정밀도를 %RSD로 나타낸다.

60 물벼룩을 이용한 급성 독성 시험법(시험생물)에 관한 내용으로 틀린 것은?

① 시험하기 2시간 전부터는 먹이 공급을 중단하여 먹이에 대한 영향을 최소화한다.

② 태어난 지 24시간 이내의 시험생물일지라도 가능한 크기가 동일한 시험생물을 시험에 사용한다.

③ 배양 시 물벼룩이 표면에 뜨지 않아야 하고, 표면에 뜰 경우 시험에 사용하지 않는다.

④ 물벼룩을 옮길 때 사용되는 스포이드에 의한 교차오염이 발생하지 않도록 주의를 기울인다.

해설 시험하기 2시간 전에 먹이를 충분히 공급하여 시험 중 먹이가 주는 영향을 최소화하도록 한다.

제4과목 **수질환경 관계법규**

61 기타 수질오염원시설인 복합물류터미널시설(화물의 운송·보관·하역과 관련된 작업을 하는 시설)의 규모 기준으로 옳은 것은?

① 면적이 10만m^2 이상일 것

② 면적이 15만m^2 이상일 것

③ 면적이 20만m^2 이상일 것

④ 면적이 30만m^2 이상일 것

해설 물환경보전법 시행규칙 별표 1 참조

62 환경부장관이 수질 원격감시체계 관제센터를 설치·운영할 수 있는 기관은?

① 한국환경공단
② 국립환경과학원
③ 유역환경청
④ 시·도 보건환경연구원

해설 물환경보전법 시행령 제37조 제1항 참조

63 1일 폐수배출량이 250m³인 사업장의 규모 종류는 어느 것인가?

① 제2종 사업장
② 제3종 사업장
③ 제4종 사업장
④ 제5종 사업장

해설 물환경보전법 시행령 별표 13 참조
참고 사업장 규모별 구분

```
        50m³/일  200m³/일  700m³/일  2,000m³/일
      |        |         |         |
  제5종  제4종   제3종    제2종   제1종
```

64 기타 수질오염원을 설치하거나 관리하려는 자는 환경부령이 정하는 바에 따라 환경부장관에게 신고하여야 한다. 이 규정에 의한 신고를 하지 아니하고 기타 수질오염원을 설치 또는 관리한 자에 대한 벌칙기준은?

① 500만원 이하의 벌금
② 1,000만원 이하의 벌금
③ 1년 이하의 징역 또는 1천만원 이하의 벌금
④ 1년 이하의 징역 또는 1천5백만원 이하의 벌금

해설 물환경보전법 제78조 제14호 참조(법 제60조 제1항 관련)

65 다음 중 기본배출부과금의 부과기간 기준으로 옳은 것은?

① 월별로 부과
② 분기별로 부과
③ 반기별로 부과
④ 연별로 부과

해설 물환경보전법 시행령 제43조 참조

66 낚시금지, 제한구역의 안내판 규격에 관한 내용으로 옳은 것은?

① 바탕색 : 흰색, 글씨 : 청색
② 바탕색 : 청색, 글씨 : 흰색
③ 바탕색 : 녹색, 글씨 : 흰색
④ 바탕색 : 흰색, 글씨 : 녹색

해설 물환경보전법 시행규칙 별표 12 제1호 참조

67 환경부장관이 수질 및 수생태계 보전에 관한 법률의 목적을 달성하기 위하여 필요하다고 인정하는 때에 관계 기관의 장에게 요청할 수 있는 조치와 가장 거리가 먼 것은?

① 해충구제방법의 개선
② 공공수역의 준설
③ 도시개발제한구역의 지정
④ 녹지시설의 설치 및 개축

해설 물환경보전법 제70조 및 동시행령 제80조 참조

68 공공폐수처리시설의 방류수 수질기준으로 틀린 것은? (단, IV지역 기준, (   )는 농공단지 공공폐수처리시설의 방류수 수질기준)

① 총질소 20(20)mg/L 이하
② 총인 2(2)mg/L 이하
③ TOC 25(25)mg/L 이하
④ 총대장균군수 1,000(1,000)개/mL 이하

해설 물환경보전법 시행규칙 별표 10
설명 총대장균군수 3,000(3,000)개/mL 이하

69 수질오염경보인 조류경보의 경보단계에 해당하는 '조류경보'의 발령기준으로 옳은 것은? (단, 상수원 구간임.)

① 2회 연속 채취 시 남조류의 세포수가 1,000 세포/mL 이상 10,000세포/mL 미만인 경우
② 2회 연속 채취 시 남조류의 세포수가 10,000 세포/mL 이상 1,000,000세포/mL 미만인 경우
③ 2회 연속 채취 시 남조류의 세포수가 1,000,000 세포/mL 이상인 경우
④ 2회 연속 채취 시 남조류의 세포수가 1,000 세포/mL 미만인 경우

해설 물환경보전법 시행령 별표 3 제1호 참조

설명 ① : 관심단계
② : 경계단계
③ : 조류대발생단계
④ : 해제단계

70 다음은 수질오염물질의 항목별 배출허용기준 중 1일 폐수배출량이 2,000m³ 미만인 폐수배출시설의 지역별·항목별 배출허용기준이다. (   ) 안에 옳은 것은?

	BOD (mg/L)	TOC (mg/L)	SS (mg/L)
청정지역	(㉠)	(㉡)	(㉢)

① ㉠ 20 이하, ㉡ 30 이하, ㉢ 20 이하
② ㉠ 30 이하, ㉡ 40 이하, ㉢ 30 이하
③ ㉠ 40 이하, ㉡ 30 이하, ㉢ 40 이하
④ ㉠ 50 이하, ㉡ 60 이하, ㉢ 50 이하

해설 물환경보전법 시행규칙 별표 13 참조

참고 2020년부터 COD(화학적 산소요구량) 항목이 TOC(총 유기탄소) 항목으로 전환되었다.

71 물환경보전법에 사용하고 있는 용어 중 수면관리자의 정의로 가장 옳은 것은?

① 동일 법령의 규정에 의하여 호소를 관리하는 자를 말한다. 이 경우 동일한 호소를 관리하는 자가 2 이상인 경우에는 「하천법」에 의한 하천관리청의 자가 수면관리자가 된다.
② 동일 법령의 규정에 의하여 호소를 관리하는 자를 말한다. 이 경우 동일한 호소를 관리하는 자가 2 이상인 경우에는 「하천법」에 의한 하천의 관리청 외의 자가 수면관리자가 된다.
③ 다른 법령의 규정에 의하여 호소를 관리하는 자를 말한다. 이 경우 동일한 호소를 관리하는 자가 2 이상인 경우에는 「하천법」에 의한 하천관리청의 자가 수면관리자가 된다.
④ 다른 법령의 규정에 의하여 호소를 관리하는 자를 말한다. 이 경우 동일한 호소를 관리하는 자가 2 이상인 경우에는 「하천법」에 의한 하천의 관리청 외의 자가 수면관리자가 된다.

해설 물환경보전법 제2조 제15호 참조

72 제4종 사업장의 경우 기본배출부과금 산정 시 적용하는 사업장 규모별 부과계수로 옳은 것은?

① 1.5   ② 1.2
③ 1.1   ④ 1.0

해설 물환경보전법 시행령 별표 9 참조

73 수질 및 수생태계 환경기준 중 해역에서 생활환경기준 항목에 해당하지 않는 것은?

① 수소이온농도
② 부유물질
③ 총대장균군
④ 용매추출유분

해설 환경정책기본법 시행령 별표 제3호 라목 참조

설명 해역의 생활환경기준의 항목은 수소이온농도(pH), 총대장균군, 용매추출유분 등 3가지 항목만을 정하고 있다.

74 공공수역이라 함은 하천, 호소, 항만, 연안해역 그 밖에 공공용에 사용되는 수역과 이에 접속하여 공공용에 사용되는 환경부령이 정하는 수로를 말한다. 다음 중 환경부령이 정하는 수로에 해당되지 않는 것은?

① 지하수로   ② 운하
③ 상수관로   ④ 하수관로

해설 물환경보전법 시행규칙 제5조 참조(법 제2조 제9호 관련)

설명 환경부령이 정하는 수로는 지하수로, 농업용수로, 하수관로, 운하이다.

75 다음은 비점오염저감시설(식생형 시설)의 관리 및 운영기준에 관한 내용이다. (   ) 안에 옳은 것은?

식생수로 바닥의 퇴적물이 처리용량의 (   )를 초과하는 경우는 침전된 토사를 제거하여야 한다.

① 10%   ② 15%
③ 20%   ④ 25%

해설 물환경보전법 시행규칙 별표 18 제2호 4) 참조

70.③ 71.④ 72.③ 73.② 74.③ 75.④ 정답

76 수질 및 수생태계 환경기준 중 해역인 경우 생태 기반 해수 수질기준으로 옳은 것은?

① 등급 : Ⅴ(아주 나쁨),
　수질평가지수값 : 30 이상
② 등급 : Ⅴ(아주 나쁨),
　수질평가지수값 : 40 이상
③ 등급 : Ⅴ(아주 나쁨),
　수질평가지수값 : 50 이상
④ 등급 : Ⅴ(아주 나쁨),
　수질평가지수값 : 60 이상

해설 환경정책기본법 시행령 별표 제3호 라목 참조
설명 생태기반 해수 수질기준

등 급	수질평가지수값 (water quality index)
Ⅰ(매우 좋음)	23 이하
Ⅱ(좋음)	24~33
Ⅲ(보통)	34~46
Ⅳ(나쁨)	47~59
Ⅴ(아주 나쁨)	60 이상

77 다음은 총량관리 단위유역의 수질 측정방법에 관한 내용이다. ( ) 안에 내용으로 옳은 것은?

> 목표수질지점별로 연간 30회 이상 측정하여야 하며, 이에 따른 수질측정주기는 ( ) 간격으로 일정하여야 한다. 다만, 홍수, 결빙, 갈수 등으로 채수가 불가능한 특정 기간에는 그 측정주기를 늘리거나 줄일 수 있다.

① 3일
② 5일
③ 8일
④ 10일

해설 물환경보전법 시행규칙 별표 7 참조
설명 수질측정주기는 8일 간격으로 일정하여야 한다.

78 수질오염경보의 종류별 경보단계별 조치사항 중 상수원 구간의 조류경보단계가 '경계'일 때 취수구와 조류가 심한 지역에 대한 차단막 설치 등 조류제거 조치를 실시하는 관계기관(자)은?

① 유역 · 지방환경청장
② 물환경연구소장
③ 취 · 정수장 관리자
④ 수면관리자

해설 물환경보전법 시행령 별표 4 제1호 가목 참조

79 다음의 위임업무 보고사항 중 보고횟수 기준이 연2회에 해당되는 것은?

① 배출업소의 지도, 점검 및 행정처분 실적
② 배출부과금 부과실적
③ 과징금 부과실적
④ 비점오염원의 설치 신고 및 방지시설 설치현 황 및 행정처분현황

해설 물환경보전법 시행규칙 별표 23 참조
설명 보기 ①, ②, ④는 연4회이다.

80 비점오염저감시설 중 장치형 시설에 해당되는 것은?

① 여과형 시설
② 저류형 시설
③ 식생형 시설
④ 침투형 시설

해설 물환경보전법 시행규칙 별표 6 참조
참고 비점오염저감시설
• 자연형 시설 : 저류시설, 인공습지, 침투시설, 식생형 시설
• 장치형 시설 : 여과형 시설, 소용돌이형 시설, 스크린형 시설, 응집 · 침전 처리형 시설, 생물학적 처리형 시설

2021

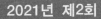

2021년 제2회 수질환경산업기사 기/출/문/제

제1과목 : 수질오염 개론

01 다음 중 적조 발생의 환경적 요인과 가장 거리가 먼 것은?

① 바다의 수온구조가 안정화되어 물의 수직적 성층이 이루어질 때
② 플랑크톤의 번식에 충분한 광량과 영양염류가 공급될 때
③ 태풍 등으로 급격하게 수역의 정체가 파괴되었을 때
④ 해저에 빈산소 수괴가 형성되어 포자의 발아 촉진이 일어나고 퇴적층으로부터 부영양화의 원인물질이 용출될 때

> **해설** 적조현상은 바람이 불지 않아 해수 표면이 잔잔한 경우 적조현상이 발생할 가능성이 높다. 이는 해수면이 잔잔하면 조류들이 해수 표면에서 안정적으로 태양에너지를 받을 수 있어 광합성 효율이 증가하여 조류의 증식률이 높아지기 때문이다. 뿐만 아니라 해수면이 잔잔한 경우 조류들이 분산되지 않고 집적되어 적조현상이 더 심화될 수 있다.

> **참고** 적조 발생의 환경적 요인은 보기의 ①, ②, ④ 이외에
> • 강우 및 하천수의 유입에 따른 염도의 희석작용이 클 때
> • 비타민류, 철, 코발트, 니켈 등의 미량 금속류 및 펄프폐액, 단백질의 분해생성물이 유입될 때 등을 들 수 있다.

02 Fungi가 심하게 번식하는 지대는? (단, Whipple의 4지대 기준)

① 분해지대
② 활발한 분해지대
③ 회복지대
④ 정수지대

> **해설** 분해지대에서 유기물의 분해가 진행됨에 따라 산소가 낮아지고 오염에 잘 견디는 Fungi(곰팡이류)가 녹색수중식물이나 고등미생물에 대신해서 심하게 번식한다.

03 Ca^{2+}가 40mg/L, Mg^{2+}가 36mg/L가 포함된 물의 경도는 어느 것인가? (단, Ca의 원자량 40, Mg의 원자량 24)

① 150mg/L as $CaCO_3$
② 200mg/L as $CaCO_3$
③ 250mg/L as $CaCO_3$
④ 300mg/L as $CaCO_3$

> **해설** 경도($CaCO_3$mg/L) $= \Sigma\left(M^{2+}\text{mg/L} \times \dfrac{50}{M^{2+} \text{ 당량}}\right)$
>
> Ca^{2+} 당량 $= \dfrac{40}{2} = 20$
>
> Mg^{2+} 당량 $= \dfrac{24}{2} = 12$
>
> $\therefore$ 경도 $= \left(40\text{mg/L} \times \dfrac{50}{20}\right) + \left(36\text{mg/L} \times \dfrac{50}{12}\right)$
> $= 250$mg/L as $CaCO_3$

04 수질오염물질과 그로 인한 공해병과의 관계를 잘못 짝지은 것은?

① Hg - 미나타병
② Cr - 이타이이타이병
③ F - 반상치
④ PCB - 카네미유증

> **해설** Cd : 이타이이타이병

05 60,000m³/day 상수를 살균하기 위하여 30kg/day의 염소가 주입되고 있는데 살균 접촉 후 잔류염소는 0.2mg/L이다. 염소요구량(농도)은?

① 0.3mg/L
② 0.4mg/L
③ 0.6mg/L
④ 0.8mg/L

> **해설** 염소요구량(농도) = 주입염소량(농도) - 잔류염소량(농도)
>
> 주입염소량(농도) $= \dfrac{30\text{kg}}{\text{day}} \left| \dfrac{1,000\text{g}}{\text{kg}} \right| \dfrac{\text{day}}{60,000\text{m}^3}$
> $= 0.5\text{g/m}^3 = 0.5\text{mg/L}$
>
> $\therefore$ 염소요구량(농도) $= 0.5 - 0.2 = 0.3$mg/L

06 미생물에 관한 설명으로 옳지 않은 것은?

① 진핵세포는 핵막이 있으나 원핵세포는 없다.
② 세포소기관인 리보솜은 원핵세포에 존재하지 않는다.
③ 조류는 진핵미생물로 엽록체라는 세포소기관이 있다.
④ 진핵세포는 유사분열을 한다.

해설 리보솜(ribosome)은 단백질 합성기관으로 원핵세포, 진핵세포 모두 존재한다.

07 동점성계수의 단위로 적절한 것은?

① cm^2/sec
② $g/cm \cdot sec$
③ $g \cdot cm/sec^2$
④ cm/sec^2

해설 동점성계수(ν) 단위는 cm^2/sec 또는 m^2/sec이다.
설명 ② 점성계수(μ) 단위
③ 힘의 단위
④ 가속도의 단위

08 500mL 물에 125mg의 염이 녹아 있을 때 이 수용액의 농도를 %로 나타낸 값은?

① 0.125%
② 0.250%
③ 0.0125%
④ 0.0250%

해설 $1mg/L(≒1ppm)=0.0001\%$
$1\%=10,000ppm=10,000mg/L$
(※ 수용액 비중이 1.0일 때)
∴ 수용액 염의 농도 $= \dfrac{125mg}{500mL} \Big| \dfrac{1,000mL}{L} = 250mg/L$
$≒ 250ppm = 0.025\%$

09 어떤 폐수의 분석결과 COD가 450mg/L이고, BOD_5가 300mg/L였다면 NBDCOD는? (단, 탈산소계수 $K_1=0.2/day$, base는 상용대수)

① 약 76mg/L
② 약 84mg/L
③ 약 117mg/L
④ 약 136mg/L

해설 $NBDCOD=COD-BDCOD$
$\qquad\qquad =COD-BOD_u$
$BOD_5=BOD_u(1-10^{-K_1 \times 5})$
$BOD_u=\dfrac{300}{1-10^{-0.2 \times 5}}=333.33mg/L$
∴ $NBDCOD=450-333.33=116.67mg/L$

10 다음 중 Bacteria 18g의 이론적인 COD는? (단, Bacteria의 분자식은 $C_5H_7O_2N$, 질소는 암모니아로 분해됨을 기준으로 함.)

① 약 25.5g
② 약 28.8g
③ 약 32.3g
④ 약 37.5g

해설 박테리아 분해(산화)반응식
$\underset{113g}{C_5H_7O_2N}+\underset{\underset{(COD)}{:5 \times 32g}}{5O_2} \rightarrow 5CO_2+2H_2O+NH_3$
∴ 이론적 $COD=18g \times \dfrac{5 \times 32}{113}=25.49g$

11 25℃, 2기압의 압력에 있는 메탄가스 20kg의 부피는? (단, 이상기체상수(R) : 0.082L·atm/mol·K)

① $2.14 \times 10^3 L$
② $2.34 \times 10^3 L$
③ $1.24 \times 10^4 L$
④ $1.53 \times 10^4 L$

해설 $PV=\dfrac{W}{M}RT$
$V=\dfrac{WRT}{P \cdot M}$
$M=16g/mol$
$W=20kg=20,000g$
$T=273+25=298K$
∴ $V=\dfrac{20,000g \times 0.082L \cdot atm/mol \cdot K \times 298K}{2atm \times 16g/mol}$
$\qquad =15272.5L≒1.53 \times 10^4 L$

12 다음과 같은 용액을 만들었을 때 몰 농도가 가장 큰 것은? (단, Na=23, S=32, Cl=35.5)

① 3.5L 중 NaOH 150g
② 30mL 중 H_2SO_4 5.2g
③ 5L 중 NaCl 0.2kg
④ 100mL 중 HCl 5.5g

해설 $M(mol$ 농도$)=g$분자$/L=mol/L$
① NaOH 농도 $= \dfrac{150g}{3.5L} \Big| \dfrac{1mol}{40g}=1.0714mol/L$
② H_2SO_4 농도 $= \dfrac{5.2g}{30mL} \Big| \dfrac{1,000mL}{1L} \Big| \dfrac{1mol}{98g}$
$\qquad =1.7687mol/L$
③ NaCl 농도 $= \dfrac{0.2kg}{5L} \Big| \dfrac{1,000g}{1kg} \Big| \dfrac{1mol}{58.5g}=0.6838mol/L$
④ HCl 농도 $= \dfrac{5.5g}{100mL} \Big| \dfrac{1,000mL}{1L} \Big| \dfrac{1mol}{36.5g}=1.5068mol/L$

13 다음의 콜로이드에 관한 설명 중 옳지 않은 것은?

① 콜로이드 입자들은 대단히 작아서 질량에 비해 표면적이 아주 크다.

② 콜로이드 입자의 질량은 아주 작아서 중력의 영향은 중요하지 않다.

③ 콜로이드 입자들은 모두 전하를 띠고 있다.

④ 콜로이드를 제거하기 위해서는 콜로이드의 안정성을 증가시켜야 한다.

해설 콜로이드를 제거하기 위해서는 콜로이드의 안정성을 감소시켜야 한다.

참고 콜로이드 입자들은 대단히 작아서 중력에 의한 침강만으로는 제거되지 않는다. 그러나 이 콜로이드를 불안정화하거나 파괴하면 큰 입자들로 응집되어 효과적으로 제거할 수 있게 된다. 콜로이드를 파괴하는 데는 (1) 끓임, (2) 동결, (3) 전해질의 첨가, (4) 반대 전하의 콜로이드를 첨가하여 상호 응집침전 등이 있는데 이 중 (3), (4)만이 환경공학에서 널리 이용되고 있다.

14 하천의 유기물 분해상태를 조사하기 위해 20℃에서 BOD를 측정했을 때 $K_1=0.13$/day이었다. 실제 하천온도가 18℃일 때 정확한 탈산소계수 (K_1)는? (단, 온도보정계수는 1.047이며, 상용대수 기준)

① 0.113/day   ② 0.119/day
③ 0.123/day   ④ 0.125/day

해설 $K_1(t℃)=K_1(20℃)\times\theta^{t-20}$
$K_1(18℃)=0.13$/day$\times1.047^{18-20}=0.119$/day

15 20℃ 5일 BOD가 50mg/L인 하수의 2일 BOD는? (단, 20℃, 탈산소계수 $K=0.23$/day이고, 자연대수 기준)

① 21mg/L   ② 24mg/L
③ 27mg/L   ④ 29mg/L

해설 먼저 BOD_5로부터 BOD_u를 구한다.
$BOD_5=BOD_u(1-e^{-K\times5})$
$BOD_u=\dfrac{50}{1-e^{-0.23\times5}}=73.1675$mg/L
∴ $BOD_2=BOD_u(1-e^{-K\times2})$
$\quad=73.1675(1-e^{-0.23\times2})=26.98$mg/L

16 pH 2.8인 용액 중의 [H$^+$]은 몇 mol/L인가?

① 1.58×10^{-3} ② 2.58×10^{-3}
③ 3.58×10^{-3} ④ 4.58×10^{-3}

해설 $pH=-\log[H^+]$
$[H^+]=10^{-pH}=10^{-2.8}=1.58\times10^{-3}$mol/L

17 해수의 온도와 염분의 농도에 의한 밀도차에 의해 형성되는 해류는?

① 조류(tidal current)
② 쓰나미(tsunami)
③ 심해류(deep ocean current)
④ 상승류(upwelling)

해설 심해류는 해수의 온도와 염분에 의한 밀도차에 의해 형성되는데 난류와 한류가 있다.

18 세균의 수가 mL당 1,000마리가 검출된 물을 염소농도 0.5ppm으로 소독하여 80% 죽이는데 시간이 10분 소요되었다. 최종 세균수를 10마리까지만 허용한다면 소독시간이 몇 분 걸리겠는가? (단, 세균의 감소는 1차 반응식을 따른다.)

① 약 23분   ② 약 29분
③ 약 36분   ④ 약 38분

해설 $\ln\dfrac{N}{N_o}=-Kt$에서, 먼저 K를 구하면
$K=\dfrac{1}{t}\ln\dfrac{N_o}{N}=\dfrac{1}{10min}\ln\dfrac{1,000}{200}=0.1609$/min
따라서, $\ln\dfrac{10}{1,000}=-0.1609\times t$
∴ $t=\dfrac{1}{0.1609}\ln\dfrac{1,000}{10}=28.62min$

19 지하수의 특성을 지표수와 비교해서 설명한 것 중 옳지 않은 것은?

① 경도가 높다.
② 자정작용이 빠르다.
③ 탁도가 낮다.
④ 수온변동이 적다.

해설 지하수는 자정작용이 느리다.

20 산과 염기에 관한 내용으로 옳지 않은 것은?

① 루이스(Lewis)는 전자쌍을 받는 화학종을 산이라 하였다.

② 아레니우스(Arrhenius)는 수용액에서 양성자를 내어 놓는 물질을 염기라고 하였다.

③ 염기는 그 수용액이 미끈미끈하다.

④ 염기는 붉은 리트머스종이를 푸르게 한다.

해설 아레니우스는 수용액에서 OH^-를 내어 놓는 물질을 염기라 하고, 양성자 즉, $H^+(H_3O^+)$를 내어 놓는 물질을 산이라고 하였다.

제2과목 **수질오염 방지기술**

21 토양처리 급속침투 시스템을 설계하여 1차 처리 유출수 100L/sec를 160m³/m²·년의 속도로 처리하고자 한다. 필요한 부지면적은? (단, 1일 24시간, 1년 365일로 환산한다.)

① 약 2ha ② 약 20ha

③ 약 4ha ④ 약 40ha

해설 $A = \dfrac{Q}{V}$

$Q = \dfrac{100L}{sec} \left| \dfrac{1m^3}{1,000L} \right| \dfrac{86,400sec}{1day} \left| \dfrac{365day}{년} \right.$

$= 3,153,600 m^3/년$

$\therefore A = \dfrac{3,153,600 m^3/년}{160 m^3/m^2 \cdot 년} = 19,710 m^2 = 1.971 ha$

※ $1ha = 10,000 m^2$

22 포기조의 MLSS 3,000mg/L, BOD-MLSS 부하 0.2kg/kg·일의 조건에서 BOD 200mg/L의 하수 750m³/일을 처리하고자 한다. 포기조의 크기는?

① 420m³ ② 350m³

③ 250m³ ④ 200m³

해설 BOD-MLSS 부하 $= \dfrac{BOD \cdot Q}{MLSS \cdot V}$

$V = \dfrac{BOD \cdot Q}{MLSS \cdot BOD-MLSS 부하}$

$= \dfrac{200 mg/L \times 750 m^3/일}{3,000 mg/L \times 0.2 kg/kg \cdot 일} = 250 m^3$

---

23 180g의 초산(CH_3COOH)이 35℃ 혐기성 소화조에서 분해할 때 발생되는 이론적인 CH_4의 양은 얼마인가?

① 약 45L

② 약 68L

③ 약 76L

④ 약 83L

해설 $\underset{60g}{CH_3COOH} \xrightarrow{\text{혐기성}} \underset{\substack{22.4L \\ (0℃,\ 1atm)}}{CH_4} + CO_2$

CH_4 발생량 $= 180g \times \dfrac{22.4L}{60g} = 67.2L \cdots 0℃$

35℃로 환산하면

$\dfrac{V_1}{T_1} = \dfrac{V_2}{T_2}$

$V_2 = V_1 \times \dfrac{T_2}{T_1} = 67.2 \times \dfrac{273+35}{273} = 75.8L$

24 처리수의 BOD 농도가 5mg/L인 폐수처리공정의 BOD 제거효율은 1차 처리 40%, 2차 처리 80%, 3차 처리 15%이다. 이 폐수처리공정에 유입되는 유입수의 BOD 농도는?

① 39mg/L

② 49mg/L

③ 59mg/L

④ 69mg/L

해설 유입수의 BOD 농도를 x mg/L라 하면

$x(1-0.4)(1-0.8)(1-0.15) = 5$

$\therefore x = 49.02 mg/L$

25 다음 중 보통 1차 침전지에서 부유물질의 침전속도가 작게 되는 경우는? (단, Stokes 법칙 적용)

① 부유물질 입자의 밀도가 클 경우

② 부유물질 입자의 입경이 클 경우

③ 처리수의 밀도가 작을 경우

④ 처리수의 점성도가 클 경우

해설 $V_s = \dfrac{g(\rho_s - \rho_w)d^2}{18\mu}$ 에서

점성도 μ가 커지면 침전속도 V_s는 작아진다.

설명 보기 ①, ②, ③의 ρ_s, d가 클 경우나 ρ_w가 작을 경우는 침전속도 V_s가 커진다.

---

26 원추형 바닥을 가진 원형의 일차 침전지의 직경이 40m, 측벽 깊이가 3m, 원추형 바닥의 깊이가 1m인 경우, 하수처리 유량은? (단, 침전지 체류시간 6시간)

① 약 $13,500 \text{m}^3$/day ② 약 $15,200 \text{m}^3$/day
③ 약 $16,800 \text{m}^3$/day ④ 약 $19,300 \text{m}^3$/day

해설 주어진 조건으로 1차 침전지의 부피(V)를 구하면

$$V = \frac{\pi \times (40\text{m})^2}{4} \times 3\text{m} + \frac{\pi \times (40\text{m})^2}{4} \times 3\text{m} \times \frac{1}{3}$$
$$= 4188.79 \text{m}^3$$

$t = \dfrac{V}{Q}$ 에서 $Q = \dfrac{V}{t}$

$$\therefore Q = \frac{4188.79 \text{m}^3}{6\text{hr}} \left| \frac{24\text{hr}}{\text{day}} \right. = 16755.16 \text{m}^3/\text{day}$$

27 하수관거가 매설되어 있지 않은 지역에 위치한 500개의 단독주택에서 생성된 정화조 슬러지를 소규모 하수처리장에 운반하여 처리할 경우, 이로 인한 BOD 부하량(kg BOD/수거일)은?

- 정화조는 연 1회 수거
- 정화조 1개당 발생되는 슬러지 : 3.8m^3
- 연중 250일 동안 일정량의 정화조 슬러지를 수거, 운반, 처리
- 정화조 슬러지의 BOD 농도 : 6,000mg/L

① 33.6 ② 45.6
③ 56.3 ④ 63.2

해설 BOD 부하량 $= 6,000\text{g/m}^3 \times 3.8\text{m}^3/\text{개} \times 500\text{개}$
$\times 10^{-3}\text{kg/g} \times 1/250\text{day}$
$= 45.6 \text{kg/day}$

28 다음 흡착에 대한 설명 중 잘못된 것은?

① 흡착은 보통 물리적 흡착과 화학적 흡착으로 분류한다.
② 화학적 흡착은 주로 Van der waals의 힘에 기인하며 비가역적이다.
③ 흡착제는 단위질량당 표면적이 큰 활성탄, 제올라이트 등이 사용된다.
④ 활성탄은 코코넛 껍질, 석탄 등을 탄화시킨 후 뜨거운 공기나 증기로 활성화시켜 제조한다.

해설 Van der waals 힘에 기인하는 흡착은 물리적 흡착이며, 물리적 흡착은 가역적이다.
※ 화학적 흡착은 비가역적이다.

29 BOD 1.0kg 제거에 필요한 산소량은 1.5kg이다. 공기 1m^3에 포함된 산소량이 0.277kg이라 하면 활성슬러지에서 공기용해율이 6%(V/V%)일 때 BOD 1.0kg을 제거하는 데 필요한 공기량은?

① 60.2m^3 ② 70.1m^3
③ 80.4m^3 ④ 90.3m^3

해설 필요한 공기량 $= 1.0\text{kgBOD} \times 1.5\text{kg O}_2/\text{kg BOD} \times 1\text{m}^3 \text{공기}$
$/0.277\text{kgO}_2 \times 100/6$
$= 90.25\text{m}^3 \text{공기}$

30 다음 중 응집침전에 사용되는 황산알루미늄 응집제에 대한 설명으로 틀린 것은?

① 결정(結晶)은 부식성이 있어 취급에 유의하여야 한다.
② 독성이 없어 대량 첨가가 가능하다.
③ 여러 폐수에 적용된다.
④ 생성된 플록이 가볍다.

해설 보기 ①의 내용은 철염(황산제1철, 염화제2철 등) 응집제에 대한 설명이다.

31 96%의 수분을 함유하는 sludge 100m^3를 탈수하여 수분 90%인 sludge를 얻었다. 탈수된 sludge의 부피는? (단, 비중(1.0)은 변하지 않는 것으로 한다.)

① 40m^3 ② 50m^3
③ 60m^3 ④ 70m^3

해설 $V_1(100 - P_1) = V_2(100 - P_2)$
$$V_2 = V_1 \times \frac{(100 - P_1)}{(100 - P_2)} = 100\text{m}^3 \times \frac{(100 - 96)}{(100 - 90)} = 40\text{m}^3$$

32 폭기조 내의 MLSS가 4,000mg/L, 폭기조 용적이 500m^3인 활성슬러지법에서 매일 25m^3의 폐슬러지를 뽑아 소화조로 보내 처리한다면 세포의 평균 체류시간은? (단, 반송슬러지의 농도는 2%, 비중은 1.0, 유출수 내 SS 농도 고려 안 함.)

① 2일 ② 3일
③ 4일 ④ 5일

[해설] $SRT = \dfrac{V \cdot X}{X_r \cdot Q_w}$ 에서

$V = 500\text{m}^3$

$X = 4{,}000\text{mg/L}$

$X_r = 2\% = 20{,}000\text{mg/L}$

$Q_w = 25\text{m}^3/\text{day}$

$\therefore \ SRT(MCRT) = \dfrac{500\text{m}^3 \times 4{,}000\text{mg/L}}{20{,}000\text{mg/L} \times 25\text{m}^3/\text{day}} = 4\text{day}$

33 어느 폐수의 SS 농도가 260mg/L이고, 유량이 1,000m³/day이다. 폐수를 가압부상조로 처리할 때 A/S비는? (단, 공기용해도=16.8mL/L, 가압 탱크 내 압력=4기압, $f=0.5$, 반송 없음.)

① 9.5×10^{-2} ② 8.4×10^{-2}

③ 7.3×10^{-2} ④ 6.8×10^{-2}

[해설] $A/S = \dfrac{1.3 S_a (f \cdot P - 1)}{S}$

$\qquad = \dfrac{1.3 \times 16.8 (0.5 \times 4 - 1)}{260} = 0.084$

34 고도수처리방법에 사용되는 각종 분리막에 관한 설명으로 틀린 것은?

① 역삼투의 구동력은 농도차이다.

② 한외여과의 구동력은 정수압차이다.

③ 전기투석의 구동력은 전위차이다.

④ 정밀여과의 막형태는 대칭형 다공성막이다.

[해설] 역삼투압의 구동력은 정수압차이고, 농도차를 구동력으로 하는 것은 투석이다.

35 하수처리를 위한 일차침전지의 설계기준 중 잘못된 것은?

① 유효수심은 2.5~4m를 표준으로 한다.

② 침전시간은 계획 1일 최대오수량에 대하여 표면부하율과 유효수심을 고려하여 정하며, 일반적으로 2~4시간을 표준으로 한다.

③ 표면적부하율은 계획 1일 최대오수량에 대하여 분류식의 경우는 25~35m³/m²·day, 합류식의 경우는 35~70m³/m²·day로 한다.

④ 침전지 수면의 여유고는 40~60cm 정도로 한다.

[해설] 일차침전지의 표면부하율은 계획 1일 최대오수량에 대하여 분류식일 경우 35~70m³/m²·day이고, 합류식일 경우 25~50m³/m²·day로 한다.

36 하수처리 시 소독방법인 자외선 소독의 장단점으로 틀린 것은? (단, 염소 소독과 비교)

① 요구되는 공간이 적고, 안전성이 높다.

② 소독이 성공적으로 되었는지 즉시 측정할 수 없다.

③ 잔류효과, 잔류독성이 없다.

④ 대장균 살균을 위한 낮은 농도에서 virus, spores, cysts 등을 비활성화시키는 데 효과적이다.

[해설] 대장균 살균을 위한 낮은 농도에서는 virus, spores, cysts 등을 비활성화시키는 데 효과적이지 못할 수도 있다.

[참고] 염소 및 자외선 소독의 장단점 비교

구분	장 점	단 점
염소 소독	• 잘 정립된 기술이다. • 소독이 효과적이다. • 잔류염소의 유지가 가능하다. • 암모니아의 첨가에 의해 결합잔류염소가 형성된다. • 소독력 있는 잔류염소를 수송관거 내에 유지시킬 수 있다.	• 처리수의 잔류독성이 탈염소 과정에 의해 제거되어야 한다. • THM 및 기타 염화탄화수소가 생성된다. • 특히 안정규제가 요망된다. • 대장균 살균을 위한 낮은 농도에서는 virus, spores, cysts 등을 비활성화시키는 데 효과적이지 못할 수도 있다. • 처리수의 총용존고형물이 증가한다. • 하수의 염화물함유량이 증가한다. • 염소접촉조로부터 휘발성유기물이 생성된다. • 안전상 화학적 제거시설이 필요할 수도 있다.
자외선 소독	• 소독이 효과적이다. • 잔류독성이 없다. • 대부분의 virus, spores, cysts 등을 비활성화시키는 데 염소보다 효과적이다. • 안전성이 높다. • 요구되는 공간이 적다. • 비교적 소독비용이 저렴하다.	• 소독이 성공적으로 되었는지 즉시 측정할 수 없다. • 잔류효과가 없다. • 대장균 살균을 위한 낮은 농도에서는 virus, spores, cysts 등을 비활성화시키는 데 효과적이지 못하다.

2021

37 어떤 폐수를 중성으로 조절하는데 0.1% NaOH가 20mL 소요되었다. 이 경우 NaOH 대신 1% Ca(OH)₂량은? (단, Ca(OH)₂의 분자량은 74, NaOH는 40이다.)

① 1.9mL
② 3.6mL
③ 5.8mL
④ 7.5mL

해설 사용된 NaOH 당량수=대치된 Ca(OH)₂ 당량수

NaOH 당량=40g, Ca(OH)₂ 당량=$\frac{74}{2}$=37g

Ca(OH)₂ 필요량=xmL
두 용액 모두 비중을 1.0으로 보면

$$\frac{20mL \times 1g/mL \times \frac{0.1}{100}}{40g/g당량} = \frac{xmL \times 1g/mL \times \frac{1}{100}}{37g/g당량}$$

$\therefore\ x = 1.85mL$

38 1,000mg/L의 SS를 함유하는 폐수가 있다. 90%의 SS 제거를 위한 침강속도를 측정해보니 10mm/min이었다. 폐수의 양이 14,400m³/day일 경우 SS 90% 제거를 위해 요구되는 침전지의 최소 수면적은?

① 900m²
② 1,000m²
③ 1,200m²
④ 1,500m²

해설 $V_s \geqq \dfrac{Q}{A}$

$A \geqq \dfrac{Q}{V_s}$

$V_s = \dfrac{10mm}{min} \left| \dfrac{1m}{1,000mm} \right| \dfrac{1,440min}{1day} = 14.4m/day$

$\therefore\ A \geqq \dfrac{14,400m^3/day}{14.4m/day} = 1,000m^2$

39 5단계 Bardenpho 공정 중 호기조의 역할에 관한 설명으로 가장 적절한 것은?

① 인의 방출
② 인의 과잉섭취
③ 슬러지 라이징
④ 탈질산화

해설 • 호기조의 역할 : 인의 과잉섭취, 유기물 제거, 질산화
• 혐기조의 역할 : 인의 방출, 유기물 제거
• 무산소조의 역할 : 탈질산화

40 유입수의 유량이 360L/인·일, BOD₅ 농도가 200mg/L인 폐수를 처리하기 위해 완전혼합형 활성슬러지 처리장을 설계하려고 한다. pilot plant를 이용하여 처리능력을 실험한 결과, 1차 침전지에서 유입수 BOD₅의 25%가 제거되며 최종 유출수 BOD₅=10mg/L, MLSS=3,000mg/L, MLVSS는 MLSS의 75%이며, 반응속도상수(K)가 0.93L/[(gMLVSS)hr]이라면 일차반응일 경우 반응시간(hr)은? (단, 2차 침전지는 고려하지 않음.)

① 4.5hr
② 5.4hr
③ 6.7hr
④ 7.9hr

해설 $\theta = \dfrac{S_i - S_t}{K \times S_t}$ 에서

$S_i = 200mg/L \times (1 - 0.25) = 150mg/L$

$S_t = 10mg/L$

$X = 3,000mgMLSS/L \times 0.75 = 2,250mgMLVSS/L$

$\therefore\ \theta = \dfrac{(150 - 10)mg/L}{0.93L/gMLVSS \cdot hr \times 2.25g\,MLVSS/L \times 10mg/L}$

$= 6.69hr$

41 "항량으로 될 때까지 건조한다"라는 용어의 정의로 옳은 것은?

① 같은 조건에서 1시간 더 건조했을 때 전후 무게차가 g당 0.1mg 이하일 때
② 같은 조건에서 1시간 더 건조했을 때 전후 무게차가 g당 0.3mg 이하일 때
③ 같은 조건에서 1시간 더 건조했을 때 전후 무게차가 g당 0.5mg 이하일 때
④ 같은 조건에서 1시간 더 건조했을 때 전후 무게차가 g당 1.0mg 이하일 때

해설 이론편 참조

42 다음은 자외선/가시선 분광법을 적용한 불소 측정방법이다. ( ) 안에 옳은 내용은?

> 물속에 존재하는 불소를 측정하기 위해 시료에 넣은 란탄알리자린 콤프렉손의 착화합물이 불소 이온과 반응하여 생성하는 ( )에서 측정하는 방법이다.

① 적색의 복합 착화합물의 흡광도를 560nm
② 청색의 복합 착화합물의 흡광도를 620nm
③ 황갈색의 복합 착화합물의 흡광도를 460nm
④ 적자색의 복합 착화합물의 흡광도를 520nm

해설 청색의 복합 착화합물의 흡광도를 620nm에서 측정 (이론편 참조)

43 다음 중 시험에 적용되는 용어의 정의로 옳지 않은 것은?

① 기밀용기 : 취급 또는 저장하는 동안에 밖으로부터의 공기 또는 다른 가스가 침입하지 아니하도록 내용물을 보호하는 용기
② 정밀히 단다 : 규정된 양의 시료를 취하여 화학저울 또는 미량저울로 칭량함을 말한다.
③ 정확히 취하여 : 규정된 양의 액체를 부피피펫으로 눈금까지 취하는 것을 말한다.
④ 감압 : 따로 규정이 없는 한 15mmH₂O 이하를 뜻한다.

해설 $15mmH_2O \rightarrow 15mmHg$

44 다음 중 채취된 시료를 규정된 보존방법에 따라 조치했다면 최대보존기간이 가장 짧은 측정항목은?

① 6가 크롬
② 노멀헥산 추출물질
③ 클로로필-a
④ 색도

해설 시료보존기간
① 6가 크롬 : 24시간
② 노멀헥산 추출물질 : 28일
③ 클로로필-a : 7일
④ 색도 : 48시간

45 다음은 부유물질을 측정 분석절차에 관한 내용이다. ( ) 안에 옳은 내용은?

> 유리섬유여과지를 여과장치에 부착하여 미리 정제수 20mL씩으로 (㉠) 흡인 여과하여 씻은 다음 시계접시 또는 알루미늄 호일 접시 위에 놓고 105~110℃의 건조기 안에서 (㉡) 건조시켜 황산 데시케이터에 넣어 방치하고 냉각한 다음 항량하여 무게를 정밀히 달고 여과장치에 부착시킨다.

① ㉠ 2회, ㉡ 1시간
② ㉠ 2회, ㉡ 2시간
③ ㉠ 3회, ㉡ 1시간
④ ㉠ 3회, ㉡ 2시간

해설 • ㉠ : 3회
• ㉡ : 2시간 (이론편 참조)

46 자외선/가시선 분광법으로 페놀류를 측정할 때 간섭물질인 시료 내 오일과 타르 성분의 제거방법으로 옳은 것은?

① 수산화나트륨을 사용하여 시료의 pH 9~10으로 조절한 후 클로로폼으로 용매 추출하여 제거한다.
② 수산화나트륨을 사용하여 시료의 pH 12~12.5로 조절한 후 클로로폼으로 용매 추출하여 제거한다.
③ 묽은 황산을 사용하여 시료의 pH 4 이하로 조절한 후 클로로폼으로 용매 추출하여 제거한다.
④ 묽은 황산을 사용하여 시료의 pH 2 이하로 조절한 후 클로로폼으로 용매 추출하여 제거한다.

해설 이론편 참조

47 개수로의 평균 단면적이 1.6m²이고, 부표를 사용하여 10m 구간을 흐르는 데 걸리는 시간을 측정한 결과 5초(sec)였을 때 이 수로의 유량은? (단, 수로의 구성, 재질, 수로단면의 형상, 기울기 등이 일정하지 않은 개수로의 경우 기준)

① 144m³/min   ② 154m³/min
③ 164m³/min   ④ 174m³/min

해설 V(평균유속)$= V_e$ (표면최대유속)$\times 0.75$
$\qquad\qquad\qquad = 10\text{m}/5\text{sec} \times 0.75$
$\qquad\qquad\qquad = 1.5\text{m}/\text{sec}$
$\qquad Q = 60\,VA = 60 \times 1.5\text{m}/\text{sec} \times 1.6\text{m}^2$
$\qquad\qquad\quad = 144\text{m}^3/\text{min}$

48 노멀헥산 추출물질 측정 개요에 관한 내용으로 옳지 않은 것은?

① 통상 유분의 성분별 선택적 정량이 용이하다.
② 최종 무게 측정을 방해할 가능성이 있는 입자가 존재하는 경우 $0.45\mu\text{m}$ 여과지로 여과한다.
③ 정량한계는 $0.5\text{mg}/\text{L}$이다.
④ 시료를 pH 4 이하의 산성으로 하여 노멀헥산 층에 용해되는 물질을 노멀헥산으로 추출하고 노멀헥산을 증발시킨 잔류물의 무게를 구한다.

해설 통상 유분의 성분별 선택적 정량이 곤란하다.

49 시안 분석을 위하여 채취한 시료 보존방법에 관한 내용 중 옳지 않은 것은?

① 시안 분석용 시료에 잔류염소가 공존할 경우 시료 1 L당 아스코빈산 1g을 첨가한다.
② 시안 분석용 시료에 산화제가 공존할 경우에는 시안을 파괴할 수 있으므로 채수 즉시 황산암모늄철을 시료 1L당 0.6g 첨가한다.
③ NaOH로 pH 12 이상으로 하여 4℃에서 보관한다.
④ 최대보존기간은 14일 정도이다.

해설 황산암모늄철 → 이산화비소산나트륨 또는 티오황산나트륨
※ 황산암모늄철은 페놀류 분석용 시료에 산화제가 공존할 경우 채수 즉시 첨가하는 시약이다.

50 6가 크롬(Cr^{6+})의 측정방법과 가장 거리가 먼 것은? (단, 수질오염공정시험기준 기준)

① 불꽃 원자흡수분광광도법
② 양극벗김전압전류법
③ 자외선/가시선 분광법
④ 유도결합플라스마 원자발광분광법

해설 6가 크롬 측정방법은 보기의 ①, ③, ④이다.
참고 정량범위 : ① 0.01mg/L, ③ 0.04mg/L,
$\qquad\qquad\qquad$ ④ 0.007mg/L

51 시료 채취 시 유의사항으로 옳지 않은 것은?

① 휘발성 유기화합물 분석용 시료를 채취할 때에는 뚜껑의 격막을 만지지 않도록 주의하여야 한다.
② 환원성 물질 분석용 시료의 채취병을 뒤집어 공기방울이 확인되면 다시 채취하여야 한다.
③ 천부층 지하수의 시료 채취 시 고속양수펌프를 이용하여 신속히 시료를 채취하여 시료 영향을 최소화한다.
④ 시료 채취 시에 시료채취시간, 보존제 사용여부, 매질 등 분석결과에 영향을 미칠 수 있는 사항을 기재하여 분석자가 참고할 수 있도록 한다.

해설 지하수 시료 채취 시 심부층의 경우 저속양수펌프 등을 이용하여 반드시 저속시료채취하여 시료 교란을 최소화하여야 하며, 천부층의 경우 저속양수펌프 또는 정량이송펌프 등을 사용한다.

52 물벼룩을 이용한 급성 독성시험법에서 적용되는 치사(death) 용어의 정의로 옳은 것은?

① 일정 비율로 준비된 시료에 물벼룩을 투입하고 12시간 경과 후 시험용기를 손으로 살짝 두드려 주고 15초 후 관찰했을 때 독성물질의 영향을 받아 움직임이 명백하게 없는 상태를 치사라 판정한다.
② 일정 비율로 준비된 시료에 물벼룩을 투입하고 12시간 경과 후 시험용기를 손으로 살짝 두드려 주고 30초 후 관찰했을 때 독성물질의 영향을 받아 움직임이 명백하게 없는 경우를 치사라 판정한다.
③ 일정 비율로 준비된 시료에 물벼룩을 투입하고 24시간 경과 후 시험용기를 손으로 살짝 두드려 주고 15초 후 관찰했을 때 독성물질의 영향을 받아 움직임이 명백하게 없는 경우를 치사라 판정한다.
④ 일정 비율로 준비된 시료에 물벼룩을 투입하고 24시간 경과 후 시험용기를 손으로 살짝 두드려 주고 30초 후 관찰했을 때 독성물질의 영향을 받아 움직임이 명백하게 없는 경우를 치사라 판정한다.

해설 이론편 참조

53 다음은 비소를 자외선/가시선 분광법을 적용하여 측정할 때의 측정방법이다. ( ) 안의 옳은 내용은?

> 물속에 존재하는 비소를 측정하는 방법으로 비소를 (㉠)로 환원시킨 다음 아연을 넣어 발색되는 수소화비소를 다이에틸다이티오카바민산은의 피리딘 용액에 흡수시켜 생성된 (㉡) 착화합물을 (㉢)에서 흡광도를 측정하는 방법이다.

① ㉠ 3가 비소, ㉡ 청색, ㉢ 620nm
② ㉠ 3가 비소, ㉡ 적자색, ㉢ 530nm
③ ㉠ 6가 비소, ㉡ 청색, ㉢ 620nm
④ ㉠ 6가 비소, ㉡ 적자색, ㉢ 530nm

해설 ㉠ 3가 비소, ㉡ 적자색, ㉢ 530nm (이론편 참조)

54 물속의 냄새 측정 시 잔류염소 냄새는 측정에서 제외한다. 잔류염소 제거를 위해 첨가하는 시약은?

① 티오황산나트륨용액
② 과망간산칼륨용액
③ 아스코르빈산암모늄용액
④ 질산암모늄용액

해설 티오황산나트륨용액이다. (※ 이론편 참조)

55 식물성 플랑크톤을 측정하기 위한 시료 채취 시 정성채집에 이용하는 것은?

① 반도런 채수기   ② 플랑크톤 채수병
③ 플랑크톤 네트   ④ 플랑크톤 박스

해설 식물성 플랑크톤을 측정하기 위한 시료 채취 시 플랑크톤 네트(mesh size 25μm)를 이용한 정성채집과 반도런(Van-Doren) 채수기 또는 채수병을 이용한 정량채집을 병용한다. 정성채집 시 플랑크톤 네트는 수평 및 수직으로 수회식 끌어 채집한다.

56 시험에 적용되는 온도 표시에 관한 내용으로 옳지 않은 것은?

① 실온은 1~35℃   ② 찬 곳은 4℃ 이하
③ 온수는 60~70℃   ④ 상온은 15~25℃

해설 찬 곳은 0~15℃이다.

57 측정항목에 따른 시료의 보존방법이 다른 것으로 짝지어진 것은?

① 부유물질-색도
② 생물화학적 산소요구량-전기전도도
③ 아질산성 질소-음이온 계면활성제
④ 유기인-인산염인

해설
① 4℃ 보관
② 4℃ 보관
③ 4℃ 보관
④ 유기인 : 4℃ 보관, HCl로 pH 5~9
  인산염의 인 : 즉시 여과한 후 4℃ 보관

58 수소이온 농도 측정을 위한 표준용액 중 거의 중성 pH값을 나타내는 것은?

① 인산염 표준용액
② 수산염 표준용액
③ 탄산염 표준용액
④ 프탈산염 표준용액

해설 거의 중성 pH를 나타내는 것은 인산염 표준용액이다.

59 납에 적용 가능한 시험방법으로 옳지 않은 것은? (단, 수질오염공정시험기준 기준)

① 유도결합플라스마-원자발광분광법
② 원자형광법
③ 양극벗김전압전류법
④ 유도결합플라스마-질량분석법

해설 납 시험방법으로는 보기의 ①, ③, ④ 외에
• 자외선/가시선 분광법
• 원자흡수분광광도법이 있다.

60 4각 위어의 수두 80cm, 절단의 폭 2.5m이면 유량은? (단, 유량계수는 1.6이다.)

① 약 2.9m³/min
② 약 3.5m³/min
③ 약 4.7m³/min
④ 약 5.3m³/min

해설 $Q = kbh^{\frac{3}{2}}$

$$= 1.6 \times 2.5 \times 0.8^{\frac{3}{2}} = 2.86 \text{m}^3/\text{min}$$

제4과목 : 수질환경 관계법규

61 오염총량관리 조사·연구반을 구성, 운영하는 곳은?

① 국립환경과학원
② 유역환경청
③ 한국환경공단
④ 시·도 보건환경연구원

해설 물환경보전법 시행규칙 제20조 제1항 참조

62 사업자 및 배출시설과 방지시설에 종사하는 자는 배출시설과 방지시설의 정상적인 운영, 관리를 위한 환경기술인의 업무를 방해하여서는 아니 되며, 그로부터 업무수행에 필요한 요청을 받은 때에는 정당한 사유가 없는 한 이에 응하여야 한다. 이를 위반하여 환경기술인의 업무를 방해하거나 환경기술인의 요청을 정당한 사유없이 거부한 자에 대한 벌칙기준은?

① 100만원 이하의 벌금에 처한다.
② 200만원 이하의 벌금에 처한다.
③ 300만원 이하의 벌금에 처한다.
④ 500만원 이하의 벌금에 처한다.

해설 물환경보전법 제81조 제2호 참조

63 물환경보전법에 사용하고 있는 용어의 정의와 가장 거리가 먼 것은?

① 점오염원 : 폐수배출시설, 하수발생시설, 축사 등으로서 일정한 장소에서 수질오염물질을 배출하는 배출원
② 비점오염원 : 도시, 도로, 농지, 산지, 공사장 등으로서 불특정 장소에서 불특정하게 수질오염물질을 배출하는 배출원
③ 폐수무방류배출시설 : 폐수배출시설에서 발생하는 폐수를 당해 사업장 안에서 수질오염방지시설을 이용하여 처리하거나 동일 배출시설에 재이용하는 등 공공수역으로 배출하지 아니하는 폐수배출시설
④ 폐수 : 물에 액체성 또는 고체성의 수질오염물질이 혼입되어 그대로 사용할 수 없는 물

해설 물환경보전법 제2조 제1-2호, 2호, 4호, 11호 참조
설명 점오염원 : 폐수배출시설, 하수발생시설, 축사 등으로서 관로·수로 등을 통하여 일정한 지점으로 수질오염물질을 배출하는 배출원

64 위반횟수별 부과계수에 관한 내용 중 맞는 것은? (단, 초과배출부과금 산정기준)

① 2종 사업장 : 처음 위반의 경우 1.6
② 3종 사업장 : 처음 위반의 경우 1.4
③ 4종 사업장 : 처음 위반의 경우 1.3
④ 5종 사업장 : 처음 위반의 경우 1.1

해설 물환경보전법 시행령 [별표 16] 제2호 참조
설명 ① 1.6→1.4
② 1.4→1.3
③ 1.3→1.4

65 오염총량관리기본계획 수립 시 포함되어야 하는 사항이 아닌 것은?

① 해당지역 개발현황
② 지방자치단체별, 수계구간별 오염부하량의 할당
③ 관할지역에서 배출되는 오염부하량의 총량 및 저감계획
④ 해당지역 개발계획으로 인하여 추가로 배출되는 오염부하량 및 그 저감계획

해설 물환경보전법 제4조의 3 제1항 참조
설명 해당지역 개발현황 → 해당지역 개발계획의 내용

66 대권역 물환경관리 계획에 포함되어야 하는 사항과 가장 거리가 먼 것은?

① 오염원별 수질오염저감시설 현황
② 점오염원, 비점오염원 및 기타 수질오염원에 의한 수질오염물질 발생량
③ 상수원 및 물 이용현황
④ 수질오염 예방 및 저감대책

해설 물환경보전법 제24조 제2항 참조
설명 계획에 포함되어야 할 사항은 보기 ②, ③, ④ 외에
• 물환경변화추이 및 물환경목표기준
• 점오염원, 비점오염원 및 기타 수질오염원의 분포현황
• 물환경보전조치의 추진방향
• 「저탄소녹색성장기본법」 제2조 제12호에 따른 기후변화에 대한 적응대책
• 그 밖에 환경부령으로 정하는 사항이 있다.

67 다음은 폐수처리업의 허가요건 중 폐수재이용업의 운반, 장비에 관한 기준이다. ( ) 안에 옳은 내용은?

> 폐수운반차량은 청색(색번호 10B5−12(1016))으로 도색하고 양쪽 옆면과 뒷면에 가로 50cm, 세로 20cm 이상 크기의 ( )로 폐수운반차량, 회사명, 등록번호, 전화번호 및 용량을 지워지지 아니하도록 표시하여야 한다.

① 노란색 바탕에 청색 글씨
② 노란색 바탕에 검은색 글씨
③ 흰색 바탕에 청색 글씨
④ 흰색 바탕에 검은색 글씨

[해설] 물환경보전법 시행규칙 [별표 20] 제2호 마목 참조

68 다음 중 비점오염저감시설 중 자연형 시설이 아닌 것은?

① 식생형 시설
② 인공습지
③ 여과형 시설
④ 저류시설

[해설] 물환경보전법 시행규칙 [별표 6] 참조
[설명] 여과형 시설은 장치형 시설에 해당한다.

69 비점오염원의 변경신고 사항과 가장 거리가 먼 것은?

① 상호, 사업장 위치 및 장비(예비차량 포함)가 변경되는 경우
② 비점오염원 또는 비점오염저감시설의 전부 또는 일부를 폐쇄하는 경우
③ 비점오염저감시설의 종류, 위치, 용량이 변경되는 경우
④ 총사업면적, 개발면적 또는 사업장 부지면적이 처음 신고면적의 100분의 15 이상 증가하는 경우

[해설] 물환경보전법 시행령 제73조 참조
[설명] 상호, 대표자, 사업명 또는 업종의 변경

70 하천, 수질 및 수생태계 상태의 생물등급이 [매우좋음~좋음]인 경우, 생물지표종(어류)으로 옳은 것은?

① 쉬리
② 금강모치
③ 은어
④ 쏘가리

[해설] 환경정책기본법 시행령 별표 제3호 가목 2)의 3항 참조
[설명] 보기 ①, ③, ④ 어류는 생물등급 [좋음 ~ 보통]에 해당한다.

71 공급폐수처리시설에 유입된 수질오염물질을 최종 방류구를 거치지 아니하고 배출하거나 최종 방류구를 거치지 아니하고 배출할 수 있는 시설을 설치하는 행위를 한 자에 대한 벌칙 기준은?

① 1년 이하의 징역 또는 1천만원 이하의 벌금
② 3년 이하의 징역 또는 3천만원 이하의 벌금
③ 5년 이하의 징역 또는 5천만원 이하의 벌금
④ 7년 이하의 징역 또는 7천만원 이하의 벌금

[해설] 물환경보전법 제76조 제9호 참조

72 수질오염감시경보에 관한 내용으로 측정항목별 측정값이 관심단계 이하로 낮아진 경우의 수질오염감시경보 단계는?

① 경계
② 주의
③ 해제
④ 관찰

[해설] 물환경보전법 시행령 [별표 3] 제2호 참조

73 수질 및 수생태계 환경기준 중 하천에서 사람의 건강보호기준으로 틀린 것은?

① 카드뮴 : 0.05mg/L 이하
② 비소 : 0.05mg/L 이하
③ 납 : 0.05mg/L 이하
④ 6가 크롬 : 0.05mg/L 이하

[해설] 환경정책기본법 시행령 별표 제3호 가목 1)항 참조
[설명] 카드뮴 : 0.005mg/L 이하

2021

74 낚시제한구역에서의 낚시방법의 제한사항에 관한 내용으로 틀린 것은?

① 1명당 4대 이상의 낚싯대를 사용하는 행위
② 1개의 낚싯대에 5개 이상의 낚싯바늘을 사용하는 행위
③ 쓰레기를 버리거나 취사행위를 하거나 화장실이 아닌 곳에서 대·소변을 보는 등 수질오염을 일으킬 우려가 있는 행위
④ 낚싯바늘에 끼워서 사용하지 아니하고 물고기를 유인하기 위하여 떡밥, 어분 등을 던지는 행위

[해설] 물환경보전법 시행규칙 제30조 참조
[설명] 1개의 낚싯대에 5개 이상의 낚싯바늘을 떡밥과 뭉쳐서 미끼로 던지는 행위

75 1일 폐수배출량이 2,000m³ 이상인 폐수배출시설의 지역별, 항목별 배출허용기준으로 틀린 것은?

①

구분	BOD (mg/L)	TOC (mg/L)	SS (mg/L)
청정지역	20 이하	30 이하	20 이하

②

구분	BOD (mg/L)	TOC (mg/L)	SS (mg/L)
'가'지역	60 이하	40 이하	60 이하

③

구분	BOD (mg/L)	TOC (mg/L)	SS (mg/L)
'나'지역	80 이하	50 이하	80 이하

④

구분	BOD (mg/L)	TOC (mg/L)	SS (mg/L)
특례지역	30 이하	25 이하	30 이하

[해설] 물환경보전법 시행규칙 [별표 13] 참조
[설명]

규모 / 항목 / 구분	1일 폐수 2,000m³ 이상		
	BOD(mg/L)	TOC(mg/L)	SS(mg/L)
청정지역	30 이하	25 이하	30 이하

76 다음의 수질오염방지시설 중 화학적 처리시설인 것은?

① 혼합시설   ② 폭기시설
③ 응집시설   ④ 살균시설

[해설] 물환경보전법 시행규칙 [별표 5] 참조
[설명] ①, ③ 물리적 처리시설
② 생물학적 처리시설

77 다음은 오염총량초과과징금의 산정방법이다. ( ) 안에 옳은 내용은?

> 오염총량초과과징금 = ( ) × 초과율별 부과계수 × 지역별 부과계수 × 위반횟수별 부과계수 − 감액 대상 과징금

① 초과배출이익
② 초과오염배출량
③ 연도별 부과금 단가
④ 오염부하량 단가

[해설] 물환경보전법 시행령 [별표 1] 제1호 참조

78 수질오염경보 중 조류경보의 단계가 「경계」일 때 수면관리자의 조치사항으로 옳은 것은?

① 주 1회 이상 시료 채취 및 분석
② 주변 오염원에 대한 철저한 지도, 단속 및 수상스키, 수영, 낚시, 취사 등의 활동 자제 권고
③ 조류 증식 수심 이하로 취수구 이동
④ 취수구와 조류가 심한 지역에 대한 차단막 설치 등 조류 제거조치 실시

[해설] 물환경보전법 시행령 [별표 4] 제1호 참조

79 수질오염경보의 종류별 경보단계 및 그 단계별 발령·해제기준에 관한 내용 중 조류경보의 단계가 '조류대발생'인 경우의 발령기준은? (단, 상수원 구간)

① 2회 연속 채취 시 남조류의 세포수가 100,000세포/mL 이상인 경우
② 2회 연속 채취 시 남조류의 세포수가 1,000,000세포/mL 이상인 경우
③ 2회 연속 채취 시 남조류의 세포수가 1,000세포/mL 이상 100,000세포/mL 미만인 경우
④ 2회 연속 채취 시 남조류의 세포수가 10,000세포/mL 이상 1,000,000세포/mL 미만인 경우

[해설] 물환경보전법 시행령 [별표 3] 제1호 가목 참조

74.② 75.① 76.④ 77.① 78.④ 79.② 정답

80 다음 중 오염총량과징금 초과율별 부과계수가 틀린 것은?

① 초과율이 20% 이상 40% 미만인 경우 부과계수는 1.5를 적용한다.

② 초과율이 40% 이상 60% 미만인 경우 부과계수는 2.0을 적용한다.

③ 초과율이 60% 이상 80% 미만인 경우 부과계수는 2.5를 적용한다.

④ 초과율이 80% 이상 100% 미만인 경우 부과계수는 2.6을 적용한다.

해설 물환경보전법 시행령 [별표 1] 제3호 참조

2021년 제3회 수질환경산업기사 기/출/복/원/문/제

제1과목 :::: 수질오염 개론

01 용어에 대한 설명으로 틀린 것은?

① 독립영양계 미생물이란, CO_2를 탄소원으로 이용하는 미생물이다.
② 종속영양계 미생물이란, 유기탄소를 탄소원으로 이용하는 미생물을 말한다.
③ 화학합성독립영양계 미생물은 유기물의 산화환원반응을 에너지원으로 한다.
④ 광합성독립영양계 미생물은 빛을 에너지원으로 한다.

해설 화학합성독립영양계 미생물은 무기물의 산화환원반응을 에너지원으로 한다.

02 '기체가 관련된 화학반응에서는 반응하는 기체와 생성하는 기체의 부피 사이에 정수관계가 성립한다.'라는 내용의 기체법칙은?

① Graham의 결합부피법칙
② Gay-Lussac의 결합부피법칙
③ Dalton의 결합부피법칙
④ Henry의 결합부피법칙

해설 문제의 내용은 Gay-Lussac의 결합부피의 법칙에 관한 설명이다.

03 증류수 500mL에 NaOH 0.01g을 녹이면 pH는? (단, NaOH의 분자량은 40이고, 완전해리한다.)

① 10.4
② 10.7
③ 11.0
④ 11.3

해설 NaOH의 농도 $= \dfrac{0.01g}{500mL} \left| \dfrac{10^3 mL}{1L} \right| \dfrac{1mol}{40g} = 5 \times 10^{-4} mol/L$

$\underset{5 \times 10^{-4} mol/L}{NaOH} \xrightarrow{\text{완전해리}} \underset{5 \times 10^{-4} mol/L}{Na^+} + \underset{5 \times 10^{-4} mol/L}{OH^-}$

해리되어 생성되는 $[OH^-] = 5 \times 10^{-4} mol/L$

$\therefore$ $pH = 14 + \log[OH^-]$
$= 14 + \log(5 \times 10^{-4})$
$= 14 - 4 + \log 5$
$= 10.7$

04 다음 오수 미생물 중 유황화합물을 산화하여 균체 내 또는 균체 외에 유황입자를 축적하는 것은?

① Zoogloea
② Sphaerotilus
③ Beggiatoa
④ Crenothrix

해설 Beggiatoa는 주로 산소가 적은 곳에서 번식하며 H_2S를 산화하고 그 때에 발생하는 에너지를 이용하여 탄산이나 암모니아의 동화작용을 한다. 실제로 하수구의 저니(底泥) 표면 등에 막상으로 펼쳐진 집락을 형성하고 다음 반응에 의해 유황을 축적한다.

$2H_2S + O_2 \rightarrow 2H_2O + S$

※ 황산화박테리아는 Beggiatoa, Thiobacillus, thiooxidans, Thiobacillus denitrificans, Thiovulum, Thiothrix 등이 있다.

참고 ① Zoogloea : Pseudomonadaceae의 Zoogloea 속 세균으로서 주로 Zoogloea ramigera가 만드는 부정형 젤라틴 집락을 가리키지만, 널리 세균 세포의 집단으로 간주되기도 한다. 자연계에서는 하수나 각종 폐수에 발생하여 문제가 되기도 하지만 생물학적 수처리에서는 미생물 floc 형성에 좋은 역할을 하기도 한다. 종류로는 Z. caeni, Z. oryzae, Z. ramigera, Z. oreivorans, Z. resiniphila 등이 있다.

※ Zoogloea ramigera : gelatine과 같은 물질이며 $0.5 \sim 1\mu$ 정도 크기의 세균이 망상(網狀)으로 저질(低質)에 부착하여 slime을 형성한 형태이며, 활성오니 floc에서 Zoogloea을 만드는 세균의 대부분은 Achromobacterium, Chromobacterium 및 Pseudomonas이며, 이들 균의 1~2종으로 이루어진다고 보고 있다. 이들은 단백질이 많은 폐수를 좋아한다.

② Sphaerotilus : 하수구나 오염된 하천 등에 면상의 집락을 만들어 솜처럼 떠 있는 세균으로서 사상체(絲狀體)이며, 제당, 양조, 제지, 펄프 등의 공장폐수가 유입된 하천에 많이 번식한다. 낮은 온도에서도 잘 번식하여 폐수처리에 fungi와 더불어 sludge bulking 현상을 일으키는 미생물이다.

③ Crenothrix : 철박테리아(Gallionella, Leptothrix, Crenothrix, Thiobacillus, Sphaerothrix 등) 중 하나이다. 철박테리아는 수중에 녹아있는 철분(제1철)을 산화해서 수산화 제2철로서 균체 내외에 침적하는 능력을 가진 박테리아를 총칭하며 40여 종이 있다고 한다. 철박테리아는 지하수, 복류수, 저수지 저층수 등 철분을 함유하고 있는 유기물, 탄산가스 등이 풍부하여 산소가 적은 물에서 번식하며, 토양 중에도 많이 볼 수 있다. 철관 내에서 녹에 의한 적수(赤水)의 원인이 되기도 한다. ribon 상을 한 Gallionella도 있으나 사상(絲狀)을 한 Leptothrix, Crenothrix, 수지상(樹枝狀)을 한 Sphaerothrix, Clonothrix 등도 있다.

01.③ 02.② 03.② 04.③ **정답**

05 물이 가지는 특성으로 틀린 것은?

① 물의 밀도는 0℃에서 가장 크며, 그 이하의 온도에서는 얼음형태로 물에 뜬다.

② 물은 광합성의 수소공여체이며, 호흡의 최종 산물이다.

③ 생물체의 결빙이 쉽게 일어나지 않는 것은 융해열이 크기 때문이다.

④ 물은 기화열이 크기 때문에 생물의 효과적인 체온조절이 가능하다.

해설 물의 밀도는 4℃에서 가장 크며($1.0g/cm^3$) 그 이상도 그 이하도 감소한다. 따라서 0℃ 이하의 얼음도 고체지만 물에 뜬다.

06 정체해역에 조류 등이 이상증식하여 해수의 색을 변색시키는 현상을 적조현상이라 한다. 이때 어류가 죽는 원인과 가장 거리가 먼 것은?

① 플랑크톤의 이상증식은 해수 중의 DO를 고갈시킨다.

② 독성을 가진 플랑크톤에 의해 어류가 폐사한다.

③ 적조현상에 의한 수표면 수막현상으로 인해 어류가 폐사한다.

④ 이상증식한 플랑크톤이 어류의 아가미에 부착되어 호흡장애를 일으킨다.

해설 적조현상에 의해 어패류가 죽는(폐사) 이유
• 수중용존산소 감소에 의한 폐사(조류의 사체가 분해되면서 산소결핍)
• 적조 조류에 의한 아가미 폐색과 어류의 호흡장애
• 적조 조류의 독소에 의한 어패류의 피해(유독물 용출, H_2S 발생 등)

07 호수나 저수지를 상수원으로 사용할 경우 전도(turn over)현상으로 수질 악화가 우려되는 시기는?

① 봄과 여름
② 봄과 가을
③ 여름과 겨울
④ 가을과 겨울

해설 호수나 저수지에서 전도(turn over)현상으로 수질이 악화되는 시기는 봄과 가을이다.
※ 여름과 겨울은 성층현상이 발생한다.

08 하천 주변에 돼지를 키우려고 한다. 이 하천은 BOD가 2.0mg/L이고, 유량이 100,000m^3/day이다. 돼지 1마리당 BOD 배출량은 0.25kg/day라면 최대 몇 마리까지 키울 수 있는가? (단, 하천의 BOD는 6mg/L를 유지하려고 한다.)

① 1,600
② 2,000
③ 2,500
④ 3,000

해설 허용 BOD 부하량 $= (6-2)g/m^3 \times 100,000m^3/day \times 10^{-3}kg/g$
$= 400kg/day$

※ 최대사육돼지수 $= \dfrac{400kg/day}{0.25kg/마리 \cdot day} = 1,600$마리

09 탈산소계수 K(상용대수)가 0.1/day인 어떤 폐수의 5일 BOD가 500mg/L라면 이 폐수의 3일 후에 남아있는 BOD(mg/L)는?

① 366
② 386
③ 416
④ 436

해설 먼저 BOD_5로부터 BOD_u를 구한다.
$BOD_5 = BOD_u(1-10^{-K_1 \times 5})$

$BOD_u = \dfrac{500}{1-10^{-0.1 \times 5}} = 731.24mg/L$

$L_t = L_a \cdot 10^{-K_1 t}$

$\therefore L_3$(3일 후 잔존 BOD)$= 731.24 \times 10^{-0.1 \times 3} = 366.49$

10 Formaldehyde(CH_2O) 1,250mg/L의 이론적 COD(mg/L)는?

① 1,263
② 1,333
③ 1,423
④ 1,594

해설 $\underset{30g}{CH_2O} + \underset{32g}{O_2} \rightarrow CO_2 + H_2O$
$\therefore$ 이론적 COD$= 1,250mg/L \times \dfrac{32}{30} = 1333.33mg/L$

11 0.01N 약산이 2% 해리되어 있을 때 이 수용액의 pH는?

① 3.1
② 3.4
③ 3.7
④ 3.9

해설 $[H^+] = C \cdot \alpha$
$= 0.01 \times 0.02 = 2 \times 10^{-4}mol/L$
$pH = -\log[H^+]$
$= -\log(2 \times 10^{-4}) = 4 - \log 2 = 3.70$

12 물의 동점성계수를 나타낸 것으로 옳은 것은?

① 전단력 τ과 점성계수 μ를 곱한 값이다.

② 전단력 τ과 밀도 ρ를 곱한 값이다.

③ 점성계수 μ를 전단력 τ로 나눈 값이다.

④ 점성계수 μ를 밀도 ρ로 나눈 값이다.

해설 물의 동점성계수(ν)는 점성계수(μ)를 밀도(ρ)로 나눈 값이다.

$$\nu(\mathrm{cm^2/sec}) = \frac{\mu(\mathrm{g/cm \cdot sec})}{\rho(\mathrm{g/cm^2})}$$

13 pH = 4.5인 물의 수소이온농도(M)는?

① 약 3.2×10^{-5} ② 약 5.2×10^{-5}

③ 약 3.2×10^{-4} ④ 약 5.2×10^{-4}

해설 $[\mathrm{H^+}] = 10^{-\mathrm{pH}} = 10^{-4.5} = 3.16 \times 10^{-5} \mathrm{mol/L}$

참고 $\mathrm{pH} = -\log[\mathrm{H^+}]$
$-\mathrm{pH} = \log[\mathrm{H^+}]$
$[\mathrm{H^+}] = 10^{-\mathrm{pH}}$

14 $\mathrm{BOD_5}$가 180mg/L이고 COD가 400mg/L인 경우, 탈산소계수(K_1)의 값은 0.12/day였다. 이때 생물학적으로 분해 불가능한 COD(mg/L)는? (단, 상용대수 기준)

① 100 ② 120

③ 140 ④ 160

해설 $\mathrm{COD} = \mathrm{BDCOD} + \mathrm{NBDCOD} = \mathrm{BOD}_u + \mathrm{NBDCOD}$
$\mathrm{NBDCOD} = \mathrm{COD} - \mathrm{BOD}_u$
$\mathrm{BOD_5}$로부터 BOD_u를 구한다.
$\mathrm{BOD_5} = \mathrm{BOD}_u (1 - 10^{-K_1 \times 5})$

$\mathrm{BOD}_u = \dfrac{\mathrm{BOD_5}}{1 - 10^{-K_1 \times 5}} = \dfrac{180}{1 - 10^{-0.12 \times 5}} = 240.38\mathrm{mg/L}$

$\therefore \mathrm{NBDCOD} = 400 - 240.38 = 159.62\mathrm{mg/L}$

15 수산화나트륨(NaOH) 10g을 물에 용해시켜 200mL로 만든 용액의 농도(N)는?

① 0.62 ② 0.80

③ 1.05 ④ 1.25

해설 N농도 = g당량/L
NaOH 1g당량 = 40g

$\therefore$ NaOH 농도 $= \dfrac{10\mathrm{g}}{200\mathrm{mL}} \bigg| \dfrac{1\mathrm{g}당량}{40\mathrm{g}} \bigg| \dfrac{10^3\mathrm{mL}}{1\mathrm{L}}$

$= 1.25\mathrm{g}당량/\mathrm{L} = 1.25\mathrm{N}$

16 산소의 포화농도가 9.14mg/L인 하천에서 $t = 0$일 때 DO 농도가 6.5mg/L라면 물이 3일 및 5일 흐른 후 하류에서의 DO 농도는? (단, 최종 BOD = 11.3mg/L, $K_1 = 0.1$/day, $K_2 = 0.2$/day, 상용대수 기준)

① 3일 후 DO 농도 = 5.7mg/L,
  5일 후 DO 농도 = 6.1mg/L

② 3일 후 DO 농도 = 5.7mg/L,
  5일 후 DO 농도 = 6.4mg/L

③ 3일 후 DO 농도 = 6.1mg/L,
  5일 후 DO 농도 = 7.1mg/L

④ 3일 후 DO 농도 = 6.1mg/L,
  5일 후 DO 농도 = 7.4mg/L

해설
$$D_t = \frac{K_1 \cdot L_o}{K_2 - K_1}(10^{-K_1 t} - 10^{-K_2 t}) + D_o \cdot 10^{-K_2 t}$$

$$D_3 = \frac{0.1 \times 11.3}{0.2 - 0.1}(10^{-0.1 \times 3} - 10^{-0.2 \times 3})$$
$$+ (9.14 - 6.5) \times 10^{-0.2 \times 3}$$
$$= 3.49\mathrm{mg/L}$$

$\therefore$ 3일 후 DO 농도 = 9.14 - 3.49 = 5.65mg/L

$$D_5 = \frac{0.1 \times 11.3}{0.2 - 0.1}(10^{-0.1 \times 5} - 10^{-0.2 \times 5})$$
$$+ (9.14 - 6.5) \times 10^{-0.2 \times 5}$$
$$= 2.71\mathrm{mg/L}$$

$\therefore$ 5일 후 DO 농도 = 9.14 - 2.71 = 6.43mg/L

17 어느 물질의 반응시작 때의 농도가 200mg/L이고, 2시간 후의 농도가 35mg/L로 되었다. 반응시작 1시간 후의 반응물질 농도(mg/L)는? (단, 1차 반응 기준, 자연대수 기준)

① 약 84 ② 약 92

③ 약 107 ④ 약 114

해설 $\ln\dfrac{C}{C_o} = -Kt$에서

먼저 K를 구하면

$$K = -\frac{1}{t}\ln\frac{C}{C_o} = -\frac{1}{2\mathrm{hr}}\ln\frac{35}{200} = 0.87\mathrm{hr^{-1}}$$

위 식을 C로 유도하면
$$C = C_o \cdot e^{-Kt}$$

$\therefore$ 1시간 후 반응물질 농도(C) $= 200 \times e^{-0.87 \times 1}$
$= 83.79\mathrm{mg/L}$

18 콜로이드에 관한 설명으로 틀린 것은?

① 콜로이드는 입자 크기가 크기 때문에 보통의 반투막을 통과하지 못한다.

② 콜로이드 입자들이 전기장에 놓이게 되면 입자들은 그 전하의 반대쪽 극으로 이동하며, 이러한 현상을 전기영동이라 한다.

③ 일부 콜로이드 입자들의 크기는 가시광선의 평균 파장보다 크기 때문에 빛의 투과를 간섭한다.

④ 콜로이드의 안정도는 척력과 중력의 차이에 의해 결정된다.

해설 콜로이드의 안정도는 인력(Van der Waals force)과 척력(Zeta potential)의 차이와 중력에 의해 결정된다.

19 해수에 관한 설명으로 옳은 것은?

① 해수의 밀도는 담수보다 작다.

② 염분은 적도해역에서 높고, 남·북 양극해역에서 다소 낮다.

③ 해수의 Mg/Ca비는 담수의 Mg/Ca비보다 작다.

④ 수심이 깊을수록 해수 주요 성분 농도비의 차이는 줄어든다.

해설 ① 해수의 밀도($1.025 \sim 1.03 \mathrm{g/cm^3}$)는 담수보다 크다.
③ 해수의 Mg/Ca비는 3~4 정도로 담수의 0.1~0.3에 비해 월등히 크다.
④ 해수의 주요 성분 농도비는 일정하다.

20 글리신($C_2H_5O_2N$)이 호기성 조건에서 CO_2, H_2O 및 HNO_3로 변화될 때 글리신 10g의 경우 총 산소필요량은 약 몇 g인가?

① 15
② 20
③ 30
④ 40

해설 $C_2H_5O_2N + \dfrac{7}{2}O_2 \rightarrow 2CO_2 + 2H_2O + HNO_3$

$\underset{75\mathrm{g}}{} \quad : \quad \underset{112\mathrm{g}}{\phantom{\dfrac{7}{2}O_2}}$

$\therefore$ 총산소필요량(ThOD) $= 10\mathrm{g} \times \dfrac{112}{75} = 14.93\mathrm{g}$

21 BOD 200mg/L인 폐수를 1차 침전처리 후(처리효율 25%) 1.5kg BOD/m³·day의 BOD 부하로 깊이 2m인 살수여상을 통과할 때 수리학적 부하(m³/m²·day)는?

① 30
② 20
③ 15
④ 10

해설 BOD 용적부하(kg BOD/m³·day)

$= \dfrac{BOD \cdot Q}{V} = \dfrac{BOD \cdot Q}{A \cdot H} = \dfrac{BOD}{H} \cdot \dfrac{Q}{A}$

$= \dfrac{BOD}{H} \times$ 수리학적 부하$\left(\dfrac{Q}{A}\right)$

$\therefore$ 수리학적 부하$\left(\dfrac{Q}{A}\right)$

$=$ BOD 용적부하 $\times \dfrac{H}{BOD}$

$= 1.5\mathrm{kg\,BOD/m^3} \cdot \mathrm{day}$

$\times \dfrac{2\mathrm{m}}{200\mathrm{g/m^3}(1-0.25) \times 10^{-3}\mathrm{kg/g}}$

$= 20\mathrm{m^3/m^2} \cdot \mathrm{day}$

22 유량 1,000m³/day, 유입 BOD 600mg/L인 폐수를 활성슬러지공법으로 처리하고 있다. 폭기시간 12시간, 처리수 BOD 농도 40mg/L, 세포증식계수 0.8, 내생호흡계수 0.08/day, MLSS 농도 4,000mg/L라면 고형물의 체류시간(day)은?

① 약 4.3
② 약 6.9
③ 약 8.6
④ 약 10.3

해설 $\dfrac{1}{SRT} = \dfrac{Y \cdot Q(S_0 - S_1)}{V \cdot X} - K_d = \dfrac{Y(S_0 - S_1)}{t \cdot X} - K_d$

$\dfrac{1}{SRT} = \dfrac{0.8 \times (600-40)\mathrm{mg/L}}{12/24\mathrm{day} \times 4,000\mathrm{mg/L}} - 0.08/\mathrm{day}$

$\dfrac{1}{SRT} = 0.144/\mathrm{day}$

$\therefore SRT = 6.94\mathrm{day}$

23 흐름이 거의 없는 물에서 비중이 큰 무기성 입자가 침강할 때 다음 중 침강속도에 가장 민감하게 영향을 주는 것은?

① 수온
② 물의 점성도
③ 입자의 밀도
④ 입자의 직경

해설 Stokes식 $V_s = \dfrac{g(\rho_s - \rho_w)d^2}{18\mu}$ 에서 침강속도(V_s)는 입자의 직경(d)의 제곱에 비례하므로 입자의 직경이 침강속도에 가장 큰 영향을 미친다.

24 하루 2,500m³의 폐수를 처리할 수 있는 폭기조를 시공하고자 한다. 폭기조 내 산기관 1개당 300L/min의 공기를 공급할 때 필요한 산기관 개수는? (단, 폭기조 용적당 공기공급량은 3.0m³/m³·hr, 폭기조 체류시간은 18hr이다.)

① 313
② 326
③ 347
④ 369

해설 폭기조 용적$(V) = Q \cdot t$
$$= 2,500\text{m}^3/\text{day} \times 18/24\text{day}$$
$$= 1,875\text{m}^3$$
폭기조 공기공급량 $= 3.0\text{m}^3/\text{m}^3 \cdot \text{hr} \times 1,875\text{m}^3$
$$= 5,625\text{m}^3/\text{hr}$$
$$\therefore \text{ 필요한 산기관 수} = \frac{5,625\text{m}^3/\text{hr} \times 10^3\text{L}/\text{m}^3}{300\text{L/min} \cdot \text{개} \times 60\text{min/hr}}$$
$$= 312.5\text{개} \rightarrow 313\text{개}$$

25 정수시설인 플록형성지에서 플록형성시간의 표준으로 옳은 것은?

① 계획정수량에 대하여 2~5분간
② 계획정수량에 대하여 5~10분간
③ 계획정수량에 대하여 10~20분간
④ 계획정수량에 대하여 20~40분간

해설 플록형성지에서 플록형성시간은 계획정수량에 대하여 20~40분을 표준으로 한다.

26 BOD 용적부하 0.2kg/m³·day로 하여 유량 300m³/day, BOD 200mg/L인 폐수를 활성슬러지법으로 처리하고자 한다. 필요한 폭기조의 용량(m³)은?

① 150
② 200
③ 250
④ 300

해설 BOD 용적부하(kg/m³·day)
$$= \frac{\text{BOD}(\text{kg/m}^3) \cdot Q(\text{m}^3/\text{day})}{V(\text{m}^3)}$$
$$V = \frac{\text{BOD}(\text{kg/m}^3) \cdot Q(\text{m}^3/\text{day})}{\text{BOD 용적부하}}$$
$$= \frac{0.2\text{kg/m}^3 \times 300\text{m}^3/\text{day}}{0.2\text{kg/m}^3 \cdot \text{day}} = 300\text{m}^3$$

27 응집침전 처리수가 100m³/day이다. 이 처리수를 모래여과하여 방류한다면 필요한 여과면적(m²)은? (단, 여과속도는 2m/hr로 할 경우)

① 1.8
② 2.1
③ 2.4
④ 2.8

해설 여과속도(m/day) $= \dfrac{\text{여과수량(m}^3/\text{day)}}{\text{여과면적(m}^2)}$

여과면적 $= \dfrac{\text{여과수량(m}^3/\text{day)}}{\text{여과속도(m/day)}}$

$$= \frac{100\text{m}^3/\text{day}}{2\text{m/hr} \times 24\text{hr/day}} = 2.083\text{m}^2$$

28 하수슬러지 농축방법 중 부상식 농축의 장단점으로 틀린 것은?

① 잉여슬러지 농축에 부적합하다.
② 소요면적이 크다.
③ 실내에 설치할 경우 부식문제가 유발된다.
④ 약품 주입 없이 운전이 가능하다.

해설 부상식 농축은 잉여슬러지에 효과적이다.

29 하수 내에 함유된 유기물질뿐만 아니라 영양물질까지 제거하기 위한 공법인 Phostrip 공법에 관한 설명으로 옳지 않은 것은?

① 생물학적 처리방법과 화학적 처리방법을 조합한 공법이다.
② 유입수의 일부를 혐기성 상태의 조(槽)로 유입시켜 인을 방출시킨다.
③ 유입수의 BOD 부하에 따라 인 방출이 큰 영향을 받지 않는다.
④ 기존에 활성슬러지 처리장에 쉽게 적용이 가능하다.

해설 Phostrip 공법은 생물학적 방법과 화학적 방법을 조합시킨 인 제거공법으로 반송슬러지의 일부를 혐기성 탈인조(인용출조)로 유입시켜 혐기성 상태에서 인을 방출 및 분리한 상징액(상등수)으로부터 과량 함유된 인을 석회나 기타 응집제로 화학침전 제거하는 방법이다.

30 수은 함유 폐수를 처리하는 공법과 가장 거리가 먼 것은?

① 황화물침전법
② 아말감법
③ 알칼리환원법
④ 이온교환법

해설 수은 함유 처리방법은 보기의 ①, ②, ④ 외에 활성탄흡 착법과 유기수은의 흡착법, 산화분해법 등이 있다.

31 슬러지 부피(SV)가 평균 25%일 때 SVI를 60~100으로 유지하기 위한 MLSS 농도의 범위로 가장 옳은 것은?

① 1,250~2,500mg/L
② 2,300~3,240mg/L
③ 2,500~4,170mg/L
④ 2,800~5,120mg/L

해설 $SVI = \dfrac{SV_{30}(\%) \times 10^4}{MLSS(mg/L)}$

$MLSS = \dfrac{SV_{30}(\%) \times 10^4}{SVI} = \dfrac{25 \times 10^4}{60 \sim 100}$

$= 2,500 \sim 4166.7mg/L$

32 폐수유량이 3,000m³/day, 부유고형물의 농도가 200mg/L이다. 공기부상시험에서 공기/고형물비가 0.03일 때 최적의 부상을 나타내며, 이때 공기용해도는 18.7mL/L이고 공기용존비가 0.5이다. 부상조에서 요구되는 압력은? (단, 비순환식 기준)

① 약 2.0atm
② 약 2.5atm
③ 약 3.0atm
④ 약 3.5atm

해설 $A/S = \dfrac{1.3 \cdot S_a(f \cdot P - 1)}{SS}$ … 순환이 없을 때

$0.03 = \dfrac{1.3 \times 18.7(0.5P - 1)}{200}$

$\therefore P = 2.49atm$

33 지름 600mm인 하수관에 15.3m³/min의 하수가 흐를 때 관내 유속은?

① 약 2.5m/sec
② 약 1.4m/sec
③ 약 1.2m/sec
④ 약 0.9m/sec

해설 $Q = A \cdot V = \dfrac{\pi D^2}{4} \times V$

$V = \dfrac{4 \cdot Q}{\pi D^2} = \dfrac{4 \times 15.3m^3/min \times 1min/60sec}{\pi \times (0.6m)^2}$

$= 0.902m/sec$

34 1차 침전지에서 슬러지를 인발(引拔)했을 때 함수율이 99%이었다. 이 슬러지를 함수율 96%로 농축시켰더니 33.3m³이었다면 1차 침전지에서 인발한 농축 전 슬러지량은? (단, 비중은 1.0 기준)

① 113m³
② 133m³
③ 153m³
④ 173m³

해설 $V_1(100 - P_1) = V_2(100 - P_2)$
$V_1(100 - 99) = 33.3(100 - 96)$
$\therefore V_1 = 133.2m^3$

35 교반강도를 표시하는 속도구배(G, Velocity Gradient)를 가장 적절히 나타낸 식은? (단, μ : 점성계수, W : 반응조 단위용적당 동력, V : 반응조 부피, P : 동력)

① $G = \sqrt{\dfrac{V}{P}}$
② $G = \sqrt{\dfrac{\mu}{W}}$
③ $G = \sqrt{\dfrac{P}{V}}$
④ $G = \sqrt{\dfrac{W}{\mu}}$

해설 $G = \sqrt{\dfrac{P}{\mu V}} = \sqrt{\dfrac{W}{\mu}}$
※ $P = G^2 \cdot \mu \cdot V$

36 폐수처리과정인 침전지 입자의 농도가 매우 높아 입자들끼리 구조물을 형성하는 침전형태로 옳은 것은?

① 농축침전
② 응집침전
③ 압밀침전
④ 독립침전

해설 압밀침전은 고농도 입자들의 침전으로 침전된 입자군이 바닥에 쌓일 때 일어나는 침전형태로 입자의 농도가 매우 높아 입자들끼리 구조물을 형성한다.

37 순산소 활성슬러지법의 특징으로 틀린 것은?

① 2차 침전지에서 스컴이 발생하는 경우가 많다.
② 잉여슬러지는 표준활성슬러지법에 비하여 일반적으로 많이 발생한다.
③ 표준활성슬러지법의 1/2 정도의 포기시간으로도 처리수의 BOD, SS, COD 및 투시도 등을 표준활성슬러지법과 비슷한 결과로 얻을 수 있다.
④ MLSS 농도는 표준활성슬러지법의 2배 이상으로 유지 가능하다.

해설 잉여슬러지는 표준활성슬러지법에 비하여 적게 발생한다.

38 부유물질의 농도가 300mg/L인 하수 1,000톤의 1차 침전지(체류시간 1시간)에서의 부유물질 제거율은 60%이다. 체류시간을 2배 증가시켜 제거율이 90%로 되었다면 체류시간을 증대시키기 전과 후의 슬러지발생량(m^3)의 차이는? (단, 하수비중 : 1.0, 슬러지비중 : 1.0, 슬러지 함수율 95% 기준)

① 1.3 ② 1.8
③ 2.3 ④ 2.7

해설 60% 제거 시 슬러지발생량
$$= 300g/m^3 \times 1,000m^3 \times 0.6 \times 10^{-6}ton/g \times \frac{100}{100-95}$$
$$\times 1m^3/ton$$
$$= 3.6m^3$$
90% 제거 시 슬러지발생량
$$= 300g/m^3 \times 1,000m^3 \times 0.9 \times 10^{-6}ton/g \times \frac{100}{100-95}$$
$$\times 1m^3/ton$$
$$= 5.4m^3$$
∴ 슬러지발생량의 차이 $= 5.4 - 3.6 = 1.8m^3$

39 생물학적 방법으로 하수 내의 인을 제거하기 위한 고도처리공정인 A/O 공법에 관한 설명으로 맞는 것은?

① 무산소조에서 질산화 및 인의 과잉섭취가 일어난다.
② 혐기조에서 유기물 제거와 함께 인의 과잉섭취가 일어난다.
③ 폭기조에서 인의 방출과 질산화가 동시에 일어난다.
④ 하수 내의 인은 결국 잉여슬러지의 인발에 의하여 제거된다.

해설 A/O(혐기/호기) 공법은 혐기조에서는 유기물 제거와 인의 방출이 일어나고, 폭기조(호기조)에서는 인의 과잉섭취(luxury uptake)가 일어나 잉여슬러지를 인발하여 인을 제거하는 인제거공법이다.

40 수중의 암모니아(NH_3)를 공기탈기법(air stripping)으로 제거하고자 할 때 가장 중요한 인자는?

① 기압
② pH
③ 용존산소
④ 공기공급량

해설 암모니아(NH_3)를 공기탈기법(air stripping)으로 제거하고자 할 때 가장 중요한 인자는 pH이다.
$$NH_3/NH_4^+ = 10^{pH-9.25}$$
위 식에서 보면 pH 9.25를 기점으로 pH가 높을수록 NH_3로 많이 존재하고, 그 보다 pH가 낮을수록 NH_4^+가 많아지는데, 탈기처리는 기체형태인 NH_3로 제거되기 때문에 탈기 시 적정 pH는 10.8~11.5(평균 11.0) 범위를 주로 채택한다.

제3과목 수질오염 공정시험방법

41 채취된 시료의 최대보존기간이 가장 짧은 측정항목은?

① 부유물질 ② 음이온계면활성제
③ 암모니아성 질소 ④ 염소이온

해설 시료의 최대보존기간
• 부유물질 : 7일
• 음이온계면활성제 : 48시간
• 암모니아성 질소 : 28일
• 염소이온 : 28일

42 시료의 보존방법이 다른 항목은?

① 음이온계면활성제
② 6가크롬
③ 알킬수은
④ 질산성 질소

해설 보기 ①, ②, ④항목은 4℃로 보관하며, 알킬수은 시료는 HNO_3 2mL/L를 가하여 보존한다.

43 시료채취 시의 유의사항에 관한 설명으로 옳은 것은?

① 휘발성 유기화합물 분석용 시료를 채취할 때에는 뚜껑의 격막을 만지지 않도록 주의하여야 한다.
② 유류물질을 측정하기 위한 시료는 밀도차를 유지하기 위해 시료용기에 70~80% 정도를 채워 적정 공간을 확보하여야 한다.
③ 지하수 시료는 고여있는 물의 10배 이상을 퍼낸 다음 새로 고이는 물을 채취한다.
④ 시료채취량은 보통 5~10L 정도이어야 한다.

해설 ② 유류 또는 부유물질 등이 함유된 시료는 시료의 균일성이 유지될 수 있도록 채취해야 하며, 침전물 등이 부상하여 혼입되어서는 안 된다.
③ 지하수 시료는 취수정 내에 고여있는 물과 원래 지하수의 성상이 달라질 수 있으므로 고여있는 물을 충분히 퍼낸 다음 새로 나온 물을 채취한다. 이 경우 퍼내는 양은 고여있는 물의 4~5배 정도이나 pH 및 전기전도도를 연속적으로 측정하여 이 값이 평형을 이룰 때까지로 한다.
④ 시료채취량은 시험항목 및 시험횟수에 따라 차이가 있으나 보통 3~5L 정도이어야 한다.

44 다음은 인산염인 시험법(자외선/가시선 분광법 −이염화주석환원법)에 관한 내용이다. ( ) 안에 옳은 내용은?

> 시료 중의 인산염인이 몰리브덴산암모늄과 반응하여 생성된 몰리브덴산인 암모늄을 이염화주석으로 환원하여 생성된 몰리브덴 ( )의 흡광도를 측정한다.

① 적자색   ② 황갈색
③ 황색   ④ 청색

해설 ( ) 안에 들어 갈 용어는 '청색'이다.
(이론편 참조)

45 수질오염공정시험기준에서 사용되는 용어의 정의로 틀린 것은?

① 정확히 단다 : 규정된 양의 시료를 취하여 화학저울 또는 미량저울로 칭량함을 말한다.
② 약 : 기재된 양에 대하여 ±10% 이상의 차가 있어서는 안 된다.
③ 즉시 : 30초 이내에 표시된 조작을 하는 것을 뜻한다.
④ 감압 : 따로 규정이 없는 한 15mmHg 이하를 뜻한다.

해설 무게를 "정확히 단다"라 함은 규정된 수치의 무게를 0.1mg까지 다는 것을 말한다.
설명 "정밀히 단다"라 함은 규정된 양의 시료를 취하여 화학저울 또는 미량저울로 칭량함을 말한다.

46 물벼룩을 이용한 급성 독성 시험법에 적용되는 용어인 '치사'의 정의로 옳은 것은?

① 일정 비율로 준비된 시료에 물벼룩을 투입하여 12시간 경과 후 시험용기를 살짝 두드려주고, 15초 후 관찰했을 때 움직임이 없을 경우
② 일정 비율로 준비된 시료에 물벼룩을 투입하여 12시간 경과 후 시험용기를 살짝 두드려주고, 30초 후 관찰했을 때 움직임이 없을 경우
③ 일정 비율로 준비된 시료에 물벼룩을 투입하여 24시간 경과 후 시험용기를 살짝 두드려주고, 15초 후 관찰했을 때 움직임이 명백하게 없는 경우
④ 일정 비율로 준비된 시료에 물벼룩을 투입하여 24시간 경과 후 시험용기를 살짝 두드려주고, 30초 후 관찰했을 때 움직임이 없을 경우

해설 치사(death) : 일정 비율로 준비된 시료에 물벼룩을 투입하고 24시간 경과 후 시험용기를 손으로 살짝 두드려주고, 15초 후 관찰했을 때 독성물질에 영향을 받아 움직임이 명백하게 없는 상태
※ 유영저해(immobiligation) : 일정 비율로 준비된 시료에 물벼룩을 투입하고 24시간 경과 후 시험용기를 손으로 살짝 두드려주고, 15초 후 관찰했을 때 독성물질에 영향을 받아 움직임이 없을 경우, 이때 안테나나 다리 등 부속지를 움직인다 하더라도 유영을 하지 못한다면 이 역시 유영저해로 판정한다.

47 다음은 총대장균군(평판집락법 적용) 측정에 관한 내용이다. ( ) 안에 옳은 내용은?

> 페트리접시의 배지 표면에 평판집락법 배지를 굳힌 후 배양한 다음 ( )의 전형적인 집락을 계수하는 방법이다.

① 진한 갈색   ② 진한 적색
③ 청색   ④ 황색

해설 ( ) 안에 들어 갈 내용은 '진한 적색'이다.
(이론편 참조)

48 다음의 금속류 중에서 불꽃원자흡수분광광도법으로 측정하지 않는 것은? (단, 수질오염공정시험기준 기준)

① 안티몬   ② 주석
③ 셀레늄   ④ 수은

해설 안티몬의 측정방법에는 유도결합플라스마−원자발광분광법과 유도결합플라스마−질량분석법이 있으며, 불꽃원자흡수분광광도법은 해당되지 않는다.

49 금속류 중 원자형광법을 시험방법으로 분석하는 것은? (단, 수질오염공정시험기준 기준)

① 바륨　　　　　② 수은
③ 주석　　　　　④ 셀레늄

해설 금속류 중 원자형광 시험방법으로 분석하는 것은 수은 (Hg)이다.

50 다음은 하천수의 오염 및 용수의 목적에 따른 채수지점에 관한 내용이다. (　　) 안에 옳은 내용은?

> 하천의 단면에서 수심이 가장 깊은 수면의 지점과 그 지점을 중심으로 하여 좌우로 수면 폭을 2등분한 각 지점의 수면으로부터 (　　　　　　　　　)

① 수심이 2m 미만일 때는 표층수를 대표로 하고, 2m 이상일 때는 수심 1/3 지점에서 채수한다.
② 수심이 2m 미만일 때는 수심의 1/2에서, 2m 이상일 때는 수심 1/3 및 2/3 지점에서 각각 채수한다.
③ 수심이 2m 미만일 때는 표층수를 대표로 하고, 2m 이상일 때는 수심 2/3 지점에서 채수한다.
④ 수심이 2m 미만일 때는 수심의 1/3에서, 2m 이상일 때는 수심 1/3 및 2/3 지점에서 각각 채수한다.

해설 이론편 참조

51 다음은 구리의 측정(자외선/가시선 분광법 기준)원리에 관한 내용이다. (　　) 안의 내용으로 옳은 것은?

> 구리이온이 알칼리성에서 다이에틸다이티오카르바민산나트륨과 반응하여 생성하는 (　　)의 킬레이트화합물을 아세트산 부틸로 추출하여 흡광도를 440nm에서 측정한다.

① 황갈색　　　　② 청색
③ 적갈색　　　　④ 적자색

해설 (　　) 안의 내용은 '황갈색'이다.
(이론편 참조)

52 온도 표시로 틀린 것은?

① 냉수는 15℃ 이하
② 온수는 60~70℃
③ 찬 곳은 0~4℃
④ 실온은 1~35℃

해설 찬 곳은 따로 규정이 없는 한 0~15℃인 곳을 뜻한다.

53 불소화합물 측정방법을 가장 적절하게 짝지은 것은? (단, 수질오염공정시험기준 기준)

① 자외선/가시선 분광법－기체크로마토그래피법
② 자외선/가시선 분광법－불꽃원자흡수분광광도법
③ 유도결합플라스마 원자발광광도법－불꽃 원자흡수분광광도법
④ 자외선/가시선 분광법－이온크로마토그래피법

해설 불소화합물 측정방법에는 자외선/가시선 분광법, 이온 전극법, 이온크로마토그래피법이 있다.

54 시료의 전처리 방법과 가장 거리가 먼 것은?

① 산분해법
② 마이크로파 산분해법
③ 용매추출법
④ 촉매분해법

해설 시료의 전처리 방법에는 산분해법, 회화에 의한 분해, 마이크로파 산분해법, 용매추출법이 있다.

55 다음은 노말헥산추출물질(총 노말헥산추출물질) 함유량 측정(절차)에 관한 설명이다. 밑줄 친 내용 중 틀린 것은?

> 시료의 적당량(노말헥산의 추출물질로서 ㉠ 200mg 이상)을 분별깔때기에 넣고 ㉡ 메틸오렌지 용액 (0.1%) 2~3방울을 넣고 용액이 ㉢ 황색이 적색으로 변할 때까지 염산(1+1)을 넣어 시료의 ㉣ pH를 4 이하로 조절한다.

① ㉠　　　　　② ㉡
③ ㉢　　　　　④ ㉣

해설 노말헥산추출물질로서 5~200mg에 해당하는 양을 시료량으로 정한다.

56 취급 또는 저장하는 동안에 기체 또는 미생물이 침입하지 아니하도록 내용물을 보호하는 용기는?

① 밀폐용기　　　② 기밀용기
③ 차광용기　　　④ 밀봉용기

해설 밀봉용기 : 취급 또는 저장하는 동안에 기체 또는 미생물이 침입하지 아니하도록 내용물을 보호하는 용기를 말한다.

57 다음 중 4각위어의 유량 측정공식은? (단, Q : 유량(m³/min), K : 유량계수, b : 절단의 폭 (m), h : 위어의 수두(m))

① $Q = Kh^{\frac{3}{2}}$　　② $Q = Kbh^{\frac{5}{2}}$

③ $Q = Kh^{\frac{5}{2}}$　　④ $Q = Kbh^{\frac{3}{2}}$

해설 4각위어의 유량측정공식은 $Q = Kbh^{\frac{3}{2}}$ 이다.

58 시안(자외선/가시선 분광법) 분석에 관한 설명으로 틀린 것은?

① 각 시안화합물의 종류를 구분하여 정량할 수 없다.
② 황화합물이 함유된 시료는 아세트산나트륨 용액을 넣어 제거한다.
③ 시료에 다량의 유지류를 포함한 경우 노말헥산 또는 클로로폼으로 추출하여 제거한다.
④ 정량한계는 0.01mg/L이다.

해설 황화합물이 함유된 시료는 아세트산아연 용액(10%) 2mL를 넣어 제거한다.

59 다음은 페놀류 측정(자외선/가시선 분광법)에 관한 내용이다. (　　) 안에 옳은 내용은?

> 증류한 시료에 염화암모늄-암모니아 완충액을 넣어 (　　)으로 조절한 다음, 4-아미노안티피린과 헥사시안화철(Ⅱ)산 칼륨을 넣어 생성된 붉은 색의 안티피린계 색소의 흡광도를 측정한다.

① pH 4 이하　　② pH 8
③ pH 9　　　　④ pH 10

해설 (　　) 안의 내용은 'pH 10'이다.
(이론편 참조)

60 다음은 이온전극법을 적용하여 불소를 측정하는 경우의 설명이다. (　　) 안의 내용으로 옳은 것은?

> 시료에 이온 강도조절용 완충액을 넣어 pH (　　)로 조절하며 불소이온전극과 비교전극을 사용하여 전위를 측정하고, 그 전위차로 불소를 정량한다.

① 4.0~4.5　　② 5.0~5.5
③ 6.5~7.5　　④ 8.0~8.5

해설 (　　) 안의 내용은 'pH 5.0~5.5'이다.
(이론편 참조)

제4과목 수질환경 관계법규

61 공공폐수처리시설의 방류수 수질기준으로 옳은 것은? (단, Ⅰ지역 기준, (　　)는 농공단지 공공폐수처리시설의 방류수 수질기준)

① 총질소 10(20)mg/L 이하
② 총인 0.2(0.2)mg/L 이하
③ TOC 10(20)mg/L 이하
④ 부유물질 20(30)mg/L 이하

해설 물환경보전법 시행규칙 별표 10 참조
설명 ① 총질소 20(20)mg/L 이하
③ TOC 15(25)mg/L 이하
④ 부유물질 10(10)mg/L 이하

62 국립환경과학원장 등이 설치·운영하는 측정망의 종류와 가장 거리가 먼 것은?

① 유독물질 측정망
② 생물 측정망
③ 비점오염원에서 배출되는 비점오염물질 측정망
④ 퇴적물 측정망

해설 물환경보전법 시행규칙 제22조 참조

설명 보기 ①의 유독물질 측정망은 국립환경과학원장 등이 설치·운영하는 측정망에 들어있지 않다.

63 국립환경과학원장 등 또는 시·도지사가 고시하는 측정망 설치계획에 포함되어야 할 내용과 가장 거리가 먼 것은?

① 측정망 운영기관
② 측정망 관리계획
③ 측정망을 설치할 토지 또는 건축물의 위치 및 면적
④ 측정자료의 확인방법

해설 물환경보전법 시행규칙 제24조 제1항 참조

설명 측정망 설치계획에 포함되어야 할 내용은 보기 ①, ③, ④ 외에 "측정망 설치시기", "측정망 배치도"가 있다.

64 수질오염경보의 종류별·경보단계별 조치사항 중 조류경보의 단계가 '조류대발생경보'인 경우의 취수장·정수장 관리자의 조치사항과 가장 거리가 먼 것은?

① 조류증식 수심 이하로 취수구 이동
② 취수구에 대한 조류방어막 설치
③ 정수 처리 강화(활성탄 처리, 오존 처리)
④ 정수의 독소분석 실시

해설 물환경보전법 시행령 별표 4 제1호 가목 참조

설명 '조류대발생경보'인 경우의 취수장·정수장 관리자의 조치사항은 보기 ①, ③, ④이다.

65 환경부장관이 폐수처리업의 허가를 받는 자에 대하여 영업정지를 명하여야 하는 경우로 그 영업정지가 주민의 생활, 그 밖의 공익에 현저한 지장을 초래할 우려가 있다고 인정되는 경우에는 영업정지처분에 갈음하여 과징금을 부과할 수 있다. 이 경우 최대 과징금 부과기준은 원칙적으로 매출액에 얼마를 곱한 금액을 초과하지 않아야 하는가?

① 3/100
② 5/100
③ 10/100
④ 15/100

해설 물환경보전법 제66조 제1항 참조

66 환경기술인 등의 교육기간, 대상자 등에 관한 내용으로 틀린 것은?

① 폐수처리업에 종사하는 기술요원의 교육기관은 국립환경인재개발원이다.
② 환경기술인 과정과 폐수처리기술요원 과정의 교육기간은 3일 이내로 한다.
③ 최초교육은 환경기술인 등이 최초로 업무에 종사한 날부터 1년 이내에 실시하는 교육이다.
④ 보수교육은 최초교육 후 3년마다 실시하는 교육이다.

해설 물환경보전법 시행규칙 제93조 ② 및 제94조 참조

설명 교육기관은 4일 이내이다.

67 1일 폐수배출량이 500m³인 사업장의 규모기준으로 옳은 것은? (단, 기타 조건은 고려하지 않음.)

① 2종 사업장
② 3종 사업장
③ 4종 사업장
④ 5종 사업장

해설 물환경보전법 시행령 별표 13 참조

68 수질오염물질의 항목별 배출허용기준 중 1일 폐수배출량이 2,000m³ 미만인 폐수배출시설의 지역별·항목별 배출허용기준으로 틀린 것은?

①	BOD (mg/L)	TOC (mg/L)	SS (mg/L)
청정지역	40 이하	30 이하	40 이하

②	BOD (mg/L)	TOC (mg/L)	SS (mg/L)
'가'지역	60 이하	40 이하	60 이하

③	BOD (mg/L)	TOC (mg/L)	SS (mg/L)
'나'지역	120 이하	75 이하	120 이하

④	BOD (mg/L)	TOC (mg/L)	SS (mg/L)
특례지역	30 이하	25 이하	30 이하

해설 물환경보전법 시행규칙 별표 13 제2항 가목 참조

설명

	BOD (mg/L)	TOC (mg/L)	SS (mg/L)
'가'지역	80 이하	50 이하	80 이하

69 수질 및 수생태계 환경기준 중 하천에서 사람의 건강보호기준으로 틀린 것은?

① 1, 4−다이옥세인 : 0.05mg/L 이하
② 수은 : 0.05mg/L 이하
③ 납 : 0.05mg/L 이하
④ 6가크롬 : 0.05mg/L 이하

해설 환경정책기본법 시행령 별표 제3호 가목 참조
설명 수은 : 검출되어서는 안 됨(검출한계 0.001mg/L)

70 수질오염방지시설 중 물리적 처리시설에 해당되는 것은?

① 응집시설
② 흡착시설
③ 침전물 개량시설
④ 중화시설

해설 물환경보전법 시행규칙 별표 5 참조
설명 보기 ②, ③, ④는 화학적 처리시설에 해당한다.

71 다음은 수질오염감시경보의 경보단계 중 '경계'의 발령기준이다. ( ) 안에 옳은 내용은?

생물감시측정값이 생물감시경보 기준농도를 30분 이상 지속적으로 초과하고, 전기전도도, 휘발성 유기화합물, 페놀, 중금속(구리, 납, 아연, 카드뮴 등) 중 1개 이상의 항목이 측정항목별 경보기준을 ( ) 이상 초과하는 경우

① 2배   ② 3배
③ 5배   ④ 10배

해설 물환경보전법 시행령 별표 3 제2호 참조

72 낚시금지구역에서 낚시행위를 한 자에 대한 벌칙 또는 과태료 기준으로 옳은 것은?

① 벌금 200만원 이하
② 벌금 300만원 이하
③ 과태료 200만원 이하
④ 과태료 300만원 이하

해설 물환경보전법 제82조 제2항 제1의 2 참조

73 다음의 위임업무 보고사항 중 보고횟수 기준이 다른 것은?

① 기타 수질오염원 현황
② 폐수처리업에 대한 등록, 지도단속실적 및 처리실적 현황
③ 폐수위탁사업장 내 처리현황 및 처리실적
④ 골프장 맹·고독성 농약 사용 여부 확인결과

해설 물환경보전법 시행규칙 별표 23 참조
설명 보기 ③의 보고횟수는 연 1회이며 보기 ①, ②, ④는 연 2회이다.

74 수질 및 수생태계 보전에 관한 법률에 사용하고 있는 용어의 정의와 가장 거리가 먼 것은?

① 점오염원 : 폐수배출시설, 하수발생시설, 축사 등으로서 관거, 수로 등을 통하여 일정한 지점으로 수질오염물질을 배출하는 배출원
② 비점오염원 : 도시, 도로, 농지, 산지, 공사장 등으로서 불특정 장소에서 불특정하게 수질오염물질을 배출하는 배출원
③ 폐수무방류배출시설 : 폐수배출시설에서 발생하는 폐수를 해당 사업장 안에서 수질오염방지시설을 이용하여 처리하거나 동일 배출시설에 재이용하는 등 공공수역으로 배출하지 아니하는 폐수배출시설
④ 강우유출수 : 점오염원, 비점오염원 및 기타 오염원의 수질오염물질이 섞여 유출되는 빗물 또는 눈 녹은 물

해설 물환경보전법 제2조 참조
설명 강우유출수 : 비점오염원의 수질오염물질이 섞여 유출되는 빗물 또는 눈 녹은 물

75 폐수처리업의 종류(업종 구분)로 가장 옳은 것은?

① 폐수수탁처리업, 폐수재이용업
② 폐수수탁처리업, 폐수재활용업
③ 폐수위탁처리업, 폐수수거·운반업
④ 폐수수탁처리업, 폐수위탁처리업

해설 물환경보전법 제62조 제2항 참조

2021

76 수질 및 수생태계 환경기준인 수질 및 수생태계 상태별 생물학적 특성이해표에 관한 내용 중 생물등급이 '약간 나쁨 ~매우 나쁨'인 생물지표종(어류)으로 틀린 것은?

① 피라미　　　② 미꾸라지
③ 메기　　　　④ 붕어

[해설] 환경정책기본법 시행령 별표 제3호 가목 2)의 비고 3 참조
[설명] 피라미는 생물등급 '보통~약간 나쁨'의 생물지표종(어류)이다.

77 물놀이 등의 행위제한 권고기준으로 옳은 것은? (단, 대상행위－항목－기준)

① 수영 등 물놀이 : 대장균 1,000(개체수/100mL) 이상
② 수영 등 물놀이 : 대장균 5,000(개체수/100mL) 이상
③ 어패류 등 섭취 : 어패류 체내 총수은(Hg) 0.3mg/kg 이상
④ 어패류 등 섭취 : 어패류 체내 총카드뮴(Cd) 0.03mg/kg 이상

[해설] 물환경보전법 시행령 별표 5 참조
[설명] 수영 등 물놀이 : 대장균 500(개체수/mL) 이상

78 기타 수질오염원 시설인 금은판매점 세공시설의 규모기준으로 옳은 것은?

① 폐수발생량이 1일 0.01m³ 이상일 것
② 폐수발생량이 1일 0.1m³ 이상일 것
③ 폐수발생량이 1일 1m³ 이상일 것
④ 폐수발생량이 1일 10m³ 이상일 것

[해설] 물환경보전법 시행규칙 별표 1 참조
[설명] 금은판매점 세공시설의 규모기준은 폐수발생량이 1일 0.01m³ 이상이다.

79 비점오염원의 변경신고기준으로 틀린 것은?

① 상호, 대표자, 사업명 또는 업종의 변경
② 총 사업면적, 개발면적 또는 사업장 부지면적이 처음 신고면적의 100분의 30 이상 증가하는 경우
③ 비점오염저감시설의 종류, 위치, 용량이 변경되는 경우
④ 비점오염원 또는 비점오염저감시설의 전부 또는 일부를 폐쇄하는 경우

[해설] 물환경보전법 시행령 제73조 참조
[설명] 100분의 30 → 100분의 15

80 시장, 군수, 구청장이 낚시금지구역 또는 낚시제한구역을 지정하려는 경우 고려하여야 할 사항과 가장 거리가 먼 것은?

① 용수 사용 및 배출현황
② 낚시터 인근에서의 쓰레기 발생현황 및 처리여건
③ 수질오염도
④ 서식어류의 종류 및 양 등 수중생태계의 현황

[해설] 물환경보전법 시행령 제27조 제1항 참조
[설명] 시장, 군수, 구청장이 낚시금지구역 또는 낚시제한구역을 지정하려는 경우 고려하여야 할 사항은 보기의 ②, ③, ④ 외에 "용수의 목적", "오염원 현황", "연도별 낚시 인구의 현황" 등이 있다.

2022년 제1회 수질환경산업기사 기/출/복/원/문/제

제1과목 : 수질오염 개론

01 다음 중 물의 특성으로 옳지 않은 것은 어느 것인가?

① 물의 표면장력은 온도가 상승할수록 감소한다.

② 물은 4℃에서 밀도가 가장 크다.

③ 물의 여러 가지 특성은 물의 수소결합 때문에 나타난다.

④ 융해열과 기화열이 작아 생명체의 열적 안정을 유지할 수 있다.

해설 물은 융해열($79.4cal/g-0℃$)이 커서 생물체의 결빙이 쉽게 일어나지 않고, 기화열($539cal/g-100℃$)이 크기 때문에 생물의 효과적인 체온조절이 가능하다.

02 수($水$)중의 DO 농도 증감의 요인인 산소 용해율에 관한 내용으로 옳지 않은 것은?

① 압력이 높을수록 산소 용해율이 높다.

② 물의 흐름이 난류일 때 산소 용해율이 높다.

③ 염(분)의 농도가 높을수록 산소 용해율은 감소한다.

④ 수온이 낮을수록 산소 용해율은 감소한다.

해설 수온이 낮을수록 산소 용해율은 증가한다.

※ 모든 기체의 용해도는 수온이 낮을수록 증가한다.

03 BOD 400mg/L를 함유한 공장폐수 400m^3/d를 처리하여 하천에 방류하고 있다. 유량이 20,000m^3/d이고, BOD 2mg/L인 하천에 방류한 후 곧 완전 혼합된 때의 BOD 농도가 3mg/L라면 이 공장폐수의 BOD 제거율은 몇 %인가? (단, 하천의 다른 오염물질 유입은 없다고 가정한다.)

① 82.3

② 84.6

③ 86.8

④ 89.6

해설 $C_m = \dfrac{C_i Q_i + C_w Q_w}{Q_i + Q_w}$ 에서

공장폐수 처리 후 하천에 방류 BOD(C_w) $= x(mg/L)$라면

$3 = \dfrac{2 \times 20,000 + x \times 400}{20,000 + 400}$

$x = 53mg/L$

$\therefore$ 공장폐수 BOD 제거율 $= \dfrac{400 - 53}{400} \times 100 = 86.75\%$

04 pH=6.0인 용액의 산도의 8배를 가진 용액의 pH는?

① 5.1

② 5.3

③ 5.4

④ 5.6

해설 $[H^+] = 10^{-pH} = 10^{-6} mol/L$

pH 6인 용액보다 산도가 8배인 용액의

$[H^+] = 8 \times 10^{-6} mol/L$

$\therefore pH = -\log[H^+] = -\log(8 \times 10^{-6}) = 6 - \log 8 ≒ 5.1$

05 최종 BOD(BOD_u)가 500mg/L이고, 소모 BOD_5가 400mg/L일 때 탈산소계수(base=상용대수)는?

① 0.12/day

② 0.14/day

③ 0.16/day

④ 0.18/day

해설 $BOD_5 = BOD_u (1 - 10^{-k_1 \times 5})$

$k_1 = \dfrac{\log\left(1 - \dfrac{BOD_5}{BOD_u}\right)}{-5} = \dfrac{\log\left(1 - \dfrac{400}{500}\right)}{-5} ≒ 0.14/day$

06 25℃, AgCl의 물에 대한 용해도가 1.0×10^{-4}M이라면 AgCl에 대한 K_{sp}(용해도적)는?

① 1.0×10^{-6}

② 2.0×10^{-6}

③ 1.0×10^{-8}

④ 2.0×10^{-8}

해설
$$\underset{\text{(용해도 } 1.0 \times 10^{-4} mol/L)}{AgCl} \rightleftharpoons \underset{1.0 \times 10^{-4} mol/L}{Ag^+} + \underset{1.0 \times 10^{-4} mol/L}{Cl^-}$$

$\therefore K_{sp} = [Ag^+][Cl^-]$

$= (1.0 \times 10^{-4})(1.0 \times 10^{-4}) = 1.0 \times 10^{-8}$

07 다음은 카드뮴에 관한 설명이다. (   ) 안에 옳은 내용은?

> 카드뮴은 화학적으로 (   )와(과) 유사한 특징을 가진 금속으로 천연에 있어서 카드뮴은 (   ) 광석과 같이 존재하는 것이 일반적이다.

① 아연　　　　② 망간
③ 주석　　　　④ 마그네슘

해설 카드뮴은 화학적으로 아연과 유사한 특징을 가지고 있으며, 이타이이타이병이 아연금속 제련과정에서 버려진 폐광석 및 폐수에 포함된 카드뮴에 기인되었음을 알 수 있듯이 카드뮴은 아연광석과 같이 존재하는 것이 일반적이다.

08 해양으로 유출된 유류를 제어하는 방법과 가장 거리가 먼 것은?

① 계면활성제를 살포하여 기름을 분산시키는 것
② 인공포기로 기름입자를 증산시키는 것
③ 오일펜스를 띄워 기름의 확산을 차단하는 것
④ 미생물을 이용하여 기름을 생화학적으로 분해하는 것

해설 인공포기로 공기를 압송하여 발생하는 기포와 Skirt에 의해 Air curtain을 만들어 기름의 확산을 방지하는 방법이 있다. 인공포기로 기름입자를 증산시키는 것은 유출유류의 제어방법이 아니다.

09 미생물 세포를 $C_5H_7O_2N$이라고 하면 세포 5kg 당의 이론적인 공기 소모량은? (단, 완전산화 기준이며, 분해 최종산물은 CO_2, H_2O, NH_3 공기 중 산소는 23%(W/W)로 가정한다.)

① 약 27kg · air
② 약 31kg · air
③ 약 42kg · air
④ 약 48kg · air

해설 박테리아의 산화반응식

$$\underset{113g}{C_5H_7O_2N} + \underset{5\times32g}{5O_2} \rightarrow 5CO_2 + 2H_2O + NH_3$$

$$\therefore \text{공기 소모량} = \frac{5kg}{} \left| \frac{5\times32kg\,O_2}{113kg} \right| \frac{100kg \cdot air}{23kg\,O_2}$$

$$= 30.78kg \cdot air$$

10 어느 하천 주변에서 돼지를 사육하려고 한다. 하천의 유량은 100,000m^3/day이며, BOD는 1.5mg/L이다. 이 하천의 수질을 BOD 4.5mg/L로 보호하면서 돼지는 최대 몇 마리까지 사육할 수 있는가? (단, 돼지 한마리당 2kg · BOD/day를 발생시키며, 발생 폐수량은 무시한다.)

① 50마리　　　　② 100마리
③ 150마리　　　　④ 200마리

해설 하천 허용 BOD 부하량

$$= (4.5-1.5)g/m^3 \times 100,000m^3/day \times 10^{-3}kg/g$$
$$= 300kg/day$$

$$\therefore \text{사육 가능한 마리수} = \frac{300kg \cdot BOD/day}{2kg \cdot BOD/day \cdot \text{마리}}$$
$$= 150\text{마리}$$

11 어떤 오염물질 반응초기농도가 200mg/L에서 2시간 후에 40mg/L로 감소되었다. 이 반응이 1차 반응이라고 한다면 4시간 후 오염물질의 농도(mg/L)는?

① 6　　　　② 8
③ 10　　　　④ 12

해설 $\ln\dfrac{C_t}{C_o} = -Kt$에서, 먼저 K를 구하면

$$K = \frac{1}{t}\ln\left(\frac{C_o}{C_t}\right) = \frac{1}{2hr}\ln\left(\frac{200}{40}\right) = 0.8047hr^{-1}$$

$$C_t = C_o \cdot e^{-Kt}\text{에서}$$

$$\therefore C_{4hr} = 200 \times e^{-0.8047/hr \times 4hr} = 8.0mg/L$$

12 어떤 공장에서 phenol 500kg이 매일 폐수에 섞여 배출된다. 1g의 phenol이 1.7g의 BOD_5에 해당된다고 할 때, 인구당량은? (단, 1인 1일 BOD_5는 50g 기준)

① 15,000명　　　　② 16,000명
③ 17,000명　　　　④ 18,000명

해설 BOD 배출량

$$= 500kg\text{페놀}/day \times 10^3 g/kg \times 1.7g\,BOD/g\text{페놀}$$
$$= 850,000g\,BOD/day$$

$$\therefore \text{인구당량} = \frac{850,000g\,BOD/day}{50g\,BOD/\text{인} \cdot day}$$
$$= 17,000\text{명}$$

13 호소의 성층현상에 관한 설명으로 옳지 않은 것은?

① 호소의 정체층이 수심에 따라 3개의 층, 즉 표층부, 변층부, 심층부로 분리되는 현상이 성층현상이다.

② 겨울이 여름보다 수심에 따른 수온차가 더 커져 호소는 더욱 안정된 성층현상이 일어난다.

③ 수표면의 온도가 4℃인 이른 봄과 늦은 가을에 수직적으로 전도현상이 일어난다.

④ 계절의 변화에 따라 수온차에 의한 밀도차로 수층이 형성된다.

해설 여름이 겨울보다 수심에 따른 수온차가 더 커져 수심에 따른 밀도차가 뚜렷하여 호소는 더욱 안정된 성층현상이 일어난다.

14 다음 페놀(C_6H_5OH) 100mg/L의 이론적인 COD (mg/L)는?

① 약 240 ② 약 280

③ 약 320 ④ 약 360

해설 $C_6H_5OH + 7O_2 \rightarrow 6CO_2 + 3H_2O$

94g : 7×32g

∴ 이론적 $COD = 100mg/L \times \dfrac{7 \times 32}{94} = 238.30mg/L$

15 해수의 특성에 대한 내용으로 옳지 않은 것은?

① 해수에서의 질소 분포형태는 NO_2-N, NO_3-N 형태로 65% 정도 존재한다.

② 해수의 pH는 8.2로 약알칼리성이다.

③ 일출 시 생물의 탄소동화작용으로 해수 표면의 CO_2 농도가 급증한다.

④ 해수의 밀도는 $1.02 \sim 1.07g/cm^3$ 범위로서 수온, 염분, 수압의 함수이다.

해설 일광하에서 탄소동화작용(光合成)이 일어나면 CO_2를 소비하여 감소시키고 O_2는 증가한다.

16 유량이 $1.2m^3/s$, BOD_5가 2.0mg/L, DO가 9.2mg/L 인 하천에 유량이 $0.6m^3/s$, BOD_5가 30mg/L, DO가 3.0mg/L인 하수가 유입되고 있다. 하천의 평균유수단면적이 $8.1m^2$이면 하류 48km 지점의 용존산소 부족량은? (단, 수온은 20℃, [포화

DO 9.2mg/L], 혼합수의 $K_1 = 0.1/day$, $K_2 = 0.2/day$, 상용대수 기준)

① 4.7mg/L ② 5.2mg/L

③ 5.6mg/L ④ 6.1mg/L

해설 $D_t = \dfrac{K_1 \cdot L_o}{K_2 - K_1}(10^{-K_1t} - 10^{-K_2t}) + D_o \cdot 10^{-K_2t}$ 에서

㉠ $L_o(BOD_u)$의 산정

먼저, $C_m = \dfrac{C_iQ_i + C_wQ_w}{Q_i + Q_w}$ 를 적용하여

혼합 $BOD_5 = \dfrac{2.0 \times 1.2 + 30 \times 0.6}{1.2 + 0.6} = 11.33mg/L$

따라서, $BOD_5 = BOD_u(1 - 10^{-K_1 \times 5})$

$BOD_u(L_o) = \dfrac{11.33}{(1 - 10^{-0.1 \times 5})} = 16.57mg/L$

㉡ D_o(초기 DO 부족량) 산정

혼합 DO 농도 $= \dfrac{9.2 \times 1.2 + 3.0 \times 0.6}{1.2 + 0.6} = 7.13mg/L$

$D_o = 9.2 - 7.13 = 2.07mg/L$

㉢ t(유하시간)의 계산

$t = \dfrac{L(하천길이)}{V(유속)} = \dfrac{L}{Q/A} = \dfrac{L \cdot A}{Q}$

따라서, $t = \dfrac{48,000m}{} \left| \dfrac{8.1m^2}{} \right| \dfrac{sec}{1.8m^3} \left| \dfrac{day}{86,400sec} \right.$

$= 2.5day$

∴ $D_{2.5} = \dfrac{0.1 \times 16.57}{0.2 - 0.1}(10^{-0.1 \times 2.5} - 10^{-0.2 \times 2.5})$

$+ 2.07 \times 10^{-0.2 \times 2.5}$

$= 4.73mg/L$

17 다음이 설명하는 법칙은?

> 여러 물질이 혼합된 용액에서 어느 물질의 증기압(분압) P_i는 혼합액에서 그 물질의 몰분율(X_i)에 순수한 상태에서 그 물질의 증기압(P_o)을 곱한 것과 같다.

① Henry's law ② Dalton's law

③ Graham's law ④ Raoult's law

해설 라울의 법칙은 이온화하지 않는 용질의 용액(비전해질 용액)은 용질의 몰랄농도에 비례하여 낮아지는 것으로 문제의 내용으로 설명한다.

$P_i = X_i \cdot P_o$

여기서, P_i : 혼합용액에서 어느 물질의 증기압

X_i : 혼합용액에서 그 물질의 몰분율

P_o : 순수한 상태에서 그 물질의 증기압

참고 라울의 법칙에 의하면 설탕과 같은 비전해질의 1몰랄수용액은 6.02×10^{23}(아보가드로수)개의 분자 또는 입자

를 포함하며, 그만큼 순수한 물보다 증기압력이 낮아지고, 끓는점은 0.52℃ 올라가는 반면, 어는점은 1.86℃가 내려간다. 이온화하여 2개의 이온을 생성하는 NaCl과 같은 전해질의 1몰랄 용액은 Avogadro수의 2배에 가까운 입자를 포함하게 되므로 그 영향도 거의 2배가 된다.

18 소수성 콜로이드에 관한 설명으로 옳지 않은 것은?

① suspension 상태이다.
② 염에 매우 민감하다.
③ 물과 반발하는 성질을 가지고 있다.
④ 틴들효과가 약하거나 거의 없다.

해설 보기 ④의 내용은 친수성 콜로이드에 관한 설명이고, 소수성 콜로이드는 틴들효과가 현저하다.

19 해수의 온도와 염분의 농도에 의한 밀도차에 의해 형성되는 해류는?

① 조류　　　　② 쓰나미
③ 상승류　　　④ 심해류

해설 심해류는 해수의 온도와 염분에 의한 밀도차에 의해 형성되며, 난류와 한류가 있다.

20 염기에 관한 내용으로 옳지 않은 것은?

① 염기 수용액은 미끈미끈하다.
② 전자쌍을 받는 화학종이다.
③ 양성자를 받는 분자나 이온이다.
④ 수용액에서 수산화이온을 내어놓는 것이다.

해설 전자쌍을 받는 화학종(이온이나 분자)은 산이고, 주는 화학종은 염기이다(Lewis).

제2과목 　수질오염 방지기술

21 폐수량 1,000m³/일, BOD 2,000mg/L에서 BOD 부하량을 400kg/일까지 감소시키려고 한다면 BOD 제거율은 얼마이어야 하는가?

① 75%　　　　② 80%
③ 85%　　　　④ 90%

해설 유입 BOD량 $= 2,000\text{g/m}^3 \times 1,000\text{m}^3/\text{일} \times 10^{-3}\text{kg/g}$
$= 2,000\text{kg/일}$

∴ BOD 제거율 $= \dfrac{2,000-400}{2,000} \times 100 = 80\%$

22 역삼투법으로 하루에 300m³의 3차 처리 유출수를 탈염하기 위해 소요되는 막의 면적은?

〈조건〉
1. 물질전달계수 : $0.207\text{L}/(\text{day} \cdot \text{m}^2)\text{kPa}$
2. 유입, 유출수 사이의 압력차 : 2,500kPa
3. 유입, 유출수 사이의 삼투압차 : 410kPa

① 324m²　　　② 438m²
③ 541m²　　　④ 694m²

해설 $Q_F = K(\Delta P - \Delta \pi)$
$= 0.207\text{L}(\text{day} \cdot \text{m}^2)\text{kPa} \times (25,00-410)\text{kPa}$
$= 432.63\text{L/day} \cdot \text{m}^2$

∴ 막 면적 $= \dfrac{300,000\text{L/day}}{432.63\text{L/day} \cdot \text{m}^2} = 693.43\text{m}^2$

23 잉여 슬러지량이 15m³/day이고, 폭기조 부피가 300m³, [폭기조 MLSS 농도(X)/반송슬러지 농도(X_r)]=0.3일 때, MCRT(평균 미생물 체류시간)는? (단, 최종유출수의 SS 농도는 고려하지 않는다.)

① 4day　　　　② 6day
③ 8day　　　　④ 10day

해설 $\text{MCRT(SRT)} = \dfrac{V \cdot X}{X_r \cdot Q_w} = \left(\dfrac{V}{Q_w}\right) \cdot \left(\dfrac{X}{X_r}\right)$
$= \left(\dfrac{30\text{m}^3}{15\text{m}^3/\text{day}}\right) \times (0.3) = 6\text{day}$

참고 MCRT(미생물 체류시간)=SRT(고형물 체류시간)
$\text{SRT} = \dfrac{V \cdot X}{X_r \cdot Q_w + (Q-Q_w)X_e}$ 에서 최종유출수의 SS

농도 X_e를 무시하면 $\text{SRT} = \dfrac{V \cdot X}{X_r \cdot Q_w}$ 이다.

24 상수 원수 내의 비소처리에 관한 설명으로 옳지 않은 것은?

① 응집처리에는 응집침전에 의한 제거방법과 응집여과에 의한 제거방법이 있다.
② 이산화망간을 사용하는 흡착처리에서는 5가 비소를 제거할 수 있다.
③ 흡착 시의 pH는 활성알루미나에서는 3~4가 효과적인 범위이다.
④ 수산화셀륨을 흡착제로 사용하는 경우는 3가 및 5가 비소를 흡착할 수 있다.

해설 활성알루미나 또는 이상화망간을 사용하는 흡착처리에서는 5가비소를 제거할 수 있으므로, 처리수에 3가비소가 포함된 경우에는 응집처리와 마찬가지로 미리 염소에 의하여 3가비소를 5가비소로 산화시켜야 한다. 흡착시의 pH는 활성알루미나에서는 4~6, 이산화망간에서는 5~7이 효과적인 범위이므로 처리수의 pH가 이 범위를 벗어난 경우에는 pH 조정이 필요하다.

25 연속회분식 반응조(SBR)의 운전단계(주입, 반응, 침전, 제거, 휴지)별 개요에 관한 설명으로 옳지 않은 것은?

① 주입 : 주입과정에서 반응조의 수위는 25% 용량(휴지기간 끝에 용량)에서 100%까지 상승된다.

② 반응 : 주입단계에서 시작된 반응을 완결시키며 전형적으로 총 cycle 시간의 35% 정도를 차지한다.

③ 침전 : 연속흐름식 공정에 비하여 일반적으로 더 효율적이다.

④ 제거 : 침전 슬러지를 반응조로부터 제거하는 것으로 총 cycle 시간의 5~30%이다.

해설 SBR 공정은 ① 주입(fill) → ② 반응(react) → ③ 침전 (settle) → ④ 제거(draw, 상등액 제거) → ⑤ 휴지 (idle)의 5단계로 이루어진다. 이 중 제거과정은 침전된 처리수를 반응조로부터 제거하는 것으로 사용되는 시간은 총 cycle 시간의 5~30%(15분~2시간)로서 45분이 대표적인 제거시간이다.

설명 침전 슬러지 → 침전된 처리수

26 직경이 0.5mm이고 비중이 2.65인 구형입자가 20℃ 물에서 침강할 때 침강속도(m/ses)는? (단, 20℃에서 ρ_w=998.2kg/m³, μ=1.002×10⁻³ kg/m·ses, Stokes 법칙 적용)

① 0.08 ② 0.14
③ 0.22 ④ 0.32

해설 $V_s = \dfrac{g(\rho_s - \rho_w)d^2}{18\mu}$

- $g = 9.8\text{m/sec}^2$, $\rho_s = 2,650\text{kg/m}^3$
- $d = 5 \times 10^{-4}\text{m}$

$= \dfrac{9.8\text{m/sec}^2 \times (2,650 - 998.2)\text{kg/m}^3 \times (5 \times 10^{-4}\text{m})^2}{18 \times (1.002 \times 10^{-3})\text{kg/m}\cdot\text{sec}}$

$= 0.224\text{m/sec}$

27 살수여상에서 연못화(ponding)의 원인과 가장 거리가 먼 것은?

① 기질(奇疾)부하율이 너무 낮다.
② 생물막이 과도하게 탈리되었다.
③ 1차 침전지에서 고형물이 충분히 제거되지 않았다.
④ 여재가 너무 작거나 균일하지 않다.

해설 기질부하율이 너무 높을 때 연못화의 원인이 된다.(이론편 참조)

28 생물막법인 접촉산화법의 장·단점으로 옳지 않은 것은?

① 난분해성 물질 및 유해물질에 대한 내성이 높다.
② 슬러지 반송이 필요없고, 슬러지 발생량이 적다.
③ 미생물량과 영향인자를 정상상태로 유지하기 위한 조작이 용이하다.
④ 분해속도가 낮은 기질제거에 효과적이다.

해설 접촉산화법은 미생물량과 영향인자를 정상상태로 유지하기 위한 조작이 어렵다.

29 활성슬러지 폭기조의 F/M비를 0.4kg BOD/kgMLSS·day로 유지하고자 한다. 운전조건이 다음과 같을 때 MLSS의 농도(mg/L)는? (단, 운전조건 : 폭기조 용량 100m³, 유량 1,000m³/day, 유입 BOD 100mg/L)

① 1,500 ② 2,000
③ 2,500 ④ 3,000

해설 $\text{F/M} = \dfrac{\text{BOD} \cdot Q}{\text{MLSS} \cdot V}$

$\text{MLSS} = \dfrac{\text{BOD} \cdot Q}{\text{F/M} \cdot V} = \dfrac{100\text{mg/L} \times 1,000\text{m}^3/\text{day}}{0.4 \times 100\text{m}^3}$

$= 2,500\text{mg/L}$

30 하수 소독을 위한 오존의 장·단점으로 옳은 것은?

① Virus의 불활성화 효과가 크다.
② 전력비용이 적게 소요된다.
③ 효과에 지속성이 있다.
④ 탈취, 탈색 효과가 적다.

해설 하수 소독을 위한 오존의 장·단점

장 점	단 점
• 많은 유기화합물을 빠르게 산화, 분해한다. • 유기화합물의 생분해성을 높인다. • 탈취, 탈색 효과가 크다. • 병원균에 대하여 살균작용이 강하다. • Virus의 불활성화 효과가 크다. • 철 및 망간의 제거능력이 크다. • 염소 요구량을 감소시켜 유기염소화합물의 생성량을 감소시킨다. • 슬러지가 생기지 않는다. • 유지관리가 용이하다. • 안정하다.	• 효과에 지속성이 없으며, 상수에 대하여는 염소처리의 병용이 필요하다. • 경제성이 좋지 않다. • 오존발생장치가 필요하다. • 전력비용이 과다하다.

31 폐수의 성질이 BOD 1,000mg/L, SS 1,500mg/L, pH 3.5, 질소분 55mg/L, 인산분 12mg/L인 폐수가 있다. 이 폐수의 처리순서로 타당한 것은?

① Screening → 중화 → 미생물처리 → 침전
② Screening → 침전 → 미생물처리 → 중화
③ 침전 → Screening → 미생물처리 → 중화
④ 미생물처리 → Screening → 중화 → 침전

해설 BOD가 1,000mg/L인 유기성 폐수는 미생물처리를 하여야 하는데, pH 3.5인 상태로는 미생물처리가 불가능하므로 미생물처리에 앞서 중화하여 미생물처리가 가능한 pH 6~8의 범위로 조절하여야 한다.
※ 또한 pH가 낮으면 각종 구조물을 부식시키므로 가능한 먼저 중화처리하여야 한다.

32 하수고도처리 방법 중 질소 제거를 위한 막분리 활성슬러지법(MBR 공법)의 장·단점 및 설계, 유지관리상 유의점으로 옳지 않은 것은?

① 생물학적 공정에서 문제시되고 있는 2차 침전지의 침강성과 관련된 문제가 없다.
② 긴 SRT로 인하여 슬러지 발생량이 적다.
③ SS 제거를 위해 응집조를 두어 분리막을 보호하고 수명을 연장한다.
④ 완벽한 고액분리가 가능하며, 높은 MLSS 유지가 가능하다.

해설 막분리 활성슬러지법(MBR 공법)은 생물반응조와 분리막을 결합하여 2차 침전지 및 3차 처리 여과시설을 대체하는 시설로서, 생물반응의 경우는 통상적인 활성슬러지법과 동일한데 2차 침전지를 설치하지 않고 포기조 내부 또는 외부에 부착한 정밀여과막 또는 한외여과막에 의해 슬러지와 처리수를 분리하기 때문에 처리수 중의 입자성분을 제거하므로 BOD와 SS 성분의 제거가 실현된다. 분리막을 보호하기 위한 전처리로는 1mm 이하의 스크린 처리가 필요하다. 따라서 분리막을 보호하기 위해 SS 제거를 위한 응집시설은 필요치 않으며, 다만 추가적으로 인 제거를 위하여 응집제(염화제이철, PAC 등)를 첨가하는 응집침전법과 이온교환법 등을 조합하는 방법이 있다.

33 생물학적 인 제거공정에 관한 설명으로 옳지 않은 것은?

① Acinetobacter는 인 제거를 위한 중요한 미생물의 하나이다.
② 5단계 Bardenpho 공정에서 인은 폐슬러지에 포함되어 제거된다.
③ Phostrip 공정은 인 성분을 main-stream에서 제거하는 공정이다.
④ A₂/O 공정은 질소와 인 성분을 함께 제거할 수 있다.

해설 Phostrip 공정은 인 성분을 side-stream에서 제거하는 공정이다.

34 부상조의 최적 A/S비는 0.08, 처리할 폐수의 부유물질 농도는 375mg/L, 20℃에서 5.1atm으로 가압할 때 반송률(%)은? (단, f=0.8, 공기 용해도 S_a=18.7mL/L, 20℃ 기준, 순환방식 기준)

① 약 25
② 약 30
③ 약 35
④ 약 40

해설 $$A/S = \frac{1.3S_a(f \cdot p - 1)}{s} \times \frac{Q_R}{Q}$$

$$0.08 = \frac{1.3 \times 18.7 \times (0.8 \times 5.1 - 1)}{375} \times \frac{Q_R}{Q}$$

$$\frac{Q_R}{Q} (반송비) = 0.4007$$

∴ 반송률 = 40.07%

35 어느 공장폐수의 BOD가 67,000ppb일 때 유출수량은 1,600m³/day이다. 이 시설의 1일 BOD 부하량(kg/day)은?

① 107.2kg/day ② 207.3kg/day

③ 314.2kg/day ④ 456.2kg/day

> **해설** BOD 부하량 $= \dfrac{67,000\mu g}{L}\left|\dfrac{1,600m^3}{day}\right|\dfrac{1kg}{10^6\mu g}\left|\dfrac{10^3L}{m^3}\right.$
>
> $= 107.2kg/day$

36 회전생물막접촉기(RBC)에 관한 설명으로 옳지 않은 것은?

① 슬러지 반송량 조절이 용이하다.

② 활성슬러지법에 비해 슬러지 생산량이 적다.

③ 질소, 인 등의 영양염류의 제거가 가능하다.

④ 동력비가 적게 든다.

> **해설** 회전원판법은 슬러지 반송이 필요없다.

37 고도수처리에 이용되는 분리방법 중 투석의 구동력으로 옳은 것은?

① 정수압차(0.1~1bar)

② 정수압차(20~100bar)

③ 전위차

④ 농도차

> **해설** 투석의 구동력은 농도차이다.

38 포기조 내의 MLSS가 3,000mg/L, 포기조 용적이 2,000m³인 활성슬러지법에서 최종침전지에 유출되는 SS는 무시하고 매일 100m³의 폐슬러지를 뽑아서 소화조로 보내 처리한다. 폐슬러지의 농도가 1%라면 세포의 평균체류시간(SRT)은?

① 120시간 ② 144시간

③ 192시간 ④ 240시간

> **해설** $SRT = \dfrac{V \cdot X}{X_r \cdot Q_w}$
>
> $= \dfrac{2,000m^3 \times 3,000mg/L}{10,000mg/L \times 100m^3/day} = 6day = 144hr$
>
> ※ $1\% = 10,000mg/L$

39 슬러지의 함수율은 90%, 슬러지의 고형물량 중 유기물 함량은 70%이다. 투입량은 100kL이며, 소화로 유기물의 5/7가 제거된다. 소화된 후의 슬러지 양은? (단, 소화슬러지의 함수율은 85%, %는 부피기준이며, 고형물의 비중은 1.0으로 가정한다.)

① 33.3m³ ② 42.2m³

③ 45.6m³ ④ 51.4m³

> **해설** 투입슬러지＝수분＋고형물(TS)
>
>   30%　 10%
>
> TS＝VS(유기물)＋FS(무기물)
>
>   70%　　30%
>
> 투입슬러지 중 유기물(VS) 양
>
> $= 100ton \times (1-0.9) \times 0.7 = 7ton$
>
> 투입슬러지 중 무기물(FS) 양
>
> $= 100ton \times (1-0.9) \times (1-0.7) = 3ton$
>
> 소화 후 잔존 고형물량 $= 3ton + 7ton \times \dfrac{2}{7} = 5ton$
>
> 소화슬러지＝수분＋고형물
>
>   85%　 15%
>
> ∴ 소화슬러지 양 $= 5ton \times \dfrac{100}{100-85} = 33.33ton$
>
> $= 33.33m^3$
>
> ※ 고형물 비중이 1.0이면 수분의 비중이 1.0이므로 슬러지(고형물＋수분) 비중도 1.0이 된다.

40 BOD 200mg/L인 하수를 1차 및 2차 처리하여 최종유출수의 BOD 농도를 20mg/L로 하고자 한다. 1차 처리에서 BOD 제거율이 40%일 때 2차 처리에서의 BOD 제거율은?

① 81.3% ② 83.3%

③ 86.3% ④ 89.3%

> **해설** 2차 처리 BOD 제거율 $= x$라 하면
>
> $200(1-0.4)(1-x) = 20$
>
> ∴ $x = 0.8333 \rightarrow 83.33\%$

제3과목　수질오염 공정시험방법

41 정량한계(LOQ)를 옳게 나타낸 것은?

① 정량한계＝2×표준편차

② 정량한계＝3.3×표준편차

③ 정량한계＝5×표준편차

④ 정량한계＝10×표준편차

해설 정량한계(LOQ ; Limit Of Quantification)란 시험분석 대상을 정량화할 수 있는 측정값으로서, 제시된 정량한계 부근의 농도를 포함하도록 시료를 준비하고 이를 반복측정하여 얻은 결과의 표준편차(s)에 10배 한 값을 사용한다.

∴ 정량한계 = $10 \times s$

42 공장폐수 및 하수유량(측정용 수로 및 기타 유량 측정방법) 측정을 위한 위어의 최대유속과 최소유속의 비로 옳은 것은?

① 100 : 1 　② 200 : 1

③ 400 : 1 　④ 500 : 1

해설 위어(weir)의 최대유속과 최소유속의 비율 범위(최대유량 : 최소유량)는 500 : 1이다.

43 색도 측정에 관한 설명 중 옳지 않은 것은?

① 색도 측정은 시각적으로 눈에 보이는 색상에 관계없이 단순 색도차 또는 단일 색도차를 계산한다.

② 백금-코발트 표준물질과 아주 다른 색상의 폐하수에는 적용할 수 없다.

③ 근본적인 간섭은 적용 파장에서 콜로이드 물질 및 부유물질의 존재로 빛이 흡수 또는 분산되면서 일어난다.

④ 애덤스-니컬슨(Adams-Nickerson) 색도 공식을 근거로 한다.

해설 백금-코발트 표준물질과 아주 다른 색상의 폐·하수에서 뿐만 아니라, 표준물질과 비슷한 색상의 폐·하수에도 적용할 수 있다.

44 인산염인의 정량을 위해 적용가능한 시험방법과 가장 거리가 먼 것은? (단, 수질오염공정시험기준 기준)

① 자외선/가시선분광법(이염화주석환원법)

② 자외선/가시선분광법(아스코르브산환원법)

③ 이온 크로마토그래피법

④ 이온전극법

해설 인산염인의 정량을 위해 적용 가능한 시험방법은 보기의 ①, ②, ③이다.

45 시료의 최대보전기간이 나머지와 다른 측정대상 항목은?

① 총인(용존총인)

② 퍼클로레이트

③ 페놀류

④ 유기인

해설

측정항목	보존방법	최대 보존기간
총인 (용존총인)	4℃, H_2SO_4로 pH 2 이하	28일
퍼클로레이트	6℃ 이하, 현장에서 멸균된 여과지로 여과	28일
페놀류	4℃, H_2SO_4로 pH 4 이하 조정 후 시료 1L당 $CuSO_4$ 1g/L 첨가	28일
유기인	4℃, H_2SO_4로 pH 5~9	7일

46 자동시료채취기의 시료채취 기준으로 옳은 것은? (단, 배출허용기준 적합여부 판정을 위한 시료채취-복수시료채취 방법 기준)

① 2시간 이내에 30분 이상 간격으로 2회 이상 채취하여 일정량의 단일시료로 한다.

② 4시간 이내에 30분 이상 간격으로 2회 이상 채취하여 일정량의 단일시료로 한다.

③ 6시간 이내에 30분 이상 간격으로 2회 이상 채취하여 일정량의 단일시료로 한다.

④ 8시간 이내에 30분 이상 간격으로 2회 이상 채취하여 일정량의 단일시료로 한다.

해설 자동시료채취기로 시료를 채취할 경우에는 6시간 이내에 30분 이상 간격으로 2회 이상 채취(composite sample)하여 일정량의 단일시료로 한다.

47 총대장균군(환경기준 적용 시료) 실험을 위한 시료의 보존방법 기준은?

① 4℃ 보관

② 저온(10℃ 이하) 보관

③ 냉암소에 4℃ 보관

④ 황산구리 첨가 후 4℃ 냉암소 보관

해설 총대장균군(환경기준 적용 시료, 배출허용기준 및 방류수 기준 적용 시료) 실험을 위한 시료는 저온(10℃ 이하)에서 보관한다.

48 시안(CN⁻)을 이온전극법으로 측정할 때 정량한계는?

① 0.01mg/L ② 0.05mg/L
③ 0.10mg/L ④ 0.50mg/L

해설 시안(CN⁻)을 이온전극법으로 측정할 때 정량한계는 0.10mg/L이다.

49 다음은 페놀류를 자외선/가시선분광법으로 측정하는 방법이다. ( ) 안에 옳은 내용은?

> 증류한 시료에 염화암모늄-암모니아 완충액을 넣어 pH 10으로 조절한 다음 4-아미노안티피린과 ( )을 넣어 생성된 붉은색의 안티피린계 색소의 흡광도를 측정한다.

① 몰리브덴산암모늄
② 아연분말
③ 헥사시안화철(Ⅱ)산칼륨
④ 과황산칼륨

해설 페놀류의 자외선/가시선분광법을 물속에 존재하는 페놀류를 측정하기 위하여 증류한 시료에 염화암모늄-암모니아 완충용액을 넣어 pH 10으로 조절한 다음 4-아미노안티피린과 헥사시안화철(Ⅱ)산칼륨을 넣어 생성된 붉은색의 안티피린계 색소의 흡광도를 측정하는 방법으로 수용액에서는 510nm, 클로로폼 용액에서는 460nm에서 측정한다.

50 시료를 채취할 때 유의해야 할 사항으로 옳지 않은 것은?

① 휘발성유기화합물 분석용 시료를 채취할 때에는 뚜껑의 격막을 만지지 않도록 주의하여야 한다.
② 지하수 시료채취 시 심부층의 경우 저속양수펌프 등을 이용하여 반드시 저속시료채취하여 시료교란을 최소화하여야 한다.
③ 냄새 측정을 위한 시료채취 시 냄새 없는 세제로 닦은 후 고무 또는 플라스틱 마개로 봉한다.
④ 퍼클로레이트를 측정하기 위한 시료채취 시 시료용기를 질산 및 정제수로 씻은 후 사용하며, 시료채취 시 시료병의 2/3를 채운다.

해설 냄새 측정을 위한 시료채취 시 유리기구류는 사용 직전에 새로 세척하여 사용한다. 먼저 냄새 없는 세제로 닦은 후 정제수로 닦아 사용하고, 고무 또는 플라스틱 재질의 마개는 사용하지 않는다.

51 개수로 측정 구간의 유수의 평균단면적이 0.8m² 이고, 표면 최대유속이 2m/s일 때, 유량은? (단, 수로의 구성, 재질, 수로 단면의 형상, 구배 등이 일정치 않은 개수로의 경우)

① 53m³/min ② 72m³/min
③ 84m³/min ④ 90m³/min

해설 $V = 0.75 V_e = 0.75 \times 2\text{m/sec} = 1.5\text{m/sec}$
$Q = 60VA = 60 \times 1.5\text{m/sec} \times 0.8\text{m}^2 = 72\text{m}^3/\text{min}$

52 그림과 같은 개수로(수로의 구성재질과 수로 단면의 형상이 일정하고, 수로의 길이가 적어도 10m까지 똑바른 경우)가 있다. 수심 1 m, 수로 폭 2m, 수면경사 1/1,000인 수로의 평균유속($C(Ri)^{0.5}$)을 췌지(Chezy)의 유속공식으로 계산하였을 때, 유량은? (단, Bazin의 유속계수 $C = \dfrac{87}{1 + \dfrac{r}{\sqrt{R}}}$ 이며, $R = \dfrac{Bh}{B+2h}$ 이고, $r = 0.46$이다.)

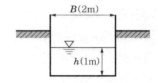

① 102m³/min ② 122m³/min
③ 142m³/min ④ 162m³/min

해설 $V = C(Ri)^{0.5}$ 에서
$R = \dfrac{Bh}{B+Bh} = \dfrac{2 \times 1}{2 + 2 \times 1} = 0.5\text{m}$
$C = \dfrac{87}{1 + \dfrac{0.46}{\sqrt{0.5}}} = 52.71$

따라서 $V = 52.71 \left(0.5 \times \dfrac{1}{1,000} \right)^{0.5} = 1.18\text{m/sec}$

∴ $Q = A \cdot V$
$= (2 \times 1)\text{m}^2 \times 1.18\text{m/sec} \times 60\text{sec/min}$
$= 141.6\text{m}^3/\text{min}$

53 다음은 시료의 전처리 방법 중 '회화에 의한 분해'에 관한 내용이다. ( ) 안에 옳은 것은?

> 목적성분이 (㉠) 이상에서 (㉡)되지 않고 쉽게 (㉢)될 수 있는 시료에 적용한다.

① ㉠ 400℃, ㉡ 휘산, ㉢ 회화
② ㉠ 400℃, ㉡ 회화, ㉢ 휘산
③ ㉠ 500℃, ㉡ 휘산, ㉢ 회화
④ ㉠ 500℃, ㉡ 회화, ㉢ 휘산

해설 '회화에 의한 분해'는 목적성분이 400℃ 이상에서 휘산되지 않고 쉽게 회화될 수 있는 시료에 적용된다.

54 폐수 중의 알킬수은을 기체 크로마토그래피로 정량할 때 사용되는 검출기와 운반기체로 맞게 짝지어진 것은?

① TCD, 헬륨
② FPD, 질소
③ ECD, 헬륨
④ FTD, 질소

해설 검출기는 전자포획형 검출기(ECD ; Electron Capture Detector)를 사용하고, 알킬수은-기체 크로마토그래피법은 운반기체로 순도 99.999% 이상의 질소 또는 헬륨을 사용한다.

55 측정하고자 하는 금속물질이 바륨인 경우의 시험방법과 가장 거리가 먼 것은? (단, 수질오염공정시험기준 기준)

① 자외선/가시선분광법
② 유도결합플라스마 원자발광분광법
③ 유도결합플라스마 질량분석법
④ 불꽃 원자흡수분광광도법

해설 바륨 측정 시 적용 가능한 시험방법은 원자흡수분광광도법, 유도결합플라스마 원자발광분광법, 유도결합플라스마 질량분석법이다.

56 클로로필-a 측정 시 클로로필 색소를 추출하는데 사용되는 용액은?

① 아세톤(1 + 9) 용액
② 아세톤(9 + 1) 용액
③ 에틸알코올(1 + 9) 용액
④ 에틸알코올(9 + 1) 용액

해설 클로로필-a 측정은 아세톤(9+1) 용액을 이용하여 시료를 여과한 여과지로부터 클로로필 색소를 추출하고, 추출액의 흡광도를 663nm, 645nm, 630nm 및 750nm에서 측정하여 클로로필-a의 양을 계산하는 방법이다.

57 다음은 잔류염소-비색법 측정에 관한 내용이다. ( ) 안에 옳은 내용은?

> 시료의 pH를 ( )으로 약산성으로 조절한 후 발색하여 잔류염소 표준비색표와 비교 측정한다.

① 인산염 완충용액
② 프탈산염 완충용액
③ 붕산염 완충용액
④ 수산화칼륨 완충용액

해설 잔류염소-비색법은 시료의 pH를 인산염 완충용액으로 약산성으로 조절한 후 발색하여 잔류염소 표준비색표와 비교하여 측정하는 방법으로, 정량한계는 0.05mg/L이다.

58 실험 일반 총칙 중 용어 정의에 관한 내용으로 옳지 않은 것은?

① 냄새가 없다 : 냄새가 없거나 거의 없는 것을 표시하는 것
② 정밀히 단다 : 규정된 수치의 무게를 0.1mg까지 다는 것
③ 정확히 취하여 : 규정한 양의 액체를 부피 피펫으로 눈금까지 취하는 것
④ 진공 : 따로 규정이 없는 한 15mmHg 이하를 뜻한다.

해설 "정밀히 단다"라 함은 규정된 양의 시료를 취하여 화학저울 또는 미량저울로 칭량함을 말한다.

59 총칙 중 온도 표시에 관한 내용으로 옳지 않은 것은?

① 냉수는 15℃ 이하를 말한다.
② 찬 곳은 따로 규정이 없는 한 4~15℃인 곳을 뜻한다.
③ 시험은 따로 규정이 없는 한 상온에서 조작하고, 조작 직후에 그 결과를 관찰한다.
④ 온수는 60~70℃를 말한다.

해설 찬 곳은 따로 규정이 없는 한 0~15℃인 곳을 뜻한다.

60 냄새 측정 시 냄새역치(TON)를 구하는 산식으로 옳은 것은? (단, A : 시료 부피(mL), B : 무취 정제수 부피(mL))

① 냄새역치 = $(A+B)/A$

② 냄새역치 = $A/(A+B)$

③ 냄새역치 = $(A+B)/B$

④ 냄새역치 = $B/(A+B)$

해설 냄새역치(TON ; Threshold Odor Number)는 냄새가 느껴지지 않을 때까지의 최대희석배수를 의미하며, 사용한 시료의 부피와 냄새 없는 희석수의 부피를 사용하여 다음과 같이 계산한다.

$$냄새역치(TON) = \frac{A+B}{A}$$

여기서, A : 시료 부피(mL)
　　　 B : 무취 정제수 부피(mL)

제4과목 ▶ 수질환경 관계법규

61 환경기준 중 수질 및 수생태계(하천)의 생활환경 기준으로 옳지 않은 것은? (단, 등급은 매우 좋음(I_a))

① 수소이온 농도(pH) : 6.3~7.5

② T−P : 0.02mg/L 이하

③ SS : 25mg/L 이하

④ BOD : 1mg/L 이하

해설 환경정책기본법 시행령 별표 1 제3호 가목 2) 참조
설명 수소이온 농도(pH) : 6.5~8.5

62 환경부 장관은 비점오염저감계획을 검토하거나 비점오염저감시설을 설치하지 아니하여도 되는 사업장을 인정하려는 때에는 그 적정성에 관하여 환경부령이 정하는 관계전문기관의 의견을 들을 수 있다. 다음이 말하는 환경부령이 정하는 관계전문기관으로 옳은 것은?

① 국립환경과학원

② 한국환경정책 · 평가연구원

③ 한국환경기술개발원

④ 한국건설기술연구원

해설 물환경보전법 시행규칙 제78조
설명 비점오염 관련 관계전문기관은 환경관리공단과 한국환경정책 · 평가연구원이다.

63 공공폐수처리시설의 방류수 수질기준으로 옳지 않은 것은? (단, Ⅳ 지역, 적용기간 : 2022. 1. 1.~2022. 12. 31. (　)는 농공단지 공공폐수처리시설의 방류수 수질기준)

① BOD : 10(10)mg/L 이하

② TOC : 30(30)mg/L 이하

③ SS : 10(10)mg/L 이하

④ T−N : 20(20)mg/L 이하

해설 물환경보전법 시행규칙 별표 10 참조
설명 TOC : 25(25)mg/L 이하

64 물놀이 등의 행위제한 권고기준 중 대상행위가 '어패류 등 섭취'인 경우 항목 및 기준으로 옳은 것은?

① 어패류 체내 총 수은(Hg) : 0.1mg/kg 이상

② 어패류 체내 총 수은(Hg) : 0.3mg/kg 이상

③ 어패류 체내 총 카드뮴(Cd) : 0.1mg/kg 이상

④ 어패류 체내 총 카드뮴(Cd) : 0.3mg/kg 이상

해설 물환경보전법 시행령 별표 5 참조
설명 물놀이 등의 행위제한 권고기준

대상행위	항 목	기 준
수영 등 물놀이	대장균	500(개체수/100mL) 이상
어패류 등 섭취	어패류 체내 총 수은(Hg)	0.3mg/kg 이상

65 초과부과금의 산정기준인 수질오염물질 1kg당 부과금액이 가장 적은 것은?

① 수은 및 그 화합물

② 폴리염화비페닐

③ 트리클로로에틸렌

④ 카드뮴 및 그 화합물

해설 물환경보전법 시행령 별표 14 참조
설명 ① 수은 및 그 화합물 : 1,250,000원/kg
　　 ② 폴리염화비페닐(PCB) : 1,250,000원/kg
　　 ③ 트리클로로에틸렌 : 300,000원/kg
　　 ④ 카드뮴 및 그 화합물 : 500,000원/kg

2022

66 환경부 장관은 대권역별 수질 및 수생태계 보전을 위한 기본계획을 몇 년마다 수립하여야 하는가?

① 3년
② 5년
③ 7년
④ 10년

해설 물환경보전법 제24조 제1항 참조

67 환경부 장관은 비점오염저감계획의 이행 또는 시설의 설치, 개선을 명령할 경우에는 비점오염저감계획의 이행 또는 시설의 설치, 개선에 필요한 기간을 고려하여 정한다. 시설 설치의 경우 필요기간 범위로 옳은 것은? (단, 연장기간은 고려하지 않는다.)

① 6월
② 1년
③ 2년
④ 3년

해설 물환경보전법 시행령 제75조 제1항 참조
설명 필요한 기간
• 비점오염저감계획 이행(시설 설치·개선의 경우는 제외한다)의 경우 : 2개월
• 시설 설치의 경우 : 1년
• 시설 개선의 경우 : 6개월

68 사업자가 환경기술인을 바꾸어 임명하는 경우에 관한 기준으로 옳은 것은?

① 그 사유가 발생한 날부터 30일 이내 신고한다.
② 그 사유가 발생한 날부터 10일 이내 신고한다.
③ 그 사유가 발생한 날부터 5일 이내 신고한다.
④ 그 사유가 발생한 날 즉시 신고한다.

해설 물환경보전법 시행령 제59조 제1항 참조
설명 사업자가 환경기술인을 임명하려는 경우에는 다음의 구분에 따라 임명하여야 한다.
• 최초로 배출시설을 설치한 경우 : 가동시작 신고와 동시
• 환경기술인을 바꾸어 임명하는 경우 : 그 사유가 발생한 날부터 5일 이내

69 하천·호소 등의 전국적인 수질현황을 파악하기 위하여 측정망을 설치해야 하는 자는?

① 지역환경청장
② 시·도지사
③ 환경부 장관
④ 수자원공사 사장

해설 물환경보전법 제9조 제1항 참조

70 수질오염경보 중 상수원 구간에서 조류경보(조류 대발생 단계) 시 취수장, 정수장 관리자의 조치사항 기준으로 옳지 않은 것은?

① 조류증식 수심 이하로 취수구 이동
② 취수구 방어막 설치 등 조류 제거조치
③ 정수의 독소분석 실시
④ 정수처리 강화(활성탄처리, 오존처리)

해설 물환경보전법 시행령 별표 4 제1호 참조

71 위임업무 보고사항 중 보고횟수 기준이 나머지와 다른 업무 내용은?

① 배출업소의 지도, 점검 및 행정처분 실적
② 폐수처리업에 대한 허가, 지도단속실적 및 처리실적 현황
③ 배출부과금 부과 실적
④ 비점오염원의 설치신고 및 방지시설 설치 현황 및 행정처분 현황

해설 물환경보전법 시행규칙 별표 23 참조
설명 • 보기 ①, ③, ④ : 연 4회
• 보기 ② : 연 2회

72 다음은 폐수처리업자의 준수사항에 관한 내용이다. ( ) 안에 옳은 내용은?

기술인력을 그 해당 분야에 종사하도록 해야 하며, 폐수처리시설을 (㉠) 이상 가동할 경우에는 해당 처리시설의 현장근무 (㉡) 이상의 경력자를 작업현장에 책임 근무하도록 해야 한다.

① ㉠ 8시간, ㉡ 1년
② ㉠ 16시간, ㉡ 1년
③ ㉠ 8시간, ㉡ 2년
④ ㉠ 16시간, ㉡ 2년

해설 물환경보전법 시행규칙 별표 21 제1호 참조

73 수질오염방지시설 중 화학적 처리시설이 아닌 것은?

① 살균시설
② 응집시설
③ 흡착시설
④ 침전물 개량시설

해설 물환경보전법 시행규칙 별표 5 참조
설명 응집시설은 물리적 처리시설이다.

74 비점오염원의 변경신고를 해야 하는 경우에 대한 기준으로 옳은 것은?

① 총 사업면적, 개발면적 또는 사업장 부지면적이 처음 신고면적의 100분의 15 이상 증가하는 경우
② 총 사업면적, 개발면적 또는 사업장 부지면적이 처음 신고면적의 100분의 25 이상 증가하는 경우
③ 총 사업면적, 개발면적 또는 사업장 부지면적이 처음 신고면적의 100분의 30 이상 증가하는 경우
④ 총 사업면적, 개발면적 또는 사업장 부지면적이 처음 신고면적의 100분의 50 이상 증가하는 경우

해설 물환경보전법 시행령 제73조 참조
설명 처음 신고면적의 100분의 15 이상 증가하는 경우

75 환경부령이 정하는 수로에 해당되지 않는 것은?

① 상수관로
② 운하
③ 농업용 수로
④ 지하수로

해설 물환경보전법 시행규칙 제5조 참조
설명 '환경부령이 정하는 수로'란 지하수로, 농업용수로, 하수관로 운하를 말한다.

76 1일 폐수 배출량이 800m³인 사업장의 환경기술인의 자격기준으로 옳은 것은?

① 수질환경기사 1명 이상
② 수질환경산업기사 1명 이상
③ 수질환경산업기사, 환경기능사 또는 2년 이상 수질분야 환경관련 업무에 직접 종사한 자 1명 이상
④ 수질환경산업기사, 환경기능사 또는 3년 이상 수질분야 환경관련 업무에 직접 종사한 자 1명 이상

해설 물환경보전법 시행령 별표 17 참조
설명 1일 폐수 배출량이 700m³ 이상, 2,000m³ 미만인 사업장은 2종 사업장에 해당되며, 2종 사업장의 환경기술인의 자격기준은 수질환경산업기사 1명 이상이다.

77 기타 수질오염원인 수산물양식시설 중 가두리양식업 시설의 시설 설치 등의 조치 기준으로 옳지 않은 것은?

① 사료를 준 후 2시간 지났을 때 침전되는 양이 10% 미만인 물에 뜨는 사료를 사용한다. 다만 10센티미터 미만의 치어 또는 종묘에 대한 사료는 제외한다.
② 물에 뜨는 사료 유실 방지대를 수표면 상, 하로 각각 30센티미터 이상 높이로 설치하여야 한다. 다만, 사료 유실의 우려가 없는 경우에는 그러하지 아니하다.
③ 물고기 질병의 예방이나 치료를 하기 위한 항생제를 지나치게 사용하여서는 아니 된다.
④ 분뇨를 수집할 수 있는 시설을 갖춘 변소를 설치하여야 하며, 수집된 분뇨를 육상으로 운반하여 호소에 재유입되지 아니하도록 처리하여야 한다.

해설 물환경보전법 시행규칙 별표 19 참조
설명 물에 뜨는 사료 유실 방지대를 수표면 상·하로 각각 10센티미터 이상 높이로 설치하여야 한다. 다만, 사료 유실의 우려가 없는 경우에는 그러하지 아니하다.

78 과징금 부과기준에 대한 내용으로 옳지 않은 것은?

① 과징금의 납부기한은 과징금납부통지서의 발급일부터 30일로 한다.
② 과징금은 영업정지일수에 1일당 부과금액으로 산정하되, 산정금액이 연간매출액에 100분의 5를 곱한 금액을 초과하는 경우에는 연간매출액의 100분의 5를 곱한 금액으로 한다.
③ 1일당 과징금은 위반행위를 한 사업장의 연간매출액에 365분의 1을 곱하여 산정한다.
④ 영업정지 1개월은 30일을 기준으로 한다.

해설 물환경보전법 시행령 제79조의 2 제2항 및 별표 17의 2의 참조
설명 365분의 1 → 730분의 1

79 환경기술인 등의 교육에 관한 내용으로 옳지 않은 것은?

① 보수교육 : 최초 교육 후 3년마다 실시하는 교육
② 교육과정 : 환경기술인 과정, 폐수처리기술요원 과정, 측정대행기술인력 과정
③ 교육과정의 교육기관 : 3일 이내
④ 교육기관 : 환경기술인은 환경보전협회, 기술요원은 국립환경인력개발원

해설 물환경보전법 시행규칙 제93조 및 제94조 참조
설명 3일 → 4일

80 환경부 장관은 가동시작신고를 한 폐수무방류배출시설에 대하여 10일 이내에 허가 또는 변경허가의 기준에 적합한지 여부를 조사하여야 한다. 이 규정에 의한 조사를 거부, 방해 또는 기피한 자에 대한 벌칙 기준은?

① 500만원 이하의 벌금
② 1년 이하의 징역 또는 1천만원 이하의 벌금
③ 2년 이하의 징역 또는 1천오백만원 이하의 벌금
④ 3년 이하의 징역 또는 2천만원 이하의 벌금

해설 물환경보전법 제37조 제4항 및 제78조 제9호 참조

2022년 제2회 수질환경산업기사 기/출/복/원/문/제

제1과목 : 수질오염 개론

01 Ca(OH)₂ 690mg/L 용액의 pH는? (단, 완전해리)

① 12.3 　　　② 12.5
③ 12.8 　　　④ 13.1

해설 Ca(OH)₂ 용액의 M농도 $= \dfrac{690\text{mg}}{\text{L}}\left|\dfrac{1\text{g}}{10^3\text{mg}}\right|\dfrac{1\text{mol}}{74\text{g}}$

$= 9.324 \times 10^{-3}\,\text{mol/L}$

$$\underset{9.324\times10^{-3}}{\underline{Ca(OH)_2}} \rightarrow \underset{9.324\times10^{-3}}{\underline{Ca^{2+}}} + \underset{2\times9.324\times10^{-3}}{\underline{2OH^-}}$$

$[OH^-] = 2 \times 9.324 \times 10^{-3}\,\text{mol/L} = 1.865 \times 10^{-2}\,\text{mol/L}$

$\therefore\ pH = 14 + \log[OH^-]$

$= 14 + \log(1.865 \times 10^{-2})$

$= 12.27$

02 어느 폐수의 카드뮴(Cd^{2+}) 농도는 89.92mg/L 이다. M 농도는 얼마인가? (단, 카드뮴의 원자량은 112.4이다.)

① 2×10^{-4} mol/L 　　② 4×10^{-4} mol/L
③ 6×10^{-4} mol/L 　　④ 8×10^{-4} mol/L

해설 카드뮴(Cd^{2+}) 농도 $= \dfrac{89.92\text{mg}}{\text{L}}\left|\dfrac{1\text{g}}{10^3\text{mg}}\right|\dfrac{1\text{mol}}{112.4\text{g}}$

$= 8.0 \times 10^{-4}\,\text{mol/L}$

03 PbSO₄의 용해도는 0.04g/L이다. 이때 PbSO₄의 용해도적(K_{sp})은? (단, PbSO₄의 분자량 = 303)

① 0.87×10^{-4} 　　② 0.87×10^{-8}
③ 1.32×10^{-4} 　　④ 1.74×10^{-8}

해설 PbSO₄의 용해도 $= \dfrac{0.04\text{g}}{\text{L}}\left|\dfrac{1\text{mol}}{303\text{g}}\right| = 1.32 \times 10^{-4}\,\text{mol/L}$

$$\underset{\substack{1.32\times10^{-4}\\(\text{용해도})}}{\underline{PbSO_4}} \rightleftharpoons \underset{1.32\times10^{-4}}{\underline{Pb^{2+}}} + \underset{1.32\times10^{-4}}{\underline{SO_4^{2-}}}$$

$\therefore\ K_{sp} = [Pb^{2+}][SO_4^{2-}]$

$= (1.32 \times 10^{-4})(1.32 \times 10^{-4})$

$= 1.742 \times 10^{-8}$

04 미생물의 증식곡선의 단계 순서로 옳은 것은?

① 대수기 - 유도기 - 정지기 - 사멸기
② 유도기 - 대수기 - 정지기 - 사멸기
③ 대수기 - 유도기 - 사멸기 - 정지기
④ 유도기 - 대수기 - 사멸기 - 정지기

해설 유도기 → 대수기 → 정지기 → 사멸기

참고 미생물의 증식과 성장곡선

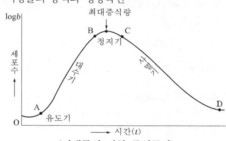

〈미생물의 전형 증식곡선〉

- OA : 유도기(lag phase)
- AB : 대수기(log phase)
- BC : 정상기(stationary phase) 또는 정지기
- CD : 사멸기(death phase)

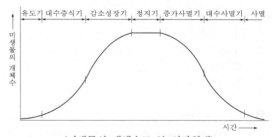

〈미생물의 개체수로 본 성장형태〉

05 방사성 원소의 붕괴반응은 몇 차 반응의 대표적인 예라 할 수 있는가?

① 0차 반응
② 1차 반응
③ 2차 반응
④ 총괄 2차 반응

해설 방사성 원소의 붕괴반응은 1차 반응의 대표적인 예이다.

06 남조류(blue green algae)에 관한 설명과 가장 거리가 먼 것은?

① 편모와 엽록체 내에 엽록소가 있다.
② 부영양화에서 주로 문제가 된다.
③ 세포 내 기포의 발달로 수표면에 밀집되는 특성이 있다.
④ 세포합성을 위해 공기를 통한 질소고정을 할 수 있다.

해설 남조류는 세포질 속에 엽록소(클로로필)나 기타 색소를 함유하여 청록색 또는 청자색을 띤다.

07 다음 수처리에 이용되는 습지식물 중 부수식물 (free floating plants)에 해당하지 않는 것은 어느 것인가?

① 부레옥잠   ② 물수세미
③ 생이가래   ④ 물개구리밥류

해설 부수식물(浮水植物, free-floating plants)은 물 밑 땅에 고착하지 않고 물에 떠서 생활하는 식물로서 직접 잎과 줄기를 통하여 광합성을 하며, 뿌리는 영양염류 흡수 및 미생물의 서식처 역할을 한다. 수표면에 널리 퍼져 수중 조류의 광합성 작용을 억제하므로 부영양화 방지에 이용하기도 한다. 종류로는 부레옥잠, 생이가래, 물개구리밥류, 좀개구리밥류, 올피아 등이 있으며, 부유식물이라고도 한다.
② 물수세미는 침수식물에 해당한다.

참고 침수식물 : 수표면하 빛이 충분히 투과되는 곳에서 자라는 식물로서 탁도가 높거나 조류가 번성할 때에는 빛이 부족하여 성장이 둔화 억제되어 부영양화 방지에 문제가 된다. 종류로는 가래, 물수세미, 붕어마름, 어항마름, water weed 등이 있다.

08 BOD가 10,000mg/L이고, 염소이온 농도가 1,250mg/L인 분뇨를 희석한 후 활성슬러지법으로 처리한 결과 방류수의 BOD는 40mg/L, 염소이온의 농도는 25mg/L로 나타났다. 활성슬러지법의 처리효율은? (단, 염소는 생물학적 처리에서 제거되지 않는다.)

① 76%   ② 80%
③ 84%   ④ 88%

해설 희석배수 $= \dfrac{\text{희석 전 농도}}{\text{희석 후 농도}} = \dfrac{1,250}{25} = 50$배

※ 염소이온은 활성슬러지법(미생물처리)에서 처리되지 않으므로 염소이온 농도 변화(감소)는 희석배수를 제시해 준다.

희석 후 BOD 농도 $= \dfrac{\text{희석 전 농도}}{\text{희석배수}} = \dfrac{10,000\text{mg/L}}{50}$

$= 200\text{mg/L}$ ⋯ 활성슬러지법 유입 BOD 농도

∴ BOD 처리효율(제거율) $= \dfrac{200-40}{200} \times 100 = 80\%$

09 여름철 정체수역에서 발생되는 성층현상에서 수온약층(thermocline)의 위치는?

① 표수층과 심수층 사이
② 표수층 내 위쪽
③ 심수층 내 아래쪽
④ 수표면과 표수층 사이

해설
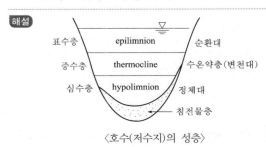

〈호수(저수지)의 성층〉

10 지하수의 특성에 관한 설명으로 옳지 않은 것은?

① 염분 농도는 비교적 얕은 지하수에서는 하천수보다 평균 30% 정도 이상 큰 값을 나타낸다.
② 지하수에 무기물질이 물에 용해되는 순서를 보면 규산염, Ca 및 Mg의 탄산염, 마지막으로 염화물 알칼리금속의 황산염 순서로 된다.
③ 자연 및 인위의 국지적 조건의 영향을 받기 쉽다.
④ 세균에 의한 유기물의 분해가 주된 생물작용이 된다.

해설 지하수에 무기질이 물에 용해되는 순서를 보면 암석 중의 염화물이 먼저 용해되고, 다음에 alkali 금속의 황산염, Ca 및 Mg의 탄산염, 그리고 마지막으로 난용성의 규산염 순서로 된다. 이와 같은 이유로 지하수는 연수인 경우가 많으며, 또 지하수에는 철, 망간 및 불소 등이 과도하게 포함되는 수가 있다.

11 폭이 60m, 수심이 1.5m로 거의 일정한 하천에서 유량을 측정하였더니 18m³/s였다. 하류의 어떤 지점에서 측정한 BOD 농도가 17mg/L였다면, 이로부터 상류 40km 지점의 BOD_u 농도는? (단, $K_1 = 0.1$/day(자연대수인 경우), 중간에는 지천이 없으며, 기타 조건은 고려하지 않는다.)

① 28.9mg/L ② 25.2mg/L
③ 23.8mg/L ④ 21.4mg/L

해설 유속(V) $= \dfrac{Q}{A} = \dfrac{18m^3}{sec} \left| \dfrac{}{(60 \times 1.5)m^2} \right| \dfrac{86,400sec}{day}$

$= 17,280m/day$

유하시간(t) $= \dfrac{L}{V} = \dfrac{40km}{} \left| \dfrac{10^3m}{1km} \right| \dfrac{day}{17,280m}$

$= 2,315day$

$L_t = L_a \cdot e^{-K_1 t}$

∴ $L_a(BOD_u) = \dfrac{L_t}{e^{-K_1 t}} = \dfrac{17mg/L}{e^{-0.1 \times 2.315}} = 21.43mg/L$

12 1,000m³인 탱크에 염소이온 농도가 100mg/L이다. 탱크 내의 물은 완전혼합이고, 계속적으로 염소이온이 없는 물이 480m³/day로 유입된다면 탱크 내 염소이온 농도가 10mg/L로 낮아질 때까지의 소요시간(hr)은? (단, $C_t / C_o = e^{-k \cdot t}$)

① 약 115 ② 약 154
③ 약 186 ④ 약 196

해설 주어진 식에서

$t = -\dfrac{1}{-K} \ln \dfrac{C_t}{C_o}$

$K = \dfrac{1}{t} = \dfrac{1}{V/Q} = \dfrac{Q}{V} = \dfrac{480m^3/day}{1,000m^3}$

∴ $t = -\dfrac{1}{0.48/day} \ln \dfrac{10}{100} = 4.797day ≒ 115.1hr$

13 해수의 특성에 관한 설명으로 옳지 않은 것은?

① 해수의 밀도는 1.5~1.7g/m³ 정도로 수심이 깊을수록 밀도는 감소한다.
② 해수는 강전해질이다.
③ 해수의 Mg/Ca 비는 3~4 정도이다.
④ 염분은 적도해역보다 남·북극의 양극해역에서 다소 낮다.

해설 해수의 밀도는 지역에 따라 차이가 있으며, 표면의 밀도는 1.020~1.030g/cm³(평균 1.259g/cm³) 수심이 깊을수록 밀도가 증가한다. 해수의 밀도는 염분농도와 압력에 비례하고 수온에 반비례한다.

참고 해수의 밀도를 1.02~1.07g/cm³의 범위로 넓게 보는 경우도 있다.

14 Whipple에 의한 하천의 자정단계 중 다음 설명에 해당하는 지대로 가장 적합한 것은?

> DO량이 증가하고, 각종 가스의 발생이 줄어들며, 질소는 $NO_2^- - N$, $NO_3^- - N$ 형태로 존재한다. fungi도 조금씩 발생하고, 바닥에서는 조개나 벌레의 유충이 번식하며, 오염에 견디는 힘이 강한 생무지, 황어, 은빛 담수어 등의 물고기도 서식한다.

① 분해지대 ② 활발한 분해지대
③ 회복지대 ④ 정수지대

해설 문제의 내용은 회복지대에 대한 내용이다.

15 수중에 존재하는 유기체에 관한 설명으로 가장 거리가 먼 것은?

① 청-녹조류는 섬유상이나 군락상의 단세포로 나타나며, 표면수의 온도가 높은 더운 늦여름에는 특히 많다.
② 녹조류는 단세포와 다세포가 있으며, 비운동성이 있는가 하면 유영편모를 갖춘 것도 있다.
③ 균류는 박테리아보다는 산성조건과 더 건조한 환경에서 보다 잘 견디며, 주로 다세포 식물이다.
④ 규조류의 녹유기체는 보통 다세포이며, 주로 군락을 형성하고, 운동성이다.

해설 규조류의 녹유기체는 보통 단세포이며, 드물게 군락을 이루고 있을 수도 있다. 이들은 규토로 찬 세포벽을 가지며, 때로는 운동성이다.

16 시판되고 있는 액상 표백제는 8W/W(%) 하이포아염소산나트륨(NaOCl)을 함유한다고 한다. 표백제 2,886mL 중의 NaOCl의 무게(g)는? (단, 표백제의 비중은 1.10이다.)

① 254 ② 264
③ 274 ④ 284

해설 $NaOCl$의 무게 $= 2,886mL \times 1.1g/mL \times \dfrac{8}{100}$

$= 253.968g$

17 물의 점성과 점성계수에 관한 설명으로 옳지 않은 것은?

① 물의 점성은 분자상호간의 인력때문에 생기며, 층간의 전단응력으로 점성을 나타낸다.
② 점성계수의 단위는 Stokes로 나타낸다.
③ 점성계수는 온도가 20℃보다 0℃일 때 그 값이 크다.
④ 동점성계수는 점성계수를 밀도로 나눈 값이다.

해설 점성계수의 단위는 Poise이고, 동점성계수의 단위가 Stokes이다.

18 다음은 하천의 수질 모델링에 관한 설명이다. 가장 적합한 모델은?

> • 하천의 수리학적 모델, 수질 모델, 독성물질의 거동 모델 등을 고려할 수 있으며, 1차원, 2차원, 3차원까지 고려할 수 있음.
> • 수질항목간의 상태적 반응기작을 Streeter － Phelps 식부터 수정
> • 수질에 저질이 미치는 영향을 보다 상세히 고려한 모델

① QUAL－Ⅰ model ② WORRS model
③ QUAL－Ⅱ model ④ WASP 5 model

해설 문제의 설명은 WASP 5 model에 대한 내용이다.

19 다음 설명하는 기체확산에 관한 법칙은?

> 기체의 확산속도(조그마한 구멍을 통한 기체의 탈출)는 기체 분자량의 제곱근에 반비례한다.

① Dalton의 법칙
② Graham의 법칙
③ Gay－Lussac의 법칙
④ Charles의 법칙

해설 문제의 설명은 Graham의 법칙에 대한 내용이다.

$$\dfrac{U_2}{U_1} = \sqrt{\dfrac{d_1}{d_2}} = \sqrt{\dfrac{M_1}{M_2}}$$

20 A시료의 수질분석 결과가 다음과 같을 때 이 시료의 총경도는?

> Ca^{2+} : 420mg/L, Mg^{2+} : 58.4mg/L,
> Na^+ : 40.6mg/L, HCO_3^- : 841.8mg/L,
> Cl^- : 1.79mg/L

① 525mg/L as $CaCO_3$
② 646mg/L as $CaCO_3$
③ 1,050mg/L as $CaCO_3$
④ 1,293mg/L as $CaCO_3$

해설 총경도($CaCO_3$ mg/L)

$= \sum \left(M^{2+}mg/L \times \dfrac{50}{M^{2+} 당량} \right)$

$= \left(420mg/L \times \dfrac{50}{20} \right) + \left(58.4mg/L \times \dfrac{50}{12} \right)$

$= 1,050 + 243.3 = 1293.3mg/L$

제2과목 수질오염 방지기술

21 다음 중 액체염소의 주입으로 생성된 유리염소, 결합잔류염소의 일반적인 살균력이 순서대로 옳게 나열된 것은?

① OCl^- > $HOCl$ > chloramines
② OCl^- > chloramines > $HOCl$
③ $HOCl$ > chloramines > OCl^-
④ $HOCl$ > OCl^- > chloramines

해설 살균력 : $HOCl$ > OCl^- > chloramines

22 우리나라 표준활성슬러지법의 일반적 설계범위에 관한 설명으로 옳지 않은 것은 어느 것인가?

① HRT는 8~10시간을 표준으로 한다.
② MLSS는 1,500~2,500mg/L를 표준으로 한다.
③ 포기조(표준식)의 유효수심은 4~6m를 표준으로 한다.
④ 포기방식은 전면포기식, 선회류식, 미세기포 분사식, 수중 교반식 등이 있다.

해설 HRT는 6~8시간을 표준으로 한다.

23 하수의 3차 처리 공법인 A/O 공정 중 포기조의 주된 역할을 가장 적합하게 설명한 것은?

① 인의 과잉섭취 ② 질소의 탈기
③ 탈질 ④ 인의 방출

해설 A/O 공정에서 포기조(호기조)의 주된 역할은 인의 과잉섭취이다.

24 300mg/L의 시안을 함유한 폐수 10m³를 알칼리염소법으로 처리하는 데 필요한 이론적인 염소의 양은? (단, $2CN^- + 5Cl_2 + 4H_2O \rightarrow 2CO_2 + N_2 + 8HCl + 2Cl^-$ 반응식을 이용)

① 20.5kg ② 26.8kg
③ 32.4kg ④ 46.4kg

해설 주어진 반응식에서
$2CN^- : 5Cl_2 = 2 \times 26g : 5 \times 71g$

$\therefore$ 염소의 양 $= 300g/m^3 \times 10m^3 \times \dfrac{5 \times 71}{2 \times 26} \times 10^{-3}kg/g$
$= 20.481kg$

25 폐수량 500m³/day, BOD 1,000mg/L인 폐수를 살수여상으로 처리하는 경우 여재에 대한 BOD 부하를 0.2kg/(m³·day)로 할 때 여상의 용적은?

① 250m³ ② 500m³
③ 1,500m³ ④ 2,500m³

해설 BOD 부하 $= \dfrac{BOD \cdot Q}{V}$

V(여상의 용적) $= \dfrac{BOD \cdot Q}{BOD 부하} = \dfrac{1kg/m^3 \times 500m^3/day}{0.2kg/m^3 \cdot day}$
$= 2,500m^3$

26 50℃의 폐열수를 50m³/min씩 하천으로 배출하고 있는 시설이 있다. 하천의 유량이 2m³/s, 수온은 15℃라면 폐열수가 하천에 완전히 혼합되었을 경우 수온은?

① 16.7℃ ② 19.4℃
③ 22.6℃ ④ 25.3℃

해설 $C_m = \dfrac{C_i Q_i + C_w Q_w}{Q_i + Q_w}$

하천 유량(Q_i) $= 2m^3/sec \times 60sec/min = 120m^3/min$

$\therefore$ 혼합 시 수온(C_m) $= \dfrac{15 \times 120 + 50 \times 50}{120 + 50} \fallingdotseq 25.3℃$

27 고도 수처리에 사용되는 분리막에 관한 설명으로 옳은 것은?

① 정밀여과의 막형태는 대칭형 다공성막이다.
② 한외여과의 구동력은 농도차이다.
③ 역삼투의 분리형태는 pore size 및 흡착현상에 기인한 체거름이다.
④ 투석의 구동력은 전위차이다.

해설 ② 한외여과의 구동력은 정수압차이다.
③ 역삼투의 분리형태는 용해, 확산이다.
④ 투석의 구동력은 농도차이다.

28 BOD₅가 85mg/L인 하수가 완전혼합 활성슬러지 공정으로 처리된다. 유출수의 BOD₅ 15mg/L, 온도 20℃, 유입유량 40,000톤/일, MLVSS 2,000mg/L, Y값 0.6mgVSS/mgBOD₅, K_d값 0.6day⁻¹, 미생물 체류시간 10일이라면, Y값과 K_d값을 이용한 반응조의 부피(m³)는? (단, 비중은 1.0 기준)

① 1,200m³ ② 1,000m³
③ 800m³ ④ 600m³

해설 $\dfrac{1}{SRT} = \dfrac{Y \cdot Q(S_o - S_e)}{V \cdot X} - K_d$

$V = \dfrac{Y \cdot Q(S_o - S_e)}{\left(\dfrac{1}{SRT} + K_d\right)X}$

$\therefore V = \dfrac{0.6mgVSS/mgBOD \times 40,000m^3/일 \times (85-15)mgBOD/L}{\left(\dfrac{1}{10일} + 0.6/일\right) \times 2,000mgVSS/L}$
$= 1,200m^3$

29 유량이 4,000m³/day인 폐수의 BOD와 SS 농도가 각각 180mg/L라고 할 때 포기조의 체류시간을 6시간으로 하였다. 포기조 내의 F/M비를 0.4로 하는 경우에 포기조 내 MLSS의 농도는?

① 1,600mg/L ② 1,800mg/L
③ 2,000mg/L ④ 2,200mg/L

해설 $F/M = \dfrac{BOD \cdot Q}{MLSS \cdot V}$

$MLSS = \dfrac{BOD \cdot Q}{F/M \cdot V} = \dfrac{180mg/L \times 4,000m^3/day}{0.4kg/kg \cdot day \times 1,000m^3}$
$= 1,800mg/L$

※ $V = Q \cdot t = 4,000m^3/day \times \dfrac{6}{24}day = 1,000m^3$

30 SVI=150일 때, 반송슬러지 농도는?

① $3,786g/m^3$ ② $5,043g/m^3$

③ $6,667g/m^3$ ④ $8,488g/m^3$

해설 $C_R ≒ \dfrac{10^6}{SVI} = \dfrac{10^6}{150} = 6,667g/m^3$

31 고형물의 농도가 16.5%인 슬러지 100kg을 건조상에서 건조시킨 후 수분이 20%로 나타났다. 제거된 수분의 양은? (단, 슬러지 비중 1.0)

① 약 79.4kg   ② 약 81.3kg

③ 약 83.1kg   ④ 약 84.7kg

해설 슬러지 = 수분 + 고형물

100kg   83.5%   16.5% … 건조 전

     ↓   ↓

     20%   80% … 건조 후

슬러지 중 고형물 양(무게)$= 100kg × \dfrac{16.5}{100} = 16.5kg$

슬러지 중 수분 양(무게)$= 100 - 16.5 = 83.5kg$

건조 전·후 고형물 양은 변함없이 일정하므로

건조슬러지 양(무게)$= 16.5kg × \dfrac{100}{100-20} = 20.625kg$

∴ 제거된 수분 양(무게)

　= 건조 전 슬러지 양(무게) - 건조 후 슬러지 양(무게)

　$= 100 - 20.625$

　$= 79.375kg$

참고 건조된 슬러지 중 수분 함유 양(무게)$= 20.625 - 16.5$
　　　　　　　　　　　　　　　　　　$= 4.125kg$

∴ 제거된 수분량(무게)

　= 건조 전 슬러지 중 수분 무게 - 건조 후 슬러지 중 수분 무게

　$= 83.5 - 4.125$

　$= 79.375kg$

32 하수처리에서 자외선 소독의 장점으로 거리가 먼 것은?

① 잔류독성이 없다.

② 대부분의 Virus, Spores, Cysts 등을 비활성화시키는 데 염소보다 효과적이다.

③ 안전성이 높고, 요구되는 공간이 적다.

④ 성공적 소독여부를 즉시 측정할 수 있다.

해설 자외선 소독은 소독이 성공적으로 되었는지 즉시 측정할 수 없다. (단점)

참고 자외선 소독의 장·단점

1) 장점
- 소독이 효과적이다.
- 잔류특성이 없다.
- 대부분의 Virus, Spores, Cysts 등을 비활성화시키는 데 염소보다 효과적이다.
- 안전성이 높다.
- 요구되는 공란이 적다.
- 비교적 소요비용이 저렴하다.

2) 단점
- 소독이 성공적으로 되었는지 즉시 측정할 수 없다.
- 잔류효과가 없다.
- 대장균 살균을 위한 낮은 농도에서는 Virus, Spores, Cysts 등을 비활성화시키는 데 효과적이지 못하다.

33 생물막을 이용한 처리공법인 접촉산화법에 관한 설명으로 옳지 않은 것은?

① 분해속도가 낮은 기질제거에 효과적이다.

② 매체에 생성되는 생물량은 부하조건에 의하여 결정된다.

③ 미생물량과 영향인자를 정상상태로 유지하기 위한 조작이 어렵다.

④ 대규모시설에 적합하고, 고부하 시 운전조건에 유리하다.

해설 접촉산화법은 소규모시설에 적합하고, 고부하 시 매체의 폐쇄위험이 크기 때문에 부하조건에 한계가 있다.

34 정수장의 여과지에서 여과사를 선택할 때 필요한 입도분포에 관한 설명으로 옳지 않은 것은?

① 유효입경은 입도분포도상에서 제10분위 값이다.

② 균등계수가 클수록 입자는 균일하다.

③ 균등계수는 입도분포도상에서 제60분위 값과 제10분위 값의 비이다.

④ 일반적으로 균등계수 1.3 미만으로는 만들기가 어렵다.

해설 균등계수가 1에 가까울수록 입자는 균일하다.

$U = \dfrac{P_{60}}{P_{10}}$

여기서, U : 균등계수

　　　P_{60} : 60% 통과시킨 체눈의 크기

　　　P_{10} : 10% 통과시킨 체눈의 크기(유효경)

35 하수 슬러지의 농축방법별 장·단점으로 옳지 않은 것은?

① 중력식 농축 : 잉여슬러지의 농축에 적합
② 부상식 농축 : 약품주입 없이도 운전 가능
③ 원심분리 농축 : 악취가 적음
④ 중력벨트 농축 : 고농도로 농축 가능

해설 중력식 농축은 잉여슬러지 농축에 부적합하고, 잉여슬러지 농축은 부상식 농축, 원심분리 농축, 중력벨트 농축 방법이 효과적이다.

36 다음 중 시안함유 폐수처리에 사용되는 방법으로 가장 거리가 먼 것은?

① 알칼리염소법
② 오존산화법
③ 전해법
④ 아말감법

해설 시안함유 폐수처리 방법은 보기의 ①, ②, ③이고, 아말감법은 수은폐수의 처리방법에 해당한다.

37 자기조립법(UASB)의 특성으로 가장 거리가 먼 것은?

① 조립시점이 빠르고, 인 제거율이 높다.
② 균체를 고농도의 펠릿모양으로 유지할 수 있다.
③ 펠릿이 크게 활성화된다.
④ 고부하의 운전이 가능하다.

해설 자기조립법(UASB)은 그래뉼조립에 시간이 오래 걸린다.

38 중력식 농축조의 형상과 수에 관한 고려사항으로 가장 거리가 먼 것은?

① 슬러지 제거기를 설치하지 않을 경우 탱크 바닥의 중앙에 호퍼를 설치하되 호퍼측 벽의 기울기는 수평에 대하여 30° 이상으로 한다.
② 농축조의 수는 원칙적으로 2조 이상으로 한다.
③ 형상은 원칙적으로 원형으로 한다.
④ 슬러지 제거기를 설치할 경우 탱크 바닥의 기울기는 5/100 이상이 좋다.

해설 슬러지 제거기를 설치하지 않을 경우 탱크 바닥의 중앙에 호퍼를 설치하되 호퍼측 벽의 기울기는 수평에 대하여 60° 이상으로 한다.

39 NH_4^+가 미생물에 의해 NO_3^-로 산화될 때 pH의 변화는?

① 감소한다.　　② 증가한다.
③ 변화없다.　　④ 증가하다 감소한다.

해설 NH_4^+가 미생물에 의해 NO_3^-로 산화(질산화)될 때 pH는 감소한다.
$$NH_4^+ + 2O_2 \rightarrow NO_3^- + 2H^+ + H_2O$$

40 생물학적 회전원판의 지름이 2.6m이며, 600매로 구성되었다. 유입수량이 1,000m³/day이며, BOD 200mg/L인 경우 BOD 부하(g/m² · day)는? (단, 회전원판은 양면사용 기준)

① 23.6　　② 31.4
③ 47.2　　④ 51.6

해설 회전원판법의 BOD 부하 $= \dfrac{BOD \cdot Q}{A}$

$$A = \frac{\pi D^2}{4} \times 2(\text{양면}) \times \text{매수} = \frac{\pi \times 2.6^2}{4} \times 2 \times 600$$
$$= 6371.15 m^2$$

$$\therefore \text{BOD 부하} = \frac{200g/m^3 \times 1,000m^3/day}{6371.15m^2}$$
$$= 31.4g/m^2 \cdot day$$

제3과목 : 수질오염 공정시험방법

41 이온전극법에서 사용하는 장치에 관한 설명으로 옳지 않은 것은?

① 저항전위계 또는 이온측정기는 mV까지 읽을 수 있는 고압력 저항측정기여야 한다.
② 이온전극은 분석대상 이온에 대한 고도의 선택성이다.
③ 이온전극은 일반적으로 칼로멜전극 또는 산화은전극이 사용된다.
④ 이온 전극은 이온 농도에 비례하여 전위를 발생할 수 있는 전극이다.

해설 이온전극의 종류로는 유리막전극, 고체막전극, 격막형 전극이 있고, 비교전극(내부전극)으로서는 염화제일수은전극(칼로멜전극) 또는 은-염화은전극이 많이 사용된다.

2022

42 측정항목별 시료 보존방법으로 가장 거리가 먼 것은?

① 페놀류 : H_3PO_4로 pH 4 이하로 조정한 후 $CuSO_4$ 1 g/L를 첨가하여 4℃에서 보존한다.

② 노말헥산 추출물질 : 10℃ 냉암소에 보관한다.

③ 암모니아성질소 : H_2PO_4로 pH 2 이하로 하여 4℃에서 보관한다.

④ 황산이온 : 6℃ 이하에서 보관한다.

해설 노말헥산 추출물질 : H_2SO_4로 pH 2 이하로 하여 4℃에서 보관한다.

43 금속류 분석을 위한 유도결합플라스마 – 원자발광분광법에서 장치에 관한 설명으로 옳지 않은 것은?

① 분광계는 검출 및 측정 방법에 따라 다색화 분광기 또는 단색화장치 모두 사용 가능해야 하며, 스펙트럼의 띠 통과는 0.05nm 미만이어야 한다.

② 분무기는 일반적인 시료의 경우 바빙톤 분무기를 사용하며, 점성이 있는 시료나 입자상 물질이 존재할 경우 동심축 분무기를 사용한다.

③ 라디오 고주파발생기는 출력범위 750~1,200W 이상의 것을 사용한다.

④ 순도 99.99% 이상 고순도 가스상 또는 액체 아르곤을 사용한다.

해설 분무기는 일반적인 시료의 경우 동심축 분무기(concentric nebulizer) 또는 교차흐름 분무기(cross-flow nebulizer)를 사용하며, 점성이 있는 시료나 입자상 물질이 존재할 경우 바빙톤 분무기(barbington nebulizer)를 사용한다. 이 외에도, 분석목적에 따라 초음파 분무기(ultrasonic nebulizer) 등 다양한 형태의 분무기 사용이 가능하다.

44 자외선/가시선분광법에 의한 시안 분석 시 측정 파장으로 옳은 것은?

① 460nm ② 510nm

③ 540nm ④ 620nm

해설 이론편 참조

45 색도 측정법(투과율법)에 관한 설명으로 옳지 않은 것은?

① 애덤스–니컬슨의 색도공식을 근거로 한다.

② 시료 중 백금–코발트 표준물질과 아주 다른 색상의 폐·하수는 적용할 수 없다.

③ 색도의 측정은 시각적으로 눈에 보이는 색상에 관계없이 단순 색도차 또는 단일 색도차를 계산한다.

④ 시료 중 부유물질은 제거하여야 한다.

해설 시료 중 백금–코발트 표준물질과 아주 다른 색상의 폐·하수에서 뿐만 아니라 표준물질과 비슷한 색상의 폐·하수에도 적용할 수 있다.

46 다음은 자외선/가시선분광법에 의한 페놀류 측정원리를 설명한 것이다. ( ) 안에 알맞은 것은?

> 증류한 시료에 염화암모늄–암모니아 완충용액을 넣어 (㉠)으로 조절한 다음 4–아미노안티피린과 헥사시안화철(Ⅱ)산칼륨을 넣어 생성된 (㉡)의 안티피린계 색소의 흡광도를 측정하는 방법이다.

① ㉠ pH 4, ㉡ 푸른색

② ㉠ pH 4, ㉡ 붉은색

③ ㉠ pH 10, ㉡ 푸른색

④ ㉠ pH 10, ㉡ 붉은색

해설 이론편 참조

47 냉증기–원자흡수분광광도법으로 수은을 측정 시 시료 내 벤젠, 아세톤 등 휘발성 유기물질을 제거하는 방법으로 가장 적합한 것은?

① 질산 분해 후 헥산으로 추출분리

② 중크롬산칼륨 분해 후 헥산으로 추출분리

③ 과망간산칼륨 분해 후 헥산으로 추출분리

④ 묽은 황산으로 가열 분해 후 헥산으로 추출분리

해설 벤젠, 아세톤 등 휘발성 유기물질도 253.7nm에서 흡광도를 나타낸다. 이때에는 과망간산칼륨 분해 후 헥산으로 이들 물질을 추출분리한 다음 시험한다.

48 식물성 플랑크톤(조류)을 현미경계수법으로 분석하고자 할 때 분석시료 조제에 관한 설명으로 옳지 않은 것은?

① 시료의 개체수는 계수면적당 50~75 정도가 되도록 조정한다.

② 시료가 육안으로 녹색이나 갈색으로 보일 경우 정제수로 적절한 농도로 희석한다.

③ 시료 농축방법으로는 원심분리방법과 자연침전법이 있다.

④ 자연침전법은 일정시료에 포르말린 용액 또는 루골 용액을 가하여 플랑크톤을 고정시켜 실린더 용기에 넣고 일정시간 정치 후 사이펀을 이용하여 상등액을 따라 내어 일정량으로 농축한다.

해설 시료의 개체수는 계수면적당 10~40 정도가 되도록 희석 또는 농축한다.

49 수로 및 직각 3각 위어판을 만들어 유량을 산출할 때 위어의 수두 0.2m, 수로의 밑면에서 절단하부점까지의 높이 0.75m, 수로의 폭 0.5m일 때의 위어의 유량은? (단, $K = 81.2 + \dfrac{0.24}{h} + \left[8.4 + \dfrac{12}{\sqrt{D}}\right] \times \left[\dfrac{h}{B} - 0.09\right]^2$ 이용)

① 약 30m³/hr　　② 약 60m³/hr
③ 약 90m³/hr　　④ 약 120m³/hr

해설 $K = 81.2 + \dfrac{0.24}{0.2} + \left[8.4 + \dfrac{12}{\sqrt{0.75}}\right] \times \left[\dfrac{0.2}{0.5} - 0.09\right]^2$

$= 84.54$

$\therefore\ Q = Kh^{5/2} = 84.54 \times 0.2^{5/2} = 1.5123\,\text{m}^3/\text{min}$

$= 90.74\,\text{m}^3/\text{hr}$

50 불소를 자외선/가시선분광법으로 분석할 때에 관한 설명으로 옳은 것은?

① 염소이온이 다량 함유되어 있는 시료는 증류 전 아황산나트륨을 가하여 제거한다.

② 알루미늄 및 철은 증류해도 방해가 크다.

③ 정량한계는 0.15mg/L이다.

④ 적색의 복합화합물의 흡광도를 540nm에서 측정한다.

해설 ① 염소이온이 다량 함유되어 있는 시료는 증류하기 전에 황산은을 5mg/mg Cl⁻의 비율로 넣어준다.

② 알루미늄 및 철의 방해가 크나 증류하면 영향이 없다.

④ 청색의 복합착화합물의 흡광도를 620nm에서 측정하는 방법이다.

51 최대유량이 1m³/분 미만인 경우, 용기에 의한 유량 측정에 관한 설명으로 옳지 않은 것은?

① 용기는 용량 50~100L인 것을 사용한다.

② 용기에 물을 받아넣는 시간을 20초 이상이 되도록 용량을 결정한다.

③ $60 \times \left(\dfrac{\text{측정용기의 용량}(V,\ \text{m}^3)}{\text{유수 가용량}(V)\text{을 채우는 데에 걸린시간}(s)}\right)$ 을 유량 (m³/분)으로 한다.

④ 유수를 채우는 데에 요하는 시간은 스톱워치로 잰다.

해설 용기는 용량 100~200L인 것을 사용한다.

52 총질소를 자외선/가시선분광법－산화법으로 분석할 때에 관한 설명으로 옳지 않은 것은?

① 비교적 분해하기 어려운 유기물함유 시료에도 적용 가능하며, 크롬은 1mg/L 정도에서 영향을 받는다.

② 시료 중 질소화합물을 알칼리성 과황산칼륨을 사용하여 120℃ 부근에서 유기물과 함께 분해하여 질산이온으로 산화시킨다.

③ 해수와 같은 시료에는 적용할 수 없다.

④ 질산이온으로 산화시킨 후 산성상태로 하여 흡광도를 220nm에서 측정한다.

해설 비교적 분해되기 쉬운 유기물을 함유하고 있거나 자외부에서 흡광도를 나타내는 브롬이온이나 크롬을 함유하지 않는 시료에 적용된다.

53 총인을 자외선/가시선분광법으로 분석할 때에 관한 설명으로 옳지 않은 것은?

① 460nm　　② 540nm
③ 620nm　　④ 880nm

해설 이론편 참조

54 이온 크로마토그래피법을 정량분석에 이용하는 성분과 가장 거리가 먼 것은?

① Br^- 　　　　② NO_3^-

③ Fe^- 　　　　④ SO_4^{2-}

[해설] 이온 크로마토그래피법을 이용하여 분석 가능한 음이온류 : F^-, Cl^-, Br^-, NO_2^-, NO_3^-, PO_4^{3-}, SO_4^{2-}

55 긴 관의 일부로서 단면이 작은 목부분과 점점 축소, 점점 확대되는 단면을 가진 관으로 축소부분에서 정역학적 수두의 일부는 속도수두로 변하게 되어 관의 목부분의 정역학적 수두보다 적어지는 이러한 차에 의해 직접적으로 유량을 측정하는 것은?

① 벤투리미터

② 피토관

③ 자기식 유량측정기

④ 오리피스

[해설] 이론편 참조

56 다음은 아연의 자외선/가시선분광법에 관한 설명이다. ( ) 안에 알맞은 것은?

> 아연이온이 ( )에서 진콘과 반응하여 생성하는 청색 킬레이트화합물의 흡광도를 측정하는 방법이다.

① pH 약 2 　　　　② pH 약 4

③ pH 약 9 　　　　④ pH 약 12

[해설] 이론편 참조

57 다음 중 질산성질소 측정방법과 가장 거리가 먼 것은? (단, 수질오염공정시험 기준)

① 이온 크로마토그래피법

② 카드뮴환원법

③ 자외선/가시선분광법 – 부루신법

④ 데발다합금 환원증류법

[해설] 질산성질소 측정방법(수질오염공정시험 기준)
　• 자외선/가시선분광법(부루신법, 활성탄흡착법)
　• 이온 크로마토그래피법
　• 데발다합금 환원증류법(자외선/가시선분광법, 중화적정법)

58 수질오염공정시험 기준 총칙 중 온도에 관한 설명으로 옳지 않은 것은?

① 냉수는 4℃ 이하로 한다.

② 온수는 60~70℃로 한다.

③ 상온은 15~25℃로 한다.

④ 실온은 1~35℃로 한다.

[해설] 냉수는 15℃ 이하로 한다.

59 노멀헥산 추출물질 시험방법에 관한 설명으로 옳지 않은 것은?

① 시료를 pH 4 이하의 산성으로 하여 노멀헥산으로 추출한 후 약 80℃에서 노멀헥산을 휘산시켰을 때 잔류하는 유류 등의 측정을 행한다.

② 수중에서 비교적 휘발되지 않는 탄화수소, 탄화수소 유도체, 그리스유상물질 등이 노멀헥산층에 용해되는 성질을 이용한 방법이다.

③ 시료용기는 폴리에틸렌용기를 사용한다.

④ 최종 무게 측정을 방해할 가능성이 있는 입자가 존재할 경우 $0.45\mu m$ 여과지로 여과한다.

[해설] 시료용기는 유리용기를 사용한다.

60 호소나 하천에서의 투명도 측정방법에 관한 설명으로 옳지 않은 것은?

① 날씨가 맑고 수면이 잔잔할 때 투명도판이 잘 보이도록 배의 그늘을 피하여 직사광선에서 측정한다.

② 투명도판은 무게가 약 3kg인 지름 30cm의 백색 원판에 지름이 5cm의 구멍 8개가 뚫린 것이다.

③ 투명판을 조용히 수중에 보이지 않는 깊이로 넣은 다음 천천히 끌어올리면서 보이기 시작한 깊이를 0.1m 단위로 읽어 측정한다.

④ 흐름이 있어 줄이 기울어질 경우에는 2kg 정도의 추를 달아서 줄을 세운다.

[해설] 날씨가 맑고 수면이 잔잔할 때 측정하고, 직사광선을 피하여 배의 그늘 등에서 투명도판을 조용히 보이지 않는 깊이로 넣은 다음 천천히 끌어올리면서 보이기 시작한 깊이를 반복해서 측정한다.

제4과목 수질환경 관계법규

61 다음 수질오염방지시설 중 화학적 처리시설은 어느 것인가?

① 응집시설
② 흡착시설
③ 폭기시설
④ 접촉조

해설 물환경보전법 시행규칙 별표 5 참조

설명 • 응집시설-물리적 처리시설
• 폭기시설, 접촉조-생물화학적 처리시설

62 대권역계획에 포함되어야 하는 사항과 가장 거리가 먼 것은?

① 재원조달 및 집행계획
② 상수원 및 물 이용현황
③ 점오염원, 비점오염원 및 기타 수질오염원의 분포현황
④ 점오염원, 비점오염원 및 기타 수질오염원에 의한 수질오염물질 발생량

해설 물환경보전법 제24조 제1항 참조

설명 대권역계획에는 다음 각 호의 사항이 포함되어야 한다.
1. 물환경의 변화추이 및 목표기준
2. 상수원 및 물 이용현황
3. 점오염원, 비점오염원 및 기타 수질오염원의 분포현황
4. 점오염원, 비점오염원 및 기타 수질오염원에 의한 수질오염물질 발생량
5. 수질오염 예방 및 저감대책
6. 물환경 보전조치의 추진방향
7. 「기후위기대응을 위한 탄소중립·녹색성장기본법」 제2조 제1호에 따른 기후변화에 대한 적응대책

63 하천의 수질 및 수생태계 환경기준 중 음이온계면활성제(ABS) 기준(mg/m³)으로 옳은 것은? (단, 사람의 건강보호 기준)

① 0.02 이하
② 0.03 이하
③ 0.04 이하
④ 0.5 이하

해설 환경정책기본법 시행령 별표 1 제3호 가목 참고

64 환경부 장관은 배출시설을 설치·운영하는 사업자에 대하여 공익 등에 현저한 지장을 초래할 우려가 있다고 인정되는 경우 조업정지처분에 갈음하여 과징금을 부과할 수 있는데 이 경우와 가장 거리가 먼 것은?

① 의료법에 의한 의료기관의 배출시설
② 발전소의 발전설비
③ 제조업의 배출시설
④ 공공사업법에 의한 공공기관의 배출시설

해설 물환경보전법 제43조 제1항 참조

설명 과징금 부과대상은 보기의 ①, ②, ③ 이외에
• 「초·중등교육법」 및 「고등교육법」에 따른 학교의 배출시설
• 그 밖에 대통령령으로 정하는 배출시설이 있다.

65 환경부 장관이 수생태계 현황 조사계획의 수립 시 조사계획에 포함되어야 하는 내용에 해당되지 않는 것은?

① 조사시기
② 조사지점
③ 조사항목
④ 조사기관

해설 물환경보전법 시행규칙 제24조의 4 제1항 참조

66 기본배출부과금 산정 시 '가'지역의 지역별 부과계수로 옳은 것은?

① 1
② 1.2
③ 1.3
④ 1.5

해설 물환경보전법 시행령 별표 10 참조

설명 지역별 부과계수

지역별	부과계수
청정 및 '가'지역	1.5
'나' 및 특례지역	1

67 수질 및 수생태계 환경기준에서 호소의 생활환경기준 중 약간 나쁨(Ⅳ) 등급의 클로로필-a (mg/m³) 기준은?

① 9 이하
② 14 이하
③ 35 이하
④ 70 이하

해설 환경정책기본법 시행령 별표 1 제3호 나목 참고

68 용어의 정의로 옳지 않은 것은?

① 비점오염원 : 불특정 장소에서 불특정하게 수질오염물질을 배출하는 시설 및 장소로 환경부령으로 정하는 것을 말한다.

② 강우유출수 : 비점오염원의 수질오염물질이 섞여 유출되는 빗물 또는 눈 녹은 물 등을 말한다.

③ 수면관리자 : 다른 법령의 규정에 의하여 호소를 관리하는 자를 말한다. 이 경우 동일한 호소를 관리하는 자가 2 이상인 경우에는 하천법에 의한 하천의 관리청 외의 자가수면관리자가 된다.

④ 폐수 : 물에 액체성 또는 고체성의 수질오염물질이 혼입되어 그대로 사용할 수 없는 물을 말한다.

해설 물환경보전법 제2조 제2호, 제4호, 제5호, 제15호 참조

설명 '비점오염원'이라 함은 도시, 도로, 농지, 산지, 공사장 등으로서 불특정 장소에서 불특정하게 수질오염물질을 배출하는 배출원을 말한다.

69 시장, 군수, 구청장(자치구의 구청장을 말함)이 낚시금지구역 또는 낚시제한구역을 지정하려는 경우 고려해야 하는 사항으로 가장 거리가 먼 것은?

① 수질오염도

② 서식어류의 종류 및 양 등 수중 생태계 현황

③ 낚시터 발생 쓰레기가 인근 환경에 미치는 영향

④ 연도별 낚시인구의 현황

해설 물환경보전법 시행령 제27조 제1항 참조

설명 고려해야 하는 사항
- 용수의 목적
- 오염원 현황
- 수질오염도
- 낚시터 인근에서의 쓰레기 발생현황 및 처리여건
- 연도별 낚시인구의 현황
- 서식어류의 종류 및 양 등 수중 생태계 현황

70 위임업무 보고사항 중 "과징금 징수실적 및 체납처분 현황"의 보고횟수 기준은?

① 연 1회   ② 연 2회

③ 연 4회   ④ 수시

해설 물환경보전법 시행규칙 별표 23 참조

71 낚시금지구역 또는 낚시제한구역 안내판의 규격 중 색상 기준으로 옳은 것은?

① 바탕색 : 녹색, 글씨 : 회색

② 바탕색 : 녹색, 글씨 : 흰색

③ 바탕색 : 청색, 글씨 : 회색

④ 바탕색 : 청색, 글씨 : 흰색

해설 물환경보전법 시행규칙 별표 12 참조

72 오염총량초과부과금 납부통지를 받은 자는 그 납부통지를 받은 날부터 얼마 이내에 환경부 장관 등에게 오염총량부과금 조정을 신청할 수 있는가?

① 7일 이내에   ② 10일 이내에

③ 30일 이내에   ④ 60일 이내에

해설 물환경보전법 시행령 제12조 제1항 참조

73 수질오염물질 희석처리의 인정을 받고자 하는 자가 규정에 의한 신청서 또는 신고서를 제출할 때 첨부하여야 하는 자료와 가장 거리가 먼 것은?

① 처리하려는 폐수의 농도 및 특성

② 희석처리의 불가피성

③ 희석배율 및 희석량

④ 희석처리 후의 유해 중금속 배출예상농도

해설 물환경보전법 시행규칙 제48조 제2항 참조

설명 첨부해야 할 자료는 보기의 ①, ②, ③ 3가지이다.

74 배출부과금을 부과할 때 고려해야 하는 사항과 가장 거리가 먼 것은?

① 수질오염물질의 배출기간

② 배출되는 수질오염물질의 종류

③ 배출시설 규모

④ 배출허용기준 초과 여부

해설 물환경보전법 제42조 제2항 참조

설명 다음 각 호의 사항을 고려해야 한다.
- 배출허용기준 초과 여부
- 배출되는 수질오염물질의 종류
- 수질오염물질의 배출기간
- 수질오염물질의 배출량
- 제46조의 규정에 의한 자가측정 여부
- 그 밖에 수질환경의 오염 또는 개선과 관련있는 사항으로서 환경부령이 정하는 사항

75 공공수역에 특정수질유해물질을 누출·유출시키거나 버린 자에 대한 벌칙 기준으로 옳은 것은?

① 5년 이하의 징역 또는 3천만원 이하의 벌금
② 3년 이하의 징역 또는 1천 500만원 이하의 벌금
③ 1년 이하의 징역 또는 1천만원 이하의 벌금
④ 500만원 이하의 벌금

해설 물환경보전법 제77조 참조

76 폐수배출사업자 또는 수질오염방지시설을 운영하는 자는 폐수배출시설 및 수질오염방지시설의 가동시간, 폐수배출량 등을 매일 기록한 운영일지를 최종기록일로부터 얼마간 보존(기준)하여야 하는가? (단, 폐수무방류배출시설이 아님.)

① 1년간 보존
② 2년간 보존
③ 3년간 보존
④ 5년간 보존

해설 물환경보전법 시행규칙 제49조 제1항 참조
참고 폐수무방류배출시설의 경우에는 3년간 보존한다.

77 환경부 장관이 폐수처리업자의 허가를 취소할 수 있는 경우와 가장 거리가 먼 것은?

① 파산선고를 받고 복권되지 아니한 자
② 거짓이나 그 밖의 부정한 방법으로 허가를 받은 경우
③ 허가를 받은 후 1년 이내에 영업을 개시하지 아니하거나 계속하여 1년 이상 영업실적이 없는 경우
④ 대기환경보전법을 위반하여 징역의 실형선고를 받고 그 형의 집행이 종료되거나, 집행을 받지 아니하기로 확정된 후 2년이 경과되지 아니한 자

해설 물환경보전법 제64조 참조(제63조와 연관)
설명 등록 후 2년 이내에 영업을 개시하지 아니하거나 계속하여 2년 이상 영업실적이 없는 경우

78 폐수의 처리능력과 처리가능성을 고려하여 수탁하여야 하는 준수사항을 지키지 아니한 폐수처리업자에 대한 벌칙 기준은?

① 3년 이하의 징역 또는 3천만원 이하의 벌금
② 2년 이하의 징역 또는 2천만원 이하의 벌금
③ 1년 이하의 징역 또는 1천만원 이하의 벌금
④ 5백만원 이하의 벌금

해설 물환경보전법 제79조 참조(법 제65조 제2항, 제3항 관련)

79 다음 중 기타 수질오염원의 대상시설과 규모 기준으로 옳지 않은 것은?

① 운수장비 정비 또는 폐차장시설 중 자동차 폐차장시설로서 면적이 1천 500제곱미터 이상일 것
② 농축수산물 단순가공시설 중 1차 농산물을 물세척만 하는 시설로서 물 사용량이 1일 3세제곱미터 이상일 것
③ 농축수산물 단순가공시설 중 조류의 알을 물세척만 하는 시설로서 물 사용량이 1일 5세제곱미터 이상일 것
④ 체육시설의 설치·이용에 관한 법률 시행령 별표 1에 따른 골프장시설로서 면적이 3만 제곱미터 이상이거나 3홀 이상일 것

해설 물환경보전법 시행규칙 별표 1 참조
설명 농축수산물 단순가공시설 중 1차 농산물을 물세척만 하는 시설로서 물 사용량이 1일 5세제곱미터 이상일 것

80 다음 중 방류수 수질기준 초과율 산정공식으로 옳은 것은?

① $\dfrac{(배출허용기준-방류수\ 수질기준)}{(배출농도-방류수\ 수질기준)}\times100$

② $\dfrac{(배출농도-배출허용기준)}{(방류수\ 수질농도-방류수\ 수질기준)}\times100$

③ $\dfrac{(배출농도-방류수\ 수질기준)}{(배출허용기준-방류수\ 수질기준)}\times100$

④ $\dfrac{(배출허용기준-배출농도)}{(방류수\ 수질기준-배출허용기준)}\times100$

해설 물환경보전법 시행령 별표 11 비고 참조

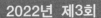

2022년 제3회 수질환경산업기사 기/출/복/원/문/제

제1과목 : 수질오염 개론

01 원생생물은 세포의 분화 정도에 따라 진핵생물과 원핵생물로 나눌 수 있다. 다음 중 원핵세포와 비교하여 진핵세포에만 있는 것은?

① DNA
② 리보솜
③ 편모
④ 세포 소기관

해설 세포 소기관(엽록체, 리소좀, 골지체, 소포체, 액포 등)은 진핵세포에만 있다.

02 다음 중 해수에 관한 설명으로 옳지 않은 것은 어느 것인가?

① 해수의 Mg/Ca비는 담수에 비하여 크다.
② 해수의 밀도는 수온, 수압, 수심 등과 관계없이 일정하다.
③ 염분은 적도 해역에서 높고, 남북 양극 해역에서 낮다.
④ 해수 내 전체 질소 중 35% 정도는 암모니아성 질소, 유기질소 형태이다.

해설 해수의 밀도는 수온, 수압, 수심의 함수이며, 수심이 깊을수록 증가한다.

03 화학합성 자가영양미생물계의 에너지원과 탄소원으로 가장 옳은 것은?

① 빛, CO_2
② 유기물의 산화환원반응, 유기탄소
③ 빛, 유기탄소
④ 무기물의 산화환원반응, CO_2

해설 자가영양계(광합성, 화학합성) 미생물의 탄소원은 CO_2이고, 에너지원은 광합성 자가영양계가 빛이며, 화학합성 자가영양계는 무기물의 산화환원반응이다.

04 $CaCl_2$ 200mg/L는 몇 meq/L인가? (단, Ca 원자량 : 40, Cl 원자량 : 35.5)

① 1.8
② 2.4
③ 3.6
④ 4.8

해설 $meq/L = \dfrac{mg/L}{당량}$

$CaCl_2$ 분자량 $= 40 + 35.5 \times 2 = 111g$

$CaCl_2$ 당량 $= \dfrac{111g}{2} = 55.5g$

$\therefore \dfrac{200mg/L}{55.5} = 3.6meq/L$

05 호기성 박테리아($C_5H_7O_2N$)의 이론적 COD/TOC의 비는? (단, 박테리아는 CO_2, NH_3, H_2O로 분해)

① 0.83
② 1.42
③ 2.67
④ 3.34

해설 $\underline{C_5H_7O_2N} + \underline{5O_2} \rightarrow 5CO_2 + 2H_2O + NH_3$
    113g   : 5×32g
$COD = 5 \times 32 = 160g$
$TOC = 5C = 5 \times 12 = 60g$
$\therefore COD/TOC = 160/60 = 2.67$

06 다음 중 조류의 경험적 화학분자식으로 가장 적절한 것은?

① $C_4H_7O_2N$
② $C_5H_8O_2N$
③ $C_6H_9O_2N$
④ $C_7H_{10}O_2N$

해설 조류의 경험적 화학분자식 : $C_5H_8O_2N$

07 0.1M-NaOH의 농도를 mg/L로 나타내면 얼마인가?

① 4mg/L
② 40mg/L
③ 400mg/L
④ 4,000mg/L

해설 $NaOH$ 농도 $= \dfrac{0.01mol}{L} \left| \dfrac{40g}{1mol} \right| \dfrac{10^3mg}{1g}$

$= 4,000mg/L$

08 초기농도가 100mg/L인 오염물질의 반감기가 10day라고 할 때 반응속도가 1차 반응을 따를 경우 5일 후 오염물질의 농도는?

① 70.7mg/L ② 75.5mg/L
③ 80.7mg/L ④ 85.7mg/L

해설 $\ln\dfrac{C_t}{C_o} = -K \cdot t$

$K = \dfrac{1}{t}\ln\dfrac{C_o}{C_t} = \dfrac{1}{10\text{day}}\ln\dfrac{2}{1} = -0.0693\text{day}^{-1}$

$C_t = C_o \cdot e^{-Kt}$

$\therefore C_5 = 100 \times e^{-0.0693 \times 5} = 70.72\text{mg/L}$

※ 상용대수식을 사용하여도 된다.

09 유량이 0.7m³/s이고, BOD₅가 3.0mg/L, DO가 9.5mg/L인 하천이 있다. 이 하천에 유량이 0.4m³/s, BOD₅가 25mg/L, DO가 4.0mg/L인 지류가 흘러 들어오고 있으며, 합쳐진 하천의 평균유속이 15m/min이라면 하류 54km 지점의 용존산소 부족량은? (단, 온도 20℃, 혼합수의 $k_1 = 0.1$/day, $k_2 = 0.2$/day이며, 포화용존산소 농도는 9.5mg/L, 상용대수 적용)

① 3.2mg/L ② 3.9mg/L
③ 4.2mg/L ④ 4.6mg/L

해설 $D_t = \dfrac{K_1 \cdot L_o}{K_2 - K_1}(10^{-K_1 t} - 10^{-K_2 t}) + D_o \cdot 10^{-K_2 t}$

㉠ $L_o(\text{BOD}_u)$의 계산

합류지점의 $\text{BOD}_5(C_m)$

$= \dfrac{C_1 Q_1 + C_2 Q_2}{Q_1 + Q_2} = \dfrac{3.0 \times 0.7 + 25 \times 0.4}{0.7 + 0.4} = 11\text{mg/L}$

$\text{BOD}_5 = \text{BOD}_u(1 - 10^{-k})$

따라서 $\text{BOD}_u(L_o) = \dfrac{11}{1 - 10^{-0.1 \times 5}} = 16.1\text{mg/L}$

㉡ D_o(초기 DO 부족량)의 계산

합류지점의 DO $= \dfrac{9.5 \times 0.7 + 4.0 \times 0.4}{0.7 + 0.4} = 7.5\text{mg/L}$

따라서 $D_o = 9.5 - 7.5 = 2.0\text{mg/L}$

㉢ 유하시간(t)의 계산

$t = \dfrac{L}{V} = \dfrac{54\text{km}}{} \left|\dfrac{1,000\text{m}}{1\text{km}}\right| \dfrac{\text{min}}{15\text{m}} \left|\dfrac{1\text{hr}}{60\text{min}}\right| \dfrac{1\text{day}}{24\text{hr}}$

$= 2.5\text{day}$

$\therefore D_{2.5} = \dfrac{0.1 \times 16.1}{0.2 - 0.1}(10^{-0.1 \times 2.5} - 10^{-0.2 \times 2.5})$

$+ (2.0 \times 10^{-0.2 \times 2.5})$

$= 4.59\text{mg/L}$

10 물의 물리, 화학적 특성으로 옳지 않은 것은 어느 것인가?

① 물은 온도가 낮을수록 밀도가 커진다.
② 물분자는 H⁺와 OH⁻로 극성을 이루므로 유용한 용매가 된다.
③ 물은 기화열이 크기 때문에 생물의 효과적인 체온조절이 가능하다.
④ 생물체의 결빙이 쉽게 일어나지 않는 것은 물의 융해열이 크기 때문이다.

해설 물의 밀도는 4℃에서 1g/mL로 가장 크고, 4℃보다 온도가 낮거나 높으면 밀도는 점차 작아진다.

11 HCHO(formaldehyde) 200mg/L의 이론적 COD값은?

① 163mg/L ② 187mg/L
③ 213mg/L ④ 227mg/L

해설 $\underset{30\text{g}}{CH_2O} + \underset{:\ 32\text{g}}{O_2} \rightarrow CO_2 + H_2O$

$\therefore$ 이론적 $\text{COD} = 200\text{mg/L} \times \dfrac{32}{30} = 213.33\text{mg/L}$

12 5×10^{-5}M Ca(OH)₂를 물에 용해하였을 때 pH는 얼마인가? (단, Ca(OH)₂는 물에서 완전해리된다고 가정)

① 9.0 ② 9.5
③ 10.0 ④ 10.5

해설 $\underset{5 \times 10^{-5}\text{mol/L}}{Ca(OH)_2} \xrightarrow{\text{완전해리}} \underset{5 \times 10^{-5}\text{mol/L}}{Ca^{2+}} + \underset{2 \times 5 \times 10^{-5}\text{mol/L}}{2OH^-}$

$[OH^-] = 1.0 \times 10^{-4}\text{mol/L}$

$\therefore \text{pH} = 14 + \log[OH^-] = 14 + \log(10^{-4}) = 10$

13 수온이 20℃일 때 탈산소계수가 0.2/day (base 10)이었다면 수온 30℃에서의 탈산소계수(base 10)는? (단, $\theta = 1.042$)

① 0.24/day
② 0.27/day
③ 0.30/day
④ 0.34/day

해설 $K_1(t℃) = K_1(20℃) \times \theta^{t-20}$

$\therefore K_1(30℃) = 1.2 \times 1.042^{30-20} = 0.30\text{/day}$

14 다음이 설명하는 하천 모델의 종류로 가장 옳은 것은?

> • 유속, 수심, 조도계수에 의해 확산계수가 결정된다.
> • 하천과 대기의 열복사 및 열교환이 고려된다.

① QUAL-I
② WQRRS
③ WASP
④ EPAS

해설 주어진 내용은 QUAL-I 모델의 특징이다. QUAL-I 모델은 음해법으로 미분방정식의 해를 구한다.

15 친수성 콜로이드(colloid)의 특성에 관한 설명으로 옳지 않은 것은?

① 염(鹽)에 대하여 큰 저항을 받지 않는다.
② 틴들효과가 현저하고, 점도는 분산매보다 작다.
③ 다량의 염을 첨가하여야 응결 침전된다.
④ 존재 형태는 유탁(에멀션)상태이다.

해설 친수성 콜로이드는 틴들효과가 약하거나 거의 없고, 점도는 분산매보다 현저히 크다.

16 탈산소계수(상용대수 기준)가 0.12/day인 어느 폐수의 BOD_5는 200mg/L이다. 이 폐수가 3일 후에 미분해되고 남아 있는 BOD(mg/L)는?

① 67mg/L
② 87mg/L
③ 117mg/L
④ 127mg/L

해설 $L_t = L_a \cdot 10^{-K_1 t}$

$BOD_5 = BOD_u (1 - 10^{-K_1 \times 5})$

$BOD_u = \dfrac{200}{1 - 10^{-0.12 \times 5}} = 267.1 \text{mg/L} \cdots L_a$

$\therefore L_3 = 267.1 \times 10^{-0.12 \times 3} = 116.6 \text{mg/L}$

17 유량이 10,000m³/day인 폐수를 BOD 4mg/L, 유량 4,000,000m³/day인 하천에 방류하였다. 방류한 폐수가 하천수와 완전혼합되어졌을 때 하천의 BOD가 1mg/L 높아졌다면 하천에 가해진 폐수의 BOD 부하량은? (단, 기타 조건은 고려하지 않는다.)

① 1,425kg/day
② 1,810kg/day
③ 2,250kg/day
④ 4,050kg/day

해설 $C_m = \dfrac{C_i Q_i + C_w Q_w}{Q_i + Q_w}$ 에서

$(4+1) = \dfrac{4 \times 4,000,000 + C_w \times 10,000}{4,000,000 + 10,000}$

$C_w = 405 \text{mg/L} \cdots$ 폐수의 BOD 농도

∴ 폐수의 BOD 부하량

$= 405 \text{g/m}^3 \times 10,000 \text{m}^3/\text{day} \times 10^{-3} \text{kg/g}$

$= 4,050 \text{kg/day}$

18 Wipple의 하천의 생태변화에 따른 4지대 구분 중 '분해지대'에 관한 설명으로 옳지 않은 것은?

① 오염에 잘 견디는 곰팡이류가 심하게 번식한다.
② 여름철 온도에서 DO 포화도는 45% 정도에 해당된다.
③ 탄산가스가 줄고, 암모니아성질소가 증가한다.
④ 유기물 혹은 오염물을 운반하는 하수거의 방출지점과 가까운 하류에 위치한다.

해설 분해지대에서는 용존산소량이 크게 줄어드는 대신 탄산가스 양이 많아진다. 암모니아성질소가 증가하는 지대는 '활발한 분해지대'이다.

19 마그네슘 경도 200mg/L as CaCO₃를 Mg^{2+}의 농도로 환산하면 얼마인가? (단, Mg 원자량 24)

① 48mg/L
② 72mg/L
③ 96mg/L
④ 120mg/L

해설 경도(CaCO₃ mg/L) $= M^{2+} \text{mg/L} \times \dfrac{50}{M^{2+} \text{ 당량}}$

$M^{2+} \text{mg/L} =$ 경도(CaCO₃ mg/L) $\times \dfrac{M^{2+} \text{ 당량}}{50}$

$\therefore M^{2+}$ 농도 $= 200 \times \dfrac{24}{50} = 48 \text{mg/L}$

20 적조 발생지역과 가장 거리가 먼 것은?

① 정체 수역
② 질소, 인 등의 영양염류가 풍부한 수역
③ Upwelling 현상이 있는 수역
④ 갈수기 시 수온, 염분이 급격히 높아진 수역

해설 적조는 강우에 따른 하천수의 바다 유입량이 많아져서 염분량이 낮아진 수역에서 발생하게 된다.

제2과목 수질오염 방지기술

21 유량이 5,000m³/day이고, BOD, SS 및 NH₃−N 의 농도가 각각 20mg/L, 25mg/L 및 23mg/L인 유출수의 질소(NH₃−N)를 제거하기 위해 파과점 염소주입 공정이 이용될 때 1일 염소 투입량은? (단, 투입 염소(Cl₂) 대 처리된 암모니아성 질소(NH₃−N)의 질량비는 9 : 1, 최종 유출수의 NH₃−N 농도는 1.0mg/L로 한다.)

① 620kg/day　　② 740kg/day
③ 990kg/day　　④ 1,280kg/day

해설 염소 투입량

$$= 처리된\ 암모니아성질소량(kg/day) \times \frac{9}{1}$$

$$= (23-1.0)g/m^3 \times 5,000m^3/day \times 10^{-3}kg/g \times \frac{9}{1}$$

$$= 990kg/day$$

22 총 처리수량 50,000m³/일, 여과속도 180m/일인 정방형 급속여과지 1지의 크기는? (단, 병렬 처리 기준이며, 동일한 여과지 수는 8지, 예비 지는 고려하지 않는다.)

① 5.9m×5.9m　　② 6.7m×6.7m
③ 7.8m×7.8m　　④ 8.4m×8.4m

해설 여과면적$(A) = \dfrac{Q}{V} = \dfrac{50,000m^3/일}{180m/일 \times 8지} = 34.72m^2/지$

정방형 침전지이므로 폭과 길이가 같아서
$A = x^2 = 34.72$
$x = \sqrt{34.72} = 5.89m$
∴ 1지의 크기는 $5.89m \times 5.89m$

23 가스 상태의 염소가 물에 들어가면 가수분해와 이온화반응이 일어나 살균력을 나타낸다. 이때 살균력이 가장 높은 pH 범위는?

① 산성 영역　　② 알칼리성 영역
③ 중성 영역　　④ pH와 관계없다.

해설 $Cl_2 + H_2O \rightleftharpoons HOCl + H^+ + Cl^-$　(낮은 pH)
$HOCl \rightleftharpoons H^+ + OCl^-$　　　　(높은 pH)
살균력은 HOCl이 OCl⁻보다 약 80배 정도 강하므로 HOCl의 생성량이 많은 산성 영역(낮은 pH)에서 살균력이 높다.

24 슬러지량이 300m³/day로 유입되는 소화조의 고형물(VS 기준) 부하율은 5kg/m³·day이다. 슬러지의 고형물(TS) 함량은 4%, TS 중 VS 함유율이 70%일 때 소화조의 용적은? (단, 슬러지 비중은 1.0)

① 1,960m³　　② 1,820m³
③ 1,720m³　　④ 1,680m³

해설 소화조 유입 슬러지＝수분＋$\underset{4\%}{고형물(TS)}$

TS＝FS＋$\underset{70\%}{VS}$

∴ 소화조 유입 VS량 ＝$300m^3/day \times 1.0ton/m^3$
　　　　　　　　$\times 10^3kg/g \times 0.04 \times 0.7$
　　　　　　　　$= 8,400kgVS/day$

소화조의 VS 부하율 ＝$\dfrac{VS\ 유입량(kgVS/day)}{소화조\ 용적(m^3)}$
$(kgVS/m^3 \cdot day)$

∴ 소화조 용적 ＝$\dfrac{VS\ 유입량(kgVS/day)}{VS\ 부하율(kgVS/m^3 \cdot day)}$

　　　　　　$= \dfrac{8,400kgVS/day}{5kgVS/m^3 \cdot day} = 1,680m^3$

25 BOD₅ 농도가 2,000mg/L이고, 1일 폐수 배출량이 1,000m³인 산업폐수를 BOD₅ 오염 부하량이 500kg/day로 될 때까지 감소시키기 위해서 필요한 BOD₅ 제거효율은?

① 70%　　② 75%
③ 80%　　④ 85%

해설 BOD₅ 유입(배출)량
$= 2,000g/m^3 \times 1,000m^3/day \times 10^{-3}kg/g$
$= 2,000kg/day$

∴ 필요한 BOD₅ 제거효율 ＝$\dfrac{2,000-500}{2,000} \times 100 = 75\%$

26 고형물 농도 10g/L인 슬러지를 하루 480m³ 비율로 농축 처리하기 위해 필요한 연속식 슬러지 농축조의 표면적은? (단, 농축조의 고형물 부하는 4kg/m²·hr로 한다.)

① 50m²　　② 100m²
③ 150m²　　④ 200m²

해설 농축조 고형물 부하$(kg/m^2 \cdot hr) = \dfrac{고형물\ 유입량(kg/hr)}{농축조\ 면적(m^2)}$

∴ 농축조 면적 ＝$\dfrac{10kg/m^3 \times 480m^3/day}{4kg/m^2 \cdot hr \times 24hr/day} = 50m^2$

27 MLSS가 2,800mg/L인 활성슬러지 공법 폭기조의 부피가 1,600m³이다. 매일 40m³의 폐슬러지(농도 0.8%)를 혐기성 소화조로 보내 처리할 때 슬러지 체류시간(SRT)는? (단, 기타 조건은 고려하지 않는다.)

① 8일 　　　　　② 11일
③ 14일 　　　　　④ 18일

해설　$\text{SRT} = \dfrac{V \cdot X}{X_r \cdot Q_w}$

$X_r = 0.8\% = 8,000\text{mg/L}$

$\therefore \text{SRT} = \dfrac{1,600\text{m}^3 \times 2,800\text{mg/L}}{8,000\text{mg/L} \times 40\text{m}^3/\text{day}} = 14\text{day}$

28 인구가 45,000명인 도시의 폐수를 처리하기 위한 처리장을 설계하였다. 폐수의 유량은 350L/인·day이고 침강탱크의 체류시간 2hr, 월류속도 35m³/m²·day가 되도록 설계하였다면 이 침강탱크의 용적(V)과 표면적(A)은?

① $V = 1,313\text{m}^3$, $A = 540\text{m}^2$
② $V = 1,313\text{m}^3$, $A = 450\text{m}^2$
③ $V = 1,475\text{m}^3$, $A = 540\text{m}^2$
④ $V = 1,475\text{m}^3$, $A = 450\text{m}^2$

해설　도시 폐수유량 $= 350\text{L/인} \cdot \text{day} \times 45,000\text{인} \times 10^{-3}\text{m}^3/\text{L}$
$= 15,750\text{m}^3/\text{day}$

$\therefore$ 침강탱크 용적(V) $= Q \cdot t$
$= 15,750\text{m}^3/\text{day} \times \dfrac{2}{24}\text{day}$
$= 1312.5\text{m}^3$

월류속도(표면적 부하) $= \dfrac{Q}{A}$

$\therefore A$(표면적) $= \dfrac{Q}{\text{월류속도}} = \dfrac{15,750\text{m}^3/\text{day}}{35\text{m}^3/\text{m}^2 \cdot \text{day}}$
$= 450\text{m}^2$

29 활성슬러지법에서 폭기조로 유입되는 폐수량이 500m³/(day·SVI 120)인 조건에서 혼합액 1L를 30분간 침전했을 때 300mL가 침전(침전슬러지 용적)되었다면 폭기조의 MLSS 농도(mg/L)는?

① 1,500 　　　　　② 2,000
③ 2,500 　　　　　④ 3,000

해설　$\text{SVI} = \dfrac{\text{SV}_{30}(\text{mL/L})}{\text{MLSS}} \times 10^3$

$\text{MLSS} = \dfrac{\text{SV}_{30} \times 10^3}{\text{SVI}} = \dfrac{300\text{m/L} \times 10^3}{120} = 2,500\text{mg/L}$

30 다음의 생물학적 인 및 질소 제거 공정 중 질소 제거를 주목적으로 개발한 공법으로 가장 적절한 것은?

① 4단계 Bardenpho 공법
② A₂/O 공법
③ A/O 공법
④ Phostrip 공법

해설　4단계 Bardenpho 공법은 질소 제거를 주목적으로 개발된 것이다.

31 다음 jar test에서 alum 최적 주입률이 40ppm이라면 420m³/hr의 폐수에 필요한 alum(농도 7.5%)의 양은? (단, 비중은 1.0 기준)

① 204L/hr 　　　　　② 214L/hr
③ 224L/hr 　　　　　④ 234L/hr

해설　필요한 Alum의 양 $= \dfrac{40\text{mg}}{\text{L}} \left| \dfrac{420\text{m}^3}{\text{hr}} \right| \dfrac{10^3\text{L}}{1\text{m}^3} \left| \dfrac{\text{L}}{75,000\text{mg}} \right.$
$= 224\text{L/hr}$

$\%\ 7.5\% = 75,000\text{mg/kg} \xrightarrow{\text{비중이 1.0일 때}} 75,000\text{mg/L}$

32 침전지를 설계하고자 한다. 침전시간은 2hr, 표면부하율은 30m³/m²·day이며, 폭과 길이의 비는 1:5로 하고, 폭을 10m로 하였을 때 침전지의 용량은?

① 875m³ 　　　　　② 1,250m³
③ 1,750m³ 　　　　　④ 2,450m³

해설　표면부하율(m³/m²·day) $= \dfrac{\text{폐수 유입량(m}^3/\text{day)}}{\text{표면적(m}^2)}$

폐수 유입량 = 표면부하율 × 표면적
표면적 = 10 × 50 = 500m² (∵ 폭 : 길이 = 1 : 5)
폐수 유입량 = 30m³/m²·day × 500m²
$= 15,000\text{m}^3/\text{day}$

$\therefore$ 침전지 용량(V) $= Q \cdot t$
$= 15,000\text{m}^3/\text{day} \times \dfrac{2}{24}\text{day}$
$= 1,250\text{m}^3$

33 유입수의 BOD 농도가 270mg/L인 폐수를 폭기시간 8시간, F/M비를 0.4로 처리하고자 한다면 유지되어야 할 MLSS의 농도(mg/L)는?

① 2,025　　　　② 2,525
③ 3,025　　　　④ 3,525

해설 $F/M = \dfrac{BOD \cdot Q}{MLSS \cdot V}$

$MLSS = \dfrac{BOD \cdot Q}{F/M \cdot V} = \dfrac{BOD \cdot Q}{F/M \cdot Q \cdot t} = \dfrac{BOD}{F/M \cdot t}$

$\therefore MLSS = \dfrac{270mg/L}{0.4 \times (8/24)day} = 2,025mg/L$

34 구형입자의 침강속도가 Stokes 법칙에 따른다고 할 때 직경 0.5mm이고, 비중이 2.5인 구형입자의 침강속도는? (단, 물의 밀도는 1,000kg/m³이고, 점성계수 μ는 1.002×10^{-3}kg/m · sec라고 가정)

① 0.1m/s　　　　② 0.2m/s
③ 0.3m/s　　　　④ 0.4m/s

해설 $V_s = \dfrac{g(\rho_s - \rho_w)d^2}{18\mu}$

$= \dfrac{9.8m/sec^2 \times (2,500 - 1,000)kg/m^3 \times (5 \times 10^{-4})^2 m}{18 \times (1.002 \times 10^{-3})}$

$= 0.204m/sec$

35 BOD 1kg 제거에 필요한 산소량은 2kg이다. 공기 1m³에 함유되어 있는 산소량은 0.277kg이라 하고, 포기조에서 공기 용해율을 4%(부피 기준)라고 하면, BOD 5kg 제거하는 데 필요한 공기량은?

① 약 700m³　　　　② 약 900m³
③ 약 1,100m³　　　　④ 약 1,300m³

해설 필요한 공기량 $= 5kg\,BOD \times 2kg\,O_2/kg\,BOD$
$\times 1m^3\,공기/0.277kg\,O_2 \times 100/4$
$= 902.53m^3\,공기$

36 RBC(회전원판접촉법)에 관한 설명으로 옳지 않은 것은?

① 미생물에 대한 산소공급 소요전력이 적다는 장점이 있다.

② RBC 시스템에서 재순환이 없고, 유지비가 적게 소요된다.
③ RBC조에서 메디아는 전형적으로 약 40%가 물에 잠기도록 한다.
④ 다른 생물학적 공정에 비해 장치의 현장 시스템으로의 scale-up이 용이하다.

해설 회전원판법은 bench scale처리를 현장으로 scale-up하기 어렵다.

37 다음 산화지(oxidation pond)를 이용하여 유입량 2,000m³/day이고, BOD와 SS 농도가 각각 100mg/L인 폐수를 처리하고자 한다. 산화지의 BOD 부하율이 2g · BOD/m² · day로 할 때 폐수의 체류시간은? (단, 장방형이며, 산화지 깊이는 2m이다.)

① 80day　　　　② 100day
③ 120day　　　　④ 140day

해설 $t = \dfrac{V}{Q}$

BOD 부하율$(gBOD/m^2 \cdot day) = \dfrac{BOD \cdot Q}{A}$

$A = \dfrac{BOD \cdot Q}{BOD\ 부하율} = \dfrac{100g/m^3 \times 2,000m^3/day}{2g/m^2 \cdot day}$

$= 100,000m^2$

$V(산화지\ 부피) = A \cdot H = 100,000m^2 \times 2m$
$= 200,000m^3$

$\therefore t(체류시간) = \dfrac{200,000m^3}{2,000m^3/day} = 100day$

38 포기조 내 BOD 용적부하가 0.5kg−BOD/m³ · day일 때 F/M비는? (단, 포기조 MLSS는 2,000mg/L이다.)

① 0.15kgBOD/(kgMLSS · day)
② 0.20kgBOD/(kgMLSS · day)
③ 0.25kgBOD/(kgMLSS · day)
④ 0.30kgBOD/(kgMLSS · day)

해설 $F/M = \dfrac{BOD \cdot Q}{MLSS \cdot V} = \dfrac{BOD \cdot Q}{V} \cdot \dfrac{1}{MLSS}$

$= BOD\ 용적부하 \times \dfrac{1}{MLSS}$

$= 0.5kg/m^3 \cdot day \times \dfrac{1}{2,000mg/L} \times \dfrac{1,000mg}{1kg}$

$= 0.25kg\,BOD/kg\,MLSS \cdot day$

39 A폐수는 유량 1,200m³/day, BOD₅ 800mg/L이고, B폐수는 유량 1,900m³/day, BOD₅ 120mg/L이다. 이를 완전히 혼합하여 활성슬러지법으로 처리하고자 한다. BOD 용적부하가 0.6kg BOD₅/m³·day라면 포기조의 용적은?

① 1,980m³   ② 2,608m³
③ 3,910m³   ④ 4,340m³

해설 BOD 용적부하($kg/m^3 \cdot day$) $= \dfrac{\text{BOD 유입량}(kg/day)}{\text{포기조 용적}(m^3)}$

포기조 용적
$$= \dfrac{\text{BOD 유입량}(kg/day)}{\text{BOD 용적부하}(kg/m^3 \cdot day)}$$
$$= \dfrac{(800g/m^3 \times 1,200m^3/day + 120g/m^3 \times 1,900m^3/day) \times 10^{-3}kg/g}{0.6kg/m^3 \cdot day}$$
$$= 1,980m^3$$

40 360g의 초산(CH₃COOH)이 35℃로 운전되는 혐기성 소화조에서 완전히 분해될 때 발생되는 CH₄의 양은? (단, 1기압 기준, 소화조 온도를 기준으로 한다.)

① 약 126L   ② 약 134L
③ 약 144L   ④ 약 152L

해설
$$CH_3COOH \xrightarrow{\text{혐기성}} CH_4 + CO_2$$
$$60g \quad : \quad 22.4L$$

CH_4 발생량 $= 360g \times \dfrac{22.4L}{60g} = 134.4L \cdots 0℃, 1기압$

$\dfrac{V_1}{T_1} = \dfrac{V_2}{T_2} \rightarrow V_2 = V_1 \times \dfrac{T_2}{T_1}$

$\therefore$ 35℃의 발생 CH_4 양$(V_2) = 134.4L \times \dfrac{(273+35)}{273}$
$$= 151.6L$$

제3과목 : **수질오염 공정시험방법**

41 다음 중 직각 3각 위어로 유량을 산정하는 식으로 옳은 것은? (단, Q : 유량(m³/min), K : 유량계수, h : 위어의 수두(m), b : 절단의 폭(m))

① $Q = K \cdot h^{\frac{3}{2}}$ ② $Q = K \cdot h^{\frac{5}{2}}$

③ $Q = K \cdot b \cdot h^{\frac{3}{2}}$ ④ $Q = K \cdot b \cdot h^{\frac{5}{2}}$

해설 직각 3각 위어의 유량 산정식 : $Q = k \cdot h^{\frac{5}{2}}$
※ 보기 ③의 식은 4각 위어로 유량을 산정하는 식이다.

42 공장폐수 및 하수유량(관 내의 유량 측정방법)을 측정하는 장치 중 공정수(process water)에 적용하지 않는 것은?

① 유량 측정용 노즐
② 오리피스
③ 벤투리미터
④ 자기식 유량측정기

해설 공장폐수 및 하수유량(관 내의 유량 측정방법)을 측정하는 장치 중 공정수(process water)에 적용하는 유량 측정장치는 유량 측정용 노즐, 오리피스, 피토관, 자기식 유량 측정기이다.

43 다음은 총대장균군－막여과법에 관한 내용이다. ( ) 안에 옳은 내용은?

> 물속에 존재하는 총대장균군을 측정하기 위해 페트리접시에 배지를 올려놓은 다음 배양 후 (   ) 계통의 집락을 계수하는 방법이다.

① 금속성 광택을 띠는 적색이나 진한 적색
② 금속성 광택을 띠는 청색이나 진한 청색
③ 여러 가지 색조를 띠는 적색
④ 여러 가지 색조를 띠는 청색

해설 총대장균군－막여과법은 총대장균군을 측정하기 위하여 페트리접시에 배지를 올려놓은 다음 배양 후 금속성 광택을 띠는 적색이나 진한적색 계통의 집락을 계수하는 방법이다.

44 수질오염공정시험기준상 시안 정량을 위해 적용 가능한 시험방법과 가장 거리가 먼 것은 어느 것인가?

① 자외선/가시선분광법
② 이온 전극법
③ 이온 크로마토그래피법
④ 연속흐름법

해설 시안 정량에 적용 가능한 시험방법은 보기의 ①, ②, ④이다.

45 감응계수에 관한 내용으로 옳은 것은?

① 감응계수는 검정곡선 작성용 표준용액의 농도(C)에 대한 반응값(R)으로 [감응계수 = (R/C)]로 구한다.

② 감응계수는 검정곡선 작성용 표준용액의 농도(C)에 대한 반응값(R)으로 [감응계수 = (C/R)]로 구한다.

③ 감응계수는 검정곡선 작성용 표준용액의 농도(C)에 대한 반응값(R)으로 [감응계수 = ($CR-1$)]로 구한다.

④ 감응계수는 검정곡선 작성용 표준용액의 농도(C)에 대한 반응값(R)으로 [감응계수 = ($CR+1$)]로 구한다.

[해설] 감응계수는 검정곡선 작성용 표준용액의 농도(C)에 대한 반응값(R, response)으로 감응계수 = $\dfrac{R}{C}$로 구한다.

46 보존방법이 나머지와 다른 측정 항목은?

① 부유물질 ② 전기전도도
③ 아질산성질소 ④ 잔류염소

[해설] 부유물질, 전기전도도, 아질산성질소의 보존방법은 4℃ 보관이며, 잔류염소는 즉시 분석한다.

47 다음은 비소를 자외선/가시선분광법으로 측정하는 방법이다. ( ) 안에 옳은 내용은?

> 물속에 존재하는 비소를 측정하는 방법으로 3가 비소로 환원시킨 다음 아연을 넣어 발생되는 수소화비소를 다이에틸다이티오카바민산은의 피리딘 용액에 흡수시켜 생성된 (　　　　)에서 흡광도를 측정한다.

① 적색 착화합물을 460nm
② 적자색 착화합물을 530nm
③ 청색 착화합물을 620nm
④ 황갈색 착화합물을 560nm

[해설] 비소의 자외선/가시선분광법은 물속에 존재하는 비소를 측정하는 방법으로, 3가비소로 환원시킨 다음 아연을 넣어 발생되는 수소화비소를 다이에틸다이티오카바민산은(Ag-DDTC)의 피리딘 용액에 흡수시켜 생성된 적자색 착화합물을 530nm에서 흡광도를 측정하는 방법이다. 정량한계는 0.004mg/L이다.

48 자외선/가시선분광법(부루신법)으로 질산성질소를 측정할 때 정량한계는?

① 0.01mg ② 0.05mg
③ 0.1mg ④ 0.5mg

[해설] 질산성질소의 자외선/가시선분광법(부루신법)의 정량한계는 0.1mg/L이며, 정밀도는 ±25% 이내이다.

49 총칙 중 용어의 정의로 옳지 않은 것은?

① '감압'이라 함은 따로 규정이 없는 한 15mmHg 이하를 뜻한다.
② '기밀용기'라 함은 취급 또는 저장하는 동안에 기체 또는 미생물이 침입하지 않도록 내용물을 보호하는 용기를 말한다.
③ '약'이라 함은 기재된 양에 대하여 ±10% 이상의 차가 있어서는 안 된다.
④ 시험조작 중 '즉시'란 30초 이내에 표시된 조작을 하는 것을 말한다.

[해설] '기밀용기'라 함은 취급 또는 저장하는 동안에 밖으로부터의 공기 또는 다른 가스가 침입하지 아니하도록 내용물을 보호하는 용기를 말한다.
[설명] 보기 ②의 내용은 "밀봉용기"에 대한 설명이다.

50 시료 채취량 기준에 관한 내용으로 옳은 것은?

① 시험항목 및 시험횟수에 따라 차이가 있으나 보통 1~2L 정도여야 한다.
② 시험항목 및 시험횟수에 따라 차이가 있으나 보통 3~5L 정도여야 한다.
③ 시험항목 및 시험횟수에 따라 차이가 있으나 보통 5~7L 정도여야 한다.
④ 시험항목 및 시험횟수에 따라 차이가 있으나 보통 8~20L 정도여야 한다.

[해설] 시료 채취량은 시험항목 및 시험횟수에 따라 차이가 있으나 보통 3~5L 정도여야 한다. 다만, 시료를 즉시 시험할 수 없어 보존하여야 할 경우 또는 시험항목에 따라 각각 다른 채취용기를 사용하여야 할 경우에는 시료 채취량을 적절히 증감할 수 있다.

51 자외선/가시선분광법에 의한 철의 정량에 필요하지 않은 시약은?

① 티오황산나트륨 ② 암모니아수
③ 아세트산암모늄 ④ 염산하이드록실아민

해설 자외선/가시선분광법으로 철 정량 시 사용되는 시약은 질산(1+1), 암모니아수(1+1), 염산(1+2), 염산하이드록실아민 용액(20%), o-페난트로린 용액, 아세트산암모늄 용액 등이다.

52 수소이온 농도를 기준전극과 비교전극으로 구성된 pH 측정기로 측정할 때 간섭물질에 대한 설명으로 옳지 않은 것은?

① pH 10 이상에서 나트륨에 의해 오차가 발생할 수 있는데 이는 "낮은 나트륨 오차전극"을 사용하여 줄일 수 있다.

② pH는 온도변화에 영향을 받는다.

③ 기름층이나 작은 입자상이 전극을 피복하여 pH 측정을 방해할 수 있다.

④ 유리전극은 산화 및 환원성 물질, 염도에 의해 간섭을 받는다.

해설 일반적으로 유리전극은 용액의 색도, 탁도, 콜로이드성 물질들, 산화 및 환원성 물질들, 그리고 염도에 의해 간섭을 받지 않는다.

53 냄새 측정 시 시료에 잔류염소가 존재하는 경우 조치 내용으로 옳은 것은?

① 티오황산나트륨 용액을 첨가하여 잔류염소를 제거

② 아세트산암모늄 용액을 첨가하여 잔류염소를 제거

③ 과망간산칼륨 용액을 첨가하여 잔류염소를 제거

④ 황산은 분말을 첨가하여 잔류염소를 제거

해설 냄새 측정 시 잔류염소가 존재하면 티오황산나트륨 용액을 첨가하여 잔류염소를 제거한다.

54 냄새 항목을 측정하기 위한 시료의 최대보존기간 기준은?

① 2시간   ② 4시간
③ 6시간   ④ 8시간

해설 냄새시료는 가능한 한 즉시분석 또는 냉장보관하며, 최대보존기간은 6시간이다.

55 다음은 공장폐수 및 하수유량 측정방법 중 최대유량이 1m³/min 미만인 경우에 용기 사용에 관한 설명이다. ( ) 안에 옳은 내용은?

> 용기는 용량 100~200L인 것을 사용하여 유수를 채우는 데에 요하는 시간을 스톱워치로 잰다. 용기에 물을 받아 넣는 시간을 ( )이 되도록 용량을 결정한다.

① 10초 이상   ② 20초 이상
③ 30초 이상   ④ 40초 이상

해설 용기는 용량 100~200L인 것을 사용하여 유수를 채우는 데에 요하는 시간을 스톱워치(stopwatch)로 잰다. 용기에 물을 받아 넣는 시간을 20초 이상이 되도록 용량을 결정한다.

56 총칙 중 온도 표시에 관한 설명으로 옳지 않은 것은?

① 찬 곳은 따로 규정이 없는 한 0~15℃의 곳을 뜻한다.

② 냉수는 15℃ 이하를 말한다.

③ 온수는 60~70℃를 말한다.

④ 시험은 따로 규정이 없는 한 실온에서 조작한다.

해설 각각의 시험은 따로 규정이 없는 한 상온에서 조작하고, 조작 직후에 그 결과를 관찰한다.

57 현장에서 측정하여야 하는 수온의 측정 기준으로 옳은 것은?

① 30분 이상 간격으로 2회 이상 측정한 후 산술평균

② 30분 이상 간격으로 4회 이상 측정한 후 산술평균

③ 1시간 이상 간격으로 2회 이상 측정한 후 산술평균

④ 1시간 이상 간격으로 4회 이상 측정한 후 산술평균

해설 수소이온 농도(pH), 수온 등 현장에서 즉시 측정하여야 하는 항목인 경우에는 30분 이상 간격으로 2회 이상 측정한 후 산술평균하여 측정값을 산출한다.

58 적외선/가시선분광법에서 흡광도 값이 1이란 무엇을 의미하는가?

① 입사광의 1%의 빛이 액층에 의해 흡수된다.
② 입사광의 10%의 빛이 액층에 의해 흡수된다.
③ 입사광의 90%의 빛이 액층에 의해 흡수된다.
④ 입사광의 100%의 빛이 액층에 의해 흡수된다.

해설 흡광도$(A) = \log\dfrac{1}{t}$

여기서 t : 투과도

$1 = \log\dfrac{1}{t} \rightarrow t = 0.1$

$t = \dfrac{I_t}{I_o} = 0.1$

∴ 흡광도 값이 1이라 함은 투과도가 0.1로서 입사광(I_o)을 100으로 할 때 90%가 액층에 흡수되고 10%가 투과(I_t)된다는 것을 의미한다.

59 유기물 함량이 비교적 높지 않고 금속의 수산화물, 산화물, 인산염 및 황화물을 함유하고 있는 시료에 적용되며, 휘발성 또는 난용성 염화물을 생성하는 금속물질의 분석에는 주의하여야 하는 시료의 전처리방법(산분해법)으로 가장 적절한 것은?

① 질산-염산법
② 질산-황산법
③ 질산-과염소산법
④ 질산-불화수소산법

해설 문제에서 설명하는 전처리방법은 "질산-염산법"이다.

60 수질오염공정시험기준상 불소화합물을 측정하기 위한 시험방법과 가장 거리가 먼 것은?

① 원자흡수분광광도법
② 이온 크로마토그래피법
③ 이온 전극법
④ 자외선/가시선분광법

해설 불소화합물 측정 시 적용 가능한 시험방법은 자외선/가시선분광법, 이온 전극법, 이온 크로마토그래피법이다.

제4과목 : **수질환경 관계법규**

61 수질오염경보의 종류별 경보단계 및 그 단계별 발령 해제기준 관련 사항으로 옳지 않은 것은?

① 측정소별 측정항목과 측정항목별 경보기준 등 수질오염 감시경보에 관하여 필요한 사항은 환경부 장관이 고시한다.
② 용존산소, 전기전도도, 총유기탄소 항목이 경보기준을 초과하는 것은 그 기준 초과 상태가 30분 이상 지속되는 경우를 말한다.
③ 수소이온 농도 항목이 경보기준을 초과하는 것은 4 이하 또는 10 이상이 30분 이상 지속되는 경우를 말한다.
④ 생물 감시장비 중 물벼룩 감시장비가 경보기준을 초과하는 것은 양쪽 모든 시험조에서 30분 이상 지속되는 경우를 말한다.

해설 물환경보전법 시행령 별표 3 제2호 비고 참조
설명 수소이온 농도 항목이 경보기준을 초과하는 것은 5 이하 또는 11 이상이 30분 이상 지속되는 경우를 말한다.

62 다음 수질오염방지시설 중 물리적 처리시설은?

① 응집시설
② 흡착시설
③ 침전물 개량시설
④ 안정조

해설 물환경보전법 시행규칙 별표 5 참조
설명 보기 ②, ③은 화학적 처리시설이고, 보기 ④는 생물화학적 처리시설이다.

63 폐수처리업자는 폐수의 처리능력과 처리가능성을 고려하여 수탁하여야 한다. 이 준수사항을 지키지 아니한 폐수처리업자에 대한 벌칙기준은?

① 100만원 이하의 벌금
② 200만원 이하의 벌금
③ 300만원 이하의 벌금
④ 500만원 이하의 벌금

해설 물환경보전법 제79조 제2호 참조

64 국립환경과학원장, 유역환경청장, 지방환경청장이 설치, 운영하는 측정망의 종류와 가장 거리가 먼 것은?

① 기타오염원에서 배출되는 오염물질 측정망
② 공공수역 유해물질 측정망
③ 퇴적물 측정망
④ 생물 측정망

[해설] 물환경보전법 시행규칙 제22조 제1항 참조

[설명] 국립환경과학원장, 유역환경청장, 지방환경청장이 설치할 수 있는 측정망은 다음과 같다.
• 비점오염원에서 배출되는 비점오염물질 측정망
• 수질오염물질의 총량관리를 위한 측정망
• 대규모 오염원의 하류지점 측정망
• 수질오염경보를 위한 측정망
• 대권역 · 중권역을 관리하기 위한 측정망
• 공공수역 유해물질 측정망
• 퇴적물 측정망
• 생물 측정망
• 그 밖에 국립환경과학원장, 유역환경청장, 지방환경청장이 필요하다고 인정하여 설치 · 운영하는 측정망

65 오염총량 초과과징금의 징수유예, 분할납부 및 징수절차에 관한 내용으로 옳지 않은 것은? (단, 예외적 사항은 고려하지 않는다.)

① 징수유예의 기간은 유예한 날의 다음날부터 1년 이내로 한다.
② 징수유예기간 중의 분할납부 횟수는 6회 이내로 한다.
③ 사업에 뚜렷한 손실을 입어 사업이 중대한 위기에 처한 경우에 오염총량 초과과징금의 징수유예 또는 분할납부를 신청할 수 있다.
④ 오염총량 초과과징금의 부과징수, 환급, 징수유예 및 분할납부에 관하여 필요한 사항은 대통령령으로 정한다.

[해설] 물환경보전법 시행령 제14조 참조

[설명] 오염총량 초과과징금의 부과 · 징수 · 환급, 징수유예 및 분할납부에 관하여 필요한 사항은 환경부령으로 정한다.

66 시 · 도지사가 희석하여야만 오염물질의 처리가 가능하다고 인정할 수 있는 경우와 가장 거리가 먼 것은?

① 폐수의 염분 농도가 높아 원래의 상태로는 생물화학적 처리가 어려운 경우
② 폐수의 유기물 농도가 높아 원래의 상태로는 생물화학적 처리가 어려운 경우
③ 폐수의 중금속 농도가 높아 원래의 상태로는 화학적 처리가 어려운 경우
④ 폭발의 위험 등이 있어 원래의 상태로는 화학적 처리가 어려운 경우

[해설] 물환경보전법 시행규칙 제48조 제1항 참조

67 폐수처리업에 종사하는 기술요원 또는 환경기술인을 고용한 자는 환경부령이 정하는 바에 의하여 그 해당자에게 환경부 장관, 시 · 도지사 또는 대도시의 장이 실시하는 교육을 받게 해야 한다. 이 규정을 위반하여 환경기술인 등의 교육을 받게 하지 아니한 자에 대한 과태료 처분 기준은?

① 100만원 이하의 과태료
② 200만원 이하의 과태료
③ 300만원 이하의 과태료
④ 500만원 이하의 과태료

[해설] 물환경보전법 제82조 제3항 제5호 참조

68 다음은 폐수무방류배출시설의 세부 설치기준에 관한 내용이다. ( ) 안에 옳은 것은 어느 것인가?

> 특별대책지역에 설치되는 폐수무방류배출시설의 경우 1일 24시간 연속하여 가동되는 것이면 배출폐수를 전량 처리할 수 있는 예비 방지시설을 설치하여야 하고 1일 최대 폐수 발생량이 ( ) 이상이면 배출폐수의 무방류 여부를 실시간으로 확인할 수 있는 원격유량감시장치를 설치해야 한다.

① 100세제곱미터
② 200세제곱미터
③ 300세제곱미터
④ 500세제곱미터

[해설] 물환경보전법 시행령 별표 6 제10호 참조

69 비점오염원의 변경신고 기준으로 옳은 것은?

① 총 사업면적, 개발면적 또는 사업장 부지면적이 처음 신고면적의 100분의 15 이상 증가하는 경우

② 총 사업면적, 개발면적 또는 사업장 부지면적이 처음 신고면적의 100분의 20 이상 증가하는 경우

③ 총 사업면적, 개발면적 또는 사업장 부지면적이 처음 신고면적의 100분의 30 이상 증가하는 경우

④ 총 사업면적, 개발면적 또는 사업장 부지면적이 처음 신고면적의 100분의 50 이상 증가하는 경우

해설 물환경보전법 시행령 제73조 제2호 참조

70 환경부 장관이 비점오염원 관리지역을 지정, 고시하였을 때에 관계 중앙행정기관의 장 및 시·도지사와 협의하여 수립하여야 하는 비점오염원관리대책에 포함되어야 할 사항과 가장 거리가 먼 것은?

① 관리대상 수질오염물의 종류 및 발생량

② 관리대상 수질오염물의 관리지역 영향평가

③ 관리대상 수질오염물의 발생 예방 및 저감방안

④ 관리목표

해설 물환경보전법 제55조 제1항 참조

설명 환경부 장관은 관리지역을 지정·고시하였을 때에는 다음의 사항을 포함하는 비점오염원관리대책을 관계 중앙행정기관의 장 및 시·도지사와 협의하여 수립하여야 한다.
- 관리목표
- 관리대상 수질오염물질의 종류 및 발생량
- 관리대상 수질오염물질의 발생예방 및 저감방안
- 그 밖에 관리지역의 적정한 관리를 위하여 환경부령이 정하는 사항

71 수질 및 수생태계 환경기준으로 하천에서 사람의 건강보호기준이 다른 수질오염물질은?

① 납   ② 수은
③ 비소   ④ 6가크롬

해설 환경정책기본법 시행령 별표 1 제3호 가목 참조

설명
① 납 : 0.05mg/L 이하
② 수은 : 검출되어서는 안됨(검출한계 0.001mg/L)
③ 비소 : 0.05mg/L 이하
④ 6가크롬 : 0.05mg/L 이하

72 물환경보전을 위하여 필요하다고 인정하는 경우 하천·호소 구역에서 농작물을 경작하는 사람에게 경작대상 농작물의 종류 및 경작방식의 변경과 휴경 등을 권고할 수 있는 자는?

① 환경부 장관   ② 시·도지사
③ 농림식품부 장관   ④ 유역환경청장

해설 물환경보전법 제19조 제1항 참조

참고 대도시의 장도 해당된다.

73 사업장의 규모별 구분에 관한 설명으로 옳지 않은 것은?

① 1일 폐수 배출량이 400m³인 사업장은 제3종 사업장이다.

② 1일 폐수 배출량이 800m³인 사업장은 제2종 사업장이다.

③ 사업장의 규모별 구분은 1년 중 가장 많이 배출한 날을 기준으로 정한다.

④ 최초 배출시설 설치허가 시의 폐수 배출량은 사업계획에 따른 예상 폐수 배출량을 기준으로 한다.

해설 물환경보전법 시행령 별표 13 참조

설명 최초 배출시설 설치허가 시의 폐수 배출량은 사업계획에 따른 예상 용수 사용량을 기준으로 산정한다.

74 환경부 장관이 공공수역을 관리하는 자에게 물환경 보전을 위해 필요한 조치를 권고하려는 경우 포함되어야 할 사항과 가장 거리가 먼 것은?

① 물환경을 보전하기 위한 목표에 관한 사항

② 물환경에 미치는 중대한 위해에 관한 사항

③ 물환경을 보전하기 위한 구체적인 방법

④ 물환경의 보전에 필요한 재원의 마련에 관한 사항

해설 물환경보전법 시행령 제24조 참조

설명 포함되어야 할 사항은 보기의 ①, ③, ④ 외에 "그 밖에 물환경의 보전에 필요한 사항"이다.

2022

75 환경부 장관이 비점오염저감계획의 이행을 명령할 경우 비점오염저감계획의 이행에 필요하다고 고려하여 정하는 기간 범위 기준은? (단, 시설 설치, 개선의 경우는 제외한다.)

① 1개월   ② 2개월
③ 3개월   ④ 6개월

해설 물환경보전법 시행령 제75조 제1항 참조

설명 환경부 장관은 비점오염저감계획의 이행 또는 시설의 설치·개선을 명령할 경우에 비점오염저감계획의 이행 또는 시설의 설치·개선에 필요한 기간을 고려하여 다음의 범위에서 그 이행 또는 설치·개선 기간을 정해야 한다.
- 비점오염저감계획 이행(시설 설치·개선의 경우는 제외한다)의 경우 : 2개월
- 시설 설치의 경우 : 1년
- 시설 개선의 경우 : 6개월

76 오염총량관리 기본방침에 포함되어야 할 사항과 가장 거리가 먼 것은?

① 오염총량관리의 목표
② 오염총량관리 대상 지역
③ 오염총량관리의 대상 수질오염물질 종류
④ 오염원의 조사 및 오염부하량 산정방법

해설 물환경보전법 시행령 제4조 참조

설명 오염총량관리 기본방침에는 다음의 사항이 포함되어야 한다.
- 오염총량관리의 목표
- 오염총량관리의 대상 수질오염물질 종류
- 오염원의 조사 및 오염부하량 산정방법
- 오염총량관리 기본계획의 주체, 내용, 방법 및 시한
- 오염총량관리 시행계획의 내용 및 방법

77 오염총량관리 기본계획에 포함되어야 할 사항과 가장 거리가 먼 것은?

① 해당지역 개발계획의 내용
② 해당지역 목표기준 설정 및 평가방법
③ 관할지역에서 배출되는 오염부하량의 총량 및 저감계획
④ 해당지역 개발계획으로 인하여 추가로 배출되는 오염부하량 및 그 저감계획

해설 물환경보전법 제4조의 3 제1항 참조

78 환경부 장관이 물환경을 보전할 필요가 있는 호소를 지정, 고시하고 그 호소의 물환경을 정기적으로 조사, 측정하여야 하는 호소 기준으로 옳지 않은 것은?

① 1일 30만톤 이상의 원수를 취수하는 호소
② 1일 50만톤 이상이 공공수역으로 배출되는 호소
③ 동식물의 서식지, 도래지이거나 생물다양성이 풍부하여 특별히 보전할 필요가 있다고 인정되는 호소
④ 수질오염이 심하여 특별한 관리가 필요하다고 인정되는 호소

해설 물환경보전법 시행령 제30조 제1항 참조

설명 해당하는 호소 기준은 보기의 ①, ③, ④ 3가지이다.

79 사업장별 환경기술인의 자격기준에 관한 내용으로 옳지 않은 것은?

① 특정수질유해물질이 포함된 수질오염물질을 배출하는 제3종 내지 제5종 사업장은 제2종 사업장에 해당하는 환경기술인을 두어야 한다.
② 공동방지시설의 경우에는 폐수 배출량이 제4종 또는 제5종 사업장의 규모에 해당하면 제3종 사업장에 해당하는 환경기술인을 두어야 한다.
③ 방지시설 설치면제 대상인 사업장과 배출시설에서 배출되는 수질오염물질 등을 공동방지시설에서 처리하게 하는 사업장은 제4종 사업장, 제5종 사업장에 해당하는 환경기술인을 둘 수 있다.
④ 연간 90일 미만 조업하는 제1종부터 제3종까지의 사업장은 제4종 사업장, 제5종 사업장에 해당하는 환경기술인을 선임할 수 있다.

해설 물환경보전법 시행령 별표 17 비고 참조

설명 특정수질오염물질이 포함된 수질오염물질을 배출하는 제4종 또는 제5종 사업장은 제3종 사업장에 해당하는 환경기술인을 두어야 한다. 다만, 특정수질오염물질이 포함된 1일 $10m^3$ 이하의 폐수를 배출하는 사업장은 그러하지 아니하다.

80 일일기준 초과배출량 및 일일유량 산정방법에서 일일 조업시간에 관한 내용으로 옳은 것은?

> • 일일기준 초과배출량＝일일유량×배출허용기준 초과 농도×10^{-6}
> • 일일유량＝측정유량×일일 조업시간

① 측정하기 전 최근 조업한 30일간의 배출시설 조업시간의 평균치로서 시간(hr)으로 표시한다.
② 측정하기 전 최근 조업한 30일간의 배출시설 조업시간의 최대치로서 시간(hr)으로 표시한다.
③ 측정하기 전 최근 조업한 30일간의 배출시설 조업시간의 평균치로서 분(min)으로 표시한다.
④ 측정하기 전 최근 조업한 30일간의 배출시설 조업시간 중 최대치로서 분(min)으로 표시한다.

해설 물환경보전법 시행령 별표 15 참조

수질환경산업기사 필기

2019. 1. 14. 초 판 1쇄 발행
2023. 1. 11. 개정증보 5판 1쇄 발행

지은이 | 장준영
펴낸이 | 이종춘
펴낸곳 | **BM** ㈜도서출판 **성안당**
주소 | 04032 서울시 마포구 양화로 127 첨단빌딩 3층(출판기획 R&D 센터)
     | 10881 경기도 파주시 문발로 112 파주 출판 문화도시(제작 및 물류)
전화 | 02) 3142-0036
     | 031) 950-6300
팩스 | 031) 955-0510
등록 | 1973. 2. 1. 제406-2005-000046호
출판사 홈페이지 | www.cyber.co.kr
ISBN | 978-89-315-3463-4 (13530)
정가 | 35,000원

이 책을 만든 사람들
책임 | 최옥현
진행 | 이용화
전산편집 | 이다혜, 전채영
표지 디자인 | 박원석
홍보 | 김계향, 유미나, 이준영, 정단비, 임태호
국제부 | 이선민, 조혜란
마케팅 | 구본철, 차정욱, 오영일, 나진호, 강호묵
마케팅 지원 | 장상범, 박지연
제작 | 김유석